黄河水利委员会治黄著作出版资金资助出版图书

科学计算中的确认与验证

（美）William L. Oberkampf　　（美）Christopher J. Roy　　著

余　欣　夏润亮　窦身堂　李军华　张防修　张　雷　赖瑞勋　等　译

U0227527

黄河水利出版社

·郑州·

William L. Oberkampf and Christopher J. Roy

Verification and Validation in Scientific Computing.

ISBN:978 – 0 – 521 – 11360 – 1

图书在版编目(CIP)数据

科学计算中的确认与验证/(美)威廉 L. 奥贝尔康夫(William L. Oberkampf),(美)克里斯多弗 J. 罗伊(Christopher J. Roy)著;余欣等译. —郑州:黄河水利出版社,2016.8

书名原文:Verification and Validation in Scientific Computing
ISBN 978 – 7 – 5509 – 1379 – 0

Ⅰ.①科⋯　Ⅱ.①威⋯②克⋯③余⋯　Ⅲ.①科学计算程序　Ⅳ.①TP319

中国版本图书馆 CIP 数据核字(2016)第 215264 号

出　版　社:黄河水利出版社
　　　　地址:河南省郑州市顺河路黄委会综合楼 14 层　邮政编码:450003
发行单位:黄河水利出版社
　　　　发行部电话:0371 – 66026940、66020550、66028024、66022620(传真)
　　　　E-mail:hhslcbs@ 126. com
承印单位:河南省瑞光印务股份有限公司
开本:787 mm × 1 092 mm　1/16
印张:36.75
字数:850 千字　　　　　　　　　　　　印数:1—500
版次:2016 年 8 月第 1 版　　　　　　　印次:2016 年 8 月第 1 次印刷
定价:180.00 元

备案号:豫著许可备字 – 2016 – A – 0199

出版前言

随着科学计算水平的不断提高,数值模拟成为自然科学领域的关键技术手段。对于流体领域的研究者,动力学数值模拟是描述流体运动客观现象及规律的重要工具,也是深刻理解流体及其伴生要素输移运动基本理论的重要途径。随着数值模拟的重要性日益显著,数值模拟的核心问题即数学模型的可靠度和准确性也备受关注,如何度量科学计算的综合性能,如何确认和验证模型的计算结果,是流体数值模拟领域进行行业标准化应用和推广亟待解决的重要科学问题。

目前,国内同业对科学计算确认与验证评价传统模式主要是通过实测资料对模型进行验证以及主观因素为主导的专家评审,针对河流动力模型数值解的可靠性、准确性分析及结果可信度研究甚少。纵观河流数值模拟领域,仍缺乏一套科学规范的可度量评价体系,导致模型性能难以合理的确认和验证,模型计算结果的精度和可信度难以保证。

为了推进河流数值模型的验证和确认工作,翻译组同志们认真学习了原著关于数值模拟方面科学评价的内容,并进行了翻译,希望能给从事微积分和偏微分数值模拟领域的学者提供一个科学计算确认与验证方面的参考文献,也希望本书能作为河流数值模拟科学评价领域的重要工具书。

该书的出版,得到了许多知名学者和黄河水利委员会总工程师办公室、国际合作与科技局、黄河水利科学研究院等单位的大力支持,也获得了黄河水利委员会治黄著作出版基金资助,在此一并致谢。

在本书的研究和翻译过程中,寇怀忠同志做了大量的协调工作,夏润亮同志主要负责校对以及部分翻译工作,窦身堂、李军华、张防修、张雷、赖瑞勋、张乐天、王明、张一兵、张晓丽、王敏、于守兵、拓展翔、岳瑜素、楚楠、谢牧原参与了各章节的翻译工作。本书由余欣同志组织翻译并统稿。

由于该书专业性极强,学习、翻译的整个过程时间仓促,加之水平有限,难免有偏颇、不足,甚至错误之处,敬请指正。

译　者
2016 年 6 月

简　介

　　随着科学计算的不断发展,建模和仿真逐渐成为工程、科学及国家政策相关决策过程的重要环节。本书系统地阐述了用于确认与验证模型和仿真的基本概念、原则和程序,并重点论述了使用偏微分和积分方程描述的模型以及从其数值解中得出的仿真值。本书介绍的方法除适用于物理科学、工程等众多技术领域外,还广泛用于工业、环境法规与安全、产品与设备安全、金融投资和政府法规。

　　对于渴望提高仿真结果的可靠性与可信度的各领域研究人员、从业人员和决策人员来说,本书必将极受推崇。另外,本书还可纳入大学课程或用于自学。

　　William L. Oberkampf 在流体动力学、热传递、飞行动力学和固体力学等领域拥有长达 39 年的研究与开发经验。他曾从事计算与实验领域相关工作,教授了 30 节有关确认与验证方面的短期课程,最近以桑迪亚国家实验室杰出研究员一职退休。

　　Christopher J. Roy 是弗吉尼亚理工学院航空航天和海洋工程系的一名副教授。他在1998 年获得北卡罗莱纳州立大学的博士学位后,作为一名高级技术人员在桑迪亚国家实验室工作了 5 年。他发表了许多计算流体动力学领域技术的确认与验证的相关文章。2006 年,凭借在计算科学和工程的确认与验证领域的突出贡献,他获得了专为贡献突出的科学家和工程师设置的总统青年成就奖。

序

　　建模与仿真技术已广泛应用于企业和政府的各类项目活动,包括科研、工程与技术、工业、环境法规与安全、产品与设备安全、金融投资、军工系统设计以及政府规划等。所有这些活动中构建的模型皆体现了我们想象中各活动的作用方式及其如何受事件或周围环境影响。所有模型的建立都是通过进行大量的各类近似计算对现实活动进行抽象而得出的。之后,我们再对这些模型进行编程,以导入计算机内执行,然后由计算机生成仿真结果。仿真结果必须非常接近真实的目标活动,否则将毫无意义。但问题是,如何将二者准确匹配呢?本书介绍了用于评估科学计算中建模与仿真准确性的各种技术手段和操作流程,重点关注与自然科学和工程有关的物理过程及物理系统。

　　本书所讨论的方法主要围绕以微分方程和积分方程表示的数学模型,其中许多模型不仅出现在物理学、化学、天文学、地球科学和工程学中,而且在建模和仿真的其他领域也不少见。本书所涉及的主题都与模型和仿真结果可靠性评估原则相关联。我们在此不对相关物理过程或者物理系统建模的具体细节进行介绍,而仅将重点放在模型和仿真结果准确性评估流程上,通常称为确认与验证。

　　在数学模型和科学计算仿真的确认与验证方面,我们拥有目前最先进的技术水平。虽然我们将在书中详细介绍这些术语,但在这里可以先将"确认"一词简单解释为"正确求解方程",而将"验证"解释为"求解正确的方程"。确认与验证(V&V)建立在量化的准确性评估的概念基础上,可理解为检验计算结果是否正确和准确的过程,它虽然并不能解决所有的仿真可信度问题,但却是其中的关键因素。正确性的检验需要有精确的基准或者参考值来进行对比。然而,多数复杂过程的仿真并没有可计算或者可度量的参考值。在这种情况下,我们需要估算数值误差以及估计造成系统响应的不确定性的所有因素所带来的影响。确认过程采用的主要基准为对有限但特定的数学模型的高精度解,而验证过程采用的基准则是相关系统响应的高质量实验测量值。对于实验仿真所需的量,我们还需在确定实验测量过程和被测系统的详细信息时进行充分不确定性估计。

　　缺少实验数据时,我们可以通过构建数学模型并将其整合入软件,以此预测系统响应,整个过程我们称为"预测"。由于建模和仿真的目的通常就是预测,因此我们将在书中讨论如何将通过确认与验证获取的精度估算结果纳入不确定性预测,以及如何将微分方程和积分方程解的误差估计值纳入预测结果。对比之前采用的模型输入不确定性的处理方法,我们提出了一种将模型不确定性预估值纳入预测结果的方法。如何将确认与验证结果整合到不确定性预测中是当前的热点课题。

　　由于模型和仿真的确认与验证还处于起步阶段,因此本书并不是简单地给出一系列步骤作为指导。虽然本书介绍的流程和方法适用性较强,但仍存在许多暂时无法解决的问题。例如,某些流程有时会变得不可靠,起不到预期的作用,甚至产生了误导性的后果。

　　在过去的 20 年里,建模和仿真技术得到了飞速发展,影响范围也越来越广,逐渐吸引了人们越来越多的关注。尽管制定了各种确认与验证方法和流程,但是该领域的哲学基础便是"怀疑主义"。换句话说,如果预测过程中未验证计算机代码的正确性、数值误差和模型精确度,则从确认与验证角度来说会认为这些活动未完成,结果将遭质疑。我们认为可以把这种质疑看成是对未被验证的建模和仿真在一定程度上的制衡。过去人们的决策从根本上依赖系统测试,如今已慢慢偏向于建模和仿真,这表明了人们的决策相较于过去已变得更加严谨和审慎。

致　谢

　　尽管我们在本书封面仅列出了两位主要作者的名字,但是我们很清楚,如果没有其他人的无私帮助,本书无法顺利完成。他们为我们提供知识培训和指导,为我们创造机会,给予我们建议和鼓励,在需要时帮我们纠正错误,以及给我们指明有助于增进对本书理解的方法。许多人曾向我们伸出援手,但鉴于篇幅,我们只在这里向那些在本书构思的 10 年里帮助过我们的人士表示诚挚的感谢!

　　Timothy Trucano、Frederic Blottner、Patrick Roache、Dominique Pelletier、Daniel Aeschlimam 和 Luis Ec 是一群对确认与验证以及许多其他领域有着深入了解的专家,多年来一直无私地分享他们在技术方面的独特见解,这让我们受益匪浅。Jon Helton 和 Scott Ferson 引导我们了解不确定性的量化以及如何将它应用于在风险预知情况下的决策过程,并且还提出了一些关键想法,帮助我们了解如何在模型预测中将量化的验证结果与不确定性估计联系起来。没有他们,我们对该领域的了解就不可能达到如今的高度。

　　Martin Pilch 给予了我们机会,并长期为桑迪亚国家实验室提供资金支持。没有 Martin Pilch 的帮助,我们根本无法在确认与验证技术方面取得任何进展。他,还有来自桑迪亚国家实验室的 Paul Hommert、Walter Rutledge 和 Basil Hassan 等都很清楚确认与验证和不确定性的量化对于建模和仿真的可信度及置信度十分关键。他们每个人都清楚只有将技术发展和文化变革相结合才能为项目管理层和决策者提供更可靠、更易理解的信息。

　　许多同事给予了我们技术性和概念性的建议,而且在工作和分析中也为我们提供了很大的帮助,在此我们无法一一列举。但是,我们不得不提到 Mathew Barone、Robert Crol、Sharon DeLand、Kathleen Diegert、Ravi Duggirala、John Henfling、Harold Iuzzolino、Jay Johnson、Cliff Joslyn、David Larson、Mary McWherter-Payne、Brian Ruther-ford、Gary Don Seidel、Kari Sentz、James Stewart、Laura Swiler 和 Roger Tate。过去几年里,Rhonda Reinert 和 Cynthia Gruver 在技术编辑上的大力支持是我们的极大助力,而 Dylan Wood、S. Pavan Veluri 和 John Janeski 等学生在图形展示计算上的帮助同样不可或缺。

　　原稿审稿人提出了极为宝贵的建设性意见以及改正和改进建议。Edward Allen、Ryan Bond、James Carpenter、Anthony Giunta、Matthew Hopkins、Edward Luke、Chris Nelson、Martin Pilch、William Rider 和 William Wood 负责审核了一个或多个章节,极大程度地提高了本书内容的质量和准确性。另外,还要特别感谢 Tim Trucano、Rob Easterlin、Luis Eca、Patrick Knupp 和 Frederick Blottner 对多个章节的草稿乃至整个原稿进行指正。我们对本书仍可能存在的任何错误或者误解承担全部责任,欢迎大家斧正!

　　最后,我们俩还得感谢我们各自的妻子 Sandra 和 Rachel ,感谢她们的鼓励和耐心以及在本书撰写期间对我们一如既往的支持。

目　录

1　简　介 ……………………………………………………………………… (1)

　　1.1　建模和仿真的过去与现在 ……………………………………… (1)

　　1.2　科学计算的可信度 ………………………………………………… (6)

　　1.3　本书提纲和使用 …………………………………………………… (11)

　　1.4　参考文献 …………………………………………………………… (12)

第Ⅰ部分　基本概念

2　基本概念和术语 ……………………………………………………… (16)

　　2.1　概念和术语的发展 ………………………………………………… (16)

　　2.2　主要术语和概念 …………………………………………………… (24)

　　2.3　不确定性的类型和来源 …………………………………………… (37)

　　2.4　可量化误差 ………………………………………………………… (42)

　　2.5　确认、验证和预测的一体化 ……………………………………… (43)

　　2.6　参考文献 …………………………………………………………… (54)

3　建模与计算仿真 ……………………………………………………… (62)

　　3.1　系统规范的基本原理 ……………………………………………… (62)

　　3.2　模型和建模的基本原理 …………………………………………… (66)

　　3.3　风险和失效 ………………………………………………………… (87)

　　3.4　计算仿真的阶段 …………………………………………………… (88)

　　3.5　问题举例:导弹飞行动力学 ……………………………………… (96)

　　3.6　参考文献 …………………………………………………………… (104)

第Ⅱ部分　代码验证

4　软件工程 ………………………………………………………………… (111)

　　4.1　软件开发 …………………………………………………………… (112)

　　4.2　版本控制 …………………………………………………………… (115)

　　4.3　软件确认与验证 …………………………………………………… (116)

　　4.4　软件质量和可靠性 ………………………………………………… (120)

　　4.5　可靠性案例研究:T 实验 ………………………………………… (122)

　　4.6　大型软件项目的软件工程 ………………………………………… (122)

　　4.7　参考文献 …………………………………………………………… (126)

5　代码验证 ………………………………………………………………… (129)

　　5.1　代码验证标准 ……………………………………………………… (129)

5.2　定　义 ··· (132)

5.3　精度阶 ··· (136)

5.4　系统网格细化 ··· (140)

5.5　阶验证程序 ·· (145)

5.6　代码验证的责任 ·· (153)

5.7　参考文献 ·· (154)

6　精确解 ··· (157)

6.1　微分方程简介 ··· (158)

6.2　传统精确解 ·· (158)

6.3　虚构解方法（MMS） ···································· (165)

6.4　物理真实虚构解 ·· (177)

6.5　近似解方法 ·· (181)

6.6　参考文献 ·· (185)

第Ⅲ部分　解验证

7　解验证 ··· (190)

7.1　解验证的元素 ··· (190)

7.2　舍入误差 ·· (191)

7.3　统计抽样误差 ··· (196)

7.4　迭代误差 ·· (198)

7.5　数值误差与数字不确定性 ······························ (214)

7.6　参考文献 ·· (214)

8　离散误差 ··· (216)

8.1　离散过程的元素 ·· (217)

8.2　离散误差的估算方法 ···································· (224)

8.3　理查德森外推法 ·· (232)

8.4　离散误差估计量的可靠性 ······························ (238)

8.5　离散误差与不确定性 ···································· (242)

8.6　Roache 的网格收敛指标（GCI） ···················· (242)

8.7　网格细化问题 ··· (247)

8.8　开放研究相关问题 ······································· (251)

8.9　参考文献 ·· (254)

9　解自适应 ··· (259)

9.1　影响离散误差的因素 ···································· (259)

9.2　自适应标准 ·· (263)

9.3　自适应方法 ·· (270)

9.4　推动网格自适应的方法的比较 ························· (272)

9.5　参考文献 ·· (276)

第Ⅳ部分　模型确认与预测

10　模型确认的基本原理 ··· (280)

　　10.1　确认实验的原理 ·· (281)

　　10.2　确认实验层次 ··· (292)

　　10.3　示例问题:高超声速巡航导弹 ·· (297)

　　10.4　确认的概念、技术和实际难点 ·· (300)

　　10.5　参考文献 ·· (303)

11　确认实验的设计与执行 ··· (306)

　　11.1　确认实验原则 ··· (306)

　　11.2　确认实验示例:联合计算/实验空气动力学计划(JCEAP) ····· (314)

　　11.3　JCEAP实验测量不确定性估算示例 ·································· (324)

　　11.4　JCEAP中计算——实验的进一步协同示例 ······················ (337)

　　11.5　参考文献 ·· (344)

12　模型精度评估 ··· (348)

　　12.1　模型精度评估要素 ·· (348)

　　12.2　参数估计方法和验证指标 ·· (355)

　　12.3　确认指标建议特性 ·· (360)

　　12.4　均值比较方法介绍 ·· (363)

　　12.5　使用实验数据插值法进行均值比较 ···································· (369)

　　12.6　要求实验数据线性回归的均值比较 ···································· (375)

　　12.7　要求实验数据非线性回归的均值比较 ································· (379)

　　12.8　概率盒比较的确认指标 ··· (387)

　　12.9　参考文献 ·· (402)

13　预测能力 ··· (410)

　　13.1　步骤1:识别不确定性的所有相关来源 ······························ (411)

　　13.2　步骤2:分别描述不确定性来源 ··· (418)

　　13.3　步骤3:估计数值解误差 ·· (432)

　　13.4　步骤4:估计输出不确定性 ··· (442)

　　13.5　步骤5:更新模型 ·· (458)

　　13.6　步骤6:执行敏感性分析 ·· (466)

　　13.7　示例问题:安全部件加热 ··· (470)

　　13.8　贝叶斯方法不同于概率界限分析 ······································· (489)

　　13.9　参考文献 ·· (489)

第Ⅴ部分　规划、管理和实施问题

14　建模和仿真工作的规划与优先排序 ·· (497)

　　14.1　规划和优先排序的方法论 ·· (497)

　　14.2　现象识别和排序表(PIRT) ……………………………………(500)

　　14.3　差距分析过程 ……………………………………………………(505)

　　14.4　商业代码规划和优先排序 ………………………………………(509)

　　14.5　示例问题：飞机迫降时火势蔓延 ………………………………(510)

　　14.6　参考文献 …………………………………………………………(513)

15　建模与仿真工作的成熟度评估 …………………………………………(515)

　　15.1　成熟度评估程序调查 ……………………………………………(515)

　　15.2　预测能力成熟度模型 ……………………………………………(519)

　　15.3　PCMM 的额外用途 ………………………………………………(533)

　　15.4　参考文献 …………………………………………………………(537)

16　验证、确认和不确定性量化的开发与责任 ……………………………(539)

　　16.1　所需的技术开发 …………………………………………………(539)

　　16.2　员工责任 …………………………………………………………(540)

　　16.3　管理措施和责任 …………………………………………………(546)

　　16.4　数据库开发 ………………………………………………………(552)

　　16.5　标准开发 …………………………………………………………(556)

　　16.6　参考文献 …………………………………………………………(557)

附　录 …………………………………………………………………………(560)

重要词语中英文对照表 ………………………………………………………(564)

1 简 介

本章简单介绍了建模和仿真(M&S)的历史起源。尽管追根溯源仅为方便起见,我们仍将从微积分的惊艳亮相说起,然后探讨了稳步提升的计算性能和不断降低的计算成本如何成为推动建模和仿真(M&S)发展的另一个关键因素,接着讨论了影响建模和仿真(M&S)可靠性的因素以及确认与验证的基础概念,最后给出了本书的大概框架以及引导学生和专业人士使用本书的建议。

1.1 建模和仿真的过去与现在

1.1.1 建模和仿真的过去

微积分问世前的几个世纪以来,主要的工程系统设计方法都是对现有系统的成功设计进行逐步改进,并在系统构建期间和构建之后采用各种方法对其进行逐步测试。为了了解新系统的特征及其响应,通常需要在构建过程中完成首轮测试。新系统通常是通过改变旧系统的几何特征、材料、紧固技术或装配技术,甚至整体改进建立起来的。如果系统要用于桥跨较长、结构较高或者推进速度较快等一些新环境中,一般会先在现有已熟知的环境中对系统进行测试。通常情况下,在构建和测试过程中会发现设计或者装配上的缺陷和不足,然后针对这些问题对系统进行改装。有时当某个重大项目出现灾难性意外时,整个构建过程不得不重新开始,比如前首席设计师及其学徒辞世(DeCamp, 1995)。在过去,首席设计师清楚重大设计问题的后果,因此他们会在意设计的质量。

大约在 1700 年,牛顿和莱布尼茨发明微积分法后,物理学的数学建模就已开始慢慢影响我们对工程系统性质和设计的理解。大约在 1594 年,约翰·纳皮尔(Kirbyet 等,1956)发明的对数是影响数理学的第二大关键因素。数学模型在得到应用前,并没有多大的实际用途,而如今却是获取"仿真结果"的重要途径。而在引入对数概念前,仿真在实际应用中根本无法用作常规手段。对数问世后不久,威廉·奥特雷德便发明了计算尺。计算尺提供了一种可用于加减对数的机械方法,从而加快了数字的乘除运算。计算尺和机械计算器的存在不仅给仿真领域,而且为勘探、导航及天文学带来了革命性的改变。尽管如今回过头看,数学理论和计算机器相结合的时代被称为"前计算机"时代,但是它为科学、工程和技术的全面革新打开了一扇大门。

大约从 1800 年的英国工业革命开始,建模和仿真对工程和设计的影响开始迅速增长。然而,在工业革命期间,建模和仿真还始终只是作为对工程系统实验与试验的一个补充,非常不起眼。出现这种情况的主要原因在于运算一般由人工使用计算尺或者数学计算器来完成。直到 20 世纪 60 年代,可编程数字计算机开始在工业界、学术界和政府部门兴起,一个仿真通常需要的算术运算量从之前的几百或者几千猛增到数以百万计。从这个角度来看,我们完全有理由将 20 世纪 60 年代视为科学计算腾飞的起点。本书中出现的"科学计算"一词仅指使用偏微分方程式(PDE)或者积分微分方程求解的模型数值解。这一时期的计算机运算能力已经足以使科学计算对工程系统(尤其是航天航空和军工系统)的设计与决策产生重大影响。模拟和仿真门类广泛,如今已渗透人类生活的各个角落,如经济与投资建模以及个体与社会建模。因此,将科学计算列入其中并无不当。

虽然如此,但仍存在个别不容忽视的的例外情况,例如美国的核武器设计。在 20 世纪四五十年代,科学计算已经开始对设计产生巨大的影响。起初是美国和苏联之间的冷战推动了计算机在运算能力上的飞跃(有关电子计算早期历史及其影响,请参阅 Edwards (1997)的著作)。那时,建模和仿真还只是围绕建模—简化后的模型,直至发展到可在合理的时间内获取到仿真结果,以影响到系统设计或者研究活动。如今来看,这些模型都是一些极其简化的模型,其计算能力非常之小。这对于 20 世纪 40 年代或者一个世纪前的建模和仿真来说并非诋毁。当然会有人坚持认为,20 世纪 60 年代之前的建模和仿真更具创造性和彻底性,因为相较于现如今的科学计算,当时的建模人员不得不在大量资料中,通过"取其精华,去其糟粕"的方法从中仔细遴选出具有物理意义和数学意义的数据,这需要建模人员全面了解目标系统的物理学架构,并具备丰富的相关经验。

哈洛和弗罗姆(1965)合著的《流体动力学中的计算机实验》是 20 世纪 60 年代科学计算领域最为杰出的著作之一,甚至被称为最伟大的科学计算著作也不为过,因为它提出了科学计算应当与理论和实验并称为科学的三大支柱的前瞻性观点。在 20 世纪七八十年代,许多传统学者强烈反对这个提议,但是随着科学计算在推进科学与工程发展中的作用越发凸显,反对的声音越发无力。现在已普遍承认科学计算确实是科学与工程的第三支柱,也认识到了它的优势和弱点。

从历史的角度来看,这个第三支柱确实才刚刚崭露头角,而实验和测量自 15 世纪意大利文艺复兴开始以来已历经构建、测试和不断完善的过程。关于实验与测量,也有人认为起源于美索不达米亚、埃及、巴比伦和印度河文明,有着更深厚的历史根基。理论(即理论物理学)这根支柱自 18 世纪树立以来同样历经了构建、测试和完善的过程。每一支柱的优势和弱点都存在重大争议。例如,不确定性估计在实验测量中的重要性,尤其是使用不同测量方法的重要性已经被充分认可,并已有文件记载。历史表明,即便在现代,当基础信念或理论出现根本变化,例如从牛顿力学转变为相对论力学,会出现激烈的争论,甚至催生颠覆性的论点。一个世纪左右以来,人类的自我意识逐渐得到解放,而来自组织及国家层面的桎梏也已逐渐消融,科学计算这一支柱在科学与工程领域还只是初露锋芒。为此,我们认为,科学计算所有的弱点和不足正逐渐被大众更好地理解。不过更为重要的一点是,为了宣扬和造势等,这些弱点和不足却常常被忽略。我们在此告诫大家在保持锐意进取的同时还需关注几个世纪以来在构建实验和理论这两大支柱的过程中积累的经验教训。

1.1.2　科学计算在工程中的角色变化

1.1.2.1　科学计算在工程系统的设计、性能和安全中的角色变化

科学计算的能力和影响日新月异。例如,20 世纪 90 年代刊登于研究杂志的科学仿

真大作如今已成为研究生课程的课外作业。同样地,20 世纪 90 年代期间应用于工程系统设计的科学计算中那些高端概念现在已成为业界通用设计规范。另外,科学计算的影响力增强还表现在它不仅帮助设计师和项目经理提高了决策水平,而且还延伸到工业产品和公共工程项目的安全与可靠性评估中。在此次科学计算变革中,大部分系统设计与开发仍主要依赖于系统工作环境下的测试和积累的相关经验,而科学计算在初步和最终设计中常列入次要位置。比如,在出现一些无法通过测试及时解决的系统失效、故障和制造问题时,科学计算会被用作辅助手段来解决这些问题。再比如,若要证明某个产品的性能高于竞争产品或者满足可靠性和安全要求,需要不断重复设计—测试这一循环,在这种情况下,常常采用科学计算法来减少这个过程的重复次数。一般的做法是针对组件或者组件特性构建专门的数学模型,以更好地了解组件的特定性能问题、缺陷或者灵敏度。例如,通过构建模型来研究连接刚度和阻尼对结构响应模式的影响,再例如,通过构建专门的数学模型,来消除某些不切实际、成本高或者条件受限的测试。航天探测器高速进入另一个星球的大气层,或者核电站整个安全壳的结构失效的相关测试就是很好的例子。

随着科学计算在工程系统设计和评估中从过去的辅助性角色发展到现在的主导角色,也引入了新的术语。例如,工程开发中的"虚拟样机"和"虚拟测试"等术语正用于说明如何采用科学计算对新的组件和子系统甚至于整个系统进行评估和"测试"。如同任何新事物的营销推广一样,此术语本身就传递了那么一些本质属性。对于相对简单的组件、制造工艺或者低危级别系统,例如许多消费类产品,使用虚拟样机可以大大减少新产品的上市时间。然而,对于复杂的高性能系统,例如燃气涡轮发动机,需要历经一个长而审慎的开发过程,进行反复测试和修改后才能推向市场。此时,坦白地说,科学计算仅仅作为辅助手段。

随着市场竞争愈演愈烈,尤其在飞机、汽车、推进系统、军工系统以及油气储备勘探系统研发领域,科学计算的应用呈现出大幅增长的态势。人们迫切需要在缩短产品上市时间的同时降低上市成本。例如,可以通过科学计算减少组件、子系统和整个系统测试所需的成本和时间。此外,美国、欧盟和日本等高度工业化国家还利用科学计算来改进自动化制造工艺,从而在与低劳工成本国家的产品竞争中取得优势。

产品或者系统的安全也是科学计算和测试中一个非常重要的,有时甚至是决定性的因素。硬件失效可能导致的诉讼和责任成本对公司、环境或者公众来说是不堪设想的。

在美国的诉讼文化中更是如此。目标工程系统是在设计条件下、非设计条件下、误用条件下或者事故发生时的故障模式条件下能够运行的现有或者构想的系统。此外,在经历了"9·11"恐怖袭击事件后,科学计算现在已被用于分析和提高各种民用系统的安全,使之能够在恶劣环境下正常运作。

在两种迥然不同的场景下使用科学计算对系统的可靠性、强固性和安全性进行评估:第一种场景,即目前为止最常见的场景,科学计算作为测试的辅助手段。例如,辅助对汽车耐撞测试,以满足联邦安全法规。事实上,一些客户非常重视汽车的耐撞性能,而汽车制造商正是抓住这个营销点来推销他们的产品。第二种场景就是几乎完全依赖于科学计算对不能在完全具有代表性的环境和场景中进行测试的高危系统进行可靠性、强固性和安全性评估。例如,地震导致大型堤坝崩塌、核电站安全壳厂房出现爆炸、核废料的地下储存泄漏以及运输事故中的核武器核泄漏。通过这些对高危系统的分析尝试预测这类极少由于系统设计问题和目的偏离而导致的非常规事故。总而言之,第二种情形即使用科学计算法对缺乏可参考实验数据的系统进行可靠性、强固性和安全性评估。

第二种场景下,科学计算的可信度和置信度要求大大高于第一种场景。然而,由于科学计算的发展还处于相对早期的阶段,所以并未制定出相应的方法论和技术来获取达到这种程度的可信度,而且在工程和风险评估实践中并未得到很好的落实。重大改进需要在保证科学计算所有因素透明、易理解和成熟的基础上才能完成,以便于可以改进风险预知的管理决策。换句话说,决策者和利益相关者除了解建模和仿真(M&S)的优势外,还须了解其限制、不足和不确定性。必要的改进不仅是技术层面的,还涉及文化层面。

1.1.2.2　科学计算与实验调查的相互作用

传统上认为科学计算与实验调查之间属于单向关系,即从实验到科学计算。例如,先进行实验测量,然后构建物理学的数学模型,或者运用实验测量评估某个仿真结果的准确性。直到最近,考虑到科学计算的能力有限,我们认为二者之间确实存在这种单向关系。然而,随着计算能力的大幅增强,科学计算与实验的关系正经历着巨大变革,但是,变革是一个缓慢,甚至艰难的过程。从历史和人类的角度来看,缓慢的变革或许是可以理解的。构建科学和工程的第三支柱被一些从既有的理论和实验支柱中获取既得利益的人士视作"眼中钉",或者构成了对他们既有资源和声望的一种威胁。有时,那些相信既有支柱的有效性和优势的人士会直接忽略科学计算支柱的构建。这种想法可以概括为"离我远一点,别指望我会改变自己在研究活动中的习惯"。这种态度严重削弱和阻碍了科学计算的发展以及其对科学、工程和技术所起到的积极作用。

计算流体力学(CFD)和计算固体力学(CSM)领域打开了科学计算通往各理论、实践和方法层面的大门。然而,在这些领域中,实验与科学计算之间的关系却大相径庭。在CSM中,建设性的共生关系一般具备持久如一的特征。考虑到所建模型的物理学本质,从根本上而言,CSM主要取决于构建所用物理模型使用的实验结果。这里举一个简单的例子,假设某人想预测某个组合结构(例如由通过螺栓紧固在一起的若干个横梁构建的结构)的线性弹性模型。针对结构中的弹性梁制定数学模型,横梁之间的节点简单地建模为扭力弹簧和扭力阻尼器。节点的刚度和阻尼,连同结构的流体动力学和内部阻尼,视作校准后的模型参数。然后构建物理结构,通过启用结构的多个模型进行测试。最后利用实验测量的结果,优化(校准)数学模型中的刚度和阻尼参数,以让模型的结果与实验的测量值达到最佳匹配。从此示例中可以看到,没有实验验证是无法切实完成该计算模型的。

实验与CFD之间并不是一直相辅相成的。在CFD发展的早期,出版了一篇名为《计算机与风洞》(Chapman 等,1975)的著作。这篇由CFD领域中颇具影响力的领军人物所著的文章很早就对此关系定下了一个非常负面和充满竞争性的基调。当然,有人会说本书作者只是表达了20世纪七八十年代一些CFD从业人员的傲慢主张,例如"风洞将用于存储CFD仿真的输出"。

这些态度的存在,通常使实验主义者与CFD从业人员之间保持着一个充满竞争、频繁对抗的关系,从而导致两派之间缺少合作。由于研究团队都是一些小型自愿者团队,或者处于把工程项目需求放在第一位的工业环境中,所以即便有合作,也都是极其有限的。也有一些早期的研究人员和技术领军人物正确认识到此类竞争形态不管是对 CFD 从业人员还是实验主义者,都是非常不利的(Bradley,1988;Marvin,1988;Neumann,1990;Mehta,1991;Dwoyer,1992;Oberkampf 和 Aeschliman,1992;Ashill,1993,Lynch 等,1993;Cosner,1994;Oberkampf,1994)。

科学计算和实验在协同、合作环境下获得了更高效、快速的发展,将在本书中详细阐述。尽管这对于持此观点者来说显而易见,但是人类和组织抵制此类环境的态度一直以来从未间断,而且还会继续下去。同时,也存在会阻碍仿真和实验发展的一些实际问题。这里,我们将以两个实际中碰到的困难作为例子进行说明:一个关于仿真,另一个关于实验。

科学计算从业人员普遍认同这样一个观点:计算结果与实验结果的比较,一般称为"确认"步骤,可以通过与现有数据比较来实现。这些数据通常记载于企业或者机构报告、会议资料和档案期刊文章中。根据以往经验可得出,这种通过比较完成确认的方法在量化程度和精确性方面普遍低于预期。目前已公开的数据往往缺少关键细节,尤其是篇幅受限的期刊。当缺失准确的边界条件和初始条件等重要细节时,为了获取与实验数据的最佳契合度,科学计算从业人员常常因为知识的不足,随意调整未知量。换言之,计算结果与实验数据的比较开始呈现出模型的"校准"特性,与模型的预测精确度的评估截然相反。许多科学计算从业人员认为这是不可避免的。对此,我们并不同意。尽管此校准心态是普遍存在的,但是仿真中的不确定性可以使用替代方法直接解决。

实验主义者,尤其是美国的实验主义者面临这样一个重要的实际困难,即仿真的关注程度和重要性的迅速提升,使得实验活动缺少经费来源。此外,许多赞助商认为不管是在政府部门还是在行业领域,仿真将取代实验活动,并在研究和技术中取得重大突破。受此态度的影响,过去 20 年里,实验研究项目数量减少,研究生的研究经费也在减少,同时实验设施数量出现大幅减少。再者,由于实验活动经费有限,用于开发新实验诊断技术的相关研究越来越少。我们认为这将会对仿真的发展带来不可估量的不利影响。换言之,随着确认活动可参考的高质量实验数据越来越少,计算结果的评估能力将会相应下降甚至更糟糕,从而可能养成对仿真的盲目信任,例如将大量精力花在多尺度建模和多物理场的建模上。此类建模通常将至少两个空间尺度联系起来。空间尺度通常分为宏观尺度(例如米尺度)、中尺度(例如毫米尺度)、微尺度(例如微米尺度)。由此,数学模型构建或者确认过程中会产生这样一个问题:若要从多尺度,尤其是微尺度和纳米尺度中获取实验数据,需要开发出哪些新诊断技术?

1.1.3 科学计算在各个科学领域中的角色转变

大约从 20 世纪 60 年代开始,科学计算对各个科学领域的影响越来越大。首先不得不提到计算物理学。尽管计算物理学与计算工程之间存在明显的共同之处,但是对于物理学的某些领域,仿真技术如今占有主导地位,例如核物理学、固态物理学、量子力学、高能/粒子物理学、凝聚物理学和天体物理学。

第二个将仿真视为主要手段的领域是环境科学,比如大气科学、生态学、海洋学、水文学和环评。随着全球变暖问题的广泛热议,大气科学获得了全世界的关注。环评,尤其是长期的地下存储核废料问题方面的环评,也引起了极高的关注度。由于全球变暖和地下存储核废料等领域存在大量的不确定性,同时预测时间标尺跨越数千年,所以说这些领域的预测非常具有挑战性。许多代人都无法对这些预测的准确度进行确认或者证伪。鉴于环境科学研究涉及大范围潜在的灾难性影响,相比过去,计算结果的可信度得到更密切的关注。计算结果会影响国家政策、整个行业福祉以及出现死亡或者环境损害事件时法律责任的认定。鉴于计算结果具有如此之大的影响水平,这些领域中的可信度和不确定性量化必须规范化,并提高精度。否则,一些自大者主导的计划或者政治活动将会占有更优势的地位。

1.2   科学计算的可信度

1.2.1   计算机速度和科学计算的成熟度

过去50年里,计算机的速度增长令人叹为观止。图1-1给出了世界上运算速度排名第一和第五百的计算机的速度增长情况,以及截至2008年11月运算速度为世界前500名的计算机的计算速度总和。从图1-1可以看出,最快计算机的计算速度以大约每四年10倍的速率持续增长。在过去的几十年里,许多人曾预测由于物理学和技术的限制,不可能维持这种增长速度。然而,计算机行业通过不断创新和探索,攻克重重困难,成功实现了计算速度的稳步增长,使其成为了一直推动科学与工程领域计算仿真快速增长的真正引擎。

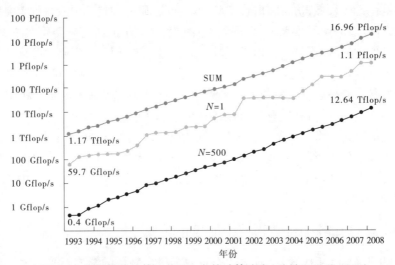

图1-1   世界最快计算机前500名的计算速度(世界五百强,2008)

通过使用精心制定的一系列规则、基准计算和性能测量对最高性能的计算机进行计算速度测量。许多人尤其是未经技术培训的人员,认为计算速度与科学计算的成熟度和影响直接相关。然而事实上,二者虽然存在一定的关系,但并非直接相关。科学计算的成熟度显然与计算结果的可信度、信任度和可靠性等问题有关。除许多其他取决于如何使用计算结果的问题外,科学计算的影响还直接依赖于可信度。例如,在工业领域中,部分主要观点围绕如何利用科学计算降低产品开发成本、缩短新产品上市时间的同时提高利润率或者市场占有率,以及利用科学计算结果改善决策过程。在政府部门中,可以从如何改善风险评估和对可能备选方案及非预期后果的理解等方面对科学计算的影响进行更详细的衡量。在学术界中,要从计算结果中获取的新理解和知识的角度进行影响的衡量。

1986 年,美国国家航空和宇宙航行局(NASA)发起并资助了一项由国家研究委员会进行的了解 CFD 成熟度和潜在影响的研究(NaRC,1986)。该研究项目由 Richard Bradley 担纲,是首批从商业和经济竞争的角度对 CFD 领域进行广泛研究的项目之一。问卷调查覆盖了大批工业领域和政府部门工作人员,用于评估 CFD 的成熟度。尽管该项目是针对 CFD 的研究,但其中涉及的详细分析同样适用于科学计算中的任何领域。在该项研究中,该委员会将预测能力的成熟度分为五个阶段。以下给出了这些阶段以及各自的特征:

(1)第 1 阶段:开发支持技术—出版科学论文,创建专业知识体系。

(2)第 2 阶段:演示和可信度构建—非预期展开的少量开创性应用。

(3)第 3 阶段:融会贯通—做出重大承诺,能力逐级演进。

(4)第 4 阶段:学习有效地利用—改变工程过程,价值超过预期,发展了专业的用户群。

(5)第 5 阶段:成熟的能力—可靠的能力,设计应用具有成本效益,大多数分析无需通过实验比较。

各个阶段对应各自的关键特征,有人通过建立元素矩阵对成熟度进行评级。矩阵的创建包括两个方面:一方面,将建模方法的复杂程度提高到 CFD 领域;另一方面,提高相关工程系统的复杂程度。得分为 0 时,表示矩阵中该特定元素没有对应已出版的科学著作且未创建对应的专业知识体系;得分为 5 时,表示存在成熟的能力——大多数分析无需实验比较。令人惊讶的是,他们发现根据模型复杂性和系统复杂性,在该矩阵上,得分范围为 0 ~ 5。

人们可能会想,如果该项调查是在 20 年后的今天进行的,基本上矩阵中的所有元素的成熟度将会更高。然而,此矩阵中元素的得分跨度仍非常大。我们认为,即便在臻至完善的科学计算领域中,例如 CFD,成熟度范围差异仍非常大,它取决于建模方法和目标应用。我们认为,不管是商业软件公司还是其他任何组织的复杂系统,宣称该复杂系统在 CFD 中拥有高成熟度都是没有事实依据的。那些销售主要基于炫彩图形和酷炫视频动画的程序的公司和代理商并不在意实际情况到底怎样,我们还认为这在科学计算的所有领域中基本上是非常常见的情况。

1.2.2　科学计算可信度概况

人们常认为,他们对某个事件或者情形的可信度或者真实性的要求的看法与其他多数人是类似的。然而,通过更多的经验累积可以发现,这个观点本质上是错误的。就当前的科学计算话题而言,关于人们说到"我认为此仿真可靠,据此做出必要的决定时的那种感觉很好"时的要求,观点差异很大。从人的本性角度来说,影响决策过程的关键因素更多偏重于下行风险,而不是上行收获(Tversky 和 Kahneman,1992;Kahneman 和 Tversky,2000)。换言之,人们更偏重于某个决策造成的损失、伤害或者困境,而不是预期收获。例如,当基于某个仿真结果做出某个决策时,个人的观点会偏重于"根据一个存在缺陷或者误导性的仿真所做出的不良决策会造成什么个人后果?",而不是"一个成功的仿真会带来什么个人收获?"然而,如果下行风险并不大,个人和组织更容易说服自己相信仿真的优点,而不是缺点。当分析师执行仿真时,如果时间和资源允许,他们通常会尽力获取他们所要求的仿真置信度。对于团队合作,团队的每个成员需要做出他们自己的价值判断,促成一个综合性的结果。

如果计算结果要公开出版,文章作者要问自己一个更苛刻的问题:"别人(编辑、审核、读者)会相信这些结果吗?"相比大多数人的判断,这通常是对著作可信度更为苛刻的验证。编辑、审核和读者必然会对该著作持有各种各样的看法。然而,编辑才是认定结果可信度和是否出版此文章的最终拍板人。就这一点而言,ASME 流体工程学杂志等多数知名杂志以及所有 AIAA 杂志提高了对计算结果可信度的要求。

如果要将计算结果作为一些工程项目决策的重要因素,则计算结果的可信度问题变得尤为重要。对于此类情况,假设各个计算分析师本身对其自己所得结果的可信度感到满意,工程项目经理须基于他们自己个人对可信度的要求来评估计算结果的可信度,这不仅涉及计算结果本身,还涉及他们对分析人员的了解。个人对分析过程中涉及的人员的了解对于项目经理而言是一个很大的优势。然而,对于大型项目或者如果项目涉及来自国家或者世界各地的个人或者团队,这类信息是极其难搜集的。若要判断计算结果的可信度,项目经理可以提出一些问题:"我是否愿意将我的项目(我的职业生涯或者我的公司)押注在这些结果上?"这类想法很难被其他项目相关人所接受。

对于某些项目,项目或者项目决策的成功或者失败的影响造成的主要后果超出了项目本身。对于这类情况,我们称其为高要害系统。下面分别介绍关于这些情形和此类决策的两个例子:

(1)美国国家航空和宇宙航行局(NASA)在每一次航天飞机发射准备的日常活动中采用科学计算,同时,每次航天飞机飞行期间,还利用科学计算对主要系统进行安全评估。从个体分析师到高层管理者经常会问他们自己:"我是否可以将飞行员的生命押注在此分析结果上?"

(2)美国核管理委员会和美国环境保护署利用科学计算分析核动力反应器和地下存储核废料的安全。这些分析通常涉及可能事故的即时效应以及可能对环境造成的长达几千年的影响。对于这些情况,分析师和管理者通常会问他们自己:"我是否可以将公共安全和对环境的灾难性甚至是长达几千年的危害押注于此分析结果?"

本书提及高要害系统的目的并不在于夸大科学计算在决策过程中的重要性,而是意在指出科学计算的影响之大。一般而言,科学家和工程师只专注于一两个领域,例如研究或者系统设计。而个人,尤其是那些专注于学术研究的个人很少考虑到科学计算对实际系统产生的影响范围之广。

1.2.3　如何构建科学计算的可信度？

计算结果可信度指分析结果值得信任的程度。构建计算结果可信度的基本元素包括：①执行该项工作的分析师的素质；②物理建模质量；③确认与验证活动；④不确定性量化和灵敏度分析。我们认为所有这些元素对于提高可信度是不可或缺的，对准确性尤为重要，但是这些元素缺一不可，互为整体。在探讨这些元素的过程中，我们认为，科学计算是一个获取某些物理情景、过程或者系统相关信息的工具。此信息的用途广泛，部分用途已在前一节中进行了介绍。这类信息的质量取决于其来源，但是基于此信息所做的决策的质量取决于许多其他因素。用户对这些信息的了解深度以及信息对预期用途的适用性就是其中的两个关键因素。尽管本书不对该如何使用这些信息的内容进行赘述，但是后面将介绍信息用途的分类方法和减少信息误用的方法。

1.2.3.1　执行科学计算的分析师的素质

此处的分析师是指执行下列活动的一群个体：①针对所关注的问题构建概念模型；②搭建数学模型；③选择离散和数值解算法；④进行计算数值解的软件的编程；⑤在数字计算机上计算仿真；⑥分析和准备仿真结果。在对子系统或者组件进行小规模分析时，或者在研究项目中，单个个体即可完成所有这些任务。而在较大规模的项目中，完成这些任务需要一群人。

分析师的素质包括经验、良好的技术判断能力，以及了解客户对计算信息的需求。一些人会认为计算工作的质量完全取决于分析师的质量。例如，曾经有人说过，"不管他/她执行什么仿真工作，我对此分析师是很有信心的，我对仿真结果深信不疑。"没有人会质疑相关分析师的素质和经验附加的特别价值。然而，许多大型项目和组织发觉长期的成功是不能完全取决于几个突出的人才的，而这常常是个痛苦的过程。大型组织须针对有助于提高产品质量和确保产品按时交付的所有要素，制定并实施一套商业、技术、培训和管理程序。此外，许多现代大型项目一般会涉及不同硬件和文化内涵的群体，他们来自国家不同地区或者世界各地。鉴于这些情况，计算信息的用户个人对个体贡献者及其背景或者价值观体系的了解并不多。

1.2.3.2　物理建模质量

物理建模质量指的是数学模型中物理细节的准确性和综合性。该数学模型包涵了目标系统所涉及的物理量。这些建模决策是在构建目标系统的概念和数学模型过程中做出的。物理学模型准确性有两个对比层面：①低端上的全经验模型，这类模型完全是在与物理原理无任何基本关系的实验数据统计拟合的基础上构建起来的；②高端上的基于物理学的模型，这类模型依赖于表示系统中质量守恒定律、动量和能量的偏微分方程（PDE）或者积分微分方程。建模的综合性指系统中建模的不同类型的物理量、各种物理过程的契合程度以及系统所处环境和场景的设计范围。

我们并不是说每个计算活动都要使用所能达到的最高物理建模质量水平。效率、成本效益和计划都会影响物理建模是否满足科学计算客户的信息需求。换言之，分析师需了解客户的需求，然后根据这些需求判断出可满足需求的最简化的物理模型。为此，要求分析师本身对特定问题有着丰富的处理经验，并同客户就其具体的想法、他们的需求以及他们打算如何利用这些计算结果进行明确的沟通。物理建模质量是一个非常依赖于特定问题的判断,而并非"万能钥匙"。

1.2.3.3　确认与验证活动

确认是一个评估软件正确性和特定数学模型解的数值精度的过程,而验证是一个基于计算结果与实验数据之间的比较来评估数学模型的物理精度的过程。V&V 是评估和量化计算结果准确性的主要程序。然而,对确认与验证持怀疑态度的人并不这么认为,而且有时甚至是强烈抵制(Tetlock,2005)。在确认中,仿真与真实世界的关联或者关系并不是问题;在验证中,数学模型与真实世界(实验数据)之间的关系则是个问题。Blottner(1990)用一个简明扼要的表达道明了各自的本质:"确认是正确求解方程",而"验证是求解正确的方程"。这些表达遵循了 Boehm(1981)的类似定义。

确认与验证的实用主义哲学基本上建立在"精度评估"概念的基础之上。这个听起来很清晰,但是在第 2 章中可以非常明显看出,确认与验证的基本概念差异很大。在我们目前的情况下,精度评估显然是"如何构建科学计算的可信度?"的一个必要构件。确认与验证不能解决仿真可信度的全部问题,但却是不可或缺的关键因素。可以这么说,确认与验证是为计算结果的准确性提供证据的过程。度量准确性时,人们需要有准确的基准或者参考值来参照比较。在确认中,主要的基准就是特定数学模型的高精确解;在验证中,其基准就是高质量的实验测量。从确认与验证的这个角度看,需指出的是,有一个关键的附加要素是不可或缺的,即基准不可用时对准确性的估计。

Roache(2004)曾经说过以下这样一段话,他抓住了确认与验证在科学计算可信度中的重要性:

在伪科学和反理性主义横行的年代里,我们这些相信科学和工程的好的一面的人理应无可指责。我们每犯一个错误,公信力都在进一步折损。尽管许多社会问题只要通过简单地转变价值观即可解决,但是放射性废物处置等重大问题和环境建模需要技术方案才能够解决,而这必定会涉及计算物理学。Robert Laughlin 在此杂志中作注道,"此能力(仿真)有着严重的被误用的危险,或用于事故或用于蓄意行骗"。我们要认真关注规范的确认、计算的确认以及验证,包括对制定新法规或者修改已有法规,以及促成这些活动的具体特征的关注,来使其很好地服务我们的知识和道德传统。

1.2.3.4　不确定性量化和灵敏度分析

不确定性量化是一个识别、特征化和量化分析中可能影响计算结果准确性的因素的过程。产生不确定性的来源很多,但是通常通过在建模和仿真过程中分三个步骤进行解决:①构建概念模型;②构建数学模型;③计算仿真结果。一些不确定性来源常见于概念或数学模型的假设或者数学形式、PDE 的初始条件或者边界条件,以及所选数学模型中涉及的参数中。使用计算模型时,这些不确定性来源会传播到仿真结果中的不确定性。提到"传播"时,指的是不确定性来源,不管发生在哪里,通过数学的形式,映射到仿真结果中的不确定性。分析团队有责任与客户一起,针对仿真结果,识别、描述和量化仿真中的不确定性。

灵敏度分析是一个确定仿真结果,即输出,精度如何取决于组成该模型的所有因素的过程。这些通常称为仿真的"输入",但是人们必须承认,灵敏度分析也涉及输出如何取决于分析中的假设或者数学模型的问题。由于分析中采用假设或者选择数学模型而导致的不确定性一般称为模型形式或者模型结构不确定性。不确定性量化和灵敏度分析通过让用户了解仿真结果的不确定性水平以及不确定结果中最重要的因素,从而为可信度提供关键依据。

1.3 本书提纲和使用

1.3.1 本书结构

本书分为五个部分。第Ⅰ部分:基本概念(第1章~第3章),介绍V&V有关基本概念的发展、不同行业中V&V的含义、建模和仿真的基本原理以及计算仿真的6个阶段。第Ⅱ部分:代码验证(第4章~第6章),介绍代码验证与软件质量保证之间的紧密联系、代码验证的不同方法论、代码验证的传统方法和虚构解的方法。第Ⅲ部分:解验证(第7章~第9章),介绍解验证的基本概念、迭代收敛误差、基于有限元的误差估计程序、基于外插法的误差估计程序和网格细化的实践层面。第Ⅳ部分:模型验证和预测(第10章~第13章),介绍模型验证的基本概念、验证实验的设计与执行、使用实验数据进行模型准确性的定量评估以及讨论非确定性模型预测的6个步骤。第Ⅴ部分:规划、管理和实施问题(第14章~第16章),探讨建模活动和V&V的规划与优先级排序、建模和仿真的成熟度评估,最后介绍V&V和不确定性量化的发展与责任。

本书介绍了V&V的基本问题及其实际应用问题,而对理论方面只在它们对程序的具体实现有帮助时才进行探讨。与数学和物理学问题不同,V&V一般涉及质量控制概念、程序和最佳做法。我们关注的焦点在于如何通过V&V提高仿真质量进而提高基于这些仿真所得决策的质量。由于V&V仍是形式技术和实践中一个相对较新的领域,所以关于V&V的很多话题,还没有确立统一的方法和标准。本书虽不可能详述各话题相关的所有方法,但会尝试覆盖其中大多数方法。一般而言,我们只会对其中一两个已被证实有效的方法进行探讨。之所以这么做的其中一个原因就是让读者充分了解若干方法的细节,以便他们可以将这些方法用于科学计算的实际应用中。另外,本书还给出了一些方法的优势和缺点以及使用限制。本章中阐述的原则和概念将在后续多数章节中通过应用实例进行详细说明,其中部分实例是为介绍新概念时陆续加入本书各章节的。

V&V与具体的应用领域并没有关联,例如物理学、化学或者机械工程学。它几乎适用于使用建模和仿真(M&S)的任何应用领域,包括人类行为建模和金融建模。V&V是计算机科学、PDE数值解、概率、统计学和不确定性估计的巧妙结合。针对某应用领域的特定问题采用哪些V&V程序很显然受执行人员对该应用领域的了解程度影响。本书中我们假设该应用领域的从业者具备必要的专业技术知识。

本书既可用作大学教材,亦可供各领域专业人士使用。书中重点介绍了以偏微分方程或者积分微分方程表示的模型。对于那些仅对以常微分方程(ODE)表示的模型感兴趣的读者来说,可以借鉴本书涉及的所有基本原理,但是其中许多方法并不适用,尤其是代码验证和解验证。要理解本书的大部分内容,读者必须对概率和统计学有一定的了解。

虽然本书并不要求使用任何指定的计算机软件或者编程语言,然而有些例子的说明最好使用通用的软件包,例如 MATLAB 或者 Mathematica(数学软件)。此外,那些用于解决 PDE 问题的通用软件包无论对于举例还是读者据此提出自己所在应用领域的问题都会有帮助。

1.3.2　本书在本科和研究生课程中的使用

对于高年级本科在读生来说,掌握本书内容必须先完成数值计算法入门、概率和统计学以及 PDE 分析解法方面的课程。我们建议这类读者尝试去了解至少第 1 章～第 4 章和第 10 章～第 13 章的内容,可以根据自己的背景知识辅以必要的背景资料。尽管这些章节的部分内容可能较为浅显,但它们介绍了许多 V&V 基本原理,即评估计算结果可信度时所遇见的主要问题。理想而言,习题或学期项目可以指派给在某应用领域合作小组的各成员,例如流体力学或者固体力学。与使用 PDE 时不同,仿真可分配给只要求 ODE 解的小组。

对于研究生来说,本书所有章节均适合。除刚提到的本科在读生必修课程外,研究生还应修完有关 PDE 数值解的课程。对于未选修过概率论和统计学课程的读者来说,可能需要辅以该领域相关的补充材料。理想而言,习题或者学期项目同样可以分配给各小组成员。不过,还有一个更灵活的替代方案,就是让每个小组针对其项目自选应用领域,但是采用该替代方案前须获得导师批准。我们认为,这对小组成员来说十分有益,因为成员各有所长,通过合作,他们之间可以互补不足,形成整体。同时,学会在团队环境中工作对于任何科学或者工程领域都非常重要。学期项目的订立要考虑让项目的每个元素基于之前完成的元素之上,每个元素都可以应对本书各个章节中的特定话题,且每一个元素都可以单独进行评分。本方法在结构上类似于高级设计项目的工程领域中常用的方法。

1.3.3　本书在专业人士中的使用

对于各应用领域专业人士来说,他们对于本书的使用与课堂教学环境中的使用大相径庭。他们一般会通篇浏览一次,然后重点关注与当前工作相关的章节。以下列出了五组专业人士以及建议他们应特别关注的对应章节:

　　(1)代码编写人员和软件开发人员:第 1 章～第 9 章。

　　(2)物理过程数学建模人员:第 1 章～第 3 章和第 10 章～第 13 章。

　　(3)计算分析师:第 1 章～第 16 章。

　　(4)实验人员:第 1 章～第 3 章和第 10 章～第 13 章。

　　(5)项目管理人和决策人:第 1 章～第 3 章,第 5、7、10 章和第 13 章～第 16 章。

1.4　参考文献

Ashill, P. R. (1993). Boundary flow measurement methods for wall interference assessment and correction: classification and review. *Fluid Dynamics Panel Symposium: Wall Interference, Support Interference, and Flow Field Measurements, AGARD-CP*-535, Brussels, Belgium, AGARD, 12.1-12.21.

Blottner, F. G. (1990). Accurate Navier-Stokes results for the hypersonic flow over a spherical nosetip. *Journal of Spacecraft and Rockets.* 27(2), 113-122.

Boehm, B. W. (1981). *Software Engineering Economics*, Saddle River, NJ, Prentice-Hall.

Bradley, R. G. (1988). CFD validation philosophy. *Fluid Dynamics Panel Symposium: Validation of Computational Fluid Dynamics*, AGARD-CP-437, Lisbon, Portugal, North Atlantic Treaty Organization.

Chapman, D. R., H. Mark, and M. W. Pirtle (1975). Computer vs. wind tunnels. *Astronautics & Aeronautics.* 13(4), 22-30.

Cosner, R. R. (1994). Issues in aerospace application of CFD analysis. *32nd Aerospace Sciences Meeting & Exhibit*, AIAA Paper 94-0464, Reno, NV, American Institute of Aeronautics and Astronautics.

DeCamp, L. S. (1995). *The Ancient Engineers*, New York, Ballantine Books.

Dwoyer, D. (1992). The relation between computational fluid dynamics and experiment. *AIAA 17th Ground Testing Conference*, Nashville, TN, American Institute of Aeronautics and Astronautics.

Edwards, P. N. (1997). *The Closed World: Computers and the Politics of Discourse in Cold War America*, Cambridge, MA, The MIT Press.

Harlow, F. H. and J. E. Fromm (1965). Computer experiments in fluid dynamics. *Scientific American.* 212 (3), 104-110.

Kahneman, D. and A. Tversky, Eds. (2000). *Choices, Values, and Frames.* Cambridge, UK, Cambridge University Press.

Kirby, R. S., S. Withington, A. B. Darling, and F. G. Kilgour (1956). *Engineering in History*, New York, NY, McGraw-Hill.

Lynch, F. T., R. C. Crites, and F. W. Spaid (1993). The crucial role of wall interference, support interference, and flow field measurements in the development of advanced aircraft configurations. *Fluid Dynamics Panel Symposium: Wall Interference, Support Interference, and Flow Field Measurements*, AGARD-CP-535, Brussels, Belgium, AGARD, 1.1-1.38.

Marvin, J. G. (1988). Accuracy requirements and benchmark experiments for CFD validation. *Fluid Dynamics Panel Symposium: Validation of Computational Fluid Dynamics*, AGARD-CP-437, Lisbon, Portugal, AGARD.

Mehta, U. B. (1991). Some aspects of uncertainty in computational fluid dynamics results. *Journal of Fluids Engineering.* 113(4), 538-543.

NaRC (1986). *Current Capabilities and Future Directions in Computational Fluid Dynamics*, Washington, DC, National Research Council.

Neumann, R. D. (1990). CFD validation-the interaction of experimental capabilities and numerical computations, *16th Aerodynamic Ground Testing Conference*, AIAA Paper 90-3030, Portland, OR, American Institute of Aeronautics and Astronautics.

Oberkampf, W. L. (1994). A proposed framework for computational fluid dynamics code calibration/ validation. *18th AIAA Aerospace Ground Testing Conference*, AIAA Paper 94-2540, Colorado Springs, CO, American Institute of Aeronautics and Astronautics.

Oberkampf, W. L. and D. P. Aeschliman (1992). Joint computational/experimental aerodynamics research on a hypersonic vehicle: Part 1, experimental results. *AIAA Journal.* 30(8), 2000-2009.

Roache, P. J. (2004). Building PDE codes to be verifiable and validatable. *Computing in Science and Engineering.* 6(5), 30-38.

Tetlock, P. E. (2005). *Expert Political Judgment: How good is it? How can we know?*, Princeton, NJ,

Princeton University Press.

Top500 (2008). 32*nd Edition of TOP500 Supercomputers.* www. top500. org/.

Tversky, A. and D. Kahneman (1992). Advances in prospect theory: cumulative representation of uncertainty. *Journal of Risk and Uncertainty.* 5(4), 297-323.

第 I 部分　基本概念

　　第 2 章与第 3 章共同为本书做了很好的铺垫,因此我们建议对数学模型和科学计算仿真的 V&V 感兴趣的读者阅读这些章节。第 2 章定义并讨论了所有关键术语,但其内容并不局限于简单的术语介绍,它还阐述了术语的发展以及每个术语概念背后的基本哲学原理。读者可能会对我们开设一章专门介绍基本概念和术语的做法感到奇怪。然而,许多术语(例如确认、验证、预测能力、校准、不确定性和误差)的惯常解读并不准确,而且一些术语的解释随技术领域的不同而变化甚至相互矛盾,所以对基本概念的理解至关重要。令人欣慰的一个方面是在 V&V 这个新生领域中所有现有原则必须适用于科学计算的任何领域,甚至延伸到科学计算以外的领域。由于各技术领域所使用的术语可能与 V&V 领域当前所用术语相矛盾,所以定义术语是一项极具挑战有时甚至是令人沮丧的事情。本章清楚地阐述了这些概念和术语的合理性以及它们在科学计算实际应用中的适用性,并于结尾处深入探讨了 V&V 和预测能力的各个方面如何相互关联和循序实现。

　　第 3 章介绍了建模和仿真(M&S)的基本概念,尤其在物理科学和工程学领域。我们正式定义了"系统""周围环境""环境""场景"等术语。尽管后两个术语在物理科学许多领域并未用到,但是它们对于工程系统的分析非常有帮助。我们讨论了非确定性仿真的概念以及该概念在多数系统分析中的重要性。有些领域几十年来一直采用非确定性仿真,而有些领域仅限于采用确定性仿真。因为不确定性来源在分析中的某个指定点才能获取到,所以非确定性仿真的主要目的是仔细、明确地识别各种不确定性来源,以及确定它们如何影响目标系统的预测响应。此处必须指出的是,不确定性分为本质上完全不同的两种类型:第一类是由于系统、周围环境、环境和场景固有的随机性而导致的不确定性,称为"偶然不确定性";第二类是由于缺少对系统、周围环境、环境和场景的认知而导致的不确定性,称为"认知不确定性"。第 3 章的后半部分将利用一个概念框架把这些概念相结合,便于理解计算仿真的 6 个正式阶段。

2　基本概念和术语

本章介绍了模型和仿真的 V&V 活动相关的基本概念和术语。我们从哲学基础的简史说起,方便读者更好地了解对于 V&V 的原理和过程众说纷纭的原因。这种现状还引发了验证与确认在一些重要行业中定义上的迥异。虽然该术语在一些学术领域内正走向归一化,但目前仍存在很大差异。读者需要清楚这些差异的存在,从而减少混淆和不必要的争论,同时预见到企业和政府在履行其应尽义务时可能遇到的困难。另外,本章还探讨了建模与仿真(M&S)中一些重要且密切相关的术语,例如预测能力、校准、认证、不确定性和误差。本章最后还讨论了将确认、验证和预测能力进行整合的概念框架。尽管类似的框架有很多,但是我们即将介绍的框架经证实有助于理解科学计算中各种活动的关联方式。

2.1　概念和术语的发展

围绕 V&V 的基本概念,科学哲学家们至少纠结了 2 000 年。20 世纪期间,认识论的主要哲学概念发生了根本变化(Popper,1959;Kuhn,1962;Carnap,1963;Popper,1969)。这些变化深受量子力学和相对论相关实验与理论的影响。推翻统治时间长达 300 年之久的牛顿力学转而投向现代物理学并非易事。工程学和应用科学的一些研究人员使用科学哲学中的若干现代概念制定了 V&V 的基本原则和术语。有关验证的科学哲学观的历史回顾,请参阅 Kleindorfer 等(1998)的著作。当该观点走向极端时(Oreskes 等,1994),人们会面临这样的境况:人们只能反驳或者无法反驳理论或者自然法则。换言之,理论和法则无法得到证明,只能证伪(Popper,1969)。此境况对于科学哲学很有价值,但是对于评估计算结果在工程学和技术中的可信度来说几乎毫无用处。工程学和技术处理通常侧重于要求、计划和成本的实际决策过程。在过去的 20 年里,已针对 V&V 的概念、术语和方法论确立了一个确实可行、富有建设性的方法,但是它依据的是企业和政府部门的实际现状,而不是自然哲学的绝对真理问题。

2.1.1　运筹学研究界的早期努力

首先开始着手制定 V&V 的方法论和术语的应用科学学科是运筹学研究(OR)学界,也称为系统分析或者建模与仿真(M&S)学科。20 世纪六七十年代在运筹学学界的早期贡献者主要有 Naylor 和 Finger(1967)、Churchman(1968)、Klir(1969)、Shannon(1975)、Zeigler(1976)、Oren 和 Zeigler(1979),以及 Sargent(1979)等。有关从运筹学角度来看待 V&V 发展的历史回顾的内容,请参阅 Sheng 等(1993)的著作。有关 M&S 的当代文献中对 V&V 的概念和理论的讨论,请参阅 Bossel(1994)、Zeigler 等(2000)、Roza(2004)、Law(2006)、Raczynski(2006)的著作。在 OR 活动中,待分析的系统可以是极其复杂的系统,例如工业生产模型、企业或者政府组织、营销模型、国家和世界经济模型及军事冲突模型。这些复杂的模型通常涉及复杂的物理过程、各种条件下的人类行为和可适应不断变化的系统特征与环境的计算机控制系统之间的强耦合。对于此类复杂系统和过程，当涉及以上问题时，就会出现基本的概念性问题：①定义系统，而非其外部影响因素；②因果关系问题；③人类行为；④测量系统响应；⑤评估模型的准确性。

计算机模拟协会（SCS）在 1979 年（Schlesinger，1979）发布 V&V 的第一批定义成为 OR 界的早期研究工作的关键里程碑。

模型验证：计算机模型在指定准确度范围内表示概念模型的证明过程。

模型确认：计算机模型在其应用领域内具有与模型的预期用途相一致的合理精度范围的证明过程。

SCS 对确认的定义虽然简洁，但是可以传达很多信息。这个定义的主要含义是数学模型，即计算机代码，须准确模拟最初概念化的模型。SCS 对验证的定义尽管有启发性，但是看起来仍有一点模棱两可。然而，两个定义都包含一个关键的概念：对正确性的证实或者证明。

根据这些定义，SCS 发布了第一个介绍 V&V 在 M&S 中的作用的图表（见图 2-1）。

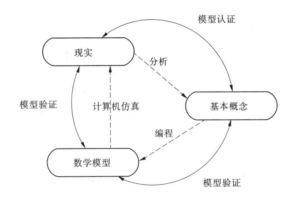

图 2-1　M&S 的阶段和 V&V 的作用（Schlesinger，1979；
模拟委员会，1979 年版权所有）

图 2-1 给出了两种模型：概念模型和数学模型。概念模型由所有与目标物理系统或者过程相关的信息、建模假设和数学方程组成。通过分析和观察目标系统，制作出一个概念模型。SCS 将"鉴定"定义为"确定概念模型是否可以达到预期应用领域可接受的一致性水平"。"数学模型"是一个使用计算机编程实现概念模型的运算计算机程序。现代术语学通常将数学模型称为计算机模型或者计算机代码。图 2-1 强调，"确认"处理的是概念模型与数学模型之间的关系，而"验证"处理的是数学模型与现实之间的关系。然而，V&V 的其他定义有时并不承认这些关系，我们将在后面章节简短地进行描述。

运筹学研究（OR）业界早就清楚地认识到，V&V 用于评估概念模型与数学模型的精度。对于许多运筹学研究（OR）工作，评估如果有可能进行，也是一件非常困难的事，以至于 V&V 与可信度的问题（即模型是否可信或者模型获得认可的能力）之间的关联愈加紧密。然而，在科学和工程学中，对预期应用相关的重要物理现象进行精度上的定量评估是强制性的。在一些情况下,只能使用分量物理模型、系统中发生的主导物理过程的子集,或者完整系统的某个子系统执行精度评估。随着近年来研究的深入,模型的外插问题的解决也更为直接,本章将对此进行详细描述。

2.1.2　电气与电子工程师学会(IEEE)和相关组织

20 世纪 70 年代的商业和公共系统中,尤其是飞机的自动飞行控制系统和诸如核动力反应器等高要害系统,计算机控制系统开始崭露头角且渐趋流行。为适应这种变化,电气与电子工程师学会(IEEE)对确认的定义如下(IEEE,1984;IEEE,1991):

确认:评估开发阶段的软件产品能否满足前一阶段对它们定义的要求的过程。

IEEE 的定义十分宽泛,但是在某种意义上,定义的价值关键取决于"前一阶段对它们定义的要求"的指标,所以也十分具有参考价值。因为这些要求并未在定义中叙述,所以此定义并不太有助于直观地理解确认或者确立具体的确认方法。尽管定义明确包括了产品从一个阶段到另一个阶段的一致性要求(例如计算机编程),但是此定义并没有明确指示任何正确性或者精度要求。

同时,IEEE 对验证的定义如下(IEEE,1984;IEEE,1991):

验证:测试计算机程序并评估结果,以确保符合具体要求的过程。

IEEE 的两个定义都强调确认和验证属于过程,也就是说正在进行的活动。因为定义中出现了"符合具体要求"这样的短语,所以 IEEE 对验证的定义也极具参考价值。然而,因为未提出具体的要求(以尽量让该定义广泛适用),所以验证的定义本身并不是特别有用。因此,当详述附加信息时,必须明确说明该定义的本质。

有人可能会质疑 IEEE 的定义看起来似乎比 SCS 早期的定义更难理解而且实用性也更差,那为什么还要引入 IEEE 的定义? 首先,这些定义所传递的对整个 V&V 问题的看法明显不同于科学计算所要求的。IEEE 认为鉴于 M&S 要求的极度多样化,针对每个应用必须单独提供需求文档,而非笼统地归入 V&V 的定义。例如,将通过与实验数据进行比较测量得到的模型精度的要求放入需求文档中。其次,总的来说,IEEE 的定义是工程学中更广泛应用的定义。为此,在交流、出版物、政府规定和合同规定中使用其他定义时,人们需要清楚地认识到可能会存在混淆。IEEE 在世界范围内拥有强大的影响力,尤其在电气电子工程领域已得到普遍认可,所以 IEEE 的定义占据着主导地位。同时,还需注意的是,计算机科学领域、软件质量保证领域和国际标准化组织(ISO)(ISO,1991)也使用 IEEE 的定义。

此外,对于科学计算更重要的是,IEEE 对 V&V 的定义已受美国核学会(ANS)(ANS,1987)认可。然而,在 2006 年,ANS 成立了一个新的委员会,重新审视了 IEEE 的 V&V 定义的使用。

2.1.3　美国国防部

在 20 世纪 90 年代初,美国国防部(DoD)开始认识到敲定 V&V 术语和过程的重要性,因为 M&S 的绝大部分流程都涉及 V&V(Davis,1992;Hodges 和 Dewar,1992)。美国国防部成立了国防部建模与仿真办公室(DMSO),研究 IEEE 提出的术语并确定 IEEE 的定义是否符合他们的需求。国防部建模与仿真办公室吸收了专家们在运筹学研究、软硬件系统的运算测试、人在回路中训练模拟器和战争模拟等领域的专业意见。他们总结道，IEEE 的定义太过局限于软件 V&V，并未考虑到更广泛的 M&S 需求。在 1994 年，美国国防部/国防部建模与仿真办公室公布了他们有关 V&V 的基本概念和定义（美国国防部，1994）。

确认：确定模型实现是否准确表示了开发人员对模型的概念描述的过程。

验证：从模型预期用途的角度出发，确定模型对现实世界的表示准确程度的过程。

　　通过将这些定义与 IEEE 的定义进行比较不难看出，美国国防部在对 V&V 的概念化方面取得了重大的突破。美国国防部的定义可以称为"模型 V&V"，实际上与 1979 年 SCS 的定义类似，而与 IEEE 定义的"软件 V&V"截然不同。

　　从 IEEE 的 V&V 定义相关讨论中可以看到，美国国防部的定义同样强调 V&V 是"确定的过程"。V&V 为一系列正在进行的活动且没有明确的完成节点，除非在模型的预期用途和充分性方面添加了相应的规定。这些定义考虑了 V&V 过程处于不断变化中的特性，原因在于一个无法回避的痛苦事实：一个计算模型并不能在所有可能的条件下或应用中都达到既定的准确性、正确性和精度，只能通过零碎的模型来实现。例如，我们无法证明一个即便是中等复杂的计算机代码是否存在错误。同样地，我们也根本无法证明一个物理模型是否正确，而只能证明它是否不正确。

　　美国国防部的 V&V 定义的关键特性在于对精度的强调，这一点并未体现在 IEEE 的定义中。该特性假设精度可测量，即可以根据任何既定参照物测量精度。在确认过程中，参照物可以是广泛接受的对简化模型问题的解或者专家对该解的合理性的看法；在验证过程中，该参照物可以是实验测量数据或者是专家对模型的结果是否合理或者可信的看法。

2.1.4　AIAA 和 ASME

　　与涉及面极其广泛的美国国防部系统不同，多数科学和工程学学界只专注于它们自己特定的应用类型。具体来说，科学计算专注于人与系统有限交互的物理系统的建模。一般情况下，目标系统的数学模型由使用偏微分方程（PDE）或者积分微分方程描述的物理过程主导。人与系统的交互以及计算机控制系统的作用通过边界条件、初始条件、系统激励或者其他辅助子模型清晰界定。将焦点控制在小范围内的做法将随着 V&V 术语、概念和方法的发展产生深远的影响。

　　计算流体力学（CFD）学界是第一个认真开始制定 V&V 方法论概念和程序的工程学界，主要推动者为美国航空航天学会（AIAA）。早期的核心推动人员包括 Bradley（1988），Marvin（1988），Blottner（1990），Mehta（1990），Roache（1990）及 Oberkampf 和 Aeschliman（1992）。有关 CFD 中 V&V 概念的详细演进过程，请参阅 Oberkampf 和 Trucano（2002）的著作。

2.1.4.1　AIAA 指南

　　1992 年，AIAA 计算流体力学标准委员会（AIAA COS）启动了一个为 CFD 仿真制定和标准化 V&V 的基本术语与方法论的项目。委员会的成员代表来自美国、加拿大、日本、比利时、澳大利亚和意大利等国的学术界、工业界和政府部门。经过 6 年的反复讨论,委员会输出的讨论结果最终整理成《计算流体力学仿真的确认与验证指南》一书(AIAA,1998),本书简称为《AIAA 指南》。《AIAA 指南》定义了许多关键的术语和基本概念,还阐述了在 CFD 中执行 V&V 的一般流程。

《AIAA 指南》中对美国国防部的"确认"定义作了如下修改:

确认:确定模型实现是否准确表示了开发人员对模型的概念描述及模型的解的过程。

美国国防部对"确认"的定义未明确包含概念模型的数值解的精度。然而,科学界和工程学学界对数值解的精度非常看重——这也是科学计算中几乎所有领域共同关注的一个问题。

尽管《AIAA 指南》逐字沿用了美国国防部对"确认"的定义,但对定义的解释却大相径庭。我们将在下一节和 2.2.3 部分中进行介绍。

确认是一个识别、量化和减少计算机代码和数值解中的错误的基本过程。通过确认,证明或者证实概念(连续数学)模型可通过在计算机代码中具体化的离散数学模型准确地求解。量化计算机编码错误时,需要有一个高精确、可靠的基准解。

不幸的是,只有简化模型问题才能使用高精度解。确认并不关注概念模型与现实世界之间的关系。Roache(1998)明确指出:"确认是一个数学问题,而不是一个物理学问题。"而验证是一个物理科学问题。图 2-2 介绍了将代码的数值解与各种高精度解进行对比的确认过程。

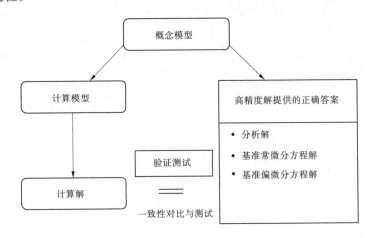

图 2-2　确认过程(AIAA,1998)

《AIAA 指南》在允许的精度评估 VS"现实世界"比较类型上实现了重大突破,摆脱了美国国防部对验证的桎梏。《AIAA 指南》特别要求只能使用实验测量对计算结果的精度进行评估。验证是一个识别并量化计算数学模型中的错误及不确定性的基本过程。这涉及计算解中的数值误差的量化、实验不确定性的估计以及计算结果与实验数据之间的对比。也就是说,根据实验数据测量精度,这是我们度量现实的最佳方法。此测量未假设实验测量数据的精度比计算结果的精度高;只认为在进行验证时,实验测量数据是最能可靠反映现实的度量。图 2-3 描述了将计算结果与各种来源的实验数据进行对比的验证过程。

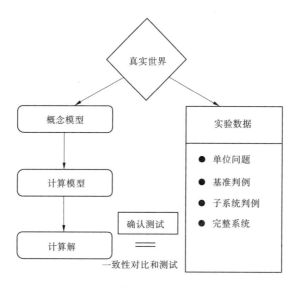

图 2-3　验证过程(AIAA,1998)

　　对于多数复杂系统来说,执行真正的验证实验是不可行且不具有现实可操作性的,所以建议使用积木式或者系统复杂性层次分析法。此方法最初由 Sindir 和他的同事(Lin 等,1992;Sindir 等,1996),以及 Cosner(1995)和 Marvin(1995)提出。该方法将所关注的复杂工程系统分解为多个越来越简单的层级次,例如子系统案例、基准案例和单元问题。分层层次分析法是一个评估如何在多物理场耦合和几何复杂性(见图 2-4)中准确地将计算结果与实验数据(带量化的不确定性估值)进行对比的方法。此方法:①将系统和仿真的复杂性分为多个层级次;②认为在不同层级中通过实验所获信息的数量和精度差别非常大;③围绕系统的完整性引导验证证据的收集。同时须注意的是,除上述讨论的四个构件层级次外,还可以定义其他构件层级次。但是,其他层级次不会从根本上改变推荐的方法论。

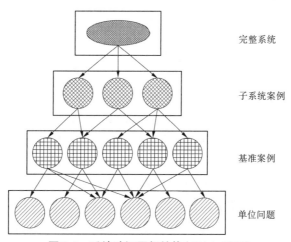

图 2-4　系统验证层级结构(AIAA,1998)

根据《AIAA 指南》围绕验证的讨论(具体见图 2-3),验证是模型精度评估时将计算结果与实验测量数据进行对比的过程。那么,接下来要求我们处理"预测"问题。《AIAA 指南》对预测的定义如下:

预测:在计算模型未经验证的条件下,使用计算模型预测物理系统的状态。

预测是一个当特定案例与经验证的案例存在某些差异时对该特定案例进行计算仿真的过程。此处的预测不同于我们通常所理解的预测,它只有前测之含义,而无后测之含义(复制之前获取的结果)。如果未做此限制,则我们只能证明以往的结果与验证数据库中的实验数据一致。验证过程得到的结果应被视作模型与实验数据进行对比的历史表述。换言之,验证数据库代表了某个模型在解决指定问题时实现了给定精度水平的可复制的证据。从这一方面来看,显而易见的是,验证对比一般没有直接承诺预测的准确性,而是从类似系统的响应模型中进行推导。预测中的分离验证(从模型精度评估意义上说)和推导准确性的问题是主要的概念性问题,后续将在多个章节中重新探讨。

2.1.4.2　ASME 指南

在 20 世纪 90 年代末,固体力学学界的成员开始关注 V&V 的概念和方法论。美国机械工程师学会(ASME)的规范与标准分部内的第一个 V&V 委员会于 2001 年成立,并命名为计算固体力学确认与验证委员会——性能测试规范 60。在委员会主席 Leonard Schwer 的领导下,委员会就 V&V 的术语和相应方法论的细节进行了反复研讨。2006 年底,《ASME 计算固体力学确认与验证指南》(简称《ASME 指南》)编制完成(ASME,2006)。

《ASME 指南》对《AIAA 指南》中确认的定义做了如下细微修改:

确认:确定计算模型是否准确表示了基础数学模型及其解的过程。

《ASME 指南》采用了美国国防部提出且被《AIAA 指南》采纳的验证的定义。在下文以及 2.2.3 部分将介绍解释的关键问题。《ASME 指南》吸收了《AIAA 指南》介绍的许多概念以及新公开的 V&V 方法,因此在极大程度上丰富了 V&V 相关工程标准文献。

不同于《AIAA 指南》中以图形方式将 V&V 表示为独立的实体,《AMSE 指南》构建了一个同时显示两个活动以及其他补充性活动的综合图(见图 2-5)。其中重要的一点是,我们必须认识到该图和显示的所有活动可适用于分层系统的任何层级。图中清楚地显示了数学建模和物理建模中的模拟活动以及它们之间的交互。所有概念模型、数学模型和计算模型均显示在图中,并在《ASME 指南》中进行了定义。通过对这三种模型中的概念和活动进行分离,增强了对 V&V 过程以及 M&S 过程的理解。确认存在代码验证和计算验证两个要素。确认活动的分离遵循了 Blottner(1990)和 Roache(1995)的开拓性工作。通过对确认活动进行分离,从更清晰的角度讨论涉及的方法,提高计算模型的编码可靠性和数值评估精度。

如图 2-5 底部所示,V&V 活动中的一个重要决策点就是解答以下问题:计算结果与实验测量是否吻合?《ASME 指南》探讨了该如何作出决策,尤其是关于验证定义中的关键短语:模型的预期用途。在一些学界中,使用的短语为"适用",而不是模型的预期用途。在构建概念模型过程中定义了若干任务,其中:①确认现实中哪些物理过程预期会对响应产生明显的影响以及哪些过程无关紧要;②确定证明模型精度和预测能力的要求;

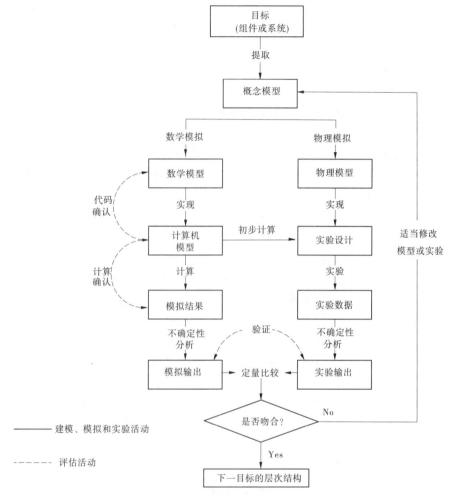

图 2-5　确认与验证活动和输出（ASME，2006）

③指定模型的预期用途范围。利用模型预测的响应精度要求，即可回答"是否吻合"的问题。只有确认精度要求后，才能够决定是接受还是修改模型。如没有精度要求，则无法回答"如何才算足够好?"的问题。

　　模型预期用途范围的规格说明中着重强调了模型的使用条件，例如边界条件、初始条件、外部系统激励、材料和几何构型的范围。《ASME 指南》以及美国国防部都提到了指明模型预期用途范围的重要性和困难。

2.1.5　水文学

　　水文学学界，尤其是有关地表与地下迁移的研究机构，一直积极致力于制定 V&V 相关的概念和方法。然而，他们的多数工作基本上与本章前面讨论的许多活动无关。Beck（1987）、Tsang（1989）、LeGore（1990）、Davis 等（1991）以及 Konikow 和 Bredehoeft（1992）对这项工作早期的发展起了关键的作用。水文学学界的工作之所以重要，有两个原因：首先，它解决了物理科学中复杂过程的验证。而对于物理科学而言，模型验证即便勉强可以实施,也将非常困难,原因在于对验证数据库相关的特定地下迁移特征和材料属性的了解极其有限。对于此类情况,我们需要更明确地关注模型中的校准和参数估计,而不是 AIAA 和 ASME 提出的验证相关概念。本书将抽出若干章节介绍模型的验证与校准中存在的这个关键问题。其次,由于对目标系统的物理特征了解有限,所以水文学专家坚决采用校准和验证评估的统计方法。在水文领域中,它并不是仅仅牵涉到对标量参数的校准,而对标量场和张量场的校准也不可或缺。有关水文学的 V&V 的目前发展水平,请参阅 Anderson 和 Bates(2001)的著作。

在最近的研究工作中,欧洲的水文学学界(Rykiel,1996;Beven,2002;Refsgaard 和 Henriksen,2004)独立提出了对 V&V 的看法,该看法与美国方面提出的看法极其相似。Rykiel(1996)就科学哲学观点与业内人士对验证的看法之间存在的差异提出了一个非常重要的现实因素,尤其对分析师和决策者而言。他认为:"验证不是一个测试科学理论或者认证当前科学认知的'真理'的过程……验证意味着模型满足指定的性能要求,适合按其预期用途进行使用。"Refsgaard 和 Henriksen(2004)提出了有关 V&V 的术语和基本流程的建议,这些术语和流程极其符合《AIAA 指南》和《ASME 指南》中的相关说明。他们将模型验证定义为"证明模型在其应用领域内具有与其预期用途相一致的合理精度范围"。Refsgaard 和 Henriksen(2004)还强调了另一个已被《AIAA 指南》和《ASME 指南》证实的关键问题:"为了能够记录模型的预测能力,需要根据同样没有用于校准的独立数据进行验证测试。"换言之,验证的主要挑战是使用实验数据在盲测中对模型进行评估,而校准的主要问题是调整物理建模参数,以提高与实验数据的吻合度。盲测对比是一项非常困难,有时甚至是难以完成的工作,例如当对比前已存在公开的基准验证数据时。为此,当计算分析师已了解这些数据时,测量模型预测精度时须持极其审慎的态度。事先了解正确答案是一件极具诱惑力的事,圣人也不例外。

2.2　主要术语和概念

本节将详细介绍《ASME 指南》中 V&V 定义背后的概念和基本原则,以及代码验证、解验证、预测能力、校准、认证和认可等术语。这些术语的定义将主要借鉴于 ASME、AIAA、IEEE 和 DoD。

现代科学方法与称为"演绎主义"的自然哲学法保持着高度的一致性。演绎主义是一种通过有条理地将新观点与普遍认为正确的事实相结合,然后做出结论的方法,用于从一般到特殊进行论证,或者从已知的一般原则开始推理,演绎出以前未被注意的或者未知的现象。通过科学家和工程师受培训的方式以及对物理过程的数学建模,可以很清晰地看到这一点。然而,V&V 依循归纳推理过程,即证明所有证据的正确性,以帮助推断归纳正确性的过程。V&V 的哲学视角是"根本怀疑论"的一种:如果不能够证实或者证明任何主张,则该主张就不能被认为是正确的。和 V&V 不同,科学家与工程师培训之间出现两极分化的观点有时根本上是因为缺少兴趣,或者公开抵制一些科学家和工程师执行的许多 V&V 活动。

2.2.1 代码验证

《ASME 指南》(ASME,2006)对"代码验证"的定义如下:

代码验证:确定在计算代码中正确实现数值算法并识别软件中错误的过程。

代码验证可以分为两种活动:数值算法验证和软件质量保证(SQA),具体如图 2-6 所示。数值算法验证用于确定会影响计算结果的数值精度的所有数值算法的软件实现中的数学准确性,其主要目的是搜集证据,证明代码中的数值算法得到正确实现,且能够如预期正常使用。例如,数值算法验证将证明,随着网格针对特定的被测 PDE 进行细化,空间离散法会得到预期的收敛速率。软件质量保证(SQA)着重确定是否正确实现了构成软件系统一部分的代码以及代码在指定的计算机硬件和软件环境中是否得出可重复使用的结果。此类环境包括计算机操作系统、编译程序、功能库等。尽管在现代计算机仿真中有许多软件系统元素,如前后处理器代码,但是本书将重点介绍用于计算科学相关源代码的软件质量保证做法。

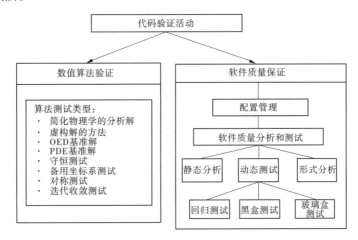

图 2-6 建模与仿真中代码验证的综合视图(Oberkampf 等,2004)

数值算法验证基本上是依据经验的,尤其是对执行代码后得出的结果进行测试、观察、对比和分析。它着重对数值方面进行仔细调查,如空间和时间收敛速率、间断性空间收敛、坐标变换解的独立性以及各种边界条件(BC)相关的对称性检验。因为代码本身须证实数值分析的分析结果和形式结果,所以分析或者形式误差分析在数字算法验证中并不充分。执行数值算法验证时通常将计算解与高精度解进行对比,这通常称为"验证基准"。Oberkampf 和 Trucano(2007)将高精度解分为四类(精度从高到低排列):虚构解、分析解、常微分方程的数值解和 PDE(偏微分方程)的数值解。第 5 章和第 6 章将详细讨论数值算法验证的方法。

软件质量保证活动包括主要由计算机科学和软件工程学界提出的做法、程序和过程。传统 SQA 强调的是过程(即管理、规划、设计、获取、供应、开发、操作和维护),以及报告、行政及档案要求。软件配置管理是 SQA 的主要元素或者过程,包括配置识别、配置和变更控制及配置状态统计。如图 2-6 所示,软件质量分析和测试可以分为静态分析、动态测试和形式分析。动态测试可以进一步细分为各种惯常元素,如回归测试、黑盒测试和玻璃盒测试。从软件质量保证角度来看,可以将图2-6重新组织,使从属于数值算法验证的所有算法测试移到动态测试中。尽管这看似很有帮助,但是它并没有突出PDE数值解中十分关键的数值算法验证。而我们强调SQA是代码验证的一个必要元素。

2.2.2　解验证

"解验证",也称为计算验证,定义如下:

解验证:确定输入数据的准确性、解的数值精度以及某个特定仿真中输出数据的准确性的过程。

解验证尝试确定并量化执行计算机仿真代码时出现的三类误差源(见图2-7)。第一类为计算分析师在准备计算机模拟代码输入时造成的错误、误差或者差错;第二类为在数字计算机上计算数学模型的离散解时出现的数值误差;第三类为计算分析师处理由仿真代码生成的输出数据时造成的错误、误差或者差错。第一类和第三类错误来源与第二类有很大区别。第一类误差源不包括构建或者组建数学模型时出现的误差或者近似值。而第一类和第三类误差源包括了人为误差,但不包括任何其他错误源。在复杂系统的大型计算分析中,人为误差是很难发现的。即便在较小规模的分析中,如果未刻意采用程序性或者数据校验法来检测可能的误差,那么仍旧无法发现人为误差。例如,某固体力学分析涉及数十个CAD/CAM文件,或许几百个不同的材料和几千个Monte Carlo仿真示例,那么即便分析人员经验再丰富,态度再认真,也通常会发生人为误差。

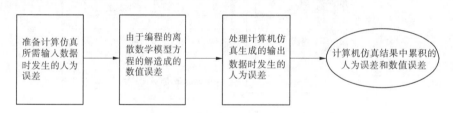

图2-7　解验证中处理的误差源

第二类误差源,即数值解误差,主要为:①PDE数值解中空间和时间离散误差;②通常由一组非线性方程的某个选择解法造成的迭代解误差。数值解误差还有其他来源,将在第3章进行讨论。随着物理学和数学模型复杂程度的不断提高,如由具备不连续性和奇异性的非线性PDE得出的数学模型,数值误差估计的重要性和难度也随之增加。须注意的是,由于《ASME指南》对计算验证的定义仅提及第二类误差源,而未提及所有三个来源,所以本书并未采纳此定义。

估计PDE的数值解中的误差有两个基本方法:先验误差估计法和后验误差估计法。先验法只使用有关数值算法的信息,通过该算法得出给定PDE及给定初始条件(IC)及边界条件(BC)的近似值。先验误差估计是对线性PDE进行传统数值分析时的一个重要因素,尤其用于分析有限元方法时。后验法可以使用所有先验信息以及之前数值解的计算结果,例如使用不同网格分辨率的解或者使用不同计算精度阶法的解。过去10年里,人们已经弄清在实际情况下,对于非线性PDE,有效的数值误差的定量估计只能通过使用后验误差估计实现。第 8 章和第 9 章将详细讨论数值解误差的估计。

2.2.3　模型验证

即便 DoD、《AIAA 指南》和《ASME 指南》使用同一个形式定义进行验证,第 2.1 节仍然暗示了术语解释和具体含义之间的差别。例如,该章节指出,当与仿真进行对比时,《AIAA 指南》和《ASME 指南》要求提供实验测量数据,而美国国防部并没有此要求。Oberkampf 和 Trucano(2008)最近发表的文章明确指出验证的三个方面,以及不同学界对此的看法。图 2-8 显示了这些方面的内容,具体如下:

(1)通过将目标计算系统响应量(SRQ)与实验测量 SRQ 进行对比,量化计算模型结果的精度。

(2)从模型的外推法和内插法的意义上而言,在模型预期使用领域对应的条件下,使用计算模型进行预测。

(3)确定估计的计算模型结果的精度是否满足对应 SRQ 指定的精度要求。

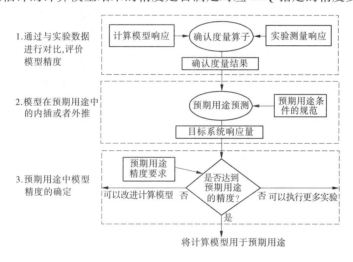

图 2-8　模型确认的三个方面(Oberkampf 和 Trucano,2008)

如图 2-8 所示,第一点是通过与现有实验数据进行对比,评估该模型的结果精度。评估对象可以为实际目标系统或者任何其他相关系统,例如:①系统预期用途对应的条件下运行的实际系统;②在比预期条件差或者要求更低的条件下运行的实际系统;③在系统层级结构中被确认的实际系统的子系统或者组件。模型精度的定量估算使用"确认度量算子"。此算子可用于计算各个 SRQ 的计算结果与实验结果之间的差值,作为确认域中的输入或者控制参数的函数。算子也可以称为所有输入参数的多维空间上计算结果与实验结果之间的不匹配算子。一般而言,这是一个统计算子,原因在于计算结果和实验结果并不是单一的数字,而是带有区间值属性的数字(例如累积分布函数)或者量的分布。我们将在第 13 章详细讨论。

第二点是使用该模型进行预测,这与第一点完全不同。如前所述,《AIAA 指南》将"预测"(AIAA,1998)定义为"模型未经确认的情况下预测系统的响应能力"。预测也可以视作将不在确认域中测试的特定条件下的模型内插或者外插到模型的预期用途条件。其他一些作者强调模型外插法的重要性以及随之增加的不确定性，这通常称为"模型形式不确定性"。请参阅 Cullen 和 Frey（1999）或 Suter（2007）等的著作。这里我们关注的重要问题是 SRQ 中估计的总不确定性，作为确认域中观察到的模型的精度（不精确性）和估计的模型输入参数的函数；二者均在模型预期用途的指定条件内。换言之，第二点不涉及预测的适当性或者精度要求方面的内容，而是聚焦于相应应用条件下 SRQ 中的不确定性。估计的总不确定性是由于不确定性来源的多样化，例如系统的内在不确定性、不了解系统预期用途的条件和模型形式不确定性。第 13 章将介绍预测不确定性估计的基本概念。具体请参阅 Morgan 和 Henrion（1990）、Kumamoto 和 Henley（1996）、Cullen 和 Frey（1999）、Ayyub 和 Klir（2006）及 Suter（2007）等的著作。

第三点是：①将模型的估计精度与模型预期用途范围内模型的精度要求进行对比；②确定模型预期用途范围内模型的适当性或者不适当性。对于模型是否合适的评估常取决于许多因素，例如计算机资源要求、新几何体网格重构的速度、对于具备相应经验的分析师来说软件的易用性。第三点中的确认决策只提及模型是否满足指定的精度要求。精度要求可以表述为：指定 SRQ 的估计允许的模型形式不确定性不能超出模型预期用途范围内的某个固定值。模型形式不确定性将取决于描述模型预期用途的输入参数，但是模型精度也可以取决于参数本身的不确定性。模型预期用途的参数范围内最大允许不确定性一般为绝对值量（即不确定性不能超过某个指定值）或者相对不确定性量（不确定性由量级表示）。第三点中有两种是决策：①估计不确定性小于模型预期用途的参数范围内最大允许不确定性；②须修改模型预期用途的参数范围，例如对此范围进行限制，以便估计不确定性不会超出最大允许不确定性。

关于第三点，须提及最后一个重要的概念点。由模型精度评估支配的决策只与计算模型的适当性有关，与被分析工程系统的性能无关。目标系统，例如燃气涡轮发动机或者飞行器，是否满足其性能、安全或者可靠性要求毫无疑问是一个完全独立于图 2-8 所讨论内容的话题。简单地说，系统的计算模型可能是精确的，但系统本身由于设计缺陷，可能导致性能、安全或者可靠性存在不足。

我们了解到图 2-8 中所示"确认"一词可从三个方面来解释，基于两个视角："包含性确认视角"和"限制性确认视角"。第一个视角将上述"全部三个方面"进行了整合，因此常存在概念含混不清的情况。虽然如此，该视角仍然为美国国防部所青睐。而在"限制性确认视角"下，确认的这三个方面将被分开单独进行研究。具体来说，第一方面称为确认评估、模型精度评估或者模型确认；第二方面称为模型预测、预测能力或者模型外插；而第三方面称为模型适当性评估或者预期用途的适当性评估。《AIAA 指南》采用限制性确认视角，而《ASME 指南》一般采用包含性确认视角，不过在《ASME 指南》中的少数章节，只有借助限制性确认视角才能帮助我们理解那些概念。

任何一个视角都可用于科学计算中的确认活动。但是，据我们了解或者说经验告诉我们，当采用包含性确认视角时，讨论和计算结果的传达时常会出现误解和混淆，其主要原因在于上述三个方面之间存在不同点。误解和混淆会给科学计算带来极大的风险及破坏性，例如在将计算结果传达给未接受专业培训的系统设计人员、项目经理、决策者和个人时。为此,本书将使用限制性确认视角。对于限制性确认视角,仍使用"模型确认""确认评估"和"模型精度评估"等术语,即仅限于第一方面所提及的内容。

"模型"一词虽然未有明确的定义,但是已得到广泛的使用。众所周知,科学计算中使用了许多种模型,其中三种主要模型类型为概念模型、数学模型和计算模型。概念模型用于指定:①物理系统、系统周边环境和所关注的现象;②系统的工作环境及其预期用途范围;③简化所关注系统和现象的物理假设;④所关注 SRQ;⑤所关注 SRQ 的精度要求。"数学模型"源自于概念模型,是一组代表了目标物理系统及其对环境的响应和系统 IC 的数学与逻辑关系。数学模型通常表示为一系列的 PDE、积分方程、BC 和 IC、材料属性和激励方程。"计算模型"源自于数学模型的数值实现。通过数值实现,我们可以得到一系列离散方程和求解算法,然后将它们编入计算机。"计算模型"还可表示为数学模型到软件包的映射,可与输入数据结合输出仿真结果。通常,计算模型简称为"代码"。第 3 章将详细讨论各种类型的模型。

一提到模型确认,事实上我们是指对数学模型的确认,即确认的方法是将计算模型结果与实验数据进行对比。确认中评估对象的本质以及预测对象的本质均反映在数学模型中。将模型确认视作数学模型确认从根本上依赖于以下假设:①数值解可靠、准确;②计算机程序正确;③仿真的输入或者输出中无人为程序错误;④数值解误差极小。我们须通过代码验证和解验证活动证明这些假设的真实性。

2.2.4 预测能力

本书中的"预测"将使用《AIAA 指南》(AIAA,1998)给出的定义:
预测:在计算模型未经验证的条件下,使用计算模型预测物理系统的状态。

如前所述,相较于常用的解释,此定义极其具体且有一定的限制。预测能力的含义如图 2-8 第二方面所述,即将模型外插或者内插到模型预期用途定义的具体条件。第一方面中模型确认过程的结果须视作模型在求解指定问题时实现了一定精度水平的可复制证据。收集的证据可以用于推断类似系统在类似条件下的情况。推论的有效性取决于模型的解释能力,而不是模型的描述能力。我们建议的模型确认与预测之间的关系如图 2-9 所示。

图 2-9 尝试捕捉模型确认与预期之间的区别。图的下部分表示了模型确认过程。图 2-9 所示的确认过程与图 2-3 所示的确认过程基本相同,虽然看上去并不是非常明显。图 2-9 中,"确认实验"模块会输出"现实世界"的一个或者多个具体实现;"实验结果"模块为实验中测量得到的实验数据。通过将来自实际确认实验的实际条件,即模型输入参数、初始条件和边界条件,输入到计算模型,我们可以得到"实验结果"的"计算结果"。然后,将这些"计算结果"和"计算与实验之间的区别"模块输出的实验确定结果进行对比。图 2-8 中,本模块称为"确认度量算子"。根据以对应量表示的这些区别的量级以及对物理过程的了解深度,进行"对比推理"。

图 2-9 的上部分表示了预测过程。目标系统须推动整个科学计算过程,但是一些目标实现,即预测,通常不在确认数据库中。也就是说,当物理实现作为确认数据库的一部分时,不管第 2.1.4 部分所述的确认层如何,实现都会成为"确认实验"的一部分。根据

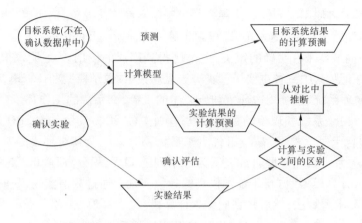

图 2-9　模型确认与预测之间的关系（Oberkampf 和 Trucano，2002）

"计算模型"模块对目标条件进行预测，得出目标系统结果的计算预测。这些预测的置信度由以下几个方面确定：①"对比推理"的有效性；②目标复杂系统与现有确认实验的相似度；③对有关物理过程的了解程度，即数学模型的解释能力。

源自相关确认数据库的计算模型精度的逻辑和数学推理过程类似于传统科学理论中类似的过程和结论。然而，通过科学计算得出的推论的有效性或者置信度比传统科学理论差很多，这也是预料中之事。计算仿真依赖于与科学理论相同的逻辑，但同时也依赖于传统科学理论中不存在的许多其他方面，例如代码验证、解验证和拥有不同程度校准后参数的模型的外插。其中一个关键的理论方面的问题就是对建模过程的了解程度。Bossel（1994）、Zeigler 等（2000）和 Roza（2004）讨论了系统知识的分层结构。对于无论从物理上还是从数学上均容易理解的物理过程来说，得出的推论具有高有效性；而对于复杂的物理过程来说，得出的推论难以站稳脚跟。目前并没有一个通用的数学方法，可用于确定推论的有效性如何随着物理过程复杂度的提高和被理解程度的降低而慢慢降低。例如，在复杂的物理过程中，你如何确定预测用例有多接近确认数据库中的用例？在某些由模型形式不确定性和参数不确定性组成的高维空间中，这可以被视作拓扑问题。怎么规范预测中推论的有效性或者量化是重要的研究课题，目前如此，未来仍将如此（Bossel，1994；Chiles 和 Delfiner，1999；Zeigler 等，2000；Anderson 和 Bates，2001）。

为了更好地解释预测与模型确认之间的重要关系，参见图 2-10。图中两根水平轴分别表示系统或者环境参数 1 和系统或者环境参数 2。这些物理系统模型中的参数，一般来自系统本身、周围环境或者系统运行环境。参数示例包括：①碰撞场景下汽车的初始速度和碰撞角度；②气体动力学问题中的马赫数和雷诺数；③结构振动激励的幅度和频率；④事故或者恶劣环境中系统的损坏情况。垂直轴为目标 SRQ。多数计算分析一般会利用一组 SRQ，每个 SRQ 对应多个系统或者环境参数。

物理环境中系统或者环境参数的值对应图 2-10 中系统响应和系统/环境参数构成的二维空间中的白柱底部端点。确认域通过已执行实验的边界进行定义。SRQ 的实验测量值显示为黑点，位于每个白柱的顶部。确认域上的 SRQ 表示为使用分段线性内插构建的响应曲面。应用域上的 SRQ 表示为响应曲面。为方便讨论，我们假设了以下 3 个在确认域上获得的与实验和计算结果相关的特点：第一，在此区域中，对相关物理学的了解程

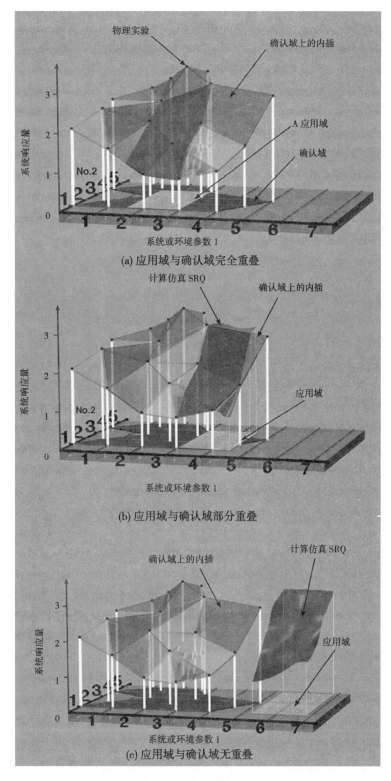

图 2-10 确认域与应用域之间的可能关系

度和建模达到了应用的需求水平,这点具有很高的置信度。第二,确认域中计算值与实验数据之间的匹配从量化的角度证实了此置信度。第三,在确认域外,由于物理和统计原因,会希望降低模型定量预测能力的置信度。换言之,如果模型是基于物理的模型,则该模型的部分可信度在确认域外达成。但是,对模型的定量预测能力并未进行评估,而只能通过外推法进行估计。

图 2-10(a)描述了工程学中普遍和预期的情况,即确认域和应用域完全重叠。在此区域中,可以从实验测量数据或者计算结果的内插法中计算 SRQ,选择认为比较准确和(或)可靠的即可。图 2-10(a)给出了大多数现代工程系统的设计。换言之,几个世纪以来,工程系统的设计以及性能主要依据实验测试而定。

图 2-10(b)描述了常见的工程情景,即确认域与应用域存在明显的重叠。但是,也有一部分应用域在确认域的范围之外。这些范围之外的区域主要依赖于模型的外插法,对所关注 SRQ 进行预测。在这里,我们并不是要讨论是否可以通过扩展解决确认域以覆盖所示的是否可以包括应用域的问题。我们要注意的是,在实际的工程系统中,系统或者环境参数的数量往往有几十个甚至数百个上千个。对于这类高维度空间,应用域有一部分在确认域之外,这是极其常见的,至少在部分参数维度是如此。事实上,在高维度空间中,即便只是确定是否在超体积内,也是一件非常困难的事。确认域与应用域明显重叠的一些例子包括:在略别于测试数据库的条件下对汽车结构和乘员的碰撞响应的预测;当车辆设计稍微偏离现有车辆测试数据库时对空气动力阻力的预测,以及使用现有测试装置在类似但不完全相同的飞行条件下对燃气涡轮发动机性能的预测。

图 2-10(c)描述了确认域与应用域无重叠,且应用域远离确认域的场景。这种场景需要模型外推,超出从实验数据获取的经过证实的物理理解和统计认知。例如,将宇宙飞船探测器送入另一个星球的大气层;当由新材料制作的飞机发动机风扇整流罩工作时,对其进行断裂动力学的预测,例如风扇叶丢失;核电站严重事故环境中蒸汽爆炸的预测。对于许多高要害系统,因为实验条件难以接近实际情况,所以预测都要通过模型外推。对于图 2-10(c)所示情况,确认域得出的推论的有效性须主要依赖于模型中表现的物理学准确性。由于要求执行此外推,我们更加需要一些在确认领域内可基于为合适的理由提供正确答案的方法进行判断的模型。

第 13 章详细介绍了培养预测能力的步骤。

2.2.5　校准

《ASME 指南》(ASME,2006)对模型校准的定义如下:

校准:调整计算模型中的物理建模参数,提高与实验数据的一致性的过程。

校准的主要目的在于提高计算结果与现有实验数据的一致性,而不是判断结果的准确性。模型校准也称为模型修正或者模型校正。由于技术问题(如实验数据有限或者对物理学知识了解较浅)或者实际问题(例如程序计划、财政预算和计算机资源的限制),校准是一个比确认更为合适的过程。如果人们专注于唯一一个组件或者单个问题的实验和仿真,则校准与确认之间的区别通常将会非常明显。然而,如果检验的是整个系统,则会发现确认层级结构的某些元素涉及校准,而一些元素则集中于确认。为此,完整系统的不同计算分析阶段通常会同时出现模型校准和模型确认。此时,应尝试去判断何时采用校准作为权宜之计,因为它会直接影响模型预测的置信度。模型参数的校准一般会使模型中的各种弱点变得更加难以识别,从而造成模型预测能力下降。模型校准对预测能力置信度的影响非常难以确定,是当前研究的热点话题。

模型校准可以视作参数估计的一部分。参数估计指的是使用提供的数据,例如实验测量数据或者计算生成数据,估计模型中任何参数类型的过程。作为估计对象的参数可以是确定值,例如通过某个优化过程确定的单值,或者非确定值,例如随机变量。

复杂物理过程建模中,当实验中的测量不完整或者不准确时或者无法在实验中直接测量物理参数时,一般需要进行校准。常使用模型校准的技术领域包括多相流体流动、结构动力学、断裂动力学、气象学、水文地理学和油藏工程。有时候需要校准的参数来自于现象学模型或者数学建模中的近似参数,例如有效量。现象学模型指的是以数学的方式表示观察到的现象,但并不仔细探究具体原因的模型。这类模型通常作为子模型,用于描述复杂的具体过程。通常情况下,那些需要校准的参数根本无法单独或具体测量,而是仅作为数学模型中可调整的参数存在。尽管校准的定义提及了某个参数,但是参数可以是一个标量、标量场、矢量或者张量场。

由于仿真大范围涉及校准和参数估计,所以校准和参数估计须视作一个活动系列。图 2-11 给出了三级谱图,可以对这些活动进行有效划分。在左边,更准确地说,谱图 1 的一端为参数测量,即确定那些原则上可使用简单、独立的模型进行测量且具有物理意义的参数。归于此类的物理参数有很多,例如:机械特性参数,如杨氏模量、抗张强度、硬度、质量密度、黏度和孔隙度;电气特性参数,如导电性、介电常数和压电常数;热特性参数,如导热性、比热、蒸汽压力和熔点;以及化学特性参数,如 pH、表面能和反应活性。谱图 1 中间为参数估计,即确定那些事实上只能使用复杂模型进行测量且具有物理意义的参数,例如:①材料的内部动态阻尼;②结构的气动阻尼;③多元件结构中装配接头的阻尼和刚度;④湍反应流中的有效反应速率;⑤多相流中水滴的有效表面积。谱图 1 的右端为参数校准,即调整那些脱离其所在模型便缺乏物理意义的参数,例如:①流体动力学湍流模型中的多数参数;②通过实验数据回归拟合获取的参数;③添加到某个模型,专用于方便获取与实验数据一致性的参数。

可单独测量的系统或者 无法独立于系统模型之外进 脱离系统模型后缺乏物
周围环境的可测量特性 行单独测量的物理建模参数 理意义的专用参数

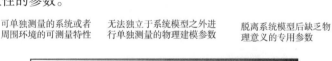

参数测量 参数估计 参数校准

图 2-11 参数测量、估计和校准范围

图 2-11 中的谱图可以帮助判断参数确定方法的合理性和可信度。当往右侧推移时,外推模型的置信度随之大幅降低。换言之,当外推主要依赖于参数估计,尤其是校准时,预测的不确定性会迅速上升。关于模型中的参数调整和模型的盲测,Lipton 做了一个图形对比:调节[校准]就像事后画靶心,而在预测中,靶是事前已确定的(Lipton,2005)。

在某些情况下,参数确定的过程会导致图 2-11 中所示谱图发生变形。也就是说,当采用的某些参数调整过程通常视作参数测量或者参数估计时,这个调整过程会从根本上归入参数校准,例如:

(1)为保持与新获得的系统级实验测量数据之间的一致性,简单地改变具有物理意义的常见参数。

(2)无关子模型发生变更后,重新调整参数。

(3)空间网格细化或者离散时间步骤发生变更后,重新调整参数。

(4)数值算法发生变更后,重新调整参数。

(5)代码漏洞被移除,且代码漏洞与被调整的参数无关时,重新调整参数。

当需要考虑便利性、方便性、实验和模拟成本以及项目进度要求时,通常会出现上述需参数校准的情况。

考虑下述 3 个示例,帮助理清参数测量、参数估计和参数校准涉及的问题。首先,假设某个人对确定杨氏模量(在固体力学中,同时也称为材料的弹性模量)感兴趣。杨氏模量 E 定义为

$$E = \frac{拉伸应力}{拉伸应变} \tag{2-1}$$

实验中在材料的线性弹性范围内测量拉伸应力和拉伸应变,然后计算 E 值。尽管已有数学模型用于定义 E,但是不能说 E 已经过校准,这是因为过程的物理学已经过充分理解。此活动可以合理地称为“E 的测量”。如果从某个材料生产批次中选取大量材料样品,则参数估计方法可以用于表示该生产批次的可变性。然后将该结果表示为概率分布,描述 E 的可变性。

其次,假设进行结构力学仿真的对象是由多个结构件组成且所有结构件采用螺栓固定在一起的结构。根据此次仿真要求,所有结构件均由和前面测量 E 的实验所用的同一批材料制成。针对此结构构建一个有限元模型,实验中将该结构在线性范围内进行激励。测量结构的各种振动模式,并使用参数优化程序确定数学模型中的连接刚度和阻尼,使之与实验数据实现最佳匹配。假设所有连接点均采用完全相同的设计,且所有螺栓上的预载扭矩完全相同。这个用于确定螺栓连接刚度和阻尼的程序称为“参数估计”。很明显,连接刚度和阻尼这两个参数不能独立于结构振动模型之外进行测量,即须将结构件用螺栓连接在一起形成结构。为此,“参数估计”一词很好地表示了图 2-11 所示谱图中这个过程的特征。

最后,考虑到结构力学仿真和之前类似,但是现在结构由不同厚度和横截面面积的许多结构件通过螺栓连接在一起组成,其几何形状更加复杂。然而,所有结构件的材料都和上述实验测量 E 时使用的材料来自同一批次。如果此结构振动仿真中的 E 值为可调整参数,则 E 将被视为“校准后参数”。也就是说,为方便仿真,可以随时更改此参数。对于这个简单的例子,并无法从物理方面证实 E 值已经发生变化。校准模型预测能力的置信度会被严重质疑,且很难估计类似结构中预测的不确定性。

第 12 章和第 13 章将详细介绍更常见的校准流程。

2.2.6 认证与认可

IEEE(IEEE,1991)对认证的定义如下:

认证:用于证明某系统或者组件符合指定要求且可有效运行的书面保证。

出于我们的需要,"系统或者组件"将被视作一个模型、代码或者仿真。为简单起见,所有这些均将单独称为"实体"。在某个实体认证的过程中,由任何愿意承担此保证相关责任或者法律责任的人做出性能合格的书面保证。模型开发人员、代码开发人员、代码评估员或者组织可以提供认证所需的书面保证。例如,国家实验室、政府组织或者商业代码公司可以认证其自己的代码。认证文件的格式通常要比模型确认的文件更正式。因此,执行认证的团队或者组织将提供所执行的仿真、测试用例中所用的实验数据以及仿真与高精度解和实验对比结果的详细文档。

美国国防部(DoD,1994;DoD,1996;DoD,1997)对认可的定义如下:

认可:某个模型或者仿真可用于某个特定用途的官方认证。

认可的定义使用"模型或者仿真"这个短语,而认证的定义使用"系统或者组件"这个短语。但是,这不是两个术语之间差别的关键。认证与认可之间的根本差别在于认证与认可定义中的"书面保证"和"官方认证"一词。有人也许会怀疑,这些术语表明从认证到认可,关注点从技术问题演变成法律、控制权限和责任问题。须注意的是,美国国防部并未正式使用"认证"一词,而 IEEE 也未正式使用"认可"一词。

在认可中,只有官方指定的个人或者组织才能提供"可用于某个特定用途"的保证。一般而言,客户(或者潜在客户)或者独立的法人代表有权选择个人或者组织来认可该实体。认可机构绝对不能是实体开发人员、开发人员所属公司的任何人,或者可能享有实体的性能、准确性及销售的既得利益的任何其他人。考虑到高要害系统的公共安全风险和环境影响,可以明确地说实体的认可是非常必要的。认证与认可之间的根本差别在于保证实体性能或者精度的权限、独立性和责任水平。此外,当与认证进行对比时,某个实体的认可一般更为正式,涉及更深入的实体测试,要求更详细的文档资料。须注意的是,商业软件公司从未对认证和认可做任何声明。事实上,用户需要同意的"使用条款"声明中特别提到"不对本产品做任何明示或者暗示的保证"。但是,这并不能完全豁免软件公司的法律责任。

认证与认可也可以视作 V&V 活动中独立性更高的评估。许多科学计算领域中的研究人员和从业人员指出了独立 V&V 的重要性和价值(请参阅 Lewis,1992;Gass,1993;Arthur 和 Nance 等,1996)。科学计算中 V&V 评估的独立性水平可以视作一个"连续体"(见图 2-12)。当实体开发人员执行评估活动时,会出现最低独立性评估,即无独立性。基本上所有研究活动都在第一级评估上执行。除开发人员可能会怀疑第一级评估的适当性外,一些观察员也会有此质疑。只有独立性达到某个级别以及评估人员秉持着客观性,才能以正确的角度做出决定性的评价。例如,开发人员的自我认知、相关人员的专业地位或者声誉,或者赞助企业的公共形象和未来商机通常需要综合考虑。对于任何生产或者商业实体,或者对组织、安全或者安保影响非常明显的任何计算结果,绝不建议只由开发人员执行评估工作。

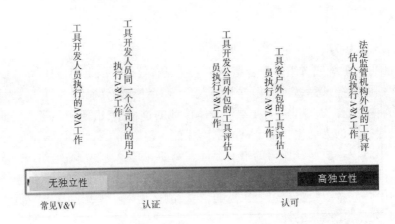

图2-12　适用于科学计算实体的V&V层级的独立性的谱图

在第二层级上,V&V评估由在同一个或者密切相关的公司(实体的开发者)的实体用户执行。因此,用户也可以是实体评估人员,但是该用户不得属于开发成员。这个独立性级别的评估是一个重要步骤,但常不受开发科学计算实体的研究组织的管理层欢迎。第二层级上的实体评估人员与实体开发人员可以有多种独立性程度。如果实体评估人员在同一个小组或者团队内,即最低级组织单位,则实体评估人员的独立性是无足轻重的。如果实体评估人员所在的小组与实体开发人员管理层之间存在两层或三层管理关系,则评估的独立性就会有很大的提高。例如,实体评估人员可能是设计团队中对产品设计或者制造过程执行计算分析的潜在实体用户。建议认证过程中考虑的最低层级的评估独立性让实体开发人员和实体评估人员隔有两层或三层的管理关系。

在第三层级上,V&V评估由与实体开发人员所在组织雇用的实体评估人员执行。由于经常会雇佣外包商来执行此项工作,所以说在此评估层级上,实体评估人员拥有相当大的独立性。在此层级上,以及要讨论的更高层级上,须获取承包商的资质信息,确保承包商在评估时的客观性,并具有执行该项评估所需的专业知识。如果承包商在评估实体时表现出异常的仔细和积极性,有时会收到额外的奖励。例如,承包商可能会因为发现的每一个编码错误、数据输入错误或者低于规范要求等而获取一些额外的奖励。考虑到保密等级或者重要的专利问题,可以从附属公司或者姊妹公司聘请评估人员。对于此类情况,评估人员须与实体开发人员所属公司或者实体的预期用户没有任何组织上的关联。V&V的这个独立性级别从新的角度重新审视了实体的性能、稳健性、适用性和可靠性。此外,V&V的这个独立性级别通常可以为大幅改善实体性能或者完善文档资料提供有益、富有建设性的建议。这一独立性级别可以视作强认证,但不能视作认可,这是因为实体开发人员所属公司仍然控制着评估中获取的所有信息。

在第四层级上,V&V评估由实体的客户或者潜在客户雇用的实体评估人员执行。客户指的是独立于开发人员所属公司之外的实体用户。这一转变会大幅度提高评估的独立性等级,且通常视为认可的一部分。再次,保证实体性能、精度或者质量的责任从实体开发人员所属公司转向了面向客户要求的组织。对于某些情况,例如上述提及的情况,实体开发人员与实体评估人员之间隔了好多层关系,但是也可能会导致技术性和实际问题。

下一个独立性层级将会讨论这些问题。认可的解释通常基于实体客户代替开发人员执行评估动作的假设。如果实体开发人员和客户基本相同,则我们对独立性的假设不适用。例如,在美国国防部的许多仿真活动中,开发人员和客户基本相同,或者关系密切。为此,这种情况下不能太拘泥于我们对认可独立性的解释。

在独立性的第五层级上,V&V 评估由独立的法定机构或者政府组织雇用的某个实体评估方执行。在这种情况下,评估机构与实体开发人员的关系更远,跟实体客户,即用户也没有任何关联。在第五层级上,实体开发人员与实体评估人员之间疏远的关系十分有助于法定机构或者政府组织独立地对高要害系统进行性能评估。但是,这种关系会对科学界与工程学学界所期待的计算分析质量产生不利影响。实体科学质量的下降明显不是认可的目的所在,但会随认可附带产生。例如,除非对实体进行重新认可,否则不能对实体做任何改变,即便是那些意在提高精度、效率或者稳健性的改变。为此,修改实体变成了一个耗时长、成本高的过程。我们从自己的角度通过美国核动力反应器的安全评估历史说明了认可程序降低计算分析质量的程度。改善实体质量的需求与充分保证公共安全的需求之间如何更好地平衡目前尚不清楚。

2.3　不确定性的类型和来源

计算仿真尝试同时获取系统分析时的确定因素和不确定因素。科学和工程学过分地倾向于强调已知信息,或者思考我们知道的信息,而往往忽略不确定的因素。计算分析中会出现许许多多不同类型的不确定性。许多研究人员和从业人员,如风险评估领域（Morgan 和 Henrion,1990;Kumamoto 和 Henley,1996;Cullen 和 Frey,1999;Suter,2007;Vose,2008;Haimes,2009）、工程可靠性领域（Melchers,1999;Modarres 等,1999;Ayyub 和 Klir,2006）、信息理论领域（Krause 和 Clark,1993;Klir 等,1997;Cox,1999）,以及科学哲学领域（Smithson,1989）一直以来都致力于不确定性的分类。许多已确定的分类往往将某一类不确定性的性质或者本质与它在计算分析中发生方式或者位置混淆在一起。例如,一些分类法将随机性分为一类,将模型形式不确定性分为另一类。一个合理的分类法应当只根据其根本要素进行不确定性分类,然后讨论如何将该要素体现在仿真的不同方面。对于可以使用某个方法识别和归类的不确定性类型,将这些不确定性考虑在内的计算分析将会造成非确定性的结果。非确定性结果指的是那些以某种方式明确认定不确定性的结果。相比确定性结果,这些结果可能更难解释和处理,但是,非确定性仿真的目的就是增强对复杂系统中过程的理解,同时提高与这些系统相关的设计与决策能力。

在过去的 25 年间,风险评估学界,特别是核动力反应器安全学界,实现了对不确定性最可行、有效的分类:偶然不确定性和认知不确定性。此分类的部分主要开发人员包括 Kaplan 和 Garrick（1981）、Parry 和 Winter（1981）、Bogen 和 Spear（1987）、Parry（1988）、Apostolakis（1990）、Morgan 和 Henrion（1990）、Hoffman 和 Hammonds（1994）、Ferson 和 Ginzburg（1996）,以及 Paté-Cornell（1996）。有关偶然不确定性和认知造成的不确定性的详细讨论,请见下文:Casti（1990）、Morgan 和 Henrion（1990）、Cullen 和 Frey（1999）、Ayyub 和 Klir（2006）、Vose（2008）,以及 Haimes（2009）。区别偶然不确定性和认知不确定性的

好处在于分析师和决策者的仿真结果可以得到更合理的解释,同时,当两种不确定性均存在时,优化了对如何降低系统响应不确定性的策略。二者的根本性质是不同的,这一点将在后文中进行讨论。为此,需要采用不同的方法归类以及降低每一类不确定性。

2.3.1　偶然不确定性

和上述参考文献一样,偶然不确定性的定义如下:
偶然不确定性:由于内在随机性导致的不确定性。

偶然不确定性也称为随机不确定性、可变性、内在不确定性、偶然造成的不确定性和A类不确定性。偶然不确定性的根本原因是随机性,例如来自随机过程。原则上,可以通过增强对随机过程的控制等方法来降低随机性,但是,如果通过假设等方法消除了随机性,则会从根本上改变分析的性质。由于个体间的差异,就会存在偶然不确定性,例如人口中的随机异质性,可能是时间上或者空间上存在的。偶然不确定性通常源自于表现为从已知范围内取值的随机分配的量的不确定性的其他促成因素,但是对于这种情况,准确值会随着单位、空间或者时间的不同而发生变化。概率分布是偶然不确定性最常用的数学表达或者特征描述。

在计算分析中,偶然不确定性可以表现为两种方式:模型形式本身和模型的参数。如果由微分算子得出此模型,则模型中偶然不确定性可以表示为随机微分算子。尽管随机微分算子在实际工程系统中有一些应用案例,但是这类建模仍处于非常初期的阶段(Taylor 和 Karlin,1998;Kloeden 和 Platen,2000;Serrano,2001;Oksendal,2003)。到目前为止,参数中的偶然不确定性仍是计算分析中一种非常常见的情况,可存在于系统及其特征的数学描述、初始条件、边界条件或者激励函数中。一般而言,偶然不确定性会出现在PDE 的标量中,但是也可能作为矢量或者场量出现。具有随机可变性的标量参数的一些例子包括生产零件的几何尺寸的可变性、商用飞机总起飞重量的可变性,以及地球上某个位置某一天大气温度的可变性。

在这里,我们将讲述一个热传导分析中标量可变性的简单例子。假设有人对均质材料的热传导感兴趣,由于制造过程的不同,不同装置的热导率也不尽相同。假设从制造过程生产的材料中取了大量的样品,并在这些样品上逐一测量了其热导率。图 2-13 同时给出了概率密度函数(PDF)和累积分布函数(CDF),将导热性表示为一个连续随机变量。PDF 和 CDF 代表了这组材料的导热率的可变性,但是其表达方式存在差异。这组材料的可变性也可以表示为柱状图。PDF(见图 2-13(a))给出了任何选定 x 的导热率值的概率密度。换言之,它给出了任何值 x 的导热率中每单位变化的概率。CDF(见图 2-13(b))给出了导热率小于或等于所选导热率特定值 x 的材料占比。例如,概率为 0.87,所有可能的导热率值将为 0.7 或者更低。

2.3.2　认知不确定性

和上述引用的参考文献一样,认知不确定性的定义如下:
认知不确定性:由于缺乏认知而造成的不确定性。

认知不确定性也称为可降低的不确定性、认知不确定性和主观不确定性。在风险评

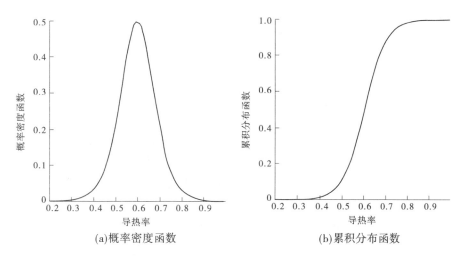

(a)概率密度函数　　　　　　　　　　　(b)累积分布函数

图 2-13　导热率可变性 PDF 和 CDF 的例子

估学界中,认知不确定性简称为"不确定性",而偶然不确定性简称为"可变性"。认知不确定性基本源于对目标系统或者其仿真相关的任何类型的信息或者认知不足。认知不确定性是建模人员或者观察人员的特性,而偶然不确定性是所建模或者被观察系统的一个特性。缺少认知可能涉及系统建模问题、模型计算问题或者确认所需的实验数据问题。建模问题包括未充分了解系统中的特征或者过程、系统的初始状态及系统的周围环境或者工作环境。计算问题包括编程错误、数值解误差估计和算法中的数值近似。实验数据问题包括未充分了解实验室仿真所需实验数据以及实验数据处理过程中近似或纠正所需实验数据信息。如果系统未发生其他任何变化,随着认知的增强或者信息的完善,会降低认知不确定性,从而降低系统响应的不确定性。

从互补的角度来看,认知不确定性的基本特征是无知,尤其是执行计算分析的个人或者一群人的无知。Smithson(1989)指出,无知就是一个类似于知识创造的社会结构。无知只能通过相对于另一个人提及某个人(或者一群人)的观点进行讨论。Smithson 对无知的定义如下:
无知:如果 A 不赞同或者表现出不清楚 B 定义的实际上或者可能有效的看法,说明 A 不了解 B 的观点。

此定义通过将责任放在 B 身上来定义他/她对无知的理解避免了绝对主义问题。由于 A 和 B 可以是同一个人,所以也允许自我归因的无知。

Ayyub(2001)在 Smithson 之后将无知分为两种类型:自知无知和盲目无知。自知无知指的是通过思考认识到的自我无知。例如,自知无知可以包括建模中所做的任何假设或者近似值、专家意见的使用和数值解误差。对于自知无知,我们将使用"认知不确定性"一词来指代通过某种方式识别的任何主观尝试认知造成的认知不确定性。盲目无知指的是自无知或者未知的无知。对于盲目无知,我们将使用"盲目不确定性"一词来指代通过某种方式未能识别的主观尝试认知不确定性。图 2-14 所示为有待使用的不确定性的分类。下文将就认知不确定性和盲目不确定性进行详细讨论,同时介绍在计算分析中何时及怎样使用这两类不确定性。

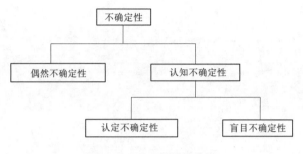

图 2-14　不确定性的分类

2.3.2.1　认知不确定性

尽管上文提到了"认知不确定性"的定义，但它有如下更正式的定义：

认知不确定性：做出清醒的决定以某种方式进行归类或者处理，或者出于实际原因而忽略它时造成的不确定性。

例如，在对某个系统建模进行相关的决策时，人们会针对做出模型中将使用和将忽略的物理学方面做出假设。考虑是否包括或者忽略某一种物理现象，或者是否选择某个特定类型的概念模型，这些都属于认知不确定性。这些假设通常称为模型形式不确定性，即物理建模中假设条件导致的不确定性。根据所涉及的物理学的复杂性，建模人员可以在概念上改变假设条件或者模型，且可以评估对目标系统响应量的作用量级。不管选择了哪一级的物理建模准确性，都始终存在物理学的空间和时间尺度以及物理耦合被忽略的情况。所以，在建模中应包括的物理学与模拟系统响应所需的时间和努力（计算和经验资源）之间确定一个平衡点。不管是否估算出某个假设条件或者近似值的作用量级，它仍然属于认知不确定性。

另一个认知不确定性的例子是当无实验数据可参考时寻求专家意见。例如，假设某个专家需要给出其对系统中某个标量参数（固定量）的看法，但是该量的值未知。专家可能以单个数字的形式提出他的观点，但是更有可能的是，该观点会以某个区间的形式提供，真实值就在这个区间内。同样地，假设某个专家需要剔除对具有随机变量特征的参数的看法，他可能会提供一个指定的分布族进行归类，并提供该族参数的预估固定值；或者，他也可以针对该族的参数提供区间值。在任一种情况下，系统中的标量参数将同时具有偶然不确定性和认知不确定性的特征，这是因为它代表了该专家对某个随机变量的看法。

由于认知不确定性的根本原因在于了解不全面，所以增强了解可降低主观因素造成的不确定性。可以通过生成相关的信息，例如采取提高模型中物理耦合的程度、考虑系统中新发现的失效模式、将计算从单精度运算改成双精度运算，以及执行实验以了解系统参数或者系统的边界条件等措施来降低认知不确定性；也可以通过消除某些状态、条件或者量值的存在可能性，降低认知不确定性。通过减少可能事件集合（或者样本空间），人们可以降低由于无知造成的不确定性的量级。例如，假设识别出了系统失效模式或者危险的系统状态，以致系统装配不正确时，这种情况就会出现。如果系统经过重新设计消除了装配错误隐患，则系统响应的认知不确定性得到了降低。

某个措施产生的信息量可通过该措施带来的输入量或者输出量的不确定性下降幅度

来衡量。在过去 30 年里,将不确定性视为信息理论的一个方面或者考虑不确定性较为普通的表达已经衍生出许多全新的、扩展的数学理论。较新的理论包括:①模糊集合理论(Klir 等,1997;Cox,1999;Dubois 和 Prade,2000);②区间分析(Moore,1979;Kearfott 和 Kreinovich,1996);③概率边界分析,这与二阶概率、二维蒙特卡罗采样和巢式蒙特卡罗采样密切相关(Bogen 和 Spear,1987;Helton,1994;Hoffman 和 Hammonds,1994;Ferson 和 Ginzburg,1996;Helton,1997;Cullen 和 Frey,1999;Ferson 和 Hajagos,2004;Suter,2007;Vose,2008);④证据理论,也称为 Dempster-Shafer 理论(Guan 和 Bell,1991;Krause 和 Clark,1993;Almond,1995;Kohlas 和 Monney,1995;Klir 和 Wierman,1998;Fetz 等,2000;Helton 等,2005;Oberkampf 和 Helton,2005;Bae 等,2006);⑤可能性理论(Dubois 和 Prade,1988;de Cooman 等,1995);⑥上下预测理论(Walley,1991;Kozine,1999)。部分理论只介绍认知不确定性。此外,一些理论介绍其他类型的不确定性,例如适用于人工智能和由于语言造成的模糊性的非经典逻辑。

2.3.2.2　盲目不确定性

对盲目不确定性的正式定义如下:

盲目不确定性:未认识到知识不完整以及该知识与目标系统的建模息息相关而造成的主观认知不确定性。

和认知不确定性一样,积累知识可以减少盲目不确定性,但是由于人们尝试确定的是未知的未知,因此方法和程序大相径庭。盲目不确定性最常见的原因在于人为误差、错误或者判断错误。例如,仿真软件的编程错误、准备输入数据或者后处理输出数据时出现的差错、记录或者处理确认所用实验数据时的错误,无法认识到系统易被误用或者损坏,以致系统操作起来极具危险性。建模与仿真研究人员之间沟通不充分也会造成盲目不确定性,例如:①提供专家意见的人员与解释和归类建模输入信息的人员之间;②参与确认活动的计算分析师和实验人员之间。在实验活动中,盲目不确定性还有其他一些例子,包括诊断方法或者实验设施中未识别的偏移误差或者校准实验设备时使用参考标准中的不合理程序。

盲目不确定性的量级,以及它们对模型、仿真或者系统响应的影响并没有一个可靠的估计或者界定方法。为此,处理盲目不确定性的主要方法就是尝试通过以下方法进行识别:①操作或者分析所采用的冗余程序和协议;②各种软件和硬件测试程序;③使用不同实验设施;④吸取各种专家意见;⑤使用更综合的采样程序,尝试检测盲目不确定性。一旦发现盲目不确定性或者识别到其存在的迹象,则可以采用某种方法深入分析或者处理,可以评估或者消除其影响。例如早期在代码验证中的介绍,通过对数值算法和 SQA 做法进行测试,证明这对于发现算法缺陷和代码错误十分有用。过去制定了一些估算编码错误频率的方法,例如每百行代码出现静态故障或者动态故障的平均数量。但是,这些措施无法解决未检测到的编码错误的可能影响。通过让独立的个人来检查这些数据,或者通过让完全独立的团队使用相同的建模假设,甚至相同的计算机代码,执行相同的仿真,来检测结果中的任何差异,绝大多数情况下可以检测到仿真输入准备时发生的人为错误和处理输出数据时的差错。几个世纪以来,实验科学一直建立在实验结果和测量值的独立再现性的重要性上。这个传统有很多方面值得我们挖掘并借鉴到科学计算中去。为了强调盲目不确定性的个人或者社会层面,Ayyub(2001)提出了若干个发人深思的有关盲目不确定性根本原因的例子:被视作不相关的知识(但其实相关)、被忽略的知识或者经验(但其实不该被忽略),以及那些社会、文化或者政治上视为禁忌,须避免或者绕开的知识或者质疑。盲目不确定性的个人原因和早期提及的其他原因在一定程度上可以通过对计算工作进行独立和/或外部同行评审来克服。外部评审的有效性很大程度上取决于外部评审员的独立性、创造性、专业性和权威性。如果外部评审的工作集中于发现不足、错误或者缺陷,则通常称为团队评审。红队有如此高的热情和积极性,有时让人不禁怀疑他们到底是朋友还是敌人。

2.4　可量化误差

科学计算和实验测量中的许多情况证明了误差是一个非常有用的概念。本书将使用词典中常用的对误差的定义。

量的误差:与真实值之间的偏差。

许多有关度量衡的文章也使用此定义(Grabe,2005;Rabinovich,2005;Drosg,2007)。具体来说,假设量 y 的真实值为 y_T,假设 $y_{obtained}$ 为量 y 的获得值,获得值指的是可以从数值解、计算仿真、实验测量或者专家意见等来源推导出的结果。

假设 y_T 和 $y_{obtained}$ 均是固定值,而非随机量,即随机变量的实现。那么,$y_{obtained}$ 中的误差定义如下:

$$\varepsilon_{obtained} = y_{obtained} - y_T \tag{2-2}$$

许多文章和技术文献并没有区分"误差"和"不确定性"。但是我们认为,这会对基本概念造成许多混淆或者误解。此外,误差和不确定性未区别使用可能导致结果被误解,导致错误地将工作放在减少或者消除误差或者不确定性的来源上。

如第 2.3 节所述,不确定性的概念主要是为了确认来源是否具有内在随机性或者对来源的本质缺乏了解。误差的概念并没有涉及来源的本质,而把重点放在真实值的确定上。真实值的定义方法很多。例如,物理常数的真实值,如真空中的万有引力常数或者光速,可以根据实际情况对精度的要求使用多种方法进行确定。真实值也可以定义为参考标准,例如国际单位制设定的长度、质量和时间的参考标准。在科学计算中,有时可以方便地将真实值定义为计算机中达到指定精度的浮点数。但是,在多数情况下,我们并不知道真实值或者真实值不是对应有限精度的代表值,且在工程学和科学量的实验测量中,真实值"永远"不知道。

例如两个计算机代码求解相同物理模型,但使用不同数值解程序的情况。假设其中一个代码向来被认为可得出"正确"的结果,而另一个代码相对较新。人们可以将误差定义为新代码结果与传统代码结果之间的差异。除非彻底调查了传统代码,并仔细记录了输入参数范围内的精度,否则将其视为可得出真实值是一种非常愚蠢的想法。更合理的方法是将由每个代码得出的结果的精度归类为认知不确定性。

2.5　确认、验证和预测的一体化

如本章前文所示，V&V 推动了计算预测能力的发展。M&S 研究人员和代码开发人员常聚焦于模型与代码的普遍性和能力。虽然如此，在 M&S 的部分应用中，重点却放在：①对特殊应用所做预测之置信度的量化评估；②如何将这些预测有效应用于风险已知的决策过程。我们所指的风险已知的决策过程是指借助未来可能后果的估计不确定性以及与这些后果相关的风险而执行的决策过程。因为不确定性和风险可能非常难以量化，加上个人或组织对风险的耐受程度，我们采用风险已知的决策这一术语。关于不确定性，我们将在多章进行讨论，而第 3 章将对风险进行定义和阐述。

图 2-15 综合描述了本书中详细讨论的验证、确认以及预测过程的九大元素。此图与《ASME 指南》中的图 2-5 类似，但区别在于前者强调 M&S 过程中各元素间存在的内在序列关系。本书将通过不同章节分别讨论这些元素，本节仅给出各元素的简要描述，其中每个元素所涉及的概念大多基于 Trucano 等（2002）的著作。须注意的是，虽然图 2-15 中所示活动存在一定的执行顺序，但实际上整个过程通常是迭代执行的。例如，当在元素 6 中将计算结果与实验测量值进行对比时，有可能会发现计算结果达不到预期。此时，我们可能采用以下多种方法对此前完成的元素进行反复调整：①更改元素 1 中的建模假设；②更改元素 1 指定的应用域；③重新排列元素 2 中某些 V&V 活动的优先顺序，以便于更好地从根源上解决此问题；④如怀疑编码有问题，重新执行元素 3 中的代码验证活动；⑤如怀疑实验测量值有问题，重新执行元素 4 中的实验测量活动；⑥如怀疑解误差有问题，以更小的网格再次执行元素 5 中的解计算。

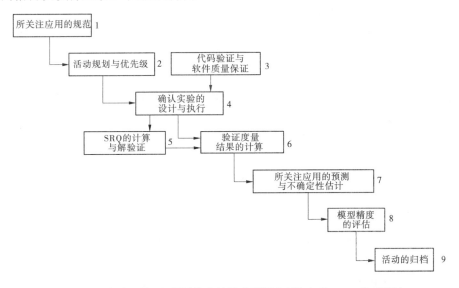

图 2-15　确认、验证和预测元素的综合视图（改编自 Trucano 等，2002）

2.5.1 所关注应用的规范

建模与仿真(M&S)的第一个元素描述了所关注的物理过程、工程系统或者事件。人们应在一定程度上确定当前建模与仿真(M&S)的具体目的。如需关注不同环境,例如事故或者恶劣环境,则可以相应构建完全独立的图表,如图2-15所示;每个环境对应一个图表。第3章将详细介绍系统环境和场景。无需关注目标特定应用,例如物理过程中的软件研发,即可完成V&V活动。然而,通篇的讨论重点通常在于应用导向的V&V过程。在第一个元素中,须指定计算结果的用户,并确定用户要如何使用这些结果,例如用于设计、优化或者制定政策。

很明显的是,在建模与仿真(M&S)过程开始阶段就已经给出了所关注应用的规范。但是,无论在大型还是小型建模与仿真(M&S)活动中,对整个活动的主要目标和次要目标常常缺乏有效统一。这个话题的主要参与者包括所生成计算信息的最终用户(称为建模与仿真工作的客户)、活动利益相关人员和执行该项工作的计算分析师。每个小组对工作的目标通常比较统一,但是各组的观点、优先级安排和活动日程往往不一样。有一种情况十分常见,那就是当耗费了大量精力或者在建模与仿真活动过程中遇见困难时,才会发现每个小组对活动目标的了解截然不同。如果建模与仿真活动的赞助人不是最终能力的用户而是某个第三方,特别容易出现信息传达错误或者缺少交流的情况。例如,假设某个政府机构想开发其下辖某个应用领域的建模与仿真能力,并提供资金支持,而且该能力的预期用户是政府机构的承包商,但该能力的开发商是其他承包商,这样的三角关系就非常可能由于信息传达错误而导致合作失败。

作为元素1的一部分,模型预期用途对应的应用域必须进行说明。例如,这包括系统工作环境和场景的规范以及建模与仿真要解决的问题等,也可能包括系统可能碰到的所有初始条件、边界条件和激励条件的一般规范。另外,还应笼统地介绍一下该应用域对应的预期确认域。在早期,因为系统处于设计初期阶段或者对模型的预测能力理解不充分,所以只需要模糊地预测确认域。但是,除非该应用域大幅背离类似系统的经验依据,否则一些现有的实验数据将会融入该应用。须注意的是,可以将应用域和确认域在图2-4中讨论的确认分层结构的分层指定。

元素1的重要组成部分就是所有SRQ的规范,SRQ须从计算分析中获取。一些可能感兴趣的SRQ例子包括:①某个固体内部或者表面上的温度分布;②单个组件或者一组组件内的最大应力水平;③结构系统中或者结构系统上任何点上与时间成函数关系的最大加速度;④沿某个指定边界的污染物或者有毒废弃物的浓度水平。与所关注SRQ的规范密切相关的是预测精度要求的规范,预测精度要求须通过建模与仿真获取。客户须确定预测精度的要求。但是,有时候客户会:①无法确定该要求;②对于精度要求过于苛刻。这会促成客户与分析师之间就实现某个预测精度水平所需的成本和时间开展建设性的对话和协商。尽管早期通常很难清楚了解成本和时间估计值以及估计预测精度,但是,这些讨论对于早期阶段十分关键,以便于所有相关方,包括可能需要提供其他确认数据的利益相关人员或者实验人员,考虑权衡利弊。通常情况下,只有在花费或者浪费了大量的资源、时间和建模工作后,才会在工作后期理解成本、时间和实现的预测精度之间的权衡。

第 3、10 章和 14 章介绍了此元素中的许多活动。

2.5.2　活动规划和优先级排序

建模与仿真、确认与验证和预测活动的正式规划及优先级排序在元素 2 中执行。由于元素 1 给出了规范,则活动规划和优先级排序须尝试解决图 2-15 中所示剩余 7 个元素中执行的所有活动。在大型建模与仿真项目中,需要从各行业独立从业人员甚至有时还需从各类组织获取大量资源和支持。其中,所需支持还包括将活动规划和优先级记载于 V&V 计划中。《ASME 指南》(ASME,2006)也介绍和推荐了 V&V 计划的制订。该计划须匹配项目的量级和基于计算结果所做决策的后果。

规划和优先级排序的关注重点始终是:在资源到位时(人力、时间、金钱、计算设施、实验设施等),若要实现元素 1 中确定的建模与仿真工作的目标,每个活动中的合理努力程度怎样?

下文给出了一些规划和优先级相关问题的例子:

(1)为实现分析之目的,哪些物理现象很重要? 各种现象的合理耦合程度怎样?

(2)预期应用域和确认域是什么?

(3)所关注的 SRQ 是什么,客户希望达到什么样的预测精度要求?

(4)哪些代码验证和 SQA 活动适合所关注的应用?

(5)现有数值误差估计方法是否充分?

(6)该分析是否需要新增网格生成能力?

(7)确认活动是否需要新增实验诊断或者设施?

(8)是否需要开发新的确认度量算子?

(9)是否有足够的方法通过模型传播输入不确定性,以获取输出不确定性?

(10)如果模型精度或者实验测量存在欠缺,须考虑哪些备用方案或者应急方案?

就我们的经验而言,现象识别和排序表(PIRT)是规划和优先级排序最常用的方法(Boyack 等,1990;Wilson 等,1990;Wulff 等,1990;Wilson 和 Boyack,1998;Zuber 等,1998)。PIRT 最初用于识别事故场景中会影响核电站安全的物理现象以及物理现象的耦合。PIRT 须视为一个过程和信息集合。正如 Boyack 等(1990)所强调的,PIRT 一旦制定并记录,是几乎可以肯定并非一成不变。当某个给定的 PIRT 规定引导建模与仿真活动时,该规定也须进行调整,以反映在执行这些活动期间收集的信息。

另外一个规划与优先级排序过程由 Pilch 等(2001)、Tieszen 等(2002)、Trucano 等(2002),以及 Boughton 等(2003)制定。此过程称为差距分析,基于 PIRT 过程的结果,用于回答以下问题:

建模与仿真工作目前对于重要的现象和 SRQ 来说处于什么位置?

在对该过程的差距分析中,关注的重点从对环境、场景、系统和物理现象的改善和理解转变为建模与仿真工具的目前能力与所需能力之间的可能差距。

有关建模、计算机代码、验证、确认和不确定性量化问题的答案将直接帮助规划和优先级排序。

第 14 章详细讨论了 PIRT 和差距分析过程。

2.5.3　代码验证和软件质量保证活动

代码验证和软件质量保证活动在元素 3 中执行。这两种活动可以视作支持以下说法而进行的证据收集：①数值算法能正常使用；②源代码实现正确，使用正常；③计算机系统硬件和软件环境正常。众所周知，这三个基本元素（源代码、硬件和系统软件）无法证明它们正确或者运行正常。事实上，计算机系统相关经验告诉我们：应用程序源代码存在编程错误，系统硬件和软件存在限制及不足（有时候已知，即认知不确定性；有时候未知，即盲目不确定性）。为此，计算机用户容易存在某种程度上忽略软件和硬件错误可能性的想法。个人耐受度主要取决于两个迥然不同的因素：第一，个人对软件和硬件中的错误和不可靠性不满意的严重程度和频率；第二，个人对使用其他软件和硬件完成其工作的看法。例如，如果用户不太能接受软件漏洞，可以选择更换软件，则他们可能会被说服去更换软件。换言之，用户如果没有其他选择余地，例如他所使用的软件在市场中处于近乎垄断的地位，则可能要容忍多故障、不可靠的软件，或者由于企业或者组织的命令，可能被强制使用某个系统或者应用程序软件（Platt，2007）。

考虑到个人对错误和不可靠性的耐受度与是否存在软件备选方案之间的平衡，我们认为只要满足仿真所需的特性和功能要求，计算软件的计算机用户对错误和确认鲁棒性表现出很高的容忍度。换言之，计算软件用户不太重视代码验证和 SQA 方面的证据积累，而是将重点放在他们工作所需的软件特性和功能上。我们认为，这种常见的价值体系就是元素 3 在建模与仿真中做大量表面文章的根本原因。但是，当与代码开发资源相比时，却只花费了最少的工作量。代码开发团队，不管是公司内部开发团队或者是商用软件公司，都理解此价值体系，并据此作出响应。

图 2-15 中所示的 V&V 和预测的综合视图并没有解决代码验证与 SQA 活动及完成手头建模与仿真目标所需的特性和功能的实现之间的资源竞争问题。

但是，图 2-15 确实要求注意代码验证和 SQA 活动在评估计算结果可信度时的关键作用。例如，如果在建模与仿真过程的后期（即在元素 7 中）发现代码漏洞，则须重新检查元素 5 到元素 7 所做的所有工作，以及检查此漏洞是否影响前期工作。如果该漏洞确实影响了早期输出的结果，则之前所做的工作等于白做，需要重新开始。更危险的情况是如果未发现相关的代码漏洞，并信任计算结果。例如，如果元素 6 中的计算结果和实验结果拥有良好的一致性，则就没有兴趣、积极性及资源执行代码验证和 SQA 活动。如果使用了具有误导性的计算结果，决策者可能对系统安全、性能或者可靠性做出错误的决策，且全然不知。

第 4~6 章将详细介绍代码验证和 SQA。

2.5.4　确认实验的设计与执行

元素 4 为确认实验的设计与执行，以及在确认活动中使用现有实验数据时更常见的情况。简单探讨确认实验的设计与执行前，我们须就确认实验和传统实验的差别给出一些说明。传统实验一般可以分为三大类（Oberkampf 等，1995；Aeschliman 和 Oberkampf，1998；Oberkampf 和 Blottner，1998；Oberkampf 和 Trucano，2002）。第一类为主要用于增进对某些物理过程的初步了解的实验,有时称为物理发现或者现象发现实验。具体例子包括:①湍流反应流;②材料分解;③固体裂纹扩展的微观力学过程;④在极端压力和温度条件下经历相变的材料的特性。

传统实验的第二类包括主要用于构建或者改善相对为人熟知的物理过程的数学模型的实验,有时称为模型开发或者模型校准实验。对于这类实验,模型的适用范围或者模型中物理学的详细程度通常不重要。具体例子包括:①测量反应流模型中的反应率参数;②确定组合结构的振动中的接头阻尼和空气动力阻尼参数;③确定某一类复合材料的裂纹扩展的模型中的参数;④校准钢筋混凝土材料模型中的结构参数。

传统实验的第三类包括确定组件或者子系统以及完整工程系统的可靠性、性能或者安全的实验,有时称为可靠性试验、性能试验、安全试验、校准试验或者认证试验。具体例子包括:①燃气涡轮发动机中新压缩机或者燃烧室设计的试验;②固体火箭发动机的新推进剂配方的试验;③新汽车设计的耐撞性试验;④潜至最大工作深度的改良型潜艇设计的认证试验。

从另一方面而言,确认实验的主要目的在于评估数学模型的精度。换言之,确认实验设计、执行和分析的目的在于量化表现为计算机软件形式的数学模型的能力以模拟特征明显的物理过程。因此,在确认实验中,有人可能认为计算分析师就是客户或者代码就是实验的客户,而不是例如物理现象研究人员、模型构建者或者系统项目经理。只有在最近几十年,建模与仿真才发展为甚至可以将其视为合格的客户。由于现代技术逐渐走向基于建模与仿真设计、认证和甚至构建的工程系统,则建模与仿真本身将慢慢变成确认实验的客户。

由于本书定义的确认实验是一个相对较新的概念,所以元素 4 中生成的多数实验数据将取自不同类型的传统实验。为此,确认评估使用传统实验的数据时须处理一系列的技术和实际困难。第 10 章将详细介绍这些困难。这里将简要讨论确认实验设计与执行的一些重要方面。第 11 章将给出更详细的分析。

当前情况下的确认实验应该根据元素 1 识别的应用,专门为评估计算预测能力而设计。当前,可以不针对某个特定应用设计和执行确认实验,但是我们关注的焦点在于面向特定应用驱动因素的确认实验。确认实验的规划和优先级排序应是元素 2 的结果,不仅对实验活动来说如此,对整个建模与仿真项目亦是如此。例如,回头看图 2-10(c),元素 2 中须提出在应用域内执行新确认实验所需的资源问题,以及额外建模活动所需的其他资源。这些比较研究的方法是:对于给定的资源数量,哪个方案最能降低所关注预测 SRQ 中的估计不确定性?即便将该问题构建成一个优化方面的问题很有建设性,但是须认识到这仍是一个难以回答的问题。原因包括:①对实现某个目标或者能力的资源知之甚少;②不甚了解需要什么来降低输入参数中的不确定性,从而降低所关注 SRQ 的不确定性;③比较空间中的参数数量太多;④比较空间中的一些参数之间常常存在未知的依赖性,即空间中的所有坐标不是正交的。第 14 章将对这些问题进行讨论。

Aeschliman 和 Oberkampf(1998)、Oberkampf 和 Blottner(1998)以及 Oberkampf 和 Trucano(2002)提出了确认实验的设计与执行的初级指南,包括以下几个方面:

(1)从项目启动到入档的整个项目过程中,实验人员、模型开发人员、代码开发人员和代码用户紧密协作并坦诚面对每个方法的优势和弱点,联合设计确认实验。

　　(2)确认实验的设计须能够包含所涉及的基本物理学,测量所有相关物理建模数据、初始条件和临界条件,以及模型要求的系统激励信息。

　　(3)确认实验须尽量强调计算与实验方法可实现的固有协同作用。

　　(4)尽管实验设计须各方面携手完成,但是在获取计算和实验系统响应结果方面须保持独立性。

　　(5)实验测量须由系统响应量的分层结构组成。例如,从全局量到局部量。

　　(6)须构建实验设计,以分析和评估随机(精度)与系统的(偏差)实验不确定性。

　　第11章将详细讨论这些指导方案,并附上论证每个方案的优质确认实验示例。

2.5.5　系统响应量的计算和解验证

　　元素5为获取所执行确认实验的仿真,以及评估这些解的数值精度。在图2-15中,从元素4到元素5的箭头指示来自确认实验的信息须提供给分析师,以计算确认实验中测量的SRQ。仿真所需的信息示例包括边界条件、初始条件、几何细节、材料属性和系统激励。实验人员提供的信息须伴随对所提供的每个量的不确定性估计。在这里,我们强调SRQ以及仿真所需输入量的不确定性估计。这是优质确认实验的一个重要特征。所提供的不确定性估计可以通过若干不同方法进行归类,例如概率密度函数(PDF)或者累积分布函数(CDF)或者只是未提供似然信息的区间值量。但是,当不确定性类别确定后,通过模型传播这些不确定性时,须使用相同的类别方式,以让获取的SRQ带有相似类别的不确定性。

　　正如本章前文所述,以及根据文献中多个作者的看法,在完成仿真前,不得向计算分析师提供实验中的实测SRQ。对于分析师而言,最好的情况就是对只提供仿真所需输入量的确认实验结果进行盲目预测。但是,对于确认数据库中已众所周知的实验,这是不可能的。如果分析师们知道实测的SRQ,那么实验前知道实测的SRQ对于计算和实验结果对比的值或者可信度的破坏性必将众说纷纭。我们认为,它对确认的有用性和预测能力的可信度具有很大的破坏性。换言之,据我们自己了解或者说经验告诉我们,当分析师知道实测响应时,他们会受明里或暗里的影响,受影响范围举例包括:①建模假设的改变;②数值算法参数的选择;③网格参数或者时间周期参数的改变;④建模中的自由参数或者实验中鲜为人知的物理参数的调整。

　　针对用于与实验数据进行对比的解执行解验证活动。验证活动采用两种截然不同的方式:输入输出处理的验证和数值解精度的验证。大多数正式解验证工作的一般目的在于估计数值收敛误差(空间、时间和迭代)。在估计所关注SRQ中的数值解误差时,一般情况下后验法最准确、最有效。如果所关注SRQ为场量,例如PDE范围内的本地压力和温度,则须直接从这些量上估计数值误差。众所周知,就离散和迭代收敛而言,本地或者场量的误差估计的要求比PDE整个范围内量的标准误差估计多很多。

　　如果要进行大量的确认实验的仿真,则通常需要针对各种类型或者组别的类似条件的代表性条件,计算数值解误差估计值。此程序如果证明是合理的,则相较于估计所仿真的每个实验的数值解误差,可以大大减少计算工作。例如,可以针对拥有类似几何学、

PDE 中发生的类似无量纲参数、物理过程的类似相互作用以及类似的材料特性的条件定义一个解类别。确定解类别后,应从整个类别中选择一个代表性的条件,或者如果证明是合理的,在该类别中从计算角度而言选择要求最高的条件。例如,就网格分辨率和迭代收敛而言,要求最高的条件就是拥有最高梯度解、对场中发生的某些物理特征的灵敏度最高或者耦合物理的相互作用最高。

第 3 章和第 13 章将详细介绍 SRQ 的计算,而第 7 章和第 8 章将介绍解验证。

2.5.6 确认度量结果的计算

图 2-15 的元素 6 为使用确认度量算子对计算和实验结果进行定量对比。在工程学和科学的所有领域中,使用图表来进行计算结果和测量数据对比的做法十分常见。通常在某个参数范围内,通过将计算 SRQ 和实验测量 SRQ 制成图表,进行图形对比。通常的做法是:如果在该测量范围内,计算结果基本与实验数据一致,则通常声明此模型"经过确认"。但是,通过图形将计算结果与实验数据进行对比只是比主观对比好一点。在图形对比中,人们很少发现实验或者仿真中数值解误差的量化或者不确定性的量化。不确定性源自于实验测量不确定性,实验人员未报告的实验条件、初始条件或者边界条件的可变性导致的不确定性,或者实验中鲜为人知的边界条件的可变性导致的不确定性。实验条件不确定性或者实验中未报告的不确定性在计算分析中通常视作自由参数,因此要进行调整,以更好地符合实验测量值。

确认度量在过去 10 年里受到广泛关注,主要来自与桑迪亚国家实验室相关的研究人员。对于该领域的一些早期工作,请参见 Coleman 和 Stern(1997);Hills 和 Trucano(1999);Oberkampf 和 Trucano(2000);Dowding(2001);Easterling(2001a),(2001b);Hills 和 Trucano(2001);Paez 和 Urbina(2001);Stern 等(2001);Trucano 等(2001);Urbina 和 Paez(2001);Hills 和 Trucano(2002);以及 Oberkampf 和 Trucano(2002)的著作。确认度量算子可以视作同一个 SRQ 的计算和实验结果之间的差分算子。确认度量算子也可以称为不匹配算子。来自差分算子的输出称为"确认度量结果",它是确认实验特定条件下模型 – 形式偏移误差的一个度量。确认度量结果是模型预测与实验测量之间偏差的"数量"表述。确认度量结果因为是一个客观度量,而非"好"和"差"这种主观性较强的个人意见,所以具有重要的使用价值。如果确认域包含应用域,如图 2-10(a)所示,则确认度量结果可直接与元素 1 中指定的模型精度要求进行对比。此外,整个确认域内确认度量结果集可用于形成模型 – 形式不确定性的特征化偏差,以方便在确认域外进行外推。换言之,确认度量结果基于"观察到"的模型性能,可以用于估计模型 – 形式不确定性,以外推到其他所关注的条件。

确认度量算子概念的构建相对较新,因此对于它须包括的内容、须排除的内容以及构建方法存在许多不同的看法。通过以下建议,可以得出一个富有建设性的有关构建确认度量方法的看法(Oberkampf 和 Trucano,2002;Oberkampf 和 Barone,2004,2006;Oberkampf 和 Ferson,2007):

(1)度量应:①明确包括对所关注的 SRQ 中计算仿真得到的数值误差的估计;②不包括所关注 SRQ 中的数值误差,但是只有之前通过某个合理的方法估计该数值误差,且较小时。

（2）度量应是对所关注 SRQ 预测精度的定量评估，包括所有综合的建模假设、物理近似值和之前获取的并体现在模型中的物理参数。

（3）度量应明示或者暗示地包括对实验数据后处理的误差的估计，以从模型中获取相同的 SRQ。

（4）度量须以某种明确的方式包含或者包括 SRQ 实验数据中测量误差的估计，并与模型进行对比。

（5）度量须采用严格的数学形式概括无不确定性的标量与同时存在偶然不确定性和认知不确定性之间的差异的概念。

（6）度量须没有明确或者暗示计算与实验结果之间符合度水平或者精度要求的满足程度。

（7）确认度量须是数学意义上的真正度量，即保留真正距离度量的基本特征。

第 12 章将详细介绍确认度量的构建和使用。

2.5.7　应用的预测和不确定性估计

在许多系统的性能、安全和可靠性分析中，预测被严格视为确定性的，即物理过程或者系统建模中的不确定被认为是非常小的或可直接忽略的。若要考虑存在的任何不确定性，需要在系统各种设计特性的基础上加上一个安全系数（Elishakoff，2004）。有时会使用的另一个方法就是尝试和识别系统可能碰到的最恶劣的工作条件，或者最苛刻的运行条件。然后，通过设计系统，使系统能够在这些条件下成功、安全地运行。根据所涉及的分析和系统的需求，上述任何一种方法都合适且具成本效益。

最近 30 年里，现代的风险评估方法率先应用在核反应堆安全（Morgan 和 Henrion，1990；NRC，1990；Modarres，1993；Kafka，1994；Kumamoto 和 Henley，1996）及有毒和辐射性材料的地下储存（LeGore，1990；Helton，1993，1999；Stockman 等，2000）。这类高要害系统的性能和风险分析要求全新的、更可靠的非确定性方法。系统的数学模型，包括系统的周围环境，在以下情况下视为非确定性的：①由于模型输入数据中存在不确定性，所以模型可以触发非唯一的系统响应；②分析可能考虑了系统可能经历的多种环境和场景；③对于所关注的同一个系统可能有多个备选的数学模型。由于偶然不确定性或者认知不确定性，或者更常见的二者的组合可能导致非确定性，所以使用了"非确定性"一词，而不使用"随机"一词。但是，数学模型假设是确定性的，那么当具体说明了某个特定模型的所有必要输入数据后，对于每一个输出量，该模型只会得出一个值。也就是说，模型的输入、输出具有一对一的对应关系。若要预测系统的非确定性响应，需要使用不同的输入数据，并在可能的不同环境和场景下，多次对系统的数学模型或者备用数学模型进行评估。

元素 7 通过将确认的任何不确定性代入数学模型，处理应用的 SRQ 的非确定性预测。将不确定性直接代入计算分析中最常见的方法包括三个基本步骤（见图 2-16）。第一个步骤称为"特征化不确定性的来源"。不确定性可以划分为偶然不确定性或者主观不确定性（见图 2-13）。如果不确定性纯粹是偶然因素造成的，则要归类为 PDF 或者 CDF。如果不确定性纯粹由主观认知造成，则要归类为未指定似然信息的区间值量。不确定性也可以归类为偶然不确定性和认知不确定性的组合，即一部分为概率分布，另一部分为区间。

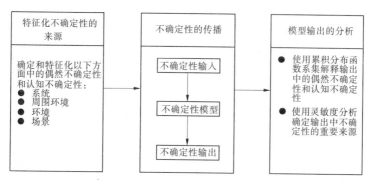

图 2-16 不确定性分析的基本步骤

第二个步骤称为"不确定性的传播"，前一个步骤指定的不确定性输入量的值通过模型传播，从而获取不确定性输出量。可用于计算输入量到输出量映射的传播方法很多（有关传播方法的详细介绍，请参考以下著作：Morgan 和 Henrion，1990；Cullen 和 Frey，1999；Melchers，1999；Haldar 和 Mahadevan，2000；Ang 和 Tang，2007；Choi 等，2007；Suter，2007；Rubinstein 和 Kroese，2008；Vose，2008）。本书中，出于两个主要原因，我们将重点讨论统计取样程序的使用，例如 Monte Carlo 或 Latin Hypercube 采样。首先，在实际应用中，采样方法从概念角度而言是易于理解和应用的。它们可以用作任一种数学模型的前处理器和后处理器，在某种意义上，可以用作仿真代码的外回路或者外包装器。其次，采样方法可以轻松涵盖偶然不确定性或者认知不确定性。样本虽然同时取自偶然不确定性或者认知不确定性，但是两种不确定性分开处理，并在结果分析和解释过程中一直保持各自的独立性（Helton，1994；Hoffman 和 Hammonds，1994；Ferson 和 Ginzburg，1996；Cullen 和 Frey，1999；Ferson 等，2004；Suter，2007；Vose，2008）。取自偶然不确定性的样本表示了随机不确定性或者可变性，因此这些样本在 SRQ 中表示偶然不确定性。取自认知不确定性的样本表示了缺失认知不确定性，因此这些样本在 SRQ 中表示可能实现。也就是说，无概率或者似然与取自主观不确定输入量的样本有关。须注意的是，如果使用了备用数学模型评估模型形式的不确定性，则由每个模型得出的结果也要视作认知不确定性。整组 SRQ 的所有样本有时称为"计算系集"。当有人针对某个确定性结果执行单一计算时，须针对非确定性仿真执行可能大量的计算。

产生计算集后，第三步，执行"模型输出的分析"。此步骤涉及对 SRQ 采样时产生的计算系集的解释。计算系集一般以 CDF 族或互补累积分布函数族的形式出现。由于存在认知不确定性，所以会产生多个概率分布。每个概率分布代表从所有主观不确定量的一个样本中对所有偶然不确定性因素的采样的结果。每一个概率分布代表一个 SRQ 可能的概率分布。

对输出的分析也包括结果的灵敏度分析（Cacuci，2003；Saltelli 等，2004，2008）。灵敏度分析在于研究模型输出的变化如何划归到模型输入中的不同的变化源（Saltelli 等，2008）。灵敏度分析通常分为局部分析和全局分析。局部灵敏度分析涉及的问题：不确定性输出如何随不确定性输入而变？全局灵敏度分析涉及更广的问题：输入的不确定性结构，包括多个模型，如何映射到输出的不确定性结构？需要从设计优化、项目管理或者决策的角度回答这类问题。这样，人们便可以开始重点发现系统性能、安全和可靠性等较大不确定性的原因所在。

本元素中讨论的每个活动都将在第 13 章中进行详细介绍。

2.5.8　模型精度的评估

元素 8 中执行的模型精度评估主要为对模型估计精度的评估，并与元素 1 中指定的所需模型精度进行对比。如前所述，许多其他实际和程序问题成为了某个预期用途的模型适当性决策的一部分。如果未明确模型精度要求，则确认的基本哲学会处于危险的境地。须针对所有关注的 SRQ 的整个应用域，确定精度要求。由于分析中所关注的 SRQ 范围通常很广，且它对系统性能的重要性也不尽相同，所以不同的 SRQ 对精度的要求相差很大。此外，在应用域内，给定 SRQ 的精度要求变化非常大。例如，在对系统性能或者风险无关紧要的应用域范围中，精度要求可能相对较低。

如果有充足的确认数据，则模型精度的估计可以直接建立在元素 6 中获取的确认度量结果之上。如前所述，确认度量结果是对确认域上模型形式偏移误差的直接度量。我们可以使用多维插值程序计算确认度量结果，从而得出计算结果与实验测量数据之间的偏差（不匹配）。如果应用域完全在确认域内（见图 2-10（a）），则可以将插值的不匹配与模型精度要求进行对比，以确定模型的适当性。如果模型精度够高，则模型和表示为认知不确定性的不匹配可以在预测所关注系统时使用。如果模型精度不够，则可以通过两种方法提高模型的精度。首先，校准模型中的可调参数，使其更好地匹配实验数据。其次，可以通过更新概念模型中的假设，改良模型形式。但是，在后一种情况中，人们可能需要重复图 2-15 所示整个过程中的多个元素。或者，可能要弃用该计算方法，如图 2-10（a）中所示的情况，系统性能仅根据现有实验数据和决策者的判断进行评估。

如果应用域的任何部分超出确认域（见图 2-10（b）），则须将确认度量结果外推到所关注应用的条件中。如果应用域远离确认域（见图 2-10（c）），则外推程序可以引入估计模型 – 形式偏移误差中的高不确定性。在尝试解决此问题时，可以使用各种外推程序来估计由于外推法造成的不确定性。我们可以将每个外推程序的结果与模型精度要求进行对比，确定模型的适当性。须注意的是，此外推法完全独立于依赖模型中基于物理的假设或者所关注应用条件的模型预测。

从概念上而言，上述的模型适当性评估在逻辑上是有根据的，最重要的是，它直接将模型精度评估关联到应用特定的要求。但是，当需要对确认度量结果进行大量外推时，如果使用此程序，会产生若干技术困难和实际困难（见图 2-10（c））。在此，我们只对其中一个难点进行说明。不过，第 12 章和第 13 章将会有更详细、完整的介绍。我们假设某系统或者环境参数无法视为连续变量。例如，假设实验设施只能产生组件或者子系统的相关物理条件，但是无法对整个系统进行测试。为此，所有确认域数据都处于确认层级结构（见图 2-4）中的较低层级上。那么，我们处理的对象为系统复杂性不断增长的模糊概念以及这种增长对模型预测可信度的影响。我们可以直接忽略由于模型从被测层级耦合到非测层级导致的模型中的附加不确定性。当然,这不会引人注意。另一个方法就是使用被测层级和非测层级上的合理模型,获取非测层级上的多个模型预测。通过将每个模型预测之间的差异视为认知不确定性,我们可以开始估计由于模型耦合造成的不确定性。此方法不需要划定预测不确定性的界限,但是可以让决策者大体了解不确定性的量级。

2.5.9　建模与仿真活动的归档

尽管分析师通常对建模与仿真的归档话题提不起兴趣,充其量也就草草了事,但是一定程度的归档还是必要的。归档程度通常取决于建模与仿真项目的规模和目标,以及基于仿真结果的风险预知的管理决策的后果。例如,最低的归档要求就是设计团队在需要时能够快速响应公司内研究或者非正式提问的需求。中等要求就是企业产品对应有性能保证书或者连带某个方面的法律责任。最高的要求就是指出高要害系统失效时会影响大范围的人口或者环境。我们建议归档水平要达到中高等要求。

归档的目标通常从建模与仿真的可再现性、可追溯性和透明度方面进行讨论。透明度指的是专业人士可以查看和探究建模与仿真活动的所有方面。但是,当使用专有模型或者软件时,透明度会受到很大影响。在任何仿真工作中,这些归档目标均十分重要,尤其是那些为高要害系统的安全和可靠性的认证或者监管审批提供保障的归档工作。例如,核反应堆安全、大型公共结构(如摩天楼和堤坝)及核或者有毒肥料的长期地下储存(如废物隔离中间试验工厂(WIPP)和尤卡山项目)的性能和风险评估。美国国防部特别强调了所有 V&V 和认可活动中归档的重要性,归档对结构的建议和信息内容记载于美国国防部(2008)中。

由于参与建模与仿真工作的多数工作人员对可再现性、可追溯性和透明度的归档目标相当冷淡,且提不起兴趣,下文通过一些举例,或许能够进一步调动这些人的积极性。按图 2-15 元素的顺序列出了这些例子。

(1)清楚记载所关注的应用(包括系统环境和场景)、建模过程中所做的假设条件和建模与仿真预期的预测要求。

(2)在项目启动以及实施过程中需要任何变更时,记录建模与仿真和 V&V 工作的规划与优先级排序的理由。

(3)记录所执行(和未执行的)的代码验证和 SQA 工作内容,以及项目实施过程中再现这些活动的能力。

(4)记录确认实验的设计与执行,用于当前及未来的项目。

(5)详细记录计算的仿真和使用的数值法,以便于将结果解释和证明给客户,或作为合同协议的一部分,或复制用作新员工培训,或供调查委员会或者监管或者法律机构参考。

(6)记录确认域,尤其是它与应用域的关系,以及在确认域内对各种 SRQ 的模型精度评估。

(7)记录执行模型校准的时间和方法,以便在具体校准活动需要时可追溯模型预测的更改。

(8)记录所关注应用条件下的预测 SRQ 及其不确定性。

(9)记录所关注应用的预测精度要求相关的模型适当性(和任何确认的不适当性)。

不管采用哪一个归档等级或者类型,均应使用电子记录管理系统(RMS)。现在市场上有一些商用的 RMS 软件,但是对于大规模项目,通常要构建量身定制的系统。对此,可以将 RMS 构建成树形或者文件夹/子文件夹结构,以特定的建模与仿真项目作为底层,然后将该系统划分为 8 个元素,如图 2-15 所示,并进行合理细分。对于任何信息元素的任何部分,可以使用关键词在 RMS 中进行搜索。搜索引擎的工作模式跟 Google 或者 Wikipedia 非常类似,还可以包括相关度排序,进一步提高搜索和检索能力。整体的系统设计可以包括设计配置、计算机代码、实验设施、系统安全功能和涉及的人员等可搜索条件。检索到结果后,可以根据词语输入与搜索的相关性进行排序。检索的高级结果须嵌入超链接,然后可以选择该超链接,根据需要,搜索更详细的信息,包括实验图片和视频/音频记录。

2.6　参考文献

Aeschliman, D. P. and W. L. Oberkampf (1998). Experimental methodology for computational fluid dynamics code validation. *AIAA Journal.* 36(5), 733-741.

AIAA (1998). Guide for the verification and validation of computational fluid dynamics simulations. *American Institute of Aeronautics and Astronautics*, AIAA-G-077-1998, Reston, VA.

Almond, R. G. (1995). *Graphical Belief Modeling.* 1st edn., London, Chapman & Hall.

Anderson, M. G. and P. D. Bates, eds. (2001). *Model Validation: Perspectives in Hydrological Science.* New York, NY, John Wiley & Sons Ltd.

Ang, A. H. S. and W. H. Tang (2007). *Probability Concepts in Engineering: Emphasis on Applications to Civil and Environmental Engineering.* 2nd edn., New York, Wiley.

ANS (1987). Guidelines for the verification and validation of scientific and engineering computer programs for the nuclear industry. *American Nuclear Society*, ANSI/ANS-10.4-1987, La Grange Park, IL.

Apostolakis, G. (1990). The concept of probability in safety assessments of technological systems. *Science.* 250(4986), 1359-1364.

Arthur, J. D. and R. E. Nance (1996). Independent verification and validation: a missing link in simulation methodology? 1996 *Winter Simulation Conference*, Coronado, CA, 229-236.

ASME (2006). Guide for verification and validation in computational solid mechanics. *American Society of Mechanical Engineers*, ASME Standard V&V 10-2006, New York, NY.

Ayyub, B. M. (2001). *Elicitation of Expert Opinions for Uncertainty and Risks*, Boca Raton, FL, CRC Press.

Ayyub, B. M. and G. J. Klir (2006). *Uncertainty Modeling and Analysis in Engineering and the Sciences*, Boca Raton, FL, Chapman & Hall.

Bae, H. R., R. V. Grandhi, and R. A. Canfield (2006). Sensitivity analysis of structural response uncertainty propagation using evidence theory. *Structural and Multidisciplinary Optimization.* 31(4), 270-279.

Beck, M. B. (1987). Water quality modeling: a review of the analysis of uncertainty. *Water Resources Research.* 23(8), 1393-1442.

Beven, K. (2002). Towards a coherent philosophy of modelling the environment. *Proceedings of the Royal*

Society of London, *Series A*. 458(2026), 2465-2484.

Blottner, F. G. (1990). Accurate Navier-Stokes results for the hypersonic flow overa spherical nosetip. *Journal of Spacecraft and Rockets*. 27(2), 113-122.

Bogen, K. T. and R. C. Spear (1987). Integrating uncertainty and interindividual variability in environmental risk assessment. *Risk Analysis*. 7(4), 427-436.

Bossel, H. (1994). *Modeling and Simulation*. 1st edn., Wellesley, MA, A. K. Peters.

Boughton, B., V. J. Romero, S. R. Tieszen, and K. B. Sobolik (2003). Integrated modeling and simulation validation plan for W80-C3 abnormal thermal environment qualification- Version 1.0 (OUO). *Sandia National Laboratories*, *SAND*2003-4152 (*OUO*), Albuquerque, NM.

Boyack, B. E., I. Catton, R. B. Duffey, P. Griffith, K. R. Katsma, G. S. Lellouche, S. Levy, U. S. Rohatgi, G. E. Wilson, W. Wulff, and N. Zuber (1990). Quantifying reactor safety margins, Part 1: An overview of the code scaling, applicability, and uncertainty evaluation methodology. *Nuclear Engineering and Design*. 119, 1-15.

Bradley, R. G. (1988). CFD validation philosophy. *Fluid Dynamics Panel Symposium: Validation of Computational Fluid Dynamics*, *AGARD-CP-437*, Lisbon, Portugal, North Atlantic Treaty Organization.

Cacuci, D. G. (2003). *Sensitivity and Uncertainty Analysis: Theory*, Boca Raton, FL, Chapman & Hall/ CRC.

Carnap, R. (1963). Testability and meaning. *Philosophy of Science*. 3(4), 419-471.

Casti, J. L. (1990). *Searching for Certainty: What Scientists Can Know About the Future*, New York, William Morrow.

Chiles, J. P. and P. Delfiner (1999). *Geostatistics: Modeling Spatial Uncertainty*, New York, John Wiley.

Choi, S. K., R. V. Grandhi, and R. A. Canfield (2007). *Reliability-based Structural Design*, London, Springer-Verlag.

Churchman, C. W. (1968). *The Systems Approach*, New York, Dell.

Coleman, H. W. and F. Stern (1997). Uncertainties and CFD code validation. *Journal of Fluids Engineering*. 119, 795-803.

Cosner, R. R. (1995). CFD validation requirements for technology transition. 26*th AIAA Fluid Dynamics Conference*, *AIAA Paper 95-2227*, San Diego, CA, American Institute of Aeronautics and Astronautics.

Cox, E. (1999). *The Fuzzy Systems Handbook: a Practitioner's Guide to Building, Using, and Maintaining Fuzzy Systems*. 2nd edn., San Diego, CA, AP Professional.

Cullen, A. C. and H. C. Frey (1999). *Probabilistic Techniques in Exposure Assessment: a Handbook for Dealing with Variability and Uncertainty in Models and Inputs*, New York, Plenum Press.

Davis, P. A., N. E. Olague, and M. T. Goodrich (1991). Approaches for the validation of models used for performance assessment of high-level nuclear waste repositories. *Sandia National Laboratories*, *NUREG/ CR-5537*; *SAND90-0575*, Albuquerque, NM.

Davis, P. K. (1992). Generalizing concepts and methods of verification, validation, and accreditation (VV&A) for military simulations. *RAND*, *R-4249-ACQ*, Santa Monica, CA.

de Cooman, G., D. Ruan, and E. E. Kerre, eds. (1995). *Foundations and Applications of Possibility Theory*. Singapore, World Scientific Publishing Co.

DoD (1994). *DoD Directive No. 5000.59: Modeling and Simulation (M&S) Management*. from www.msco mil.

DoD (1996). *DoD Instruction 5000.61: Modeling and Simulation (M&S) Verification, Validation, and*

Accreditation (*VV&A*), Defense Modeling and Simulation Office, Office of the Director of Defense Research and Engineering.

DoD (1997). *DoD Modeling and Simulation Glossary.* from www. msco. mil.

DoD (2008). *Department of Defense Standard Practice: Documentation of Verification, Validation, and Accreditation* (*VV&A*) *for Models and Simulations.* US Washington, DC, Department of Defense.

Dowding, K. (2001). Quantitative validation of mathematical models. *ASME International Mechanical Engineering Congress Exposition*, New York, American Society of Mechanical Engineers.

Drosg, M. (2007). *Dealing with Uncertainties: a Guide to Error Analysis*, Berlin, Springer.

Dubois, D. and H. Prade (1988). *Possibility Theory: an Approach to Computerized Processing of Uncertainty*, New York, Plenum Press.

Dubois, D. and H. Prade, eds. (2000). *Fundamentals of Fuzzy Sets.* Boston, MA, Kluwer Academic Publishers.

Easterling, R. G. (2001a). Measuring the predictive capability of computational models: principles and methods, issues and illustrations. *Sandia National Laboratories, SAND2001-0243*, Albuquerque, NM.

Easterling, R. G. (2001b). "Quantifying the Uncertainty of Computational Predictions." *Sandia National Laboratories, SAND2001-0919C*, Albuquerque, NM.

Elishakoff, I. (2004). *Safety Factors and Reliability: Friends or Foes?* Norwell, MA, Kluwer Academic Publishers.

Ferson, S. and L. R. Ginzburg (1996). Different methods are needed to propagate ignorance and variability. *Reliability Engineering and System Safety.* 54, 133-144.

Ferson, S. and J. G. Hajagos (2004). Arithmetic with uncertain numbers: rigorous and (often) best possible answers. *Reliability Engineering and system safety.* 85(1-3), 135-152.

Ferson, S., R. B. Nelsen, J. Hajagos, D. J. Berleant, J. Zhang, W. T. Tucker, L. R. Ginzburg, and W. L. Oberkampf (2004). Dependence in probabilistic modeling, Dempster-Shafer theory, and probability bounds analysis. *Sandia National Laboratories, SAND2004-3072*, Albuquerque, NM.

Fetz, T., M. Oberguggenberger, and S. Pittschmann (2000). Applications of possibility and evidence theory in civil engineering. *International Journal of Uncertainty.* 8(3), 295-309.

Gass, S. I. (1993). Model accreditation: a rationale and process for determining a numerical rating. *European Journal of Operational Research.* 66, 250-258.

Grabe, M. (2005). *Measurement Uncertainties in Science and Technology*, Berlin, Springer.

Guan, J. and D. A. Bell (1991). *Evidence Theory and Its Applications*, Amsterdam, North Holland.

Haimes, Y. Y. (2009). *Risk Modeling, Assessment, and Management.* 3rd edn., New York, John Wiley.

Haldar, A. and S. Mahadevan (2000). *Probability, Reliability, and Statistical Methods in Engineering Design*, New York, John Wiley.

Helton, J. C. (1993). Uncertainty and sensitivity analysis techniques for use in performance assessment for radioactive waste disposal. *Reliability Engineering and System Safety.* 42(2-3), 327-367.

Helton, J. C. (1994). Treatment of uncertainty in performance assessments for complex systems. *Risk Analysis.* 14(4), 483-511.

Helton, J. C. (1997). Uncertainty and sensitivity analysis in the presence of stochastic and subjective uncertainty. *Journal of Statistical Computation and Simulation.* 57, 3-76.

Helton, J. C. (1999). Uncertainty and sensitivity analysis in performance assessment for the waste isolation pilot plant. *Computer Physics Communications.* 117(1-2), 156-180.

Helton, J. C. , W. L. Oberkampf, and J. D. Johnson (2005). Competing failure risk analysis using evidence theory. *Risk Analysis.* 25(4),973-995.

Hills, R. G. and T. G. Trucano (1999). Statistical validation of engineering and scientific models: background. *Sandia National Laboratories*, *SAND99-1256*, Albuquerque, NM.

Hills, R. G. and T. G. Trucano (2001). Statistical validation of engineering and scientific models with application to CTH. *Sandia National Laboratories*, *SAND2001-0312*, Albuquerque, NM.

Hills, R. G. and T. G. Trucano (2002). Statistical validation of engineering and scientific models: a maximum likelihood based metric. *Sandia National Laboratories*, *SAND2001-1783*, Albuquerque, NM.

Hodges, J. S. and J. A. Dewar (1992). Is it you or your model talking? A framework for model validation. *RAND*, *R-4114-AF/A/OSD*, Santa Monica, CA.

Hoffman, F. O. and J. S. Hammonds (1994). Propagation of uncertainty in risk assessments: the need to distinguish between uncertainty due to lack of knowledge and uncertainty due to variability. *Risk Analysis.* 14(5), 707-712.

IEEE (1984). *IEEE Standard Dictionary of Electrical and Electronics Terms.* ANSI/IEEE Std 100-1984, New York.

IEEE (1991). *IEEE Standard Glossary of Software Engineering Terminology.* IEEE Std 610. 12-1990, New York.

ISO (1991). *ISO 9000-3: Quality Management and Quality Assurance Standards-Part* 3: *Guidelines for the Application of ISO 9001 to the Development*, *Supply and Maintenance of Software.* Geneva, Switzerland, International Organization for Standardization.

Kafka, P. (1994). Important issues using PSA technology for design of new systems and plants. *Reliability Engineering and System Safety.* 45(1-2), 205-213.

Kaplan, S. and B. J. Garrick (1981). On the quantitative definition of risk. *Risk Analysis.* 1(1), 11-27.

Kearfott, R. B. and V. Kreinovich, eds. (1996). *Applications of Interval Computations.* Boston, MA, Kluwer Academic Publishers.

Kleindorfer, G. B. , L. O'Neill, and R. Ganeshan (1998). Validation in simulation: various positions in the philosophy of science. *Management Science.* 44(8), 1087-1099.

Klir, G. J. (1969). *An Approach to General Systems Theory*, New York, NY, Van Nostrand Reinhold.

Klir, G. J. and M. J. Wierman (1998). *Uncertainty-Based Information: Elements of Generalized Information Theory*, Heidelberg, Physica-Verlag.

Klir, G. J. and B. Yuan (1995). *Fuzzy Sets and Fuzzy Logic*, Saddle River, NJ, Prentice Hall.

Klir, G. J. , U. St. Clair, and B. Yuan (1997). *Fuzzy Set Theory: Foundations and Applications*, Upper Saddle River, NJ, Prentice Hall PTR.

Kloeden, P. E. and E. Platen (2000). *Numerical Solution of Stochastic Differential Equations*, New York, Springer.

Kohlas, J. and P. A. Monney (1995). *A Mathematical Theory of Hints-an Approach to the Dempster-Shafer Theory of Evidence*, Berlin, Springer.

Konikow, L. F. and J. D. Bredehoeft (1992). Ground-water models cannot be validated. *Advances in Water Resources.* 15, 75-83.

Kozine, I. (1999). Imprecise probabilities relating to prior reliability assessments. 1*st International Symposium on Imprecise Probabilities and Their Applications*, Ghent, Belgium.

Krause, P. and D. Clark (1993). *Representing Uncertain Knowledge: an Artificial Intelligence Approach*,

Dordrecht, The Netherlands, Kluwer Academic Publishers.

Kuhn, T. S. (1962). *The Structure of Scientific Revolutions.* 3rd edn., Chicago and London, University of Chicago Press.

Kumamoto, H. and E. J. Henley (1996). *Probabilistic Risk Assessment and Management for Engineers and Scientists.* 2nd edn., New York, IEEE Press.

Law, A. M. (2006). *Simulation Modeling and Analysis.* 4th edn., New York, McGraw-Hill.

LeGore, T. (1990). Predictive software validation methodology for use with experiments having limited replicability. In *Benchmark Test Cases for Computational Fluid Dynamics.* I. Celik and C. J. Freitas (eds.). New York, American Society of Mechanical Engineers. FED-Vol. 93: 21-27.

Lewis, R. O. (1992). *Independent Verification and Validation.* 1st edn., New York, John Wiley.

Lin, S. J., S. L. Barson, and M. M. Sindir (1992). Development of evaluation criteria and a procedure for assessing predictive capability and code performance. *Advanced Earth-to-Orbit Propulsion Technology Conference*, Huntsville, AL, Marshall Space Flight Center.

Lipton, P. (2005). Testing hypotheses: prediction and prejudice. *Science.* 307, 219-221.

Marvin, J. G. (1988). Accuracy requirements and benchmark experiments for CFD validation. *Fluid Dynamics Panel Symposium: Validation of Computational Fluid Dynamics*, AGARD-CP-437, Lisbon, Portugal, AGARD.

Marvin, J. G. (1995). Perspective on computational fluid dynamics validation. *AIAA Journal.* 33(10), 1778-1787.

Mehta, U. B. (1990). The aerospace plane design challenge: credible computational fluid dynamics results. Moffett Field, NASA, TM 102887.

Melchers, R. E. (1999). *Structural Reliability Analysis and Prediction.* 2nd edn., New York, John Wiley.

Modarres, M. (1993). *What Every Engineer Should Know about Reliability and Risk Analysis*, New York, Marcel Dekker.

Modarres, M., M. Kaminskiy, and V. Krivtsov (1999). *Reliability Engineering and Risk Analysis: a Practical Guide*, Boca Raton, FL, CRC Press.

Moore, R. E. (1979). *Methods and Applications of Interval Analysis*, Philadelphia, PA, SIAM.

Morgan, M. G. and M. Henrion (1990). *Uncertainty: a Guide to Dealing with Uncertainty in Quantitative Risk and Policy Analysis.* 1st edn., Cambridge, UK, Cambridge University Press.

Naylor, T. H. and J. M. Finger (1967). Verification of computer simulation models. *Management Science.* 14(2), 92-101.

NRC (1990). *Severe Accident Risks: An Assessment for Five U. S. Nuclear Power Plants.* U. S. Nuclear Regulatory Commission, Office of Nuclear Regulatory Research, Division of Systems Research, NUREG-1150, Washington, DC.

Oberkampf, W. L. and D. P. Aeschliman (1992). Joint computational/experimental aerodynamics research on a hypersonic vehicle: Part 1, experimental results. *AIAA Journal.* 30(8), 2000-2009.

Oberkampf, W. L. and M. F. Barone (2004). Measures of agreement between computation and experiment: validation metrics. *34th AIAA Fluid Dynamics Conference*, AIAA Paper 2004-2626, Portland, OR, American Institute of Aeronautics and Astronautics.

Oberkampf, W. L. and M. F. Barone (2006). Measures of agreement between computation and experiment: validation metrics. *Journal of Computational Physics.* 217(1), 5-36.

Oberkampf, W. L. and F. G. Blottner (1998). Issues in computational fluid dynamics code verification and *validation. AIAA Journal.* 36(5), 687-695.

Oberkampf, W. L. and S. Ferson (2007). Model validation under both aleatory and epistemic uncertainty. *NATO/RTO Symposium on Computational Uncertainty in Military Vehicle Design*, AVT-147/RSY-022, Athens, Greece, NATO.

Oberkampf, W. L. and J. C. Helton (2005). Evidence theory for engineering applications. In *Engineering Design Reliability Handbook.* E. Nikolaidis, D. M. Ghiocel, and S. Singhal, eds. New York, NY, CRC Press: 29.

Oberkampf, W. L. and T. G. Trucano (2000). Validation methodology in computational fluid dynamics. *Fluids* 2000 *Conference*, AIAA Paper 2000-2549, Denver, CO, American Institute of Aeronautics and Astronautics.

Oberkampf, W. L. and T. G. Trucano (2002). Verification and validation in computational fluid dynamics. *Progress in Aerospace Sciences.* 38(3), 209-272.

Oberkampf, W. L. and T. G. Trucano (2007). *Verification and Validation Benchmarks. Albuquerque*, NM, Sandia National Laboratories, SAND2007-0853.

Oberkampf, W. L. and T. G. Trucano (2008). Verification and validation benchmarks. *Nuclear Engineering and Design.* 238(3), 716-743.

Oberkampf, W. L., F. G. Blottner, and D. P. Aeschliman (1995). Methodology for computational fluid dynamics code verification/validation. 26*th AIAA Fluid Dynamics Conference*, AIAA Paper 95-2226, San Diego, CA, American Institute of Aeronautics and Astronautics.

Oberkampf, W. L., T. G. Trucano, and C. Hirsch (2004). Verification, validation, and predictive capability in computational engineering and physics. *Applied Mechanics Reviews.* 57(5), 345-384.

Oksendal, B. (2003). *Stochastic Differential Equations: an Introduction with Applications.* 6th edn., Berlin, Springer.

Oren, T. I. and B. P. Zeigler (1979). Concepts for advanced simulation methodologies. *Simulation*, 69-82.

Oreskes, N., K. Shrader-Frechette, and K. Belitz (1994). Verification, validation, and confirmation of numerical models in the Earth Sciences. *Science.* 263, 641-646.

Paez, T. and A. Urbina (2001). Validation of structural dynamics models via hypothesis testing. *Society of Experimental Mechanics Annual Conference*, Portland, OR, Society of Experimental Mechanics.

Parry, G. W. (1988). On the meaning of probability in probabilistic safety assessment. *Reliability Engineering and System Safety.* 23, 309-314.

Parry, G. W. and P. W. Winter (1981). Characterization and evaluation of uncertainty in probabilistic risk analysis. *Nuclear Safety.* 22(1), 28-41.

Pat'e-Cornell, M. E. (1996). Uncertainties in risk analysis: six levels of treatment. *Reliability Engineering and System Safety.* 54, 95-111.

Pilch, M., T. G. Trucano, J. L. Moya, G. K. Froehlich, A. L. Hodges, and D. E. Peercy (2001). *Guidelines for Sandia ASCI Verification and Validation Plans0 Content and Format: Version* 2. Albuquerque, NM, Sandia National Laboratories, SAND2000-3101.

Platt, D. S. (2007). *Why Software Sucks···and what you can do about it*, Upper Saddle River, NJ, Addison-Wesley.

Popper, K. R. (1959). *The Logic of Scientific Discovery*, New York, Basic Books.

Popper, K. R. (1969). *Conjectures and Refutations: the Growth of Scientific Knowledge*, London, Routledge and Kegan.

Rabinovich, S. G. (2005). *Measurement Errors and Uncertainties: Theory and Practice*. 3rd edn. , New York, Springer-Verlag.

Raczynski, S. (2006). *Modeling and Simulation: the Computer Science of Illusion*, New York, Wiley.

Refsgaard, J. C. and H. J. Henriksen (2004). Modelling guidelines-terminology and guiding principles. *Advances in Water Resources*. 27, 71-82.

Roache, P. J. (1990). Need for control of numerical accuracy. *Journal of Spacecraft and Rockets*. 27(2), 98-102.

Roache, P. J. (1995). Verification of codes and calculations. *26th AIAA Fluid Dynamics Conference*, AIAA *Paper 95-2224*, San Diego, CA, American Institute of Aeronautics and Astronautics.

Roache, P. J. (1998). *Verification and Validation in Computational Science and Engineering*, Albuquerque, NM, Hermosa Publishers.

Roza, Z. C. (2004). *Simulation Fidelity, Theory and Practice: a Unified Approach to Defining, Specifying and Measuring the Realism of Simulations*, Delft, The Netherlands, Delft University Press.

Rubinstein, R. Y. and D. P. Kroese (2008). *Simulation and the Monte Carlo Method*. 2nd edn. , Hoboken, NJ, John Wiley.

Rykiel, E. J. (1996). Testing ecological models: the meaning of validation. *Ecological Modelling*. 90(3), 229-244.

Saltelli, A. , S. Tarantola, F. Campolongo, and M. Ratto (2004). *Sensitivity Analysis in Practice: a Guide to Assessing Scientific Models*, Chichester, England, John Wiley & Sons, Ltd.

Saltelli, A. , M. Ratto, T. Andres, F. Campolongo, J. Cariboni, D. Gatelli, M. Saisana, and S. Tarantola (2008). *Global Sensitivity Analysis: the Primer*, Hoboken, NJ, Wiley.

Sargent, R. G. (1979). Validation of simulation models. 1979 *Winter Simulation Conference*, San Diego, CA, 497-503.

Schlesinger, S. (1979). Terminology for model credibility. *Simulation*. 32(3), 103-104.

Serrano, S. E. (2001). *Engineering Uncertainty and Risk Analysis: a Balanced Approach to Probability, Statistics, Stochastic Modeling, and Stochastic Differential Equations*, Lexington, KY, HydroScience Inc.

Shannon, R. E. (1975). *Systems Simulation: the Art and Science*, Englewood Cliffs, NJ, Prentice-Hall.

Sheng, G. , M. S. Elzas, T. I. Oren, and B. T. Cronhjort (1993). Model validation: a systemic and systematic approach. *Reliability Engineering and System Safety*. 42, 247-259.

Sindir, M. M. , S. L. Barson, D. C. Chan, and W. H. Lin (1996). On the development and demonstration of a code validation process for industrial applications. *27th AIAA Fluid Dynamics Conference*, AIAA *Paper 96-2032*, New Orleans, LA, American Institute of Aeronautics and Astronautics.

Smithson, M. (1989). *Ignorance and Uncertainty: Emerging Paradigms*, New York, Springer-Verlag.

Stern, F. , R. V. Wilson, H. W. Coleman, and E. G. Paterson (2001). Comprehensive approach to verification and validation of CFD simulations-Part 1: Methodology and procedures. *Journal of Fluids Engineering*. 123(4), 793-802.

Stockman, C. T. , J. W. Garner, J. C. Helton, J. D. Johnson, A. Shinta, and L. N. Smith (2000). Radionuclide transport in the vicinity of the repository and associated complementary cumulative distribution functions in the 1996 performance assessment for the Waste Isolation Pilot Plant. *Reliability Engineering and System Safety*. 69(1-3), 369-396.

Suter, G. W. (2007). Ecological Risk Assessment. 2nd edn. , Boca Raton, FL, CRC Press.

Taylor, H. M. and S. Karlin (1998). *An Introduction to Stochastic Modeling*. 3rd edn. , Boston, Academic

Press.

Tieszen, S. R. , T. Y. Chu, D. Dobranich, V. J. Romero, T. G. Trucano, J. T. Nakos, W. C. Moffatt, T. F. Hendrickson, K. B. Sobolik, S. N. Kempka, and M. Pilch (2002). *Integrated Modeling and Simulation Validation Plan for W76-1 Abnormal Thermal Environment Qualification Version 1. 0 (OUO)*. Sandia National Laboratories, SAND2002-1740 (OUO), Albuquerque.

Trucano, T. G. , R. G. Easterling, K. J. Dowding, T. L. Paez, A. Urbina, V. J. Romero, R. M. Rutherford, and R. G. Hills (2001). *Description of the Sandia Validation Metrics Project*. Albuquerque, NM, Sandia National Laboratories, SAND2001-1339.

Trucano, T. G. , M. Pilch, and W. L. Oberkampf (2002). *General Concepts for Experimental Validation of ASCI Code Applications*. Albuquerque, NM, Sandia National Laboratories, SAND2002-0341.

Tsang, C. F. (1989). A broad view of model validation. *Proceedings of the Symposium on Safety Assessment of Radioactive Waste Repositories*, *Paris*, France, Paris, France, OECD, 707-716.

Urbina, A. and T. L. Paez (2001). Statistical validation of structural dynamics models. *Annual Technical Meeting & Exposition of the Institute of Environmental Sciences and Technology*, Phoenix, AZ.

Vose, D. (2008). *Risk Analysis: a Quantitative Guide*. 3rd edn. , New York. Wiley.

Walley, P. (1991). *Statistical Reasoning with Imprecise Probabilities*, London, Chapman & Hall.

Wilson, G. E. and B. E. Boyack (1998). The role of the PIRT in experiments, code development and code applications associated with reactor safety assessment. *Nuclear Engineering and Design.* 186, 23-37.

Wilson, G. E. , B. E. Boyack, I. Catton, R. B. Duffey, P. Griffith, K. R. Katsma, G. S. Lellouche, S. Levy, U. S. Rohatgi, W. Wulff, and N. Zuber (1990). Quantifying reactor safety margins, Part 2: Characterization of important contributors to uncertainty. *Nuclear Engineering and Design*,119,17-31.

Wulff, W. , B. E. Boyack, I. Catton, R. B. Duffey, P. Griffith, K. R. Katsma, G. S. Lellouche, S. Levy, U. S. Rohatgi, G. E. Wilson, and N. Zuber (1990). Quantifying reactor safety margins, Part 3: Assessment and ranging of parameters. *Nuclear Engineering and Design.* 119, 33-65.

Zeigler, B. P. (1976). *Theory of Modelling and Simulation*. 1st edn. , New York, John Wiley.

Zeigler, B. P. , H. Praehofer, and T. G. Kim (2000). *Theory of Modeling and Simulation: Integrating Discrete Event and Continuous Complex Dynamic Systems*. 2nd edn. , San Diego, CA, Academic Press.

Zuber, N. , G. E. Wilson, M. Ishii, W. Wulff, B. E. Boyack, A. E. Dukler, P. Griffith, J. M. Healzer, R. E. Henry, J. R. Lehner, S. Levy, and F. J. Moody (1998). An integrated structure and scaling methodology for severe accident technical issue resolution: development of methodology. *Nuclear Engineering and Design.* 186(1-2), 1-21.

3　建模与计算仿真

　　"建模与仿真和计算仿真"越来越频繁地见诸于各种技术、经济、政府和商业活动中（Schrage,1999），甚至于各大众媒体。这两个短语的含义是什么？关于它们的解释众说纷纭，主要取决于应用领域和环境。本书将介绍它们在物理科学和工程学领域中的含义。通过了解建模与仿真（M&S）以及计算科学的基本原理，我们可以在许多不同的物理系统中发现模型构建和计算问题的相似性。我们的科学计算方法的关键在于众多技术学科中数学形式和模型结构存在的相似性。然后构建一个框架，即总体结构，来展现更详细的系统特性或者处置更复杂的系统。通常情况下，较复杂的系统涉及不同类型物理现象的耦合、系统或者周围环境附加元素的整合以及人为干预对系统的影响。由于许多模型特性并不是由其物理性质决定的，而是由其数学结构、系统与周围环境的相互作用和系统响应性质的相似性决定的，所以模型构建问题会存在相似性。

　　验证、确认和不确定性量化（VV&UQ）中须处理的许多难题可以追溯到模型构建的模糊性和不一致性、连续数学模型与离散数学模型之间的映射关系以及模糊或者不合理的不确定性表示。本章通过介绍建模与仿真的基本原理，阐述了若干这类问题。

　　首先，让我们从系统、周围环境、环境和场景等术语的详细定义和讨论开始。我们之所以讨论构建模型的重要性的原因在于可以利用这些模型得出非确定性仿真。为了帮助解释这一概念，我们举一个简单机械系统非确定性振荡的例子。然后，讨论计算仿真的6个短语：概念建模、离散和算法选择、计算机编程、数值解和解表示式。本章末尾通过导弹飞行动力学的举例逐一对这6个短语进行了阐释。

3.1　系统规范的基本原理

3.1.1　系统和周围环境

　　了解系统的概念及其含义可能是建模中最重要的一部分。对物理系统建模最有帮助的系统定义如下：

系统：一组相互作用且可观测到的物理实体。实体可以是空间中指定数量的物质或者容积。

　　对于具有热力学背景的人来说，此定义类似于热力学中系统的定义，重点强调可相互作用和可观测的物理实体。同样，系统也可以是封闭式的或者开放式的。封闭式系统指的是系统与周围环境无质量交换，开放式系统指的是有质量流出/流入系统。系统上可以有作用力、功以及与周围环境交换的能。同时，系统包括非时变（静态）或者时变的（动态）系统。

　　我们对系统的定义尽管十分宽泛，但实际上，它比运筹学（Neelamkavil,1987）等许多领域中使用的定义要更为严格。我们的定义不涉及人类组织、政府、社会、经济和人类心理过程。但是,这些都是许多领域中有效的建模主题。所有这些实体都可以视作生物实体或者有知觉的实体;而且,不管使用何种度量方法进行度量,这些实体都比此处所关注的物理系统复杂得多。然而,在当前定义下,人的身体或者身体的任何部位或者器官都可以视作一个系统。例如,某个暴露于各种波长电磁波谱的器官出现生理、机械和化学变化就可以称为系统。

系统状态受以下因素影响:①系统的内部进程,即内生性进程;②系统外部进程或活动,即外生性效应。那些非系统组成部分的影响或活动被视作系统周围环境的构成要素。由于周围环境是系统的补充,所以也需要给出准确的定义:

周围环境:在物理上或者概念上独立于系统之外的所有实体和影响。

系统受周围环境的影响,但在建模时,周围环境不构成系统的一部分(Neelamkavil,1987)。在多数模型中,系统会对周围环境作出响应,但周围环境不受系统的影响。周围环境受系统影响在建模中极其少见。一旦出现这种情况,建模可能出现了以下两种变化情况中的一种。

周围环境已有一个独立的数学模型。因此,周围环境变成了与第一个系统相互作用的另一个系统。

系统与周围环境之间存在弱耦合。周围环境不视作另一个系统,但是可以极其简单、具体的方式作出响应。换言之,弱耦合取决于系统的响应,一般是由表示周围环境如何响应系统内特定建模过程的某种实验观察所得的相关函数造成的。

系统与周围环境之间的区别不能简单地被认为是一个物理边界或者物理系统外的某个位置,而应该理解为概念上的区别。哪些物理因素和特性须被视作系统的构成部分以及哪些须被视作周围环境的构成部分取决于分析的目的。系统和周围环境相关规范有时候并未经过深思熟虑,为此,会导致构建某个数学模型时出现建模误差或者概念性不一致。最后,人也可以成为系统的概念性部分。当人构成系统的一部分时,他们称为"行动者"(Bossel,1994)。"行动者"指系统的某个元素,该元素会以某种物理方式影响系统或者对系统中发生的事件或者活动以某种有意识的方式作出响应。"有意识的方式"通常指的是存在某个目标或者目的,但是并不肯定意味着那些通常被认为合理或者合乎逻辑的目标或者目的。行动者也可能不可预知、不可靠或者依照某种未知的价值体系或者恶意议程行事。在许多复杂的物理系统中,行动者可能会变成重要的因素。例如人为控制的系统,或者由人和计算机联合控制的系统,如安全控制系统。另一个例子是通常认为脱离人类或者在计算机控制下的系统中出现意外或者非预期的人为介入。

以下举出几个系统和周围环境的示例,帮助理解这些概念。

示例 1:轨道航天器

我们假设环绕地球轨道运行的航天器为一个系统,所关注的系统行为是航天器的三自由度轨道动力学。那么,该系统的主要特征为航天器的质量和速度。周围环境为施加在航天器上的作用力:①地球、月球、太阳和其他星体的地心引力;②航天器上的空气动力阻力或者分子阻力;③航天器上的太阳风和静电力。如果航天器配备有一个机载推力控制系统可改变其轨道参数,则航天器上推进器形成的力将构成"周围环境"的一部分。但是,推进器及其推进剂的质量属于系统的一部分。由于推进器点火后会消耗推进剂,所以系统的质量会发生变化。因此,由于系统质量慢慢减小,所以该系统实际上是一个开放式系统。

示例 2:横梁挠度

本例为一端固定、另一端可活动的横梁的挠度。假设所关注的系统行为是指定荷载下横梁的静挠度。横梁的质量、材料和几何特性将被视作一个系统。周围环境为静载荷分析和固定端如何影响横梁的挠度。例如,固定端可以假设为完全刚性,即固定端无挠度或者旋转。或者,固定端可以视为无平移挠度,但是三个正交轴周围存在旋转挠度。例如,三个抗弯弹簧刚度可以用来将固定端表示为周围环境的构成部分。系统受周围环境的影响,但是周围环境不受系统的影响。人们可以通过将关于固定端如何损失掉部分抗弯刚度的一阶近似值作为横梁挠度循环数的函数,提高模型的真实度和复杂度。如果此复杂度融入此模型,它将会基于横梁预测运动的组合,以及实验中观察得到的固定端损失掉的刚度随挠度循环数变化。但是,对于这类情况,固定端仍是周围环境的一部分,但是由于系统内发生的过程,周围环境可以某种极其特别的方式发生变化。

示例 3:电路

将某台普通电视机的电路视为系统。假设目标系统物理特性为电视打开时电视电路所有电气组件的电流。系统的初始状态为未打开时的状态。此外,假设打开前,将电视的电源插头连接到某个电源插座上。也就是说,向电路的某些部件供电,但不是所有部件,这通常称为电路的“待机”或者“就绪”模式。系统的最终状态为电视打开一段时间后电路中的电流。一种分析方法就是将所有电气组件的功能视为系统的元素,然后将其他视为周围环境的构成部分。这类问题纯属于初始值问题,可以通过一系列常微分方程(ODE)进行指定。人们也可以将组件的电气和磁特征视为随时间而变。例如,电流和附近组件的加热,导致温度上升。一种更复杂的分析就是将每个组件的热物性和物理几何特征视作系统的构成部分。对于此类分析,周围环境将为每个组件附近的空气、每个电气组件与各种电路板的物理接口以及其他电气组件和周围环境之间的辐射传热。此类系统将通过数学方式表示为初始边界值问题,可以通过一系列偏微分方程(PDE)获得。这些示例中要考虑的另一个因素为影响系统的人为介入,例如人类通过电视上的物理开关或者遥控装置打开电视。系统中可以考虑的一个相关因素为儿童误操作遥控装置,例如快速打开/关闭该装置。对于这些系统,人将被视为周围环境的构成部分。

3.1.2　环境和场景

科学计算通常用于解决暴露于各种环境下的系统的性能、安全性或者可靠性。我们对环境的定义如下:

环境:系统所处的外部条件或者状况,尤其是正常、异常或者恶劣的条件。

这三类环境(正常、异常和恶劣)首次正式定义为美国核武器的安全、性能和可靠性分析的构成要素(AEC,1966)。

正常系统环境指的是以下两个条件的其中一个:①系统一般可正常工作或运行并能达到其性能目标所处的工作环境;②系统的预期储藏、装运或者准备就绪的条件。系统的正常工作环境完全取决于系统的预期工作条件。例如,对某个系统来说视为正常的工作环境,对于另一个系统可能视作异常的环境。可以视作某些工程系统的正常工作条件的示例包括高温、高压或者高湿度条件,化学或者腐蚀性环境,真空条件,系统被冰、雪或者沙覆盖或渗透,高强电磁场或者辐射环境。典型的储藏、装运或者准备就绪条件的示例包括发射前地面储藏或者在非操纵储藏模式下在轨道上运行的航天器,从制造厂或者翻新厂转运到系统用户处的燃气涡轮发动机,以及准备就绪的核动力反应堆的安全或者应急系统。在正常工作环境中分析系统时,最关注的特征是系统的性能和可靠性。对于库存或者装运中的系统,最关注的特征是环境对系统退化的影响以及系统的安全。对于准备就绪环境中的系统,最关注的特征是系统对全能力的响应时间,以及随着时间的推移而退化的系统性能或者可靠性。

"异常"系统环境指的是以下情况之一:①某类事故或者损坏状态下的环境;②即使系统不运行,仍会导致系统处于危险境地或者导致其不安全的极其异常的条件。事故或者损坏状态环境的例子包括:核电站出现缺少一次冷却剂事故、飞机飞行期间缺失电力或者液力、系统暴露于意外火灾或者爆炸环境、在一个发动机失效的情况下双发飞机的飞行控制以及热保护系统损坏后高超声速飞行器的结构完整性。一些极其异常环境下的系统示例包括:核电站暴露于地震条件下,运行、装运或者储藏期间系统遭受雷击,在其正常工作条件外的温度或者压力下运行系统,以及系统安全检查或者检验期间安全控制系统故障。当在异常环境中分析系统时,最关注的特征为系统的安全。

恶劣环境指的是系统遭受任何类型的攻击时所处环境。在此环境下,攻击者意图损坏系统、侵占或者使系统无法运行,或者使系统处于不安全状态。环境会使系统遭受来自系统内部或周围环境的攻击。此类攻击包括对系统的物理损坏、篡改或者接管系统运行的计算机控制权限、改变系统的安全设置或者在电磁波谱的任何部分上进行电磁攻击。军用系统往往要经历恶劣环境性能评估。在 2001 年 9 月恐怖分子攻击美国前,极少数私有设施或者公共工程会进行恶劣环境下的有效性分析。军用系统恶劣环境的一些例子包括:系统因遭到轻武器射击而导致的损坏、电子设备暴露于高功率微波或者毫米波、计算机控制系统受到来自内部人员或者互联网的攻击、陆上车辆受到简易爆炸装置攻击。当分析军用系统恶劣环境时,最关注的特征为系统性能和安全。当分析民用设施和公共工程的恶劣环境时,最关注系统安全。

在系统所处任何给定环境下,也可以考虑各种可能出现的场景,即该环境的背景。我们使用以下场景定义。

场景:某个特定环境下系统可能碰到的某个事件或者一系列事件。

就此定义而言,场景一般在概念建模阶段确定下来。第 2.1.4 部分和第 2.2.3 部分已对此阶段进行了讨论,第 3.4.1 部分还将作详细论述。须注意的是,场景并非系统响应的具体实现,而通常称为可能的系统响应的系集,所有这些响应都源自某个具体环境下确定的某个常见情况或者一系列情况。一个或者多个表示系统非确定性响应的累积分布函数就是系统响应系集的例子。场景可以指定为一系列特定的事件或者整个事件树或者故障树。

图 3-1 描述了给定环境和分析某个系统时可能考虑的 M 场景。系统正常工作环境下

的所有极端条件或者隅角条件的规范就是一个例子;每一种条件都可以视为一个场景。对于异常或者恶劣环境,识别每个类别内的多个场景非常重要,因为在每个异常和恶劣环境中,可能存在很多情况。为此,对于异常环境中的系统,可能有多种环境 – 场景树,如图 3-1 所示。识别给定环境的多种场景并不表示一定要对每个场景进行分析。环境 – 场景树只是尝试确定可以分析的系统的可能条件,例如取决于每个场景相关的可能后果或者风险。各种系统环境下可以考虑的场景例子包括:①对于飞行中运输机上的燃气涡轮发动机的正常工作环境,考虑飞行通过雨、雪、冻雨和冰丸(冰雪)场景时对发动机性能的影响;②对于由内部燃烧发动机和大型电池装置提供动力的混合动力汽车的事故环境,考虑火灾、爆炸和危险化学品场景对事故中涉及的汽车乘客、围观者或者其他人以及参与事故救援的应急救援人员的影响;③对于恶劣环境,考虑由于大气、风、雨、雨水道、地表水、城市给水系统、地面车辆及人员导致的对化学或者生物制剂的疏散和运输。

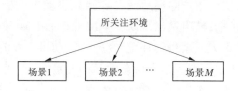

图 3-1　环境 – 场景树形结构

3.2　模型和建模的基本原理

3.2.1　科学计算的目标

个人、组织或者政府机构执行科学计算活动的原因非常多而广。但综合来说,这些原因均可以归入关于系统或过程的新信息或知识的发掘。然后,这些信息可以用于影响所分析的系统或者过程,以设计全新的、具备更多能力的系统,帮助避免可能有害的情况和灾难性的影响,或者可以用于影响个人、组织或者设备对系统或者过程的看法。以下为工程学与物理科学中科学计算的动机的一般分类(Bossel,1994)。

(1)科学知识:科学知识指的是不断加深对宇宙以及人类在宇宙中的地位的了解而形成的知识。使用科学计算输出科学知识最明显的例子应该是天体物理学。天体物理学的有关知识完善了人类对宇宙以及人类在宇宙中的地位的了解,这对系统或者将知识用于其他现实应用没有任何方面的影响。

(2)技术知识:技术知识指的是以某种方式用于创建应用知识或者创建新物理系统或者过程的知识。技术知识可以说是从工程学和应用物理科学中的计算科学产生的最常见的知识类型。在工程仿真中,大多数这类知识用于设计新工程系统、改善现有系统的效率或者评估现有或未来系统的影响。对于不存在的系统,科学计算的主要驱动因素为类似以下问题:①创建和设计功能比市面上现有系统更强大的系统,尤其是竞争产品;②研发新材料和制造工艺,缩减上市成本和缩短上市时间;③预测当前和未来几个世纪新系统或者制造工艺的潜在环境影响。对于为现有系统发掘新技术知识的情况,示例包括:①提高现有系统的性能、安全或者可靠性;②优化化学工艺,提高生产效率;③提高运输车辆的里程耗油效率;④改进现有和未来核电站的安全性能,尤其是关于如何应对新威胁方面的改善。

公众对科学计算的监督力度呈现出不断增长的趋势,尤其是对高要害系统进行风险评估时。1986 年发生在乌克兰切尔诺贝利核电站四号核反应堆的灾难性故障所导致的环境灾害跨越国界,引起了全世界对核电危险的关注。尽管科学计算主要处理的是技术问题,但是这些问题通常会涉及公众对危险的认知、国家在技术影响全球气候方面所负的责任以及企业对产品和环境的义务。从这些例子可以看出,科学计算在发掘技术知识中的重要性正不断增长。相应地,迫切需要构建技术上合理的模型,明确模型中的假设条件和不确定性,同时让大众可以理解建模结果。要实现科学计算的这些目标,技术难题的攻关本身就十分艰巨;然而,在无法绕过人类、社会、文化和政治环境时,这是一项近乎无法完成的任务。

发掘新科学和技术知识最为常见的替代方法就是实际执行所关注的物理过程或者事件,即执行物理实验。物理实验既有优势也有弱点,正如科学计算一样。和物理实验相比,选择科学计算时须考虑的因素如下(Neelamkavil,1987;Bossel,1994):

(1)相比科学计算,执行物理实验所需的成本和/或时间可能会高很多。近期来看,比较简单的例子为电路功能和性能的仿真,不同于电路的物理构建。由于仿真速度快,成本低,所以现代电路的设计几乎通过科学计算实现。另一个例子就是大型结构的仿真,例如建筑物和桥梁。在遥远的过去,大型结构的构建需要经过反复的试验,而现如今,在很大程度上依赖于科学计算。

(2)由于某些物理过程跨越的时间尺度太大,所以物理实验完全不现实。例如,在处置辐射性核废料时,这些废料分解可能需要几千年的时间。国际环境和经济方面的一个例子就是化石燃料燃烧对全球气候变化造成的长期影响。

(3)针对实际系统执行的物理实验可能导致不可接受的危害或者风险,导致大规模破坏社会、经济或者环境,物理上或者财政上不可行,或者国际公约明文禁止。例如,某个大型结构的改建或者翻修,如高层办公楼。科学计算将用于确定如何更改建筑结构以延长使用寿命或者增强物理攻击抵抗力。科学计算可在基本上不对物理结构造成风险的情况下优化改进结构。核电站对地震的响应就是一个证明物理实验不可行性的例子。实验基本上不可能产生振幅合理的全震级地震和地面运动波长。

同时,须指出的是,使用科学计算生成技术信息存在限制条件和不足(Neelamkavil,1987;Bossel,1994),下文将对此详细阐述:

(1)目前,针对某个物理过程构建数学模型所需的成本和/或时间也许过多或者甚至不可能实现。例如,结构动力学问题中结构件之间的螺栓接头的详细数学建模。即使人们将该问题仅限于接头上相互接触的两个材料完全相同的情况,但是数学模型中须解决的物理学和材料科学问题非比寻常。对于某个精确数学模型,须解决的某些详细方面包括:①由于螺栓的压缩作用导致的接头附近材料出现弹塑性变形以及不可逆的材料变性;②接头在 6 个自由度上的运动(3 个平移和 3 个旋转);③显微镜下观察到移动或者相对变形时,两种用螺栓固定在一起的材料之间出现摩擦生热。除这些方面外,模型还需考虑装配、制造、表面处理、随着时间推移和周围环境导致的材料接口氧化或腐蚀以及变形历史等造成的各个方面的不确定性。

　　(2)执行计算分析所需成本和/或时间也许过多或者没有经济效益。例如,流体动力学中的紊流的仿真用作模型时间相依的 Navier-Stokes 方程。如果直接使用数字仿真从计算方面求解这些方程,那么必须拥有异常强大的计算机资源。除非对流体动力学紊流的研究很感兴趣,否则这类仿真需要进行高雷诺数流动试验,费用非常高昂。另一个可证明计算分析计划响应能力不足的例子就是构建复杂、多组分程序集的三维网格所需的时间。

　　(3)由于实验测量数据的难以获得、高昂的费用或实验不切实际或被禁止,所以很难对模型精度进行定量评估,具体例子包括:①航天器结构遭受粒子超高速撞击期间获取详细的实验测量数据;②获取人类对有毒化学物质的生理反应的某些实验测量数据;③对全尺寸反应堆安全壳建筑物的爆破失效进行实验;④就全球环境对大规模大气活动的响应获取充分的输入和输出数据,如火山喷发或者大行星的冲击。

3.2.2　模型与仿真

　　各学科采用的模型种类繁多。关于模型的定义,Neelamkavil(1987)给出了一个颇有说服力的综合概述,涵盖了物理系统许多不同类型的模型。
模型:物理系统或者物理过程的表现形式,意在帮助我们更好地理解、预测或者控制其行为特征。
　　文献中,仿真有若干定义,但本书中我们将使用以下定义。
仿真:执行或者使用模型得出一个结果。
　　系统行为的仿真可以通过两种数学模型实现(Bossel,1994)。第一种称为系统经验模型或者现象学模型。这种数学模型基于不同输入或仿真条件下对系统响应的观察。这种表示法通常不会去描述任何系统内部详细过程或者确定系统以其自有方式作出响应的原因。系统被视作"黑盒",唯一的问题就是系统输入与输出之间的全局关系。人们使用某一种数学表示法将从系统中观察到的行为与对系统的感知影响相关联,如统计相关法或者回归拟合法。结构对螺栓或者铆接接头动态响应就是这类模型的一个示例。如果系统只是一个接头,则经验模型可以由结构对接头的响应构成。该模型表示接头的结构刚度和扭力减振。构建此类模型的信息通常取自结构动态响应的实验测量。结构响应使用参数识别方法,确定一系列条件下输入与输出的对应关系。
　　第二种数学模型就是物理定律或者解释模型。对于这种模型,须获取系统内发生的实际过程有关的大量信息。在物理科学和工程学中,这类模型就是其中一种最流行的模型。过去对系统行为的观察结果主要的价值在于确定物理过程和物理定律以及系统中可以忽略的部分,其次在于确定如何调整物理建模参数,以最佳的方式表示系统的响应。牛顿第二定律、傅里叶热传导定律、Navier-Stokes 方程、麦克斯韦方程、Boltzman 方程正是这种物理定律模型的示例。许多物理定律模型已出现长达百年之久,它们奠定了物理系统现代分析方法的基础。随着功能强大的计算机的问世,这些基本定律产生了前所未有的技术影响。

　　构建模型时须遵守的一般原则是模型中只考虑对实现计算分析的目标有重要意义的元素和过程。通常情况下,初步仿真会发现为了实现分析目标,建模方法有需要改变和改进的地方。阿尔伯特·爱因斯坦对此问题的经典建议是:"模型要尽量简单,但不能简化。"这种使用最简单的可能理论解释现实的方法也称为"奥卡姆剃刀原理"。模型的预测能力取决于其正确识别主导因素及其影响的能力,而不是其完整性。从系统设计或者决策方面而言,一个适用性受限但已知的模型一般比完整性较好的模型更有用,后者要求更详细的信息和计算资源。

　　在工程学和物理科学的许多领域,使用中等复杂模型而非较高复杂模型的争论已渐渐趋于平息。争论认为,随着计算能力的不断增强,分析师须开发越来越复杂的模型,以囊括所有可能的过程、效应和相互作用。模型复杂程度受限的一个原因在于物理学复杂性要尽量高,同时还寻求在有限的时间和计算机资源内获取一个解。此局限确实存在,但是现实中极少实现。提高物理建模复杂性往往要牺牲仿真结果输出的及时性,还需进行非确定性仿真、可能环境和场景的调查、灵敏度分析以及可选建模方法的效果调查。换言之,确定性仿真在多数工程学和物理科学领域仍根深蒂固,因此执行不确定性量化或者灵敏度分析时,它们并没有把许多仿真的需求纳入考虑范围。在工程学和物理科学许多领域,计算能力的快速发展被不断增加的建模复杂性所消费,通常导致风险已知的管理决策仅仅带来有限的改进。

　　系统数学模型的构建往往涉及物理现实的简化。建模简化通常有三种实现方式:省略、聚合和替代(Pegden 等,1990)。省略指的是省略系统的某些物理特征、过程、特性或者事件。例如,为受热固体表面上的热通量建模。如果对流热传递是主要的热传递机制,则在系统的模型中,辐射热传递可以被忽略。聚合简化模型指的是不忽略某个特征,而是将特征组合或者汇聚成某个大致一样的特征。例如,在流体力学中,如果原子或分子的平均自由程远小于流场中几何特征的特征长度,则正常要假设一个连续流场。替代简化模型指的是将一些复杂的特征替代为较为简单的特征。例如,在烃类燃料燃烧的建模中,过渡气源种类的数量一般有几百个。根据仿真的需要,气源种类的数量的替代燃烧模型可以控制在 10~20 个。

　　此处的数学模型主要由 PDE 或者积分微分方程表示。这些方程会导致初始值、边界值或者初始值－边界值问题。从本质上讲,PDE 可以是椭圆形、抛物线形或者双曲线形,有两个或者多个独立变量以及有一个或者多个相依变量。当周围环境对系统的影响不变时,PDE 描述的是系统内相依变量之间的关系。通过边界条件和系统激励条件得出的有关周围环境的信息为求解 PDE 所需的独立信息。微分方程可以通过许多数值法进行求解,例如有限元法、有限差法或者有限体积法。

　　除所关注的主要 PDE 外,还有一些常见的子模型或者辅助模型可以使用各种数学形式进行表述:代数方程、超越数方程、查表方程、矩阵方程、微分方程或者积分方程。子模型示例包括流体动力学紊流的 PDE、冲击物理学中材料本构特性的积分微分方程以及固体力学中线性黏弹性模型的积分方程。子模型也可以全部或者部分以表格形式进行表述,这样可以使用数值插值函数构建所需的函数关系。

　　图 3-2 描述了某系统及其周围环境。对于此处考虑的多数系统,主要信息类型包括

几何结构、初始条件和物理建模参数。对于简单的系统,可以通过工程图纸以及系统装配信息来确定其几何结构。但是,对于多数工程系统,几何结构的所有细节要使用计算机辅助设计(CAD)软件包进行绘制。此外,计算机辅助制造(CAM)软件可以用于了解更多关于制造和装配实际过程中的详细信息,例如毛刺去除、铆接和螺栓连接程序以及电缆弯曲和拉伸程序。对于建模为初始值问题的系统,初始条件(IC)包括以下相关信息:①PDE中所有相依变量的初始状态;②所有其他物理建模参数的初始状态,包括随时间变化的几何参数。因此,IC数据可能随PDE中其他独立变量的变化而变化。系统模型特征信息中最后一个元素为物理建模参数。物理建模参数的示例包括杨氏模量、质量密度、导电性、热导率、本构方程的参数、结构中安装接头的减振和刚度、有效化学反应速率和热传递中的接触热阻。一些参数可以描述系统的全局特征,而一些参数会随着PDE中的独立和相依变量的变化而变化。一些参数可以独立于所建模的系统进行测量,而一些须基于特定模型以及对系统响应的观察进行推断。第13章将对此进行讨论。

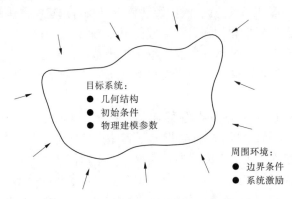

图 3-2　系统中的信息类型以及周围环境

　　关于周围环境,有两类信息不可或缺:边界条件(BC)和系统激励。边界条件为有关该域边界上PDE的相依变量的信息,它可以依赖于一个或者多个PDE的独立变量。如果此问题表述为初始边界值问题,则这些独立变量一般为其他空间维度和时间。例如,在结构动力学中,通过边界条件对结构形成的载荷可能具有时间依存性。各种不同边界条件的示例包括Dirichlet、Neumann、Robin、混合函数、周期函数和Cauchy。系统激励指的是周围环境如何不通过边界条件来影响系统。系统激励往往会造成求解的PDE形式发生变化。有时系统激励(称为PDE方程)右边项发生变化,以表示周围环境对系统的影响。系统激励的常见例子包括:①作用在系统上的力场,如重力作用或者电场或者磁场作用;②分布在系统上的能量沉积,如电热作用或者化学反应。

3.2.3　非确定性仿真的重要性

　　在科学和工程学许多领域中,尤其是研究活动,预测被严格认为是确定性预测。通常情况下,这些调查研究的目的在于发现系统或者过程的新物理现象或者新特征,而现象或者系统的非确定性特征处于次要地位。有时候分析中会明示或暗示,由于调查研究人员仅对输出量的标称值感兴趣,因此可能会尝试使用输入量的标称值来计算这些量。不确定输入的标称值可能会被指定为输入的每个概率分布的平均值。但是,通过对选作每个不确定输入的统计均值的一组输入进行计算来确定输出的统计均值,这基本是不成立的。换言之,输出的平均值不能通过使用所有输入参数的平均值来执行仿真、进行计算,参数中输入－输出的映射为线性关系的情况除外。当输入－输出映射使用微分方程表示时,即便是线性微分方程,参数也基本上不可能存在线性关系。此近似值的误差水平取决于系统的特征,尤其是不确定量的输入－输出映射中的非线性特征。

在多数工程应用以及物理科学的应用中,确定性仿真是不合格的近似法。根据系统的计算分析目标、预期性能、安全和可靠性以及系统失效或者误用的可能后果,消除非确定性效应所需的努力程度大相径庭。例如,当系统相对简单、客户对系统操作十分熟悉以及系统损坏或者误用的可能性极低时,这些情况下的计算分析就不需要太多消除非确定性效应的工作。例如,计算分析可能只将少数重要的设计参数,如全然已知的随机变量,视作偶然不确定性,而不考虑任何主观不确定性,即由于缺少认知而造成的不确定性。然后,通过计算分析得到的所关注 SRQ 将被表示为概率密度函数(PDF)或者累积分布函数(CDF)。

复杂工程系统、昂贵的商用系统和高要害系统的仿真须考虑系统的非确定性特征及其周围环境,此外,还需要考虑正常、异常和恶劣环境的分析。常采用非确定性仿真的几个领域包括核反应堆安全(Hora 和 Iman,1989;Morgan 和 Henrion,1990;NRC,1990;Hauptmanns 和 Werner,1991;Breeding 等,1992;Helton,1994)、有毒和辐射性材料的地下污染(LeGore,1990;Helton,1993;Helton 等,1999;Stockman 等,2000)、土建工程和结构工程(Ayyub,1994,1998;Ben-Haim,1999;Melchers,1999;Haldar 和 Mahadevan,2000a;Moller 和 Beer,2004;Ross,2004;Fellin 等,2005;Tung 和 Yen,2005;Ang 和 Tang,2007;Choi 等,2007;Vinnem,2007)、环境影响评估(Beck,1987;Bogen 和 Spear,1987;Frank,1999;Suter,2007)以及风险评估和可靠性工程的更广的领域(Kumamoto 和 Henley,1996;Cullen 和 Frey,1999;Melchers,1999;Modarres 等,1999;Bedford 和 Cooke,2001;Andrews 和 Moss,2002;Bardossy 和 Fodor,2004;Aven,2005;Nikolaidis 等,2005;Ayyub 和 Klir,2006;Singpurwalla,2006;Singh 等,2007;Vose,2008;Haimes,2009)。在这些领域中,多数一直关注通过数学模型表示和传播参数不确定性,以获取不确定性系统响应。大部分非确定性仿真使用传统的概率统计方法或者贝叶斯方法,并没有真正区分偶然不确定性与主观不确定性。

3.2.4　非确定性系统的分析

非确定性仿真的关键问题在于数学模型的单一解不再足够满足需求,而必须执行一组计算或者整体计算,才能将不确定输入空间映射到不确定输出空间。有时,我们将这类仿真称为整体仿真,而不是非确定性仿真。图 3-3 描述了通过模型传播输入不确定性以获取输出不确定性的情况。准确完成映射所需独立计算的数量取决于 4 个关键要素:①PDE的非线性;②不确定量相关映射的非线性;③不确定性的性质,即属于偶然不确定性或主观不确定性;④用于计算映射的数值法。映射评估的数量,即数学模型的各个数值解可能有几个到成千上万个不等。显然,成千上万个解对于那些习惯于 PDE 只有一个解的模型的人而言是非常震撼的。

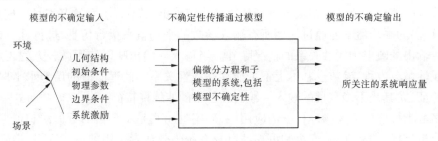

图 3-3　通过传播输入不确定性获取输出不确定性

基于上述描述,可以将映射到所关注 SRQ 的正式模型结构表示为

$$M(E,S;D,G,IC,MP,BC,SE) \rightarrow SRQ \qquad (3\text{-}1)$$

式中:M 指数学模型的规格;E 指系统的环境;S 指系统的场景;D 指描述系统的微分或者积分微分方程;G 指系统的几何结构;IC 指系统的初始条件;MP 指系统的模型参数;BC 指周围环境造成的边界条件;SE 指周围环境造成的系统激励。

D、G、IC、MP、BC 和 SE 均以指定的环境 E 和所关注的场景 S 为条件。如果 D、G、IC、MP、BC 和 SE 全部指定,不管确定性地或者不确定性地,则通过式(3-1)表示的数学模型 M 称为模型的强定义(Leijnse 和 Hassanizadeh,1994)。根据 Leijnse 和 Hassanizadeh (1994)的著作,模型的弱定义就是给定 E 和 S 的情况下,只指定 D 的情形。然后,模型的弱定义可以表示为

$$M(E,S;D) \rightarrow SRQ \qquad (3\text{-}2)$$

对于式(3-2)表示的模型,不能以数值的形式计算 SRQ,这是因为模型中缺少特异性,并且无法验证模型弱定义的有效性。

通过数学模型传播输入不确定性,以获取 SRQ 中的不确定性的方法有很多。有关各种方法的详细讨论,请参阅以下作者的著作:Kumamoto 和 Henley,1996;Cullen 和 Frey, 1999;Melchers,1999;Modarres 等,1999;Haldar 和 Mahadevan,2000a;Bedford 和 Cooke, 2001;Ross,2004;Aven,2005;Ayyub 和 Klir,2006;Singpurwalla,2006;Ang 和 Tang,2007; Kumamoto,2007;Suter,2007;Vose,2008;Haimes,2009。抽样法凭借其众多独有优势成为最为常用的方法,包括:①它几乎适用于任何数学模型,而无需考虑模型的复杂性或者非线性;②它可适用于偶然不确定性和主观不确定性,而无需考虑不确定性的量级;③不会影响数学模型的数值解,即抽样独立于 PDE 数值解之外。抽样法的主要不足在于要获取 SRQ 所关注的统计信息,其映射评估量大,计算成本高。它通过将解分割为多个确定性问题从本质上求解不确定性 PDE。如果不确定性 PDE 呈线性,则这种分割法会随着样本数量增多而收敛到该非确定性解,因为广受欢迎。但是,如果不确定性 PDE 为非线性,一般此方法的正确性还无法证实。有关随机 PDE 数值解的详细讨论,请参见 Taylor 和 Karlin(1998)、Kloeden 和 Platen(2000)、Serrano(2001)和 Oksendal(2003)的著作。

本书中所述的非确定性仿真使用的特定方法是概率界限分析(PBA)(Ferson,1996; Ferson 和 Ginzburg,1996;Ferson,2002;Ferson 等,2003;Ferson 和 Hajagos,2004;Ferson 等, 2004;Kriegler 和 Held,2005;Aughenbaugh 和 Paredis,2006;Baudrit 和 Dubois,2006)。PBA

与另外两个更著名的方法紧密相关：①二维蒙特卡罗抽样，也称为嵌套式蒙特卡罗和二阶蒙特卡罗（Bogen 和 Spear，1987；Helton，1994；Hoffman 和 Hammonds，1994；Helton，1997；Cullen 和 Frey，1999；NASA，2002；Kriegler 和 Held，2005；Suter，2007；Vose，2008；NRC，2009）；②证据理论，也称为 Dempster-Shafer 证据理论（Krause 和 Clark，1993；Almond，1995；Kohlas 和 Monney，1995；Klir 和 Wierman，1998；Fetz 等，2000；Helton 等，2004，2005；Oberkampf 和 Helton，2005；Bae 等，2006）。PBA 可以完全视为区间分析和传统概率理论的结合体。PBA 强调以下几个方面：①从数学的角度讲输入不确定性表示为偶然不确定性或者主观不确定性；②将模型不确定性表示为主观不确定性；③一般使用抽样法通过模型映射所有输入不确定性，同时保持每一种不确定性的独立性；④将 SRQ 中的不确定性表示为概率盒（p-box）。p-box 是一种特殊的累积分布函数，用于表示在指定界限内一系列所有可能的 CDF。因此，概率可以是区间值量，而不是单一的概率。p-box 不会造成主观不确定性和偶然不确定性的混淆。二维蒙特卡罗抽样通常会在主观不确定性的抽样中保留部分的概率特性，而 PBA 会严格区分主观不确定性和偶然不确定性。

PBA 一般使用标准的抽样法，例如蒙特卡罗抽样和拉丁超立方抽样（Cullen 和 Frey，1999；Ross，2006；Ang 和 Tang，2007；Dimov，2008；Rubinstein 和 Kroese，2008）。但是，在抽样过程中，从偶然输入不确定性和认知输入不确定性中所抽样本的处理方法不同。从偶然不确定性中抽取的样本要视作概率实现，即发生概率与每个样本相关联。从主观不确定性抽取的样本要视作可能实现，因此每个样本都会给定一个概率"1"。这么看待主观不确定性的原因在于它们是取自区间值量的样本。也就是说，唯一可以确定的是，由于相对于另一个样本而言，当前样本是未知的，因此取自该区间内的所有值均有可能。相比声称在该区间内的所有值都具有同等的可能性，即该区间内 PDF 保持统一，这是一个比较弱的表述。因此，SRQ 的 p-box 的结构在存在主观不确定性的范围内，将是拥有一个概率区间值范围的结构，即在主观不确定性的范围内，关于 SRQ 最准确的表述可以是：给定输入中存在主观不确定性，概率可以不大于也不小于计算值。此分布类型有时称为"不精确概率分布"。

下文将介绍一个 PBA 的简单应用示例，详细讨论请见第 13 章。

数学模型中可能出现的不确定量的类型包括参数、事件状态规范、独立变量、相依变量、几何结构、初始条件、边界条件、系统激励和 SRQ。虽然考虑到数学计算的便利，这些不确定量可以进行简化，但多数参数仍被视为连续参数。例如，数值解中网格点的数量虽然只能取整数值，但也被视为是连续的。不确定的参数通常是取自某个有限抽样空间种群的具体值。例如，带有电感元件、电容器和电阻器的简易电路。如果电阻值由于制造过程的可变性而被视为不确定，则该电阻通常被视为一个连续随机变量。一些参数的取值呈离散分布，那么它们也应视为离散参数。例如，某个控制系统上的开关可能有两种设置（开或关），那么对带有出入门的系统进行安全分析时，可能只考虑门完全打开或者完全关闭的情况。

事件状态规范与离散参数具有一定的相似性，但是事件状态规范主要用于分析或者发现可能严重影响复杂系统安全或可靠性的具体系统状态（Kumamoto 和 Henley，1996；Modarres 等，1999；Haimes，2009）。例如，假定不良事件称为顶端事件，故障树分析就是一个尝试和确定导致顶端事件的所有可能的系统或者组件故障的推理过程。类似的方法为事件树分析。如果系统的成功运行很大程度上取决于单元或者子系统有序运转,或者个人的操作,则可能事件用于尝试和确定是否会发生不良事件或者出现不良状态。

SRQ 可以是数学模型中 PDE 中的相依变量,也可以是更复杂的量,如相依变量的导数、相依变量的函数或者相依变量与其发生频率之间的复杂数学关系。例如,分析某个结构的塑性变形中作为相依变量函数的 SRQ 将是随着时间而变化的结构吸收的总应变能。如果模型的任何输入量不确定,则一般而言,SRQ 也是不确定的。

完成不确定性分析后,通常随后要进行灵敏度分析。灵敏度分析使用不确定性分析中计算得到的非确定性结果,但是尝试解答与所关注系统相关但存在细微区别的问题。有时灵敏度分析称为系统的"假设分析"或者扰动分析。相比不确定性分析,灵敏度分析通常不需要额外的函数求值,所以灵敏度分析额外增加的计算成本一般非常低。以下为灵敏度分析中两个最常见的问题。

首先,关于不确定的摄入量,SRQ 的变化速率多少? 这里关注的是相对于不确定输入的 SRQ 的局部导数,所有其他输入量固定在某个指定值。这类分析通常称为局部灵敏度分析。当计算了许多输入量的这些导数后,可以就各种各样的输入量,对输出量的灵敏度量级进行排序。须注意的是,这些导数和最终输入量的排序严重依赖于为输入量所选的值。也就是说,在系统设计量的不确定性范围以及系统工作条件的范围内,灵敏度导数的差别很大。

其次,哪些不确定的输入对 SRQ 的影响最大? 此处的焦点不在于 SRQ 的不确定性,而在于哪些输入不确定性对 SRQ 的全局影响最大。这类分析通常称为"全局灵敏度分析"。在此,"全局"指的是特定的环境条件和特定的场景。例如,假设某个正常的环境和给定的场景下,某个系统的性能设计研究中有 10 个不确定的参数。给定每个设计参数的不确定性范围,通过全局灵敏度分析,可以根据参数对特定系统性能度量的最大影响,对不确定的设计参数进行排序。此问题的答案不仅对于系统设计参数的优化十分重要,而且对于限制周围环境引入的系统运行参数也十分关键。有关灵敏度分析的详细讨论,请参见 Kleijnen(1998)、Helton(1999)、Cacuci(2003)、Saltelli 等(2004)、Helton 等(2006)、Saltelli 等(2008),以及 Storlie 和 Helton(2008)的著作。

3.2.5 典型问题:机械振荡

本节我们将以对时变激振力引起的质量 - 弹簧 - 阻尼器系统的振荡进行仿真为例(见图 3-4)进行说明。由下式得出描述系统振荡的常微分方程:

$$m \frac{d^2 x}{dt^2} + c \frac{dx}{dt} + kx = F(t) \tag{3-3}$$

初始条件
$$x(0) = x_0 \qquad \left(\frac{dx}{dt}\right)_{t=0} = \dot{x}_0$$

式中:$x(t)$ 为随时间而变的质量的位移;m 为系统的质量;c 为阻尼系数;k 为弹簧常数;$F(t)$ 为外力函数。

下面讨论此系统的两个非确定性变体。

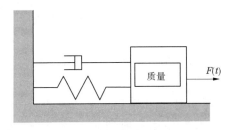

图3-4　质量－弹簧－阻尼器系统

3.2.5.1　偶然不确定性

对于第一个系统,假设系统的所有功能(其中一个除外)都十分清楚,即非常确定。阻尼系数 c、弹簧常数 k、系统初始状态 x_0 和 $\dot{x}_0$,以及外力函数 $F(t)$ 均已明确给出,具体值如下:

$$c = 1 \text{ N/(m} \cdot \text{s)}, k = 100 \text{ N/m}, x_0 = 10 \text{ m}, \dot{x}_0 = 0 \tag{3-4}$$

和

$$F(t) = \begin{cases} 0 & 0 \leqslant t < 2 \text{ s} \\ 1\,000 \text{ N} & 2 \text{ s} \leqslant t \leqslant 2.5 \text{ s} \\ 0 & 2.5 \text{ s} < t \end{cases} \tag{3-5}$$

从式(3-4)和式(3-5)可以看出,初始时位移为 10 m 和速度为 0,而且激发函数 $F(t)$ 只在 2~2.5 s 期间起作用。

由于系统制造过程可变,所以系统的质量 m 并不确定。对系统中使用的制造质量进行了大量检查,以便生成该种群的精确概率密度函数(PDF)。可以发现,该种群的 PDF 可以使用正态(高斯)分布进行准确表示,均值为 4.2 kg,标准偏差为 0.2 kg,如图3-5 所示。

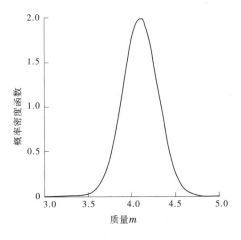

图 3-5　系统质量种群的概率密度函数

　　由于式(3-3)呈线性,所以可以采用分析的方式给出数学模型的解,即闭合形式,或者可以使用标准的常微分方程(ODE)求解器对该数学模型进行数值求解。对于仿真,式(3-3)要转化为两个一阶 ODE,然后使用 MATLAB 的 Runge-Kutta 4(5)法——ode45 进行数值求解。每个时间步推进的数值解的相对误差须小于 1×10^{-3},对于每个因变量,绝对误差小于 1×10^{-6}。

　　由于系统的非确定性纯属偶然,所以可以使用传统的抽样法将质量不确定性传播至所关注的 SRQ 的不确定性。我们使用集成到 MATLAB 的正态分布取样器 randn 内的 Monte Carlo 抽样法,来获取该质量的样本。均值 μ 设置为 4.2 kg,标准偏差 σ 设置为 0.2 kg。在使用抽样法的非确定性仿真中,需要随机数种子,以便准确重现相同顺序的随机数。在 MATLAB 程序 randn 中,使用默认的种子 0,样本的数量 n 为 10、100 和 1 000。

　　可以分别计算各种 SRQ,例如位置、速度和加速度 $x(t)$、$\dot{x}(t)$ 和 $\ddot{x}(t)$。图 3-6 ~ 图 3-8 分别给出了时间达 10 s 以及 $n = 10$、100 和 1 000 时 $x(t)$、$\dot{x}(t)$ 和 $\ddot{x}(t)$ 的值。每个 SRQ 中都可以看到预期的振荡运动。在 2 ~ 2.5 s 时无法在位移图中看到激发函数的效果,在速度图上几乎看不到,在加速度图上却非常明显。每个图都会显示所计算的每个 Monte Carlo 样本。为此,对于 $n = 100$ 和 $n = 1\ 000$,在图中很难看到任何单个的数值解。

　　由于 SRQ 的非确定性仿真是结果的分布,不同于单个确定性结果,所以可以从 SRQ 的统计度量的角度解释这些结果。表 3-1 和表 3-2 分别给出了 $t = 1$ s 和 $t = 5$ s 时,$x(t)$、$\dot{x}(t)$ 和 $\ddot{x}(t)$ 随所计算的样本数量而变的预估均值和标准偏差,包括 10 000 个样本。符号 ^ 表示 μ 和 σ 的值为均值和标准偏差的样本值,不同于该种群的精确值。正如预期,由于样本相对较少,所以 $\hat{\mu}$ 和 $\hat{\sigma}$ 会随着所计算的样本数量的变化而变化。在极限情况下,随着样本数量增加,$\hat{\mu} \to \mu$ 和 $\hat{\sigma} \to \sigma$。正如 Monte Carlo 抽样所预料的那样,多数情况下,在 100 个样本后,μ 和 σ 的变化相对较小。对于每一组样本,表中所示结果对应着 3 个有效数字。

　　另一个表示非确定性系统结果的传统方法就是显示每个 SRQ 的 CDF 图。CDF 显示值小于或等于某个特定的 SRQ 值的种群的百分率。CDF 显示关于非确定性量的分布信息,不同于某种分布的概括性度量,如均值或标准偏差。当在实验中计算或测量有限数量样本时,CDF 称为经验分布函数(EDF)。EDF 显示值小于或等于某个特定的 SRQ 值的"抽样"种群的百分率。显示不确定性结果的另一个传统方法是以柱状图表示每个 SRQ。尽管这在某些情况下十分有用,但是由于它要求分析师选择柱状图的面元大小,所以一般不使用此方法。选择面元大小实际上是为了显示统计结果而在分析中提出的一个假设。我们认为,分析中假设越少越好,尤其是统计分析。

　　图 3-9 和图 3-10 分别给出了对于每个所计算的样本,$t = 1$ s 和 $t = 5$ s 时 $x(t)$、$\dot{x}(t)$ 和 $\ddot{x}(t)$ 的 EDF。每个图中最明显的特征就是 $n = 10$ 时,曲线呈阶梯状,对于那些不熟悉 EDF 的人来说,是一个非常显著的特征,存在此特征的原因在于能够表现真实分布的样本很少。从 10 个或者 100 个样本的每个图中可以看出,①EDF 很粗糙,看起来可能显得

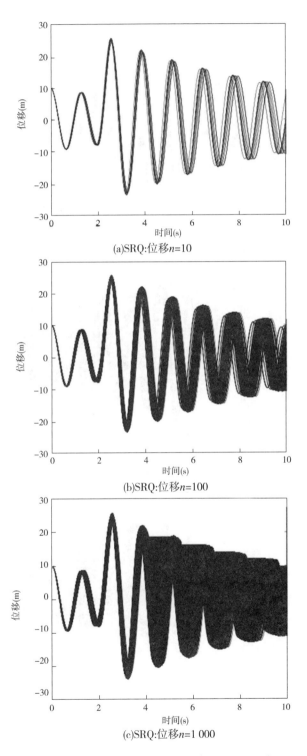

(a)SRQ:位移$n=10$

(b)SRQ:位移$n=100$

(c)SRQ:位移$n=1\ 000$

图 3-6 对于偶然不确定性,质量位移随时间而变

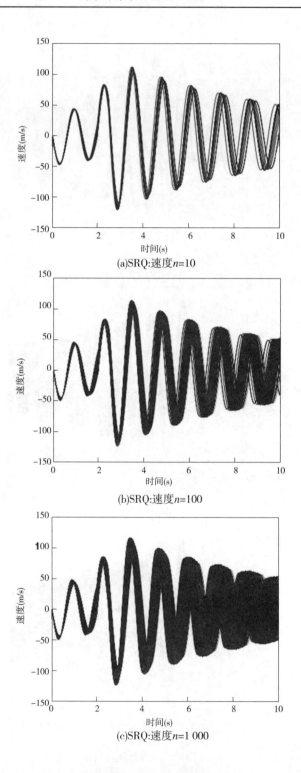

(a)SRQ:速度$n=10$

(b)SRQ:速度$n=100$

(c)SRQ:速度$n=1\ 000$

图 3-7　对于偶然不确定性,质量速度随时间而变

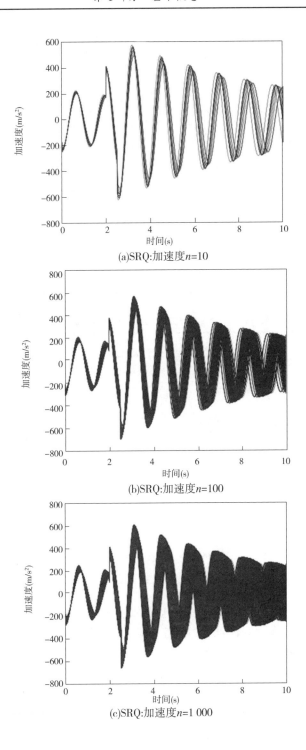

(a)SRQ:加速度$n=10$

(b)SRQ:加速度$n=100$

(c)SRQ:加速度$n=1\ 000$

图 3-8 对于偶然不确定性,质量加速度随时间而变

表 3-1　$t=1$ s 时,位移、速度和加速度的统计信息

项目	样本	$\hat{\mu}$	$\hat{\sigma}$
位移 x	10	0.65	0.76
	100	1.20	0.96
	1 000	1.29	1.03
	10 000	1.29	1.01
速度 $\dot{x}$	10	42.5	0.286
	100	42.4	0.462
	1 000	42.4	0.458
	10 000	42.4	0.478
加速度 $\ddot{x}$	10	−25.5	18.5
	100	−39.7	25.3
	1 000	−42.1	26.8
	10 000	−42.0	26.2

表 3-2　$t=5$ s 时,位移、速度和加速度的统计信息

项目	样本	$\hat{\mu}$	$\hat{\sigma}$
位移 x	10	10.4	4.33
	100	12.7	4.10
	1 000	13.0	4.69
	10 000	13.1	4.53
速度 $\dot{x}$	10	70.9	14.2
	100	57.3	26.2
	1 000	54.0	26.9
	10 000	54.4	26.5
加速度 $\ddot{x}$	10	−260	106
	100	−320	105
	1 000	−329	118
	10 000	−330	114

不连续;②EDF 明显包含一个偏移误差,这是因为当 $n=1\,000$ 时,它经常会转变到高真实度 EDF 的左侧或者右侧;③不足以显示高真实度分布的任何尾部。图粗糙或者呈阶梯状的原因在于每个观察的样本上概率会出现跳跃。仅 10 个样本时,每个样本须表示 0.1 的概率跳跃。没有 EDF 是不连续的,但是每个 EDF 均呈阶梯状,其中每个阶梯的高度为 $1/n$。样本较少时,计算分布通常会存在偏移误差。在计算分布的 μ 和 σ 时,也可以发现由于样本数量少而造成偏移误差的这个趋势,具体见表 3-1 和表 3-2。由于 Monte Carlo 抽样法是统计学的一个无偏估计量,所以当样本数量变得非常大时,此偏移误差接近等于 0。计算得出的分布尾的不精确性通常称为样本量少时计算低概率事件的不精确性,这就是众所周知的 Monte Carlo 抽样法的不足,第 13 章将会进行讨论。关于更多详细信息,请参阅 Cullen 和 Frey(1999)、Ang 和 Tang(2007)、Dimov(2008)、Vose(2008)的著作。

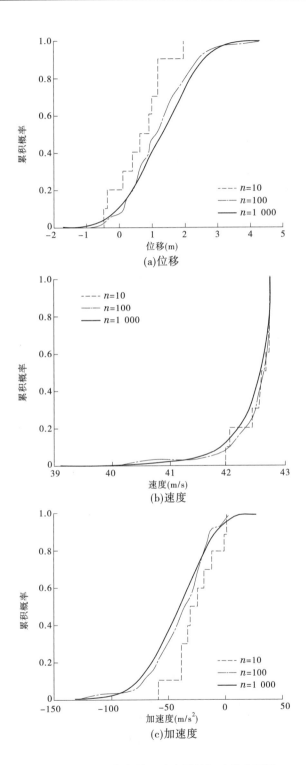

图 3-9　$t = 1\,\text{s}$ 时, 偶然不确定性的经验分布函数

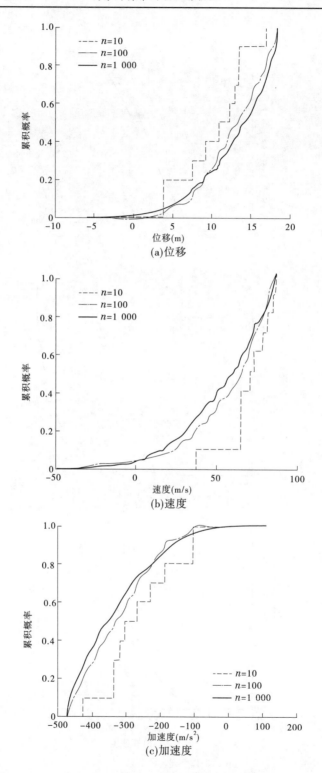

(a)位移

(b)速度

(c)加速度

图 3-10　$t=5$ s 时,偶然不确定性的经验分布函数

3.2.5.2　主观不确定性

除质量的不确定性外,此系统的其他所有特征和之前的系统完全一样。对于这种情况,系统厂家总结道,所用质量存在可变性,使系统响应的可变性大到让人难以承受。主要关注的问题是,基于将质量中的可变性表现为正态分布,质量的值可能极高或者极低。尽管质量出现极低和极高的概率极低,但是一旦出现便会导致系统故障。由于系统故障的后果非常严重,可能涉及法律责任,所以要十分关注项目管理。

为此,项目经理针对其系统找到质量的另一个供应商,该供应商宣称他们的产品对质量可变性有一个保证界限。根据新供应商的程序,生产过程中高于或低于客户设定规格的任何质量会被定为不合格。但是,为了节省成本,他们不会对通过检查程序的生产质量进行称重,以确定所交付产品的可变性。因此,新供应商只能保证他们交付给客户的质量的不确定性在指定区间内。为此,当客户使用新供应商提供的质量模拟其系统时,他们只能证明质量的区间值量为 $[3.7, 4.7]$ kg。换言之,他们并没有数据来证明质量的任何 PDF 在此区间内。因此,在系统的分析中,客户会将质量中的不确定性视作纯主观不确定性。

鉴于系统的质量具有主观不确定性,所以需要进行概率界限分析(PBA)。由于系统中无偶然不确定性,概率界限分析要缩小为区间分析。也就是说,如果输入中仅存在区间值不确定性,则对于 SRQ,只能得到区间值。我们使用 MATLAB 随机数生成器 rand 中的蒙特卡罗抽样法从质量的区间值范围内获取样本。由于 rand 会生成 0 ~ 1 之间的随机数,所以我们转换 rand,以便于在区间 $[3.7, 4.7]$ 中生成一序列的随机数。样本的数量 n 重新设置为 10、100 和 1 000。须注意的是,我们仅使用蒙特卡罗抽样法作为在区间值不确定性上抽样的工具。没有样本与概率有关联,即每个样本均简单地视为系统中会发生的“可能实现”,且未被赋予任何概率。我们以表格的形式和 CDF 图的形式表示质量中区间值不确定性的结果,分别如表 3-1 和表 3-2 及图 3-9 和图 3-10 所示。表 3-3 和表 3-4 分别显示了 $t = 1$ s 和 $t = 5$ s 时,$x(t)$、$\dot{x}(t)$ 和 $\ddot{x}(t)$ 的最大值和最小值,作为所计算样本量的函数,包括 10 000 个样本。由于我们仅处理区间值不确定输入,所以表 3-3 和表 3-4 显示的是基于所获取的样本量的各个 SRQ 的最大值和最小值。通过将表 3-3 和表 3-4 中的结果与表 3-1 和表 3-2 中的偶然结果(所有结果均基于 $n = 10\ 000$)进行比较,可以发现 $x(t)$、$\dot{x}(t)$ 和 $\ddot{x}(t)$ 的最大值和最小值受限于使用 $\mu \pm 3\sigma$ 的偶然结果。但是,根据系统的性质和输入不确定性,偶然输入不确定性造成的 SRQ 不确定性与主观输入不确定性存在很大的区别。

表 3-3　$t=1$ s 时,位移、速度和加速度的最大值及最小值

项目	样本	最大值	最小值
位移 x	10	3.69	-0.82
	100	3.86	-1.01
	1 000	3.85	-1.11
	10 000	3.87	-1.11
速度 $\dot{x}$	10	42.7	40.5
	100	42.7	40.2
	1 000	42.7	40.2
	10 000	42.7	40.2
加速度 $\ddot{x}$	10	8.7	-110
	100	12.7	-115
	1 000	14.7	-115
	10 000	14.8	-116

表 3-4　$t=5$ s 时,位移、速度和加速度的最大值及最小值

项目	样本	最大值	最小值
位移 x	10	18.3	0.51
	100	18.4	-0.15
	1 000	18.4	-1.48
	10 000	18.4	-1.50
速度 $\dot{x}$	10	87.5	-23.9
	100	88.3	-31.4
	1 000	89.3	-30.3
	10 000	89.3	-31.6
加速度 $\ddot{x}$	10	-29.9	-470
	100	-15.2	-475
	1 000	13.0	-475
	10 000	13.4	-475

关于表3-3和表3-4所示的抽样结果,须提及一个重要的计算点。所示3个不同样本量各使用不同的随机数种子。对于 $n = 10$、100、$1\ 000$ 和 $10\ 000$,MATLAB 中分别使用值 0、1、2 和 3。随机数生成器使用不同种子值称为重复蒙特卡罗抽样法。使用不同种子将会得到输入抽样的不同随机数序列。为此,每一组输出结果将会不同,即由 n 个样本组成的每一组结果都是不同的计算样本的集合。当然,在极限情况下,随着 n 变大,每个重复蒙特卡罗样本的区间值界限将变成相等。对于在某个区间上抽样的情况,由于重复抽样时,该区间上的每个样本均被视为某个可能的值,而不是与概率有关的某个值,所以重复抽样比偶然不确定性的情况更为重要。从概率观点上讲,样本的概率与以下方面有关:①表现该不确定性的 PDF;②获取的样本量。如本章前面所述,"可能值"指的是抽样的"每一个值"都可以视为出现概率为"1"。n 个取样值的这个特点,即每个值出现概率为"1"是与贝叶斯观点产生分歧的一个来源。

图3-11 给出了 $t = 1$ s 时每个计算样本量的 $x(t)$、$\dot{x}(t)$、和 $\ddot{x}(t)$ 的 EDF。这些图表与偶然不确定性相关图表(见图3-9和图3-10)有显著的差别。当然,原因在于主观不确定性的 EDF 描述的是每个 SRQ 的区间值量。即便图3-11 给出的信息与表3-3 中所示的信息相同,仍值得我们去设想一下就 EDF 而言,区间值量看起来到底像什么? 对于表现为主观不确定性,即区间值量,EDF 将是 p-盒。图3-11 中所示的 p-盒因为只有主观不确定性,没有偶然不确定性,所以属于一般 p-盒的退化情况。第3.5.6 部分将简要介绍同时存在主观不确定性和偶然不确定性时 p-盒的一般情况,详细内容请见第12章和第13章。注意图3-11 中所示 p-盒的解释。对于 SRQ 的值小于最小观测值的情况,由于没有更小的值要计算,所以该概率视为0。对于 SRQ 的值大于最大观测值的情况,由于没有更大的值要计算,所以该概率视为1。对于 SRQ 值介于最大观测值与最小观测值之间的情况,概率可能介于0与1之间。也就是说,假定仿真存在主观不确定性,在观测值的范围内,关于概率本身可以表述的所有内容为概率本身就是一个区间值量,即 $[0,1]$。换言之,图3-11 仅仅是从经验分布函数的角度对某个区间的图形描述。当将此解释向传统基于频率的统计师或者贝叶斯统计师说明时,他们的反应一般是"这并不能说明什么!"我们回应以:对输入的了解很有限时,能表述的也只有这么多了。或者,在观测值范围内的所有值都有可能,但是没有证据宣称结果在此范围内的任何可能性。

对本例的最后一点意见:如果读者试图再现偶然不确定性或者主观不确定性示例中得到的结果,可能无法准确再现同样的数据结果。而如果使用 MATLAB 和此处给定的所有相同数值输入值,应该能够准确再现所示的结果。但是,如果使用了不同的软件包,尤其是不同的随机数生成器,则由于每个随机数生成器会生成其自身独特的伪随机数序列,所以结果可能大相径庭。样本量少时,当前结果与读者获取的结果之间的差异将最为显著。

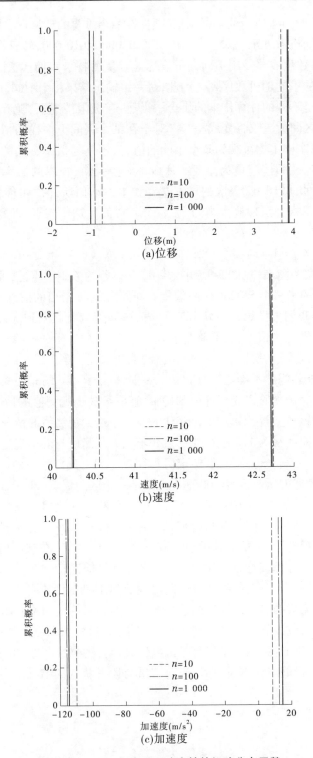

(a)位移

(b)速度

(c)加速度

图 3-11 $t=1\ \mathrm{s}$ 时,主观不确定性的经验分布函数

3.3 风险和失效

我们在各种情况下都谈到了"风险"一词,但因为它是一个非常重要的概念,所以必须对它作更准确地定义。基本上所有现代定量风险分析都采用 Kaplan 和 Garrick 的经典著作《关于风险的定量定义》(Kaplan 和 Garrick,1981)中提出的基本概念。他们通过回答以下 3 个与失效相关的问题阐述了定量风险的问题。

(1)哪些地方可能出错?

(2)出错的可能性有多大?

(3)如果出错了,会造成什么后果?

他们引入了如下风险三元组对这些问题进行了解答:

$$s_i, p_i, x_i \quad i = 1, 2, \cdots, n \tag{3-6}$$

式中:s_i 为具体失效场景;p_i 为失效场景出现的概率;x_i 为该失效场景造成的后果或者损害程度的测定;n 为失效场景出现的次数。

s_i 仅仅是一个用于识别具体场景的索引,而 x_i 是一个尝试以尺寸单位对失效导致的后果进行量化的标量。下文我们将使用"失效"来代替"失效场景"。概率 p_i 的描述方式有很多,例如,每次使用系统时的失效概率、固定时间段的失效概率或者系统整个使用周期的失效概率。

风险三元组概念框架极其有用,但是在定量风险评估(QRA)或者概率风险评估(PRA)分析中,该框架很难以数学模型表述。通过定义多个备选方案,我们可以结合式(3-6)中的 3 个项将风险计算出来。最常用的风险定义方法就是直接取失效发生概率和失效后果的乘积(Modarres 等,1999;Haimes,2009)。可以得到:

$$风险 = p_i x_i \quad i = 1, 2, \cdots, n \tag{3-7}$$

式(3-7)中风险的计算值是一个量纲量,通过失效后果 x_i 的单位进行测量。最常使用的单位为货币值,例如美元或者欧元。例如,式(3-7)可以用于估算系统失效造成的总金融负债或者预期的总损失。但是,由于后果可能涉及多个方面,例如丢掉未来业务、环境影响、社会影响、军事安全下降或者政治影响,所以后果很难定量。此外,意外后果往往不可避免,一些后果具有短期和长期的不良影响(Tenner,1996)。出于各种各样的原因,长期和短期有害的意外后果是极难发现的。其中一个重要的方面就是个人、组织和政府趋向于关注眼前利益,忽视潜在的长期风险或者所要求的行为改变。

Haimes(2009)和 Lawson(2005)深入探讨了系统失效的三个根源,分别是技术失效、个体人为失效和组织失效。技术失效发生在系统内,包括硬件失效和软件失效,通常会引起后果严重的大面积系统失效。硬件失效的原因通常为系统维护或者检查不到位或者缺少必要的维修或者改进。人为失效包括许多种,例如系统操作人员失误、缺少合理的安全培训、人为误用系统或者系统操作人员忽略系统警告。重大过失或者渎职可能会引起组织失效,但是通常是由疏忽大意或者遗漏引起的。Haimes(2009)和 Lawson(2005)指出,组织失效的原因在于组织内的人员,但是该类失效归根结底是由组织文化和传统所致。组织失效的一些例子包括:①在竞争或者时间压力下忽略系统弱点或者推迟维护;②管理层与员工之间沟通不足或者意思传递不到位；③组织内不同小组之间的竞争，造成某个小组对竞争小组的设计弱点保持沉默；④项目小组经理缺少发现系统设计缺陷的激励措施；⑤组织的外部政治压力导致管理层判断力受影响。这 3 个失效的根源之间以直接或者间接的方式相互关联。它们之间的相互关系可能存在于新系统的建议书准备阶段、设计阶段、测试阶段，以及系统的操作与维护期间。

许多研究人员最近对常见系统失效的根本原因的调查发现，组织失效是多数复杂系统失效的主要原因（Dorner，1989；Pate'-Cornell，1990；Petroski，1994；Vaughan，1996；Reason，1997；Gehman 等，2003；Lawson，2005；Mosey，2006）。组织失效一般难以清楚地辨别和隔离，尤其对于大型公司或者政府机构来说。组织失效通常和以某种方式有意或无意规避某个问题有关，竞争、时间、预算、文化、政治或者保全体面的压力都可能会造成这方面的问题。新闻媒体对失效的报告趋向于关注导致事件的技术或者人为失效，例如"船长在值班的时候酩酊大醉"。然而，多数复杂系统只有在各种失效叠加在一起时才可能出现灾难性的严重失效，其中就有不少失效的症结在于组织失效。

3.4　计算仿真的阶段

运筹学（OR）和系统工程学（SE）学界针对建模与仿真制定了许多一般原则和程序。该领域的研究人员在建模与仿真的各种活动和阶段的定义及分类方面取得了很大进展。有关该领域的最新文章，请参阅 Bossel（1994）、Zeigler 等（2000）、Severance（2001）、Law（2006）和 Raczynski（2006）的著作。运筹学和系统工程学关注的领域包括问题实体、概念模型的定义、数据和信息质量的评估、离散事件仿真以及借助仿真结果做出决策的方法。从计算仿真角度来看，此著作并未关注 PDE 指定的模型。但是，它为识别不确定性来源提供了有用的哲学方法，并制定了一些基本术语和模型开发程序。

根据 Jacoby 和 Kowalik（1980）的著作，Oberkampf 等（2000，2002）针对计算仿真的一般阶段提出了一个全新的综合性框架。此框架由 6 个阶段组成，这 6 个阶段整合了在运筹学、风险评估和数值法学界中认可的任务。图 3-12 描述了通过 PDE 数值解分析的系统所对应的计算仿真的阶段。物理系统可以是现有的系统或者过程，也可以是构想中的系统或者过程。这些阶段代表了通用大型计算分析中要求的一系列活动。阶段的排序暗示了信息和数据流，指出了哪些任务可能影响之后阶段的分析、决策和方法论。每个后续阶段都可以描述为"将活动的前一阶段映射到新阶段"。在一个阶段引用的任何假设条件、近似值、偶然不确定性、认识的主观不确定性或者盲目主观不确定性会被传递到后续的所有阶段。例如，假设在后续的某个阶段发现某个假设条件或者近似值不合理，或者在早期某个阶段引入了盲目不确定性（例如忽略或者失误），则人们需要回到该阶段，并重新评估所有后续的阶段，确定需要做哪些改变。图 3-12 中使用虚线表示这些阶段之间的这类反馈相互作用。

接下来的章节讨论了每个阶段的特征和活动，主要关注通过计算仿真过程来识别和传递不同类型的不确定性。在第 2.3 节中，通过初步区分偶然不确定性和主观不确定性，对不确定性进行了划分。主观不确定性进一步细化为：①认知不确定性，即了解不充分就

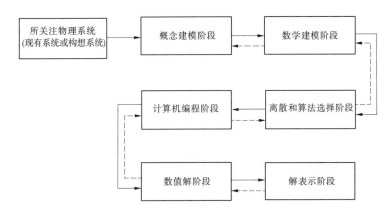

图 3-12　计算仿真的阶段（Oberkampf 等,2000,2002）

决定对其进行不确定性归类或者以某种理由直接忽视而造成的不确定性;②盲目不确定性,即了解不充分,但是未认识到了解不充分且具有相关性而造成的不确定性。区别偶然不确定性与主观不确定性之间的差异,不仅有助于评估其对总预测不确定性估计量的影响程度,还有利于确定如何通过数学的方式在每个阶段之间进行表示和传递。

3.4.1　概念建模阶段

图 3-13 给出了概念建模阶段执行的活动,同时还显示了每个活动中引入的不确定性的主要来源。须注意的是,在图 3-13 中以及后续所有同类图表中,括号内的文字表示在该活动中出现的主要不确定性类型。"A 不确定性"指的是偶然不确定性。"E 不确定性"指的是主观不确定性。"B 不确定性"指的是盲目认知不确定性,通常称为"未知的未知"。

概念建模阶段
系统–周围环境规范 (A不确定性和E不确定性)
环境和场景规范 (E不确定性和B不确定性)
耦合物理规范 (E不确定性)
非确定性规范 (A不确定性和E不确定性)

图 3-13　概念建模阶段和不确定性的主要来源

第一个活动是指定所关注物理系统及其周围环境。在此活动中须指定的主要概念是系统与其周围环境之间的界定。如第 3.1.1 部分所述,周围环境在建模时不构成系统的一部分,但系统会对周围环境作出响应。与系统 – 周围环境规范相关的不确定性主要为定义问题范围过程中产生的主观不确定性。对于复杂的工程系统,由于以下因素的存在,经常会出现主观不确定性:系统是否制造或者装配不正确? 系统维护得怎么样? 系统是否有过损坏且并没有做过记录? 系统 – 周围环境规范也将包括偶然不确定性,例如制造过程的可变性、系统暴露于各种气候条件和系统受周围环境随机激励。除非现有的经验样本足够说明不确定性属于偶然不确定性,则不确定性可能将是偶然不确定性与主观不确定性的混合物。

第二个活动是确定计算仿真中将考虑的环境与场景。如本章开头所述,环境划分为正常环境、异常环境和恶劣环境。如果涉及多个环境类别,则几乎往往需要建立不同的概念模型。场景规范识别给定环境中可能的物理事件或者事件序列,如图 3-1 所示。识别可能的场景或者事件序列类似于在高要害系统的概率风险评估中创建一个事件树或者故障树结构,例如在核反应堆安全分析中。事件和故障树不仅包括技术(硬件和软件)失效,也包括在系统内外的人为介入,即作为周围环境的一部分。即便事件序列看似非常遥远,但是仍需作为可能的事件序列体现在故障树中。最终是否将分析事件序列并不会影响将其融入到概念建模阶段中。在此活动中,主观不确定性和盲目(主观尝试)不确定性出现的可能性最大,尤其在识别异常环境和恶劣环境下的可能场景时。创造力和想象力对异常环境和恶劣环境的分析特别有帮助。

第三个活动是为将融入建模中的不同物理过程确定可能的耦合类型。在确定耦合物理过程时,不用给出数学方程。当系统和周围环境确定后,即便后续的分析中不可能考虑所有耦合,仍需要确定不同级别的可能物理耦合的方案。如果在此阶段不考虑物理耦合,则耦合问题无法在该过程的后续阶段得到解决。

第四个活动就是指定将被视作非确定性的建模中的所有方面。假设此活动可以表现为偶然不确定性或者认可的主观不确定性,则非确定性规范适用于概念建模中考虑的前三个活动的每个方面。当然,盲目不确定性由于不被认为属于不确定性,所以并未进行归类。这些确定须基于计算仿真工作的整体要求。该不确定性要使用什么表达方式的问题留在后续的阶段进行确定。

3.4.2 数学建模阶段

数学建模阶段的主要任务就是构建一个精准的数学模型,即基于前一阶段构建的概念模型的分析性表述。图 3-14 给出了数学建模中的 4 个活动。要执行的分析数量取决于概念模型阶段确定的环境与场景组合的数量。对于大型分析,分析数量可能非常大,为此,须对较重要的分析进行优先次序排列。一般而言,此优先次序基于通往所关注系统成功之路的环境 – 场景所代表的风险(即估算概率乘以估算结果)。

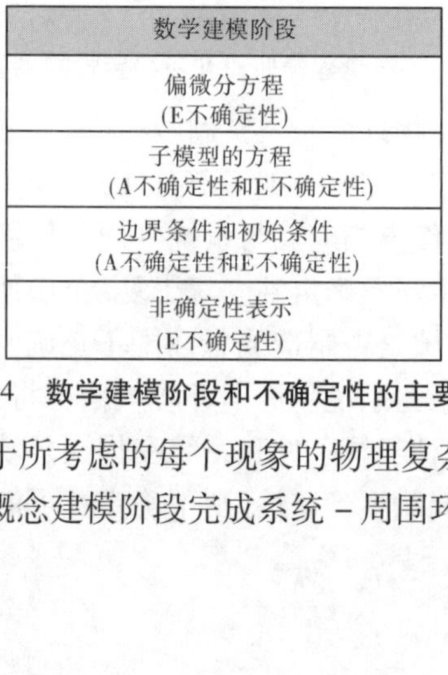

数学建模阶段
偏微分方程 (E 不确定性)
子模型的方程 (A 不确定性和 E 不确定性)
边界条件和初始条件 (A 不确定性和 E 不确定性)
非确定性表示 (E 不确定性)

图 3-14　数学建模阶段和不确定性的主要来源

PDE 模型的复杂性取决于所考虑的每个现象的物理复杂性、物理现象的数量以及不同物理学耦合的等级。须在概念建模阶段完成系统 – 周围环境以及物理耦合的指定。物理建模过程中会出现的一些主观不确定性的例子包括:①任何材料类型中的断裂动力学;②多相流中的液相、固相和流体相的耦合;③不处于平衡态的材料的相变化;④选择使用2D 进行问题建模,而不是3D。

通过一系列 PDE 表示的复杂数学模型通常使用大量的数学子模型进行补充。子模型的示例包括:①材料的机械、热力学、电气和光学特性的分析方程或者表格数据;②材料结构性质的常微分方程(ODE)和偏微分方程(PDE);③流体力学紊流建模的偏微分方程(PDE)。子模型,加上边界条件(BC)、初始条件(IC)和任何系统激励方程构成了该系统的方程组。边界条件、初始条件和系统激励通常表现出偶然不确定性和主观不确定性。对于异常环境和恶劣环境,边界条件、初始条件和系统激励几乎往往由主观不确定性占主导地位。

不管采用何种物理细节层次,从定义的角度来看,任何数学模型都是现实的简化形式。任何复杂的工程系统,或者甚至单个物理过程都含有未在模型中表示出来的现象。为此,数学模型的规范会涉及假设条件和近似值。这二者都会造成主观不确定性的引入。有时,在大型计算仿真项目中,人们可以听到诸如"此项目使用了如此大型、大规模并行处理的计算机,它将可以计算全物理仿真"的表述。这类表述只能看作是广告噱头。George Box(1980)在许多年前就已经详细描述了建模恒久不变的真理:"所有模型都是错误的,只是部分模型对我们有帮助而已。"

数学建模分析阶段解决的另一个功能就是为问题的不确定性元素选择合适的表达式。使用这些选择的考量因素很多。分析的概念建模阶段提出的限制条件可能会限制分析中可能使用到的值的范围或者表达式类型。在这些限制条件内,可用或者可获取的数据的数量和/或限制将起着重要作用。如果偶然不确定性存在足够的采样数据,则可以构建概率分布函数(PDF)或者累计分布函数(CDF)。在缺少数据的情况下,可以采纳专家意见或者选用类似的信息类型。对于此类信息,人们可以将此信息表看作某个区间(在该区间上未宣称任何似然信息)或者使用 p-盒。如果专家宣称他们可以指定一个准确的概率分布,即分布参数的固定值,则要持高度怀疑的态度。

3.4.3 离散和算法选择阶段

离散和算法选择阶段将之前阶段构建的数学模型映射到全离散的数学模型中。图 3-15 给出了在此阶段完成的 4 个活动。通过将数学模型转化为可以通过计算分析解决的形式,这些活动分为两个一般任务。第一个任务涉及将偏微分方程(PDE)从数学模型转换为离散模型或者数值模型。简而言之,从微积分问题转换为算数问题。此阶段中,要指定所有空间和时间离散方法,以将偏微分方程的域离散化,包括几个特征、数学子模型、边界条件、初始条件和系统激励。偏微分方程的离散形式一般由有限元、有限容积或者有限差分方程给出。在此任务中,要指定离散算法和方法,但是空间和时间步长直接以要指定的量给出。离散阶段关注将数学模型从连续数学(即导数和积分)转换为离散数学。后续阶段,我们将会讨论该离散方程的数值解方法。

在某些计算分析中尽管我们不能自行指定所有离散方法,例如当使用商用软件包时,但是由于它对检测某些类型的数值误差非常有帮助,所以我们仍坚信它是一个非常重要

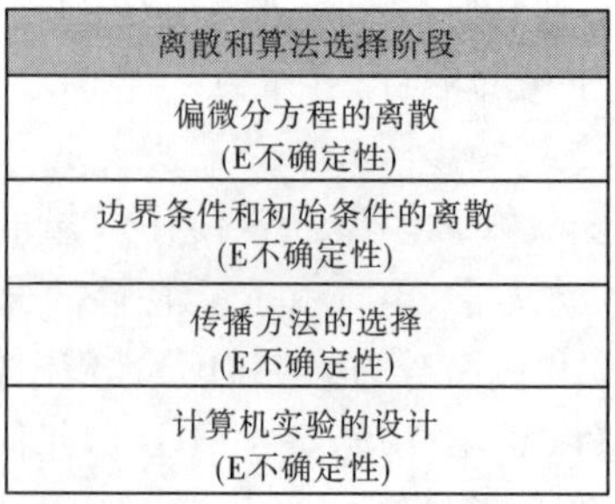

离散和算法选择阶段
偏微分方程的离散 (E不确定性)
边界条件和初始条件的离散 (E不确定性)
传播方法的选择 (E不确定性)
计算机实验的设计 (E不确定性)

图 3-15　离散和算法选择阶段以及不确定性的主要来源

的步骤。这个转换过程就是造成偏微分方程数值解出现某些困难的根本原因。如果数学模型包含奇异性，则选择数值算法时应多加小心。数学模型中通常存在奇异性，但是很少存在于离散数学中。Yee 和 Sweby(1995,1996,1998)、Yee 等(1997)和其他学者研究了近混沌行为的非线性常微分方程和偏微分方程的数值解。他们明确提出，即便使用在数值稳定性限制范围内的已有方法以及使用网格解析解的方法，这些方程的数值解与数学模型的精确解析解也有很大的不同。尽管这点不在本书讨论范围，但对混沌解的仿真需要更多、更深入的研究。

此分析阶段的第三个任务就是指定不确定性传播方法和设计计算机实验，以考虑该问题的非确定性方面。两个活动解决的问题都是将分析的非确定性元素转换为确定性计算仿真代码的多轮执行或者解。不确定性传播方法的选择涉及确定一个或多个方法来实现通过模型传播不确定性。传播方法示例包括可靠性法（Melchers，1999；Haldar 和 Mahadevan，2000a；Ang 和 Tang，2007；Choi 等，2007）和抽样法，例如 Monte Carlo 或 Latin Hypercube（Cullen 和 Frey，1999；Ross，2006；Ang 和 Tang，2007；Dimov，2008；Rubinstein 和 Kroese，2008）。不确定性量化和风险评估过去强调的是参数不确定性的传播，但是在许多复杂的物理仿真中，模型－形式不确定性往往是 SRQ 不确定性的主要来源。此阶段中，也要指定模型－形式不确定性的传播方法。如果使用的任何方法近似于将输入传播到输出不确定性，则也应在此阶段确定这些方法。极其常见的近似法就是通过使用响应面法来减少传播不确定性所需的离散模型数值解的数量。

计算机实验的设计，即统计实验，在很大程度上取决于计算机资源的可用性和分析的要求。构建一个实验设计通常涉及的不仅仅是上述传播方法的实现（Mason 等，2003；Box 等，2005）。大型分析相关的问题通常可以进行分解，使其可以通过仅使用代码的一部分或者比其他变量和参数所要求的模型更为简单的模型即可研究某些变量和参数。问题的分解和合理模型的选择，以及计算机运行输入的正式确定对引入此阶段中不确定性的估计有很大的影响。因为输入和模型的详细规范会影响编程要求以及在数值解阶段计算机模型的运行，所以此处要求执行此活动。

如图 3-15 所示，本阶段引入的主要不确定性类型为主观不确定性。这些不确定性为特定类型的主观不确定性，即由于数值近似的真实度和精度造成的不确定性。这些数值近似是由于选择了数值法执行从连续数学到离散数学的映射。为此，它们类似于选择构建物理过程的数学模型。这些数值近似不似数值解误差，例如网格分辨率误差，这是因为数值解误差通常可以按精度进行排序。数值法和算法的选择不能总是按预期的精度、可靠性和稳健性进行排序。

3.4.4　计算机编程阶段

　　计算机编程阶段将前一阶段构建的离散数学模型映射为可在数字计算机上执行的软件指令。图3-16列出了此阶段执行的活动，以及此阶段引入的不确定性的主要来源。这些活动分为两组：计算机代码的输入准备和计算机编程活动。输入准备过程设定了下一阶段实际计算中将会使用的所有输入量的数值，所以此准备过程属于此阶段的一部分。输入活动准备过程中出现的主要不确定性为盲目不确定性，例如输入准备过程中的差错或者失误。一些仅了解相对简单的模型问题的研究人员和分析师不会关注由于人为导致的输入错误。但是，在大量的代码、多个按顺序耦合的代码、很大程度上依赖于精密实体建模软件指定几何特征的仿真以及输入所需的成千上百的材料模型（Reason，1997）中，处理复杂和广泛的物理、建模和数值细节时，这是导致盲目不确定性的一个重要来源。输入数据和此类代码最终出现误差的可能性是极其复杂的。在热工水力学领域中关于核动力反应堆的安全分析有时会认识到输入准备的重要性。为了确保输入数据准确反映预期的输入，在此领域中已确立了正式、结构化且严格的程序。

计算机编程阶段
输入准备 （B不确定性）
模块设计与编码 （B不确定性）
编译与关联 （B不确定性）

图3-16　计算机编程阶段和不确定性的主要来源

　　第二阶段和第三阶段与仿真中使用的所有软件元素相关联，但在这里我们仅关注应用代码本身。在应用代码中，计算机程序模块通过高级编程语言进行设计和实现。然后，将此高级源代码编译成目标代码，并关联到操作系统和附加的目标代码库，形成最终的可执行代码。由于大规模计算机并行的缘故，这些活动更容易产生不确定性，元素包括：①优化编译器；②信息传递和内存共享；③计算机仿真过程中单个处理器或者内存装置失效的影响。计算机编程活动的正确性受盲目不确定性的影响最大。除编程误差外，还有更微妙的未定义的变量问题。当在编程语言内未定义特定代码语法时，会发生此问题，导致可执行代码的行为依赖编译器。编译与关联会悄无声息地将其他误差引入开发人员，主要包括与该应用相关的各种目标代码库中的漏洞和误差。此类库允许开发人员重新使用之前确立的数据处理和数值分析算法。不幸的是，开发人员同时也会引入这些库中未发现或者未记录的误差。不仅如此，开发人员还可能对库例程的使用产生误解或者在库例程要求的值中引入错误。

3.4.5 数值解阶段

数值解阶段使用数字计算机将前一阶段编程的软件映射到一组数值解中。图 3-17 给出了此阶段要执行的各个活动。在计算该解的过程中,所有量均有算术定义且算数上不连续;仅所有量的离散值存在,所有值均具有有限的精确度。例如:①几何尺寸仅作为一个点集存在;②存在于偏微分方程的所有自变量和应变量现在仅存在于离散点;③非确定性解仅作为单个离散解的系集存在。如 Raczynski(2006)所描述:"在数字计算机中,没有任何东西是连续的,因此使用此硬件执行连续仿真根本不实际。"

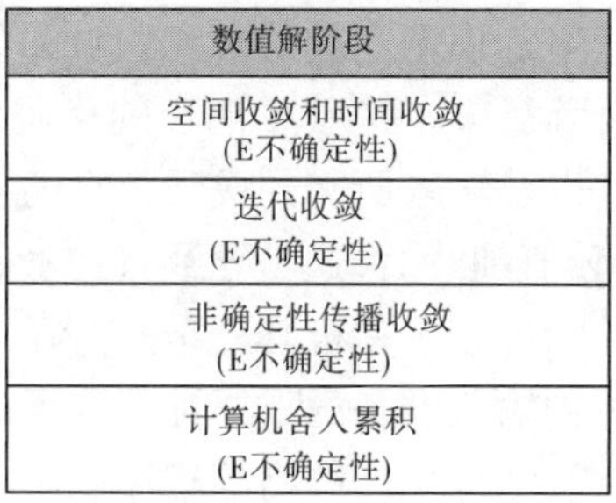

数值解阶段
空间收敛和时间收敛 (E不确定性)
迭代收敛 (E不确定性)
非确定性传播收敛 (E不确定性)
计算机舍入累积 (E不确定性)

图 3-17 数值解阶段和不确定性的主要来源

数值解阶段引入的主要不确定性是主观不确定性,尤其是数值解误差。Roache 将这些类型的数值解误差归类为"有序误差"(Roache,1998)。图 3-17 所示 4 个活动的多数误差分量可以按照其对仿真结果的影响量级进行排序。例如,对空间或者时间而言的离散尺寸,隐式计算程序中的迭代次数,传播输入 - 输出不确定性时计算样本的数量,以及计算机系统的字长。图 3-17 所示 4 个活动引入的数值解误差可以分为三类:第一类包含那些偏微分方程的空间和时间离散造成的误差。第二类包含离散方程的近似解造成的误差,使用隐式法和计算机舍入误差的迭代收敛属于这种类型,且它们考虑了离散方程精确解与计算解之间的差别。例如,非线性矩阵方程的迭代解或者非线性时变解的迭代解都可能引起迭代误差。第三类包含获取的单个确定解的有限数量造成的误差。使用有限数量的计算解与精确的非确定性解之间的差异,不管所关注的是概率分布或是统计分布,都属于非确定性解误差。最常见的例子就是用于求非确定性解近似值时蒙特卡罗样本数量有限导致的误差。如果不确定性传播使用了随机展开法,例如多项式混沌展开和 Karhunen-Loeve 变换,则该非确定性解误差取决于针对离散方程所计算的解的数量(Haldar 和 Mahadevan,2000b;Ghanem 和 Spanos,2003;Choi 等,2007)。如果数学建模阶段包括了备用数学模型形式的非确定性效应,也可能需要多个解,才能估算模型 - 形式的不确定性。

3.4.6 解表示阶段

最后阶段中,将前一阶段计算得出的原始数值解,即数字本身映射成我们可用的数值结果。图 3-18 给出了活动以及每个活动中不确定性的主要来源。将解表示阶段并入到计算仿真 6 个阶段的原因在于理解复杂仿真所需进行的复杂后处理以及认识到此阶段会引入独特的不确定性类型。输入准备、模块设计与编码以及编译与关联指的是计算机编程阶段列出的同一类型的活动,但是这里指的是所有用到的后处理软件。和以前一样,所有这 3 个活动的不确定性主要来源于盲目不确定性。

解表示阶段
输入准备 (B不确定性)
模块设计与编码 (B不确定性)
编译与关联 (B不确定性)
输入表示 (E不确定性)
数据解释 (B不确定性)

图 3-18　解表示阶段和不确定性的主要来源

数据表示涉及构建函数(用于表示偏微分方程的应变量)以及应变量的后处理(获取其他 SRQ)。后处理包括解的三维图形可视化、制作解的动画、加入语音帮助理解和使用虚拟现实工具让分析师深入解空间。数据表示中引入了主观不确定性,即主要是有序的数值误差,造成应变量或者其他 SRQ 的构建不准确或者不合理。部分数值误差的示例包括:①由于在后处理器中使用了高阶多项式函数导致离散解点之间的函数出现振荡;②多块网格之间离散解的内插不合理;③偏微分方程的解不是一个不连续函数时离散解的内插不合理;④用于计算其他 SRQ 的应变量的内插函数遭过度放大或者缩小。可通过以下问题帮助了解数据表示中的误差:使用这些点值表示偏微分方程的解时,怎样使用离散解点从数学的角度正确重构误差函数? 从这个方面来看,人们更好地认识到了潜在的重构误差,是因为这不是从现代数据可视化包的角度看待问题。人们对这些通用包的看法在于,该重构基于包的易用性、速度、便利性和稳健性。换言之,数据可视化包并不关心确保内插函数在质量、动量或者能量的守恒。

计算结果的解释人员基于对解表示和计算 SRQ 的观察,会造成数据解释误差。例如,结果的解释人员可能是使用代码的计算分析人员或者依赖于这些结果的决策者。数据解释误差属于个人或者群体引入的盲目不确定性。解释误差的两个示例为:①计算解原本不混沌,但得出混沌解的结论(反之亦然);②未认识到复杂 SRQ 中重要的频率成分。重要的是,我们对数据解释误差的定义不包括用户基于仿真作出的不合理决策,例如设计选择不正确或者政策决策不合理。

研究人员、物理科学家和数值分析人员一般使用的是单个确定性解,而系统设计人员、决策者或者政策制定者更常使用综合性的非确定性结果。每个受众的兴趣点和要求通常都大相径庭。单个解决方案提供确定性问题的详细信息,例如:①系统中发生的耦合物理;②计算某个精确解所需数值法和网格分辨率的充分性;③SRQ 如何随着自变量、模型中的物理参数以及边界条件和初始条件的变化而变化。综合非确定性结果的用处很多,例如:①帮助了解偶然不确定性和主观不确定性所关注的 SRQ 的影响量级,尤其是模型形式不确定性;②核验灵敏度分析的结果。灵敏度分析有助于引导系统设计人员和决策者考虑许多问题,例如:①提高设计稳健性所需的改变;②在设计参数与各种工作条件之间找到平衡点;③合理分配资源,减少降低系统性能、安全或可靠性的主要不确定性。所以说,灵敏度分析的结果通常对系统设计人员和决策者最有帮助。

3.5　问题举例:导弹飞行动力学

本书以火箭助推机载导弹的飞行动力学为例阐述了计算仿真的每一个阶段。该例子摘自 Oberkampf 等的著作(2000,2002),为一个系统级的例子。有关此示例的详细讨论,请参见这些参考文献。图 3-19 给出了计算仿真的所有 6 个阶段以及每个阶段执行的活动。导弹是一个短程非制导空对地火箭。在飞行开始阶段,由固态火箭发动机为导弹提供动力,在飞行剩余阶段,未提供动力。本次分析考虑导弹在后续不确定阶段的飞行。因此,我们尝试仿真导弹后续可能的飞行轨迹,而不是分析过去的某个事件(例如事故调查)或者基于系统过去的观察结果更新模型。

Oberkampf 等的著作(2000)另外给出了一个在异常环境(即事故)中系统的示例。

3.5.1　概念建模阶段

图 3-20 给出了导弹飞行示例中 3 个可能的系统 – 周围环境规范。此外,也可以指定其他规范,但是这些规范给出的选项对于各种类型的仿真已经足够。从系统规范和可以耦合的物理的角度出发,这些规范按照物理包容性由高到低降序排列。对于图 3-20 中所示区块的每一列,最高物理包容性的部分列在左侧,其物理复杂性向右侧慢慢降低。系统 – 周围环境规范 1 将导弹和导弹附近的大气环境视为系统的一部分,而运载飞机和目标视为周围环境的一部分。以本规范允许的一个分析作为例子,导弹、导航的流场和火箭喷焰耦合到运载飞机的流场。因此,导弹和火箭喷焰会受到运载飞机及其流场的影响,但是运载飞机的结构等不会由于火箭喷焰而改变其几何特征或者变形。系统 – 周围环境规范 1 允许的另一个示例就是,分析某个结构内导弹的飞行,例如在某个结构内发射;或者在隧道内飞行,例如目标在隧道内。

系统 – 周围环境规范 2 将导弹和导弹表面附近发生的气动热过程视为系统的一部分,而导弹、运载飞机和目标附近的大气环境则视为周围环境的一部分。本规范允许将导弹以及对导弹的气动热效应结合起来进行分析。例如,人们可以考虑由于结构的气动载荷和热效应引起的导弹结构变形。那么,人们可以将导弹变形与流场结合起来,在变形后的结构上模拟气动载荷和热效应。

系统 – 周围环境规范 3 将导弹视为系统,而将导弹外部的气动热过程、导弹、运载飞机和目标附近的大气环境视为周围环境的一部分。即便这是此处考虑的最简单的规范,也仍然考虑到了分析的高度复杂性。值得注意的是,此处给出的导弹飞行例子仅用于进一步说明系统 – 周围环境规范 3。

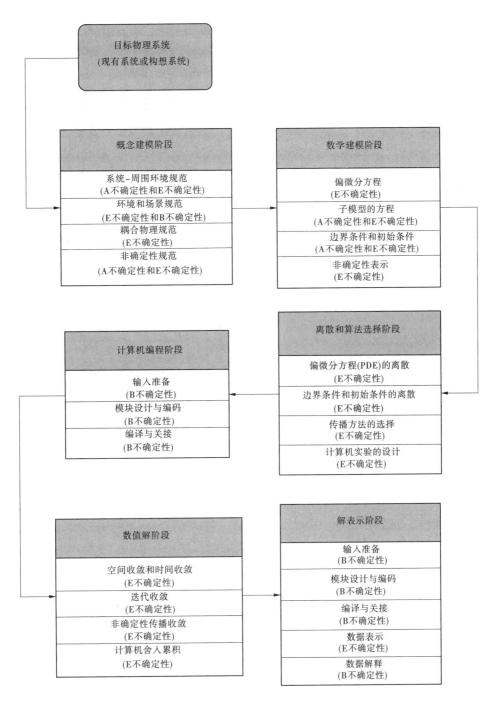

图 3-19 计算仿真的阶段和活动

环境规范(见图 3-20)分为 3 个一般环境:正常、异常和恶劣。对于每一种环境,人们要确定所有可能的场景、物理事件或者可能影响仿真目标的事件序列。对于相对简单的系统、孤立系统或者周围环境及运行条件严格受控的系统,此活动很明确。但是,复杂的工程系统常常暴露于正常环境、异常环境和恶劣环境内的多个场景中。为这些复杂系统

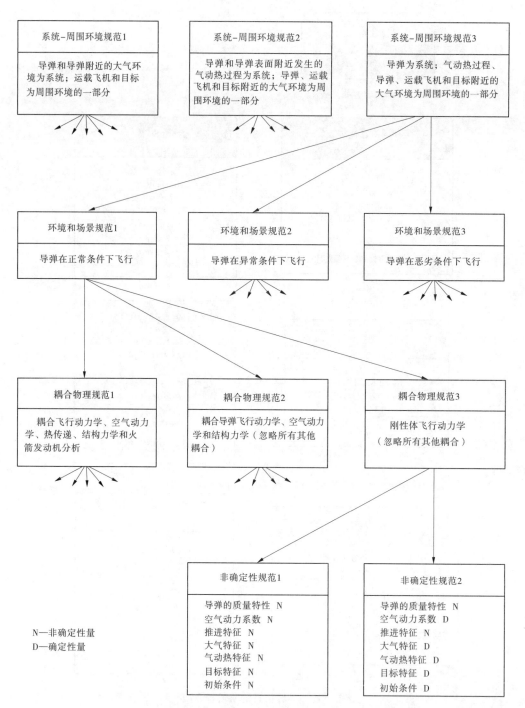

图 3-20　导弹飞行示例的概念建模活动

构建环境和场景规范是一项繁冗的工作。为此,可以构建一个多分枝事件树和/或故障树,每一个场景对应有各种不同的可能性和后果。即便许多场景的风险(概率乘以后果)可能较低,也需要在此阶段进行识别。通常情况下,在场景识别过程中,可能会发现一些其他原本尚未发现的场景。识别出场景后,需要决定追踪哪些场景。

正常环境条件指在运载飞机和导弹系统正常运行期间合理预期的环境条件。具体例子包括:①各种导弹运载飞机的典型发射条件;②推进系统和电气系统的正常运行;③导弹对接运载飞机和飞行到目标期间合理预期的天气条件。异常条件的例子包括:①导弹组件或者子系统装配不合理;②推进系统在运行期间出现爆破失效,尤其是当对接到运载飞机或者十分接近运载飞机时;③不良天气条件下的飞行,如冰雹或者闪电。在恶劣条件下的例子包括:①附近防护武器系统发生爆炸;②轻武器着火造成导弹组件或者子系统损坏;③激光或者微波防御系统造成的结构或者电气损坏。须注意的是,导弹飞行示例仅用于进一步说明环境规范 1 为正常环境。而且,在正常条件范围内不考虑任何异常条件。

图 3-20 将物理耦合分成了三个等级,不过也可以选择其他分级方案。耦合物理规范 1 基本上耦合该分析决策主线中可能存在的所有物理,即系统 – 周围环境规范 3 以及环境和场景规范 1。例如,此规范可以将结构变形和动力学与大气加热引起的气动载荷和热载荷相耦合,也可以耦合燃烧增压造成的固体燃料火箭发动机壳体的变形、从发动机壳体到导弹弹体的热传递以及非刚性体飞行动力学对导弹的影响。耦合物理规范 2 耦合的是导弹飞行动力学、空气动力学和结构动力学,忽略所有其他耦合,此耦合允许计算由于惯性载荷和气动载荷造成的导弹结构变形。然后,人们可以重新计算由于结构变形导致的气动载荷和气动阻尼。耦合物理规范 2 将会导致时变、耦合流体/结构交互仿真。耦合物理规范 3 假设导弹采用刚性弹体,不仅导弹内不允许物理耦合,而且导弹结构达到假设的刚度。此导弹只允许对输入或者来自周围环境的强制函数作出响应。不分析结构力学,即仅考虑刚性体动力学。须注意的是,导弹飞行示例将仅用于进一步说明耦合物理规范 3。

在解决概念建模的最后一个活动前,须就可能出现当前所讨论的 3 个活动中的主观不确定性和盲目不确定性的可能来源给出一些意见。造成主观不确定性的主要原因在于:①情形、条件或者物理学未被充分了解或者理解;②情形或者条件在分析中有意被排除;③所考虑的情形或者条件中所做的近似法。造成盲目不确定性的主要原因在于未料想或者认识到,但可能发生的情形或者条件。系统越复杂,盲目不确定性存在的可能性越高。

确实,现代技术风险分析的普遍弱点由于疏忽或粗心大意、异常事件、效应、可能性或者意外后果而被忽视。例如,设计用于确保复杂系统安全运行的自动控制系统可能意外故障(硬件或者软件故障),或者在安全测试或者维护期间安全系统遭人为强制停止。在异常环境或者恶劣环境下运行的系统,相对于正常环境,其盲目不确定性的可能性大大增加。

对于导弹飞行示例,我们只列出两个可选的非确定性规范,如图 3-20 所示。非确定性规范 1 包括以下几点(在图 3-20 的底部使用 N 表示):导弹的质量特性、气动力和力矩系数、推进特性、大气特征、气动热特征、目标特征和导弹发射时的初始条件。非确定性规范 2 只将两个参数视作不确定参数:导弹的质量特性和发动机的推进特性。所有其他参数均视作确定性参数(在图 3-20 中使用 D 表示)。导弹飞行示例将仅用于进一步说明非确定性规范 2。

3.5.2　数学建模阶段

在数学建模阶段,指定了偏微分方程、子模型的方程和数据、边界条件、初始条件和强制函数。即便在概念建模阶段已经确定了规范,也往往有许多数学模型可供选择。一般而言,可选择的模型可按照所考虑的物理学真实度进行升序排列。

导弹飞行示例中选择了两个数学模型:六自由度(6-DOF)模型和三自由度(3-DOF)模型(见图3-21)。两个模型均与所分析的概念模型一致:系统 – 周围环境规范3、环境和场景规范1、耦合物理规范3和非确定性规范2(见图3-20)。对于飞行动力学的3-DOF和6-DOF数学模型,人们可以明确地从物理学真实度的角度对这两个模型进行排序。对多个模型的物理学真实度进行明确排序在以下情况中具有很大的优势。首先,经常出现某些SRQ要求多个物理模型得出非常类似的结果的情况。通过对比多个模型的结果,人们可以将其用作模型之间的非正式核验手段。其次,有时会出现我们希望可以很好地比较多个物理模型,但实际却不如预期的情况。如果我们发现两个模型在各自的给定假设下都正确,这些条件有助于我们加深对物理的了解,尤其是耦合物理。再次,通过执行多个物理模型,我们可以增强对为什么高低真实度模型可以得出基本相同结果的信心。如果较高真实度模型对计算的要求高得多,则在我们可信的条件范围内使用较低真实度模型进行非确定性仿真。

平移运动方程可以表示为

$$m \frac{\mathrm{d}\vec{V}}{\mathrm{d}t} = \sum \vec{F} \tag{3-8}$$

式中:m为飞行器的质量;V为速度;F为作用在飞行器上的所有力之和。

旋转运动方程可以写为

$$[I] \frac{\mathrm{d}\vec{\omega}}{\mathrm{d}t} = \sum \vec{M} + \vec{\omega} \times \{[I] \cdot \vec{\omega}\} \tag{3-9}$$

式中:$[I]$为飞行器的惯性张量;$\vec{\omega}$为角速度;$\sum \vec{M}$为作用在飞行器上的所有力矩之和。

式(3-8)表示3-DOF运动方程,式(3-8)和式(3-9)的结合表示6-DOF运动方程。尽管3-DOF方程和6-DOF方程为常微分方程(ODE),而不是本著作强调的偏微分方程(PDE),但是仍可以执行当前框架的主要方面。

图3-21列出了每个数学模型所需要的所有子模型和初始条件。正如较高真实度模型所预料的,6-DOF模型要求的物理信息量是3-DOF模型无法比拟的。在一些情况下,较高真实度物理模型的预测能力的增强可以通过将所需的不确定性特征化为高真实度模型的输入所需的额外信息量来进行补偿。也就是说,除非较高真实度模型所需的额外不确定性信息可用,否则与较低真实度模型相比,较差的不确定性归类能力会掩盖掉物理真实度的增强。为此,较高真实度物理模型的预测能力可能比较低真实度模型的预测能力低,这个结论看似违背常理。

导弹飞行示例中考虑的两个非确定性参数为导弹的初始质量和火箭发动机推力特征(见图3-21)。两个参数均出现在所选的每个数学模型中。这样,可以直接对比它们对每个模型的影响。对于初始质量,假设制造导弹的现有检查数据充分,可以计算概率分布。

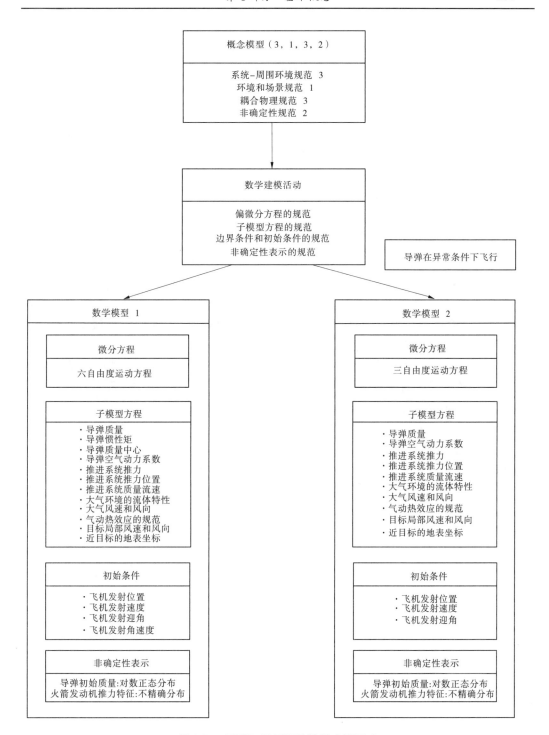

图 3-21　导弹飞行示例的数学建模活动

假设在构建测量数据的柱状图或者 EDF 后,发现可以使用平均数和标准偏差均精确已知的对数正态分布(Bury,1999;Krishnamoorthy,2006)。

对于固体火箭发动机的推力,假设有许多新制造的发动机已启动,这样就可以使用双参数伽马分布(Bury,1999;Krishnamoorthy,2006)很好地表示推力中的可变性。众所周知,推进特征受固体推进剂的生产日期影响很大。同时,假设各种使用年限的发动机也已启动,对于发动机的每个年限组,发现可以使用伽马分布,但是每一种都有不同的分布参数集。为此,推力特征的不确定性可能包含偶然不确定性和主观不确定性。偶然不确定性是由于发动机的制造可变性导致的,而主观不确定性是由于发动机的年龄导致的。使用双参数伽马分布表示推力特征,其分布的参数为区间值量。在飞行动力学仿真中,如果加入了所关注发动机的使用年限信息,显然可以降低推力中的主观不确定性。例如,如果可发射的所有导弹均来自一个批次,则由于清楚该批次产品的生产时间,所以可以消除主观不确定性。然后,伽马分布的这两个参数变成精确的值。

3.5.3　离散和算法选择阶段

Runge-Kutta 4(5)法(简称 RK 法)(Press 等,2007)是被选择用于求解两个数学模型的常微分方程(ODE)的离散方法。RK 法在每个时间步长均达到五阶精度,并使用了Cash 和 Karp(1990)的积分器系数。该方法可估算出局部截断误差,即每个步长的截断误差,这样将步长调整为解过程可以直接控制估算的数值解误差。局部截断误差通过将四阶精确解与五阶精确解进行对比计算得出。

概率界限分析(PBA)是一个将不确定性通过模型进行传播的方法。如之前在质量 - 弹簧 - 阻尼器例子中的描述,抽样期间,使用抽样程序时,偶然不确定性和主观不确定性是分离的。所使用的特定抽样程序为 Latin Hypercube 抽样法(LHS)(Ross,2006;Dimov,2008;Rubinstein 和 Kroese,2008)。LHS 采用分层随机抽样,从偶然不确定性指定的概率分布中选择离散值。对于主观不确定性的传播,样本选自伽马分布的两个参数,伽马分布将固体火箭发动机的推力中的不确定性进行了分类。在两个区间上选择的样本被赋予概率"1"。原则上,任何用于从整个区间上获取样本的方法均可用于从两个区间上获取样本。常用程序在于对该区间赋予 1 个统一的概率分布,然后使用和偶然不确定性一样的抽样程序。须注意的是,对两个区间值参数进行抽样的种子被赋予不同的值,所以每个区间的随机抽样之间并没有关系。实验设计要求对 3-DOF 模型和 6-DOF 模型执行同样数量的 LHS 计算。复杂分析中通常使用的可选程序包括将两个模型之间的计算机运行混合在一起,最大化计算精度和效率的方法。

3.5.4　计算机编程阶段

桑迪亚国家实验室开发的计算机代码(TAOS)用于计算示例中导弹飞行的轨迹(Salguero,1999)。这个通用的飞行动力学代码用于飞行器的许多制导、控制、导航和优化问题。我们仅使用弹道飞行方案求解 3-DOF 运动方程和 6-DOF 运动方程。

3.5.5　数值解阶段

对于导弹飞行示例,数值解方法使用可变的时间步长,为此可以在每个时间步长直接控制局部截断误差。对于微分方程的各个系统,在每个状态变量的每一时间步长上估算局部截断误差。对于 6-DOF 模型,有 12 个状态变量;而对于 3-DOF 模型,有 6 个状态变量。在数值解中,新时间步长须符合每个状态变量的相对误差准则才会被接受。在 TAOS 代码中,如果所有状态变量的最大局部截断误差必须小于 0.6,则下一个时间步长要增加步长大小。

LHS 法通常比传统蒙特卡罗抽样法在抽样收敛速率上具有较大的优势。但是,由于在没有重复 LHS 运行的情况下,无法计算出抽样误差的估值,所以该优势有点不明显。

3.5.6　解表示阶段

对于这个相对简单的例子,解结果的表示也相应相对较为简单。该例子中所关注的主要 SRQ 为导弹的航程。显示非确定性结果最常见的方法是绘制所关注的 SRQ 的累积分布函数(CDF)图。如果非确定性分析中只存在偶然不确定性,则任何给定的 SRQ 只有一个累积分布函数。如果同时存在主观不确定性,如本次,则它的仿真一样,则可以计算一组累积分布函数。每一个主观不确定性对应得出一个累积分布函数结果。要计算 SRQ 的 p-盒,人们需要确定在每个 SRQ 值上所计算的所有累积分布函数的最小概率和最大概率。如果使用了可选数学模型,和当前的情况一样,每个模型对应显示一个 p-盒。

图 3-22 给出了导弹航程的累积分布函数的代表性结果(表示为从其中一个数学模型得出的 p-盒)。从 p-盒可以看出,固体推进剂火箭发动机的使用年限导致的主观不确定性是造成导弹航程不确定性的主要原因。例如,在航程的中间值(概率 = 0.5)时,根据发动机的使用年限,量程变化量可能大约为 1 km。另一个解释 p-盒的方法就是挑选一个航程值,然后读取区间值概率。例如,获取航程 34 km 或者以下的概率可能为 0.12 ~ 0.52,随发动机的使用年限而变。

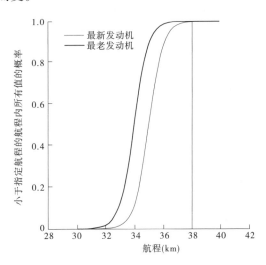

图 3-22　导弹航程的代表性 p-盒是火箭发动机使用年限的函数

如前所述,伽马分布表示由于制造过程导致的推力的可变性,而由于发动机使用年限导致的主观不确定性使用分布中两个区间值参数进行表示。一些分析师会认为,表示由使用年限导致的不确定性的可选方法是在同一个区间范围内,将参数的归类替换为两个一致的概率分布函数。他们认为,如果发动机的使用年限随着时间的推移均匀分布,则须使用一致的分布表示该使用年限。此争论的谬见在于一旦选定了要启动的发动机,发动机的使用年限是固定的,但是使用伽马分布发现的推力可变性仍存在。也就是说,一旦选择了某个发动机,之前未知的发动机使用年限现在是一个识别单一、精确伽马分布的数值。如果照这么做,则单一累积分布函数将替代图 3-22 中的 p-盒。如果使用了一致的概率分布函数,则在航程内的不确定性将和图 3-22 中所示的内容大为不同,即将会有一个累积分布函数在 p-盒内,用于区分该航程内的真实不确定性。

3.6 参考文献

AEC (1966). *AEC Atomic Weapon Safety Program*. Memorandum No. 0560, Washington, DC, US Atomic Energy Commission.

Almond, R. G. (1995). *Graphical Belief Modeling*. 1st edn., London, Chapman & Hall.

Andrews, J. D. and T. R. Moss (2002). *Reliability and Risk Assessment*. 2nd edn., New York, NY, ASME Press.

Ang, A. H. S. and W. H. Tang (2007). *Probability Concepts in Engineering: Emphasis on Applications to Civil and Environmental Engineering*. 2nd edn., New York, John Wiley.

Aughenbaugh, J. M. and C. J. J. Paredis (2006). The value of using imprecise probabilities in engineering design. *Journal of Mechanical Design*. 128, 969-979.

Aven, T. (2005). *Foundations of Risk Analysis: a Knowledge and Decision-Oriented Perspective*, New York, John Wiley.

Ayyub, B. M. (1994). The nature of uncertainty in structural engineering. In *Uncertainty Modelling and Analysis: Theory and Applications*. B. M. Ayyub and M. M. Gupta, eds. New York, Elsevier: 195-210.

Ayyub, B. M., ed. (1998). *Uncertainty Modeling and Analysis in Civil Engineering*. Boca Raton, FL, CRC Press.

Ayyub, B. M. and G. J. Klir (2006). *Uncertainty Modeling and Analysis in Engineering and the Sciences*, Boca Raton, FL, Chapman & Hall.

Bae, H. R., R. V. Grandhi, and R. A. Canfield (2006). Sensitivity analysis of structural response uncertainty propagation using evidence theory. *Structural and Multidisciplinary Optimization*. 31(4), 270-279.

Bardossy, G. and J. Fodor (2004). *Evaluation of Uncertainties and Risks in Geology: New Mathematical Approaches for their Handling*, Berlin, Springer-Verlag.

Baudrit, C. and D. Dubois (2006). Practical representations of incomplete probabilistic knowledge. *Computational Statistics and Data Analysis*. 51, 86-108.

Beck, M. B. (1987). Water quality modeling: a review of the analysis of uncertainty. *Water Resources Research*. 23(8), 1393-1442.

Bedford, T. and R. Cooke (2001). *Probabilistic Risk Analysis: Foundations and Methods*, Cambridge, UK, Cambridge University Press.

Ben-Haim, Y. (1999). Robust reliability of structures with severely uncertain loads. *AIAA/ASME/ASCE/AHS/ASC Structures, Structural Dynamics, and Materials Conference and Exhibit*, AIAA Paper 99-1605, St. Louis, MO, American Institute of Aeronautics and Astronautics, 3035-3039.

Bogen, K. T. and R. C. Spear (1987). Integrating uncertainty and interindividual variability in environmental risk assessment. *Risk Analysis.* 7(4), 427-436.

Bossel, H. (1994). *Modeling and Simulation.* 1st edn., Wellesley, MA, A. K. Peters.

Box, G. E. P. (1980). Sampling and Bayes' inference in scientific modeling and robustness. *Journal of the Royal Statistical Society: Series A.* 143(A), 383-430.

Box, G. E. P., J. S. Hunter, and W. G. Hunter (2005). *Statistics for Experimenters: Design, Innovation, and Discovery.* 2nd edn., New York, John Wiley.

Breeding, R. J., J. C. Helton, E. D. Gorham, and F. T. Harper (1992). Summary description of the methods used in the probabilistic risk assessments for NUREG-1150. *Nuclear Engineering and Design.* 135, 1-27.

Bury, K. (1999). *Statistical Distributions in Engineering*, Cambridge, UK, Cambridge University Press.

Cacuci, D. G. (2003). *Sensitivity and Uncertainty Analysis: Theory*, Boca Raton, FL, Chapman & Hall/ CRC.

Cash, J. R. and A. H. Karp (1990). A variable order Runge-Kutta method for initial-value problems with rapidly varying right-hand sides. *ACM Transactions on Mathematical Software.* 16(3), 201-222.

Choi, S. K., R. V. Grandhi, and R. A. Canfield (2007). *Reliability-based Structural Design*, London, Springer-Verlag.

Cullen, A. C. and H. C. Frey (1999). *Probabilistic Techniques in Exposure Assessment: a Handbook for Dealing with Variability and Uncertainty in Models and Inputs*, New York, Plenum Press.

Dimov, I. T. (2008). *Monte Carlo Methods for Applied Scientists.* 2nd edn., Singapore, World Scientific Publishing.

Dorner, D. (1989). *The Logic of Failure, Recognizing and Avoiding Error in Complex Situations*, Cambridge, MA, Perseus Books.

Fellin, W., H. Lessmann, M. Oberguggenberger, and R. Vieider, eds. (2005). *Analyzing Uncertainty in Civil Engineering.* New York, Springer.

Ferson, S. (1996). What Monte Carlo methods cannot do. *Human and Ecological Risk Assessment.* 2(4), 990-1007.

Ferson, S. (2002). *RAMAS Risk Calc 4.0 Software: Risk Assessment with Uncertain Numbers.* Setauket, NY, Applied Biomathematics Corp.

Ferson, S. and L. R. Ginzburg (1996). Different methods are needed to propagate ignorance and variability. *Reliability Engineering and System Safety.* 54, 133-144.

Ferson, S. and J. G. Hajagos (2004). Arithmetic with uncertain numbers: rigorous and (often) best possible answers. *Reliability Engineering and System Safety.* 85(1-3), 135-152.

Ferson, S., V. Kreinovich, L. Ginzburg, D. S. Myers, and K. Sentz (2003). *Constructing Probability Boxes and Dempster-Shafer Structures.* SAND2003-4015, Albuquerque, NM, Sandia National Laboratories.

Ferson, S., R. B. Nelsen, J. Hajagos, D. J. Berleant, J. Zhang, W. T. Tucker, L. R. Ginzburg, and W. L. Oberkampf (2004). *Dependence in Probabilistic Modeling, Dempster-Shafer Theory, and Probability Bounds Analysis.* SAND2004-3072, Albuquerque, NM, Sandia National Laboratories.

Fetz, T., M. Oberguggenberger, and S. Pittschmann (2000). Applications of possibility and evidence theory in civil engineering. *International Journal of Uncertainty.* 8(3), 295-309.

Frank, M. V. (1999). Treatment of uncertainties in space: nuclear risk assessment with examples from Cassini Mission applications. *Reliability Engineering and System Safety.* 66, 203-221.

Gehman, H. W. , J. L. Barry, D. W. Deal, J. N. Hallock, K. W. Hess, G. S. Hubbard, J. M. Logsdon, D. D. Osheroff, S. K. Ride, R. E. Tetrault, S. A. Turcotte, S. B. Wallace, and S. E. Widnall (2003). *Columbia Accident Investigation Board Report Volume I.* Washington, DC, National Aeronautics and Space Administration Government Printing Office.

Ghanem, R. G. and P. D. Spanos (2003). *Stochastic Finite Elements: a Spectral Approach.* Revised edn. , Mineda, NY, Dover Publications.

Haimes, Y. Y. (2009). *Risk Modeling, Assessment, and Management.* 3rd edn. , New York, John Wiley.

Haldar, A. and S. Mahadevan (2000a). *Probability, Reliability, and Statistical Methods in Engineering Design*, New York, John Wiley.

Haldar, A. and S. Mahadevan (2000b). *Reliability Assessment Using Stochastic Finite Element Analysis*, New York, John Wiley.

Hauptmanns, U. and W. Werner (1991). *Engineering Risks Evaluation and Valuation.* 1st edn. , Berlin, Springer-Verlag.

Helton, J. C. (1993). Uncertainty and sensitivity analysis techniques for use in performance assessment for radioactive waste disposal. *Reliability Engineering and System Safety.* 42(2-3), 327-367.

Helton, J. C. (1994). Treatment of uncertainty in performance assessments for complex systems. *Risk Analysis.* 14(4), 483-511.

Helton, J. C. (1997). Uncertainty and sensitivity analysis in the presence of stochastic and subjective uncertainty. *Journal of Statistical Computation and Simulation.* 57, 3-76.

Helton, J. C. (1999). Uncertainty and sensitivity analysis in performance assessment for the waste isolation pilot plant. *Computer Physics Communications.* 117(1-2), 156-180.

Helton, J. C. , D. R. Anderson, H. N. Jow, M. G. Marietta, and G. Basabilvazo (1999). Performance assessment in support of the 1996 compliance certification application for the Waste Isolation Pilot Plant. *Risk Analysis.* 19(5), 959-986.

Helton, J. C. , J. D. Johnson, and W. L. Oberkampf (2004). An exploration of alternative approaches to the representation of uncertainty in model predictions. *Reliability Engineering and System Safety.* 85(1-3), 39-71.

Helton, J. C. , W. L. Oberkampf, and J. D. Johnson (2005). Competing failure risk analysis using evidence theory. *Risk Analysis.* 25(4), 973-995.

Helton, J. C. , J. D. Johnson, C. J. Sallaberry, and C. B. Storlie (2006). Survey of sampling – based methods for uncertainty and sensitivity analysis. *Reliability Engineering and System Safety.* 91(10-11), 1175-1209.

Hoffman, F. O. and J. S. Hammonds (1994). Propagation of uncertainty in risk assessments: the need to distinguish between uncertainty due to lack of knowledge and uncertainty due to variability. *Risk Analysis.* 14(5), 707-712.

Hora, S. C. and R. L. Iman (1989). Expert opinion in risk analysis: the NUREG-1150 methodology. *Nuclear Science and Engineering.* 102, 323-331.

Jacoby, S. L. S. and J. S. Kowalik (1980). *Mathematical Modeling with Computers*, Englewood Cliffs, NJ, Prentice-Hall.

Kaplan, S. and B. J. Garrick (1981). On the quantitative definition of risk. *Risk Analysis.* 1(1), 11-27.

Kleijnen, J. P. C. (1998). Chapter 6: Experimental design for sensitivity analysis, optimization, and validation of simulation models. In *Handbook of Simulation: Principles, Methodology, Advances,*

Application, *and Practice*. J. Banks, ed. New York, John Wiley: 173-223.

Klir, G. J. and M. J. Wierman (1998). *Uncertainty-Based Information: Elements of Generalized Information Theory*, Heidelberg, Physica-Verlag.

Kloeden, P. E. and E. Platen (2000). *Numerical Solution of Stochastic Differential Equations*, New York, Springer.

Kohlas, J. and P. A. Monney (1995). *A Mathematical Theory of Hints* -an Approach to the Dempster-*Shafer Theory of Evidence*, Berlin, Springer-Verlag.

Krause, P. and D. Clark (1993). *Representing Uncertain Knowledge: an Artificial Intelligence Approach*, Dordrecht, The Netherlands, Kluwer Academic Publishers.

Kriegler, E. and H. Held (2005). Utilizing belief functions for the estimation of future climate change. *International Journal for Approximate Reasoning*. 39, 185-209.

Krishnamoorthy, K. (2006). *Handbook of Statistical Distribution with Applications*, Boca Raton, FL, Chapman and Hall.

Kumamoto, H. (2007). *Satisfying Safety Goals by Probabilistic Risk Assessment*, Berlin, Springer-Verlag.

Kumamoto, H. and E. J. Henley (1996). *Probabilistic Risk Assessment and Management for Engineers and Scientists*. 2nd edn., New York, IEEE Press.

Law, A. M. (2006). *Simulation Modeling and Analysis*. 4th edn., New York, McGraw-Hill.

Lawson, D. (2005). *Engineering Disasters-Lessons to be Learned*, New York, ASME Press.

LeGore, T. (1990). Predictive software validation methodology for use with experiments having limited replicability. In *Benchmark Test Cases for Computational Fluid Dynamics*. I. Celik and C. J. Freitas, eds. New York, American Society of Mechanical Engineers. FED-Vol. 93: 21-27.

Leijnse, A. and S. M. Hassanizadeh (1994). Model definition and model validation. *Advances in Water Resources*. 17, 197-200.

Mason, R. L., R. F. Gunst, and J. L. Hess (2003). *Statistical Design and Analysis of Experiments*, *with Applications to Engineering and Science*. 2nd edn., Hoboken, NJ, Wiley Interscience.

Melchers, R. E. (1999). *Structural Reliability Analysis and Prediction*. 2nd edn., New York, John Wiley.

Modarres, M., M. Kaminskiy, and V. Krivtsov (1999). *Reliability Engineering and Risk Analysis*; *a Practical Guide*, Boca Raton, FL, CRC Press.

Moller, B. and M. Beer (2004). *Fuzz Randomness: Uncertainty in Civil Engineering and Computational Mechanics*, Berlin, Springer-Verlag.

Morgan, M. G. and M. Henrion (1990). *Uncertainty: a Guide to Dealing with Uncertainty in Quantitative Risk and Policy Analysis*. 1st edn., Cambridge, UK, Cambridge University Press.

Mosey, D. (2006). *Reactor Accidents: Institutional Failure in the Nuclear Industry*. 2nd edn., Sidcup, Kent, UK, Nuclear Engineering International.

NASA (2002). *Probabilistic Risk Assessment Procedures Guide for NASA Managers and Practitioners*. Washington, DC, NASA.

Neelamkavil, F. (1987). *Computer Simulation and Modelling*. 1st edn., New York, John Wiley.

Nikolaidis, E., D. M. Ghiocel, and S. Singhal, eds. (2005). *Engineering Design Reliability Handbook*. Boca Raton, FL, CRC Press.

NRC (1990). *Severe Accident Risks: an Assessment for Five U. S. Nuclear Power Plants*. NUREG-1150, Washington, DC, US Nuclear Regulatory Commission, Office of Nuclear Regulatory Research, Division of Systems Research.

NRC （2009）. *Guidance on the Treatment of Uncertainties Assoicated with PRAs in Risk-Informed Decision Making. Washington, DC, Nuclear Regulator Commission.*

Oberkampf, W. L. and J. C. Helton （2005）. Evidence theory for engineering applications. In *Engineering Design Reliability Handbook.* E. Nikolaidis, D. M. Ghiocel and S. Singhal, eds. New York, NY, CRC Press: 29.

Oberkampf, W. L. , S. M. DeLand, B. M. Rutherford, K. V. Diegert, and K. F. Alvin （2000）. *Estimation of Total Uncertainty in Computational Simulation.* SAND2000-0824, Albuquerque, NM, Sandia National Laboratories.

Oberkampf, W. L. , S. M. DeLand, B. M. Rutherford, K. V. Diegert, and K. F. Alvin （2002）. Error and uncertainty in modeling and simulation. *Reliability Engineering and System Safety.* 75（3）, 333-357.

Oksendal, B. （2003）. *Stochastic Differential Equations: an Introduction with Applications.* 6th edn. , Berlin, Springer-Verlag.

Paté-Cornell, M. E. （1990）. Organizational aspects of engineering system failures: the case of offshore platforms. *Science.* 250, 1210-1217.

Pegden, C. D. , R. E. Shannon, and R. P. Sadowski （1990）. *Introduction to Simulation Using SIMAN.* 1st edn. , New York, McGraw-Hill.

Petroski, H. （1994）. *Design Paradigms: Case Histories of Error and Judgment in Engineering*, Cambridge, UK, Cambridge University Press.

Press, W. H. , S. A. Teukolsky, W. T. Vetterling, and B. P. Flannery （2007）. *Numerical Recipes in FORTRAN.* 3rd edn. , New York, Cambridge University Press.

Raczynski, S. （2006）. *Modeling and Simulation: the Computer Science of Illusion*, New York, Wiley.

Reason, J. （1997）. *Managing the Risks of Organizational Accidents*, Burlington, VT, Ashgate Publishing Limited.

Roache, P. J. （1998）. *Verification and Validation in Computational Science and Engineering*, Albuquerque, NM, Hermosa Publishers.

Ross, S. M. （2006）. *Simulation.* 4th edn. , Burlington, MA, Academic Press.

Ross, T. J. （2004）. *Fuzzy Logic with Engineering Applications.* 2nd edn. , New York, Wiley.

Rubinstein, R. Y. and D. P. Kroese （2008）. *Simulation and the Monte Carlo Method.* 2nd edn. , Hoboken, NJ, John Wiley.

Salguero, D. E. （1999）. *Trajectory Analysis and Optimization Software （TAOS）.* SAND99-0811, Albuquerque, NM, Sandia National Laboratories.

Saltelli, A. , S. Tarantola, F. Campolongo, and M. Ratto （2004）. *Sensitivity Analysis in Practice: a Guide to Assessing Scientific Models*, Chichester, England, John Wiley.

Saltelli, A. , M. Ratto, T. Andres, F. Campolongo, J. Cariboni, D. Gatelli, M. Saisana, and S. Tarantola （2008）. *Global Sensitivity Analysis: the Primer*, Hoboken, NJ, Wiley.

Schrage, M. （1999）. *Serious Play: How the World's Best Companies Simulate to Innovate*, Boston, MA, Harvard Business School Press.

Serrano, S. E. （2001）. *Engineering Uncertainty and Risk Analysis: a Balanced Approach to Probability, Statistics, Stochastic Modeling, and Stochastic Differential Equations*, Lexington, KY, HydroScience Inc.

Severance, F. L. （2001）. *System Modeling and Simulation: an Introduction*, New York, Wiley.

Singh, V. P. , S. K. Jain, and A. Tyagi （2007）. *Risk and Reliability Analysis: a Handbook for Civil and Environmental Engineers*, New York, American Society of Civil Engineers.

Singpurwalla, N. D. (2006). *Reliability and Risk: a Bayesian Perspective*, New York, NY, Wiley.

Stockman, C. T. , J. W. Garner, J. C. Helton, J. D. Johnson, A. Shinta, and L. N. Smith (2000). Radionuclide transport in the vicinity of the repository and associated complementary cumulative distribution functions in the 1996 performance assessment for the Waste Isolation Pilot Plant. *Reliability Engineering and System Safety.* 69(1-3), 369-396.

Storlie, C. B. and J. C. Helton (2008). Multiple predictor smoothing methods for sensitivity analysis: description of techniques. *Reliability Engineering and System Safety.* 93(1), 28-54.

Suter, G. W. (2007). *Ecological Risk Assessment.* 2nd edn. , Boca Raton, FL, CRC Press.

Taylor, H. M. and S. Karlin (1998). *An Introduction to Stochastic Modeling.* 3rd edn. , Boston, Academic Press.

Tenner, E. (1996). *Why Things Bite Back*, New York, Alfred A. Knopf.

Tung, Y. K. and B. C. Yen (2005). *Hydrosystems Engineering Uncertainty Analysis*, New York, McGraw-Hill.

Vaughan, D. (1996). *The Challenger Launch Decision: Risky Technology, Culture, and Deviance at NASA*, Chicago, IL, The University of Chicago Press.

Vinnem, J. E. (2007). *Offshore Risk Assessment: Principles, Modelling and Applications of QRA Studies*, Berlin, Springer-Verlag.

Vose, D. (2008). *Risk Analysis: a Quantitative Guide.* 3rd edn. , New York, Wiley.

Yee, H. C. and P. K. Sweby (1995). Dynamical approach study of spurious steady-state numerical solutions of nonlinear differential equations II. Global asymptotic behavior of time discretizations. *Computational Fluid Dynamics.* 4, 219-283.

Yee, H. C. and P. K. Sweby (1996). *Nonlinear Dynamics & Numerical Uncertainties in CFD.* Rept. No. 110398, Moffett Field, CA, NASA/Ames Research Center.

Yee, H. C. and P. K. Sweby (1998). Aspects of numerical uncertainties in time marching to steady-state numerical solutions. *AIAA Journal.* 36(5), 712-724.

Yee, H. C. , J. R. Torczynski, S. A. Morton, M. R. Visbal, and P. K. Sweby (1997). On spurious behavior of CFD simulations. *13th AIAA Computational Fluid Dynamics Conference, AIAA Paper 97-1869*, Snowmass, CO, American Institute of Aeronautics and Astronautics.

Zeigler, B. P. , H. Praehofer, and T. G. Kim (2000). *Theory of Modeling and Simulation: Integrating Discrete Event and Continuous Complex Dynamic Systems.* 2nd edn. , San Diego, CA, Academic Press.

第Ⅱ部分　代码验证

　　在第Ⅳ部分开始讨论确认问题:模型确认与预测(第10~13章),将重点关注是否选择了合适的数学模型,其中数学模型指的是偏微分控制方程或者积分方程,以及任何辅助代数关系。由于复杂的数学模型极少有精确解,所以我们一般使用离散方程的数值解来替代精确解。验证提供一个框架,对数学模型离散解相对于精确解的数值近似误差进行量化。由于验证纯粹处理的是数学问题,所以第4~9章将不会参照真实系统的实际特性或者实验数据。

　　代码验证确保了计算机程序(或者称为计算机代码)真实贴近原始的数学模型。这可通过采用合适的软件工程实践(第4章)和阶验证(第5章)实现,以确保计算机代码中无错误或者离散算法中没有不一致的现象。第6章通过探讨数学模型的精确解作为本书中对代码验证的收尾。第6章主要介绍虚构解方法,这种方法是一个可对一系列复杂、非线性、耦合的偏微分方程或者积分方程进行阶验证研究的有效方法。

4　软件工程

　　软件工程包括用于确定软件设计、编程、测试及管理要求的工具和方法。它由两个部分组成，即为确保可靠性而对软件程序和软件产品同时进行监控与控制。软件工程主要由计算机科学领域开发，它的使用对于大型软件开发项目和高可信软件系统（如飞机控制系统、核电站以及起搏器等医疗设备系统）而言至关重要。

　　读者这时可能会问，有关计算科学的确认与验证的书籍怎么会用专门章节来介绍软件工程。其实原因就在于软件工程对于高效、可靠地开发科学计算软件起着重要的作用。如果在科学计算代码的使用寿命期间未能执行良好的软件工程，可能会导致更多额外的代码验证测试和调试工作。而且，预估不明软件缺陷对科学计算预测的影响是一件极其困难的事（举例请参阅 Knupp 等，2007）。由于此影响力非常难以量化，所以要谨慎地通过良好的软件工程实践来尽量减少引入软件缺陷。

　　毫无疑问，软件工程师将会认为我们落伍了："代码验证"实际上只不过是被称为"软件验证与确认"的软件工程流程的一个组成部分。虽然从技术上说的确如此，但是有关将软件工程视为代码验证的一部分的做法可作如下论述。如前所述，我们将科学计算定义为由偏微分方程或者积分方程组成的数学模型的近似解。因此，对于任何给定问题上运行科学计算代码得到的结果所对应的"正确"答案并不清楚：它将取决于所选的离散方案、所选的网格（网格分辨率和质量）、迭代收敛公差、机器舍入误差等。因此，须使用特殊的程序，测试科学计算软件是否存在编码错误以及普通软件不需要考虑的其他问题。我们基于代码验证来确立科学计算软件正确性的重要作用，以此证明软件工程是代码验证的重要组成部分。不管软件工程与代码验证之间存在什么关系，在开发和维护可靠的科学计算代码中，它们二者均发挥着重要的作用。

　　计算科学家和工程师通常没有接受有关现代软件工程实践的正规培训。我们自己对软件工程文献进行查找时在各种书籍、网站和科学文献发现大量有关软件工程的时间和流程，但其中多数并未考虑科学软件特定方面的内容。例如，多数软件工程实践受推崇的根本原因在于数据组织和数据存取是关乎软件性能效率的主要因素，而在计算科学中，执行浮点运算的速度通常是最重要的因素。本章简要介绍了有关科学计算的软件工程实践的建议。本章节的大部分内容适用于所有或大或小的科学计算软件项目，而最后篇幅介绍的是建议应用于大型软件项目的软件工程实践。

　　软件工程是一个涉及面非常广的话题，不仅出现在大量书籍中（例如，Sommerville，2004；Mc Connell，2004；Pressman，2005），还频现于各类网站（例如，SWEBOK，2004；Eddins，2006；Wilson，2009）。在 1993 年，电气与电子工程师学会（IEEE）计算机协会发起了一项名为"为工业决策、职业认证和教育课程确立一系列专业软件工程实践的标准和规范"的全面工作。这项工作的成果最终编订成书于 2004 年出版。书中将软件工程分为 10 个知识点，构成软件工程知识体系（SWEBOK）。此外，近来还举办了若干研讨会，介绍科学计算(SE-CSE 2008,2009)和高性能计算(例如 SE-HPC,2004)对应的软件工程问题。在此章中,我们将详细介绍以下软件工程有关内容:软件开发、版本控制、软件测试、软件质量和可靠性、软件需求和软件管理。本章中简要讨论的许多内容在 Roy(2009)的著作中也有相应的阐述。

4.1　软件开发

软件开发包括软件设计、构建和维护。虽然软件测试也是软件开发流程的一部分,但是我们将在后续的章节中对软件测试作详细阐述。

4.1.1　软件过程模型

软件过程是一项创建或者修改软件产品的活动。软件过程模型主要有 3 个:瀑布模型、迭代和增量开发模型及基于构件的软件工程(Sommerville,2004)。对于传统"瀑布模型",软件开发过程的各个方面(要求规范、架构设计、编程、测试等)各自独立,只有前一个阶段完成后才开始下一个阶段。为回应对瀑布软件开发模型的质疑,提出了一个称为迭代和增量开发模型(也称为螺旋模型)的竞争方法。这个迭代或者演化开发模型通过使软件开发过程中的每个步骤相互交织,允许客户就最初功能有限的软件原型尽早在开发过程中提供反馈。然后,基于客户输入来优化这些软件原型,从而增强软件的功能。第3 个模型——基于构件的软件工程,适合可重用构件较多的项目,但是通常它对科学计算的适用性很有限(例如,对于线性求解程序库或者并行消息传递库)。统一软件开发过程(Sommerville,2004)和敏捷软件开发(后一章节将对此进行讨论)等多数现代软件开发模型依据的是迭代和增量开发模型。

4.1.2　架构设计

软件架构设计是在完成每一项编程工作前确定软件子系统及其接口的过程(Sommerville,2004)。架构设计的主要输出通常是描述软件子系统及其结构的文档(流程图、伪代码等)。软件子系统指的是不会与其他子系统交互的完整软件系统的子集。每个软件系统均由构件组成,构件指的是与其他构件交互的完整系统的子集。构件可能基于程序设计(子程序、函数等)或者面向对象设计,下一章将对这两种方法进行更为详细的介绍。

4.1.3　编程语言

选择程序语言时要考虑的因素很多。科学计算中使用的两个主要编程范式为程序编程和面向对象的编程。"程序编程"依赖于调用不同的程序(程序、子程序、方法或者函数)来执行给定编程任务中的一系列连续步骤。程序编程的一个显著优点就是它是模块化的,即需要多次执行任务时,可重复使用这些程序。在"面向对象的编程"中,程序分解成通过收发信息相互交互的对象。对象通常使用其私有数据,从而具有一定的独立性。此独立性使其更易于在不影响代码其他部分的情况下对给定的对象进行修改。面向对象编程也考虑了构件在软件系统上的可重用性。

科学计算所用的大多数现代、高级编程语言都支持程序编程和面向对象的编程。主要的程序编程语言包括 BASIC、C、Fortran、MATLAB、Pascal 和 Perl,而主要的面向对象编程语言包括 C + +、Java 和 Python。当设计涉及数学计算时,通常使用程序编程,而当问题涉及复杂的数学关系时,首选面向对象的编程。

机器语言和汇编语言(通常存在于简单的电子设备中)等低级计算语言的执行速度非常快,但是在编程和调试期间需要耗费更多的时间和精力。有一个要考虑的因素就是通常使用较自然的语言语法和不同等级的编程抽象的高级语言具有简化复杂软件项目编程工作的优点,但是其执行速度远达不到低级编程语言的水平。图 4-1 给出了所选编程语言在编程工具和执行速度方面的定性比较。在科学计算中,小项目和原型设计适合选用诸如 Python、MATLAB 和 Java 等高级编程语言,而由于 C、C + +或者 Fortran 执行速度更快,所以通常更适合生产级代码。

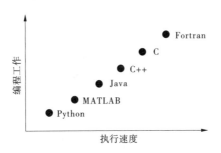

图 4-1 编程工作与执行速度的定性示例
(改编自 Wilson,2009)

选择编程语言时需要考虑的另一个因素是对软件缺陷率和后续维护成本的影响(Fenton 和 Pfleeger,1997)。这里的"软件缺陷"指的是软件中可能导致软件失效(例如生成的结果不正确、程序终止过早)的错误,"软件缺陷率"指的是每 1 000 行可执行代码的缺陷数量。证据表明,软件缺陷率与编程语言几乎没什么关系(Hatton,1997a)。但是,Hatton(1996)表示,相对于程序编程语言,发现和修复面向对象语言中的缺陷成本更为高昂,甚至可能达到 3 倍之多。编译器和诊断/调试工具的选择对软件缺陷率以及代码开发的整体效率也有着重大的影响。

编程语言标准的确立通常成本高昂且过程复杂。但是,多数编程语言标准仍含有一些易导致软件失效的编码结构。产生这些易失效结构的方式各种各样(Hatton,1997a),包括使用标准程序导致的直接疏忽、标准内容不统一、明确决定保留该结构已有的功能或者编程语言标准文档存在错误。在某些情况下,编程语言中应保持较少易于发生故障的子集,从而减少或者根除有危险的编码结构。Safer C 就是 C 编程语言中的安全子集的一个例子(Hatton,1995)。

4.1.4 敏捷编程

多数软件开发过程要求按顺序执行软件的需求规范、设计、实现和测试。按此方法,需求发生变化的成本非常高昂,而且会由于影响整个软件开发过程而导致大幅延期。但"敏捷编程"(也称为快速软件开发,请参见 agilemanifesto. org/)是一个值得注意的例外,对于它而言,需求规范、设计、实现和测试是同时进行的(Sommerville,2004)。

敏捷编程从性质上说是迭代的,主要目的在于快速开发实用的软件。敏捷编程方法的特点包括以下几个方面:

(1)开发活动同时进行。

(2)设计文档很少或者文档自动制作。

(3)事先仅指定高优先级的用户需求。

(4)开发过程中用户参与很重要。

(5)增量式软件开发。

敏捷编程的其中一个优点在于将软件分发到用户(尽管最初功能不多),允许用户参与到软件设计过程中,并在使用后提供反馈,而不是在交付最终的软件产品后才让用户参与进来。敏捷编程方法非常适合中小型软件开发项目,但是这种方法对于要求更多协调和规划的较大型软件开发项目的作用仍值得商榷(Sommerville,2004)。从表面上看,敏捷编程特别适用于中小型科学计算软件项目(Allen,2009)。

敏捷编程方法最流行的形式是极限编程,或者 XP(Beck,2000),这样称谓的原因在于它把标准软件工程实践发挥到极限。在 XP 中,需求被表示为引入软件开发任务的潜在场景,然后由一对开发人员组成团队进行编程。证据表明,结对编程工作效率并不会比单一编程人员高(Williams 和 Kessler,2003),但是由于生成的任何代码需要经历一个非正式的软件检查过程(Pressman,2005),所以错误更少。在编写代码前,须针对每个任务确立单位测试(第4.3.3.1 部分),并在集成到软件系统前,应已成功执行所有此类测试,该过程称为持续集成测试(Duvall 等,2007)。这类测试优先的程序同时还提供了接口的隐含定义以及所开发构件的合理使用范例。采用 XP 的软件开发项目通常更新频繁且经历不断的重构(第4.1.6 部分),以改善质量和维持简单性。有关科学计算中应用的 XP 例子,请参见 Wood 和 Kleb(2003)。

4.1.5　软件复用

软件复用已成为大型软件开发项目的一个重要组成部分(Sommerville,2004)。尽管这尚未在科学计算中得到广泛应用,但是在科学计算的许多领域中,软件复用已不再少见。科学计算中的软件复用示例包括数学函数和子程序库(例如,Press 等,2007)、并行信息传递库(例如 MPI)、预封装线性求解器(如线性代数计算子程序包(LAPACK)或者科学计算的便携式可扩展工具包(PETSc))以及图形库。

4.1.6　重构

软件开发工作收尾时,开发人员常会发现由于软件设计阶段早期所做的选择出现了计算不充分或者编程繁冗的情况。重构就是一个改变软件内部结构但是不改变外在特性的软件修改行为。重构可以降低科学软件的复杂性、计算时间和/或内存要求。但是,在综合测试套件(第4.3.4 部分)到位前,不得进行重构,因为这样才能确保不会修改外部特性,且不会引入编程错误。

4.2　版本控制

版本控制可追溯源代码或者其他软件产品的更改。一个良好的版本控制系统可以让用户了解更改内容、更改人员以及更改时间。它允许软件开发人员撤销对代码的任何更改,回滚至任何之前的版本。当希望再现早期论文、报告或者项目的结果,且仅要求记录版本号或者结果生成日期时,版本控制的作用尤其之大。版本控制还可以整合多个开发人员所做的更改,这对于大型软件项目或者开发人员相隔遥远的项目来说,是一个非常必要的功能。不管软件项目的规模大小,所有源代码都须保留在版本控制系统中(Eddins,2006)。

下文讨论了一些有关版本控制的主要概念(Collins-Sussman 等,2009)。须注意的是,这里使用了通用描述符"文件",不仅可以表示源代码和其他软件产品,而且可以表示存储在计算机上的任何其他类型的文件。

资源库　当前和所有之前版本的单一存储位置。资源库只能通过存入和取出程序进行访问(见下文)。

工作副本　资源库中某个文件的本地副本,可被修改,然后存入资源库。

取出　从资源库的当前版本或者早期版本创建一个工作副本的过程。

存入　当对某个工作副本作出更改后录入(或提交)资源库的过程,用于创建新版本(或者提交)。

差异　资源库中工作副本与文件的差异摘要,通常使用两个文件并排放置、差异突出显示的形式。

冲突　两个或者多个开发人员尝试修改同一个文件,而系统无法使更改一致时会出现冲突。一般需要通过从两个版本中选择一个版本或者通过将两个版本的更改手动录入资源库来解决冲突。

更新　将其他开发人员最近对资源库所作的更改合入某个工作副本。

版本　资源库中通过存入过程生成的文件其每个版本对应的唯一标识符。

使用版本控制工具的基本步骤如下:首先,创建一个资源库。在理想情况下,资源库要创建在经常备份的网络服务器上。然后,将软件项目(目录结构和/或文件)导入该资源库。该初始版本可作为工作副本取出。开发人员可在工作副本中修改该项目,并使用diff 程序检查所编辑的工作副本与原始资源库版本之间的差异。在将工作副本存入资源库前,需要执行两个步骤。首先,执行更新操作,合入其他人所作的代码更改,并识别冲突。然后,执行一系列预定义的测试,确保修改没有改变代码的性质。最后,可以将项目的工作副本存入资源库,生成该软件项目的新版本。

目前,可供软件开发人员选用的版本控制系统有很多,包括免费的开源系统,如并发版本系统(CVS)和 Subversion(SVN)(Collins-Sussman 等,2009)以及商用系统。用户可进入 www. aoe. vt. edu/ ~ cjroy/MISC/TortoiseSVN-Tutorial. Pdf 获取有关使用基于 Windows 的工具进行版本控制的基本步骤。

4.3　软件确认与验证

4.3.1　定义

AIAA(1998)和 ASME(2006)认可的科学计算有关确认与验证的定义解决了数值解(验证)的数学精度和给定模型(确认)的物理精度,但是软件工程领域使用的定义(例如,ISO,1991;IEEE,1991)不同。在软件工程中,验证指的是确保软件满足其规范(即要求),而确认指的是确保软件实际满足客户需求。一些人认为这些定义实际上相同,但是仔细看一下,它们实际上是有差异的。

这些有关确认与验证的定义的主要差异是由于这样的一个事实。在科学计算中,我们以偏微分控制方程或者积分方程作为开始,我们将其称为数学模型。对于我们要解决的问题,此模型一般没有已知的精确解。出于这个原因,我们必须确定该模型的数值近似(数值算法),然后在科学计算软件内实现此数值算法。因此,科学计算学界和软件工程学界之间有关确认与验证的定义上的两个显著差异如下:首先,在科学计算中,确认要求与实验测量数据进行比较。软件工程学界将软件的确认定义为是否满足客户需求。我们认为,该定义太过模糊,无法和实验观察结果联系起来。其次,在科学计算中,对于所关注的实际问题,一般"没有真正的系统级软件测试"(即给定一些代码输入,对正确的代码输出进行测试)。来自科学软件的"正确"输出取决于计算中所用有效数字的数量、计算网格分辨率和质量、时间步长(对于不稳定的问题)和迭代收敛水平。本书第 5 章和第 6 章介绍了科学软件的系统级测试问题。

本章中,在提及软件工程中的定义时,我们将通过插入"软件"一词,来区分确认与验证两个定义之间的差别。本节将使用的另外 3 个定义分别为软件缺陷、软件故障和软件失效(Hatton,1997b)。"软件缺陷"指的是可能导致软件失效的编码错误(漏洞)或者编码结构误用行为。"软件故障"指的是不运行代码,只需通过静态分析便可以检测到的缺陷。可能导致软件故障的缺陷包括对未初始化变量的依存性、参数自变量不匹配和未赋值指针。软件返回不正确的结果或者由于运行时异常(上溢、下溢、除数为零等)导致过早终止时会发生"软件失效"。Hatton(1997a)提到了一些灾难性软件失效示例。

4.3.2　静态分析

静态分析指的是一种不执行程序即可对软件正确性进行评估的分析方法。静态分析法包括软件检查、同行检视、代码编译和自动静态分析器的使用。Hatton(1997a)预测由于静态故障导致的软件失效大约占 40%。静态故障的一些例子包括:

(1)对未初始化或者非声明变量的依存性。

(2)接口故障:传递到函数/子程序的自变量太少、太多或者类型错误。

(3)指针转换为更小的整数型(C)。

(4)函数/子程序(Fortran)中使用了非局部变量。

所有这些静态故障,以及其在编程语言标准中的来源模棱两可的故障都可以通过使用静态分析进行规避。

4.3.2.1　软件检查

软件检查(或者评审)指的是通过浏览源代码和其他软件产品的方法来检查是否存在缺陷。尽管软件检查是一项极为费时的工作,但是它对发现软件缺陷出乎意料地有效(Sommerville,2004)。软件检查的其他优点包括它们不受不同软件缺陷之间的相互作用(即一个缺陷不会隐藏另一个缺陷的存在)的影响,可以检查到不完整和非功能性源代码,可以发现缺陷以外的其他问题,例如编码效率低下或者不符合编码标准。软件检查的严格性取决于评审人员的技术资质以及他们之于软件开发人员的独立程度。

4.3.2.2　代码编译

代码在编译过程中都要经历一定程度的静态分析。静态分析的严格程度通常取决于编译期间使用的方案,但是编译器的静态分析级别与执行速度之间有一个权衡。许多现代的编译器提供多种编译模式,例如发布模式、调试模式和核验模式,这样可提高静态分析的程度。由于编译器与操作系统之间存在差异,所以许多软件开发人员使用不同编译器和在不同平台上编译源代码时,通常遵循标准做法。

4.3.2.3　自动静态分析器

作为一个外部工具,自动静态分析器用于辅助编译器对代码进行检查。它可以发现编译器可能忽略的编程语言不一致或者不明确的问题,以及常视为不安全的编码结构。C/C++中可使用的一些静态分析器包括 Safer C Toolset、CodeWizard、CMT++、Cleanscape LintPlus、PC-lint/FlexeLint 和 QA C。Fortran 的静态分析器包括 floppy/fflow 和 ftnchek。MATLAB 还有一个最近开发的静态分析器,称为 M-Lint(MATLAB,2008)。有关完整的分析器列表或者每个静态分析器的参考资料,请参见 www.testingfaqs.org/t-static.html。

4.3.3　动态测试

动态软件测试可以定义为"通过有限数量的测试案例,依据预期的行为,动态验证程序的行为"(SWEBOK,2004)。动态测试包括涉及运行代码的任何类型的测试活动。因此,运行时编译器检查(例如数组边界检查、指针检查)被归入动态测试范围。本节讨论的动态测试类型包括缺陷测试(单元、构件和整个系统级)、回归测试和软件确认测试。

4.3.3.1　缺陷测试

缺陷测试是一种用于发现软件缺陷的动态测试,但是它不能用于证明软件不存在错误。一旦发现某个缺陷,整个发现和修复缺陷的过程通常称为调试。为方便起见,在科学计算中我们将缺陷测试分为三个级别:在代码最低层级上进行的单元测试,在子模型或者算法层级上进行的构件测试,以及评估软件所需输出时的系统测试。尽管单元测试一般由代码开发人员执行,但是由软件开发团队以外的人员执行构件和系统级测试具有更高的可靠性。

　1.单元测试

单元测试用于验证代码中单个程序(例如函数、子程序、对象类)的执行情况(Eddins,2006),通过给定输入来检查程序输出的正确性。同时,这些测试需易于写入和运行,且执行迅速。再者,合理设计的单元测试也须提供程序合理应用的例子,例如须如何调用程序、须提供哪类输入、可以预期哪类输出。

虽然单元测试需要花费额外的时间,但是它们可以帮助缩短后期的调试时间,所以这个时间上的耗费是值得的。笔者在大学环境中的小型科学计算代码调试方面的经验表明,未采用单元测试时后续所需调试时间与编程时间的通常比率至少为5∶1。单元测试覆盖范围(即经单元测试的程序所占百分比)越广,代码的可靠性越高。事实上,例如极限编程(XP)等一些软件开发策略要求在创建要测试的实际程序前将测试写入。此类策略要求编程人员事先明确定义程序的接口(输入和输出)。

2. 构件测试

Kleb 和 Wood(2006)呼吁科学计算学界在开发科学软件过程中采用科学方法。如前所述,在科学方法中,理论需要经过实验验证,还须详细说明对应实验可通过独立来源再现。对于科学计算,他们建议构件级测试,将构件视作某个子模型或者算法。而且,他们强烈建议模型和算法开发人员通过新模型或算法公布"测试固件"。这些测试固件用于明确定义构件的正确应用方法、提供正确应用示例及提供样本输入,以及可用于测试代码实现情况的正确输出。表 4-1 给出了一个苏色蓝黏性定律所用测试固件的示例。

表 4-1　苏色蓝黏性定律的构件级测试固件示例(摘自 Kleb 和 Wood,2006)

输入 $T(K)$	输出 $\mu(kg/s \cdot m)$
$200 \leqslant T \leqslant 3\,000$	$B^* \dfrac{T^{1.5}}{T+110.4}$
199	错误
200	$1.328\,558\,9 \times 10^{-5}$
2\,000	$6.179\,278\,1 \times 10^{-5}$
3\,000	$7.702\,348\,5 \times 10^{-5}$
3\,001	错误

注:其中 $B = 1.458 \times 10^{-6}$。

当子模型或者算法为代数时,由于可以直接计算期望(即准确)的解,所以可以执行构件级测试。但是,对于涉及数值近似的情况(例如,许多湍流模型涉及微分方程),则期望解将必须是所选离散参数的函数,且需使用第 5 章和第 6 章讨论的更复杂的代码验证方法。对于在系统层级上难以测试的模型(例如,最小值函数和最大值函数使第 5 章讨论的代码验证过程明显复杂化),则可以使用这些模型的构件级测试。最后,即便成功逐个测试了所有构件,人们对软件在系统层级上的表现也不得有自以为是的安全感。构件之间复杂的交互只能在系统级上进行测试。

3. 系统测试

系统级测试将代码视为一个整体。对于给定的代码输入集,哪一个是正确的代码输出?在软件工程中,系统级测试是人们确定是否满足软件需求(即软件验证)的主要方式。对于非科学软件,通常可以通过推理的方式确定哪一个是代码的正确输出。但是,对于求解偏微分方程或者积分方程的科学计算软件,一般无法预知"正确"输出。而且,代码输出取决于所选的网格和时间步长、迭代收敛水平、机器精度等。对于科学计算软件,一般通过"精度验证阶"解决,这一点我们将在第5章重点阐述。

4.3.3.2　回归测试

回归测试涉及将代码或者软件程序的输出与早期版本的代码输出进行比较。回归测试通过检测代码变更的意外后果,防止引入编码错误,可以在3个层级上执行。事实上,上述描述的所有缺陷测试都可以作为回归测试进行执行。回归测试与缺陷测试之间的主要差异在于回归测试没有将代码输出和正确的期望值进行比较,而是与之前版本的代码输出进行比较。细心的回归测试,结合缺陷测试可以将在代码开发和维护期间引入新软件缺陷的可能性降到最低程度。

4.3.3.3　**软件确认测试**

如前所述,软件确认的目的在于确保软件在功能、特性和性能方面实际符合客户需求(Pressman,2005)。软件确认(或者验收)测试为系统级测试,通常涉及客户提供的数据。科学计算软件的软件确认测试继承了之前讨论的有关系统级测试的所有问题,因此确定代码的期望、正确输出时须特别留意。

4.3.4　测试装置和测试套件

本部分讨论了许多不同类型的动态软件测试。对于较大型软件开发项目,如果开发人员需要逐一执行每个测试,然后再一一核验结果,这项工作无疑极其单调和乏味,尤其是大型开发工作,所以软件测试自动化必不可少。

测试装置包括测试各种条件下自动运行的程序或者构件的正确性所用的软件和测试数据(Eddins,2006)。测试装置通常由测试管理器、测试输入数据、测试输出数据、文件比较器和自动报告生成器组成。用户既可以自行设计测试装置,也可以从现有众多以各种编程语言开发的测试装置中选择。详细列表请参见 en. wikipedia. org/wiki/List_of_unit_testing_frameworks。

一旦确定在某个测试装置内运行一系列测试,建议按照指定的时间间隔自动运行这些测试。耗时较短的测试可以设置为夜间测试项目,而耗时较长的测试由于需要更长的计算机处理时间且占用较大的内存,所以可以将测试周期设为周或者月。此外,一种称为持续集成测试的方法(Duvall 等,2007)要求先运行指定的测试套件,才能存入任何新的代码修改。

4.3.5　代码覆盖率

不管采用哪种软件测试方法,测试的覆盖率都非常重要。"代码覆盖率"可以理解为需测试代码构件(可能还包括构件间的交互)的百分比。尽管单元和构件级测试相对简单,但是系统级测试也需解决不同构件之间的交互问题。对于大型、复杂的科学计算代码,通常有大量的模型、子模型、数值算法、边界条件等方案可供选择。假设当前要测试的代码中有100个不同的方案,对于多数生产级科学计算代码,这算是比较保守的估计。逐一测试每个方案(尽管一般不可能)将需要100个不同的系统级测试。将不同方案成对组合,测试方案之间的交互需要4 950个系统级测试。测试一组3个方案之间的交互时,需要完成161 700个测试。因为许多方案相互排斥,所以这明显已是上限,但是要实现模型/算法交互的完全代码覆盖确实是一项非常庞大的任务。表4-2 将确保代码覆盖率(代码的方案交互程度不同)所需的系统级测试数量与10、100 和 1 000 个不同代码方案进行了对比。显然,在 100 个编码方案示例中,测试三路交互是不可能的事,和测试1 000 个编码方案的所有成对交互一样,但是 1 000 个编码方案对于商业科学计算代码并不常见。可以采用以应用为中心的测试来解决这个构件交互测试组合爆炸的问题(Knupp 和 Ober,2008),其中只测试影响特定代码应用的构件以及构件间的交互。

表4-2　不同方案数量和方案组合对应的完全代码覆盖所要求的系统级测试数量

方案数量	需测试的方案组合	所需的系统级测试
10	1	10
10	2	45
10	3	720
100	1	100
100	2	4 950
100	3	161 700
1 000	1	1 000
1 000	2	499 500
1 000	3	约 1.7×10^8

4.3.6　形式方法

形式方法采用基于数学的技术实现软件系统的需求指定、开发和/或验证测试。形式方法源自离散数学,涉及集合论、逻辑学和代数学(Sommerville,2004)。这类精确数学框架的实现成本非常高,因此它主要用于高可信(即临界)软件系统,如飞机控制系统、核电站系统和医疗设备,如起搏器(Heitmeyer,2004)。采用形式方法的一些弊端就是它们无法很好地处理用户界面,不大适用于较大型的软件项目。由于工作量大,成本高,加上可扩展性差,所以科学计算软件不建议使用形式方法。

4.4　软件质量和可靠性

软件质量的定义多种多样。本书中我们将软件质量定义为符合客户要求和需求。此定义意味着不仅要遵从明文规定的软件需求,同时还要满足客户未明确指出却仍需要满足的那些要求。不过这个定义通常仅适用于完整的软件产品已交付给客户。另一个衡量软件质量的维度就是软件可靠性。软件可靠性的其中一个定义就是给定时间内、给定环境中软件无故障运行的概率(Musa,1999)。在此节中,我们会介绍测量软件可靠性的一些隐式方法和显式方法。附录中将介绍建议的编程实践以及须尽量避免的易出错的编码结构,这二者都可能影响软件可靠性。

4.4.1　可靠性度量

测量代码质量的两个定量方法包括缺陷密度分析(提供显式的可靠性度量)和复杂性分析(提供隐式的可靠性度量)。其他有关软件可靠性的信息,请参见 Beizer(1990)、Fenton 和 Pfleeger(1997)及 Kaner 等(1999)的著作。

4.4.1.1　缺陷密度分析

评估软件可靠性最直接的方法就是评估软件中的缺陷数量。缺陷可能导致静态错误(故障)和动态错误(失效)。"缺陷密度"通常指每行可执行源代码(SLOC)中的缺陷数量。Hatton(1997a)认为,只有通过静态分析和动态测试,测量软件的缺陷密度,才能够客观地评估软件可靠性。下一节详细讨论了 Hatton 的 T 实验(Hatton,1997b),并介绍了科学软件中最流行的缺陷密度研究。

缺陷密度分析的一个显著缺点在于缺陷率同时取决于软件中的缺陷数量以及用于发现缺陷的特定测试程序(Fenton 和 Pfleeger,1997)。例如,测试程序不完善可能只会发现一些缺陷,而同一个软件如果采用一个更全面的测试程序,将可能明显发现更多的缺陷。缺陷测试所用具体方法的敏感性便是缺陷密度分析的主要缺点。

4.4.1.2　复杂性分析

复杂性分析要求将模型从内部代码质量属性转换为代码可靠性,所以这种分析方法并不是一种直接度量可靠性的方法(Sommerville,2004)。最常用的模型基于这样一种假设:构件(函数、子程序、对象类等)复杂度越高,代码可靠性越差,反之则可靠性越高。在这种情况下,可以将太过复杂的构件分解为较小的构件。但是 Hatton(1997a)使用缺陷密度分析发现,构件的缺陷密度呈 U 形曲线分布,最小值出现在每个构件的源代码的 150～250 行,与编程语言和应用领域无关。Hatton 推测,小型构件缺陷密度的增加可能与构件重用的偶然不良影响有关(有关详细信息,请参见 Hatton(1996)的著作)。本小节讨论了可用于间接评估代码可靠性的不同的内部代码属性,以及适合某些情况的复杂性自动评估工具。

1. 源代码行

最简单的衡量复杂度的方法即是统计每个构件的可执行源代码(SLOC)的数量。Hatton(1997a)建议构件的 SLOC 数保持在 150～250。

2. NPATH 度量

NPATH 度量简单统计经过某个构件的可能执行路径的数量(Nejmeh,1988)。Nejmeh(1988)建议每个构件的可能执行路径数控制在 200 以下。

3. 循环复杂度

循环复杂度或者 McCabe 复杂度(McCabe,1976)定义为 1 加某个构件中的决策点数量,其中决策点指的是任何循环语句或者逻辑语句(if、elseif、while、repeat、do、for、or 等)。循环复杂度的最大值建议为 10(Eddins,2006)。

4. 有条件嵌套的深度

此复杂度度量可用于测量 if 语句的嵌套深度,其中更高程度的嵌套被认为更难以理解和追溯,因为它更容易出错(Sommerville,2004)。

5. 继承树的深度

适用于面向对象的编程语言,这个复杂度度量测量的是继承树的层级数量,其中子类继承了超类的属性(Sommerville,2004)。继承树的层级越多,开发或修改给定对象类所需了解的类就越多。

4.5　可靠性案例研究:T 实验

在 20 世纪 90 年代早期,Les Hatton 开展了广泛的科学软件可靠性研究,统称为"T 实验"(Hatton,1997b)。该项研究分为两个部分:第一部分(T1)使用静态分析检查来自各种科学学科的代码,第二部分(T2)使用动态测试检查单个学科中的代码。

T1 研究使用静态深流分析器检查 40 个不同应用领域中超过 100 个不同的代码。所有代码均使用 C、Fortran66 或者 Fortran77 编写。所使用的静态分析器为 QA C(对于 C 代码)和 QA Fortran(对于 Fortran 代码)。T1 研究得出的主要结论如下:对于 C 代码,每 1 000 行可执行代码中含有约 8 个严重的静态故障,而对于 Fortran 代码,每 1 000 行大约包含 12 个故障。严重的静态故障指的是可能导致软件失效的静态可检测缺陷。有关 T1 研究的更多详细信息,请参见 Hatton(1995)的著作。

T2 研究核查了用于油气勘探领域的 T1 地震数据处理研究输出的代码子集。T2 研究检查了九个独立、成熟、商用的代码。这些代码采用相同的算法、相同的编程语言(Fortran)、相同的用户定义参数和相同的输入数据。由于每个代码都是由不同的公司独立开发,所以 Hatton 将此类研究称为 N 版编程。每个代码大约由 30 个连续步骤组成,其中 14 个步骤使用明确定义的算法,在此研究中称为主校准点。第一个主校准点后的代码之间的一致性在 0.001% 内(单精度计算的近似机器精度);但是,主校准点 14 以后的一致性只在系数 2 内。有趣的是,研究发现来自各种代码的结果的分布为非高斯分布,群组和异常值不同,说明来自 N 版本编程测试的输出不能使用贝叶斯统计进行分析。Hatton 得出结论,不同代码之间不一致的主要原因在于软件错误。T2 研究的结果促使 Hatton 得出以下结论:"由许多软件包执行的科学计算的结果须使用同一种怀疑度量进行对待,传统意义上,研究人员会关联到未经确认的物理实验的结果"。有关 T2 研究的详细信息,请参见 Hatton 和 Roberts(1994)。

Hatton 的"T 实验"结果让人惊讶,它们强调了在科学计算中利用良好软件工程实践的需要。作为最低要求,所有科学计算软件项目须利用本节中介绍的简单方法,例如版本控制、静态分析、动态测试和可靠性度量,以改善质量和可靠性。

4.6　大型软件项目的软件工程

至此,之前提到的软件工程实践适用于各种规模的所有科学计算项目。在本节中,我们特别介绍了大型科学计算项目的软件工程实践,但是这对于小型项目而言,效率可能不高。接下来,我们将介绍软件需求和软件管理。

4.6.1　软件需求

软件需求是"必须展现出来以解决某个实际问题的特性"(SWEBOK,2004)。需求不确定是软件项目出现问题的首要原因(Post 和 Kendall,2004)。当然,如果在软件项目一开始就严格、明确地指定所有要求是最理想的情况,但是这对于科学软件来说非常难以实现,尤其是对于大型科学软件开发项目。因为大型开发项目中,模型、算法甚至是用于运行软件的专用计算机架构变化很快,所以很难穷举所有的要求。尽管未明确要求可能会对科学软件的开发造成不良影响,但是,如果软件开发人员和用户之间保持紧密的沟通(Post 和 Kendall,2004)或者如果开发人员也是科学计算学科方面的专家,则可以在一定程度上缓解这些负面影响。

4.6.1.1　**软件需求类型**

软件需求主要有两种类型:用户需求和软件系统需求。用户需求比较抽象,通常使用用户易于理解的一般术语进行表述。以下为用户需求示例:此软件须有 Navier-Stokes 方程的近似数值解。软件系统要求对软件系统概念和限制条件准确、正式地定义。软件系统需求可以进一步分解为如下几个方面:

(1)功能需求。为给定一组输入设立严格的输出规范。

(2)非功能需求。额外的非功能限制,如编程标准、可靠性和计算速度。

(3)域需求。这些要求来自应用域,例如通过数值方式求解的某个给定科学计算应用的微分方程或者积分方程。

由于域需求将用于定义要实现的具体控制方程、模型和数值算法,所以这些需求对于科学计算十分重要。最后,如果软件要集成到现有软件中,则将可能需要程序接口(应用编程接口或者 API)、数据结构或者数据表示(例如位排序)的其他规范(Sommerville,2004)。

4.6.1.2　**需求工程过程**

确定软件需求的过程分为 4 个阶段:引出、分析、规范和确认。引出包括需求来源的确认,来源包括代码客户、用户和开发人员。对于大型软件项目,这些来源还可能包括管理人员、监管机构、第三方软件提供商和其他利益相关者。一旦确认需求的来源,即可从这些来源收集需求或者通过结合这些来源进行讨论。

在分析阶段,要分析需求的清晰度、冲突以及软件用户与开发人员之间需求协商的必要性。在科学计算中,一般来说尽管用户期望代码能实现种类繁多的功能,但因为人力和预算有限,开发人员必须综合考虑功能和计算基础设施。因此,用户与开发人员之间的沟通对于开发能够平衡功能与可行性及可用资源之间关系的计算工具十分重要。

"规范"将当前用户和系统需求载入正式的软件需求文件中。由于在软件使用寿命期间,需求常常发生变化,所以此要求须视文档为动态文件。"需求确认"指的是最终确认软件符合客户要求,常用的手段为使用客户提供的数据对软件系统进行全面的测试。科学计算软件的一个挑战就是存在数值近似误差,导致难以确定正确的代码输出。

4.6.1.3　**需求管理**

"需求管理"是一个了解、控制和跟踪系统需求变更的过程。由于软件需求通常不完整,且可能经常需要修改。所以,需求管理起着重要的作用。将软件安装在新的硬件系统上、基于用户对软件的经验发现期待的新功能以及在科学计算中对现有模型或者数值算法进行改善等行为都可能导致需求发生变更。

4.6.2　软件管理

软件管理的覆盖面很广,包括软件项目管理、成本估算、配置管理和质量管理。此外,高效的软件管理策略须包括改善软件开发过程本身的方法。

4.6.2.1　项目管理

软件项目管理包括软件项目的规划、进度控制、监督和风险管理。对于大型项目,规划活动涉及一系列不同的领域,且须针对质量、软件确认与验证、配置管理、维护、员工培养、大事记和交付件制定独立的规划文件。软件项目管理的另一个重要方面为确定应用软件工程实践时所需的正式程度。最后,须通过基于风险对预期用途、任务、复杂度、预算和计划进行评估,作出此决策(Demarco 和 Lister,2003)。

由于软件是无形产品,通常没有标准的软件管理实践,而且大型软件项目通常需要花费大量的精力,所以管理软件项目一般比管理标准工程项目难(Sommerville,2004)。根据 Post 和 Kendall(2004)的观点,成功管理一个大型科学计算软件项目的关键在于确保软件计划、资源与要求的一致性。

4.6.2.2　成本估算

当难以估算出某个软件项目所需的资源时,可使用半经验模型。这些模型称为算法成本模型,其最简单的形式(Sommerville,2004)为

$$工作量 = A(规模)^b M \tag{4-1}$$

在这个简单的算法成本模型中,A 为一个常数,取决于软件开发公司的类型、其软件开发实践和所开发的特定软件类型。"规模"指的是软件项目规模的某个度量(预估的代码行数、软件功能等)。指数 b 一般为 $1 \sim 1.5$,如果值较大,则表示软件复杂度随着项目的规模呈非线性上升趋势。M 为一个乘数,表示了多个因素,包括软件失效相关的风险、代码开发团队的经验和要求的可靠性。"工作量"一般使用人·月作为单位,成本通常假设为与此工作量成正例。多数参数都是主观性的参数,很难估计,所以需尽量利用此软件开发公司的历史数据凭借经验来进行确定。当没有此类数据可参考时,可以使用同类公司提供的历史数据。

对于成本估算精度要求较高的大型软件项目,Sommerville(2004)建议采用更详细的构造性成本模型(COCOMO)。当使用诸如 Fortran 或者 C 等命令式编程语言或综合使用瀑布模型开发软件时,可以使用原始 COCOMO 模型,现在称为 COCOMO 81(Boehm,1981)。Boehm 就职于一家航空公司 TRW Inc.,他从代码行数为 2 000 ~ 10 000 的 63 个不同软件项目收集了历史软件开发数据,开发出了此算法成本模型。最新的模型 COCOMO II 已开发出来,它考虑了面向对象的编程语言、软件复用、现有软件构件和螺旋软件开发模型(Boehm 等,2000)。

4.6.2.3　配置管理

配置管理指软件产品生命周期所有阶段内软件产品的控制与管理,包括计划、开发、

生产、维护和报废。此处的软件产品不仅包括源代码,还包括用户和理论手册、软件测试、测试结果、设计文档、网页和软件开发过程产生的任何其他材料。配置管理可用于跟踪软件的实时配置,以及控制为维系软件产品完整性和可追溯性而进行的更改(Sommerville,2004)。配置管理主要包括对源代码和其他重要软件产品实施版本控制(如 4.2 节所述),确定要管理的软件产品,记录、审批和跟踪软件相关问题,管理软件发布和确保及时备份。

4.6.2.4 质量管理

软件质量管理通常分为三个部分:质量保证、质量规划和质量控制(Sommerville,2004)。"质量保证"指的是开发高质量软件所用的一系列程序和标准。"质量规划"是一个针对给定的软件项目,从上述程序和标准中作出选择的过程。"质量控制"是一系列确保质量方法得到落实的过程。维持质量管理团队与代码开发团队的相对独立性很重要(Sommerville,2004)。

4.6.2.5 过程改进

另一个提高软件质量的方法就是优化开发软件的过程。能力成熟度模型或者 CMM(Humphrey,1989)或许是最著名的软件过程优化模型。CMM 之后推出的能力成熟度模型集成(CMMI)集成了各种过程优化模型,更广泛地适用于系统工程与集成产品开发相关领域(SEI,2009)。图 4-2 给出了 CMMI 中的 5 个成熟度等级,经验表明,当过程成熟度等级较高时,软件质量和开发人员的工作效率将得到改善(Gibson 等,2006)。

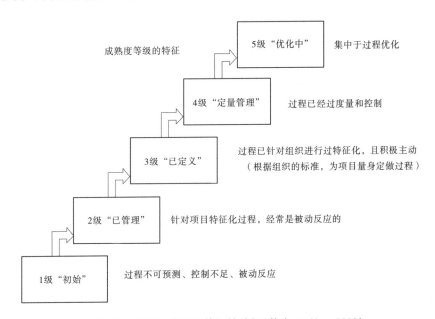

图 4-2 CMMI 成熟度等级的特征(摘自 Godfrey,2009)

Post 和 Kendall(2004)发现,并不是所有软件工程实践对科学软件的开发都有帮助。他们告诫不要在未执行成本效益分析的情况下盲目应用严格的软件标准。Neely(2004)建议采用基于风险的方法,将质量保证实践应用到科学计算项目中。高风险项目指可能涉及"重大资金浪费、名誉损害或者人员死亡"的项目,而低风险项目指某项目不符合预期要求时将会对用户造成很多不便。高风险项目对应有更正式的软件质量标准,而低风险项目可能按照较不正式或较临时的标准进行规范。

4.7　参考文献

AIAA (1998). *Guide for the Verification and Validation of Computational Fluid Dynamics Simulations*. AIAA-G-077-1998, Reston, VA, American Institute of Aeronautics and Astronautics.

Allen, E. B. (2009). Private communication, February 11, 2009.

ASME (2006). *Guide for Verification and Validation in Computational Solid Mechanics*. ASME V&V 10-2006, New York, NY, American Society of Mechanical Engineers.

Beck, K. (2000). *Extreme Programming Explained: Embrace Change*, Reading, PA, Addison-Wesley.

Beizer, B. (1990). *Software Testing Techniques*, 2nd edn., New York, Van Nostrand Reinhold.

Boehm, B. W. (1981). *Software Engineering Economics*, Englewood Cliffs, NJ, Prentice-Hall.

Boehm, B. W., C. Abts, A. W. Brown, S. Chulani, B. K. Clark, E. Horowitz, R. Madachy, D. J. Reifer, and B. Steece (2000). *Software Cost Estimation with Cocomo II*, Englewood Cliffs, NJ, Prentice-Hall.

Collins-Sussman, B., B. W. Fitzpatrick, and C. M. Pilato (2009). *Version Control with Subversion: For Subversion 1.5: (Compiled from r3305)* (see svnbook. red-bean. com/en/1.5/svn-book. pdf).

Demarco, T. and T. Lister (2003). *Waltzing with Bears: Managing Risk on Software Projects*, New York, Dorset House.

Duvall, P. F., S. M. Matyas, and A. Glover (2007). *Continuous Integration: Improving Software Quality and Reducing Risk*, Upper Saddle River, NJ, Harlow: Addison-Wesley.

Eddins, S. (2006). Taking control of your code: essential software development tools for engineers, *International Conference on Image Processing*, Atlanta, GA, Oct. 9 (see blogs. mathworks. com/images/steve/92/handout_ final_icip2006. pdf).

Fenton, N. E. and S. L. Pfleeger (1997). *Software Metrics: a Rigorous and Practical Approach*, 2nd edn., London, PWS Publishing.

Gibson, D. L., D. R. Goldenson, and K. Kost (2006). *Performance Results of CMMI® – Based Process Improvement*, Technical Report CMU/SEI-2006-TR-004, ESC-TR-2006-004, August 2006 (see www. sei. cmu. edu/publications/documents/06. reports/06tr004. html).

Godfrey, S. (2009). *What is CMMI?* NASA Presentation (see software. gsfc. nasa. gov/docs/What% 20is% 20CMMI. ppt).

Hatton, L. (1995). *Safer C: Developing Software for High-Integrity and Safety-Critical Systems*, New York, McGraw-Hill International Ltd.

Hatton, L. (1996). Software faults: the avoidable and the unavoidable: lessons from real systems, *Proceedings of the Product Assurance Workshop*, ESA SP-377, Noordwijk, The Netherlands.

Hatton, L. (1997a). Software failures: follies and fallacies, *IEEE Review*, March, 49-52.

Hatton, L. (1997b). The T Experiments: errors in scientific software, *IEEE Computational Science and Engineering*, 4(2), 27-38.

Hatton, L., and A. Roberts (1994). How accurate is scientific software? *IEEE Transactions on Software Engineering*, 20(10), 785-797.

Heitmeyer, C. (2004). Managing complexity in software development with formally based tools, *Electronic Notes in Theoretical Computer Science*, 108, 11-19.

Humphrey, W. (1989). *Managing the Software Process*. Reading, MA, Addison-Wesley Professional.

IEEE (1991). *IEEE Standard Glossary of Software Engineering Terminology*. IEEE Std 610. 12-1990, New York, IEEE.

ISO (1991). *ISO 9000-3: Quality Management and Quality Assurance Standards-Part* 3: *Guidelines for the Application of ISO 9001 to the Development, Supply and Maintenance of Software*. Geneva, Switzerland, International Organization for Standardization.

Kaner, C., J. Falk, and H. Q. Nguyen (1999). *Testing Computer Software*, 2nd edn., New York, Wiley.

Kleb, B., and B. Wood (2006). Computational simulations and the scientific method, *Journal of Aerospace Computing, Information, and Communication*, 3(6), 244-250.

Knupp, P. M. and C. C. Ober (2008). *A Code-Verification Evidence-Generation Process Model and Checklist*, Sandia National Laboratories Report SAND2008-4832.

Knupp, P. M., C. C., Ober, and R. B. Bond (2007). *Impact of Coding Mistakes on Numerical Error and Uncertainty in Solutions to PDEs*, Sandia National Laboratories Report SAND2007-5341.

MATLAB (2008). MATLAB® *Desktop Tools and Development Environment*, Natick, MA, The Mathworks, Inc. (see www. mathworks. com/access/helpdesk/help/pdf doc/matlab/matlab env. pdf).

McCabe, T. J. (1976). A complexity measure, *IEEE Transactions on Software Engineering*, 2(4), 308-320.

McConnell, S. (2004). *Code Complete: a Practical Handbook of Software Construction*, 2nd edn., Redmond, WA, Microsoft Press.

Musa, J. D. (1999). *Software Reliability Engineering: More Reliable Software, Faster Development and Testing*, New York, McGraw-Hill.

Neely, R. (2004). Practical software quality engineering on a large multi-disciplinary HPC development team, *Proceedings of the First International Workshop on Software Engineering for High Performance Computing System Applications*, Edinburgh, Scotland, May 24, 2004.

Nejmeh, B. A. (1988). Npath: a measure of execution path complexity and its applications, *Communications of the Association for Computing Machinery*, 31(2), 188-200.

Post, D. E., and R. P. Kendall (2004). Software project management and quality engineering practices for complex, coupled multiphysics, massively parallel computational simulations: lessons learned from ASCI, *International Journal of High Performance Computing Applications*, 18(4), 399-416.

Press, W. H., S. A. Teukolsky, W. T. Vetterling, and B. P. Flannery (2007). *Numerical Recipes: the Art of Scientific Computing*, 3rd edn., Cambridge, Cambridge University Press.

Pressman, R. S. (2005). *Software Engineering: a Practitioner's Approach*, 6th edn., Boston, MA, McGraw-Hill.

Roy, C. J. (2009). Practical software engineering strategies for scientific computing, AIAA Paper 2009-3997, 19th *AIAA Computational Fluid Dynamics*, *San Antonio, TX*, June 22-25, 2009.

SE-CSE (2008). *Proceedings of the First International Workshop on Software Engineering for Computational Science and Engineering*, Leipzig, Germany, May 13, 2008 (see cs. ua. edu/ ~ SECSE08/).

SE-CSE (2009). *Proceedings of the Second International Workshop on Software Engineering for Computational Science and Engineering*, Vancouver, Canada, May 23, 2009 (see cs. ua. edu/ ~ SECSE09/).

SE-HPC (2004). *Proceedings of the First International Workshop On Software Engineering for High Performance Computing System Applications*, Edinburgh, Scotland, May 24, 2004.

SEI (2009). CMMI Main Page, Software Engineering Institute, Carnegie Mellon University (see www. sei. cmu. edu/cmmi/index. html).

Sommerville, I. (2004). *Software Engineering*, 7th edn. , Harlow, Essex, England, Pearson Education Ltd.

SWEBOK (2004), *Guide to the Software Engineering Body of Knowledge*: 2004 *Edition*, P. Borque and R. Dupuis (eds.), Los Alamitos, CA, IEEE Computer Society (www. swebok. org).

Williams, L. and R. Kessler (2003). *Pair Programming Illuminated*, Boston, MA, Addison-Wesley.

Wilson, G. (2009). *Software Carpentry*, www. swc. scipy. org/.

Wood, W. A. and W. L. Kleb (2003). Exploring XP for scientific research, *IEEE Software*, 20(3), 30-36.

5 代码验证

在科学计算中,代码验证的目的在于确保代码能够真实地表示出基础数学模型。此数学模型一般表示为带有初始条件、边界条件和辅助关系的偏微分方程或者积分方程。因此,代码验证解决的问题是数值算法的正确性和将该算法实例化到源代码的正确性,即确保无编码错误或者"漏洞"。

计算机程序,此处简称为代码,指使用编程语言编写的一系列计算机指令。如第4章的介绍,在软件工程学界,代码验证称为软件验证,即通过一组软件测试确保软件满足所述的要求。当针对非科学软件执行系统级测试时,大多可以准确确定出一组给定代码输入对应的正确代码输出。然而,科学计算中的代码输出取决于数值算法、空间网格、时间步长、迭代公差和计算中所用精确度的位数。由于这些因素,我们不可能事先得知正确的代码输出(即数值解)。因此,科学计算软件的开发人员很难确定出合适的系统级软件测试。

本章讨论了科学计算代码的各种验证程序。尽管几乎不可能正式验证复杂科学计算代码的"正确性"(Roache,1998),但是使用本章讨论的阶验证程序进行代码测试得出的正确解有很高的可信度,而系统网格和时间步长的细化是这些程序中不可或缺的一部分。对于要求严格的代码验证,我们需要获得基本控制方程(即数学模型)的精确解。如何获取这些精确解这一难题我们将放在第6章进行介绍,目前暂时先假设数学模型有精确解。最后,除非另外说明,本章所讨论的代码验证程序不依赖于离散方法。因此,我们将有关各种离散方法(有限差分、有限体积、有限元等)的内容放在第8章进行介绍。

5.1 代码验证标准

在选择代码验证标准前,首先需要选择要测试的代码输出。第一个要考虑的代码输出就是数学模型中的应变量。除最简单的代码验证标准外,我们将此解与基准解(理想情况下,基准解就是数学模型的精确解)进行比较。此处,我们可以使用一个范数,在整个域上将代码输出与基准解之间的差分转换为一个单一的标量误差度量。

如果可以连续表示数值解(例如使用有限元方法),则可以使用连续范数。例如,该域上解误差的 L_1 范数可以由下式得出

$$\| u - u_{ref} \|_1 = \frac{1}{\Omega} \int_\Omega | u - u_{ref} | \, d\omega \qquad (5-1)$$

式中:u 为数值解;u_{ref} 为基准解;Ω 为所关注的域。

L_1 范数是当解存在不连续性或者奇异性时最适用的范数(Rider,2009)。如果可以用离散方式表示数值解(例如,使用有限差分或者有限体积法),则可以使用误差的离散范数。离散 L_1 范数可用于测量该域上的平均绝对误差。该范数可以定义为

$$\| u - u_{\text{ref}} \|_1 = \frac{1}{\Omega} \sum_{n=1}^{N} \omega_n \mid u_n - u_{\text{ref},n} \mid \tag{5-2}$$

式中:下标 n 指的是空间和时间上大小为 ω_n 的所有 N 个单元格。

须注意的是,对于均等网格(即在所有方向上单元格间距恒定的网格),单元格大小撤销直接得到:

$$\| u - u_{\text{ref}} \|_1 = \frac{1}{N} \sum_{n=1}^{N} \mid u_n - u_{\text{ref},n} \mid \tag{5-3}$$

L_2(或者欧几里德)范数是另一个评估离散误差时常用的范数,它有效给出了误差的均方根。对于均等网格,可由下式得出离散 L_2 范数:

$$\| u - u_{\text{ref}} \|_2 = \left(\frac{1}{N} \sum_{n=1}^{N} \mid u_n - u_{\text{ref},n} \mid^2 \right)^{1/2} \tag{5-4}$$

最大(或者无穷大)范数返回整个域上的最大绝对误差,一般是最敏感的误差度量:

$$\| u - u_{\text{ref}} \|_{\infty} = \max \| u_n - u_{\text{ref},n} \| \quad n = 1 \sim N \tag{5-5}$$

除应变量外,人们还需要检查代码用户可能关注的任何系统响应量。这些量可以采用导数(例如局部热通量、局部材料应力)、积分(某个物体上的阻力、通过表面的净热通量)或者解变量的其他泛函(例如自然频率、最大挠度、最高温度)的形式。用户可能关注的所有系统响应量都需要经历代码验证过程,以确保应变量以及系统响应量的获取程序得到验证。例如,可以验证应变量的数值解,但是,如果系统响应量所用的后续数值积分包含错误,则该量将会产生不正确的值。

科学计算代码的验证可以采用各种不同的标准。按照严格程度,这些标准由低到高排列如下:

(1)简单测试。

(2)代码间比较。

(3)离散误差评估。

(4)收敛测试。

(5)精度阶测试。

前两个标准的严格程度最低,但是它们的优点在于可用于没有精确解的数学模型。而其他标准要求数学模型存在精确解,或者至少是可证实为精确的替代解。下文详细讨论了这 5 个标准。

5.1.1　简单测试

以下简单测试,尽管不能替代严格的代码验证研究,但是可以作为代码验证过程的一部分。它们可直接应用于数值解,因此优点在于可用于没有精确解的数学模型。

5.1.1.1　对称性检验

多数情况下,当代码拥有对称几何、初始条件和边界条件时,它将会生成对称解。虽然有时物理不稳定可能导致在任意一个已知时间点解不对称,但是从统计意义上讲仍是对称的。通过圆柱体的层状、黏性流就是一个很好的例子,当雷诺数小于 40 时,解是对称的;但是当雷诺数大于该值时,它会生成冯卡门涡街(Panton,2005)。须注意的是,在接近分支点的位置,不得进行此测试(即解的基本特性可能快速变化的条件附近)。

5.1.1.2　守恒测试

在许多科学计算应用中,数学模型基于某些特性的守恒,例如质量、动量和能量。从离散方面来讲,数值法不同,处理守恒的方式也不尽相同。在有限差分法中,由于细化了网格和/或时间步长,所以只有在极限情况下才能确保守恒。在有限元法中,守恒严格控制在全局域边界上,但是从限制意义上讲,是局部控制的。对于有限体积离散,要明确地在每个单元格界面上执行。因此,此方法须满足守恒要求,即便是在极其粗糙的网格上。稳态热传导的守恒测试例子目的在于确保进入该域的净能通量等于超出该域的净能通量,无论在舍入误差内(有限元法和有限体积法)或者网格细化后(有限差分法)的极限情况下。有关这些离散方法之间的详细差别,请参阅第8章的介绍。

5.1.1.3　伽利略不变性测试

许多科学计算学科都能从牛顿力学(或者经典力学)中找到其理论基础。伽利略不变性测试认为物理定律对于所有惯性参考系很有效。因此,数学模型和离散方程的解须遵守伽利略不变性的原则。惯性参考系允许进行线性变换,但是不允许加速度或者旋转。两个常用的伽利略不变性测试允许坐标系以某个固定的线性速度移动,或者只是变换坐标轴的方向(例如,沿着 y 方向延展并在 x 方向转向,而不是让2D悬臂梁在 x 方向延展并在 y 方向转向)。除此之外,对于将物理空间 (x,y,z) 的全局变换概念借用到计算空间 (ξ,η,ζ) 的结构化网格码,可以通过直接重新运行某个问题,将计算坐标重新定向到其他方向,来发现全局网格变换中的某些错误。再次提醒一下,此程序对最终的数值解没有影响。

5.1.2　代码间比较

代码间比较是评估代码正确性最常用的方法之一。代码间比较指将某个代码的输出(数值解或者系统响应量)与另一个代码的输出进行比较。根据 Trucano 等(2003)的观点,代码间比较只适用于以下情况:①两个代码采用相同的数学模型;②"基准"代码经历严格的代码验证评估或者其他合理的代码验证方法。即便符合上述两个条件,使用代码间比较时也应多加小心。

如果两个代码未使用相同的模型,则代码输出存在差异的原因在于模型差异,而不是编码错误。同样地,由于模型引起的编码错误和差异导致的偶然错误消除也可能会使两个代码出现一致。采用不同数值算法的代码进行代码间比较时导致的常见错误在于它们假设了相同的问题、相同的空间网格和/或时间步长的代码,可以产生相同(或者极为类似)的输出。反之,只有当采用完全相同的算法时,代码输出才会相同,哪怕细微的算法差异,也可能导致即便网格和时间步长相同时仍会得出不同的输出。

对于基准代码本身未经验证的情况,两个代码之间一致并不表示任何一个代码是正确的。由于两个代码存在相同的算法缺陷,也可能导致偶然的一致性(即测试假阳性)。即便符合上述两个要求,"代码间比较不能实质地表明软件运行正常"(Trucano 等,2003)。因此,代码间比较不能取代严格的代码验证评估。有关代码间比较合理使用的详细介绍,请参见 Trucano 等(2003)的著作。

5.1.3　离散误差评估

离散误差评估是一种传统的代码验证方法,适用于存在精确解的数学模型。它使用单一的网格和/或时间步长,定量评估数值解(即代码输出)与数学模型精确解之间的误差。此测试的主要缺点在于一旦评估了离散误差,即要求主观判断该误差是否足够小。有关数学模型精确解的获取方法,请参见第 6 章。

5.1.4　收敛测试

"收敛测试"用于评估相对于数学模型精确解的离散解中的误差(即离散误差)是否随着网格和时间步长的细化而减小(第 5.2.3 部分将介绍收敛的正式定义)。与离散误差评估的情况一样,收敛测试也要求数学模型的精确解。但是,在此情况下,它不仅仅是评估离散误差的大小,而且还关注该误差是否随着网格和时间步长进一步细化而减小。收敛测试是严格代码验证所依循的最低标准。

5.1.5　精度阶测试

"精度阶测试"是最严格的代码验证标准,它不仅检查数值解的收敛,还关注离散误差是否随着网格和/或时间步长的进一步细化以理论速率减少。此理论速率称为"形式精度阶",通常可以通过对数值算法执行截断误差分析发现(请参见第 5.3.1 部分)。离散误差的实际减少速率称为"观测精度阶",当存在数学模型精确解时,其计算要求对称细化的网格和/或时间步长。第 5.3.2 部分介绍了这种情况下观测精度阶的计算程序。

精度阶测试是一个最难满足的测试。因此,它是最严格的代码验证标准。它对代码中即便是非常小的错误和数值算法中的缺陷极其敏感。精度阶测试是发现影响计算解精确解的编码错误和算法缺陷的一个最可靠的代码验证标准。许多常见的编码错误都可能产生此类精度阶问题,包括边界条件、变换、算子分裂等的实现。出于这些原因,建议使用精度阶测试作为代码验证的标准。

5.2　定　义

本节介绍的定义遵循偏微分方程和积分方程的数值分析得出的标准定义(例如,Richtmyer 和 Morton,1967)。在了解阶验证程序中所用形式精度阶和观测精度阶背后的概念前,须先清楚理解这些定义。

5.2.1　截断误差

截断误差指离散方程与原偏微分方程(或者积分方程)之间的差。它不是某个实际数值与其存储计算机内存中的有限表示之间的差。"数字截断"称为"舍入误差",在第 7 章中将进行讨论。只要使用的离散方法与某个数学模型近似,都会发生截断误差。通常可以对应变量执行泰勒级数展开,然后将这些展开插入离散方程,进而发现截断误差的形式。这里回顾一下绕 x_0 点展开的光滑函数 $u(x)$ 的普通泰勒级数表示:

$$u(x) = u(x_0) + \frac{\partial u}{\partial x}\bigg|_{x_0}(x-x_0) + \frac{\partial^2 u}{\partial x^2}\bigg|_{x_0}\frac{(x-x_0)^2}{2} + \frac{\partial^3 u}{\partial x^3}\bigg|_{x_0}\frac{(x-x_0)^3}{6} + O[(x-x_0)^4]$$

其中，$O[(x-x_0)^4]$项表示被忽略的首项，大约是$(x-x_0)4$次方。此展开可以更简单地表示为

$$u(x) = \sum_{k=0}^{\infty}\frac{\partial^k u}{\partial x^k}\bigg|_{x_0}\frac{(x-x_0)^k}{k_!} \tag{5-6}$$

5.2.1.1　示例:截断误差分析

对于简单的截断误差分析例子，考虑 1-D 非稳定热传导方程的以下数学模型:

$$\frac{\partial T}{\partial t} - \partial\frac{\partial^2 T}{\partial x^2} = 0$$

其中，第一项是非稳定分布，第二项表示热扩散，扩散率 α 为常数。假设 $L(T)$ 为此偏微分算子，T 为此数学模型的精确解（假定初始条件和边界条件合理）。由此，我们可以得到

$$L(\widetilde{T}) = 0 \tag{5-7}$$

为了确保完整性，此数学模型算子 $L(\cdot)$ 须演化为包含偏微分方程的向量，以及合适的初始条件和边界条件。为简单起见，以下讨论将忽略初始条件和边界条件。

可以在时间上使用前向差分，空间上使用中心二阶差分，利用有限差分法离散化式(5-6)，形成简单明确的数值算法:

$$\frac{T_i^{n+1} - T_i^n}{\Delta t} - \alpha\frac{T_{i+1}^n - 2T_i^n + T_{i-1}^n}{(\Delta x)^2} = 0 \tag{5-8}$$

式中:下标 i 表示空间位置;上标 n 表示时间步长;Δx 为节点间恒定的空间距离;Δt 为时间步长。

我们可以使用通过数值解 T_h 准确求解的离散算子 $L_h(T)$ 简洁地表示此离散方程，即得出:

$$L_h(T_h) = 0 \tag{5-9}$$

变量 h 是一个用于表示系统网格细化的单一参数，即在所有空间坐标方向上整个空间域和时间域上的细化（对于非稳定问题）。对于当前的示例，可用下式表示此参数:

$$h = \frac{\Delta x}{\Delta x_{ref}} = \frac{\Delta t}{\Delta t_{ref}} \tag{5-10}$$

式中:Δx_{ref} 和 Δt_{ref} 分别为某个任意基准空间节点间距和时间步长。

之后，参数 h 将扩大，以适应时间上甚至不同坐标方向上的细化率变化。鉴于当前之目的，重要的一点是，当 h 变成 0 时，说明 Δx 和 Δt 也以同样的速率变成 0。须注意的是，对于此有限差分离散，T_h 表示的是在每个节点和时间步长上定义的温度值的向量。

为了发现式(5-8)中给出的数值算法的截断误差，我们可以在有关空间位置 i 和时间步长 n 上的温度的泰勒级数中展开上述温度值（假设充分可微性为 T）:

$$T_i^{n+1} = T_i^n + \frac{\partial T}{\partial t}\bigg|_i^n\frac{\Delta t}{1!} + \frac{\partial^2 T}{\partial t^2}\bigg|_i^n\frac{(\Delta t)^2}{2!} + \frac{\partial^3 T}{\partial t^3}\bigg|_i^n\frac{(\Delta t)^3}{3!} + O(\Delta t^4)$$

$$T_{i+1}^n = T_i^n + \frac{\partial T}{\partial x}\bigg|_i^n\frac{\Delta x}{1!} + \frac{\partial^2 T}{\partial x^2}\bigg|_i^n\frac{(\Delta x)^2}{2!} + \frac{\partial^3 T}{\partial x^3}\bigg|_i^n\frac{(\Delta x)^3}{3!} + O(\Delta x^4)$$

$$T_{i-1}^{n} = T_{i}^{n} + \frac{\partial T}{\partial x}\bigg|_{i}^{n} \frac{(-\Delta x)}{1!} + \frac{\partial^2 T}{\partial x^2}\bigg|_{i}^{n} \frac{(-\Delta x)^2}{2!} + \frac{\partial^3 T}{\partial x^3}\bigg|_{i}^{n} \frac{(-\Delta x)^3}{3!} + O(\Delta x^4)$$

将这些表达式代入离散方程,并重写,得出:

$$\underbrace{\frac{T_i^{n+1} - T_i^n}{\Delta t} - \alpha \frac{T_{i+1}^n - 2T_i^n + T_{i-1}^n}{(\Delta x)^2}}_{L_h(T)}$$

$$= \underbrace{\frac{\partial T}{\partial t} - \alpha \frac{\partial^2 T}{\partial x^2}}_{L(T)} + \underbrace{\left[\frac{1}{2}\frac{\partial^2 T}{\partial t^2}\right]\Delta t + \left[-\frac{\alpha}{12}\frac{\partial^4 T}{\partial x^4}\right](\Delta x)^2 + O(\Delta t^2, \Delta x^4)}_{\text{截断误差}: TE_h(T)} \tag{5-11}$$

因此,我们可以得出此普遍关系:离散方程等于数学模型加上截断误差。为了使此等式有意义,这意味着 $L(T)$ 和 $TE_h(T)$ 中的连续导数只能为节点或者离散算子 $L_h(T)$ 映射到某个连续空间。

5.2.1.2　广义截断误差表达

使用之前讨论的算子记号,将通用(充分光滑)应变量 u 代入式(5-11)得出:

$$L_h(u) = L(u) + TE_h(u) \tag{5-12}$$

其中,我们再次假设算子合理映射到某个连续或者离散空间中。我们将式(5-12)称为"广义截断误差表达"(GTEE),并广泛用于本章以及第 8 章和第 9 章中的说明。它通过一个极其通用的方式将离散方程与数学模型相关联,是评估、估算和减少科学计算中的离散误差的非常重要的方程之一。当设为零时,GTEE 右侧项可以视为通过离散算法 $L_h(u_h) = 0$ 求解的实际数学模型。GTEE 是确定数值方法一致性和形式精度阶的第一步。尽管 GTEE 甚至可以用于非线性数学模型,但对于线性(或者线性化)数学模型来说,GTEE 还明确表明了截断误差与离散误差之间的关系。GTEE 还可以用于估算截断误差,这将在第 8 章中进行介绍。最后,此方程提供了离散方程与(可能线性)数学模型之间的普遍关系,原因在于我们尚未指定函数 u 是什么,它只是满足了某些可微分性限制条件。就上述 1 – D 非稳定热传导问题的示例而言,它虽然稍显冗长但仍比较直接地表明了一般多项式函数将确实满足式(5-12)的要求(提示:选择的 N_x 和 N_t 要足够小,高阶的项才能为零)。

$$u(x,t) = \sum_{i=0}^{N_x} a_i x^i + \sum_{j=0}^{N_t} b_j t^j$$

许多作者(例如 Richtmyer 和 Morton,1967;Ferziger 和 Peric,2002)只有当将数学模型的精确解插入式(5-12)时才正式定义截断误差,因此得到:

$$L_h(\tilde{u}) = TE_h(\tilde{u}) \tag{5-13}$$

由于 $L(\tilde{u}) = 0$。对于上述 1-D 非稳定热传导方程的特定有限差分示例,我们得到:

$$\frac{\tilde{T}_i^{n+1} - \tilde{T}_i^n}{\Delta t} - \alpha \frac{\tilde{T}_{i+1}^n - 2\tilde{T}_i^n + \tilde{T}_{i-1}^n}{(\Delta x)^2}$$

$$= \left[\frac{1}{2} \frac{\partial^2 \widetilde{T}}{\partial t^2} \right] \Delta t + \left[\frac{-\alpha}{12} \frac{\partial^4 \widetilde{T}}{\partial x^4} \right] (\Delta x)^2 + O(\Delta t^2, \Delta x^4) = TE_h(\widetilde{T}) \qquad (5\text{-}14)$$

其中，$\widetilde{T}_i^n$ 表示精确解仅限于空间位置 i 和时间位置 n。

本书将采用从式(5-12)中得出的 GTEE，它对于如何使用截断误差更具灵活性。

5.2.2　离散误差

"离散误差"的正式定义为离散方程精确解与数学模型精确解之间的差。使用我们早期的表示法，即可将一般应变量 u 对应的离散误差表示为

$$\varepsilon_h = u_h - \widetilde{u} \qquad (5\text{-}15)$$

其中，下标 h 表示离散方程的精确解，而上波浪符表示数学模型的精确解。

5.2.3　一致性

为了确保数值算法的一致性，离散方程 $L_h(\cdot)$ 须随着离散参数（$\Delta x, \Delta y, \Delta z, \Delta t$ 集中用参数 h 表示）接近零而使数学模型方程 $L(\cdot)$ 接近极限。就上述讨论的截断误差而言，可以将一致的数学算法定义为随着 $h \to 0$，截断误差逐渐消失的数值算法。并非所有数值算法都一致，应用于非稳定热传递方程的 DuFort-Frankel 有限差分法便是一个显著的例子，它的截断误差首项与 $(\Delta t / \Delta x)^2$ 成比例(Tannehill 等，1997)。只有当 Δt 以高于 Δx 的速率接近零时，此算法才一致。

5.2.4　稳定性

对于初始值（即双曲线和抛物线）问题，如果数值误差在行进方向上并不是无界的，则认为离散方案是稳定的。通常数值误差来自于计算机舍入(Ferziger 和 Peric，2002)，但是事实上，任何源都可能导致数值误差。数值稳定性的想法源自于双曲线和抛物线偏微分方程的初始值问题(Crank 和 Nicolson，1947)，但是该概念也适用于椭圆形问题的松弛法(Hirsch，2007)。须注意的是，数值稳定性的概念仅适用于离散方程(Hirsch，2007)，且不得与数学模型本身造成的自然不稳定性相混淆。

多数数值稳定性分析方法仅适用于系数不变的线性偏微分方程。冯·诺依曼稳定性分析法是最流行的稳定性确定方法(Hirsch，2007)。该方法也称傅立叶稳定性分析法，它对数值误差进行傅立叶分解，通过假设这些误差分量为抛物线，忽略边界条件。冯·诺依曼稳定性分析法对边界条件的忽略在实践中并非很绝对，因而被视为相当简单的稳定性分析法（例如，请参见 Richtmyer 和 Morton，1967；Hirsch，2007）。但是，忽略边界条件的特征对系数不变的线性微分方程限制非常明显。通过反复求证，我们发现许多数值算法特性分析工具仅适用于线性方程。因此，当希望直接将这些方法的结果应用于复杂、非线性数学模型时，难度颇大，这是不容置疑的。实际处理非线性问题时，须针对线性化的问题执行稳定性分析，初步了解稳定性限制；然后执行数值测试，确认非线性问题的稳定性限制。

5.2.5　收敛

"收敛"解决的是当网格间距和时间步长减小到极限时,离散方程的精确解是否接近数学模型的精确解。虽然收敛和一致性解决的都是相对于数学模型的离散方法的渐近行为,但是收敛针对的是解,而一致性针对的是方程。切勿将此处收敛的定义与迭代法中收敛的定义(第 7 章)相混淆,第 7 章的收敛我们称为迭代收敛。

对于步进式问题,须通过 Lax 的等价定理来确定收敛,它同样也只适用于线性方程。Lax 定理认为,当初始值问题适定且数值算法一致时,稳定性是收敛的一个必要、充分的条件(Richtmyer 和 Morton,1967)。当用于代码验证时,要通过检查离散误差 ε_h 随着 h 接近 0 时的实际特性来证明收敛。

最近有关有限体积法的著作(Despres,2004)表明可能需要对 Lax 的等价定理进行一些修改(或者分类)。Despres 在他的著作中宣称,2-D 三角网格的有限体积法在形式上是不一致的,但是假设某些解的正则性限制时发现是会收敛的。很有趣的一点是,尽管 Despres 确实推动了理论发展,但是并未提出数值例子。根据 Despres(2004)的著作和此处引用的参考资料,可能需要另外假设系统网格细化(第 5.4 节作了介绍)以及网格拓扑结构限制,来延伸 Lax 的定理。这些网格质量和拓扑结构问题涉及了离散方案的一致性和收敛,所以需要参阅一些其他著作。

5.3　精度阶

"精度阶"一词指随着离散参数变为零,离散解接近数学模型精确解极限的速率,可以从理论(即给定数值算法的精度阶,假设该算法得到正确实现)或者经验(即离散解的实际精度阶)的角度来解释精度阶。前者称为"形式精度阶",而后者称为"观测精度阶"。下文将会对这两个术语进行详细介绍。

5.3.1　形式精度阶

"形式精度阶"指离散解 u_h 收敛到数学模型精确解 $\tilde{u}$ 的理论速率。当离散参数(Δx, $\Delta y, \Delta t$ 等使用单一的参数 h 进行表示)以系统性的方式变为零时,只从近似的角度对此理论速率进行定义。接下来可以发现,形式精度阶可以关联回截断误差。但是,我们只限于使用线性(或者线性化)方程表现出此关系。

离散方程与数学模型之间的主要关系是通过式(5-12)给出的 GTEE,此处为方便起见,再次重复一下:

$$L_h(u) = L(u) + TE_h(u)$$

将离散方程 u_h 的精确解插入式(5-12),然后减去原数学模型方程 $L(\tilde{u}) = 0$,得出

$$L(u_h) - L(\tilde{u}) + TE_h(u_h) = 0$$

如果数学算子 $L(\cdot)$ 为线性(或者已线性化),则 $L(u_h) - L(\tilde{u}) = L(u_h - \tilde{u})$。离散解 u_h 与数学模型精确解 $\tilde{u}$ 之间的差便是由式(5-15)定义的离散误差 ε_h。由此我们发现,离

散误差和截断误差可通过下式进行关联：

$$L(\varepsilon_h) = - TE_h(u_h) \qquad (5\text{-}16)$$

式(5-16)控制着离散误差的输运，由于它采用了连续数学算子(Roy，2009)，所以称为"连续离散误差输运方程"。根据此方程，离散误差的传播方式和原始解 u 相同。例如，如果原始数学模型包含控制 u 对流和扩散的项，则离散误差 ε_h 也会被对流和扩散。更重要的一点是，在当前讨论的环境下，从式(5-16)也可以看出，截断误差是造成离散误差的本地源(Ferziger 和 Peric，2002)。因此，网格细化后，局部截断误差的缩小率将造成离散误差相应缩小。将此连续误差输运方程应用到第5.2.1部分介绍的1-D非稳定热传递示例中，得到：

$$\frac{\partial \varepsilon_h}{\partial t} - \alpha \frac{\partial^2 \varepsilon_h}{\partial x^2} = - \left[\frac{1}{2} \frac{\partial^2 T_h}{\partial t^2} \right] \Delta t - \left[- \frac{\alpha}{12} \frac{\partial^4 T_h}{\partial x^4} \right] (\Delta x)^2 + O(\Delta t^2, \Delta x^4)$$

将离散误差缩小率与截断误差关联后，至此即能够将数值算法的形式精度阶定义为作用于截断误差中的某个离散参数的最小指数，原因在于这将会主导随着 $h \to 0$ 的渐近行为。对于空间和时间上的问题，有时最好能够将时间上的形式精度阶与空间上的形式精度阶分开进行说明。对于上述举例的1-D非稳定热传递，简单、明确的有限差分离散就是形式上的时间第一阶精度、空间的第二阶精度。尽管不常针对方程中的不同项使用不同的精度阶离散(例如，第三阶对流和第二阶扩散)，此类混合阶方案的形式精度阶等于所采用的最低阶精确离散。

截断误差通常源自于复杂、非线性的离散方法(例如，请参见 Grinstein 等，2007)。对于未通过截断误差分析确定的形式精度阶，可以使用3种方法估算形式精度阶(须注意的是，Knupp(2009)将它称为"预期"精度阶)。第一种方法就是通过将数学模型的精确解插入离散方程，近似截断误差。

由于数学模型的精确解不会满足离散方程的要求，所以余项(即离散残值)将按照式(5-13)所示近似截断误差。通过在连续细化的网格上评估离散残值(即 $h \to 0$)，可以估算出截断误差的缩小率，从而得出离散方案的形式精度阶(假设不存在编码错误)。第一种方法称为残值法，将会在第5.5.6.1部分中详细讨论。第二种方法就是计算一系列网格随着 $h \to 0$ 时的观测精度阶，这也是本节即将介绍的方法。在这种情况下，如果发现观测精度阶为2，则人们可以很确信地假设此形式精度阶至少为二阶。最后一种方法就是直接假设离散中所用求积法的预期精度阶。例如，有限元法使用的线性基函数一般可以得到应变量的第二阶精度方案，这和用于确定有限体积法中的界面流的线性内插/线性外插法一样(该过程有时称为流求积法)。

在形成截断误差过程中，要假设一定的解光滑度。因此，在解中存在不连续性和奇异性时，形式精度阶会降低。例如，使用一系列数值离散方法后，会发现含有冲击波的无黏性气体动力学问题的观测精度阶降低到第一阶(例如 Enquist 和 Sjogreen，1998；Carpenter 和 Casper，1999；Roy，2003；Banks 等，2008)，无论有关光滑问题的方案达到哪个形式精度阶。而且，对于线性不连续性(例如，无黏性气体动力学的接触不连续性和滑线)，拿光滑问题的形式阶为 p 的方法来说，形式阶一般会减小到 $p/(p+1)$ (即小于1)。在一些情况下，由于数值法的形式精度阶取决于解中的不连续性/奇异性的特性和强度，所以其形式精度阶是很难确定的。

5.3.2　观测精度阶

如前所述,观测精度阶是从一系列系统细化网格上获取的实际精度阶。此处,我们仅考虑数学模型的精确解已知的情况。那么,我们可以准确评估出离散误差(或者至少在舍入和迭代误差以内),且仅需两个网格级即可计算出观测精度阶。第8章我们再介绍数学模型的精确解未知时如何计算观测精度阶的情况。

从网格间距 h 渐近的角度考虑离散方程 u_h 的解随 $h \to 0$ 级数展开的情况:

$$u_h = u_{h=0} + \left.\frac{\partial u}{\partial h}\right|_{h=0} h + \left.\frac{\partial^2 u}{\partial h^2}\right|_{h=0} \frac{h^2}{2} + \left.\frac{\partial^3 u}{\partial h^3}\right|_{h=0} \frac{h^3}{6} + O(h^4) \tag{5-17}$$

如果采用了收敛数值算法(即数值算法一致且稳定),则可以得出 $u_{h=0} = \tilde{u}$。而且,对于形式第二阶精度方案,通过定义,我们可以得出 $\left.\frac{\partial u}{\partial h}\right|_{h=0} = 0$。原因在于 h 阶各项不出现在截断误差(回顾式(5-16))中。利用式(5-15)中对离散误差的定义,我们可以发现,对于普通的第二阶精度数值算法,以下等式成立:

$$\varepsilon_h = g_2 h^2 + O(h^3) \tag{5-18}$$

其中,仅系数 $g_2 = g_2(x,y,z,t)$ 成立,且因此独立于 h 之外(Ferziger 和 Peric,2002)。须注意的是,对于只利用第二阶精度中心型差分的离散,截断误差仅包含 h 的偶数幂。因此,式(5-18)中的高阶项将为 $O(h^4)$。对于更普通的第 p 阶精度方案,我们得出:

$$\varepsilon_h = g_p h^p + O(h^{p+1}) \tag{5-19}$$

除非使用了中心型差分,在这种情况下,高阶项将为 $O(h^{p+2})$。

式(5-19)给出了计算观测精度阶的合理理论起始点。随着 $h \to 0$ 渐近,式(5-19)中的高阶项相对于首项将会变小,且可以忽略不计。在此,考虑两个离散解,一个在间距 h 时的细网格上计算得出,另一个在间距 $2h$ 时的粗网格(通过每隔一个单元格或者节点消除细网格)上计算得出。这两个解的式(5-19)可以写为

$$\varepsilon_{2h} = g_p (2h)^{\hat{p}}$$

$$\varepsilon_h = g_p h^{\hat{p}}$$

将以上第一个方程除以第二个方程,然后取自然对数,可以求解出观测精度阶,得出:

$$\hat{p} = \frac{\ln\left(\dfrac{\varepsilon_{2h}}{\varepsilon_h}\right)}{\ln(2)} \tag{5-20}$$

其中,"^"用于区分该方法中的观测精度阶和形式精度阶。不管式(5-19)中的高阶项是否为小值,都可以计算出观测阶;但是,只有高阶项确实小时,此观测精度阶 $\hat{p}$ 才与形式精度阶一致,即随着 $h \to 0$ 渐近。

可以为适用于按任何系数进行系统细化的网格的观测精度阶找一个更普遍的表达式。引入网格细化系数 r(指的是粗细网格间距比)后可得

$$r \equiv \frac{h_{\text{coarse}}}{h_{\text{fine}}} \tag{5-21}$$

其中,我们要求 $r > 1$,两个网格级的离散误差展开变成:

$$\varepsilon_{rh} = g_p (rh)^{\hat{p}}$$

$$\varepsilon_h = g_p h^{\hat{p}}$$

再次将上面第一个方程除以第二个方程,取自然对数,可以得出观测精度阶更普遍的表达式:

$$\hat{p} = \frac{\ln\left(\dfrac{\varepsilon_{rh}}{\varepsilon_h}\right)}{\ln(r)} \tag{5-22}$$

此时很重要的一点是,由于数值解中存在舍入和迭代收敛误差,所以离散方程 u_h 的精确解一般是未知的。尽管第 7 章将详细讨论舍入和迭代误差,但是第 5.3.2.2 部分仍将详细介绍它们对观测精度阶的影响。

可以使用因变量中的离散误差、离散误差的范数或者可从该解推导出来的任何量中的离散误差来估算出观测精度阶。当应用于离散误差的范数时,观测精度阶的关系变成:

$$\hat{p} = \frac{\ln\left(\dfrac{\parallel \varepsilon_{rh} \parallel}{\parallel \varepsilon_h \parallel}\right)}{\ln(r)} \tag{5-23}$$

其中,第 5.1 节讨论的任何范数都可以使用。由于局部计算观测精度阶时可能产生与实际不符的阶,所以计算时应多加小心。例如,当离散解从某个区域的下方以及从另一个区域的上方接近数学模型的精确解时,交叉点上的观测精度阶将是不明确的。图 5-1 给出了这种情况下的一个例子。图中显示了离散误差与空间坐标 x 的关系。利用式(5-22)可能在交叉点以外的其他任何地方得出 $\hat{p} \approx 1$。如果 $\varepsilon_h = \varepsilon_{2h} = 0$,式(5-22)得出的观测精度阶是不明确的(Potter 等,2005)。鉴于此,代码验证时建议使用全局量,而不要使用局部量。

如果存在以下三种情况之一,观测精度阶可能无法与标称形式阶相匹配:计算机代码中的错误、离散解不在渐近范围内(即截断误差中的高阶项不小)或存在舍入和迭代误差。后两个原因将在接下来的章节中进行讨论。

5.3.2.1　渐进范围

"渐进范围"为离散大小的范围(Δx、Δy、Δt 等,此处统一使用参数 h 表示),主要包括截断误差和离散误差展开式中的最低阶项。只有在渐

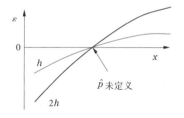

图 5-1　粗网格($2h$)和细网格(h)上的局部离散误差的定性图,说明了当局部检查时,式(5-20)的观测精度阶不明确

近范围内才能观察到这些误差的渐近行为。出于代码验证之目的,精度阶测试只有当解在此渐近范围内时才会成功。依我们的经验来看,"除最简单的科学计算应用外,其他情况下的渐近范围都非常难以识别和实现"。即便是经验丰富的代码用户,且对于获取"合理"解所需的良好网格分辨率具备优秀的直觉思维同样经常低估获取渐近范围所需的分辨率。从第 8 章的后面部分可以看出,离散误差的所有估算方法也依赖于渐近的解。

5.3.2.2　迭代误差和舍入误差的效应

如前所述,式(5-22)中所述一般观测精度阶表达式所用的基本理论利用了离散方程 u_h 的精确解。事实上,只有在通过计算中所用位数(即舍入误差)和迭代收敛标准确定的一定公差内,u_h 才是已知的。离散方程一般可以通过迭代的方式进行计算,使之在机器舍入误差以内。但是,在实践中,为了降低计算工作量,迭代程序通常提前终止。第 7 章将详细介绍舍入误差和迭代误差。为了确保计算解为离散方程 u_h 的精确解的精确近似值,舍入误差和迭代误差至少要比所采用的最细网格上的离散误差小 100 倍(即 $\leq 0.01\varepsilon_h$)(Roy,2005)。

5.4　系统网格细化

到目前为止,关于截断误差和离散误差的渐近(以及形式精度阶和观测精度阶),已通过一个模糊的概念来处理,即随着离散参数($\Delta x, \Delta y, \Delta t$ 等)趋变为 0 时取极限值。对于时变问题,由于在空间域上,时间步长是固定的,而且可通过任意系数进行粗化或者细化,过程受稳定性约束条件制约,所以时间的细化比较简单。对于涉及空间域离散的问题,由于在该域上,空间网格的分辨率和质量会随着几何复杂性发生很大的变化,所以细化过程很难判定。在此节中,我们介绍了系统网格细化的概念。系统网格系统要求在空间域上呈均匀细化,且随着 h 趋向于 0,保持细化一致性。本书会详细介绍这两个要求以及与局部和/或全局网格变换和网格拓扑结构使用相关的问题。

5.4.1　均匀网格细化

在选定区域内局部网格细化通常对于缩小离散误差非常有用,但是并不适合评估离散解的渐近,原因在于式(5-17)中给出的离散误差的级数展开均采用单一参数 h 表示,该参数适用于整个域。当在某个区域进行局部网格细化,而在另一个区域未进行细化时,则不能再以单一参数表示细化。这个概念也适用于单一坐标方向的网格细化,这类网格细化用于评估观测精度阶(见第 5.5.3 部分)或者估算离散误差时需要使用特殊程序。网格细化均匀性要求与网格本身均匀性不同,后者只要求均匀地细化即可。须注意的是,这个均匀细化的要求不仅限于网格之间的整数细化系数。假设粗网格和细网格通过"均匀细化"相关联,则可以由下式计算出网格细化系数:

$$r_{12} = \left(\frac{N_1}{N_2}\right)^{1/d} \tag{5-24}$$

式中:N_1 和 N_2 分别为细网格和粗网格上的节点/单元格/元素的数量;d 为空间维度的数量。

图 5-2 给出了一个均匀和非均匀网格细化的例子。初始粗网格(见图 5-2(a))拥有 4×4 个单元格,而且当此网格在每个方向上按系数 2 进行细化时,形成的均匀细化网格(见图 5-2(b))拥有 8×8 个单元格。图 5-2(c)所示的网格也拥有 8×8 个单元格,但是选择性地在 x 轴上细化,并在两个边界弧的中间。尽管平均单元格长度尺度按系数 2 进行细化,但是局部单元格长度在整个域上变化,因此此网格并未均匀细化。

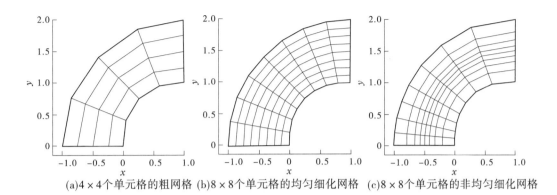

(a)4×4个单元格的粗网格　(b)8×8个单元格的均匀细化网格　(c)8×8个单元格的非均匀细化网格

图5-2　均匀和非均匀网格细化的示例

5.4.2　一致网格细化

　　一般而言,当网格质量差时,无法通过网格细化来获得收敛解。这对于极端情况下单元格退化的网格当然也是适用的,例如那些涉及网格交叉(见图5-3)但仍使用均匀细化的网格。这里,我们介绍一下"一致网格细化"的概念,它要求网格质量在 h 趋向 0 时保持稳定或者有所改善。

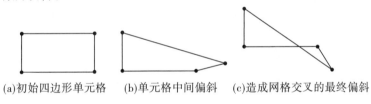

(a)初始四边形单元格　　(b)单元格中间偏斜　　(c)造成网格交叉的最终偏斜

图5-3　由于网格交叉造成单元格退化的例子

　　网格质量度量示例包括单元格宽高比、偏斜度和拉伸率(即网格从粗间距过渡到细间距的速率)。

　　为了进一步说明一致网格细化的概念,图5-4(a)显示了方形区域内的简易 2-D 三角网格。尽管初始粗网格的质量肯定差,但是细化此网格使用的方法将用于确定网格的一致性。现在我们来看看初始粗网格得到均匀细化的 3 种情况。在第一种情况下,每个边缘的中点都连接在一起,这样每个粗网格单元格可分解为 4 个形状类似的较小单元格,如图5-4(b)所示。显然,如果重复此细化程序,则当 h 趋向 0 时,即便是极其细化的网格都将会从网格偏斜度、单元格容积变化和单元格拉伸角度维系相同的网格质量(即单元格尺寸逐区改变)。第二种细化方法允许改变单元格之间的连接,同时提高在新节点位置选择上的灵活性(即无需在边缘中点上),如图5-4(c)所示。由于此细化方法适用于 $h \to 0$ 时的渐近,所以一般会提升网格质量。第三种细化方法支持任意的边缘节点部署,但不允许单元格之间的连接发生变化(见图5-4(d))。图5-4 中,细化策略(b)采用固定质量的网格,和策略(c)采用 $h \to 0$ 时质量改进的网格,因此认为两种网格一致。策略(d)因为网格的质量随着细化而退化,所以是不一致的网格细化方法。

　　这里借用一下 Knupp(2003)提出的概念。我们假设存在一个全局的网格质量度量 σ

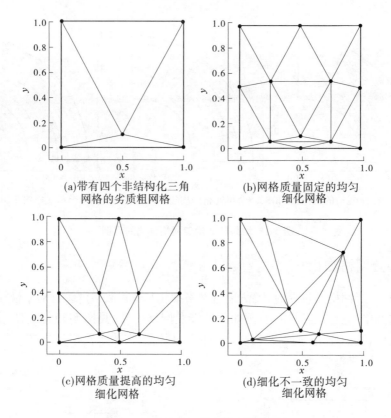

(a)带有四个非结构化三角
网格的劣质粗网格

(b)网格质量固定的均匀
细化网格

(c)网格质量提高的均匀
细化网格

(d)细化不一致的均匀
细化网格

图5-4 一致和不一致网格细化的示例

在0~1变化,其中当 $\sigma=1$ 时表示各向同性的网格,即网格质量达到"理想条件"的网格(正方形、立方六面体、等边三角形等)。

σ 值较小时表示各向同性网格的质量较差(偏斜度、拉伸、曲率等)。因此,在细化期间可以通过要求 $\sigma_{fine} \geq \sigma_{coarse}$ 来定义一致的网格细化。在 $h \to 0$ 条件下 σ 趋于1时的一致细化会对网格生成和细化程序带来很大的工作量(尤其对于非结构化网格而言),但是由于经过细化,网格的各向同性越来越高,所以可作为离散方案需要满足的最简单的标准(例如,四边形和六面体网格变成笛卡儿网格)。

就代码验证而言,要求 $h \to 0$ 时对质量度量 σ 固定的网格的数值解进行收敛,是更难满足的网格质量要求。将数值算法行为关联到网格质量的细微差别属于解验证的范畴,第8章和第9章将会对此进行更详细的介绍。出于代码验证的目的,须记录代码验证研究中所用网格质量的渐近行为。

5.4.3 网格变换

某些离散方法本就基于网格采用均匀间隔(即 $\Delta x, \Delta y, \Delta t$ 为常数)的假设。当盲目将离散方法应用于非均匀网格的情况时,本来对于均匀网格而言形式上可达二阶精度的方案通常会降低到一阶精度。尽管 Ferziger 和 Peric(1996)认为这些一阶误差仅限于域的一小部分或者甚至会随着网格细化而消失,但这可能造成极其细化的网格以获取渐近范围。

关键的一点是将通过非均匀网格介绍附加离散误差。

为了缩小这些附加误差,网格变换有时用于处理复杂的几何学问题和支持网格局部细化。对于采用了贴体结构化(即曲线)网格的离散方法,这些变换通常采用控制方程的全局变换。对于结构化或者非结构化上的有限容积法和有限元法,这些变换通常采用以每个单元格或者元素为中心的局部网格变换。图 5-5 给出了一个二维贴体结构化网格的全局变换的例子。变换须确保物理空间(a)中的网格线交叉点与计算坐标(b)的网格线交叉点之间一一对应映射。

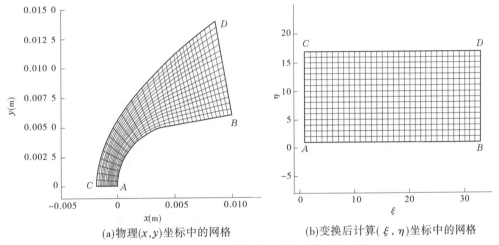

(a)物理(x,y)坐标中的网格　　　　　(b)变换后计算(ξ,η)坐标中的网格

图 5-5　二维贴体结构化网格的全局变换示例

以二维的方式从物理空间(x,y)稳定变换到均匀的计算空间(ξ,η)可由下式得出:

$$\xi = \xi(x,y)$$
$$\eta = \eta(x,y) \tag{5-25}$$

使用链式法则可以发现,物理空间中的导数可以转换为均匀计算空间中的导数(Thompson 等,1985),例如:

$$\frac{\partial u}{\partial x} = \frac{y_\eta}{J}\frac{\partial u}{\partial \xi} - \frac{y_\xi}{J}\frac{\partial u}{\partial \eta} \tag{5-26}$$

式中:y_η 和 y_ξ 为变换的度量;J 为变换的雅可比行列式,使用 $J = x_\xi y_\eta - x_\eta y_\xi$ 定义,解导数的离散近似精度将取决于所选的离散方案、网格分辨率、网格质量和解特性(Roy,2009)。

变换本身可以是分析性的或者离散性的。Thompson 等(1985)指出,针对度量使用相同的离散近似,用于解导数,相比使用纯分析度量的情况,通常会缩小数值误差。出现这个令人诧异的结果的原因在于误差抵消,通过检查一个维度的第一个导数的截断误差即可发现(Mastin,1999)。作为独立离散近似的一个例子,考虑度量项 x_ξ,该项可以使用中心差分法近似为二阶精度,即

$$x_\xi = \frac{x_{i+1} - x_{i-1}}{2\Delta\xi} + O(\Delta\xi^2)$$

当使用离散变换时,它的精度阶须和基本离散方案一样或者更高,才能确保形式精度阶不会降低。尽管离散变换中的错误会对数值解产生不良影响,但是如果采用了足够普

遍的网格拓扑结构,可以在代码验证过程中发现这些错误。

5.4.4　网格拓扑结构问题

科学计算可以使用各种不同的网格拓扑结构。代码验证研究中,建议选择最普遍的网格拓扑结构,只要能够解决所关注的问题即可。例如,在笛卡儿网格上进行仿真,则选用笛卡儿网格即可。但是,如果在由六面体、棱柱和四面体单元格组成的非各向同性(即非理想)的网格上进行仿真,则代码验证期间须采用对应的网格拓扑结构。

一维网格由一组均匀或者不均匀分布的有序节点或者单元格组成。对于二维网格,节点/单元格可能是结构化四边形、非结构化三角形、任意边数的非结构化多边形或者前者中的组合形状。图 5-6 给出了适用于代码验证的二维拓扑结构的层级结构(Veluri 等,2008)。

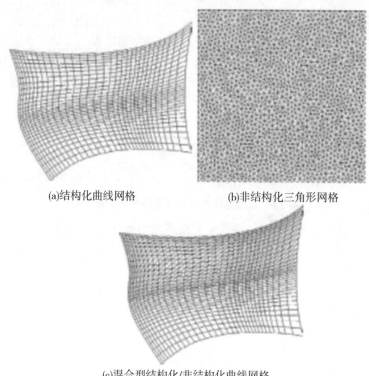

(a)结构化曲线网格　　　　　(b)非结构化三角形网格

(c)混合型结构化/非结构化曲线网格

图5-6　二维网格拓扑结构实例(摘自 Veluri 等,2008)

在三维中,结构化网格可以是笛卡儿、拉伸笛卡儿或者曲线(即贴体)网格。三维非结构化网格可能包括的单元格为四面体(四边角锥体)、锥体(五边角锥体)、棱柱(第三个方向拉伸的任何二维单元格类型)、六面体、多面体或者这些锥体构型的组合。图 5-7 给出了一个用于执行科学计算代码验证,具有一般非结构化网格功能的普通三维混合型网格拓扑结构示例。此网格由六面体和棱柱三角形单元格组成。这类单元格从连接在一起的弯曲的 y_{min} 和 y_{max} 边界拉伸,四面体单元格区域在中间位置。

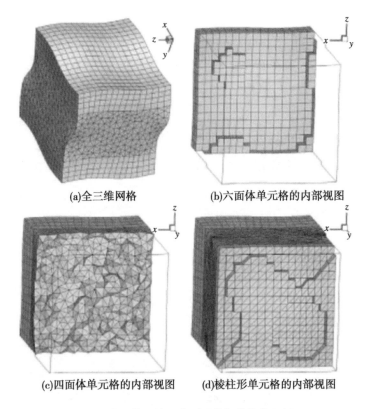

(a)全三维网格　　　　　　　　(b)六面体单元格的内部视图

(c)四面体单元格的内部视图　　(d)棱柱形单元格的内部视图

图5-7　普通的三维混合型网格拓扑结构示例

5.5　阶验证程序

　　有两本著作专门介绍了精度阶验证这个主题。Roache(1998)对这个主题进行了概括,重点关注了使用虚构解方法的阶验证(参见第6章的介绍)。Knupp和Salari(2003)的著作全书讲解了代码阶验证,是该主题最全面的参考资料之一。尽管Knupp和Salari更喜欢使用"代码阶验证"一词,但是这里我们将简称为"阶验证"来表示科学计算代码的精度阶验证。近来,Roy(2005)和Knupp等(2007)给我们分享了越来越多对阶验证程序的看法。

　　阶验证要求比较观测精度阶与形式阶的渐近行为。一旦通过阶验证测试,则认为代码符合验证测试中所执行的代码方案(子模型、数值算法、边界条件等)的要求。任何针对这些代码方案执行的进一步阶验证直接视为对代码正确性的确认(Roache,1998)。

　　本节介绍了适用于空间和/或时间离散的阶验证程序。这些程序对于确认是否存在编码错误(即漏洞)和数值算法的问题具有不可忽略的作用。除此之外,本节先讨论了一些发现编码错误后可帮助排除漏洞的方法;然后,介绍了阶验证程序的约束条件以及标准阶验证程序的不同变体;最后,讨论了负责代码验证工作的角色。

5.5.1　空间离散

本小节介绍了稳态问题的阶验证程序,稳态问题指那些时间不为自变量的问题。此处讨论的阶验证程序摘自 Knupp 和 Salari(2003)建议的程序。简而言之,此程序用于确定代码输出(数值解和其他系统响应量)是否随着系统网格细化而以形式速率收敛到数学模型的精确解。如果从渐近角度观察到形式精度阶,则认为代码符合编码方案的要求;而未能达到形式精度阶表示存在编码错误或者数值算法存在问题。图 5-8 给出了稳态问题阶验证程序的详细步骤,将在下文具体说明。

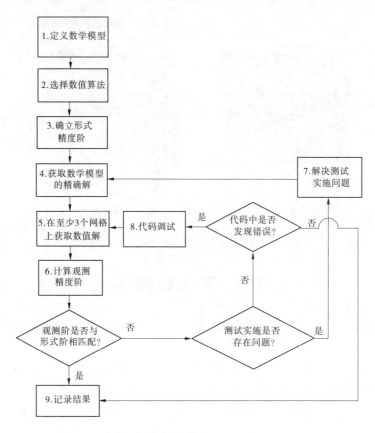

图 5-8　阶验证程序流程(摘自 Knupp 和 Salari,2003)

5.5.1.1　定义数学模型

控制方程(即数学模型)一般采用偏微分或者积分形式,须和任何初始条件、边界条件和辅助方程一起明确指定。定义数学模型过程中发生的细微误差都很可能导致阶验证测试失败。例如,热导率第四有效位出现误差,导致用于求解 Navier-Stokes 方程的计算流体力学代码的阶验证测试失败(Roy 等,2007)。

5.5.1.2　选择数值算法

须选择离散方案或者数值算法。这包括普通离散方法(有限差分法、有限容积法、有限元法等)和特定的空间求积法。涉及空间导数的任何边界条件或者初始条件的离散

（如诺依曼型边界条件）也需考虑在内。须注意的是,可以直接先从之前已在验证测试中使用过的某个迭代求解器的最终解值开始迭代,测试不同的迭代求解器。因此,测试可选迭代求解器不需要另外进行代码验证测试(Roache,1998)。

5.5.1.3　确立形式精度阶

理想而言,应通过分析截断误差确立数值算法的形式精度阶。如第5.3.1部分所述不能进行截断误差分析的情况,可使用残值法(第5.5.6.1部分)、阶验证程序本身(即观测精度阶)或者预期精度阶代替。

5.5.1.4　获取数学模型的精确解

须获取数学模型的精确解,包括解(即应变量)和系统响应量。控制方程每次变化之后(例如检查新模型时)都需要计算新的精确解。如果代码中的变化仅跟数值算法有关(例如采用了其他通量函数),则可以重复使用相同的精确解。重点在于须计算此精确解的实际数值,因为一旦级数被截断,就不再精确,所以可能降低级数解的效用。有关各种用于获取科学计算应用中数学模型精确解的方法,请参见第6章。

5.5.1.5　获取至少4个网格上的数值解

在数学模型精确解已知的情况下,尽管观测精度阶只需要2个网格级,但是强烈建议使用至少4个网格级来证明观测精度阶随着网格离散参数(例如 $\Delta x,\Delta y,\Delta z$)接近0而慢慢接近形式精度阶。须按照对称的方式执行网格细化,具体请参见第5.4节。如果只测试一个网格拓扑结构,则须使用该代码对应的最普适的网格类型。

5.5.1.6　计算观测精度阶

从现有的数值解和数学模型精确解得出数值后,即可对离散误差进行评估。须计算出解离散误差的全局范数,这与局部值的核验截然相反。除了解的误差范数外,还应核验所有关注的系统响应量中的离散误差。如前所述,计算离散误差时,迭代误差和舍入误差须较小,才能将数值解用作离散方程精确解的替代。对于高度细化的空间网格和/或时间步长,离散误差可能较小,因此舍入误差会对精度阶测试产生不良影响。可以从系统响应量对应的式(5-22)和解中离散误差的范数对应的式(5-23)中计算出观测精度阶。

须注意的是,只有在最简单的科学计算情况(例如,线性椭圆问题)下成功实施了阶验证测试,观测精度阶与形式阶的匹配程度才会达到约2个有效数。对于复杂科学计算代码,更为常见的是,观测精度阶将随着网格进一步细化而慢慢接近形式阶。因此,这就是所关注的观测精度阶的渐近行为。除此之外,观测精度阶收敛到一个比形式阶高的值,可能表示确立形式精度阶过程中存在未预见的误差抵消(不构成引起关注的原因)或者错误。

如果从渐近的角度而言,观测精度阶与形式阶不匹配,则须首先排除测试实施相关问题(见5.5.1.7),然后必要时排除代码的漏洞(见5.5.1.8)。如果观测阶与形式阶相匹配,则视为验证测试成功,并转至5.5.1.9,即记录测试结果。

5.5.1.7　解决测试实施问题

当观测精度阶与形式精度阶不匹配时,首先须确认测试过程是否正确。测试实施不合理的常见例子包括构建或者评估数学模型精确解时出现错误以及比较数值解和精确解时出现错误。如果发现测试实施过程中出现问题,则须先解决该问题,然后重试。如果测试实施正确,则可能存在编码错误或者算法不一致问题,须转至5.5.1.8排除代码的漏洞。

5.5.1.8　排除代码漏洞

当精度阶测试失败时,表示离散算法编程出现错误,或者更糟糕的是离散算法本身不一致。有关帮助排除科学计算代码漏洞的方法请参见第5.5.4部分。

5.5.1.9　记录结果

须记录所有代码验证结果,方便后续的用户了解代码的验证状态,不用重复该项工作。除记录观测精度阶外,还应注明系统响应量和数值解(即离散误差的范数)的离散误差大小。同时,我们还建议将代码验证测试中使用的网格和解加入其中一个较少使用的动态软件测试套件中(例如每月测试套件),从而方便定期重复精度阶验证测试。执行速度较快的粗网格测试可以作为系统级回归测试加入经常开展的测试套件中,具体请参见第4章的介绍。

5.5.2　时间离散

无空间相依性的时间问题的阶验证程序与上述空间问题的阶验证程序基本相同。唯一的不同点在于其细化的是时间步长 Δt,而不是空间网格,因此网格的质量并不是关心的问题。对于非常规问题,时间离散误差有时会相当小。

因此,须仔细核验舍入误差,确保不会对观测精度阶计算产生不良影响。

5.5.3　空间离散和时间离散

当空间离散和时间离散同时存在时,阶验证程序的应用更加困难,尤其对于空间精度阶与时间精度阶不一样的情况。除此之外,在有些情况下,时间离散误差可能远远小于空间误差(尤其是使用了明确的时间推进算法时),从而使时间精度阶更难以验证。

对于涉及空间离散和时间离散的数值算法,通过将空间项与时间项分开,将式(5-19)中给出的离散误差展开式改写成下式是很有帮助的:

$$\varepsilon_{h_x}^{h_t} = g_x h_x^p + g_t h_t^q + O(h_x^{p+1}) + O(h_t^{q+1}) \tag{5-27}$$

式中: h_x 为空间离散($h_x = \Delta x/\Delta x_{\rm ref} = \Delta y/\Delta y_{\rm ref}$); h_t 为时间离散($h_t = \Delta t/\Delta t_{\rm ref}$); p 为空间精度阶; q 为时间精度阶。

如果采用了自适应时间步进算法,则须禁用自适应算法,以对时间步长大小进行明确控制。那些和本节所述程序类似的程序可以用于空间坐标中的独立细化,例如通过引入 $h_x = \dfrac{\Delta x}{\Delta x_{\rm ref}}$ 和 $h_y = \dfrac{\Delta y}{\Delta y_{\rm ref}}$。本节将介绍可单独或者同时执行的不同空间阶和时间阶验证程序。

5.5.3.1　独立阶分析

对同时带有空间离散和时间离散的某个代码进行阶验证最简单的方法就是对稳态问题进行空间离散验证。一旦验证了空间精度阶,则可以单独调查时间阶。时间阶验证可以利用无空间离散的问题,例如,非稳定零维情况,或者存在线性空间变化的情况,这些变化一般能够通过二阶法在舍入误差以内解决。或者可以选择包括空间离散误差,但在高度细化的空间网格上的问题(Knupp 和 Salari,2003)。在后一种方法中,通常要求使用高度细化的空间网格,将空间误差降低到可忽略的水平,从而允许相对于时间误差项 $g_t h_t^q$,在式(5-27)中忽略空间离散误差项 $g_x h_x^p$。在实践中,由于稳定性限制(尤其对于明确的方法)以及在高度细化空间网格上的解计算成本高,所以这很难实现。另一个可选方案就是减少问题的空间维度,以允许使用高度细化的空间网格。使用独立阶分析的缺点在于,空间离散与时间离散之间的交互相关问题不会被发现。

5.5.3.2 综合阶分析

Kamm 等(2003)提出了空间阶和时间阶验证综合方法。他们提出的程序首先使用离散误差的一般表示形式,而对于全局系统响应量,可以写为如下形式:

$$\varepsilon_{h_x}^{h_t} = g_x h_x^{\hat{p}} + g_t h_t^{\hat{q}} + g_{xt} h_x^{\hat{r}} h_t^{\hat{s}} \tag{5-28}$$

其中,$\hat{p}$、$\hat{q}$、$\hat{r}$ 和 $\hat{s}$ 的观测精度阶要与 g_x、g_t 和 g_{xt} 这 3 个系数一同解出。除此之外,对于离散误差的范数,要采用相同的展开式,即

$$\| \varepsilon_{h_x}^{h_t} \| = g_x h_x^{\hat{p}} + g_t h_t^{\hat{q}} + g_{xt} h_x^{\hat{r}} h_t^{\hat{s}} \tag{5-29}$$

其中,观测阶和系数可能不同。为了解出这 7 个未知数,需要用到 7 个独立的空间和/或时间细化等级。首先从带 Δx 和 Δt 的初始网格开始,Kamm 等(2003)通过交替细化空间(使用 r_x 表示)和时间(使用 r_t 表示)来获取表 5-1 所示的 7 个网格级。通过计算这 7 个不同的数值解,所有 7 个网格级的离散误差表达式将得出一个耦合、非线性的代数方程集。作者使用牛顿型迭代程序解出方程的非线性系统。此方法的一个优点就是它不要求离散误差表达式中的 3 个项都在同一个数量级上。而它的主要缺点是由于每次计算观测精度阶都需要 7 个不同的数值解,所以计算成本高,而且还应计算其他的解才能确保实现观测精度阶的渐近行为。

表 5-1　Kamm 等(2003)的空间和时间代码验证研究中使用的网格级

空间步长 h_x	时间步长 h_t	空间步长 h_x	时间步长 h_t
Δx	Δt	Δx	$\Delta t / r_t^2$
$\Delta x / r_x$	Δt	$\Delta x / r_x$	$\Delta t / r_t$
$\Delta x / r_x^2$	Δt	$\Delta x / r_x$	$\Delta t / r_t^2$
Δx	$\Delta t / r_t$		

由于它们的应用明确将 Lax-Wendroff 时间积分方案与形式精度阶达到 $p=2$、$q=2$ 和 $r=s=1$(即形式上的二阶精度)的 Godunov 型空间离散结合在一起,所以 Kamm 等(2003)将空间/时间项混在一起考虑。对于多数空间/时间离散方法,由于在截断误差中不会出现空间/时间项的混合,所以这种情况可以忽略,从而减少未知数,将独立网格级所需数量减少到 4 个。最后形成的全局系统响应量的误差展开式变成:

$$\varepsilon_{h_s}^{h_t} = g_x h_x^{\hat{p}} + g_t h_t^{\hat{q}} \tag{5-30}$$

而离散误差的展开式变成

$$\| \varepsilon_{h_x}^{h_t} \| = g_x h_x^{\hat{p}} + g_t h_t^{\hat{q}} \tag{5-31}$$

表 5-2 给出了用于式(5-30)和式(5-31)所示的简单误差展开式的非唯一但建议的网格级。最终的 4 个非线性代数方程没有闭合形式解,因此须针对精度阶 $\hat{p}$ 和 $\hat{q}$ 以及系数 g_x 和 g_t 采用数值法(例如牛顿法)进行求解。

表 5-2　忽略混合型空间/时间项的式(5-30)和式(5-31)的简易误差展开式建议的网格级

空间步长 h_x	时间步长 h_t	空间步长 h_x	时间步长 h_t
Δx	Δt	Δx	$\Delta t/r_t$
$\Delta x/r_x$	Δt	$\Delta x/r_x$	$\Delta t/r_t$

基于式(5-30)和式(5-31)的离散误差展开式的可选方案不要求对一系列非线性代数方程进行求解,其简要叙述如下。首先,使用 3 个时间步长固定的网格执行空间网格细化,获取 $\hat{p}$ 和 g_x。然后,使用 3 个不同时间步长执行时间细化研究,获取 $\hat{q}$ 和 g_t。一旦估算出这 4 个未知数,即可选择空间步长大小 h_x 和时间步长大小 h_t。这样,空间离散误差项($g_x h_x^{\hat{p}}$)的数量级和时间误差项($g_t h_t^{\hat{q}}$)一样。一旦这两个项基本达到相同的数量级,即可通过选择时间细化系数,执行综合的时间和空间阶验证工作,使时间误差项和空间离散误差项在细化后以相同的系数下降。下文将对此程序作详细介绍。

为了估算 $\hat{p}$ 和 g_x,需要在时间步长固定的条件下执行空间网格细化研究。须注意的是,所有计算都将会引入固定的时间离散误差(即 $g_t h_t^{\hat{q}}$),因此不能使用式(5-22)得出的标准观测精度阶关系。到目前为止,在仅考虑离散误差范数的情况下(系统响应量离散误差也使用同样的分析),式(5-31)可改写为

$$\| \varepsilon_{h_x}^{h_t} \| = \phi + g_x h_x^{\hat{p}} \tag{5-32}$$

其中,$\phi = g_t h_t^{\hat{q}}$ 表示固定的时间误差项。对于此类情况,可以使用第 8 章式(8-70)中给出的观测精度阶表达式。该表达式要求 3 个网格解,例如,粗($r_x^2 h_x$)、中等($r_x h_x$)和细(h_x):

$$\hat{p} = \frac{\ln\left(\dfrac{\| \varepsilon_{r_x^2 h_x}^{h_t} \| - \| \varepsilon_{r_x h_x}^{h_t} \|}{\| \varepsilon_{r_x h_x}^{h_t} \| - \| \varepsilon_{h_x}^{h_t} \|} \right)}{\ln(r_x)} \tag{5-33}$$

通过按此方式计算 $\hat{p}$,恒定的时间误差项 φ 将被抵消。然后可从下式得出空间离散误差系数 g_x:

$$g_x = \frac{\| \varepsilon_{r_x h_x}^{h_t} \| - \| \varepsilon_{h_x}^{h_t} \|}{h_x^{\hat{p}}(r_x^{\hat{p}} - 1)} \tag{5-34}$$

然后,在空间网格固定的条件下,通过细化时间步长,执行类似的分析,获取 $\hat{q}$ 和 g_t。一旦估算出这些精度阶和系数,则时间和空间离散误差首项即可通过粗化或者细化时间和/或空间(受限于数值稳定性)来调节到基本相同的数量级。如果离散误差项的数量级差异巨大,则可能需要极度细化的网格和/或时间步长来检测编码错误。

这时,如果形式空间和时间精度阶相同(即如果 $p = q$),则由于 $r_x = r_t$,所以可以使用式(5-22)或者式(5-23)只有 2 个网格级的标准阶验证程序。当 $p = q$ 时,情况更复杂,此时可以根据式(5-35),遵照 Richards(1997)的方法,通过选择时间细化系数 r_t 执行时间细

化:

$$r_t = (r_x)^{p/q} \tag{5-35}$$

选择此 r_t 后,如果解在渐近范围内,将确保可通过细化将空间和时间离散误差项以相同的系数下降。表5-3给出了各种形式空间精度阶和时间精度阶对应的 $r_x = 2$ 时 r_t 的推荐值。然后根据下式,使用2个网格级计算空间和时间的观测精度阶:

$$\hat{p} = \frac{\ln\left(\frac{\|\varepsilon_{r_x h_x}^{r h_t}\|}{\|\varepsilon_{h_x}^{h_t}\|}\right)}{\ln(r_x)} \text{ 和 } \hat{q} = \frac{\ln\left(\frac{\|\varepsilon_{r_x h_x}^{r h_t}\|}{\|\varepsilon_{h_x}^{h_t}\|}\right)}{\ln(r_t)} \tag{5-36}$$

表5-3 仅使用2个数值解执行综合的空间和时间阶验证所需的时间细化系数

空间阶 p	时间阶 q	空间细化系数 r_x	时间细化系数 r_t	预期误差减小比(粗/细)
1	1	2	2	2
1	2	2	$\sqrt{2}$	2
1	3	2	$\sqrt[3]{2}$	2
1	4	2	$\sqrt[4]{2}$	2
2	1	2	4	4
2	2	2	2	4
2	3	2	$\sqrt[3]{4}$	4
2	4	2	$\sqrt[4]{4}$	4
3	1	2	8	8
3	2	2	$\sqrt{8}$	8
3	3	2	2	8
3	4	2	$\sqrt[4]{8}$	8

使用式(5-30)计算得出的系统响应量的分析与式(5-36)完全一样,仅忽略了范数记号。

5.5.4 故障排除建议

阶验证为检查计算机代码是否存在错误和/或离散算法是否存在不一致的高度敏感测试。除此之外,阶验证程序的几个方面对于追踪所发现的错误(即排除代码漏洞)也极其有帮助。一旦阶验证测试失败,且假设测试得到正确的实施,则须核验该域内离散误差的局部变化。在边界或者边角单元格附近发现误差一般表示这些误差处于边界条件。在网格轻微聚集或者偏斜的区域发现误差可能表示网格变换或者空间求积法存在错误。网格质量问题可能是由于网格质量差或者更严重,由于采用了对网格不规则过度敏感的离散算法。第9章详细介绍了网格质量对离散误差的影响。

5.5.5 阶验证的限制

阶验证过程的一个明显的短板就是形式精度阶可能随解的光滑度而发生变化,这在

第5.3.1部分有详细的介绍。除此之外,由于阶验证只能检测到其解本身的问题,所以一般不能用于检测那些会影响代码效率的编码错误。例如,阶验证无法检测到迭代算法本来10次迭代就应收敛,却要500次迭代后才收敛的错误。须注意的是,可以使用该迭代算法对应的合适组件级测试固件来发现这类错误(如第4章所述)。同样地,由于影响数值算法稳健性的错误不会影响最终的数值解,所以这类错误也无法检测到。

最后,标准阶验证程序不会验证离散中的各个项。因此,对流的形式精度阶达一阶和扩散的形式精度阶达二阶的数值算法会得出一阶精度的数值算法。因此,将无法检测到造成扩散项精度阶降低到一阶的错误。可通过选择性地启用和禁用某些项来解决此限制,当使用虚构解方法时,最容易解决此问题(请参见第6章)。

5.5.6　可选的阶验证方法

近年来提出了若干个阶验证程序的不同版本。多数版本旨在避免在高度细化的三维网格上生成和计算数值解时成本居高不下的问题。相对于系统网格细化的标准方法而言,此处讨论的所有方法确实降低了阶验证测试的执行成本,但也同时存在各自的缺点。下文按照可靠性升序列出了这些可选方法,本小节末尾还总结了每个方法的优点和缺点。

5.5.6.1　残值法

一般而言,当离散算子 $L_h(\cdot)$ 几乎适用于除离散方程 u_h 精确解外的任何情况时,非零结果称为"离散残值"或者简称为"残值"。这个离散残值不要和通过将近似迭代解代入离散方程(请参见第7章)发现的迭代残值相混淆。如前所述,截断误差可以通过将数学模型精确解 $\tilde{u}$ 代入式(5-13)之前得出的离散算子中进行评估。假设数学模型的精确解已知,不用在此网格上求解数值解,就可以直接评估给定网格上的截断误差(即离散残值)。由于不需要任何迭代,所以此截断误差的评估成本通常极低。通过将数学模型精确解代入离散算子发现的截断误差可以在一系列经过系统细化的网格上进行评估。然后通过式(5-23)计算出观测精度阶,但是要使用截断误差的范数,而不使用离散误差的范数。

由于残值并没囊括代码的所有方面,阶验证的残值形式存在很多缺点(Ober,2004)。具体来说,缺点在于残值法的测试对象不包括以下内容:

(1)和此残值无关的边界条件(例如 Dirichlet 边界条件)。

(2)升力、阻力、燃烧效率、最大热通量、最大应力、振荡频率等系统响应量。

(3)以非耦合或者解耦的方式求解控制方程的数字算法(例如针对不可压缩流体问题采用的 SIMPLE 算法(Patankar,1980)),这种算法求解的是动量方程,然后执行压力投影步骤,以满足质量守恒方程的要求)。

(4)明确的多级算法,例如龙格 - 库塔法。

除此之外,我们已经注意到,在某些非结构化网格拓扑结构上,截断误差可以以低于有限容积法的离散误差的速率进行收敛(Despres,2004;Thomas 等,2008)。那么此时,相比应用于离散误差的传统精度阶测试,残值法的精度阶可能较低。有关适用于代码验证的残值法示例,请参见 Burg 和 Murali(2004)及 Thomas 等(2008)的著作。

5.5.6.2 统计法

"阶验证的统计形式"由 Hebert 和 Luke(2005)提出,它只使用一个网格,通过连续按比例缩小,在所选域上取样。取样随机进行,并核验容积加权离散误差的范数。统计法的主要优点在于它不要求细化网格,所以成本相对较低。但是,它也有不少缺点。首先,由于从统计意义上对该域进行取样,所以需确保统计法的收敛。其次,由于边界点与内部点的比率是固定的,不会随着网格细化而减小,所以相对于传统阶验证,它会随着网格收缩而趋向于更重视边界点。最后,此方法假设离散误差为独立随机变量,因此忽略了误差进入细化域的输运分量(有关离散误差输运分量与本地生成分量之间的差异的讨论,请参见第 8 章)。鉴于这些问题,对于基于系统网格的传统阶验证测试不通过的情况,可以尝试统计阶验证测试。

5.5.6.3 降尺度方法

阶验证的"降尺度方法"(Diskin 和 Thomas,2007;Thomas 等,2008)具备许多统计法的特性。二者的主要区别在于它不是在统计意义上从域中取较小的网格,而是围绕域中的某个点来缩小该网格,这消除了统计阶验证相关的统计收敛问题。我们可以选择网格缩放的焦点,突出内部离散、边界离散或者奇异性(Thomas 等,2008)。降尺度方法的主要优点在于考虑了复杂几何结构条件下的边界条件验证。当核验内部离散或者直线边界时,网格缩放执行起来非常简单,但是应进行修改,以确保绕曲线边界对网格进行合理缩放。降尺度方法也忽略了离散误差输运至缩小域中的可能性,因此对实际收敛速度的估算过于乐观。

5.5.6.4 解验证方法小结

若要对不同阶验证方法的特征进行总结,首先最好将阶验证测试的结果进行分类。在此,我们将从渐近角度观测精度阶与形式阶相匹配的情况定义为"阳性结果",而将观测阶小于形式阶时的情况定义为"阴性结果"。通过较不严谨的阶验证测试获得阳性结果,但是在网格经过系统细化后再执行较严谨的阶验证程序却得出阴性结果,我们将这种测试结果称为"假阳性"。同样地,当测试结果为"阴性",但是网格经过系统细化后执行的标准阶验证为"阳性"时,此时我们称为"假阴性"。表 5-4 给出了 4 种精度阶验证方法的特征。正如预期,执行测试和阶验证研究成本与观察精度阶估值的可靠性成正比。

表 5-4 不同阶验证方法在精度阶成本和类型方面的对比(摘自 Thomas 等,2008)

验证方法	成本	阶估算的类型
网格经系统细化的标准阶验证	高	精确精度阶
降尺度方法	中低	允许假阳性
统计法	中等(取样成本)	允许假阳性
残值法	极低	允许假阳性和假阴性

5.6 代码验证的责任

科学计算代码的用户承担着确保严谨执行代码验证的全部责任。不管代码是由用户、用户公司内的其他员工或是独立的组织（政府实验室、商用软件公司等）开发，都应始终秉持这一原则。代码用户不能简单地假设已成功执行代码验证研究。

　　在理想情况下，代码验证应作为软件开发过程不可或缺的一部分。尽管代码验证研究最常由代码开发人员负责，但是当由独立团队、代码客户或者独立的监管机构执行时（请参见第 2 章有关确认与验证过程的独立性的讨论），须保证代码验证工作的较高独立性。尽管对于之前使用过的科学计算代码通常不易发现其编码错误，但是，如果设计代码时未考虑代码验证测试，针对成熟的代码执行，代码验证研究将会是一件成本高昂且困难重重的工作。

　　制作科学计算软件的商业公司极少执行严谨的代码验证研究，或者即使有，他们也不会将研究结果公诸于众。多数有记录的针对商业代码的代码验证工作似乎局限于那些证明"工程精度"，而不是验证代码精度阶的简单基准示例（Oberkampf 和 Trucano，2008）。最近，Abanto 等（2005）针对形式精度阶至少达二阶精度的 3 种不同商业计算流体力学代码执行了阶验证。多数测试结果得到一阶精度或者发现它不会随着网格的细化而收敛。我们认为，代码用户须清楚的一点是，除非用户要求，否则商业软件公司不大可能会执行严谨的代码验证研究。

　　即便缺少严谨的书面代码验证证据，用户也可以执行一些代码验证工作。除第 5.1 节讨论的简单代码验证工作外，当数学模型的精确解（或者准确的替代解）已知时，也可以执行阶验证测试。尽管可以使用发现精确解的传统方法，但是虚构解程序的更为普适的方法要求具有利用用户定义边界条件、初始条件和源项的能力。因此，对于无法了解源代码的用户而言，实施起来是一件非常困难的事。下一章重点介绍获取数学模型精确解的各种不同方法，其中就包括虚构解的方法。

5.7　参考文献

Abanto, J., D. Pelletier, A. Garon, J-Y. Trepanier, and M. Reggio (2005). *Verication of some Commercial CFD Codes on Atypical CFD Problems*, AIAA Paper 2005-682.

Banks, J. W., T. Aslam, and W. J. Rider (2008). On sub-linear convergence for linearly degenerate waves in capturing schemes, *Journal of Computational Physics*. 227, 6985-7002.

Burg, C. and V. Murali (2004). *Efficient Code Verification Using the Residual Formulation of the Method of Manufactured Solutions*, AIAA Paper 2004-2628.

Carpenter, M. H. and J. H. Casper (1999). Accuracy of shock capturing in two spatial dimensions, *AIAA Journal*. 37(9), 1072-1079.

Crank, J. and P. A. Nicolson (1947). Practical method for numerical evaluation of solutions of partial differential equations of the heat-conduction type, *Proceedings of the Cambridge Philosophical Society*. 43, 50-67.

Despres, B. (2004). Lax theorem and finite volume schemes, *Mathematics of Computation*. 73(247), 1203-1234.

Diskin, B. and J. L. Thomas (2007). *Accuracy Analysis for Mixed-Element Finite Volume Discretization Schemes*, Technical Report TR 2007-8, Hampton, VA, National Institute of Aerospace.

Engquist, B. and B. Sjogreen (1998). The convergence rate of finite difference schemes in the presence of shocks, *SIAM Journal of Numerical Analysis.* 35(6), 2464-2485.

Ferziger, J. H. and M. Peric (1996). Further discussion of numerical errors in CFD, *International Journal for Numerical Methods in Fluids.* 23(12), 1263-1274.

Ferziger, J. H. and M. Peric (2002). *Computational Methods for Fluid Dynamics*, 3rd edn., Berlin, Springer-Verlag.

Grinstein, F. F., L. G. Margolin, and W. J. Rider (2007). *Implicit Large Eddy Simulation: Computing Turbulent Fluid Dynamics*, Cambridge, UK, Cambridge University Press.

Hebert, S. and E. A. Luke (2005). *Honey, I Shrunk the Grids! A New Approach to CFD Verification Studies*, AIAA Paper 2005-685.

Hirsch, C. (2007). *Numerical Computation of Internal and External Flows (Vol. 1)*, 2nd edn., Burlington, MA, Elsevier.

Kamm, J. R., W. J. Rider, and J. S. Brock (2003). *Combined Space and Time Convergence Analyses of a Compressible Flow Algorithm*, AIAA Paper 2003-4241.

Knupp, P. M. (2003). Algebraic mesh quality metrics for unstructured initial meshes, *Finite Elements in Analysis and Design.* 39(3), 217-241.

Knupp, P. M. (2009). Private communication, March 9, 2009.

Knupp, P. M. and K. Salari (2003). *Verification of Computer Codes in Computational Science and Engineering*, K. H. Rosen (eds.), Boca Raton, FL, Chapman and Hall/CRC.

Knupp, P., C. Ober, and R. Bond (2007). Measuring progress in order-verification within software development projects, *Engineering with Computers.* 23, 271-282.

Mastin, C. W. (1999). Truncation Error on Structured Grids in *Handbook of Grid Generation*, J. F. Thompson, B. K. Soni, and N. P. Weatherill (eds.), Boca Raton, CRC Press.

Ober, C. C. (2004). Private communication, August 19, 2004.

Oberkampf, W. L. and T. G. Trucano (2008). Verification and validation benchmarks, *Nuclear Engineering and Design.* 238(3), 716-743.

Panton, R. L. (2005). *Incompressible Flow*, 3rd edn., Hoboken, NJ, John Wiley and Sons.

Patankar, S. V. (1980). *Numerical Heat Transfer and Fluid Flow*, New York, Hemisphere Publishing Corp.

Potter, D. L., F. G. Blottner, A. R. Black, C. J. Roy, and B. L. Bainbridge (2005). *Visualization of Instrumental Verification Information Details (VIVID): Code Development, Description, and Usage*, SAND2005-1485, Albuquerque, NM, Sandia National Laboratories.

Richards, S. A. (1997). Completed Richardson extrapolation in space and time, *Communications in Numerical Methods in Engineering.* 13, 573-582.

Richtmyer, R. D. and K. W. Morton (1967). *Difference Methods for Initial-value problems*, 2nd edn, New York, John Wiley and Sons.

Rider, W. J. (2009). Private communication, March 27, 2009.

Roache, P. J. (1998). *Verification and Validation in Computational Science and Engineering*, Albuquerque, NM, Hermosa Publishers.

Roy, C. J. (2003). Grid convergence error analysis for mixed-order numerical schemes, *AIAA Journal.* 41(4), 595-604.

Roy, C. J. (2005). Review of code and solution verification procedures for computational simulation, *Journal of Computational Physics.* 205(1), 131-156.

Roy, C. J. (2009). *Strategies for Driving Mesh Adaptation in CFD*, AIAA Paper 2009-1302.

Roy, C. J., E. Tendean, S. P. Veluri, R. Rifki, E. A. Luke, and S. Hebert (2007). *Verification of RANS Turbulence Models in Loci-CHEM using the Method of Manufactured Solutions*, AIAA Paper 2007-4203.

Tannehill, J. C., D. A. Anderson, and R. H. Pletcher (1997). *Computational Fluid Mechanics and Heat Transfer*, 2nd edn., Philadelphia, PA, Taylor and Francis.

Thomas, J. L., B. Diskin, and C. L. Rumsey (2008). Toward verification of unstructured-grid solvers, *AIAA Journal.* 46(12), 3070-3079.

Thompson, J. F., Z. U. A. Warsi, and C. W. Mastin (1985). *Numerical Grid Generation: Foundations and Applications*, New York, Elsevier. (www. erc. msstate. edu/publications/gridbook).

Trucano, T. G., M. M. Pilch, and W. L. Oberkampf (2003). *On the Role of Code Comparisons in Verification and Validation*, SAND 2003-2752, Albuquerque, NM, Sandia National Laboratories.

Veluri, S., C. J. Roy, S. Hebert, and E. A. Luke (2008). *Verification of the Loci-CHEM CFD Code Using the Method of Manufactured Solutions*, AIAA Paper 2008-661.

6　精确解

　　本章主要关注数学模型精确解在代码验证中的使用。回顾一下,在一些情况下,只需简单运行代码,并将结果与正确的代码输出进行对比,即可完成软件测试。但是,在科学计算中,"正确"的代码输出取决于所选的空间网格、时间步长、迭代收敛公差、机器精度等。因此,我们被迫要依赖于其他较不确定的方法进行代码正确性的评估。在第 5 章中,精度阶测试被认为是最严谨的代码验证方法。当精度阶测试失败时,或者未确定形式精度阶时,则可以使用较不严谨的收敛测试。不论哪种情况,都需要基本数学模型的精确解。在进行代码验证时,此精确解在数学模型中运用所有项的能力比该解的任何物理现实意义都重要。事实上,由于存在奇异性和/或不连续性,所以代码验证经常要避免实际的精确解。本章将会举出大量的精确解以及它在阶验证测试中的应用示例来进行说明。本章最后的例子采用了基准数值解对应的较不严谨的收敛测试。除代码验证外,数学模型的精确解对于评估数值算法的精度、确定解对网格质量和拓扑结构的敏感性、评估离散误差估计量的可靠性以及评估解适应方案都非常有用。对于这些二级应用,首选物理真实精确解(请参见第 6.4 节)。本章讨论了获取科学计算所用数学模型精确解的方法。这些数学模型一般采用积分方程或者微分方程的形式。由于我们需要计算这些精确解的实际数值,因此我们将使用精确解的另一个定义,而不使用标准数学教科书中的定义。此处使用的精确解的定义指的是闭型数学模型的解,即初等函数(三角函数、指数函数、算法、幂等)或者自变量易计算的特殊函数(例如 gamma、beta、误差、贝塞尔函数)。涉及无穷级数的解或者偏微分方程还原为没有精确解的常微分方程系将被视为近似解,本章的末尾将详细介绍。

　　在科学计算中,数学模型可采用不同的形式。当在一个无穷小的空间区域上表述一系列物理定律时,例如质量守恒定律、动量守恒定律或者能量守恒定律(即概念模型),则最终的数学模型一般采用微分方程的形式。当应用于有限大小的空间区域时,数学模型采用积分方程(积分微分)的形式。微分形式称为方程的"强形式",而积分形式在应用了散度定理(将某个量的梯度的体积积分转换为通过边界的通量)后,称为"弱形式"。有限差分法采用了方程的强形式,而有限元法和有限容积法采用了方程的弱形式。

　　强形式明确要求解必须是可微分的,而弱形式允许解在满足基本物理定律的要求的同时包含不连续性。这些不连续解称为"弱解"。弱解只能有限地满足微分方程的要求。尽管方程弱形式的精确解确实包含不连续性(例如黎曼或者气体动力学中的激波管问题),但是诸如第 6.3 节所讨论的虚构解的方法等更普适的精确解生成方法不在我们熟知的非可微分弱解范围内(尽管需要对这方面进行了解)。除非另外说明,否则本章将假设采用的是数学模型的强形式(即微分)。由于强解也满足方程弱形式的要求,所以本假设并不排除有限元法和有限容积法,且仅讨论平滑解。

　　由于科学计算通常涉及复杂的耦合偏微分方程(PDE)系统,精确解相对较少,所以本章的编排和标准数学课本有很大的差异。第6.1节简要介绍微分方程后,第6.2节描述了"传统"精确解和求解方法。虚构解方法(MMS)是一个比较普适的复杂数学模型精确解获取方法,将在第6.3节进行讨论。当需要完全真实的虚构解时,可以使用第6.4节讨论的方法。如上所述,涉及无穷级数、偏微分方程(PDE)还原为常微分方程或者数值精度已确定的基础数学模型的数值解的解归入第6.5节进行介绍。

6.1　微分方程简介

微分方程贯穿科学与工程学的物理过程研究(O'Neil,2003)。微分方程指变量与其导数之间的关系。当只有一个自变量时,方程称为"常微分方程"。涉及两个及多个自变量对应的导数(例如x和t,或者x、y和z)的微分方程称为"偏微分方程"(PDE)。微分方程可以是带1个应变量的单一方程式,或者带多个应变量的一组方程式。微分方程的"阶"指应用于任何应变量的导数的最大数量。微分方程的"次"指方程中存在的最高阶导数的最高幂。

当应变量和所有其对应的导数的幂小于或等于1时,且乘积没有涉及应变量的导数和/或函数时,则认为微分方程呈线性。我们可以使用线性叠加原理组合线性微分方程的解,得到新的解。拟线性微分方程指在最高阶导数上呈线性的方程,即最高阶导数显示1次幂。

偏微分方程(PDE)的"通解"指满足PDE,但由于涉及任意常数和/或函数,因此不是唯一的解。若要找到偏微分方程(PDE)的"特解",在所关注域的边界上须提供附加条件,即边界条件,在初始数据位置上提供初始条件,或者二者结合。边界条件一般采用"狄利克雷边界条件"的形式(指定了应变量的值)或者诺埃曼边界条件(指定了垂直于边界的应变量的导数的值)。当边界上同时存在狄利克雷边界条件和诺埃曼边界条件时,称为"柯西边界条件",而应变量与其法向导数的线性组合称为"罗宾边界条件"。后者通常和混合边界条件混淆在一起。对于给定问题,不同边界上应用了不同边界条件类型(狄利克雷边界条件、诺埃曼边界条件或者罗宾边界条件)时会出现混合边界条件。

产生混淆的另一个原因与边界条件的阶有关。边界条件最高阶至少比微分方程阶小1。此处的"阶"指的是应用到上述任何应变量的导数的最大数量。当求偏微分方程的数值解时,这个对边界条件的阶的要求有时会被错误地描述为对导数边界条件的离散精度阶的要求。相反,离散边界条件形式精度阶下降通常会导致整个解的观测精度阶降低。

偏微分方程可分为椭圆形、抛物线形、双曲线形或者它们之中的组合。对于无向量方程,此分类相当简单,方法类似于代数方程特性的确定。对于拟线性形式的偏微分方程(PDE),系数矩阵的特征值可用于确定数学特性(Hirsch,2007)。

6.2　传统精确解

数学模型精确解的标准获取方法可归纳如下:假设某个域上的偏微分控制方程(或者积分方程)具有合理的初始条件和/或边界条件,求精确解。此方法的主要缺点就是对于复杂方程,其已知精确解的数量有限。这里,导致方程复杂化的原因很多,例如几何特征、非线性、物理模型和/或多个物理现象之间的耦合,如流 - 固耦合作用。

当获得复杂方程的精确解时,它们通常取决于维度、几何特征、物理学等的大幅度简化。例如,被一个小间隙分开的无限平行板之间(其中一块板恒速移动)的流称为“库艾特流”,并使用 Navier-Stokes 方程表示,这个方程是一个偏微分方程(PDE)的非线性、二阶系统。在“库艾特流”中,在该间隙上,速度曲线呈线性,会导致扩散项即速度的二阶导数恒为零。除此之外,板移动方向上无解变化。因此,“库艾特流”的精确解不会运用 Navier-Stokes 方程中的多个项。

在科学与工程学中,微分方程精确解为数众多,许多书籍对此进行了编目分类。这些书籍介绍了常微分方程(例如,Polyanin 和 Zaitsev,2003)、线性偏微分方程(PDE)(Kevorkian,2000;Polyanin,2002;Meleshko,2005)和非线性偏微分方程(Kevorkian,2000;Polyanin 和 Zaitsev,2004;Meleshko,2005)。除此之外,各专门学科的参考文献中也有很多关于精确解的内容,例如有关热传导(Carslaw 和 Jaeger,1959)、流体力学(Panton,2005;White,2006)、线性弹性(Timoshenko 和 Goodier,1969;Slaughter,2002)、弹性动力学(Kausel,2006)以及振动与屈曲(Elishakoff,2004)的文献。普通的黎曼问题涉及气体动力学的一维非稳定无黏性方程的精确弱(即不连续)解(Gottlieb 和 Groth,1988)。

6.2.1　程序

与第 6.3 节讨论的虚构解方法(MMS)相比,求精确解的传统方法解决了以下问题:给定某个偏微分方程、域以及边界条件和/或初始条件,求精确解。在本节中,我们提出了一些比较简单的获取精确解的传统方法,并简要介绍了一些较先进的(非传统的)方法。有关传统的偏微分方程(PDE)求解方法的详细信息,请参见 Ames(1965)和 Kevorkian(2000)的著作。

6.2.1.1　**变量分离法**

“变量分离法”是求解线性偏微分方程(PDE)最常见的方法,但是它也可用于求解某些非线性偏微分方程(PDE)。以一个无向量偏微分方程(PDE)为例,其应变量为 u,自变量为 t 和 x。此时,有乘法和加法两种分离变量的方式,可以各自归纳为:

乘法:　　　　　　　　$u(t,x) = \varphi(t)\psi(x)$

加法:　　　　　　　　$u(t,x) = \varphi(t) + \psi(x)$

变量分离的乘法形式最为常见。

在变量分离的示例中,考虑一维非稳定热传导方程,热扩散系数常数 α,则

$$\frac{\partial T}{\partial t} = \alpha \frac{\partial^2 T}{\partial x^2} \tag{6-1}$$

其中,$T(t,x)$ 表示温度。首先,通过采用简单的变换 $t = \alpha \bar{t}$ 和 $x = \alpha \bar{x}$ 简化此方程。通过这些变换,热传导方程可以简化为

$$\frac{\partial \bar{T}}{\partial \bar{t}} = \frac{\partial^2 \bar{T}}{\partial \bar{x}^2} \tag{6-2}$$

使用变量分离的乘法形式 $T(\bar{x},\bar{t}) = \phi(\bar{t})\psi(\bar{x})$,微分方程可重写为

$$\frac{\phi_t(\bar{t})}{\phi(\bar{t})} = \frac{\psi_{xx}(\bar{x})}{\psi(\bar{x})} \tag{6-3}$$

其中下标表示相对于下标变量的微分。由于式(6-3)左侧独立于 $\bar{x}$，右侧独立于 $\bar{t}$，所以两侧均须等于常数 a，即

$$\frac{\phi_t(\bar{t})}{\phi(\bar{t})} = \frac{\psi_{xx}(\bar{x})}{\psi(\bar{x})} = a \tag{6-4}$$

因此，式(6-3)的两侧可分别写为

$$\left. \begin{array}{l} \dfrac{\mathrm{d}\phi}{\mathrm{d}\bar{t}} - a\phi = 0 \\[2mm] \dfrac{\mathrm{d}^2\psi}{\mathrm{d}\bar{x}^2} - a\psi = 0 \end{array} \right\} \tag{6-5}$$

可以使用常微分方程的标准方法整合式(6-5)。代回 x 和 t 后，最终得到两个取决于 a 符号的通解(Meleshko, 2005)：

$$\left. \begin{array}{l} a = \lambda^2 : u(t,x) = \exp\left(\dfrac{\lambda^2 t}{\alpha}\right)\left[c_1\exp\left(\dfrac{-\lambda x}{\alpha}\right) + c_2\exp\left(\dfrac{\lambda x}{\alpha}\right)\right] \\[3mm] a = -\lambda^2 : u(t,x) = \exp\left(\dfrac{-\lambda^2 t}{\alpha}\right)\left[c_1\sin\left(-\dfrac{\lambda x}{\alpha}\right) + c_2\cos\left(\dfrac{\lambda x}{\alpha}\right)\right] \end{array} \right\} \tag{6-6}$$

其中，c_1、c_2 和 λ 表示可以根据初始条件和边界条件确定的常数。

6.2.1.2　变换

变换有时可用于将微分方程转换为含已知解的简单形式。不涉及导数的变换称为"点变换"(Polyanin 和 Zaitsev, 2004)，而涉及导数的变换称为正切变换(Meleshko, 2005)。速度图转换就是点转换的一个示例，这种转换形式将自变量和应变量相互切换。正切变换的示例包括 Legendre、Hopf-Cole 和 Laplace 变换。

正切变换一个众所周知的示例就是 Hopf-Cole 变换(Polyanin 和 Zaitsev, 2004)。考虑非线性 Burgers 方程：

$$\frac{\partial u}{\partial t} + u\frac{\partial u}{\partial x} = v\frac{\partial^2 u}{\partial x^2} \tag{6-7}$$

其中，速度 v 假设为常数。由于 Burgers 方程包括 1 个不稳定项 $\left(\dfrac{\partial u}{\partial t}\right)$、1 个线性对流项 $\left(u\dfrac{\partial u}{\partial x}\right)$ 和 1 个扩散项 $\left(v\dfrac{\partial^2 u}{\partial x^2}\right)$，所以 Burgers 方程作为 Navier-Stokes 方程的标量模型方程。Hopf-Cole 变换可从下式得出：

$$u = \frac{-2v}{\phi}\phi_x \tag{6-8}$$

其中，ϕ_x 表示相对于 x 的 ϕ 的偏微分。将 Hopf-Cole 变换代入 Burgers 方程，应用乘积法则，简化得出：

$$\frac{\phi_{tx}}{\phi} - \frac{\phi_t\phi_x}{\phi^2} - v\left(\frac{\phi_{xxx}}{\phi} - \frac{\phi_{xx}\phi_x}{\phi^2}\right) = 0 \tag{6-9}$$

可重写为

$$\frac{\partial}{\partial x}\left[\frac{1}{\phi}\left(\frac{\partial \phi}{\partial t} - v\frac{\partial^2 \phi}{\partial x^2}\right)\right] = 0 \qquad (6\text{-}10)$$

式(6-10)中括号内的项仅仅是使用 $\phi(t,x)$ 作为应变量的一维非稳定热传导式(6-1)。该热传导方程 $\phi(t,x)$ 的任何非零解都可以使用式(6-8)给出的 Hopf-Cole 变换来转换为 Burgers 方程式(6-7)的某个解。

6.2.1.3　特征法

"特征法"是获取双曲线偏微分方程(PDE)精确解的一个方法,目的在于确定某些解特性保持不变的特征曲线/表面。利用这些特征,偏微分方程(PDE)可转换为一组常微分方程,然后以初始数据位置为起点,对这些方程进行整合。当以封闭的形式分析求解形成的常微分方程时,该解将被视为精确解,而要求数值积分的解或者级数解将视为近似解(请参见第6.5节)。

6.2.1.4　高级法

20世纪后半叶就已确定获取偏微分方程精确解的其他方法。其中一个例子就是 Yanenko(1964)提出的微分约束法;另一个例子就是群论的应用,群论广泛应用于代数和几何,用于求解微分方程。这些非传统分析解方法并不属于本书讨论范围,但是有关这些偏微分方法应用的其他信息可参考 Polyanin(2002)、Polyanin 和 Zaitsev(2004)及 Meleshko(2005)的著作。

6.2.2　精确解举例:一维非稳定热传导方程

表6-1给出了由式(6-1)得出的一维非稳定热传导方程的一些通解,其中 A、B、C 和 μ 为任意常数,n 为一个正整数。这些解以及许多其他解可以在 Polyanin(2002)的著作中找到。利用式(6-8),这些解也可以变换为 Burgers 方程的解。

表6-1　一维非稳定热传导方程的精确解

$$\frac{\partial T}{\partial t} = \alpha\frac{\partial^2 T}{\partial x^2}\text{的解}$$

$$T(t,x) = A(x^3 + 6\alpha tx) + B$$

$$T(t,x) = A(x^4 + 12\alpha tx^2 + 12\alpha^2 t^2) + B$$

$$T(t,x) = x^{2n} + \sum_{k=1}^{n}\frac{(2n)(2n-1)\cdots(2n-2k+1)}{k!}(\alpha t)^k x^{2n-2k}$$

$$T(t,x) = A\exp(\alpha\mu^2 t \pm \mu x) + B$$

$$T(t,x) = A\frac{1}{\sqrt{t}}\exp\left(\frac{-x^2}{4\alpha t}\right) + B$$

$$T(t,x) = A\exp(-\mu x)\cos(\mu x - 2\alpha\mu^2 t + B) + C$$

$$T(t,x) = A\mathrm{erf}\left(\frac{x}{2\sqrt{\alpha t}}\right) + B$$

6.2.3　阶验证举例:稳定 Burgers 方程

本节介绍稳定 Burgers 方程的精确解,该精确解将用在有限差分离散的阶验证测试中。Benton 和 Platzmann(1972)介绍了由式(6-7)表示的 Burgers 方程的 35 个精确解。将解 u 设定成仅为 x 的函数来获得 Burgers 方程的稳态形式,从而将式(6-7)还原为以下常微分方程:

$$u \frac{\mathrm{d}u}{\mathrm{d}x} = \nu \frac{\mathrm{d}^2 u}{\mathrm{d}x^2} \tag{6-11}$$

式中:u 为速度;ν 为黏度。

稳定、黏性激波(Benton 和 Platzmann,1972)的 Burgers 方程的精确解采用无量纲形式,由素数表示为

$$u'(x') = -2\tanh(x') \tag{6-12}$$

此 Burgers 方程的无量纲解可通过 $x' = x/L$ 和 $u' = uL/\nu$ 给出的变换转换为量纲量,其中 L 表示基准长度尺度。这个 Burgers 方程的解也是以因数 α 定标的不变量,如下:$\bar{x} = x/\alpha$ 和 $\bar{u} = \alpha u$。最后,可以从 L、基准速度 u_{ref} 和黏度 ν 的角度将雷诺数定义为

$$Re = \frac{u_{\mathrm{ref}} L}{\nu} \tag{6-13}$$

其中,域一般选为 $-L \leqslant x \leqslant L$ 和 u_{ref},域上的最大值为 u。

对于这个例子,稳定 Burgers 方程使用由下式得出的简易隐式有限差分法进行离散:

$$\bar{u}_i \left(\frac{u_{i+1}^{k+1} - u_{i-1}^{k+1}}{2\Delta x} \right) - \nu \left(\frac{u_{i+1}^{k+1} - 2u_i^{k+1} + u_{i-1}^{k+1}}{\Delta x^2} \right) = 0 \tag{6-14}$$

其中,按 i 索引的空间节点之间使用了间距为 Δx 的均匀网格。此离散方案的形式精度阶为 2,可以在截断误差分析中得到。上述离散方案通过设定 $\bar{u}_i = u_i^k$ 进行线性化,然后使用双精度计算在舍入误差内迭代,直到迭代 k 次后的解满足式(6-14)。通过将 $\bar{u}_i = u_i^{k+1}$ 代入式(6-14)获得的迭代余量,会降低大约 14 个数量级。因此,迭代收敛和舍入误差可以忽略(请参见第 7 章),且数值解只包含离散误差。

图 6-1 给出了雷诺数为 8 的 Burgers 方程的解,它同时包括精确解(成比例的维变)和使用 17 个均匀间隔的点获取的数值解(即节点)。此代码验证工作选择了雷诺数低值,以确保对流和扩散项同时执行。须注意的是,由于采用无量纲形式时,扩散项要乘以 $1/Re$,因此选择一个较大的雷诺数可确保有效地按比例缩小扩散项。对于较高的雷诺数,将需要极细的网格才能检测到扩散项中的编码错误。

在从 513 个节点($h = 1$)的最细网格到 9 个节点的最粗网格之间 7 个均匀的网格上获取稳定 Burgers 方程的数值解($h = 64$)。图 6-2(a)给出了离散误差的离散 L_1 和 L_2 范数,两个范数看起来都会随着网格细化以二阶速率变小。图 6-2(b)给出了从式(5-23)计算得出的精度阶。对于这个简易的问题,两个范数均会随着网格细化而快速接近此算法的形式精度阶 2。因此,计算 Burgers 方程数值解使用的代码视为已经过验证可用于所执行的方案,即均匀网格上的稳态解。

6.2.4　阶验证示例:线性弹性

本节介绍了线性弹性的精确解,并举例说明了有限元代码阶验证。目标问题为承载在臂端上的悬臂梁,如图 6-3 所示。分别控制 x 和 y 方向上的位移的方程源自于平面应

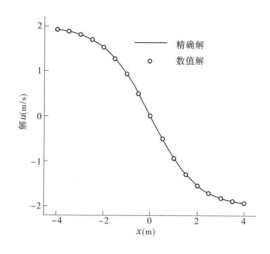

**图 6-1　将使用 17 个节点的数值解与雷诺数 $Re = 8$ 的
稳定 Burgers 方程的精确解进行比较**

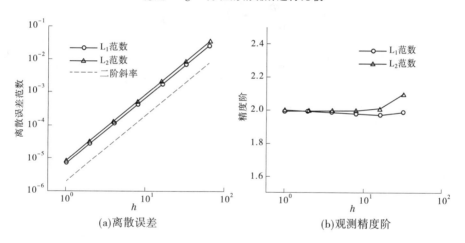

(a)离散误差　　　　　　　　　　　　(b)观测精度阶

图 6-2　雷诺数 $Re = 8$ 的稳定 Burgers 方程的离散误差和观测精度阶

力的静力平衡线性动力方程。假设采用一种各向同性的线性弹性材料,且应变小(即小变形梯度)。位移控制方程可写为

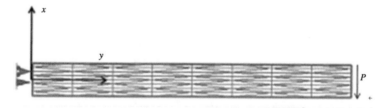

**图 6-3　在臂端上承载的悬臂梁中的平面应力的二维线性弹性问题;
图中还显示了拥有 64 个三角形单元的非结构化网格**

$$\left(1 + \frac{1-\alpha}{2\alpha-1}\right)\frac{\partial^2 u}{\partial x^2} + \frac{1}{2}\frac{\partial^2 u}{\partial y^2} + \left(\frac{1}{2} + \frac{1-\alpha}{2\alpha-1}\right)\frac{\partial^2 v}{\partial x \partial y} = 0 \left.\begin{array}{c}\\ \\ \\ \\\end{array}\right\}$$
$$\left(1 + \frac{1-\alpha}{2\alpha-1}\right)\frac{\partial^2 v}{\partial y^2} + \frac{1}{2}\frac{\partial^2 v}{\partial x^2} + \left(\frac{1}{2} + \frac{1-\alpha}{2\alpha-1}\right)\frac{\partial^2 u}{\partial x \partial y} = 0 \left.\right\} \qquad (6\text{-}15)$$

其中,对于平面应力:

$$\alpha = \frac{1}{1+v}$$

式中:v 为 Poisson 的比率。

对于长度为 L、高度为 h 和宽度为 $w(z$ 方向上$)$的横梁,可计算出位移对应的精确解(Slaughter,2002)。此解已使用上述坐标系进行修改(Seidel,2009),得出如下艾里应力函数:

$$\Phi = -2\frac{xPy^3}{h^3 w} + 2\frac{LPy^3}{h^3 w} + 3/2\frac{xyP}{hw} \qquad (6\text{-}16)$$

结果完全满足平衡和兼容性条件。然后,可以通过下式轻松获取此应力

$$\sigma_{xx} = \frac{\partial^2 \Phi}{\partial y^2} = -12\frac{xyP}{h^3 w} + 12\frac{LPy}{h^3 w} \left.\begin{array}{c}\\ \\ \\ \\ \\ \\\end{array}\right\}$$
$$\sigma_{yy} = \frac{\partial^2 \Phi}{\partial x^2} = 0 \qquad\qquad\qquad \left.\right\} \qquad (6\text{-}17)$$
$$\sigma_{xy} = \frac{\partial^2 \Phi}{\partial x \partial y} = 6\frac{Py^2}{h^3 w} - 3/2\frac{P}{hw} \left.\right\}$$

应力—应变关系由下式得出

$$\sigma_{xx} = \frac{E}{1-v^2}(\varepsilon_{xx} + \nu\varepsilon_{yy})$$

$$\sigma_{yy} = \frac{E}{1-v^2}(\nu\varepsilon_{xx} + \varepsilon_{yy})$$

$$\sigma_{xy} = \frac{E}{1+v}\varepsilon_{xy}$$

且应变通过下式与位移相关联

$$\varepsilon_{xx} = \frac{\partial u}{\partial x}$$

$$\varepsilon_{yy} = \frac{\partial u}{\partial v}$$

$$\varepsilon_{xy} = \frac{1}{2}\left(\frac{\partial u}{\partial y} + \frac{\partial v}{\partial x}\right)$$

此解得出上下表面的无牵引力条件,即

$$\sigma_{yy}(x,h/2) = \sigma_{xy}(x,h/2) = \sigma_{yy}(x,-h/2) = \sigma_{xy}(x,-h/2) = 0$$

且零净轴向力的静力当量臂端载荷、零弯矩和 $-P$ 臂端上的应用剪切力:

$$\int_{-h/2}^{h/2}\sigma_{xx}(L,y)\,\mathrm{d}y = 0$$

$$\int_{h/2}^{h/2}y\sigma_{xx}(L,y)\,\mathrm{d}y = 0$$

$$\int_{-h/2}^{h/2}\sigma_{xy}(L,y)\mathrm{d}y = -P/w$$

臂上条件完全限制在中性轴($y=0$)上,上角无旋转($y=h/2$):

$$u(0,0) = 0$$
$$v(0,0) = 0$$
$$u(0,h/2) = 0$$

因此,x 和 y 方向上的位移变成:

$$u = 1/2\left[2\frac{Py^3}{h^3w} - 3/2\frac{yP}{hw} + \alpha\left(-6\frac{x^2Py}{h^3w} + 12\frac{LPyx}{h^3w} + 2\frac{Py^3}{h^3w} - 1/2\frac{(-2P+\alpha P)y}{w\alpha h}\right)\right]\mu^{-1}$$

$$v = 1/2\left[6\frac{xPy^2}{h^3w} - 6\frac{xPLy^2}{h^3w} - 3/2\frac{xP}{hw} + \alpha\left(-6\frac{xPy^2}{h^3w} + 6\frac{PLy^2}{h^3w} + 2\frac{x^3P}{h^3w} - 6\frac{PLx^2}{h^3w} + 1/2\frac{(-2P+\alpha P)x}{w\alpha h}\right)\right]\mu^{-1}$$

$$(6\text{-}18)$$

式中:μ 为剪切模量。

使用线性基础函数获取式(6-15)弱形式对应的有限元解,得出该位移对应的形式二阶精度算法(Seidel,2009)。也要根据下式计算出最大冯·米塞斯应力 J_2:

$$J_2 = \frac{1}{6}\left[(\sigma_{xx}-\sigma_{yy})^2 + \sigma_{xx}^2 + \sigma_{yy}^2 + 6\sigma_{xy}^2\right]$$

使用从 8 个单元的粗网格到 8 192 个单元的细网格的 6 个系统细化网格级进行仿真。图6-4(a)显示了位移中离散误差的 L_2 范数以及最大冯·米塞斯应力中的离散误差,所有 3 个量均表现出了收敛特性。图6-4(b)给出了这 3 个量的精度阶,从图上可以看出,位移接近二阶精度,而最大冯·米塞斯应力看起来收敛到略低于二阶的程度。

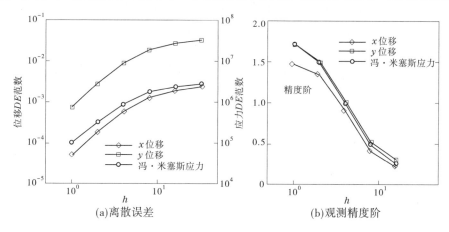

图6-4　雷诺数 $Re=8$ 的稳定 Burgers 方程的离散误差和观测精度阶

6.3　虚构解方法(MMS)

本节介绍了如何获取复杂偏微分方程(PDE)精确解,其中复杂度指非线性、非恒定系数、不规格域形状、高维度、多子模型和方程耦合系统等特征。之前讨论的获取精确解的传统方法一般无法处理这种复杂度。复杂偏微分方程精确解的基本需要就是在代码验证期间进行精度阶测试。

虚构解方法(MMS)是一个普遍适用、非常强大的获取精确解的方法。与尝试使用给定初始条件和边界条件获取偏微分方程(PDE)精确解不同,虚构解的目的在于为稍作修改的方程"虚构"一个精确解。出于代码验证的目的,虚构解不要求与物理真实的问题相关联;如前所述,代码验证仅涉及给定问题的数学方面。支撑虚构解方法的一般概念是事先选择一个解,然后运算控制PDE,得出所选解,从而生成不要求离散的附加分析源项。然后,所选(虚构的)解便是由原始方程和附加的分析源项组成的修正控制方程的精确解。因此,虚构解方法涉及倒向问题的解:给定一组原始方程和一个选定的解,找出一组选定解将满足的一组修正方程。

尽管生成精确解的虚构解方法并不新鲜(例如,请参见 Zadunaisky,1976;Stetter,1978),Roache 和 Steinberg(1984)以及 Steinberg 和 Roache(1985)似乎是第一个利用这些精确解进行代码验证的人。他们最初的工作就关注随着系统网格细化,离散误差的收敛渐近速率。Shih(1985)单独制定了一个科学计算代码漏洞排除的类似程序,但是并未利用网格细化评估收敛或者精度阶。

Roache 等(1990)和 Roache(1998)随后细化了代码验证用虚构解的基本概念。"虚构解"这个词汇是 Oberkampf 等(1995)创造的,指通过该方法生成(或者虚构)一个所选分析解对应的相关控制方程集。Knupp 和 Salari(2003)对代码验证用虚构解进行了广泛的探讨,包括该方法的细节以及在各种不同偏微分方程中的应用。Roache(2002)和 Roy(2005)最近表达了对虚构解方法程序的看法。尽管虚构解并不常用于验证计算流体力学代码(例如 Roache 等,1990;Pelletier 等,2004;Roy 等,2004;Eca 等,2007),但是它也已经开始应用在其他学科,例如流 - 固耦合作用(Tremblay 等,2006)。

通过虚构解方法,可生成几乎任意复杂度的偏微分方程的精确解,有关值得注意的例外情况,请参阅第6.3.3节。当与第5章介绍的阶验证程序结合使用时,虚构解方法是一个强有力的代码验证工具。需要物理真实的虚构解时,可以使用第6.4节讨论的修正虚构解方法。

6.3.1　程序

使用虚构解获取精确解的过程相当简单。对于标量的数学模型,此过程可归纳如下。

步骤1:确立数学模型形式 $L(u)=0$,其中 $L(\cdot)$ 表示微分算子,u 表示应变量。

步骤2:选择虚构解 $\hat{u}$ 的分析形式。

步骤3:将数学模型 $L(\cdot)$ 代入虚构解 $\hat{u}$,获取分析源项 $s=L(\hat{u})$。

步骤4:通过并入分析源项 $L(u)=s$ 获取数学模型的修正形式。

由于分析源项的获取方式,仅是自变量的函数,并不取决于 u。可以直接从虚构解 $\hat{u}$ 获取初始条件和边界条件。对于一组方程,可以将虚构解 $\hat{u}$ 和源项 s 简单地认为是向量,但是该过程保持不变。

使用虚构解方法生成数学模型精确解的一个优点在于该过程不受非线性或者耦合方程组的影响。但是,此方法在概念上不同于经正规培训的科学家和工程师在问题解决中所了解的方法。因此,这对于核验突出虚构解微妙特性的简单例子非常有帮助。

再次以第6.2.1.1部分所述的非稳定一维热传导方程为例。采用 $L(T)=0$ 的形式表示的偏微分控制方程为

$$\frac{\partial T}{\partial t} - \alpha \frac{\partial^2 T}{\partial x^2} = 0 \tag{6-19}$$

指定控制方程后,下一步即可选择分析虚构解。第6.3.1.1部分将详细介绍解的选择方法,但此处仅以指数和正弦函数的组合为例进行说明:

$$\hat{T}(x,t) = T_0 \exp(t/t_0) \sin(\pi x/L) \tag{6-20}$$

由于此选择解的分析特性,控制方程中的导数可以准确地估算为:

$$\frac{\partial \hat{T}}{\partial t} = T_0 \sin(\pi x/L) \frac{1}{t_0} \exp(t/t_0)$$

$$\frac{\partial^2 \hat{T}}{\partial x^2} = -T_0 \exp(t/t_0) (\pi/L)^2 \sin(\pi x/L)$$

现在我们通过并入上述导数,以及方程右侧的热扩散系数 α 来修正数学模型。修正后的控制方程为

$$\frac{\partial T}{\partial t} - \alpha \frac{\partial^2 T}{\partial x^2} = \left[\frac{1}{t_0} + \alpha \left(\frac{\pi}{L} \right)^2 \right] T_0 \exp(t/t_0) \sin(\pi x/L) \tag{6-21}$$

式(6-21)的左侧与式(6-19)表示的原始数学模型一样,因此所述代码中的基础数值离散并没有修正。

从物理角度看,右侧可以视为分布式源项,但是事实上,它只是一个方便的数学结构,支持直接进行代码验证测试。虚构解方法的主要基本概念就是式(6-21)的精确解已知,并使用式(6-20)表示,该方程是最初选择的虚构解 $\hat{T}(x,t)$。

随着控制方程变得越来越复杂,应使用符号运算工具,如 Mathematica™、Maple™ 或 MuPAD。这些工具在最近 20 年里已趋于成熟,可以实现快速的符号微分和表达式简化。多数符号运算软件包能够直接将解和源项输出为 Fortran 和 C/C++ 编程语言的计算机源代码。

6.3.1.1　虚构解代码验证指南

用于代码验证研究时,虚构解应被选择作为带平滑导数的分析函数。如此可确保无导数消失,包括出现在控制方程的交叉导数。由于三角法和指数函数都属于平滑无穷次可微函数,所以建议使用这类函数。如前所述,阶验证程序涉及系统细化空间网格和/或时间步长。因此,对于复杂的三维应用,获取数值解的成本非常高昂。在一些情况下,只要降低虚构解在所选域上的频率含量,即可大幅度降低使用虚构解方法在多维条件下执行阶验证研究的高成本。换言之,无需获取域上的正弦虚构解的整个周期,通常只需要周期的一部分(1/3、1/5 等)就足以执行代码中的项。

尽管虚构解用于代码验证时不需要是物理真实的,但是选择时须遵守某些具体限制的要求。例如,如果代码要求温度为正数(例如,评估涉及温度平方根的声速时),则选择能够确保温度值显著大于零的虚构解。

　　须注意的是,控制方程的项不会凌驾于另一个项。例如,即便 Navier-Stokes 代码实际将用于高雷诺数流,但是当执行代码验证研究时,须选择能够确保雷诺数接近"1"的虚构解,这样对流和扩散项才能拥有相同的数量级。对于量级相对较小的项(例如,如果该项按 $1/Re$ 等较小的参数缩小),则通过阶验证仍可以发现错误,但是可能只有在极度细化的网格上才能发现。

　　对于确保控制方程中的所有项在域的某一个重要区域上拥有基本相同的数量级,一个比较严谨的方法就是核验这些项的比率。Roy 等(2007b)将此过程用作计算流体力学代码精度阶验证的一部分,包括复杂的双方程湍流模型。图 6-5 给出了控制湍流动能输运的方程中的不同项的比率示例。从这些图中可以看出,在域的多数部分,此输运方程中的对流项、生成项和破坏项拥有基本相同的数量级。

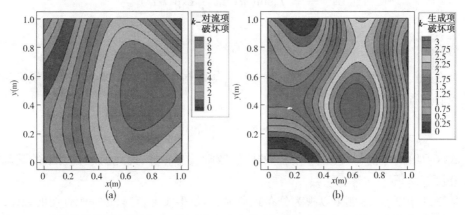

图 6-5　湍流动能输运方程的(a)对流项和(b)生成项与破坏项的比率(摘自 Roy 等,2007b)

6.3.1.2　边界条件和初始条件

　　偏微分方程(PDE)和各种子模型的离散方案构成了多数科学计算代码中可能方案的重要部分。当对这些方案执行代码验证研究时,有两种方法可处理边界条件和初始条件。第一种方法就是根据微分方程数学特性的要求,设定数学上一致的边界条件和初始条件。例如,如需狄利克雷(固定值)边界条件或者诺伊曼(固定梯度)边界条件,可以直接通过分析虚构解确定(尽管在边界上,这些一般不恒定)。第二种方法就是直接使用来自虚构解的狄利克雷或诺伊曼值确定所有边界值。后一种方法尽管数学上不适用,但是通常不会对精度阶测试产生不良影响。在任何情况下,边界条件超规格将不会导致精度阶测试假阳性(即验证了精度阶,但是代码中存在错误或者离散算法不一致的情况)。

　　为了验证边界条件的实现,须调整虚构解,使其完全满足某个域边界上给定边界条件的要求。Bond 等(2007)提出了一个可确保在一般边界上满足给定的边界条件的普适的虚构解调整方法。该方法涉及将任何标准虚构解乘以在指定边界上值和/或导数为零的函数。若要修正温度对应的二维稳态解的虚构解的标准形式,可以简单地将虚构解写为如下形式:

$$\hat{T}(x,y) = T_0 + \hat{T}_1(x,y) \tag{6-22}$$

其中,$\hat{T}_1(x,y)$ 为任意基准虚构解。例如,此虚构解可采用形式

$$\hat{T}_1(x,y) = T_x f_s\left(\frac{a_x \pi x}{L}\right) + T_y f_s\left(\frac{a_y \pi y}{L}\right) \tag{6-23}$$

其中,$f_s(\cdot)$函数表示正弦和余弦的组合;T_x、T_y、a_x 和 a_y 为常数(注意此处使用的下标不表示微分)。

对于二维问题,边界可以使用普通曲线 $F(x,y) = C$ 表示,其中 C 表示常数。可通过将 $\hat{T}_1(x,y)$ 的空间变化部分乘以函数 $[C - F(x,y)]^m$ 计算出一个适用于验证边界条件的新虚构解,即

$$\hat{T}_{BC}(x,y) = T_0 + \hat{T}_1(x,y)[C - F(x,y)]^m \tag{6-24}$$

当 $m = 1$ 时,此程序将确保在指定的边界上,虚构解等于常数 T_0。当 $m = 2$ 时,除针对温度执行上述狄利克雷边界条件,也将会确保垂直于边界的温度梯度等于零,即此二维温度热传导方程示例的绝热边界条件。

事实上,曲线 $F(x,y) = C$ 用于确定待测试边界条件的域边界。

为了说明此程序,我们将为温度选择以下的简易虚构解:

$$\hat{T}(x,y) = 300 + 25\cos\left(\frac{7}{4}\frac{\pi x}{L}\right) + 40\sin\left(\frac{4}{3}\frac{\pi y}{L}\right) \tag{6-25}$$

其中,假设温度使用开氏度作为单位。对于将应用狄利克雷边界条件或者诺伊曼条件的表面,选择:

$$F(x,y) = \frac{1}{2}\cos\left(\frac{0.4\pi x}{L}\right) - \frac{y}{L} = 0 \tag{6-26}$$

图 6-6(a)给出了左边界为 $x/L = 0$、右边界为 $x/L = 1$、上边界为 $y/L = 1$、底部为上述定义的表面 $F(x,y) = 0$ 的网格。图 6-6(b)还给出了使用式(6-25)表示的标准虚构解,从图上可以明显看出,未满足常数值和梯度边界条件。

将基准虚构解与边界规范相结合,得出

$$\hat{T}_{BC}(x,y) = 300 + \left[25\cos\left(\frac{7}{4}\frac{\pi x}{L}\right) + 40\sin\left(\frac{4}{3}\frac{\pi y}{L}\right)\right]\left[-\frac{1}{2}\cos\left(\frac{0.4\pi x}{L}\right) + \frac{y}{L}\right]^m$$

$$\tag{6-27}$$

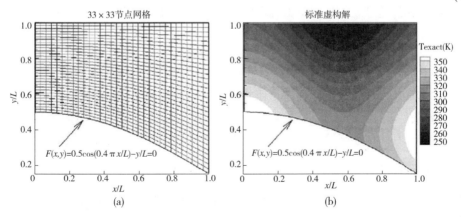

图 6-6　虚构解边界条件示例的网格(a)和基准虚构解(b)

其中,当 $m=1$ 时,弯曲的下边界将满足 300 K 的恒温条件,如图 6-7(a)的虚构解所示。当 $m=2$(见图 6-7(b))时,也满足零梯度(即绝热)边界条件。有关此方法的详细信息,以及延伸至三维的方法,请参见 Bond 等(2007)的著作。

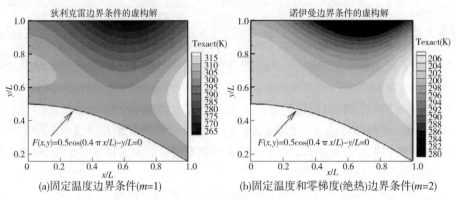

(a)固定温度边界条件($m=1$)　　　　　　(b)固定温度和零梯度(绝热)边界条件($m=2$)

图 6-7　式(6-27)给出的虚构解

6.3.2　代码验证使用虚构解方法的优点

代码验证时使用虚构解方法的优点很多。或许最重要的优点便是由于上述程序可轻松用于非线性、耦合方程组,所以虚构解方法可用来处理复杂的数学模型,而不会引入困难点。除此之外,虚构解也用于验证科学计算代码中的多数编码方案,包括数值算法的一致性/收敛。此程序非离散方案专用,而是同时适用于有限差分法、有限容积法和有限元法。

人们发现代码验证虚构解法时,它对离散中的错误十分敏感(请参见 Roache(1998)所著第 3.11 节的示例)。在非结构化网格的可压缩 Navier-Stokes 代码的一个特殊情况中(Roy 等,2007b),人们发现离散误差的全局范数是非收敛的。进一步研究发现,用于生产源项的控制方程与代码中的模型实现之间的恒定热导率存在小的差异(在第 4 个有效数中!)。修正此差异后,阶验证即可通过。相同的研究发现扩散算子的离散格式中存在算法不一致的情况,这造成偏斜网格出现无序性。这一构想已在至少一个商用计算流体力学代码中实现(有关详细信息,请参见 Roy 等(2007b))。

除能够指示存在编码错误(即漏洞)外,虚构解过程还可以结合阶验证成为一个发现和排除这些错误(即漏洞排除)的强有力工具。精度阶测试失败后,数学模型和数值离散中的各个项可以被忽略,从而允许用户快速将这些项和编码错误分离开来。当结合上节讨论的边界条件验证方法以及一系列不同拓扑结构的网格(例如,六面体、棱柱、四面体和混合型网格,具体请参阅第 5 章)时,用户可以借助这些工具进行代码漏洞排除。

6.3.3　代码验证使用虚构解方法的限制

使用虚构解过程进行代码验证存在一些限制因素。其中,主要的限制在于它要求用户将任意源项、初始条件和边界条件并入某个代码中。即便该代码提供了一个可并入这些附加接口的框架,其特定的形式也会随着每个虚构解的不同而发生变化。因此,虚构解过程是代码侵入式的。在黑盒测试程序中,代码仅仅是基于给定的一组输入,返回一些输出,所以虚构解过程一般无法作为黑盒测试程序来执行。除此之外,改变数学模型的每个代码方案都要求生成全新的源项。因此,当需要验证多个代码方案时,使用虚构解进行阶验证将是一件非常耗时的工作。

由于代码验证的虚构解过程依赖平滑解,所以不连续弱解(如带冲击波的解)的分析仍是一个开放性的研究问题。对于广义 Riemann 问题(Gottlieb 和 Groth,1988)等不连续问题,有一些传统的精确解,而且还确立了涉及冲击波和爆轰波的更复杂的解,这些解会涉及无穷级数(Powers 和 Stewart,1992)或者改变应变量(Powers 和 Aslam,2006)。然而,就我们目前所知,现在仍未创建不连续的虚构解。验证用于解决涉及不连续性问题的代码时,需要此类"弱"精确解。

在控制方程本身包含最大、最小或者其他非平滑切换函数的数学模型中使用虚构解方法时也会出现困难。这些函数一般不会产生连续的虚构解源项。可以简单地通过关闭切换函数的不同分支(Eca 等,2007)或者通过调整虚构解来处理这些切换函数,让某个给定的验证测试只使用一个切换分支(Roy 等,2007b)。与后一种方法相比,前一种方法比较简单,但是代码侵入性更高。我们建议模型开发人员采用平滑的混合函数,例如双曲正切,以简化代码验证测试过程,并尽可能提高数值解过程的稳定性。例如,以函数 $\max(y_1,y_2)$ 为例,其中 y_1 和 y_2 由下式得出:

$$y_1(x) = x, y_2 = 0.2$$

对这个 $x=0.2$ 区域内的最大值函数进行平滑处理的一个方法就是双曲正切平滑函数,由下式得出

$$\max(y_1,y_2) \approx Fy_1 + (1 - F)y_2$$

其中
$$F = \frac{1}{2}\left[\tanh(y_1/y_2) + 1\right] \tag{6-28}$$

另一个方法就是使用以下多项式表达式:

$$\max(y_1,y_2) \approx \frac{\sqrt{(y_1 - y_2)^2 + 1} + y_1 + y_2}{2} \tag{6-29}$$

$\max(y_1,y_2)$ 两个近似法的示意图如图 6-8 所示。相对于原 $\max(y_1,y_2)$ 函数,此双曲正切近似法的误差更小,但是会形成一个拐点,在该拐点上,此函数的第一个导数(斜率)的符号将会发生变化。多项式函数属于单调函数,但是其误差更大。依赖于表格数据(即查找表)的模型也会存在同样的问题,且须考虑此类数据的平滑逼近。当数学模型包含因没有封闭解而须从数值角度进行求解(例如,通过勘根定理)的复杂代数子模型时,虚构解也会受限。对于此类复杂的子模型,最好使用第 4 章讨论的单元和/或组件级软件测试单独求解。

6.3.4 使用虚构解进行阶验证的示例

这里举出两个使用虚构解生成精确解的示例。然后,使用精度阶测试,利用这些虚构解进行代码验证。

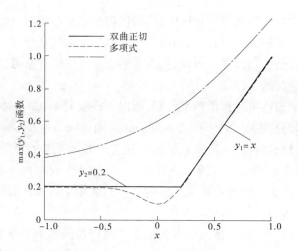

图 6-8　使用式(6-28)中的双曲正切和式(6-29)中
的多项式平滑逼近 $\max(y_1, y_2)$ 的示例

6.3.4.1　二维稳定热传导方程

使用虚构解的阶验证已应用于热导率恒定的稳态热传导方程。控制方程简单地还原为温度的 Poisson 方程：

$$\frac{\partial^2 T}{\partial x^2} + \frac{\partial^2 T}{\partial y^2} = s(x,y) \tag{6-30}$$

式中：$s(x,y)$ 为虚构解源项。

形式的坐标变换如下：

$$(x,y) \rightarrow (\xi, \eta)$$

用于将控制方程全局地变换为笛卡儿计算空间，其中 $\Delta\xi = \Delta\eta = 1$（Thompson 等，1985）。变换后的控制方程因此变成：

$$\frac{\partial F_1}{\partial \xi} + \frac{\partial G_1}{\partial \eta} = \frac{s(x,y)}{J} \tag{6-31}$$

其中，J 表示网格变换的雅可比行列式，通量 F_1 和 G_1 定义为

$$F_1 = \frac{\xi_x}{J}F + \frac{\xi_y}{J}G$$

$$G_1 = \frac{\eta_x}{J}F + \frac{\eta_y}{J}G$$

其中：

$$F = \xi_x \frac{\partial T}{\partial \xi} + \eta_x \frac{\partial T}{\partial \eta}$$

$$G = \xi_y \frac{\partial T}{\partial \xi} + \eta_y \frac{\partial T}{\partial \eta}$$

隐式点雅可比法（Tannehill 等，1997）用于推动离散方程得出稳态解。变换坐标使用了标准、三点、中心有限差分，同时中心差分也用于网格变换度量项（x_ξ、x_η、y_ξ 等），从而得出离散方案的空间表达形式二阶精度。数值解迭代收敛至机器零，即对于所采用的双精

度计算,迭代残值下降大约 14 个数量级。因此,假设迭代和舍入误差可忽略,数值解便是离散方程的精确解。

选择以下虚构解:

$$\hat{T}(x,y) = T_0 + T_x\cos\left(\frac{a_x\pi x}{L}\right) + T_y\sin\left(\frac{a_y\pi y}{L}\right) + T_{xy}\sin\left(\frac{a_{xy}\pi\,xy}{L^2}\right) \qquad (6\text{-}32)$$

其中:

$$T_0 = 400\ \text{K}, T_x = 45\ \text{K}, T_y = 35\ \text{K}, T_{xy} = 27.5\ \text{K},$$
$$a_x = 1/3, a_y = 1/4, a_x y = 1/2, L = 5\ \text{m}$$

且狄利克雷(固定值)边界条件应用在由式(6-32)确定的所有 4 个边界上。首先通过生成最细网格(129×129 个节点),然后连续消除每隔一条网格线创建较粗的网格,创建一组展宽的笛卡儿网格,从而确保了系统细化(或者在这种情况下粗化)。图 6-9 给出了具有 33×33 个节点的网格,图中显示 x 方向上域重心以及 y 方向上接近底部边界出现显著的展宽。式(6-32)得出的虚构解的示意图如图 6-10 所示。在域上,温度平滑变化,虚构解给出了两个坐标方向上的变化。

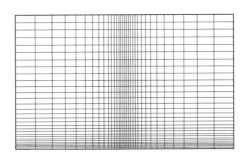

图 6-9　二维稳定热传导方程问题的
33×33 个节点的展宽笛卡儿网格

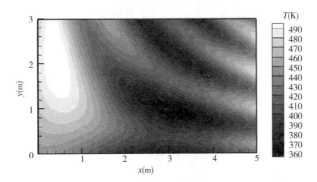

图 6-10　二维稳定热传导方程问题的温度的虚构解

针对大小从 129×129 个节点($h=1$)到 9×9 个节点($h=16$)的网格,计算出离散误差(即数值解与虚构解之间的差)的离散 L_2 范数,如图 6-11(a)所示。这些范数遵循预期的二阶斜率。针对连续的网格级,使用式(5-23)计算离散误差 L_2 范数的观测精度阶,结果如图 6-11(b)所示。图中显示,观测精度阶随着网格细化收敛到形式阶 2,因此认为代码已针对被测方案通过验证。须注意的是,尽管离散变换经过网格聚类方面的测试,但是选择了这些网格拓扑结构便表示将不会对处理单元格偏斜度或者坐标(ξ_y、η_x)的网格度量项的实现进行测试。

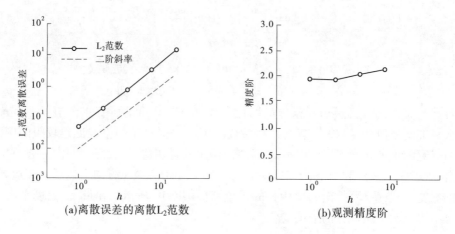

(a)离散误差的离散L$_2$范数　　　　　(b)观测精度阶

图 6-11　二维稳定热传导方程问题的代码验证

6.3.4.2　二维稳定欧拉方程

此虚构解处理的是控制非黏流体流的欧拉方程。这个例子摘自 Roy 等(2004)的著作。我们将论证使用虚构解生成精确解的步骤以及阶验证程序。这个欧拉方程的二维、稳态形式由下式得出:

$$\left.\begin{array}{l} \dfrac{\partial(\rho u)}{\partial x} + \dfrac{\partial(\rho v)}{\partial y} = s_m(x,y) \\[3mm] \dfrac{\partial(\rho u^2 + p)}{\partial x} + \dfrac{\partial(\rho uv)}{\partial y} = s_x(x,y) \\[3mm] \dfrac{\partial(\rho vu)}{\partial x} + \dfrac{\partial(\rho v^2 + p)}{\partial y} = s_y(x,y) \\[3mm] \dfrac{\partial(\rho u e_t + pu)}{\partial x} + \dfrac{\partial(\rho v e_t + \rho_v)}{\partial y} = s_e(x,y) \end{array}\right\} \tag{6-33}$$

其中右侧为与虚构解配合使用的任意源项 $s(x,y)$。在这些方程中,u 和 v 分别表示 x-方向和 y-方向速度的笛卡儿坐标系分量,ρ 表示密度,p 表示压力,e_t 表示总比能。对于量热完全气体,e_t 可由下式得出

$$e_t = \frac{1}{\gamma - 1}RT + \frac{u^2 + v^2}{2} \tag{6-34}$$

式中:R 为比气体常数;T 为温度;γ 为比热率。

用于封闭方程组的最终关系就是理想的气体状态方程:

$$p = \rho RT \tag{6-35}$$

此类情况下的虚构方程被选作简单的正弦函数,由下式得出

$$
\left.
\begin{aligned}
\rho(x,y) &= \rho_0 + \rho_x \sin\left(\frac{a_{\rho x}\pi x}{L}\right) + \rho_y \cos\left(\frac{a_{\rho y}\pi y}{L}\right) \\
u(x,y) &= u_0 + u_x \sin\left(\frac{a_{ux}\pi x}{L}\right) + u_y \cos\left(\frac{a_{uy}\pi y}{L}\right) \\
v(x,y) &= v_0 + v_x \cos\left(\frac{a_{vx}\pi x}{L}\right) + v_y \sin\left(\frac{a_{vy}\pi y}{L}\right) \\
p(x,y) &= p_0 + p_x \cos\left(\frac{a_{px}\pi x}{L}\right) + \rho_y \sin\left(\frac{a_{py}\pi y}{L}\right)
\end{aligned}
\right\}
\tag{6-36}
$$

此处的下标指的是常数(无微分),单位和变量相同,无量纲常数 a 一般在 $0.5 \sim 1.5$ 变化,这样,在某个 $L \times L$ 的正方形域上,就可以计算出低频率的解。本示例中,我们选择这些常数用于得出 x 正方向和 y 正方向的超声速流。尽管并非必要,但是这种选择将流入边界条件简化为流入边界上的狄利克雷(指定)值,而流出边界值可直接从内部向外推理得出。流入边界条件可从虚构解直接指定。表 6-2 给出了专门为此示例设定的常数。密度对应的虚构解如图 6-12 所示。在两个坐标系方向上,密度在 $0.92 \sim 1.13 \ \mathrm{kg/m^3}$ 平滑变化。

表 6-2 超声速欧拉虚构解的常数

方程,φ	φ_0	φ_x	φ_y	$a_{\phi x}$	$a_{\phi y}$
$\rho(\mathrm{kg/m^3})$	1	0.15	-0.1	1	0.5
$u(\mathrm{m/s})$	800	50	-30	1.5	0.6
$v(\mathrm{m/s})$	800	-75	40	0.5	2./3.
$p(\mathrm{N/m^2})$	1×10^5	0.2×10^5	0.5×10^5	2	1

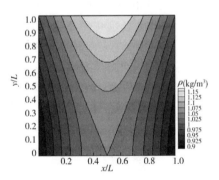

图 6-12 欧拉方程的密度的虚构解

将所选虚构解代入控制方程,分析确定源项。例如,质量守恒方程的源项可由下式得出:

$$
\begin{aligned}
s_m(x,y) &= \frac{a_{ux}\pi u_x}{L}\cos\left(\frac{a_{ux}\pi x}{L}\right)\left[\rho_0 + \rho_x\sin\left(\frac{a_{\rho x}\pi x}{L}\right) + \rho_y\cos\left(\frac{a_{\rho y}\pi y}{L}\right)\right] + \\
&\quad \frac{a_{vy}\pi v_y}{L}\cos\left(\frac{a_{vy}\pi y}{L}\right)\left[\rho_0 + \rho_x\sin\left(\frac{a_{\rho x}\pi x}{L}\right) + \rho_y\cos\left(\frac{a_{\rho y}\pi y}{L}\right)\right] +
\end{aligned}
$$

$$\frac{a_{\rho x}\pi\rho_x}{L}\cos\left(\frac{a_{\rho x}\pi x}{L}\right)\left[u_0 + u_x\sin\left(\frac{a_{ux}\pi x}{L}\right) + u_y\cos\left(\frac{a_{uy}\pi y}{L}\right)\right] +$$

$$\frac{a_{\rho y}\pi\rho_y}{L}\sin\left(\frac{a_{\rho y}\pi y}{L}\right)\left[v_0 + v_x\cos\left(\frac{a_{vx}\pi x}{L}\right) + v_y\sin\left(\frac{a_{vy}\pi y}{L}\right)\right]$$

　　动量方程和能量方程的源项明显更加复杂,且所有源项均使用 Mathematica^{TM} 获取。图 6-13 给出了能量守恒方程的源项图。注意源项在两个坐标方向上的平滑变化。

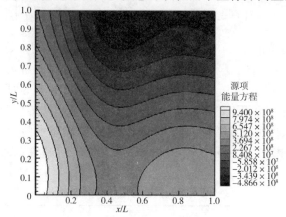

图 6-13　能量守恒方程的分析源项

　　控制方程在多个网格上进行了离散和求解。在这种情况下,要采用两个不同的有限容积计算流体力学代码:非结构化网格代码 Premo 和结构化网格代码 Wind(有关详细信息,请参见 Roy 等(2004)的著作)。对于对流项,两个代码均利用二阶 Roe 迎风格式(Roe,1981)。因此,对于平滑问题,两个代码的形式精度阶为二阶。

　　表 6-3 总结了所采用的 5 个笛卡儿网格。通过以 1 条网格线为间隔连续消除细网格上的网格线,从而发现较粗的网格(即网格细化系数 $r = 2$)。须注意的是,尽管为了简化起见,当前示例是在笛卡儿网格上执行的,但是更加普适的代码验证分析将采用对于该代码最普适的网格(例如,显著展宽、具有一定偏斜度、需要边界取向的非结构化网格)。有关详细的网格拓扑结构问题的讨论,请参见第 5.4 节。

表 6-3　欧拉虚构解中采用的笛卡儿网格

名称	节点数	间距, h
网格 1	129×129	1
网格 2	65×65	2
网格 3	33×33	4
网格 4	17×17	8
网格 5	9×9	16

　　通过测量该离散误差对应的离散 L_∞ 和 L_2 范数获得全局离散误差,其中精确解直接从式(6-36)给出的所选虚构解获得。图 6-14(a)给出了密度 ρ 对应的这两个离散误差范

数的特性,其中密度 ρ 随单元格尺寸 h 而变。在对数尺度上,一阶格式的斜率为"一",而二阶格式的斜率为"二"。该密度对应的离散误差范数看起来会收敛到二阶精度。

　　一个量化程度更高的观测精度阶评估方法就是使用离散误差的范数计算精度阶。由于精确解已知,所以可从式(5-23)得出离散误差范数的观测精度阶的关系式。图 6-14(b)给出了观测精度阶与单元尺寸 h 之间的函数关系。Premo 代码明显接近二阶精度,而 Wind 代码的精度阶似乎略高于 2。一般而言,误差抵消可能导致观测精度阶高于形式阶,但并不表示阶验证测试失败(尽管这可能表示错误决定着该方法的形式精度阶)。对于 Wind 代码,进一步细化网格可能会得到更加明确的结果。在这种情况下,两种代码的观测精度阶均接近于零,因此会恢复形式精度阶,而且认为这两个代码验证符合所核验方案的要求。

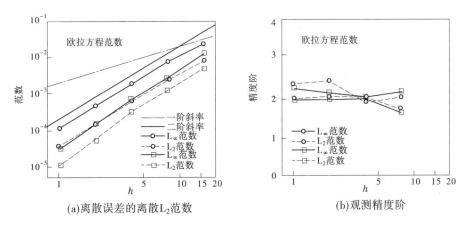

(a)离散误差的离散L₂范数　　　　　(b)观测精度阶

图 6-14　二维稳定热传导方程问题的代码验证

6.4　物理真实虚构解

　　上节讨论的虚构解过程是获取代码验证研究中所用数学模型精确解最普适的方法。由于在代码验证期间,并不要求解具有物理真实感。因此,这些解有一定的任意性,且可以进行调整,以执行数学模型中的所有项。但是,许多情况需要物理真实精确解,例如评估数值算法对网格质量的敏感度、评估离散误差估计量的可靠性以及判断解适应方案的整体效率时。复杂方程物理真实虚构解的获取方法主要有以下两个。

6.4.1　基于理论的解

　　一个获取物理真实虚构解的方法就是将物理现象的简化理论模型用作虚构解的依据。例如,如果知道物理过程的解会随着时间的推移呈现出指数式衰减,则可以利用该形式的虚构解:

$$\alpha\exp(-\beta t)$$

其中,可以选择 α 和 β 得出具有物理意义的解。

　　以下为此方法在湍流中的两个应用示例。Pelletier 等(2004)证实了一种利用 $k-\varepsilon$

双方程湍流模式的二维不可压缩有限元代码。他们构建了模拟湍流剪切流的虚构解,其中湍流动能和湍流涡黏性作为虚构解中指定的两个量。最近,Eca 和 Hoekstra(2006)以及 Eca 等(2007)确立了模拟二维不可压缩 Navier-Stokes 代码的稳定、近壁面层湍流的物理真实虚构解。他们核验了单方程和双方程湍流模型,并注明了在近壁面区域形成物理真实解所遇到的困难。

6.4.2　近问题法(MNP)

第二种生成物理真实虚构解的方法称为"近问题法"(MNP),由 Roy 和 Hopkins(2003)提出。这种方法首先要计算目标问题的高度细化数值解,然后生成该数值解的一个准确的曲线拟合。如果基础数值解和曲线拟合均"足够"准确,则虚构解的源项会较小。Hopkins 和 Roy(2004)已针对一阶准线性常微分方程探索了问题"接近度"的充分条件,但是有关偏微分方程的接近度要求的上下界限法仍未确定。

Roy 等(2007a)成功证实了一维问题的近问题法(MNP);另外,他们还使用该程序得出了黏性激波的稳态 Burgers 方程的近解。他们采用五阶 Hermite 样条生成雷诺数为 8、64 和 512 时对应的精确解。有关为什么要使用样条拟合,而不使用全局曲线拟合的解释,请见图 6-15。图 6-15(a)给出了雷诺数为 16 时,黏性激波的稳态 Burgers 方程的全局勒记德多项式拟合。黏性激波不仅未得到充分解决,而且在边界上全局拟合还出现了显著的振荡。图 6-15(b)给出了雷诺数为 64 时的 Hermite 样条拟合。从定性角度而言,样条拟合与基础数值解非常吻合。Roy 和 Sinclair(2009)已将近问题法(MNP)用于二维问题,扩展到更高的维度非常简单。第 6.4.2.2 部分将介绍将近问题法(MNP)用于生成不可压缩 Navier-Stokes 方程的精确解的二维示例。

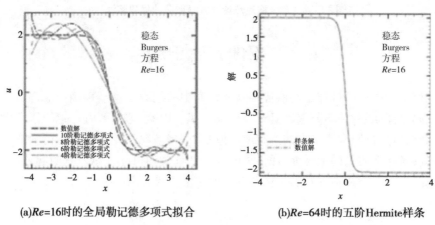

(a)Re=16时的全局勒记德多项式拟合　　　　(b)Re=64时的五阶Hermite样条

图6-15　Burgers 方程的黏性激波解的曲线拟合示例(摘自 Roy 等,2007a)

6.4.2.1　程序

使用近问题法生成物理真实虚构解的步骤如下:

(1)计算高度细化网格上的原数值解。

(2)生成该数值解对应的精确样条或曲线拟合,从而得出该数值解的解析表达式。

（3）在曲线拟合上运算偏微分控制方程，生成分析源项（在理想情况下，将较小）。

（4）通过将分析源项附加到原数学模型，创建近问题。

如果源项确实较小，则新问题将会"接近"原问题，因此称为"近问题法"。顾名思义，此方法的关键要点是在第 2 步生成的曲线拟合是近问题的精确解。尽管此方法十分类似于虚构解，但是在近问题法中，增加的曲线拟合步骤用于提供物理真实精确解。

图 6-16 给出了一个简单的一维示例来说明"近问题法"过程，其中用于生成曲线拟合的原数据为按相等间隔从函数 $\sin(2\pi x)$ 取样的 17 个点。本示例的目标在于创建一个由 4 个样条区组成的样条拟合，展现 C^2 在样条分区边界上的连续性（即持续性保持到第二个导数）。执行样条拟合时，样条边界上的连续性为任意级别，且可根据 Junkins 等（1973）提出的方法轻松扩展到多维度。

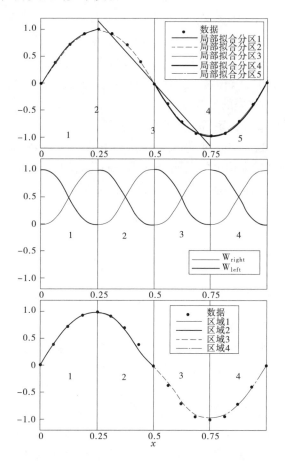

图 6-16 组合局部二次最小二乘拟合生成一个 C^2 连续样条拟合的
加权函数法的简单一维示例：局部拟合（上）、加权函数（中）
和形成的 C^2 连续样条拟合（下）（摘自 Roy 和 Sinclair，2009）（请参见色板部分）

第一步就是生成 5 个重叠的局部拟合 Z_1 到 Z_5，每个内部拟合跨越两个样条区（见图 6-16 顶部）。最小二乘法用于发现每个区的最佳拟合二次函数：

$$Z_n(\bar{x}) = a_n + b_n\bar{x} + c_n\bar{x}^2 \tag{6-37}$$

式(6-37)中的上横线指的是空间坐标 x 经过局部转换，以满足每一个内部样条分区中 $0 \leq \bar{x} \leq 1$。由于现在每个样条分区有两个不同的局部拟合，一个在左侧，一个在右侧，这两个局部拟合与左右权重函数组合在一起的情况如图 6-16（中）所示。此处针对 C^2 连续性使用的一维权重函数如下：

$$W_{\text{right}}(\bar{x}) = \bar{x}^3(10 - 15\bar{x} + 6\bar{x}^2)$$

且对应左侧的权重函数可简单定义为

$$W_{\text{left}}(\bar{x}) = W_{\text{right}}(1 - \bar{x})$$

每个区的最终拟合可写为

$$F(x,y) = W_{\text{left}}Z_{\text{left}} + W_{\text{right}}Z_{\text{right}}$$

例如，对于 2 区，人们会得到 $Z_{\text{left}} = Z_2$ 和 $Z_{\text{right}} = Z_3$。须注意的是，除达到样条边界上所需的连续性水平外，权重函数对于降低局部拟合边界附近的依存性也十分有用，在局部拟合边界附近，它们与原始数据的吻合度通常最差。当将这些最终拟合制作成图时（见图 6-16 的底部），我们可以看到，它们确实具有 C^2 连续性，在所有 3 个内部样条边界上维持着函数值、斜率和曲率的连续性。

6.4.2.2　精确解示例：二维稳定 Navier-Stokes 方程

本节举了一个雷诺数为 100 时，顶盖驱动腔内黏性、不可压缩流的情况下，使用近问题法（MNP）生成物理真实虚构解的示例（Roy 和 Sinclair，2009）。此流由不可压缩 Navier-Stokes 方程控制，对于恒输运性质，可由下式得出：

$$\frac{\partial u}{\partial x} + \frac{\partial v}{\partial y} = s_m(x,y)$$

$$\rho u\frac{\partial u}{\partial x} + \rho v\frac{\partial u}{\partial y} + \frac{\partial p}{\partial x} - \mu\frac{\partial^2 u}{\partial x^2} - \mu\frac{\partial^2 u}{\partial y^2} = s_x(x,y)$$

$$\rho u\frac{\partial v}{\partial x} + \rho v\frac{\partial v}{\partial y} + \frac{\partial p}{\partial y} - \mu\frac{\partial^2 v}{\partial x^2} - \mu\frac{\partial^2 v}{\partial y^2} = s_y(x,y)$$

其中，$s(x,y)$ 表示虚构解源项。通过使用 Chorin 的人工可压缩性方法（Chorin，1967）代入时，在标准笛卡儿网格上采用有限差分法求解这些方程。除此之外，采用第二和第四倒数阻尼（Jameson 等，1981），防止解中出现奇偶去耦（即振荡）。狄利克雷边界条件用于速度，其中除顶壁的 u 速度设置为 1 m/s 外，所有其他边界速度均等于零。

图 6-17（a）给出了从 257×257 网格上的数值解获取的 u 速度（即 x 方向上的速度）的轮廓图。图中还显示了表示顶壁速度（顶壁从左到右移动）诱发的整体顺时针循环的流线型以及底角中的两个逆时针旋转涡。在 C^3 连续权重函数和 64×64 样条分区条件下，使用 x 和 y 上的三阶（即双三次）多项式生成样条拟合。须注意的是，尽管样条拟合的速度分量上没有额外的边界限制，但是原始边界条件的最大偏差约为 1×10^{-7} m/s，因此是非常小的。图 6-17（b）给出了样条拟合的 u 速度轮廓和流线型。从性质上讲，拟合解与基础数值解相同。

流线型注入在两个图的同一个位置上，二者无法区分。再者，在两种情况下，对于多个转数，腔重心附近的流线型会遵循同一个路径。

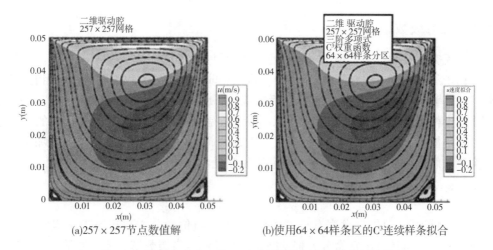

(a)257×257节点数值解　　　　　　(b)使用64×64样条区的C³连续样条拟合

图 6-17　雷诺数为 100 时,u 速度轮廓和顶盖驱动腔的流线型

（摘自 Roy 和 Sinclair,2009）（请参见色板部分）

图 6-18 提供了基础数值解与样条拟合之间更为量化的比较,图中显示,与基础数值解有关的 u 速度中的样条拟合误差的离散范数与每个方向上样条分区的数量呈函数关系。随着样条分区数量从 8×8 增大到 64×64,平均误差大小(L_1 范数)从 $1×10^{-3}$ m/s 缩小到 $3×10^{-6}$ m/s,而最大误差(无穷范数)从 0.7 m/s 缩小到 0.01 m/s。

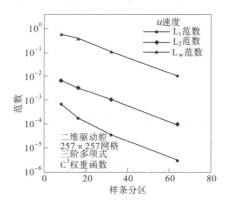

图 6-18　样条拟合与基础 $257×257$ 数值解之间的 u 速度误差的变化 与雷诺数为 100 时顶盖驱动腔每个方向上的样条分区数量呈函数关系

（摘自 Roy 和 Sinclair,2009）

6.5　近似解方法

本节介绍了数学模型精确解的 3 种近似方法。通常认为前两个(即级数和相似性解)是准确的,但是由于我们假设须计算该解的数值,所以此处被当作近似值。而且,无穷级数和相似性解通常只能用于简易的偏微分方程。第三种方法涉及给定问题高精度数值解的计算,所以称为数值基准解。

6.5.1　无穷级数解

涉及无穷级数的解通常用于求解带有普适边界条件和初始条件的微分方程。级数解主要应用于线性微分方程,但是也是一个获取某些非线性微分方程的解的很有用的工具。尽管这些解为"解析解",但是由于涉及无穷级数,所以它们不属于闭合解。当将无穷级数用作数学模型精确解的近似时,需注意确保级数是可收敛的,且截断级数形成的数值近似误差须足够小,以满足预期应用的要求。正如 Roache(1998)所指出的,在许多情况下,对无穷级数解进行数值评估时会产生一些不易察觉的问题,因此使用时需加以小心。

6.5.2　还原为常微分方程

在一些情况下,可能会发现有合理的变换,将一组偏微分方程还原为一组常微分方程。有一些方法可计算出常微分方程的高精度数值解或者级数解。流体力学中层流边界层方程的著名的布拉休斯(Blasius)解便是一个例子(Schetz,1993)。这个解利用相似性变换将能量和动量守恒对应的不可压缩边界层方程还原为单一、非线性常微分方程,然后可以使用级数解(原始的布拉休斯方法)或者数值近似法精确求解该常微分方程。

考虑一下基于全 Navier-Stokes 方程的代码用于求解平板上层流边界层流的情况。在这种情况下,因为有两个不同的数学模型,因此从 Navier-Stokes 代码得出的解不会收敛到布拉休斯(Blasius)解;Navier-Stokes 方程包含了那些被边界层方程忽略但在接近前缘奇异点时却很重要的项。

6.5.3　基准数值解

另一个近似解方法就是计算达到高数值精度的"基准数值解"。为了让复杂偏微分方程的数值解成为基准解,须记录问题描述、数值算法和数值解精度(Oberkampf 和 Trucano,2008)。基准数值解的数值精度通常很难量化,且至少必须包括以下论据:①基准问题实现了渐近收敛;②对于在基准问题中执行的方案,用于生成基准解的代码通过了精度阶代码验证测试。Oberkampf 和 Trucano(2008)的著作讨论了固体力学应用的广义基准数值解。

6.5.4　级数解示例:二维稳定热传导

此示例中关注的问题是无限长杆中的稳态热传递,矩形横断面的宽度为 L,高度为 H(Dowding,2008)。问题的示意图如图 6-19 所示。如果假设热传导率恒定,则能量守恒方程还原为温度的 Poisson 方程为

$$\frac{\partial^2 T}{\partial x^2} + \frac{\partial^2 T}{\partial y^2} = \frac{-\dot{g}'''}{k} \tag{6-38}$$

式中:T 为温度;k 为热导率;$\dot{g}'''$ 为能量源项。

底部和左侧边界采用零热通量(诺伊曼)边界条件,右侧边界采用固定温度(狄利克雷)边界条件,顶部边界为对流热传递(罗宾)边界条件。图 6-19 也给出了这些边界条件,可以归纳如下:

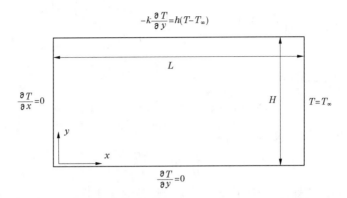

图 6-19　横断面呈矩形的无限长杆中的热传导问题的示意图（Dowding,2008）

$$\left.\begin{aligned}
\frac{\partial T}{\partial x}(0,y) &= 0 \\
\frac{\partial T}{\partial y}(x,0) &= 0 \\
T(L,y) &= T_\infty \\
-k\frac{\partial T}{\partial y}(x,H) &= h\left[T(x,H) - T_\infty\right]
\end{aligned}\right\} \tag{6-39}$$

式中:h 为对流冷却的膜系数。

　　为了使狄利克雷边界条件均质（即等于 0），要使用以下简易变换:

$$\omega(x,y) = T(x,y) - T_\infty \tag{6-40}$$

　　须注意的是,使用此变换不会改变控制方程的形式,代入 ω 后,可重写为

$$\frac{\partial^2 \omega}{\partial x^2} + \frac{\partial^2 \omega}{\partial y^2} = \frac{-\dot{g}'''}{k} \tag{6-41}$$

从 $\omega(x,y)$ 角度考虑的问题描述如图 6-20 所示。

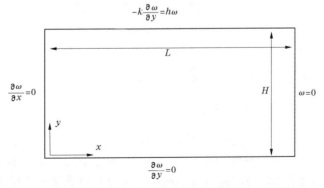

图 6-20　热传导中 ω 问题的示意图（Dowding,2008）

通过变量分离,可以发现变换后 ω 相关问题的解为

$$\frac{\omega(x,y)}{\frac{\dot{g}'''L^2}{k}} = \frac{1}{2}\left(1 - \frac{x^2}{L^2}\right) + 2\sum_{n=1}^{\infty}\frac{(-1)^n}{\mu_n^3}\frac{\cosh\left(\frac{\mu_n y}{aH}\right)\cos\left(\mu_n\frac{x}{L}\right)}{\frac{1}{Bi}\frac{\mu_n}{a}\sinh\left(\frac{\mu_n}{a}\right) + \cosh\left(\frac{\mu_n}{a}\right)} \tag{6-42}$$

其中,特征值 μ_n 由下式得出

$$\mu_n = (2n - 1)\frac{\pi}{2}, n = 1,2,3\cdots \quad \cos\mu_n = 0$$

常数 a 和毕奥数 Bi 定义为

$$a = \frac{L}{H}, Bi = \frac{hH}{k}$$

除接近顶壁的位置外,其他所有地方的无限级数均快速收敛,其中获取大约 7 个有效数的精度需要超过 100 项(Dowding,2008)。以下参数用于生成精确解,如图 6-21 所示。对温度来说,该精确解仅通过使用式(6-40)得出的简易变换即可表示出来。

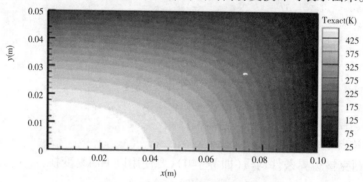

图 6-21　二维稳态热传递的无限级数解

$$\dot{g}''' = 135\ 300\ \text{W/m}^3$$
$$k = 0.4\ \text{W/(m}\cdot\text{K)}$$
$$L = 0.1\ \text{m}$$
$$H = 0.05\ \text{m}$$
$$T_{\infty} = 25\ \text{K}$$

这些参数对应于宽高比为 2,毕奥数为 7.5 和 3 382.5 的无量纲热源 $\dot{g}'''L^2/k$。

6.5.5　基准收敛测试示例:二维超声速流

Roy 等(2003)提出了代码验证收敛测试所用的基准数值解的示例。他们研究了球锥几何体上量热完全气体的马赫数为 8 的非黏性流。此流由非对称坐标中的欧拉方程控制。采用了两个基准数值解:高阶谱解(Carpenter 等,1994)和精确有限差分解(Lyubimov 和 Rusanov,1973)。使用可压缩计算流体力学代码 SACCARA 计算表面压力的数值解(有关详细信息,请参见 Roy 等(2003)的著作),并与图 6-22 中球面前端区域上的这两个基准解进行对比。尽管图 6-22(a)中所示的压力分布看起来相同,但是通过核验相对于

图 6-22(b)中基准解的 SACCARA 代码中的离散误差发现,离散误差较小(小于 0.7%),且它随着网格细化下降到大约原来的一半(即数值解收敛)。由于计算流体力学解中存在几何奇异点(表面曲率不连续性),所以在接近球锥正切点附近的离散误差中发现变化。尽管这些结果清楚地证明 SACCARA 代码通过了收敛测试,但是一般很难使用基准数值解评估精度阶。Roy 等(2003)的著作中也阐述了涉及黏性层流的 Navier-Stokes 方程的类似基准解。

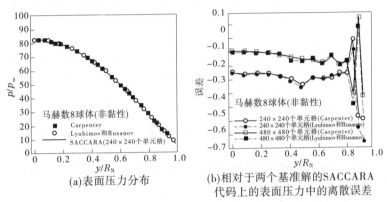

(a)表面压力分布

(b)相对于两个基准解的SACCARA
代码上的表面压力中的离散误差

图 6-22　球面上马赫数 8 流的可压缩计算流体力学预测(摘自 Roy 等,2003)

6.6　参考文献

Ames, W. F. (1965). *Nonlinear Partial Differential Equations in Engineering*, New York, Academic Press Inc.

Benton, E. R. and G. W. Platzman (1972). A table of solutions of the one-dimensional Burgers' equation, *Quarterly of Applied Mathematics*. 30(2), 195-212.

Bond, R. B., C. C. Ober, P. M. Knupp, and S. W. Bova (2007). Manufactured solution for computational fluid dynamics boundary condition verification, *AIAA Journal*. 45(9), 2224-2236.

Carpenter, M. H., H. L. Atkins, and D. J. Singh (1994). Characteristic and finite-wave shock-fitting boundary conditions for Chebyshev methods, In *Transition*, *Turbulence*, *and Combustion*, eds. M. Y. Hussaini, T. B. Gatski, and T. L. Jackson, Vol. 2, Norwell, MA, Kluwer Academic, pp. 301-312.

Carslaw, H. S. and J. C. Jaeger (1959). *Conduction of Heat in Solids*, 2nd edn., Oxford, Clarendon Press.

Chorin, A. J. (1967). A numerical method for solving incompressible viscous flow problems, *Journal of Computational Physics*. 2(1), 12-26.

Dowding, K. (2008). Private communication, January 8, 2008.

Eca, L. and M. Hoekstra (2006). Verification of turbulence models with a manufactured solution, *European Conference on Computational Fluid Dynamics*, *ECCOMAS CFD* 2006, Wesseling, P., Onate, E., and Periaux, J. (eds.), Egmond ann Zee, The Netherlands, ECCOMAS.

Eca, L., M. Hoekstra, A. Hay, and D. Pelletier (2007). On the construction of manufactured solutions for one and two-equation eddy-viscosity models, *International Journal for Numerical Methods in Fluids*. 54 (2), 119-154.

Elishakoff, I. (2004). *Eigenvalues of Inhomogeneous Structures：Unusual Closed-Form Solutions*, Boca Raton,

FL, CRC Press.

Gottlieb, J. J. and C. P. T. Groth (1988). Assessment of Riemann solvers for unsteady one-dimensional inviscid flows of perfect gases, *Journal of Computational Physics*. 78(2), 437-458.

Hirsch, C. (2007). *Numerical Computation of Internal and External Flows*: *Fundamentals of Computational Fluid Dynamics*, 2nd edn., Oxford, Butterworth-Heinemann.

Hopkins, M. M. and C. J. Roy (2004) Introducing the method of nearby problems, *European Congress on Computational Methods in Applied Sciences and Engineering*, *ECCOMAS* 2004, P. Neittaanmaki, T. Rossi, S. Korotov, E. Onate, J. Periaux, and D. Knorzer (eds.), University of Jyväskylä (Jyvaskyla), Jyväskylä, Finland, July 2004.

Jameson, A., W. Schmidt, and E. Turkel (1981). *Numerical Solutions of the Euler Equations by Finite Volume Methods Using Runge-Kutta Time-Stepping Schemes*, AIAA Paper 81-1259.

Junkins, J. L., G. W. Miller, and J. R. Jancaitis (1973). A weighting function approach to modeling of irregular surfaces, *Journal of Geophysical Research*. 78(11), 1794-1803.

Kausel, E. (2006). *Fundamental Solutions in Elastodynamics*: *a Compendium*, New York, Cambridge University Press.

Kevorkian, J. (2000). *Partial Differential Equations*: *Analytical Solution Techniques*, 2nd edn., Texts in Applied Mathematics, 35, New York, Springer.

Knupp, P. and K. Salari (2003). *Verification of Computer Codes in Computational Science and Engineering*, K. H. Rosen (eds.), Boca Raton, Chapman and Hall/CRC.

Lyubimov, A. N. and V. V. Rusanov (1973). *Gas Flows Past Blunt Bodies*, *Part II*: *Tables of the Gasdynamic Functions*, NASA TT F-715.

Meleshko, S. V. (2005). *Methods of Constructing Exact Solutions of Partial Differential Equations*: *Mathematical and Analytic Techniques with Applications to Engineering*, New York, Springer.

Oberkampf, W. L. and T. G. Trucano (2008). Verification and validation benchmarks, *Nuclear Engineering and Design*. 238(3), 716-743.

Oberkampf, W. L., F. G. Blottner, and D. P. Aeschliman (1995). *Methodology for Computational Fluid Dynamics Code Verification/Validation*, AIAA Paper 95-2226. (see also Oberkampf, W. L. and Blottner, F. G. (1998). Issues in computational fluid dynamics code verification and validation, *AIAA Journal*. 36 (5), 687-695.

O'Neil, P. V. (2003). *Advanced Engineering Mathematics*, 5th edn., Pacific Grove, CA, Thomson Brooks/Cole.

Panton, R. L. (2005). *Incompressible Flow*, Hoboken, NJ, Wiley.

Pelletier, D., E. Turgeon, and D. Tremblay (2004). Verification and validation of impinging round jet simulations using an adaptive FEM, *International Journal for Numerical Methods in Fluids*. 44, 737-763.

Polyanin, A. D. (2002). *Handbook of Linear Partial Differential Equations for Engineers and Scientists*, Boca Raton, FL, Chapman and Hall/CRC.

Polyanin, A. D. and V. F. Zaitsev (2003). *Handbook of Exact Solutions for Ordinary Differential Equations*, 2nd edn., Boca Raton, FL, Chapman and Hall/CRC.

Polyanin, A. D. and V. F. Zaitsev (2004). *Handbook of Nonlinear Partial Differential Equations*, Boca Raton, FL, Chapman and Hall/CRC.

Powers, J. M. and T. D. Aslam (2006). Exact solution for multidimensional compressible reactive flow for verifying numerical algorithms, *AIAA Journal*. 44(2), 337-344.

Powers, J. M. and D. S. Stewart (1992). Approximate solutions for oblique detonations in the hypersonic limit, *AIAA Journal*. 30(3), 726-736.

Roache, P. J. (1998). *Verification and Validation in Computational Science and Engineering*, Albuquerque, NM, Hermosa Publishers.

Roache, P. J. (2002). Code verification by the method of manufactured solutions, *Journal of Fluids Engineering*. 124(1), 4-10.

Roache, P. J. and S. Steinberg (1984). Symbolic manipulation and computational fluid dynamics, *AIAA Journal*. 22(10), 1390-1394.

Roache, P. J., P. M. Knupp, S. Steinberg, and R. L. Blaine (1990). Experience with benchmark test cases for groundwater flow. In *Benchmark Test Cases for Computational Fluid Dynamics*, I. Celik and C. J. Freitas (eds.), New York, American Society of Mechanical Engineers, Fluids Engineering Division, Vol. 93, Book No. H00598, pp. 49-56.

Roe, P. L. (1981). Approximate Riemann solvers, parameter vectors, and difference schemes, *Journal of Computational Physics*. 43, 357-372.

Roy, C. J. (2005). Review of code and solution verification procedures for computational simulation, *Journal of Computational Physics*. 205(1), 131-156.

Roy, C. J. and M. M. Hopkins (2003). *Discretization Error Estimates using Exact Solutions to Nearby Problems*, AIAA Paper 2003-0629.

Roy, C. J. and A. J. Sinclair (2009). On the generation of exact solutions for evaluating numerical schemes and estimating discretization error, *Journal of Computational Physics*. 228(5), 1790-1802.

Roy, C. J., M. A. McWherter-Payne, and W. L. Oberkampf (2003). Verification and validation for laminar hypersonic flowfields Part 1: verification, *AIAA Journal*. 41(10), 1934-1943.

Roy, C. J., C. C. Nelson, T. M. Smith, and C. C. Ober (2004). Verification of Euler/ Navier-Stokes codes using the method of manufactured solutions, *International Journal for Numerical Methods in Fluids*. 44(6), 599-620.

Roy, C. J., A. Raju, and M. M. Hopkins (2007a). Estimation of discretization errors using the method of nearby problems, *AIAA Journal*. 45(6), 1232-1243.

Roy, C. J., E. Tendean, S. P. Veluri, R. Rifki, E. A. Luke, and S. Hebert (2007b). *Verification of RANS Turbulence Models in Loci-CHEM using the Method of Manufactured Solutions*, AIAA Paper 2007-4203.

Schetz, J. A. (1993). *Boundary Layer Analysis*, Upper Saddle River, NJ, Prentice-Hall.

Seidel, G. D. (2009). Private communication, November 6, 2009.

Shih, T. M. (1985). Procedure to debug computer programs, *International Journal for Numerical Methods in Engineering*. 21(6), 1027-1037.

Slaughter, W. S. (2002). *The Linearized Theory of Elasticity*, Boston, MA, Birkhauser.

Steinberg, S. and P. J. Roache (1985). Symbolic manipulation and computational fluid dynamics, *Journal of Computational Physics*. 57(2), 251-284.

Stetter, H. J. (1978). The defect correction principle and discretization methods, *Numerische Mathematik*. 29(4), 425-443.

Tannehill, J. C., D. A. Anderson, and R. H. Pletcher (1997). *Computational Fluid Mechanics and Heat Transfer*, 2nd edn., Philadelphia, PA, Taylor and Francis.

Thompson, J. F., Z. U. A. Warsi, and C. W. Mastin (1985). *Numerical Grid Generation: Foundations and*

Applications, New York, Elsevier. (www. erc. msstate. edu/publications/gridbook)

Timoshenko, S. P. and J. N. Goodier (1969). *Theory of Elasticity*, 3rd edn. , New York, McGraw-Hill.

Tremblay, D. , S. Etienne, and D. Pelletier (2006). *Code Verification and the Method of Manufactured Solutions for Fluid-Structure Interaction Problems*, AIAA Paper 2006-3218.

White, F. M. (2006) *Viscous Fluid Flow*, New York, McGraw-Hill.

Yanenko, N. N. (1964). Compatibility theory and methods of integrating systems of nonlinear partial differential equations, *Proceedings of the Fourth All-Union Mathematics Congress*, Vol. 2, Leningrad, Nauka, pp. 613-621.

Zadunaisky, P. E. (1976). On the estimation of errors propagated in the numerical integration of ordinary differential equations, *Numerische Mathematik*. 27(1), 21-39.

第Ⅲ部分　解验证

解验证是一个确保数学模型仿真充分满足预期应用精确度要求的重要手段,它的实现基于一致、可收敛的数值算法以及准确的代码,而这正是本书第Ⅲ部分将介绍的两个重点。如果缺少代码验证,则由于无法保证仿真会收敛到数学模型的精确解,所以即便是最严格的解验证工作也是无法充分满足要求的。代码验证是解验证的必要前提,而解验证也是模型确认评估(第Ⅳ部分)的前提。

解验证主要用于在数字计算机上估算数学模型离散和求解过程中出现的数值误差。尽管其中某些方法类似于代码验证时使用的方法,但还是存在重大差别。在解验证中,数学模型的精确解是未知的,因此必须估算出数值误差,而不是简单地评估。在某些情况下,当对这些数值误差的估算结果达到很高的置信度时,则可从数值解中抹掉这些误差(类似于在实验中抹掉清晰分类的偏移误差)。但是,更常见的情况是数值误差的估算结果不大确定,因此这类误差被归类为数值的不确定性。

在科学计算中,计算机舍入、统计抽样、迭代和离散都可能导致数值误差。第 7 章将会讨论导致数值误差的前三大主要原因。第 8 章详细讨论的离散误差通常是导致数值误差的第一大原因,并且也最难估算。对于复杂的科学计算问题(例如,涉及非线性、几何复杂性、多物理、多标量的问题),在计算任何解之前生成一个合适的网格来解决此物理问题通常是无法满足要求的。第 9 章讨论了为可靠地控制离散误差,在求解过程中修改网格或者数值算法本身时的解适应方法。我们认为,在复杂的科学计算应用中,为了可靠估算数值误差,解适应是不可或缺的。

7　解验证

"解验证"解决的是特定数学模型的仿真(即数值近似法)是否满足预期精度要求的问题。它不仅包括所关注情况的仿真精度,还涉及代码输入以及代码结果的任何后处理工作的精度。科学计算仿真的数值精度量化非常重要,原因有两个:作为仿真预测中总不确定性量化的一部分(第 13 章)以及确立模型确认用仿真的数值精度(第 12 章)。

多数解验证活动重点关注仿真中数值误差的估算。本章将详细讨论舍入误差、统计抽样误差和迭代收敛误差。这 3 个数值误差源必须足够小,才能够不影响离散误差的估算,后者将在第 8 章详细介绍。离散误差指的是那些与网格分辨率和网格质量以及为非稳定问题所选的与时间步长相关的误差。科学计算仿真工作中始终存在舍入误差和离散误差,而迭代误差和统计抽样误差将取决于应用和所选的数值算法。本章最后讨论了数值误差以及它们与不确定性的关系。

7.1　解验证的元素

在开始解验证之前,数学模型必须以经过验证的代码来加以表述,初始条件和边界条件也必须予以指定,而任何其他辅助关系也必须确定下来。解验证包括在一个网格或者一组网格上运行该代码,直到可能实现指定的迭代收敛公差。在完成仿真结果的所有后处理工作,得到最终的仿真预测后,解验证才宣告结束。因此,解验证分为以下 3 个方面:

(1)输入数据的验证。

(2)后处理工具的验证。

(3)数值误差估算。

当执行大量仿真工作时,例如对于输入条件不同的一组仿真,输入数据和输出数据的验证尤其重要。本节讨论与输入数据和输出数据的验证相关的问题。解验证的第 3 个方面,即数值误差估算,将在本章剩余部分以及第 8 章详细讨论。

输入数据就是运行科学计算代码所需的任何信息,常见形式如下:

(1)描述模型、子模型和数值算法的输入文件。

(2)域网格。

(3)边界条件和初始条件。

(4)子模型使用的数据(例如化学物种特性、反应速率)。

(5)有关材料特性的信息。

(6)计算机辅助绘图(CAD)表面几何信息。

目前有各种帮助验证输入数据的方法。开始执行代码时,须检查模型选择之间的一致性。例如,该代码不得允许无滑移(黏性)壁边界条件用于涉及欧拉方程的非黏性仿真。对于更加精细的建模问题,须利用专业知识数据库,在模型用途超出其适用范围时向用户发出警告(Stremel 等,2007)。除此之外,须将某个特定仿真工作所用的所有输入数据记载于输出文件,以便在必要时通过后仿真检查确认输入数据的正确性。输入数据的验证也包括生成输入数据所用的预处理软件的验证,因此必须使用第 4 章讨论的标准软件进行工程实践。

后处理工具指的是作用于科学计算代码输出的任何软件。如果后处理涉及任何类型的数值近似,例如离散、积分、内插等,那么应验证这些工具的精度阶(例如,通过阶验证),否则需遵照标准软件工程实践。如果可能,建议自动完成这些后处理步骤,防止常见的人为误差,例如选择后处理的错误解。如果代码用户坚持手动执行后处理,则须制定一个检查列表,逐项操作确保正确完成该流程。

每项科学计算仿真工作都可能出现数值误差,因此需要估算数值误差,才能建立对解的数学精度的信心。换言之,要执行数值误差估算,以确保通过运行代码产生的解在精确度上足够估算出数学模型的精确解。当发现数值误差异常大时,须在建模和仿真预测(参见第 13 章)造成的不确定性总量中注明这些误差或者通过细化网格、减小迭代公差等方式将这些数值误差减小到可接受的水平。4 种数值误差分别为:

(1)舍入误差。

(2)统计抽样误差。

(3)迭代误差。

(4)离散误差。

本章详细讨论前 3 种数值误差来源,而离散误差将放在第 8 章单独介绍。

7.2　舍入误差

在数字计算机上使用有限算术会造成舍入误差。例如,在单精度数字计算中,通常可获取以下结果:

$$3.0 \times (1.0/3.0) = 0.999\,999\,9$$

而使用无限精度的真实答案为 1.0。对于病态方程组(请参见第 7.4 节)和时间精确仿真,舍入误差具有重要的意义。重复的算术运算将会降低科学计算仿真的精度,且通常不只是在解的末位有效数字中,可以通过在计算中使用更为有效的位数来减小舍入误差。尽管舍入误差可以视作为适应计算机内存而将实数截断而产生的,但是不能与截断误差混为一谈。截断误差用于度量偏微分方程与其离散近似之间的差,具体的定义请参见第 5 章。

7.2.1　浮点表示法

科学计算应用要求对实数进行处理。即便当这些实数被限制在某个范围内时,即 -1 000 000 ~ +1 000 000,需要考虑的实数也是无穷无尽的。这就对数字计算机提出了一个要求:计算机须将实数存储在有限的计算机内存中。为了使内存足够存储这些数字,须限制指数的精度(有效数的数量)和范围(Goldberg,1991)。一个有效的方法就是使用科学记数法通过类推,简洁地表示大小数字。例如,14 000 000 可以表示为 1.4×10^7,而

0.000 001 4 可以表示为 1.4×10^{-6}。在数字计算机中,浮点数更常表示为

$$S \times B^E$$

其中,S 表示有效数(或者尾数),B 表示基数(对于二进制,通常为 2;对于十进制,通常为 10),E 表示指数。"浮点数"一词源于这样一个事实:在此记数法中,小数点可以移动,以更有效地表示有效数 S。

对于数字计算机硬件和软件,IEEE 标准 754(IEEE,2008)是浮点数最广泛采用的标准。此标准解决了数字格式、舍入算法、算术运算和异常处理(除数为零、数值溢出、数值下溢等)等问题。尽管 IEEE 标准囊括了二进制和十进制格式,但是几乎所有的科学计算使用的软件和硬件均采用浮点数二进制存储器。最常用的格式为单精度和双精度。特定计算机硬件或软件系统可能支持或者不支持的其他标准格式包括半精度、扩展精度和四倍精度。

单精度采用 32 位或者四字节的计算机内存。该有效数使用 24 位进行存储,其中一位用于确定该数字的符号(加号或者减号)。然后,指数存储在内存剩下的 8 位中,其中一位一般用于存储指数的符号。该有效数决定着浮点数的精度,而指数决定着数字的表示范围。单精度支持约 7 个有效十进位数,可以表示大至 3.4×10^{38},小至 1.1×10^{-38} 的正数或者负数。对于双精度数字,要使用 64 位(8 个字节)的内存,其中 53 位分配到有效数,11 位分配到指数,从而提供大约 15 个有效十进制位数。表 7-1 归纳了 5 个标准二进制格式。表 7-1 最后两栏给出了最高精度和最低精度以及范围,其中例如单精度数字将采用基数 10 表示为

$$1.234\ 567 \times 10^{\pm 38}$$

表 7-1　IEEE 标准 754 中浮点数格式汇总(IEEE,2008)

精度格式	所用位数总数	有效数所用位数	指数所用位数	有效位的大约数量	指数范围(基数 10)
单精度	32	24	8	7	±38
双精度	64	53	11	15	±308
半精度[a]	16	11	5	3	±5
扩展精度[a]	80	64	16	18	±9 864
四倍精度[a]	128	113	15	34	±4 932

注:[a] 表示某些编程语言和/或编译器不支持。

使用单(32 位)精度和双(64 位)精度表示浮点数不得与 32 位和 64 位计算机架构混为一谈。从 2003 年开始,基于 32 位整数可寻址的随机存取存储器(RAM)的大小仅为 4 GB(2^{32} 个字节或者大约 4.29×10^9 个字节)这个事实,促使 64 位处理器在台式计算机中得到广泛应用。64 位处理器被开发用于大型数据库以及要求可寻址内存大于 4 GB 的应用,理论上限大约为 170 亿 GB(17×10^{18} 个字节),但是事实上,最大可寻址内存要小很多。除提供更大的可寻址内存外,64 位处理器在双精度(64 位)浮点数运算方面的执行速度也有很大提升。双精度浮点数是科学计算应用中最常见的浮点数据类型。速度提升的原因在于存储器与处理器之间的数据路径更可能为 64 位宽,而不是 32 位宽。因此,只需一个存储器读取指令即可将双精度浮点数从存储器移到处理器。

7.2.2　指定代码中的精度

浮点数精度的指定方法一般取决于编程语言、编译程序和硬件。表 7-2 归纳了 C/C++、Fortran 和 MATLAB® 中用于指定实数(变量、常数和函数)精度的数据类型。除此之外,C/C++ 和 Fortran 编程语言可通过使用第三方软件库实现。例如,对于 C/C++,使用 GNU 多重精度(GMP)运算库(GNU,2009);对于 Fortran,使用 FMLIB(Smith,2009) 利用任意精度浮点数。一般而言,精度位数越多,程序执行会越慢。用于为各种编程语言指定浮点精度的程序其详细信息如下所述。

表 7-2　用于指定 C/C++、Fortran 和 MATLAB® 中不同精度格式的数据类型

精度格式	C/C++	Fortran 95/2003	MATLAB®
单精度	浮点数	实数,实数 * 4(默认)[a,b]	单精度
双精度	双精度(默认)	双精度,实数 * 8[a,b]	双精度(默认)
半精度	不适用	[a,b]	不适用
扩展精度	长双精度 [a]	[a,b]	不适用
四倍精度	长双精度 [a]	[a,b]	不适用
任意精度	[c]	[c]	vpa[d]

注: [a] 表示与编译程序相关;[b] 表示可通过"kind"属性访问;[c] 表示可通过第三方库访问;[d] 表示可变精度算术(请参见第 7.2.2.3 部分)。

7.2.2.1　C/C++ 编程语言

C 和 C++ 编程语言族要求在每个例程一开始就明确声明变量类型。可用的浮点类型为"float"(单精度)和"double"(双精度)。此外,一些编译程序支持"long double"数据类型,可以是扩展精度、四倍精度或者简单地根据编译程序恢复为双精度。可以使用"size of( )"函数在 C/C++ 中确定存储浮点数所用的字节数。此外,可以使用"cout. precision(X)"函数指定浮点输出的精度的位数,其中 X 表示决定输出的有效位数的整数。有关单精度、双精度和扩展精度的简短 C++ 代码段示例如下。

```
float a;
double b;
long double c;
a = 1. F/3. F;
b = 1./3. ;
c = 1. L/3. L;
cout. precision(25);
cout << "a ＝";cout << a; cout << "\n";
cout << "b ＝ ";cout << b; cout << "\n"; cout << "c ＝";
cout << c; cout << "\n";
cout << "Size of a ＝";
cout << size of(a);
cout << "\n";
cout << "Size of b ＝ "; cout << size of(b); cout << "\n";
```

cout < < "Size of c ＝"; cout ＜ ＜ size of(c); cout ＜ ＜ " \n";

当此代码使用 GNU C ＋＋编译程序(多数由 Linux 平台支持)进行编译和扩展时,生成以下输出:

a ＝ 0.33333334326744079589843 75

b ＝ 0.33333333333333333148296163

c ＝ 0.333333333333333333423684

Size of a ＝ 4

Size of b ＝ 8

Size of c ＝ 16

这表示单精度浮点的预期 7 位精度、默认双精度的 16 位精度和长双精度的 19 位精度。须注意的是,如果忽略 c 定义中的".L",那么将生成:

c ＝ 0.33333333333333333148296163

Size of c ＝ 16

这是由于初始计算 1./3. 默认将生成一个双精度数(仅 16 位精度),然后该双精度数将被存储在长双变量 c 中。

7.2.2.2　Fortran 95/2003 编程语言

Fortran 的现代变体,例如 Fortran 95 和 Fortran 2003 的标准文档要求支持两种不同的浮点类型,但是未特别指定这两种类型(Chapman,2008)。尽管该标准的这种灵活性确实导致了实数类型指定的复杂化,但是在需要额外精度的科学计算应用中,也有一些优点。对于多数 Fortran 编译程序,实数默认的数据类型为单精度(32 位)。为了进一步将问题复杂化,一些 Fortran 编译程序使用"单精度"一词来表示 64 位浮点数,使用"双精度"一词来表示 128 位浮点数。

为了明确指定浮点数的精度,Fortran 95/2003 使用"Kind"属性,其中 Kind 是一个整数。对于单精度实数,Kind 通常等于 1 或者 4,而对于双精度实数,Kind 通常等于 2 或者 8。为了使精度水平的指定独立于平台和编译程序之外,Fortran 编程语言提供了"Selected_Real_Kind"函数。此函数可用于指定所需的十进制精度 p 和十进制指数范围 r,并返回一个符合要求的、等于最小浮点 Kind 类型的整数的参数。如果当前没有满足要求的类型,则函数将返回 －1。例如,若要打印精度至少 13 个十进制位数,最大指数为 ±200 的实数数据类型的 Kind 数,则可以使用:

write(＊, ＊ ' Kind ＝ ',Selected_Real_Kind(p ＝13 ,r ＝200)

根据 Chapman(2008),所需浮点精度的选择可以放入要在代码每个程序中使用的 Fortran 模块中。以下为此类模型的示例。

Module Select_Precision

Implicit None

Save

Integer, Parameter ∷ hlf ＝ Selected_Real_Kind(p ＝2)

Integer, Parameter ∷ sgl ＝

Selected_Real_Kind(p ＝6)

Integer, Parameter :: dbl = Selected_Real_Kind(p = 14)

Integer, Parameter :: ext = Selected_Real_Kind(p = 17)

Integer, Parameter ::

quad = Selected_Real_Kind(p = 26)

! Default precision is set on the next line

Integer, Parameter :: Prec = dbl

End Module

整数参数"Prec"现在包含所需的 Kind 数。在这种情况下,Kind 数对应双精度。使用此精度的变量声明的示例如下:

Real(kind = Prec) :: x = 0.1_Prec

Real(kind = Prec) :: y

Real(kind = Prec) :: Pi = acos(−1.0_Prec)

y = 1.0_Prec/3.0_Prec

值得注意的是,须使用上述双精度值初始化双精度变量和常数并进行运算。当需要双精度(即 Prec = dbl)时,如果默认为单精度,忽略上述 Pi 定义中的反余弦函数"acos"的参数的 Prec 后缀将导致精度损失。所需的双精度结果为:

Pi = 3.141592653589793

而忽略_Prec 时得出:

Pi = 3.141592741012573

因为在单精度函数上运行的反余弦函数将返回单精度结果。同时 y 的赋值中需要_Prec以得出:

y = 0.333333333333333

而忽略数 1.0 和 3.0 中的_Prec 可得出:

y = 0.3333333432674408

7.2.2.3　MATLAB® 编程语言

在 MATLAB®中,默认的数据类型为双精度,但是它支持标准单(32 位)和双(64 位)浮点精度。人们可以使用"single( )"函数和"double( )"函数分别将任何数据类型转换为单精度和双精度。涉及单双精度数的算术运算将默认采用单精度数据类型。除此之外,通过 Symbolic Math Toolbox™采用变量精度算术(vpa)函数可允许指定这些变量的任意精度水平(MATLAB,2009),但是这可能大大延长执行时间。可以函数句柄编写 MATLAB® 中的科学计算代码,以充分利用所有 3 个浮点精度功能(MATLAB,2009),使变量的运算与其对应的赋值的函数保持一致。例如,在代码的开头,可以插入以下内容:

digits(32); % Specify # of digits of precision for vpa

Prec = @ vpa; % Set to use variable precision arithmetic

% Prec = @ double; % Set to use double precision

% Prec = @ single; % Set to use single precision

x = Prec(1)/Prec(3) % Precision of x defined by variable Prec

为了确保这些变量确实采用了所需的精度,在每个例程开始前须明确声明所有变量。

尽管在 MATLAB®中不需要变量声明,具体内容请参见附录,但是编程过程中还是建议这么做。涉及单精度数或双精度数以及可变精度数的运算将沿用此变量精度类型;但是,初始单或双精度计算期间发生的任何精度损失仍将损失。

7.2.3 舍入误差估算实践指南

尽管数的精度是由有效数(尾数)使用的位数决定的,但是仿真精度也取决于用于获取解的所有算术和函数运算。一些科学计算应用容易产生舍入误差。示例包括要求时间步长小但模拟时间长的显式时间推进解。另一个例子是大小时间和/或空间尺度同时存在的"刚性"系统。在这两种情况下,大小数的加减将会大大降低计算解的精度。另一个可能会发生此类精度损失的极端例子为,对于计算

$$x = (1.0 \times 10^{-9} + 1.0) - 1.0$$

对于单精度计算,将返回 $x = 0.0$;对于双精度计算,会返回正确的 $x = 1.E-9$。在这种情况下,简单地调整括号即可得到正确的结果。因此,在算术运算的编程过程中,须考虑预期的变量量级。

评估舍入误差对仿真预测的影响的一个实用方法就是在所需的精度水平下执行仿真工作,然后提高精度开展仿真,最后与解进行对比。两种情况下要采用相同的网格和/或时间步长,而当使用迭代方法时,则须将两个仿真以迭代的方式收敛到机器精度以内,即直到迭代残值不再会因为舍入误差而变小(见第 7.4 节)。存在统计抽样误差时,由于可能需要极大的样本量才能将统计误差缩小到可辨别舍入误差的敏感度的程度,所以此评估工作将会很复杂。

7.3 统计抽样误差

多数情况下,科学计算中的系统响应量为平均量,例如空气动力学仿真中的平均升力和阻力系数或者结构动力学仿真中的振动模式。如果仿真稳定且确定,则将不会有统计抽样误差。科学计算预测中出现统计抽样误差的原因很多。某些科学计算方法本身就具有随机性(例如,随机微分方程、直接模拟蒙特卡罗、格子波尔兹曼),且要求计算出时间或者总体平均值,以确定平均系统响应量。如果科学计算预测中使用的子模型为随机模型(例如布朗运动的随机行走模型),则可能需要大量的实现才能确定平均值。除此之外,许多非稳定仿真要求随时间求平均值,以获取普遍属性。在某些情况下,采用迭代法的稳态仿真可能会由于强物理不稳定性的存在而产生不稳定的情况(Ferziger 和 Peric,2002)。即便采用了稳定的数值算法,数值源也可能导致解的不稳定性。最后,非确定性仿真的使用(例如,将输入不确定性传播至输出)也需处理统计抽样误差。

可以通过增加实现次数、迭代次数或者时间步长,藉由对所需系统响应量的收敛情况进行评估,从而来估算统计抽样误差。图 7-1 给出了简易缩尺比例拖拉机挂车几何体与迭代次数的函数关系(Veluri 等,2009)。在这种情况下,稳态 Navier-Stokes 方程要使用湍流子模型进行求解。但是,由于在 6 个支柱背后会发生少量的涡旋脱落,所以阻力会在某个稳态值上下振荡。

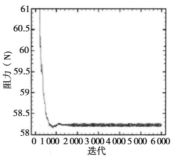

7-1　简易拖拉机挂车模型上的瞬时阻力

（摘自 Veluri 等,2009）

获取平均阻力值的方法有很多。或许最简单的方法就是直接检查瞬时阻力图并估算平均值。稍微复杂的方法是制作一个迭代 n 次时瞬时阻力 f_n 的移动平均图,则

$$\overline{f} = \frac{1}{N}\sum_{n=I}^{N} f_n \tag{7-1}$$

从大初始瞬值似乎消失时的迭代次数算起（在上一个例子中大约 500 次迭代）。然后可以将于此点得到的移动平均值与长时间平均值（介于 2 000 次迭代和 6 000 次迭代之间,称为"真实均值"）相比较,以估算出统计误差。图 7-2(a) 给出了采用此过程得出的结果。此方法的问题在于只有获取到长时间平均值后才能估算出统计误差。因此,只有执行 6 000 次迭代后,人们才能确定平均值中的统计误差在迭代 2 500 次时足够小（在这种情况下,为平均值的 0.02%）。还有一个比较好的方法就是基于瞬时阻力的标准偏差 σ 或者甚至移动平均阻力值的标准偏差的收敛,确定一个迭代终止条件（或者样本）。

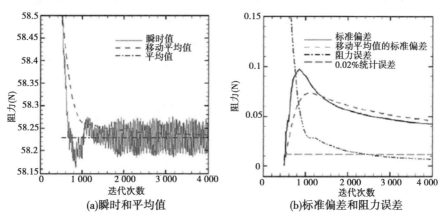

图 7-2　简易拖拉机挂车上的阻力的统计分析

$$\sigma = \left[\left(\frac{1}{N}\sum_{n=1}^{N} f_n^{2}\right) - (\overline{f})^{2}\right]^{1/2} \tag{7-2}$$

图 7-2(b)对这些方法进行了汇总。尽管这些方法取决于具体问题以及统计分析的起始点（在这种情况下,迭代 500 次）,但是当要执行大量的参数运行时,它们可以提供一

个启发式的终止条件。例如,对于所需的平均值中 0.02% 统计误差,图 7-2(b)显示,移动平均值的标准偏差须减小到 0.056 N。须注意的是,随着移动平均值的收敛,移动平均值的标准偏差将变为零。

7.4　迭代误差

迭代误差指的是某个方程或者一组方程的当前近似解与精确解之间的差。使用迭代法(或者松弛迭代法)求解代数方程的任何时候都可能出现这类误差。在科学计算中,迭代方法最常用于求解数学模型离散得出的代数方程组。当这个方程组为非线性方程时,则须先将方程线性化。在多数情况下,每个耦合代数方程只含有一些未知数,这类方程组称为稀疏矩阵。对于离散方程为线性的情况,可以使用直接解方法。这种方法通过有限的步骤即可准确求解代数方程,从而恢复离散方程的精确解(在舍入误差内)。但是对于采用隐式算法的非线性离散,须使用迭代方法。即便在线性矩阵方程情况下,对于大量未知数(一般出现在三维科学计算应用中),形成的代数方程组也可以使用迭代方法(相比直接方法)更有效地求解,达到足够级别的迭代误差。

约 200 年前,Gauss 提出了第一个方程组迭代法,用于处理他新近提出的最小二乘法产生的相对大量的未知数(Hackbush,1994)。随着数字计算机的出现,人们对使用迭代方法求解科学计算应用中产生的方程组的兴趣呈爆炸式增长。迭代方法主要有两种:稳态法和 Krylov 子空间法。稳态迭代法在 20 世纪中叶颇受关注,尽管 Krylov 子空间法几乎在同时期提出,但是在 20 世纪 70 年代前并未应用于科学计算中。当前研究的重点主要在于发展新的迭代法,并通过加快稳态迭代法的发展(Hageman 和 Young,1981)或者确定 Krylov 子空间法的前提条件(Saad,2003),将二者结合在一起。

本节对单一方程和方程组的迭代方法作了宽泛的概述。方程组迭代方法这个主题,尤其数学模型离散形成的方程组是极其宽泛的。这里,我们只大致介绍一下这个话题,并针对较简单的稳态迭代方法给出了一些细节。有关迭代方法的详细信息,请参见 Hageman 和 Young(1981)、Hackbush(1994)和 Saad(2003)的著作以及 Barrett 等(1994)和 Saad(1996)在互联网上公开的资料。有关基本线性代数和矩阵分析的介绍,请参见 Golub 和 Van Loan(1996)、Meyer(2000)。

7.4.1　迭代方法

迭代方法可用于求解单一方程和方程组。迭代过程本身首先尝试通过初步猜测来获取方程的一系列近似解。方程这些近似解与精确解之间的差即迭代误差。本节首先讨论适用于科学计算中有时会碰到的含一个未知数的单一方程的迭代方法。然后考虑线性代数方程组,线性数学模型或者非线性数学模型的线性化都可能生成线性代数方程组。这些线性矩阵方程的求解方法包括直接解方法、稳态法、Krylov 子空间法和混合法。最后介绍了简单科学计算应用中遇到的简单迭代法的示例,包括线性和非线性两种情况。

7.4.1.1　一个未知数的方程

对于单一方程,当无法通过代数方法求解该方程时,通常使用迭代方法进行求解(即根)。超越方程(即涉及超越函数的方程,例如指数、对数或者三角函数)和多数五阶(五次)或者更高阶的多项式常常出现这种情况。对于此类方程,最简单的迭代解法就是直接代入法(例如,Chandra,2003)。考虑方程 $F(x) = 0$,我们假设该方程无法通过代数方法进行求解。可以通过在方程的两侧加上 x 重组此方程,获得:

$$x = g(x) \tag{7-3}$$

式中: $g(x)$ 为 x 的某个新函数。

通过合理的初步猜测,可以通过迭代的方式求解式(7-3):

$$x^{k+1} = g(x^k), k = 1,2,3\cdots \tag{7-4}$$

式中: k 为迭代次数。

通过将近似解 x^k 插入函数获取的非零结果为

$$F(x^k) = \Re^k$$

该结果称为"迭代残值",注意不要与第 5 章讨论的离散残值相混淆。尽管这个方法极为简单,但是直接代入法的缺点在于只有 $|dg/dx| < 1$ 时,它才会收敛。

通过迭代方式求解单一代数方程较复杂的方法就是通过在某个解上加上括号(即方程的根)或者利用泛函梯度 dF/dx 的信息。对分法是最基本的括号法,首先作出两个初步猜测 x_1 和 x_2,其中 $F(x_1) \cdot F(x_2) < 0$。这个不等式可确保解将在该区间内;如果乘积等于0,则其中一个终点本身就是解,然后使用 $x_3 = (x_1 + x_2)/2$ 重复细分该区间,包含该解的新区间就是乘积再次小于或等于0的区间。重复此过程(即迭代),直到发现解,且 $F(x)$ 足够接近0,即直到迭代残值收敛。此方法的收敛是呈线性的,这意味着每次迭代后迭代误差会缩小一个常数因子(在这种情况下,常数因子为 0.5)。尽管此收敛速度非常慢,但是对分法可以确保收敛到某个解。

还有一些将泛函梯度信息考虑在内加快收敛的更高级迭代方法,但代价是降低迭代的稳健性(即收敛得不到保证)(Süli 和 Mayers,2006)。按照效率升序、稳健性降序的顺序,这些方法可以归纳为:

(1)试位法。类似于对分法,但是采用梯度信息帮助在解上加上括号。

(2)正割法。$x^{k+1} = x^k - \dfrac{x^k - x^{k-1}}{F(x^k) - F(x^{k-1})} F(x^k)$。

(3)牛顿法。$x^{k+1} = x^k - \dfrac{F(x^k)}{\dfrac{dF}{dx}(x^k)}$。

对于解析梯度 dF/dx 表现不佳或者未定义的情况,首选正割法。当足够接近某个解时,牛顿(也称为牛顿-拉普森)法会二次收敛(请参见第 7.4.2 部分),而正割法收敛稍微比较慢。但是,如果撇开解,这两个方法可能根本不收敛。对于所有上述方法,通常要使用迭代残值来监测迭代程序的收敛情况。

$$\Re^k = F(x^k) \tag{7-5}$$

有关迭代方法的收敛的详细信息,请参见第 7.4.2 部分。

7.4.1.2 方程组

方程组通常产生于科学计算应用中数学模型的离散。当此类方程组较大和/或为非线性方程时,通常使用迭代方法,但并非总是如此。对于一个或者两个空间维度的中等规模的科学计算应用,未知数的数量通常为 1 000 ~ 1 000 000 。对于较大型的三维应用,通常在带有 1 000 万 ~ 2 000 万个单元/元素的空间网格上执行计算。对于采用多个耦合微分方程的数学模型,每个网格点有至少 5 个的未知数并不罕见,从而造成未知数总数达到大约 1 亿个。现今最大型的科学计算应用的未知数总数通常多达 10 亿个。

科学计算应用并不一定采用迭代方法。在一些情况下,可以使用直接解方法;除此之外,当使用隐式法求解步进问题时,则不会涉及迭代。为了了解何时可使用迭代方法和可能发生迭代误差的情况,人们首先须了解数学模型的线性(请参见第 6 章的讨论)、采用的数值算法(隐式或者显式)和离散算法的数值特性。对于显式算法(例如欧拉显式、龙格-库塔法、亚当斯-巴什福斯法),每个未知数都可以根据从初始条件或者前一次迭代/时间步长中获取的已知值进行计算。隐式算法要求同时求解一组联立代数方程。尽管离散算法的数学特性通常与基础属性模型的数学特性相匹配(请参见第 6.1 节),但是在一些情况下,稳态椭圆或者椭圆-双曲混合型问题要通过时间步进到稳态进行求解,从而将它们转换为时间双曲系统。

呈椭圆形的数学模型称为边界值问题。不管涉及的算法是隐式或者显式,通常要使用迭代法求解边界值问题。唯一的例外情况就是当隐式求解线性椭圆问题时,可以使用直接解方法,但是对于大型系统,成本比较高昂。双曲和抛物线数学模型称为初始-边界值问题,要通过步进法进行求解。当使用显式算法求解初始-边界值问题时,则不需要迭代。除非问题呈线性时也可以使用直接解方法,否则使用隐式算法求解的初始-边界值问题要求使用迭代方法。表 7-3 归纳了可以使用迭代方法的情况以及存在迭代误差的情况。

表 7-3　基于离散模型的特性,在科学计算中使用迭代方法和直接解方法:数学特性、线性和算法类型

数学特性	线性	显式算法	隐式算法
初始-边界值问题	线性	无迭代	迭代或者直接
(双曲/抛物线)	非线性	无迭代	迭代
边界值问题	线性	迭代	迭代或者直接
(椭圆和混合型)	非线性	迭代	迭代

本节下面部分将概述线性代数方程组的不同求解方法。线性方程组可能产生于线性数学模型或者非线性数学模型,而非线性数学模型另外要求进行线性化操作(例如使用 Picard 迭代或者牛顿法)。假设对线性代数有大致的了解(例如,请参见 Meyer 的著作,2000)。

以线性代数方程组的形式为例。

$$A\vec{x} = \vec{b} \tag{7-6}$$

式中:A 为标量的 $N \times N$ 矩阵;b 为长度列向量 N;$\vec{x}$ 为所需的长度解向量 N;N 为未知数总数。

一般而言,数学模型离散生成的线性方程组将比较稀疏,这意味着 A 矩阵中的多数条目为零。当未知数总数 N 足够小时,则可以使用直接解方法(请参见第 7.4.1.2 部分)。对于大型线性方程组,迭代方法的效率要高得多。迭代方法的基本概念是首先初

步猜测式(7-6)的解,然后连续近似,优化该解,直至达到预期的迭代收敛。由于近似解无法准确满足式(7-6)的要求,所以一般要通过监测方程左右两边之间的差来确定这些迭代方法的收敛情况。因此,与迭代 k 次时的近似解相关的迭代残值可以定义为

$$\overrightarrow{\mathfrak{R}}^k = \vec{b} - A\,\vec{x}^k \qquad (7\text{-}7)$$

下文描述了稳态迭代方法的更多细节,而有关较高级的 Krylov 子空间方法在后文只作简单介绍。除此之外,下文还提到了稳态迭代方法和 Krylov 子空间法的组合式方法。本节最后举了几个将一些稳态迭代方法应用于线性数学模型和非线性数学模型的例子。

1. 直接解方法

直接解方法指的是忽略舍入误差,以有限的步骤就得出式(7-6)中线性方程组的精确解的方法。一般而言,直接解方法要求大约 N^3 次运算(加、减、乘、除)才能得到解,其中 N 表示要求解的方程总数。除非可以使用线性方程组的稀疏结构来减少此运算计数,否则对于大型科学计算应用,直接解方法的成本是非常高昂的,所以在这种情况下应使用迭代法。另外,因为一般情况下并不要求将迭代误差变为零,而只需小到一个可接受的值。因此,从这方面讲,进一步推动了迭代方法的使用。

Thomas 算法就是一个直接解方法高效利用稀疏矩阵结构的示例。当矩阵 A 包含的非零条目只沿着三条对角线 L_T、D 和 U_T 时,例如:

$$A = \begin{bmatrix} D & U_\mathrm{T} & 0 & \cdots & \cdots & \cdots & 0 \\ L_\mathrm{T} & D & U_\mathrm{T} & \ddots & & & \vdots \\ 0 & L_\mathrm{T} & D & U_\mathrm{T} & \ddots & & \vdots \\ \vdots & \ddots & \ddots & \ddots & \ddots & \ddots & \vdots \\ \vdots & & \ddots & L_\mathrm{T} & D & U_\mathrm{T} & 0 \\ \vdots & & & \ddots & L_\mathrm{T} & D & U_\mathrm{T} \\ 0 & \cdots & \cdots & \cdots & 0 & L_\mathrm{T} & D \end{bmatrix} \qquad (7\text{-}8)$$

则可以先简化高斯消元法的标准直接解方法,然后采用回代法,这只要求大约 N 次运算。这种三对角线矩阵结构通常在使用二阶精度方法离散一维数学模型时产生。当 L_T、D 和 U_T 条目本身为矩形矩阵时,可以使用一种称为块三对角解算器的类似方法。表 7-4 给出了一些常见直接解方法的大约算术运算次数(即运算计数)。从表 7-4 可以看出,只有 Thomas 算法利用了稀疏矩阵结构。若要了解这些直接解方法的运算时间,现今的现代桌面处理器可以吉拍速度执行运算,这意味着每秒大约执行 1×10^9 次浮点运算。因此,如果有 100 万个未知数,Thomas 算法只需大约 0.008 s,而高斯消元法将需要 22.2 年。显然,随着未知数总数 N 的增大,除非可以利用稀疏矩阵结构,否则直接解方法已不能满足需求。

表 7-4　一些直接解方法的运算计数

直接解方法	近似运算计数	$N = 1\ 000$ 时的近似运算次数	$N = 1\ 000\ 000$ 时的近似运算次数
Thomas 算法[a]	$8N$	8×10^3	8×10^6
高斯消元法	$\dfrac{2}{3}N^3$	7×10^8	7×10^{17}

续表 7-4

直接解方法	近似运算计数	$N = 1\ 000$ 时的近似运算次数	$N = 1\ 000\ 000$ 时的近似运算次数
LU 分解	$\dfrac{2}{3}N^3$	7×10^8	7×10^{17}
高斯约当法	N^3	1×10^9	1×10^{18}
矩阵求逆法	$2N^3$	2×10^9	2×10^{18}
克莱姆规则	$(N+1)!$	$4.0 \times 10^{2\ 570}$	$8.3 \times 10^{5\ 565\ 714}$

注:a 表示仅适用于三对角系统。

2. 稳态迭代方法

稳态迭代方法使用全线性矩阵算子 A 的近似值来连续提高解的精度。通过将矩阵拆分为 $A = M - N$,这些方法可写为以下形式:

$$M\vec{x}^{k+1} = N\vec{x}^k + \vec{b} \tag{7-9}$$

式中:k 为迭代次数;矩阵 M 和 N 以及向量 $\vec{b}$ 一般为常数(即与迭代次数无关系)。

当迭代收敛到极限条件时,等式 $\vec{x}^k = \vec{x}^{k+1}$ 成立,因此式(7-6)中给出的原线性系统会恢复。须注意的是,对于非线性系统的一些近似值,矩阵 M 和 N 以及向量 $\vec{b}$ 可能在迭代过程中更新。稳态迭代方法的示例包括牛顿法、雅可比迭代法、高斯·赛德尔迭代法以及代数多网格法。

将式(7-9)左乘以 M 的倒数,得出

$$\vec{x}^{k+1} = M^{-1}N\vec{x}^k + M^{-1}\vec{b} \tag{7-10}$$

或者可以简单表示为

$$\vec{x}^{k+1} = G\vec{x}^k + M^{-1}\vec{b} \tag{7-11}$$

其中,$G = M^{-1}N$ 称为迭代矩阵。稳态迭代方法的收敛速度取决于此迭代矩阵的特性,这将在第 7.4.2 部分进行介绍。

可以通过将矩阵 A 拆分为其对角线 D、下三角矩阵 L 和上三角矩阵 U 得出一些比较简单的稳态迭代方法:

$$
A = \begin{bmatrix} D & U & \cdots & \cdots & U \\ L & D & \ddots & & \vdots \\ \vdots & \ddots & \ddots & \ddots & \vdots \\ \vdots & & \ddots & D & U \\ L & \cdots & \cdots & L & D \end{bmatrix} = \begin{bmatrix} D & 0 & \cdots & \cdots & 0 \\ 0 & D & \ddots & & \vdots \\ \vdots & \ddots & \ddots & \ddots & \vdots \\ \vdots & & \ddots & D & 0 \\ 0 & \cdots & \cdots & 0 & D \end{bmatrix} +
$$
$$
\begin{bmatrix} 0 & 0 & \cdots & \cdots & 0 \\ L & 0 & \ddots & & \vdots \\ \vdots & \ddots & \ddots & \ddots & \vdots \\ \vdots & & \ddots & 0 & 0 \\ L & \cdots & \cdots & L & 0 \end{bmatrix} + \begin{bmatrix} 0 & U & \cdots & \cdots & U \\ 0 & 0 & \ddots & & \vdots \\ \vdots & \ddots & \ddots & \ddots & \vdots \\ \vdots & & \ddots & 0 & U \\ 0 & \cdots & \cdots & 0 & 0 \end{bmatrix} \tag{7-12}
$$

通过拆分,可以使用 $M = D$ 和 $N = -L - U$ 定义雅可比迭代法,形成以下迭代格式:

$$D\vec{x}^{k+1} = -(L+U)\vec{x}^k + \vec{b} \qquad (7\text{-}13)$$

选择 $M = D$ 时，每次迭代都会使方程去耦，从而形成显式迭代格式，其中解向量 x_i^{k+1} 的每个分量只取决于前一次迭代 $\vec{x}$ 得到的已知值。

高斯·赛德尔方法类似。但是，它要使用求解期间最近更新的信息。对于前推未知数，高斯·赛德尔方法使用拆分的 $M = D + L$ 和 $N = -U$，得出

$$(D+L)\vec{x}^{k+1} = -U\vec{x}^k + \vec{b} \qquad (7\text{-}14)$$

对称高斯·赛德尔法将采用前推，其中

$$(D+L)\vec{x}^{k+1/2} = -U\vec{x}^k + \vec{b} \qquad (7\text{-}15)$$

然后，采用后推

$$(D+U)\vec{x}^{k+1} = -L\vec{x}^{k+1/2} + \vec{b} \qquad (7\text{-}16)$$

其中，$k = 1/2$ 表示中间迭代步骤。所有这 3 个高斯·赛德尔迭代法都可以显式执行，即不同时求解多个未知数。

必须说明一下，还有另一种方法会影响稳态迭代方法的收敛，那就是超松弛/欠松弛迭代法。人们将通过应用标准迭代法 x_i^{k+1} 得到的解分量替换为下式，而不是采用上文讨论的稳态迭代法。

$$\hat{x}_i^{k+1} = x_i^k + \omega(x_i^{k+1} - x_i^k) \qquad (7\text{-}17)$$

其中，$0 < \omega < 2$。将松弛参数设置为 1 时可恢复基准迭代方法，而大于 1 或小于 1 分别会造成超松弛/欠松弛。在使用前向高斯·赛德尔法实现且 $\omega > 1$ 时，此方法称为逐次超松弛（SOR）。SOR 法的分割为 $M = D + \omega L$ 和 $N = -\omega U + (1-\omega)D$，可写成矩阵形式，如下所示：

$$(D+\omega L)\vec{x}^{k+1} = [\omega U + (1-\omega D)]\vec{x}^k + \omega\vec{b} \qquad (7\text{-}18)$$

3. Krylov 子空间迭代法

为了理解 Krylov 子空间迭代法的基本思想，首先需要对矩阵有一个大概的了解（Meyer, 2000）。一个向量空间是包含向量加法和标量乘法的数学结构，是任何非空间向量空间的子集。子空间的基础的一组线性无关的向量，它们可以组合成任何向量的子空间，一组向量形成的空间是形成子空间向量的线性组合，当一组向量是线性无关时，它们形成了子空间的基础。

Krylov 子空间迭代法，也叫非定常迭代法，对于大型系统是非常流行的算法（Saad, 2003），其原理是在 Krylov 子空间上的迭代（见式（7-19））最小化。该子空间为一个向量空间，是由多组左乘初始矩阵 A 的初始迭代向量组成的，对于任意正整数 $m < N$（N 为未知数），该空间可定义为

$$K_m(A, \vec{\Re}^{k=0}) = \mathrm{span}\{\vec{\Re}^{k=0}, A\vec{\Re}^{k=0}, A^2\vec{\Re}^{k=0}, \cdots, A^{m-1}\vec{\Re}^{k=0}\} \qquad (7\text{-}19)$$

Krylov 子空间迭代法的一个优点在于实现时只需矩阵和向量相乘，避免成本高昂的矩阵和矩阵相乘。

最常用的 Krylov 子空间迭代法包括共轭梯度法（仅限于对称的矩阵）、双共轭梯度法、稳定双共轭梯度法和广义最小余数法（GMRES）（Saad, 2003）。由于式（7-19）给出的向量序列会逐渐变成近线性相关，所以 Krylov 子空间迭代法一般采用 Arnoldi 正交化法

（对于共轭梯度法和 GMRES 法）或者 Lanczos 双正交化（对于双共轭梯度法和稳定双共轭梯度法）等正交化法（Saad,2003）。Krylov 子空间迭代法由于形成了包含解向量 x 并会在 N 步内收敛（在舍入误差以内）的向量空间的依据，所以从技术上而言它属于直接解方法。但是，由于科学计算应用中未知数数量 N 通常很大，所以当迭代残值足够小时，该过程几乎会提前终止，从而形成一个迭代方法。

4. 混合法

定常迭代法和非定常迭代法通常结合在一起使用，以同时发挥出两种方法的优点。预条件 Krylov 子空间迭代法将式(7-6)中给出的标准线性方程组自左乘以 A 矩阵的近似逆。例如，雅可比预条件子为 $P = D$（矩阵 A 的对角线），预条件系变成

$$P^{-1}A\vec{x} = P^{-1}\vec{b} \tag{7-20}$$

必须选择该预条件子，如此才能降低 P^{-1} 的估算成本并简化运算结果系统的求解过程（Saad,2003）。Krylov 子空间迭代法的基本概念可适用于通过线性组合由定常迭代法得出的迭代解 $\vec{x}^k$ 的序列形成的向量基。Hageman 和 Young(1981)将此过程称为多项式加速法。

5. 科学计算中迭代方法的示例

本部分介绍了数学模型离散中产生的线性方程组的一些简单例子。将各种离散方法应用于线性稳态和非稳态 2-D 热传导数学模型中，检验了非稳态 Burgers 方程的显式离散和隐式离散，后者要求进行离散化操作，还讨论了所有情况下离散产生的线性方程组的类型。

尽管线性方程可以采用直接解方法，但是为了获取所需的迭代误差公差，迭代法的效率通常更高，尤其是对于大型线性方程组。首先考虑二维非稳态热传导方程的情况，其中热扩散系数常数为 α：

$$\frac{\partial T}{\partial t} - \alpha\left(\frac{\partial^2 T}{\partial x^2} + \frac{\partial^2 T}{\partial y^2}\right) = 0 \tag{7-21}$$

此线性偏微分方程在时间上呈抛物线型，因此会存在初始 – 边界值问题，需要通过时间步进程序进行解决。对笛卡儿坐标进行简单的显式有限差分离散，得出

$$\frac{T_{i,j}^{n+1} - T_{i,j}^n}{\Delta t} - \alpha\left(\frac{T_{i+1,j}^n - 2T_{i,j}^n + T_{i-1,j}^n}{\Delta x^2} + \frac{T_{i,j+1}^n - 2T_{i,j}^n + T_{i,j-1}^n}{\Delta y^2}\right) = 0 \tag{7-22}$$

式中：上标 n 为时间级；下标 i 和 j 分别为 x 方向和 y 方向上的节点。

在所有内部网格节点上应用此离散方程将造成时间离散误差和空间离散误差，但是由于未采用迭代方法，所以不会有迭代误差。换言之，此方法属于使用表 7-3 所述显式算法离散的线性初始 – 边界值问题的范畴之内。

可针对式(7-21)选择一个隐式离散方法，例如隐式欧拉法，来评估时间级为 $n+1$ 时的空间导数项：

$$\frac{T_{i,j}^{n+1} - T_{i,j}^n}{\Delta t} - \alpha\left(\frac{T_{i+1,j}^{n+1} - 2T_{i,j}^{n+1} + T_{i-1,j}^{n+1}}{\Delta x^2} + \frac{T_{i,j+1}^{n+1} - 2T_{i,j}^{n+1} + T_{i,j-1}^{n+1}}{\Delta y^2}\right) = 0 \tag{7-23}$$

当将此离散方程应用于每个网格节点时，可得出五对角结构的线性矩阵系统，即

$$
A = \begin{bmatrix}
D & U_{\mathrm{T}} & 0 & \cdots & 0 & U_{\mathrm{P}} & 0 & \cdots & 0 \\
L_{\mathrm{T}} & D & U_{\mathrm{T}} & \ddots & & & U_{\mathrm{P}} & \ddots & \vdots \\
0 & L_{\mathrm{T}} & D & U_{\mathrm{T}} & \ddots & & & \ddots & 0 \\
\vdots & \ddots & \ddots & \ddots & \ddots & & & \ddots & U_{\mathrm{P}} \\
0 & & \ddots & \ddots & \ddots & \ddots & & & 0 \\
L_{\mathrm{P}} & \ddots & & \ddots & \ddots & \ddots & \ddots & & \vdots \\
0 & \ddots & \ddots & & & L_{\mathrm{T}} & D & U_{\mathrm{T}} & 0 \\
\vdots & \ddots & L_{\mathrm{P}} & \ddots & & & L_{\mathrm{T}} & D & U_{\mathrm{T}} \\
0 & \cdots & 0 & L_{\mathrm{P}} & 0 & \cdots & 0 & L_{\mathrm{T}} & D
\end{bmatrix} \tag{7-24}
$$

尽管此五对角矩阵可直接解,且无迭代误差,但是迭代法的效率通常会更高,尤其是对于大型系统。通过引入上标 k 表示迭代次数,可以定义 i 方向上的隐式线性离散,得出

$$
\frac{T_{i,j}^{n+1,k+1} - T_{i,j}^{n}}{\Delta t} - \alpha \left(\frac{T_{i+1,j}^{n+1,k+1} - 2T_{i,j}^{n+1,k+1} + T_{i-1,j}^{n+1,k+1}}{\Delta x^2} + \frac{T_{i,j+1}^{n+1,k} - 2T_{i,j}^{n+1,k+1} + T_{i,j-1}^{n+1,k}}{\Delta y^2} \right) = 0
$$
$$\tag{7-25}$$

其中,要在已知的迭代级 k 上评估矩阵结构的五对角分量 $(j \pm 1)$。通过此离散,发现迭代级为 $k+1$ 时未知数对应的三对角方程组的结构与式(7-8)中给出的矩阵相同,这可以再次使用 Thomas 算法有效求解。因此,此离散方案要求在每一个时间步长上执行线性方程组的迭代解。

此隐式线性迭代格式的矩阵形式如下。考虑将式(7-23)中的全矩阵 A 分割为

$$
A = L_{\mathrm{P}} + L_{\mathrm{T}} + D + U_{\mathrm{T}} + U_{\mathrm{P}} \tag{7-26}
$$

式中:D 为对角线项 (i, j);L_{T} 为 $(i-1, j)$ 项;L_{P} 为 $(i, j-1)$ 项;U_{T} 为 $(i+1, j)$ 项;U_{P} 为 $(i, j+1)$ 项。

因此,式(7-25)相当于通过分别处理五对角项来分割 A 矩阵,即

$$
M = L_{\mathrm{T}} + D + U_{\mathrm{T}} \qquad N = -(L_{\mathrm{P}} + U_{\mathrm{P}}) \tag{7-27}
$$

然后,迭代格式可写为

$$
(L_{\mathrm{T}} + D + U_{\mathrm{T}}) \vec{T}^{n+1,k+1} = -(L_{\mathrm{P}} + U_{\mathrm{P}}) \vec{T}^{n+1,k} + \vec{b} \tag{7-28}
$$

或简单表示为

$$
\vec{T}^{n+1,k+1} = (L_{\mathrm{T}} + D + U_{\mathrm{T}})^{-1} [-(L_{\mathrm{P}} + U_{\mathrm{P}}) \vec{T}^{n+1,k} + \vec{b}] = M^{-1} [N\vec{T}^{n+1,k} + \vec{b}] \tag{7-29}
$$

如第 7.4.2 部分所述,此迭代格式的收敛由迭代矩阵的特征值 $G = M^{-1}N$ 控制。

如果我们考虑采用二维热传导方程的稳态形式,则弃用时间导数,从而造成以下椭圆边界值问题:

$$
\frac{\partial^2 T}{\partial x^2} + \frac{\partial^2 T}{\partial y^2} = 0 \tag{7-30}
$$

使用二阶精度空间有限差分法在笛卡儿网格上进行离散得出:

$$
\frac{T_{i+1,j} - 2T_{i,j} + T_{i-1,j}}{\Delta x^2} + \frac{T_{i,j+1} - 2T_{i,j} + T_{i,j-1}}{\Delta y^2} = 0 \tag{7-31}
$$

这也是一个五对角方程组。此方程组可以使用不产生任何迭代误差的直接法进行求

解,但是,这种方法对于大型系统不适用。如果采用了 i 方向上的隐式线性方法等迭代格式,则会得出以下线性方程组:

$$\frac{T_{i+1,j}^{k+1} - 2T_{i,j}^{k+1} + T_{i-1,j}^{k+1}}{\Delta x^2} + \frac{T_{i,j+1}^{k} - 2T_{i,j}^{k+1} + T_{i,j-1}^{k}}{\Delta y^2} = 0 \tag{7-32}$$

此迭代格式称为线松弛迭代法,并再次得出可轻松求解的三对角方程组。

即便需要稳态解,在许多科学计算学科中也常常包含一个时间离散项,以稳定迭代过程。原因在于时间项常常会增加最终迭代矩阵的对角占优。这些时间项起着欠松弛法的作用,且随着时间步长的增加,欠松弛系数接近"1"。当稳态问题包括时间项时,须记住的一点是,对于迭代收敛,只需监测迭代残值的稳态部分。

非线性方程组采用的迭代方法通常与线性方程组相同,但是它们首先要求执行线性化操作,例如 Picard 迭代法或者牛顿法。考虑一维非稳态 Burgers 方程:

$$\frac{\partial u}{\partial t} + u \frac{\partial u}{\partial x} - v \frac{\partial^2 u}{\partial x^2} = 0 \tag{7-33}$$

方程在时间上呈抛物线型,因此要使用时间步进(即初始值问题)进行求解。对于时间项,应用一阶精度前向差分;对于空间项,应用二阶精度中心差分,得出以下简易的显式格式:

$$\frac{u_i^{n+1} - u_i^n}{\Delta t} + u_i^n \frac{u_{i+1}^n - u_{i-1}^n}{2\Delta x} - v \frac{u_{i+1}^n - 2u_i^n + u_{i-1}^n}{\Delta x^2} = 0 \tag{7-34}$$

此显式解格式因为具有严格的稳定性限制且解中存在数值振荡而不常使用,但是它不要求迭代,因此不会伴随迭代误差。

如果在时间级为 $n+1$ 时评估了空间项中的每一个应变量,最终的隐式法将为

$$\frac{u_i^{n+1} - u_i^n}{\Delta t} + u_i^{n+1} \frac{u_{i+1}^{n+1} - u_{i-1}^{n+1}}{2\Delta x} - v \frac{u_{i+1}^{n+1} - 2u_i^{n+1} + u_{i-1}^{n+1}}{\Delta x^2} = 0 \tag{7-35}$$

由于对流项中的非线性,此方法会得出一个不在式(7-6)所示形式内的非线性代数方程组,因此无法轻易使用数字计算机进行求解。对于非线性方程,要求先执行线性化操作,然后以迭代的方式求解得出的三对角方程组。在此示例中,我们将使用简易的 Picard 迭代法,其中在已知的迭代解位置 k 上评估了对流项中的 u_i^{n+1}:

$$\frac{u_i^{n+1,k+1} - u_i^n}{\Delta t} + u_i^{n+1,k} \frac{u_{i+1}^{n+1,k+1} - u_{i-1}^{n+1,k+1}}{2\Delta x} - v \frac{u_{i+1}^{n+1,k+1} - 2u_i^{n+1,k+1} + u_{i-1}^{n+1,k+1}}{\Delta x^2} = 0 \tag{7-36}$$

求解步骤如下:

(1)第一次迭代($k = 1$)时初步猜测所有 u 值。

(2)迭代 $k + 1$ 次时求解该三对角方程组。

(3)基于最新迭代解更新非线性项。

(4)重复上述步骤,直到视线迭代残值收敛。

因此,对于非线性方程,即便使用直接方法求解了最终的线性方程组,但由于执行了线性化操作,此解方法仍将是迭代的(参见表 7-3)。

7.4.2　迭代收敛

下面将简要介绍定常迭代法的收敛。有关 Krylov 子空间迭代法的收敛的讨论,请参

见 Saad(2003)的著作。如上所述,迭代误差指的是迭代 k 次时当前数值解与离散方程精确解之间的差。因此,对于某个全局解特性 f,我们可以将迭代 k 次的迭代误差定义为

$$\varepsilon_h^k = f_h^k - f_h \tag{7-37}$$

式中:h 为网格上的离散方程,离散参数(Δx、Δy、Δt 等)以 h 表示;f_h^k 为当前迭代解;f_h 为离散方程的精确解,注意不要与数学模型的精确解混为一谈。

在某些情况下,我们可能关注该域上整个解中的迭代误差(即数学模型中的应变量)。这种情况下,每个应变量 u 对应的迭代误差需作为该域上的一个范数进行测量,例如:

$$\varepsilon_h^k = \| \vec{u}_h^k - \vec{u}_h \| \tag{7-38}$$

其中,向量符号表示由该域中每个离散位置上单个应变量组成的列向量。当包括多个应变量时(例如,x-速度,y-速度和流体力学仿真中的压力),对每个应变量须单独进行监测。常用的范数包括离散 L_1、L_2 和 L_∞ 范数(有关范数的定义,请参见第 5 章的介绍)。须注意的是,迭代方法的标准说明并没有区分不同应变量之间的差异,因此将所有域位置上的所有应变量统一为未知的变量向量 $\vec{x}$。我们将根据需要在科学记数法 $\vec{u}$ 与线性系统记数法 $\vec{x}$ 之间切换。

对于应用于线性系统的定常迭代法,迭代收敛由迭代矩阵的特征值控制。如前所述,M 和 N 来自于式(7-6)中全矩阵 A 的分割。迭代矩阵 G 来自于将式(7-9)左乘以 M^{-1},即

$$\vec{x}^{k+1} = M^{-1}N\vec{x}^k + M^{-1}\vec{b} \tag{7-39}$$

因此,迭代矩阵 G 可以表示为 $G = M^{-1}N$。尤其是,收敛与迭代矩阵 G 对应的最大量级 λ_G 的特征值相关联。此特征值的绝对值也称为矩阵的"谱半径",即

$$\rho(G) = | \lambda_G | \tag{7-40}$$

此迭代方法的收敛要求谱半径小于 1,谱半径越接近 1,此方法的收敛速度越慢(Golub 和 Van Loan,1996)。由于谱半径受任何有效矩阵范数影响而形成上界,所以可以找出矩阵谱半径的粗近似值(Meyer,2000),即

$$\rho(G) \leqslant \| G \| \tag{7-41}$$

对于雅可比法和高斯·赛德尔法,如果矩阵 A 确实是严格对角占优的,收敛有保证,意味着每行的对角线元素的量级大于该行中其他元素的量级的总和,即

$$| A_{ii} | > \sum_{i \neq j} | A_{ij} | \tag{7-42}$$

对于线性问题,当迭代矩阵 G 的最大特征值 λ_G 为实数时,渐近迭代收敛行为将很单调。但是,当 λ_G 较复杂时,渐近迭代收敛行为一般将会振动(Ferziger 和 Peric,1996)。对于非线性问题,线性化方程组的解通常不会达到收敛的程度,而是在非线性项更新前,仅求解几次迭代(有时少至 1 次迭代)。非线性方程组的迭代收敛更难评估,且和带有一个未知数的方程一样,通常与接近收敛解初步猜测相关联。有关非线性系统的迭代方法的讨论,请参见 Kelley(1995)的著作。

7.4.2.1　迭代收敛类型

下文介绍了可能观察到的各种不同的迭代收敛。对于简单的科学计算应用,迭代收

敛通常很单调或者会振动。对于较复杂的应用,通常可以发现更为普适的迭代收敛行为。

1. 单调收敛

当后续迭代解以单调的方式接近离散方程的精确解,迭代误差中无局部极小值或极大值与迭代次数呈函数关系时会出现"单调迭代收敛"。单调收敛通常为线性或者二次。当两次相邻迭代的迭代误差比为常数时,出现线性收敛,即

$$\varepsilon_h^{k+1} = C\varepsilon_h^k, C < 1 \tag{7-43}$$

因此,每次迭代产生的迭代误差将以因子 C 的幅度下降。许多科学计算代码最多在线性速率下进行收敛。当迭代误差以之前的迭代误差的平方减小时,会发生二次收敛(Süli 和 Mayers,2006),即

$$| \varepsilon_h^{k+1} | = C(\varepsilon_h^k)^2, \ C < 1 \tag{7-44}$$

对于非线性控制方程,只要当前迭代解接近离散方程的精确解,使用高级迭代方法(例如全牛顿法)即可实现二次收敛(Kelley,1995)。图 7-3 给出了线性和二次收敛的示例,从图中可以看出对数尺度的迭代误差与迭代次数呈函数关系。尽管明显符合要求,但是对于实际的科学计算问题,很难获取二次收敛。在某些情况下,可通过使用超松弛($\omega > 1$)来加快单调迭代收敛。

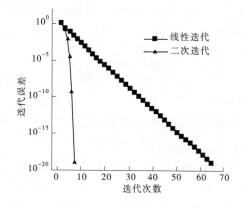

图 7-3　线性和二次行为的单独迭代收敛的示例

2. 振动收敛

振动迭代收敛指的是迭代解以振动的方式收敛成离散方程的精确解。图 7-4 给出了振动迭代收敛的示例。从图中可以看出,通解中的迭代收敛误差以振动但收敛的方式呈功能性缩小。当迭代矩阵的最大特征值 $G = M^{-1}N$ 较为复杂时(Ferziger 和 Peric,1996)会发生振动收敛。在一些情况下,可通过使用欠松弛($\omega < 1$)加快振动迭代收敛。

"常规迭代收敛"指迭代解同时存在单调收敛和振动收敛。图 7-5 给出了常规收敛的示例。图中显示了非黏性计算流体力学仿真中导弹几何体上偏航力的迭代历史记录。如此复杂的迭代收敛历史记录类型在实际的科学计算仿真中司空见惯。物理(例如,问题中的强物理不稳定性或者不稳定度)或者数值原因都可能造成常规收敛出现振动。

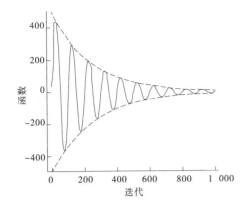

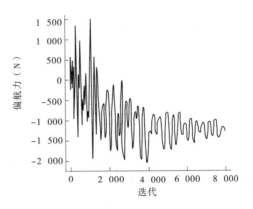

图 7-4　解函数对迭代次数的振动迭代收敛的示例　图 7-5　导弹上流的非黏性计算流体力学仿真中
偏航力的常规迭代收敛示例（摘自 Roy 等,2007）

7.4.2.2　迭代收敛准则

下面将讨论迭代收敛性的两种常用评估方法。第一种方法评估的是逐次迭代之间的解差异,具有一定的误导性。第二种方法是检查迭代残值,并直接测量如何通过当前的迭代解合理地求解离散方程。

1. 迭代之间的差

从逐次迭代之间的差(绝对或者相对)的角度报告迭代方法的收敛是最常见的一个方法,例如:

$$f_h^{k+1} - f_h^k \text{ 或 } \frac{f_h^{k+1} - f_h^k}{f_h^k}$$

但是,当收敛较慢或者停止时这些方法可能具有很高的误导性(Ferziger 和 Peric, 2002),因此强烈建议不要使用这些收敛准则。

2. 迭代残值

一个比较可行的方法就是在迭代过程中的每一步评估离散方程的迭代残值。对于线性系统,可从式(7-7)中得出此迭代残值。对于科学计算应用,要通过将当前的迭代解插入方程的离散形式来获得迭代残值。根据第 5 章的介绍,离散方程可以写为如下形式:

$$L_h(u_h) = 0 \tag{7-45}$$

式中:L_h 为线性或者非线性离散解算子;u_h 为离散方程的精确解。

通过将当前迭代解 u_h^{k+1} 插入式(7-45)获得此迭代残值,即

$$\mathfrak{R}_h^{k+1} = L_h(u_h^{k+1}) \tag{7-46}$$

其中,当 $u_h^{k+1} \to u_h$ 时, $\mathfrak{R}_h^{k+1} \to 0$ 。须注意的是,尽管看起来评估方法相同,但是此迭代残值完全不同于第 5 章讨论的离散残值和连续残值,这就是在科学计算中常出现混淆的原因。

这里将给出第 7.4.1.2 部分所述例子中迭代残值的形式。对于使用式(7-32)给出的线松弛的二维稳态热传导示例,将按如下方式简单地评估迭代残值 $\mathfrak{R}$:

$$\mathfrak{R}_{i,j}^{k+1} = \frac{T_{i+1,j}^{k+1} - 2T_{i,j}^{k+1} + T_{i-1,j}^{k+1}}{\Delta x^2} + \frac{T_{i,j+1}^{k+1} - 2T_{i,j}^{k+1} + T_{i,j-1}^{k+1}}{\Delta y^2} \tag{7-47}$$

一般使用网格点上的离散范数对这些残值进行监测，具体见第 5 章的讨论。残值范数将随着迭代收敛而慢慢接近零，从而确保数值解在舍入误差以内满足离散方程的要求；但事实上，当迭代误差足够小时，迭代一般会终止（请参见第 7.4.3 部分）。对于式(7-25)给出的非稳态二维热传导示例，须使用非稳态迭代残值：

$$\Re_{i,j}^{n+1,k+1} = \frac{T_{i,j}^{n+1,k+1} - T_{i,j}^{n}}{\Delta t} - \alpha(\frac{T_{i+1,j}^{n+1,k+1} - 2T_{i,j}^{n+1,k+1} + T_{i-1,j}^{n+1,k+1}}{\Delta x^2} + \frac{T_{i,j+1}^{n+1,k+1} - 2T_{i,j}^{n+1,k+1} + T_{i,j-1}^{n+1,k+1}}{\Delta y^2})$$

(7-48)

但是，如果使用控制方程的非稳态形式来获取稳态控制方程的解，则须使用稳态迭代残值（这种情况下由式(7-47)给出，带或不带热扩散系数 α）。对于式(7-36)给出的非稳态 Burgers 方程的隐式离散，每一步长 n 要收敛的迭代残值的形式如下

$$\Re_i^{n+1,k+1} = \frac{u_i^{n+1,k+1} - u_i^{n}}{\Delta t} + u_i^{n+1,k+1}\frac{u_{i+1}^{n+1,k+1} - u_{i-1}^{n+1,k+1}}{2\Delta x} - v\frac{u_{i+1}^{n+1,k+1} - 2u_i^{n+1,k+1} + u_{i-1}^{n+1,k+1}}{\Delta x^2}$$

(7-49)

其中，在迭代 $k+1$ 时须评估对流项修改速度。再次说明，如果使用非稳态公式来获取稳态解，则需要监测的迭代残值就是由式(7-50)给出的稳态残值：

$$\Re_i^{k+1} = u_i^{k+1}\frac{u_{i+1}^{k+1} - u_{i-1}^{k+1}}{2\Delta x} - v\frac{u_{i+1}^{k+1} - 2u_i^{k+1} + u_{i-1}^{k+1}}{\Delta x^2}$$

(7-50)

7.4.3　迭代误差估算

尽管通过监测迭代残值就足以说明是否实现了迭代收敛，但是监测本身对所关注解量中的迭代误差大小并没有任何参考价值。下面将讨论评估通解量中迭代误差的方法。这些方法可用于定量估算迭代误差。如果代码阶验证研究（第 5 章）或者离散误差研究中要使用数值解，则建议的迭代误差水平约离散误差水平的 1/100，以防止对离散误差评估/估算过程产生负面影响。对于离散误差评估/估算不使用该解的情况（例如，涉及大量仿真工作的参数研究），则通常允许较大的迭代误差水平。

7.4.3.1　机床零位法

如前所述，迭代误差指当前迭代解与离散方程精确解之间的差。我们可以首先将解向下收敛为机器零位，合理地估算迭代误差。那么，迭代 k 次时解函数 f 中的迭代误差可近似为

$$\varepsilon_h^k = f_h^k - f_h \cong f_h^k - f_h^{k\to\infty}$$

(7-51)

其中，$f_h^{k\to\infty}$ 为机器零位解，即迭代次数无限大时的迭代解。此位置可以视为迭代历史记录中的一个点，在该点上残值不再缩小，而是表面上显示为围绕某个值的随机振动。单精度运算中大约 7 阶数量级的残值订正以及双精度运算中 15 阶数量级（见第 7.2 节）的残值订正附近一般会发生这种趋平现象。由于将复杂的科学计算代码收敛到机器零位需要高昂的费用，所以只有当应用于大型参数研究中的少量案例时，此方法才切合实际。

7.4.3.2　局部收敛速度

除将迭代残值收敛到机器零位外，一个比较高效的方法就是在求解期间使用当前迭代解及其邻近迭代来估算迭代误差。此方法要求大致了解通过数值解表示的迭代误差的

类型。这些迭代误差估算值对于收敛较慢的较大型科学计算应用最为有用。

1. 单调迭代收敛

1）特征值法

特征值法对于迭代收敛类型为单调的科学计算分析来说，收敛速度常常呈线性。对于线性单调收敛，迭代矩阵 $G = M^{-1}N$ 的最大特征值 λ_G 为实数。我们可以推断出（Ferziger,1988；Golub 和 Van Loan,1996），任何通解量 f 中的迭代误差可以通过式（7-52）进行近似：

$$\varepsilon_h^k \cong \frac{f_h^{k+1} - f_h^k}{\lambda_G - 1} \tag{7-52}$$

其中，λ_G 可通过式（7-53）近似得出：

$$\lambda_G \cong \frac{|f_h^{k+1} - f_h^k|}{|f_h^k - f_h^{k-1}|} \tag{7-53}$$

解出离散方程精确解的估值 $\hat{f}_h$，可获得：

$$\hat{f}_h = \frac{f^{k+1} - \lambda_G f^k}{1 - \lambda_G} \tag{7-54}$$

有关其他详细信息，请参见 Ferziger（1988）或者 Golub 和 Van Loan（1996）的著作。

2）Blottner 法

Blottner 针对在迭代残值和/或迭代误差中发现线性单调收敛的情况提出了一个类似的方法（Roy 和 Blottner,2001）。当出现线性单调收敛时，可以使用迭代解分 3 个不同迭代级来估算迭代误差。Blottner 法可归纳如下。这里回忆一下前文式（7-37）中任何量 f 的迭代误差：

$$\varepsilon_h^k = f_h^k - f_h \tag{7-55}$$

式中：f_h 为离散方程的精确解。

如果收敛为线性单调，则误差会随着迭代次数的增加而呈指数递减：

$$\varepsilon_h^k = \alpha e^{-\beta k} \tag{7-56}$$

式中：α 和 β 为与迭代次数无关的常数。

式（7-55）和式（7-56）可以结合在一起，重写为

$$\beta k = \ln\alpha - \ln(f_h^k - f_h) \tag{7-57}$$

然后分 3 个不同的迭代级评估式（7-57），例如（$k-1$）、k 和（$k+1$），然后使用这些关系估算 α，并得出

$$\left.\begin{array}{l}\beta[k - (k-1)] = \ln[(f_h^{k-1} - f_h)/(f_h^k - f_h)] \\ \beta[k + 1 - (k)] = \ln[(f_h^k - f_h)/(f_h^{k+1} - f_h)]\end{array}\right\} \tag{7-58}$$

假设迭代增量相同（如当前示例所述），则式（7-58）左侧项相等。使右侧项相等，得出

$$\ln[(f_h^{k-1} - f_h)/(f_h^k - f_h)] = \ln[(f_h^k - f_h)/(f_h^{k+1} - f_h)]$$

或简单表示为

$$(f_h^{k-1} - f_h)/(f_h^k - f_h) = (f_h^k - f_h)/(f_h^{k+1} - f_h) \tag{7-59}$$

然后通过式(7-60)得出离散方程 $\hat{f}_h$ 的精确解的估值：

$$\hat{f}_h = \frac{f_h^k - \wedge^k f_h^{k-1}}{1 - \wedge^k} \tag{7-60}$$

其中

$$\wedge^k = \frac{f_h^{k+1} - f_h^k}{f_h^k - f_h^{k-1}}$$

这个最终结果与上述式(7-54)中给出的特征值法密切相关,其中 $\wedge^k$ 为量级 λ_G 最大的特征值估值。当收敛较慢时,由于迭代解在每次迭代后的变化非常小时舍入误差相对比较重要,所以通常使用不连续迭代(例如 $k-10$、k 和 $k+10$)。

Roy 和 Blottner(2003)运用了 Blottner 法估算 Navier-Stokes 流体仿真的迭代误差。他们核验了在与流对齐的平板上的特超声速流的表面剪切应力中的迭代误差。图 7-6(a)给出了应用于平板两个不同区域的上述迭代误差估计量:一个为层流,另一个为湍流。以"局部估算"标记的符号摘自 Blottner 迭代误差估算程序,而以"最佳估算"标记的符号选自第 7.4.3.1 部分所讨论的机器零位法。对于双精度运算,当迭代残值缩小大约 14 数量级时,达到了机器零位,如图 7-6(b)所示。Blottner 法与机器零位法拥有很高的吻合度,其优点在于一旦迭代误差足够小,可提早终止迭代。但是,只有当确定(证明)迭代收敛为单调并呈线性时才应使用 Blottner 法。

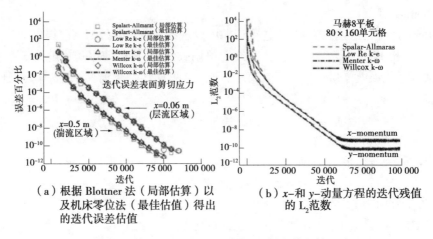

（a）根据 Blottner 法（局部估算）以
及机床零位法（最佳估值）得出
的迭代误差估值

（b）$x-$ 和 $y-$ 动量方程的迭代残值
的 L_2 范数

图 7-6　使用 Navier-Stokes 方程,平板上的马赫 8 流

（改编自 Roy 和 Blottner,2003）

2. 振动迭代收敛

Ferziger 和 Peric(1996)提出了一个迭代误差估计量,解决了振动迭代收敛的问题。在单调解的特征值法中(如前所述),使用了量级 λ_G 最大的迭代矩阵的特征值来估算迭代误差。对于振动收敛,量级最大的特征值较复杂(以共轭对的形式出现),且也可以用于估算迭代误差。有关详细信息,请参见 Ferziger 和 Peric(1996)以及引用的参考文献。

大量研究显示,对于科学计算中的许多线性和非线性问题,可以利用实际的迭代误差来很好地跟踪迭代残值变小的情况(例如,Ferziger 和 Peric,2002;Roy 和 Blottner,2003)。在图 7-6 中的可压缩 Navier-Stokes 示例中,这早已经得到证实。从图中可以看出,迭代误差的斜率(见图 7-6(a))与迭代残值的斜率(见图 7-6(b))相对应,因此它们会以同样的速度收敛。此观察结果验证了通过检查迭代残值间接评估迭代收敛的常用做法。关键在于针对特定问题类型,确定一个可将迭代残值的范数与所关注量中的迭代误差相关联的合理比例因子。

图 7-7 给出了另一个说明欧拉方程的迭代误差与迭代残值之间关系的例子。这些解的获取是为了采用双精度代码(Premo)和单精度代码(Wind)(Roy 等,2004)计算出虚构解。由于所关注的系统响应量为全流场解,因此可使用机器零位法(第 7.4.3.1 部分)获取该域上每单位体积的质量和总能量对应的迭代误差的 L_2 范数,然后将这些迭代误差范数与质量和总能量守恒方程的迭代残值的 L_2 范数进行对比。对于两种代码,迭代残值范数紧跟着从机器零位法获取的实际迭代误差范数。须注意的是,对于这些情况,迭代残值要按照某个常数因子进行缩放,以和迭代误差更紧密地排列在一起,且这不会影响斜率。要求缩放的原因在于迭代残值的一般行为与迭代误差相同,但是数量级不同。

7.4.4　实用的迭代误差估算方法

对于实际的科学计算问题,第 7.4.3 部分所讨论的迭代误差估计量可能很难付诸实施,尤其对于须执行大量的计算预测(例如,对于参数研究或者执行非确定性仿真)。多数科学代码通过检查迭代残值的范数对迭代收敛进行监测。对于许多问题,由于迭代残值范数会紧跟实际迭代误差,所以少量的计算应足以确定系统响应量中的迭代误差如何随着所关注情况的迭代残值而变化。

图 7-8 举了一个通过球形粒子填充层的黏性层流对应的程序的例子(Diggirala 等,2008)。所关注的量为填充层上的平均压力梯度,该压力梯度下所需的迭代误差水平为 0.01%。质量(连续性)守恒和动量守恒方程中的迭代残值首先收敛到 10^{-7},然后该点上的压力梯度值取离散方程精确解 $\hat{f}_h$ 的近似值。最后,使用此 $\hat{f}_h$ 的估算值估算出所有之前的迭代误差。从图 7-8 中可以看出,为了在 0.01% 的压力梯度下获取所需的迭代误差水平,迭代残值范数须向下收敛为大约 10^{-6}。类似问题的仿真可能要求大致相同的迭代残值收敛水平,以实现该压力梯度下所需的迭代误差公差。

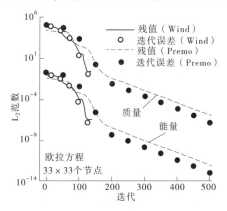

图 7-7　欧拉方程的虚构解的迭代收敛误差和迭代残值的离散 L_2 范数

(改编自 Roy 等,2004)

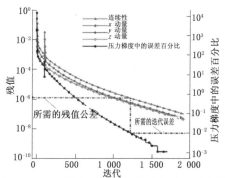

图 7-8　通过填充层的层流的迭代残值的范数(左轴)和压力梯度的百分比误差(右轴)

(改编自 Duggirala 等,2008)

7.5　数值误差与数字不确定性

　　本节所讨论的所有来源的数值误差都归类为误差。如果已知这些误差的值(包括符号)具有较高的确定性,则可以从数值解中消除这些误差(该过程类似于从实验测量数据中移除特征明显的偏移误差),或者如果足够小,可直接忽略不计。如果无法可靠地估算出数值误差(科学计算中常碰到这类情况),即便它们依然是真误差,但是我们对这些误差的了解是不确定的。因此,当数值误差估值不可靠时,可以将其视作主观不确定性。也就是说,它们属于由于缺少对误差真值的了解而造成的不确定性。

　　估算完误差和由于各种来源的数值误差造成的不确定性后,对数值不确定性总预算进行定量评估可为资源的高效分配提供参考。例如,如果针对特定的问题类型估算了数值不确定性总预算,且造成不确定性的主要原因是空间离散误差,则这表明实现资源的高效利用要重点关注空间网格的细化。同样重要的是,此分析同时也建议了在哪些方面不宜过多关注资源(例如缩小舍入误差)。

7.6　参考文献

Barrett, R. , M. Berry, T. F. Chan, J. Demmel, J. M. Donato, J. Dongarra, V. Eijkhout, R. Pozo, C. Romine, and H. Van Der Vorst (1994). *Templates for the Solution of Linear Systems: Building Blocks for Iterative Methods*, SIAM, Philadelphia, PA, (www. netlib. org/linalg/html _templates/Templates. html).

Chandra, S. (2003). *Computer Applications in Physics: with Fortran and Basic*, Pangbourne, UK, Alpha Science International, Ltd.

Chapman, S. J. (2008). *Fortran 95/2003 for Scientists and Engineers*, 3rd edn. , McGraw_Hill, New York.

Duggirala, R. , C. J. Roy, S. M. Saeidi, J. Khodadadi, D. Cahela, and B. Tatarchuck (2008). Pressure drop predictions for microfibrous flows using CFD, *Journal of Fluids Engineering*. 130(DOI: 10. 1115/1. 2948363).

Ferziger, J. H. (1988). A note on numerical accuracy, *International Journal for Numerical Methods in Fluids*. 8, 995-996.

Ferziger, J. H. and M. Peric (1996). Further discussion of numerical errors in CFD, *International Journal for Numerical Methods in Fluids*. 23(12), 1263-1274.

Ferziger, J. H. and M. Peric (2002). *Computational Methods for Fluid Dynamics*, 3rd edn. , Berlin, Springer-Verlag.

GNU (2009). GNU Multiple Precision Arithmetic Library, gmplib. org/.

Goldberg, D. (1991). What every computer scientist should know about floating-point arithmetic, Computing Surveys. 23(1), 91-124 (docs. sun. com/source/806－3568/ncg -goldberg. html).

Golub, G. H. and C. F. Van Loan (1996). *Matrix Computations*, 3rd edn. , Baltimore, The Johns Hopkins University Press.

Hackbush, W. (1994). *Iterative Solution of Large Sparse Systems of Equations*, New York, Springer-Verlag.

Hageman, L. A. and D. M. Young (1981). *Applied Iterative Methods*, London, Academic Press.

IEEE(2008). *IEEE Standard for Floating-Point Arithmetic*, New York, Microprocessor Standards Committee,

Institute of Electrical and Electronics Engineers Computer Society.

Kelley, C. T. (1995). *Iterative Methods for Linear and Nonlinear Equations*, SIAM Frontiers in Applied Mathematics Series, Philadelphia, Society for Industrial and Applied Mathematics.

MATLAB (2009). *MATLAB® 7 Programming Fundamentals*, Revised for Version 7. 8 (Release 2009a), Natick, The MathWorks, Inc.

Meyer, C. D. (2000). *Matrix Analysis and Applied Linear Algebra*, Philadelphia, Society for Industrial and Applied Mathematics.

Roy, C. J. and F. G. Blottner (2001). Assessment of one-and two-equation turbulence models for hypersonic transitional flows, *Journal of Spacecraft and Rockets*. 38(5), 699-710 (see also Roy, C. J. and F. G. Blottner (2000). *Assessment of One-and Two-Equation Turbulence Models for Hypersonic Transitional Flows*, AIAA Paper 2000-0132).

Roy, C. J. and F. G. Blottner (2003). Methodology for turbulence model validation: application to hypersonic flows, *Journal of Spacecraft and Rockets*. 40(3), 313-325.

Roy, C. J. , C. C. Nelson, T. M. Smith, and C. C. Ober (2004). Verification of Euler/Navier-Stokes codes using the method of manufactured solutions, *International Journal for Numerical Methods in Fluids*. 44(6), 599-620.

Roy, C. J. , C. J. Heintzelman, and S. J. Roberts (2007). *Estimation of Numerical Error for 3D Inviscid Flows on Cartesian Grids*, AIAA Paper 2007-0102.

Saad, Y. (1996). *Iterative Methods for Sparse Linear Systems*, 1st edn. , Boston, PWS Publishing (updated manuscript www-users. cs. umn. edu/~saad/books. html).

Saad, Y. (2003). *Iterative Methods for Sparse Linear Systems*, 2nd edn. , Philadelphia, PA, Society for Industrial and Applied Mathematics.

Smith, D. M. (2009). FMLIB, Fortran Library, myweb. lmu. edu/dmsmith/FMLIB. html.

Stremel, P. M. , M. R. Mendenhall, and M. C. Hegedus (2007). *BPX-A Best Practices Expert System for CFD*, AIAA Paper 2007-974.

Süli, E. and D. F. Mayers (2006). *An Introduction to Numerical Analysis*. Cambridge, Cambridge University Press.

Veluri, S. P. , C. J. Roy, A. Ahmed, R. Rifki, J. C. Worley, and B. Recktenwald (2009). Joint computational/experimental aerodynamic study of a simplified tractor/trailer geometry, *Journal of Fluids Engineering*. 131(8) (DOI: 10. 1115/1. 3155995).

8　离散误差

如前所述,我们将数学模型定义为带有相关初始条件和边界条件的偏微分控制方程或者积分方程。在科学计算中,人们所关心的是如何找到此数学模型的近似解,而这个求解过程涉及数学模型和定义域的离散。与此离散过程相关的近似误差称为离散误差,而且几乎每一个科学计算仿真中都会碰到此类误差。离散误差也可以正式定义为离散方程精确解与数学模型精确解之间的差:

$$\varepsilon_h = u_h - \tilde{u} \tag{8-1}$$

下一章将介绍所选的数学模型中离散方案、网格分辨率、网格质量和解行为之间的相互作用形成的离散误差。离散误差是最难可靠(即准确)估计的数值误差类型,在第 7 章中讨论的 4 个数值误差源中,离散误差通常最大。

离散误差有两个分量:局部离散误差和源自其他域部分的离散误差。在有限元相关文献(例如Babuska等,1997)中,输运分量也称为污染误差。第 5 章通过使用连续误差输运方程,将数值解的收敛(即离散误差)与离散方案的一致性(即截断误差)相关联,从数学的角度证明了这两个分量的存在。研究表明,离散误差的输运方式与基础解特性相同(例如,可以对流和扩散),且离散误差由截断误差局部生成。

图 8-1 给出了欧拉方程中离散误差输运的例子。该离散误差是在轴对称球锥体(Roy,2003)上,在非黏性、马赫 8 流的密度条件下得出的。流向从左到右,在激波和网格线不对齐的弓形激波处生成大的离散误差。在紧随正激波后的流的亚声速区(即椭圆形区域),这些误差会沿着局部流线平动。在超声速(双曲线区域)区,这些误差会沿着特征马赫线传播,并由地面反射。在球锥切点(即球面前端和锥形体连接的点)上产生附加离散误差。球锥切点即表面曲率不连续性导致的奇点。来自此区域的误差也会沿着特征马赫线向下游传播。由全局误差等级驱动的适应过程将贴合起源于球锥切点的特征线,但这种情况并不是我们想要的。通过局部分布到该误差驱动的适应过程须顺应球锥切点,从而不用贴合起源于该切点的特征线。定向网格自适应将在下一章进行详细介绍。

本章简要介绍了几种离散误差估计方法,并对这些方法进行了归类整理。另外,Roy(2010)还对这些方法进行了汇总。鉴于使用有限元法能够保证严谨的数学分析,所以许多这些离散误差估计方法均脱胎于有限元法。离散误差的其他估计方法需要为该数学模型的精确解找到一个形式计算精度阶比基础离散解更高的估计值。一旦找到这类计算精度阶更高的估计值,即可用于估计本解中的离散误差。

尽管这里讨论了很多离散误差的估计方法,但此处我们重点关注理查德森外推法:依靠两个网格上的离散解来估计离散误差。原因很简单:理查德森外推法是唯一一个可以对从任何离散法获取的局部解和系统反应量进行后处理的离散误差估计方法。然而,它的主要缺点在于在经过系统细化的网格上生成然后计算另一个离散解的代价较高。

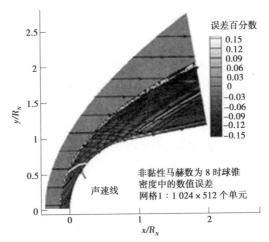

图 8-1　非黏性特超声速球锥体上流的密度中的总估算离散

误差的轮廓图(摘自 Roy,2003)(请参见色板部分)

　　无论离散误差使用什么估计方法,最终误差估计值的可靠性都要求基础数值解(或者多个解)在渐近范围内。要获得此渐近范围是一件非常困难的事,通常需要至少 3 个离散解才能确定。对于涉及耦合方程、非线性方程、多维方程、多物理方程的复杂科学计算应用,如果未使用下一章中讨论的解自适应程序,是不大可能获得此渐近范围的。在科学计算中,最常见的情况是当计算出离散误差估计值时:①因为未获得此渐近范围而导致估计值的可靠性较低;②或是由于没有三个离散解可用,而导致无法确定此估计值的可靠性。在这些情况下,由于误差真值未知,所以离散误差更适合称为认知不确定性。Roche 的网格收敛指数通过提供误差带将从理查德森外推法获取的错误估计值转换为不确定性。

　　另外,本章还重点介绍了系统网格细化对于基于理查德森外推法的离散误差估计器以及评估所有离散误差估计器可靠性的作用。本书探讨了在整个域内系统网格细化的重要性,同时阐述了细化系统性质的评估方法。另外,还涉及空间与时间的细化、单向细化、分数(或者非整数)细化问题以及细化与粗化的建议。本章末尾介绍了研究团队尚未充分解决的一些离散误差估计相关问题。

8.1　离散过程的元素

　　离散过程的目的在于将数学模型转换为一组代数方程,以便在数字计算机上进行求解。此过程分为两个步骤:数学模型的离散和域的离散。尽管多数应用科学计算代码都包括这两个步骤,但是部分离散方案并非如此。例如,加权余量法就没有包括域离散步骤(Huebner,2001)。

8.1.1　数学模型的离散

　　本书大量引用了由偏微分方程构成的数学模型。但是,这并不是科学计算中控制方程唯一可以采用的形式。当将概念模型(例如能量守恒定律)应用到某个无穷小元素时,就会出现偏微分方程形式。相反,如果使用了有限体积法,则散度定理可以用于将某个量的梯度的体积积分转换为通过该边界量的通量。因为控制方程的最终积分(或者积分微分)形式允许间断解(即弱解),从狭义上说这只能满足微分方程的要求,所以控制方程的最终积分(积分微分)形式称为方程的弱形式。由于弱形式允许间断(弱)解,所以弱形式是一种更为基本的形式,而微分形式依赖于可微分且连续(即强解)的因变量。

为了找到数学模型的解,须提供初始条件和/或边界条件。在某些情况下,这些初始条件和边界条件也采用微分方程的形式,例如性能梯度垂直于边界的诺埃曼(或者梯度)边界条件。例如,某个导热问题的绝热(零热通量)边界条件在边界 Γ 上采用以下形式:

$$\left.\frac{\partial T}{\partial n}\right|_{\Gamma} = 0 \tag{8-2}$$

在边界 Γ 上,其中 n 垂直于边界。为了防止边界条件离散对该代码的整体计算精度产生不良影响,边界条件离散的形式计算精度阶须相当于(或高于)内部离散方案的计算精度阶。注意不要与边界条件本身的阶(即边界条件中的最高阶导数)混淆,因为边界条件本身须比控制方程最多低一阶。尽管离散方法很多,但是本节所讨论的方法为科学计算软件中常用的主要方法。有限差分法(见第 8.1.1.1 部分)采用数学模型的强形式,而有限容积法(见第 8.1.1.2 部分)和有限元法(见第 8.1.1.3 部分)采用方程的弱形式。有些方法在本书并未提及,但它们也可产生一致且收敛的离散,包括边界元法、谱元法和准谱法。

8.1.1.1　有限差分法

从两个空间维度和时间来考虑常规的标量偏微分方程:

$$\frac{\partial u}{\partial t} + \frac{\partial f}{\partial x} + \frac{\partial g}{\partial y} = Q \tag{8-3}$$

其中,f、g、和 Q 均是 u 的函数。在有限差分法中,式(8-3)中的导数被有限差分所取代,可以使用泰勒级数展开等方法发现有限差分。如果使用了一阶精度时间前向差分以及二阶精度空间中心差分,则式(8-3)的有限差分离散变成:

$$\frac{u_{i,j}^{n+1} - u_{i,j}^{n}}{\Delta t} + \frac{f_{i+1,j}^{n} - f_{i-1,j}^{n}}{2\Delta x} + \frac{g_{i,j+1}^{n} - g_{i,j-1}^{n}}{2\Delta y} = Q_{i,j}^{n} \tag{8-4}$$

式(8-4)中,上标表示由时间步长 Δt 分隔的离散时间位置,而下标 i 和 j 分别表示由 x 坐标方向上的 Δx 和 y 坐标轴上的 Δy 分隔的离散空间位置。由于空间点按照要求进行排序,所以一般要在结构化网格上实施有限差分法。上述例子采用了带有 x 方向和 y 方向上固定间距与时间的简易笛卡儿网格。通过在物理空间与笛卡儿计算空间(例如,请参见第 9 章)之间进行转换,有限差分法可用于更广的几何学领域。有关有限差分法的详细信息,请参考 Richtmyer 和 Morton(1967)、Tannehill 等(1997)及 Morton 和 Mayers(2005)的著作。

图 8-2 给出了简易的典型有限差分解的一维示例。尽管该域中的所有点都有对应的精确解,但是只有在离散网格节点上才有有限差分解。节点值之间的插值可用于获取网格节点之间的数值解,而图中也显示了简易的线性插值。较高阶的插值可用于提高网格

节点之间的精度,但是解释生成的任何新极值时须多加小心。在任何情况下,使用插值法产生的值所具有的精度阶将不会高于基本有限差分离散。

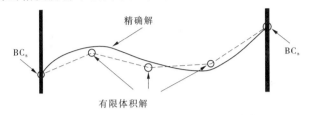

图 8-2　一维有限差分解的简单示例

8.1.1.2　有限容积法

与有限元法和有限差分法不同,有限容积法要求控制方程采用积分微分形式。推导控制方程时,获取此形式方程的一个方法就是从有限控制容积入手。但是,如果方程已经采用微分形式,则可以通过在有限控制容积 δV 上求微分方程的积分,得到积分微分形式,即

$$\int_{\Omega}\left(\frac{\partial u}{\partial t} + \frac{\partial f}{\partial x} + \frac{\partial g}{\partial y} - Q\right)\mathrm{d}\Omega = 0 \tag{8-5}$$

式中:Ω 为该域。

将散度定理应用于涉及 f 和 g 的项,获得:

$$\int_{\Omega} \frac{\partial u}{\partial t}\mathrm{d}V + \int_{\Gamma} \vec{\phi} \cdot \hat{n}\mathrm{d}\Gamma = \int_{\Omega} Q\mathrm{d}V \tag{8-6}$$

式中:Γ 为控制容积的表面;$\hat{n}$ 为向外单位法向量;$\vec{\phi}$ 为由通量分量组成的向量,在二维笛卡儿坐标上,表示为

$$\vec{\phi} = \hat{f}\hat{i} + g\hat{j} \tag{8-7}$$

如果容积积分被替换为其在该单元格上的精确平均值,例如:

$$\overline{Q}_{i,j} = \frac{\int_{\Omega} Q\mathrm{d}\Omega}{\delta\Omega} \tag{8-8}$$

且面积积分被替换为其在该面上的精确平均值,例如:

$$\overline{f}_{i+1/2,j} = \frac{\int_{\Gamma_{i+1/2,j}} f\mathrm{d}\Gamma}{\Gamma_{i+1/2,j}} \tag{8-9}$$

然后,假设二维笛卡儿网格,积分方程可以重写为

$$\left.\frac{\partial u}{\partial t}\right|_{i,j} + \frac{\overline{f}_{i+1/2,j} - \overline{f}_{i-1/2,j}}{\Delta x} + \frac{\overline{g}_{i,j+1/2} - \overline{g}_{i,j-1/2}}{\Delta y} = \overline{Q}_{i,j} \tag{8-10}$$

对于有限容积法,形式精度阶与表示单元平均值(通常直接使用单元中心值)和面平均值使用的近似值相关联。一般通过内插相邻单元中心值(相当于均匀网格上的中心差分格式)或者从相邻单元以合理的迎风方式进行外插找到面平均通量,且这两个程序统称为通量正交。有限差分法通常用于离散相对于时间(Δx)的非稳态项。有关有限容积

法的详细信息,请参见 Knight(2006)和 Hirsch(2007)的著作。

图 8-3 给出了一维有限容积解的示例。积分微分方程的离散形式应用到所示的每个区域。尽管每个单元的解一般视为恒定值,但是可以使用不同精度阶的求积分法确定界面通量值,得出更高阶的格式。鉴于这些界面通量的计算方式,有限容积法满足不同单元之间数量守恒的局部要求。

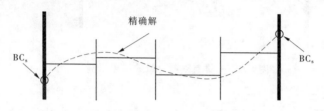

图 8-3　一维有限容积解的简易示例

8.1.1.3　有限元法

考虑带一个容积源项 Q 的二维稳态热传导方程,得出

$$\frac{\partial}{\partial x}\left(k\,\frac{\partial T}{\partial x}\right) + \frac{\partial}{\partial y}\left(k\,\frac{\partial T}{\partial y}\right) - Q = 0 \qquad (8\text{-}11)$$

式中:k 为传热系数。

通过密切关注 Zienkiewicz 等(2005)提出的观点,我们将把有限元法应用到式(8-11)中,但是出于简化的目的,边界条件将忽略。在有限元法中,要在有限的函数空间内找到近似解:

$$T \approx \hat{T} = \sum_{i=1}^{n} N_i a_i \qquad (8\text{-}12)$$

式中:N_i 为形状函数(或者基函数),即只有自变量的函数;a_i 为未知系数。

一旦选择了形状函数,则有限元法会涉及在域子体(即元素)上的这些 a_i 系数的求解。在求解这些系数时,有限元法采用了控制方程的弱形式。获取此弱形式的方法一般有两个:使用加权残值法(即 Galerkin 方法)或者变分公式化,后者要求所关注的问题存在变分原理。由于并不是所有科学计算应用都存在变分原理,所以我们将采用此示例中的加权残值法。

如果在该域内的每个位置式(8-11)都等于零,则我们可以自由地使用任意函数 v 在此域体 Ω 上求此方程的积分。

$$\int_{\Omega} v\left[\frac{\partial}{\partial x}\left(k\,\frac{\partial T}{\partial x}\right) + \frac{\partial}{\partial y}\left(k\,\frac{\partial T}{\partial y}\right) - Q\right]\mathrm{d}x\mathrm{d}y = 0 \qquad (8\text{-}13)$$

式中:函数 v 称为测试函数(或者试探函数)。

在有限元近似中,这些测试函数也仅限于函数的某个子空间,即

$$v = \sum_{j=1}^{n} w_j b_j \qquad (8\text{-}14)$$

式中:w_j 为自变量的函数;b_j 为系数。

须注意的是,式(8-13)中的积分要求解 $T(x, y)$ 为 C^1 连续,意味着温度及其斜率是

连续的。应用分部积分法(即使用格林等式)可得到弱形式:

$$\int_{\Omega}\left(\frac{\partial v}{\partial x}k\frac{\partial T}{\partial x} + \frac{\partial v}{\partial y}k\frac{\partial T}{\partial y} - vQ\right)\mathrm{d}x\mathrm{d}y - \int_{\Gamma}vk\left(\frac{\partial T}{\partial x}n_x + \frac{\partial T}{\partial y}n_y\right)\mathrm{d}\Gamma = 0 \qquad (8\text{-}15)$$

其中

$$\frac{\partial T}{\partial n} = \frac{\partial T}{\partial x}n_x + \frac{\partial T}{\partial y}n_y \qquad (8\text{-}16)$$

表示垂直于域边界 Γ 的导数。由于只有前几个导数出现在式(8-15)中,所以此弱形式只要求 C^0 连续性(即允许非连续斜率)可积分即可。这样,方便选择测试函数 v,使它们在边界上为零,从而可将式(8-15)简单重写为

$$\int_{\Omega}\left(\frac{\partial v}{\partial x}k\frac{\partial T}{\partial x} + \frac{\partial v}{\partial y}k\frac{\partial T}{\partial y}\right)\mathrm{d}x\mathrm{d}y = \int_{\Omega}vQ\mathrm{d}x\mathrm{d}y \qquad (8\text{-}17)$$

选择 $w_j = N_j$ 得到 Galerkin 法(也称为 Bubnov-Galerkin 法)。w_j 的其他任何选择视为 Petrov-Galerkin 格式,可以发现,有限差分法和有限容积法均可写为特定的 Petrov-Galerkin 格式,分别称为配点法和子域分配法(Zienkiewicz 等,2005)。

将域分解成多个元素并使用 Galerkin 法(即 $w_j = N_j$)。对于任何给定的元素 Ω_k,可以写成

$$b_j\left[\int_{\Omega_k}\left(\frac{\partial N_j}{\partial x}k\frac{\partial\hat{T}}{\partial x} + \frac{\partial N_j}{\partial y}k\frac{\partial\hat{T}}{\partial y}\right)\mathrm{d}x\mathrm{d}y - \int_{\Omega_k}N_jQ\mathrm{d}x\mathrm{d}y\right] = 0 \quad (j = 1,\cdots,n) \qquad (8\text{-}18)$$

因此,我们可自由忽略 b_j 系数。由于测试函数的和中有 n 项,所以式(8-18)表示了 n 个不同的方程。将式(8-12)中的有限元逼近代入,得出:

$$\int_{\Omega_k}\left[\frac{\partial N_j}{\partial x}k\left(\sum_{i=1}^{n}\frac{\partial N_i}{\partial x}a_i\right) + \frac{\partial N_j}{\partial y}k\left(\sum_{i=1}^{n}\frac{\partial N_i}{\partial y}a_i\right)\right]\mathrm{d}x\mathrm{d}y = \int_{\Omega_k}N_jQ\mathrm{d}x\mathrm{d}y \quad (j = 1,\cdots,n) \quad (8\text{-}19)$$

式(8-19)在每个元素上形成 n 个方程组,其中 n 个未知数为系数 a_i。如果热导系数 k 且热源 Q 仅为 x 和 y 的函数,则式(8-19)为线性方程组。如果它们是温度的函数,则此方程组呈非线性,且要求在求解前使用迭代的方法进行线性化。形状函数的形式将指示每个元素上未知数 n(即自由度)的数量,以及该方法的形式精度阶。有关有限元法的详细信息,请参见 Oden 和 Reddy(1976)、Szabo 和 Babuska(1991)、Hughes(2000)以及 Zienkiewicz 等(2005)的著作。

图 8-4 给出了一维有限元解的概念表示法。此解显示了非连续(左侧界面)、C^0 或值连续(右侧界面)和 C^1 或斜率连续(中心界面)等界面。须注意的是,有限元法强制要求在整个域上实现全局守恒,但是一般不会强制要求局部守恒。

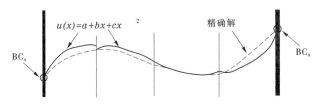

图 8-4　一维有限元解的简易示例

8.1.2　域的离散

对于稳态问题,域的离散涉及将空间域分解为应用离散方程的节点、单元格或者元素。对于非稳态问题,时间域离散也须通过选择合适的时间步长 Δt 推进仿真来实现。须选择此步长,以解决所讨论的物理现象,满足问题中的任何稳定性标准(请参见第 5 章介绍的数值稳定性),并达到所需的时间精度等级。通常使用"网格"和"栅格"来表示空间分域;但是,对于非稳态仿真,"网格"也称为离散化的时间域。

对于复杂的三维几何体,生成合适的空间网格要求投入大量的时间和精力。对离散误差有重大影响的两个网格相关问题为网格分辨率和网格质量。当人们认为截断误差是生成离散误差的局部来源时,网格分辨率对离散误差的影响很明显(第 5 章首先介绍了此关系,本章的第 8.2.2.1 部分在讨论误差输运方程时进一步详细介绍了此方面的内容)。截断误差包含各种乘方的离散参数(Δx、Δy 等),其中最小乘方决定了离散格式的形式精度阶。因此,可直接通过细化网格来缩小离散误差。影响网格质量的因素包括单元格宽高比、单元格拉伸比、单元格偏斜度和网格线在边界上的正交性。如果空间网格质量差,可能会造成精度阶下降,在极端情况下,甚至会造成离散解无法收敛。第 9 章详细介绍了网格质量与离散误差之间的关系。

8.1.2.1　结构化网格

空间网格分为两种基本类型:结构化网格和非结构化网格。在三维结构化网格中,每个节点或者元素要使用一组有序的指数(i、j 和 k)进行唯一定义。

结构化网格可以是笛卡儿网格、拉伸笛卡儿网格、偏斜笛卡儿网格或者曲线。笛卡儿网格的正交网格线之间的间距固定(Δx、Δy 和 Δz),其中拉伸笛卡儿网格和偏斜笛卡儿网格对固定间距和正交性的要求并不严格。曲线结构化网格允许网格环绕某个表面,且在域上间距可变。图 8-5(a)和图 8-5(b)分别显示了二维结构化笛卡儿网格和二维曲线网格的示例。不同于非结构化网格,结构化网格的排序有规则,所以对于计算数值解来说其效率更高,但是在为复杂几何体生成网格时,难度更大。

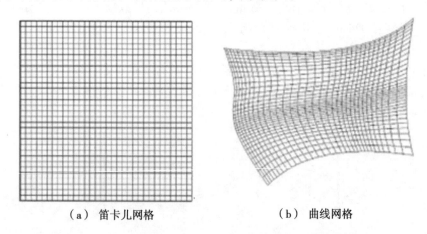

（a）笛卡儿网格　　　　　　　（b）曲线网格

图 8-5　二维结构化网格示例

8.1.2.2　非结构化网格

非结构化网格不采用节点或者元素的规则排序。它可以由三角形、四边形或者任意二维元素,以及锥形、四面体、六面体、棱柱和任何三维元素组成。由于一维网格中的节点/元素始终可以按一定序列进行索引,所以在一维情况下,没有等效非结构化元素类型。图 8-6 给出了二维非结构化网格的两个示例。图 8-6(a)介绍了普通的非结构化三角网格,而图 8-6(b)显示的是包含结构化四边形和三角形元素的混合型网格。

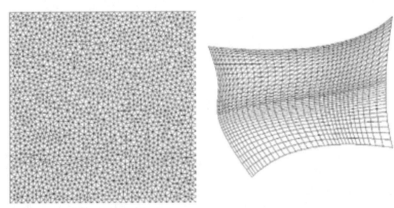

　　（a）普通非结构化三角网格　　　　　　（b）混合型结构化/非结构化网格

图 8-6　二维非结构化网格示例

8.1.2.3　笛卡儿网格

笛卡儿网格也可以用于普通几何体。对于笛卡儿网格法,曲线边界通常要使用特殊边界单元(称为切割单元)进行处理。图 8-7(a)给出了基础网格结构化的笛卡儿网格的示例。此类网格可以通过结构化网格码进行处理,该网格码的曲线边界已做过特殊处理。图 8-7(b)给出了基础网格非结构化的笛卡儿网格的较常见的示例。网格的非结构化特性允许通过细分选定的单元来实现群集,从而提高表面几何结构的分辨率和/或增强解特征。

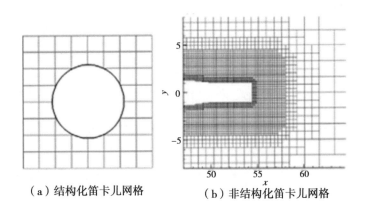

　　（a）结构化笛卡儿网格　　　　（b）非结构化笛卡儿网格

图 8-7　二维笛卡儿网格(图 8-7(b)摘自 Roy 等,2007)

8.1.2.4　无网格法

在流体力学领域中,有许多无网格法,这些方法一般不要求域中有体网格,但是可能要求表面网格。因此,这些方法具有通过将要生成的网格降低一个维度,大大简化网格生成过程的优点。这些方法采用拉格朗日法,从而允许各个漩涡或者流体颗粒通过该域,相互作用。无网格法的一些方法包括漩涡法、平滑粒子流体动力学法和格子波尔兹曼法。随着漩涡、颗粒等数量的增加,基础控制方程的实际形式和这些方法的一致性/收敛问题尚未得到很好的解决。

8.2　离散误差的估算方法

离散误差的估算方法很多。这些方法可以宽泛地归类为先验法和后验法。先验法指的是在计算任何数值解前须先确定离散误差的界限。一般而言,人们会通过以下形式的方程界定离散误差:

$$\varepsilon_h \leqslant C(u)h^p \tag{8-20}$$

式中:ε_h 为离散误差;函数 $C(u)$ 通常取决于精确解的各个导数;h 为元素大小的度量(例如 Δx);p 为该方法的形式精度阶。

一个先验离散误差估计量的确定方法就是针对该格式执行截断误差分析,将该截断误差关联到离散误差(如第 5 章介绍),然后确定包含函数 $C(u)$ 的解导数的某些近似界限。先验误差估计量的主要不足在于函数 $C(u)$ 极其难以界定,对于简单的问题,即便可以界定,得到的误差估值也会大大高于真实的离散误差。先验法一般只用于评估离散格式的形式精度阶。当前评估离散误差的主要工作通过后验法完成。后验法只有在计算出数值解后才提供误差估值。它们使用离散方程的计算解(可能包括所解决问题的信息)来估算相对于数学模型精确解的离散误差。

数学形式体系作为有限元法的基础为严格估算离散误差提供了良好支撑。自 Babuska 和 Rheinboldt(1978a)开创先河以来,过去 30 年里,有限元学界(Ainsworth 和 Oden,2000)就离散误差的后验估算开展了大量的研究工作。在 20 世纪 90 年代早期以前,初期工作主要集中于线性、椭圆、标量数学模型以及 h 型有限元。Eriksson 和 Johnson(1987)以及 Johnson 和 Hansbo(1992)早期将后验法分别延伸到抛物线和双曲线数学模型。到目前为止,有限元中的后验误差估算仅限于离散误差能量范数的分析,其中泊松方程在元素 k 上可以表述为

$$\|\|\varepsilon_h\|\|_k = \left[\int_{\Omega_k} |\nabla u_h - \nabla \tilde{u}|^2 d\Omega\right]^{1/2} \tag{8-21}$$

有限元法从选择的基函数组得出数值解,将离散误差的能量范数降到最低(Szabo 和 Babuska,1991)。就局部而言,通过能量范数,可以了解须进行自适应细化的位置。就全局而言,能量范数提供了一个有限元解整体最佳性的全局度量。在 20 世纪 90 年代早期,发现从后验误差估计量延伸到系统响应量要求伴随问题或者对偶问题的解(例如,Johnson 和 Hansbo,1992)。有关有限元法中后验误差估算的详细信息,请参见 Babuska 等(1986)、Whiteman(1994)、Ainsworth 和 Oden(1997,2000)及 Estep 等(2000)的著作。

有关有限元分析中误差估算更详细的介绍,请参见 Akin(2005)的著作。

一般而言,后验误差估算法的可靠性水平对问题的依赖性很强。此处要讨论的所有离散误差估计量最初都是针对椭圆问题的。为此,它们对于椭圆问题非常适用,但是对于抛物线或者双曲线型数学模型并不是非常适用。问题的复杂程度也是一个非常重要的方面。误差估计量非常适用于物理学和几何学简单的平滑、线性问题;但是,强非线性、非连续性、奇异性以及物理和几何复杂性可能大大降低后验离散误差估算方法的可靠性和适用性。

有效性指数 θ 是一个测量离散误差估计量的精度和可靠性的途径。在此,"有效性指数"指估算出的离散误差 $\overline{\varepsilon}_h$ 的一般范数除以真误差的范数 ε_h 得出的值。可通过在元素或者单元 k 上进行评估,局部计算出有效性指数:

$$\theta_k = \frac{\| \overline{\varepsilon}_h \|_k}{\| \varepsilon_h \|_k} \tag{8-22}$$

或者全局地计算整个域 Ω 上的有效性指数:

$$\theta = \frac{\| \overline{\varepsilon}_h \|_\Omega}{\| \varepsilon_h \|_\Omega} \tag{8-23}$$

离散误差估计量的一个必须的重要特质就是估值的一致性(即渐近精度),这意味着估算误差须随着网格的细化($h \to 0$)或者该格式精度阶的增加($p \to \infty$)而接近真误差(即 $\theta \to 1$)。也可以通过检查粗网格上的有效性指数,衡量特定误差估计量的实用性。最后,如果离散误差估计量未表现出渐近精度,则我们最好使用保守的误差估值(即误差被高估了)。因此,高估误差的离散误差估计量比低估误差的离散误差估计量更可取。

本节讨论了两种离散误差估计量。对于第一类离散误差估计量,必须获取形式精度阶高于基本解的数学模型精确解的估值(或者可能的话,获取其梯度)。高阶估值仅依赖于来自离散解本身的信息,因此通常可在后处理时应用。对于网格和阶细化方法,也可以轻松获取到系统相应量的高阶估值。相比之下,基于残值的方法也将所求解的特定问题的信息考虑进了误差估值。尽管它们一般较难在科学计算代码中实现,而且会受代码干扰,但是它们可能提供更多有关离散误差及各种误差源的信息。通过扩展基于残值的方法来获取系统响应量中的离散误差一般要求伴随(或者对偶)问题的解。

8.2.1 Ⅰ类:高阶估值

一个误差估算方法就是将离散解与数学模型精确解的高阶估值进行比较。尽管此方法仅可使用来自离散解本身的信息,但是在一些情况下,需要不止一个离散解。此时,其他解要么在系统细化/粗化网格上获取,要么采用不同的形式精度阶。

8.2.1.1 网格细化法

网格细化法基于理查德森外推法的一般概念(Richardson,1911,1927)。如第 5 章所述,我们使用幂级数展开将系统响应量 $\varepsilon_h = f_h - \widetilde{f}$ 中的离散误差关联到网格间距参数 h,可收敛的第 p 阶离散可以写为

$$f_h - \widetilde{f} = g_p h^p + O(h^{p+1}) \tag{8-24}$$

式中:f_h为离散解;$\widetilde{f}$ 为数学模型的精确解。

网格细化法的基本前提条件是计算出系统细化网格上两个离散解,然后使用式(8-24)求解出数学模型精确解的估值 $\overline{f}$。对于所有离散误差估计量,只有在渐近范围内,阶 h^{p+1}以及以上的项可忽略时,此估值才可靠。在渐近范围内,估值 $\overline{f}$ 一般精确到阶 $p+1$ 以内。

然后,$\widetilde{f}$ 的高阶估值可以用于估算离散解中的误差。基于网格细化的误差估计量的主要优点在于它们可以作为一个后处理步骤应用于任何离散类型,且同时适用于解和任何系统响应量。有关理查德森外推法以及其用作离散误差估计量的详细介绍,请参见第 8.3 节。

8.2.1.2　阶细化法

阶细化法指在同一个网格上采用两个或者两个以上形式精度阶不同的离散。然后,将两个数值解的结果结合在一起,得到一个离散误差估值。在求解常微分方程时控制自适应步长的 Runge-Kutta-Fehlberg 法(Fehlberg,1969)便是早期误差估算的阶细化法的一个示例。此方法将微分方程的基本四阶 Runge-Kutta 积分与误差耗费小的五阶估值结合在一起。在有限差分和有效容积离散中,由于很难将高阶精度梯度和边界条件公式化,所以很难实施阶细化。阶细化法已在名为分级基础的有限元环境内获得了实施。

8.2.1.3　有限元恢复方法

有限元学界提出了估算离散误差的恢复方法(例如,Zienkiewicz 和 Zhu,1987,1992)。对于带有线性基函数的标准 h 型有限元,该解是分段线性的。因此,梯度只是分段性常数,且在元素面上不连续。相比解本身,有限元代码的用户通常对梯度量更感兴趣,如应力。因此,多数有限元代码要使用现有的有限元基础架构将这些不连续梯度后处理成分段线性梯度。

在一些情况下(见下文超收敛性部分的讨论),这个重构梯度的精度阶要高于在基本有限元解中发现的梯度。回顾一下式(8-21)中给出的离散误差的能量范数的定义。如果数学模型的真梯度可用,则可以准确计算出这个重要的误差度量。对于重构梯度的精度阶高于有限元梯度的情况,它可以用于估算出能量范数中的真梯度。除提供解梯度中的离散误差的估值外,由于它们的局部性,恢复方法也常常用作自适应解中需要解细化时的指标(请参见第 9 章)。

为了证实恢复梯度在能量范数中的应用,它的精度阶须高于有限元解梯度的精度阶。这就是满足某些网格上的规则性条件以及解时(Wahlbin,1995)发生的所谓"超收敛性"。超收敛性会造成梯度的精度阶比基本有限元梯度高一阶。对于线性有限元,超收敛点出现在元素质心上;而对于二次有限元,超收敛点的位置取决于元素拓扑结构。如果重构梯度具有超收敛性,且如果梯度重构算子本身满足某些一致性条件的要求,则基于此恢复梯度的误差估计量会出现渐近精确,且有效性指数接近 1(Ainsworth 和 Oden,2000)。尽管对于复杂的科学计算应用,超收敛性似乎难以获取,但是鉴于人们对此并不是十分了解,所以使用某些恢复方法获取的离散误差估值往往"惊人地合理"(Ainsworth 和 Oden,2000)。

当重构步骤中采用解梯度,而不使用解值时,恢复方法已经被证实是一个最有效的方法。超收敛分片恢复(SPR)法(Zienkiewicz 和 Zhu,1992)是有限元分析中最为广泛使用的恢复方法。假设基本有限元法的精度阶为 p,SPR 法使用 p 次多项式,基于超收敛点上的解梯度值的局部最小二乘拟合。在密集比对后验有限元误差估计量中,发现 SPR 法表现非常好(Babuska 等,1994)。Zhang 和 Naga(2005)提出了最新的方法,称为"多项式保持恢复技术"(PPR)。在他们的方法中,使用 $p + 1$ 次的多项式来拟合超收敛点上的解值,然后取此拟合的导数来恢复其梯度。SPR 法和 PPR 梯度重构法均可用于获取全局能量范数和局部解梯度中的误差估值。向系统响应量的延伸必须以启发式的方式来完成。例如,对于特定的问题类型,可能会发现全局能量范数中的 5% 误差对应于系统响应量中的 10% 误差。

8.2.2　Ⅱ类:残差法

残差法使用了离散解以及来自当前待解决问题的其他信息,例如数学模型、离散方程或者离散误差的来源。残值法的示例包括误差输运方程(连续和离散方程)和有限元残差法。如下文所述,所有这些残差法均通过截断误差实现关联。可通过将数学模型精确解(或者其近似值)插入离散方程或者将离散解插入连续数学模型来估算截断误差。前者为多数离散误差输运方程使用的离散残差,而后者只是有限元残差的定义。该部分还讨论了使用伴随方法将 Ⅱ 类(基于残差)离散误差估算方法进行延伸,以获取系统响应量中的误差估值。

8.2.2.1　误差输运方程

离散误差通过域进行输运,其输运方式与基本数学模型的解类似(Ferziger 和 Peric,2002)。例如,如果数学模型控制了某个标量变量的对流和扩散,则数学模型的离散解将包含也被对流和扩散的离散误差。Babuska 和 Rheinboldt(1978a)似乎是最先围绕有限元法提出离散误差输运方程的人。但是,有限元中使用的典型方法为利用此方程间接界定此误差(显式残差法)或者估算其解(隐式残差法),而非直接针对此离散误差求解此输运方程。Zhang 等(2000)、Cavallo 和 Sinha(2007)以及 Shih 和 Williams(2009)给出了一些在有效容积格式中使用误差输运方程的例子。

1.连续的离散误差输运方程

以下由 Roy(2009)提出,适用于任何离散方法,且基于第 5 章中提出的"广义截断误差表达式",即式(5-12)。如前所述,原(可能非线性)控制方程算子 $L(\cdot)$ 和离散方程算子 $L_h(\cdot)$ 分别由 $\tilde{u}$(原数学模型的精确解)和 u_h(离散方程的精确解)精确求解。因此,我们可以得到:

$$L(\tilde{u}) = 0 \tag{8-25}$$

和

$$L_h(u_h) = 0 \tag{8-26}$$

而且,偏微分方程和离散方程通过"广义截断误差表达式"(式(5-12),此处为方便起见进行了重复说明)实现关联,即

$$L_h(u) = L(u) + TE_h(u) \tag{8-27}$$

其中,假设算子合理地映射到了连续或者离散空间。将 u_h 代入式(8-27),然后减去

式(8-25),得出

$$L(u_h) - L(\tilde{u}) + TE_h(u_h) = 0 \tag{8-28}$$

如果方程为线性方程,或者如果经过线性化,则可以得出 $L(u_h) - L(\tilde{u}) = L(u_h - \tilde{u})$。因此,基于离散误差的定义:

$$\varepsilon_h = u_h - \tilde{u} \tag{8-29}$$

我们可以将式(8-28)重新写为

$$L(\varepsilon_h) = -TE_h(u_h) \tag{8-30}$$

式(8-30)为控制离散误差 ε_h 在域中输运的数学模型。不仅如此,作用于离散解的截断误差用作控制离散误差局部生成或者去除的源项,且是局部离散参数的函数(Δx、Δy 等)。式(8-30)称为连续离散误差输运方程。假设截断误差已知或者可以估算出,则此方程可以离散化并用于求解解变量中的离散误差。

2. 离散的离散误差输运方程

离散误差输运方程的离散格式可以按如下方法进行推导。首先,将数学模型精确解 $\tilde{u}$ 代入式(8-27),然后减去式(8-26),得出

$$L_h(u_h) - L_h(\tilde{u}) + TE_h(\tilde{u}) = 0 \tag{8-31}$$

如果方程也是线性方程(或者经过线性化),则此方程可以重新写为

$$L_h(\varepsilon_h) = -TE_h(\tilde{u}) \tag{8-32}$$

式(8-32)为控制离散误差 ε_h 在域中输运的离散方程,因此称为离散的离散误差输运方程。如果截断误差和原偏微分方程(或者该方程的合适近似值)已知,可以利用此方程求解出离散误差。

3. 估算截断误差

尽管离散误差输运方程的推导相对简单,但是作为局部源项的截断误差的处理仍存在疑问。对于复杂的非线性离散格式,例如流体力学中可压缩欧拉方程的解所使用的格式,截断误差是很难推断的。但是,如果可以可靠地估算出截断误差,则此近似值可用作误差输运方程的源项。

这里,我们提出 3 种估算截断误差的方法,前两种方法从式(8-27)表示的"广义截断误差表达式"入手(Roy,2009)。在第一个方法中,数学模型精确解 $\tilde{u}$ 插入式(8-27)。由于此精确解将准确解出数学模型,项 $L(\tilde{u}) = 0$,因此可以将截断误差估算为

$$TE_h(\tilde{u}) = L_h(\tilde{u}) \tag{8-33}$$

由于此精确解一般未知,所以可以通过将精确解的估值(例如从理查德森外推法或者任何其他离散误差估计量得出的估值)插入离散算子:

$$TE_h(u_{RE}) \approx L_h(u_{RE}) \tag{8-34}$$

或者,从细网格解 u_h 得出的解可以插入粗网格 $L_{rh}(\cdot)$ 的离散算子:

$$TE_h(\tilde{u}) = \frac{1}{r^p}TE_{rh}(\tilde{u}) \approx \frac{1}{r^p}TE_{rh}(u_h) = \frac{1}{r^p}L_{rh}(u_h) \tag{8-35}$$

须注意的是,下标 rh 表示网格上的离散算子,系数为 r,每个方向上的网格线都比细网格线粗。例如,当在结构化网格的每个方向上每隔 1 个点消除 1 个点从而形成粗网格时,$r = 2$。Shih 和 Qin(2007)利用此方法消除了截断误差,以与离散的离散误差输运方

程配合使用。

第二种估算截断误差的方法就是将离散方程精确解 u_h 插入式(8-27)。由于此解准确地解出了离散方程 $L_h(u_h) = 0$,因此可得出

$$TE_h(u_h) = -L(u_h) \tag{8-36}$$

如果可使用解的连续表示,则此评估相对简单。事实上,式(8-36)的右边项定义了有限元残差,详细信息请参见 8.2.2.2 部分。对于其他数值法(例如有限差分法和有限容积法),须对数值解连续投影,以评估截断误差。例如,Sonar(1993)通过使用分段线性形状函数将有效容积解投影在有限元子空间上,来形成此残差。

中心型差分格式通常要求额外的数值(人工)耗散以维持可靠性和防止数值振荡。基于该事实,第三种方法常用于双曲问题(例如可压缩流)。此数值耗散可以明确地加入到中心差分格式(例如,请参见 Jameson 等,1981)或者作为迎风差分格式的一部分。事实上,我们可以发现,任何迎风格式可以写为中心格式加上数值耗散项(例如,Hirsch,1990)。因此,在中心格式环境中,可以看到这两种方法,其中数值耗散分量作为截断误差的首项。尽管此方法只是对真截断误差进行不精确的估算,但是由于其计算方便,所以它还是值得进一步讨论的。

4. 系统响应量

误差输运方程方法的一个缺点是它提供局部解变量中的离散误差估值,而不提供系统响应量中的离散误差估值。尽管伴随方法可以用于提供系统响应量(请参见第8.2.2.3部分)中的误差估值,但是 Cavallo 和 Sinha(2007)提出了一个更为简单的方法,即使用类推法,通过实验的不确定性传播,将局部解误差关联到系统响应量中的误差。但是,该方法由于未考虑到竞争性误差的消除,所以为积分量提供的误差界限似乎过于保守。另一种方法就是使用局部误差估值修正局部量,然后使用这些修正后的值计算积分量。所得积分量可用于提供所需的离散误差估值。

8.2.2.2 有限元残差法

从广泛的数学意义上讲,残差指将某个近似解插入某个方程时剩余的部分。在第 5 章中,我们讨论了代码精度阶验证的残差方法,其中残差是通过将数学模型的精确解代入离散方程得到的。在第 7 章中,我们从迭代残差的角度讨论了迭代收敛,其中残差是通过将近似迭代解代入离散方程得到的。现在考虑可通过 $\bar{u}$ 精确求解的普适数学算子 $L(\bar{u}) = 0$。由于有限元法提供了数值解 u_h 的连续表示,所以自然可以从连续角度将该域上的有限元残差定义为

$$\Re(u_h) = L(u_h) \tag{8-37}$$

连续离散误差输运方程可以在有限元基础框架内推断出来(Babuska 和 Rheinboldt,1978a),这在某种程度上类似于前一章的描述。这个所谓的残差方程拥有 3 个不同类型的项:①内部残差,它们决定了有限元解满足该域中数学模型的程度;②与该域边界上的任何离散边界条件相关的项(例如诺伊曼边界条件);③元素间残差,它们是元素 - 元素边界上法向通量不连续性的函数(Ainsworth 和 Oden,2000)。这 3 个项处理的是区分显式和隐式残差方法的不同。

1. 显式残差法

"显式残差法"指利用有限元解的信息,结合有限元残差,直接计算出误差估值的方法。显式残差法最先由 Babuska 和 Rheinboldt(1978b)提出,它将所有 3 种残差项归并在单一的未知常数下。此方法要求使用三角不等式,该不等式未考虑不同残差类型之间的抵消。由于使用了三角不等式和未知常数的估算方法,所以显式残差法往往只是保守地估算离散误差。它们为该误差的全局能量范数提供了界限局部分量的元素级估算,而非可能包括局部和输运分量的真误差的局部估算。由于显式残差法仅处理误差的局部分量,所以它们也可以用于解适应程序。Stewart 和 Hughes(1998)提供了一个有关显式残差法的教程,同时还探讨了它们与先验误差估算的相互关系。

2. 隐式残差法

"隐式残差法"通过寻求控制离散误差的输运和生成的残差方程的解,避免了显式残差法中要求的近似值。为了实现全局残差方程的非平凡解,需要细化网格或者提高有限元基函数的阶。这两种方法的实施成本要比获取原有限元解高得多,因此这两种方法不切实际。相反,全局残差方程要分解成一系列接近全局方程的解耦、局部边界值问题。这些局部问题可以使用元素残差法在单个元素上解出(Demkowicz 等,1984;Bank 和Weiser,1985)或者使用子域残差法在一小片元素上解出(Babuska 和 Rheinboldt,1978a,1978b)。局部边界值问题的解提供局部离散误差估值,而在域上求和即可直接得出全局误差估值。通过直接处理残差方程中出现的所有 3 种项,相比显式残差法,隐式残差法更能保留残差方程的结构,因此从理论上而言,会获取更严格的离散误差界限。

8.2.2.3　系统响应量的伴随方法

误差输运方程和有限元残差法都可以对离散误差进行局部估算,然后可以通过某个合适的范数结合在一起,对离散解的整体"适合度"进行定量衡量。但是,科学计算从业人员却经常对可以从解的后处理中得出的系统响应量感兴趣。这些系统响应量可以采取积分量的形式(例如通过某个边界的净通量或者作用在某个边界上的力)、局部解量(例如最大应力或者最大温度)或者甚至是某个区域上解的平均值。

科学计算中的伴随方法最初用于设计优化问题(例如,Jameson,1988)。在优化场景中,人们会希望基于某些选定的设计参数,对某个解函数的灵敏度进行优化,因此可以针对该解函数(例如系统响应量)的灵敏度解决此伴随(或者对偶)问题。伴随问题的优点在于即便涉及大量的设计参数,它的效率也不会打折扣。在科学计算的优化中,伴随方法可以视为约束优化问题,其中选定的解函数在优化时有约束条件,即要确保解同时满足数学模型的要求(或者可能的话,要满足离散方程的要求)。

伴随方法也可用于估算科学计算应用中某个系统响应量的离散误差。考虑在网格 h 上评估的标量解函数 $f_h(u_h)$,此函数中的离散误差的近似值可由式(8-38)得出:

$$\varepsilon_h = f_h(u_h) - f_h(\tilde{u}) \tag{8-38}$$

围绕该离散解执行 $f_h(\tilde{u})$ 的泰勒级数展开,得出:

$$f_h(\tilde{u}) \cong f_h(u_h) + \left.\frac{\partial f_h}{\partial u}\right|_{u_h} (\tilde{u} - u_h) \tag{8-39}$$

其中高阶项已被忽略。接下来,围绕 u_h,在 $\tilde{u}$ 上执行离散算子 $L_h(\cdot)$ 的展开:

$$L_h(\tilde{u}) \cong L_h(u_h) + \left.\frac{\partial L_h}{\partial u}\right|_{u_h} (\tilde{u} - u_h) \tag{8-40}$$

式中:$L_h(\tilde{u})$ 为离散残差,即从式(8-33)中得出的截断误差的近似值;$\left.\frac{\partial L_h}{\partial u}\right|_{u_h}$ 为基于该解

对离散方程进行线性化的雅可比行列式。

由于此雅可比行列式也可以用于表示离散方程的隐式解以及用作设计优化目的,所以此雅可比行列式可能已经计算出来了。由于 $L_h(u_h) = 0$,所以式(8-40)也可以重新安排,以获取:

$$(\tilde{u} - u_h) = \left[\left.\frac{\partial L_h}{\partial u}\right|_{u_h}\right]^{-1} L_h(\tilde{u}) \tag{8-41}$$

将式(8-41)代入式(8-39)得出

$$f_h(\tilde{u}) \cong f_h(u_h) + \left.\frac{\partial f_h}{\partial u}\right|_{u_h} \left[\left.\frac{\partial L_h}{\partial u}\right|_{u_h}\right]^{-1} L_h(\tilde{u}) \tag{8-42}$$

或

$$f_h(\tilde{u}) \cong f_h(u_h) + \boldsymbol{\Psi}^{\mathrm{T}} L_h(\tilde{u}) \tag{8-43}$$

式中:$\boldsymbol{\Psi}^{\mathrm{T}}$ 为离散伴随灵敏度的行向量,可通过求解式(8-44)得出:

$$\boldsymbol{\Psi}^{\mathrm{T}} = \left.\frac{\partial f_h}{\partial u}\right|_{u_h} \left[\left.\frac{\partial L_h}{\partial u}\right|_{u_h}\right]^{-1} \tag{8-44}$$

可通过置换式(8-44)的两边,代入标准线性方程形式:

$$\left[\left.\frac{\partial L_h}{\partial u}\right|_{u_h}\right]^{\mathrm{T}} \boldsymbol{\Psi} = \left[\left.\frac{\partial f_h}{\partial u}\right|_{u_h}\right]^{\mathrm{T}} \tag{8-45}$$

伴随解向离散算子 $L_h(\cdot)$ 中的扰动提供解函数 f_h 的线性化灵敏度。就其本身而言,伴随解向量分量通常称为伴随灵敏度。从式(8-43)可以看出,伴随解向域中的离散误差(即截断误差)的局部来源提供了解函数 $f(\cdot)$ 中的离散误差的灵敏度。此观察结果在第9章中将用于提供解函数专门解适应的依据。由于上面使用了离散算子 $L_h(\cdot)$,所以此方法也称为"离散伴随方法"。我们也可以使用"连续伴随方法"执行利用连续数学算子 $L(\cdot)$ 和函数 $f(\cdot)$ 展开的类似分析来获取离散误差估值。连续伴随方法和离散伴随方法也要求合理定义初始条件和边界条件。

1. 有限元法中的伴随方法

对于椭圆问题,显式残差法和隐式残差法在有限元中的使用已经比较成熟(Ainsworth 和 Oden,2000)。尽管如此,这些方法仍存在缺点,即它们只提供离散误差的能量范数中的误差估值。虽然能量范数是一个自然量,基于这个自然量可以判断出有限元解的整体适合度,但是在许多情况下,科学计算是基于某个特定的系统响应量(有限元学界将其称为"所关注的量")作出工程决策。若要将隐式残差法和显式残差法扩展至可提供某个系统响应量的误差估值,一般要求伴随系统的解。

一种可行的方法(Ainsworth 和 Oden,2000)是通过伴随解的能量范数与初始解中误差的能量范数的乘积来界定系统响应量中的离散误差。假设这些解为渐近解,使用

Cauchy-Schwarz 不等式可得出一个保守的边界。在这种情况下,系统响应量中的离散误差会以 2 倍于解误差的速率缩小。另一个方法(Estep 等,2000)是发现某一类反应扩散问题的系统响应量中的误差估值为伴随解与残差之间的内积。此方法可得到更精确(即保守度更低)的误差估值,而代价是失去严格的误差界限。有关在有限元中使用伴随方法估算误差的详细信息,请参见 Johnson 和 Hansbo(1992)、Paraschivoiu 等(1997)、Rannacher 和 Suttmeier(1997)、Estep 等(2000)以及 Cheng 和 Paraschivoiu(2004)的著作。

2. 有限体积法中的伴随方法

Pierce 和 Giles(2000)提出了专注于系统响应量(例如,空气动力学问题中的升力和阻力)且不依赖于特定离散格式的连续伴随方法。它们使用伴随解将数学模型中的残差误差与所关注积分量中形成的误差相关联。该方法还包括 1 个可提高积分量精度阶的缺陷修正步骤。例如,如果初始解和伴随解的精度均为二阶,则修正后的积分量的精度阶将会等于初始解与伴随解的阶的乘积,或者说等于四阶。这种方法有效地将有限元的超收敛性延伸到了其他离散格式,且可以用于进一步提高有限元法积分量的精度阶。

Venditti 和 Darmofal(2000)对扩展了 Pierce 和 Giles(2000)提出的伴随方法进行了拓展,即他们考虑到了所关注积分量的局部网格大小分量的估算。他们的拓展方法类似于本节早些时候介绍的方法,但是围绕粗网格解 u_{rh},扩展了细网格解 u_h 上的函数和离散算子。细网格上并不要求此解,而是只需要残值估算。因此,他们的该拓展方法是一种离散伴随方法,而不是连续伴随。除此之外,Venditti 和 Darmofal 的工作重点在于提出驱动网格自适应过程的方法(请参见第 9 章)。最初该定义用于解决一些一维非黏性流问题,但后来延伸到了二维非黏性流和黏性流(Venditti 和 Darmofal,2002,2003)。作为解函数的离散误差估计量,尽管伴随方法表现出了明显的积极作用,但是,若要计算雅可比行列式和其他灵敏度导数,需要大量的代码修改工作,且目前为止仍尚未在商业科学计算软件中得到广泛应用。

8.3　理查德森外推法

理查德森外推法(Richardson,1911,1927)的基本概念如下:如果通过网格细化获悉离散方法的形式收敛速度,且如果两个系统细化网格上的离散解可用,则可以使用此信息获取数学模型精确解的估值。根据对此估值的置信度,此估值可以用于修正细网格解或者为其提供离散误差估值。尽管理查德森初期的工作将该域上的方法局部应用于数学模型中的应变量,但是它也可以很方便地用于任何系统响应量。而且,它的额外要求是用于获取系统响应量的数值逼近(积分、微分等)的精度阶至少要与基本离散解的精度阶相同。

回顾一下在间距为 h 的网格上的某个普适局部或者全局解变量 f 中的离散误差的定义:

$$\varepsilon_h = f_h - \tilde{f} \tag{8-46}$$

式中:f_h 为离散方程的精确解;$\tilde{f}$ 为原偏微分方程的精确解。

我们可以围绕此精确解,以泰勒级数的方式展开数值解 f_h:

$$f_h = \widetilde{f} + \frac{\partial \widetilde{f}}{\partial h}h + \frac{\partial^2 \widetilde{f}}{\partial h^2}\frac{h^2}{2} + \frac{\partial^3 \widetilde{f}}{\partial h^3}\frac{h^3}{6} + O(h^4) \tag{8-47}$$

或者按间距 h，以幂级数的方式展开数值解 f_h：

$$f_h = \widetilde{f} + g_1 h + g_2 h^2 + g_3 h^3 + O(h^4) \tag{8-48}$$

式中：$O(h^4)$ 表示大约 h 的 4 次方的首个误差项。将 $\widetilde{f}$ 移到左侧，可将间距为 h 的网格的离散误差写为：

$$\varepsilon_h = f_h - \widetilde{f} = g_1 h + g_2 h^2 + g_3 h^3 + O(h^4) \tag{8-49}$$

其中，g 系数可采用数学模型精确解 $\widetilde{f}$ 的导数形式，基于网格大小 h（如式（8-47）所示）或者通过与截断误差的关系判断的自变量（请参见第 5.3.1 部分）。一般而言，我们要求使用一阶精度以上的数值法，因此要选择可抵消所选低阶项的离散方法。例如，如果选择了形式二阶精度的数值算法，则一般情况下离散误差展开变成：

$$\varepsilon_h = f_h - \widetilde{f} = g_2 h^2 + g_3 h^3 + O(h^4) \tag{8-50}$$

式（8-50）构成了标准理查德森外推法的理论基础。详细信息请参见下文。

8.3.1 标准理查德森外推法

"标准理查德森外推法"程序最初由理查德森（1911）制定，只用于数值算法达到形式二阶精度，且网格以 2 倍的幅度进行系统细化（或者粗化）的情况。考虑生成 2 个网格上的数值解所用的二阶离散格式：间距为 h 的细网格和间距为 $2h$ 的粗网格。由于此格式达到了二阶精度，所以系数 g_1 为零，且离散误差方程（式（8-50））可以重写为

$$f_h = \widetilde{f} + g_2 h^2 + g_3 h^3 + O(h^4) \tag{8-51}$$

在 2 个网格级 h 和 $2h$ 上应用此方程，得出：

$$\left.\begin{array}{l} f_h = \widetilde{f} + g_2 h^2 + g_3 h^3 + O(h^4) \\ f_{2h} = \widetilde{f} + g_2(2h)^2 + g_3(2h)^3 + O(h^4) \end{array}\right\} \tag{8-52}$$

去除这些方程中的 $\widetilde{f}$，并求解 g_2 得出：

$$g_2 = \frac{f_{2h} - f_h}{3h^2} - \frac{7}{3}g_3 h + O(h^2) \tag{8-53}$$

将式（8-53）代入式（8-52）的细网格展开，求解 $\widetilde{f}$ 得出：

$$\widetilde{f} = f_h + \frac{f_h - f_{2h}}{3} + \frac{4}{3}g_3 h^3 + O(h^4) \tag{8-54}$$

将式（8-54）中的阶 h^3 和以上的项与精确解结合，得出：

$$\overline{f} = \widetilde{f} - \frac{4}{3}g_3 h^3 + O(h^4) \tag{8-55}$$

因此,可以通过将式(8-55)插入式(8-54)找到理查德森外推出的估值:

$$\overline{f} = f_h + \frac{f_h - f_{2h}}{3} \tag{8-56}$$

式(8-56)为标准理查德森关系式,它提供的精确解 $\widetilde{f}$ 的估值 $\overline{f}$ 的精度阶高于基本数值算法。因此,随着网格细化,此估值收敛到精确解的速度将会比数值解本身快。从理查德森外推法程序推断出来的离散误差估值将渐近相容。

这经常与理查德森外推法估值的精度阶相混淆。如式(8-55)所示,标准理查德森外推法推导出来的估值一般可达三阶精度。在理查德森的原著作中(Richardson,1911),他基于2个二阶精度的数值解,使用此外推程序来获取砌石坝中应力的高阶精度解。原偏微分方程为 Poisson 方程,他采用中心差分来抵消截断误差中的奇数幂(即 $g_3 = 0$)。因此,当 $g_3 = 0$ 时,可以从式(8-55)中明显看出,得出的精确解估值为四阶精度。

8.3.2 广义理查德森外推法

理查德森外推法可以一般化为 p 阶精度格式,并按任意系数实现2个网格系统细化。首先考虑 p 阶格式的一般离散误差展开:

$$\varepsilon_h = f_h - \widetilde{f} = g_p h^p + g_{p+1} h^{p+1} + g_{p+2} h^{p+2} + \cdots \tag{8-57}$$

将网格细化系数当作粗、细网格间距之比,得到:

$$r = \frac{h_{\mathrm{coarse}}}{h_{\mathrm{fine}}} > 1 \tag{8-58}$$

因此,粗网格间距可以写为 $h_{\mathrm{coarse}} = rh_{\mathrm{fine}}$。选择 $h_{\mathrm{fine}} = h$,两个网格上的离散误差方程可以写为:

$$f_h = \widetilde{f} + g_p h^p + g_{p+1} h^{p+1} + O(h^{p+2})$$

$$f_{rh} = \widetilde{f} + g_p (rh)^p + g_{p+1} (rh)^{p+1} + O(h^{p+2}) \tag{8-59}$$

如前所述,这些方程可以用于消除 g_p 系数,并求解 $\widetilde{f}$,得出:

$$\widetilde{f} = f_h + \frac{f_h - f_{rh}}{r^p - 1} + g_{p+1} h^{p+1} \frac{r^p (r - 1)}{r^p - 1} + O(h^{p+2}) \tag{8-60}$$

再说明一下,将 h^{p+1} 阶和以上的项与精确解 $\widetilde{f}$ 组合在一起,得出:

$$\overline{f} = \widetilde{f} - g_{p+1} \frac{r^p (r - 1)}{r^p - 1} h^{p+1} + O(h^{p+2}) \tag{8-61}$$

将式(8-61)代入式(8-60),得到广义理查德森外推法估值 $\overline{f}$

$$\overline{f} = f_h + \frac{f_h - f_{rh}}{r^p - 1} \tag{8-62}$$

从式(8-61)可以明显看出,除非高阶项中出现额外的误差抵消(例如,如果 g_{p+1} 系数等于零),否则此精确解的估值一般为数学模型精确解 $\widetilde{f}$ 的 $(p + 1)$ 阶精度的估值。

8.3.3　假设条件

若要使用理查德森外推法得出数学模型精确解的可靠估值,它需要 5 个基本假设条件:①离散解均在渐近范围内;②网格在域上的间距统一(笛卡儿);③粗、细网格通过系统细化进行关联;④解平滑;⑤其他来源的数值误差很小。下文将逐一详细介绍这 5 个假设条件。

8.3.3.1　渐近范围

离散格式的形式精度阶指离散误差随着网格系统细化而缩小的理论速率。如第 5 章所述,我们使用连续离散误差输运方程将形式精度阶关联到截断误差中的最低阶项。此最低阶项将必然会随着网格间距参数 h 变为零而支配极限条件下的高阶项。解应变量一般会收敛于渐近范围中的形式精度阶,这和所关注的任何系统响应量一样(当然,此评估中使用低阶数值近似值时的情况除外)。需要记住一点,此渐近要求不仅适用于细网格解,也适用于粗网格解。第 8.4.2 部分将会介绍确认达到渐近范围的过程。

8.3.3.2　统一网格间距

离散误差展开以单一的网格间距参数 h 表示。此参数用于测量离散大小。因此,空间离散使用的是长度单位,时间离散使用的是时间单位。这可以严谨地解释为仅支持每个空间坐标方向上的间距为 h 的笛卡儿网格。尽管此限制表面上禁止在实际的科学计算应用中使用理查德森外推法,但是事实上并非如此。回顾一下之前在第 5.4 节中有关使用局部或者全局网格变换以及它们对精度阶的影响的讨论。这些讨论的结果也适用于理查德森外推法。空间网格质量与网格分辨率和局部解行为之间交互可能会影响该方法的形式精度阶。此关系将在第 9 章详细讨论。只要离散变换的精度阶与离散格式一样或者更高,离散变换将不会对理查德森外推法程序产生不良影响。Thompson 等(1985)注意到,解导数使用相同的基本离散时,离散变换度量的评估可能具有精度优势。

8.3.3.3　系统网格细化

2 个网格级须进行系统细化,这是一个在使用理查德森外推法时经常被忽略的要求。回顾一下第 5.4 节所述系统网格细化的定义,它要求网格细化保持一致和均匀。均匀细化指在整个域上按相同的系数进行网格细化,可防止在执行理查德森外推法程序时使用局部细化或者适应。一致细化要求网格质量需保持恒定或者随着网格细化而改善。网格质量度量的示例包括单元宽高比、单元偏斜度和单元 – 单元之间的拉伸系数。第 8.7 节介绍了评估网格细化均匀性和一致性的方法。有关理查德森外推法即便在渐近范围内网格细化不均匀也会失败的示例,请参见 Eca 和 Hoekstra(2009a)的著作。

8.3.3.4　平滑解

如前所述,式(8-57)给出的离散展开中的系数 g 一般是解导数的函数。相应地,理查德森外推法程序在任何应变量或其导数中存在不连续性时将会分解。由于存在某些不连续性和奇异性,不管平滑问题的方法形式精度阶是多少(请参见第 8.8.1 部分),观测精度阶通常都会降低到一阶或者一阶以下,这导致了程序分解问题变得更加复杂。

8.3.3.5　其他数值误差来源

回顾一下,离散误差指离散方程精确解与数学模型精确解之间的差。由于存在舍入误差、迭代误差和统计抽样误差(如有),所以离散方程精确解永远无法得知。事实上,可用的数值解被用作了离散方程精确解的替代品。如果其他来源数值误差太大,则由于任何外推程序往往会放大"噪声",所以它们会对理查德森程序造成不良影响(Roache,1998)。对于这个问题,存在一条经验法则:确保所有其他来源的数值误差至少比细网格数值解中的离散误差小2个数量级(Roy,2005;Eca 和 Hoekstra,2009b)。

8.3.4　扩展

本节介绍了在整个域上局部应用理查德森外推法时其3个扩展:①提供从所有细网格空间点上获取理查德森外推法估值的方法;②将理查德森外推法扩展至细网格上的所有空间和时间点;③将外推程序与离散残差最小化相结合,可以视作一个混合型外推/残差法。

8.3.4.1　空间方面完整的理查德森外推法

如果理查德森外推法程序要逐点应用于域中的解,则要求从粗网格点获取细网格解值。对于细化系数的整数值在结构化网格上的系统网格细化,这就是理所当然的事。但是,将理查德森外推法应用于整数细化的情况将会造成只能估算出粗网格点上的精确解。为了获取细网格点上的精确解估值,Roache 和 Knupp(1993)提出了"完整理查德森外推法"。该方法要求将粗网格上的细网格修正量(而不是理查德森外推法估值或者粗网格解)插入细网格。要在精度阶至少和基本离散格式的精度阶一样高时才执行此插值法。当此细网格修正量与细网格上的离散解相结合时,可获取到数学模型精确解的估值,其精度阶和粗网格点上理查德森外推法估值的精度阶一样。

8.3.4.2　完整空间和时间理查德森外推法

Richards(1997)进一步延伸了 Roache 和 Knupp(1993)的完整理查德森外推法。首次修改后,在整数细化系数不是2的所有细网格空间点上提高精确解估值的精度阶。第二次修改,也就是更重大的一次修改,在选定粗网格时间步长数量后,提高了精确解估值的精度阶。通过选择时间细化系数,获取与空间离散误差缩小相同的阶,考虑了不同的空间和时间的形式精度阶。对于空间形式精度阶为 p 阶和时间精度阶为 q 阶的离散,须选择时间细化系数 r_t,得出:

$$r_t = (r_x)^{p/q} \tag{8-63}$$

式中 :r_x 为空间细化系数。

此程序与第5.5节中讨论的综合阶验证程序密切相关。

8.3.4.3　最小方差外推法

Garbey 和 Shyy(2003)提出了综合性的外推法/残差法,用于估算数学模型的精确解。该方法通过使用一组空间变化系数,从多个网格级上取离散解的线性组合,形成一个精度更高的解。采用样条插值法来获取此解在细网格上的平滑表达式。然后,通过在此细网格上形成的离散残差的最小二乘优化来确定这些系数。因此,该方法只要求在此细网格上进行残差评估,相比在此网格上计算离散解,成本大幅度降低。经证实,这个最小二乘外推解可达到一定的精度阶($p + 1$),其中 p 为该方法的形式精度阶。数学模型精确解的高阶估值可以用作局部误差估计量,或者在多网格类型迭代程序内实现解初始化。

8.3.5　离散误差估算

尽管或许人们更倾向于将理查德森外推值用作较精确的解，而不是细网格数值解，但只有当基本理查德森外推法确实满足5个假设条件时，才能够实施。尤其是观测精度阶（要求3个系统细化网格上有离散解，如第8.4.2部分所示）须与离散格式的形式精度阶相一致。在任何情况下，当仅存在2个网格级时，才无法确认解的渐近性，因此人们仅限于能够使用理查德森外推值来估算细网格数值解中的离散误差。

将来自广义理查德森外推法表达式（式（8-62））的精确解估值代入细网格（式（8-46））上的离散误差的定义，得出细网格对应的估算离散误差（间距 h）：

$$\overline{\varepsilon}_h = f_h - \overline{f} = f_h - (f_h + \frac{f_h - f_{rh}}{r^p - 1})$$

或者简单表示为

$$\overline{\varepsilon}_h = -\frac{f_h - f_{rh}}{r^p - 1} \tag{8-64}$$

尽管随着网格经过系统细化确实实现了一致的离散误差估值，但是仍无法保证该估值能够可靠地用于任何给定的细网格（h）和粗网格（rh）离散解。因此，如果只有2个离散解可用，则此数值误差估值须转换为数值不确定性，具体请参见第8.5节的介绍。

示例：基于理查德森外推法的误差估算

Roy 和 Blottner（2003）提出了一个使用理查德森外推法程序作为误差估计量的示例。他们研究了尖锥上的特超声速的过渡流。系统响应量为沿表面的热通量分布。图8-8（a）说明了3个系统细化网格级对应的表面热通量与纵向坐标之间的关系：细网格（160×160 个单元）、中等网格（80×80 个单元）和粗网格（40×40 个单元）。图8-8还显示了从细网格和中等网格的网格解中得出的理查德森外推法结果。$x = 0.5$ m 时热通量出现激增的原因在于该位置被指定完成从层流到湍流的过渡。

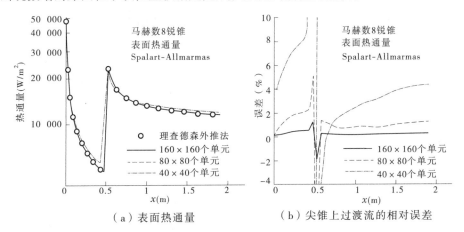

（a）表面热通量　　　　　　　　（b）尖锥上过渡流的相对误差

图 8-8　表面热通量和尖锥上过渡流的相对离散误差（Roy 和 Blottner，2003）

在图8-8（b）中，理查德森外推法结果用于估算每个数值解中的离散误差。忽略过渡位置的临近区域，粗网格、中等网格和细网格对应的最大估算离散误差分别大约为

8%、2% 和 0.5%。因此,这些解似乎会随着 $h \to 0$ 而收敛。再者,对于这些形式二阶精度计算,这些估算误差显示出预期的 h^p 下降。在湍流区,最大误差也会以预期的速度进行收敛,得出误差估值分别为 4%、1% 和 0.25%。第 8.4 节介绍了更为严格的评估离散误差估值可靠性的方法。

8.3.6　优点和缺点

相对于其他离散误差估算方法,理查德森外推法的主要优点在于它可以当作后处理方法用于任何离散格式(有限差分法、有限体积法、有限元法等)。除此之外,它可以给出总误差的估值,包括局部生成的误差和那些输运自域其他区的误差。最后,它适用于所关注的任何量,包括局部解量和推导的系统响应量(假设任何数值近似值均达到足够的精度)。

但是,基于理查德森外推法的离散误差估计量也存在一些缺点。首先,它们依赖于在渐近网格收敛范围内取多个数值解。这会对网格生成过程造成重大负担,已经成为许多科学计算应用的发展瓶颈。再者,这些附加解的计算成本极其高昂。试想一个由 100 万个元素组成的三维网格。因此,按照细化系数 2 执行网格细化要求从具有 800 万个元素的网格上获取 1 个解。当人们同时考虑该细网格要求的其他时间步长或者迭代时,每细化 1 次,解成本就会轻轻松松增加一个数量级(须注意的是,整数细化不一定需要,具体请参见第 8.7.3 部分的介绍)。

理查德森外推法的基本原理是要求平滑解。因此,对于具有不连续性或者奇异性的问题来说,会降低这些误差估计量的可靠性。除此之外,外推法程序往往会放大其他来源的误差,例如舍入误差和迭代收敛误差(Roache,1998)。最后,外推量作为数值解或者精确解将无法满足相同控制方程和辅助方程。例如,如果状态方程用于关联气体的密度、压力和温度,将无法保证密度、压力和温度的外推值也满足此方程的要求。

8.4　离散误差估计量的可靠性

对于本节讨论的任何离散误差估计量的可靠性(即精度),其中一个关键要求就是解(或者多个解)须在渐近范围内。本节介绍了对于同时涉及网格(h)细化和阶(p)细化的离散方法而言,此渐近范围意味着什么。不管使用 h 细化或是 p 细化,若要证实已实现该渐近范围,一般要求计算出至少 3 个离散解。对于涉及非线性、双曲线、耦合方程组的复杂科学计算应用,证明已实现此渐近范围是一件极其困难的事。在这种情况下,若不使用解适应是不可能达到此渐近范围的(请参见第 9 章)。

8.4.1　渐近范围

由于人们有时通过改变网格分辨率,有时通过改变离散格式的形式精度阶来达到此渐近范围,所以对渐近范围的定义有所不同。当采用网格细化时,渐近范围指在离散格式的形式精度阶上,离散误差缩小的系统细化网格的序列。检查式(8-57)给出的 p 精度阶格式对应的离散误差展开,当 h 足够小,h^p 项比任何高阶项大很多时,即可实现此渐近范围。由于高阶项的符号可能不同,所以不允许离散误差的行为在渐近范围外。要通过评估观测精度阶,证明可使用系统网格细化来达到此渐近范围。此观测精度阶评估了一系列网格上的离散解的行为,下一节将对其评估作介绍。

对于涉及阶细化的离散方法,要使用在同一个网格上的先后细化基函数,通过检查数值解的行为,来确定此渐近范围。随着基函数的细化以及问题中物理现象被解出,离散解最终将会越来越接近数学模型的精确解。由于随着基阶的升高,收敛会振荡,所以最好使用误差范数监测收敛情况。Bank(1996)提出了有限元法内使用的层级基函数的示例。

8.4.2 观测精度阶

观测精度阶是一个用于评估离散误差估值置信度的度量。当观测精度阶与形式精度阶一致时,人们可以确信此误差估值是可靠的。在第 5 章有关观测精度阶的讨论中,由于精确解已知,所以计算观测精度阶只需要 2 个数值解。当精确解未知时,也就是解验证遇到的情况,需要在系统细化网格上取 3 个数值解,来计算出观测精度阶。若要让此观测精度阶与离散格式的形式阶一致,其要求与第 8.3.3 部分所述的对于理查德森的要求相同。当无法满足任何要求时,获取的观测精度阶值可能不准确(例如,请参见 Roy,2003;Salas,2006;Eca 和 Hoekstra,2009a 的著作)。

8.4.2.1 恒定网格细化系数

考虑细网格(h_1)、中等网格(h_2)和粗网格(h_3)上数值解对应的 p 阶精度格式。对于网格细化系数恒定的情况,即

$$r = \frac{h_2}{h_1} = \frac{h_3}{h_2} > 1$$

我们可以得出

$$h_1 = h, h_2 = rh, h_3 = r^2h$$

使用式(8-57)的离散误差展开,这 3 个离散解对应可得出:

$$\left.\begin{array}{l} f_1 = \tilde{f} + g_p h^p + g_{p+1} h^{p+1} + O(h^{p+2}) \\ f_2 = \tilde{f} + g_p (rh)^p + g_{p+1} (rh)^{p+1} + O(h^{p+2}) \\ f_3 = \tilde{f} + g_p (r^2h)^p + g_{p+1} (r^2h)^{p+1} + O(h^{p+2}) \end{array}\right\} \quad (8\text{-}65)$$

忽略 h^{p+1} 阶及以上的项,可从局部观测精度阶 $\hat{p}$ 方面重建这 3 个方程:

$$f_1 = \overline{f} + g_p h^{\hat{p}}$$
$$f_2 = \overline{f} + g_p (rh)^{\hat{p}}$$
$$f_3 = \overline{f} + g_p (r^2h)^{\hat{p}} \quad (8\text{-}66)$$

只有当高阶项确实小时,才会和形式精度阶相一致。f_2 减去 f_3,f_1 减去 f_2 得出:

$$f_3 - f_2 = g_p (r^2h)^{\hat{p}} - g_p (rh)^{\hat{p}} = g_p r^{\hat{p}} h^{\hat{p}} (r^{\hat{p}} - 1) \quad (8\text{-}67)$$

和

$$f_2 - f_1 = g_p(rh)^{\hat{p}} - g_p h^{\hat{p}} = g_p h^{\hat{p}}(r^{\hat{p}} - 1) \tag{8-68}$$

用式(8-67)除以式(8-68),得出:

$$\frac{f_3 - f_2}{f_2 - f_1} = r^{\hat{p}} \tag{8-69}$$

取两侧的自然对数和求解观测精度阶 $\hat{p}$,得出:

$$\hat{p} = \frac{\ln\left(\frac{f_3 - f_2}{f_2 - f_1}\right)}{\ln(r)} \tag{8-70}$$

和第 8.3.2 部分中广义理查德森外推法的推导一致,精确解 $\overline{f}$ 的理查德森外推估值和首误差项系数 g_p 使用式(8-71)从观测精度阶 $\hat{p}$ 角度进行表示:

$$\overline{f} = f_1 + \frac{f_1 - f_2}{r^{\hat{p}} - 1} \tag{8-71}$$

和

$$g_p = \frac{f_1 - \overline{f}}{h^{\hat{p}}} \tag{8-72}$$

须注意的是,只有当观测精度阶与数值格式的形式精度阶一致时,才能预测式(8-71)给出的离散误差估值是准确的。这相当于说,所有 3 个网格上的解都在渐近范围内,且对于所有 3 个网格,式(8-65)中的高阶项都较小。事实上,当此局部观测精度阶用于外推估值时,通常被限制于以下范围:

$$0.5 \leqslant \hat{p} \leqslant p_f$$

其中,p_f 为离散格式的形式精度阶。如果观测精度阶超过形式精度阶,会造成离散误差估值不够保守(即低估该误差)。而且,随着 $\hat{p}$ 接近于零,外推估值的量级会没有界限地增长。

8.4.2.2　非恒定网格细化系数

对于非恒定网格细化系数的情况:

$$r_{12} = \frac{h_2}{h_1} > 1, r_{23} = \frac{h_3}{h_2} > 1$$

其中,$r_{12} = r_{23}$,观测精度阶 $\hat{p}$ 的确定更加复杂。针对这种情况,须针对 $\hat{p}$ 求解以下超越方程(Roache,1998):

$$\frac{f_3 - f_2}{r_{23}^{\hat{p}} - 1} = r_{12}^{\hat{p}}\left(\frac{f_2 - f_1}{r_{12}^{\hat{p}} - 1}\right) \tag{8-73}$$

式(8-73)通常使用第 7 章讨论的简易直接代入迭代程序进行求解,得出:

$$\hat{p}^{k+1} = \frac{\ln\left[(r_{12}^{\hat{p}^k} - 1)\left(\frac{f_3 - f_2}{f_2 - f_1}\right) + r_{12}^{\hat{p}^k}\right]}{\ln(r_{12} r_{23})} \tag{8-74}$$

其中,可以使用 $\hat{p}^k = p_f$ 的初始猜测值(此格式的形式精度阶)。一旦找到观测精度

阶,即可通过将恒定网格细化系数替代为 $r = r_{12}$,从式(8-71)和式(8-72)得出精确解的

估值 $\overline{f}$ 和首误差项系数 g_p。

8.4.2.3　于系统响应量中的应用

回顾一下,系统响应量指从数学模型的解或者其离散近似值推导出的任何解特性。科学计算中常见系统响应量的示例包括空气动力学的升力和阻力、热传递分析中通过表面的热通量以及结构力学问题中的最大应力。可以通过本节先前讨论的方法评估系统响应量的观测精度阶。若要让此观测精度阶与该离散格式的形式精度阶一致,则除第8.3.3节介绍的对于理查德森外推法的要求外,还需满足另外一个要求,即计算出系统响应量所用任何数值近似值的精度阶的要求。当系统响应量是一个积分、导数或者均数时,该评估工作所用的数值近似值的精度阶须至少等于基本离散格式。在多数情况下,积分量和均数表现更好,相比局部量,随着网格细化,其收敛也较快。在一些情况下,数值积分法导致的误差可以与离散解中的数值误差相互作用,并对观测精度阶的计算产生不良影响。Salas 和 Atkins(2009)提出了这类相互关系体现在计算非黏性超声速钝体(椭圆形/双曲线混合)上阻力的一个示例。

8.4.2.4　于局部量中的应用

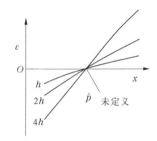

图 8-9　在域中局部应用时观测精度阶计算失败的简单示例:此交叉点上的观测精度阶未定义

在域中逐点评估观测精度阶时经常出现问题。图 8-9 给出了局部评估精度阶失败的简单示例,图中还显示了 3 个不同一维网格上的离散误差。如果将网格细化为一半,且该格式的形式精度阶为一阶精度,则我们预期,每细化一次,离散误差缩小一半。但是,该域内一部分的数值解会向上接近精确解,而另一部分的数值解会向下接近精确解(Potter 等,2005),这在实际应用中极为常见。即便我们忽略任何来源的数值误差(例如舍入误差),此交叉点上的观测精度阶将无法确定,即使所有 3 个网格上的离散误差均为零。当在此交叉点附近计算观测精度阶时,其他来源数值误差的影响(例如舍入误差和迭代误差)就会变得非常重要。此类问题可通过采用全局评估的观测精度阶来解决(例如,请参见第 8.6.3.2 部分)。

Roy(2003)提出了在域上逐点检查观测精度阶时可能发生的问题的其他示例。所关注问题为球锥几何体上的非黏性、特超声速流。紧跟着形成球体上游的正冲击波后面,此问题的数学特征为椭圆,但在解域剩余部分上为双曲线。基于图 8-10 中的 3 个均匀细化网格,制作一个表面压力观测精度阶与标准轴向距离的关系图。最细化的网格为 1 024 × 512 个单元格,粗网格的创建使用了细化系数 2。尽管使用了形式二精度阶的有限体积离散,但是冲击波不连续性的区域中采用了通量限制器,以通过将形式精度阶局部降低为零,单调地采集该冲击波。观测精度阶确实为一阶,且在椭圆区表现良好(x/R_N 为 0.2)。但是,在双曲线区,发现观测精度阶在 $-4 \sim +8$ 大幅振荡,且有很多位置未定义。在更远处的下游位置,观测精度阶再次表现良好,且值接近 1。这些振荡的原因可能在于冲击波从一个网格线转移到另一个网格线时产生的局部特征波(这个示例与图 8-1 中给出的

离散误差的局部分量和输运分量示例相同）。显然,使用局部精度阶计算的基于外推法的误差估值在此区域中并不可靠。如上所述,在这种情况下,可以使用全局评估的观测精度阶。或者,可以使用形式精度阶(此处 $p = 1$)。

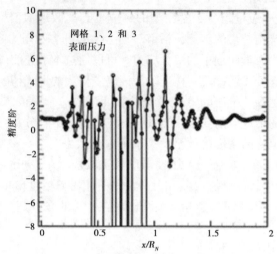

图 8-10　球锥几何体上非黏性特超声速流的表面压力的
观测精度阶(摘自 Roy,2003)

8.5　离散误差与不确定性

如前所述,当证明了解在此渐近范围内时,则人们可以确信此误差估值可靠,并因此可使用此误差估值来修正该解。尽管计算观测精度阶时需要使用 3 个系统细化网格,但是建议使用第四网格级确认确实达到了此渐近范围。然而,更常见的情况是形式精度阶与观测精度阶不一致。在此情况下,此误差估值可靠性低很多,且一般要转换为数值不确定性。尽管离散解与(未知)数学模型精确解之间的差依然是数值误差,由于我们并不清楚此误差的真实值,所以必须将其表示为不确定性。由于缺少了解而造成的不确定性称为"主观不确定性",因此与偶然因素(随机)造成的不确定性不同。可通过提供更多的信息来降低不确定性,此处即为在更加细化的网格上进行更多的计算。这些数值不确定性的处理将在第 13 章进行探讨。在下文中,我们将介绍将离散误差的理查德森外推法估值转换为主观不确定性的方法。

8.6　Roache 的网格收敛指标(GCI)

在开始讨论网格收敛指标前(Roache,1994),我们首先说明下为什么要进行网格收敛指标的讨论。以 20 世纪 90 年代早期有关网格细化的研究报告为例。在 90 年代,科学计算仿真相关杂志中还未出现关于数值精度策略的内容。有时,作者错误地将不同网格上计算得到的两个离散解之间的相对差当作离散误差估值,即

$$\frac{f_2 - f_1}{f_1}$$

式中:f_1为细网格解 ;f_2为粗网格解。

　　此相对差用作误差估值时,具有很大的误导性。为说明原因,我们假设采用广义理查德森外推法得出相对离散误差(RDE)的估值。对于细网格,可以写成:

$$RDE_1 = \frac{f_1 - \overline{f}}{\overline{f}} \tag{8-75}$$

将式(8-62)中的广义理查德森外推法结果代入上述方程,得出:

$$RDE_1 = \frac{f_1 - \left(f_1 + \frac{f_1 - f_2}{r^{p-1}}\right)}{f_1 + \frac{f_1 - f_2}{r^{p-1}}} = \frac{f_2 - f_1}{f_1 r^p - f_2} \tag{8-76}$$

　　例如,假设有 2 个数值解,其中某个关注量 f 的细网格值和粗网格值分别为 20 和 21,解之间的相对差为 5%。对于细化系数 $r = 2$ 的三阶精度格式,从式(8-76)得出的基于理查德森外推法的误差估值为 0.71%。但是,对于网格细化系数为 1.5 的一阶精度数值算法,基于理查德森外推法的误差估值为 9.1%。因此,2 个解的 5% 相对误差可能意味着相对离散误差值存在极大差异,这取决于该数值算法的精度阶和网格细化系数。此示例介绍了使用理查德森外推法估算离散误差时网格细化系数 r 和精度阶 p 的重要性。为了避免将离散解之间的相对差误用为误差估计量,Roache 的网格收敛指标应运而生。

8.6.1　定义

　　Roache(1994)提出了网格收敛指标作为统一的网格细化研究方向,为了在各种各样的应用中实现 95% 的确定度(即 20 个案例中的 19 个,可保守地估算出不确定度)。原网格收敛指标基于经常提到的 2 个离散解之间的相对差,也合理地考虑了网格细化量以及精度阶。网格收敛指标进一步利用绝对值将离散误差估值转换为不确定度估值。细化网格数值解的网格收敛指标被定义为

$$GCI = \frac{F_s}{r^p - 1}\left|\frac{f_2 - f_1}{f_1}\right| \tag{8-77}$$

式中:F_s为安全系数。

　　当只有 2 个离散解可用时,网格收敛指标的定义中需指定离散格式的形式精度阶以及安全系数 $F_s = 3$。但是,当有 3 个离散解可用时,则可以计算观测精度阶。当观测精度阶与形式精度阶一致时,可以使用保守性更小的安全系数 $F_s = 1.25$(Roache,1998)。如果从理查德森外推法估值(如式(8-76))角度重新推导此网格收敛指标,则分母中的f_1将代之以理查德森外推法估值 $\overline{f}$;但是,当不确定度本身很大时,此修改将只会对不确定度估值产生重大影响(Roy,2001)。当利用式(8-77)实现时,网格收敛指标会返回细网格解中相对不确定度的分数估值。例如,网格收敛指标值为 0.15 表示细网格解中离散进度达 15% 时导致的不确定度。对于所有基于外推法的方法,须使用系统网格细化。

网格收敛指标务必包括安全系数。网格收敛指标基于理查德森外推值,其本身是数学模型精确解的有序估值(式(8-61))。因此,我们事先并不清楚估算的精确值是否大于或小于数学模型的真实精确解。从图 8-11 可以看出,图中给出了两个数值解(f_1 和 f_2)、基于理查德森外推法估算的精确解 $\overline{f}$ 以及真实的精确解 $\widetilde{f}$。一般而言,真实精确解大于或小于估值的概率相同。因此,对于以细网格数值解 f_1 为中心的安全系数 $F_s = 1$,真误差 $\widetilde{f}$ 只有 50% 的概率会在不确定度带内。提高安全系数会增加真误差出现在此不确定度带内的可能性。这个观点目的很简单,仅仅是为了证实安全系数在将离散误差估值转换为主观不确定性中的必要性,绝非暗示造成的不确定性是一个随机分布的变量(即偶然因素造成的不确定性)。这里重申一遍第 8.4 节所述的要

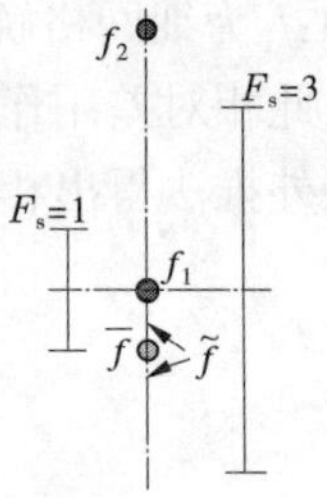

图 8-11　基于外推法的误差带的安全系数
(摘自 Roy,2005)

点,即只能通过评估离散解的渐近特性来确定任何离散误差或者不确定性估值的可靠性。当发现解远超渐近范围时,误差/不确定度估值的可靠性可能很低,其行为没有规律可循。在这种情况下,无法保证安全系数的值是保守的。

8.6.2　实现

为了避免解值接近零时出现问题,网格收敛指标的最新实现要通过分母中的细网格解来忽略标准化,即网格收敛指标重新定义为

$$GCI = \frac{F_s}{r^p - 1}|f_2 - f_1| \tag{8-78}$$

因此,此实现提供的细网格解的不确定度估值的单位与此解本身的单位相同。Roache(1998)针对以下情况提出了选择安全系数的明确指导思想:

(1)仅 2 个网格上的解可用($F_s = 3$)。

(2)3 个网格上的解可用,并计算了观测精度阶,且和此格式的形式精度阶一致($F_s = 1.25$)。

第一种情况下,当只有 2 个网格级可用时,由于人们不知道这些解是否在(或者甚至接近)该渐近范围,所以使用网格收敛指标估值时须小心谨慎。远超渐近范围时,所有估算离散误差或者不确定度的方法均不可用(请参见第 8.4 节)。对于第二种情况,当 3 个解可用时,如果观测精度阶与形式精度阶一致,则要使用 $F_s = 1.25$,且可以使用形式精度阶或者观测精度阶(由于它们相同,此选择对估值几乎没有影响)。当观测精度阶与形式精度阶不一样时,会存在困难。而且,要如何准确确定吻合度呢?理想而言,人们可简单地继续系统地细化网格,直到这些解明确渐近,这可以整合局部网格细化,加快渐近范围的实现(请参见第 9 章)。Roache(1998)针对由于资源限制而不可能有其他解的各种情况,给出了如何应用网格收敛指标的实操示例。

针对 3 个或者 3 个以上系统细化网格上的解可用的情况,我们提出了以下计算网格收敛指标的过程。在所有情况下,使用由式(8-78)给出的非标准化网格收敛指标。当观测精度阶 $\hat{p}$ 与形式精度阶 p_f 的吻合度在 10% 以内时,在计算网格收敛指标时,要使用此

形式精度阶以及安全系数 1.25；当观测精度阶的吻合度超出 10% 时，则要使用安全系数 3（$F_s = 3.0$）。而且，精度阶仅介于 0.5 和形式精度阶之间。当此精度阶远远大于形式精度阶时，网格收敛指标随着 $p \rightarrow \infty$ 而变为零，会导致不确定度估值小到不合理，而精度阶变为零，会导致不确定度估值接近无穷大。表 8-1 归纳了这些建议。尽管这些建议"合理"（Roache，2009），但是仍要求针对一系列的问题进行测试，检查它们是否可以产生所需的 95% 不确定度带。

表 8-1　使用式（8-78）在 3 个或者 3 个以上系统细化网格上实施解的网格收敛指标的建议方法

$\left\| \dfrac{\hat{p} - p_f}{p_f} \right\|$	F_s	p
≤0.1	1.25	p_f
>0.1	3.0	$\min(\max(0.5, \hat{p}), p_f)$

8.6.3　网格收敛指标的变体

近几年出现了许多不同的网格收敛指标变体。这些变化满足了使用不同方法计算网格收敛指标时所用的安全系数和/或精度阶的需求。除此之外，它们还可经常根据观测精度阶的行为处理特殊情况。

8.6.3.1　最小二乘法

局部计算观测精度阶常常会大大偏离离散格式的形式精度阶。导致这种偏离的原因有很多，包括离散解未渐近、输运自其他区域的误差（尤其是双曲线问题）、迭代误差、舍入误差、将解插入常用网格和网格细化的不均匀性。Eca 和 Hoekstra（2002）提出了一种方法，用于过滤使用最小二乘方拟合法计算观测精度阶时在 4 个或者 4 个以上网格级上产生的"噪声"。回顾从式（8-57）中的广义理查德森外推法得出的级数展开，对于常规网格级 k，可以写为

$$f_k = \overline{f} + g_p h_k^{\hat{p}}$$

在该方法中，该函数进行了最小化：

$$S(\overline{f}, g_p, \hat{p}) = \left\{ \sum_{k=1}^{NG} [f_k - (\overline{f} + g_p h_k^{\hat{p}})]^2 \right\}^{1/2} \tag{8-79}$$

式中：k 为网格级；NG 为网格级总数（$NG > 3$）。

这可以通过基于 $\overline{f}$、g_p 和 $\hat{p}$ 将 S 的导数设置为零来实现，从而形成以下表达式：

$$\overline{f} = \frac{\sum\limits_{k=1}^{NG} f_k - g_p \sum\limits_{k=1}^{NG} h_k^{\hat{p}}}{NG} \tag{8-80}$$

$$g_p = \frac{NG \sum\limits_{k=1}^{NG} f_k h_k^{\hat{p}} - \sum\limits_{k=1}^{NG} f_k \sum\limits_{k=1}^{NG} h_k^{\hat{p}}}{NG \sum\limits_{k=1}^{NG} h_k^{2\hat{p}} - \sum\limits_{k=1}^{NG} h_k^{\hat{p}} \sum\limits_{k=1}^{NG} h_k^{\hat{p}}} \tag{8-81}$$

$$\sum_{k=1}^{NG} f_k h_k^{\hat{p}} \ln h_k - \overline{f} \sum_{k=1}^{NG} h_k^{\hat{p}} \ln h_k - g_p \sum_{k=1}^{NG} h_k^{2\hat{p}} \ln h_k = 0 \tag{8-82}$$

Eca 和 Hoekstra(2002)利用试位法通过迭代的方式求解式(8-82)中的 $\hat{p}$。最小二乘法的主要缺点在于它要求 4 个或者 4 个以上系统细化网格上的解。尽管他们的原方法实际上将不确定度估值应用到外推值 $\overline{f}$ 中(Eca 和 Hoekstra,2002),但是随后的研究均通过使用直接求解式(8-82)得到的精度阶(使用式(8-78)计算网格收敛指标),将不确定度估值应用于细网格解中(请参见 Eca 等,2005)。

8.6.3.2　全局均值法

Cadafalch 等(2002)采用观测精度阶的全局均值得出局部网格收敛指标估值。该方法可以归纳为以下 5 个步骤:

(1)使用高阶插值法将 3 个系统细化网格上的解内插到常见的后处理网格中。

(2)将常见网格中的节点分为单调 $(f_3 - f_2)(f_2 - f_1) > 0$ 或者非单调 $(f_3 - f_2)(f_2 - f_1) < 0$(它们也处理此乘积的量级小于 10^{-30} 公差时的第 3 种情况)。

(3)计算所有单调收敛节点对应的局部观测精度阶。

(4)通过简单地求第 3 步中获得的所有局部观测精度阶的平均值,计算全局观测精度阶。

(5)使用安全系数 $F_s = 1.25$,以及第 4 步得出的全局观测精度阶,计算单调收敛节点上的局部网格收敛指标。

此方法的主要局限在于解会随着网格细化以非单调的形式收敛于常见网格中,它不会提供任何节点上的不确定度估值。针对该局限,只需使用较高的安全系数($F_s = 3$)以及全局观测精度阶来计算这些非单调节点上的网格收敛指标。

8.6.3.3　安全系数法

网格收敛指标的缺点之一就是安全系数只适用两种情况:当解为渐近解($F_s = 1.25$)和当解不是渐近解($F_s = 3$)时。对于处于渐近范围边界的解(不管是否明确渐近范围),不确定度估值将相差 2.4 倍。人们自然希望安全系数平滑地变化,且值会随着解慢慢远离渐近范围而变大。为了实现平滑过渡,Xing 和 Stern(2009)提出了安全系数法。该方法用于消除他们早期提出的方法(Stern 等,2001)所存在的缺点(例如,请参见 Roache,2003b)。

在他们的安全系数法中,Xing 和 Stern(2009)从修正系数的角度测量了到渐近范围的距离,定义为

$$CF = \frac{r^{\hat{p}} - 1}{r^{p_f} - 1} \tag{8-83}$$

式中:$\hat{p}$ 为观测精度阶;p_f 为形式精度阶。

在渐近范围中,CF 将接近 1。然后,可以从式(8-84)得出不确定度估值 U:

$$U = \begin{cases} [FS_1 CF + FS_0(1 - CF)] \mid \delta_{RE} \mid & 0 < CF \leqslant 1 \\ \dfrac{CF}{2 - CF}[FS_1(2 - CF) + FS_0(CF - 1)] \mid \delta_{RE} \mid & 1 < CF < 2 \end{cases} \tag{8-84}$$

式中:FS_0和FS_1为常数,通过对一系列问题执行统计分析,并仅考虑 $0 < CF < 2$ 的情况时确定它们的值分别为 $FS_0 = 2$ 和 $FS_1 = 1.25$;δ_{RE}为使用观测精度阶从广义理查德森外推法获取的离散误差估值,即

$$\delta_{RE} = \frac{f_2 - f_1}{r^{\hat{p}} - 1} \tag{8-85}$$

此方法的主要局限在于它仅适用于 $0 < CF < 2$ 的情况,且不确定度估值会随着 $CF \rightarrow 2$ 而接近1。对于网格细化系数 $r = 2$ 的形式二阶精度法,当 $\hat{p} \approx 2.81$ 时,不确定度估值无穷大,复杂科学计算应用就会发生这种情况。

8.6.4　网格收敛指标的可靠性

最近,有3项研究仔细核验了网格收敛指标的可靠性。Eca 和 Hoekstra(2002)使用大量的非整数细化网格(每种情况至少 16 个不同的网格)。他们采用局部评估的观测精度阶,发现在较细的网格上,当安全系数 $F_s = 1.25$ 时网格收敛指标良好。Cadalfalch 等(2002)针对每个情况,使用 4~7 个网格,网格细化系数为 2,研究流体流(部分有热传递)的 5 种测试情况。在案例中,他们采用第 8.6.3.2 部分所述的全局均值法。他们也发现,在较细网格上,当安全系数为 1.25 时,网格收敛指标良好。最后,Eca 等(2004)考虑了有精确解的二维机翼周围的位流解。当局部评估观测精度阶没有明显大于该方法的形式精度阶时,使用网格收敛指标实现了良好的不确定度估值。有关网格收敛指标有效性的其他讨论,请参见 Pelletier 和 Roache(2006)的著作。

8.7　网格细化问题

无法使用外插值法估算离散误差经常与在所述网格上实现系统网格细化的问题联系起来,这种问题出现的频率仅次于不能实现渐近网格收敛范围(例如,Baker,2005;Salas,2006)。局部细化网格的使用、网格仅在 1 个坐标方向上细化和细化系数在域上局部变化的细化均是不合理的网格细化方法的表现。当与早期讨论的误差或者不确定度估算对应的外插值法相结合时,这些方法基本上会失效。

8.7.1　测量系统网格细化

回顾第 5.4 节介绍的"系统网格细化"的定义,它要求网格细化要保持均匀和一致。均匀细化要求在整个域上使用相同的细化系数进行网格细化。这不表示网格本身在域上要保持均匀,而是网格相互之间的网格细化比率在域上不能变化。一致细化要求网格维持相同的网格质量(偏斜度、宽高比、拉伸系数等)或者随着网格细化逐渐改善网格质量。

Roy 等(2007)提出了一个确保 2 个网格在域上保留相同体积比的简单方法,并将之用于计算气动力和力矩时使用的三维非结构化笛卡儿网格。通过对比 2 个连续网格级之间的单元体积比,来评估网格细化的均匀度,具体如下:首先,计算局部单元体积,然后存储在节点上。接下来,使用逆距离函数将细网格体积分布插入粗网格中。尽管粗网格包含细和粗网格单元体积信息,但是仍可以计算和核验粗、细网格体积比。本处使用的笛卡

儿网格的示例见图 8-7（b），图中显示了不同的分辨率层。两个网格级之间的体积比如图 8-12 所示，该体积比在域中相当稳定，大约为 1.6，但不包括笛卡儿网格层从一个单元尺寸过渡到另一个单元尺寸的区域的情况。此方法可以简单地延伸至其他网格质量参数，如偏斜度、宽高比、拉深系数等。

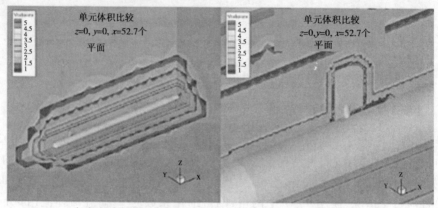

（a）整个导弹几何学　　　　（b）鸭翼特写

图 8-12　　两个非结构化笛卡儿网格级之间的单元
体积比的轮廓图（摘自 Roy 等，2007）（请参见色板部分）

8.7.2　网格细化系数

如前所述，"网格细化系数"是每个坐标方向上的网格长度比或者时间尺度的度量。对于结构化网格，细化系数计算起来很简单；而对于非结构化网格，细化系数的计算如下。假设网格经过均匀细化（请参见第 8.7.1 部分），计算时，将网格系数当作网格中单元或者元素总数的函数，如式（8-86）：

$$r = \left(\frac{N_1}{N_2}\right)^{1/d} \qquad (8\text{-}86)$$

式中：N_k 为网格 k 的单元/元素数量；d 为该问题的维度（对于一维，$d = 1$；对于二维，$d = 2$，以此类推）。

须注意的是，当从一个网格到另一个网格进行局部网格细化时，网格细化系数会在域上变化，且在外推法程序中或者计算观测精度阶时不再使用这些数值解。

8.7.3　分数均匀细化

没必要使用网格细化系数 2。这个过程称为网格并线或者网格对分，具体称呼取决于人们是从细网格开始或者粗网格开始的。对于简单的网格拓扑结构（例如，笛卡儿网格），可以采用小至 $r = 1.1$ 的网格细化系数（Roache，1998）。由于细化始终是均匀的，所以我们将此程序称为"分数均匀细化"。当使用接近于零的细化系数时，须注意确保相对于两个解之间的差，舍入误差不会变得过大。例如，在两个尺寸为 100×100 个元素和 101×101 个元素（即 $r = 1.01$）的网格上求解二维问题时，得到的解之间的差异会小于 0.01%。由于舍入大约 0.001%，所以单精度计算一般会产生解误差。因此，预期的舍入误差只会比离散误差小一个数量级。

　　使用分数均匀细化还有一个优点就是它增加了使多个网格上的离散解进入渐近网格收敛范围的概率。例如,拥有 1 000 000(一百万)个元素的三维粗网格在渐近范围内的情况。对于网格细化系数为 2 的三级网格细化,细网格将需要 64 000 000(六千四百万)个元素。如果使用的细化系数为 1.26,则细网格将只有 4 000 000(四百万)个单元,因此计算成本将大幅降低。但是,非整数网格细化系数很难应用到复杂的网格拓扑结构中,尤其是那些涉及明显网格拉伸的拓扑结构。对于使用复杂、结构化网格的仿真,网格生成有时会占用特定仿真工作的大部分时间。因此,依赖于网格细化的初始网格生成程序将是一个成本高昂的工作;而且,很难在整个域上实现恒定的网格细化系数。对于非整数网格细化,可以使用较高阶的插值法。这里,最好从细网格入手,然后进行粗化(至少对于结构化网格要这么做);但是,此方法可能无法保持基本的表面几何学,尤其是在高曲率区域。

　　当在结构化网格上采用网格细化系数 2 时,只有生成细化网格时需要较多的精力投入;只要每隔一个点去除一个点,即可获取较粗的网格。缺点是细网格太过昂贵,同时粗网格超出渐近网格收敛范围的概率增加。根据前面的介绍,所有 3 个网格须在渐近范围内才能证明离散误差和不确定度估值的可靠性。

　　理想而言,人们希望可以轻松创建一个网格,然后使用网格生成工具,基于指定的细化系数(可能是分数),生成一系列的均匀细化网格。这种功能可大大提高外推误差和不确定度估算程序的可靠性。就我们目前所知,任何市售网格生成器均不支持这个自动分数均匀细化的功能。

　　最后,如果外推(或者误差/不确定度)估算方法要逐点应用于域中的解,则必须将细网格信息输入粗网格。由于粗网格只是细网格的一个子集,所以对于整数的细化系数,此程序非常简单。但是,对于分数均匀细化,细网格信息须内插入粗网格点,而采用的插值格式的精度阶可能高于基本数值解的精度阶(Roache 和 Knupp,1993)。

8.7.4　细化和粗化

　　理论上讲,不必区分是从粗网格或是细网格开始的。但是,实际上,在结构化网格上进行网格粗化通常要比网格细化简单,尤其是对于复杂的网格。在这里,复杂网格指的是那些几何学复杂和/或涉及大量网格聚类的网格。对于均匀网格,只需通过对相邻空间位置求均值即可执行细化。对于拉伸网格,此类细化将导致接近原始粗网格节点的相邻元素大小的比出现不连续性(尽管,如 Ferziger 和 Peric(1996)指出的,拉伸系数不连续的位置的分数将会随着网格细化系数的增加而缩小)。拉伸网格更好的策略就是使用高阶插值获取平滑的拉伸分布,但是,在高度复杂的网格上,此方法的实施难度很大。网格细化期间产生的主要问题在于物体表面(尤其在锐角)上的几何定义损失。而且,对于要求在子域边界上进行点对点匹配的结构化网格法,细化策略须确保这些点在同一位置上。因此,对于复杂、结构化的网格而言,通常比较容易从细网格开始,然后每隔一个点相继去除每个坐标方向上的点。

　　对于非结构化网格,一般较容易从粗网格开始,然后通过细分元素进行细化。这是由于在保留元素类型的情况下合并元素,同时确保在整个域上网格细化系数保持恒定是一件非常困难的事情。尽管非结构化网格上的细化继承了上述讨论的结构化网格的细化的所有缺点,但是目前仍在努力直接将表面几何学信息应用于网格细化方程式中(例如,请参见 King 等,2006)。

　　元素细化方法的选择将决定有效的网格细化系数。在二维模式下,三角形元素通过如图 8-13 所示连接边线的中点即可轻松进行细化,从而生成 4 个形状类似的新三角形元素。图中还显示了三维四面体对应的细化方法,其中每个边线的中点相连,最终形成 8 个较小的四面体。在此情况下,4 个新创建的外四面体的几何学类似于原四面体,但是 4 个内四面体不一样。在图 8-13 所示的两种情况下,网格细化系数为 2。通过简单的边平分,即可执行四边形单元和六面体单元的细化。

（a）二维三角形　　（b）三维四面体

图 8-13　非结构化网格的细化方法
（摘自 Roy,2005）

8.7.5　单向细化

　　有时候会出现离散误差主要来自其中一个坐标方向的情况。这对于在坐标方向上执行独立细化,以确定造成整体离散误差的主要分量十分有帮助。此处讨论的方法类似于第 5.5.3.2 部分介绍的代码精度阶验证的组合式空间 – 时间方法。对于在 x 方向和 y 方向上的独立细化,我们可以将网格 k 上围绕原偏微分方程的数值解的展开写为

$$f_k = \tilde{f} + g_x(\Delta x_k)^p + g_y(\Delta y_k)^q + \cdots \tag{8-87}$$

　　式(8-87)考虑了每个坐标方向的误差项。为了保持分析的普适性,x 方向上的形式精度阶假设为 p,而 y 方向上的精度阶为 q,二者可能相等也可能不相等。须注意的是,对于某些数值算法(例如,Lax-Wendroff 格式),也可能存在交叉项 $g_{xy}(\Delta x)^s(\Delta y)^t$。

　　假设两个网格级上都有解的情况(细网格:$k=1$,粗网格:$k=2$),且仅在 x 方向上按系数 r_x 进行细化。由于 Δx 元素尺寸经过细化,所以 $g_y(\Delta y_k)^q$ 项将保持不变。现在,无法求解精确解 $\tilde{f}$ 的估值,而且须求解量:

$$\tilde{f}_x = \tilde{f} + g_y(\Delta y_k)^q \tag{8-88}$$

　　它考虑了由于 Δy 离散造成的误差项。由于 Δy 间距不会发生变化,所以此项在两个网格上会保持不变。忽略估算解 $\bar{f}$ 中的高阶项,可得出以下两个方程:

$$\left.\begin{array}{l} f_1 = \bar{f}_x + g_x(\Delta x)^p \\ f_2 = \bar{f}_x + g_x(r_x\Delta x)^p \end{array}\right\} \tag{8-89}$$

　　可以解出 $\bar{f}_x$:

$$\bar{f}_x = f_1 + \frac{f_1 - f_2}{r_x^p - 1} \tag{8-90}$$

且 x 方向首个误差项:

$$g_x(\Delta x)^p = \frac{f_2 - f_1}{r_x^p - 1} \qquad (8\text{-}91)$$

同样地,代入第三个解($k = 3$),仅在 y 方向上粗化,我们可以求解 y 方向误差项:

$$g_y(\Delta y)^q = \frac{f_3 - f_1}{r_y^q - 1} \qquad (8\text{-}92)$$

然后,式(8-91)和式(8-92)的两个误差项的大小可以进行对比,确定合适的网格进一步细化方向。除此之外,由于已估算出 g_x 和 g_y,所以式(8-87)可以用于获取 $\tilde{f}$ 的估值。

8.8 开放研究相关问题

很多问题属于当前的研究热点,包括奇异性和不连续性的存在(尤其是双曲线问题)、振荡网格收敛、多尺度模型和渐近范围外粗网格上离散误差的估算方法。

8.8.1 奇异性和不连续性

实际的科学计算应用充满奇异性和不连续性。在某些情况下,它们可取相对较弱的奇异性/不连续性的形式,例如线性弹性分析中的不连续表面曲率。强奇异性/不连续性的示例包括非黏性流中的冲击波、尖头体上流的前缘区域以及热或者结构分析问题中两个不同材料之间的接口。通常的做法是"消除"奇异性,例如高倍放大下取更圆润外观的尖锐前缘,或者实际在上游方向上通过分子运动输运质量、动量和能量的冲击波。但是,数学模型中的奇异性和不连续性比有组织的,尤其是理想化几何学和简易数学模型更为常见。例子包括斜率或者曲率不连续的表面上的流、存在点荷载的结构的载荷以及存在斜孔的平板的载荷。

奇异性和不连续性的存在可能会对我们获取离散误差的可靠估值和计算数值解的能力产生不良影响。这是因为所有离散误差估计量(和多数离散格式)都要求解是连续且可微分的。然而,我们仍须计算这些问题的数值解,然后估算这些解的离散误差。

Carpenter 和 Casper(1999)的研究表明,对于应用在充分细化的网格上的欧拉方程,不管采用什么数值格式的形式精度阶,含有冲击波的流的仿真将会降到一阶精度。Roy(2001,2003)也发现,对于层流和非黏性特超声速流,存在冲击波时,会降到一阶精度。在后一种情况下,要采用通量限制器将冲击波上的形式二阶精度格式降低到一阶,以防止数值振荡。

Banks 等(2008)很好地解释了出现不连续时任何离散格式的形式精度阶降低到一阶精度或者更低精度的原因。他们考虑了可压缩流的非黏性欧拉方程。欧拉方程接受不连续解,例如冲击波、接触不连续和滑移线。但是,在黏性流中执行熵条件的黏度未出现时,这些不连续解并不是唯一的(即欧拉方程将接受无穷多的跳跃条件)。只有在黏性消失的极限条件下,才能满足正确的 Rankine-Hugoniot 跳跃条件。须注意的是,由于截断误差中存在均匀空间导数形式的数值黏性,所以这种非唯一性一般不会导致欧拉方程的数值解出现问题。对于非线性不连续性,例如冲击波,数值格式会降低到一阶精度。对于线性不连续性(即线性简并波),例如接触不连续性和滑移线,Banks 等(2008)执行截断误差分析发现,多数离散格式的形式精度阶会降低到$p/(p+1)$,其中p表示平滑问题中该方法的形式精度阶。另外,他们也提供了数值示例来证实其理论分析。

不管采用何种离散格式,存在不连续时精度阶降低到一阶,会得到一个混合阶的数值格式。在这种情况下,此格式在平滑区域的精度阶为二阶(或者以上),但是在冲击波上,为局部一阶精度。从技术上而言,对于带有冲击的流,尽管此格式为形式一阶精度,仍可能存在一个很广的网格分辨率范围使得这些解的精度达到二阶。此混合阶行为可能导致这些解随着网格细化而出现非单调收敛,具体的证实过程如下。为了分析混合一阶和二阶格式,Roy(2001,2003)针对离散误差提出了以下展开式:

$$f_k = \overline{f} + g_1 h_k + g_2 h_k^2 \tag{8-93}$$

在此方法中,包括了考虑平滑区($p=2$)和非平滑区($p=1$)中的形式精度阶的项。如果有3个网格级,则可以求解式(8-93),得出两个未知系数g_1和g_2以及估算的精确解$\overline{f}$。考虑细网格($k=1$)、中等网格($k=2$)和粗网格($k=3$)上有3个离散解f_k的情况,其中网格级之间网格细化系数保持恒定(即$r_{12}=r_{23}=r$)。如果我们进一步任意设置$h_1=1$(这将会简单地要求吸收系数g_k中的常数),然后,这3个未知数的表达式变为

$$\left.\begin{array}{l} g_1 = \dfrac{r^2(f_2-f_1)-(f_3-f_2)}{r(r-1)} \\[4mm] g_2 = \dfrac{(f_3-f_2)-r(f_2-f_1)}{r(r+1)(r-1)^2} \\[4mm] \overline{f} = f_1 + \dfrac{(f_3-f_2)-(r^2+r-1)(f_2-f_1)}{(r+1)(r-1)^2} \end{array}\right\} \tag{8-94}$$

这3个表达式不仅可以用于估算数值解的离散误差,也可以用于检测式(8-93)表示的离散误差展开中的两个不同误差项的行为。

此混合阶分析法被用于分析沿着层流、特超声速流中球锥几何体表面的点上的无量纲摩擦阻力(即表面摩擦系数)(Roy,2001)。对于随着网格细化的某个位置的表面摩擦系数的行为,其结果如图8-14(a)所示。当表面摩擦首先随着网格细化而减少,然后开始增加时,此解表现出非单调的行为。可以通过检查图8-14(b)中给出的离散误差,深入了解出现此非单调行为的原因所在。图中还显示了式(8-93)中的一阶误差项和二阶误差项。在这种情况下,两个误差项的量级相同,即接近$h=4$,但是符号相反,这会导致$h=4$时误差相互抵消,表现为图8-14(a)中的估算精确解相交。由于两个项的符号相反,所以当网格经过充分细化,一阶项占支配地位,对应网格间距为h制作关系图时,会发现表面摩擦系数显示为局部最小值。

8.8.2　随着网格细化出现振荡收敛

近年来,人们对数值解随着网格细化而出现振荡收敛的情况展开了大量的讨论(例如,请参见 Coleman 等,2001;Celik 等,2005;Brock,2007)。但是,围绕偏微分控制方程精确解,就式(8-47)中给出的网格间距参数而言,通过检查数值解的泰勒级数展开,或者甚至是式(8-48)中的更加一般的级数展开发现,随着$h \to 0$,在极限情况下,只能有一个项

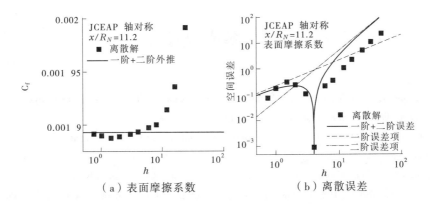

（a）表面摩擦系数　　　　　　　　　（b）离散误差

图 8-14　主体某个位置上无量纲摩擦阻力与网格间距的函数关系差（摘自 Roy,2001）

支配着该展开。尽管此争论尚未有一个定论,但是我们认为,在渐近网格收敛范围内,不会随着网格细化而产生振荡收敛。这个解行为被称为振荡收敛最有可能的原因在于无法实现此渐近范围（请参见第 8.8.1 部分的讨论）、网格细化不均匀（Eca 和 Hoekstra,2002）或者存在不可忽略的迭代误差和/或舍入误差。对于前者,我们并不否认在复杂的科学计算问题中,渐近范围极难实现的现实问题。

8.8.3　多尺度模型

多尺度模型指的是可解决不同长度和/或时间尺度上的不同物理现象的模型。对于某种多尺度模型,控制方程会随着网格细化而发生实际的改变,从而使其难以将验证的问题（数学）与确认的问题（物理学）区分开来。湍流的大涡模拟（LES）是一个多尺度模型的经典示例,它一般会涉及利用空间滤波运算来移除小尺度湍流结构。因此,此空间滤波使用的长度尺度会显式地出现在数学模型中。在多数大涡模拟（LES）运算中,此长度尺度与网格间距相关联。因此,当细化网格时,相当于使用不同的滤波长度尺度（即不同的数学模型）来过滤 Navier-Stokes 方程。因此,数值误差和物理建模误差二者均与网格间距相关联,所以对这两个误差极难进行严格的评估。解决此问题的一个可能方法就是将滤波宽度固定为粗网格间距,同时执行网格细化,来评估数值误差（例如,请参见 Moin,2007）。

8.8.4　粗网格误差估计量

对于物理学和/或几何学比较复杂的科学计算仿真,通常会由于运算资源有限而无法解出这些网格。对于三维时间相关问题更是如此。理想的离散误差估计量指的是可随着网格细化而提供一致的误差估值,同时在超出渐近网格收敛范围的未解出粗网格上可提供可靠的误差估值的估计量。尽管离散误差估算方法常常深埋在细节中,但是本节讨论的所有离散误差估算方法都要求解（或者多个解）在此渐近范围内。离散解不在（或者可能远离）渐近范围时的离散误差估计量的可靠性仍是一个有待深入研究的领域。

8.9　参考文献

Ainsworth, M. and J. T. Oden (1997). A posteriori error estimation in finite element analysis, *Computer Methods in Applied Mechanics and Engineering.* 142(1-2), 1-88.

Ainsworth, M. and J. T. Oden (2000). *A Posteriori Error Estimation in Finite Element Analysis*, New York, Wiley Interscience.

Akin, J. E. (2005). *Finite Element Analysis with Error Estimators*, Burlington, Elsevier.

Babuska, I. and A. Miller (1984). Post-processing approach in the finite element method – Part 3: A posteriori error estimates and adaptive mesh selection, *International Journal for Numerical Methods in Engineering.* 20(12), 2311-2324.

Babuska, I. and W. C. Rheinboldt (1978a). A posteriori error estimates for the finite element method, *International Journal for Numerical Methods in Engineering.* 12, 1597-1615.

Babuska, I. and W. C. Rheinboldt (1978b). Error estimates for adaptive finite element computations, *SIAM Journal of Numerical Analysis.* 15(4), 736-754.

Babuska, I., O. C. Zienkiewicz, J. Gago, E. R. Oliveira (1986). *Accuracy Estimates and Adaptive Refinements in Finite Element Computations*, Chichester, Wiley.

Babuska, I., T. Strouboulis, and C. S. Upadhyay (1994). A model study of the quality of a posteriori error estimators for linear elliptic problems. Error estimation in the interior of patchwise uniform grids of triangles, *Computer Methods in Applied Mechanics and Engineering.* 114(3-4), 307-378.

Babuska, I., T. Strouboulis, T. Gangaraj, and C. S. Upadhyay (1997). Pollution error in the h-version of the finite element method and local quality of the recovered derivative, *Computer Methods in Applied Mechanics and Engineering.* 140(1-2),1-37.

Baker, T. J. (2005). *On the Relationship between Mesh Refinement and Solution Accuracy*, AIAA Paper 2005-4875.

Bank, R. E. (1996). Hierarchical bases and the finite element method, *Acta Numerica.* 5, 1-45.

Bank, R. R. and A. Weiser (1985). Some a posteriori error estimators for elliptic partial differential equations, *Mathematics of Computation.* 44, 283-301.

Banks, J. W., T. Aslam, and W. J. Rider (2008). On sub-linear convergence for linearly degenerate waves in capturing schemes, *Journal of Computational Physics.* 227, 6985-7002.

Barth, T. J. and M. G. Larson (2002). A-posteriori error estimation for higher order Godunov finite volume methods on unstructured meshes, In *Finite Volumes for Complex Applications III*, R. Herbin and D. Kroner (eds.), London, HERMES Science Publishing Ltd., 41-63.

Brock, J. S. (2007). *Bounded Numerical Error Estimates for Oscillatory Convergence of Simulation Data*, AIAA Paper 2007-4091.

Cadafalch, J., C. D. Perez-Segarra, R. Consul, and A. Oliva (2002). Verification of finite volume computationson steady-state fluid flow and heat transfer, *Journal of Fluids Engineering.* 24, 11-21.

Carpenter, M. H. and J. H. Casper (1999). Accuracy of shock capturing in two spatial dimensions, *AIAA Journal.* 37(9), 1072-1079.

Cavallo, P. A. and N. Sinha (2007). Error quantification for computational aerodynamics using an error transport equation, *Journal of Aircraft*. 44(6), 1954-1963.

Celik, I. , J. Li, G. Hu, and C. Shaffer (2005). Limitations of Richardson extrapolation and some possible remedies, *Journal of Fluids Engineering*. 127, 795-805.

Cheng, Z. and M. Paraschivoiu (2004). A posteriori finite element bounds to linear functional outputs of the three-dimensional Navier-Stokes equations, *International Journal for Numerical Methods in Engineering*. 61(11), 1835-1859.

Coleman, H. W. , F. Stern, A. Di Mascio, and E. Campana (2001). The problem with oscillatory behavior in grid convergence studies, *Journal of Fluids Engineering*. 123, 438-439.

Demkowicz, L. , J. T. Oden, and T. Strouboulis (1984). Adaptive finite elements for flow problems with moving boundaries. Part I: Variational principles and a posteriori estimates, *Computer Methods in Applied Mechanics and Engineering*. 46(2), 217-251.

Eca, L. and M. Hoekstra (2002). An evaluation of verification procedures for CFD applications, *24th Symposium on Naval Hydrodynamics*, Fukuoka, Japan, July 8-13, 2002.

Eca, L. and M. Hoekstra (2009a). Error estimation based on grid refinement studies: a challenge for grid generation, *Congress on Numerical Methods in Engineering*, Barcelona, Spain, June 29-July 2, 2009.

Eca, L. and M. Hoekstra (2009b). Evaluation of numerical error estimation based on grid refinement studies with the method of the manufactured solutions, *Computers and Fluids*. 38, 1580-1591.

Eca, L. , G. B. Vaz, J. A. C. Falcao de Campos, and M. Hoekstra (2004). Verification of calculations of the potential flow around two-dimensional foils, *AIAA Journal*. 42(12), 2401-2407.

Eca, L. , M. Hoekstra, and P. Roache (2005). *Verification of Calculations: an Overview of the Lisbon Workshop*, AIAA Paper 2005-4728.

Eriksson, K. and C. Johnson (1987). Error_estimates and automatic time step control for nonlinear parabolic problems. Part 1, *SIAM Journal of Numerical Analysis*. 24(1), 12-23.

Estep, D. , M. Larson, and R. Williams (2000). *Estimating the Error of Numerical Solutions of Systems of Nonlinear Reaction-Diffusion Equations*, Memoirs of the American Mathematical Society, Vol. 146, No. 696, Providence, American Mathematical Society.

Fehlberg, E. (1969). *Low-Order Classical Runge-Kutta Formulas with Step Size Control and their Application to some Heat Transfer Problems*, NASA Technical Report 315, National Aeronautics and Space Administration, July 1969.

Ferziger, J. H. and M. Peric (1996). Further discussion of numerical errors in CFD, *International Journal for Numerical Methods in Fluids*. 23(12), 1263-1274.

Ferziger, J. H. and M. Peric (2002). *Computational Methods for Fluid Dynamics*, 3rd edn. , Berlin, Springer-Verlag.

Garbey, M. and W. Shyy (2003). A least square extrapolation method for improving solution accuracy of PDE computations, *Journal of Computational Physics*. 186(1), 1-23.

Hirsch, C. (1990). *Numerical Computation of Internal and External Flows: Volume 2, Computational Methods for Inviscid and Viscous Flows*, Chichester, Wiley.

Hirsch, C. (2007). *Numerical Computation of Internal and External Flows: the Fundamentals of Computational Fluid Dynamics*, 2nd edn. , Oxford, Butterworth-Heinemann.

Huebner, K. H. (2001). *The Finite Element Method for Engineers*, New York, Wiley.

Huebner, K. H. , D. L. Dewhirst, D. E. Smith, and T. G. Byrom (2001). *The Finite Element Method of Engineers*, 4th edn. , New York, John Wiley and Sons.

Hughes, T. J. R. (2000). *The Finite Element Method: Linear Static and Dynamic Finite Element Analysis*, 2nd edn., Mineola, Dover.

Jameson, A. (1988). Aerodynamic design via control theory, *Journal of Scientific Computing.* 3(3), 233-260.

Jameson, A., W. Schmidt, and E. Turkel (1981). *Numerical Solutions of the Euler Equations by Finite Volume Methods Using Runge-Kutta Time-Stepping Schemes*, AIAA Paper 81-1259.

Johnson, C. and P. Hansbo (1992). Adaptive finite element methods in computational mechanics, *Computer Methods in Applied Mechanics and Engineering.* 101(1-3), 143-181.

Kamm, J. R., W. J. Rider, and J. S. Brock (2003). *Combined Space and Time Convergence Analyses of a Compressible Flow Algorithm*, AIAA Paper 2003-4241.

King, M. L., M. J. Fisher, and C. G. Jensen (2006). A CAD-centric approach to CFD analysis with discrete features, *Computer-Aided Design & Applications.* 3(1-4), 279-288.

Knight, D. D. (2006). *Elements of Numerical Methods for Compressible Flows*, New York, Cambridge University Press.

Moin, P. (2007). Application of high fidelity numerical simulations for vehicle aerodynamics, *The Aerodynamics of Heavy Vehicles II: Trucks, Buses and Trains*, Tahoe City, California, August 26-31, 2007.

Morton, K. W. and D. F. Mayers (2005). *Numerical Solution of Partial Differential Equations: an Introduction*, 2nd edn., New York, Cambridge University Press.

Oden, J. T. and J. N. Reddy (1976). *An Introduction to the Mathematical Theory of Finite Elements*, New York, Wiley.

Paraschivoiu, M., J. Peraire, and A. T. Patera (1997). A posteriori finite element bounds for linear functional outputs of elliptic partial differential equations, *Computer Methods in Applied Mechanics and Engineering.* 150(1-4), 289-312.

Pelletier, D. and P. J. Roache (2006). Chapter 13: Verification and validation of computational heat transfer, in *Handbook of Numerical Heat Transfer*, 2nd edn., W. J. Minkowycz, E. M. Sparrow, and J. Y. Murthy, eds., Hoboken, NJ, Wiley.

Pierce, N. A. and M. B. Giles (2000). Adjoint recovery of superconvergent functionals from PDE approximations, *SIAM Review.* 42(2), 247-264.

Potter, D. L., F. G. Blottner, A. R. Black, C. J. Roy, and B. L. Bainbridge (2005). *Visualization of Instrumental Verification Information Details (VIVID): Code Development, Description, and Usage*, SAND2005-1485, Albuquerque, NM, Sandia National Laboratories.

Rannacher, R. and F. T. Suttmeier (1997). A feed-back approach to error control in finite element methods: application to linear elasticity, *Computational Mechanics.* 19(5), 434-446.

Richards, S. A. (1997). Completed Richardson extrapolation in space and time, *Communications in Numerical Methods in Engineering.* 13, 1997, 573-582.

Richardson, L. F. (1911). The approximate arithmetical solution by finite differences of physical problems involving differential equations, with an application to the stresses in a masonry dam, *Philosophical Transactions of the Royal Society of London. Series A, Containing Papers of a Mathematical or Physical Character.* 210, 307-357.

Richardson, L. F. (1927). The deferred approach to the limit. Part I. Single lattice, *Philosophical Transaction of the Royal Society of London. Series A, Containing Papers of a Mathematical or Physical*

Character. 226, 299-349.

Richtmyer, R. and K. Morton (1967). *Difference Methods for Initial-Value Problems*, 2nd edn., New York, Interscience Publishers.

Roache, P. J. (1994). Perspective: a method for uniform reporting of grid refinement studies, *Journal of Fluids Engineering.* 116, 405-413.

Roache, P. J. (1998). *Verification and Validation in Computational Science and Engineering*, Albuquerque, NM, Hermosa Publishers.

Roache, P. J. (2003a). Conservatism of the grid convergence index in finite volume computations on steady-state fluid flow and heat transfer, *Journal of Fluids Engineering.* 125(4), 731-732.

Roache, P. J. (2003b). Criticisms of the "correction factor" verification method, *Journal of Fluids Engineering.* 125(4), 732-733.

Roache, P. J. (2009). Private communication, July 13, 2009.

Roache, P. J. and P. M. Knupp (1993). Completed Richardson extrapolation, *Communications in Numerical Methods in Engineering.* 9(5), 365-374.

Roy, C. J. (2001). *Grid Convergence Error Analysis for Mixed-Order Numerical Schemes*, AIAA Paper 2001-2606.

Roy, C. J. (2003). Grid convergence error analysis for mixed-order numerical schemes, *AIAA Journal.* 41(4), 595-604.

Roy, C. J. (2005). Review of code and solution verification procedures for computational simulation, *Journal of Computational Physics.* 205(1), 131-156.

Roy, C. J. (2009). *Strategies for Driving Mesh Adaptation in CFD*, AIAA Paper 2009-1302.

Roy, C. J. (2010). *Review of Discretization Error Estimators in Scientific Computing*, AIAA Paper 2010-126.

Roy, C. J. and F. G. Blottner (2003). Methodology for turbulence model validation: application to hypersonic transitional flows, *Journal of Spacecraft and Rockets.* 40(3), 313-325.

Roy, C. J., C. J. Heintzelman, and S. J. Roberts (2007). *Estimation of Numerical Error for 3D Inviscid Flows on Cartesian Grids*, AIAA Paper 2007-0102.

Salas, M. D. (2006). Some observations on grid convergence, *Computers and Fluids.* 35, 688-692.

Salas, M. D. and H. L. Atkins (2009). On problems associated with grid convergence of functionals, *Computers and Fluids.* 38, 1445-1454.

Shih, T. I. P. and Y. C. Qin (2007). *A Posteriori Method for Estimating and Correcting Grid-Induced Errors in CFD Solutions Part 1: Theory and Method*, AIAA Paper 2007-100.

Shih, T. I. P., and B. R. Williams (2009). *Development and Evaluation of an A Posteriori Method for Estimating and Correcting Grid-Induced Errors in Solutions of the Navier-Stokes Equations*, AIAA Paper 2009-1499.

Sonar, T. (1993). Strong and weak norm refinement indicators based on the finite element residual for compressible flow computation: I. The steady case, *Impact of Computing in Science and Engineering.* 5(2), 111-127.

Stewart, J. R. and T. J. R. Hughes (1998). A tutorial in elementary finite element error analysis: a systematic presentation of a priori and a posteriori error estimates, *Computer Methods in Applied Mechanics and Engineering.* 158(1-2), 1-22.

Stern, F., R. V. Wilson, H. W. Coleman, and E. G. Paterson (2001). Comprehensive approach to verification and validation of CFD simulations - Part I: Methodology and procedures, *ASME Journal of*

Fluids Engineering. 123(4), 793-802.

Szabo, B. A. and I. Babuska (1991). *Finite Element Analysis*, New York, Wiley.

Tannehill, J. C., D. A. Anderson, and R. H. Pletcher (1997). *Computational Fluid Mechanics and Heat Transfer*, 2nd edn., Philadelphia, Taylor and Francis.

Thompson, J. F., Z. U. A. Warsi, and C. W. Mastin (1985). *Numerical Grid Generation: Foundations and Applications*, New York, Elsevier. (www. erc. msstate. edu/publications/gridbook)

Venditti, D. A. and D. L. Darmofal (2000). Adjoint error estimation and grid adaptation for functional outputs: application to quasi-one dimensional flow, *Journal of Computational Physics.* 164, 204-227.

Venditti, D. A. and D. L. Darmofal (2002). Grid adaptation for functional outputs: application to two-dimensional inviscid flows, *Journal of Computational Physics.* 176,40-69.

Venditti, D. A. and D. L. Darmofal (2003). Anisotropic grid adaptation for functional outputs: application to two-dimensional viscous flows, *Journal of Computational Physics.* 187, 22-46.

Wahlbin, L. B. (1995). *Superconvergence in Galerkin Finite Element Methods*, Volume 1605 of Lecture Notes in Mathematics, Springer-Verlag, Berlin.

Whiteman, J. R. (1994). *The Mathematics of Finite Element and Applications: Highlights* 1993, New York, Wiley.

Xing, T. and F. Stern (2009). *Factors of Safety for Richardson Extrapolation*, IIHR Hydroscience and Engineering Technical Report No. 469, March 2009.

Zhang, X. D., J. Y. Trepanier, and R. Camarero (2000). A posteriori error estimation for finite-volume solutions of hyperbolic conservation laws, *Computer Methods in Applied Mechanics and Engineering.* 185 (1), 1-19.

Zhang, Z. and A. Naga (2005). A new finite element gradient recovery method: superconvergence property, *SIAM Journal of Scientific Computing.* 26(4), 1192-1213.

Zienkiewicz, O. C., R. L. Taylor, and J. Z. Zhu (2005). *The Finite Element Method : Its Basis and Fundamentals*, 6th edn., Oxford, Elsevier.

Zienkiewicz, O. C. and J. Z. Zhu (1987). A simple error estimator and adaptive procedure for practical engineering analysis, *International Journal for Numerical Methods in Engineering.* 24, 337-357.

Zienkiewicz, O. C. and J. Z. Zhu (1992). The superconvergent patch recovery and a posteriori error estimates, Part 2: Error estimates and adaptivity, *International Journal for Numerical Methods in Engineering.* 33, 1365-1382.

9 解自适应

前一章主要介绍离散导致的数值误差和不确定度的估算。除了离散误差的估算,我们还需要当离散误差太大或者解不在渐近范围内时,误差估值不可靠时可缩小离散误差的方法。尽管评估所有离散误差估算方法的可靠性需要应用系统网格细化,但是这并不是缩小离散误差最有效的方法。由于系统细化从定义上来说是指在整个域上将使用相同的细化系数进行细化,所以在不需要高度细化单元或者元素的区域中,往往会得到单元或者元素高度细化的网格。回顾前文,对于三维科学计算应用,每次使用网格对分法(细化系数2)进行网格细化时,单元/元素的数量会呈8倍增加。因此,通过系统细化来缩小离散误差的成本十分高昂。

针对性的局部解自适应是一种非常好的缩小离散误差的方法。讨论完影响离散误差的因素后,本章将会介绍解自适应的两个主要方面:
(1)确定需要自适应的区域的方法。
(2)完成自适应的方法。
本章最后将就推动简易一维标量问题网格自适应的不同方法进行比较。

9.1 影响离散误差的因素

有3个因素会影响均匀网格的离散误差:选用的离散格式、网格分辨率和局部解行为(包括解导数)。对于非均匀网格,网格质量也起到了一定的作用。本节首先简要介绍了离散误差与第5章初步介绍过的截断误差之间的关系。然后,检查在一维 Burgers 方程中使用简单的有限差分数值格式时产生的截断误差;使用全局变换,首先在均匀网格上,然后在非均匀网格上。变换坐标上形成的截断误差明确表明了网格分辨率、网格质量和所选离散格式的解行为之间的相互作用。本节还探讨了各向异性网格自适应的含义。

9.1.1 将离散误差关联到截断误差

回顾第8章的介绍,我们推导出连续的离散误差输运方程(式(8-30))和离散的离散误差输运方程(式(8-32))。为方便起见,此处再次给出这两个方程:

$$L(\varepsilon_h) = - TE_h(u_h) \tag{9-1}$$

$$L_h(\varepsilon_h) = - TE_h(\tilde{u}) \tag{9-2}$$

式中:$L(\cdot)$ 为原(连续)数学算子;$L_h(\cdot)$ 为离散算子。

只有当这些算子为线性或者已线性化时,才能推导出这些误差输运方程。从这两个方程可以看到,此离散误差可通过截断误差局部生成,也可以输运自该域的其他区域。有限元学界经常将输运误差称为污染误差。由于在离散误差输运方程中,截断误差起着局部源的作用,所以缩小截断误差的同时会造成离散误差同幅度缩小。而且,任何解自适应格式只能适应局部生成的误差,而不能适应输运自域中其他区域的误差。

9.1.2　均匀网格上的一维截断误差分析

检查截断误差的过程首先要确定数学模型,并得出其离散近似值。考虑由式(9-3)表示的 Burgers 方程的稳态形式:

$$L(\tilde{u}) = \tilde{u}\frac{d\tilde{u}}{dx} - \nu\frac{d^2\tilde{u}}{dx^2} = 0 \tag{9-3}$$

其中,第一项为非线性对流项,第二项为扩散项(乘以恒定黏度 ν),$\tilde{u}$ 为此微分方程的精确解。

此稳态 Burgers 方程对应的简易二阶精度有限差分离散为

$$L_h(u_h) = u_i\left(\frac{u_{i+1} - u_{i-1}}{2\Delta x}\right) - \nu\left(\frac{u_{i+1} - 2u_i + u_{i-1}}{\Delta x^2}\right) = 0 \tag{9-4}$$

其中,u_h 表示此离散方程的精确解。我们假设笛卡儿网格的节点间距 h 恒定为 Δx。若要找出与此离散方法相关的截断误差,首先要找到围绕 u_i 展开的 u_{i+1} 和 u_{i-1} 的泰勒级数并展开:

$$u_{i+1} = u_i + \frac{du}{dx}\bigg|_i\Delta x + \frac{d^2u}{dx^2}\bigg|_i\frac{\Delta x^2}{2} + \frac{d^3u}{dx^3}\bigg|_i\frac{\Delta x^3}{6} + \frac{d^4u}{dx^4}\bigg|_i\frac{\Delta x^4}{24} + O[\Delta x^5] \tag{9-5}$$

$$u_{i-1} = u_i - \frac{du}{dx}\bigg|_i\Delta x + \frac{d^2u}{dx^2}\bigg|_i\frac{\Delta x^2}{2} - \frac{d^3u}{dx^3}\bigg|_i\frac{\Delta x^3}{6} + \frac{d^4u}{dx^4}\bigg|_i\frac{\Delta x^4}{24} + O[\Delta x^5] \tag{9-6}$$

将这些展开代入离散算子 $L_h(\cdot)$,重新组织,得到

$$L_h(u) = \underbrace{u_i\frac{du}{dx}\bigg|_i - \nu\frac{d^2u}{dx^2}\bigg|_i}_{L(u)} + \underbrace{u_i\frac{d^3u}{dx^3}\bigg|_i\frac{\Delta x^2}{6} - \nu\frac{d^4u}{dx^4}\bigg|_i\frac{\Delta x^2}{12} + O[\Delta x^4]}_{TE_h(u)} \tag{9-7}$$

式(9-7)等号右侧可以视为使用离散格式表示的实际微分方程。它包含原偏微分方程、此解的高阶导数以及与不同幂的网格间距成函数关系的系数。由于首项大约为 Δx^2,我们可以发现,此方法的形式精度阶为二阶。从式(9-7)我们也可以看出,在极限情况下,由于离散方程随着 Δx 变为零而接近偏微分方程,所以此离散可以保持一致。我们可以通过利用算子记号,将式(9-7)重新写为"广义截断误差表达式"(请参见第 5 章的介绍):

$$L_h(u) = L(u) + TE_h(u) \tag{9-8}$$

从式(9-8)可以看出,此离散化的方程等于连续数学模型(这种情况下,为 Burgers 方程)加上与离散 $h = \Delta x$ 相关的截断误差。须注意的是,在此方程式中,我们未指定使用 u 的形式。在以下的讨论中,我们将经常用到式(9-8)。

9.1.3　非均匀网格上的一维截断误差分析

检查非均匀(各向异性)网格上截断误差的一个方法就是先执行该控制方程的全局变换。执行全局变换的另一个动机是它将有利于深入了解网格质量在解离散和截断误差

中的作用。遵照 Thompson 等(1985)和 Roy(2009)的看法,我们可以使用变换 $\xi = \xi(x)$ 将物理空间中的第一个导数变换为均匀计算空间,发现中心差分法对应的截断误差如下:

$$\frac{\mathrm{d}u}{\mathrm{d}x} = \underbrace{\frac{1}{x_\xi}\frac{\mathrm{d}u}{\mathrm{d}\xi}}_{L(u)} = \underbrace{\frac{1}{x_\xi}\left(\frac{u_{i+1}-u_{i-1}}{2\Delta\xi}\right)}_{L_h(u)} - \underbrace{\frac{1}{6}\frac{x_{\xi\xi\xi}}{x_\xi}\frac{\mathrm{d}u}{\mathrm{d}x}\Delta\xi^2}_{\text{小}} - \underbrace{\frac{1}{2}x_{\xi\xi}\frac{\mathrm{d}^2u}{\mathrm{d}x^2}\Delta\xi^2}_{\text{拉伸}} - \underbrace{\frac{1}{6}x_\xi^2\frac{\mathrm{d}^3u}{\mathrm{d}x^3}\Delta\xi^2}_{\text{标准截断误差}} + O(\Delta\xi^4)$$

$$(9\text{-}9)$$

在这里,我们假设固定变换 $\xi = \xi(x)$,且随着系统网格细化,ξ 变为 0。相对于 ξ(例如 $x_\xi, x_{\xi\xi}$),x 的导数称为变换的度量,且仅是网格变换上的函数。在此方程等号的右侧,第一项为变换坐标中的有限差分方程,当该度量的离散形式与同一中心差分近似法配合使用时涉及 $x_{\xi\xi\xi}$ 的第二项为零(Mastin,1999)、涉及 $x_{\xi\xi}$ 的第三项为网格拉伸项、涉及 x_ξ 的平方的第四项为标准首个截断误差项,当在均匀网格上离散这些方程式时,第四项会出现。当网格间隔变为零时,极限情况下,可以忽略高阶项($\Delta\xi^4$ 阶或更高的阶)。对于均匀间距网格,网格拉伸项为零,但是会随着网格的拉伸而变大(例如,间距从粗到细)。

这个检查变换方程截断误差的方法说明了各向异性网格中截断误差的一些重要特性。首先,截断误差受网格分辨率($\Delta\xi$)、网格质量($x_{\xi\xi}$)和局部解导数的影响。其次,网格质量只能在局部解行为以及网格分辨率环境下进行评估,这是因为网格拉伸项 $x_{\xi\xi}$ 要乘以解的二次导数和 $\Delta\xi^2$。

同样地,非保守形式的二阶精度中心二次导数的截断误差为

$$\frac{\mathrm{d}^2u}{\mathrm{d}x^2} = \overbrace{\frac{1}{x_\xi^2}\frac{\mathrm{d}^2u}{\mathrm{d}\xi^2} - \frac{x_{\xi\xi}}{x_\xi^3}\frac{\mathrm{d}u}{\mathrm{d}\xi}}^{L(u)} = \overbrace{\frac{1}{x_\xi^2}\left(\frac{u_{i+1}-2u_i+u_{i-1}}{\Delta\xi^2}\right) - \frac{x_{\xi\xi}}{x_\xi^3}\left(\frac{u_{i+1}-u_{i-1}}{2\Delta\xi}\right)}^{L_h(u)} +$$

$$\overbrace{\frac{1}{12}\left(\frac{2x_\xi x_{\xi\xi\xi}-x_\xi x_{\xi\xi\xi\xi}}{x_\xi^3}\right)\frac{\mathrm{d}u}{\mathrm{d}x}\Delta\xi^2}^{\text{小}} + \overbrace{\frac{1}{12}\left(\frac{3x_{\xi\xi}^2-4x_\xi x_{\xi\xi\xi}}{x_\xi^2}\right)\frac{\mathrm{d}^2u}{\mathrm{d}x^2}\Delta\xi^2}^{\text{小}} -$$

$$\underbrace{\frac{1}{3}x_{\xi\xi}\frac{\mathrm{d}^3u}{\mathrm{d}x^3}\Delta\xi^2}_{\text{拉伸}} - \underbrace{\frac{1}{12}x_\xi^2\frac{\mathrm{d}^4u}{\mathrm{d}x^4}\Delta\xi^2}_{\text{标准截断误差}} + O(\Delta\xi^4)$$

$$(9\text{-}10)$$

使用独立的离散形式和平滑变换时,方程右侧的第三项和第四项通常较小;涉及 $x_{\xi\xi}$ 的第五项是一个网格拉伸项;第六项是标准首个截断误差项,当在均匀网格上的物理空间中离散这些方程时,会出现此项。

将这两个截断误差表达式组合在一起,忽略小项,得到变换后 Burgers 方程的以下截断误差表达式:

$$
u\frac{\mathrm{d}u}{\mathrm{d}x} - v\frac{\mathrm{d}^2u}{\mathrm{d}x^2} = \overbrace{\left(\frac{u}{x_\xi} + \frac{vx_{\xi\xi}}{x_\xi^3}\right)\frac{\mathrm{d}u}{\mathrm{d}\xi} - \frac{v}{x_\xi^2}\frac{\mathrm{d}^2u}{\mathrm{d}\xi^2}}^{L_h(u)}
$$

$$
= \overbrace{\left(\frac{u_i}{x_\xi} + \frac{vx_{\xi\xi}}{x_\xi^3}\right)\left(\frac{u_{i+1} - u_{i-1}}{2\Delta\xi}\right) - \frac{v}{x_\xi^2}\left(\frac{u_{i+1} - 2u_i + u_{i-1}}{\Delta\xi^2}\right)}^{L_h(u)} +
$$

$$
\underbrace{x_{\xi\xi}\left(\frac{v}{3}\frac{\mathrm{d}^3u}{\mathrm{d}x^3} - \frac{u_i}{2}\frac{\mathrm{d}^2u}{\mathrm{d}x^2}\right)\Delta\xi^2}_{\text{拉伸}} + \underbrace{x_\xi^2\left(\frac{v}{12}\frac{\mathrm{d}^4u}{\mathrm{d}x^4} - \frac{u_i}{6}\frac{\mathrm{d}^3u}{\mathrm{d}x^3}\right)\Delta\xi^2}_{\text{标准截断误差}} + O(\Delta\xi^4) \tag{9-11}
$$

因此,Burgers 方程使用的二阶精度中心差分法对应的截断误差包含两类项。第一种是由于网格质量导致的项(一维拉伸),第二种是由于网格分辨率导致的项。对于均匀网格,网格拉伸项为零,标准截断误差项恰好等于式(9-7)给出的、在均匀网格上的物理空间中离散化的 Burgers 方程对应的截断误差。

将这些网格变换程序延伸到更高的维度,可以得到与网格质量相关的其他截断误差项,例如网格偏斜度、宽高比等(Mastin,1999)。尽管上述程序依赖于数学模型的全局变换,但是对于以每个单元或者元素为中心进行局部变化的非结构化网格方法,也可以制定类似的程序。

9.1.4　各向同性和各向异性网格自适应

如上所述,网格质量在作为离散误差局部源项的截断误差中扮演着一定的角色。有人认为,为了尽量降低网格质量对解的影响,须使用各向同性(即均匀或者几乎均匀)网格。但是,通过稳态 Burgers 方程对应的式(9-11)可以看出,网格质量(这种情况下为网格拉伸)出现在截断误差乘以解的二次导数和三次导数时。因此,在这些解导数较小的区域,允许网格拉伸出现较大的变化。或者,可以通过提高网格分辨率来降低网格拉伸项的量级。我们认为,两次观察发现为在解表现良好或者存在明显网格聚类的区域中允许明显的网格各向异性提供了有力的佐证。

这里,我们针对采用具有较大网格各向异性的网格自适应的双曲线问题给出了两个示例。首先是 Laflin(1997)提出的示例,该示例使用结构化网格检查压缩角上的层流高超声速流。图 9-1(a) 为自适应后的网格,图 9-1(b) 为马赫数轮廓。无解梯度的双曲线自由流区域包括在单层的大型、高宽比、偏斜单元之内。尽管这些单元的网格质量非常差,但是该区域无梯度就意味着不会产生离散误差。其次是 Wood 和 Kleb(1999)提出的示例,该示例使用非结构化网格自适应检查二维线性波方程。图 9-2(a) 为自适应后的网格,相对应的解如图 9-2(b) 所示。再次说明一下,该网格在梯度区域外出现了极端的各向异性,且只在解变化区域中出现聚类。

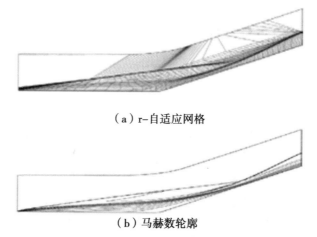

（a）r–自适应网格

（b）马赫数轮廓

图 9-1 针对压缩角上的层流高超声速流使用结构化网格
检查各向异性网格自适应现象的示例（摘自 Laflin,1997）

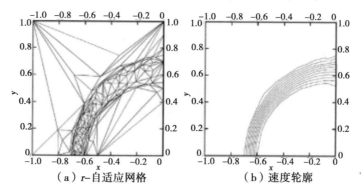

（a）r–自适应网格 （b）速度轮廓

图 9-2 针对二维线性平流方程使用非结构化网格检查各向异性网格
自适应现象的示例（摘自 Wood 和 Kleb,1999）

9.2 自适应标准

　　解自适应最大的难点之一就是为推动自适应过程找到一个合理的标准,而基于解特性或者离散误差估值的自适应方法最不合理。此外,我们也常常使用基于解值或者梯度的高阶重构的方法(例如有限元恢复方法)。最严格的方法基于对局部截断误差或者残差(例如有限元法引致的残差)的评估或者估算。我们将后者统称为残差法,它考虑了离散误差的局部单元/元素分量。当采用基本形式时,残差法或重构法(狭义上说)只能用于全局"合理"的离散解。对于针对特定系统响应量的自适应,也需求解伴随问题,才能发现系统响应量中的离散误差对每个单元/元素上生成的局部误差的灵敏度。

9.2.1 解特性

　　一个常用的推动解自适应过程的方法就是使用解梯度、解曲率等解特性或者特定的解特性来推动自适应过程。当问题中只有一个主导特性需要求解时,则基于特性的自适应通常可以改善此解。但是,当存在多个特性时(例如冲击波、膨胀波、接触不连续性和可压缩流问题中的边界层),基于特性的自适应通常会造成一些特性过度细化,而一些未能充分细化的情况。在这种情况下,基于特性的自适应可能"惨败"(Ainsworth 和 Oden,2000)。第 9.2.5 部分给出了一个基于解梯度自适应失败的示例。

9.2.2　离散误差

由于人们希望通过解自适应来缩小的正是离散误差,所以从表面上看,离散误差或者其估值将是自适应过程的一个合理推动因素。但是,总离散误差并不是一个合理的解自适应标准,后文将详细进行介绍。相反,人们须基于离散误差的"局部分量"(即截断误差)进行适应。由于离散误差也会从域的其他区域输运过来(即对流和扩散),所以在离散误差局部分量较小的区域中(例如,接近奇异点但不在奇异点上),总离散误差可能较大。同样地,即便离散误差的局部分量较大,总离散误差也可能较小。鉴于这些原因,不建议基于总离散误差进行自适应。

Gu 和 Shih(2001)在检查不可压缩顶盖驱动方腔中的流时提出了一个基于总离散误差进行网格自适应失败的示例。

方腔宽高比(宽高)为 2,基于方腔宽度的雷诺数为 2 000。图 9-3 显示了速度中离散误差 L_1 范数的变化以及总单元数。对于均匀细化的情况(见图 9-3(a)),经过细化,此误差缩小到预期的形式精度阶 2。对于网格自适应(见图 9-3(b)),当使用相对的离散误差时,这些解为非收敛的,而当使用绝对的离散误差时,误差缩小的幅度很小。此示例重点介绍了基于总离散误差执行自适应会带来哪些风险,因此总离散误差也包括了来自其他区域的误差。

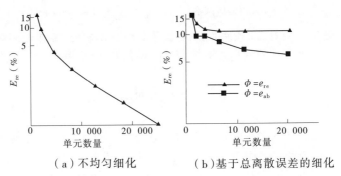

(a)不均匀细化　　　　　(b)基于总离散误差的细化

图 9-3　顶盖驱动方腔基于笛卡儿网格 h 自适应的示例

(摘自 Gu 和 Shih,2001)

9.2.3　恢复方法

梯度恢复或者重构是有限元法的解自适应经常使用的一个误差指标。在此方法中,有限元解的梯度要与从相邻元素的后处理分片中发现的梯度进行比较。这两个梯度计算值之间的不匹配越大,局部误差越大。从第 8 章可以看出,当获取超收敛特性时,利用有限元中的恢复方法,譬如超收敛分片恢复(SPR)方法(Zienkiewicz 和 Zhu,1992a)可以得到高精度阶的解梯度估值。在这种情况下,超收敛分片恢复(SPR)方法误差估计量将用作解梯度中总离散误差的估计量。因此,人们预测超收敛分片恢复(SPR)方法不能作为一个解自适应策略可以依赖的好标准。但是,和离散误差估算的情况一样,发现超收敛分片恢复(SPR)方法对于推动解自适应十分有用,至少对于椭圆问题是如此(Ainsworth 和 Oden,2000)。

Zienkiewicz 和 Zhu(1992b)提出了一个在线性弹性问题中基于超收敛分片恢复(SPR)方法执行网格自适应的示例。该示例中的研究对象是平面应力条件下的 L 形域,如图 9-4(a)所示。对于此问题,超收敛分片恢复(SPR)方法将用于局部估计应力中的离散误差。按 h-细化,通过使用自适应网格重划分(请参见第 9.3 节的介绍),图 9-4(b)显示了一个带有 229 个元素的自适应网格,该网格中当应力小于 1% 时,离散误差最大。有关通过自适应网格重划分将超收敛分片恢复(SPR)方法应用于可压缩湍流的信息,请参见 Ilinca 等(1998)的著作。

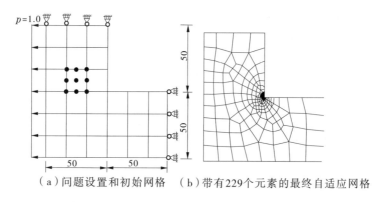

（a）问题设置和初始网格　　（b）带有229个元素的最终自适应网格

图 9-4　使用基于超收敛分片恢复(SPR)方法误差估计量来估算
L 形线性弹性域中的平面应力(摘自 Zienkiewicz 和 Zhu,1992b)

Laflin(1997)以及 McRae 和 Laflin(1999)针对基于解内插误差进行自适应提出了一个类似的驱动因素。这已成功在许多二维问题上落实并在结构网格上实现 r 自适应(请参见第 9.3.2.2 部分)。此方法的基本构想是将解值与从一片相邻单元内插的值进行对比,它与上述基于有限元的恢复方法的一个差异就是该方法处理的是解值,而不是解梯度。图 9-1 给出了使用解内插误差法发现的网格和解以及 r 自适应的示例;随后的图 9-12 将会给出另一个示例。两个示例都表现出了大量的各向异性网格自适应。

9.2.4　截断误差/残差

离散误差与截断误差之间的形式关系来自于早期讨论的离散误差输运方程。事实证明,截断误差为离散误差提供局部元素。为此,截断误差可以很好地指示哪里会发生网格自适应。基于截断误差的自适应的一般基本概念是降低量级较大的截断误差,从而缩小总离散误差。Baker(1997)注意到,尽管基于截断误差自适应的想法从根本上说是合理的,但是奇怪的是,其用处并不大。对于特定离散格式,影响截断误差的因素包括元素大小、网格质量和局部解行为。

9.2.4.1　一般截断误差/残差法

对于简单的离散格式,截断误差可以直接计算。对于无法直接评估截断误差的较复杂格式,需要采用估算方法。最后一章讨论了使用误差输运方程估算离散误差时3种估算截断误差的方法。在第一种方法中,数学模型精确解(或者数学模型的近似值)要代入离散方程,其中非零余数(即离散残差)接近离散误差。Berger 和 Jameson(1985)将使用理查德森外推法估算数学模型精确解的方法应用于流体力学中的欧拉方程。在第二种估算截断误差的方法中,离散方程精确解要插入连续数学模型方程。如果存在离散解的连续表达式,则可以轻松评估出此连续残差,例如在有限元法中。事实上,这就是有限元法中使用的残差,用于测量有限元解满足数学模型弱形式的程度。最后一种估算截断误差的方法就是利用稳定运算所用的任何额外数值耗散,来估算截断误差。由于任何迎风格式都可以写为中心差分格式加上数值扩散项,所以可压缩流问题使用的这些迎风格式属于此类别(例如,请参见 Hirsch,1990)。

9.2.4.2　有限元残差法

估算有限元解中离散误差的残差法也可以用于估算总离散误差的局部分量,有关有限元解的讨论,请参考最后一章。残差法的表达式以及在网格自适应中的应用最初由Babuska 和 Rheinboldt 提出(1978a,1978b)。由于显式残差法忽略了误差的输运分量,所以它们的局部行为很适合我们采用解自适应方法。隐式残差法直接处理残差方程中离散误差的局部分量和输运分量。当用于解自适应环境时,只能使用局部分量。Verfurth(1999)概括了解自适应使用的隐式残差法和显式残差法,同时还提出了恢复法和层级库。

Stewart 和 Hughes(1996)提出了一个将显式残差法用于声学领域的 Helmholtz 方程的示例,具体为无限刚性圆柱中的非均匀声辐射。他们注意到,当用于网格自适应时,不需要计算显式残差的误差估值中的全局常数,从而减少了计算工作量。使用自适应网格重划分执行自适应(请参见第9.3.1部分)。图 9-5(a)给出了初始的均匀网格和解,而图 9-5(b)给出了使用5个细化等级自适应后的网格和解。显然,自适应后明显更好地解出了该解。图 9-6 显示了离散误差的全局能量范数随着均匀和自适应网格的细化而表现出来的行为。从图中可以发现,两个方法均收敛为接近形式精度阶 2。为了实现全局能量范数 1%,自适应程序要求元素不超过 4 000 个,而对于均匀网格细化,要求大约 13 000 个元素。

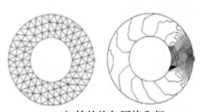

(a)初始的均匀网格和解

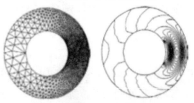

(b) 自适应后的网格和解

图 9-5　无限刚性圆柱中的非均匀声辐射

(摘自 Stewart 和 Hughes,1996)

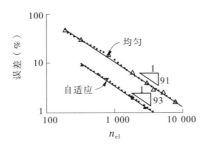

图 9-6 对于无限刚性圆柱中的声辐射,元素数量随着均匀和自适应网格的
细化而增加时,离散误差的全局能量范数(摘自 Stewart 和 Hughes,1996)

9.2.5 伴随自适应

伴随方法可缩小系统响应量中的离散误差,是一种很有潜力的解自适应方法。用于网格自适应的多数伴随方法利用伴随灵敏度衡量的截断误差/残差来指示哪里会发生网格自适应(请参见第 8.2.2.3 部分)。因此,伴随方法可以为所选的系统响应量提供针对性的网格自适应。伴随方法的主要缺点在于其比较复杂,且具有代码侵入性,伴随自适应方法在商业科学计算代码中尚未得到应用可以很好地证明这一点。本节举了几个基于截断误差/残差或者近似值的伴随自适应方法的示例。

Dwight(2008)使用非结构化有限体积离散考虑翼型上非黏性跨声速流,提出了一个在系统响应量中将截断误差近似法和伴随方法相结合的示例。该离散格式采用中心型通量正交,结合实现数值稳定性的人工黏性方法。利用伴随方法得出总阻力对人工黏性稳定技术中所用数值参数的灵敏度。假设的基本条件是:人工黏性越大,这些灵敏度将会越高,从而控制标准的中心型截断误差项。

图 9-7 给出了阻力系数中的离散误差与节点数量的函数关系。均匀细化(方形)显示了粗网格上的二阶收敛,然后可能由于存在冲击波不连续性,降为细网格上的一阶(例如,请参见 Banks 等,2008)。使用解梯度(三角形)的特性自适应会发现阻力系数的离散误差缩小,但是随后的自适应步骤中发现误差变大。使用伴随人工耗散估计量所达到的效果最佳,尤其是通过其离散误差估值(圆形)来修正该阻力系数时。

图 9-8(a) 和图 9-8 (b) 分别给出了使用梯度自适应和伴随自适应策略进行自适应后的网格。基于梯度的自适应细化了上下表面以及后缘下游区域的冲击波。除此之外,伴随方法还细化了表面附近以及含有两个声波的翼型上区域中的网格,这两个声波源自前缘区域,且会影响后缘。在许多情况下,伴随自适应得到的网格可以用于深入了解影响特定系统响应量的物理机制。此处,系统响应量特指声波在确定翼型阻力中的重要性。

Venditti 和 Darmofal(2003)举了另一个用于减小黏性、可压缩流问题中的离散误差伴随自适应的示例。他们使用非结构化网格有限体积格式,研究翼型上的层流和黏性湍流。研究内容还包括使用解曲率(Hessian)对比特性自适应。图 9-9 显示了阻力与网格节点数之间的关系。相比解曲率(Hessian)方法,伴随(输出)自适应随着网格自适应,其收敛速度快得多。

图 9-10 给出了此情况下自适应后的网格,与通过伴随自适应最后得到的网格有很大

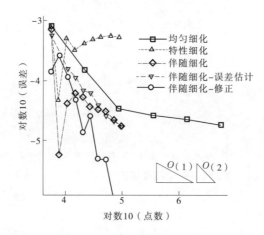

图 9-7　翼型上跨声速流的阻力系数中的离散误差，均匀细化、局部梯度
自适应和伴随人工耗散自适应之间的比较（摘自 Dwight，2008）

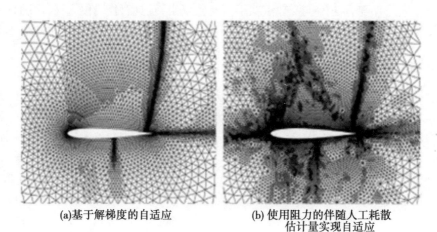

(a)基于解梯度的自适应　　　　(b) 使用阻力的伴随人工耗散
估计量实现自适应

图 9-8　自适应后的翼型上跨声速流的网格（摘自 Dwight，2008）

的不同。

　　Rannacher 和 Suttmeier（1997）研究了方形弹性盘的情况，恒定的边界外力作用在图9-11（a）所示的上边界部分造成裂缝。然后通过单独使用显式残差法以及结合伴随方法，推动网格自适应过程。此处示例中的系统响应量为固支下边界和右边界上的平均法向应力。图 9-11（b）和（c）分别给出了使用残差自适应和伴随方法最后得出的自适应网格。尽管两个方法均适用于裂纹尖端（接近中心），但是伴随方法同时还适用于下边界。研究发现，相比残差自适应，伴随自适应得到的平均法向应力中离散误差小很多。事实上，伴随方法实现的误差等级与 65 000 个元素残差法使用少于 9 000 个元素获取的误差等级类似。

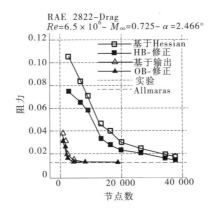

图 9-9 使用解曲率（Hessian）和伴随自适应的翼型上黏性跨声速流的阻力

（摘自 Venditti 和 Darmofal，2003）

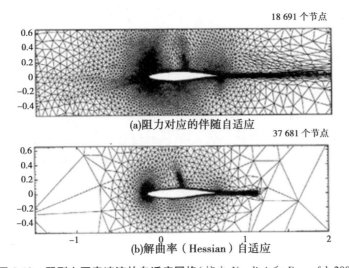

图 9-10 翼型上亚音速流的自适应网格（摘自 Venditti 和 Darmofal，2003）

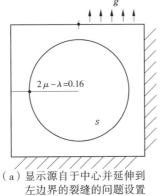

（a）显示源自于中心并延伸到
左边界的裂缝的问题设置

图 9-11 考虑固支边界上的平均法向应力的线性弹性

（摘自 Rannacher 和 Suttmeier，1997）

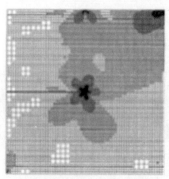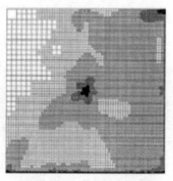

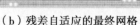

（b）残差自适应的最终网格　　　（c）伴随自适应的最终网格

续图 9-11

9.3　自适应方法

一旦采用了推动自适应过程的方法,一般最终会得到一个在空间域上变化的权重函数。在某些情况下,权重函数可能是指示自适应方向偏好的一个向量。有了这个权重函数,即可使用各种不同方法实现局部解适应。自适应网格重划分一般从粗网格开始,然后使用网格生成工具以递归的方式优化网格。或者,人们可以寻求通过添加额外的单元/元素(h 自适应)或从一个区域移到另一个区域,同时维持原始的网格连通性(r 自适应)来实现该网格的自适应。阶细化(p 自适应)提高了高权重函数区域中离散格式的形式精度阶。这些方法也可组合使用,例如混合 h 自适应和 r 自适应(网格移动和细化)以及混合 h 自适应和 p 自适应(例如,hp 型有限元)。对于一般非结构化网格方法,自适应网格重划分和 h 自适应最常用。对于结构化网格方法,由于要求网格按照 i、j、k 进行排序,导致无法局部指定 h 自适应,所以 r 自适应方法最常见。除网格细化外,自适应网格时还需要考虑其他问题,包括网格质量、局部解行为和元素面的对齐情况。

9.3.1　自适应网格重划分

最开始的自适应方法基于自适应网格重划分,需要利用网格生成工具(通常使用同一个工具创建初始网格)自适应地改善网格质量。权重函数通常被认为是网格重划分的约束条件。Peraire 等(1987)早期针对可压缩流体流问题提出了一个自适应网格重划分的示例,而 Bugeda(2006)近来提出了一个自适应网格重划分在固体力学中的应用。

9.3.2　网格自适应

不基于网格重划分的网格自适应可以采用两种方法实现。网格细化(h 自适应)选择性地细分权重函数较大的单元,然后粗化权重函数较小的单元。网格移动(r 自适应)维持相同的节点数量和节点之间的连通性,但是它将元素移向要进行自适应的区域。在某些情况下,两个程序一起用在混合型 h 自适应和 r 自适应过程中。下文将对这些网格自适应方法进行讨论。

9.3.2.1　局部网格细化/粗化(h 自适应)

通过细分要进行细化的单元来实现局部网格细化或者 h 自适应。人们通常从初始粗网格开始,然后开始细化,且可能通过迭代的方式粗化网格(该过程称为集聚)。例如,通常要通过允许将粗网格单元细化最多 6 次来指定局部网格细化等级的总数。另一个常用的约束条件是相邻单元的细化等级差不超过一级。这可以防止高度细化的单元靠近极其粗的单元。在一些情况下,h 自适应采用边交换,通过移动连接两个单元的边来改善网格质量或者更好地使面和解特性相对齐。使用纯 h 自适应的一个缺点就是在自适应区域和非自适应区域之间的接口上,网格质量会受到不良影响,这是因为相邻单元长度尺度的比率(即拉伸系数)接近 2。

9.3.2.2　网格移动(r 自适应)

由于通过细分单元实现局部网格细化(h 自适应)可得到非结构化网格,所以在结构化网格中,比较常用网格移动或者 r 自适应。当使用网格移动时,要保留当前的单元数量和网格连通性,但是要根据权重函数在空间中移动单元/元素。移动网格最常用的方法(Burg,2006)如下:

(1)Laplacian 和改进的 Laplacian(即椭圆自适应)。

(2)线性弹性方程。

(3)线性弹簧近似法。

(4)扭力弹簧近似法。

(5)变分法。

图 9-12 给出了超声速进气道中层流的网格移动的示例(McRae,2000)。根据网格内插误差使用椭圆自适应格式,然后对该格式进行修改以将网格质量度量考虑进去。图中显示了解自适应网格和密度轮廓。压缩型面形成的冲击波分离层流边界层,导致上游形成另一个冲击波。

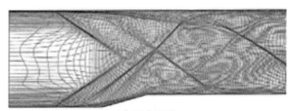

(a)r 自适应网格

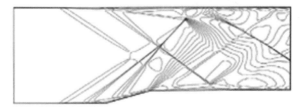

(b)密度轮廓

图 9-12　通过超声速进气道中层流的结构化网格自适应(摘自 McRae,2000)

这些组合式冲击波也会导致上壁边界层分离,产生另一个源自于顶壁的冲击波。有趣的是,只要检查网格,即可轻易发现冲击波和边界层。此示例中使用的网格只有121×91个节点。此解提供的解质量类似于在大约 700 × 900 个均匀间隔(即接近各向同性)单元的网格上计算的解质量。

9.3.2.3　混合网格细化(r 自适应和 h 自适应)

许多研究人员发现,采用一组不同的解自适应方法是缩小离散误差的最佳途径。例如,Baker(2005)发现将局部网格细化/粗化与网格移动结合使用对于解决非结构化网格上的时变问题(即非稳态问题)十分有效。

9.3.3　阶细化(p 自适应)

阶细化(或 p 自适应)也可以用于自适应地改善解。阶细化的目的在于提高待细化区域中离散格式的形式精度阶。尽管此方法需要与 p 型有限元配合使用,但是由于很难为控制方程和边界条件确定高阶离散,所以将其用于有限差分和有限体积离散比较困难。在有限元法中,p 自适应和 h 自适应通常配合使用,称为 hp 自适应有限元。有关 hp 自适应有限元的详细信息,请参见 Patra 和 Oden(1997)的著作。

9.4　推动网格自适应的方法的比较

以下例子对比了一维稳态 Burgers 方程中所用的 4 种不同的网格自适应推动方法(Roy,2009)。网格自适应使用的方法为 r 自适应程序,其中假设节点通过线性弹簧进行连接(例如,请参见 Gnoffo,1982)。通过权重函数指定这些弹簧的强度,反过来通过所选的自适应推动方法来确定此权重函数。我们研究了以下 4 种不同的方法:

(1)解梯度。

(2)解曲率。

(3)离散误差。

(4)截断误差。

前两种方法为基于特性的方法。由于数学模型的精确解可用,所以要精确地实施基于离散误差的自适应。第 9.1.3 部分围绕 r 自适应过程中碰到的非均匀网格介绍了这种情况下的截断误差。截断误差中出现的导数利用变换坐标中形成的有限差分表达式进行评估。是否存在数学模型精确解对于不同自适应方法的明确评估十分关键。

9.4.1　数学模型

稳态 Burgers 方程是一个准线性常微分方程,形式如下:

$$u \frac{\mathrm{d}u}{\mathrm{d}x} = v \frac{\mathrm{d}^2 u}{\mathrm{d}x^2} \qquad (9\text{-}12)$$

式中:$u(x)$ 为标量速度场;x 为位置;v 为速度。

由于将使用网格自适应,所以我们利用全局变换 $\xi = \xi(x)$,变换到均匀间距的计算坐标上。因此,变换坐标中的 Burgers 方程的稳态形式为

$$\left(\frac{u}{x_\xi} + \frac{vx_{\xi\xi}}{x_\xi^3}\right)\frac{\mathrm{d}u}{\mathrm{d}\xi} - \frac{v}{x_\xi^2}\frac{d^2u}{d\xi^2} = 0 \tag{9-13}$$

式中:x_ξ和 $x_{\xi\xi}$为网格变换的度量。

由于变换坐标中的 Burgers 方程从数学角度上来说相当于物理坐标中的方程,所以下文讨论的精确解将解出 Burgers 方程的形式。

9.4.2 精确解

我们采用此处给出的结果所对应的稳态黏性冲击波精确解(Benton 和 Platzman,1972)。使用从此精确解得出的 Dirichlet 边界条件,由式(9-14)表示:

$$u'(x) = \frac{-2\sinh(x')}{\cosh(x')} \tag{9-14}$$

其中,素数表示无量纲变量。Burgers 的方程的雷诺数可以定义为

$$Re = \frac{u_{\mathrm{ref}}L_{\mathrm{ref}}}{v} \tag{9-15}$$

式中:u_{ref}取域中 $u(x, t)$ 的最大值(其中 $u_{\mathrm{ref}} = 2$ m/s);L_{ref}为域宽度(其中 $L_{\mathrm{ref}} = 8$ m),v 为对应雷诺数。

此精确解可以通过以下变换关联到量纲量:

$$x' = x/L_{\mathrm{ref}} \text{和} u' = uL_{\mathrm{ref}}/v \tag{9-16}$$

而且,精确解是一个按常数 α 比例缩放的不变量:

$$\bar{x} = x/\alpha \text{和} \bar{u} = \alpha u \tag{9-17}$$

为简便起见,我们发现在物理域 -4 m $\leqslant x \leqslant 4$ m 上的量纲坐标中求解 Burgers 方程十分方便,选择 α,使 u 限定值在 $-2 \sim 2$ m/s 变化。

9.4.3 离散方法

使用以下离散,提出全隐式有限差分代码,求解 Burgers 方程的稳态形式:

$$\left(\frac{u_i^n}{x_\xi} + \frac{vx_{\xi\xi}}{x_\xi^3}\right)\left(\frac{u_{i+1}^{n+1} - u_{i-1}^{n+1}}{2\Delta\xi}\right) - \frac{v}{x_\xi^2}\left(\frac{u_{i+1}^{n+1} - 2u_i^{n+1} + u_{i-1}^{n+1}}{\Delta\xi^2}\right) = 0 \tag{9-18}$$

将非线性项线性化,然后使用 Thomas 算法直接解出最终的线性三对角系统。这是一个全隐式方法,对于对流项和扩散项,其空间达到形式二阶精度,如式(9-11)所示。最终的方程要进行迭代,直到非线性系统收敛至机器零位,由于使用了双精度运算,所以迭代残差缩小了大约 12 个数量级。因此,舍入误差和迭代误差被忽略。

图 9-13(a) 给出了雷诺数为 32 和 128 时在 33 个和 129 个节点的均匀网格上计算出来的数值解和精确解。为了验证 Burgers 方程的代码(请参见第 5 章),要在雷诺数为 8 的条件下,在均匀网格和非均匀网格上运行这些数值解。此代码验证研究要使用较低的雷诺数,以确保对流项和扩散项在类似量级上。图 9-13(b) 给出了细化为 513 个节点($h = 1$)的网格上,离散误差的离散 L_2 范数的精度阶。随着网格的细化,数值解很快接近观测精度阶 2,这说明代码中不存在会影响离散误差的错误。

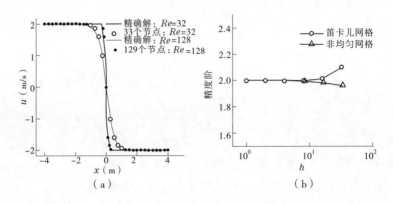

图 9-13　（a）雷诺数为 32 和 128 时笛卡儿坐标中的 Burgers 方程的数值解和精确解，
以及（b）雷诺数为 8 时离散误差的离散 L_2 范数的精度阶（摘自 Roy，2009）

9.4.4　结果

　　在本节中，我们分析了推动网格自适应的不同方法，并将其与无自适应的情况进行对比（即均匀网格）。4 种推动网格自适应的方法包括基于解梯度的自适应、基于解曲率的自适应、基于离散误差（DE）的自适应和基于截断误差（TE）的自适应。针对均匀网格和4种网格自适应方法（节点数均为 33），图 9-14（a）给出了雷诺数为 32 时稳态 Burgers 方程的数值解。针对每种方法，图 9-14（b）给出了最终的局部节点间距，同时还显示了黏性冲击波（$x = 0$）附近的显著变化。

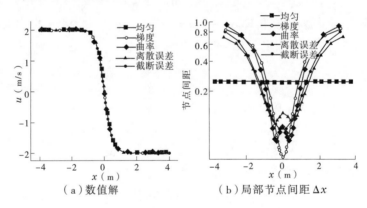

图 9-14　应用于雷诺数为 32 时的 Burgers
方程的不同自适应格式（摘自 Roy，2009）

　　通过将精确解减去数值解评估离散误差。图 9-15（a）给出了所有 5 种情况下整个域上的离散误差。均匀网格的离散误差最大，而所有网格自适应方法导致的离散误差至少是前者的1/3。图 9-15（b）对不同网格自适应方法进行了对比，图中显示了该区域 $-2.5 \leqslant x \leqslant 0$ 的放大图。须注意的是，解和离散误差均是绕原点斜对称的，因此我们可以仅关注域的一半。基于截断误差的自适应导致的离散误差小于基于梯度的自适应发现的离散误差的一半，而其他方法发现的离散误差在二者之间。

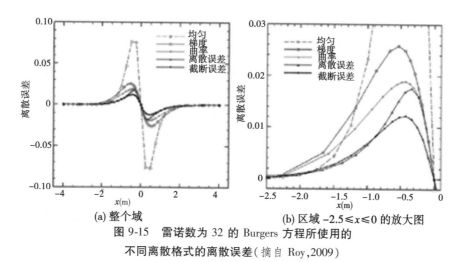

(a) 整个域　　　　　　　　(b) 区域 $-2.5 \leqslant x \leqslant 0$ 的放大图

图 9-15　雷诺数为 32 的 Burgers 方程所使用的
不同离散格式的离散误差（摘自 Roy,2009）

如前所述,截断误差是离散误差的局部源项。因此,检查截断误差及其分量是有意义的。均匀网格情况以及基于截断误差的自适应的截断误差如图 9-16(a) 所示。所示的截断误差项包括式(9-11)中定义的标准截断误差项、拉伸项和其总和(总截断误差,TE-Total)。对于均匀网格,拉伸截断误差项恰好为零,但是标准截断误差项较大。对于自适应的情况,标准和拉伸项小很多,且符号一般相反,因此实现了截断误差的抵消。放大图如图 9-16(b) 所示,从图中可以看出,自适应后,总截断误差(即标准和拉伸项的总和)的数量级比均匀网格小。

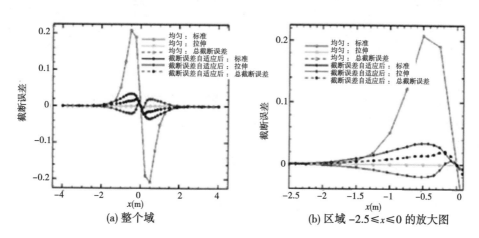

(a) 整个域　　　　　　　　(b) 区域 $-2.5 \leqslant x \leqslant 0$ 的放大图

图 9-16　雷诺数为 32 的 Burgers 方程所使用的均匀网格和基于
截断误差自适应(TE)的截断误差（摘自 Roy,2009）

图 9-17(a) 给出了所有情况下的总截断误差,放大图仅显示了图 9-17(b) 给出的自适应情况。总截断误差的量级最小,并体现了基于截断误差的自适应情况的最平滑变化,而对于另外 3 种情况,在 $x = -0.4$ m(梯度)或者 $x = -0.2$ m(DE 和曲率)时达到峰值。

图 9-18(a) 和图 9-18(b) 分别给出了截断误差、标准项和拉伸项的两个分量。对于所有网格自适应情况,实际上标准截断误差项是很小的,而且基于梯度的自适应的量级略

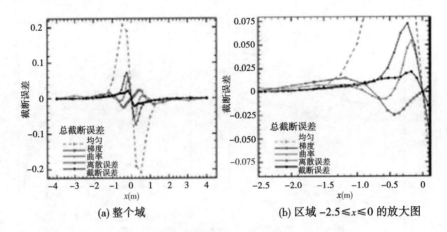

(a) 整个域　　　　　　　　　(b) 区域 −2.5≤x≤0 的放大图

图 9-17　雷诺数为 32 的 Burgers 方程所使用的各种自适应方法的总截断误差（摘自 Roy,2009）

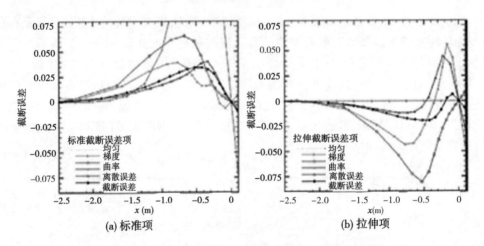

(a) 标准项　　　　　　　　　(b) 拉伸项

图 9-18　雷诺数为 32 的 Burgers 方程所使用的各种自适应方法的截断误差项（摘自 Roy,2009）

大于其他情况的数量级。当拉伸截断误差项中基于特性的自适应案例（梯度和曲率）中存在较大的网格拉伸分量时，差达到最大值（见图 9-18（b））。其中，基于截断误差的自适应方法在网格拉伸的影响下，其截断误差量级最小。

9.5　参考文献

Ainsworth, M. and J. T. Oden (2000). *A Posteriori Error Estimation in Finite Element Analysis*, New York, Wiley Interscience.

Babuska, I. (1986). *Accuracy Estimates and Adaptive Refinements in Finite Element Computations*, New York, Wiley.

Babuska, I. and W. C. Rheinboldt (1978a). A posteriori error estimates for the finite element method, *International Journal for Numerical Methods in Engineering*. 12, 1597-1615.

Babuska, I. and W. C. Rheinboldt (1978b). Error estimates for adaptive finite element computations, 3 *Journal of Numerical Analysis*. 15(4), 736-754.

Babuska, I. , T. Strouboulis, S. K. Gangaraj, and C. S. Upadhyay (1997). Pollution error in the h-version of the finite element method and local quality of the recovered derivatives, *Computer Methods in Applied Mechanics and Engineering.* 140, 1-37.

Baker, T. J. (1997). Mesh adaptation strategies for problems in fluid dynamics, *Finite Elements in Analysis and Design*, 25, 243-273.

Baker, T. J. (2005). Adaptive modification of time evolving meshes, *Computer Methods in Applied Mechanics and Engineering.* 194, 4977-5001.

Bank, R. E. (1996). Hierarchical bases and the finite element method, *Acta Numerica.* 5, 1-45.

Banks, J. W. , T. Aslam, and W. J. Rider (2008). On sub-linear convergence for linearly degenerate waves in capturing schemes, *Journal of Computational Physics.* 227, 6985-7002.

Benton, E. R. and G. W. Platzman (1972). A table of solutions of the one-dimensional Burgers' equation, *Quarterly of Applied Mathematics.* 30, 195-212.

Berger, M. J. and A. Jameson (1985). Automatic adaptive grid refinement for the Euler equations. *AIAA Journal*, 23(4), 561-568.

Bugeda, G. (2006). A new adaptive remeshing scheme based on the sensitivity analysis of the SPR point wise error estimation, *Computer Methods in Applied Mechanics and Engineering.* 195(4-6), 462-478.

Burg, C. (2006). Analytic study of 2D and 3D grid motion using modified Laplacian, *International Journal for Numerical Methods in Fluids.* 52, 163-197.

Dwight, R. P. (2008). Heuristic a posteriori estimation of error due to dissipation in finite volume schemes and application to mesh adaptation, *Journal of Computational Physics.* 227(5), 2845-2863.

Gnoffo, P. (1982). *A Vectorized, Finite-Volume, Adaptive Grid Algorithm Applied to Planetary Entry Problems*, AIAA Paper 1982-1018.

Gu, X. and T. I. P. Shih (2001). *Differentiating between Source and Location of Error for Solution-Adaptive Mesh Refinement*, AIAA Paper 2001-2660.

Hirsch, C. (1990). *Numerical Computation of Internal and External Flows*: Volume 2, *Computational Methods for Inviscid and Viscous Flows*, Chichester, Wiley.

Ilinca, F. , D. Pelletier, and L. Ignat (1998). Adaptive finite element solution of compressible turbulent flows, *AIAA Journal.* 36(12), 2187-2194.

Johnson, C. and P. Hansbo (1992). Adaptive finite element methods in computational mechanics, *Computer Methods in Applied Mechanics and Engineering.* 101(1-3), 143-181.

Laflin, K. R. (1997). *Solver-Independent r-Refinement Adaptation for Dynamic Numerical Simulations*, Doctoral Thesis, North Carolina State University.

Mastin, C. W. (1999). Truncation error on structured grids, in *Handbook of Grid Generation*, J. F. Thompson, B. K. Soni, and N. P. Weatherill, eds. , Boca Raton, CRC Press.

McRae, D. S. (2000). r-refinement grid adaptation algorithms and issues, *Computer Methods in Applied Mechanics and Engineering.* 189, 1161-1182.

McRae, D. and K. R. Laflin (1999). Dynamic grid adaption and grid quality, in *Handbook of Grid Generation*, J. F. Thompson, B. K. Soni, and N. P. Wetherill, eds. , Boca Raton, FL, CRC Press, 34-1-34-33.

Patra, A. and J. T. Oden (1997). Computational techniques for adaptive hp finite element methods, *Finite Elements in Analysis and Design.* 25(1-2), 27-39.

Peraire, J. , M. Vahdati, K. Morgan, and O. Zienkiewicz (1987). Adaptive remeshing for compressible flow computations, *Journal of Computational Physics*. 72(2), 449-466.

Rannacher, R. and F. T. Suttmeier (1997). A feed-back approach to error control in finite element methods: application to linear elasticity, *Computational Mechanics*. 19(5), 434-446.

Roy, C. J. (2003). Grid convergence error analysis for mixed-order numerical schemes, *AIAA Journal*. 41 (4), 595-604.

Roy, C. J. (2009). *Strategies for Driving Mesh Adaptation in CFD*, AIAA Paper 2009-1302.

Stewart, J. R. and T. J. R. Hughes (1996). A posteriori error estimation and adaptive finite element computation of the Helmholtz equation in exterior domains, *Finite Elements in Analysis and Design*. 22 (1), 15-24.

Thompson, J. F., Z. U. A. Warsi, and C. W. Mastin (1985). *Numerical Grid Generation: Foundations and Applications*, New York, Elsevier (www. erc. msstste. edu/publications/gridboo/).

Venditti, D. A. and D. L. Darmofal (2003). Anisotropic grid adaptation for functional outputs: application to two-dimensional viscous flows, *Journal of Computational Physics*. 187, 22-46.

Verfurth, R. (1999). A review of a posteriori error estimation techniques for elasticity problems, *Computer Methods in Applied Mechanics and Engineering*. 176(1-4), 419-440.

Wood, W. A. and W. L. Kleb (1999). *On Multi-dimensional Unstructured Mesh Adaption*, AIAA Paper 1999-3254.

Zienkiewicz, O. C. and J. Z. Zhu (1992a). The superconvergent patch recovery and a posteriori error estimates, Part 2: Error estimates and adaptivity, *International Journal for Numerical Methods in Engineering*. 33, 1365-1382.

Zienkiewicz, O. C. and J. Z. Zhu (1992b). Superconvergent patch recovery (SPR) and adaptive finite elementrefinement, *Computer Methods in Applied Mechanics and Engineering*. 101(1-3), 207-224.

第Ⅳ部分　模型确认与预测

本部分深入讨论了模型确认与预测的话题。如第Ⅰ部分所述,本书使用了模型确认的限制性含义,即通过将模型输出与实验测量数据进行对比,评估模型精度。换言之,如果要评估模型精度时,未将系统响应量(SRQ)的模型预测与 SRQ 的实验测量数据进行对比,则并不算执行模型确认。如第Ⅰ部分所述,预测处理的是模型和所关注系统所有可用信息的使用,同时根据模型在模型确认活动中的表现好坏,预测当前无实验数据可参考时所关注系统的响应。也就是说,根据我们对系统的了解,使用此模型来预测所关注系统的响应,以及模型与可用实验测量数据的对比情况,包括我们对每个仿真元素中涉及的所有不确定度的估算。

模型确认可以从 3 个角度来看。首先,了解活动中涉及的数学模型构建者或者计算分析师。第 10 章将会主要介绍这方面内容。此角度解决了确认目标和方法以及在不同物理学层次和系统复杂度条件下执行模型精度评估的问题。其次,了解此活动中涉及的实验人员。第 11 章将会介绍这方面内容。此角度解决了实验人员的技术问题和实际关注。例如,确认实验与传统实验和系统测试有什么不同,从执行高质量确认实验的实验人员中可以学到什么,以及为什么很难从实验设备操作人员的技术角度和业务角度来执行确认实验。第三,了解如何从定量的角度对比模型和实验结果。第 12 章将会讨论此方面内容。模型精度评估的任务(我们称为确认度量的构建与评估)起初看起来可能挺简单。我们将讨论模型预测和实验测量中的偶然因素造成的不确定性和主观尝试造成的不确定性如何造成任务复杂化。在本章中,我们也讨论了模型精度评估与模型校准和模型更新通常做法的不同。除此之外,还指出对确认度量和模型校准(更新)的各种不同看法。

第 13 章介绍了模型预测。本章将综合前面章节有关验证、确认和不确定性量化的关键成果,然后将其融入到非确定性预测的方法中去。本章和所有其他章不一样,将不会强调评估主题,而是处理更为复杂的模型外推问题。决定预测精度的因素包括物理学的可信度、模型所用假设条件的合理性以及所关注应用条件中以下方面的精度:①之前观测模型精度的外推;②对模型所有输入数据的了解;③数值解误差的估计。我们强调,人们在预测不够了解的非确定性系统、内插精度的概念时须加以小心。这里讨论了两个全新提出的估算模型预测中不确定度的方法。本章并没有综合介绍预测中的不确定度估算内容,而是仅简要介绍此话题,并提出一些基本的非确定性预测步骤。预测能力是一个活跃的研究领域,且针对后期进一步研究给出了许多参考资料。

10　模型确认的基本原理

由于度量衡学方法论和技术的完善,所以实验测量通常作为估算真值(如有)的最好方法。经过至少 4 000 年的经验积累,实验测量已然拥有了相应的可靠性和可信度。但是,这并不表示实验测量始终可以精确地估算真值,因为有许多原因可能导致实验数据不准确甚至完全错误。当我们认为实验测量可信时,这意味着我们能够很好地理解其限制条件、弱点和不确定度的研究方法。全新的实验诊断方法出台时须经过仔细的调研。如果可能,须将测量数据与现有熟练掌握的方法进行对比,以便更好地量化测量的不确定性。随着科学与技术的发展,采用全新的测量方法可以提高测量精度的置信度,同时使之前无法测量的物理量变得可测量。

将实验测量看作"提出一个本质问题",这种衡量实验测量可信度的方式很有启发意义(Hornung 和 Perry,1998)。那么,测量结果即是对该本质问题的答案。我们往往认为,这个答案便是我们所提问题的答案。但是,实际上并非如此,因为还涉及我们的假设条件。例如,当我们测量某个流场中的流体速度时,假设我们已问过"对于所关注的流场,某一点上流体的速度是多少?"这个问题。我们的目的是从本质上了解消除或者最小化测量中随机或者系统误差的影响的问题。但是,如果存在明显的随机测量误差,或者测量本身或者数据简化过程中发现未知的系统误差,则该本质问题并非我们所认为的问题。也就是说,本质回答了这个包括或大或小随机和系统误差的问题。

除此之外,本质可以利用问题中存在的任何含糊不清或歧义来蒙蔽我们。对于本质来说,此种蒙蔽在任何意义上都并不存在欺骗或者恶意。而是因为所问问题模糊不清,或者我们的先入观念或为进度所迫,所以提问人很容易被自己欺骗。不管是通过实验、理论或是仿真的发现,科学的目的在于增进我们的理解以及完善本质的描述,不被我们当前的困惑或看法所影响。请参考以下示例。假设我们要测量物理域中的某个局部量,例如固体中的局部应变、流场中的局部速度或者某点上的总能量。我们将本质的问题限定在某个思维模式内,例如应变是弹性的、流场是稳定的,或者能量的某些分量是不重要的。然后,在我们的思维模式内开展测量工作,并解释这些结果。通常,解释非常有意义,且在我们的框架内完全一致,但是我们的解释也可能是"完全错误"的。我们的思维模式最常涉及相关物理学和测量方法的假设条件,但是也包括我们早先假设理论或者仿真正确的情况。与理论或者仿真无法很好拟合的测量中的任何不一致或者奇异性要归入实验误差,或者通过参数校准融入我们的模型。人类本性非常重视成功,但是本性无章可循。

从确认的角度上讲,我们可以考虑通过仿真提出与本质同样的问题。确认实验的哲学基础就是通过模型提出与本质符合的问题。综上所述,我们有了二分法。从实验测量角度上讲,我们在本质的问题上讲求精确,同时尽量减少了测量假设的约束和测量的不确定性。从仿真的角度上讲,我们基本上会被模型中所用的假设条件所束缚。为跨越此鸿沟,我们必须坚定不移地收集确保实验能够提供仿真所需要的所有输入信息。为此,我们可以严谨地测试模型中所用假设条件的精度。例如,实验人员须提供所有边界条件(BC)、初始条件(IC)、系统励磁、几何特征和仿真所需的其他输入数据。如果我们对所需的条件了解不充分或者信息片段缺失,则通过仿真提出的问题要稍微不同于本质问题。或者,如果测量存在系统的不确定性,则本质问题要区别于通过仿真所提出的问题。

10.1　确认实验的原理

10.1.1　确认实验与传统实验的比较

实验人员、计算分析师和项目经理会问:什么是确认实验? 或者:确认实验与其他实验有什么不同? 这些问题都是合情合理的。传统实验可以归为三种(Oberkampf 和 Trucano,2002;Trucano 等,2002;Oberkampf 等,2004)。第一种指主要用于加深对某些物理过程理解的实验,有时候也称为"物理发现"或者"现象发现实验"。例如:①测量流体湍流基本特征的实验;②调查固体中的裂纹扩展的实验;③高能量密度物理学中的实验;④探索固体、液体和气体中相变开始和稳定性的实验。

第二种传统实验是指那些主要用于构建、改进或者确定物理过程已初步了解的数学模型中参数的实验,有时候也称为模型校准或者模型更新实验。例如:①测量反应或者引爆流中反应率参数的实验;②测量材料表面热发射率的实验;③校准模型中的参数,以预测结构明显塑性变形的实验;④校准质量输运化学模型中的质量扩散率参数的实验。

第三种传统实验包括确定组件、子系统或者整套系统的可靠性或者安全性的实验,有时也称为工程组件、子系统或者系统的验收试验或者合格试验。例如:①燃气涡轮发动机中全新燃烧室设计的测试;②纤维缠绕复合压力容器全新测试的加压测试;③核动力反应器中紧急冷却系统的安全测试;④飞机机翼结构的限制载荷测试。

确认实验为全新的实验类型(有关确认实验的早期概念的讨论,请参见 Oberkampf 和 Aeschliman,1992;Marvin,1995;Oberkampf 等,1995;Aeschliman 和 Oberkampf,1998)。确认实验的主要目的在于确定物理过程中数学模型的预测能力。换言之,确认实验设计、执行和分析的目的在于定量地确定模型及其在计算机代码中体现模拟特征,完善物理过程的能力。在确认实验中,模型构建者就是客户或者可以说是计算分析师。只有在最近20年来,科学计算才成熟到可以在实验活动中将其看作独立客户的程度。随着现代技术慢慢转向主要基于科学计算进行设计、认证和应用的工程系统,科学计算本身也将逐渐成为实验的客户。

确认实验与传统实验的另一个区别就是,传统实验非常强调在受控环境中对过程进行测量。只有在受控环境中,其他实验人员才能可靠地重现测量物理过程;模型要仔细校准;且要评估系统的可靠性和安全性。而在确认实验中,实验的特征化更为重要。特征化指的是在系统和周围环境内测量在仿真中所需该实验的所有重要特征。换言之,实验的控制程度和可复制性在确认验证中并非处于很重要的位置,取而代之的是要准确地测量非受控实验的条件。只要准确测量出周围环境的条件,由于天气条件等原因而造成的确认实验周围环境发生变化的情况就变得不再非常重要。但是,对于条件非受控的实验,需要大量的实验实现,仔细的特征化系统和周围环境的可变性,才能将此信息提供给计算分析师。

10.1.2　确认的目的与方法

在第 2 章中,我们介绍了确认的基本概念。第 2.2.3 节还讨论了模型确认的三个方面,请参考图 10-1。第一个方面涉及计算响应和实验测量响应的定量比较。比较中使用的数学算子为"确认度量算子"。此算子通常表示为差分算子,因此确认度量结果是一个计算响应与实验响应之间不吻合的度量。第二个方面涉及使用模型从内插或者外推法的角度预测模型的预期使用条件。第三个方面涉及内容包括:①在模型预期使用的域上,根据模型的精度要求,对模型估算精度的比较;②在模型预期使用的域上,模型合理/不合理的决定。

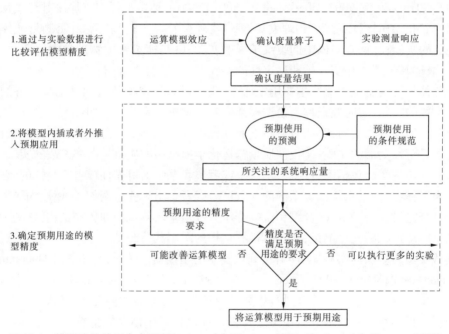

图 10-1　模型确认的三个方面(Oberkampf 和 Trucano,2007;Oberkampf 和 Trucano,2008)

第一方面可以从两个角度考虑:科学确认和面向项目的确认。科学确认可在不考虑任何特定的精度要求或者工程项目需求的情况下对模型精度进行定量评估,这是文献中最常见的确认活动类型。面向项目的确认可在优先考虑项目需求的情况下对模型精度进行定量评估。以下几节将逐一详细讨论各类确认活动。在这里,我们提醒读者,本书只采纳术语"确认"某一角度的含义,即第一方面中描述的模型精度评估。

10.1.2.1　科学确认

许多作者编写了有关执行模型确认的一般方法的论文和文章,主要作者包括 Marvin(1995)、Rykiel(1996)、Aeschliman and Oberkampf(1998)、Barber(1998)、Benek 等(1998)、Kleijnen(1998)、Kleindorfer 等(1998)、Murray-Smith(1998)、Roache(1998)、Sargent(1998)、Balci 等(2000)、Refsgaard(2000)、Anderson 和 Bates(2001)、Oberkampf 和

Trucano(2002)、Trucano 等(2002)、Oberkampf 等(2004)以及 Oberkampf 和 Barone(2006)。有关模型与实验结果比较的多数出版著作均指向本书所称的"科学确认"。使用此术语时,我们本意并不是比较科学和工程中的确认工作,而是从广义上指代进行物理模型精度评估时计算结果与实验测量之间的任何类型的定量比较。此处讨论的是近几年来所了解到的一些重要的精度评估方法。

　　后续要用于模型确认的实验描述和文档资料很少有提供模型所需的所有重要的输入信息。对于见诸于期刊论文中的实验存档,很难以有限的篇幅进行详细描述,且还需避免关键实验数据曝光。但是,缺少参考资料的最大原因就是许多实验人员并不了解或者不关心要使用此实验进行模型确认的分析人员的输入信息需求。除此之外,由于实验人员只能猜测不同建模方法可能需要的所有信息,于他们很不利。如果缺少信息,计算分析师几乎总会选择调整未知参数或者条件,以让其结果尽量和实验测量数据相吻合。对参数、条件或者建模方法进行任何类型的调整都有违确认的初衷:评估模型的预测精度。有时候,参数或者条件的调整是明显的,例如,使用校准或者参数估算程序。当然,这会大大降低模型预测精度评估的严谨性。有时,并不会故意或者无意地明确提及或者解释调整程序。例如,尝试使用某些建模方法,结果和实验数据的吻合度不高,最后抛弃。然而,该实验可以用于引导新的建模假设条件,然后得出了一个与实验测量数据的吻合度得到提升的建模结果。

　　对于未来要执行的实验,一个比较具有建设性的想法就是计算分析师和实验人员联合参与实验的设计。通过合作,刚刚提及的许多困难都可以迎刃而解。第 11 章中将会深入介绍此方面内容,而此处仅提及两方面的合作。首先,分析师须将模型所需的输入信息告知实验人员。除此之外,分析师须与实验人员保持沟通,了解焦点的系统响应量,以进行测量。其次,实验人员不要将系统响应量的实验测量数据告知分析师,这样可以确定一个盲测计算预测。尽管科学计算中,盲目预测的值并未得到普遍接受,但是我们认为,保留测量得到的系统响应量对于严谨地评估模型的预测精度十分关键。一些科学领域,例如医学的药物检测,一直以来都认为,如果缺乏盲测或者双盲测,那么得出的结论往往是扭曲且具有误导性的。

　　在比较计算结果和实验测量结果时,重点应该放在定量比较法。二维区域上某个系统响应量的有色等高线,一条表示计算结果,一条表示实验结果,从定性来讲是非常有帮助的。但是,能获取的定量信息很少,尤其是如果未给出比色刻度尺的定量值时。图表法是最常见的比较方法,用图表表示出某个输入或者控制参数范围内计算预测和实验测量的系统响应量。此方法存在两个定量上的缺点。首先,未定量,有时甚至未陈述计算结果与实验结果之间的吻合度或者不吻合度。关注的焦点在于系统响应量中的区域,而不是量化计算和实验之间的不吻合度。通常要围绕所谓的吻合度进行观察发现和得出结论,例如,"良好""优秀"或者"模型经过确认",所有这些都在此方法旁观者的监督下。

　　其次,这类图表很少包括任何与不确定性对结果的影响相关的信息。例如,计算结果通常是确定性结果。除此之外,也没有数值解误差对结果的影响的相关信息。对于实验结果,实验结果没有任何实验不确定度估值的情况仍然很常见。如果了解不确定性对计算结果和实验结果的影响的相关信息,将可以大大改进定量比较。其中一个方法就是显示均值和不确定性栏,计算结果和实验测量均加上或者减去两个标准偏差。第 12 章将详细介绍计算结果和实验结果的定量比较的内容。

计算结果和实验结果中存在许多不同的系统响应量。确认涉及在来自计算和实验的相同条件下相同系统响应量的比较。系统响应量的预测和实验测量有一个难度范围。"预测难度"指代几个方面,例如:①精确预测某个系统响应量所需的物理模型的可信度;②某个系统响应量展示的空间和/或时间尺度的范围;③以计算的方式解决多个物理尺度和物理现象所需的空间、时间和迭代收敛特征。"实验难度"指的是测量不同的系统响应量有一个较广的难度范围。在实验中,此难度主要是由于某个系统响应量内或者在各个系统响应量上空间和/或时间尺度存在较大差异而导致的。对于现代数字电子设备,时间尺度生成的难度不及广泛的空间尺度的测量。实验测量中的难度常常转换为实验不确定性增加,空间尺度和时间尺度变小,分别表示为偏差和随机不确定性。

图 10-2 描述了预测和测量不同系统响应量的难度范围。对于某些复杂的物理情况,此范围的排序可以有不同的类型,但是此图给出的是所关注的概念性排序。难度尺度按照所关注的偏微分方程(PDE)中的因变量的导数和积分进行排序。例如,稳态热传递通过均质固体,热导系数为常数。使用 Laplace 方程表示通过二维固体的温度分布的偏微分方程,得出:

$$\frac{\partial^2 T}{\partial x^2} + \frac{\partial^2 T}{\partial y^2} = 0 \tag{10-1}$$

系统响应量的范围

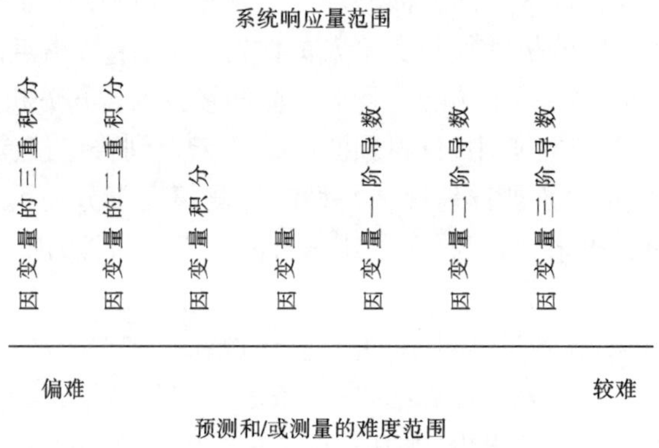

系统响应量范围

偏难　　　　　　　　　　　　　　　　　　　　　　　　　　较难

预测和/或测量的难度范围

图 10-2　各种系统响应量以及预测和测量的难度范围

偏微分方程中的因变量为温度 $T(x,y)$。此因变量显示在图 10-2 中所示范围的中间部分。如果想预测和测量 x 为常数时通过垂直线的热通量,热通量 q 与 y 的函数关系可以表示为

$$q(y) = -k\left(\frac{\partial T}{\partial x}\right)_{x = \text{contans}} \tag{10-2}$$

从这个方程可以看出,热通量为依赖于偏微分方程中因变量的第一个导数的系统响应量。此响应量在图 10-2 中因变量的右侧。各种因变量的积分也作为系统响应量。因为它们要在某个函数上运算并得到一个实数,因此称这些为函数。这些因变量出现在

图 10-2 中间的左侧,并按照偏微分方程的因变量积分数进行排序。

在确认活动中,计算分析师常常会在图 10-2 所示范围内的某个难度水平上将计算结果与实验测量进行比较,然后声明模型在该范围内所有难度水平上的精度。由于存在预测难度范围,所以在某个难度水平上的确认声明并没有必要转换为较高难度水平上的精度。例如,如果人们想证明通过某个固体的温度分布有很好的吻合度,由于存在导数算子,所以更重要的是要使用该模型精确地预测热通量。但是,由于存在积分算子,所以高难度水平上的验证精度并不表明较低预测难度水平上的精度。例如,如果可以精确预测偏微分方程整个域上的热通量,则可以预测,温度分布的预测精度至少相当于热通量的预测精度。

10.1.2.2　面向项目型确认

面向项目的确认与科学确认类似,其目标仍然是依据实验数据对模型精度进行量化评估。不过,在面向项目的确认中,重点关注当模型应用于特定系统时,确认活动如何有助于评估模型的预测精度。面向项目的确认关注的是使用与项目相关的实验数据评估模型精度,除此以外还涉及在应用域内进行预测。如第 2 章所述,确认域与应用域可能重叠,也可能不重叠。对重叠区域而言,需要使用插值法估算实验数据偏离点上的模型精度。对非重叠区域而言,需要对应用域使用模型精度外推法(有关确认域及应用域的重叠和非重叠区域的讨论,参见图 2-10)。第 13 章"预测能力"将利用确认指标和替代可信模型处理模型精度外推法的有关问题。

过去 10 年,大型科学计算工程如美国国家核安全局(NNSA)的先进模拟与计算(ASC)项目开发了多种方法,以对面向项目型确认实验的规划和排序进行改进(Pilch 等,2001;Trucano 等,2002;Oberkampf 等,2004;Pilch 等,2004)。改进后的规划和排序方法对时间、金钱、设备及人才资源的管理和分配起着至关重要的作用,有效地提高了面向项目计算的预测能力。面向项目的确认实验,这里简称为指导性实验,是指使用与项目相关的特定目标或系统目标进行有目的性的设计实验。有时,与所涉系统直接相关的实验数据可以从技术文献刊物或控股公司报告中找到,但鉴于项目需求的特殊性,这种情况非常少见。因为指导性实验要求使用实验数据对计算进行定量比较,指导性实验的重点在于创造最大机会进行上述比较。此外,指导性实验的设计应用必要时有助于分析师和模型构建者理解为什么模型过去性能较差。

图 10-3 所示为两个参数 α 和 β 确定的一个二维空间,每个参数各自都具有系统的某些特征或周围环境的条件。确认域表示为已经进行各种确认实验的区域,用 V 表示。应用域表示为所关注的区域,从项目角度而言,需要涉及预测能力。就典型的系统操作条件而言,作业范围的边界由坐标对数 $(\alpha_i, \beta_i)(i=1,2,\cdots,5)$ 进行具体规定。图 10-3 所示的应用域和确认域之间的关系是第 2 章图 2-10(b)所示关系类型的一部分。也就是说,应用域并非确认域的子集,它们之间有重叠。

假设确认指标结果在由 V 表示的每一种情况下都进行了计算,那么确认域边界明显就是模型精度评估的极限。确认指标结果可视为插入确认域的模型误差 $E(\alpha, \beta)$;所涉系统的应用域以多边形表示:假设条件 $C_i(i=1,2,\cdots,6)$,表示参数空间内的点,即未来指导性实验的候选条件,坐标 $C_i(i=1,2,\cdots,5)$ 通常与系统作业范围的边界 $(\alpha_i, \beta_i)(i=$

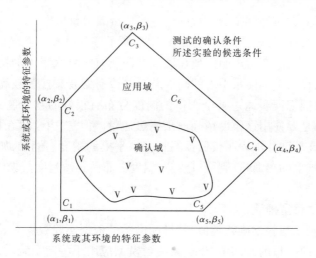

图 10-3　应用域、确认域及所述指导性确认实验的候选条件（改编自 Trucano 等，2002）

1,2,…,5）对应,这五种条件的每一种都需对模型精度进行一一估算。此外,在整个应用域内也应进行模型精度评估,确认域及应用域的模型精度评估需要对模型及其观测精度分别使用插值法和外推法,这将在第 13 章中继续讨论。C_6 对应的条件表明在应用域内该条件下具有最大估算模型误差。最大误差通常发生在应用域的边界上,但由于可能会发生复杂的物理交互作用,情况并非总是如此。

　　典型的面向项目型确认是系统设计人员和项目管理人员总是试着从模型精度评估问题跳至系统模型所需的精度问题;虽然这些人员往往关注他们的系统,但对模型精度评估和精度要求之间的区别也非常清楚,因而,上述情况是可以理解的。通过比较估算的模型精度和项目的精度要求将有助于指导未来所需确认实验的方向。如果潜在的确认实验存在多重条件,那么这些条件必须以某种方式进行排序,第 14 章"建模与仿真工作的规划和优先排序"将对指导性实验以及其他科学计算活动规划排序的不同方法展开详细论述。

　　数学模型不但用于确定潜在指导性实验中使用的条件,还可用于确定这些实验设计中的其他关键因素,如:①确定待测零件或系统的关键几何特征;②为 BC 及 IC 的测定提供指导;③为定位诊断仪器设备提供指导;④估算不同传感器期望的 SRQ 数值,从而采用合适的传感器。实验设计的主要目的在于获得与应用程序驱动器相关的系统特征和响应,如系统的成功运行要求不失去某一设计特征,然后设计特殊工具对实验期间捕捉的这一特征予以肯定。

　　指导性实验中,在项目需求和高质量确认实验需求之间必须有一个平衡。如上所述,确认实验的主要目的是确定模型的预测精度。在工程应用中,项目目标和确认实验目标之间常常会出现一定程度的冲突;如果项目是对指导性实验的设计、执行和分析进行融资,那么这种冲突将加剧。例如,在指导性实验设计中,项目主管通常希望系统的几何结构和硬件功能与设计中的实际系统相似;不过,计算分析师则希望实验尽可能关注建模中涉及的物理过程。实验主义者的观点也参与讨论,因为他们的目标是在时间和资源可用的情况下获得最高精度测量。针对这种三方紧张局势,没有任何直接的方法,一般建议是公开讨论各自观点的逻辑和优先级,从而获得一种合理的折中方法。据我们所知,项目观点通常高于其他有损实验确认目标的设计折中讨论。具有科学计算切身体会并认为科学计算有利于系统实现其性能目标的项目经理,能够根据所需折中做出明智决策。第 11 章将更详细地讨论这些观点类型。

10.1.3　实验和仿真中的误差来源

我们现在来描述实验测量和科学计算中的基本误差来源。就本论述而言,更重要的是考虑误差,而非不确定性,因为我们将从量化误差的定义开始,无论是实验性还是计算性的。本讨论围绕 Oberkampf 等(2004)的观点进行展开。假设 y_{sim} 是计算模拟的 SRQ,如第 3.4 节所述,y_{sim} 是图 10-4 中所示各种映射的最终结果。假设 y_{nature} 是本质上 SRQ 的真实值,当然,这一值不可能准确知晓。根据 2.4 节所述误差的一般定义,我们将仿真中的误差 E_{sim} 定义为

$$E_{\text{sim}} = y_{\text{sim}} - y_{\text{nature}} \qquad (10\text{-}3)$$

式(10-3)右侧的两个术语可以拆分为附加术语,从而明确鉴定不同的误差因素。我们将式(10-3)改写为

$$E_{\text{sim}} = (y_{\text{sim}} - y_{\text{Pcomputer}}) + (y_{\text{Pcomputer}} - y_{\text{model}}) + (y_{\text{model}} - y_{\text{exp}}) + (y_{\text{exp}} - y_{\text{nature}})$$

$$(10\text{-}4)$$

$y_{\text{Pcomputer}}$ 是理论上可在一台完整电脑上根据其无级变速、精度和内存进行计算的 SRQ,这样我们能够视其极限为离散误差和趋近零的迭代误差。注意:$y_{\text{Pcomputer}}$ 内使用的数学模型、算法和计算机代码与在 y_{sim} 使用的相同,y_{model} 是数学模型如 PDE 模型、BC 模型、IC 模型、系统励磁模型、几何特征模型等所有其他仿真所需的输入数据(见图 10-4)的精确解而得到的 SRQ,y_{exp} 为实验中测得的 SRQ 值。

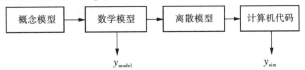

图 10-4　产生仿真结果的模型映射顺序

式(10-4)可进一步简写为

$$E_{\text{sim}} = E_1 + E_2 + E_3 + E_4 \qquad (10\text{-}5)$$

式中

$$\left. \begin{aligned} E_1 &= y_{\text{sim}} - y_{\text{Pcomputer}} \\ E_2 &= y_{\text{Pcomputer}} - y_{\text{model}} \\ E_3 &= y_{\text{model}} - y_{\text{exp}} \\ E_4 &= y_{\text{exp}} - y_{\text{nature}} \end{aligned} \right\} \qquad (10\text{-}6)$$

$E_1 \sim E_4$ 表示计算结果和实验测量比较中所有的误差来源;式(10-5)中,仅有两个数量即 y_{sim} 和 y_{exp} 为已知;以这种方式书写模拟误差明确表明误差总数中误差消除的可能性,即 $E_{\text{sim}} = 0$;模型校准的目标也就是消除误差;在 y_{model} 已知的特殊情况下,我们发现 y_{model} 为这些普通环境提供了一重要指标;验证和确认的过程就是尝试估算每一个误差因

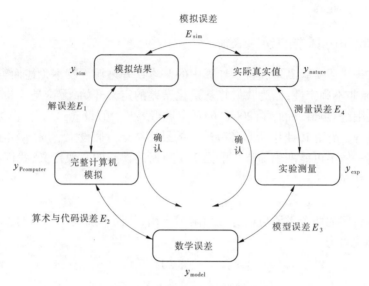

素,从而增强获得有关总和大小的信心。式(10-5)中的每一个误差项都将在图 10-5 中进行描述。我们现在将讨论这些误差项。

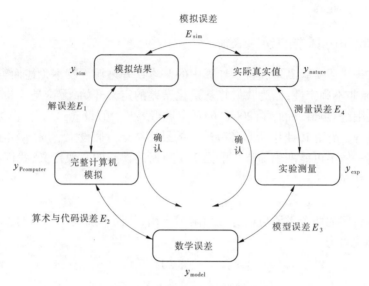

图 10-5　误差来源及验证与确认

E_1 表示所有因离散解 y_{sim}(通过使用有限离散网格、有限迭代收敛性和有限精度计算机而获得)与当离散值趋近零时完整计算机上获得的离散方程的精确解 $y_{Pcomputer}$ 之间的差异而导致的数值误差;E_1 被称为解误差或计算误差,通过解验证程序进行估算。第 7、8 章对一系列解误差估算方法进行了讨论。极限中当离散值趋近零时,针对 $y_{Pcomputer}$,我们仍然使用与 y_{sim} 相同的数值算法和计算机代码。某种程度上,如果数值算法有缺陷,或计算机代码中存在编程误差,那么 E_1 将不受这些误差影响,因为这些误差在技术上不会出现在 E_1 内。例如,假设计算机代码中存在算法误差或编码错误;再者,假设数值解导致的这些误差都收敛至非精确解中,E_1 将依然表示因有限离散值、有限迭代收敛性和有限精度计算机导致的解误差,而非算法误差和编程误差。

E_2 表示所有因离散值趋近零时离散方程精确解 $y_{Pcomputer}$ 与数学模型精确解 y_{model} 之间的差异导致的误差;这些误差起因于算法误差和编程误差,并通过代码确认程序进行处理。第 4 ~ 6 章讨论了一系列用于检测并处理这些误差的方法。考虑到通常我们不可能在极限情况下计算离散方程的精确解,因此我们必须使用高度集中的迭代解进行系统性的网格与时间步长收敛性研究,即在收敛性研究期间在渐近区域内计算观测精确度;如果算法误差(或缺陷)或编程误差导致了意外的观测精确度,我们就可断定肯定有什么地方出了差池。然而,反过来则不是那么回事,比如如果观测的误差顺序与期望的误差顺序一致,就不能证明这种算法是完美的,也不能说明编程没有错误。计算观测精确度的关键在于数学模型精确解的可用性。迄今发现要求最高的精确解为制造解,即通过选择 y_{sim} 和制造能够复制 y_{sim} 的数学模型获得的解。

E_3 表示所有因数学模型精确解 $y_{Pcomputer}$ 与实验测量 y_{exp} 之间的差异导致的误差,称为模型误差或模型形式误差,尽管它与实验测量误差相关(将于下文讨论)。无论是从概念上还是从数学上估算模型误差都比估算 E_1 和 E_2 更难,原因有二:其一,实验测量本质上来说其真实值 y_{nature} 从来不可知,总是伴存着随机不确定性和系统不确定性;随机和系统性实验测量不确定性包括当重复执行相同实验时的多次量化测量和测量仪器的不当校准。其二,实验测量不但提供了 y_{exp},还为数学模型提供了必要的输入数据,如 BC、IC、系统励磁和几何特征(见图 10-6)。因此,数学模型取决于不确定的实验数据。由图 10-6 可知,如果视模型中不可知或很少为人知的参数为可调参数,那么模型校准则视为一个闭环反馈回路。模型校准过程中,如果我们继续去关注量化模型误差,那么模型误差就不可避免地与校准相关。

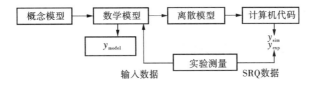

图 10-6　使用实验数据的模型映射

涉及模型误差和实验误差时有两种不同的极端:第一,假定实验不确定性精确描述,同时假定系统不确定性为零,这就是说实验中数学模型所需的输入数据和 y_{exp} 都可明显称为纯偶然因素造成的不确定性;然后 y_{sim} 中的不确定性也称为纯偶然因素造成的不确定性,如使用蒙特卡罗数学模型采样法;然后,使用确认指标运算符对 y_{sim} 和 y_{exp} 作量化比较,进而计算两种概率分布之间的差异;尽管实验不确定性与模型误差相关,但在确认指标结果中,模型误差仍然可单独量化。

第二,假定实验不确定性未精确描述。例如,假设不确定性输入量获得的实验样品很少,或部分所需输入数据,实验者根本没有对其测量。我们可视这种因知识缺乏导致的不确定性为一个概率盒(p-box)或视较差描述为数学模型的灵活性,从而校准模型参数。当使用确认指标运算符时,第一种方法在量化模型误差上会产生认知的不确定性,而第二种方法不可避免地涉及模型误差和实验不确定性。第 12 章至第 13 章将对这些问题展开深入讨论。

E_4 表示所有因本质上不可知的真实值 y_{nature} 和物理量测量 y_{exp} 之间的差异导致的误差;实际的真实值可视为确定数值或非确定数值。如果 y_{nature} 为一确定数值,那么我们可以说固定的物理条件组合在实验中被精确复制,导致了本质上相同的物理量。仅在非常简单的实验如大多数固定物体的测量中, y_{nature} 才可视为一不可知的确定值。通常,这种观点不是很具说服力,因为大多数实验中都存在使所涉测量值发生变化的不可控因素。考虑到完全相同的物理条件不可能从一个物理环境复制到另一个物理环境,所以视 y_{nature} 为一非确定性值应更有效,比如,即便是在严格受控的实验中使用相同的物理系统,BC、IC或系统励磁之间稍有不同也是很常见的。鉴于实验测量中的随机不确定性和系统不确定性, y_{exp} 总是不确定的。因此,仅在特殊情况下, E_4 才能视为一固定不可知的误差,而非偶然不确定性和认知不确定性组成的不确定量。

10.1.4　使用传统实验数据的确认

虽然困难重重,但确认方法学领域的许多研究人员已认识到为什么在此讨论的不同目标、策略和程序本质上都有助于模型精度的评估,并对其至关重要;无论如何,在实践中践行这些策略和程序都常遇强烈抗拒。通常,这种抗拒只是人类应对变化的一种惰性。有时候,有关确认实验原因的技术性或实用性论证,如这里所述,都未得到实行。实用性论证反对执行新的确认实验,重点集中在对潜在项目在时间和金钱上进行限制。这种论证的反对声通常很强烈,用最低调的形式就是说:"我们几十年来对类似系统收集的实验数据,为什么你不能使用现有数据确认你的模型?"针对这种反复出现的问题,重点是在技术上找到合理而有效的方法,从而我们将针对一些可能的反映进行详细论述。许多研究者都根据其经验对这些反映进行了编著(Marvin,1995;Porter,1996;Aeschliman 和 Oberkampf,1998;Barber,1998;Rizzi 和 Vos,1998;Oberkampf 和 Trucano,2002;Trucano 等,2002;Oberkampf 等,2004;Oberkampf 和 Trucano,2008);尽管这些反映在某些情况下并不适用,但却能够让读者联想到使用传统实验进行确认时的特殊困难。

不能使用现有实验数据进行确认最常见的原因是定义模拟输入所需的重要信息不能使用或不能作为实验描述的一部分进行记录。不能记录或很难量化的信息类型通常涉及系统特征、BC、IC 和系统励磁。不能记录的系统特征包括:①材料或零件的机械、电性、热学、化学、磁性、光学、声学、放射学和原子性等特性;②如果空间分布需要作为输入数据,这些特征在系统内的空间分布;③系统详细的几何特征如材料缺口及测试中的几何检验数据;④系统组件详细信息如螺栓上的预紧扭矩和摩擦配合组件的信息。BC 包括:①狄里克雷问题、诺伊曼问题、罗宾问题、混合问题、周期性问题和科西问题;②任何有关周围环境如何影响 PDE 领域的 PDE 所需信息,包括可能的 BC 时间依赖性。IC 包括:①所关注领域内所有 PDE 因变量的空间分布知识;②PDE 领域内因变量的所有所需时间导数知识。最后,系统励磁包括:①PDE 空间和/或时间领域内的励磁知识;②有关励磁如何随时间变化的知识;③系统因响应励磁发生变形或处于损坏状态时的励磁知识。

输入信息的描述等级包括:①精确已知(确定性)值或函数;②精确已知的随机变量,即纯偶然因素造成的不确定性;③以一系列概率分布为特征的随机变量,但其分布参数不准确可知;④专家通过区间描述不确定量的意见,即纯主观尝试造成的不确定性;⑤以"我记忆最深刻的是"形式表达的意见。导致信息缺乏量化的原因包括:①量化信息虽然已记录、备案、存档,但现在却不能找到;②了解实验全过程的人员已退休,且正在爱达荷州滑冰。当然,并不是所有的输入信息对所关注 SEQ 的预测都很重要,但对重要输入信息认知得越少,就越没有能力对模型精度做出量化评估。

例如,假设已执行传统实验,与此同时,包括模拟所需所有输入数据在内的所有实验细节都有良好的文档记录。作为实验文档的一部分,除一个参数外,假设 PDE 解所需的所有输入数据都是确定性的、精确已知。只知该参数在一个特定区间内,其他无任何信息可知。此外,假设只有一个关注的 SRQ,且在实验中经精确测量,即实验测量不确定性为零。通过使用实验中的所有信息,可对该区间值参数进行非确定性模拟计算;然后,模型中所关注的单个 SRQ 仍然是一个区间值数量。当在计算结果和实验结果之间进行量化比较时,我们可以对计算区间和实验中的准确测量数量进行比对;如果区间较大,因为输入区间对 SRQ 的预测非常重要,那么我们可以从比较中得出什么结论? 如果计算区间内任何地方的测量数值减小,那么我们可以说"这是非常棒的";但是,有关模型精度的量化结论微乎其微,尤其是区间较大时。

刚描述的例子是确认活动中的最佳结果。更常发生的是由计算分析人员在与实验测量形成最佳吻合的区间内确定参数值,继而由他/她宣布模型通过确认。通常,针对输入数据中什么是不确定以及如何选择不确定参数,无任何说法;根据我们观察,这也是确认方法学领域的许多其他研究人员的观点:①模拟中因信息缺失导致的不确定性如此众多,因此不能进行量化;②模拟中因输入信息缺失导致的不确定性可用作自由参数,从而优化计算与实验之间的吻合度。第一种观点对评估预测精确度来说微乎其微,而第二种观点上会令人误解,下会导致欺骗。

试图使用传统实验数据进行确认的第二种常见不足是实验中很少对所关注 SRQ 进行测量。使用有限的实验数据,对模型量化精确度也只能做出有限的说明。这样常发生以下两种情况:第一,本地 SRQ 的实验测量是在 PDE 域内非常有限的部分进行,如:①流场速度仅在所关注航天器表面附近非常小的范围内进行;②在热传导模拟中只在零件表面少数点上进行温度测量;③结构部分只测量了少数的振动模态。第二,实验测量由部分所关注的 SRQ 组成,但并非最重要的 SRQ,如:①在航天器上进行表面压力测量,但所关注 SRQ 属于分离流的预测区域;②在复合结构内外表面的不同位置进行张力测量,但所关注 SRQ 属于结构层之间的剥离;③在高速航天器的烧蚀防热罩上测量材料失效率,但所关注 SRQ 是对防热罩的传热率。当可用的实验数据很少时,有关确认的干扰就弱。当所关注 SRQ 是实验被测量中的一个或两个衍生量时,这种不足就会被放大。

试图使用传统实验数据进行确认的第三种常见不足是对所测 SRQ 很少估算或未估算其实验不确定性。虽然不确定性评估是实验测量中长久以来的惯例,但令人惊讶的是,没有不确定性评估,多久才能给出测量报告。虽然做出了测量不确定性估算,但很多次都低估了真实的不确定性。导致低估可能的原因有:①提供的不确定性估算是对测量的重复性进行估算,而非实验中随机不确定性和系统不确定性更高级别的估算;②估算只是在经验或看起来似乎正确的基础上猜测;③通过使用不同诊断技术、程序或实验设备进行实验,而特殊诊断技术、具体实验程序或实验设备未经量化导致的系统不确定性;④仅进行了一次实验,而不确定的任何估算都主要是在乐观的推测基础之上。

计量学家 William Youden《不朽的价值观》(Youden,1972)及 Morgan 和 Henrion(1990)合编的一篇著名文章中强调了低估实验测量不确定性的常见情形;在其论文中,Youden 说:"为什么不同研究者得到的结果总是与他们估算不确定性时预想的明显不一致,并且偏大?"Youden 指出在另一间实验室所有都发生了变化,而研究者在其实验室只(或能)做出少许变化。Youden 列举了基本物理常数测量中系统不确定性的两种示例,解释了研究者在 1895~1961 年间测得的 15 个天文学单位数值,并指出每位研究者记录的不确定性数值都不在其前辈们记录的极限内。同时,Youden 推荐了 McNish(1962)有关光速测量的一篇文章;McNish 和 Youden 通过使用每位研究者的实验不确定性估算对光速进行了 24 次测量,测量图表显示参与测量的 7 位研究者的估算值(实验者对光速的最佳估计值)以大约 1 km/s 的速率进行变化!针对 24 位研究者而言,估算值以 3.5 km/s 进行变化,并且一半以上的研究者估算其实验不确定性都在 0.5 km/s。Youden 指出问题在于实验者很大程度上在其实验中低估了未知的系统不确定性;尽管 Youden 和其他计量学家呼吁关注测量不确定性低估的问题,但人类为了挽回研究者之间的面子以及商业实验室之间的竞争从未改变。

10.2　确认实验层次

20世纪七八十年代,流体力学领域内的许多研究者都在争议如何在复杂工程系统中进行确认这一基本问题时,Lin等(1992)、Cosner(1995)、Marvin(1995)、Sindir等(1996)、Sindir和Lynch(1997)、美国飞机工业协会(AIAA)(1998)创建了迄今的搭积木法。与此同时,原子核堆安全委员会也开发了相同的层级结构,提高了人们对事故中质量、动量和能量变化的理解(Zuber等,1998)。积木或层级方法如图10-7所示,如AIAA指南(AIAA,1998)中所述。这种方法将复杂的工程系统分为多个渐近的简单层次;当复杂系统分为三层时,通常为子系统层、基准问题层和单元问题层。层次法的目的在于在多层复杂物理耦合中,鼓励对模型精度进行估算。这种方法很明显富有成效,原因在于:①认为真实系统和模拟中存在复杂层次;②认为在层次范围内通过实验获得的信息量化和精确度在本质上不同。从高层次至低层次的箭头表明了零件对低层次零件的主要影响。

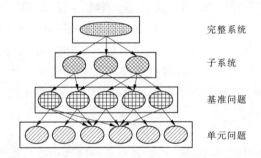

图10-7　确认的层次结构(AIAA,1998)

确认的层次视图很明显就是一个系统透视图。所关注系统位于确认层的顶层;确认层次的目的在于帮助确定需要执行实验的较低层次的范围,从而估算简单系统和物理现象的模型精度。在大型项目中,通常以所关注系统为重心构建确认层次。当我们从层次结构的顶层至较低层时,重心从系统工程移至物理现象评估。科学确认,如前所述,通常发生在层级结构的最底层;应该指出的是,鉴于所关注系统或子系统各不相同,大多数确认层次的顶层也有所区别,但是在较低层它们分享着很多共同要素。针对较低层的共同要素,科学确认在很多项目上都有着广泛的影响。

下文将分别讨论四个层次的特征。确认层中可以引入附加层,但附加层不能从本质上改变论述内容或推荐方法。

10.2.1　完整系统层的特征

完整系统层由实际工程硬件或所关注系统组成(见图10-8)。因此,按照定义,它就是一个带有几何特征、材料和特征及与系统制造组装特性相关的功能硬件。针对特定复杂的工程系统如汽轮机等,系统内会发生多学科耦合的物理现象。BC、IC和系统励磁常对应所关注的 BC、IC 和系统励磁,实现系统逼真的操作环境。我们可能对非明确定义或控制不佳的异常环境或恶劣环境同样关注。

完整系统层	
物理特征	确认测量数据
实际系统硬件 实际几何结构、材料和特征 完整物理特征和化学特征 实际 BC、IC 和系统励磁	非常有限的模型输入测量 非常有限的模型输出测量 非常少的实验方法 实验不确定性很少估算或未估算

图 10-8　系统层次结构的确认特征(改编自 AIAA,1998)

在操作条件下,在工程硬件上测量实验数据。然而,这些测量的数量和质量总是非常有限,原因在于:①诊断系统和仪器系统对操作系统的影响非常小;②测试程序通常按严格时间表和严格限制的预算执行。就复杂系统测试而言,一小部分数值模拟所需的输入条件很难量化,有时甚至不可能量化。因此,几乎不能获得或没有模拟所需的大部分输入信息,包括输入量不确定性等;这些测试往往只提供了明确的工程设计参数、系统功能和高层次系统性能测量。如图 10-2 所示,这些高层次测量与模型 PDE 中因变量的多个积分对应。有时,完整系统测试中的性能测量较为简单:是否运行? 是否符合合同规范? 是否安全断电?

完整系统的实验数据常针对现有操作硬件,且主要通过大型测试程序就可获得;现有的这类测试数据注重系统的功能、性能、安全性或可靠性等问题;大型测试往往涉及备选系统设计之间的竞争;如果是外部组织或硬件供应商之间的竞争,那么基本上不可能获得完整、公正的确认信息。测试程序常需要昂贵的地面试验设备、全面的飞行试验或在危险情况如易变天气或异常环境或恶劣环境下的测试。同样,某些情况下不可能执行完整系统的确认实验,这类情况涉及公共安全或环境安全隐患、不可企及的实验测试要求或国际公约限制。

10.2.2　子系统层的特征

子系统层表示实际系统硬件首次分解为子系统或子装配体(见图 10-9)。子系统或子装配体分别由完整系统的实际功能硬件组成;子系统往往显示三种或三种以上相关的物理现象。子系统层虽然代表了完整系统的部分物理过程,但子系统层内不同物理现象之间的结合程度明显减少,如相比完整系统,子系统之间的耦合减少,大部分几何特征都仅局限于特殊子系统及其附件或简化了与完整系统之间的连接。本质上,子系统具有完整的材料、特征及性能;子系统测试期间,相比完整系统的操作而言,往往简化其 BC、IC 和励磁。

子系统层	
物理特征	确认测量数据
功能性子系统硬件 大部分几何结构、材料和特征 一些相关的物理特征和化学特征 简化的 BC、IC 和系统励磁	部分模型输入测量 部分模型输出测量 少数实验方法 对部分量进行了实验不确定性估算

图 10-9　子系统层的确认特征(改编自 AIAA,1998)

　　在子系统测试中,明显有更多机会进行各类实验测量。通常,测试经理更乐意安装仪器仪表,有更多的兴趣去更好地理解子系统的细节和操作条件。此外,按照项目进度,压力更小、成本更低、管理重视水平也更高。随着对测试条件控制的改进,子系统测试设备的范围可能更广;相比完整系统测试,模拟输入、输出测量的概率增加。通常,实验方法也比完整系统测试更多;实验不确定性仅针对部分所测输出量进行估算,而针对所测输入量的不确定性估算往往较少。

10.2.3　基准层的特征

　　基准层有时也称为零件层,表示子系统层的下一级分解和简化(见图 10-10)。就基准层而言,需要制造特殊硬件代表每个子系统的主要特征。使用特殊硬件的意思是硬件经特殊制造,具有简单的材料、性能和特点,即基准硬件通常不是功能性或生产性硬件,也不是由与实际子系统相同的材料制成;基准问题通常仅仅是两种或三种物理现象;从几何学上讲,基准问题常比子系统层上的问题简单。仅有的几何特征都是从子系统层留存下来的,都是对基准层物理现象类型至关重要的特征;此外,在基准层,从注重项目目标和时间表明显转向提高对所涉物理现象的理解和提高所使用数学模型的精度。

基准层	
物理特征	确认测量数据
制造的特殊非功能性硬件 简化的几何结构、材料和特性 物理现象和化学现象少数结合 非常简单的 BC、IC 和系统励磁	大部分模型输入测量 大部分模型输出测量 多种实验方法 对大部分量进行了实验不确定性估算

图 10-10　基准层的确认特征(改编自 AIAA,1998)

　　在这一层,对模拟所需的大多数输入或至少大部分重要输入都进行了测量。所测的许多模型输出都与 PDE 内的因变量相对应,或可能与从因变量中截取的一个部分对应。基准层采用非功能性硬件和特殊材料,因此,安装硬件的能力明显改善。绝大多数获得的实验数据都与实验不确定性相关。一般而言,实验数据(模型输入数据和输出数据)都经适当保存,保存的重要数据包括:①对所有硬件的详细检查;②实验中使用材料的可变性描述;③有关硬件组装的详细信息;④有关 BC 及实验装置或测试设备产生的励磁的详细测量。

10.2.4　单元问题层的特征

单元问题表示将完整系统完全分解成独立的物理过程,这些物理过程都经高质量确认实验检验(见图 10-11)。在这一层上,需制造高精度专用硬件,并对其检查。该硬件可能与子系统或基准层的某些特征依稀相似,尤其是从系统项目经理的角度。单元问题的特征在于几何结构非常简单,这也是最明显的特征;几何特征通常是二维(平面或轴对称)或非常简单的三维几何结构,具有明显的几何对称性。每个经检查的单元问题允许出现一个复杂的物理元素。这些问题的目的在于隔离复杂的物理元件,从而对数学模型进行关键评估或评估子模型。比如在流动力学中,单元问题分别涉及:①单向流动的流体扰动;②双向流动的流体扰动;③不规则的层流片流;④层状扩散火焰。如果我们对涉及湍流反应和化学反应的扰动反应流感兴趣,那么建议视这种情况为单元问题的上一层,因为它结合了两种复杂的物理现象。

单元问题层	
物理特征	确认测量数据
制造的非常简单的非功能性硬件	所有模型输入测量
非常简单的几何结构和特性	大部分模型输出测量
无耦合的物理现象	多种实验方法
非常简单的 BC、IC 和系统励磁	对全部量进行了实验不确定性估算

图 10-11　单元问题层的确认特征(改编自 AIAA,1998)

就这层而言,必须测量或很好地描述模拟所需的所有重要模型输入;当然,这对于实验来说要求非常苛刻,因为在很多复杂的物理建模环境中均不可能达到这种要求。解决这种情形可使用以下方法:第一,进行实验,校准模型中不能经单独直接测量的参数;第二,执行后续实验,改变少许确定性输入参数(即精确测量的参数,且偶然不确定性和认知不确定性都非常小),并重测 SRQ;第三,采用变化的确定性输入参数的新数值对最新模拟进行计算;第四,通过比较新的计算结果和实验结果,计算确认指标结果。

通过改变少许确定性输入参数,而不是执行任何新的校准,我们可以在新定义的环境下,精密测试模型的预测能力。这个过程基本上就是两步法,即校准,然后在密切相关的系统上确认。这两个步骤需要相当多的实验,校准步骤中需要执行大量实验,从而为校准参数确定精确描述的概率分布;在第二个步骤中,需要执行大量实验是为新实验中精确描述所测 SRQ 的特征。鉴于两个步骤都需要进行大量相应的非确定性模拟,因此可在 SRQ 的预测概率分布和测量概率分布之间进行重点比较。

例如,在螺栓框接结构的批量生产中,预测其振动模式,第一:按固定规格组装大量的螺栓框接结构,从而获得结构中所有螺栓上的预加载扭矩;对所有结构进行实验测量,确定所有关注的振动模式;通过参数优化程序,使用数学模型确定结构上每个螺接点的预估刚度和阻尼。然后,根据所有接点上的刚度和阻尼计算精确描述的概率分布。概率分布表示制造零件的变化、结构组装和实验测量不确定的效果。

第二,新结构的大量组装改变了所有螺栓上的预加载扭矩。假设一半螺栓上的扭矩增加 2 倍,一半的扭矩降低为原来的 1/2,采用相同生产批次的框架零件组装新结构,并且结构由同一位技术员组装;在新结构上执行实验,测量所关注振动模式;必须测量足够数量的结构,从而为所关注 SRQ 构建精确描述的概率分布。此外,新的测量并未告知计算分析师。

第三,使用有关新结构螺栓扭矩新的预加载信息计算模拟;假设能够预测因螺栓扭矩导致的接点处刚度变化和阻尼变化的子模型包括在内;假设使用蒙特卡洛抽样程序;必须计算足够数量的模拟,才能为所关注 SRQ 计算精确描述的概率分布。

第四,使用新模拟和新实验数据为所关注 SRQ 计算确认指标结果。确认指标运算符必须能够视概率分布为模拟输入和实验输入;确认指标运算符能够为所关注 SRQ 计算模拟与实验概率分布之间的差异;确认指标结果是对模型预测精度的定量测定;例如,如果指标结果较小,那么预测精度就较高。第 12 章至第 13 章将更详细地综合讨论校准和确认程序。

单元问题层能够获得高度仪表化、高度精确的实验数据,并对实验数据进行广泛的不确定性分析。如可能,应使用不同的诊断技术并尽量使用单独的实验设备对单元问题进行重复测量,从而确保量化实验数据内的系统不确定性(偏差)。具有实验设备、技术专家并愿意对实验和计算的这类关键评估进行投入的任何组织都可以开展这些实验。通常,这类实验在大学或研究实验室开展。

10.2.5　确认层次结构

确认层次内,系统工程的基本概念并非是新概念。但富有新意的是从全面工程系统到注重层次下层物理模型的实验范围内对模型精度评估的一贯主题。换言之,层次模型确认是由应用程序驱动的,而非物理驱动。构建层次确认结构和识别每层上执行的实验类型都面临巨大挑战。构建层次的方法有多种,但却没有任何一种独立构建方式可以一劳永逸。此外,不同环境(包括正常环境、异常环境和恶劣环境)下,一种确认层次对系统来说并不合适。事实上,每种环境条件下,不同情形有着不同的确认层次。

良好的层次结构能够完成两项任务:第一个任务是结构能仔细地将完整系统拆分为多个层次,越低层次的物理复杂程度越小。针对复杂工程系统而言,这将需要四个以上的层次,如图 10-7 所示。上层和下层之间无关联的物理复杂性类型包括空间维度、时间类型、几何复杂性和物理过程耦合如多尺度耦合等。将这类物理复杂度拆分或分割成单个效果实验最重要的是物理过程耦合,原因在于物理过程耦合常常因不同因素产生最高非线性响应。层次结构中,重要的是能够在所有因素中辨认出非线性因素,因为层次结构原理很大程度上取决于对线性系统的思考,即假设完整系统预测能力是在每个零件预测精确度评估之上建立起来的。很明显,所关注完整系统并非一定为线性,但当层与层之间发生强烈的非线性耦合时,层次确认方法的原理就失去了其实用性和优势。

良好层次结构的第二个任务是在层次中选择实际上可用且能产生确认质量数据的独立实验。换句话说,独立实验应包括:①实际上切实可行如实验测试设备、预算和计划表等;②能够对所有重要输入量进行量化实验测量并产生多个 SRQ,从而严格评估模型。如前所述,在完整系统上进行真实的确认实验极为困难,如果可能的话,也是复杂系统;在子系统层,虽然可以进行确认实验,但仍然非常困难且昂贵;有时,我们会选择单个硬件系统或一组在物理过程或功能密切相关的子系统。针对复杂子系统,我们可能要在子系统下增加一个新的层次,称为子装配体。就如子系统一样,本层将由实际操作软件组成。

我们在基准层定义个别实验时,将制造专用硬件即非操作性非功能性硬件。基准层可能最难界定,因为它表示从两顶层以硬件为重心到层级底层以物理现象为重心的一个过渡。在底层单元问题中,我们需确定构成物理过程复杂性单个元素的简单几何实验。针对高质量确认实验:①必须能够提供必要的、精确描述的输入数据进行模拟;②必须设计实施实验从而评估输入和输出的实验不确定性。高质量确认实验实际上在基准层和单元问题层切实可行,但却不易实施,也不廉价。

10.3 示例问题:高超声速巡航导弹

这里,我们以高超声速巡航导弹的确认层级为例(Oberkampf 与 Trucano,2000)。假设导弹系统具有以下特征:①由飞行器向地面目标发射;②由传统的汽轮机推进系统驱动,无导风扇;③设置带机载毫米波导引头的自主制导、导航与控制(GNC)系统;④在正常操作环境下运行。图 10-12 所示为高超声速巡航导弹的五层确认层次,是本次讨论的基础。

10.3.1 系统层

整个导弹称为完整系统且以下均称为系统:推进系统、机身系统、GNC 系统和弹头系统。这些系统均符合飞行器工程设计,而且根据飞行器系统工程师或潜在客户要求可增加其他零件。系统层不包括发射飞行器,因为它在层次中的位置位于下一个更高层,即在巡航导弹之上。图 10-12 所示的层次结构并非唯一,且对每一个所关注的系统方面并不一定是最优的,如性能、可靠性或安全性等。此外,图 10-12 所示的层级强调机身和航空/热保护子系统(包括剖面线),很快我们将会讨论这一点。

10.3.2 子系统层

在子系统层,我们已确定以下元件:气动性能和热保护、结构性和电动力学。电动力学子系统涉及巡航导弹电磁检测能力的各个方面,从使用雷达检测导弹的无线电频率到可见光谱的检测,均在其列。在子系统层,只能确定三个元件,因为这三个元件是处理机身系统的主要工程设计特征。子系统层元件之间的箭头即为影响子系统层的主要元件;如果在子系统层撤销箭头,那么每个元件都应使用巡航导弹的功能硬件进行识别。考虑我们如何在子系统层开始进行实验取决于所关注的计算原则,例如,航空/热保护系统将涉及一子系统硬件,硬件功能与巡航导弹任意部分的气动性能和热传导保护相关,包括:

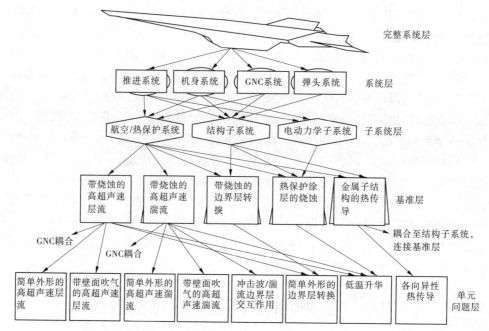

图 10-12　高超声速巡航导弹确认层级示例（Oberkampf 与 Trucano, 2000）

①导弹金属外壳上制造的热保护涂层;②飞行器所制造的金属外壳;③飞行器外壳下方的金属子结构或复合子结构;④所有浮升面如垂直尾翼及所有制动器控制表面;⑤经推动系统,尤其是经进气导管和排气管道的内部流动路径。但是,除重要的特殊流体流动路径或热传导路径外,该航空/热保护系统也可能不涉及飞行器内的任何其他硬件。注意:通常,硬件位于多个子系统层元件内,比如,所有航空/热保护系统及电动力学子系统元件本质上均位于结构子系统内,但是,每个子系统的确认实验和测量类型却各不相同。

假设我们关注的是结构子系统的确认实验。如果我们关注不同结构零件的静载挠度和应力,那么我们需要考虑与相邻零件之间的机械耦合、气动载荷、热导载荷及其他高强度声激励。比如,如果我们关注水平尾翼的挠度,那么机身的垂直尾翼和相邻机械零件都应包括在内。如果我们关注不同零件的结构动力响应,那么本质上需考虑弹道的每一套硬件,因为结构每一部分都与其他部分动态耦合。不管怎样,适当简化硬件是可取的。例如,我们可以使用质量模型替代某些零件如多功能推进系统和弹头,其逼真度损失较小。不过,推进系统导致的结构动力和声励磁在结构子系统确认中至关重要。

10.3.3　基准层

在基准层,图 10-12 仅显示了功能上与航空/热保护子系统相关的元件。虽然可以显示其他基准层元件,但仅有以下元件才能识别:①带烧蚀的高超声速层流;②带烧蚀的高超声速湍流;③带烧蚀的边界层转捩;④热保护涂层的烧蚀;⑤金属子结构的热传导。从结构子系统和电动力学子系统到基准层之间绘制的箭头仅表示这两个子系统与基准层所述元件之间的耦合。

在基准层,我们需要制造专用的非功能性硬件。比如,层流、湍流和边界层转捩元件可能不包括导弹的烧蚀涂层,反而我们可以使用更简单的材料制造壁面吹气以及可能在边界层内发生反应的气体或微粒,这比因使用实际烧蚀材料导致的通常复杂的气体 – 颗粒化学过程更简单。热保护涂层的烧蚀元件可以采用导弹上的实际物料,可以进行确认实验,如在电弧喷射风洞内可实现的情况下。从结构子系统至边界层转捩元件之间绘制的箭头表明飞行器的结构振动模式可能会影响这种转捩。针对带烧蚀的高超声速流,其箭头从标有"耦接至 GNC"的元件开始绘制,这些箭头即指 GNC 层次(此处未显示)内边界层流场至毫米波导引头之间的耦合。热传导金属子结构元件显示一连接至结构子系统层次树内的基准层元件的箭头,该箭头表明耦合将引起热应力和感温式材料特性,这将在结构模拟中予以考虑。

10.3.4　单元问题层

单元问题层需确认以下要素:①简单外形的高超声速层流;②带壁面吹气的高超声速层流;③简单外形的高超声速湍流;④带壁面吹气的高超声速湍流;⑤冲击波/湍流边界层交互作用;⑥简单外形的边界层转捩;⑦低温升华;⑧各向异性热传导。本层也可识别许多其他要素,但这些要素代表了单元问题层上进行的确认实验类型。本层元件的识别比基准层更简单,因为单元问题层元件与在流体力学和热传导领域的传统数学模型实验和模型校准实验之间的关系更密切。

层次中,有关较低层上的实验需予以澄清,尤其是在单元问题层上。许多研究人员和系统设计人员把较低层上的实验如风洞内的高超声速层流称为飞行器在大气中的一次模拟。从关注真实飞行器性能的项目工程师的角度出发,这种实验观点恰到好处;然而,从执行确认实验的角度出发,这种观点只会引起问题,即在任意层上进行的实验都是一物理过程的实现,其结果可用于评估模拟精度。物理实验与许多工程系统性能之间的关系并不是确认实验事实的关键问题,任何实验都是一种事实。然而,关注实际飞行器性能的项目工程师可能不会重视实验是如何与其项目目标相关的。

10.3.5　确认金字塔

机身系统的确认层次与推进系统、GNC 系统和弹头系统确认层次的相关详情,请参见图 10-13。这四个系统中,视每个系统的确认等级为四面金字塔的主表面;在之前的讨论中,机身面被分为三个附加表面,分别代表三个子系统:航空/热保护子系统、结构子系统和电动力学子系统;推进系统可分成四个附加表面,代表其子系统:压缩机、燃烧器、涡轮机和热信号;同样,GNC 系统和弹头系统也分为适当的子系统。在这个多面金字塔的表面,我们可以更清楚、容易地指出一面与另一面之间的耦合。例如,我们讨论了层流、带烧蚀的高超声速流与 GNC 系统毫米波导引头之间的耦合,该耦合将通过一连接高超声速流元件至金字塔 GNC 面适当元件的箭头表示。

确认金字塔注重系统工程应用观点,而非模拟设计中常使用的科学观点。金字塔的每个面都能用于确定系统设计部分每个计算模型的确认实验。环视金字塔顶部时,面的数量就相当于确定的系统数量。例如,在高超声速巡航导弹中,总数为4;环视金字塔底部时,面的数量就相当于单元问题层围绕整个金字塔确定的元件总数。就复杂系统而言,

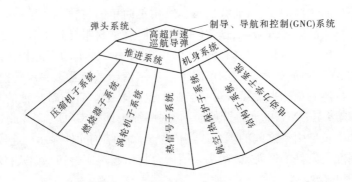

图 10-13　高超声速巡航导弹之确认金字塔示例（Oberkampf 与 Trucano,2000）

面的总数在 100 以上。例如,在高超声速巡航导弹中,由于航空/热保护系统的主要缘故,我们在单元问题层就确定了 8 个元件;但在单元问题层,也能确定几个附加元件,所有元件主要都与航空/热保护系统相关。我们深信这种系统工程思路有助于增强复杂系统设计、制造、认证和部署的信心,将更加依赖科学计算,减少测试水平。

10.3.6　结论

确认层次的结构总结为两点:第一,层次结构内,特定确认实验的位置必须根据层次内周围的所有要素予以确定,即必须与上下层及同一层的所有实验适度相关;换言之,同一确认实验可在不同复杂系统验证层次的不同层执行。比如,同一湍流分离流实验可在复杂系统的单元问题层执行,也可在简单工程系统的基准层执行。

第二,确认层次是为特定操作条件等级下操作的特殊工程系统构建的,比如正常操作条件。如果我们注重计算分析其他系统操作条件或环境,则需构建新的确认层次。假设我们关注异常环境或恶劣环境,那么关注的特殊情形就是某一不运行的子系统。两种示例分别是:①某种天气环境或战斗损伤导致了热保护系统的部分损失;②因防御武器系统的微波脉冲能量导致 GNC 系统某一电气元件不能运行或损坏。针对以上情形,我们将为不同的数学模型构建不同的金字塔。

10.4　确认的概念、技术和实际难点

10.4.1　概念难点

在第 2 章中,我们已经提及关于模型确认概念的哲学问题。其中指出,科学家和哲学家们普遍认同自然理论和自然规律只能被证明或证明失败。然而,也同样指出,在工程和某些自然科学领域,这个角度毫无意义,并且甚至会减弱在工程和某些科学领域内模型评估的可信度。模型确认最大的争论似乎来自于水文领域,尤其是地表水流和地下水运输（Oreskes 等,1994;Chiles 和 Delfiner,1999;Anderson 和 Bates,2001;Morton 和 Suarez,2001;Oreskes 和 Belitz,2001）。由于模型的性质问题,水文学家充分证实了对于确认概念的关

注。他们的模型由基于系统响应测量校准的参数控制。校准后的参数通常不只是一些标量,同样也是二维和三维标量场,以及张量场。因此,水文模型的匹配观测具有惊人的灵活性。从概念的角度来看,我们仍然会有这样的问题:校准模型是否可以用于确认? 对此,我们给出了两个答案,您可以根据确认的定义进行选择。

首先,假设我们使用模型确认这个术语的狭义定义,这也是我们整本书中所采用的定义。也就是说,模型确认是指本章中前面图 10-1 所示的第 1 层:模型精度评估与实验数据的比较。问题的明确答案是肯定的。无论模型校准与否,都可评估模型精度。精度评估中,如果模型采用密切相关的实验数据(从物理学角度)与用于校准的数据非常接近,那么从有关模型缺点的新认知意义上说,精度测量毫无价值。

其次,让我们回到第 2 章第 2.2.3 部分对有关模型确认的结构视图进行讨论。本确认视图包括确认的三个层次,如图 10-1 所示:第一,通过比较实验数据评估模型精度;第二,达到预期用途的模型插值法或外推法;第三,决定预期用途的模型精度。如果我们使用本视图,如《ASME 指南》那样,我们对问题的答案也是肯定的。无论模型校准与否,确认的三个层次都能分别完成,即确认的狭义视图和结构视图都不能对如何建立模型进行假设。

我们认为需要提出更重要的问题:如何评估校准模型的预测能力? 这个问题直观地反映了科学视角是我们的基本视角。Zeigler 等(2000)根据模型的高要求序列对确认进行了讨论。他们将重复有效性定义为"实验框架内所有可能的实验,可接受范围内模型的行为和系统一致性"。根据预测效度,他们需要的"不仅仅是重复有效性",而且还有预知未知系统行为的能力"。就结构效度而言,他们要求"模型不仅能够复制系统观测数据,还能步进式从组件到组件迫使系统发生转换的方式进行模拟"。Bossel(1994)定义两类模型时也提出了此等问题:描述性模型和解释性模型。描述性模型是指能够根据系统以前的观察结果模拟系统行为的模型;解释性模型是指代表系统结构、零件及其连接的模型,从而使我们能够理解未来系统行为,即便是在以前从未经历的条件下。

如第 3.2.2 节所述,描述性模型包括输入输出相关联的回归模型和经验模型。它们都属非常复杂的随机马尔可夫链蒙特卡罗模型,不仅处理输入、输出的非确定性特征,还处理一些系统假设的内部特征。描述性模型需要大量数据,才能认为输入到输出的数学映射经适度特征化。解释性模型需要大量认知去认识系统内发生的基本关系和交互作用。输入数据只能用于对输出进行具体预测。科学的目标明显是一种解释性模型,因为模型干扰强度是建立在具体的认知上。复杂物理系统的计算模拟必须立于描述性模型和解释性模型之间的领域。我们偏向于认为我们的模型是科学性模型,但很多时候,现实中它们比我们所承认的更加具有描述性。

根据模型校准程度,我们建议采用一种框架结构,分级解答预测能力问题。图 10-14 根据模型内自由参数数量描述模型预测能力的概念性评估能力。自由参数是指与评估模型分开,不能独立测量的参数。如图 10-14 所提到的,模型预测能力的评估能力取决于自由参数是确定性(标量)还是非确定性(函数)。如果我们处理的是非确定性参数,那么在校准上就具有更大的灵活性,因为我们依据的是概率分布,而不是数字。根据对系统内过程的了解,自由参数可能具有一些物理调整。例如,它们可能具有有效的物理特性,但其

数据本质上取决于模型假设和心理建构以及观测的系统响应。图(见图 10-14)坐标上的
数字在下文中只是一些概念性的数字。首先,评估模型的能力可简单地使用一个比例尺
表示,一致表示"是",零表示"否";其次,评估模型的能力不仅取决于自由参数的数量,还
取决于模型对不同参数的敏感程度。例如,模型可能具有上百个自由参数,但在给定
SRQ 的预测中,仅有 5 个是重要的。

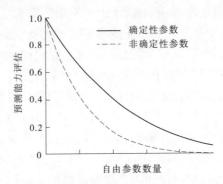

图 10-14　根据自由参数数量的预测能力评估

以这种方式回答预测能力问题,我们推荐以下框架:第一,模型预测能力的评估能力
随自由参数数量增加而迅速减弱。针对具有大量自由参数的模型来说,校准参数是模型
的关键参数,与模型假设提出的观点相反。比如,水文模型明显就属于这一领域。二维或
三维标量场内的自由参数数量主要取决于计算模拟中的空间离散程度。现代巨型计算机
中,这一数值可达数百万。此外,自由参数往往在概率分布中给出,这进一步增加了模型
的灵活性。

第二,科学计算中的大多数模型都是物理模型。这些模型都遵守了质量、动量和能量
的守恒,而相关的守恒方程(通常为 PDE)可视为校准过程的约束条件。因此,模型中的
参数校准可视为一个 PDE 约束优化问题。当自由参数数量很大时,即使是在物理模型
中,物理约束效果也觉察不到,即物理模型相当于一个描述性模型,内部结构简单,与系统
实验观察相符。

第三,我们假设的框架不会为使用两步法(校准再确认)评估模型精度的模型带来任
何保障或损失。例如,假设确定性模型包含少许自由参数,其中,参数经 10 次或 20 次系
统观测校准;使用优化程序估算参数,从而根据模型输出和观测之间的不同将某些测量误
差最小化。在复杂物理建模中,两步法非常有效,且往往是必要的。但框架中讨论了模型
预测能力的评估主要取决于有多少自由参数可用,而不是校准数据和确认数据之间的分
离程度。校准数据和确认数据之间的紧密度,如上文及第 12 章所讨论,可削弱对模型预
测能力的评估。

因此,所推荐的框架并不能解决模型精度评估测试如何严格的问题。例如,假设模型
经一组观测系统响应校准,那么就可使用密切相关的观测评估模型精度。不同条件下预
测系统响应中,相对模型位置测试而言,模型精度测试微乎其微。认真理解模型精度测试
如何严格,或新条件与校准条件有何不同的问题即是一个开放性研究课题。第 14.5 节对
本问题进行了详细讨论。

10.4.2　技术和实际难点

　　某些情况下,实验测量中的技术和实际难点会阻碍或消除模型确认的可能性。这些难点一般分为:①目前无法获得测量所需的技术;②无论采用何种技术,都不可能从技术上获得数据;③测量不切实际或不划算。迄今为止,不能使用的技术包括:第一,根据空间细节或各种 SRQ 测量,超速影响的实验数据非常有限;常用的实验结果是影响发生后,冲击坑或洞的拍摄照片样本;某些设备中,可以获得穿透事件的高速成像。这些数据虽然可用于确认,但极大地限制了量化评估模型不同 SRQ 精度的能力。第二,考虑到通过多孔介质的水流,物质地下运输测量非常有限;常用的步骤是在钻进位置注入示踪物,然后根据深度和时间监控相邻钻井的示踪物浓度;调节 PDE 中相邻基质材料的孔隙率和渗透率,从而与观测的示踪物浓度记录相符。如此看来,这些结果是逆(校准)问题的解,即给出了观测输出,系统应该有什么样的场特征,从而使假设模型产生观测输出。第三,在微米尺度或更小尺度上测量模拟输入量和 SRQ 的能力非常有限。随着数学模型在空间尺度范围内的继续增加,确认这些模型的能力将成为决定因素。因此,对材料科学、生物化学和生物物理学在空间尺度上的预测能力将是重大阻碍。

　　在时间标度长达数百年或数千年,或更大物理尺度的物理现象建模中,概念上不可能获得所需确认实验数据的情形包括:①地下储藏的有毒废料或核废料的长期预测;②全球变暖不同影响因素的长期预测;③大规模气候事件如火山爆发或巨形小行星对全球环境的影响等。

　　不具成本效益、不切实际或不允许获得确认实验数据(虽然实验在技术上可行)的情形包括:①在大型反应堆密闭建筑物内执行爆炸破裂实验;②执行地震或大型坝体爆炸破裂实验;③获得实验数据用于研究人类对有毒化学品或物质的生理反应;④国际公约禁止的危险或破坏环境的测试。

10.5　参考文献

Aeschliman, D. P. and W. L. Oberkampf (1998). Experimental methodology for computational fluid dynamics code validation. *AIAA Journal*. 36(5), 733-741.

AIAA (1998). *Guide for the Verification and Validation of Computational Fluid Dynamics Simulations*. AIAA-G-077-1998, Reston, VA, American Institute of Aeronautics and Astronautics.

Anderson, M. G. and P. D. Bates (2001). Hydrological science: model credibility and scientific integrity. In *Model Validation: Perspectives in Hydrological Science*. M. G. Anderson and P. D. Bates (eds.). New York, John Wiley.

Anderson, M. G. and P. D. Bates, eds (2001). *Model Validation: Perspectives in Hydrological Science*. New York, NY, John Wiley.

Balci, O., W. F. Ormsby, J. T. Carr, and S. D. Saadi (2000). Planning for verification, validation, and accreditation of modeling and simulation applications. *2000 Winter Simulation Conference*, Orlando FL, 829-839.

Barber, T. J. (1998). Role of code validation and certification in the design environment. *AIAA Journal*. 36

(5), 752-758.

Benek, J. A. , E. M. Kraft, and R. F. Lauer (1998). Validation issues for engine-airframe integration. *AIAA Journal*. 36(5), 759-764.

Bossel, H. (1994). *Modeling and Simulation*. 1st edn. , Wellesley, MA, A. K. Peters. Chiles, J. P. and P. Delfiner (1999). *Geostatistics: Modeling Spatial Uncertainty*, New York, John Wiley.

Cosner, R. R. (1995). CFD validation requirements for technology transition. 26*th AIAA Fluid Dynamics Conference*, AIAA Paper 95-2227, San Diego, CA, American Institute of Aeronautics and Astronautics.

Hornung, H. G. and A. E. Perry (1998). Personal communication.

Kleijnen, J. P. C. (1998). Experimental design for sensitivity analysis, optimization, and validation of simulation models. In *Handbook of Simulation: Principles, Methodology, Advances, Application, and Practice*. J. Banks (ed.). New York, John Wiley: 173-223.

Kleindorfer, G. B. , L. O'Neill, and R. Ganeshan (1998). Validation in simulation: various positions in the philosophy of science. *Management Science*. 44(8), 1087-1099.

Lin, S. J. , S. L. Barson, and M. M. Sindir (1992). Development of evaluation criteria and a procedure for assessing predictive capability and code performance. *Advanced Earth-to-Orbit Propulsion Technology Conference*, Marshall Space Flight Center, Huntsville, AL.

Marvin, J. G. (1995). Perspective on computational fluid dynamics validation. *AIAA Journal*. 33(10), 1778-1787.

McNish, A. G. (1962). The speed of light. *Institute of Radio Engineers, Transactions on Instrumentation*. 1-11(3-4), 138-148.

Morgan, M. G. and M. Henrion (1990). *Uncertainty: a Guide to Dealing with Uncertainty in Quantitative Risk and Policy Analysis*. 1st edn. , Cambridge, UK, Cambridge University Press.

Morton, A. and M. Suarez (2001). Kinds of models. In *Model Validation: Perspectives in Hydrological Science*. M. G. Anderson and P. D. Bates (eds.). New York, John Wiley.

Murray-Smith, D. J. (1998). Methods for the external validation of continuous systems simulation models: a review. *Mathematical and Computer Modelling of Dynamics Systems*. 4, 5-31.

Oberkampf, W. L. and D. P. Aeschliman (1992). Joint computational/experimental aerodynamics research on a hypersonic vehicle: Part 1, Experimental results. *AIAA Journal*. 30(8), 2000-2009.

Oberkampf, W. L. and M. F. Barone (2006). Measures of agreement between computation and experiment: validation metrics. *Journal of Computational Physics*. 217(1), 5-36.

Oberkampf, W. L. and T. G. Trucano (2000). Validation methodology in computational fluid dynamics. *Fluids* 2000 *Conference*, AIAA Paper 2000-2549, Denver, CO, American Institute of Aeronautics and Astronautics.

Oberkampf, W. L. and T. G. Trucano (2002). Verification and validation in computational fluid dynamics. *Progress in Aerospace Sciences*. 38(3), 209-272.

Oberkampf, W. L. and T. G. Trucano (2007). *Verification and Validation Benchmarks*. SAND2007-0853, Albuquerque, NM, Sandia National Laboratories.

Oberkampf, W. L. and T. G. Trucano (2008). Verification and validation benchmarks. *Nuclear Engineering and Design*. 238(3), 716-743.

Oberkampf, W. L. , D. P. Aeschliman, J. F. Henfling, and D. E. Larson (1995). Surface pressure measurements for CFD code validation in hypersonic flow. 26*th AIAA Fluid Dynamics Conference*, AIAA Paper 95-2273, San Diego, CA, American Institute of Aeronautics and Astronautics.

Oberkampf, W. L. , T. G. Trucano, and C. Hirsch (2004). Verification, validation, and predictive capability in computational engineering and physics. *Applied Mechanics Reviews*. 57(5), 345-384.

Oreskes, N. and K. Belitz (2001). Philosophical issues in model assessment. In *Model Validation: Perspectives in Hydrological Science*. M. G. Anderson and P. D. Bates (eds.). New York, John Wiley.

Oreskes, N. , K. Shrader-Frechette, and K. Belitz (1994). Verification, validation, and confirmation of numerical models in the earth sciences. *Science*. 263, 641-646.

Pilch, M. , T. G. Trucano, J. L. Moya, G. K. Froehlich, A. L. Hodges and D. E. Peercy (2001). *Guidelines for Sandia ASCI Verification and Validation Plans-Content and Format: Version 2*. SAND2000-3101, Albuquerque, NM, Sandia National Laboratories.

Pilch, M. , T. G. Trucano, D. E. Peercy, A. L. Hodges, and G. K. Froehlich (2004). *Concepts for Stockpile Computing* (OUO). SAND2004-2479 (Restricted Distribution, Official Use Only), Albuquerque, NM, Sandia National Laboratories.

Porter, J. L. (1996). A summary/overview of selected computational fluid dynamics (CFD) code validation/calibration activities. *27th AIAA Fluid Dynamics Conference*, AIAA Paper 96-2053, New Orleans, LA, American Institute of Aeronautics and Astronautics.

Refsgaard, J. C. (2000). Towards a formal approach to calibration and validation of models using spatial data. In *Spatial Patterns in Catchment Hydrology: Observations and Modelling*. R. Grayson and G. Bloschl (eds.). Cambridge, Cambridge University Press: 329-354.

Rizzi, A. and J. Vos (1998). Toward establishing credibility in computational fluid dynamics simulations. *AIAA Journal*. 36(5), 668-675.

Roache, P. J. (1998). *Verification and Validation in Computational Science and Engineering*, Albuquerque, NM, Hermosa Publishers.

Rykiel, E. J. (1996). Testing ecological models: the meaning of validation. *Ecological Modelling*. 90(3), 229-244.

Sargent, R. G. (1998). Verification and validation of simulation models. *1998 Winter Simulation Conference*, Washington, DC, 121-130.

Sindir, M. M. , S. L. Barson, D. C. Chan, and W. H. Lin (1996). On the development and demonstration of a code validation process for industrial applications. *27th AIAA Fluid Dynamics Conference*, AIAA Paper 96-2032, New Orleans, LA, American Institute of Aeronautics and Astronautics.

Sindir, M. M. and E. D. Lynch (1997). Overview of the state-of-practice of computational fluid dynamics in advanced propulsion system design. *28th AIAA Fluid Dynamics Conference*, AIAA Paper 97-2124, Snowmass, CO, American Institute of Aeronautics and Astronautics.

Trucano, T. G. , M. Pilch, and W. L. Oberkampf (2002). *General Concepts for Experimental Validation of ASCI Code Applications*. SAND2002-0341, Albuquerque, NM, Sandia National Laboratories.

Youden, W. J. (1972). Enduring values. *Technometrics*. 14(1), 1-11.

Zeigler, B. P. , H. Praehofer and T. G. Kim (2000). *Theory of Modeling and Simulation: Integrating Discrete Event and Continuous Complex Dynamic Systems*. 2nd edn. , San Diego, CA, Academic Press.

Zuber, N. , G. E. Wilson, M. Ishii, W. Wulff, B. E. Boyack, A. E. Dukler, P. Griffith, J. M. Healzer, R. E. Henry, J. R. Lehner, S. Levy, and F. J. Moody (1998). An integrated structure and scaling methodology for severe accident technical issue resolution: development of methodology. *Nuclear Engineering and Design*. 186(1-2), 1-21.

11　确认实验的设计与执行

第 10 章讨论了确认实验的原理以及确认实验与传统实验及校准实验之间的区别。确认实验的主要目的在于测定数学模型的预测精度,换句话说,设计、执行、分析确认实验的目的都在于量化测量数学模型的性能及其计算机代码,继而模拟所述物理过程。本章中,我们将描述确认实验设计与执行的六大基本原则,并对如何践行这些原则以及为何在实践中有时很难执行这些原则展开论述。

然后,我们将讨论作者以及其他人员设计、执行的高质量确认实验。实验也称为"联合计算/实验空气动力学计划"(JCEAP)。项目起初,实验设计的目的在于协同结合计算流体力学发展和高超声速风洞内的实验研究,该计划于 1990 年在桑迪亚国家实验室启动,并于 1997 年圆满结束,发展了高质量确认实验设计与执行的六大基本原则。我们将以 JCEAP 为例来说明这六大原则并说明它们通常如何能够应用于普通的确认实验中。

11.1　确认实验原则

这些原则最初由 Aeschliman 和 Oberkampf(1998)、Oberkampf 和 Blottner(1998),以及 Oberkampf 和 Trucano(2002)提出并在几年时间内就得到了发展。虽然 JCEAP 有助于精练这些原则,但大部分原则计算研究人员和实验研究人员过去都曾单独提出过。提出这些原则的领军人物包括 Cosner(1995)、Marvin(1995)、Porter(1996)、Barber(1998)、Barber等(1998)和 Roache(1998)。

每个原则中,我们都涉及了确认实验。我们想强调的是这个术语简单实用。高质量确认实验总是一套或一组实验,有时编号至数百位;但所有实验都有着共同的目标——模型预测精度的关键评估。

11.1.1　分析人员和实验人员协同努力

原则 1:确认实验必须由实验人员、模型提出人员、代码研发人员及代码使用人员紧密协作、共同设计,从实验启动到文件归档,对各种方法的优势和不足都能坦诚相待。

模型提出人员是指结合计算机代码建立数学模型的应用研究人员,代码研发人员是指编写计算机软件或将数学模型应用于软件的人员,代码使用人员是指使用代码分析工程系统或流程的人员。出于本书的目的,我们将这些不同类型的人员统称为术语分析人员。

在一定程度上,原则 1 似乎相对容易实现;但根据我们的经验,原则 1 事实上很难实现。为何说这很难,原因有以下几方面:现实因素和人为因素。确认实验的设计和执行需要组建实验和分析团队,首要条件是同时为两者提供资金。过去,实验人员和分析人员都各自寻找资金来源,如果这二者希望设计、执行确认实验,那么他们都要去寻找资金。同一时间段内,他们都不大可能获得其他人对其工作的支持。无论是工业部门还是政府部门,为实验出资都是长期以来的传统,但是同一个来源不可能既为实验又为计算提供资金。某种程度上,这些传统做法是可以理解的,但如果他们继续坚持,高质量确认实验仍然凤毛麟角。

如果实验人员和分析人员同时获得资金,那么必须处理好两种活动的技术同步。确认实验所需的实验设备和诊断仪器必须可供使用并准备就绪,而不是处于制造或研发阶段。同样,确认所需的代码和设置必须可供操作,并经代码确认活动充分测试。一些分析人员会质疑这一最后要求,他们认为代码调试及测试可与确认同时进行,这实属严重判断错误,已在第 2 章及第 10 章进行了论述。在为实验能力和计算能力做好充分准备之后,所需人员还需同步进行精心规划。

难以组成实验分析联合团队的另外一个现实原因是团队人员通常来自不同组织。比如,假设分析人员所在公司没有所需实验设备,而分析人员所在公司获得了所关注模型和代码确认活动的资金,那么他们将为其工作投标并转包给能够执行实验的公司。虽然实验工作潜在投标人的技术资格至关重要,但仍需考虑两个商业因素:其一,当分析人员公司正在寻求执行实验的工厂时,对潜在投标人明显营造了竞争性的局面;潜在投标人在其工厂内不愿暴露任何弱点、局限或不足。他们不但面临失去潜在合同的风险,也担心竞争者未来使用他们的信息和他们展开竞争。其二,分析人员公司一旦订立合同,就开始控制项目的资金和方向。从实验人员公司角度出发,他们属于供应商,而分析人员公司为客户,从而实验人员成为了下属团队人员。

假设实验人员和分析人员来自同一公司、政府组织或大学的不同部门。通常,实验人员和分析人员可能彼此都很熟悉,但没有密切的合作关系;事实上,他们过去可能因资金或绩效认可等原因成为竞争对手。例如,过去计算流体动力学(CFD)领域的某些领域奉行的"电脑与风洞"心理(Chapman 等,1975)就是竞争而非合作的典型例子。同样,由于技术培训和职业工作的因素,计算人员和实验人员之间的技术兴趣或其背景之间都有一条不可逾越的鸿沟。在确认实验设计与执行期间,这些因素都将内外相接,有损开诚布公地去谈论计算方法和实验方法的优点和弱点。这些因素虽然可以适时克服,但需要耐心、尊重和理解。但在快节奏的现代化竞争环境中,这些都很匮乏。

关于如何克服这些实质性困难,出现了某些显而易见的变化,而有些变化并不明显。出资组织需要认识到为实验和计算活动提供资金的重要性。即便是意识到了,出资组织内可能也需要进行结构调整,从而在行动上完成对实验和计算活动的资助。

承包实验服务、提供确认数据的组织需要理解高质量确认实验中的新要求。在转包这类服务时,企业双方都很难做到开诚布公。

最后,执行确认实验和模拟的组织需改变其管理理念。组织内的出资团队必须懂得实验和计算活动需要同时出资;应用研究团队会合理地去想象这种变化。针对那些把重心放在构建和交付硬件以及保持预算和时间表的项目团队,这很难实现。一些具有远见的项目经理可能将项目资金投入核心竞争力的发展如确认等,但我们的经验是这种只是少数的个别现象。能够在确认实验项目中为实验和计算团队提供资金的组织,其管理层必须懂得公开承认奖赏这种合办活动是一种成功还是失败。科学计算经理普遍的观点是如果合办项目表明模型表现不佳,那么可认为该项目是一种失败;换言之,许多科学计算经理都认为确认活动的目标是使模型看起来不错。对更多开明的经理而言,很难改变这种观点。

11.1.2　所需输入数据的测量

原则2:确认实验的设计应能捕捉感兴趣的本质物理特性并测量所有相关物理建模数据、初始条件和边界条件,及其模型所需的系统励磁信息。

确认实验的设计应能解决有关空间维度、时间属性及几何复杂性的物理现象。例如,我们可以关注执行平面或非对称二维(2-D)实验。但问题是,实验中的三维(3-D)效果微乎其微,二维模拟可以与实验数据进行适当比较吗? 鉴于实验人员检测3-D效果的能力非常有限,因此分析人员应试图解答这一问题。实验2-D和3-D模拟计算应能预测所关注系统响应量(SRQ)上的空间维度效果;如果2-D和3-D模拟之间SRQ的变化可与预期的实验测量不确定性相比,且拥有可靠的3-D模拟,那么在模型确认中应能使用3-D模拟。注意:两种解都必须经网格研究并迭代收敛至同一水平,从而可适当比较其结果。如果不能计算3-D模拟,那么难点是当实验测量和2-D模拟之间的一致性较差时应做出什么推断? 模型中的2-D假设不成立或模型中存在其他弱点? 研究者们在流体力学的最新经验表明:一些本质上认为是平面2-D的实验被发现具有明显的3-D效果,由此提出了有关模型中时间假设的一类似问题,即模型中可以做出稳定的假设吗? 或需要一次不稳定的模拟?

原则2指出团队的计算成员和实验成员都必须知晓确认实验的目标活动。对计算方而言,分析人员必须懂得在特定实验建模中需要的空间维度、时间属性和几何简化;对实验方而言,实验人员必须决定实验测试系统、实验设备以及仪器中的设计特征和操作特征,从而对规定的建模假设进行适当检测。如果推荐的实验设备不能满足分析人员最初提出的模拟参数,那么可在满足最初确认实验的条件下修改模型输入,或必要时寻找其他设备。例如,在流体力学实验中,可以保证表面的层流边界层并对其进行精确描述吗? 仪器型号和数量能够提供足够数量、所需精度和空间解析度的数据吗? 反之,分析人员必须理解或由实验人员告知有关实验设备、仪器及装置的限制条件。

原则2还提出:实验人员应测量模拟输入所需的所有关键物理建模数据、初始条件(IC)、边界条件(BC)和系统励磁信息;任何编码(非测量)所需的关键实验条件对确认实验的数值都至关重要。如果关键输入数据未经测量,如第10章所述,那么最好是在模拟中放弃这些不精确的结果,即无论是SRQ区间还是概率盒都必须与测量比对(第3章引入了概率盒,并将于第12章“模型精度评估”展开详细论述)。分析人员也很有可能使用未经测定的量作为可调参数,校准其模型,从而与所测系统反应之间达到高度一致;毫无疑问,这将有损确认基本目标——模型预测精度评估。

计算模拟中使用的输入量应该是确认实验中经实际测量的量。实验中一些输入量可能因各种原因不为人知或知之甚少;导致不能精确了解输入量的原因可能有两方面:首先,对输入量认识上的不确定,包括:①输入量由于分析人员与实验人员之间缺乏沟通未经测量,实验人员却视为一区间;②输入量未经测量,却被实验人员根据其经验进行了简单估算,或采用工程手册上的数值,而非实际测量;③实验样品的几何描述来源于硬件的制造图纸,考虑到实际实验中的机械载荷和热载荷未测定样品挠度。

其次,已知输入量为一随机变量,在确认实验之前、之中或之后都未经单独测量,包括:①输入量在确认实验中未经单独测量,原因在于此种测量会致使其发生变化如破坏性试验;②输入量在实验中未经单独测量,原因在于其特征在实验中会发生变化;③上一实验至下一实验之间的输入量不可控,不能单独测量。如果因知识匮乏(认知不确认性)和缺乏随机过程(偶然不确定性)导致输入量不确定,那么可视该输入量为一概率盒。

偶然不确定的、在确认实验中不能单独测量的输入量应根据概率密度分布函数或累积分布函数进行描述。例如,假设材料性质是某一确认实验的输入量,但因其制造存在固有变异性;此种性质可经测量,但会使样品发生变化,致使其在确认实验中不能使用。正确的方法是对样品总数(比如给出生产批次)进行抽样,描述其性质的可变性。获得多个样品后,构建总数的概率分布,将其作为模型输入。这种概率分布通过模型扩展,从而获得所关注 SRQ 的概率分布。然后,在实验测量的概率分布和模拟的概率分布之间进行量化比较。这一步骤将于第 12 章展开详细讨论。

描述确认实验所需细节将涉及各种流体力学实验的讨论。下文列举了飞行器风洞试验的物理建模和边界条件所需细节:

(1)实际模型大小的精确测量,而非标称规格或要求规格。

(2)表面粗糙度条件,包括机体零件或附件的缺陷或缺点。

(3)自由流条件下机体表面的边界层转捩位置、攻角和操纵面偏度。

(4)测量风洞内自由流湍流数量。

(5)精确测量所有仪器的位置和几何详情,而非制造图纸中要求的位置或安装位置。

(6)在风洞内测量自由流条件的位置,尤其是亚声速自由流。

(7)针对亚声速自由流,测量计算区域起点和终点附近测试区域内侧风洞壁上的压力。

(8)在风洞内用于安装模型的所有硬件的详细尺寸和几何细节。

针对飞行器的结构、机翼和变形机体,还需一重要细节即在实验载荷下测量实际变形的几何结构,而不是计算形变结构的形状;形变结构的测量或计算可能涉及时间关系曲线图,长时间在高超声速风洞内,气动加热导致的飞行器变形应进行测量,或必要时进行估算。就高超声速风洞和超声速风洞而言,在风洞运行期间,应在模型表面的适当位置处测量模型表面温度。

风洞内,自由流为模拟创造了流入边界条件。这些信息在风洞试验部分内测量流场量时可获得,如自由流马赫数、总压力和静态压力以及总温度和静态温度。风洞校准期间试验部分内的点上可测量这些数据。通常,这些数据在空间上都均匀分布在试验部分,并在模拟中取其平均值。针对边界层转捩实验,校准测量同样涉及自由流湍流强度和雷诺应力。厂务经理可能更乐意与用户(和竞争对手)分享这些详细的流动特性数据。然而,针对与使用复杂湍流模型或转捩模型的 CFD 模拟进行比较的实验数据,这些数据至关重要。

就超声速风洞而言,测试区起点的流场校准测量可用于设置流动属性为飞行器弓形激波上游的位置相关边界条件。这种方法虽然概念上可行,但目前正处于确认实验的模拟尝试阶段。可能有人会认为这种方法对优质风洞(即非常均匀的流场)来说是多余的、没有必要的。但是,在11.4.2节,我们将说明流场不稳定性是确认实验三种优质风洞中导致实验测量不确定性的最大因素。我们将讨论这对大多数风洞来说是真实的。

　　就亚声速风洞而言,边界条件问题因描述流场的 PDE 的椭圆形特点变得更加复杂。针对低速风洞,即便是模型拥堵较小,CFD 分析人员必须解决的首要问题是:我应该为风洞整个测试部分的流动建模吗? 或假定一无限风洞吗? 这个问题可以这样回答:针对系统响应量(风洞内测试并与 CFD 模拟进行对比),如果计算实验中风洞及无线风洞的模拟,这些量会发生什么变化呢? 尽管据我们所知,这一问题未发布任何详细分析,但我们相信对风洞拥堵的敏感性将非常重要,甚至在低等到中等程度的拥堵。风洞实验人员采用校正因子,试着消除拥堵对不同测定量的影响,但是这些都使精确度有待考证。就超声速风洞而言,这些校正因子疑点重重。

11.1.3　计算与实验之间的协同

　　原则3:确认实验应该致力于强调实验与计算方法内在的协同。

　　我们认为协同是一种联合计算与实验活动,能够改进二者的性能、认知或精度。每种方法内的改进可以是即时的,比如在当前活动期间;或可以是有利于未来项目的改进。认为联合计算/实验工作好处的人们往往宣称工作的最大优点就是协同;认为应积极强化分析人员与实验人员之间密切合作的人们可能会感到非常吃惊,但确认实验所做的贡献远不止于此。我们将以流体力学的两个例子来说明这种协同。

　　首先,一种方法的优点可以抵消另一种方法的弱点,以声速风洞内的理想气体层流为例,假设风洞模型的设计有利于几何结构从简单到复杂进行重新配置;就不具分离流、迎角较小的简单几何结构而言,除飞行器基极区内的分离流外,我们应该可以非常顺利地计算出流场解。这可能需要单独的 CFD 代码和分析团队,但使用目前 CFD 技术,这是非常有可能的;然后,对比高精度解与风洞测量,找出设备、仪器及数据记录系统的各种不足和缺点;这种协同作用的相关示例将于第 11.2 节和第 11.4 节进行讨论。如果高精度解适用于测试区校准中使用的探针几何结构流场时,那么可以更加精确地解释校准测量,从而提高对测试区流场的校准;如果风洞模型重新配置成一复杂的飞行体几何结构,那么情况与简单几何结构的情形相反,因为这种几何结构需要鲜明的 3-D 流、自由流和激波/边界层分离。这种复杂的流动情况不存在高度精确的 CFD 模型。实验测量有望比 CFD 模拟更加精确,与此同时,复杂的几何结构情况将视为一种确认实验从而测试编码中的物理模型。

　　其次,我们可以在确认实验的规划阶段采用 CFD 模拟,从而极大地提高实验的设计、监测和执行。比如,我们可以计算激波位置及其对表面、分离流及重接位置的冲击、高热量区域以及表面附近的旋涡流。这些计算要求实验人员改进实验设计,尤其是改进仪器型号、灵敏度和位置。这种方法还可以通过优化实验设计,直接针对编码中的模型,即设计实验拆分模型;优化实验设计,拆分模型包括:①优化物理建模参数,如雷诺数和马赫数;②修改边界条件,如模型几何结构和墙面条件;③改变初始值问题的初始条件,如冲击波问题。我们应指出分析人员通常并不觉得优化实验、破坏其模型的这种方法是明智的。

11.1.4　计算与实验之间的独立与依赖

原则4:尽管实验设计应共同完成,但是计算和实验系统响应结果的获得必须保持独立。

本原则目标在于进行盲测预测,从而与实验测量结果进行对比。有关盲测预测数值与分析人员所知测量之间的对比,意见各不相同。原则4明确表明了我们对盲测预测的重视程度,过去曾依赖计算预测的许多实验人员和经验丰富的项目经理都分享了其对盲测预测的观点。预测精度是什么以及如何在实验上评估预测精度,原则4都有着举足轻重的作用。

分析人员常认为原则4有辱其诚信;很明显这不是他们的目的,他们是希望在计算实验对比过程中了解更多个人经验以及一些有关正确(实验)结果影响的项目。还应该注意的是盲测预测很少公开执行或刊登在文献上。如果在产业组织内执行盲测预测,那么其结果往往为其独有,无论比较的好坏。分析人员,或更精确地说是其组织,认为将不好的比对结果公诸于众获得的好处不大,甚至存在极大风险。一些比对结果不好的组织曾采取不正当手段隐瞒或限制盲测结果分布,这并不是前所未闻的事。参加这些盲测预测活动的组织肯定有不同一般的动机。最常见的动机是如果这些组织不参与盲测预测活动,他们未来将失去一些投标机会或政府对其编码的认证。

原则1提出分析人员和实验人员之间应保持密切合作,同时还应适当保持计算结果和实验结果之间的独立,这是很难实现的。但是,通过密切关注下述程序和管理细节,可以解决这种挑战。实验测量处理与分析过程中,分析人员不能起初就给出系统响应细节。分析人员在实验期间应给出建模方法所需输入数据的完整细节,如物理建模参数、IC、BC和系统励磁等,即必须提供分析人员计算解所需的一切——而不是更多。分析人员不得展示SRQ的实验测量。此外,分析人员必须量化数值解误差并上报输入的任何偶然或认知不确定性,从而获得数量上的不确定性,与实验测量进行对比;然后,对比计算结果和实验结果,最好由实验人员或组织人员单独完成。计算结果和实验结果之间的一致性如果较差,则表明这种差异总是使人们对实验和模拟有更进一步的理解。

最后,我们认为管理层不应参与最初的对比和讨论,讨论应仅限于分析人员和实验人员。通常,在最初的讨论中,会发现团队人员之间的词不达意或误解;同时,因为一两个团队人员会做出适当变化。如果在这些必要讨论或更正展开之前有了管理人员的参与,那么团队的一方往往会过度热忱,可能发生有损团队工作的行为。

原则4强调计算和实验确认活动的独立性应在工程环境中,而不是研究编码或数学模型构建环境中,包括建立物理过程数学模型如湍流模型等的实验环境。如第10章所述,更好理解物理过程的实验不是确认实验,而是模型构建实验。模型构建实验需要模型构建者和实验人员之间的密切合作和沟通;有时候,模型构建者和实验人员是同一个人。

同样,建议确认实验不得产生与本质上用于简化关键数据的模型计算密切相关的数据。采用密切相关的模型计算,我们是指数据简单原则中的计算能够与验证模型之间共享许多相同的物理假设。确认实验数据并不能处理好实验数据和模拟之间独立的需求;实验数据涉及密切的模型计算用于处理数据,但这种数据绝对不是确认实验期望的结果,虽说这种具体情形可在其他实验中发生。例如,使用冲击波物理模拟从实验所需的冲击流体力学数据(密度、压力和流速场)测定材料温度,而不是使用一些诊断设备直接测量温度;无需温度诊断,从冲击流体力学实验获得确认数据只可能是冲击流体力学数据;这一问题具有重要意义,因为它是在使用高压、冲击驱动和材料响应研究温度特性的过程中产生的。这种实验通常需要在冲击载荷下进行模拟,继而估算相关热力工况。对科学发现而言,尽管这种情况带有投机性,但是容许的。然而,此等实验因计算与实验之间缺乏独立性,不能为材料的高压热机械响应提供确认数据。

11.1.5　实验测量的层次结构

原则 5:实验测量应建立一个系统响应量的层次结构,遵循从全局量到局部量。

第 10 章中讨论了有关预测和测量不同 SRQ 的难度层次概念,难度范围视数学模型中因变量的积分和导数而定。我们再次重复第 10 章讨论的,见图 11-1。如可能,应在层次结构的多个层级上执行确认实验测量,即设计实验时应在层次结构至少两个或三个级别上进行 SRQ 测量。根据经验,在相同层级上测量一个或两个 SRQ 会产生非确定性的、误导性的确认结果。本质上具有预测能力的模型应在层次结构的至少两个(如果没有更多层级的话)层级上进行鲁棒预测。

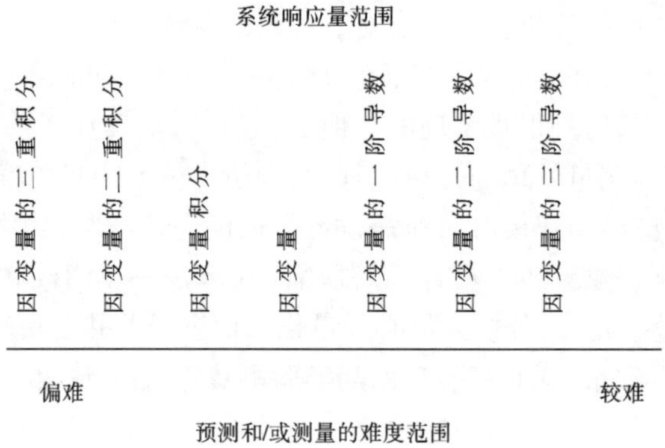

系统响应量范围

偏难　　　　　　　　　　　　　　　　　　　　　　较难

预测和/或测量的难度范围

图 11-1　SRQ 范围及预测和测量每个 SRQ 的难度

在难度范围内进行测量同样具有明显优势,特别是模型性能比预期的更加不良时。如果仅在一个难度层级上进行测量,或在同一层级上仅测量了少数 SRQ,那么模型构建者将很难发现模型性能不佳的根本原因。此外,多层级测量同样有助于确定实验结果中是否存在不一致、缺陷或误差。另一方面,如果在难度范围内且在不同 SRQ 类型范围内进行测量,那么这将更加有助于模型构建者发现薄弱环节。如果在物理现象内空间尺度和时间尺度范围较宽如多尺度建模或不同物理现象耦合明显时,多层级测量尤为重要。

在多难度层级上进行测量还有另外一个优势。假设仅在一个难度层级上进行测量,且这一层级为预测能力必须要求的层级;同样,假设模型测量一致性良好,而且可能是出乎意料的好;但有时候,执行类似确认实验也会发现模型与测量之间惊人的不一致。进一步研究表明,第一次实验上的一致性良好完全是偶然;同时发现,取消模型误差或数值解误差的偶然因素都能产生良好一致性,而非高保真模型物理现象。如果在不同难度层级且对不同类型的 SRQ 进行测量,偶然的良好一致性往往会有瑕疵。例如,假设我们认为物理现象内完美的空间或时间细节才能获得良好一致性,但模型不能预测更大尺度上的物理特征,因此在模型或实验中肯定存在谬误。我们建议无论计算和实验之间一致性的好坏,都应该对二者分别进行关键分析。

在多难度层级上进行测量必须考虑以下两种现状:第一,实验诊断能力范围必须更大,这不仅要为额外诊断或实验设备的改进投入费用,还必须为倡导的更宽技术人员能力范围投入费用;第二,范围内从一个层次移动到更高难度层次时,实验测量不确定性明显增加,如图 11-1 所示。范围内从一个层次移动到更高难度层次时,尤其在必须开发和完整新诊断测量技术的情况下,测量不确定性增加量明显。

测量层次结构上涉及两个或三个层级的一种诊断方法是使用现代光学技术。随着数字摄像机内宽波段帧速和像素分辨率的使用,我们可以在大型二维或三维场内记录系统响应的多种时间特征。通过这种时空尺度,我们可获得测量层次结构多个层级上的量化数据。例如,在某实验类型中很难或不可能把传感器放在所关注位置内,这些示例包括:①小型物体的飞行运动如子弹、鸟或昆虫;②高速物体的冲击和穿透;③流体和超波柔性结构之间的相互作用;④液体和固体内的现场冲击波动力学;⑤各种表面自由流。如果传感器会影响所关注物理现象,我们在模拟中可以直接使用传感器的物理特征和几何特征。

以流体力学为例,现代技术如粒子图像测速(PIV)和平面激光诱导荧光(PLIF)都可以测量数据平面上的局部流体速度、质量浓度、温度和压力。相对场内局部测量或点到点测量,这将增加大量数据;录像系统的实验数据通常可直接与计算 SRQ 进行比较;或者,通过解决所关注区域内建模光学响应额外的物理方程组对计算解进行后处理;例如,在流体力学内,包括质量密度场在内的计算流场解可用于计算纹影或干涉仪照片,进而与实验成像进行比较。获得平面上的量化实验数据,并将量化数据与计算结果做比较是比场内局部测量要求更高的一种模型预测能力。

已证实实验影音录制或实验设置有助于检测实验安装问题、强化对物理现象的理解并为实验做好记录。根据实验中的时间尺度,我们可以使用廉价的标准帧速 AV 设备或高速数字录像设备。一些示例中,标准 AV 设备证明非常有效,如:①传感器和传感现象之间非预期的交互;②实验执行设备内或正在测试的几何结构不同要素之间非预期的流场交互;③有关 BC 或 IC 不符的模型假设探索;④非预期或未建模测试零件表面特征或组装的探索。高速录像设备与自动化特征识别算法耦合,从而分别为位置、速度以及加速度产生量化数据。此外,随着现在对 AV 记录的大量保存,新技术正用于搜索一些物体或言语的 AV 记录。

11.1.6　实验不确定性的评估

原则 6:实验设计的构建应分析并评估零件的随机(精度)实验不确定性和系统(偏差)实验不确定性。

任何实验测量中都会建议本原则,但在确认实验中,它的重要性尤为突出。我们可能会问:"为什么它如此重要?"因为确认实验的首要目标是评估模型精度,核心问题是不确定性评估。与之相比,计量学领域的核心是使用评估不确定性估算输入量的真实值。诚然,这两种观点都密切相关,但重点有所不同。在确认实验中,量化评估并严格评估所需量的不确定性,这比根据测量推断真实值更加重要。我们并不是指高精度测量不重要,而是强调模拟所需实验条件和所测 SRQ 的不确定性精确评估在确认实验中是至关重要的。

评估实验测量不确定性的标准方法是《测量不确定性表示指南》(ISO,1995;ISO,2008)所述的国际标准化组织(ISO)方法。美国国家标准协会(ANSI,1997)出版的《美国测量不确定性表示指南》也述及了同一程序。在一些学科内也详细描述了 ISO/ANSI 方法如风洞试验(AIAA,1999,2003)。在确认实验中,这种方法是不确定性评估要求的最低水平,它主要与固定量测量不确定性的表示相关,其中,固定量称为真实值。不确定性不能根据一般的随机条件和系统条件进行分类,而是根据表征不确定性的方法进行分类。ISO/ANSI 方法中,不确定性分为:

A 类:采用对观测集体或总体进行统计分析来评定的不确定性;

B 类:不采用对观测集体或总体进行统计分析来评定的不确定性。

输入量(若干其他被测量的结果)的合成标准不确定性为各项总和的正平方根。这些项包括其他被测量的方差或协方差,其中,被测量权值依照测量结果随输入量的变化情况;事实上,源自"非统计方法"的 B 类不确定性并不妨碍 ISO/ANSI 方法采用统计概念。

至少在过去的 40 多年里,统计抽样小组一直都在采用着一种不同的方法(Montgomery 等,2000;Box 等,2005;Hinkelmann 和 Kempthorne,2008),即基于多个所关注测量量进行分析对比的完全统计法;这种方法通常称为实验统计设计(DOE),因为它是在专门设计的抽样法基础上分析所关注量的最终测量结果。DOE 方法中,我们可以确定各种引起所关注最终量中合成不确定性的来源类型;然后,设计实验方法,对引起所关注最终量不确定性的每种来源进行量化统计。DOE 法与上述提及的 ISO/ANSI 方法大为不同,它对实验中收集的样品数据设计采用重复、随机化和封堵技术。这种方法已广泛用于分析许多领域的数据如生产过程控制、系统及零件可靠性、环境统计、生物统计、药物试验、流行病学等;然而,在工程实验和物理学实验中,这种方法使用受限。Oberkampf、Aeschliman 及其同仁一直在风洞确认实验中大量采用这种方法,并与 ISO/ANSI 方法获得的结果进行比较(Oberkampf 等,1985;Oberkampf 和 Aeschliman,1992;Oberkampf 等,1993,1995;Oberkampf 和 Aeschliman,1998)。ISO/ANSI 法和 DOE 法将于第 11.3 节进行详细讨论。

11.2 确认实验示例:联合计算/实验空气动力学计划(JCEAP)

11.2.1 JCEAP 基本目标及描述

1990 年,桑迪亚国家实验室启动了一项长期的联合 CFD/实验研究计划,称为联合计算/实验空气动力学计划(JCEAP)。计划有两个目标:①提高桑迪亚高超声速风洞试验和 CFD 模拟能力;②提高对 CFD 和实验如何协同工作才能有利于各自更好发展的认识。研究计划于 1997 年圆满结束,许多报道、出版的会议论文和期刊文章都对其进行了描述(Oberkampf 和 Aeschliman,1992;Walker 和 Oberkampf,1992;Oberkampf 等,1993;Aeschliman 等,1994,1995;Oberkampf 等,1995,1996;Oberkampf 和 Aeschliman,1998;Oberkampf 和 Blottner,1998)。计划针对高超声速飞行器结构的力和力矩以及表面压力测量生成了一个广泛的数据库。更重要的是,计划提出了高质量确认实验设计与执行的基本概念,上述论及的六大原则也源自于 JCEAP 经验,所有都得来不易。下述讨论将不涉及使用实验数据作为确认数据库访问高超声速流 CFD 代码所需的诸多细节,相关细节请查看引用部分。现在,我们将集中精力以 JCEAP 来例来说明所述的六大原则。

计划的第一阶段涉及在高超声速流场中对飞行器结构的气动力和力矩进行计算和实验研究。这一期间,我们测定了飞行器的几何结构,制作了力和力矩(F&M)风洞模型,测定了实验条件并获得了 F&M 数据。计划的第二阶段解决了预测和实验过程中的下一难度层级,以及在同一水流条件下相同尺寸和形状几何结构的表面压力。F&M 实验和压力试验二者都提及了实验不确定性评估程序。这一程序是建立在先前风洞试验中使用的统计 DOE 程序之上,与 JCEAP(Oberkampf 等,1985)无关。

在桑迪亚国家实验室长期的排污高超声速风洞(HWT)内实现了所有实验测量。风洞是一个排污真空设备,根据运行条件可运行达 1 min;管口和测试部分由三个波状外形的轴对称喷嘴组成,形成一个能够绕普通轮毂旋转的大型固定装置。测试部分打开时风洞的全貌如图 11-2 所示。根据所使用的喷管,测试部分的马赫数标称为 5、8 或 14。每个喷管的圆形测试部分在直径上大体相同,约为 0.35 m。喷管分别设置电阻加热器,以防测试部分流动凝结。运行期间,控制流动总压力和温度,从而在设备运行范围内获得所需雷诺数;设备运行期间,总压力为手动控制,而其他操作参数由计算机控制;根据流动雷诺数,可用运行时间通常为 30~60 s,运行周转时间为 1 h 或更少。通过计算机控制的、扇形驱动的远端机尾,模型螺距角(仰角)在运行期间各不相同。运行期间,通过收回风洞的机尾部分并手动对尾撑支架上的模型做出所需变化,就可改变模型滚动角及其结构。

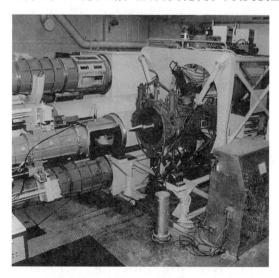

图 11-2　机尾部分从测试部分缩回的桑迪亚高超声速风洞(流动为从左至右)。模型打开部分可以看见,黄色支架为后安装固定装置的一部分,承载模型(Oberkampf 等,1993)(见色板部分)

11.2.2　实验的共同规划和设计

11.2.2.1　风洞条件

工作最初,JCEAP 就设计成一确认实验,但却并没有完全认知到确认实验是什么。需要做出的最初方案是:在 HWT 中应使用什么样的马赫数条件? CFD 基本要求是模型上的流动应全部为层流;在风洞测试内,这个要求非比寻常,因为正常想法是飞行器上方为湍流,从而在飞行中与飞行器的流场相配合;采用层流作为关键动力的原因在于,只有层流,才可能在 CFD 模拟中计算出一些比试验测量更精确的流动条件,而湍流却不能做到这一点;并且,自 JCEAP 启动 20 多年以来,一直如此。

飞行器上气流的雷诺数是决定飞行器上是层流还是湍流的关键因素。雷诺数为一无量纲比值,定义为 $Re = \rho v L / \mu$,其中,ρ 为自由气流密度,v 为自由流速,L 为特征长度尺度(通常为飞行器总长度),μ 为自由气流中的绝对流体黏度。雷诺数越小,整个飞行器上方将越有可能为层流;随着雷诺数的增加,飞行器不同部分上方的气流将转为湍流(Wilcox,2006)。

如果对可以用于测试部分的模型长度进行合理评估,那么就可以检测用于马赫 5 喷管的高超声速风洞设备的操作条件。已发现最小雷诺数条件下的马赫数为 5,几何结构上方将不可避免地出现层流和湍流的混合。就马赫 14 喷管而言,雷诺数因气流进一步扩展至测试部分可获得的范围更小。因此,在设备的任何操作条件下,都可以保证模型上方的层流。反对使用马赫 14 喷管的争论焦点是:测试部分压力过低,非常精确地测量表面压力值得怀疑。

针对马赫 8 喷管可用的操作条件范围,其产生的雷诺数符合实验要求。在工作范围中更高压力条件下操作将使层流和湍流混合,在更低压力下操作将获得一切所需层流,并且,在测试部分的压力足够大时可精确测量表面压力。马赫 8 测试部分直径为 0.350 m,其顶部、底部及侧面分别设置有 0.2 m × 0.38 m 条纹级窗口;更高等级的窗口有利于进行光学诊断。

11.2.2.2　模型几何结构

我们关注的是设计能够产生一系列流动特征的飞行器结构。这种结构中,最简单的流场可能拥有比测量更加精确的计算,通过简单的几何结构并采用低攻角就可实现上述要求。通过改进几何结构并采用高攻角可得到复杂的流场,同样值得我们思考的是希望产生一个能对桑迪亚项目工作组有意义的几何结构,即试飞重返飞行器。项目工作组关注操控重返飞行器,即高超声速飞行期间通过偏转飞行器控制表面就可操控飞行器。

通过使用 CFD 对几何结构进行数次设计迭代之后,我们选定了一个球面钝锥,半角为 10°,锥体的机尾部分是一个刀削区域。我们没有选择尖头飞行器的原因有三点:第一,无论机械师把尖头制得多么锋利,头部钝度总是有限的;采用锋利的尖头就需要非常精确的检测,精准地描述 CFD 模拟中的几何结构。第二,半径过小的尖头将改变流态,几何结构其余部分的连续流体将变化为尖头上的稀薄气流;换言之,违反了几何模型中的一重要假设,有损某些流域解所需的高可信度。第三,尖头在风洞测试的长期使用过程中,很容易出现损坏。这种损坏可能是受自由流中微小粒子的影响导致的轻度腐蚀,或因处理模型时导致的意外损坏。因此,在实验期间,不得不对尖头进行定期重检,从而确定尖头是否发生任何变化。根据 CFD 模拟,我们选择了 10% 的头部钝度,即尖头半径相当于锥体的 0.1 个基圆半径。这种尖头半径很好地平衡了飞行器上方靠近切削部分的熵梯度,避免了飞行器尖头附近亚声速流区域过大。

　　根据 CFD 模拟,我们决定从切削部分着手;切削部分与锥体轴平行,长度为飞行器长度的 70%;有关最终飞行器设计,请参见图 11-3。假设马赫 8 喷管测试管段直径为 0.355 m,那么底座直径则为 0.101 6 m;采用该底座直径和 10° 锥体半角,模型的最终长度为 0.263 9 m。为了增加某些几何结构中 CFD 模拟的难度并使几何结构对飞行试验项目组更有吸引力,模型设计应使不同襟翼能够附置在切削部分的机尾部分;襟翼的偏转角分别为 0°、10°、20° 和 30°,所有襟翼都可延伸至底平面。通过设计偏转延伸至模型底平面的襟翼,有可能极大简化了主体几何结构和基流的计算网格,同时也简化了数字模拟中穿过底平面的流出边界条件设置。注意:实际飞行器中,情况会有所改观。飞行器中,襟翼会靠近襟翼前缘附近铰接;从而,在襟翼偏转时,襟翼后缘将不会延伸至飞行器底平面。

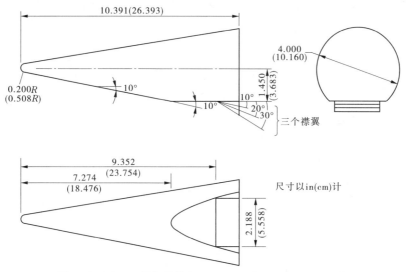

图 11-3　JCEAP 几何结构(Aeschliman 和 Oberkampf,1998)

　　最终确定飞行器几何结构后,我们将与飞行试验项目组讨论 JCEAP 的几何结构。对项目组而言,他们关注的是机动重返飞行器的几何结构及其潜在优势。然而,当我们向他们说明我们仅对层流进行测试时,他们的兴趣就消失殆尽了,继而他们放弃了对项目融资。幸运的是,有内部研发(IR&D)资金对项目的大力支持。如第 10.1.2 部分所述,确认实验项目需求与高质量确认实验需求之间常常发生冲突;如果实验资金来自于项目组,那么他们的需求往往会优先满足。

11.2.2.3　模型制造及使用仪器

　　我们制造了两种不同的物理模型,但二者都有着相同的几何结构(见图 11-3)。使用 F&M 模型时涉及高精度六分量应变仪天平;所述天平安装在模型几何结构内部,可显著提高对气动感应力和力矩的测量精度。在设计和制造上,压力模型因需要额外的仪器设备显然更复杂。压力模型中,在模型表面总计加工了 96 个压力孔;压力孔口连接至 2 482

N/m² 或 6 895 N/m² 电子扫描压力模块,压力模块均位于模型内侧;根据所需压力等级 CFD 预测,选择压力孔连接至模块;模型包括 9 个半导体桥型科莱特压力计,用于沿模型表面检测适当位置处的高频表面压力波动;模型还包括 4 个安装在模型墙内的热电偶,分别位于模型两个不同的轴向位置。热电偶用于确保最终 CFD 计算所需输入边界条件的模型表面温度。

　　压力模型由四部分(包括可拆卸的尖头)构成,允许在制造期间进行机加工和安装钢制压力孔衬垫。图 11-4 展示了模型的纵向截面、底盖及支杆的附近区域以及支杆覆盖。这种设计方法大大方便了在后续模型组装中压力孔和内部安装的压力模块之间的管道连接;直径上稍小于模底座的底盖延长部分构成支杆的一部分,为模型提供了结合点。该部分同样形成一中空凹陷,用于安装压力模块、压力管道和电气布线;底盖延长部分一侧设置有与模型切削部分相对应的平坦区域;风洞内,模型经厚壁硬棒支撑,减小了模型运行期间因气动载荷导致的模型偏差;模型通过支杆连接至测试区域下游的弧形驱动器,使模型偏斜至所需攻角。支杆长度的设计应使弧形部分的旋转中心大约位于模型的中间。通过这种方式,当模型移动至非零攻角时,仍然位于测试部分流域的中央。

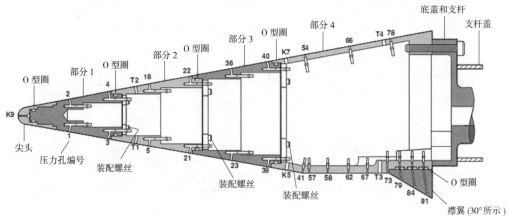

图 11-4　压力模型纵向截面,一些表面压力孔用数字表示,
科莱特压力计用 Kn 表示,热电偶用 Tn 表示(Oberkampf 等,1995)

　　在压力模型的预先试验中,标准压力管道、压力模块电线、科莱特压力计电线及热电偶线均固定在支杆外侧;所有管道和电线均穿过模型底座到达风洞机尾部分,并从风洞下游流场穿出;在预先的 JCEAP 试验项目评审中,CFD 分析人员指出管道和电线线束将在 CFD 分析建模中导致复杂的表面几何结构。当 CFD 分析人员选择模拟支杆附近、模型基底区域内的流动时,CFD 分析将需要了解这种线束的表面几何结构。这一点被指出后,我们发现对线束的建模与确认实验目标之间毫无关联。因此,我们制造了一个圆柱段覆盖在线束和支杆上方,如图 11-4 所示。覆盖物提供的几何结构易于定义和重复,在 CFD 解中更容易进行网格化。基底流场几何结构内的这种简化例证了这种原则,即排除不能为确认目标带来价值的任何复杂几何特征。

　　表面压力测量系统中首先考虑的是使用小径管连接模型表面压力孔至两个压力传感器模块的压力滞后时间(常称为稳定时间)。存在压力滞后误差时,则需要在压力表面测量中引入一个重要的系统不确定性;为了在所关注风洞流动条件下测定每个压力孔的实际滞后特征,在一次连续扫描中,模型攻角从 0°倾斜至 10°,并分别记录了 96 个压力孔的压力数据。在攻角为 0°~10°进行了相同扫描,压力滞后时间通常在 0.05~0.10 s,获得了在 0.1%终值范围内的稳定压力。滞后时间最多为 0.3 s,发生在切削部分的一个压力孔。在保守情况下,记录随数据采集运行期间攻角变化时的压力数据之前,采用的延迟时间为 0.5 s。获得这种响应频率的关键是压力模块和管道以及模型内其他零件的安装。图 11-5 表明了组装中在不扭结任何压力管道或损坏任何电气连接的情况下将所有零件强制放置在模型内面临的挑战。

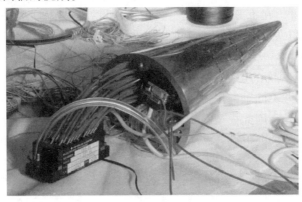

图 11-5　压力模型的组装(Oberkampf 等,1995)

11.2.3 边界条件及系统数据描述

每个模型制造后,都需要对模型表面几何结构进行详细检查。尽管模型经精确定制,但在未来的 CFD 模拟中应使用模型实际测量的尺寸。针对压力模型,压力孔口、科莱特压力计及热电偶均应根据传感器质量和每一个零件的精确位置进行检查。如原则 2 中强调,模拟中应该使用的几何结构数据来自于测试中的几何结构。就 F&M 模型和压力模型而言,它们建造时具有非常大的壁厚,所以不可能因气动载荷导致任何偏差。此外,至于 HWT 内的总温度条件,模型几何结构也不会因气动加热产生任何变化。

最初的风洞试验中,我们精确测定了何种雷诺数条件下将会在模型上方获得层流。为了协助本次测量,我们采用了剪应力敏感液态晶体。通过这种技术,我们在风洞运行之前对模型表面的液态晶体进行了喷涂,从而晶体可根据施加的局部表面剪应力变换颜色。针对雷诺数适中的初步试验中,这种技术也非常恰当,但却不是决定性的。在雷诺数最小时进行的测试中,剪应力水平比可获得的晶体灵敏范围更低。液态晶体同样在模型表面上提供了流动的条纹视图。在中等雷诺数测试中,通过检查这些表面流动的照片,可看到攻角部位因交叉流动导致的边界层转捩波动。因交叉流动导致的层流边界层不稳定性可参照前辈们对湍流的计算研究(Spall 和 Malik,1991,1992)$R_L = 1.8 \times 10^6$ ($R = 6.82 \times 10^6$, m),虽然没有任何转捩波纹可以看到。因此,在这一雷诺数上,需执行进一步的实验和计算模拟。

我们在很多情况下都曾对风洞流场进行了校准,不仅包括 JCEAP 中所关注的雷诺数和总温度,还包括操作范围内的许多其他条件。根据这些校准,可确定沿实验管段中心区域的空间平均自由流马赫数为7.84。在所有风洞内,沿实验管段中心区域自由流流动特征都存在细微变化。我们将风洞校准中的空间平均条件用作CFD模拟中的流入边界条件。应该指出的是,雷诺数和马赫数条件在之前仅仅运行过一次,且在风洞校准期间。相对项目组需求而言,实验设备往往在确认实验特殊情况下使用,这例证了这一常见情况。

攻角、模型倾斜角及襟翼偏转角的运行进度表设计通常与项目组的风洞试验大为不同。项目组的目标是在与系统性能相关的更大操作范围内获得信息;就确认实验而言,其目标是为获得受限条件下的信息,从而针对所有模拟需要的输入量和所有测试的SRQ严格评估实验不确定性。在JCEAP中,运行进度表的设计应保证能够进行大量重复性、随机运行试验并采用阻塞技术。每次运行期间,攻角均为 −9° ~ 18° 不等;在运行过程中,标称的攻角 α 顺序为 0°、−9°、−6°、−3°、0°、3°、6°、9°、12°、15°、18° 和0°;针对每一个 α,倾斜角都设置在0°(迎风面的切削部分)、90°、180°和270°。此外,通过改变模型支杆的长度,分别在试验段的两不同轴向位置对模型进行测量,其中,前方的轴向位置使模型位于弧形驱动器的旋转重心,因此模型在旋转时保持在试验段的中心区域附近;在机尾轴向位置处,模型在实验管段的向下旋转和转动为正向 α,向上旋转和转动为负向 α。相关F&M实验和压力试验各自的完整运行进度表,请参阅表11-1和表11-2。

表11-1　F&M 实验的运行进度表(Aeschliman 和 Oberkampf,1992)

倾斜角(°)		$\delta = 0°$	$\delta = 10°$	$\delta = 20°$	$\delta = 30°$
前端风洞位置模型	0	34,36,37,73	63,72	64,71	65,70
	90	39	66,67	69	68
	180	40	55	56,57	58
	270	41	62	61	59,60
机尾风洞位置模型	0	74,75	83	82	81
	180	76,77	78	79	80

表11-2　压力试验的运行进度表(Oberkampf 等,1995)

倾斜角(°)		$\delta = 0°$	$\delta = 10°$	$\delta = 20°$	$\delta = 30°$
前端风洞位置模型	0	20,22,62	42,43	48,49	56,57
	90	24,26,59,61	37,39	46	54
	180	30,32,58	35,36	44,45	50,53
	270	28,29	40,41	47	55
机尾风洞位置模型	0	101,102	118,119	124,126	131,133
	180	103,112	115,116	122,123	127,129

F&M实验期间,我们测量了模型上的气动载荷,并随后使用所测载荷校准因安装支杆偏转导致的攻角变化。风洞打开时,我们对模型加载了同样范围的气动载荷并对攻角

变化进行了测量,并用这种角度偏转更正弧形机构所示的攻角。至于压力试验,我们采用了相同程序,除因刚性支杆导致的偏转比 F&M 实验中使用的支杆稍小外。

最后,使用热电偶测量运行期间模型的表面温度。表面温度的最大差异发生在攻角处模型的迎风面和背风面之间。因此,热电偶测量应在模型周围相隔 180° 进行。所测温度在后续 CFD 模拟中用作表面温度边界条件。

11.2.4 计算与实验之间的协同

上述示例说明了 JCEAP 实验设计中计算与实验之间的协同交互作用。没有计算和实验团队人员之间的实时协同,就不可能发生交互,现在我们将对此展开详细论述。换言之,如果计算和实验团队人员将其重要时间从确认实验中转移,或更糟的是他们甚至不能同时工作,那么这种特殊协同可能就不能实现。此外,失去了协同,就更不可能实现交互。

完成 F&M 风洞试验后,我们进行了详细的实验不确定性分析(待讨论)。分析揭示了实验数据中最突出的异常现象是在攻角为零且襟翼偏转为 0° 时的俯仰力矩;在其他襟翼角度以及在攻角为零的轴向力中,也可发现这种异常,只是没有那么明显。根据均匀的自由流流场假设,对对称性进行恰当的变换后,必须承认攻角为零时,$\varphi = 0°$ 和 $\varphi = 180°$ 的俯仰力矩应为同一平均值(基于多个统计试样)。根据观察,在 $\varphi = 0°$ 和 $\varphi = 180°$ 时,俯仰力矩系数差异为 0.008。尽管差异看起来很小,但如果将此误差转化为攻角测量上的误差,则为 0.6°。这比列举的攻角测量误差更大。

为解决这一问题,我们研究了几个可能的误差源并分析测定基准压力不一致的空间分布是否会导致俯仰力矩。根据模型基底上进行的五次压力测量,发现这种影响可以忽略不计。研究的另外一个可能是应力天平的安装锥度可能因攻角误差未与模型中心线对齐。精密的模型检查表明未对齐时间小于 1 min,因此不是导致差异的一个关键因素。

实验研究的同时,我们启动了 CFD 工作,以试图帮助理解相关情形。在零攻角情况下,产生了大量额外的 CFD 解和细网格;这些解在模拟精度上可信度最高,分别是 $\alpha = 0°$ 和 $\delta = 0°$,其中,流场是整个实验中最简单的一种情况。俯仰力矩计算结果产生的数值与讨论中的实验结果不符,在 $\varphi = 0°$ 和 $\varphi = 180°$ 的情况下,计算结果实质上只有实验结果的一半。但不管怎样,不同的团队人员对 CFD 结果的可信度都不同。

也有人认为这种差异可能是因喷管雷诺数比设计雷诺数小的情况下操作风洞导致的。设计喷管形状时,考虑了雷诺数 $Re = 19.7 \times 10^{6}/m$ 条件下操作风洞时对应的边界层位移厚度。在 JCEAP 中使用的雷诺数越低,位移厚度就越大,继而在试验段产生了少量的流动不均匀度。因此,我们决定按 JCEAP 雷诺数执行另外一次风洞试验再现这种异常,并按喷管设计的雷诺数执行 F&M 测量。在 JCEAP 雷诺数的第二次风洞试验期间,不能复制异常的俯仰力矩。当攻角为零,俯仰力矩系数 $\varphi = 0°$ 和 $\varphi = 180°$ 时,均值为 0.001,这也是数据中不确定性的预期水平;然后,开始进一步深入研究第一次风洞试验后所发生的变化。

有人认为风洞试验段自上一次风洞试验后可能从水平方向做了些许移动,这是可能的,因为所有不同的马赫数试验段都在一个大型旋转器机构上;试验段经过数次移动、重组和检查,通常在 1 min 内就回到水平方向。然而,在这次角度检查期间,发现使用液压缸就地关闭并锁住风洞时,模型头向下倾斜;反复关闭并测量表明,这种移动为一常数 −0.08°;据我们所知,风洞关闭时这种一致性的系统误差自设备建造时就已经存在;所有数据都需按这一常数 −0.08° 对攻角进行误差修正;然而,仅在大小上修正还远不能解释先前确定的异常。

第二次风洞试验期间,观察到我们试图复制的异常并不涉及基本压力仪器。安装好基本压力传感器并测量俯仰力矩时,就可精确复制这种异常。五个基准压力分别连接至传感器,其中,传感器测量范围为 0.007 大气压。因此,风洞在运行前后都与大气压连通,传感器就远超刻度范围。所有应力仪连接至数据系统并使基本压力传感器在刻度范围之外,为响应大气压,模拟数据信道均已饱和。通过常用的信号返回线路,这为所有数据信道引入了一种系统误差;风洞运行前并排空后,通过使用第二次非零空气,就可很容易地避免并消除这种数据内系统误差。

我们进行了最后两次观察:第一,根据过去随时因电气接地环路导致的这种系统误差,测量了试验项目的基准压力。系统误差虽不属于主要实验误差,但通过对数据进行仔细的统计检查,这种误差可以明显探知。这类误差鲜有报道,但优秀的组织机构应做了解。第二,接地回路偏移误差从数据中移除后预测最终测量结果时,CFD 结果完全正确;那些曾认为某些流场中 CFD 不可能计算出比测量更精确的结果的团队成员都非常惊讶。

11.2.5　计算与实验之间的独立与依赖

JCEAP 物理建模事实上有助于保持计算与实验之间的独立。换言之,就理想气体层流而言,本质上不可能存在其他重大建模问题。我们可能会质疑子模型中的一些假设,如第 11.4.1 节所述,但是这些都不可能使模拟结果产生明显变化。

如原则 4 所述,模拟必须在实验期间提供所测输入数据;分别检查完模型的几何结构后,就可在所有模拟中使用这些几何测量;实验完成后,模型输入数据就可用于计算新的 CFD 模拟。例如,在自由流条件和壁面温度边界条件下,整个运行进度表的测量均值就可在新的模拟中使用。因为这些数据与最初模拟中假设的非常相近,因此在计算结果上变化不大。

我们计算最后模拟之前,应完成正式的网格收敛分析。使用理查德森外推法估算 3 − D 流场的网格收敛误差,如第 8 章"离散误差"所述;这种分析仅针对 CFD 源代码,即 Navier-Stokes 代码(Walker 和 Oberkampf,1992),这种代码能够精确模拟攻角高达 16° 时所有的 δ = 0° 情形;在襟翼偏转情形中,襟翼前面的分离流不能使用这种建模方法;在分离流中,应使用完整的 Navier-Stokes 代码;然而,鉴于这种代码需要计算资源,因此不需要进行网格收敛分析。

11.2.6　实验测量层次结构

JCEAP 起初设计时就涉及两个难度范围层次(见图 11-1)。测量和预测均由 PDE(压力)内的因变量,以及整合量的测量和预测(F&M)组成。除这些测量外,我们也采用液态晶体和条纹照片。液态晶体不仅为层流的测定提供了重要信息,同时对几何结构内分离流的表面流动可视化也颇具价值。图 11-6 为几何结构表面上的一种条纹图案。图 11-6

中,$\alpha = 0°$且襟翼偏转为$10°$。偏转的襟翼在正前方形成一激流,进而沿几何结构切削部分产生一逆压梯度。层流边界层不能承受该逆压梯度,因而边界层在切削部分分离;在对称平面附近,流动经切削部分中途重新结合直至整个襟翼,但重新结合点沿襟翼边缘向前移。这些可视化照片在测定物理建模假设是否适用于实验特殊情况中能够提供宝贵的定性信息。

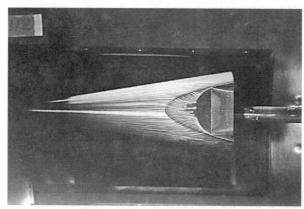

图 11-6　$\alpha = 0°$和$\delta = 10°$时 JCEAP 的表面流动可视化(Aeschliman 和 Oberkampf,1992)

穿过流场的折射率梯度使光发生偏转产生了条纹照片所示的阴影部分。每一次风洞运行期间,在每一个攻角位置都拍摄了条纹照片;这些照片在理解流场,尤其是流场激波方面具有重要指导意义。

F&M 试验期间的某一时刻,我们注意到攻角较大($15° \sim 18°$)时,部分模型几何结构的轴向力测量和俯仰力矩测量都偏离了预期走向 α;当 $\varphi = 0°$,襟翼偏转较大、攻角较大且模型处于机尾风洞站时,这种走向愈加明显。我们怀疑洞壁干扰可能会导致这种异常,进而对条纹照片进行了检查。此外,还对一些可疑情形分别拍摄了高速条纹视频。图 11-7 即为 $\alpha = 17.9°$、$\varphi = 0°$、$\delta = 20°$且在机尾风洞站时的条纹照片。该图形象展示了激波的上游干扰,其中,激波因试验段下壁面撞击模型底面而产生。

经过多次分析和试验后,可以断定模型上游的壁面干扰流动机制是一窗口穴;窗口穴为平面窗口内表面和风洞圆形界面之间形成的一空隙;当攻角较大且襟翼偏转较大时,来自襟翼的强激波与弓形激波混合并撞击在窗口穴上;同时,来自激波的高压在窗口穴亚声速分离流内向前输送,增大了开放型腔内自由剪切层的角度,从而在窗口穴前方产生了激波;然后,这种激波撞击模型底部,如图 11-7 所示。这种现象在机尾风洞站时更加严重,因为模型很明显相当于弧形结构旋转中心的一机尾部分;随着攻角的增大,模型将进一步向下移,更加靠近窗口洞穴。

我们研究了多种方法测定壁面干扰开始时影响配置站、风洞站的 F&M 数据的攻角大小。分别使用攻角的条纹照片,我们能够识别大部分干扰发生情形,发现最敏感的测量是基本压力随攻角的走向;当壁面干扰激波开始撞击模型底部的分离流时,基本压力明显上升;每一次风洞运行中,我们都绘制了孔口基本压力随攻角的变化;当地面压力随攻角开始迅速增大时,我们可以断定激波就在模型底部附近。尽管这种方式本质上不会破坏数据(因为基本压力无论其数值大小都可以从数据中消除),但我们决定不采用特殊运行中

图 11-7　激波撞击模型底部（Oberkampf 等,1993）

攻角较大时的 F&M 数据。我们一旦识别到壁面干扰,就会移动窗口并插入与试验段圆形内表面相符的金属板料,即排除试验段流动窗口的所有特征。就压力实验而言,整个试验期间都安装了窗口空白区域。

11.3　JCEAP 实验测量不确定性估算示例

估算实验测量不确定性的方法可分为:①《ISO 测量不确定性表示指南》(GUM)(ISO,1995,2008)和美国国家标准协会(ANSI,1997)出版的《美国测量不确定性表示指南》中描述的 ISO/ANSI 法;②实验统计设计(DOE)法(Montgomery,2000;Box 等,2005;Hinkelmann 和 Kempthorne,2008)。每种方法都有自己的优点和缺点,并在某些情况下,优势互补。千百年来研究测量不确定性,人们可能会认为根本性问题已得到了解决。并非如此! 在计量学领域内,主要的国际讨论至少在过去 30 多年都集中在基本术语和基本概念;尽管 ISO/ANSI 法已被国际认可,但对方法中的术语和程序仍然存在诸多批评,且有根有据。最近的 4 篇专论收集了对 ISO/ANSI 方法的大多数批评(Grabe,2005;Rabinovich,2005;Drosg,2007;Salicone,2007)。本书范围内,我们不讨论这些批评,但并不代表我们同意它们中的大多数。在这里我们的目标是详细讨论 DOE 法并如何有效地用于 JCEAP 确认实验。根据我们的经验,DOE 法比 ISO/ANSI 法在估算实验测量不确定性方面更具代表性。致力于确认实验中精确评估测量精度,这是一个主要任务。

11.3.1　随机不确定性与系统不确定性

如第 2 章所述,我们将采用 Grabe(2005)、Rabinovich(2005)和 Drosg(2007)的术语:量化误差即与被测量真实值之间的偏差。

根据式(2-2),即得

$$\varepsilon_{\mathrm{m}} = y_{\mathrm{m}} - y_{\mathrm{T}} \tag{11-1}$$

式中(我们在此关注的),ε_{m} 为被测量 y 的误差;y_{m} 为被测量的测定值;y_{T} 为被测量的真

实值。现在我们假设 y_T 是一标量,而非随机变量。被测量中,y_T 未知,只能进行估算(除非有参考标准);同样,被测量中 ε_m 未知,只能估算。ε_m 的任何估算都称为不确定性估算,而不是误差估算。假设 ε_m 的估算值表示为 ε;因为未知 ε_m 的符号,所以估算值 ε 总是一个正数,进而通过区间 $[-\varepsilon, +\varepsilon]$ 可估算 ε_m;无论估算是否准确,都不会改变基本概念或符号。例如,根据估算精度,ε_m 可能或不可能在区间 $[-\varepsilon, +\varepsilon]$ 内。

计量学中的传统观念是把不确定性因素根据其性质分成两类:随机不确定性和系统不确定性(Grabe,2005;Rabinovich,2005;Drosg,2007)。

随机不确定性:相同条件下同一被测量的多次测量中,测量不精确度以一种不可预知的方式变化。

系统不确定性:相同条件下同一被测量的多次测量中,测量不精确度以一种可预知的方式变化。

任何测量都伴随着随机不确定性和系统不确定性。相对真实数值 y_T,无论其大小或谁占主导地位都取决于测量过程中的诸多细节。

随机不确定性的特征需要进行多次测量,通常称之为实验测量的重复性。例如,在带有刻度盘指示器的机械秤上称量一固定物体;每次称量物体时,因受力机制、实验室环境条件及阅读指示器的个人等原因对测量不精确度都存在一随机分量;如果我们仅称量一次物体,却由多人读取指示器,那么就不是实际上的实验重复性。如果有人在相同条件下,使用同一仪器和同样的程序进行多次测量,这种情况有时称之为 0 层次复制(Moffat,1988;Coleman 和 Steele,1999)。这些文献中暗示了高层次复制的可能性。

为了量化处理这些问题,需要引入一些概率学和统计学上的定义和概念。假设 y_i $(i=1,2,\cdots,n)$ 是测量过程中获得的单个数值。对有关如何进行单个测量未作任何假设,比如,他们可能在短时间或长时间内在相同或不同实验室使用同一仪器或不同仪器。假设 $\bar{y}$ 为测量中的样本均值,有

$$\bar{y} = \frac{1}{n} \sum_{i=1}^{n} y_i \tag{11-2}$$

假设单独的 y_i 是从总体中提取的一个独立量,总体均值 μ 定为

$$\mu = \frac{1}{N} \sum_{i=1}^{n} y_i \tag{11-3}$$

式中:N 为可数、无穷。

图 11-8 描述了不同的测量误差因子。假设 β 为 $\bar{y}$ 中的误差,即得

$$\beta = \bar{y} - \mu \tag{11-4}$$

注意:这里我们可以视这些因子为误差,因为我们正在使用真实的未知数值定义被测量。β 是 $\bar{y}$ 中的误差,是从总数中提取的有限样本量;β 是一随机变量,我们将称之为 n 次测量中的抽样误差。

假设 Δ 定义为实验测量中的系统误差,即得

$$\Delta = \mu - y_T \tag{11-5}$$

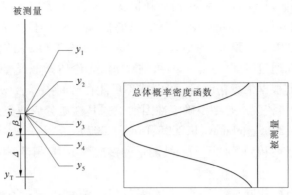

y_T—被测量真实值；μ—总体平均值；
y_i—总体样本；　$\bar{y}$—样本平均值；
β—抽样误差；　Δ—系统误差

图 11-8　实验测量误差中的随机因素和系统因素

基本误差方程可写成：

$$\beta + \Delta = \bar{y} - y_T \tag{11-6}$$

式(11-6)中唯一已知量为 $\bar{y}$。我们试图使用 DOE 法估算 β 和 Δ，从而估算出 y_T；虽然每次测量中 β 和 Δ 都相互关联，但我们已知的是 $\beta\to 0$，$n\to\infty$。估算 Δ 要困难得多，因为我们往往对其可能原因知之甚少，除非我们有参考标准，已知 y_T。应该注意的是，ISO/ANSI 法中并未说明真实值 y_T 和 μ（Grabe，2005）之间的区别；ISO/ANSI 指南中引用的术语"被测量值"（或量）和"被测量真实值"（量）意思相同。

如果随机不确定性的概率分布给定或假设为一正态分布，那么众所周知，就可以从 β 推断出统计的可信度区间（Devore，2007）。

$$|\beta| \leqslant t_{\alpha/2,v}\frac{s}{\sqrt{n}} \tag{11-7}$$

式中：$t_{\alpha/2,n-1}$ 是自由度为 $n-1$ 时，t 分布的 $1-\alpha/2$ 分位数；s 为样本标准偏差，s 的表达式如下：

$$s = \left[\frac{1}{n-1}\sum_{i=1}^{n}(y_i - \bar{y})^2\right]^{1/2} \tag{11-8}$$

通过 $100(1-\alpha)\%$，可以选择任一置信水平。选择的置信水平越高，$|\beta|$ 范围就越宽，原因在于 $t_{\alpha/2,n-1}$ 在增加，而 n 是固定的。当 n 大于 16 时，积累 t 分布和累计标准正态分布的所有分位数相差不到 0.01。当极限 $n\to\infty$ 时，t 分布接近标准正态分布。

实验测量不确定性真正的难度是估算系统不确定性（偏差）Δ。处理系统不确定性的两种方法分别是：①识别并试图减少系统不确定性；②估算其大小。系统不确定性因知识缺乏，属于认知不确定性；根据具体情况，可视为普遍主观尝试造成的不确定性或盲目主观尝试造成的不确定性。根据第 2.3.2 节定义，我们可得：

普遍主观尝试造成的不确定性：做出了有意识的决定，继而以某种方式进行描述或处理，或因实际原因忽略的一种认知不确定性。

盲目主观尝试造成的不确定性：未认识到知识的不完整并且与所关注系统建模相关

的一种认知不确定性。

在任何情况下,补充测量过程知识(如使用高精度设备或不用不同的高标准测量实验室)都可以减少或更好地量化误差。

传统方法及观点认为使用非常精确的参考标准并经仔细校准和实验室程序,系统不确定性将忽略不计。对制成品基本物理特征的简单测量程序而言,大致情况就是这样。但是,针对工程和物理科学中的大部分测量,系统不确定性将不容忽视。事实上,它们通常就是导致不确定性的主要因素,因为没有任何参考标准可以直接使用。很多实验人员对此感到惶恐,甚至不相信这种情形。然而,很多情况下就是如此,并且只有少数情况进行了公开讨论(Youden,1972;Morgan 和 Henrion,1990)。原因之一在于必须设计更具创意的抽样设计,从而使用经典统计学处理系统不确定性。

DOE 中的抽样方法可用于处理系统不确定性(Montgomery,2000;Box 等,2005;Hinkelmann 和 Kempthorne,2008)。这种抽样方法是在实验样本设计中使用随机化技术和封堵技术;采用随机化技术设计样本,从而使所有因素都可能影响样本的随机测量结果。封堵技术是一种设计技术,用于:①提高精度,从而在所关注因素之间进行对比;②识别不确定性的个体因素。事实上,这些技术都采用特殊设计的抽样方法,将系统不确定性转化为随机不确定性,然后使用传统统计方法进行估算。因此,当系统不确定性以这种方式量化时,称为关联系统性或偏差不确定性,意指与随机抽样方法识别的特殊资源相关的不确定性。

注意:试图识别系统性不确定资源、随机不确定资源或背景资源,不确定性同样存在。随机不确定性可与系统资源经封堵技术分离。

采用随机化有助于量化系统不确定性是指设计不同实验,从而我们可以发现影响系统不确定性的因素。复杂实验中的影响因素有多个。这里,我们将列出若干不同类型的因素及示例。

(1)实验仪器:传感器、测量装置或换能器内的未知偏差;应变仪迟滞作用;因热量、压力、加速度或辐射灵敏度导致的零点读数变化;完整测量系统的频率响应;未知电气接地回路;光学设备未对准或未校准;时间基准偏移;频率基准偏移。

(2)实验程序:校准程序;预备程序;测量程序。

(3)实验硬件:测试硬件不合格或不对称;测试硬件的组装;设备内测试硬件的安装。

(4)设备特征:试验设备准备;设备校准;设备硬件或特征上不一致或不对称。

(5)数据记录及简化:模拟量测量;模拟数字转换;数据简化程序如软件内的编程误差。

(6)实验人员:人力控制仪器或设备的个人技术,如设备个体操作员;测试硬件或设备准备组装中的个人技术。

(7)实验时间:天的第几时、周的第几天、月的第几周和年的第几月。

(8)天气状况:根据大气环境,包括温度、压力、风力、湿度、灰尘、阳光和云量。

从上述所示因素类型和示例可以看出,系统不确定性可能的来源列表数不胜数。实验人员为实验收集了所有可能来源的列表后,他/她必须试着判断哪些重要,哪些不同并随机抽样其结果。当我们认为某个来源非常重要时,必须坚决保持虚心态度。通常,必须克服的态度是"我们在之前已检查完毕,一切正常"。正确的态度是"可能会发生什么变化,我们应将现有结果与新方法或程序进行比较?"当然,这些想法都必须立足于:①设备内部可能的设置;②是否有合格人员操作新技术;③新设备、新员工及其培训所需成本;④执行额外实验所需时间。

通常,我们不大可能在设备技术或程序上做出任何重大改变,因此可以考虑使用不同的实验设备。最好的抽样方法就是使用不同设备进行盲测对比。采用不同设备,尤其是当这些设备具有完全不同的仪器技术时,就可以最大限度地处理上述类型因素,从而对大部分棘手的系统不确定性进行评估。如果在商业设备内进行标准实验,那么我们通常在执行实验时有更多选择。如果使用的是专业设备或特殊设备,那么我们选择的机会就较少。

11.3.2　JCEAP 力和力矩实验的 DOE 程序示例

下述讨论围绕 JCEAP 实验中 Oberkampf 和 Aeschliman(1992)、Oberkampf 等(1993)及 Aeschliman 和 Oberkampf(1998)的力和力矩(F&M)测量部分展开。在结构上测量的 F&M 量包括轴向力、俯仰力矩、轴向压力重心和机身前部轴向力。机身前部轴向力为使用六分量应变天平在模型上测量的总轴向力减去模型底部压力产生的轴向力。如需更多详情,请参见参考资料。

11.3.2.1　DOE 原则

F&M 实验中,我们决定仅采用两个测量块,测量块上实验随机运行。第一个实验块既包含随机不确定性又包含系统不确定性。其中,随机不确定性是指正常情况下被认为是导致 F&M 测量变化的不确定性,系统不确定性是指特意通过抽样效果才能发现的不确定性。这里,我们简单地对不确定性进行列表,因为根据个人需要,这些不确定性的分类也大相径庭:

(1)F&M 应变仪输出的连续变化。

(2)F&M 应变仪输出的迟滞现象、非线性特征、热灵敏度偏移和热零点偏移。

(3)消除底部阻力的底部压力转换器和仪器的连续变化。

(4)模拟数据处理系统和模拟数字转换。

(5)数字数据记录系统。

(6)安排不同的合格技术人员测量试验段模型的倾斜、翻转和偏航对齐。

(7)模型几何结构的非完整和非对称特征。

(8)安排不同的合格技术人员组装并重组模型。

(9)数月、数周及数日以来因设备操作条件导致的连续变化。

(10)大气环境对设备的影响而导致的连续变化。

(11)安排不同的合格技术人员在风洞内设置试验段的自由流条件导致的连续变化。

以上所有不确定性在实验结果中常称为端到端随机不确定性。这里,我们简称为随机。

第二个样本块直接用于识别风洞试验段内流场不均匀性导致的系统不确定性。一直以来,人们都认为流场不均匀性或流场质量是导致风洞测量不确定性的一个重要因素,但却鲜有人成功量化这一因素(AGARD,1994;AIAA,1999);任何风洞试验段内的流场不均匀性都是由多重因素造成的。这里,我们列出了主要与超声速风洞相关的一些原因:

(1)试验段前方的壁面轮廓设计较差,包括喷管喉部前面的收缩段、喷管膨胀区域及试验段区域。

(2)收缩段和喷管喉部前方加热器段产生的湍流。

(3)实验中,风洞制作工艺和组装工艺较差。

(4)操作固定喷管壁面风洞的雷诺数与设计的条件不同。

(5)因壁面温度、声学环境、上游流量控制阀及壁面振动的轻微变动致使喷管喉部上游或下游壁面的边界层转捩位置发生些许变化。

所有与流场不均匀性分量相关的系统不确定性都简称为流场。

JCEAP 内使用的方法是设计抽样程序,验证针对试验段极其均匀自由流流场的假设。基本思路如下:F&M 实验内除了随机不确定性,在试验段不同位置测试模型时增加了什么不确定性? 换言之,通过将模型放置在试验段不同位置,并将此不确定性与先前位置测试获得的不确定性相比,在所关注最终被测量上增加了什么不确定性? 众所周知,如果流场极其均匀,那么在正攻角且 $\varphi = 0°$ 的位置测量的 F&M 与相同大小的负攻角且 $\varphi = 180°$ 的位置所测结果等同,因此进行对比的位置数量可能大大增加。由于试验段硬件的物理局限和机械局限,所获得的位置数量有限,但所有位置都需位于试验段区域内且流场被认为可用于试验。

11.3.2.2　DOE 分析及结果

采用封堵技术对比不同风洞运行以及不同的运行部分就可以分离出随机不确定性因素和流场不确定性因素。计算随机不确定性,我们可以对比试验段同一物理位置所有可能的 F&M 组合;通过这种方式,我们就能估算出完整的端到端随机测量不确定性。我们检查运行进度表(见表 11-1)就可以在试验段选择具有相同侧倾角 φ、相同襟翼偏转角 δ,和相同位置的运行对;然后,针对同一攻角在相同 F&M 量之间进行比较,可得用于量化随机不确定性的运行对总数为 14。所有运行对如表 11-3 第二列所示,运行对的攻角对数量如表 11-3 第三列所示;针对每一个 F&M 量,这种方法构建的攻角对总数为 160。

我们可以检查表 11-1 确定将模型放置于试验段不同位置的运行对,从而计算流场产生的外加不确定性量。我们发现有两种方式可以获得不同位置:第一种方法是在试验段形成具有相同 φ 和 δ,但具有不同轴向位置的运行对;以此方式构建的运行对如表 11-3 第四列所示,其总数为 20;同样,如表 11-3 第五列所示通常为运行对共有的攻角数量,每一个 F&M 量对应的以此方式构建的攻角对总数为 220。

第二种方法是根据侧倾角为 0° 且倾斜至正 α 的模型与 $\varphi = 180°$ 且倾斜至负 α 的模型之间的镜面对称形成运行对,两种情况下 δ 相同。在同一轴向位置,两种运行都会产生镜面对称对;负攻角最大至 $-10°$ 时,只能在 $-10°$ ~ $+10°$ 计算单个攻角之间的差异;估算不确定性分量时构建的所有运行对如表 11-3 第六列所示,以此方式形成的运行对总数为 19。在攻角范围内使用内插法可获得四个正向攻角及四个负向攻角,表 11-3 中第七列显示了每一运行对共有的攻角总数。每一个 F&M 量对应的以此方式构建的攻角对总数为 152。

表 11-3　F&M 不确定性分析的运行对(Oberkampf 等,1993)

序号	随机		轴向位置		镜面对称	
	运行对	α 数量	运行对	α 数量	运行对	α 数量
1	(34,36)	12	(34,74)	12	(34,40)	8
2	(34,37)	12	(34,75)	12	(36,40)	8
3	(34,73)	12	(36,74)	12	(37,40)	8
4	(36,37)	12	(36,75)	12	(73,40)	8
5	(36,73)	12	(37,74)	12	(63,55)	8
6	(37,73)	12	(37,75)	12	(72,55)	8
7	(63,72)	12	(73,45)	12	(64,56)	8
8	(64,71)	11	(73,75)	12	(64,57)	8
9	(65,70)	10	(63,83)	11	(71,56)	8
10	(66,67)	11	(72,83)	11	(71,57)	8
11	(56,57)	11	(64,82)	10	(65,58)	8
12	(59,60)	11	(71,82)	12	(70,58)	8
13	(74,75)	12	(65,81)	10	(74,76)	8
14	(76,77)	10	(70,81)	10	(74,77)	8
15	—	—	(40,76)	10	(75,76)	8
16	—	—	(40,77)	10	(75,77)	8
17	—	—	(55,78)	10	(83,78)	8
18	—	—	(56,79)	10	(82,79)	8
19	—	—	(57,79)	10	(81,80)	8
20	—	—	(58,80)	10	—	—

　　既然表 11-3 显示了对比所需的不同运行对类型,那么在实验之前也需要征集有关如何构建运行进度表(见表 11-1)的一些意见。首先,随机方法和封堵方法设计中,复制运行并不是事后的想法;实验开始获得所需样本之前,构建运行进度表必须经过深思熟虑。其次,复制运行在运行进度表内应尽可能相隔甚远,从而体现出上述因素的大多数变化。例如,在运行 63、72 相关条件下的复制运行比在运行 66 和 67 相关条件下更佳,因为运行 66 和 67 在同一天执行,而运行 63 和 72 在不同周执行。

　　所测 F&M 量中每个运行对的均值($^-$)为

$$\left.\begin{array}{l}
(\overline{C_n})_{\alpha_i} = \{[(C_n)_p + (C_n)_q]_{\alpha_i}\}/2 \quad (i = 1,2,\cdots,I) \\
(\overline{C_m})_{\alpha_i} = \{[(C_m)_p + (C_m)_q]_{\alpha_i}\}/2 \quad (i = 1,2,\cdots,I) \\
(\overline{x}_{cp})_{\alpha_i} = \{[(x_{cp})_p + (x_{cp})_q]_{\alpha_i}\}/2 \quad (i = 1,2,\cdots,I) \\
(\overline{C_a})_{\alpha_i} = \{[(C_a)_p + (C_a)_q]_{\alpha_i}\}/2 \quad (i = 1,2,\cdots,I)
\end{array}\right\} \quad (11\text{-}9)$$

式中:C_n、C_m、x_{cp} 和 C_a 分别为轴向力系数、力矩系数、轴向中心压力和机身前部轴向力系数;p 和 q 分别为进行测量的运行编号;α_i 为每次 F&M 测量的攻角度数;I 为两运行对共有的最大攻角数量。

风洞内俯仰机构的设计应根据数字计数器按初始角产生指定的俯仰角度;但鉴于俯仰机构未设置俯仰角反馈控制系统,因此机构内轻微的摩擦变动导致俯仰增量不能在运行中精确复制;不能复制的俯仰角度范围在 0.5° 以内。实际所获俯仰角度为数字计数器输出的 ±0.02° 范围内。考虑到运行之间不能获得相同的俯仰角,因此式(11-9)内运行对计算的平均量不能用于估算测量不确定性。即不精确不在数据本身,而是对不确定性分析程序的规定导致的。这种不精确可通过运行对应的俯仰顺序 F&M 量,使用最小二乘法拟合得以消除。采用这种数据拟合,就可以在同一攻角下精确计算每一运行对对应的F&M 测量值。

假设单个 F&M 量和每个攻角的平均测量值之间的差异属于局部残差,那么:

$$\left.\begin{array}{l}
(\Delta C_n)_{\alpha_i} = (C_n)_{\alpha_i} - (\overline{C_n})_{\alpha_i} \quad (i = 1,2,\cdots,I) \\
(\Delta C_m)_{\alpha_i} = (C_m)_{\alpha_i} - (\overline{C_m})_{\alpha_i} \quad (i = 1,2,\cdots,I) \\
(\Delta x_{cp})_{\alpha_i} = (x_{cp})_{\alpha_i} - (\overline{x}_{cp})_{\alpha_i} \quad (i = 1,2,\cdots,I) \\
(\Delta C_a)_{\alpha_i} = (C_a)_{\alpha_i} - (\overline{C_a})_{\alpha_i} \quad (i = 1,2,\cdots,I)
\end{array}\right\} \quad (11\text{-}10)$$

每一个 F&M 量对应的随机残差总数即每个俯仰角对应的测量(根据表 11-3 第二列和第三列)为 320。根据式(11-9)中对运行对平均值的定义,俯仰角为正时,有 160 次镜像,俯仰角为负时,有 160 次镜像。根据表 11-3 第四、五列,轴向位置残差总数为 440;根据表 11-3 第六、七列,镜面对称残差总数为 304,F&M 实验残差总数为 1 064。

使用以下公式可计算随机分量及总实验(随机分量与流场分量结合)的样本方差:

$$\hat{\sigma} = \frac{1}{2m} \sum_{j=1}^{m} (\Delta_1^2 + \Delta_2^2)_j \quad (11\text{-}11)$$

式中:m 为局部残差数量;Δ_1 和 Δ_2 分别为式(11-10)中每运行对的残差。(注意:样本方差是总方差的一个估值,用 ^ 表示。)由于随机不确定性和流场不确定性之间保持独立,因此方差和可写为

$$\hat{\sigma}_{total}^2 = \hat{\sigma}_{random}^2 + \hat{\sigma}_{flowfield}^2 \quad (11\text{-}12)$$

随机分量的样本方差和总实验的样本方差都单独进行计算,因此可得流场分量:

$$\hat{\sigma}_{flowfield} = \sqrt{\hat{\sigma}_{total}^2 - \hat{\sigma}_{random}^2} \quad (11\text{-}13)$$

表 11-4 给出了实验中随机不确定性、流场不确定性和 F&M 总量之间的估计标准差 $\hat{\sigma}$(方差估计的平方根)。表中同样显示了每个分量的百分比。标准差 x_{cp}/L 计算中,不包括攻角 0° 时的所有残差。这么做是因为我们都知道当轴向力趋近零时 x_{cp} 中的不确定性是无限的;当模型几何结构为轴对称时,可使用标准风洞程序计算 x_{cp} 的比值 $C_{m_\alpha}/C_{n_\alpha}$。然而,就目前的非对称几何结构而言,这种方法并不适用,因为攻角大小未知,如果有的话,C_m 和 C_n 均为零。除计算 x_{cp} 时 $\alpha = 0$ 外,所有实验 F&M 测量都包括在表 11-4 所示结果内,即整个不确定性分析期间没有发现任何测量异常。

表 11-4　F&M 不确定性分析结果总结(Oberkampf 和 Aeschliman,1992)

不确定性分量	C_n		C_m		x_{cp}/L		C_a	
	$\hat{\sigma}$	%	$\hat{\sigma}$	%	$\hat{\sigma}$	%	$\hat{\sigma}$	%
随机	0.474×10^{-3}	20	0.406×10^{-3}	19	0.413×10^{-3}	9	0.426×10^{-3}	63
流场	0.941×10^{-3}	80	0.851×10^{-3}	81	1.322×10^{-3}	91	0.324×10^{-3}	37
总数	1.054×10^{-3}	100	0.943×10^{-3}	100	1.385×10^{-3}	100	0.535×10^{-3}	100

从表 11-4 可以看出,在 C_n、C_m 和 x_{cp} 内,整个风洞系统导致的随机不确定性为 9% ~ 20%,而流场不均匀性导致的随机不确定性为 80% ~ 91%。C_a 内不确定性随机分量为 63%,流场为 37%。不确定性量与其他量之间的这种反差,其原因在于:①轴向力为沿机身轴的正向力和剪切力的总和,对流场不均匀性非常不敏感;②底部压力分量很难从总轴向力中移除。

尽管这种不确定性分析对风洞不确定性评估只是一种尝试,但 JCEAP F&M 实验明确表明对大多数被测量而言,最主要的因素是流场不均匀性导致的系统不确定性,而不是随机不确定性。评估风洞不确定性的常规方法是 ISO/ANSI 法;我们都知道 ISO/ANSI 法致力于评估不确定性的随机分量,而非流场不确定性。对此,有人将很快得出结论认为桑迪亚高超声速风洞内最主要的原因是气流质量较差。但从下一节 JCEAP 压力实验讨论中将看出,事实并非如此。

11.3.3　JCEAP 表面压力实验的 DOE 程序示例

下述讨论围绕 JCEAP 实验中 Oberkampf 等(1995)及 Aeschliman 和 Oberkampf(1998)的表面压力测量展开。如需更多细节,请参见参考资料。DOE 适用于通过两个压力模块测量表面压力,而非通过科莱特压力计的高频测量。

11.3.3.1　DOE 原则

在 JCEAP 压力实验中,我们量化了导致测量不确定性的三个因素,其中两个(端到端随机不确定性和流场不均匀性)在上述 F&M 实验中已讨论。压力实验的随机分量基本等同,除了现在它包括的是与表面压力测量系统相关的不确定性,而不是与 F&M 测量系统相关的不确定性。导致随机不确定性的压力测量因素包括:

(1)每个压力模块内单个压力转换器的连续变化。

(2)压力模块内的迟滞现象、非线性特征、热灵敏度偏移和热零点偏移。

(3)输送至压力模块的基准压力的连续变化。

(4)模拟数据简化系统和模拟数字转换系统。

(5)数字数据记录系统。

(6)安排不同的合格技术人员测量试验段模型的倾斜、翻转和偏航对齐。

(7)数月、数周、数日以来因设备操作条件导致的连续变化。

(8)设备上大气条件导致的连续变化。

(9)安排不同的合格技术人员在风洞内设置试验段的自由流条件导致的连续变化。

除随机分量和流场分量外,局部测量(如表面压力和剪应力)还可识别系统不确定性的其他分量。这些分量导致不确定性的原因包括:①风洞模型的内部缺陷或不对称;②模块内部单个压力传感器、连接管道以及模型表面上相关压力孔的缺陷。识别模型缺陷以及压力传感器缺陷时,模型必须具有至少两个镜面对称平面。所有与模型缺陷和压力传感器缺陷相关的系统不确定性简称为模型。

产生模型分量的一些来源如:

(1)模型制造缺陷,致使风洞模型的外形轮廓不能形成镜面对称。

(2)模型意外损伤,如在风洞试验或操作期间,致使模型的外形轮廓不能形成镜面对称。

(3)模型轴的任何偏转或扭曲,如制造模型或空气动力或气动加热导致的偏转或扭曲。

(4)模型表面或浮升面的任何偏转或扭曲致使模型外形轮廓不能形成镜面对称,如制造模型或空气动力或气动加热导致的偏转或扭曲。

(5)压力孔制造较差,比如有的带有加工毛刺。

(6)压力孔意外损伤,如模型制造后,模型表面附近的边缘随时会出现损伤。

(7)压力孔以及管道与压力模块之间的连接处随处都会出现压力泄漏。

(8)压力孔与压力模块之间的连接管道随处会发生堵塞或扭结。

采用封堵技术,我们就能识别导致测量不确定性的三个分量:随机、流场和模型。下面,我们将简要地对封堵技术进行总结并分别对分量进行详细论述。

(1)随机:对比试验段内具有相同物理位置,在模型上具有相同压力孔,但暴露于模型不同流场的测量结果。

(2)流场:对比在模型上具有相同压力孔,暴露于模型中相同流场,但在试验段内具有不同物理位置的测量结果。

(3)模型:对比试验段内具有相同物理位置,暴露于模型相同流场,但在模型上具有不同压力孔的测量结果。

计算随机不确定性时,我们可以对比具有以下相同特征和不同运行的压力测量:试验段内的位置、压力孔、攻角、倾斜角和襟翼偏转角度。在这些受限条件下,比较的每一对压力孔在机载流场内都具有相同位置。计算压力孔测量之间的差异时,残差计算中不包括流场和模型导致的不确定性。

计算流场不确定性时,需要采用两步法。首先,对比具有相同压力孔,暴露于相同流场,但在试验段内具有不同位置的压力测量。相同攻角、倾斜角及襟翼偏转角下可以产生相同的流场,也可以利用 F&M 不确定性分析中所述的镜面对称特性产生相同的流场。计算压力孔测量之间的差异时,差异为随机分量和流场分量的总和,残差计算中不包括模型分量。其次,从随机分量和流场分量产生的合并方差中减去随机变量产生的方差,即得流场结果。

计算模型不确定性时,也需要采用类似的两步法。首先,对比试验段内相同物理位置且暴露于相同流场的压力测量。根据这些限制条件可知,唯一可能对比的就是在模型几何结构中具有两个或两个以上镜面对称平面。JCEAP 几何结构在切削部分前端仅具有一个对称的机尾平面,因此只能在几何结构的圆锥形部分进行 JCEAP 的压力孔对比。大部分飞行器几何结构也都是这种对称特征。然而,四机翼导弹几何结构的机翼区域具有四个对称平面,因而可以进行更多比较。

就 JCEAP 而言,我们只能比较完全位于几何结构切削部分上游的压力孔。此外,我们应只能使用襟翼发生偏转时的数据,因为我们认为襟翼发生偏转时,切削部分前端的偏转襟翼上游不会产生任何影响。当 δ = 0°时,模型上方未产生轴向分离流,因此不必担心对圆锥形表面的上游带来任何影响。当 δ = 10°和 20°时,液晶表面的流动显示无任何轴向分离流沿切削部分前端前进。但当襟翼偏转达 30°时,整个切削部分存在分离流影响,因而在对比中不能使用此等襟翼偏转。总之,只有襟翼偏转为 0°、10°和 20°时的运行对才可以使用。为进一步减小切削部分或襟翼对所使用压力孔的上游影响,可考虑只采用达 15.75 cm 的轴向位置,即在切削部分前方 2.73 cm,或 10 ~ 20 个边界层厚度。计算的第二步为从随机分量和模型分量产生的合并方差中减去随机分量产生的方差,即得模型分量结果。

11.3.3.2　DOE 分析及结果

计算随机不确定性时,我们需要细查运行进度表(见表 11-2)并选择具有相同倾斜角、相同襟翼角及同一风洞位置的运行对。此外,选择的运行对只能在模型上相同压力孔之间进行比较。符合这些条件的运行对包括(20,22)、(24,61)、(103,112)、(42,43)、(124,126)和(131,133)。如表 11-2 所示,共有 29 个运行对满足所需条件。每次运行共有 12 个攻角可以进行压力测试,9 次在不同攻角,3 次在 α = 0°时测量。因此,共有 18 次 α 组合并进行压力测量(9 次不同 α 测量及 9 次 α = 0 时的测量)。总之,压力孔对比总数为

$$(96 \text{ 压力孔}) \times (29 \text{ 运行对}) \times (18\alpha \text{ 对}) = 50 112 \text{ 对比}$$

对比的实际数量比这一估值稍小,因为在一定条件下,有的压力孔不在校准范围内。因此,随机不确定性中压力孔对比总数为 48 164。

为了进行这些压力孔对比,要求两次运行中的 α 相同。如果 α 不同,那么两次测量中的部分差异将为模型俯仰机构导致的 α 不可重复性。如前所述,俯仰控制机构未设置模型控制系统,因此从一次俯仰扫描到下一次俯仰扫描之间,α 重复性可达 ±0.5°。我们都知道压力对比所需的攻角非常相似,当产生的 α 偏离标称值 ±0.3°以上时,必须重复 10 ~ 20 次运行。针对表 11-2 所示的最后运行编号,α 并未偏离标称值 ±0.28°以上;表 11-2 中所有运行偏离标称值 α 的平均偏差在 0.057°。

运行之间 α 偏差达 0.28°时,估算的表面压力不确定性将产生较大误差。为将分析中的这种不确定性减到最小,所有压力测量都需内插入标称攻角;为实现这一点,我们为每一个压力孔计算了带有可调节位置的三次样条插值,以作为每次运行中 α 的函数。

通过以下方法可计算压力孔测量之间的差异。假设压力孔为 i,攻角为 j,压力测量表示为 $\left(\frac{p_i}{p_\infty}\right)_j^r$,式中,上标为运行编号 r。两次对比运行中压力孔的平均压力为

$$\left(\frac{\bar{p}_i}{p_\infty}\right)_j^{r,s} = \frac{1}{2}\left[\left(\frac{p_i}{p_\infty}\right)_j^r + \left(\frac{p_i}{p_\infty}\right)_j^s\right] \tag{11-14}$$

式中:$i = 1,2,\cdots,96$,$j = 1,2,\cdots,18$,α 总数为 18;假设压力测量和平均压力之间差异的绝

对值为残差,那么残差为

$$\left(\frac{\Delta p_i}{p_\infty}\right)_j^{r,s} = \left|\left(\frac{p_i}{p_\infty}\right)_j^r - \left(\frac{\bar{p}_i}{p_\infty}\right)_j^{r,s}\right| \tag{11-15}$$

注意,使用运行 r 或 s 的压力测量可计算残差。

计算流场不确定性时,我们需细查表 11-2,选择具有相同流场、相同襟翼偏转角,但在试验段内具有不同位置的运行对。此外,选择的运行对只能在模型上的相同压力孔之间进行对比。能够产生所需对比的运行对有四类:①试验段不同轴向位置测量之间的对比;②当相同风洞位置 $\alpha = 0°$ 时,不同倾斜角之间的对比;③当倾斜角为 0° 时,正向 α 和倾斜角为 180° 时负向 α 之间的对比;④当倾斜角为 90° 时,正向 α 和倾斜角为 270° 时负向 α 之间的对比。对比类型对应的运行对分别是 $(20,101)$、$(24,32)$、$(35,43)$ 和 $(46,47)$。

这四类的压力孔对比总数减去范围外的压力孔导致损失的对比数量,即得 101 838 残差。虽然流场不确定性及随机不确定性残差都可经上述同一个方程进行计算,但是每一类中的攻角数量 j 却有所不同。

计算模型不确定性时,我们需通过表 11-2 检查倾斜角和襟翼偏转角组合,并对具有相同风洞位置、相同流场且不同压力孔的运行进行比较,并发现有六类满足所需条件的运行对。所有这些运行对都是建立在不同倾斜角、相同襟翼角和相同风洞位置的比对基础之上的。这六类的压力孔比对总数减去范围外的压力孔导致损失的比对数量,即得 24 196。使用相同方程还可计算模型不确定性及随机不确定性的残差。

图 11-9 显示了随机不确定性、流场不确定性和模型不确定性计算的所有残差。在整个压力不确定性分析期间,压力测量异常值并未忽略。由图 11-9 可知,不确定性大小随所测压力大小稳步增长,这几乎是所有实验测量的典型特征。根据所测压力大小缩放残差,发现残差内也是这种趋势。残差的最小二乘法拟合使用通过零的线性函数进行计算,计算的拟合结果为

$$\frac{\Delta p_{1s}}{p_\infty} = 0.008\ 75\ \frac{p_s}{p_\infty} \tag{11-16}$$

式中:p_s 为所测表面压力。该线性拟合同样如图 11-9 所示。

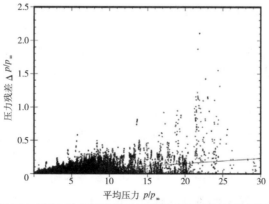

图 11-9　随机、流场不均匀性及模型几何结构不确定性的
所有压力残差 (Oberkampf 等,1995)

现在,我们根据上述最小二乘法拟合使用每个缩放的局部样本来计算样本方差。根据残差的最小二乘法拟合,估算每类方差的方程为

$$\hat{\sigma}^2 = \frac{1}{N} \sum_{k=1}^{N} \left[\frac{(\Delta p / p_\infty)}{(\Delta p_{1s} / p_\infty)} \right]_k^2 \tag{11-17}$$

式中:N 为残差总数(即压力对比);下标 k 为第 k 次残差。流场及模型的样本标准偏差可分别计算为

$$\hat{\sigma}_{flow} = \sqrt{\hat{\sigma}^2_{flow+instrumentation} - \hat{\sigma}^2_{instrumentation}} \tag{11-18}$$

$$\hat{\sigma}_{model} = \sqrt{\hat{\sigma}^2_{model+instrumentation} - \hat{\sigma}^2_{instrumentation}} \tag{11-19}$$

所有不确定来源的样本标准偏差为

$$\hat{\sigma}_{total} = \sqrt{\hat{\sigma}^2_{instrumentation} + \hat{\sigma}^2_{flow} + \hat{\sigma}^2_{model}} \tag{11-20}$$

表 11-5 对压力测量的不确定性估值进行了汇总统计。由表 11-5 可知,导致压力测量不确定性的主要因素(如 F&M 测量所示)是试验段内流场的不均匀性,第二个主要因素是模型,最不重要的是整个仪器系统和风洞设备导致的端到端随机不确定性量。

表 11-5　表面压力不确定性分析结果汇总(Oberkampf 等,1995)

不确定性分量	残差数量	标准 σ	总 RMS 不确定性百分比(%)
随机	48 164	0.56	12
流场	101 838	1.28	64
模型	24 196	0.79	24
总计	174 198	1.60	100

针对不确定性的不均匀气流这一主要因素提出了这样的问题,即这是当前风洞的特征,还是其他高超声速风洞的特征? 田纳西州图拉荷马美国空军阿诺德工程学开发中心的冯·卡门气动力学设备内针对风洞 A 和 B 的类似表面压力实验中,首次采用了 DOE 不确定性评估程序(Oberkampf 等,1985),其中,风洞 A 为超声速范围内可变马赫数的设备,风洞 B 可在马赫数为 6 和 8 的条件下进行操作。通过使用流场不确定性的当前结果与冯·卡门气动力学设备(Oberkampf 等,1995)风洞 B 内马赫数 8 的结果进行绝对量(使用自由流静态压力的非标准化)比较,表明高超声速风洞 B 是世界公认的流场质量。根据这次对比,显示了桑迪亚 HWT 和风洞 B 的流场不均匀性对表面压力测量的影响是一致的。冯·卡门气动力学设备员工分别检查 DOE 程序结果,同样发现使用 DOE 法计算的随机不确定性与传统 ISO/ANSI 法计算的不确定性非常接近(Oberkampf 等,1985)。

总之,使用随机技术和封堵技术的 DOE 法已应用在四种不同的风洞实验中,其中,三个数据集用于表面压力测量,一个用于机体力和力矩测量。这种方法已在三种风洞中得到应用:①2 个高超声速风洞,即冯·卡门气动力学设备和桑迪亚国家实验室 HWT 设备的风洞 B;②1 个高超声速风洞,即在马赫数 3 条件下操作的风洞 A。该方法证明,即便是在这些高标准的流场设备内,最大因素仍然是流场不均匀性导致的系统不确定性,流场不均匀性通常为设备端到端随机不确定性的 4~5 倍。我们怀疑大部分(即便不是所有)高

超声速风洞内实验不确定性的最大因素也是流场不均匀性。尽管据我们所知,这种方法还未应用在其他风洞,但我们认为在其他设备内,流场不均匀性可能也同样占有主导地位。直到最近,风洞试验中使用了一种类似的 DOE 法,但有关流场不均匀性相对其他因素的大小还未做出量化评估(DeLoach,2002,2003)。

自然而言的问题是:过去 14 年当这种方法出版在公开的文献资料时,为什么没有在风洞设备内进行研究? 这一问题的答案可能有很多,包括:①组织内对新方法、新技术的本能抗拒;②风洞用户,即消费者,相比仔细评估数据不确定性而言,对实验期间所获的数据量更感兴趣;③所有者不愿意承担这种风险课题。

我们认为实验不确定性问题,如同代码验证、解验证和不确定性量化问题一样,在实验测量和数值模拟不断赢得可信度的同时,未来必须坦然面对。我们相信这些产品的消费者们以及决策者们能够长期为其发展注入动力,因为他们才是最大的风险者,同时也是游戏的最大赢家。

11.4 JCEAP 中计算——实验的进一步协同示例

大约在 JCEAP 项目完成后 5 年,桑迪亚国家实验室重新燃起了对实验的兴趣(Roy 等,2000)。这种兴趣主要集中在桑迪亚可压缩气动力学研究与分析高级编码代码(SAC-CARA)相关的验证活动中使用压力数据(Payne 和 Walker,1995;Wong 等,1995a,1995b);SACCARA 代码源自于 Amtec 工程公司最初开发的并行分布式 INCA 代码版本(Amtec,1995);SACCARA 代码在多区块结构性网格基础上采用一大规模并行分布式存储器,以有限体积形式解决了质量、动量、全局能量和振动能量(如可能)守恒的奈维斯托克斯方程并使用差分法离散黏性项。SACCARA 代码为非黏性界面通量的确定提供了两种方法,即 Steger-Warming 矢通量分裂法(Steger 和 Warming,1981)和 Yee 对称 TVD 格式法(Yee,1987),前者经原始变量 MUSCL 外插法获得了二阶空间准确度,而后者名义上就是气流平滑区域的第二级。两种方法均采用一通量限制器,降低了激波区域的一阶空间精确度。

起初,当攻角较小且襟翼偏转角为零时,我们在 SACCARA 代码和 JCEAP 压力结果之间进行了对比。针对这些附体气流而言,人们高度认为其预测应该非常精确,但事实上比预期的不一致更加糟糕。因此,我们针对特殊情况对改进的模拟进行了计算,如攻角为零时,计算飞行器锥形部分的气流,从而精确计算出 2-D 轴对称气流(Roy 等,2000;Roy 等,2003a,2003b)。图 11-10 显示了表面压力和无因次轴向长度之间的关系 x/R_N,式中,R_N 为飞行器球头半径。每一轴向位置所示的实验测量为实验期间进行测量的均值,随估算总不确定性(随机、流场和模型)$\pm 2\sigma$ 变化。在轴向位置处,单独测量次数分别为 48(切削部分对面机体一侧)到 768($x/R_N = 16$ 和 26 时机体的切削侧)。鉴于不确定度带随 $1/\sqrt{n}$ 减小,由于 $\pm 2\sigma$ 值相当小,所以需要的样本数量较大。由图 11-10 可知,计算的压力统一降至实验数据以下,恰好在切削位置上游的一致性最差,即从 $x/R_N = 36.37$ 开始。最大差值发生在 $x/R_N = 26$ 的位置,为 3.3%,正好在估算的实验 2σ 不确定带以外。

因此,我们开展了相关研究,试着去找出产生这种意料之外不一致的原因。研究的第

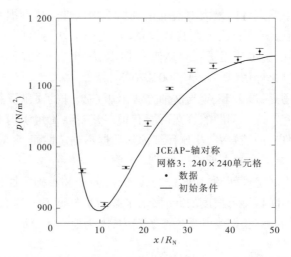

图 11-10　SACCARA 模拟(曲线)与锥形部分 $\alpha = 0$ 表面压力数据的
JCEAP 压力数据之间的对比(Roy 等,2003)

一步是进行广泛的代码验证和解验证工作;这些研究工作由 Roy 等(2000,2003a)提出,并于第 6 ~ 8 章进行了讨论。第一阶段结果如图 11-10 所示无明显变化。研究的第二步是找出不一致的其他可能来源(Roy 等,2000,2003b)。在此,我们仅对研究第二步进行简要说明,重点集中在当我们面临高可信度模拟和实验结果之间出现原因不明的不一致时应采取的策略。这种研究几乎总会促使我们更进一步地去理解模拟结果、实验结果,以及方法之间预料之外的协同。如需全部细节,请参阅参考文献。

11.4.1　计运算符模型评估

现代科学计算分析中,大量子模型结合成完整的物理模型进行模拟。这一研究中,重要的是精密检测:①检测每个子模型,从而试图确定子模型中的假设是否适合所关注实验;②评估流场重要的建模假设,以确定其影响。换言之,我们应针对子模型和数值逼近进行定量的灵敏度分析,从而确定是否需要对计算和实验之间的不一致进行解释。我们评估了以下子模型和数值逼近,并对其结果进行了总结。

11.4.1.1　传输特征子模型

为确保所关注温度范围(50 ~ 650 K)内的精度,我们对氮的传输特性展开了研究。我们评估了三种不同模型的绝对黏度:凯斯模型、萨瑟兰定律模型和幂律模型,模型经现有实验数据一一评估。在关键评估中,我们强烈建议在模型中将估计误差绘制成一应变量函数,而不是仅关注数量和因变量,从而获得模型精度的一个更关键角度。在整个温度范围内,我们发现凯斯模型最为精确,其在低温段的最大误差为5% 。

虽然凯斯模型热导率与绝对黏度采用的形式相同,但各自使用的常数却不同。通过在凯斯模型内使用热导率常用常数并与实验数据对比,发现模型在低温和高温区均表现不佳。简单假设一常用分子普朗特数以及凯斯模型黏度,发现与数据之间的一致性更好。使用这种模型,高温和低温范围内的误差明显减小,分别为10% 和40% 。传输模型虽然对表面摩擦力和热传导影响较大,但对表面压力的影响却微乎其微,正如我们所预想的那样。

11.4.1.2　状态子模型方程

为检验理想气体状态方程的有效性,我们在后续的压力计算中采用了理想气体溶液的密度和温度并使用了更加精确的贝蒂 - 布里奇曼状态方程;然后,对比压力和理想气体溶液结果,发现整个流场内最大差异在 0.05% 以下。因此,理想气体状态方程可以使用。

11.4.1.3　热力学子模型

为了确定气流的热力状态,即风洞每一部分的振动平衡和非平衡状态,我们对 HWT 马赫 8 风管进行了计算。计算均采用 SACCARA 代码,并假设从加热器部分、收缩部分、膨胀部分到试验部分的风洞壁面全部为湍流边界层,这种假设是超高声速风洞操作员学术领域基础上的一种合理假设。定义几何结构时采用设计规格(预处理),而不是风洞的后处理检查,两者之间的一个不同点是检查的喷管喉部直径为 23.01 mm,而设计规格中为 22.70 mm,这种差异可能是由金属喉部常年操作的轻度腐蚀引起的。尽管这种差异很小(1.37%),但经等熵分析可能导致马赫数估计过高约 0.4%。在当时,不可能全面检查不同部分的外形,因此我们决定在每一部分使用设计规格。我们采用了三种轴对称网格,从而确保解的网格收敛,其中,细网格在轴向和径向上分别由 280×120 单元格组成。

为确定试验段气流的热力状态,我们假设热力非平衡态振动弛豫使用标准 Landau-Teller 结构的情况下,对喷管气流进行了模拟。模拟结果明确表明在非常接近充气临界温度 633 K 的情况下,振动温度保持不变,从而在喷管收缩区域、喉管区域以及膨胀区域形成非平衡气流,这主要因为喷管流场经热平衡假设校准。

因此,我们有责任去研究设备校准中不恰当假设对 JCEAP 结果的影响。为了解决这一问题,我们在计算喷管中的等熵流时,写下了一维分析代码;这种代码从喷管充气状态到指定静态压力期间融合了绝热变化和等熵规律,并假设:①气体在指定温度振动凝结;②热平衡经谐波振荡器建模。使用这种 1-D 分析,我们就可以估算出振动非平衡态时自由流条件的影响。相对热平衡而言,我们发现振动非平衡态对试验段马赫数、静态压力、静态温度以及速度的影响误差分别为 +0.11%、-0.21%、-0.93% 和 -0.35%。由于我们关注的是表面压力的振动,因此对自由流压力的影响仅为 0.21%,可以忽略不计。

11.4.1.4　连续气流假设

为了确保连续气流假设对低压快速膨胀区域的风洞喷管有效,我们计算了鸟瞰连续失效参数 P。当 $P > 0.02$ 时,连续流动原理开始失效;在马赫 8 喷管模拟中,计算的最大值约为 2×10^{-5},这一结果支持了连续气流假设的使用。

11.4.1.5　流出边界条件假设

采用 SACCARA 模拟飞行器锥形部分的表面压力时,在流出边界的轴向方向采用零梯度条件。按照规定,流出边界为飞行器基准平面,$x/R_N = 51.96$。这一边界条件不适用于边界层的亚声速部分,因为压力扰动可能从飞行器分离底流向上游行进。

为了评估边界条件假设对压力分布的影响,我们计算了一种轴对称情况(包括底部区域)。计算区域(不包括支杆)沿模型基准平面延伸约 2 m,在基准平面以外延伸如此长的一段距离旨在确保在新计算区域流出边界层的各个角落都存在超高声速气流。在边界层整个尾部区域仍然假设为层流,基准平面附近高度群集的网格用于捕捉底部圆形边缘附近分离的剪切层。在模拟中,我们观察到当边界层靠近基准平面时,压力急剧下降,上游影响(从基准平面网上)为 $2.5R_N$,这大约为四个边界层厚度。因此,底部气流的存在将影响表面压力,但不会超过轴向距离 $x/R_N = 49.5$ (见图 11-10)。假设实验数据对比仅针对 $x/R_N = 46.5$,那么我们可以推断 SACCARA 中的初始流出边界条件是充分的。

11.4.1.6　轴对称气流假设

通常,我们在质疑每一种物理建模假设的优势时,会提出这样一个问题:机体对面的切削部分会因压力孔而影响边界层亚声速区域的压力度数吗?我们通过对包括模型尾端平面切削部分在内 JCEAP 几何结构进行全方位的三维计算,解决了轴对称气流假设的有效性问题。假设一个轴对称平面上,我们仅模拟了模型的一半。三维网格在 240×240 轴对称网格基础之上,从锥形对称平面至切削部分对称平面(相隔 $180°$)采用 105 个方位角网格单元。整个三维网格表面,从 240×240 轴对称网格开始保留壁面正常间隔。

除平面切削区域外,我们发现相比轴对称解而言,飞行器锥形侧本质上未受影响。

11.4.1.7　实验数据的重新评估

完成所有计算工作后,开始重新精确检查实验数据。实验数据检查中,首先,也是最容易的事,是根据表 11-2 所示的 48 次风洞运行计算平均自由流条件。出人意料的是,我们在计算实验中最初说明的自由流静态压力时,发现存在运算误差。再次平均自由流静态压力时,得到的静态压力比实验中最初说明的静态压力偏大 1.4% 。

然后,使用 SACCARA 代码运行校正后的自由流条件,结果及初始条件如图 11-11 所示。不出所料,自由流静态压力增加 1.4% ,表面压力也增加约 1.4% 。新施加的自由流静态压力得到的计算结果与实验数据之间的一致性更好。以估算的实验不确定性和估算的数值误差为例,当 $x/R_N = 26$ 时,表面压力相对实验数据的最大误差为 1.5% 。

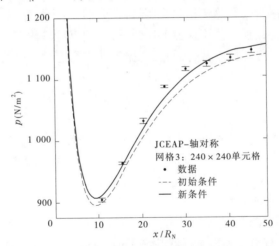

图 11-11　$\alpha = 0$ 时,使用初始自由流条件和修正自由流条件的
SACCARA 模拟与表面压力数据之间的对比(Roy 等,2003)

11.4.2　流场不均匀性模拟

由图 11-11 可知,模拟中未捕捉到的自由流静态压力经误差校正后,实验数据中呈现出两种趋势:第一种异常趋势是当我们从 $x/R_N = 16$ 移动到约 $x/R_N = 30$ 时,实验压力逐渐

高于模拟;第二种趋势是从 $x/R_N=30$ 开始,实验数据明显出现坡度下降。后者趋势更令人担忧,因为在均匀的理想气体高超声速层流中,当攻角为零时,在钝锥上不可能出现此种特征。在 $\alpha=0°$ 的实验数据收集过程中,分别在模型四周的不同方位角、不同倾斜角以及在风洞内两不同轴向位置处收集数据。但是,这种数据平均化处理并不能说明轴对称不均匀性带来的影响,即所有数据沿试验段中心线收集,不均匀性应视为风洞内的径向坐标函数。因此,我们试图开始量化试验段的轴对称不均匀性。

11.4.2.1　流场校准数据的使用

根据风洞流场校准程序,滞止压力应在加热室内测量。根据所测室内压力和加热器上游的质量流速,可得流场滞流温度。试验段的局部马赫数可通过一个 7 孔探针皮托管压力耙进行校准。皮托管探针位置及试验段内的风洞截面(外圆)如图 11-12 所示,图中所示 JCEAP 模型底部半径(阴影圆)仅供参考。试验段所测压力点分别位于三个径向坐标上:$y=0,5.72$ cm 和 11.4 cm;我们分别平均了远离中心线 5.72 cm 的四次探针测量,并对远离中心线 11.4 cm 的顶部和底部探针的测量进行了平均。

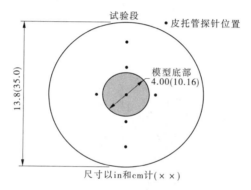

图 11-12　试验段流场校准的皮托管探针位置
(所示 JCEAP 模型底部仅供参考)(Roy 等,2003)

针对试验段的 7 个轴向位置收集了所关注皮托管探针数据。皮托管探针位置如图 11-13 圆点所示。气流方向从左至右,零轴向位置 $x=0$ 位于最远处的上游皮托管探针位置,径向坐标用 y 表示。仅使用了 15% JCEAP 试验雷诺数的皮托管数据,然后,将这些数据精确至标称的雷诺数;更正后的数据应视为可靠数据,因为在雷诺数范围内进行了流场校准。

然后,在新编特征线法内使用皮托管探针数据,从而在 JCEAP 模型位置附近产生完整的流场。之后,在 JCEAP 几何结构范围内的新型流场模拟中使用包括轴对称不均匀性在内的完整流场。我们采用了哈特里的轴对称特征法(MOC)方案(Owczarek,1964)。在隐式积分方案中使用 MOC 法,即视特征线的斜度为起始点和目标点之间的平均值。例如,如图 11-13 所示的 C^- 特征采用了点 B 和点 C 之间的平均斜度,C^+ 特征采用了点 A 和点 C 之间的平均斜度。以这种方式,可得如图 11-13 所示的特征网络。这种方法前提条件最重要的是皮托管探针位置处气流的径向速度为零。皮托管探针数据不包含气流角度的任何信息,因此必须做出这一假设。

根据所测校准点和 MOC 生成数据,我们可以构建一个轴对称非均匀流场。如

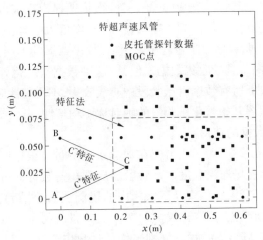

图 11-13　皮托管校准数据的轴向位置和径向位置，
以及使用特征法产生的数据(Roy 等,2003)

图 11-14所示,计算的自由流压力数据的三维表面为试验段内轴向坐标和径向坐标的一个函数。膨胀波和压缩波数量非常明显,主要的轴对称集波效应发生在中心线上 $x = 0.52$ m 处。

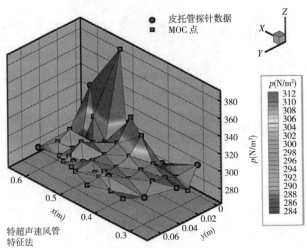

图 11-14　根据流场校准数据和 MOC 生成数据产生的自由流
静态压力(Roy 等,2003)(见色板部分)

11.4.2.2　使用非均匀流场的模拟

现在,有足够数据解表明轴对称非均匀性为模型气流新型模拟中的一个非均匀流入边界条件。鉴于飞行器中采用了两个不同的轴向测试位置,因此在模拟中也应使用两种不同的流入边界条件。根据前后模型位置的轴对称流场不均匀性,得到的模拟结果如图 11-15所示。直到 $x/R_N = 30$ 轴向位置时,相比均匀气流自由流条件,两次非均匀性模拟与实验数据之间的一致性更好。然而,当 $x/R_N > 30$ 时,非均匀边界模拟高估了相对于实验数据的压力。

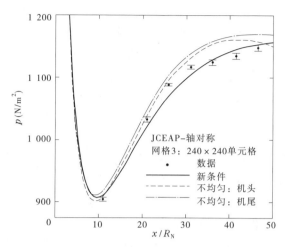

图 11-15　实验数据与 SACCARA 轴对称不均匀性
模拟之间的对比，$\alpha = 0$（Roy 等，2003）

非均匀流场的计算方法明显改善了绝大多数模型长度方向上的测量，但这种方法仍具有两个薄弱环节：第一，在风洞试验段上校准数据的径向解非常稀少；第二，校准数据点上的零径向速度假设仅仅是实际流场的一个近似值。这些薄弱环节要求在试验段，尤其是试验段的初始位置，进行一次空间上更为精确、明确的校准才能得以消除，从而在未来模拟中能够使用精确的非均匀流场。

11.4.3　确认实验经验总结

JCEAP 实验及后续计算分析为确认实验基本理念提供了一次千载难逢的发展机遇；JCEAP 实验并非一切皆准，而是一次宝贵的学习经历。我们学习了风洞内有关确认实验的具体经验教训，而且能将很多经验拓展到各种物理现象的确认实验中。这里，我们仅简要总结本质上适用于所有技术领域的确认实验。

项目方方面面几乎都体现出 JCEAP 实验联合规划和设计的价值。实现这种联合活动主要有两个关键因素：第一，共同对实验工作和初期计算工作的出资；资金来源于内部研发机构，营造了一个更加良好的研发环境。第二，实验和计算团队成员来自相同组织，过去曾一起共事。这种要求很奢侈，因为在大规模确认活动中几乎不能实现，尤其是国家项目或国际项目。

确认实验所需实验设备的特征描述水平明显比正常的设备要高。获得这种高水平的特征描述常遇瓶颈且价格不菲，也需要更多的研究人员以及更多质疑有关设备公认假设的人员，而不是生产人员。此外，高水平的特征描述还会引起人们质疑在高成本、高容量数据输出设备内执行确认实验的可行性。这类设备的测试能力往往比小型研究设备更好，但是在这些昂贵的设备内，需坚持不懈地为设备客户保留高水平的数据生产，而不是精练设备特征或研究可能的不确定性来源。因此，在高成本设备内执行确认实验应在测试开始之前，要求较高水平的规划和准备；相比设备传统的生产测试，还需要额外的财政资源。最后，希望执行高质量确认实验的设备客户应在规划阶段明确告知设备操作员，需要经验丰富且致力于确认实验的人员来进行确认实验。需要更多关键性、综合性不确定性评估程序的实验设备可针对确认类型客户,利用这一优势。

　　确认实验中,计算结果和实验结果之间常常出现观测差异。如要找出这些差异的潜在原因,则需了解大量有关模拟测量和实验测量的信息。例如,在 JCEAP 后续计算工作中,模拟与实验之间即便是很小的差异也需进行追踪。找出设备内的薄弱环节,并针对如何在未来测试中提高设备描述给出具体建议。事实上,针对数值模拟中设备已知的不完整信息,将需要下一个更高水平的确认活动。

　　DOE 支持随机化和阻塞技术,它的使用进一步表明,在三种不同的风洞设备中,实验测量不确定性以系统不确定性为主。这对大多数风洞操作员而言并不是可喜消息,因为传统意义上的实验不确定性仅指不确定性的随机分量。许多广受尊敬的计量学家们如Youden(1972)一直都呼吁人们关注实验测量中系统不确定的重要性。然而,实验测量领域的视角却始终固步自封。20 多年前,McCroskey(1987)试图呼吁人们注意风洞试验中的系统误差问题时,写到:

　　对风洞内气动力学数据精度的可靠测定和评估仍然是航空学领域最令人懊恼的问题之一。不同设备内的气动结果很难复制到零风险工程发展或理论及数值方法真实验证所需的精度水平。随着这种缺乏足够确认的新型计算流体力学(CFD)代码的快速发展,这种缺点亟待解决。

　　正如我们试图指出的那样,找出并量化系统误差的这种关注匮乏不只在风洞领域内,在实验设备内也是一种系统性问题。我们认为只有发现这样对实验设备有利时,他们才会改变其方法。

11.5　参考文献

Aeschliman, D. P. and W. L. Oberkampf (1998). Experimental methodology for computational fluid dynamics code validation. *AIAA Journal*. 36(5), 733-741.

Aeschliman, D. P., W. L. Oberkampf, and H. F. Henfling (1994). Fast-response, electronically-scanned multi-port pressure system for low-pressure hypersonic wind tunnel applications. *AIAA Aerospace Ground Testing Conference*, AIAA Paper 94-2580, Colorado Springs, CO, American Institute of Aeronautics and Astronautics.

Aeschliman, D. P., W. L. Oberkampf, and F. G. Blottner (1995). A proposed methodology for CFD code verification, calibration, and validation. *16th International Congress on Instrumentation for Aerospace Simulation Facilities*, Paper 95-CH3482-7, Dayton, OH, ICIASF.

AGARD (1994). *Quality Assessment for Wind Tunnel Testing*. NATO Advisory Group for Aerospace Research & Development (AGARD), AGARD-AR-304.

AIAA (1999). *Assessment of Experimental Uncertainty with Application to Wind Tunnel Testing*. S-071A-1999, Reston, VA, American Institute of Aeronautics and Astronautics.

AIAA (2003). *Assessing Experimental Uncertainty-Supplement to AIAA S-071A-1999*, Reston, VA, American Institute of Aeronautics and Astronautics.

Amtec (1995). INCA *User's Manual*. Bellevue, WA, Amtec Engineering, Inc.

ANSI (1997). U. S. *Guide to the Expression of Uncertainty in Measurement.* Boulder, CO, American National Standards Institute.

Barber, T. J. (1998). Role of code validation and certification in the design environment. *AIAA Journal.* 36 (5), 752-758.

Benek, J. A., E. M. Kraft, and R. F. Lauer (1998). Validation issues for engine-airframe integration. *AIAA Journal.* 36(5), 759-764.

Box, G. E. P., J. S. Hunter, and W. G. Hunter, (2005). *Statistics for Experimenters: Design, Innovation, and Discovery.* 2nd edn. , New York, John Wiley.

Chapman, D. R. , H. Mark, and M. W. Pirtle (1975). Computer vs. wind tunnels. *Astronautics & Aeronautics.* 13(4), 22-30.

Coleman, H. W. and W. G. Steele, Jr. (1999). *Experimentation and Uncertainty Analysis for Engineers.* 2nd edn. , New York, John Wiley.

Cosner, R. R. (1995). CFD validation requirements for technology transition. *26th AIAA Fluid Dynamics Conference*, AIAA Paper 95-2227, San Diego, CA, American Institute of Aeronautics and Astronautics.

DeLoach, R. (2002). Tactical defenses against systematic variation in wind tunnel testing. *40th AIAA Aerospace Sciences Meeting & Exhibit*, AIAA-2002-0885, Reno, NV, American Institute of Aeronautics and Astronautics.

DeLoach, R. (2003). Blocking: a defense against long-period unexplained variance in aerospace ground testing. *41st Aerospace Sciences Meeting and Exhibit*, AIAA-2003-0650, Reno, NV, American Institute of Aeronautics and Astronautics.

Devore, J. L. (2007). *Probability and Statistics for Engineers and the Sciences.* 7th edn. , Pacific Grove, CA, Duxbury.

Drosg, M. (2007). *Dealing with Uncertainties: a Guide to Error Analysis*, Berlin, Springer-Verlag.

Grabe, M. (2005). *Measurement Uncertainties in Science and Technology*, Berlin, Springer-Verlag.

Hinkelmann, K. and O. Kempthorne (2008). *Design and Analysis of Experiments: Volume 1-Introduction to Experimental Design.* 2nd edn. , Hoboken, NJ, John Wiley.

ISO (1995). *Guide to the Expression of Uncertainty in Measurement.* Geneva, Switzerland, International Organization for Standardization.

ISO (2008). *Uncertainty of Measurement-Part 3: Guide to the Expression of Uncertainty in Measurement.* ISO/IEC Guide 98-3:2008, Geneva, Switzerland, International Organization for Standardization.

Marvin, J. G. (1995). Perspective on computational fluid dynamics validation. *AIAA Journal.* 33(10), 1778-1787.

McCroskey, W. J. (1987). *A Critical Assessment of Wind Tunnel Results for the NACA 0012 Airfoil.* Washington, DC, National Aeronautics and Space Administration.

Moffat, R. J. (1988). Describing the uncertainties in experimental results. *Experimental Thermal and Fluid Science.* 1(1), 3-17.

Montgomery, D. C. (2000). *Design and Analysis of Experiments.* 5th edn. , Hoboken, NJ, John Wiley.

Morgan, M. G. and M. Henrion (1990). *Uncertainty: a Guide to Dealing with Uncertainty in Quantitative Risk and Policy Analysis.* 1st edn. , Cambridge, UK, Cambridge University Press.

Oberkampf, W. L. and D. P. Aeschliman (1992). Joint Computational/Experimental Aerodynamics Research on a Hypersonic Vehicle: Part 1, Experimental Results. *AIAA Journal.* 30(8), 2000-2009.

Oberkampf, W. L. and F. G. Blottner (1998). Issues in computational fluid dynamics code verification and validation. *AIAA Journal*. 36(5), 687-695.

Oberkampf, W. L. and T. G. Trucano (2002). Verification and validation in computational fluid dynamics. *Progress in Aerospace Sciences*. 38(3), 209-272.

Oberkampf, W. L., A. Martellucci, and P. C. Kaestner (1985). *SWERVE Surface Pressure Measurements at Mach Numbers 3 and 8*. SAND84-2149, SECRET Formerly Restricted Data, Albuquerque, NM, Sandia National Laboratories.

Oberkampf, W. L., D. P. Aeschliman R. E. Tate, and J. F. Henfling (1993). *Experimental Aerodynamics Research on a Hypersonic Vehicle*. SAND92-1411, Albuquerque, NM, Sandia National Laboratories.

Oberkampf, W. L., D. P. Aeschliman J. F. Henfling, and D. E. Larson (1995). Surface pressure measurements for CFD code validation in hypersonic flow. *26th AIAA Fluid Dynamics Conference*, AIAA Paper 95-2273, San Diego, CA, American Institute of Aeronautics and Astronautics.

Oberkampf, W. L., D. P. Aeschliman, J. F. Henfling, D. E. Larson, and J. L. Payne (1996). Surface pressure measurements on a hypersonic vehicle. *34th Aerospace Sciences Meeting*, AIAA Paper 96-0669, Reno, NV, American Institute of Aeronautics and Astronautics.

Owczarek, J. A. (1964). *Fundamentals of Gas Dynamics*, Scranton, PA, International Textbook.

Payne, J. L. and M. A. Walker (1995). Verification of computational aerodynamics predictions for complex hypersonic vehicles using the INCA code. *33rd Aerospace Sciences Meeting and Exhibit*, Reno, NV, American Institute of Aeronautics and Astronautics.

Porter, J. L. (1996). A summary/overview of selected computational fluid dynamics (CFD) code validation/calibration activities. *27th AIAA Fluid Dynamics Conference*, AIAA Paper 96-2053, New Orleans, LA, American Institute of Aeronautics and Astronautics.

Rabinovich, S. G. (2005). *Measurement Errors and Uncertainties: Theory and Practice*. 3rd edn., New York, Springer-Verlag.

Roache, P. J. (1998). *Verification and Validation in Computational Science and Engineering*, Albuquerque, NM, Hermosa Publishers.

Roy, C. J., M. A. McWherter-Payne, and W. L. Oberkampf (2000). Verification and validation for laminar hypersonic flowfields. *Fluids 2000 Conference*, AIAA Paper 2000-2550, Denver, CO, American Institute of Aeronautics and Astronautics.

Roy, C. J., M. A. McWherter-Payne, and W. L. Oberkampf (2003a). Verification and validation for laminar hypersonic flowfields, Part 1: Verification. *AIAA Journal*. 41(10), 1934-1943.

Roy, C. J., W. L. Oberkampf, and M. A. McWherter-Payne (2003b). Verification and validation for laminar hypersonic flowfields, Part 2: Validation. *AIAA Journal*. 41(10), 1944-1954.

Salicone, S. (2007). *Measurement Uncertainty: an Approach via the Mathematical Theory of Evidence*, Berlin, Springer-Verlag.

Spall, R. E. and M. R. Malik (1991). Effect of transverse curvature on the stability of compressible boundary layers. *AIAA Journal*. 29(10), 1596-1602.

Spall, R. E. and M. R. Malik (1992). Linear stability of three-dimensional boundary layers over axisymmetric bodies at incidence. *AIAA Journal*. 30(4), 905-913.

Steger, J. L. and R. F. Warming (1981). Flux vector splitting of the inviscid gasdynamic equations with applications to finite-difference methods. *Journal of Computational Physics*. 40, 263-293.

Walker, M. A. and W. L. Oberkampf (1992). Joint computational/experimental aerodynamics research on a hypersonic vehicle: Part 2, Computational results. *AIAA Journal*. 30(8), 2010-2016.

Wilcox, D. C. (2006). *Turbulence Modeling for CFD*. 3rd edn. , La Canada, CA, DCW Industries.

Wong, C. C. , F. G. Blottner, J. L. Payne, and M. Soetrisno (1995a). Implementation of a parallel algorithm for thermo-chemical nonequilibrium flow solutions. *AIAA 33rd Aerospace Sciences Meeting*, AIAA Paper 95-0152, Reno, NV, American Institute of Aeronautics and Astronautics.

Wong, C. C. , M. Soetrisno, F. G. Blottner, S. T. Imlay, and J. L. Payne (1995b). *PINCA: A scalable Parallel Program for Compressible Gas Dynamics with Nonequilibrium Chemistry*. SAND94-2436, Albuquerque, NM, Sandia National Laboratories.

Yee, H. C. (1987). *Implicit and Symmetric Shock Capturing Schemes*. NASA, NASA-TM-89464.

Youden, W. J. (1972). Enduring values. *Technometrics*. 14(1), 1-11.

12　模型精度评估

如许多章节所述,尤其是第 10 章和第 11 章,模型精度评估是模型确认的核心问题。在模型精度评估中,我们的目的是使用计算机代码精确、量化评估数学模型及其实施的能力,进而模拟完整描述的物理过程。毫无疑问,我们关注的是仅对模型确认有用而完整描述的物理过程。模型精度评估如何精确、量化有赖于:①在探索影响所关注系统响应量(SRQ)的重要模型输入量中,设置实验数据的数量;②如何根据实验测量完整描述重要模型输入量;③如何完整描述实验测量和所关注 SRQ 的模型预测;④模型精度评估之前,SRQ 实验测量是否可用于计算分析;⑤当 SRQ 可用于计算分析时,是否还用于模型修正或模型校准。本章将分别从概念和数量上探讨这些棘手问题。

本章开始,我们将讨论模型精度评估的基本要素。这部分讨论中,我们将回顾比较模型结果和实验测量结果的传统方法及最新方法,并探讨模型精度评估、模型校准和模型预测之间的关系。我们将从第 2 章"基本概念和术语"给出的工程学定义入手,分别讨论本书观点及可能的每次活动。但是,也有文献报道了另外一种观点,认为所有活动都应相互结合。下面,我们将简要回顾一下这类观点及相关方法,并与分离这些活动的方法进行比较。

模型校准历史悠久,主要体现在统计文献中,但量化模型精度评估却谈不上任何发展。过去 10 年,模型精度评估致力于构建数学运算符,进而计算实验测量结果和模拟结果之间的差异。这些运算符称为确认指标。我们将回顾针对确认指标优化构建提出的建议。然后,详细讨论发展起来的两种确认指标,其中,第一个指标用于计算估算的统计测量均值与预测值之间的差异,第二个指标用于计算测量和预测产生的概率盒(p-盒)之间的面积;每个指标都以多个示例进行说明。

12.1　模型精度评估要素

模型精度评估的任务从一开始似乎就非常简单:比较模型构建者的预测和经验主义者的观测,并查看它们是否匹配。它们可能完全匹配,或模型可能存在一定程度的误差,或模型可能完全错误。然而,事实上,总会有一些观点使这种比较,以及预测中模型的终极使用变得复杂,究其原因在于没有实验数据可供使用。这些重要问题如:

(1)我们应该如何处理所测数据中的实验变化?

(2)给出的实验数据如果是一种概率分布或一区间序列,应怎么办?

(3)如果模型中未出现实验数据的统计趋势,怎么办呢?

(4)如果预测是一种概率分布,而非一个点,即确定性数值,怎么办呢?

(5)模型精度评估中有模型精度要求吗?

(6)模型精度评估方法能够证明实验和模拟之间的一致性或非一致性吗?

(7)实验数据比较过程中,如果没有重要数据用于预测,应怎么办?

（8）从高维模型输入空间获得的有限实验数据如何影响模型精度评估？

（9）如果只用一个实验进行比较，能够做些什么？

（10）如何整合不同模型输出和实验数据之间的比较？

（11）模拟或实验中如何处理偶然因素造成的不确定性和主观尝试造成的不确定性？

（12）应如何构建精度测量，从而奖赏或处罚那些十分精确的模型预测和不精确的预测？

（13）计算模型预测非常昂贵，且只能计算少部分模拟时，怎么办呢？

（14）模型中的参数如果首次使用相关实验数据校准，那么模型精度评估中应有什么不同？

前面章节对部分问题已进行了讨论，而本章将更详细地对其重新讨论。

传统科学实验中，一大批研究在确认中致力于确定模型本质上的对错。然而，工程学中的很多情形并非如此。在工程学上，重点是根据与实验数据之间的比较估算模型精度，并测定模型是否能够达到预期用途。正如 George Box 20 年前的著名论断："所有的模型都是错的，有些是有用的"（Box 和 Draper,1987）。就确定性模型预测而言，其确认非常简单。模型针对一些被测量预测其点估计值，这一预测可与被测量的一次或多次测量进行比较，它们之间的差异用于衡量模型是否精确。模型可以总是不精确的，但必须接近其目的。同理，在一些高性能系统中，如果建模的精度要求很高，那么即便是非常精确的模型也可能不能满足其要求。

12.1.1　模拟与实验之间的比较方法

比较模拟与实验测量的方法多种多样。图 12-1 对比较方法进行了总结，为更多量化方法的改进指明了方向。该图表明随着对实验不确定性、数值误差和非确定性模拟注意力的增强，量化执行确认比较的概念也在增强。我们将对本图每一个板块进行详细说明。

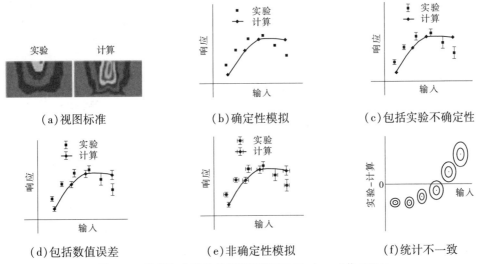

图 12-1　模拟与实验比较的递增精度（Oberkampf 等,2004）

图 12-1(a)描述了一种定性比较，也是实际中经常看到的计算数据与实验数据之间

的一种视图标准比较(Rider,1998)。这种比较通常是一张图片或轮廓图接着另一张,有时,没有给出图例说明相关缩放比例;同样,也可以调节这种缩放比例,从而在计算和实验之间呈现出最佳一致性。很明显,这种情况虽然对计算和实验之间的比较未给出任何量化说明,但从直觉上讲确实有一些比较。有关计算和实验之间一致性的感觉和直觉当然都是仅针对旁观者而言的。这类比较有时在科学计算软件广告营销材料或融资计划书中也可以看到。图 12-1(b)描述的是计算结果和实验数据之间最常见的一种比较类型。图中,视系统响应为实验输入或控制、参数的一个函数。本图显示了离散的实验点和计算点,从概念上讲,还包括没有任何点表示的实验和计算之间的曲线。在图 12-1(b)层次上进行比较的关键问题是在实验或计算结果中,或在其量化比较中,不能识别不确定性。总之,这类比较实际上仅限于定性比较,如"相当一致"或"一致性较好"等。

图 12-1(c)表明改进比较方法的下一步是在沿实验数据给出估计的不确定性区间。有时候,需要仔细斟酌并明确说明不确定性区间的含义。不确定性区间属于一种定性比较,较为常见的情形是:①对属于随机实验不确定性还是系统实验不确定性,不确定性区间未经严格判断;②给出"事实上感觉所有实验数据都在所示不确定范围内"此等陈述;③未根据响应量评估实验不确定性对输入量的影响。随着科技期刊与日俱增,也需要实验不确定性的一些陈述如图 12-1(c)那样。

图 12-1(d)表示需要更多实验不确定性量化评估且需对数值解误差进行评估的一种情形。例如,就实验不确定性而言,需要获得多个实验结果,从而所示的实验数据点将表示所有样本的平均值。此外,还可能需要说明是否放弃"异常值"测量,以及说明不确定性区间是否用于表示假设正态概率分布的两种标准差。就数值解误差而言,将针对图中绘制的具体响应量给出计算的后验数值误差估计值,而非所示量的某一全局误差指标。

图 12-1(e)是评估实验不确定性的更深层次,在这一层次上还包括非确定性模拟。有关实验不确定性信息的改进至少有两种方法:第一,可以使用统计实验设计(DOE)方法,这种方法使用随机化技术和阻塞技术,从而更好地量化一些系统不确定性。此外,可以使用不同诊断方法在不同设备内进行相同实验。第二,获得被测输入量的实验不确定性,如横向不确定性区间所示。例如,输入量和被测响应的不确定性区间可以表示正态概率分布下的两种标准差。针对不确定性模拟,我们需反复计算每种实验条件。比如,使用输入量实验估计的概率分布进行多重模拟。总之,计算数据点为输入量和响应量的非确定性模拟平均值。注意:使用输入量的实验不确定性分布时,需要在所测输入条件下进行计算或必须假设计算可用于其他输入条件。

图 12-1(f)所示为输入量范围内模拟和实验测量之间真正的量化比较方法。图 12-1(f)描述的是在实验数据点上模拟与实验之间的不一致。根据所含信息,图 12-1(f)不仅包含了和图 12-1(e)相同的数据,而且还显示了模拟与实验的统计差异。假设计算数据和实验数据的概率分布都经完整描述,如图 12-1(e)所述,通过比较计算和实验,将获得概率分布偏差,或更确切地说,是一对概率分布卷积。图 12-1(f)的椭圆符号表示模拟和实验概率分布卷积的一种或两种标准偏差轮廓。每个轮廓中心的点表示模拟分布和实验分布的平均值或期望值差异。

我们称模拟和实验之间的量化比较,与图 12-1(f)相似,为确认指标运算符。我们将正式采用以下定义：

确认指标：测量模拟获得的结果系统响应量（SRQ）和实验测量获得的系统响应量之间差异的一种数学运算符。

某种程度上，确认指标是模拟和实验数据之间的一种客观距离测量。距离测量的特征在于模拟和实验数据之间任何差异都是一个正数。比如，无论模拟是小于还是大于实验数据，指标均为正数和加数。客观性是指给出一批预测或观测，确认指标都将产生相同的评估结果，而无论分析人员使用什么指标。客观性是科学工程实践的基本原则，虽然结果可以复制，但是并不取决于分析人员的态度或预测。当必须使用指标评估一些不可避免的主观活动时，则最好是少保留这种主观性，并尽可能保留到有限程度，从而强调方法的客观性，减少具有争议的因素。

通常，确认指标结果为模型所有输入参数的一个函数。但 SRQ 往往主要取决于少数占优势的输入参数。确认指标应视为一统计运算符，原因在于模拟和实验结果并不是单独的数字，而是函数；特别地，它们常常为一概率分布或概率盒（p-盒）。概率分布是一种特殊的累计分布函数（CDF），即在规定带内可能下滑的一组 CDF（Ferson，2002；Ferson 等，2003，2004；Kriegler 和 Held，2005；Aughenbaugh 和 Paredis，2006；Baudrit 和 Dubois，2006）。概率盒首次在第 3 章中进行了介绍。概率盒可以表示模拟、实验结果或二者中偶然因素造成的不确定性和主观尝试造成的不确定性。本章后面将更加详细地讨论概率盒。

12.1.2　模型精度评估中的不确定性和误差

如果我们不需处理实验和模拟问题中的不确定性和误差，那么模型精度评估将非常简单。在之前章节如第 10、11 章，我们主要从估算角度讨论了不确定性和误差。这里我们将对它们于何处发生、如何产生以及如何影响确认指标结果展开讨论。

图 12-2 所示为确认实验及相应的计算模型、实验测量和数值模拟中的不确定性和误差来源以及作为差异算子的确认指标。首先，我们来讨论不确定性的实验来源。在第 10 章，我们讨论了实验不确定性的两种基本来源——测量不确定性和描述不确定性。测量不确定性是指执行每一实验测量中的随机不确定性和系统不确定性（偏差）。测量不确定性主要取决于所使用的诊断技术和实验测量程序，如使用复制、随机化和阻塞技术估算随机测量不确定性和系统测量不确定性。描述不确定性是针对随机变量被测量的、数量有限的测量，包括两种情况：①计算模型所需的输入量不能在实验中测量，因此实验人员推荐了他/她认为的真实值区间；②实验中已知 SRQ 为一随机变量，但出于时间和金钱限制，仅测量了少数被测量样本。

第 10 章还讨论了模拟中的三种误差来源：数学模型结构（模型形式误差）、数学模型到离散模型的映射（包括计算机代码）和离散模型在计算机上的数值解。毫无疑问，模型精度评估的主要目标是估算模型形式误差。在图 12-2 中，我们简单地将第二种和第三种来源合并为"数值解误差"。

由图 12-2 可知，实验测量不确定性和描述不确定性直接影响模型输入数据和实验中的 SRQ。注意：模型精度评估中的一关键问题是，实验测量输入不确定性与实验中输入

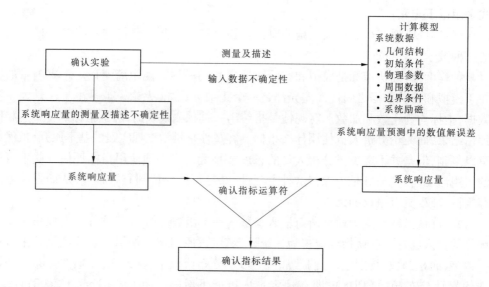

图 12-2　模型精度评估中的不确定性及误差来源

量的固有偏差在统计学上相互混淆。我们需要的是模型能够正确映射实验测量输入不确定性至 SRQ,即便模型中没有对应的物理变化。换言之,实验测量不确定性并不表示输入的物理不确定性,而是单纯的实验中的测量物体。比较这些实验不确定性和实验中的真实物理不确定性,包括:①实验中的随机变量参数如随机从生产批次总数中抽取的、用于实验中的材料;②实验中作为非受控参数的边界条件如多次飞行实验中的天气状况。后者为我们期望模型正确复制的真实物理不确定性;反之,我们也同样要求模型能够正确复制非物理不确定性,如实验测量不确定性。虽然研究应该致力于这些问题,但是我们相信这只是模型概念上的错误期望。如果这是真的,那么唯一的方法就是将物理变化导致的输入不确定性相关的实验测量不确定性降到最低,为了证明这一点,请考虑以下示例:假设实验经多次复制,且所有物理现象都能完整复制;换言之,系统及周围环境的所有条件每次都能精确复制,SRQ 同样也能精确复制。再者,假设实验测量中的所有系统误差(偏差)为零。因此,实验测量不确定性将仅由随机误差组成;实验描述误差为零,因为所有输入量和 SRQ 都是完整描述(即已知)的随机变量。此外,假设模型完全呈现确认实验中的相关物理现象;同样,假设数值解误差为零。图 12-3 所示为实验测量 SRQ 和模型之间的累积分布函数;随机测量误差产生的变化由实验 CDF 表示,输入量中明显物理变化产生的 SRQ 变化由模型 CDF 表示,因此累积分布函数之间也大相径庭。换言之,完美的物理模型只要存在物理变化时,复制实验测量将不确定。使用确认指标运算符测量实验测量 CDF 和模型预测 CDF 之间的差异时,差异将为零。也就是说,模型将判定为"非完美",而实际上它是完美的。

12.1.3　模型精度评估、校准和预测之间的关系

图 12-4 描述了确认的重要方面以及模型校准、预测的特征。图 12-4 中,中间偏左的部分为确认的第一步;该图说明相同的 SRQ 必须同时来源于模型和物理实验。SRQ 可为

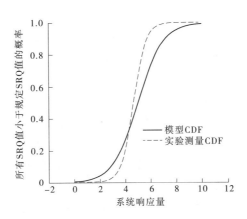

**图 12-3 实验测量系统响应量以及具有明显输入物理变化的
模型系统响应量之累积分布函数示例**

任何类型的物理可测量,或测量基础上的量,或是基于测量或从测量推断的量。例如,SRQ 可能涉及计算或被测量的导数、积分或更复杂的数据处理,如域内的最大泛函或最小泛函。关键数据处理中,当要求获得 SRQ 时,重要的是以相同方式处理计算结果和实验被测量。将计算和实验 SRQ 分别输入确认指标运算符计算确认指标结果。通常,SRQ 有三种数学形式:①确定性量,即单个值,如域内的均值或最大值;②概率分布;③概率盒。这些形式分别为模型中一个或多个参数的函数,如温度函数或压力函数等,空间坐标函数如笛卡儿坐标(x, y, z),或空间和时间函数。如果计算和实验 SRQ 均为确定性量,那么确认指标也将是一个确定性量。如果其中一个 SRQ 为概率分布或概率盒,那么确认指标结果将为一个数值、一个概率分布或一个概率盒,具体以确认指标运算符构成而定。

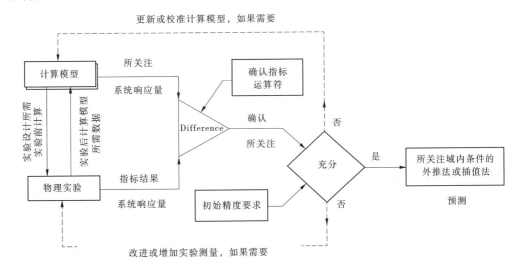

图 12-4 确认、校准和预测(Oberkampf 和 Barone,2004)

　　如第 10、11 章所述,图 12-4 表明了确认实验中计算和实验之间适当的相互关系。为了获取最佳的确认实验值,分析人员和实验人员在实验规划、设计和执行期间应深入、坦诚、密切沟通。同样,实验完成后,实验人员应向分析人员提供模拟所需的所有重要输入量。在严格的确认活动中,不得向分析人员提供所测 SRQ。换言之,盲测预测应与实验结果相比较,从而在确认指标中对预测能力的真实量度进行评估。

图 12-4 中,中间偏右部分为所关注应用的确认指标结果与初始精度要求之间的比较,也称为初始要求,原因在于所关注应用条件,即应用域,可能与确认域大相径庭。如果和通常情况一样它们并不相同,那么只有初始精度要求可用。如果模型满足这些初始精度要求,那么将使用模型外推法或插值法进行模型预测。模型外插或内插入所关注应用条件后,将适用应用精度要求,即最后精度要求。在初始模型精度不符合要求的情况下,设置初始精度要求很有用处,以下述两个例子为例:第一,可以断定概念模型中的假设和近似值不足以获得所需精度。这种情况下,可能需要重新构建模型,而不是在后期校准模型参数。第二,初始精度评估为所关注工程系统成本/进度要求提供了最后精度要求的自然调节和改进机制,如除成本和进度外,可以在所需最后精度、系统设计和性能之间做出权衡取舍。

当不能满足初始精度要求时,如图 12-4 所示,我们有两个选择:第一,为模型更新、模型校准或模型校正等活动执行虚线所示的上部反馈回路。我们可以根据确定参数的能力,通过直接测量或模型推理,将参数更新分为三种类型:参数测量、参数估计和参数校准。更新模型参数时,我们可以通过使用确认指标运算符进行更新;此时,确认指标结果将明显减小,说明在模型和实验结果之间的一致性更好。参数更新可能物理判断为合理,也可能只是一种权宜之计。难点是如何确定更新的科学合理性及其对预测能力的影响,这一问题将在下一章进行详细讨论。第二,出现以下状况时可以执行下方的反馈回路:①实验测量需要改进或变化,如改进诊断技术;②需要进行额外实验,以减少实验不确定性;③需要进行额外实验,使其在所关注应用中更具代表性。

图 12-4 中,右边部分为使用模型对所关注应用条件进行预测。应该注意的是,图 12-4 与第 2 章中显示确认三个方面的简图(见图 2-8)完全吻合。同样,图 12-4 与第 2 章图 2-5 所示的 ASME 指南简图在概念上也吻合。但是,ASME 简图并没有明确表明在数据不可用的情况下,使用模型外推法还是插值法。这些图任何一个都可适用于确认层级结构的任何层级。要求使用不同类型外推法的两种应用示例是:第一,假设对所关注完整系统进行物理实验,即对实际操作系统硬件进行实验;假设因物理尺寸限制、安全性考虑或环境条件制约等原因,在与所关注实际操作条件不符的条件下进行实验;同时,在实验中测量 SRQ,通过模型进行预测并计算出确认指标结果。此外,还假设模型满足初始精度条件;然后,要求使用模型外推法预测所关注实际操作条件下对应的 SRQ。这类外推法在工程应用中最常用。

第二,假设图 12-4 所示的实验全部在所关注完整系统的子系统上执行,在完整系统上未执行任何实验。此外,假设每个子系统中,所关注的所有 SRQ 的确认指标都满足初始精度条件;即使在操作系统与完整系统相同、各项工程系统功能紧密配合、子系统群体高度交互的情况下测试子系统,我们也可以将其描述为一种大型外推法,因为完整系统模型要求预测每个子系统中每个模型的交互作用。这种外推法,毫无疑问,不具有任何与子系统相关的参数,也不可能具有评估模型预测交互作用的能力。

12.2　参数估计方法和验证指标

　　10 多年来,模型确认(广义上的术语)和确认指标日益受到关注。模型确认主要提倡使用传统方法,具体为参数估计、假设检验和贝叶斯更新。这些方法,尤其是假设检验,都与在此讨论的确认指标概念相关。尽管我们称参数估计和贝叶斯更新为模型校准,但领域中的一大批研究人员和从业人员仍然称其为模型确认。本部分分别对参数估计、假设检验、贝叶斯更新及确认指标新方法进行了简要论述。需要强调指出的是,量化确认测量的发展属于新的研究领域,各种观点争论激烈。2006 年 5 月,随着特殊研讨会的举办,领域中的大批研究人员齐聚一堂,对模型确认的各种观点展开了讨论和辩论。本次研讨会上,分别对不同工程领域(热传递、固体力学和固体动力学)提出了三大挑战性问题。特刊《应用力学和工程学中的计算机方法》中刊登了此次研讨会所取得的所有成绩(Dowding 等,2008;Pilch,2008)。读者可参阅该特刊,详细查看模型确认的广泛方法。

12.2.1　参数估计

　　20 世纪 60 年代,结构动力学领域开始发展尖端技术,旨在进行计算结果和实验结果比较,并使用参数估计法提高结果之间的一致性(Wirsching 等,1995)。许多结构动力学分析中,视部分模型输入参数为使用模型数据在所关注结构上估算的确定性(鲜为人知)量。针对单个 SRQ 或一组 SRQ,采用数值优化法,实现计算结果和实验结果之间的最佳一致性。模型的多个解可用于评估不同模型参数数值对 SRQ 的影响。虽然这些方法都是进行计算和实验结果比较,但其宗旨都是在可用实验数据之上提高一致性。10 多年来,在广泛的随机系统内,开发了大量尖端的可靠方法用以优化参数(Crassidis 和 Junkins,2004;Raol 等,2004;Aster 等,2005;van den Bos,2007)。在近期工作中,参数被视为随机变量,被表示为具有未知参数的概率分布,或非确定性分布。实验数据取自于不同负荷条件下同一结构上的多个实验,或不同结构上的实验。决定不确定性参数的概率分布时,使用了一种类似的但更加复杂的优化方法,从而使模型和实验结果之间达到最大程度的一致。

　　虽然本书术语中称这类方法为校准,而不是确认,但我们在此提及的原因是这类方法首先是测量模型结果和实验结果之间的差异。

12.2.2　假设检验

　　实验科学中统一采用统计假设检验或显著性检验(Wellek,2002;Lehmann 和 Romano,2005;Law,2006;Devore,2007)。假设检验是利用概率论在两种实验结果对立模型中选择的一种相对成熟的统计方法,从而把决策失误风险降到最小。假设检验中,确认 - 量化方法被描述成一“决策问题”,从而确定假设模型是否与实验数据一致。运筹学(OR)领域通常采用这种方法比较相互对立的模型,即模型为真或为假。例如,假设硬币是公平的,即在硬币投掷中,“正面朝上”和“正面朝下”每次都是均等出现。相对立的假设是硬币不公平;然后,按照给定次数 N 投掷硬币获得实验数据,并记录“正面朝上”和“正面朝下”的概率;之后,我们再使用假设检验从统计学上确定公平硬币的可信度。测定的可信度取决于 N,即 N 值越大,就可断定可信度越高。

最近,确认研究中采用了假设检验(Hills 和 Trucano,2002;Paez 和 Urbina,2002;Hills 和 Leslie,2003;Rutherford 和 Dowding,2003;Chen 等,2004;Dowding 等,2004;Hills,2006)。在这种方法中,确认评估被视为模型预测是否与可用经验信息相符的决策问题。通常,经验观测值作为一个整体,与模型计算结果分布如蒙特卡罗样本进行比较,共同组成相关 SRQ 的预测。模型与数据之间的一致性被描述为一概率值,概率值越低,就越表明量级不符,且这种量级不可能偶然产生。通常,这种概率在假设检验内颇具参考价值;同时,这种概率不能视为单独的确认指标去说明模型结果和经验结果之间的一致或不一致程度。相反,这种方法致力于回答有关模型在规定误差范围内的是 - 否问题,或偶尔回答在对立模型之间进行选择的非此即彼问题。

尽管假设检验可暂作为确认工具,但却并不足以完成任务。通常,假设检验的目的在于识别确凿证据的真假。不过,假设检验的目标与确认目标不同,其目标更切实际,更加注重评估模型的量化精度。模型质量可能相对"较差",但在确认中,问题可能描述为"多么差?"在假设检验中,如果精度要求为初始精度或最终精度,那么结果则为模型满足所需精度的概率。这类结果导致了两类实际问题:第一,物理模型构建者或项目经理应该如何说明这种结果? 如何将概率描述成一精度测量,并不直观。设计工程师和项目经理将不由自主地问:"模型的绝对误差或相对误差是多少?"第二,无论规定何种精度等级,在此种等级下,具有较多实验数据的模型都可能证明为假。即给出足够数据,任何模型都可证明为假。很快我们将会讨论这一点,假设检验的关键和难点是确认指标中直接构建的精度要求。

虽然假设检验法对确认指标而言似乎不是一种有效方法,但这种方法提出了假设检验中得出错误结论的误差类型概念(Wellek,2002;Lehmann 和 Romano,2005;Law,2006)。在决定是否对其他确认指标类型有用、有效时,这种方法可以识别两种误差类型。应该强调的是,这两种误差类型并不局限于统计分析;实际上,它们属于逻辑误差类型。第 1 类误差,也称为模型建造者风险,是当模型实际有效时,拒绝模型有效度过程中产生的误差;计算和实验上的误差均可导致这种第 1 类误差。以计算方为例,如果网格不足以收敛,计算结果受数值误差影响,那么与实验数据之间的对立比较就会令人误导;即当不良比较来源仅仅为处理中的网格时,不良比较将致使我们得出的结论是:模型需要改进或重新校准。就实验方而言,模型构建者风险往往因实验数据中的未知偏差致使计算结果和实验结果的不良比较所导致的。我们认为实验结果中的未知偏差在确认中最具破坏性,因为只要实验测量正确,就可以断定计算结果在误差上一致,而实际上,实验数据才是关键因素。如果认为误差源自于计算,那么将做大量努力试图找出误差来源。更糟糕的是,使用偏置实验数据重新校准数学模型,结果致使实验偏差转向数学模型,使模型所有未来计算都具有偏差。

第 2 类误差,也称为模型构建者误差,是模型实际无效时,接受模型有效度过程中产生的误差。如第 1 类误差一样,计算和实验上的误差均可导致这种误差。计算方面,可能产生上述第 1 类误差的逻辑逆序;即如果网格不足以收敛,且计算结果和实验结果之间一致性较好,那么这种有利比较同样具有误导性。例如,在使用更精细网格时,我们可能发现这种良好的一致性不复存在。这表明原来良好的一致性在比较上可以补偿误差或抵消误差。我们认为补偿误差在复杂模拟中较为常见,也只有模型忠实的用户才可能深入挖掘补偿误差;同样,模型提出人员可能认为是代码故障导致了这种不期而至的良好结果。在一个竞争的、受时间限制的或商业代码开发环境中,此等用户或模型提出人员非常不得人心,甚至被同事和管理层蒙蔽。实验方面,也可能产生上述第 1 类误差的逻辑逆序;即如果实验中存在未知偏差,而计算结果和实验数据之间的比较良好,那么良好模型精度就是不准确的。在计算方面类似于第 2 类误差,只有严于律己、坚持不懈的实验人员才会审查实验,试图发现任何实验偏差。

第 1 类误差和第 2 类误差都是一把双刃剑。在参考文献中,我们都认为模型用户风险可能更具破坏性。当然,其原因是进行预测和决策的明显正确的模型(有实验证据表明这种模型能够产生精确结果)实际上是不正确的。第 2 类误差会产生一种虚假的安全感。除模型可能的破坏性使用外,我们认为模型用户风险实际上比模型构建者风险更有可能发生;原因是有实验证据表明分析人员、实验人员、管理人员对模型的有效性几乎没有或毫无兴趣,或者是几乎没有或毫无资金渠道去耗费更多时间或资源发现模型或实验中的不足。每一个人都热衷于结果的一致性,都希望轻而易举地快速宣布"胜利"。那些对结果感到质疑的人员很有可能在其组织内面临失去个人晋升或认可的风险。只有那些小心谨慎、睿智的人员才有可能认识到一些未来实验数据或系统故障,但却是亡羊补牢为时已晚。

12.2.3 贝叶斯更新

过去 20 年,贝叶斯更新或贝叶斯统计推论受到统计学家、风险分析员和一些物理学家及结构动力学家的极大关注。相关贝叶斯观点的现代课题,请参阅 Bernardo 和 Smith (1994)、Gelman 等(1995)、Leonard 和 Hsu(1999)、Bedford 和 Cooke(2001)、Ghosh 等 (2006)及 Sivia 和 Skilling(2006)的相关文献。贝叶斯分析过程错综复杂,但可归纳为三步:第一,为模型中的输入量分别执行或假设一概率分布,其中,选择的模型为一可调随机变量。第二,通过比较计算结果和实验结果调节或更新输入量之前选择的概率模型;更新概率模型时,必须首先通过模型复制输入概率分布,获得与实验中所测 SRQ 对应的 SRQ 概率分布;更新输入概率分布时,使用贝叶斯定理获得后验分布,并通常假设数学模型在结构上是正确的,即更新的前提是模型和实验数据之间的所有不一致都是因参数的概率分布存在缺陷。第三,比较新计算结果和现有实验数据,并对概率分布更新中的变化进行概率分析。通过模型复制更新的概率分布,可得到新的计算结果,如果存在有任何新的实验数据可用,那么整个过程都需进行重复。贝叶斯估计中大多数理论的发展都直接针对最优化方法,从而更新不确定参数的统计模型并通过模型减少传播不确定性所需的计算资源。

一直以来,贝叶斯方法被认为是确认的一种替代方法(Anderson 等,1999;Hanson, 1999;Kennedy 和 O'Hagan,2001;DeVolder 等,2002;Hasselman 等,2002;Zhang 和 Mahadevan,2003;Chen 等,2006;O'Hagan,2006;Trucano 等,2006;Bayarri 等,2007;Babuska 等, 2008;Chen 等,2008)。贝叶斯方法针对模型评估数量(即所需偏微分方程式(PDE)解)错

综复杂、范围广泛、计算苛刻。此外,这种方法还存在一些争议,因此分析人员将其视为一种替代方案。从确认观点来说,最主要的争议是更新往往假设模型本身是正确的。近期工作表明,贝叶斯方法可通过模型偏差解释模型结构上的不确定性(Kennedy 和 O'Hagan,2001;Higdon 等,2004,2009;Rougier,2007;Liu 等,2009;McFarland 和 Mahade-van,2008;Wang 等,2009)。

确认中,贝叶斯方法主要致力于评估主观概率,即认为模型是正确的个人信仰;然而,对我们来说,这并不是确认的重点。我们在乎的不是任何人对正确模型的信仰,而是客观测量数据与预测的一致性。我们并不认为贝叶斯方法的中心是主观性。具体地,我们认为确认不应该依赖于分析人员质疑模型正确性的先验观点。毕竟这在确认中属于所评估对象的主要部分,因此最好能够避免去假设结论的主要因素。个人决策中,主观性合情合理,但除该方法:①用于高风险决策,如核电站安全或环境影响研究;②针对事件频度规定公共安全法规。

贝叶斯定理认为个人理性不适用于集体所做的决策。有人曾断言预测模型不能客观地进行确认(Hazelrigg,2003),但我们却坚信可以客观测量模型性能及其相关数据。我们认为肯定有因素影响专业判断,或有其他影响确认评估应该如何执行的主观因素。例如,在确认中选择实验数据就是一种主观决策,如同从多个可能指标中选择确认指标。一旦确定好这些问题,就可以使用指标对预测和数据之间的不一致进行客观描述。即便在这种受限环境中,客观性都是难能可贵的。总之,不应该放弃追求客观性,虽然主观性不可能完全避免。这好比经验主义者从海森伯德不确定性原理得出的结论那样,测量一切其实无益。

贝叶斯观点总是倾向于把所有分析问题都放置在决策环境中。模型精度评估本质上不是决策的一部分,如何通过有效证据支持或反驳一个模型本质上肯定是一个合法问题;对指标与观测值之间一致性的指标值评估应认为是这一问题的合理解;我们对不同模型具有不同指标的认知,形式上并不属于这一问题的一部分;贝叶斯学派可能并不这样认为,因为良好的决策需要考虑所有注意事项。我们认为很有可能是需要考虑所有注意事项,但却不能因此否认模型精度评估是决策问题的一部分。鉴于各种实际理由及一些不可避免的因素,有时在规定决策环境之前需要考虑模型精度评估。例如,在未规定决策的其他部分时,需要考虑国家安全并比较对立系统的性能。

12.2.4　平均值比较

平均值比较明显不同于其他方法,从概念上来说更简单,是比较实验和模拟的估计平均值。针对仅有一次实验且仅有一次确定性模拟的情况下,其比较方法相同。就这类比较而言,我们自然而然会想到使用传统向量范数。假设 $S(x_i)$ 为根据控制参数 x_i 的模拟结果,$E(x_i)$ 为实验测量,其中,$i = 1,2,3,\cdots,N$。参数 x_i 为输入参数或时变系统内的时间;向量范数 L_1 和 L_2(通过 N 标准化)为确认指标,通过以下公式得到:

$$\| S - E \|_p = \left(\frac{1}{N} \sum_{i=1}^{N} |S(x_i) - E(x_i)|^p \right)^{1/p} \tag{12-1}$$

式中:$p = 1$ 或 2。大批研究者在向量范数 L_1 和 L_2 基础上构建了确认指标(Coleman 和

Stern,1997；Easterling,2001,2003；Stern 等,2001；Oberkampf 和 Trucano,2002；Oberkampf 和 Barone,2004,2006）。针对宽频范围内的强烈时变响应或系统响应,指标的构建涉及模拟和实验之间的量级差和相位差（Geers,1984；Russell,1997a,b；Sprague 和 Geers,1999,2004）。虽然向量范数指标和那些结合有量级误差和相位误差的指标都具有不同视角,但它们的共同目的都在于比上述方法更注重工程,并更少地使用统计方法。它们只注重使用模型 SRQ 的确定值与实验数据估计的统计平均值（或单独的时间关系曲线图）进行比较。大多数研究者不是通过模型复制不确定输入参数而去获得所关注 SRQ 的概率分布,而是普遍假设不确定输入量的平均值映射为所关注 SRQ 的平均值。

平均值比较在确定性计算结果方面的主要优势是不需要复制输入不确定性去确定输出不确定性,大大降低了确定性模拟中的计算成本。许多计算分析人员认为在复杂模拟中,计算资源不可能提供时空解以及大量的非确定性解,但根据高风险系统的风险评估,如对核动力反应器的安全性和核废料的地下储藏的评估,表明适当（不要过多）利用物理建模细节,我们可以承担非确定性模拟的计算成本。不幸的是,我们发现在许多领域,网格非确定性模拟遭受强烈抵抗。因此,有必要构建仅使用确定性计算结果就能计算的确认指标。领域中,反对这种变化的理由之一是物理建模逼真度比工程分析中的不确定性量化更加重要,因而耗费了单一解可使用的所有计算机资源,构建了这种物理复杂度的模型,而没有时间去进行非确定性模拟。在很多科学工程领域,这种传统根深蒂固；同时,要改变这种文化传统将很难,也需要很长一段时间。

本章的后面部分将深入讨论 Oberkampf 和 Barone（2004,2006）比较计算平均值和实验平均值的方法。

12.2.5　概率分布和概率盒比较

实验和模拟之间的概率分布差异的描述方式有多种。假设 X 和 Y 分别代表实验和模拟的 CDF,我们可以考虑在 X 和 Y 之间存在以下差异类型：卷积分布 $X - Y$、$X - Y$ 平均值类型或 X 和 Y 外形之间的差异。模型确认环境中,最有用、最容易理解的似乎是对两种 CDF 外形比较上的描述。分布函数完全相同的随机变量据说“在分布上相等”。如上所述,这种情况即便是用完美的物理模型也不可能发生。如果分布在外形上不完全相同,那么就可使用传统统计学上的多种方法来测量这种差异（D'Agostino 和 Stephens,1986；Huber-Carol 等,2002；Mielke 和 Berry,2007）：《统计拟和优度、概率评分标准和信息理论》。

使用这些传统方法的困难之处是它们仅适用于随机变量,即纯属偶然因素造成的不确定性。我们关注的是当概率盒给出实验结果和模拟结果或其中之一时,测定实验和模拟之间的差异。上述没有任何方法能够同时处理模拟结果或实验结果中的偶然因素造成的不确定性和主观尝试造成的不确定性。本章后面,我们将对以概率盒为输入来计算确认指标结果的方法展开讨论（Oberkampf 和 Ferson,2007；Ferson 等,2008；Ferson 和 Oberkampf,2009）。

12.3　确认指标建议特性

确认指标可正确测量预测和实验数据之间的不一致。指标值越低,说明预测与数据之间的一致性就越好;指标值越高,说明预测与数据之间的一致性越差。不论预测是确定性的还是非确定性的,都可以使用确认指标。指标在数学上能够很好地进行计算,且对工程师、项目经理及决策者来说易于理解。下述讨论中,我们将推荐确认指标的 7 种期望性质,以利于评估科学与工程模拟中所使用模型的精度(Oberkampf 和 Trucano,2002; Oberkampf 和 Barone,2004,2006)。

12.3.1　数值解误差的影响

指标应:①明确包括所关注 SRQ 中模拟产生的数值误差估计值;②不包括所关注 SRQ 中的数值误差,仅限于数值误差事先经合理方法估计,且可忽略不计。在此关注的数值误差主要是离散解中因缺乏空间和/或时间分辨率导致的误差,其次为迭代解误差。数值误差包括在误差估算的上限和下限范围内,因此明显包括在预测的 SRQ 内,即 SRQ 内偶然因素造成的不确定性将用一区间表示。如上所述,区间是概率盒的一种特殊情况。模拟结果内数值误差的详细过程将颇具吸引力,因为除不确定性外,它明确确定了实验数据中或模拟输入数据中的数值误差因素。但是,这也增加了指标理论演绎和计算中的复杂程度,因为这将涉及指标使用概率盒作为输入。

更简单的方法是在计算指标之前,定量反应数值误差很小。判断数值误差很小,是相对于实验测量和模拟中不确定性的估值大小而言的。对二维或三维不规则的 PDE 而言,实现网格和时间步长的独立性是一项艰巨任务。如果可以实现这一任务,那么我们就能在指标的计算和解释中排除这一问题。

12.3.2　物理建模假设的评估

指标应该是对所关注 SRQ 预测精度的一种量化评估,包括所有综合建模假设、物理近似值以及模型中事先获得的物理参数。换言之,指标评估的是模型的整体精度,包括所有子模型以及与模型相关的物理参数。因此,模型内可能存在抵消误差或宽量程的灵敏度,进而表示 SRQ 的精确结果,而不是不同 SRQ 的低精确度。如果需要在模型内评估单个子模型的精度或评估单个输入参数的精度影响,那么我们应对其影响进行 SRQ 灵敏度分析。然而,灵敏度分析是构建确认指标中的另一个问题。

12.3.3　包括实验数据后处理

无论是从本质上还是从表面上,指标均包括实验数据后处理和计算数据后处理产生的近似误差估值,才能获得所关注 SRQ。实验数据后处理情况包括:①构建数据回归函数如最小二乘法拟合等,进而获得输入(或控制)量范围内的连续函数;②处理模型中不同空间尺度或时间尺度上获得的实验数据,已经处理(即假设)的除外;③使用物理测量数量的复杂数学模型,将实验数据处理为可用 SRQ。当需要对污染物浓度进行局部地下测量,且模型涉及更长尺度的空间均布渗透率模型时,情况②中所述的后处理可能很有必要。当需要所测物理特征的额外数学模型,进而将实验数据处理并解释成可用形式且与计算结果进行比较时,我们可能需要执行情况③中描述的后处理。实验数据处理包括:①图像处理;②在一系列图像中,对标记物运动的处理;③目标识别;④图形识别。

应该注意的是,这种建议特性与第 12.3.1 节所述的特性完全不同。任何与 PDE 数值解后处理相关的数值误差都应该视为模型误差的一部分。如第 12.3.1 节所述,数值误差应通过区间进行量化,或与实验和模拟不确定性进行比较证明其数值很小。

12.3.4　包括实验不确定性估计

指标应明确包含或包括所关注 SRQ 实验数据内偶然因素造成的以及主观尝试造成的测量不确定性估值。测量不确定性可能的来源取决于多个因素,其中一些因素在第 11 章已进行了讨论。有关实验测量不确定性详细讨论,请参见 Grabe(2005)、Rabinovich(2005)和 Drosg(2007)的著作。确认指标至少应该包括随机不确定性估值,即随机测量误差导致的不确定性。如可能,指标还应包括实验中系统不确定性估值。

主观尝试造成的测量不确定性通常分为两类:①SRQ 有限次测量导致的描述不确定性;②测量本身存在的主观尝试造成的不确定性。描述不确定性是由于对测量随机误差随机性特征缺乏认识导致的,通常也称为抽样误差。测量中主观尝试造成不确定性,其原因在于:①测量中的不确定性被报告为正值或负值;②被测量中规定了适当数量的有效数字导致了不确定性;③不确定性是对周期性流程进行间歇式测量导致的;④测量中的不确定性是当被测量少于诊断方法中的检测极限时,即未检测量;⑤统计审查导致的不确定性,例如,只知道数据在规定范围或区间内;⑥随机变量中重要数据缺失导致的不确定性(Manski,2003;Gioia 和 Lauro,2005;Ferson 等,2007)。当区间包括一个数据集时,我们可能会想到使用区间宽度来表示主观尝试造成的不确定性,而区间之间散布的数据表示偶然因素造成的不确定性。描述不确定性可直接使用单独测量,即使用经验分布函数(EDF)来表示。测量中主观尝试造成的不确定性要求确认指标能够以概率盒为输入,从而计算实验和模拟之间的差异。如可能,实验不确定性估算方法应该利用测量中实验的重复,而不是不确定方法的传播(ISO,1995)。如果执行的是重复实验,那么指标中的不确定性应取决于所关注 SRQ 重复测量的次数;应利用重复以及阻塞技术和随机化技术,进而试图量化测量中的随机不确定性和系统不确定性。此外,如果在输入或控制参数条件下测量 SRQ,那么应利用相关技术,减少整个输入参数范围内 SRQ 的实验不确定性。

12.3.5　包括偶然因素和主观尝试造成的不确定性

严格从数学上来说,指标应能够计算 SRQ 计算结果和实验结果之间的差异,前提是这些结果呈现出偶然因素和主观尝试造成的不确定性。这种不确定性可能是因不确定的输入量或数值解误差的估值所导致的。如果计算结果和实验结果二者均呈现出偶然因素和主观尝试造成的不确定性,那么可以将它们描述成概率盒或其他不精确的概率结构如证据理论上的信任函数和似然函数(Krause 和 Clark,1993;Almond,1995;Kohlas 和 Monney,1995；Klir 和 Wierman,1998；Fetz 等,2000；Helton 等,2004,2005；Oberkampf 和 Helton,2005；Bae 等,2006）。

考虑一下这种情况：当计算结果和实验结果分别具有精确的概率分布,即只出现偶然因素造成的不确定性时,如果每一分布中的方差趋近零,那么分布之间的差异相当于每一分布平均值之间的差异。例如,假设计算结果和实验结果分别被描述成概率盒,即存在偶然因素造成的不确定性和主观尝试造成的不确定性。如果每一分布中的偶然因素造成的不确定性和主观尝试造成的不确定性趋近零,那么概率盒之间的差异应该减去两个点值之间的差异（两个标量之间的差异）。

12.3.6 不包括任何类型的程度含义

无论是实质上还是表面上,指标不包括计算结果和实验结果之间一致性充分程度或精度要求符合程度的任何标志。换言之,指标应只能测量计算结果和实验结果之间的不一致,而非计算结果或实验结果的其他特性或特征。如果不一致测量中存在任何其他特性或特征,那么就有损独立设置精度要求的目标,也就是根据模型预期使用而设置的目标（见图 12-4,以及图 2-5 和图 2-8）。不恰当地将比较中的不一致特性与其他特性混淆的情形包括：①在产生或隐含价值判断的计算结果和实验结果之间的比较,如"充分""好"或"极好"；②判断为充分的计算结果,前提是结果位于规定的不确定性带或实验测量观测范围内；③结合有不一致性测量以及不一致性可信度或概率的比较；④结合有不一致性测量和实验观测不确定性估值的比较。

构建不恰当确认指标的最后一个示例（结合指标和实验观测不确定性）受到激烈争论。构建这种不恰当指标最常用的方法是根据实验测量的标准偏差测量计算和实验结果之间的不一致。例如,假设 L_1 向量范数表示计算和实验之间的不一致测量,同时这一范数经测量的标准样本偏差 s 进行修正；针对确认指标,我们将得到 $\parallel S - E \parallel_1 / S$。我们认为这种指标是不恰当的,原因在于指标明显混合了两类不同测量：模拟和实验 SRQ 之间的差异测量,以及实验数据的分散测量。实验数据的分散测量不得混合第一类测量,因为实验分散通过来源进行控制,而这种来源与模型预测观测系统响应毫无关联。这些来源包括两类,分别是输入量不确定性导致的响应不确定性和实验测量不确定性。我们认为,测量预测标准偏差和测量标准偏差之间不一致的确认指标是可以接受的。

12.3.7 数学指标特性

在数学上,确认指标应该是真正的指标,即真实的距离测量。确认指标可以通过某种方式测量模拟结果和实验结果之间的距离。根据定义,数学指标 d 具有四种特性（Giaquinta 和 Modica,2007）：

非负性：$d(x,y) \geqslant 0$；

对称性：$d(x,y) = d(y,x)$；

三角形公理：$d(x,y) + d(y,z) \geqslant d(x,z)$；

不可识别性：$d(x,y) = 0$,当且仅当 $x = y$。

12.4　均值比较方法介绍

12.4.1　现行方法视角

现行方法通过比较计算结果的估计平均值和实验测量的估计平均值计算确认指标。给定实验数据不确定性时,计算的可信度区间可以反映对模型精度估值的可信度。尽管均值比较只给出了非常有限的信息,通常进行精度预测时只给出了第一个量。计算分析人员、模型提出人员或对立模型提出人员在决定何种备选模型对给定的实验数据集具有最佳精度时,这类指标将非常有益。此外,这类指标也有利于设计工程师或项目经理在模型特殊应用域内规定模型的精度要求。应该指出的是,如果应用域在确认域范围之外,那么我们必须对应用域使用模型外推法导致的额外的不确定性进行解释。

本节中提出的确认指标需满足大部分(并非所有)之前章节给出的建议。在此,我们对上述七种建议进行了总结,并对当前指标不满足特定建议时给出了具体意见。

数值解误差的影响——是。

物理建模假设的评估——是。

包括实验数据后处理——是。

包括实验不确定性估计——是,除主观尝试造成的不确定性外。

包括偶然因素造成的不确定性和主观尝试造成的不确定性——否。因为指标仅比较实验和计算 SRQ 之间的平均值;指标不能处理因输入量偶然因素造成的不确定性导致的 SRQ 中的偶然因素造成的不确定性。此外,指标不能处理任何主观尝试造成的不确定性。

不包括任何类型的程度含义——是。

数学指标特性——否。指标不能满足对称性,因为并没有考虑模型结果是否大于或小于实验测量。指标不符合三角形公理特性,因为它不能在二维中测量计算结果和实验测量之间的距离。指标只能在 SRQ 维度内进行测量。

在此提出的确认指标适用于 SRQ,其中,该 SRQ 不具有周期性特征,也没有复杂的频数混合。例如,该指标不能用于分析结构力学声音或模态分析中的驻波或行进波。同时,也不能用于分析湍流中某一点上的时变流速。这类 SRQ 要求对频域进行复杂的时序分析和/或映射。

如可能,在所关注 SRQ 模拟中使用的输入量应为确认实验中实际测量的量。实验中的一些输入量可能因各种原因不为人知,例如,输入量可能是主观尝试造成的不确定或在实验之前未经单独测量的随机变量。如果输入量为一随机变量并经完整描述,那么输入量可通过模型进行重复,进而获得 SRQ 的概率分布。为了节省这类计算费用,通常假设通过模型复制的所有不确定输入参数的平均值(期望值)约等于 SRQ 的平均值。这种方法在两种情况下可适用:第一,在输入随机变量中,系统响应是线性的;第二,根据系统响应,这种方法局部精确,当重要输入随机变量的变异系数(COV)较小时,以及模型的随机变量并非全部为非线性时。COV 定义为 σ/μ,式中,σ 和 μ 分别为随机变量的标准偏差和平均值。我们将简要讨论这种假设,有关通过模型进行不确定性输入量传递的部分都围绕假设进行了说明。例如,见 Haldar 和 Mahadevan(2000)。

我们可以编写泰勒级数,说明近似值的本质。假设 Y_m 为模型中随机变量的 SRQ,$g(\cdot)$ 表示带有相关初始条件和将不确定性输入量映射至不确定性 SRQ 的边界条件的 PDE,$\chi_i(i=1、2,\cdots,n)$ 为不确定性输入随机变量。假设解中对 PDE 具有适当的平滑度,不相关输入随机变量的泰勒级数可以对每个输入变量的平均值 μ_χ 进行扩展,并写成(Haldar 和 Mahadevan,2000):

$$E(Y_m) = g(\mu_{\chi_1},\mu_{\chi_2},\cdots,\mu_{\chi_n}) + \frac{1}{2}\sum_{i=1}^{n}\left(\frac{\partial^2 g}{\partial \chi_i^2}\right)\mathrm{Var}(\chi_i) + \cdots \tag{12-2}$$

式中:$E(Y_m)$ 为期望值,即 SRQ 平均值;$\mathrm{Var}(\chi_i)$ 为输入变量的方差。从式(12-2)可知,扩展的第一项为估计的输入变量平均值 g,第二项为与输入变量有关的 g 的二次导数。通常,如果在输入变量中 g 接近线性或所有输入变量的 COV 很小时,这一项相对第一项而言也很小。根据微分方程以及线性微分方程,当给定输入到输出的映射时,系统响应中的线性关系本质上不可能构成输入变量的函数。

总之,当前确认指标要求 SRQ 平均值与实验数据进行比较。获得这种平均值最精确的方法是传递(通常通过抽样程序)不确定性输入,并获得 SRQ 概率分布。根据完全抽样分布,就可以很容易地计算出平均值。如果不能使用不确定性传递法,我们可以利用上述假设。我们必须认识到在这种程序中存在重大误差。注意:使用这种近似法,计算和实验结果之间的一致性较差,其原因并非模型本身,而是输入平均值传递假设致使计算平均值不精确。

12.4.2　基本方程的提出

当所关注 SRQ 针对输入或操作条件变量的单个值时,我们提出了确认指标的基本思路。这将涉及讨论现行方法如何达到上述建议特性,也需要回顾统计置信区间的传统发展。你可能会困惑为什么我们开始是说确认指标的发展,而现在讨论统计置信区间,对此,我们做出了以下几点。我们关注的是获得计算结果和实验测量总体平均值之间的差异测量,但在实验测量中,仅获得了有限的测量组。一旦明白这一目标,你就会意识到确认指标的关键问题是所测系统响应中抽样平均值的统计属性,而非计算结果和样本平均值之间的不一致程度。从这一视角,就会明白确认指标的出发点应该是对评估真实(总体)平均值置信区间统计程序的基本理解。在传统的统计检验程序中,尤其是假设检验,其出发点是两种假设之间的差异产生的置信区间的偏差。因此,假设检验直接从属于规定的一致性或不一致性程度,因而在差异运算符上不可能满足第 12.3.6 部分中所述的建议。

让我们简要回顾并讨论一下统计置信区间的构建。很多有关概率和统计的部分都围绕置信区间进行了讨论。下文将围绕第 7 章 Devore(2007)提出的偏差展开论述。

假设 X 为描述总体的一随机变量,平均值为 μ,标准偏差为 σ。$x_1、x_2、\cdots、x_n$ 为全部随机样本 $X_1、X_2、\cdots、X_n$ 的实际样本观测值,$\bar{X}$ 为随机样本 $X_1、X_2、\cdots、X_n$ 基础上一随机变量的样本均值。假设 n 偏大,根据中心极限定理,无论总体分布如何,$\bar{X}$ 都近似一正态分布;

那么,可以表明标准化随机变量

$$Z = \frac{\overline{X} - \mu}{S/\sqrt{n}} \qquad (12\text{-}3)$$

也具有一近似正态分布,具有零平均值和一致的标准偏差。S 为样本标准偏差,是随机样本 X_1、X_2、$\cdots$、X_n 基础之上的一随机变量。假设 n 偏大,那么概率区间 Z 可以写成

$$P(z_{-\alpha/2} < Z < z_{\alpha/2}) = 1 - \alpha \qquad (12\text{-}4)$$

$z_{\alpha/2}$ 为随机变量 Z 的数值,从 $z_{-\alpha/2}$ 到 $+\infty$ 范围内,Z 的积分为 $\alpha/2$。考虑到 Z 具有对称性,在零点具有其平均值,因此从 $-\infty$ 到 $z_{-\alpha/2}$ 范围内,Z 的积分同样为 $\alpha/2$。分布中,区间之间的总面积为 α。

重新整理式(12-4),针对概率区间 μ,可得所关注未知量的总体平均值为

$$P\left(\overline{X} - z_{\alpha/2} \frac{S}{\sqrt{n}} < \mu < \overline{X} + z_{\alpha/2} \frac{S}{\sqrt{n}} \right) = 1 - \alpha \qquad (12\text{-}5)$$

当 n 足够大时,利用样本量的平均值和标准偏差,式(12-5)可以改写成总体平均值的一置信区间

$$\mu \sim \left(\overline{X} - z_{\alpha/2} \frac{s}{\sqrt{n}}, \overline{X} + z_{\alpha/2} \frac{s}{\sqrt{n}} \right) \qquad (12\text{-}6)$$

$\overline{X}$ 和 S 分别是基于观测值 n 的样本均值和标准偏差。注意:计算 $\overline{X}$ 和 S 的前提是 $X_1 = x_1$、$X_2 = x_2$、$\cdots$、$X_n = x_n$。术语 $s/\sqrt{n}$ 为样本均值的标准误差,用于衡量样本均值与通体平均值之间可能的差异。当 μ 属于式(12-6)给出的区间时,置信水平可以表示为 $100(1-\alpha)\%$。α 可为任何数值且通常选择为 0.1 或 0.05,分别对应的置信水平为 90% 或 95%。

总体平均值的置信区间可以严格参照频率论者或主观主义者或贝叶斯观点进行解释。为了说明真实平均值 μ 属于式(12-6)给定的区间,假设 C 为选择的置信区间,即 $C = 100(1-\alpha)\%$。频率论者可能会说:"μ 属于式(12-6)给定的区间,置信度为 C"。意思是,如果重复执行实验估计 μ,那么对于足够多的样本而言,μ 都将属于式(12-6)给定的区间,表示为 $C\%$。主观主义者会说(Winkler,1972):"根据观测数据,我认为 μ 属于式(12-6)给定的区间,概率为 C。"不能严格说明 C 是概率,μ 属于式(12-6)给定的区间,其原因在于真实概率为零或任意数。即,真实平均值 μ 可以在区间内,也可以不在区间内。我们根本不确定总体中有限的样本数量。这些细节固然精细,但在实际中,我们将采用与主观主义者解释略微不同的一种形式,将采用的解释是:μ 属于式(12-6)给定的区间,置信度为 C。

现在,考虑计算任意实验观测数 n 的置信区间,n 最小为 2;通过计算可知(Devore,2007),如果样本来源于正态分布,那么与式(12-6)类似,即

$$\mu \sim \left(\overline{X} - t_{\alpha/2,v} \frac{s}{\sqrt{n}}, \overline{X} + t_{\alpha/2,v} \frac{s}{\sqrt{n}} \right) \qquad (12\text{-}7)$$

通过 $100(1-\alpha)\%$ 和 $t_{\alpha/2,v}$ 可以得到置信水平;自由度 $v = n - 1$ 中,v 相当于 t 分布的 $1 - \alpha/2$ 分位数。当 n 大于 16 时,累积 t 分布和累计标准正态分布之间所有分位数差值小于 0.01。在极限 $n \to \infty$ 中,t 分布接近标准正态分布。

式(12-7)可用于传统统计分析中的假设检验。不过,我们在确认指标构建中的观点

明显不同。我们希望量化计算结果与实验结果真实平均值之间的差异。换言之,我们希望测量模型和实验之间的灰阶——而不是针对精度水平两种假设的一致性给出"是"或"否"的陈述。

12.4.3　一种条件下的确认指标构建

构建确认指标时,我们关注两个量:第一,我们希望根据模型和 SRQ 实验测量样本估计的总体平均值之间的差异估算模型 SRQ 中的误差。假设 y_m 为模型 SRQ,通过把之前在实验测量中所用符号 $\bar{x}$ 换成 $\bar{y}_e$,我们把模型中估计的误差定义为

$$\tilde{E} = y_m - \bar{y}_e \tag{12-8}$$

$\bar{y}_e$ 为 n 次实验估计的平均值或样本的平均值,即

$$\bar{y}_e = \frac{1}{n} \sum_{i=1}^{n} y_e^i \tag{12-9}$$

式中:y_e^1、y_e^2,$\cdots$,y_e^n 为实验中分别单独测量的 SRQ 结果。

第二,我们希望在不知晓具体置信水平的基础上,计算模型真实误差的一个区间。假设模型真实误差 E 为

$$E = y_m - \mu \tag{12-10}$$

式中:μ 为总体真实平均值。μ 的置信区间表达式即式(12-7),可写成一种不等关系;同时,改变上文所述符号,可得

$$\bar{y}_e - t_{\alpha/2,v} \frac{s}{\sqrt{n}} < \mu < \bar{y}_e + t_{\alpha/2,v} \frac{s}{\sqrt{n}} \tag{12-11}$$

s 为样本(非总体)标准方差,可得

$$s = \left[\frac{1}{n-1} \sum_{i=1}^{n} (y_e^i - \bar{y}_e)^2 \right]^{\frac{1}{2}} \tag{12-12}$$

式(12-11)乘以 -1 并在每一项中增加 y_m,可得

$$y_m - \bar{y}_e + t_{\alpha/2,v} \frac{s}{\sqrt{n}} > y_m - \mu > y_m - \bar{y}_e - t_{\alpha/2,v} \frac{s}{\sqrt{n}} \tag{12-13}$$

将真实误差表达式——式(12-10)代入式(12-13),重新整理,可得

$$y_m - \bar{y}_e - t_{\alpha/2,v} \frac{s}{\sqrt{n}} < E < y_m - \bar{y}_e + t_{\alpha/2,v} \frac{s}{\sqrt{n}} \tag{12-14}$$

将估计误差表达式——式(12-8)代入式(12-14),我们可以将不等式写成包括真实误差的一个区间,其中,置信水平通过 $100(1-\alpha)\%$ 获得

$$\left(\tilde{E} - t_{\alpha/2,v} \frac{s}{\sqrt{n}}, \tilde{E} + t_{\alpha/2,v} \frac{s}{\sqrt{n}} \right) \tag{12-15}$$

当置信等级为 90% 时,我们可以以如下方式对确认指标进行说明:根据模型估计误差 $\tilde{E} = y_m - \bar{y}_e$,当置信水平为 90% 时,真实误差属于该区间。

$$\left(\tilde{E} - t_{0.05,v} \frac{s}{\sqrt{n}}, \tilde{E} + t_{0.05,v} \frac{s}{\sqrt{n}} \right) \tag{12-16}$$

应该提一下,这种确认指标有三个特征:第一,对有关区间做出置信陈述,认为在区间存在真实误差;不能对估计误差的大小,也不能对计算预测的区间做出置信陈述;不能做出陈述的原因在于基本量即真实实验平均值是不确定的。换言之,虽然我们规定了计算结果中误差的数量,但实际不确定量仍然是指真实的实验数值,而不是计算结果。

第二,认为包含真实误差的区间在估计误差周围是对称的。我们也可以说当执行两次或三次实验,样本标准偏差 s 仍然为一常数时,区间大小按一因数 2.6 递减。在多次实验中,区间大小按 $1/\sqrt{n}$ 递减。此外,区间面积随样本标准偏差的减小而呈线性递减。

第三,在少数实验测量中,必须假设实验测量为正态分布。尽管在实验不确定性估计中,这是相当平常的一个假设,也可能很容易判断,但证明这一假设为真却是凤毛麟角。相反,在多次实验测量中,如上所述,无论测量不确定性呈何种概率分布,平均值的置信区间都是有效的。

最后,我们主要强调的是实验数据。从式(12-10)可以清楚地看到,误差测量的对象是实验数据,而非模型或模型与实验之间的某类加权平均值。然而,我们认为在实验精度测量中,不可能没有风险;尤其是,在实验数据中存在未测偏差。

12.4.4　示例问题:泡沫热分解

确认指标衍生的一个应用示例是:考虑评估模型加热时产生的聚氨酯泡沫体分解率。模型解决了泡沫加热下的不守恒能量方程并由三个主要部分组成:①材料的热扩散;②高温下,聚合材料热反应和分解的化学模型;③物理系统域内以及边界之间的辐射传输。Hobbs 等(1999)提出了泡沫分解模型,并对分解泡沫的质量和成分进行了预测。Dowding 等(2004)利用计算机代码 Coyote 计算了这一示例的结果并使用有限元方法解决了其数学模型(Gartling 等,1994)。当容器内泡沫开始分解、蒸发、从通风口逃逸时,我们计算了其三维非稳定解。容器为一个圆柱形,直径 88 mm,长度 146 mm。计算结果的解验证取决于 Hobbs 等之前执行的网格细化研究(1999)。根据这类网格细化研究,当网格尺寸小于 0.1 mm 时,预计泡沫分解前速度的网格离散误差小于 1%。

实验的设计应用于评估模型,实验由密封在不锈钢圆柱内的聚氨酯泡沫体组成;使用高强度灯对不锈钢圆柱体进行加热(见图 12-5)。实验由 Bentz 与 Pantuso 负责执行,经 Hobbs 等(1999)跟踪报道。根据 X 射线穿过圆柱的时间测量泡沫 – 气体界面位置;不锈钢圆柱与大气连通,便于气体逃逸;不同实验中,沿不同方向对不锈钢圆柱体进行加热:顶部、底部和侧面。一些实验中,实心不锈钢圆柱或空心铝制部件嵌入泡沫中。

所关注 SRQ 为当圆柱前面移动 1～2 cm 时,泡沫分解前的稳态速度。稳态速度通常根据加热温度在 5～10 min 之后才能获得。根据施加的边界条件温度测量 SRQ;鉴于我们在当前确认指标示例中

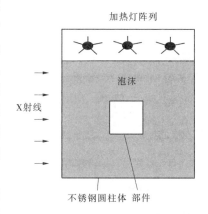

图 12-5　泡沫分解实验原理图
(Oberkampf 和 Barone,2004)

只考虑了一种操作条件,选择的温度条件是 $T=750$ ℃,因为此时的实验重复数量最大。一些重复如表 12-1 所示,分别为加热灯不同方向的实验结果。实验中,没有提供任何实验测量不确定性估值。根据 Dowding 等(2004)的计算模拟,圆柱形方向对分解前流速几乎没有影响。我们只关注模型单个的确定性结果,为此选择 Dowding 等的任一结果作为计算 SRQ。计算预测的泡沫分解速度为 0.245 7 cm/min。通过这种近似法,我们确定了圆柱加热方向变化对实验测量不确定性的影响。此外,在制造期间,泡沫材料分解的变化将致使在固定温度下分解前速度发生变化。因此,材料变化效应混淆了实验测量的不确定性。

表 12-1　泡沫分解实验数据(Hobbs 等,1999)

实验号	温度(℃)	加热方向	实验(cm/min)
2	750	底部	0.232 3
5	750	底部	0.195 8
10	750	顶部	0.211 0
11	750	侧面	0.258 2
13	750	侧面	0.215 4
15	750	底部	0.275 5

通过表 12-1 中的数据以及根据式(12-7)~式(12-9)、式(12-12)、式(12-16),可得:

样本数量 $=n=6$

样本平均值 $=\bar{y}_e=0.231\ 4$ cm/min

估计误差 $=\tilde{E}=0.245\ 7-0.231\ 4=0.014\ 3(\text{cm/min})$

样本标准偏差 $=s=0.030\ 3$ cm/min

自由度 $=n-1=v=5$

置信度为90%时,t 分布$(v=5)=t_{0.05}=2.015\pm t_{0.05,v}\frac{s}{\sqrt{n}}=\pm0.024\ 9$ cm/min

置信度为90%时,真实平均值 $=\mu\sim(0.206\ 5,0.256\ 3)$ cm/min

置信度为90%时,真实误差 $\sim(-0.010\ 6,0.039\ 2)$ cm/min。

图 12-6 描述了样本平均值、模型平均值、真实平均值估计区间以及置信度为90%时的估计误差。总之,置信度为90%时,确认指标结果为 $\tilde{E}=0.014\ 3\pm0.024\ 9$ cm/min。注意:进行比较时,确认指标结果需给出 SRQ 的物理单位,而非某种统计测量或概率。实验数据中不确定性大约是模型估计误差的 2 倍,因此在 ±0.024 9 cm/min(置信度为90%)时,我们不能对模型精度做出任何准确的推断。

在确认视图中,无论估计精度及其不确定性是否满足模型使用目的都是一个单独的步骤,如上所述。在估计精度及其不确定性不能满足模型使用目的的情况下,我们有两种选择,其中,在这种情况下,第一种选择更为理性,即通过进行额外的实验测量,改变实验

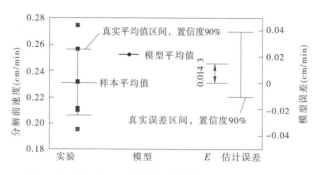

图 12-6　泡沫解分解的统计与确认指标结果（Oberkampf 和 Barone，2006）

程序或改进诊断方法，减少实验不确定性。第二种选择是改进或更新模型，从而针对这种情形获得更加精确的结果。然而，在当前情况下，相关实验不确定性的模型误差很小，因此这种选择将毫无必要。

12.5　使用实验数据插值法进行均值比较

12.5.1　数据范围内确认指标的构建

我们现在关注的是在输入变量或操作条件变量范围内测量 SRQ 的位置。例如，在刚才所述的泡沫分解实验中，我们关注的是根据圆柱加热温度测量泡沫分解前的速度。另外一个示例是根据燃烧时间测量火箭发动机的推力。在此，我们以一个输入变量为例，其他变量均为常数，这可能也是计算和实验结果之间最为常见的比较类型。这种观点很容易解决有多个输入变量的情况，只要这些输入变量是独立的。

针对计算结果，我们做出了以下假设。在输入变量范围内，使用大量数值计算 SRQ，从而精确构建一插值函数来表示 SRQ。

针对实验测量，我们做出了以下假设：

（1）实验中输入变量的测量比 SRQ 更为精确。在数量上，输入变量的变异系数（COV）比 SRQ 的 COV 更小；假设必须与每个量的 COV 相关，因为 COV 是对随机变量变异性的一种无因次统计。注意：当实验中的输入变量不可控，甚至可能是一随机变量时，适用于这种假设。然而，这种假设的关键是能够精确测量实验中的每次重复。

（2）进行两次或多次实验重复，并且在输入变量范围内对 SRQ 进行了多次测量。根据 Coleman 和 Steele（1999）术语集，可以获得 N 阶重复，甚至可能获得不同实验人员使用不同设备和不同诊断方法的重复。

（3）从一次实验重复到下一次实验重复，并从一次设置到下一次设置期间，SRQ 的测量不确定性均属一正态分布。

（4）每次实验重复都是独立的，即重复之间毫无关联或依赖。

（5）每次实验重复都在输入变量范围内，使用大量数值测量 SRQ，从而构建一光滑、准确的插值函数表示 SRQ。用以表示数据的、通过插值法构建的函数必须与 SRQ 每次测量的数值相符。

　　通过这些假设,当 SRQ 计算结果和实验均值作为输入变量 x 的函数时,上述提出的方程就能很容易地解决这种情况。通过改写式(12-16),当置信水平为 90% 时,x 的真实误差属于区间内。

$$\left[\tilde{E}(x) - t_{0.05,v} \frac{s(x)}{\sqrt{n}}, \ \tilde{E}(x) + t_{0.05,v} \frac{s(x)}{\sqrt{n}} \right] \tag{12-17}$$

根据 x 的标准偏差为

$$s(x) \sim \left[\frac{1}{n-1} \sum_{i=1}^{n} (y_e^i(x) - \bar{y}_e(x))^2 \right]^{1/2} \tag{12-18}$$

　　注意:$y_e^i(x)$ 表示从第 i 次实验重复开始,使用实验数据作为插值;即第 i 次实验开始 x 范围内的测量总数。每次实验重复都不需要使用 x 相同数值进行测量,因为每次测量即第 i 次实验重复都构建了一个单独的插值函数。

12.5.2　全局指标

　　尽管这些方程能够得出 x 的确认指标结果,但仍有一些情况下,需要构建更加简洁或全面的模型精度陈述。例如,在项目管理评审中,重要的是快速总结大量模型及实验数据的精度。简单计算全局指标的方法是在输入变量范围内利用估计误差的向量范数。L_1 范数可以帮助说明数据范围内模型估计的平均绝对误差。通过使用 L_1 范数,我们可以在数据范围内形成一个平均绝对误差或相对绝对误差;我们利用估计实验均值对绝对误差进行了校准并在数据范围内进行整合,从而选择了相对绝对误差。我们定义的平均相对误差指标为

$$\left| \frac{\tilde{E}}{\bar{y}_e} \right|_{avg} = \frac{1}{x_u - x_1} \int_{x_1}^{x} \left| \frac{y_m - \bar{y}_e(x)}{\bar{y}_e(x)} \right| dx \tag{12-19}$$

式中:x_u 和 x_1 分别为输入变量的最大值和最小值。对于任何 x_1,只要 $|\bar{y}_e(x)|$ 不为零,那么平均相对误差指标就是一个非常有用的量。

　　置信区间应与平均相对误差指标相关,为数据范围内经估计实验均值的绝对数值校准的平均置信区间。在数据范围内,我们规定的平均相对置信指标为平均置信区间宽度的一半:

$$\left| \frac{CI}{\bar{y}_e} \right|_{avg} = \frac{t_{0.05,v}}{(x_u - x_1)\sqrt{n}} \int_{x_1}^{x_u} \frac{s(x)}{\bar{y}_e(x)} dx \tag{12-20}$$

我们称 $\left| \dfrac{CI}{\bar{y}_e} \right|_{avg}$ 为一个指标,而非一个区间,因为 $s(x)$ 的不确定性结构不能通过积分算子保持不变。虽然 $\left| \dfrac{CI}{\bar{y}_e} \right|_{avg}$ 不是数据范围内的平均相对置信区间,但这个量有利于更好地解释 $\left| \dfrac{\tilde{E}}{\bar{y}_e} \right|_{avg}$ 大小的重要性。换言之,$\left| \dfrac{\tilde{E}}{\bar{y}_e} \right|_{avg}$ 的大小应该相对于实验数据的标准不确定性

$\left|\dfrac{CI}{\bar{y}_{\mathrm{e}}}\right|_{\mathrm{avg}}$ 大小进行解释。

考虑到积分算子具有较强的平滑属性,一些情况下,平均相对误差指标并不能完全表示模型精度。例如,应该指出数据范围内特殊点上的较大误差,便于在数据范围内定义绝对相对误差的最大值。我们可以用 L_∞ 范数实现这一点,定义的最大相对误差指标为

$$\left|\frac{\tilde{E}}{\bar{y}_{\mathrm{e}}}\right|_{\max} = \max_{x_1 \leqslant x \leqslant x_u}\left|\frac{y_{\mathrm{m}}(x) - \bar{y}_{\mathrm{e}}(x)}{\bar{y}_{\mathrm{e}}(x)}\right| \tag{12-21}$$

如果能观测到 $\left|\dfrac{\tilde{E}}{\bar{y}_{\mathrm{e}}}\right|_{\mathrm{avg}}$ 与 $\left|\dfrac{\tilde{E}}{\bar{y}_{\mathrm{e}}}\right|_{\max}$ 之间存在显著差异,那么就应该更仔细地针对实验数据走向检查模型的走向。例如,如果 $\left|\dfrac{\tilde{E}}{\bar{y}_{\mathrm{e}}}\right|_{\max}$ 远大于 $\left|\dfrac{\tilde{E}}{\bar{y}_{\mathrm{e}}}\right|_{\mathrm{avg}}$,那么模型就无法预测实验数据的局部或全局走向。

置信区间应与最大相对误差指标相关,为经估计实验均值校准的置信区间。在最大相对误差指标点上,需要评估其置信区间和估计的实验均值。假设发生 $\left|\dfrac{\tilde{E}}{\bar{y}_{\mathrm{e}}}\right|_{\max}$ 处的 x 定义为 $\hat{x}$,那么与最大相对误差指标相关的置信区间的半宽为

$$\left|\frac{CI}{\bar{y}_{\mathrm{e}}}\right|_{\max} = \frac{t_{0.05,v}}{\sqrt{n}}\left|\frac{s(\hat{x})}{\bar{y}_{\mathrm{e}}(\hat{x})}\right| \tag{12-22}$$

12.5.3　示例问题:湍流浮力卷流

根据刚才推断的一个确认指标示例,考虑对湍流浮力卷流模型进行评估,其中,湍流浮力卷流从大型喷嘴竖直喷出。有证据表明,通常来于燃料空气混合物燃烧的湍流浮力卷流在 CFD 中很难模拟。这主要是因为大型湍流旋涡中,密度场和动量场之间具有强烈的相互作用。最慢的湍流尺度相当于在大型火灾中争分夺秒,这种大规模的不稳定远超平均雷诺 Navier-Stokes(RANS)方程的建模能力;在此,待评估的模型解决了连续方程和时间滤波 Navier-Stokes(TFNS)方程。TFNS 方程与 RANS 方程类似,但使用的滤波宽度更狭窄,这样才能捕捉这种大规模的不稳定性(Pruett 等,2003)。Tieszen 等(2005)利用 TFNS 模型和标准的 $k-\varepsilon$ 湍流模型针对大型氦气卷流在此使用的不稳定三维模拟进行了计算。

桑迪亚国家实验室的模型与实验认证火灾实验室(FLAME)设备内获得了确认指标的实验数据。FLAME 设备是针对室内火灾实验以及其他浮力卷流实验设计的一所建筑物,能够在浮力卷流不受大气风场影响的情况下,测量和控制影响卷流的其他边界条件。就当前实验而言,使用了大量的氦气喷入流(见图 12-7)(DesJardin 等,2004;O'Hern 等,2004)。氦源直径为 1 m,经 0.51 m 宽的水平面包围,从而模拟燃料池火灾中特有的地平面。空气从建筑物外侧和设备的底部进入,并经建筑物烟囱处竖直上升的氦气卷流吸收。

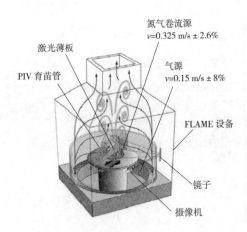

图 12-7　氦气卷流测量的实验设置(O'Hern 等,2005)(见色盘部分)

　　实验数据由使用粒子图像测速(PIV)的速度场测量和使用平面激光诱导荧光(PLIF)的标量浓度测量组成。在此,虽然我们仅关注 PIV 测量,但相关所有诊断程序和不确定性估计细节可参见 O'Hern 等(2005)。我们通过以 200 图像/s 的速度对种有玻璃微珠的流场进行了摄影,获得了 PIV 数据;在喷射出口以上 1 m 且经激光薄板照亮的一个平面上获得了流场速度;在此,所关注的流速,即输入确认指标的 SRQ,为沿氦气射流中心线的时均垂直流速分量。针对这种不稳定流,在其卷流中存在大量大规模的振荡模式以及微米级的湍流尺度。实验中,所关注 SRQ 的时间均值为大约 10 s,在射流中几乎等于最低振荡模式的七个周期。

　　如图 12-8 所示为根据距离氦气射流出口的轴向距离,沿中心线对时均垂直速度的 4 种实验测量。在不同工作日,使用不同的设备设置以及多种再校准仪器进行实验重复;并按轴向距离,在输入变量范围内进行了大量速度测量,从而构建了精确的插值函数。

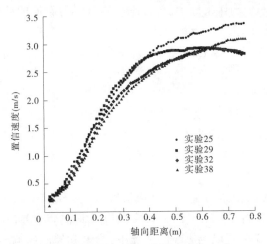

图 12-8　沿氦气卷流中心线的时均垂直速度的实验测量(数据来源于 O'Hern 等(2005))

　　Tieszen 等(2005)在非结构化网格上研究了氦气卷流数值解对建模参数和数值离散的灵敏度。影响 TFNS 解的关键建模参数是模拟中相对于最大湍流模式下周期的时间滤波器尺寸。研究了四种空间离散,网格点总数分别是 0.25 M、0.50 M、1 M 和 2 M 单元 ($1\ M = 10^6$)。为了以实验人员处理数据的相同方式处理垂直速度解,这些解的时间平均为大约七次膨胀周期。利用第 8 章所述的空间收敛观测顺序计算方法以及 Tieszen 等 (2005) 对 0.50 M、1 M 和 2 M 单元的解,在渐近区域未出现任何解。更精细的网格,如 4 M 单元,可能更利于测定计算结果是否经实际收敛;然而,我们不能得到计算 4 M 单元解的计算资源,因此我们仅使用了 2 M 单元解作为代表性数据来演示当前确认指标。

　　使用如图 12-8 所示的实验数据,注意 $n = 4$,我们获得了测量的样本均值 $\bar{y}_e(x)$,如图 12-9 所示。同样,使用实验样本均值的插值函数以及真实平均值的置信区间,我们获得了估计平均值区间,其中,产生真实平均值的置信度为 90% (见图 12-9)。从 2M – 单元网格中获得的计算解同样如图 12-9 所示。

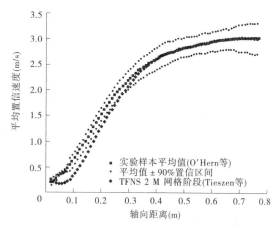

图 12-9　置信区间为 90% 时的实验样本均值以及氦气卷流中
垂直速度的计算结果(Oberkampf 和 Barone,2004)

　　通过对估计误差 $\overline{E}(x) = y_m(x) - \bar{y}_e(x)$ 进行绘图,而不是简单地根据输入变量表示 SRQ,可以更明显地看出计算和实验结果之间的不一致程度。当实验置信区间为 90% 时,图 12-10 所示为根据式(12-17)得出的绘图类型。在实践中,很少看到如图 12-10 所示的模型精度评估结果,甚至没有置信区间;尽管它包含与图 12-9 所示的相同信息,但是从未对模型或实验差异进行关键分析。图 12-10 中,最大的建模(相对)误差发生在卷流附近,这种误差在图 12-9 中显而易见,而在图 12-10 中却并不突出。在此,提醒读者我们讨论的是物理建模(也有可能不是物理建模)导致的模型误差。这种误差也可能仅仅是由网格收敛解的不足产生的,但此时此刻,我们并不能确定是何种误差来源。

　　根据式(12-19) ~ 式(12-22)得出的全局指标,对图 12-10 所示的确认指标结果进行了量化总结。在数据范围内,结果如下:

　　平均相对误差 = 11% ±9%,置信度为 90% 。

　　最大相对误差 = 54% ±9%,置信度为 90% 。

　　因此,在数据范围内,当有关实验数据不确定性的置信度为 90% 时,平均相对误差可大至 20% ,小至 2% (平均)。平均相对误差结果表明模型精度(平均)相当于实验数据的平均置信度指标;同样,有关实验数据不确定性的置信度为 90% 时,最大相对误差可小至

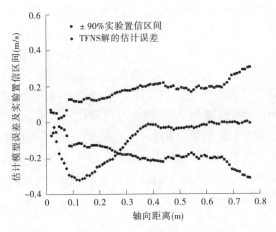

图 12-10　中心线速度的确认指标结果和 90% 置信区间
（Oberkampf 和 Barone，2004）

45%，大至 63%。$x = 0.067$ m 时，最大相对误差为 54%，是平均相对误差的 5 倍，这说明模型局部特征和实验数据之间存在重大差异。注意：就实验数据而言，平均相对置信度指标为 9% 时，本质上相当于最大相对误差处的相对置信区间；但是，事实往往并非必须这样。如果我们针对模型的"第一印象"评估就使用平均相对误差和最大相对误差，那么数值之间的巨大差异将提醒我们对数据进行更仔细的检查，如检查图 12-9 和图 12-10 的绘图。

　　表示确认指标结果的最后一种方法是根据距离射流出口的轴向距离，利用模型预测的速度绘制真实误差 90% 的置信区间。利用式（12-17），我们获得了如图 12-11 所示的结果。模型内，我们的最佳真实误差近似为估计误差；然而，当置信度为 90% 时，我们可以说明真实误差属于图 12-11 所示的区间内。

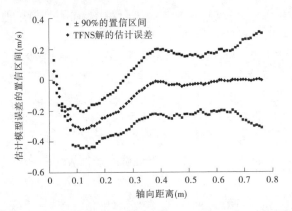

图 12-11　置信区间为 90% 时，模型中的估计误差和真实误差
（Oberkampf 和 Barone，2004）

　　图 12-11 不仅在本质上显示了图 12-10 所示的相同数据，还能让我们联想到评估模型的其他不同的视角。比如，我们可以以那些可能利用确认指标结果评估模型预测精度的人们的视角来查看图 12-11。如模型构建者很可能去研究产生最大误差（即当 $x = 0.1$ m

时)的原因,并探索改进模型的方法和/或在更细网格上计算解;就分析人员(即使用模型
预测与当前流场相关的其他流场的人员)而言,视角可能与模型构建者稍有不同。分析
人员可能会推断模型精度是否满足其预期用途,以及是否仅适用于实际上的模型。或者,
分析人员可能会决定利用图 12-11 直接对 SRQ(即卷流中心线上的垂直速度)进行偏离误
差纠正。然而,这种模型纠正程序很明显风险很大,因为它完全忽略了误差产生的物理
和/或数值原因;换言之,分析人员将视估计误差为物理现象,但这种说法由于存在未分解
的网格解而非常不具说服力。

12.6　要求实验数据线性回归的均值比较

12.6.1　数据范围内确认指标的构建

我们现在关注的一种情况是实验数据量不足以在输入变量范围内构建插值函数。这
种情况下,必须构建一个回归函数(曲线拟合)来表示数据范围内的估计均值,如根据马
赫数的飞行器升降(拖曳)、反向压力的涡轮泵质量流率以及高速碰撞期间材料的穿透深
度。当输入变量不足时,计算结果和实验结果比较中最常见的情形可能就是构建回归函
数。记录时变 SRQ 时,时间分辨率往往很高,因而常使用插值函数。但通常,时序分析必
须针对 SRQ 中的高频特性以及试验测量中的不确定性。

传统统计学中,回归分析程序得到高度完善,详述了当一个变量或两个变量中存在随
机不确定性时,两个或多个变量之间如何彼此进行关联。在此,我们关注的是一元回归受
限的示例,即当只有 SRQ 存在不确定性时,一个变量(SRQ)如何与另外一个变量(输入变
量)相关。针对当前示例,起初有关实验测量的四个假设在 12.5.1 节已做论述。此外,有
关实验不确定性的假设为:在输入参数测量的整个范围内,描述测量不确定性正态分布的
标准偏差。应该注意的是,这一假设可能是所列实验测量假设中要求最为严格的。

当前发展中,人们起初认为涉及回归分析时,可使用上述传统的置信区间。不过,我
们意识到常用的置信区间仅适用于输入参数为具体的客观数值这种情况,即传统置信区
间是对估计均值精确性的一种陈述,与输入参数 x 的点值回归类似。当点值为 x 时,传统
置信区间为 μ,记为 x^*,即 $\mu[\bar{y}_e(x)|x^*]$,式中,(|)表明先前量视以下量而定。因此,当
涉及回归测定时,传统的置信区间分析不适用于输入变量范围内的确认指标这种情形。

更常见的统计分析方法是能够为整个输入参数范围产生一置信区间(Miller,1981;
Draper 和 Smith,1998;Seber 和 Wild,2003),即我们希望能够测定回归函数整个范围内回
归系数不确定性产生的置信区间。所有回归系数彼此都相互关联,因为它们都出现在相
同的、用于拟合实验数据范围的回归函数内。通常,这类置信区间也称为同时置信区间、
联立推导或 Scheff′e 置信区间,从而与传统(或单独比较)置信区间进行区分。

假设所关注 SRQ 的实验测量为 n,通过以下公式可得

$$(y_e^i, x_i) \qquad i = 1, 2, \cdots, n \tag{12-23}$$

在此,我们考虑的最简单的一种情况是使用数据范围内的线性回归函数表示数据的
估计均值 $\bar{y}_e(x)$。线性回归函数可写成:

$$\bar{y}_e(x) = \theta_1 + x\theta_2 + \varepsilon \tag{12-24}$$

式中：θ_1 和 θ_2 为未知回归函数系数；ε 为随机测量误差。针对上述情况，可通过分析获得 Scheff′e 置信区间的方程（Miller，1981）。

真实平均值 $\mu(x)$ 的区间估值通过以下公式可得：

$$\mu(x) \sim [\bar{y}(x) - SCI(x), \bar{y}(x) + SCI(x)] \tag{12-25}$$

式中：$SCI(x)$ 是根据 x 的 Scheff′e 置信区间宽度，通过式（12-26）可得

$$SCI(x) = s\sqrt{[2F(2, n-2, 1-\alpha)]\left[\frac{1}{n} + \frac{(x-\bar{x})^2}{(n-1)s_x^2}\right]} \tag{12-26}$$

式中：s 为整个曲线拟合残差的标准偏差；$F(v_1, v_2, 1-\alpha)$ 中，F 为概率分布，v_1 为规定自由度数量的首个参数，v_2 为规定自由度数量的第二个参数，$1-\alpha$ 为所关注置信区间的分位数；n 为实验测量数量；$\bar{x}$ 为实验测量输入数值的平均值；s_x^2 为实验测量输入数值的方差。我们规定：

$$s = \sqrt{\frac{1}{n-1}\sum_{i=1}^{n}[y_e^i - \bar{y}_e(x_i)]^2} \tag{12-27}$$

$$\bar{x} = \frac{1}{n}\sum_{i=1}^{n}x_i \tag{12-28}$$

$$s_x^2 = \frac{1}{n-1}\sum_{i=1}^{n}(x_i - \bar{x})^2 \tag{12-29}$$

利用模型中估计误差的定义，即式（12-8），我们可以根据 x 将估计误差写成：

$$\tilde{E}(x) = y_m(x) - \bar{y}_e(x) \tag{12-30}$$

利用式（12-30）和式（12-25），可知当置信水平为 $100(1-\alpha)\%$ 时，包含真实误差的区间为

$$[\tilde{E}(x) - SCI(x), \tilde{E}(x) + SCI(x)] \tag{12-31}$$

我们可以比较式（12-31）和传统置信区间式（12-17），可发现两式除系数外均相同。

$$\sqrt{2F(2, n-2, 1-\alpha)} \tag{12-32}$$

传统置信区间中，其系数是 $t_{\alpha/2, n-1}$。通常：

$$\sqrt{2F(2, n-2, 1-\alpha)} > t_{\alpha/2, n-1} \tag{12-33}$$

因此，Scheff′e 置信区间往往比传统置信区间偏大，通常大 2 倍。这种较大的置信区间反映了整个回归函数上的实验不确定性，而非仅仅是 x 给定值的不确定性。

12.6.2 全局指标

如果我们要对全部建模误差进行量化评估，那么可以使用式（12-19）和式（12-21）所述的全局测量。但是，平均相对置信指标——式（12-20）以及与最大相对误差指标——式（12-22）相关的置信区间必须考虑回归的同时性属性。利用式（12-31），我们可以把式（12-20）写成：

$$\left|\frac{CI}{\bar{y}_e}\right|_{avg} = \frac{1}{x_u - x_1}\int_{x_1}^{x_u}\left|\frac{SCI(x)}{\bar{y}_e(x)}\right|dx \tag{12-34}$$

为平均相对置信指标。

与最大相对误差指标式(12-22)相关的置信区间为

$$\left| \frac{CI}{\overline{y}_e} \right|_{\max} = \left| \frac{SCI(\hat{x})}{\overline{y}_e(\hat{x})} \right| \tag{12-35}$$

式中: $\hat{x}$ 为发生 $\left| \dfrac{\tilde{E}}{\overline{y}_e} \right|_{\max}$ 时 x 的数值。

12.6.3　示例问题:泡沫热分解

以使用线性回归的确认指标应用为例,再次考虑第 12.4.4 节所述的聚氨酯泡沫体热分解模型。然而现在,考虑的是在温度范围内,使用更完整的数据集来加热泡沫。Bentz 和 Pantuso 获得的泡沫分解实验数据如表 12-2 所示。温度范围为 $T = 600 \sim 1\,000\,℃$ 时,我们使用了 Easterling(2001,2003) 和 Dowding 等(2004)给出的计算数据。表 12-2 所示为计算不同确认指标单元所用的实验和计算结果。

表 12-2　操作条件范围内的实验和计算结果(Hobbs 等,1999)

实验号	温度(℃)	加热方向	实验(cm/min)	计算(cm/min)
1	600	底部	0.130 7	0.091 3
2	750	底部	0.232 3	0.245 7
5	750	底部	0.195 8	0.245 7
10	750	顶部	0.211 0	0.245 7
11	750	侧面	0.258 2	0.245 7
13	750	侧面	0.215 4	0.245 7
15	750	底部	0.275 5	0.245 7
14	900	底部	0.348 3	0.449 8
16	1 000	底部	0.557 8	0.769 8

通过利用表 12-2 中的实验数据、标准线性回归方法以及式(12-24)~式(12-29),我们得到:

样本数量 $= n = 9$;

线性曲线拟合中的 y 截距 $= \theta_1 = -0.540\,6$;

线性曲线拟合的坡度 $= \theta_2 = 0.001\,042$;

曲线拟合残差的标准偏差 $= s = 0.042\,84$;

回归系数的平方 $= R^2 = 0.895$;

当 $v_1 = 2$ 且 $v_2 = 7$ 时, F 概率分布的 0.9 分位数 $F(2,7,0.9) = 3.26$;

x 输入数值的平均值 $= \overline{x} = 777.8$;

x 输入数值的方差 $= s_x^2 = 125\,69$;

Scheff′e 置信区间 $= SCI(x) = \pm 0.044\ 284 \times \sqrt{1 + 8.9 \times 10^{-5}(x - 777.8)^2}$。

注意:我们在此使用方程中的通用变量 x 来表示温度。

为了获取模型的连续函数,我们对表 12-2 中的计算数据进行了曲线拟合。如第 12.4.4 节所述,Hobbs 等(1999)的计算分析结果表明迎面速度的离散误差不到 1% 。除表 12-2 所列的四种计算数值外,我们建议模型在低温范围内的数值均为线性分布(Hobbs,2003)。因此,采用了三次样条曲线拟合来表示数据范围内的模型。

如图 12-12 所示为实验数据线性回归结果、Scheff′e 置信区间和计算曲线拟合结果之间的比较。根据图 12-12,应该得出两类观测:第一,实验数据的线性回归似乎可以合理精确地表示数据,注意 $R^2 = 0.895$;第二,当温度约为 850 ℃时,模型属于置信区间并随后与实验数据明显分离。

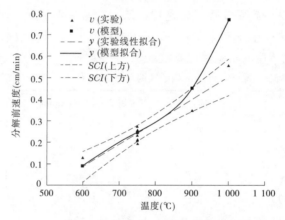

图 12-12　泡沫分解实验中,使用线性回归的估计样本
平均值和同时置信区间与模型预测之间的比较

图 12-13 显示了实验数据范围内的估计模型精度以及实验数据的同时置信区间。如上所述,确认指标结果的计算直接针对计算和实验之间的不一致。因此,模型数据或实验数据中的任何不足都比平时的比较更为明显,如图 12-12 所示。同样如图 12-13 所示,根据式(12-31),置信区间关于零对称分布。根据式(12-26),上方和下方的同时置信区间是以 $\bar{x} = 0$ 为中心的一条双圆锥曲线。我们可以直观地推断,通过改变温度数值,所获数据可能随置信区间的减小明显减少。至于在一定温度限制下,研究最优的温度范围从而缩小置信区间的减少就留给读者去练习。这类问题早在确认实验设计期间就应该解决。

利用式(12-19)、式(12-21)、式(12-34)和式(12-35),全局确认指标及其置信指标可计算为:

平均相对误差 $= 11.2\% \pm 22.7\%$,置信度为 90% 。

最大相对误差 $= 53.5\% \pm 16.9\%$,置信度为 90% 。

考虑全局指标,就是以相当于不考虑这两个已有图的角度来考虑。例如,在管理层的总结陈述中,不可能有足够的时间去展示两个已有的图,因此只能给出全局指标。平均相对误差结果虽然并不引人注目,但由此可以看出,平均实验不确定性约为平均相对误差的 2 倍;很明显,巨大的实验不确定性致使我们不能对平均模型误差做出任何明确结论。可

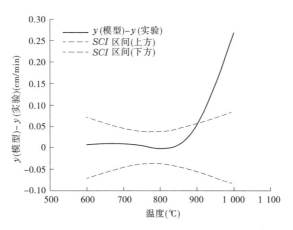

图 12-13　操作条件范围内,泡沫分解的确认指标结果

知最大相对误差是平均相对误差的 4.8 倍;当发生这类情形时,模型走向相对实验数据走向一定存在重大误差。在这种条件下,因为相对实验不确定性远小于最大相对误差,所以我们可以确定模型内存在不正确的走向。管理层可能会针对这一建模问题信号问及更多相关的细节。

12.7　要求实验数据非线性回归的均值比较

12.7.1　构建非线性回归方程

现在考虑将实验数据估计平均值 $\bar{y}_e(x)$ 表示成普通的非线性回归函数这样的常用情形:

$$\bar{y}_e(x) = f(x; \vec{\theta}) + \varepsilon \tag{12-36}$$

式中: $f(x; \cdot)$ 为输入参数 x 范围内选择的回归函数形式; $\vec{\theta} = \theta_1, \theta_2, \cdots, \theta_p$ 分别为回归函数的未知系数; ε 为随机测量误差。利用实验数据的最小二乘法拟合,可得 p 维空间内的误差平方和 $S(\vec{\theta})$ (Draper 和 Smith,1998;Seber 和 Wild,2003)。

$$S(\vec{\theta}) = \sum_{i=1}^{n} \left[y_e^i(x) - f(x_i; \vec{\theta}) \right]^2 \tag{12-37}$$

解向量使误差平方和 $S(\vec{\theta})$ 得以最小化,记作 $\vec{\theta}$;计算非线性最小二乘问题解的软件包均可解决此类联立非线性方程组。(例如,参见 Press 等,2007)

12.7.2　计算指标同时置信区间

Draper 和 Smith(1998)、Seber 和 Wild(2003)针对 p 维空间内计算点 $\vec{\theta}$ 周围置信区域的许多方法进行了讨论。在规定置信水平 $100(1 - \alpha)\%$ 下,点 $\vec{\theta}$ 周围只有唯一一个区域。我们为两个回归函数(θ_1, θ_2)选择了一个二维空间,这些区域内的等值线类似于曲线长轴形成一个椭圆;我们为三个参数$(\theta_1,\theta_2,\theta_3)$选择了一个三维空间,这些区域的等值线类似于弯曲的椭圆体,即香蕉形。在p不偏大的情况下,方程(Seber 和 Wild,2003)内获得非线性特征最有效并切合实际的方法就是解$\vec{\theta}$的不等式:

$$S(\hat{\vec{\theta}}) \leqslant S(\vec{\theta})\left[1 + \frac{p}{n-p}F(p,n-p,1-\alpha)\right] \qquad (12\text{-}38)$$

式中:$F(v_1,v_2,1-\alpha)$为F概率分布;$v_1=p,v_2=n-p,1-\alpha$为所关注置信区间的分位数;n为实验测量次数。

我们认为式(12-38)的几何意义在于对不等式进行数值求解。我们搜索了符合不等式的一整套$\vec{\theta}$集值,当置信水平α一定时,不等式代表的是$\vec{\theta}$空间内p维超曲面的内表面。因此,当$p=2$时,不等式表示的是参数空间(θ_1,θ_2)内闭合等值线包围的置信区域。这类等值线示例如图 12-14 所示。随着置信水平的升高,相应的等值线将围绕最小二乘法参数变量$\vec{\theta}$表示的区域越来越大。

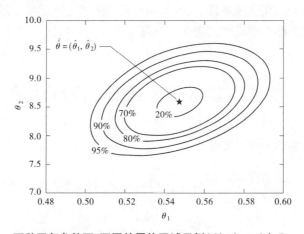

图 12-14 两种回归参数下,不同的置信区域示例(Oberkampf 和 Barone,2004)

在此推荐的数值算法将利用最高置信等值线内的几种等值水平对置信区间的内部进行离散化。例如,假设我们在图 12-14 描述的置信区域内计算 90% 的置信区间;我们将沿整个 90% 等值线的一些点(如 20)上求得回归方程的解;然后,我们将按此方式在沿 80% 等值线、70% 等值线直至 10% 等值线上求解;利用所有的回归函数解,我们就能够计算输入参数 x 范围内回归函数的最大值和最小值。这将很好地涵盖回归函数 90% 置信区间;需要更高精度时,我们可以沿每条等值线选择评估多函数,然后按置信水平 1% 增量对每一等值线进行计算。

针对三维回归参数空间,我们可在生成的三维平面的一个维度上做切片,每一切片都能以描述二维情况的方式进行离散化。就 N 维空间而言,我们可以为低维度的超曲面生成一个递归顺序,直至获得一系列二维区域;然后,利用二维区域内的解求得回归曲线的所需包络线。

我们利用式(12-38)的解,即所需等值线内(以及等值线上)的所有$\vec{\theta}$,来测定与回归方程(12-36)相关的上部置信区间和下部置信区间。根据置信区间内所有的$\vec{\theta}$来计算回归曲线的包络线,从而测定置信区间;如果想利用$\vec{\theta}$离散向量集给出的方程(12-38)的解,那么我们可以将此类参数向量代入回归方程(12-36)。针对$\vec{\theta}$集中的每一要素,我们都将获得一特定的回归函数。如果我们利用所有的$\vec{\theta}$求得回归函数的解,那么我们就能在x范围内计算回归函数的最大值$y_{CI}^+(x)$和最小值$y_{CI}^-(x)$。因此,$y_{CI}^+(x)$和$y_{CI}^-(x)$分别代表x范围内置信区间的上限和下限。这些置信区间无需对称,因为它们分别属于上述的插值法示例和线性回归示例。可能有人会问为什么一定要在整个置信区域内求得回归函数的解?必须这样做是因为在置信区域的任何位置都可能存在非线性回归函数的最大值和最小值。

12.7.3　全局指标

如果我们想对总体模型误差做出量化评估,那么仍然要使用式(12-19)和式(12-21)的全局指标。不过,平均相对置信指标以及最大相对误差指标的式(12-34)和式(12-35)必须进行替换,因为这两式是建立在对称置信区间基础之上的。考虑到我们没有对称的置信区间,所以只能分别在数据范围内计算平均半宽并根据最大相对误差计算置信区间的半宽,进而对平均相对置信指标以及最大相对误差指标进行粗略估计。因此,我们现在有平均相对置信指标:

$$\left| \frac{CI}{\overline{y}_e} \right|_{avg} = \frac{1}{x_u - x_1} \int_{x_1}^{x_u} \left| \frac{y_{CI}^+(x) - y_{CI}^-(x)}{2\overline{y}_e(x)} \right| dx \qquad (12\text{-}39)$$

式中:$y_{CI}^+(x)$和$y_{CI}^-(x)$分别为x的上部置信区间和下部置信区间。如上所述,$\left| \dfrac{CI}{\overline{y}_e} \right|_{avg}$这个量可用于解释$\left| \dfrac{\hat{E}}{\overline{y}_e} \right|_{avg}$的重要意义。

因此,我们现在有

$$\left| \frac{CI}{\overline{y}_e} \right|_{max} = \left| \frac{y_{CI}^+(\hat{x}) - y_{CI}^-(\hat{x})}{2\overline{y}_e(\hat{x})} \right| \qquad (12\text{-}40)$$

与最大相对误差指标$\left| \dfrac{\hat{E}}{\overline{y}_e} \right|_{max}$相关的置信区间半宽;最大相对误差点$\hat{x}$为获得最大值$\left| \dfrac{\hat{E}}{\overline{y}_e} \right|$的$x$数值,即

$$\hat{x} = x,\text{从而}\ x_1 \leqslant x \leqslant x_u\ \text{的最大值为}\ \left| \frac{y_m(x) - \overline{y}_e(x)}{\overline{y}_e(x)} \right| \qquad (12\text{-}41)$$

12.7.4　示例问题:可压缩湍流混合

非线性回归案例应用的一个示例是预测有关湍流自由剪切层增长率的压缩性效应。给出问题介绍后,对可用实验数据展开讨论。本节对相关模型详情、数值解验证以及确认指标解都做了简要说明;有关该示例的进一步说明,可参见 Barone 等(2006)、Oberkampf

和 Barone(2006)的著作。

12.7.4.1　问题描述

　　平面自由剪切层是典型的湍流气流,也是单元级确认研究中很好的一个示例。图 12-15 所示为流场结构,其中,该结构经薄导流板分离成的两种均匀气流(编号分别为 1 和 2),二者虽然流动速度和温度不同,但其压力相同。上述两种气流与导流板机翼后缘的下游汇合,形成了自由剪切流;在剪切流内,动量和能量呈分散状态。在高雷诺数气流中,导流板两侧的边界层和自由剪切层都是湍流。当出现任何外加压力梯度或其他外部影响时,机翼后缘的流场下游包括边缘附近的剪切层延伸区域和类似区域。在延伸区域内,剪切层通过导流板边界层调整其初始速度和温度范围;在类似区域的下游,剪切层厚度 $\delta(x)$ 顺气流方向 x 呈线性增长,产生了一常数值 $\mathrm{d}\delta/\mathrm{d}x$。

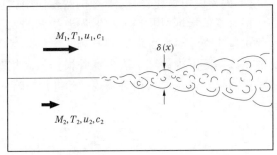

图 12-15　湍流自由剪切层的流动结构(Oberkampf 和 Barone,2004)

　　在高速飞行器应用中,特别关注的是剪切层随着一种或两种气流雷诺数的增加所发生的变化。普遍认为,与带有压缩性效应的剪切层增长率相关的参数是用以混合相同气体的两种气流的对流马赫数(Bogdanoff,1983);M_{c} 定义为

$$M_{\mathrm{c}} = \frac{u_1 - u_2}{c_1 + c_2} \tag{12-42}$$

式中:u 为流体速度,c 为声速。通过实验发现,对流马赫数的增加将致使气流的剪切层增长率下降,其中,气流具有固定的速度和温度比。这种现象通常使用压缩因子 Φ 进行描述。压缩因子是在相同速度和温度比例下,可压缩增长率与不可压缩增长率之间的比值:

$$\Phi = \frac{(\mathrm{d}\delta/\mathrm{d}x)_{\mathrm{c}}}{(\mathrm{d}\delta/\mathrm{d}x)_{\mathrm{i}}} \tag{12-43}$$

12.7.4.2　实验数据

　　高速剪切层的实验数据可从若干独立来源中获得;实验研究中,在各种不同设备内采用了大量的诊断技术。通过比较不同实验的对流马赫数数据,可发现数据中存在较大的分散性。最近,Barone 等(2006)对现有数据重新进行了仔细检查,得到了一组在测量中具有较小分散性的数据集。

　　Bogdanoff(1983)、Chinzei 等(1986)、Papamoschou 和 Roshko(1988)、Dutton 等(1990)、Elliot 和 Samimy(1990)、Samimy 和 Elliott(1990)、Goebel 和 Dutton(1991)、Debisschop 和 Bonnet(1993)、Gruber 等(1993)、Debisschop 等(1994),以及 Barre 等(1997)研究的数据集如图 12-16 所示。将数据分成若干来源组,其中,一些数据结果精选于几次实验。

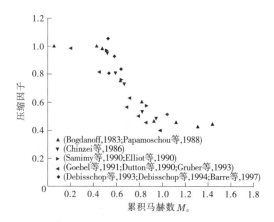

图 12-16　压缩因子及对流马赫数的实验数据（Oberkampf 和 Barone，2004）

12.7.4.3　数学模型

利用标准的 $k-\varepsilon$ 湍流模型（Wilcox，2006）可求得 Favre 平均可压缩 Navier-Stokes 方程的解；在低雷诺数下，可于导流板附近修改 Nagano 和 Hishida（1987）的 $k-\varepsilon$ 模型。大多数湍流模型的原始形态都不能准确地预测出随着对流马赫数的增加，剪切层增长率的重大减少，从而迫使我们进行压缩性修正。在现有流体力学（CFD）编码中，普遍采用根据多种物理论证得出的压缩性修正。本研究中，采用 Zeman（1990）的膨胀－分散可压缩性修正。

利用桑迪亚可压缩气动力学研究与分析高级编码代码（SACCARA）（Wong 等，1995a，1995b）并采用块结构有限容积法离散方法对解进行了计算。采用 Yee（1987）对称的 TVD 格式构建了数值通量，表明在光滑的气流区域产生了二阶收敛速度。利用 Yoon 和 Jameson（1987）的 LU－SGS 格式在稳定状态下构建方程时，若动量方程残差的 L_2 范数以八个数量级递减，可认为解存在迭代收敛。在实验数据对流马赫数范围内获得的数值解，在 0.1~1.5 范围内，增量为 0.14。

对流马赫数的解分别在三个网格上进行计算：粗网格、中网格和细网格。网格在气流方向或 x 方向均一致，并于竖向气流或 y 方向上延伸，进而网格单元在剪切层聚集。网格单元在机翼后缘附近的 y 方向上高度聚集，并随 x 的增加慢慢分散，从而解释了剪切层的增长。使用 Richardson 外推法（Roache，1998）估算 $\mathrm{d}\delta/\mathrm{d}x$ 的离散误差，当马赫数 $M_c=0.1$ 和 $M_c=1.5$ 时，估计的细网格解内的最大误差分别约为 1% 和 0.1%。

利用速度层厚度的定义来定义 δ。以上所述，厚度随 x 线性增长；只有当 x 很大时，才会出现优于相似区域的延伸区域。增长率慢慢接近一常数值时，x 的厚度才与模拟渐近特征的曲线拟合。拟合中使用的函数为

$$\delta(x)=\beta_0+\beta_1 x+\beta_2 x^{-1} \tag{12-44}$$

当 x 很大时，系数 β_1 表示充分延伸的剪切层增长率。

下述可压缩增长率$(\mathrm{d}\delta/\mathrm{d}x)_c$ 和不可压缩增长率$(\mathrm{d}\delta/\mathrm{d}x)_i$ 必须在相同速度和温度比下进行求解。不可压缩或近似不可压缩结果利用可压缩 CFD 代码很难获得，因此通过计

算给定湍流模型和气流条件的相似解就能获得不可压缩增长率。Wilcox（2006）在其湍流建模模型中获得了相似解，并在文本中使用了 MIXER 代码。计算 Navier-Stokes 方程时，利用相同的湍流模型计算相似解，但前提是假设：①层流速度的影响可以忽略不计；②存在零压力梯度。

12.7.4.4　确认指标结果

根据有限体积计算解和 MIXER 代码对 δ 和 $\mathrm{d}\delta/\mathrm{d}x$ 量进行后处理，但确认指标的所关注 SRQ 为压缩因子 Φ。计算确认指标结果之前，我们必须规定非线性回归函数的形式来表示图 12-16 所示的实验数据。重要的是，以回归函数的形式来反映理论推导或实验测量的适当数据功能特性。就可压缩剪切层而言，通过定义，我们可知在可压缩极限 $M_c \to 0$ 时，Φ 必须相等。通过实验观测和物理论证，同样表明当 M_c 增大时，Φ 趋近常数。出于这些因素，使我们对回归函数有以下选择，摘自 Paciorri 和 Sabetta（2003）：

$$\Phi = 1 + \hat{\theta}_1 \left(\frac{1}{1 + \hat{\theta}_2 M_c^{\hat{\theta}_3}} - 1 \right) \tag{12-45}$$

根据式（12-45）和图 12-16 所示的实验数据，我们利用统计工具箱中的 MATLAB（MathWorks，2005）函数非线性最小二乘数据拟合来计算以下回归系数：

$$\hat{\theta}_1 = 0.553\,7, \quad \hat{\theta}_2 = 31.79, \quad \hat{\theta}_1 = 8.426 \tag{12-46}$$

现在，我们利用式（12-46）给出的 $\vec{\theta}$ 数值和式（12-38）给出的不等式约束来计算式（12-45）内回归函数的 90% 置信区间。我们也使用上述方法计算了 θ_1、θ_2 和 θ_3 描述的三维空间内 90% 置信区域。得到的置信区域如图 12-17 所示，类似于一个弯曲的、扁平的椭圆，尤其是当 θ_2 数值比较小时。θ_2 方向上的细长图形表示的是相对其他两个回归参数的 θ_2 曲线拟合的低灵敏性。在 90% 置信区间内所有 $\vec{\theta}$ 的回归函数式（12-45）的求解取决于所需同时置信区间。

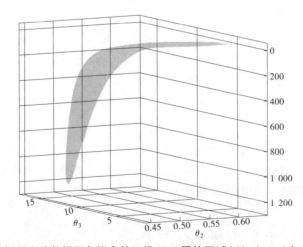

图 12-17　剪切层实验数据回归拟合的三维 90% 置信区域（Oberkampf 和 Barone，2006）

图 12-18 所示为图解形式分析的最终结果，包括实验数据块以及回归拟合、90% 置信

区间以及数值模拟结果。相关 $k-\varepsilon$ 模型的误差评价,可参见 Zeman 压缩性修正中在 $0.2 \leqslant M_c \leqslant 1.35$ 范围内针对 M_c 预测压缩因子的近似线性关系。我们可认为这种走向是正确的,即 Zeman 模型预测随着对流马赫数的增加,湍流混合明显减少;但是,Zeman 模型并未针对 M_c 预测非线性关系;当 $M_c > 1.5$ 时,我们并不能计算任何模拟结果,因此不能测定 Zeman 压缩性修正中 Φ 的近似值;然而,当 $M_c = 1.36$ 和 $M_c = 1.50$ 时的解表明,该近似值近似于 $\Phi = 0.49$。

　　通过在图 12-18 记录 M_c 较大时,置信区间的较长宽度。由图 12-18 可知,实验数据最大的不确定性发生在本区域内。当 M_c 较大时,影响置信区间大小的主要是回归函数式(12-45)中的参数 θ_1。从所需确认实验设计的观点来看,我们可以断定未来实验应在更高对流马赫数下执行,从而更好地测定 Φ 的近似值。

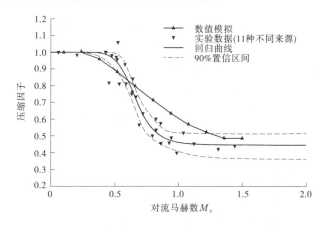

图 12-18　模拟结果与实验数据、非线性回归曲线

以及 90% 同时置信区间之间的比较(Oberkampf 和 Barone,2006)

　　根据 M_c 的模型估计误差 $\tilde{E}(x)$ 以及实验数据 90% 置信区间,如图 12-19 曲线所示。该曲线表示的是确认指标结果,即实验数据中计算与回归拟合以及表示实验数据 90% 置信区间之间的差异。如上述氢气卷流示例所述,确认指标主要用于检查模型和实验数据。由曲线可知,在 $0.3 \leqslant M_c \leqslant 0.6$ 范围内,适当低估了湍流混合;而在 $0.7 \leqslant M_c \leqslant 1.3$ 范围内,明显高估了湍流混合。通过检查此等误差曲线,我们可以断定 Zeman 模型并未捕捉到随对流马赫数的增加湍流混合减少的非线性走向。无论模型精度是否符合预期用途要求,毫无疑问,完全是另外一个问题。

　　注意:在图 12-19 中,置信区间并不关于零对称。在非线性回归方程(12-36)示例中,非线性函数不需要任何关于回归参数对称的特性。因此,在满足式(12-38)结果的 $\vec{\theta}$ 集内求解非线性方程将在输入参数范围内产生非对称的置信区间。剪切层示例中,在回归系数范围内求解式(12-45)如图 12-17 所示。

　　根据式(12-19)、式(12-21)、式(12-39)和式(12-40),在 $0 \leqslant M_c \leqslant 1.5$ 范围内利用 Zeman 压缩性修正得到的 $k-\varepsilon$ 模型全局指标结果为:

　　平均相对误差 = 13% ± 9%,置信度为 90%;

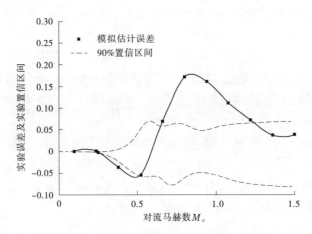

图 12-19　Φ 确认指标结果及 90% 置信区间（Oberkampf 和 Barone,2006）

最大相对误差 = 35% ± 10%,置信度为 90%。

平均误差 13% 似乎很合乎情理,如图 12-18 所示。如在氦气卷流和泡沫分解示例中,我们发现最大误差明显大于平均误差,约是其 3 倍。由图 12-19 可知,当 $M_c = 0.83$ 时,产生最大绝对误差;当 $M_c = 0.88$ 时,产生最大相对误差。根据 M_c 值,我们确定的 90% 置信区间为 ±10%。

12.7.5　现行方法观测

此处的确认指标在实际工程应用中比较容易计算和解释。当指标要求使用非线性回归函数时,非线性回归函数必须具备一软件包如 Mathematica 或 MATLAB 进行计算。最近,VALMET 软件包已经完成了插值法和回归示例中确认指标的计算(Iuzzolino 等,2007)。向 VALMET 提供的实验和计算数据均以 Excel 电子表格或文本文件形式出现,无论是线性插值法还是样条插值法都可用于实验和计算数据。就回归而言,有 15 种函数形式可供选择,或者对用户选择的函数可以进行编程。该程序在安装有 MATLAB 版本的电脑上运行,或在操作系统 2000/XP 的电脑上独自编译代码。

在工程决策中,当前指标的说明对技术员工(分析人员、模型构建者和实验人员)以及管理层都是清晰易懂的。指标结果的形式为:模型估计误差 ± 表示实验不确定性的区间以及规定的置信度。当前指标只能测量系统计算和实验响应平均值之间的不一致,可用于比较不同对立模型的建模精度,或有利于评估给定模型是否可用于所关注应用。需要强调的是,确认指标结果与所关注应用之间的关系问题是独立的、更复杂的一个问题,尤其是当明显存在模型外推法时。

在此提出的确认指标应适用于工程科学中的多种物理系统。如果 SRQ 是一个随时间变化的复杂量,那么可能需要对量进行平均,继而使用当前方法。如果 SRQ 是一个复杂的时间序列如结构动力学中的模式,那么将不适用当前指标。如果响应映射至频域,那么可能需要将此方法应用于低模式下的幅值和频率。此外,当前指标适用于单个输入或控制量的 SRQ,该方法还适用于需要在变量之间的关联结构使用插值法的多变量分析。

12. 8　概率盒比较的确认指标

当数值预测为概率分布时,概率分布涉及的大量信息更多的是针对系统如何响应,而不是如何与系统单独的确定性响应进行比较。我们可能会想到视模型为所有不确定输入的映射,从而产生一系列不确定性系统响应。在这一映射中,根据所关注 PDE 描述的物理现象,所有不确定输入都相互关联。针对确认指标,可能会问及:与相同映射方式相比,模型如何将输入映射至输出?

实验数据和预测最简单的比较方法就是根据其平均值、方差、协方差及其他分布特征。这种在汇总统计比较基础之上的方法最主要的缺陷是只考虑了数据和预测的集中趋势或其他具体行为,而非整体分布。当预测为概率分布时,这种分布虽然包含大量细节,但要知晓何种统计对特殊应用至关重要却绝非易事。虽然一些统计试验确实有助于对实验数据和预测进行比较,但绝大多数统计试验仍然不能直接解答在此所关注的确认指标观点。此外,传统的统计试验以及贝叶斯确认方法并未解决实验数据和/或预测中主观尝试造成的不确定性。如果实验数据或预测中存在主观尝试造成的不确定性,那么我们将考虑概率盒表示法。

下一节中,我们将引入包括概率盒在内的不精确概率量比较的含义,描述确认指标应该具有的一些期望性质,并提供一些具有这些性质的具体方法。这一节中给出了几个简单的示例,来说明该确认指标的部分特征。本节节选自 Oberkampf 和 Ferson(2007)、Ferson 等(2008)以及 Ferson 和 Oberkampf(2009)。

12. 8. 1　分布比较的传统方法

在概率理论上,比较随机变量标准的方法各式各样。如果随机数字 X 和 Y 总是具有相同的数值,那么可认为随机变量“相等”或有时为“绝对相等”。等式相对较弱的概念有助于构建确认指标,因为我们关注的是概率分布比较,即函数比较,而非数值比较。如果我们只能说 X 和 Y 之间差异的绝对值期望(即平均值)为零,那么就可以认为随机变量为“平均值相等”。如果 X 和 Y 在平均值上完全不等,那么我们可以通过定义均值指标 d_E 测量它们之间的不一致。

$$d_E(X,Y) = E(|X - Y|) \neq |E(X) - E(Y)| \qquad (12\text{-}47)$$

式中:E 为期望算子;注意,这种差异与平均值之间差异的绝对值不同。这种概念可以广泛用于高阶矩,而且高阶矩内的等式也包含了所有低阶矩内的等式。

仅仅比较随机变量概率分布的形状可进一步削弱随机变量的等式概念。概率分布完全相同的随机变量被认为在分布上也相等,通常表示为 $X \sim Y$,或有时为 $X =^d Y$。实际上,这是一种相当不科学的等式,因为它不涉及 X 和 Y 的单个数值相等,乃至非常接近。比如,假设 X 的零平均值和单位方差均属正态分布。如果 $Y = -X$,那么 X 和 Y 在分布上明显相等,可以尽可能想象着远离等式。然而,概率分布等式是一重要概念,因为概率分布往往表示的是随机变量的所有已知值。

如果分布在形状上不完全相等,那么可使用多种方法测量它们之间的差异,以达到不

同的目的。例如,非常普遍的一种方法是最大概率,即两种累积分布函数之间的竖直差
异。

$$d_S(X, Y) = \sup_z |Pr(X \leq z) - Pr(Y \leq z)| \qquad (12\text{-}48)$$

式中:d_S 为 Smirnov 指标;$\sup\limits_z$ 为 X 和 Y 样本空间的上确界;d_S 定义了分布比较的 Kolmog-
orov – Smirnov 统计试验(D'Agostino 和 Stephens,1986;Huber-Carol 等,2002;Mielke 和
Berry,2007)。Smirnov 距离的一个特性是对称性,也就是说 $d_S(X, Y)$ 总是等于 $d_S(Y, X)$。
对称性作为确认的一个特征,可能认为是不必要或甚至是不合常理的。我们并不认为预
测和观测可以互换。在确认指标中,重要的是哪一个是哪一个。例如,假设由于我们的疏
忽,混淆了预测分布和实验数据分布。犯了这样的错误后,我们可能希望获得一个不同的
结果,但是无论预测和数据改变与否,Smirnov 距离都不会改变。

　　Kullback – Leibler 散度是广泛用于测量非对称分布之间差异的另一种方法
(D'Agostino和Stephens,1986;Huber – Carol 等,2002;Mielke 和 Berry,2007)。在离散格
式上规定,X 的概率质量函数 p 和 Y 的概率质量函数 q 有:

$$\sum_z p(z) \log_2 \frac{p(z)}{q(z)} \qquad (12\text{-}49)$$

式中:z 为 X 和 Y 常用范围内的所有值;p 分布汇总了观测值,而 q 分布汇总了模型预测。
除总和由积分替代外,两种分布的连续建模相似。这一指标中的散度术语可能会令人误
解,因为这一量作为偏导函数的内积或每单位体积的流量时,与微积分上为人熟知的散度
概念毫无关联。相反,这一术语在作为标准偏差时,存在另外一层含义。Kullback-Leibler
散度通常用于信息理论和物理学中,为 p 和 q 之间的相对熵,即 p 分布关于 q 分布的熵。

　　正如我们先前提到的,事实上,有很多其他方法可用于比较数据和预测分布,但在概
率和物理学中,广为接受、普遍使用的是 Smirnov 和 Kullback-Leibler 法,这可能需要解释
为什么我们不使用它们中的任何一个作为确认指标。我们将在下一节回答这一问题。

12.8.2　概率盒比较方法

12.8.2.1　**概率盒讨论**

　　最近,Oberkampf 和 Ferson(2007)、Ferson 等(2008)、Ferson 和 Oberkampf(2009)提出
使用确认指标测量预测和经验观测值之间的不一致。概率盒可以给出预测和实验测量并
明确表达预测和实验测量的偶然因素造成的不确定性和主观尝试造成的不确定性。关于
概率盒更加全面的讨论,请参见 Ferson(2002)、Ferson 等(2003,2004)、Kriegler 和 Held
(2005)、Aughenbaugh 和 Paredis(2006)、Baudrit 和 Dubois(2006)。

　　图 12-20 所示为预测 SRQ 不同程度的偶然因素造成的不确定性和主观尝试造成的不
确定性的三种概率盒示例。图 12-20(a)所示为一个区间的概率盒,即不存在偶然因素造
成的不确定性和纯主观尝试造成的不确定性。当 SRQ 值小于区间最小值时,累积概率为
0,即所有可能的 SRQ 值肯定都大于区间的最小值。当 SRQ 值在区间范围内时,累积概
率在区间[0,1]内。这种区间值概率在某种意义上无疑是子虚乌有,在 0 ~ 1 内,SRQ 概
率可能为任意值;当 SRQ 值大于区间最大值时,累积概率为 1,即所有可能的 SRQ 值肯定

都小于或等于区间最大值。

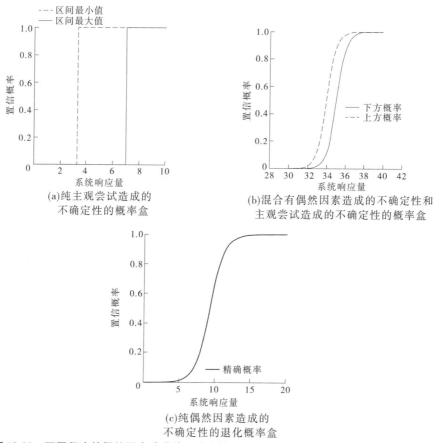

(a)纯主观尝试造成的
不确定性的概率盒

(b)混合有偶然因素造成的不确定性和
主观尝试造成的不确定性的概率盒

(c)纯偶然因素造成的
不确定性的退化概率盒

图12-20　不同程度的偶然因素造成的不确定性和主观尝试造成的不确定性的概率盒示例

图12-20(b)所示为SRQ内混合有偶然因素造成的不确定性和主观尝试造成的不确定性的概率盒。概率盒采用抽样总体的一部分来表示区间值量,抽样总体数值小于或等于一特殊的SRQ数值。一些示例如:①SRQ=32时,数值等于或小于32的部分在范围[0.0,0.02]内;②SRQ=34时,数值小于或等于34的部分在范围[0.1,0.5]内。区间值部分是由于在模拟中缺乏对来源的认知所产生的。通常,混合有偶然因素造成的不确定性和主观尝试造成的不确定性,SRQ值较小或较大时,区间值概率范围趋近零(比较罕见)。应该注意的是,概率盒的水平宽度代表的是根据SRQ主观尝试造成的不确定性大小,斜率代表的是偶然因素造成的不确定性大小。

图12-20(c)所示为退化概率盒,即SRQ精确的CDF。概率盒某种意义上退化了,是因为主观尝试造成的不确定性相对偶然因素造成的不确定性而言非常小或为零。精确概率,毫无疑问,是传统概率理论及其应用的基础。概率盒也称为不精确概率,因为概率并不一定是一个唯一量,而是一个区间值。过去几十年,在传统概率理论中应用了大量的不精确概率类型,这些类型均比在此论述的概率盒更复杂。有关这些应用的论述,可参见Walley(1991)、Dubois和Prade(2000)、Nguyen和Walker(2000)、Molchanov(2005)、Klir(2006)的最新文献。

12.8.2.2 概率盒确认指标

模型的任何非确定性预测都可描述成一累积分布函数 $F(x)$。式中，x 为预测变量，即 SRQ，也就是说，观测值通常以数据集的一些点值形式提供。数据集分布函数，也称为经验分布函数（EDF），将数据集视为适合于图解表示法的一个函数，从而将 x 映射为区间 $[0,1]$ 上的概率尺度。函数构建时为非递减式阶梯函数，垂直步长常数为 $1/n$，其中，n 为数据集的样本大小。步长的位置与数据点的值对应。数据 $x_i, i = 1, 2, \cdots, n$ 的这种分布为

$$S_n(x) = \frac{1}{n} \sum_{i=1}^{n} I(x_i, x) \tag{12-50}$$

式中：

$$I(x_i, x) = \begin{cases} 1, x_i \leqslant x \\ 0, x_i > x \end{cases} \tag{12-51}$$

$S_n(x)$ 只是数据集中数据值的一部分，数值分别等于或小于 x 值。

不像连续 CDF，EDF 表示法具有突出优势，无论数据量多少，这种方法都能精确表示数据分布。此外，EDF 表示数据时不需要任何假设，例如在构建数据集直方图时。EDF 保留了数据集的统计信息如中心走向或位置、散度或分散以及所有其他分布统计特征。只有原始数据集中数值给出的顺序未得以保留在分布中，但当数据进行随机抽样时，这种顺序就变得毫无意义。如果数据集由单个数值构成，那么 S_n 函数就是在 x 轴上的数值位置确定的简单的单一峰值；即，所有小于该值的 x 均为 0，大于该值的 x 均为 1。但是，为使图解清晰，在绘制函数过程中，不描绘 0 和 1 处的平坦部分能更方便地进行绘图。

我们建议使用 Minkowski L_1 指标作为确认指标并称其为面积指标。指标规定预测分布 F 和数据分布 S_n 之间的面积，可以测量它们之间的不一致。从数学上讲，曲线之间的面积就是函数之间绝对差异值的积分。

$$d(F, S_n) = \int_{-\infty}^{\infty} |F(x) - S_n(x)| \mathrm{d}x \tag{12-52}$$

从几何学上讲，很明显这一量相当于两种函数 $\int |F^{-1}(p) - S_n(p)^{-1}| \mathrm{d}p$ 之间的平均水平差异，但与两种分布中随机变量之间的平均绝对差异不同（如果分布一致，那么平均值将不为零）。面积指标是针对分布形态的一个函数，不能随意解释成潜在随机变量的一个函数。指标中的面积可以测量理论和经验证据之间的不一致，而不是测量一致性。只要存在积分，就存在这一指标。

应该强调的是，这种不一致测量总是为正数，因此不能以误差公共定义的相同方式对其加以解释：

$$\varepsilon = y_{\mathrm{obtained}} - y_{\mathrm{T}} \tag{12-53}$$

式中：ε 为被测量 y_{obtained} 的误差；y_{T} 为 y 的真实值。例如，我们对式（12-52）中的不一致测量和置信区间方法（式（12-8））相关的误差测量进行比较，在置信区间方法中，$\tilde{E} > 0$ 即指模型预测大于实验测量。就面积指标而言，并未指出模型与测量的不同。

图 12-21 举例说明了两种数据集与预测温度分布（表示任意 SRQ）之间不一致的面积测量。两个图中的预测分布相同，如平滑曲线所示。利用蒙特卡罗模拟中的大量样本，并通过数学模型传播输入不确定性，即可得到这种预测分布。图重叠部分为两种假设数据

集的分布函数 S_n。在图 12-21(a) 中，数据集为单一值 252 ℃，而在图 12-21(b) 中，数据集
包括值 $\{226,238,244,261\}$。在复杂工程系统中，对完整系统仅进行一次实验测试这种
情况并不少见。在这种情况中，经验分布并非复杂的阶梯函数，而是分别表示点值的单一
峰值（即退化分布）。注意：对于小于最小数据的所有数值，其经验分配函数为 0；对于大
于最大数据的所有数值，其经验分配函数为 1。同样，预测分布范围（支持）之外，当方向
趋近无穷时，$F(x)$ 值为 0 或 1。但是，为使图解清晰，在绘制分布过程中，未描绘概率为 0
或 1 的平坦部分。

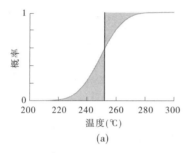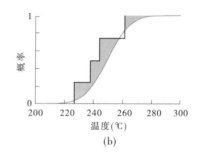

图 12-21　S_n 分布（黑色）与预测分布（平滑）的数据集示例，左边 $n=1$，右边 $n=4$；
确认指标为预测分布与两个数据集之间的面积（阴影）(Ferson 等,2008)

在图 12-21 中，测量预测与两个数据集之间不一致区域为阴影部分，包括 252 数据点
左边以内的区域，以及该数据点右边的区域。图 12-21(b) 中，四个阴影区域为预测分布
和数据分布之间的总面积；面积指标广泛用于标量值之间的确定性比较，其中，标量值不
具不确定性，即如果预测和观测均为标量点值，那么面积就与其差异相等。显然，面积指
标反映的是预测与观测总分布之间的差异。但是，面积对分布尾部之间细小的差异并不
敏感，因为在分布尾部几乎没有概率质量。

图 12-22 所示为面积指标如何与基于平均值一致或平均值和方差均一致的确认指标
之间的不同。三个示例中，预测分布均如平滑曲线所示。三个图的预测分布完全相同，尽
管第三个图所用的比例与另外两个略有不同。阶梯函数将三种不同的数据集分别表示为
经验分布函数 S_n。在图 12-22(a) 中，预测分布与观测数据具有相同的平均值，否则，数据
看上去将与预测完全不同；数据似乎主要分布在平均值一侧的两个数据集中。实际上，只
要数据平均值与该平均值相等，那么数据集就可自由移动，远离彼此。仅基于平均值的确
认测量都不可能检测到理论和数据之间的任何差异，尽管数据可能与预测完全不同，更不
用说在平均值上的一致。在图 12-22(b) 中，观测数据与理论预测的平均值和方差均一
致。但是，我们不能宣称预测与数据之间的比较非常良好，因为预测从经验分布的左尾开
始偏离。更普遍的是，实际数据中的数值比预测的数值更小。在图 12-22(c) 中，预测与
数据之间的一致性整体上良好，表现在预测分布和数据分布之间的区域较小。针对较小
区域，唯一的方法是在整个范围内，使两种分布密切配合。这些示例中，所有不一致都可
经曲线之间的面积进行测量。通过面积，可以测量不能解决的低阶矩如平均值和方差之
间的不一致。

图 12-23 所示为面积指标 d 如何与预测分布匹配的单一数据不同值进行区分。三个

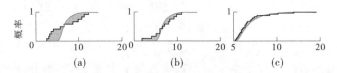

图 12-22　预测分布(平滑)与不同经验数据集(步长)之间的
不一致示例(Ferson 等,2008)

示例的预测分布均相同,以 2 为重心,范围为 0 ~ 4;最需要注意的是,单个值不可能完全与整个分布匹配,除非分布本身就是一个退化的点值。图 12-23(a)和图 12-23(b)分别对预测分布和在 2.25、1.18 处的单个观测值进行了比较,得到对应的面积指标值为 0.44 和 0.86。当数据位于分布中线上时,单一数据的匹配可能达到最佳,但这一点上的面积指标往往非常明显。如图 12-23 所示的预测分布示例中,当观测值为 2 时,面积指标最小,指标值为 0.4。

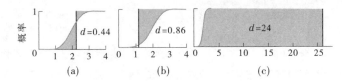

图 12-23　预测分布(平滑)与三种不同
数据点(峰值)之间的比较(Ferson 等,2008)

如果图 12-23 所示的预测分布示例在范围 $[a,b]$ 为一均匀概率密度函数,那么单个观测值就不可能比 $(b-a)/4$ 更接近这一函数;如果这一点在中线上,那么 $(b-a)/4$ 即为面积指标数值,这是与单个数据点可能达到的最佳匹配。换言之,如果进行更多的实验测量,那么理论与实验之间的不一致可能更好;然而,由于实验的抽样误差,这是可能存在的最低的不一致。匹配可能会糟糕到何种程度? 匹配可能非常差,事实上,匹配可能糟糕到任意大的程度。图 12-23(c)所示为单个数据与相同预测分布比较的另一种示例。在这种情况下,数据点为 26,意指大约 24 个单元远离分布。面积指标可为任意大小,与此同时,当数据和预测均为点值时,指标可减小数据与预测之间的差异。考虑到概率是无量纲的,所以面积的单位总是与横坐标单位相同。

面积指标取决于表示预测分布和数据的比例;图 12-24 所示的两个图列举了一组对应形状相同,但比例不同的比较,图 12-24(a)以 m 为单位,图(b)以 cm 为单位。虽然形状相同,但面积指标却相差 100 倍。也许,通过预测分布的标准偏差对面积测量进行划分,可能使其标准化。但我们并不认为这是一个好主意,因为面积指标结果将不再使用横坐标的物理单位表示。这种标准化将有损指标的物理意义。

图 12-25 举例说明了为什么数据保留的比例和物理单位(度、m、N、N/m² 等)对确认指标的直观性至关重要。两个图都具有相同的 x 轴和相同的预测分布,如灰色曲线都集中在 2 周围。总之,两个数据集的 S_n 分布如图中的黑色阶梯函数所示。相比图 12-25(a),图 12-25(b)中的比较说明理论和数据之间的一致性更好,这在统计学上可能颇具争议。图 12-25(a)中,两种分布并不重叠;然而,图 12-25(b)中的分布至少部分重叠,并在

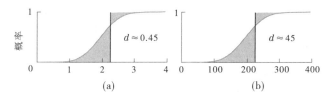

图 12-24 根据比例的指标之进一步示例(Ferson 等,2008)

平均值上相似。使用传统 Kolmogorov - Smirnov 检验检查两种分布之间的差异,我们会发现统计学上的重要证据,即图 12-25(a)中的分布各不相同($d_S = 1.0, n = 5, p < 0.05$);但是对于图 12-25(b)中的分布($d_S = 0.6, n = 5, p > 0.05$),未发现此等证据。然而,工程师和分析人员理解这两个比较的观点也并不相似;对工程师和科学家而言,主要关注的是沿 x 轴两种分布在单位上的差异。从这个意义上来说,相比右边而言,左边的比较表明理论和数据之间的一致性更好。工程师和科学家们强烈认为左边的数据 - 理论比较可能是因为理论或数据中的固有误差较小,但是在理论上,确实能够很好地捕捉物理现象的变化。左边的差异绝不可能沿 x 轴超出半个单位,而右边的差异可能会超出 2 个单位。实际上,对工程师和分析人员重要的是测量理论 - 数据不一致的这种物理距离,而不是根据概率测量的一些晦涩难解的距离。这就是为什么确认指标应使用原单位进行表示,对面积指标也是一样。

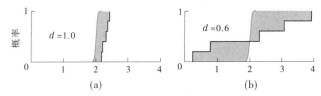

图 12-25 为什么物理单位对确认指标至关重要(Ferson 等,2008)

最后,考虑面积指标随着理论与实证之间的偏离所发生的变化。图 12-26 所示的两个图,每个图的预测分布描绘为灰色,数据分布为黑色。过去常用的 Smirnov 距离(两种分布之间的最大垂直距离)不能在两种比较之间进行区分;考虑到两种情况下的最大垂直距离正好为 1,所以分布都尽可能按 Smirnov 指标彼此分离。这种方法中,每种数据分布都只是与其预测分布分离。此外,图 12-26(a)面积指标为 2,图 12-26(b)约为 40。相比图 12-26(b),确认指标可确定图 12-26(a)中数据与预测之间的一致性更好。如果可接受的精度预测标准在实际数据的 10 个单位以内,那么图 12-26(a)中的预测可接受为满足预期用途,尽管预测与数据并不重叠。同样,在相同精度要求下,图 12-26(b)中的预测不能接受为满足预期用途。

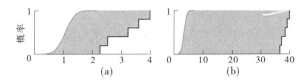

图 12-26 区分非重叠数据及预测分布(Ferson 等,2008)

此处提及的面积指标即使预测较少时也适用。例如,假设实际上只能对复杂模型的一少部分模拟进行计算,进而获得少量的量化预测。虽然这些计算结果并不能得到上述平滑的预测分布,但是可以合理地认为这些计算值是平滑分布的样本。如果样本为随机样本(随机选择输入将获得随机样本),那么这些值组成的经验分布函数就是真实分布无偏差的非参数估计;其中,真实分布随多次运行获得。

图 12-27 举例说明如何构建数据和预测的 S_n 函数,其中,后者根据模型样本运行中获得的数值进行构建。在这种情况下,只能构建模型的三种模拟,其数值均属于潜在输入分布的随机样本,并将与构成数据集的 5 个数值进行比较;进行少量的模拟运行实际上意味着分析人员只能根据模型实际预测得到模糊的图像,意味着预测将存在大量抽样误差导致的主观尝试造成的不确定性。当只能从模型或测量

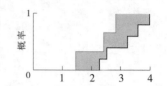

图 12-27　仅通过三种模拟来描述
预测分布(灰色)时的确认指标
(Ferson 等,2008)

获得少量的随机样本时,面积指标将随样本的增多而减小。因此,当前面积指标应视为模型与测量之间不一致的证据,而非一致性证据。

12.8.3　合并不可比较的 CDF

12.8.3.1　u 合并法

上一节描述了如何获得物理现象观测值形成一经验分布 S_n,从而与单独的预测分布进行比较。但实际上,一个模型往往可进行多次不同的预测,例如,加热模型可用于预测物体指定位置上的时变温度;在某一时刻,我们可使用预测的温度分布来表示温度的不确定性,而在另一时刻,预测的温度分布又大相径庭。有时候,模型可针对多个 SRQ 进行预测,比如,单个模型不仅可以预测温度,还可以预测电阻系数和材料应力。我们可以对每组预测分布及其观测的所有面积分别进行计算。虽然数据与单个 SRQ 相关,但不同的预测分布进行比较时却并不能将数据合并为一经验分布函数。每个数据都必须与对应的预测分布进行比较。

目前,处理这种情形的方法称为 u 合并法(Oberkampf 和 Ferson,2007;Ferson 等,2008)。系统响应量虽然在物理上与物理量毫无关联,但是可通过概率变换转变成统一尺度进行合并。当发现模型与实验数据不一致时,这种方法不仅使我们可以从根本上根据每个数据的相关性合并不可比较的数据,还使我们能够量化回答诸多问题如"温度的不一致是否与材料的不一致相似"?

为了测定数据是否广泛来源于分布(与数据对应的预测分布相同),该方法必须克服数据间不可比较的问题,并能够以某种通用尺度表示理论和数据的一致性。鉴于此,概率模型采用了概率尺度。每个数据 x_i 都通过预测分布 F_i 进行转换,按通用的概率尺度得到变量 $u_i = F_i(x_i)$,单位区间范围为 [0,1]。图 12-28 所示为三种假设示例的转换。每个示例都是一组观测值,被描绘成一峰值,即单次测量;其对应的预测分布如光滑曲线所示。图 12-28(a)的预测在温标上为一指数分布;图 12-28(b)中,测量欧姆电阻率时近似一正态分布;图 12-28(c)描绘了无量纲量 z 的一种不同寻常的分布。根据峰值及其对应的分布函数的交叉点,可以确定每个 u 值概率尺度上的数值。预测分布 F_i 可为任意形状,在

不同观测中无需相同。u 值总是确定的,因为任何大于分布中最大值的 x 值,其 $F(x)=1$;而任何小于分布中最小值的 x 值,其 $F(x)=0$。

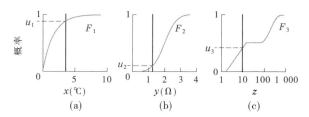

图 12-28　通过预测分布(平滑)的单个观测值(峰值)从三维不一致尺度
(横坐标)转换到概率尺度(纵坐标)(Oberkampf 和 Ferson,2007)

通过转换得到的各种 u 值可以进行合并,从而得到一整体概括指标;这一指标即使在不同维度下进行比较,也可描述模型预测与数据之间的不一致。假设 x_i 按分布 F_i 分布,那么 u_i 在 $[0,1]$ 内分布均匀,这在统计学上称为概率积分变换定理(Angus,1994),也就是随机变量根据分布进行分布。这种逆行可能工程师和科学家们更为熟知,因为这种方法往往根据任意指定概率分布生成随机偏差:在 $0\sim1$,给定分布 F 以及统一的随机变量 u,值 $F^{-1}_{(u)}$ 将为根据 F 分布的随机变量。相反,如这里所需,如果 x 根据 F 进行分布,那么 $u=F(x)$ 将在 $[0,1]$ 内均匀分布。事实上,如果存在多个 x 值和 u 值,那么都不具有这些变化;同时,只要 x 值与分布适度一致并存在多种分布函数,也不可能有这些变化。每个 u 值都告诉我们如何根据数据进行推导并与其预测分布进行比较。通过这种转换,x 值转变成可并立 u 值。

相同范围内,所有 u 值都随机、均匀地分布,因此合并获得的一系列值在此范围内也随机、均匀地分布。但是,如果我们发现 u_i 在 $[0,1]$ 内分布不均,那么我们可以推断 x 观测值一定也未按其预测分布函数进行分布。

原则上,面积指标可直接合并所有 u 值。所有 u 值将形成一经验分配函数,进而与预测的标准均匀分布进行比较。考虑到转换后数值的标准均匀分布和经验分布函数受单位平方形(即累积概率为 $0\sim1$,u 值通用尺度为 $0\sim1$)约束,因此区域指标可能的最大值为 0.5,这也是均匀分布 45°线上与区间 $[0,1]$ 内分布之间的最大差异。可能的最小差异为零,对应的是经验分布函数与标准均匀分布完全相同。当出现最小差异时,有且仅有:①数据点确实根据其预测对应分布;②存在足够数据,使其阶梯函数 S_n 接近连续均匀分布。确认指标的这一数值有力地证实了模型与测量之间几乎没有不一致。

图 12-29 所示为面积指标对来自图 12-28 并合并成黑色三阶梯经验分布函数 S_n 的 u 值与对角线所示的标准均匀分布进行比较的应用示例。两个函数之间阴影区域的面积约为 0.1;通过研究合并的 u 值分布,我们可以从整体上推断 x 值与其预测分布之间的一致性特征。例如,面积指标可直接对 u 值和标准均匀分布进行比较;同样,模型不同预测中特定观测值之间的不一致也可相互进行比较,这将使我们得出如模型在高温下预测良好,而非低温,其原因可能在于我们已将所有观测值转换成相同的通用概率尺度进行比较。

将观测值转换成通用的概率尺度有利于收集不可比较数据并对不可比较维度中收集的证据进行比较;不过,就转换本身而言也有其缺点,它不再使用比较中原有的物理单位,而是采用了在范围$[0,0.5]$内的有界指标。这种不足可通过适当的分布函数 G 对 u 值进行逆转换得以弥补,从而恢复 u 值的单位、比例以及说明。逆转换后,可在物理有效单元内计算面积指标。当逆转换值根据不同 SRQ 中的证据进行合并时,这种 SRQ 的逆转换无疑会遭到质疑。然而,对时变模拟中经多次预测和测量,或 PDE 域内在多个空间位置处预测和测量的相同 SRQ 的合并,逆转换似乎非常情有可原。

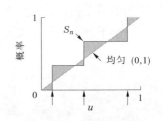

图 12-29　三个合并 u 值(黑色阶梯函数)与标准均匀分布(45°线上)之间的比较

图 12-30 所示为图 12-28、图 12-29 中考虑的三个 u 值如何进行转换。图 12-30(b)中的结果为逆转换数据值分布 G 和数据分布之间的面积。

$$y_i = G^{-1}(u_i) = G^{-1}[F_i(x_i)] \tag{12-54}$$

所有 y_i 都具有与 G 相同的单位。这种逆转换以及任何与 u 值单位相关的物理意义都取决于 G 分布的技术参数。图 12-30(b)所示的阴影部分为逆转换 y_i 与预测分布 G 之间的面积指标。指标物理上有效的单元就是逆转换结果。

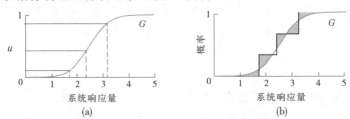

图 12-30　根据分布 G(a)从 u 尺度到通用尺度的逆转换,以及根据 G 分布(b)合并逆转换数值的面积指标(Oberkampf 和 Ferson,2007)

应使用何种分布定义逆转换呢?在某些情况下,模型精度评估的科学或应用环境将对逆转换使用的分布进行详细说明。分布中,将明确说明我们应该重点关注模型预测能力的哪些方面。利用规定的预测分布如 G 分布,将使所有与模型预测相关的观测值都用于描述与重要预测相关的不确定性。通常,我们希望能够使用分布来表示模型预测能力的重点;某种意义上,这可能就是与重要预测相关的预测分布。明确规定 G 分布进行逆转换,这将使所有与模型预测相关的观测值都用于描述预测的不确定性。

确认活动没有任何特殊的应用要求,因此分析人员针对逆转换分布可有多种选择;与此同时,我们几乎对每种选择都能获得一定的结果。例如,图 12-30 所述的逆转换 G 中,获得的面积指标值接近 0.3 个单元。我们曾使用了 G 范围内的均匀分布,即从 0～100 s 内,对应的阴影区域与图 12-29 所示的形状相同,但面积约为 10 个单元。如果 G 分布是一种指数分布,那么逆转换将强调分布合格部分的偏差。显然,不同的 G 分布将表示不同单元中数据和模型的不一致程度;但是,G 分布是否可用于表示不同单元中的误差正好是我们使用外推法对模型进行预测时希望能够做到的。

我们注意到,获得数据观测值的整体确认测量来解决不同预测分布,u 合并并不是唯一可行的方法。很明显,另外一种方法是利用多变量法解决确认问题。当同时测量不同 SRQ 时,这种方法能够考虑到数据间的相关性信息。例如,如果温度上的巨大偏差往往与电阻率上的巨大偏差相互关联,那么这种关联可能与确认的多变量评估有关。毫无疑问,任何优势都是以方法复杂性的增加为代价的。

12.8.3.2　指标的统计意义

　　如上所述,确认指标可视为测量和预测之间不一致的证据。但问题是,"指标的大小主要与模型误差相关还是主要与测量或/和预测的有限样本相关?"比如考虑两种情形:第一,集中精力收集实验观测值,从而在本质上不存在与数据分布相关的抽样不确定性;与此同时,函数求解成本较低,无需任何抽样不确定性也可对预测进行详细说明。假设在这种情况下,我们计算的确认指标 $d=1$。在第二种情形中,我们计算的确认指标 $d=10$,但是这种计算是基于经验观测值非常小的样本量或/和少量的函数求解。第一种情形中,预测和数据之间的差异在统计上非常显著,因而不能使用抽样不确定性(因为不存在不确定性)产生的随机性进行解释,而是使用模型误差导致的随机性进行解释。然而,第二种情形并不明显存在预测和数据之间的不一致,尽管这种不一致要大 10 倍。进行观测和函数求解时,计算的差异完全是随机选择的结果。在一些统计分析中,当某一数值在统计上非常明显时,需要给出两种 d 值的具体环境,从而进行理解。注意:这里我们仅讨论计算 d 值统计意义,而非图 12-4 所述的满足预期用途的模型精度要求。

　　我们建议,利用上一节得到的 u 值或 y 值进行标准统计检验,从而构建统计方法检测模型及其确认数据之间不一致的明显证据。分析人员可使用这些方法从形式上判断或推断实验观测与模型预测的不一致。将 x 值转化成 u 值并合并所有 u 值可从本质上增加统计检验的力度,因为单次综合分析中需要大量样本。换言之,u 合并用于相同 SRQ 的多次测量时,是降低抽样不确定性的有力工具。

　　标准统计检验与一致性无关,如 u 值的传统 Kolmogorov-Smirnov 检验(D'Agostino 和 Stephens,1986;Mielke 和 Berry,2007),可以从整体上确定模型预测能力是否存在重大缺陷。这种检验假设实验数据值彼此独立,这在实践中并非总是如此,尤其是根据时间为单个 SRQ 收集观测值时。这种情形中也适用其他统计检验如传统卡方检验和 Neyman 修匀检验(D'Agostino 和 Stephens,1986;Rayner 和 Rayner,2001)。这种检验也可在物理有效尺度上比较 y_i 值和预测分布 G;我们还可以对统计检验进行定义,检查数据和理论之间的差异是否大于某一阈值,例如,分析人员以及决策人员可通过确认指标结果的统计有效指标使用模型精度评估结果以及更多相关信息,与本章之前所述均值法比较相关置信区间提供的信息类似。

12.8.4　实验与模拟 CDF 之间的不一致

　　对应不同预测分布合并数据的 u 合并法存在一定的技术限制,亟待解决(Oberkampf 和 Ferson,2007)。如果预测分布有界且数据完全在其范围之外,那么预测可断言这种数据是不可能存在的;即数据值在一定范围内,预测描述为零的概率密度。所有数据完全可在相同单元内,因为我们可以只简单地使用混合 S_n 合并上述数据,但是如果我们需要通过 u 合并将数据转换成一通用尺度,那么预测分布范围外的所有值都将为 0 或 1(取决于数据在范围之外还是之内)。这意味着刚超范围的数值与远超范围的数值相同。因此,我们并不认为模型足以使任何实验数据值远离预测分布。

对于预测部分数据不可能的情形,有两种方法进行解决。我们可以推断模型明显错误,不再试图计算任何确认指标去描述数据相关性能。本质上,这等同于把问题发回模型构建者,使其开发一个更加合理的模型。虽然在某些情况下这完全合理,但却不是最佳的。我们认为实际上有效的确认方法存在的差异更大,甚至数据与预测之间会产生逻辑矛盾。确认的重点是评估模型预测精度的性能;断言部分观测值不可能,而当它们可能时,这种方式就明显存在错误。这种错误应适当予以登记并纳入确认指标的计算。当然,数据本身难免存在缺陷。如果是因异常值或错误测量而非模型缺陷导致的不一致,那么并不能通过补救获得更好的模型。无论是哪一种情形,都要合理地处理不可能性,并合理地对确认指标进行计算。

试图比较模型和数据时,可能存在多种不可能的情形。数据是否在预测范围之外,而且刚好超过? 是否有多个单元远离描述为可能的最大值或最小值? 是否按数量级偏离? 明显地,无论是何种不一致程度,都可根据合理设计的确认指标进行量化。本节描述了设计这种指标的策略。虽然指标乍看特殊,但它利用了最少的假设有效地解决了重大不一致的根本问题。

我们寻求的有效确认指标可以保存数据与预测范围之间的距离。数据映射至 u 值过程中产生的计算问题有碍于这种距离的保存。如果分布函数在两个方向上都无限大,那么绝不会发生不可能情形;与此同时,数据到 u 值的映射总是以合理方式进行定义。但是,如果预测范围是有界的,那么可能存在数据值 x,因为 $F(x)$ 未定义或简单地定义为 0 或 1。在这种情况下,我们应倾向于定义一个扩展函数,从而得到 u 值。根据概率分布,可有多种方式形成适当的扩展函数 F^*。F^* 应该是左连续(无需区分)单调递增,包括三个函数:

$$F^*(x) = \begin{cases} F^<(x), & x < \max F^{-1}(0), \\ F(x), & \max F^{-1}(0) \leq x \leq \min F^{-1}(1), \\ F^>(x), & \min F^{-1}(1) < x \end{cases} \tag{12-55}$$

式中:$F^<$ 和 $F^>$ 为根据"不可能"数据距离选择的外推法映射。

图 12-31 举例说明了区间 $[5,15]$ 内三角形分布的扩展功能。确认分析人员或模型构建者均可选择扩展映射或他们之间通过达成某种协议来选择扩展映射。扩展映射可构建为直线,其斜率即为预测分布的标准偏差函数或四分差函数,如图 12-31 所示,或构建为更加复杂的非线性函数。映射的唯一目的在于量化区域内数据和预测分布之间的不一致程度,而在这一区域内,分布本质上不再量化这种不一致。特定应用

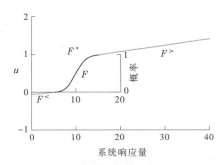

图 12-31　扩展函数 F^*,包括分布函数 F(黑色)以及左右两边的扩展量 $F^<$ 和 $F^>$(灰色)

中,每当分析人员想调节不可能性对确认指标的影响时,都可以以特殊方式定义这些扩展量。

或者,扩展量可简单定义为重置的 45°直线:

$$F^<(x) = x - \max F^{-1}(0) \tag{12-56}$$

及

$$F^>(x) = x - \min F^{-1}(1) + 1 \tag{12-57}$$

除客观外,这些定义还能保存 x 轴的维度单位。

我们强调的是:扩展函数 F^* 适用于对分布函数进行编码,本身并非概率函数。F^* 可能存在部分值小于 0,大于 1,因此肯定没有分布函数。扩展函数仅仅是一种手段,使我们可以量化预测分布以及分布中被认为不可能存在的数据之间的不一致程度。

扩展函数可使任意数据值转化成扩展 u 值,并合并成一通用度量。扩展 u 值的取值范围为实数,而非只是单位区间[0,1]。逆转换分布同样可扩展为如图 12-32 所示的函数,从而使 u 值小于 0 或大于 1。图 12-30 所示分布函数 G 的扩展量与图 12-31 中 F 的扩展量平行。通过简单扩展 F 和 G 分布,就可表示出特殊预测中被认为不可能的数值,将数值与其他预测进行合并然后使用一常用度量进行重新表示,从而计算出常用确认指标。扩展函数可用于合并有界预测分布比较和无限预测分布比较。

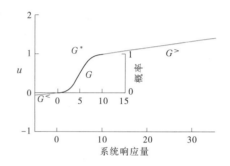

图 12-32　扩展逆转换函数 G^*,包括分布函数 G(黑色)和左右扩展量 $G^<$ 和 $G^>$

当预测分布在两方向上为无限时如正态分布,就不会出现不可能性问题。然而,很多预测分布实际上是有界的。例如,威布尔分布、指数分布以及泊松分布均不可能为负数;与此同时,贝塔分布、二项分布、均匀分布和三角分布取值范围都在有界范围以上和以下。如果通过蒙特卡罗模拟计算预测分布,那么其范围在两个方向上都是有界的。当数据包含实验不确定性时,即便是一些看似微不足道的界限都可导致这种不可能性问题。例如,管道系统组成的流体输送系统,其轻微的泄漏都可使流体质量不能进行测量。同样,绝热系统中不被察觉的加热或散热都可使热导率的测量与实际不符。

选择 G 分布明显具有主观性。本节所述方法的另外一个重要局限是当逆转换基于无限 G 分布如正态分布时,这种方法似乎不适用。如果必须对预测分布进行扩展,那么肯定有部分 u 值在[0,1]范围之外。当对这些值进行逆转换时,需要将[0,1]范围之外的数值扩展函数 G^* 进行转换;否则,逆转换数值将不能定义或趋向于正无限大或负无限大。如果存在任何逆转换数值为正无限大或负无限大,那么面积指标结果必然也是无限的。

12.8.5　处理比较中主观尝试造成的不确定性

12.8.5.1　预测和测量中主观尝试造成的不确定性

如第 10、11 章所述,高质量确认实验应该尽量减小模型输入量中主观尝试造成的不确定性(即便不能消除)。但是,很多情形并不能避免主观尝试造成的不确定性,例如:①实验未按高质量确认实验进行,导致一些重要的输入量不能测量;②虽然测量了部分输入量相关信息,但未做记录;③部分输入量按专家意见视为区间值量进行量化;④实验人员从来没想过将物理模型逼真度精确到某一点,从而将所需详尽信息作为未来输入量。对大部分这类情形而言,未知信息应视为一种对预测知识的缺乏,即主观尝试造成的不确定性。

在许多情形中,对模拟所需输入数据知识的缺乏应表示为一区间。只要给定估计量的一个区间,就可得出该量的值(或数值)位于区间何处。注意:区间值量可用于表示不确定输入量,或用于表示一系列参数概率分布中某一参数的不确定性。后者示例中,混合有偶然因素造成的不确定性和主观尝试造成的不确定性的不确定量,将使用一概率盒进行表示。如上所述,当这些区间、精确的概率分布和/或概率盒通过模型进行传播时,模型预测就是所关注 SRQ 的概率盒。概率盒的示例如图 12-20(b)所示。

经验观测值同样涉及主观尝试造成的不确定性。实验测量存在主观尝试造成的不确定性的大量示例在第 12.3.4 部分已作讨论。此外,主观尝试造成的不确定性的最简单形式就是区间。当区间包括一数据集时,我们可能会想到使用区间宽度表示主观尝试造成的不确定性,而使用区间之间的散度表示偶然因素造成的不确定性。近期文献(Manski,2003;Gioia 和 Lauro,2005;Ferson 等,2007)描述了数据集中区间不确定性如何同时产生概率盒。当经验观测值中此类不确定性太大而不能简单忽略时,可使用这些基本方法直接对其描述。

12.8.5.2　指标中主观尝试造成的不确定性和偶然因素造成的不确定性

两个一定的实数之间的比较可归纳为二者之间的标量差异。假设两个标量中至少有一个在区间范围内表示主观尝试造成的不确定性;如果预测与观测重叠,那么我们在某个特定意义上应该说预测相对于观测是正确的。如果预测是一个区间,就意味着模型无论出于何种原因都对预测做出了一种较弱的断言,如断定某一系统组件记录的最大操作温度在 400 ~ 800 ℃相对于说其恰好是 600 ℃而言就是一种较弱的断言;同样,相对于说温度在 200 ~ 1 200 ℃是一种较强的断言。在极限情况下,在无穷大界限范围内的预测,虽然并不是颇有用处,但却一定为真,原因在于预测并没有宣称任何为假。例如,预测某一概率在 0 和 1 之间并不需要任何对策,但至少预测并不会造成不一致。确切地说,预测表示的不确定性被认为可以减少理论和数据之间的所有不一致测量,因为模型承认质疑。如果模型不承认质疑,那么不确定性分析可能就没有认识论价值。从确认角度而言,当预测的不确定性包含了实际观测值时,就不存在明显的不一致,因为精确度与精密度不同。测定模型用途时,二者虽然至关重要,但应合理地进行区分并给出对应的可信度。

同样地,如果数据属于一个区间并且该区间将与实数预测进行比较,那么反过来考虑也适用。如果数据在区间内且预测属于测量区间,那么二者之间就没有明显的不一致。例如,如果预测为 30%,并在 20% ~ 50% 测量观测值,那么我们肯定认为预测完全正确。此外,如果有证据表明观测值在 35% ~ 75%,那么我们将不得不说预测与观测之间的不一致可能至少为 5%。我们可能同样关注比较有多么糟糕,但确认指标并不会因经验主义者的不精确而对模型不利。两种事物之间的"距离"一词在多数概念中是指二者之间最短路径的长度。因此,点预测与区间数据之间的确认指标就是描述量之间的最短差异。

图 12-33 给出了单点观测如何与概率盒表示的预测之间进行比较的三种示例。三个图中的预测均相同,部分 SRQ 如概率盒表示的光滑界限所示。这种预测将与单次观测进

行比较;同时,在该数据和预测之间的区域涂上阴影。图 12-33(a)中,数据恰好完全位于预测界限内;本图比较表明数据与不确定预测之间根本无任何差异;在 x 值处,峰值完全位于概率盒图形内,这告诉我们在 8 位置处的(退化)点分布与模型预测完全一致;因此,数据和预测之间的面积为 0,即不存在明显的不一致。相反,图 12-33(b)中,数据值 15 完全在边界分布范围外,15 位置处与预测之间的面积约为 4 个单元,也就是峰值与概率盒右边界限之间的面积。图 12-33(c)中,观测值位于中间值 11,属于预测分布的右边界限范围内;这种情况下,不一致面积只有约 0.4,因为面积只包括 9 和 11 之间的小小的阴影区域。这些比较在质量上与标量观测和明确规定的概率分布之间的比较不同。我们由此可知,只要预测存在主观尝试造成的不确定性,那么单次观测与预测就完全一致。

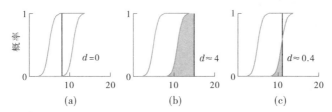

图 12-33　概率盒描述的预测(光滑边界)与
三种单次观测(黑色峰值)之间的比较

图 12-34 举例说明至少三种示例;三种示例中,预测(平滑线所示)和数据(黑色阶梯函数)均存在主观尝试造成的不确定性。图 12-34(a)比较的距离为 0,因为预测中至少有一个分布同时属于测量的两种经验分布函数。只有当预测分布界限内以及数据分布界限内无概率分布时,才存在不一致面积。例如,在图 12-34(b)、(c)中,都不存在与数据和预测一致的这种分布。

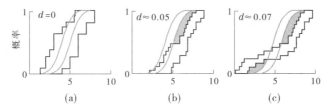

图 12-34　包含偶然因素造成的不确定性和主观尝试造成的不确定性的
预测(光滑界限)与经验观测(黑色阶梯函数界限)之间的三种比较

应该注意的是,当预测和数据中至少一个在区间或概率盒内时,二者之间的面积不再构成真实的数学指标,原因在于如果预测和数据不完全相同(见图 12-34(a)),面积可能为 0,这违背了真实指标的不可区分之同一性原则。将概率分布的面积指标广泛用于概率盒(数学指标)可能有多种方法;然而,这些方法迄今还未发现。

如图 12-33 和图 12-34 所示的示例中,阴影区域表示的是不匹配;现在,根据积分定义的确认指标为

$$\int_{-\infty}^{\infty} \Delta\left\{\left[F_{\mathrm{R}}(x), F_{\mathrm{L}}(x)\right],\left[S_{n\mathrm{R}}(x), S_{n\mathrm{L}}(x)\right]\right\} \mathrm{d}x \tag{12-58}$$

式中,F 和 S_n 分别表示预测分布和数据分布;下标 L 和 R 表示分布的左右界限,以及

$$\Delta(A,B) = \min_{\substack{a \in A \\ b \in B}} |a - b| \tag{12-59}$$

两个区间之间的最短距离,或区间接触或重叠时为 0;针对概率轴上的每一个数值,这种测量结合了两种界限之间的非重叠区域。模型和/或测量中主观尝试造成的不确定性的确认指标仍然是模型和测量之间的不一致测量。

图 12-35 举例说明了预测和测量之间不一致评估方法的另一种特征。如上所述,预测所示为灰色,数据为黑色峰值。随着不确定性预测宽度的增加,主观尝试造成的不确定性更大,界限更宽,从而降低了理论和数据之间的不一致,如图 12-35 三个图的上方图所示。这一宽度可测量预测中主观尝试造成的不确定性,与分布中测量偶然因素造成的不确定性的离差或方差不同。相比之下,图 12-35 中三个图中的下方图所示为预测中递增的方差——反映在概率盒斜率上——本身并不会减少不一致。

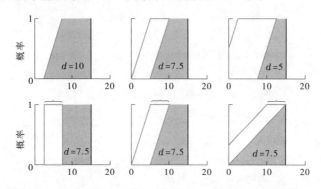

上图为预测递增的主观尝试造成的不确定性(宽度),而下图为预测递增的方法(斜面)

图 12-35   预测和测量之间不一致评估方法的另一种特征

面积指标与其他数据值和标准偏差单元中数据位移表示的概率分布之间常用的不一致测量可经面积加以区别。测量中,图 12-35 中三个图的下方图所示为递增的一致性,因为数据根据标准偏差单元与预测慢慢接近。通过这种比较说明利用概率盒预测和观测中主观尝试造成的不确定性以及根据概率盒之间面积的不一致测量完全不同于常用的根据标准偏差单元内的位移测量不一致的统计理念。我们认为在区分偶然因素造成的不确定性和主观尝试造成的不确定性方面,我们的方法具有明显优势。这些不确定性与标准偏差单元内基于位移的确认指标混淆,例如,虽然图 12-35 下方三个图中的位移递减,但下方最右图中预测的少部分结果之间的差异明显大于左图中对应的差异。

12.9   参考文献

Almond, R. G. (1995). *Graphical Belief Modeling*. 1st edn., London, Chapman & Hall.

Anderson, M. C., T. K. Hasselman, and T. G. Carne (1999). Model correlation and updating of a nonlinear finite element model using crush test data. *17th International Modal Analysis Conference* (*IMAC*) *on Modal Analysis*, Paper No. 376, Kissimmee, FL, Proceedings of the Society of Photo-Optical Instrumentation Engineers, 1511-1517.

Angus, J. E. (1994). The probability integral transform and related results. *SIAM Review*. 36(4), 652-654.

Aster, R., B. Borchers, and C. Thurber (2005). *Parameter Estimation and Inverse Problems*, Burlington, MA, Elsevier Academic Press.

Aughenbaugh, J. M. and C. J. J. Paredis (2006). The value of using imprecise probabilities in engineering design. *Journal of Mechanical Design*. 128, 969-979.

Babuska, I., F. Nobile, and R. Tempone (2008). A systematic approach to model validation based on bayesian updates and prediction related rejection criteria. *Computer Methods in Applied Mechanics and Engineering*. 197(29-32), 2517-2539.

Bae, H.-R., R. V. Grandhi, and R. A. Canfield (2006). Sensitivity analysis of structural response uncertainty propagation using evidence theory. *Structural and Multidisciplinary Optimization*. 31(4), 270-279.

Barone, M. F., W. L. Oberkampf, and F. G. Blottner (2006). Validation case study: prediction of compressible turbulent mixing layer growth rate. *AIAA Journal*. 44(7), 1488-1497.

Barre, S., P. Braud, O. Chambres, and J. P. Bonnet (1997). Influence of inlet pressure conditions on supersonic turbulent mixing layers. *Experimental Thermal and Fluid Science*. 14(1), 68-74.

Baudrit, C. and D. Dubois (2006). Practical representations of incomplete probabilistic knowledge. *Computational Statistics and Data Analysis*. 51, 86-108.

Bayarri, M. J., J. O. Berger, R. Paulo, J. Sacks, J. A. Cafeo, J. Cavendish, C. H. Lin, and J. Tu (2007). A framework for validation of computer models. *Technometrics*. 49(2), 138-154.

Bedford, T. and R. Cooke (2001). *Probabilistic Risk Analysis: Foundations and Methods*, Cambridge, UK, Cambridge University Press.

Bernardo, J. M. and A. F. M. Smith (1994). *Bayesian Theory*, New York, John Wiley.

Bogdanoff, D. W. (1983). Compressibility effects in turbulent shear layers. *AIAA Journal*. 21(6), 926-927.

Box, E. P. and N. R. Draper (1987). *Empirical Model-Building and Response Surfaces*, New York, John Wiley.

Chen, W., L. Baghdasaryan, T. Buranathiti, and J. Cao (2004). Model validation via uncertainty propagation. *AIAA Journal*. 42(7), 1406-1415.

Chen, W., Y. Xiong, K. L. Tsui, and S. Wang (2006). Some metrics and a Bayesian procedure for validating predictive models in engineering design. *ASME 2006 International Design Engineering Technical Conferences and Computers and Information in Engineering Conference*, Philadelphia, PA.

Chen, W., Y. Xiong, K. L. Tsui, and S. Wang (2008). A design-driven validation approach using bayesian prediction models. *Journal of Mechanical Design*. 130(2).

Chinzei, N., G. Masuya, T. Komuro, A. Murakami, and K. Kudou (1986). Spreading of two-stream supersonic turbulent mixing layers. *Physics of Fluids*. 29(5), 1345-1347.

Coleman, H. W. and W. G. Steele, Jr. (1999). *Experimentation and Uncertainty Analysis for Engineers*. 2nd edn., New York, John Wiley.

Coleman, H. W. and F. Stern (1997). Uncertainties and CFD code validation. *Journal of Fluids Engineering*. 119, 795-803.

Crassidis, J. L. and J. L. Junkins (2004). *Optimal Estimation of Dynamics Systems*, Boca Raton, FL, Chapman & Hall/CRC Press.

D'Agostino, R. B. and M. A. Stephens, eds. (1986). *Goodness-of-Fit-Techniques*. New York, Marcel Dekker.

Debisschop, J. R. and J. P. Bonnet (1993). Mean and fluctuating velocity measurements in supersonic mixing layers. In *Engineering Turbulence Modeling and Experiments 2: Proceedings of the Second Internation-*

al Symposium on Engineering Turbulence Modeling and Measurement. W. Rodi and F. Martelli (eds.) New York, Elsevier.

Debisschop, J. R., O. Chambers, and J. P. Bonnet (1994). Velocity-field characteristics in supersonic mixing layers. *Experimental Thermal and Fluid Science*. 9(2), 147-155.

DesJardin, P. E., T. J. O'Hern, and S. R. Tieszen (2004). Large eddy simulation of experimental measurements of the near-fleld of a large turbulent helium plume. *Physics of Fluids*. 16(6), 1866-1883.

DeVolder, B., J. Glimm, J. W. Grove, Y. Kang, Y. Lee, K. Pao, D. H. Sharp, and K. Ye (2002). Uncertainty quantification for multiscale simulations. *Journal of Fluids Engineering*. 124(1), 29-41.

Devore, J. L. (2007). *Probability and Statistics for Engineers and the Sciences*. 7th edn., Pacific Grove, CA, Duxbury.

Dowding, K. J., R. G. Hills, I. Leslie, M. Pilch, B. M. Rutherford, and M. L. Hobbs (2004). *Case Study for Model Validation: Assessing a Model for Thermal Decomposition of Polyurethane Foam*. SAND2004-3632, Albuquerque, NM, Sandia National Laboratories.

Dowding, K. J., J. R. Red-Horse, T. L. Paez, I. M. Babuska, R. G. Hills, and R. Tempone (2008). Editorial: Validation challenge workshop summary. *Computer Methods in Applied Mechanics and Engineering*. 197(29-32), 2381-2384.

Draper, N. R. and H. Smith (1998). *Applied Regression Analysis*. 3rd edn., New York, John Wiley.

Drosg, M. (2007). *Dealing with Uncertainties: a Guide to Error Analysis*, Berlin, Springer-Verlag.

Dubois, D. and H. Prade, eds. (2000). *Fundamentals of Fuzzy Sets*. Boston, MA, Kluwer Academic Publishers.

Dutton, J. C., R. F. Burr, S. G. Goebel, and N. L. Messersmith (1990). Compressibility and mixing in turbulent free shear layers. *12th Symposium on Turbulence*, Rolla, MO, University of Missouri-Rolla, A22-1 to A22-12.

Easterling, R. G. (2001). *Measuring the Predictive Capability of Computational Models: Principles and Methods, Issues and Illustrations*. SAND2001-0243, Albuquerque, NM, Sandia National Laboratories.

Easterling, R. G. (2003). *Statistical Foundations for Model Validation: Two Papers*. SAND2003-0287, Albuquerque, NM, Sandia National Laboratories.

Elliot, G. S. and M. Samimy (1990). Compressibility effects in free shear layers. *Physics of Fluids A*. 2(7), 1231-1240.

Ferson, S. (2002). *RAMAS Risk Calc 4.0 Software: Risk Assessment with Uncertain Numbers*. Setauket, NY, Applied Biomathematics.

Ferson, S. and W. L. Oberkampf (2009). Validation of imprecise probability models. *International Journal of Reliability and Safety*. 3(1-3), 3-22.

Ferson, S., V. Kreinovich, L. Ginzburg, D. S. Myers, and K. Sentz (2003). *Constructing Probability Boxes and Dempster-Shafer Structures*. SAND2003-4015, Albuquerque, NM, Sandia National Laboratories.

Ferson, S., R. B. Nelsen, J. Hajagos, D. J. Berleant, J. Zhang, W. T. Tucker, L. R. Ginzburg, and W. L. Oberkampf (2004). *Dependence in Probabilistic Modeling, Dempster-Shafer Theory, and Probability Bounds Analysis*. SAND2004-3072, Albuquerque, NM, Sandia National Laboratories.

Ferson, S., V. Kreinovich, H. Hajagos, W. L. Oberkampf, and L. Ginzburg (2007). *Experimental Uncertainty Estimation and Statistics for Data Having Interval Uncertainty*. Albuquerque, Sandia National Laboratories.

Ferson, S., W. L. Oberkampf, and L. Ginzburg (2008). Model validation and predictive capability for the thermal challenge problem. *Computer Methods in Applied Mechanics and Engineering.* 197, 2408-2430.

Fetz, T. , M. Oberguggenberger, and S. Pittschmann (2000). Applications of possibility and evidence theory in civil engineering. *International Journal of Uncertainty.* 8(3), 295-309.

Gartling, D. K. , R. E. Hogan, and M. W. Glass (1994). *Coyote - a Finite Element Computer Program for Nonlinear Heat Conduction Problems*, Part I-Theoretical Background. SAND94-1173, Albuquerque, NM, Sandia National Laboratories.

Geers, T. L. (1984). An objective error measure for the comparison of calculated and measured transient response histories. *The Shock and Vibration Bulletin.* 54(2), 99-107.

Gelman, A. B. , J. S. Carlin, H. S. Stern, and D. B. Rubin (1995). *Bayesian Data Analysis*, London, Chapman & Hall.

Ghosh, J. K. , M. Delampady, and T. Samanta (2006). *An Introduction to Bayesian Analysis: Theory and Methods*, Berlin, Springer-Verlag.

Giaquinta, M. and G. Modica (2007). *Mathematical Analysis: Linear and Metric Structures and Continuity*, structures and continvity, Boston, Birkhauser.

Gioia, F. and C. N. Lauro (2005). Basic statistical methods for interval data. *Statistica Applicata.* 17(1), 75-104.

Goebel, S. G. and J. C. Dutton (1991). Experimental study of compressible turbulent mixing layers. *AIAA Journal.* 29(4), 538-546.

Grabe, M. (2005). *Measurement Uncertainties in Science and Technology*, Berlin, Springer-Verlag.

Gruber, M. R. , N. L. Messersmith, and J. C. Dutton (1993). Three-dimensional velocity fleld in a compressible mixing layer. *AIAA Journal.* 31(11), 2061-2067.

Haldar, A. and S. Mahadevan (2000). *Probability, Reliability, and Statistical Methods in Engineering Design*, New York, John Wiley.

Hanson, K. M. (1999). A framework for assessing uncertainties in simulation predictions. *Physica D.* 133, 179-188.

Hasselman, T. K. , G. W. Wathugala, and J. Crawford (2002). A hierarchical approach for model validation and uncertainty quantification. *Fifth World Congress on Computational Mechanics*, wccm. tuwien. ac. at, Vienna, Austria, Vienna University of Technology.

Hazelrigg, G. A. (2003). Thoughts on model validation for engineering design. *ASME 2003 Design Engineering Technical Conference and Computers and Information in Engineering Conference*, DETC2003/DTM-48632, Chicago, IL, ASME.

Helton, J. C. , J. D. Johnson, and W. L. Oberkampf (2004). An exploration of alternative approaches to the representation of uncertainty in model predictions. *Reliability Engineering and System Safety.* 85(1-3), 39-71.

Helton, J. C. , W. L. Oberkampf, and J. D. Johnson (2005). Competing failure risk analysis using evidence theory. *Risk Analysis.* 25(4), 973-995.

Higdon, D. , M. Kennedy, J. Cavendish, J. Cafeo and R. D. Ryne (2004). Combining fleld observations and simulations for calibration and prediction. *SIAM Journal of Scientific Computing.* 26, 448-466.

Higdon, D. , C. Nakhleh, J. Gattiker, and B. Williams (2009). A Bayesian calibration approach to the thermal problem. *Computer Methods in Applied Mechanics and Engineering.* In press.

Hills, R. G. (2006). Model validation: model parameter and measurement uncertainty. *Journal of Heat Transfer.* 128(4), 339-351.

Hills, R. G. and I. Leslie (2003). *Statistical Validation of Engineering and Scientific Models: Validation Experiments to Application*. SAND2003-0706, Albuquerque, NM, Sandia National Laboratories.

Hills, R. G. and T. G. Trucano (2002). *Statistical Validation of Engineering and Scientific Models: a Maximum Likelihood Based Metric*. SAND2001-1783, Albuquerque, NM, Sandia National Laboratories.

Hobbs, M. L. (2003). Personal communication.

Hobbs, M. L., K. L. Erickson, and T. Y. Chu (1999). *Modeling Decomposition of Unconfined Rigid Polyurethane Foam*. SAND99-2758, Albuquerque, NM, Sandia National Laboratories.

Huber-Carol, C., N. Balakrishnan, M. Nikulin, and M. Mesbah, eds. (2002). *Goodness-of-Fit Tests and Model Validity*. Boston, Birkhauser.

ISO (1995). *Guide to the Expression of Uncertainty in Measurement*. Geneva, Switzerland, International Organization for Standardization.

Iuzzolino, H. J., W. L. Oberkampf, M. F. Barone, and A. P. Gilkey (2007). *User's Manual for VALMET: Validation Metric Estimator Program*. SAND2007-6641, Albuquerque, NM, Sandia National Laboratories.

Kennedy, M. C. and A. O'Hagan (2001). Bayesian calibration of computer models. *Journal of the Royal Statistical Society Series B-Statistical Methodology*. 63(3), 425-450.

Klir, G. J. (2006). *Uncertainty and Information: Foundations of Generalized Information Theory*, Hoboken, NJ, Wiley Interscience.

Klir, G. J. and M. J. Wierman (1998). *Uncertainty-Based Information: Elements of Generalized Information Theory*, Heidelberg, Physica-Verlag.

Kohlas, J. and P. -A. Monney (1995). *A Mathematical Theory of Hints-an Approach to the Dempster-Shafer Theory of Evidence*, Berlin, Springer-Verlag.

Krause, P. and D. Clark (1993). *Representing Uncertain Knowledge: an Artificial Intelligence Approach*, Dordrecht, The Netherlands, Kluwer Academic Publishers.

Kriegler, E. and H. Held (2005). Utilizing belief functions for the estimation of future climate change. *International Journal for Approximate Reasoning*. 39, 185-209.

Law, A. M. (2006). *Simulation Modeling and Analysis*. 4th edn., New York, McGraw-Hill.

Lehmann, E. L. and J. P. Romano (2005). *Testing Statistical Hypotheses*. 3rd edn., Berlin, Springer-Verlag.

Leonard, T. and J. S. J. Hsu (1999). *Bayesian Methods: an Analysis for Statisticians and Interdisciplinary Researchers*, Cambridge, UK, Cambridge University Press.

Liu, F., M. J. Bayarri, J. O. Berger, R. Paulo, and J. Sacks (2009). A Bayesian analysis of the thermal challenge problem. *Computer Methods in Applied Mechanics and Engineering*. 197(29-32), 2457-2466.

Manski, C. F. (2003). *Partial Identification of Probability Distributions*, New York, Springer-Verlag.

MathWorks (2005). *MATLAB*. Natick, MA, The MathWorks, Inc.

McFarland, J. and S. Mahadevan (2008). Multivariate significance testing and model calibration under uncertainty. *Computer Methods in Applied Mechanics and Engineering*. 197(29-32), 2467-2479.

Mielke, P. W. and K. J. Berry (2007). *Permutation Methods: a Distance Function Approach*. 2nd edn., Berlin, Springer-Verlag.

Miller, R. G. (1981). *Simultaneous Statistical Inference*. 2nd edn., New York, Springer-Verlag.

Molchanov, I. (2005). *Theory of Random Sets*, London, Springer-Verlag.

Nagano, Y. and M. Hishida (1987). Improved form of the k-epsilon model for wall turbulent shear flows.

Journal of Fluids Engineering. 109(2), 156-160.

Nguyen, H. T. and E. A. Walker (2000). *A First Course in Fuzzy Logic.* 2nd edn., Cleveland, OH, Chapman & Hall/CRC.

Oberkampf, W. L. and M. F. Barone (2004). Measures of agreement between computation and experiment: validation metrics. *34th AIAA Fluid Dynamics Conference*, AIAA Paper 2004-2626, Portland, OR, American Institute of Aeronautics and Astronautics.

Oberkampf, W. L. and M. F. Barone (2006). Measures of agreement between computation and experiment: validation metrics. *Journal of Computational Physics.* 217(1), 5-36.

Oberkampf, W. L. and S. Ferson (2007). Model validation under both aleatory and epistemic uncertainty. *NATO/RTO Symposium on Computational Uncertainty in Military Vehicle Design*, AVT-147/RSY-022, Athens, Greece, NATO.

Oberkampf, W. L. and J. C. Helton (2005). *Evidence theory for engineering applications.* In *Engineering Design Reliability Handbook.* E. Nikolaidis, D. M. Ghiocel and S. Singhal (eds.). New York, NY, CRC Press: 29.

Oberkampf, W. L. and T. G. Trucano (2002). Verification and validation in computational fluid dynamics. *Progress in Aerospace Sciences.* 38(3), 209-272.

Oberkampf, W. L., T. G. Trucano, and C. Hirsch (2004). Verification, validation, and predictive capability in computational engineering and physics. *Applied Mechanics Reviews.* 57(5), 345-384.

O'Hagan, A. (2006). Bayesian analysis of computer code outputs: a tutorial. *Reliability Engineering and System Safety.* 91(10-11), 1290-1300.

O'Hern, T. J., E. J. Weckman, A. L. Gerhart, S. R. Tieszen, and R. W. Schefer (2005). Experimental study of a turbulent buoyant helium plume. *Journal of Fluid Mechanics.* 544, 143-171.

Paciorri, R. and F. Sabetta (2003). Compressibility correction for the Spalart-Allmaras model in free-shear flows. *Journal of Spacecraft and Rockets.* 40(3), 326-331.

Paez, T. L. and A. Urbina (2002). Validation of mathematical models of complex structural dynamic systems. *Proceedings of the Ninth International Congress on Sound and Vibration*, Orlando, FL, International Institute of Acoustics and Vibration.

Papamoschou, D. and A. Roshko (1988). The compressible turbulent shear layer: an experimental study. *Journal of Fluid Mechanics.* 197, 453-477.

Pilch, M. (2008). Preface: Sandia National Laboratories Validation Challenge Workshop. *Computer Methods in Applied Mechanics and Engineering.* 197(29-32), 2373-2374.

Press, W. H., S. A. Teukolsky, W. T. Vetterling, and B. P. Flannery (2007). *Numerical Recipes in FORTRAN.* 3rd edn., New York, Cambridge University Press.

Pruett, C. D., T. B. Gatski, C. E. Grosch, and W. D. Thacker (2003). The temporally filtered Navier-Stokes equations: properties of the residual stress. *Physics of Fluids.* 15(8), 2127-2140.

Rabinovich, S. G. (2005). *Measurement Errors and Uncertainties: Theory and Practice.* 3rd edn., New York, Springer-Verlag.

Raol, J. R., G. Girija and J. Singh (2004). *Modelling and Parameter Estimation of Dynamic Systems*, London, UK, Institution of Engineering and Technology.

Rayner, G. D. and J. C. W. Rayner (2001). Power of the Neyman smooth tests for the uniform distribution. *Journal of Applied Mathematics and Decision Sciences.* 5(3), 181-191.

Rider, W. J. (1998). Personal communication.

Roache, P. J. (1998). *Verification and Validation in Computational Science and Engineering*, Albuquerque, NM, Hermosa Publishers.

Rougier, J. (2007). Probabilistic inference for future climate using an ensemble of climate model evaluations. *Climate Change*. 81(3-4), 247-264.

Russell, D. M. (1997a). Error measures for comparing transient data: Part I, Development of a comprehensive error measure. *Proceedings of the 68th Shock and Vibration Symposium*, Hunt Valley, Maryland, Shock and Vibration Information Analysis Center.

Russell, D. M. (1997b). Error measures for comparing transient data: Part II, Error measures case study. *Proceedings of the 68th Shock and Vibration Symposium*, Hunt Valley, Maryland, Shock and Vibration Information Analysis Center.

Rutherford, B. M. and K. J. Dowding (2003). *An Approach to Model Validation and Model-Based Prediction-Polyurethane Foam Case Study*. Sandia National Laboratories, SAND2003-2336, Albuquerque, NM.

Samimy, M. and G. S. Elliott (1990). Effects of compressibility on the characteristics of free shear layers. *AIAA Journal*. 28(3), 439-445.

Seber, G. A. F. and C. J. Wild (2003). *Nonlinear Regression*, New York, John Wiley.

Sivia, D. and J. Skilling (2006). *Data Analysis: a Bayesian Tutorial*. 2nd edn. , Oxford, Oxford University Press.

Sprague, M. A. and T. L. Geers (1999). Response of empty and fluid-filled, submerged spherical shells to plane and spherical, step-exponential acoustic waves. *Shock and Vibration*. 6(3), 147-157.

Sprague, M. A. and T. L. Geers (2004). A spectral-element method for modeling cavitation in transient fluid-structure interaction. *International Journal for Numerical Methods in Engineering*. 60(15), 2467-2499.

Stern, F. , R. V. Wilson, H. W. Coleman, and E. G. Paterson (2001). Comprehensive approach to verification and validation of CFD simulations - Part 1: Methodology and procedures. *Journal of Fluids Engineering*. 123(4), 793-802.

Tieszen, S. R. , S. P. Domino, and A. R. Black (2005). *Validation of a Simple Turbulence Model Suitable for Closure of Temporally-Filtered Navier-Stokes Equations Using a Helium Plume*. SAND2005-3210, Albuquerque, NM, Sandia National Laboratories.

Trucano, T. G. , L. P. Swiler, T. Igusa, W. L. Oberkampf, and M. Pilch (2006). Calibration, validation, and sensitivity analysis: what's what. *Reliability Engineering and System Safety*. 91(10-11), 1331-1357.

van den Bos, A. (2007). *Parameter Estimation for Scientists and Engineers*, Hoboken, NJ, Wiley-Interscience.

Walley, P. (1991). *Statistical Reasoning with Imprecise Probabilities*, London, Chapman & Hall.

Wang, S. , W. Chen and K. L. Tsui (2009). Bayesian validation of computer models. *Technometrics*. 51(4), 439-451.

Wellek, S. (2002). *Testing Statistical Hypotheses of Equivalence*, Boca Raton, FL, Chapman & Hall/CRC.

Wilcox, D. C. (2006). *Turbulence Modeling for CFD*. 3rd edn. , La Canada, CA, DCW Industries.

Winkler, R. L. (1972). *An Introduction to Bayesian Inference and Decision*, New York, Holt, Rinehart, and Winston.

Wirsching, P. , T. Paez and K. Ortiz (1995). *Random Vibrations: Theory and Practice*, New York, Wiley.

Wong, C. C. , F. G. Blottner, J. L. Payne, and M. Soetrisno (1995a). Implementation of a parallel algorithm for thermo-chemical nonequilibrium flow solutions. *AIAA 33rd Aerospace Sciences Meeting*, AIAA Paper 95-0152, Reno, NV, American Institute of Aeronautics and Astronautics.

Wong, C. C. , M. Soetrisno, F. G. Blottner, S. T. Imlay, and J. L. Payne (1995b). *PINCA: A Scalable Parallel Program for Compressible Gas Dynamics with Nonequilibrium Chemistry*. SAND94-2436, Albuquerque, NM, Sandia National Laboratories.

Yee, H. C. (1987). *Implicit and Symmetric Shock Capturing Schemes*. Washington, DC, NASA, NASA-TM-89464.

Yoon, S. and A. Jameson (1987). An LU-SSOR scheme for the Euler and Navier-Stokes equations. *25th AIAA Aerospace Sciences Meeting*, AIAA Paper 87-0600, Reno, NV, American Institute of Aeronautics and Astronautics.

Zeman, O. (1990). Dilatation dissipation: the concept and application in modeling compressible mixing layers. *Physics of Fluids A*. 2(2), 178-188.

Zhang, R. and S. Mahadevan (2003). Bayesian methodology for reliability model acceptance. *Reliability Engineering and System Safety*. 80(1), 95-103.

13　预测能力

　　本章拟综合前述章节的主要成果,将其纳入科学计算的现代预测能力。与所有其他章节不同,本章并不强调评估这一主题,而是探讨执行所关注系统非确定性分析的基本步骤。我们将以此证明验证和确认(V&V)将如何直接有助于预测能力。

　　组织上述材料和新收集的材料,构成六个操作步骤,从而执行预测:

　　(1)识别不确定性所有相关来源。

　　(2)分别描述不确定性来源。

　　(3)估计所关注系统响应量的数值解误差。

　　(4)估计所关注系统响应量的不确定性。

　　(5)执行模型更新。

　　(6)执行灵敏度分析。

　　除步骤(3)外,其他所有步骤都广泛应用于非确定性模拟和风险分析。步骤(3)不常用的原因有三。首先,在大多模拟中都认为与不确定性的其他因素相比数值解误差较小。有时这种想法会通过定量法证明合理,但有时却无任何证据,仅仅是一种假设而已。其次,在一些计算密集型模拟中,大家都知道数值解误差很重要,甚至起着主导作用,但是有人认为可以通过调节各个模型参数抵消这种数值误差。据称,如果相关应用与实验数据可用的条件相似度足够大,那么则可利用可调节参数匹配现有数据,从而做出合理预测。第三,即使估计出数值误差,而且估计值相对于其他不确定性而言并非很小,但是尚没有任何公认的程序可用于将其作用纳入相关系统响应变量(SRQ)中。

　　本章将不再深入描述各个步骤。下列作者的文章均很好地对预测能力的许多方法进行了总结:Cullen 和 Frey,1999;Melchers,1999;Modarres 等,1999;Haldar 和 Mahadevan,2000a;Bedford 和 Cooke,2001;Bardossy 和 Fodor,2004;Nikolaidis 等,2005;Ayyub 和 Klir,2006;Singpurwalla,2006;Ang 和 Tang,2007;Choi 等,2007;Kumamoto,2007;Singh 等,2007;Suter,2007;Vinnem,2007;Vose,2008;Haimes,2009;EPA,2009。若想更加深入了解不确定性量化(UQ)和风险评估,可参考这些文章。尽管 Morgan 和 Henrion (1990)的经典文本已经过时,但我们认为它仍然是关于 UQ 和风险评估各个方面最全面探讨的文章之一。不论是新手还是经验丰富的 UQ 分析师,我们均强烈推荐阅读。

　　UQ 和风险评估的三种主要方法分别为传统概率统计方法、贝叶斯推理和概率界限分析(PBA)。正如前面几章所述,本书主要集中探讨 PBA。关于 PBA 发展和使用的主要参考文章列举如下:Ferson (1996,2002)、Ferson 和 Ginzburg (1996)、Ferson 等(2003,2004)、Ferson 和 Hajagos (2004)、Kriegler 和 Held (2005)、Aughenbaugh 和 Paredis (2006)、Baudrit 和 Dubois (2006)以及 Bernardini 和 Tonon (2010)。PBA 与其他两个方法紧密相连:①二维蒙特卡罗抽样法,也称嵌套式蒙特卡罗法和二阶蒙特卡罗法(Bogen 和 Spear,1987;Helton,1994,1997;Hoffman 和 Hammonds,1994;Cullen 和 Frey,1999;

NASA,2002；Kriegler 和 Held,2005；Suter,2007；Vose,2008；NRC,2009）。②证据理论，又称 Dempster-Shafer 理论（Krause 和 Clark,1993；Almond,1995；Kohlas 和 Monney,1995；Klir 和 Wierman,1998；Fetz 等,2000；Kyburg 和 Teng,2001；Helton 等,2004,2005a；Oberkampf 和 Helton,2005；Bae 等,2006）。PBA 方法强调分析过程中的以下几个方面：①在整个分析步骤中保持偶然因素造成的不确定性和主观尝试造成的不确定性的分离；②从数学上将偶然因素造成的不确定性描述成概率分布；③区间值量将主观尝试造成的不确定性描述成区间值量，即可能为区间范围内的所有值，也可能与任何值都不相关；④如无法判断不确定性量之间相互独立，那么可视其依赖性为主观尝试造成的不确定性；⑤映射整个模型的所有输入不确定性；⑥将 SRQs 显示为概率分布的界限，即概率盒。概率盒是一种特殊的累积分布函数，表示规定界限内的所有可能的 CDF。因此，概率就是区间值量，而非概率本身。概率盒清楚地表达了偶然因素造成的不确定性和主观尝试造成的不确定性，以防二者混淆。

接下来回到预测的六个步骤，本章讨论的六个步骤类似于第 3 章中讨论的计算模拟的六个阶段。但是，第 3 章所述各个阶段强调的是建模和模拟的计算方面。此处的六个步骤更加强调 UQ 方面，因为我们认为 V&V 是非确定性预测的支撑要素。还应强调在此我们假定在启动所述六个步骤之前，模拟分析的目标已经明确，并经分析执行者和分析结果使用者同意。如第 14 章所述，这是一项关键而又艰难的任务。

此外，在开始分析之前应考虑和详细说明建模的以下方面：
（1）系统与周围环境。
（2）环境。
（3）情景。
（4）系统应用域。
以上各方面在第 2 章、第 3 章和第 14 章探讨。

关于复杂的系统分析，每个方面都可能涉及多个概率，从而进行多组模拟，每组模拟针对系统的一个特定方面。例如，在异常环境下，可能有许多失效情景，但是可能只会详细分析其中几种情景。如果确定有多个环境和情景，每种环境和情景可能有一种相关的估计发生概率。如果可以为每个确定概率量化特定结果，那么人们可能只会选择分析最高风险概率。但是，我们下文的探讨并不会针对这些概率或结果。为简便起见，我们一次只会考虑一组条件，即系统、周围环境、环境、情景和应用域。在多数工程分析中，必须分析多组条件。

13.1　步骤 1：识别不确定性的所有相关来源

完成上述建模的各个方面之后，便是识别该模型的所有不确定方面以及确定性方面。例如，在分析电气自动控制系统性能时，由于制造可变性和组装等原因，许多零部件的电气特性均将视为不确定的。普朗克常数、真空中的光速及元电荷等特性通常视为确定的。究竟是视为固定特性还是不确定特性，主要决定因素便是分析目标。哲学上，一般认为：除非有强有力的、令人信服的论据论证该方面的不确定性对于分析中的所有相关系统响应量造成的不确定性极小,否则该方面将视为不确定的。该论据应对项目主管以及执行该分析的所有团队成员均有信服力。如果步骤 6 中执行的灵敏度分析表明某方面对不确定性的作用很小,那么这些方面则可视为确定的。但是如果某方面被视为确定的,则该模型无法提供预测结果是否对该假定方面敏感的任何指示。

在大型分析中,通常会执行筛选分析或范围界定研究,以更好地获得关于哪些方面重要哪些方面不重要的证据。筛选分析是一种初始建模和 UQ 分析方法,利用简化模型实现,以协助识别不确定性的最重要和最不重要的因素。筛选分析特别偏向于分析中保守的重要结果。即,筛选分析试图识别建模过程中的所有可能发生的变化和可能导致相关不利结果的所有不确定性。例如,在复杂系统中,不仅有许多互相影响的子系统和零部件,而且通常还会发生各种物理现象和反应。筛选分析试图识别系统、子系统、零部件、物理现象和相互作用物理现象中有哪些方面应纳入全面分析,哪些方面可以安全排除。进行正确的筛选分析可以协助分析师和决策者将有限的资源用于工程中的更重要方面。同时,筛选分析还包括针对模型输入获取实验测量资源。

13.1.1　模型输入

模型输入常分为两组:系统输入数据和周围环境输入数据。图 13-1 所示为这些数据组及其亚组。根据 UQ 分析要求,亚组中的量可以是确定的,也可以是不确定的。我们将分别对亚组进行简要讨论,进而指出何种不确定性类型需要考虑以及通常会产生何类困难。

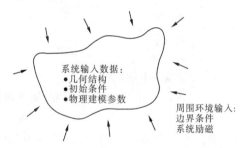

图 13-1　系统输入数据和周围环境输入数据

定义系统几何数据的方式有多种,如可在计算机辅助设计(CAD)软件包中详细定义。此外,计算机辅助制造(CAM)软件也可用于对实际生产和装配过程进行详细说明,如最终表面处理、铆钉及螺栓安装方法和规格、液压管路焊接工艺、安装和组装以及电子传感器和布线工程。然而,使用 CAD/CAM 软件时,以自动操作方式考虑几何结构不确定性的能力可能相当有限。所谓自动操作,是指 CAD/CAM 软件包用户可以定义几何子集特征,如子集的不确定值和赋值等,然后对剩下的几何特征进行重新计算。考虑到 CAD/CAM 软件包有多种构建方式,同时,在软件包内构建几何结构也有多种,故系统设计中自动操作不确定性的能力可能遭遇瓶颈。因此,选择 CAD/CAM 软件包时我们应该小心谨慎,从而使选择的软件包具有特定 UQ 分析中所需的灵活性。

用户在特殊类型分析如固体力学或流体力学专用的商业软件包内构建简单的几何结构时,也会发生类似情形。用户通常根据参数指定多个几何特征;随后,如果他们想考虑部分几何特征为不确定时,他们就必须在几何结构内单独输入不确定参数;不过,当某些特征视为不确定时,我们必须小心仔细,从而不至于过分细化几何结构或在几何结构内产生不一致。简单的例子是,假设我们关注的是在三角板表面上计算载荷分布产生的偏差;由于制造过程变化多样,三角板的三个内角均可视为连续随机变量;我们可以只选择两个角,因为选择三个角将致使几何结构过分细化。这一示例同样指出在三个角之间存在一个相关性结构,输入信息的相关性将稍后讨论。

初始条件(IC)将提供系统模型所需信息,从而构成一个初始值问题。初始条件提供的所需信息包括:①偏微分方程内所有因变量的初始状态;②所有其他物理建模参数的初始状态,如取决于时间的几何参数。因此,初始条件数据为 PDE 方程内剩余因变量的一个函数。通常,初始条件最重要的是 PDE 域内所有因变量的状态;此外,还需给出所有子模型如辅助 PED 域内所有因变量的初始状态。如果初始条件被认为是不确定的,那么不确定性结构明显比输入几何数据更加复杂,原因在于我们必须处理一个或多个因变量的函数。

分析中,被认为不确定性的、最常见的输入是模型中的参数数据。模型中,可出现大量参数类型,参数类型可有效地划分为:

(1)几何参数。

(2)描述初始条件的参数。

(3)描述系统特征的物理建模参数。

(4)描述边界条件特征的参数。

(5)描述周围环境产生的系统励磁的参数。

(6)数学上描述不确定性的参数。

(7)与所用数值算法相关的数值解参数。

根据在模型中的作用,参数可以是标量、标量场、向量或张量场。虽然我们主要讨论处理系统、IC 和 BC 的物理建模参数,但是很多概念也将适用于所列的其他参数类型。

周围环境输入数据包括两个亚组:边界条件和系统励磁。BC 取决于 PDE 域内的一个或多个因变量;问题为初始边界值问题时,这些因变量往往为其他空间维度和时间维度。例如,在流体结构交互作用问题中,结构和流体之间的边界条件为兼容性条件。结构的边界条件是分布式压力和流体施加的剪应力载荷,而流体的边界条件是没有通过表面的流动,与此同时,边界上的流体必须与边界的局部速度相等。不同类型的 BC 示例包括狄里克雷问题、罗宾问题、混合问题、周期性问题和科西问题。如果 BC 被认为是不确定的,那么对求解过程的影响可从最低到必须彻底改变求解程序的情形。例如,如果 BC 内的不确定性不会在 PDE 的 BC 求解过程耦合导致相应变化,那么不确定性往往视为与参数不确定性相似,我们可以使用抽样程序在 BC 内传播不确定性对 SRQ 的影响。此外,在 BC 必须与 PDE 解耦合的前提下,如果 BC 中的不确定性导致了相应变化,那么就必须采用更加复杂的程序,比如,如果 BC 内的不确定性致使边界变形以至于形变量不能视为忽略不计时,那么我们必须对数值解程序,甚至是对数学模型做出重大改变,从而处理不确定性。

系统励磁指的是周围环境除通过 BC 外如何影响系统。系统励磁总是使正在求解的

PDE 发生变化;有时,系统励磁被称为 PDE 以右的变化,从而来表示周围环境对系统的影响。系统励磁的常见示例有:①作用于系统的力场,如重力或电场或磁场产生的力场;②通过系统分布的能量沉积,如通过电加热、化学反应和电离或非电离辐射分布的能量沉积。系统励磁不确定性常视为标量场或张量场的不确定参数。与 BC 中的许多不确定性相似,如果这些不确定性均发生在系统励磁内,那么可能需要改变数学模型和/或数值解程序。

13.1.2　模型不确定性

所谓模型不确定性,具体是指模型构建过程中假设产生的不确定性,而非模型输入不确定性。如第 3 章所述,模型构建发生在概念建模和数学建模阶段。有时,模型不确定性被称为模型形态不确定性,当不确定性相关环境不明时,我们将使用此术语。必须强调的是,模型不确定性是指模型结构所有构成元件全部聚集时产生的不确定性,模型输入不确定性除外。比如,这将包括:①所关注环境技术参数;②所关注情景;③物理交互作用或耦合可包括在内或可忽略;④基本模型的 PDE;⑤基本模型所有子模型的 PDE。换言之,模型不确定性包括模型的所有假设、概念、抽象过程和数学公式。

鉴于模型不确定性较难处理,所以在 UQ 和风险分析相关的文字中很少给出其分析。模型不确定性比输入不确定性更难对付,原因有二:第一,模型不确定性完全是一种主观尝试造成的不确定性,即不确定性完全是因知识的缺乏造成的,而非没有能力去了解随机过程的精确结果。如第 2 章所述,主观尝试造成的不确定性可以分为两类:①认知不确定性,作出清醒的决定以某种方式进行描述或者处理,或者出于实际原因而忽略它时造成的认知不确定性;②盲目不确定性,未认识到知识不完整,但该知识与所关注系统的建模息息相关的主观尝试造成的不确定性。模型不确定性可为认知不确定性,也可为盲目不确定性。第二,很难估计模型不确定性的有效界限,这些困难的根本原因在于模型不确定性与模型性能或模型构建者或观测者的选择密不可分。UQ 分析中,我们不能仅仅因为模型不确定性很难处理和概念化而将其忽视,这就好比忽视房间里面的大象这句习语。为了获得可靠的预测能力,就必须处理模型不确定性,尽管会产生混淆、引起争议并带来巨大不便。第 13.2 节将对模型不确定性的一些处理和描述方法展开讨论。

13.1.3　示例问题:通过金属板的热传递

考虑系统的热传递分析,其中,该系统通过边界条件与较大系统相连。我们的重点是模拟固体金属板(尺寸:1 m × 1 m,厚度:1 cm)(见图 13-2)的热传递,所关注 SRQ 为金属板西侧的总热通量。对金属板热传递进行建模的关键假设包括:

(1)金属板是同质的、各向同性的。

(2)金属板处于稳态条件。

(3)金属板导热性不构成温度函数。

(4)热传导仅发生在 $x-y$ 平面上,即金属板表面在 z 方向上不具热损失或热增量。

根据拉普拉斯方程,金属板温度分布 PDE 为

$$\frac{\partial^2 T}{\partial x^2} + \frac{\partial^2 T}{\partial y^2} = 0 \tag{13-1}$$

如图 13-2 所示,在北、南、东、西界限上都给出了边界条件。

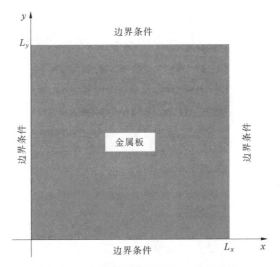

图 13-2 金属板热传递的系统几何结构

假设在金属板制造过程中能够很好地控制其尺寸 L_x、L_y 和厚度 τ,它们均被描述成确定量;金属板由铝制成;导热系数 k 由于制造过程变异性被认为是不确定的,即金属板制造期间,在金属构成、成型和轧制过程中,k 都可发生变化,也就是个体变异性。东侧和西侧的 BC 分别为 $T_E = 450$ K 和 $T_W = 300$ K,且都被认为是确定的。北侧暴露在金属板顶部自由流动的空气中,因此可得北侧的 BC 为

$$q_N(x) = -k\left(\frac{\partial T}{\partial y}\right)_{y=L_y} = h(T_{y=L_y} - T_a) \tag{13-2}$$

式中:h 为表面的对流热传递系数;$T_a = 300$ K 为金属板上方的环境温度;h 为经验系数,它取决于空气压力、表面上方的气流速度以及金属板是否在表面上具有少量水分等因素。系统操作条件中,这些因素鲜为人知。因此,h 被描述为主观尝试造成的不确定性并表示为一个区间。

金属板南侧完全绝热,因此可得南侧的 BC 为

$$q_S(x) = -k\left(\frac{\partial T}{\partial y}\right)_{y=0} = 0 \tag{13-3}$$

模型拟用于预测金属板西侧的总热通量,可得

$$(q_W)_{total} = \tau \int_0^{L_y} q_W(y)\,\mathrm{d}y \tag{13-4}$$

式中

$$q_W(y) = -k\left(\frac{\partial T}{\partial x}\right)_{x=0} \tag{13-5}$$

由于所关注系统西侧相邻的系统可能因高温受热而损坏,因此 $(q_W)_{total}$ 为所关注对象。

为了获得模型置信度,确认实验的设计和执行必需能方便实验测量与模型预测进行比较。较常发生的是,系统由于尺寸原因不能在现有实验设备中进行试验,因此我们采用相似模型的预测对模型进行求解;尽管金属板尺寸为 0.1 m×0.1 m,但其厚度相同($\tau=1$ cm)。确认实验采用与系统相同的金属板材料;与此同时,采用的设备能够复制实际系统四个 BC 中的两个,即南侧和西侧的 BC 可以复制,而东侧和北侧的 BC 可以根据所关注系统进行修改。考虑到设备的加热能力有限,因此设备的最高温度为 390 K;分别在东侧温度为 330 K、360 K 和 390 K 条件下进行实验,进而在温度范围内求解模型。每一种 T_E 条件下,都需在确认实验内进行多次 SRQ 测量($(q_W)_{\text{total}}$)。

北侧的情形不同。熟悉确认实验设计的实验人员意识到,如果确认实验的对流热传递系数 h 中存在重大主观尝试造成的不确定性,那么就不能精确地评估模型精度。实验人员建议在确认实验中,需精确控制并仔细测量金属板北侧的 h 值;在与计算分析人员进行磋商后,他们一致认为在所关注系统 h 区间范围的中间取 h 值。表 13-1 对确认实验所关注系统和标量模型的系统输入数据以及环境输入数据进行了汇总。

表 13-1　所关注系统的模型输入数据以及热传递示例的确认实验

模型输入数据		所关注系统	确认实验
系统输入数据	几何结构 L_x 和 L_y	$L_x=L_y=1$ m,确定的	$L_x=L_y=0.1$ m,确定的
	几何结构 r	$\tau=1$ cm,确定的	$\tau=1$ cm,确定的
	导热系数 k	k,偶然因素造成的不确定性	k,偶然因素造成的不确定性
周围环境输入数据	BC 东侧	$T_E=450$ K,确定的	$T_E=330$ K、360 K、390 K、确定的
	BC 西侧	$T_W=300$ K,确定的	$T_W=300$ K,确定的
	BC 北侧	h,偶然因素造成的不确定性	h,确定的
		$T_a=300$ K,确定的	$T_a=300$ K,确定的
	BC 南侧	$qs=0$,确定的	$qs=0$,确定的

除模型输入数据不确定性外,我们还需尽力识别潜在的建模弱点,即模型构建中可能存在的不确定性来源。如第 3 章和第 12 章所述,模型形态不确定性的识别和量化总是困难重重;如果分析人员在模型不确定性的不同来源上不能做到坦诚相待,那么这一任务就更具挑战性。一种方法是尽力辨别建模中可能有疑问的部分假设,进而增进对实际系统和确认实验中建模不确定性的理解。以下描述了对建模假设的一些担忧,其中建模假设按担忧程度递减的顺序进行列表:

(1)根据所述温度范围和考虑使用的金属,导热系数与温度无关这一假设很容易判定相当合理;然而,这被认为是上述分析中列出假设中最弱的一个假设。

(2)假设金属板前后表面没有热损失或热增量,且在确认实验中觉得合乎情理,因为它是一个完全可控、精确描述的环境;然而,在实际系统中,出于对完整系统(即运行当前系统的较大系统)设计、制造和组装的考虑,这一假设值得怀疑。

(3)假设验证实验中使用的整个系统板和标量模型板都由同种金属板制成,即整个金属板的 k 值为常数。确认实验中,从系统实际生产的金属板上切割多块确认板;由于系统板尺寸大出确认板 100 倍,因此确认板中 k 的同质性高出系统板;换言之,确认实验可能不会彻底检验系统板的同质性假设。

(4)假设系统运行一段时间后,热传递处于非常稳定的状态。但在系统启动期间,这一假设是不正确的。在此探讨的模拟的目的是预测金属板西侧的热通量,原因在于加热可能对相邻系统造成损坏。系统启动期间,大部分热能用于加热金属板,而不是传递至相邻系统。因此,稳态热传递假设倾向于在相邻系统中产生更高的热值,因而要求设计的相邻系统能够耐受更高温度。

下面章节中,我们将按预测步骤对这一示例展开论述。

13.1.4　步骤 1 结论

最后,步骤 1 提出对模型中考虑的所有不确定性来源编制成表。复杂分析中,不确定性来源列表可编号至数百位;部分类型的逻辑结构应有助于理解分析中出现的所有不确定性来源。该结构不仅能够为项目中的分析人员提供帮助,还有利于项目经理和利益相关者进行分析。当项目递交给外部审查小组时,能够清楚、明快地显示哪些是不确定的以及哪些是确定的方法设计至关重要。

总结模型输入不确定性和确定量的一种方法是采用模型和子模型的树形结构图,从而组成完整的系统模型。图 13-3 给出了五个模型组成的完整系统模型的一种示例,每个模型可在任何位置分成 1 到 4 个子模型;在完整系统模型中,五个模型均相互作用,但只有模型 1 和 2,以及模型 3 和 4 直接相互影响;即,模型 1 和 2,以及模型 3 和 4 强耦合,而其他模型在完整系统模型中仅仅是耦合。一旦建立模型的树形结构图,那么每个模型和子模型中的模型输入不确定性和确定量都可以通过表格进行汇总。热传递示例中,简化的表 13-1 适用于每个模型和子模型。虽然编制概要信息需要耗费大量时间,但它对项目经理、利益相关者、外部审查员以及分析人员都具有重大意义,究其原因在于它揭露了复杂分析中的不一致性和矛盾性。

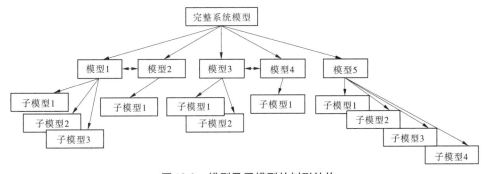

图 13-3　模型及子模型的树形结构

13.2　步骤 2:分别描述不确定性来源

所谓描述不确定性来源是指:①指定不确定性的数学结构;②确定结构所需元素的数值。换言之,描述不确定性需要给出不确定性的数学结构并从数值上规定所有结构参数,这样结构就表示每种不确定性的知识状态。针对每一种来源,数学结构上做出的主要决策为:是否应表示为纯粹的偶然因素造成的不确定性、纯粹的主观尝试造成的不确定性或二者兼之? 如第 2 章所述,纯粹的偶然因素造成的不确定性是指完全因内在随机性而描述的不确定性,即纯粹偶然性,典型示例如骰子的滚动和布朗运动;纯粹的主观尝试造成的不确定性是指完全因知识的缺乏而描述的不确定性。换句话说,如果增强不确定性描述知识,那么不确定性将减少。如果增强足够的知识,那么从概念上讲,来源将可能是确定的,也就是数字。

乍看之下,不确定性似乎很容易分成偶然因素造成的不确定性或主观尝试造成的不确定性;而实际上,这种割裂很难做到。这些困难往往起因于一些大相径庭而又合乎实际的原因:首先,风险评估领域历来不割裂偶然因素造成的不确定性和主观尝试造成的不确定性,直到过去的十年左右,才有一批领头的风险分析人员开始强调使用不同数学表示法表示偶然因素造成的不确定性和主观尝试造成的不确定性的重要性,参见 Morgan 和 Henrion（1990）、Ayyub（1994）、Helton（1994）、Hoffman 和 Hammonds（1994）、Rowe（1994）、Ferson（1996）、Ferson 和 Ginzburg（1996）、Frey 和 Rhodes（1996）、Hora（1996）、Parry（1996）、Pat′e – Cornell（1996）、Rai 等（1996）、Helton（1997）、Cullen 和 Frey（1999）、Frank（1999）。其次,基本上所有商业风险评估、UQ 以及可用的 SA 软件都把精力集中在纯粹的偶然因素造成的不确定性。为了处理这种不确定性,很多大型风险评估项目都建立了自己的软件,对偶然因素造成的不确定性和主观尝试造成的不确定性进行割裂;而中小型风险评估项目往往是没有资源去开发软件工具。最后,输入不确定性角度或问题的微小变化都将使其数学结构发生改变。例如,如果问及有关来源的问题时,可以将其描述为偶然因素造成的不确定性;如果问及的问题略有不同,可以将其描述为主观尝试造成的不确定性或混合不确定性。因此,详细的规划必须探及应该问及何种问题,进而达到系统分析目的。此外,UQ 分析人员解释问题时必须小心谨慎、清楚明了,从而向专家提供意见或向实验人员提供经验数据。

我们将讨论偶然因素造成的不确定性和主观尝试造成的不确定性的三种不同示例:第一,考虑广口瓶内推测弹珠数量的示例。假设广口瓶是透明的,人们可以看到广口瓶内的大量弹珠;广口瓶内弹珠的数量是纯粹的主观尝试造成的不确定性,它并不是随机数量,而是唯一数量,只是不为观察者所知。根据运动猜出弹珠的正确数量,如某类博彩,我们可能会猜中某个单一号码,然而这类情形并不是工程学所关注的:关键是充分性,而非完整性。我们可能会猜中我们认为的实际数量的所属区间,或猜中某类个人可信度结构区间;比如,我们可能在区间范围内给出一个三角形可信度结构。当我们研究广口瓶时,我们可能开始会去估计弹珠的数量,并可能对弹珠和广口瓶进行一些测量。通过这段时间的努力后,我们开始提高我们的知识。因此,我们可能会修改弹珠数量真实值的区间估计值;如果我们耗费了大量时间,或者甚至对广口瓶内的弹珠进行建模,那么我们可能会减少区间估计值的大小;如果我们倒空广口瓶并对弹珠数量进行计数,那么我们已经增加了足够知识,从而准确地知晓了弹珠的数量。在工程学中,我们很少知晓精确数值,因而不得不基于不精确知识做出决定。

第二,考虑骰子的滚动。骰子滚动前,不确定性是纯属偶然的且骰子每面的概率为1/6。骰子滚动之后并于观察之前,不确定性是纯属主观尝试造成的;即,骰子滚动之后,结果是固定的,无论我们是否知晓。从这一示例我们可以看出,无论我们视不确定性为偶然因素造成的还是主观尝试造成的都必须取决于所问的问题。我们问及的不确定性问题是在骰子滚动之前还是之后?风险评估中会出现类似示例,假设正在分析某一核电厂设计的安全性,问题可能是:根据我们现有知识,类似设计的核电厂的估计安全性是多少?或者,某一核电厂发生事故后,问题是:研究事故以及其他核电厂相关问题后,我们给出的安全性估计值是多少? 如果核电厂事故后我们给出的安全性估计值减小,那么在事故之前我们低估或未充分给出核电厂的安全性。

第三,考虑伪随机数产生的示例。假设人们观察到很长的一段数字序列并提出这样一个问题:这是随机的数字序列吗? 他们可能会执行各种统计试验并断定该序列确实是随机的,且下一个数字为未知。假设现在人们提供了产生序列的算法以及产生序列的原由。有了这些知识,人们就有十足的信心测定序列中的下一个数字。如果没有这些知识,序列将被描述为偶然性;而有了这些知识,序列将完全是确定的。

现在考虑不确定性兼有偶然因素和主观尝试造成的不确定性的示例。这一示例将围绕两个例子展开讨论。第一,考虑下这种情形:在赌场里,一位陌生人走近你并询问你是否愿意押骰子点数。如果你觉得手气不错,那么你可以回答"是"。于是,他把手伸进口袋,拿出骰子;他说他将从 1~6 中选择一个数字,然后你将选择另外一个数字;他将掷出骰子,并且谁的数字先出现,就赢得赌注。你想押多少? 在回答之前,你就开始思索各种方法来估计输赢的概率。如果你采用的是贝叶斯定理,那么需假设无信息先验分布,即假设均匀分布概率,概率中 1~6 的数字均等出现。

务必慎之疑之,你应该注意你基本上没有任何基础去假设均匀分布。你并没有看见骰子,而且你过去从未与这人相识。因此,你请求是否可以看看骰子;于是,你查看骰子,的确有六个独特的表面,而且看起来很正常。通过这一步,说明你已为决策过程获得了重要知识,因此现在有证据表明均匀分布是合理的。

务必小心谨慎地用你的金钱去冒险;描述不确定性之前,你应该尽力去获得更多知识。你询问是否可以滚动骰子几次,从而确定每个面出现的概率是否均等。获得同意后,你就开始滚动骰子;骰子每一次滚动都会获得有关骰子每个数值出现概率的知识。你继续滚动骰子多次,并最后确定骰子是公平的。大约就在这个时候,陌生人沮丧地摇着头,拿起骰子离开。

这一示例表明,当陌生人最初要求你下注时,你只能保守地去描述纯粹主观尝试造成的不确定性,而其他都是推测。当你收集信息时,不确定性就兼有偶然因素造成的不确定性和主观尝试造成的不确定性,并最终成为纯粹偶然因素造成的不确定性;没有这一知识,你就不能确定陌生人没有给你下荷兰赌(相关统计学上荷兰赌的讨论,请参见 Leonard

和 Hsu，1999，Kyburg 和 Teng，2001；以及 Halpern，2003）。

　　兼有偶然因素造成的和主观尝试造成的不确定性的第二个示例是根据总体样本描述不确定性。假设你关注的是自制零件质量的可变性。假设你已从新供应商处收到第一批零件，你与供应商签订的合同规定了机加工零件所用金属、零件尺寸公差要求以及材料特性，而不是具体地去处理零件的可变性。你对他们的制造过程、质量控制过程或质量生产声誉知之甚少；假设新供应商的所有零件经检验在尺寸上都符合合同的尺寸公差；在对零件进行任何质量测量之前，我们可以根据尺寸公差计算零件的最大密度和最小体积。假设金属的最大密度和最小密度，并使用这些值分别乘以最大体积和最小体积，从而对零件的最大质量和最小质量合理地进行描述。对范围内质量的可变性进行赋值时，可合理地对这一范围内的均匀概率分布进行赋值；有人认为质量可变性相比均匀分布偏小，但是却苦于没有证据支持这种观点。

　　如果已经测量过部分零件的质量，那么我们就有更多有关可变性的信息。我们可以使用 PUMA 技术（即半空中退出），从而决定采用何种分布理论来表示可变性；然后，我们可以计算与所选分布参数之间的最佳配合，或者执行各种统计检验从而确定何种分布可以合理地描述可变性。（用于这类分析的商业软件林林总总，如 SAS 公司的 JMP 和 STAT、Palisade 公司的 BestFit、Frontline Systems 公司的风险解决者、StatSoft 公司的 STA-TISTICA，以及 MathWorks 公司 MATLAB 的统计工具箱。）假设双参数对数正态分布很明显，因而选择此分布用于描述可变性；通过可用样本，我们可以利用不同方法估计分布中的两个参数，进而将可变性描述为纯粹偶然因素造成的不确定性；尽管这是一种习惯做法，但事实上却低估了知识的真实状态。如果质量测量数量相当小或选择的分布不具说服力，那么视质量为纯粹偶然因素造成的不确定性的争论力量将使人进退维谷。

　　更保守的方法是将对数正态分布（即母体分布）的每一个参数都描述成概率分布；这类概率分布的数学结构通常被称为二阶分布，而二阶分布的参数通常被称为二阶参数。这种数学结构直接显示抽样不确定性，或有时被称为可变性主观尝试造成的不确定性。如何计算二阶分布的详细讨论不在本书之列，如需更多细节，请参见 Vose（2008）。二阶分布事实上为一种特殊类型的概率盒，被称为统计概率盒。统计概率盒可通过抽样分布参数进行计算；每个样本都可计算其母体分布的累积分布函数（CDF）；计算大批样本后，我们就可得到一组 CDF，抽样概率盒外包络线以内的所有样本在概率盒内都有其统计结构，我们可以将此结构与参数区间概率盒进行比较；区间值参数示例中，概率盒内没有结构。虽然两种概率盒都具有主观尝试造成的不确定性，但统计概率盒涵盖的是抽样不确定性知识产生的结构，而区间概率盒却不涉及内部结构的知识。

　　下文讨论将围绕模型输入不确定性、偶然因素造成的不确定性、主观尝试造成的不确定性以及兼具各种不确定性的使用是否取决于我们处理的随机变量和可用信息量而展开。就模型不确定性而言，只能采用主观尝试造成的不确定性。

13.2.1　模型输入不确定性

　　通常，UQ 分析的主要任务是描述模型输入不确定性。大型分析中，不确定性描述随着模型的发展和结果的分析，可能耗费大量的精力和财力。输入量描述信息可能来自于以下三种来源的一种或多种：

（1）相关条件下，来自实际系统或类似系统输入量的实验测量数据。

（2）系统模型输入量理论上生成的数据，但数据来源于向大型分析提供了信息的单个模型。

（3）熟知所关注系统和分析所用模型的专家提出的意见。

使用每种来源时，我们都需试图描述输入量的不确定性。然而，在使用任何来源时，来源本身产生的不确定性常与输入量的不确定性相混淆。我们应该采用多种方法来减少来源不确定性的影响。例如，众所周知，实验测量中存在随机测量不确定性、系统不确定性或偏差；在 UQ 分析中，我们通常采用兼有所列来源的结构，本章将对这些信息来源作简要讨论。

相对简单系统的小型分析中，分析人员可能需要估计所有输入量的不确定性。然而，大部分分析都需要大量专业知识去收集所需信息，而这些专业知识可能与大型 UQ 分析或执行分析的组织无关。如果与所关注分析相关的系统在过去已经操作和实验，那么将从这些来源中获得重要信息；然而，这种方法往往需要搜索旧有记录、发掘数据并找到熟悉数据的个人，从而填写空白信息并提供正确的解释。许多情况下，执行大型 UQ 分析的组织将与单个实验室或组织定立合同，进而得到所需信息。这些数据可通过特殊模型用于实验测量或理论研究，从而其 SRQ 就是所关注大型 UQ 分析的输入量。

推导并分析专家意见近年来颇受关注（Cullen 和 Frey，1999；Ayyub，2001；Meyer 和 Booker，2001；Vose，2008），原因在于人们已经意识到专家意见对 UQ 分析及其完成时间的重要性。引用的参考文献中列出了大量程序用以推导、分析、描述专家意见。重要的是，要认识到这些被推导的专家需要有两类专业知识：大量有关当前问题的专业知识，即深入了解问题的技术知识；规范性专业知识，即了解推导信息中量化不确定性的方法。提供的参考文献还论及了专家推导过程中产生的大量误区以及减少或消除其影响的方法，其中，两种主要误区是对专家数据的误解和误传；所谓的误解是指专家曲解了推导人员提出的问题或推导人员曲解了专家提供的信息，而误传是指推导人员无意或有意地对专家信息进行了歪曲，最常见的是推导人员把专家信息转换成数学结构用作模型输入。

就这一点而言，使用 PBA 的风险分析人员认为最常见的困难是专家缺乏对偶然因素造成的不确定性、主观尝试造成的不确定性以及混合不确定性的理解；在给出推导过程之前，推导人员有责任向专家清楚地对不确定性进行解释并列举大量示例；专家理解每类不确定性后，才可以提出具体问题处理模型输入。专家给出问题答案后，强烈建议推导人员回到专家似曾提到的专家解释；通常，我们发现在这一过程中存在理解错误，究其主要原因在于专家未完全掌握偶然因素造成的不确定性、主观尝试造成的不确定性以及混合不确定性之间的细微差别。

Cullen 和 Frey（1999）强调专家和推导人员在推导过程中对偶然因素造成的不确定性的理解至关重要；这里我们称偶然因素造成的不确定性为简单的可变性。Cullen 和 Frey（1999）指出推导过程存在三类可变性：①时间变化；②空间变化；③个体间变化。其中，时间变化处理的是输入量随分析所关注时间标度变化的问题，如假设分析中需要给定位置的风速变化，假设分析因模型假设需要一个月某段时间（个别是每个月）平均的风速分布,所有这些都应该向专家进行明确说明,以免混淆或理解错误;比如,专家可能从来没有在如此长的时间段内处理风速变化。

空间变化是指输入量在空间上的变化。如果输入量在空间内发生变化,暂时忽略了时间依赖性,那么我们必须向专家澄清模型关注的是何类空间平均。例如,假设模型处理的是大气污染物的扩散;假设计算模型内空间离散的最细尺度是 $1~m^3$ 空气并且发生在地球表面附近,因此污染物质量浓度的最细空间尺度也为 $1~m^3$ 空气;如果专家对流体力学湍流空间尺度的意见感到疑惑,那么必须对模型内现存的湍流最小空间尺度 $1~m^3$ 进行澄清。

个体间变化是指所有可能结果(即总体)的样本空间内所得结果的变化。这些结果可在物理测量、理论模型或一系列观测基础上获得。构建 UQ 分析模型时,我们定义了总体的具体概念。例如,我们可能在某一特定月份或特定年份关注供应商制造零件的总体;如果这一信息不能从实验中获得,那么可根据专家对相似制造零件(但并不一定是同一供应商)的知识进行推导。有关 UQ 分析中模型具体所关注的总体的推导过程,专家必须对其非常清楚。

推导人员根据其需要可能要求专家提供严格数学结构的信息,如"我们不会让专家离开房间直到他们给出了输入的概率分布"。当然,我们并不赞同这种审问方式。专家不应该被迫提供可能承受的更多信息,以下为专家对输入量所能提供的数学结构类型示例。该列表依据最少信息到最多信息进行排序。

(1)假设输入量存在单一(确定)值,专家称只知道该值位于一个区间内。

(2)假设输入量存在单一(确定)值,专家称只知道该值在一个区间上,而且在区间内某一区域的置信水平比其他区域高。因此,他们可提供区间上的一个可信结构。

(3)假设输入量为连续随机变量,专家称样本空间不得小于某一特定值且不得大于某一特定值。

(4)假设输入量为连续随机变量,专家称概率分布为一种特定的理论分布,样本空间不得小于某一特定值且不得大于某一特定值。

(5)假设输入量为连续随机变量,专家称概率分布为一种特定的理论分布,并且分布内所有参数都在规定区间内。

(6)假设输入量为连续随机变量,专家称概率分布为一种特定的理论分布,并且分布内所有参数均精确已知。

一些信息的数学描述可使用上述部分软件包构建,另一种软件包即 CONSTRUCTOR 可以处理主观尝试造成的不确定性的描述信息(Ferson 等,2005)。

只要多个输入量都存在不确定性,无论是偶然因素造成的不确定性还是主观尝试造成的不确定性,那么这些输入量之间就普遍存在相关性或依赖性。依赖性包括两种基本类型,即偶然因素造成的依赖性和主观尝试造成的依赖性;如何处理偶然因素造成的依赖性相当容易理解,见示例 Cullen 和 Frey (1999)、Devore (2007) 和 Vose (2008)。然而,如何处理主观尝试造成的依赖性或混合依赖性依旧在研究课题之列,见示例 Couso 等 (2000)、Cozman 和 Walley (2001) 和 Ferson 等(2004)。实验数据、理论建模信息或专家意见都有利于推导模型输入之间的依赖性,但我们的任务是测定依赖性随着 UQ 分析内不确定输入量的减少而快速递增。因此,最常用的方法是先假设所有输入量之间的依赖性,继而进行 UQ 分析。这种假设虽然只是权宜之计,但却大大低估了 UQ 分析结果的不确定性。这种假设不属于依赖性描述问题总结,如需详细讨论,请参见以上所述的参考文献。

13.2.2 模型不确定性

这里我们关注的是通过估计模型所在域内(即应用域)的模型不确定性来描述第 13.1.2 节所述的模型形态不确定性。我们称模型不确定性为模型偏差不确定性,从而与实验偏差不确定性或系统不确定性进行类比。如果应用域完全位于确认域内,那么通常很容易根据第 12 章所述的确认指标结果估计模型不确定性;计算确认指标时,我们会问及两个问题:首先,如何使系统预测和实际测量之间匹配良好? 其次,我们可从预测的模型不确定性得出什么以及我们针对其他预测可以推断出什么? 也就是当我们进行新一轮预测时,应根据模型中的物理现象、模型过去如何表现良好以及新一轮预测的条件进行。模型不确定性直接基于所观测(优选为盲目)模型预测性能;如果部分应用域在确认域之外,那么必须用外推法评估模型的不确定性。实际工程应用中,往往需要一定程度的外推法。

根据第 10 章,图 13-4 抓住了二维模型内插法和外推法的概念本质;α 和 β 为系统或周围环境的参数描述条件;Vs 表示获得实验数据的条件;(α_i, β_i),$i = 1、2、\cdots、5$ 表示工程系统应用域的转角,有时称之为系统的作业范围。确认指标结果可在图 13-4 中的每个 Vs 处进行计算。我们可以想象 $\alpha - \beta$ 平面上方的一个表面来表示确认域内的模型估计不确定性。

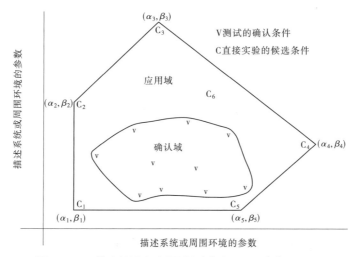

图 13-4 二维确认域和应用域(改编自 Trucano 等,2002)

第 12 章详细讨论了计算确认指标的两种方法:置信区间法,以及模型和实验 CDF 比较法;第一种方法通过所关注 SRQ 的均值来估计模型不确定性,而 CDF 法是估计 SRQ 模型不匹配证据。每个 Vs 处,都可以计算出估计不确定性的插值函数或回归拟合,进而估计确认域内的模型不确定性。无论我们使用插值函数还是回归拟合,都必须表示出实验数据内的散度以及模型预测中的偶然因素造成的不确定性和主观尝试造成的不确定性;如果我们采用回归拟合,同样也必须表示出选择回归拟合时失拟产生的不确定性。

　　更普遍的是发生以下情形:①确认域内数据较少;②描述系统或周围环境的参数空间维度非常大,数据只适用于少部分维度;③所有数据都是为了在参数空间维度内获得一个定值。最后一种情形的示例如图 13-5 所示。针对数据较少的情形而言,我们可以在数据可用的维度内采用模型不确定性估值(Vs)的低阶多项式回归拟合。使用一次或二次多项式的回归拟合并不能捕捉到确认域内模型不确定性的所有特征,但相比插值函数的变化,是一种更稳定、更可靠的估计方法。要求使用外推法在确认域外估计不确定性时,模型不确定性估计的稳定性尤为重要。针对数据只能在参数空间部分维度内可用的情形,我们必须在剩下的维度内推断模型不确定性。例如,在图 13-5 中,β 维度内的模型不确定性必须通过外推法或备选的可信模型进行估计;图 13-5 所示的示例中,外推法呈现预势,使其只能在 β 方向不发生变化的情况下使用模型不确定性函数。外推法和备选模型法都将于第 13.4.2 节进行详细讨论。

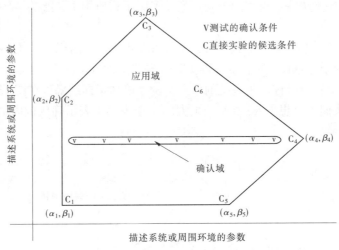

图 13-5　仅在一维参数空间内的确认域示例

　　应用域在确认域之外时,外推法必须处理两个问题:第一,模型自身使用外推法,在这个意义上讲,就是使用模型根据描述系统或周围环境的输入数据和参数进行预测;就物理模型而言,外推法受质量、动量和能量守恒方程以及模型或子模型的其他物理原则约束;就非物理模型而言,如纯数据回归拟合,外推法就毫无意义。第二,我们必须推断确认域内观测到的模型不确定性;推断模型不确定性是一种复杂的理论问题,因为它不仅涉及模型误差结构的推断,还涉及高维空间内实验数据不确定性的推断。但我们并不认为这种推断如不利用物理现象推断所测 SRQ 回归拟合那样具有风险。针对异常环境或不利环境中的系统,出于对环境复杂性的考虑,确认指标结果的插值法或外推法概念有待质疑。通常,这类环境不能使用定义确认域的参数进行完整描述,原因在于子系统之间的相互作用往往很强,系统几何结构鲜有人知且物理耦合也很强。

13.2.3　示例问题:通过固体的热传递

在此,我们继续探讨第 13.1.3 节所述的热传递示例。

13.2.3.1　模型输入不确定性

回到表 13-1,热传递示例中有两个不确定的模型输入参数 k、h；k 的不确定性根据系统实际金属板切割的铝制小样本上执行的实验测量进行描述。样本应从多块铝金属板上的多个位置切割,从而所测的 k 值变化才能表示这两种不确定性。金属板上,样本的位置是随机的;与此同时,金属板也是随机从多个生产批次中提取;从不同金属板总计切割了 20 个样本。鉴于 k 与温度之间的依赖性,分别在三种温度下测量每个样本的 k 值:300 K、400 K、500 K。k 的所有测量值如表 13-2 所示。

表 13-2　热传递示例中 k 的实验测量值　　　　　　（单位:W/(m·K)）

样本号	$T = 300$ K	$T = 400$ K	$T = 500$ K
1	159.3	164.8	187.8
2	145.0	168.0	180.1
3	164.2	170.3	196.1
4	169.6	183.5	182.1
5	150.8	165.2	186.4
6	170.2	183.6	200.4
7	172.2	182.0	199.6
8	151.8	170.2	192.7
9	154.4	165.8	191.8
10	163.7	175.6	194.3
11	157.1	169.0	191.9
12	167.1	181.7	192.4
13	161.1	174.6	185.2
14	174.5	194.4	199.4
15	165.8	177.3	181.9
16	163.9	172.4	189.4
17	171.3	182.2	195.9
18	154.3	170.3	191.9
19	159.4	174.4	196.7
20	155.1	170.6	184.1

图 13-6 根据温度描绘了 20 个样本中每个样本的所测 k 值,制造可变性以及实验测量不确定性都可导致测量中的散度,虽然第 11 章论述了在统计学上使用实验设计

（DOE）方法（Montgomery，2000；Box 等，2005），但在此，我们并不试图对两种不确定性来源进行割裂。同样，图 13-6 所示为使用最小二乘法中数据的线性回归拟合。虽然假设 k 与温度无关，但在所测温度范围内，数据显示 k 平均值增加了 18%。所关注 SRQ 的这种温度依赖性影响可在确认实验中测得。根据以下方程，可得 k 的回归拟合和残差散度：

$$k \sim 116.8 + 0.147\,3T + N(0,7.36) \quad \mathrm{W/(m \cdot K)} \tag{13-6}$$

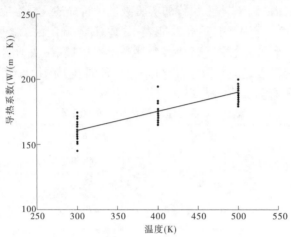

图 13-6　根据温度的 20 个金属板样本 k 的测量值

正态分布表明回归分析结果在平均值为 0 和标准偏差 $\sigma = 7.36$ 处的标准残差误差能够在指定温度下量化 k 的垂直散度。回归拟合的 R^2 值为 0.735，R^2 被称为多重相关系数或多次测定系数的平方（Draper 和 Smith，1998）。R^2 可理解为回归模型 k 观测方差的比例。

针对 k 中的各种不确定性来源，我们可能会提出这样的问题：给定温度下，金属板之间的可变性导致的 k 变化是多少以及金属板上位置导致的变化是多少？如果对每个样本从哪一块金属板切割以及每块金属板上何处切割的信息进行了记录，那么可使用实验设计（DOE）回答这一问题。通常，分析人员执行实验后并着手思考不确定性的可能来源时，可能只想到了这一问题；在实验测量项目中，实验人员会对要求测量的分析人员说："要是你告诉我去测量，那么我可以很轻松地搞定！"的这种情况并不少见。我们引用这一评论的目的是为了强调第 12.1.1 节所述的准则 1：确认实验必须由实验人员、模型开发人员、代码研发人员及代码使用人员紧密协作共同设计，从实验启动到文件归档，对各种方法的优势和不足都能坦诚相待。

图 13-7 所示为 k 所有测量的经验分布函数（EDF）。描述有限样本中未出现的更多极值的概率并获得大量样本 EDF 的连续函数，通常的做法是使分布与数据拟合。根据矩匹配方法，我们使用一种正态分布来描述 k 值变化，从而使分布与数据集具有相同的平均值和标准偏差（Morgan 和 Henrion，1990）。这种方法很容易计算出样本均值 $\bar{k}$ 为 175.8 W/(m·K)，样本偏差为 14.15。因此，计算的正态分布可通过以下方程获得

$$k \sim N(175.8,14.15) \quad \mathrm{W/(m \cdot K)} \tag{13-7}$$

正态分布如图 13-7 虚线所示。

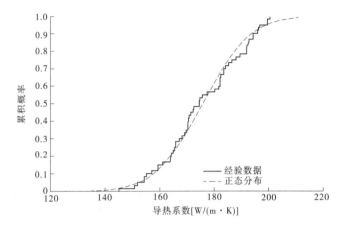

图 13-7　通过矩匹配方法获得的 k 的经验分布函数和正态分布

现在考虑描述热传递、边界条件和西侧热通量的 PDE 离散表示法。针对 PDE 方程(13-1)采用二阶中心差分法,我们即得

$$\frac{T_{i+1,j} - 2T_{i,j} + T_{i-1,j}}{\Delta x^2} + \frac{T_{i,j+1} - 2T_{i,j} + T_{i,j-1}}{\Delta y^2} = 0, \quad i = 1,2,\cdots,i_{max}; \; j = 1,2,\cdots,j_{max}$$

(13-8)

式中: i_{max} 和 j_{max} 分别表示 x 方向和 y 方向上网格点的数量。

对北侧 BC 式(13-2)使用二阶单边有限差分近似法,我们即得

$$-k\left(\frac{3T_{i,j_{max}} - 4T_{i,j_{max}-1} + T_{i,j_{max}-2}}{2\Delta y}\right) = h(T_{i,j_{max}} - T_a)$$

(13-9)

通过对边界温度 $T_{i,j_{max}}$ 求解,我们即得北侧的 BC

$$T_{i,j_{max}} = \frac{(2\Delta yh/k)T_a + 4T_{i,j_{max}-1} - T_{i,j_{max}-2}}{3 + (2\Delta yh/k)}$$

(13-10)

式中: h 为给定操作条件下金属板北侧的固定未知量。不过,系统可在多种不同条件下运行,从而可能使得 h 值发生变化。鉴于诸多条件不为人知,因而 h 被描述为一个区间值量。基于类似系统运行经验的流体力学模拟和专家意见都可用于测定该区间:

$$h = [150,250] \quad W/(m^2 \cdot K)$$

(13-11)

确认实验中,调节并校准北侧气流可获得的值 $h = 200$ W/$(m^2 \cdot K)$。

对北侧 BC 式(13-3)使用二阶单边有限差分近似值,我们即得

$$-k\left(\frac{-3T_{i,1} + 4T_{i,2} - T_{i,3}}{2\Delta y}\right) = 0$$

(13-12)

通过对边界温度 $T_{i,j_{max}}$ 求解,我们即得南侧的 BC:

$$T_{i,1} = \frac{4}{3}T_{i,2} - \frac{1}{3}T_{i,3}$$

(13-13)

对流经西侧的局部热通量式(13-5)使用二阶单边有限差分近似,我们即得

$$q_W(y) = -k\left(\frac{-3T_{1,j} + 4T_{2,j} - T_{3,j}}{2\Delta x}\right) + O(\Delta x^2) \tag{13-14}$$

$T_{i,j}$ 迭代解收敛时,我们可直接对 $q_W(y)$ 求解。中点积分法则可用于计算流经西侧的总热通量,见式(13-4),结果是

$$(q_W)_{\text{total}} = \frac{\tau}{2}\sum_{j=1}^{j_{\max}-1}\left[(q_W)_j + (q_W)_{j+1}\right]\Delta y \tag{13-15}$$

四个表面上,每个表面的近似 BC 都与内部网格点的有限差分方程(13-8)解耦合。通过对内部网格点 $T_{i,j}$ 的方程(13-8)求解,我们即得

$$T_{i,j} = \frac{T_{i+1,j} + T_{i-1,j} + (\Delta x^2/\Delta y^2)T_{i,j+1} + (\Delta x^2/\Delta y^2)T_{i,j-1}}{2 + (\Delta x^2/\Delta y^2)} \tag{13-16}$$

该方程与 BC 的部分有限差分方程耦合并采用迭代法求解。我们采用的是第 7 章中讨论的 Gauss-Seidel 法对该方程求解。在第 13.3 节中,我们将讨论估计离散误差和迭代误差的方法。

13.2.3.2 模型不确定性

审查表 13-1,我们可以把系统及环境参数空间描述成一个八维空间,L_x、L_y、τ、k、T_E、T_W、h 和 q_S。示例中,实际上只有一个参数 T_E 在变化,所有其他参数均为确定性参数或不确定参数,因此我们得到了一个一维应用域和确认域,其中,一维空间如图 13-8 所示。在图 13-8 所示的三种条件(330 K、360 K 和 390 K)下获得确认数据,并在这些条件下对确认指标结果进行计算。但是,确认指标结果将外推到应用点 450 K。我们观察到 k 随温度缓慢递增,因此预测不确定性也将因确认指标结果的外推法而明显增加。

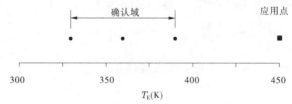

图 13-8　热传递示例的确认域和应用点

如第 13.1.3 节所述,确认实验采用从系统板切割得到的铝制金属板,尺寸 0.1 m × 0.1 m。与测量 k 的材料样本相似,确认板从多个生产批次多块金属板的系统板上的多个位置切割而来。所有样本都是从各自总体中随机抽取得到的。因此,确认实验板的 k 值变化与图 13-6 和图 13-7 所示的 k 值变化类似。

我们执行了四种独立的确认实验。测试的三种温度(T_E = 330 K、360 K 和 390 K)下都使用了同一种实验设备。换言之,在给定实验设备的情况下,分别在三种温度下测量 q_W;然后,拆装实验设备,拆掉旧的诊断传感器,安装新型传感器并使用新型金属板重新组装实验设备。这种方法利用 DOE 准则,减少了实验测量中的系统(偏差)不确定性。所有确认实验中,北侧的对流热传递系数控制在 h = 200 W/(m² · K)。

表 13-3 给出了四类确认实验 q_W 的实验数据;热通量负号表示 $-x$ 方向(即金属板西侧以外)的热传递。与 k 测量相同,q_W 内的实验不确定性包括实验测量不确定性以及 k 值的变化。

表 13-3　确认实验 q_W 的实验测量　　　　　　　　　　　　　（单位:W）

实验设备	$T_E = 330$ K	$T_E = 360$ K	$T_E = 390$ K
1	-41.59	-100.35	-149.71
2	-49.65	-95.85	-159.96
3	-55.06	-99.45	-153.68
4	-49.36	-104.54	-155.44

我们根据模型平均响应和测量平均值之间的比较,使用置信区间法描述模型不确定性,如第 13.4~13.7 节所述。根据表 13-3 的实验数据以及第 13.6.1 节中的方程,我们可得:

(1)样本数 $= n = 12$。

(2)线性曲线拟合的 y 截距 $= \theta_1 = 533.5$。

(3)线性曲线拟合的斜率 $= \theta_2 = -1.763$。

(4)曲线拟合残差的标准偏差 $= s = 4.391$。

(5)确定系数 $= R_2 = 0.991$。

(6)$\nu_1 = 2$ 和 $\nu_2 = 10$ 时,F 概率分布的 0.9 分位数,得 $F(2,10,0.9) = 2.925$。

(7)x 输入值平均数 $= \bar{x} = 360$。

(8)x 输入值方差 $= s_x^2 = 654.5$。

为了使本分析更简单,应该指出的是我们采用了一种近似法。区间值分析假设 12 个实验样本均为独立样本;但是,在确认实验的描述中如上所述,存在四次独立实验,且每次实验对 q_W 都进行了三次测量。因此,本分析可能低估了实验测量中的不确定性。

实验数据的线性回归方程为

$$[\bar{q}_W(T_E)]_{exp} = 533.5 - 1.763T_E \tag{13-17}$$

且 Scheffee′ 置信区间为

$$SCI(x) = \pm 3.066\sqrt{1 + 0.001\ 667(T_E - 360)^2} \tag{13-18}$$

确认指标法只使用模型结果平均值与估计的实验数据平均值进行比较。我们采用的一般方法是简单地计算实验所用三种温度中每种温度下的一种解;这类解分别使用材料描述实验所得 k 的样本均值($\bar{k} = 175.8$ W/(m·K))来计算 q_W 的三种值。如第 13.4.1 节所述,这种方法并不被推荐,原因在于不确定输入量平均值映射为 SRQ 平均值只适用于模型不确定量为线性的这种情形;这种情形较少发生,即便用于线性 PDE 时。如果重要输入随机变量的变异系数(COV)很小,且模型的这些随机变量并非完全为非线性,那么可对所有不确定输入变量的平均值采用近似法来获得合理准确的结果。COV 定义为 σ/μ,其中 σ 和 μ 分别为随机变量的标准偏差和平均值。

尽管当前示例中(COV)$_k = 0.08$,但我们将仍然使用 Monte Carlo 抽样法通过模型传播 k 的分布,从而获得每个 T_E 值的平均值 q_W、$\bar{q}_W$。参照 $N(175.8, 14.15)$ W/(m·K)给

出的 k 值变化,通过计算 1 000 次 Monte Carlo 模拟,从而计算出每次 q_W 分布(相关 Monte Carlo 抽样更多细节,请参见第 13.4.1 节)。利用 SRQ 的这三种分布,我们就获得了大量有关系统预测不确定响应的信息。因此,我们同样可在 CDF 比较基础上使用确认指标法,但在示例问题中保留使用此指标将于本章后面讨论。表 13-4 给出了确认实验所用三种温度条件下根据 1 000 次 Monte Carlo 模拟中每组模拟计算的 $\bar{q}_W$。

表 13-4　确认温度下根据 Monte Carlo 抽样计算的 $\bar{q}_W$ 值

$T_E(K)$	$\bar{q}_W(W/m^2)$
330	−51.59
360	−103.93
390	−155.54

图 13-9 所示为模型实验数据、Scheffe′ 置信区间和 $\bar{q}_W$ 的线性回归。根据以下方程,可得模型的二次插值:

$$(\bar{q}_W)_{model} = 572.3 - 2.025T_E + 0.000\,405\,6T_E^2 \tag{13-19}$$

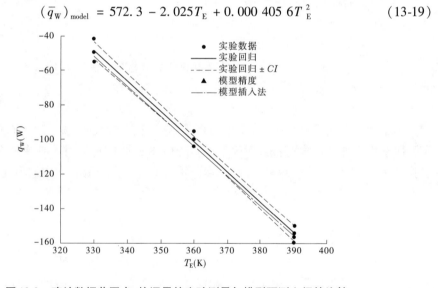

图 13-9　确认数据范围内,热通量的实验测量与模型预测之间的比较

在此温度范围内,模型几乎为线性;由此可知,在所测温度范围内,模型对所测热通量的预测(绝对值)略有过度。我们并不希望这种过度预测,原因在于图 13-6 显示了导热系数随温度而递增;过度预测是指 k(见图 13-7)的 CDF 偏离了整套材料描述数据,致使 $\bar{k}$ 值产生变化,k 值越大,对应的温度越高。随着温度升高,由图 13-9 可知模型给出了更准确的数据预测。

图 13-10 所示为估计的模型误差和实验数据 Scheff′e 置信区间随温度的变化。本图比图 13-9 更为清晰,其原因是我们关注的是模型和实验数据平均值之间的差异,而非 SRQ 本身的大小。实验数据平均值表示成一线性函数,且模型预测也几乎为线性,因此

由图 13-10 可知估计的模型误差也几乎为线性。使用线性回归函数表示实验数据时，
Scheffe′置信区间，方程式（13-18），则为系统双曲线函数。假设实验数据已经观测的情况
下，所示的置信区间表示置信度为 90% 时，实验数据真实平均值的范围，这表明估计的模
型误差属于数据的 ±90% 置信区间。

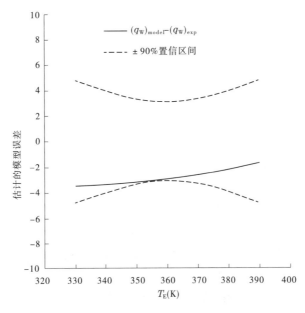

图 13-10　确认域内置信水平 90% 时估计的模型误差和 Scheffe′置信区间

　　尽管我们主要关注的是模型误差，但我们仍然需对不确定性进行估计。确认指标的
置信区间法中，不确定性仅代表实验不确定，也就是不需要考虑任何模型预测不确定性。
确认指标函数 d 表示估计的模型确定性，可写为

$$d(T_E) = [\bar{q}_W(T_E)]_{model} - \{[\bar{q}_W(T_E)]_{exp} \pm SCI(T_E)\} \tag{13-20}$$

　　本方程中，我们带入实验数据的线性拟合（见式（13-17））、Scheffe′置信区间（见
式（13-18））以及模型预测的二次插值（见式（13-19）），获得最后表达式

$$d(T_E) = 38.8 - 0.262T_E + 0.000\,405\,6T_E^2 \mp 3.006\,6\sqrt{1 + 0.001\,667(T_E - 360)^2}$$

$$\tag{13-21}$$

　　图 13-11 所示为式（13-21）的曲线图以及确认域内估计的模型误差。该图本质上包
含的信息与图 13-10 相同，但是图 13-11 一些解释更清楚。首先，虽然估计的模型误差相
对 q_W 数值很小，但因实验测量不确定致使估值中的不确定性明显较大。例如，$T_E = 330$
K 处，估计的模型误差仅为 3.5 W，但当置信水平为 90% 时，这一误差可小至 0 或大至
8.3 W。其次，置信区间为双曲线，因此当在确认域外推断模型时，估计模型预测内的不
确定性将快速增长。

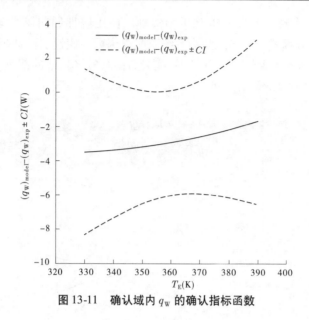

图 13-11　　确认域内 q_W 的确认指标函数

13.3　步骤 3:估计数值解误差

本步骤涉及 PDE 数值解中两类关键误差的估计:迭代误差和离散误差。如前几章所述,PDE 数值解中还存在许多其他误差来源,如:①有缺陷的数值解算法;②数据输入错误;③计算机编程错误;④计算机舍入误差;⑤数据后处理错误。不过,这些来源的处理不在本步骤之列。

在此强调:迭代误差和离散误差的估计必须根据分析所关注的 SRQ,这表明不同环境下一个 SRQ 到另外一个 SRQ 中,SRQ 对迭代误差和离散误差的灵敏度大不相同。换言之,迭代次数和网格点数量一定时,部分 SRQ 数值上收敛的数量级多于(或少于)其他SRQ。如第 10 章所述,离散收敛率往往与 PDE 中因变量的导数和积分顺序相关,也就是,一个 SRQ 相比另外一个 SRQ,空间或时间导数等级越高,收敛率就越慢。例如,流体力学中,表面上某一点的局部剪应力收敛比整个表面上的总体剪应力慢,因此应在某种程度上对所关注所有 SRQ 的收敛求解或检验。如果已知部分 SRQ 不如其他 SRQ 对迭代误差和收敛误差灵敏,并且在分析内所关注所有条件整个域内的灵敏度被观测到较低,那么我们更可以断定这部分 SRQ 的收敛水平较高。

13.3.1　迭代误差

13.3.1.1　迭代法

如第 7 章所述,离散方程的不完整收敛将导致迭代收敛误差。一般而言,非线性离散方程(除显式推进法外)及大型线性系统要求使用迭代方法。本节针对定常迭代法和非定常迭代法(Krylov 子空间法)各种类型的迭代误差估计方法展开讨论;定常迭代法相比非定常迭代法在应用中更加稳定,而且定常迭代法比非定常迭代法的收敛率更低。

迭代法常用于两种不同的数值解类型:初始值问题(IVP)和边界值问题(BVP)。针对使用隐式法的初始值问题,推进方向上每一步骤往往需要的迭代次数较少,原因在于对迭代解的初始猜测值是基于之前的收敛解,该解在推进方向上不会产生太大变化。边界值问题往往需要大量的迭代次数,才能获得收敛解,因此应密切监控边界值问题的收敛特征,确定是否存在单调收敛、振动收敛或混合收敛等特性。追踪迭代收敛最简单的方法是根据迭代次数分别计算 PDE 残差的 L_2 范数;最可靠的方法是根据迭代次数估计迭代误差,然而在确定是否存在单调收敛、振动收敛或混合收敛时,这种方法可能会遭遇瓶颈。

如第 7 章所述,使用外推法离散误差估计时,迭代误差最小至少为离散误差的 1%;但明智的做法是将误差减小到更小如 0.1%,因为迭代误差和离散误差之间可能存在复杂的相互作用。例如,如果迭代误差不足够小,则可使准确度观测级别随网格解的变化令人误解或混淆。此外,估计迭代误差可监控离散残差,即把当前迭代解带入离散方程时,余数不为零。然而,有关迭代误差的残差收敛必须尝试着进行问题归类;前面已指出,不同 SRQ 通常其收敛率也大为不同,因此我们应该对收敛最慢的所关注 SRQ 进行监控。监控逐次收敛之间的变化并不可靠,而且需尽量避免。

13.3.1.2 实际困难

为了强调分析中 SRQ 的变化,假设所关注所有 SRQ 集写成一个矢量阵 $\vec{y}$,假设 n 为阵列内的单元数量,每一个单元表示一个所关注 SRQ,因此我们可得

$$\vec{y} = \{y_1, y_2, \cdots, y_n\} \tag{13-22}$$

部分阵列单元通常为 PDE 因变量,但也有可能为不同类型的输入量,如:①自变量的因变量导数,或模型输入参数的导数;②泛函如积分、时间平均值或因变量极小 – 极大算子;③累积分布函数或 CDF 特殊值;④指标函数。系统在某一状态下,SRQ 二进制值为0;系统在其他状态时,SRQ 二进制值为1。

通常认为迭代收敛处理的是 PDE 因变量的收敛。例如,我们通常监测的 PDE 域内因变量范数的收敛,但我们也可视其为因变量到 $\vec{y}$ 单元的映射;然后,我们可能会提出这样的问题:我们如何分别对 $\vec{y}$ 单元内的迭代收敛进行量化?如果输入量可使用当前解进行计算,那么我们可以监测输入量的迭代收敛,比如,假设一个 $\vec{y}$ 单元为 PDE 域内某一因变量的导数,那么每次迭代及收敛监测都可以计算该输入量。但如果输入量不能根据已知当前值进行计算,那么就很难或不可能监测输入量的迭代收敛;比如,假设一个 $\vec{y}$ 单元为一个 CDF。如第 13.4 节所述,传播输入不确定性从而获得 $\vec{y}$ 内不确定性的方法许许多多,但最常用的方法是抽样。抽样时,产生成百上千个 $\vec{y}$,分别表示不确定输入样本。因此,计算出 PDE 解之前,不能计算 CDF。针对后者示例,我们通常根据严格迭代收敛标准来监测因变量。

应该强调的是,将讨论的 $\vec{y}$ 单元迭代收敛特性和网格收敛特性在不确定输入量样本空间内可能发生明显变化。复杂分析中,不确定输入量的数量可能相当多,增加了监测迭代收敛的复杂性。此外,不稳定模拟和双曲线 PDE 中,SRQ(尤其是局部 SRQ)收敛率可能随时间和空间发生明显变化;认真了解 SRQ 主要的物理影响有助于识别最麻烦的收敛情形。如果我们处理的是时空尺度差异较大的多物理场模拟,那么我们必须采取极为谨慎的态度。

处理多物理场模拟时,我们应试图测定:①何种输入量致使迭代收敛遭遇最大困难;②何种输入量数值范围是最麻烦的;③何种 SRQ 收敛的速度最慢。注意:如果我们处理的是非定常模拟或模拟存在混合收敛或振动收敛,那么这种情形可能就很困难;虽然我们对麻烦参数和问题范围进行了识别,但监测收敛特性仍然相当耗时,而且常有所疏忽。因此,尽可能对收敛进行自动监测至关重要。自动测试应编程为重要的迭代解算器,进而在质疑 $\vec{y}$ 单元迭代收敛时,可在输出结果中给出特殊的输出警告标识。总体计算中,应分别检查每个样本上的红色标识警告指示。

13.3.2 离散误差

13.3.2.1 时间离散误差

问题中出现时间离散误差时,有两种基本方法进行控制:①估算每个时间步长的误差,与一些误差标准进行比较并可能调节步长尺寸;②用固定的时间步长计算整体解,然后再使用较大或较小的固定时间步长计算整体解。前一种方法常被称为可变时间步长法或自适应时间步长法,而后一种方法被称为固定时间步长法。注意:可变时间步长法中,PDE 域内所有因变量及所有空间点都必须满足误差标准。此外,可变时间步长法只估计了每个步长的时间离散误差,因此当存在多个步长时,这种方法易受误差累积影响;两种方法都非常有效,但前者通常更加精确、可靠、高效。应该注意的是,虽然我们提到了时域积分,但这一积分可为双曲线系统的任意因变量。例如,流体力学中,边界层方程在与壁面相切的空间方向上求得积分(下游气流方向)。

有限元法的实际工作者针对时间积分通常使用 Runge-Kutta 法。大部分 Runge-Kutta 法都是显式法,阶数为 2、3 或 4,并且这种方法能够估计出每个时间步长上的离散误差;众所周知,可变时间步长 Runge-Kutta 法是一种非常稳定、可靠的方法,因而被广泛使用。Runge-Kutta 法及所有显式法的主要缺陷是需要相对较小的时间步长,原因在于这些方法格式上的稳定是有条件的;与此同时,在需要大量步长时,可能受误差累积影响。

隐式时间积分法在数值稳定性上明显增强。这种方法采用的时间步长很大,因而削弱了时间与空间上的不稳定性。当然,这种取舍以时间离散精度为代价。隐式法在求解僵化微分方程上具有明显优势,鉴于大部分隐式法都是二阶的,因此离散误差随着时间步长的增加快速递增。最近提出的隐式 Runge-Kutta 法也颇具优良特性,如需常微分方程数值法更详细的讨论,请参见 Cellier 和 Kofman(2006)和 Butcher(2008)。隐式法和显式法的选择取决于稳定性限制和问题中时间尺度求解所需的精度。

13.3.2.2 用于网格收敛的有限元法

结合超收敛分片覆盖(SPR)法的 Zienkiewicz-Zhu 误差估计可能是最常用的离散误差估计(Zienkiewicz 和 Zhu,1992)。以下两种条件下,ZZ-SPR 覆盖法根据全局能量范数或根据局部梯度可获得误差估计值:①所有的有限元类型具有超收敛特性;②网格经充分求解。这种方法最近被应用到有限差分和有限容量方案中,然而,我们只能在全局能量范数中才能做出精确的误差估计,这明显不利于解决所关注的多个 SRQ。

残差法根据全局能量范数也能提供误差估计值。鉴于全局能量范数很少为 SRQ,所以必须使用原始误差 PDE 求解 PDE 伴随系统。如第 7 章所述,残差法的拓展,也称为伴随法,最近被用到各种 SRQ 以及其他离散方案(如有限容量和有限差分法)中。这些方法前景广阔,目前正供大批研究者研究。

13.3.2.3 用于网格收敛的 Richardson 外推法误差估计

Richardson 外推法误差估计一度盛行,其适用性非常广泛,尤其是在流体力学中。Richardson 外推法误差估计不取决于所用的数值算法,无论是初始值问题还是边界值问题、PDE 的非线性、所用的子模型,或者无论网格是结构化的还是非结构化的;唯一的缺点是需要使用不同的网格分辨率求得 PDE 的多个解;如果数值算法为二阶精度并且如果网格在每个坐标方向上以 2 的倍数细化,那么就可使用标准的 Richardson 外推法。普遍的 Richardson 外推法可用于任何精度算法和任意细化因子。当我们从一个网格解转化到另一个时,Richardson 外推法需要均匀的网格细化或粗化;即,从一个网格到另一个网格,网格的细化或粗化比例必须接近常数。这类细化或粗化需要有效的网格发生器,尤其是使用非结构化网格时。

使用 Richardson 外推法的主要困难是网格必须充分求解,使所有数值解都位于所关注 SRQ 的渐近收敛区域内。获得渐近区域所需的空间分辨率取决于以下因素:①PDE 的非线性特征;②PDE 域内的空间尺度范围,即方程刚度;③网格内空间网格分辨率如何快速变化,即网格如何不一致;④解的奇异点或间断点如冲击波、火焰峰或边界几何结构内一阶或二阶导数的间断点;⑤迭代收敛的不足。

如果只能计算两个网格解,那么可使用安全系数为 3 的网格收敛指标(GCI)法(Roache, 1998)表示空间离散误差。但是,如果我们没有实验性证据表明网格属于渐近区域,那么 GCI 估计就不值得信赖。计算分析人员,甚至是经验丰富的分析人员,往往都会对需要何种空间分辨率才能获得渐近区域做出错误判断。更可靠的方法是获得三个网格解,进而根据这三个解计算观测的收敛阶数;如果观测阶数与数值法常用阶数相近,那么我们就有直接实验性证据表明这三个网格位于所关注 SRQ 渐近区域或其附近区域。安全系数为 1.25 或 1.5 将判定为获得离散误差可靠不确定性的标志。

13.3.2.4 实际困难

迭代收敛存在三种实际困难:①$\vec{y}$ 阵列 SRQ 的类型范围广泛;②处理成百上千种 $\vec{y}$ 阵列样本;③$\vec{y}$ 阵列部分单元对抽样输入量范围的灵敏度。时间网格收敛法也具有相同困难。此外,迭代收敛和时间/空间收敛之间数学结构上存在差异;通常通过检查离散方程每个解迭代期间的残差大小来监测迭代收敛特性,即通过追踪 PDE 域内各种计算量的范数来监测。然而,具有时间/空间收敛特性时,我们必须监测随着对网格的求解,PDE 域内局部量的变化,假设 $\vec{y}$ 阵列至少一个单元为域内局部量;局部量不仅包括因变量,还包括因变量的空间或时间导数。如第 10 章所述,离散误差导数,尤其是高阶导数的收敛比因变量慢了许多。

如果我们放弃处理 SRQ 误差的 L_2 范数,那么风险与之前所述的只能获得空间离散误差之误差范数的方法相同。监测 L_∞ 范数为解分别提供了更敏感的时间/空间收敛误差指标,然而其缺点是对 L_∞ 范数存在大量争议;产生争议的原因是这一范数能够从一种时间或空间分辨率水平下域内的任何点跳跃至另一种时间或空间分辨率水平下域内的其他点。换言之,对 L_∞ 范数的争议可通过数学运算符解决,而 L_2 范数的争议是因为明显缺乏收敛标志;虽然 L_∞ 范数存在的争议更多,但仍然作为监测的被推荐量,原因在于这一范数直接指出了 PDE 域内量最大局部误差的大小。

最后建议处理时间/空间收敛以及迭代收敛的一些实际困难。必须处理多个输入量数值的分析中,明智的做法是尽力确定何种输入量组合才能为 $\vec{y}$ 阵列的最敏感单元产生最慢的时间、空间和迭代收敛率。有时,麻烦的输入量组合可根据 PDE 域内发生的物理现象进行推导;有时,麻烦的组合需要使用不同时间步长、空间离散和迭代收敛标准对多个解进行实验才能发现。如果确定了输入量的麻烦组合,那么无论使用何种方法,都能大大地提高监测时间、空间和迭代误差的效率和可靠性;即,如果为麻烦组合估计解误差,那么这些估计值可用作输入量整个范围内解误差的界限。部分输入量组合的这些界限可能非常大,但在输入量高维空间内,这类有限的界限数量比估计值更容易保存。

13.3.3　总体数值解误差的估计

通常,风险评估领域认为应减小数值解误差,使其不确定性远小于分析中偶然因素造成的不确定性和主观尝试造成的不确定性。这种处理方法非常明智,原因在于我们可以确信预测结果为模型和描述不确定性中假设与物理现象产生的真实结果,而非二者的一些未知数值变体。许多科学工程领域都在陆续开发这种复杂模型,以至于不明显忽视可用计算机资源的数值解误差。面对这种情形,我们有两种选择:第一,校准可调节参数,从而使计算结果与可用的实验测量相符或大体相符。有时,一些研究人员因为没有根据所关注 SRQ 量化数值解误差的大小,所以未意识到他们已经做出了这种选择。第二,明确量化数值解误差并以某种方式将其描述为预测的不确定性。实际上,所有研究人员都做出第一种选择。

据我们所知,Coleman 和 Stern(1997)、Stern 等(2001)、Wilson 等(2001)是唯一试图描述数值解误差并将其纳入不确定性分析的研究人员。他们将数值解误差产生的不确定性 U'_N 定义为以下因数的平方和:U_I 为估计的迭代解误差,U_S 为估计的空间离散误差,U_T 为估计的时间离散误差,U_P 为估计的数值算法中可调参数产生的解误差,U'_N 可写为

$$U'_N = \sqrt{U_I^2 + U_S^2 + U_T^2 + U_P^2} \tag{13-23}$$

尽管他们将解误差表示成区间,但从式(13-23)明显可知他们将解误差描述成了随机变量。即,如果 U_I、U_S、U_T 和 U_P 为独立随机变量,那么其方差和与 U'_N 方差相等,而根据之前章节明显可知它们并非随机变量。此外,这四个量之间相辅相成,但却通常很少为我们所知或被量化。有人可能会争辩这些量远离平滑迭代收敛区域或远离时间/空间收敛渐近区域时,将显示出随机特征,然而在随机变量区域,没有任何误差估计方法适用,尤其是 Richardson 外推法。

我们明确列入估计数值解误差的方法是将每个因素都考虑成所关注 SRQ 主观尝试造成的不确定性;虽然部分数值误差估计量会提供误差符号,但考虑到其偏差,我们并不会利用这一点。例如,使用 Richardson 外推法估计空间离散误差时,我们并不能确信我们是否在渐近区域,估计量的误差是否明显以及标识是否不准确等。因此,我们将继续使用被测量估计的绝对值。假设因子之间无任何关联结构,我们可写成

$$(U_N)_{y_i} = |U_I|_{y_i} + |U_S|_{y_i} + |U_T|_{y_i} \quad i = 1,2,\cdots,n \tag{13-24}$$

如上所述,我们再次强调产生一种 y_i 的 U_N 最大值的输入量整合往往不同于产生另一种 y_i 最大值的输入量整合。

我们并未把可调参数产生的不确定性列入数值算法,原因在于这一因素已经列入式(13-24)所示的三项中;即,式(13-24)所示项中已涉及可调参数如迭代算法松弛因子、数值阻尼参数以及算法限定条件等。从下式很容易看出:

$$U_N' \leqslant U_N \quad (\text{对于所有的 } U_1, U_S \text{ 和 } U_T) \tag{13-25}$$

根据式(13-24)明显可知,当且仅当不确定性三个因数中的两个相对于第三个忽略不计时, $U_N' = U_N$。

13.3.4　示例问题:通过固体的热传递

我们在此继续展开第 13.1.3 节和 13.2.3 节所述的示例问题。我们将综合讨论式(13-16)数值解相关的迭代误差和离散误差,这两种误差在计算分析中紧密相联。

13.3.4.1　迭代误差和离散误差估计

如上所述,分析人员应试图确定所关注 SRQ 收敛最慢时对应的输入参数范围。由热传递示例的物理概念可知,发生以下情形时将产生最慢的迭代和离散收敛率:①T_E 最大时;②金属板导热系数 k 最大时。根据表 13-1,所关注系统产生的最大 T_E 值为 450 K,因此我们将只针对这一种情形;考虑到 k 属于没有任何规定界限的正态分布,即分布是无限的,因此必须从分布中选择部分合理的累积概率。我们选择的累积概率为 0.99,利用图 13-7 和方程式(13-7),我们得出 $P = 0.99$ 时,$k = 209.7$ W/(m·K)。

金属板最大温度梯度发生在北侧,原因在于热量沿北侧慢慢损失;与此同时,北侧与最高温度表面(东侧)相邻。由式(13-9)可知,h 最大时,北侧热通量最高;h 最大值发生在所关注系统,而非确认系统,因此我们根据式(13-11)利用 h 区间值描述,得出 $h_{max} = 250$ W/(m·K)。

第 7 章和第 8 章分别论述了估计迭代误差和离散误差的许多不同方法。热传递示例中,我们将采用 Duggirala 等(2008)提出的迭代误差估计法,并使用 Richardson 外推法估计离散误差;模拟中,这些误差往往相互影响,因此正确的方法是对误差分量一一求解,然后执行试验测定是否可以消除这种影响。图 13-12 以流程图的形式描述了估计迭代和离散误差的 11 个步骤。

步骤 1:选择三种网格分辨率的顺序,从而最细网格分辨率被认为完全满足离散误差标准。我们应在 V&V 方案准备阶段或概念模型阶段测定最大离散误差。分别为所关注 SRQ 选择离散误差标准。热传递示例中,我们仅有一个 SRQ,q_w。通常,最好的方式是选择相对误差标准,从而根据被测量大小自动量化绝对误差。我们应针对分析所需精度选择高要求的误差标准,因为我们确信模型预测和实验测量之间肯定存在模型物理假设,而非数值误差产生的某种不一致。在此,我们针对 q_w 选择的相对离散误差标准为 0.1%。

估计何种网格分辨率满足误差标准应参照类似数值法相似问题的数值解经验。所需网格分辨率同样取决于网格聚类结构的有效性。我们的经验与许多人一样,即数值精确解需要的网格往往比我们期望的更细。在此,我们选择三种网格分辨率分别为 21×21、31×31 和 46×46,两种细化中获得的恒定网格细化因数为 1.5。如第 8 章所述,当我

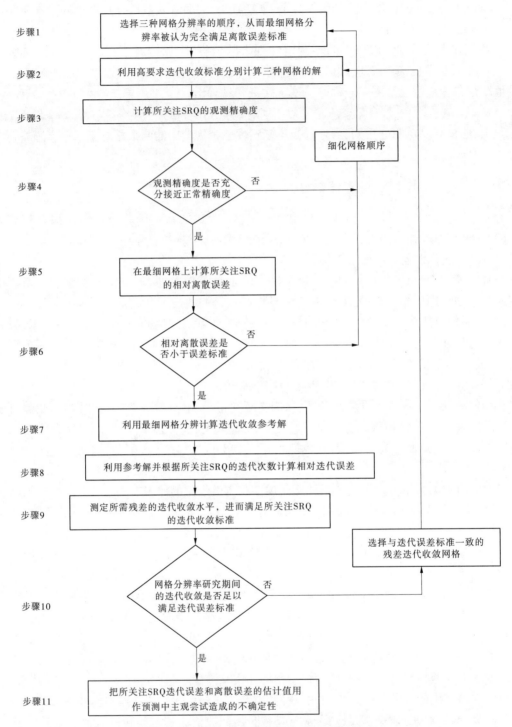

图 13-12　确定迭代收敛和离散收敛的流程

们选择非整数细化因数,且 PDE 域内所关注 SRQ 有一个为局部量时,我们必须使用插值法,从而针对 Richardson 外推法进行相关计算。因为 q_w 并非局部量,所以我们避免了这一难题。

步骤 2:利用高要求迭代收敛标准分别计算三种网格的解。根据式(13-16)求解内部网格点,根据 $T_E = 450$ K、$T_W = 300$ K 可得 BC;$k = 209.7$ W/(m·K) 和 $h = 250$ W/(m·K) 时,式(13-10)可对北侧求解,式(13-13)可求解南侧。解域内初始温度猜测值为东侧和西侧之间的平均温度,$T_{initial} = 375$ K。所用的迭代方法为众所周知的 Gauss-Seidel 松弛法;根据 PDE 因变量残差的 L_2 范数选择迭代收敛标准,即求解 T;这一点选择的收敛标准相当随意,原因在于其最后标准将在后续第 9 步中设置;我们尽力选择足够高的标准,使其满足第 10 步中求解的标准。在此,与第一次计算的 L_2 范数相比,我们要求残差范数按 9 个数量级递减。

步骤 3:计算所关注 SRQ 的观测精确度。如第 8 章所述,利用 Richardson 外推法和三个解可以计算观测的离散精确度 p_0,我们可得

$$p_0 = \frac{\ln\left(\frac{f_3 - f_2}{f_2 - f_1}\right)}{\ln(r)} \qquad (13\text{-}26)$$

式中:f_1、f_2 和 f_3 分别为细网格、中网格和粗网格上 SRQ 的解;r 为网格细化因子。

步骤 4:测试所关注 SRQ 的观测精确度是否充分接近正常精确度。使用 Richardson 外推法时,我们必须有证据证明三个网格解都在空间收敛渐近区域内或其附近。通过计算 p_0 并与正常精确度 p_F(当前示例中为 2)比较就可提供这种证据。p_0 必须怎样接近 p_F 并没有任何严格要求,但通常要求:

$$|p_0 - p_F| < 0.5 \qquad (13\text{-}27)$$

如果 p_0 未充分接近 p_F,那么网格分辨率就完全符合渐近区域;与此同时,我们必须细化网格顺序,并回到步骤 1。如果 p_0 和 p_F 充分接近,则可执行步骤 5。

步骤 5:在最细网格上计算所关注 SRQ 的相对离散误差。相对离散误差经真实解的外推估值 $\bar{f}$ 校准,可得

$$\frac{f_1 - f}{\bar{f}} = \frac{f_2 - f_1}{f_1 r^{p_0} - f_2} \qquad (13\text{-}28)$$

本方程同样可用于求解 $\bar{f}$:

$$\bar{f} = f_1 + \frac{f_1 - f_2}{r^{p_0} - 1} \qquad (13\text{-}29)$$

步骤 6:测试相对离散误差是否小于误差标准。利用式(13-28),我们可以计算 q_W 的相对离散误差,并测定是否小于 0.1% 相对误差标准;如果计算的误差不小于误差标准,那么我们必须细化网格顺序并回到步骤 1;如果计算的误差小于误差标准,则可执行步骤 7。

步骤 7:利用最细网格分辨率计算迭代收敛参考解。我们估计迭代误差的方法包括生成参考解,然后在参考解和求解的 PDE 残差 L_2 范数之间进行映射;参考解的残差范数应收敛至少 10 个数量级,可能为加工精度,该解可用作离散方程的完全收敛解或参考解;参考解迭代收敛时,每隔 50 次或 100 次迭代保存残差的 L_2 范数或所关注 SRQ;保存结果

将用于构建参考解和 PDE 残差 L_2 范数之间的映射;如果任何 SRQ 为 PDE 域内的规定量,即因变量,那么应使用该量的 L_2 范数。

步骤8:利用参考解 $f_{reference}$ 并根据所关注 SRQ 的迭代次数计算相对迭代误差。通过使用参考解作为真实解,我们就可以根据迭代次数计算相对迭代误差:

$$f_{i\,th\,iteration} = \left| \frac{f_{reference} - f_{i\,th\,iteration}}{f_{reference}} \right| \times 100\% \tag{13-30}$$

式中:$f_{i\,th\,iteration}$ 为第 i 次迭代的 PDE 因变量时,为 SRQ 数值或被测量的 L_2 范数。

步骤9:测定所需残差的迭代收敛水平,进而满足所关注 SRQ 的迭代收敛标准。迭代收敛标准应在 V&V 方案准备阶段或概念模型阶段规定;针对任意所关注 SRQ,建议迭代收敛标准为规定的相对离散误差的 1/100;选择的相对迭代误差数值较小,从而确保迭代收敛和离散收敛之间几乎没有或没有相互作用。在此,我们为 q_W 选择的相对迭代收敛标准为 0.001%。

利用步骤7中保存的量,我们可根据迭代次数绘制残差的迭代收敛记录以及 SRQ 的相对迭代误差;我们可利用相对迭代误差标准测定所需残差的迭代收敛水平,进而满足迭代误差标准。换言之,组合图提供了 SRQ 所需迭代误差和迭代收敛残差之间的映射;计算其他数值解时如不确定输入的设计研究或 Monte Carlo 抽样法中不同的输入参数,大部分 SRQ 的迭代收敛率都将发生变化。但是,只要 SRQ 迭代误差和迭代残差收敛之间的映射关系相同,那么该迭代误差估计法就值得信赖。

步骤10:测试网格分辨率研究期间 L_2 残差的迭代收敛是否足以满足所关注 SRQ 的迭代误差标准。本测试的目的在于测定步骤2所用 L_2 残差的收敛水平是否小于步骤9测定的 L_2 残差的收敛水平。如果步骤2的残差收敛不满足标准,那么我们必须利用步骤9中测定的残差收敛水平并返回到步骤2;如果步骤2的残差收敛满足标准,则可执行步骤11。

步骤11:把所关注 SRQ 迭代误差和离散误差的估计值用作预测中主观尝试造成的不确定性。把所关注 SRQ 计算的相对迭代误差和相对离散误差数值转换成绝对误差,从而代入式(13-24)。这些误差有利于迭代收敛和离散收敛最慢的情形,可视为分析中所有其他条件中误差的保守界限。

13.3.4.2 迭代和离散误差结果

现在,我们根据上述不同步骤,给出热传递示例的关键结果。

根据步骤2:第一次迭代中,T 的 L_2 范数计算结果为 1.469×10^4 K;利用9个数量级的初始相对迭代收敛标准在 L_2 范数中递减的规律,我们可得 $10^{-9} \times 1.469 \times 10^4 = 1.469 \times 10^{-5}$ K 为初始的 L_2 范数标准。

根据步骤3:根据三种网格 21×21、31×31 和 46×46 上的解计算 q_W 观测精度;根据这三种解获得的 q_W 数值分别为 -270.260 295 374 W、-270.477 983 330 W、-270.575 754 310 W。利用这些值和式(13-26),结果为 $p_0 = 1.974$。

根据步骤4:$p_0 = 1.974$ 满足式(13-27),因此,步骤4中的试验符合要求。

根据步骤5:利用式(13-28)、31×31 和 46×46 网格上的解以及 1.974 的观测精确度,在 46×46 网格上计算 q_W 相对离散误差;计算的相对离散误差为 $-3.121\,4 \times 10^{-4}$;利用式(13-29),根据 Richardson 外推法计算的收敛解估计值为 -270.660 237 711 W;该

结果为 46×46 网格解 0.084 48 W 对应的估计离散误差。

根据步骤 6:鉴于该相对离散误差小于误差标准 1×10^{-3},因此步骤 6 中的试验符合要求。

根据步骤 7~步骤 10:图 13-13 所示为左轴温度残差 L_2 的迭代收敛,以及右轴 q_w 的相对迭代误差。相比第一次迭代计算的 L_2 范数大小,该参考解在 12 个数量级上进行收敛。第一次收敛的 L_2 范数为 1.469×10^4 K;利用参考解和式(13-30)计算 q_w 的相对迭代误差;利用图 13-13,我们可从左至右将相对迭代误差标准 1×10^{-5} 映射至残差的 L_2 范数,得到值为 2.2×10^{-5} K;鉴于 L_2 范数的该值大于步骤 2 中 L_2 范数的标准(1.469×10^{-5} K),因此步骤 10 中的试验满足要求;L_2 范数的数值 1.469×10^{-5} K 之后可映射回 q_w 相对迭代误差 0.64×10^{-5}。

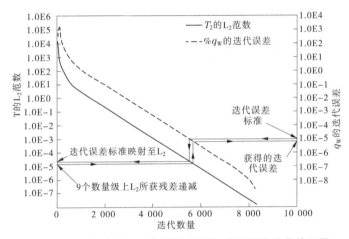

图 13-13　q_w 温度和相对迭代误差的 L_2 范数的迭代收敛记录

通常,采用以下方法单独检查迭代收敛的充分性。步骤 7 满足要求时,我们可计算一系列迭代收敛至更高等级的解。表 13-5 所示为 46×46 网格上 q_w 迭代收敛的不同水平;相比 L_2 范数的初始值,这些解按 4 个数量级到 10 个数量级进行收敛,由此可知,表第 4 列和第 5 列(计算的相对离散误差和观测精确度)在正确值处并不稳定,直至解收敛至至少 8 个数量级。换言之,解收敛至少 8 个数量级以前,迭代误差和离散误差之间存在相互作用,从而得到错误的计算离散误差和观测精确度。此等错误的观测精确度在有关文献中确实出现过。

表 13-5　46×46 网格上 q_w 的迭代收敛水平

L_2 范数的数量级	收敛的 L_2 范数	收敛迭代次数	计算的相对离散误差	观测精确度
4	1.469×10^0	1 250	1.266×10^{-2}	-0.592
5	1.469×10^{-1}	2 135	-1.049×10^{-3}	1.136
6	1.469×10^{-2}	3 021	-3.595×10^{-3}	1.864
7	1.469×10^{-3}	3 907	-3.166×10^{-3}	1.963
8	1.469×10^{-4}	4 793	-3.125×10^{-3}	1.973
9	1.469×10^{-5}	5 679	-3.121×10^{-3}	1.974
10	1.469×10^{-6}	6 565	-3.121×10^{-3}	1.974

　　回顾上述阶梯式法和图 13-13 所示的结果,可知该方法获得的结果与表 13-5 所示的收敛结果一致;例如,根据表 13-5 所示结果,要求相对迭代误差标准应为相对离散误差标准的 1/100 被认为是合理的。虽然这一示例中所用的迭代误差标准为相对离散误差标准的 1/10,但在迭代误差和离散误差明显相互作用的边缘,这种说法也可能正确。

　　根据步骤 11:根据步骤 5 汇总,我们在 46 × 46 网格上使用估计的离散误差得到 U_S = 0.084 48 W。根据步骤 10,我们在 q_w 使用相对迭代误差值 0.8 × 10^{-5},计算 U_I = −0.001 73 W。尽管这些值相对第 13.2.3 节所述的估计模型不确定性很小,但仍将纳入下一节,继而估计模拟的总体预测不确定性。

13.4　步骤 4:估计输出不确定性

　　图 13-14 所示概述了估计输出不确定性的方法。在此,我们着手讨论所关注环境的技术参数,识别所关注情景,描述不确定输入,通过模型传播不确定输入,以及产生所关注 SRQ 向量 $\vec{y}$。虽然可能存在与特殊环境和特殊情景相关的概率,但对于我们目前的目的而言,我们将忽略这些概率。在此,我们关注的是输入不确定性、模型不确定性、数值解不确定性如何结合影响 $\vec{y}$;假设 $\vec{y}$ 为所有不确定输入量向量,m 为向量中不确定单元的数量,我们可得

$$\vec{x} = \{x_1, x_2, \cdots, x_m\} \tag{13-31}$$

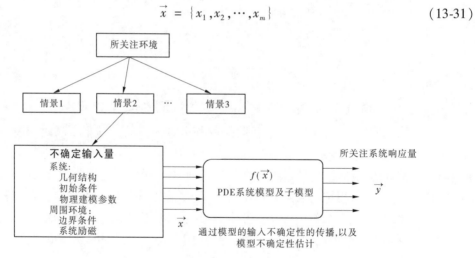

图 13-14　获得不确定系统响应量的不确定性来源示例

　　假设 $f(\vec{x})$ 表示不确定输入量上模型的依赖性;$f(\vec{x})$ 也可认为是输入不确定性至输出不确定性的映射函数;如果 $f(\vec{x})$ 有多个模型,那么输入不确定性到输出不确定性就有多个映射。在此,我们通常假设模型的所有输出不确定性都是不确定的;鉴于系统和环境模型中输入不确定性、模型不确定性和数值解不确定性出现的方式不同,因此在正常情况下需单独进行处理。测定输入不确定性 $\vec{x}$ 对响应量 $\vec{y}$ 的影响被称为输入不确定性的传播。

　　传播输入不确定性至输出不确定性的方法许许多多,但分别在 UQ 分析内对其进行一一讨论却不在本书之列,如需各种方法的详细讨论,请参见 Morgan 和 Henrion (1990)、Cullen 和 Frey (1999)、Melchers (1999)、Haldar 和 Mahadevan (2000a)、Ang 和 Tang

（2007）、Choi 等（2007）、Suter（2007）、Rubinstein 和 Kroese（2008）以及 Vose（2008）。如之前所述，描述输入不确定性 $\vec{x}$、模型不确定性以及在 SRQ 描述不确定性 $\vec{y}$ 时使用概率界限分析（PBA）。据我们所知，唯一能够通过任意模型（即黑匣子）传播偶然因素造成的不确定性和主观尝试造成的不确定性的方法是 Monte Carlo 抽样法；针对非黑匣子的非常简单的模型而言，我们可分别在模型内对数学运算编程，然后再传播输入不确定性，继而获得输出不确定性（Ferson，2002）。本方法在适用性上非常有限，因此我们将只讨论 Monte Carlo 抽样法。

13.4.1　输入不确定性的 Monte Carlo 抽样

Monte Carlo 法大约在一个世纪以前就开始使用，但只在过去半个世纪才得以盛行。它们被用在许多数学计算和物理计算中。Monte Carlo 抽样（MCS）有很多变体，每种变体都用于特殊目的从而提高效率（Cullen 和 Frey，1999；Ross，2006；Ang 和 Tang，2007；Dimov，2008；Rubinstein 和 Kroese，2008；Vose，2008）。所有 Monte Carlo 法的关键特征都是反复对输入进行随机抽样从而对所关注数学算子进行求解。如图 13-14 所示，我们写作

$$\vec{y} = f(\vec{x}) \tag{13-32}$$

假设 $\vec{x}^k$ 表示输入向量 $\vec{x}$ 所有分量的随机样本，$\vec{y}^k$ 为使用随机样本 $\vec{x}^k$ 求解后的响应量；那么，针对样本数量 N，式（13-32）可写成

$$\vec{y}^k = f(\vec{x}^k) \quad k = 1,2,3,\cdots,N \tag{13-33}$$

简单或基本 MCS 的关键假设可陈述为："给定偶然因素造成的和主观尝试造成的输入不确定性的一组随机样本 N，我们可对模型非确定相应做出强大的统计报表"。没有任何假设针对：①模型输入不确定结构的特征，如参数化还是非参数化、偶然因素造成的还是主观尝试造成的、相关的还是非相关的；②模型特征，如模型中是否要求平滑度或规则性。MCS 内唯一的问题是有关系统响应的统计报表的性能取决于所获样本的数量。如果 $f(\vec{x}^k)$ 的数值求解成本昂贵，那么我们就只能针对系统响应处理不太精确的统计陈述；或者，必须简化模型或忽略不重要的子模型，从而承担所需数量的样本。然而，高度并行计算的使用将缓和 MCS 的计算缺陷；随着在单片机上设计多个计算核心的桌上型电脑系统的使用，这将变成现实；所有函数求解 $f(\vec{x}^k)$ 均可并行完成。

一些提出新方法将输入不确定性传播至输出不确定性的学术研究人员因为求解 $f(\vec{x}^k)$ 的昂贵费用，对任何 MCS 形式都是百般挑剔。人们提出的其他方法如随机展开的使用，即随机多项式展开和 Karhunen-Loeve 变换（Haldar 和 Mahadevan，2000b；Ghanem 和 Spanos，2003；Choi 等，2007），这些方法都能快速收敛，最有发展潜力。但是，许多这种方法都要求使用前在本质上修改求解 $f(\vec{x}^k)$ 的计算机代码，即将这些方法写入代码。在学术练习或专门应用中，这种方法确实可行，但在实际系统的复杂分析中，代码可能成百上千行，可能已沿用数十年，并且很多代码都依次执行，因此这种方法就完全不切实际。此外，重要的是新方法还不能处理主观尝试造成的不确定性。通常，模型的选择、方法的稳定性以及处理偶然因素造成的和主观尝试造成的不确定性的能力都使 MCS 能够几十年来用于 UQ 分析。

13.4.1.1　偶然因素造成的不确定性的 Monte Carlo 抽样

　　MCS 的初步讨论将只处理偶然因素造成的不确定性输入,即精确的概率密度分布函数或 CDF 给出了偶然因素造成的不确定性输入。图 13-15 描述了 MCS 内系统三种不确定输入(x_1、x_2、x_3)产生一种不确定输出 y 的基本概念。第一步是在 0 和 1 之间绘制均匀抽样的随机偏差。图 13-15 所示为如何将这些样本用于概率轴,从而根据描述每个输入量的特定 CDF 产生随机偏差$(x_1,x_2,x_3)^k$;分别使用随机偏差求解函数 f,从而计算 y;使用大量随机偏差进行函数求解后,$k=1$、2、3、$\cdots$、N,我们就能构建经验 CDF,如图 13-15所示。

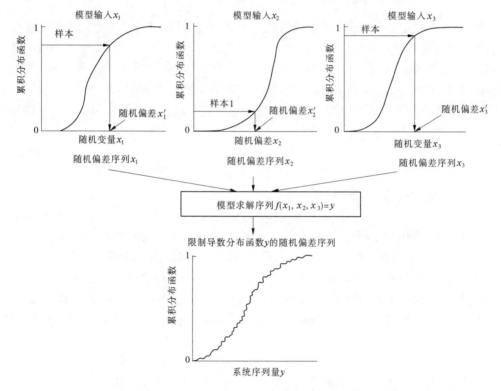

图 13-15　三种不确定输入和一种不确定输出的 MCS 原理

　　图 13-16 所示流程图更详细地提供了针对无关不确定输入过程中不同步骤中的内容。假设不确定偶然因素造成的输入数量为 α,余下的不确定输入 $(m-\alpha)$ 为主观尝试造成的不确定性。下面,将针对基本的 MCS 步骤分别进行说明。

　　步骤 1:生成 N 伪随机数的 α 个序列,分别代表不确定偶然输入。考虑到序列之间必须相互独立,因此每个序列必须使用不同的伪随机数(PRN)产生器来源或一个序列的连续。通常,大多数 PRN 产生器的数值范围为 0~1。

　　步骤 2:从 PRN 每个序列中选择一个单独的数,创建一个长度 α 的数字数组,即从 PRN 第一个序列中选择一个数,从第二个序列中选择一个数,以此类推直至创建好长度 α 的数组。序列中的数字一旦被使用,该数字就不能再次使用。

　　步骤 3:步骤 2 数组中的每一个数都被视为从范围(0,1)内均匀分布中抽取的。统计

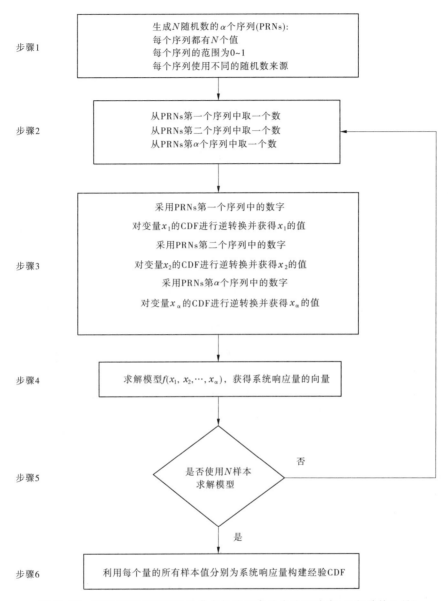

图 13-16　简单 MCS 流程图(只带有偶然因素造成的不确定,无相关输入量)

学上的概率积分变换定理利用每个不确定偶然输入的 CFD 来映射均匀分布,从而获得不确定输入的数值(Angus,1994;Ang 和 Tang,2007;Dimov,2008;Rubinstein 和 Kroese,2008)。换言之,给定分布 F 以及 0 到 1 之间的均匀随机值 u,值 $F^{-1}(u)$ 将为根据 F 分布的随机变量,这就是所谓的随机变量根据分布进行分布。本步骤结果分别为根据输入 1、2、3、$\cdots$、α 的给定分布 α 模型输入量 $(x_1,x_2,\cdots,x_\alpha)$ 的一个数组。图 13-15 顶图描述的就是该步骤过程。

步骤 4:利用数组 $(x_1,x_2,\cdots,x_\alpha)$ 作为输入求解数学模型。通过求解 PDE 以及所有 ICS、BCS 和系统励磁,继而计算 SRQ 数组 $(y_1,y_2,\cdots,y_n)$。

步骤 5:测试是否所有 N PRN 都用于求解数学模型。如果不是,则返回到步骤 2;如果是,则转到步骤 6。

步骤 6:分别构建 SRQ 数组$(y_1,y_2,\cdots,y_n)$单元的经验 CDF。利用 Monte Carlo 模拟中的样本构建经验 CDF,经验 CDF 的横坐标为 SRQ 观测(抽样)值 y_i,纵坐标为小于或等于 y_i 的所有样本数值的观测累积概率;y_i 从最小到最大排序。构建的经验 CDF 为非递减式阶梯函数,垂直步长 $1/N$ 不变,式中,N 为 MCS 样本量;阶梯的位置对应 y_i 观测值;样本 $y^k,k=1,2,3,\cdots,N$ 的分布为

$$S_N(y) = \frac{1}{N}\sum_{k=1}^{N} I(y^k,y) \tag{13-34}$$

式中

$$I(y^k,y) = \begin{cases} 1,y^k \leqslant y \\ 0,y^k > y \end{cases} \tag{13-35}$$

$S_N(y)$ 为数据集中数据值小于或等于 y^k 的部分。由式(13-34)明显可知,N 经验样本总数累积的总体概率质量为 1;经验 CDF 的一个示例如图 13-15 底图所示。

很多有关实际分析的重要 MCS 话题在图 13-15 和图 13-16 中并未得以解决,其中两个将在此简要论述,但读者可查阅以下参考文件,了解相关细节(Cullen 和 Frey,1999;Ross,2006;Ang 和 Tang,2007;Dimov,2008;Rubinstein 和 Kroese,2008;Vose,2008)。首先,各种不确定输入之间可能存在某种类型的相关或相依结构;如果二者(或更多)之间存在相关结构,这表示其中一个在统计学上与另外一个相关。例如,假设我们认为导热系数和导电系数均存在不确定性;对大多数材料而言,导热系数和导电系数密切相关。如果二者(或更多)之间存在相关结构,那么我们就可以声称其中一个与另外一个存在因果关系,如设备操作员还剩余多少时间与设备操作期间所犯误差的可能性之间的依存性较高;通常,相关或相依结构的测定错综复杂,原因在于该任务基于大量的实验数据以及对被测量之间位置关系的理解;如果相关或相依结构被量化时,应在步骤 3 中进行说明。

其次,根据不同因素,计算统计响应量所需的 Monte Carlo 样本。最重要的是所关注概率值。Ang 和 Tang(2007)给出的 MCS 抽样误差估计值为

$$P = 200\sqrt{\frac{1-P}{NP}} \tag{13-36}$$

式中:P 为所关注概率值。由此可知,平均值收敛最快,而低概率事件收敛较慢。例如,如果所需概率为 0.01,那么往往需要 100 000 个样本来确保误差小于 6%。然而,应该强调的是,Monte Carlo 样本的一个重要优势是收敛率并不取决于不确定量或其方差。

可用方差减缩技术提高 MCS 收敛率(Cullen 和 Frey,1999;Helton 和 Davis,2003;Ross,2006;Dimov,2008;Rubinstein 和 Kroese,2008)。这种技术可调节输入量的随机样本,从而使输出分布的某些特征更快收敛。众所周知的技术有 Monte Carlo 分层抽样或拉丁超立方体抽样(LHS)。LHS 将逆转换法使用的均匀分布分成均等的概率区间,通常假设区间数量等于计算的样本数量;在所有区间内,使用 PRN 产生器获得每个区间单独的随机数,进而在每个区间中获得随机样本。LHS 通常比单个 MCS 收敛较快,因此成为最常用的抽样法。针对较小数量的不确定量如小于 5,LHS 收敛率远超单个 MCS。就任何不确定量而言,Dimov(2008)认为:

$$\% \text{ error in } P \sim N^{-3/2} \tag{13-37}$$

现代风险评估软件包特征错综复杂,如处理相关性、独立性以及抽样中不同的方差缩减法。部分软件包如 SAS 公司的 JMP 和 STAT、Frontline Systems 有限公司的 Risk Solver、StatSoft 公司的 STATISTICA、Palisade 软件的@ Risk 以及 Oracle 公司的 Crystal Ball。

13.4.1.2　合并偶然因素造成的和主观尝试造成的不确定性的 Monte Carlo 抽样

修改简易的 Monte Carlo 程序去处理主观尝试造成的不确定性相当简单。回顾主观尝试造成的不确定输入$(x_{\alpha+1}, x_{\alpha+2}, \cdots, x_m)$,我们假设每个区间都给定一个量,即区间内没有可信结构或知识结构。建模过程中,通常出现两类主观尝试造成的不确定性:第一,系统及环境物理特征建模中产生的主观尝试造成的不确定性,如几何特征、物理建模参数(如材料特性)和边界条件(如系统上的压力载荷)。第二,偶然因素造成的不确定性描述中产生的主观尝试造成的不确定性,最常见的是把一系列分布参数定义为区间。比如,假设我们利用三参数伽马分布对材料特性的制造可变性进行建模,其中,每个参数都定义为一区间。分布的三个参数分别为数组单元$(x_{\alpha+1}、x_{\alpha+2}、\cdots、x_m)$。伽马分布的不确定性结构为所有可能伽马分布集,其参数分别在参数的指定区间内。

鉴于主观尝试造成的不确定性在区间内无任何结构,因此我们在区间值量范围内可用基本的 MCS,其过程与上述偶然因素造成的不确定性过程相同。但是,必须强调的是,区间抽样在如何处理说明这些样本方面有着本质的不同;样本分别表示主观尝试造成的不确定量的可能结果,不存在与这些样本相关的可能性或概率,这与偶然因素造成的不确定性的样本截然相反。因此,对当前偶然因素造成的不确定性和主观尝试造成的不确定性抽样的关键是分离主观尝试造成的不确定性样本和偶然因素造成的不确定性样本,这就是 PBA 的本质。

为了实现这一点,我们构建了一种双环抽样结构,外环为主观尝试造成的不确定性抽样,而内环为偶然因素造成的不确定性抽样;有人认为 LHS 对主观尝试造成的不确定性抽样(外环)比单个 MCS 还快,原因在于 LHS 偏向于把样本按区间值量进行分区(Helton 和 Davis,2003;Helton 等,2005b、2006;elton 和 Sallaberry,2007)。图 13-17 所示为双环抽样法流程图,该流程图被描述成如果只有唯一一个 SRQ,那么任何数量的 SRQ 都可使用相同的方法。下文将针对该法的每个步骤进行简要说明。

步骤 1:选择样本数量 M,用于对主观尝试造成的不确定性进行抽样。考虑到主观尝试造成的不确定性的区间特性,因此其抽样结构为一种组合设计;使用 LHS 时,M 必须足够大,确保所有主观尝试造成的不确定性组合范围能够映射至 SRQ。根据 Ferson 和 Tucker(2006)、Kreinovich 等(2007)以及 Kleb 和 Johnston(2008),我们建议每个主观尝试造成的不确定性以及剩下的所有主观尝试造成的不确定性至少采用三个 LHS 样本。根据$(m-\alpha)^3+2$ 给定建议中最小样本数量的近似值,式中,$(m-\alpha)$ 为主观尝试造成的不确定性数量。如果$(m-\alpha)$ 不是非常大,那么建议的最小样本数量应能够应付计算。Sallaberry 等(2008)认为可以反复进行 LHS 抽样,从而检测抽样结果对样本数量的敏感性。重复抽样法就是计算多个样本集,其中,每个样本集具有不同的伪随机数(PRN)产生器来源。Kreinovich 等(2007)建议使用基于 Cauchy 偏差的抽样法来代替 LHS 抽样。尽管 LHS 抽样为如图 13-17 所示,但也可与 Sallaberry 等(2008)和 Kreinovich 等(2007)的方法合并。

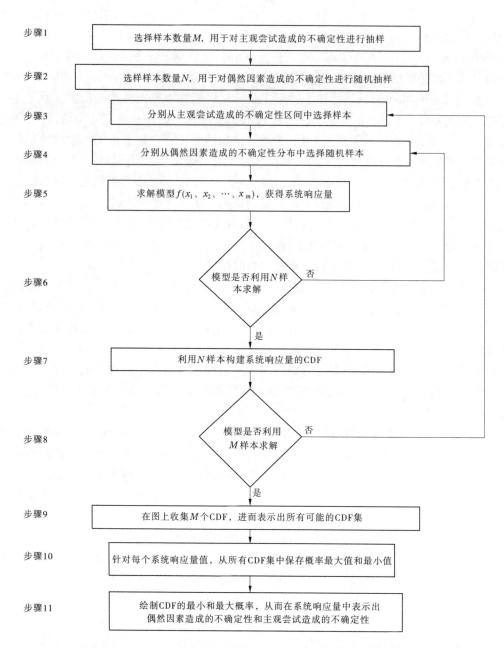

图 13-17　具有偶然因素造成的不确定性、主观尝试造成的不确定性以及无相关输入量的 MCS 流程

步骤 2：选择样本数量 N，用于对偶然因素造成的不确定性进行随机抽样。根据 SRQ 所关注的分位数，所需样本数量可能非常大，如前所述。

步骤 3：分别从主观尝试造成的不确定性区间中选择一个样本。使用 LHS 抽样时，每个主观尝试造成的不确定性层级数量都应设置为 M。此外，针对每一个层级，我们推荐使用均匀分布把随机样本映射在概率轴上，从而获得主观尝试造成的不确定性的随机偏差。

　　另外一种有效方法是要求抽样的主观尝试造成的不确定性的端点,即针对区间端点上的每一个层级,我们不采用均匀抽样而选择区间端点。这种技术确保在区间整个范围内都对主观尝试造成的不确定性进行抽样,与 LHS 样本数量无关。

　　步骤4:分别从偶然因素造成的不确定性分布中选择一个随机样本。LHS 同样可用于偶然因素造成的不确定性抽样,尤其是存在少量偶然因素造成的不确定性时。偶然因素造成的不确定性的层级数量应设置为 N。

　　步骤5:利用完整的抽样值数组 $(x_1,x_2,\cdots,x_m)$ 求解数学模型并计算 SRQ。

　　步骤6:测试是否所有的偶然因素造成的不确定性样本 N 都用于求解数学模型。如果否,则返回到步骤4;如果是,则执行步骤7。

　　步骤7:根据偶然因素造成的不确定性观测(抽样)值 N 构建 CDF。

　　步骤8:测试是否所有主观尝试造成的不确定性样本 M 都用于求解数学模型。如果否,则返回到步骤3;如果是,则执行步骤9。

　　步骤9:在图上收集 M 个 CDF,进而表示出所有可能的 CDF 集合。每一个 CDF 都表示 SRQ 可能的分布结果。

　　步骤10:就每个 SRQ 观测值而言,从所有 CDF 集中保存概率的最大和最小值。

　　步骤11:在所观测 SRQ 范围内绘制最小和最大 CDF。本图表示了所有观测 SRQ 可能的概率范围,也可称之为概率盒,因为它表示了 SRQ 的区间值概率。即,给定描述不确定输入量的信息,系统响应的概率范围并没有缩小。

　　图 13-18 为系统响应量中主观尝试造成的不确定性较大时的概率盒样本。任何 SRQ 值都只能测定一种区间值概率;同样,任何概率值也都只能测定一种区间值响应。因此,这类数学结构也常称为不精确的概率函数。然而从某种意义上讲,这一术语暗示了概率的模糊或失真,并给出了错误的解释。概率盒所示概率与输入量给定信息一样精确,界限也一样的小。

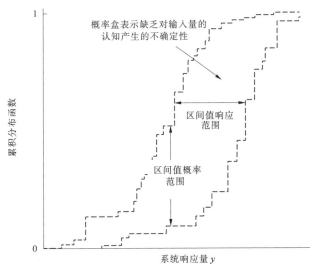

图 13-18　主观尝试造成的不确定性较大时,系统响应量获得的概率盒示例

　　决策者提供分离偶然因素造成的不确定性和主观尝试造成的不确定性的信息时,如

图 13-18 所示,可以采取更开明和更好的决策。例如,如果系统响应主要为主观尝试造成的不确定性,那么决策者必须增强更多知识或限制主观尝试造成的不确定性界限,从而减少响应不确定性;如果已执行相同的 Monte Carlo 分析并假设每一种主观尝试造成的不确定性表示一种概率分布,那么获得的 CDF 图形就会靠近概率盒中心,如图 13-18 所示,这将向决策者展现一种完全不同的不确定性图片。把区间表示为均匀分布在认知上存在两种不合理变化:①输入量为随机变量,而非唯一量,为未知值;②未知量的所有可能值都可能相等。

在图 13-18 中,我们应该注意,上方概率曲线和下方概率曲线在趋势上都可能发生相对明显的变化,这种趋势变化在概率盒边界内较为常见,原因在于边界表示的是系统所有可能 CDF 的最小值和最大值。例如,系统某一区域内,特定 CDF 可表示最大值,但在稍微不同的响应内,另外一种不同的 CDF 可能为最大值。换言之,概率盒边界在单个可实现或可能的 CDF 之间往往有多种情形。如果响应中主观尝试造成的不确定性主要为一个或两个主观尝试造成的不确定输入量,那么较少发生此类情形。

最后,总结有关 MCS 或 LHS 的潜在优点。随机样本来源于 $\{x_1,x_2,\cdots,x_m\}$ 的更宽范围时,那么 $\{x_1,x_2,\cdots,x_m\}$ 就有多种不同组合;即,在系统模拟中,没人可以想到 $\{x_1,x_2,\cdots,x_m\}$ 的组合,原因在于它们不可能正常出现或甚至在物理位置上不可能正常出现。许多 UQ 分析人员认为如果把这些输入上的异常组合用于代码,代码也将崩溃。对这些代码进行研究时,通常发现原因在于代码漏洞,而这种漏洞在任何 SQE 测试中从未发现。这当然与许多代码提出人员的经验相似:"如果你想找到代码漏洞,可让一新用户来运行"。

13.4.2　输入不确定性、模型不确定性以及数值不确定性的组合

如何组合输入不确定性、模型不确定性和数值解不确定性是一个开放性的研究课题,存在大量争议。事实上,很多研究人员和风险分析人员:①忽略模型不确定性和数值不确定性的量化;②忽略如何组合输入不确定性、模型不确定性和数值不确定性这一问题,原因在于这一问题面临诸多困难和争议;③避免直接处理这一问题,使用模型输入更新和模型参数获得模型和测量之间的良好一致性,而无视模型不确定性和数值不确定性。与此同时,我们继续强调直接处理系统响应预测中不确定性的重要性。

虽然模型不确定性和数值不确定性属于完全不同类别,但二者却极难处理,因为我们总是认为使用更精细的物理模型和更强大的计算机能够对其消除。项目主管及决策者往往没有时间去对模型和数值进行改进,而是必须做出决定并继续向前。事实上,复杂模型模拟中,模型不确定性通常主要是风险指引决策的不确定性。

我们提出了合并模型不确定性和输入不确定性的两种方法:第一种方法是使用第 12 章所述的确认指标估计模型不确定性;然后,使用 Oberkampf 和 Ferson(2007)、Ferson 等(2008)近期工作提出的方法合并模型不确定性估计值和输入不确定性。第二种方法是利用所关注系统的备选可信模型试着量化模型不确定性和输入不确定性的组合(Morgan和 Henrion,1990;Cullen 和 Frey,1999;Helton 等,2000;Helton,2003;NRC,2009)。这种方法虽然已提出了几十年,但风险分析人员却很少使用,原因在于开发多种所关注系统模型以及计算这些模型的其他模拟需要大量的金钱和时间。只有在高风险系统的大规模风

险评估中,才会认真研究替代的可信模型。

数值解不确定性的归纳方法将于最后一节进行讨论,这种方法也可用于其他模型不确定性和输入不确定性合并方法中。

13.4.2.1 输入不确定性和模型不确定性的组合

模型不确定性的根本原因是缺乏模型预测知识,因此应表示成主观尝试造成的不确定性。如果确认指标参照所关注 SRQ 的物理单位进行描述,那么我们认为模型不确定性和输入不确定性最有效的组合方式是把模型不确定性加入表示输出不确定性的概率盒。所谓加入,是通过估计的模型不确定性增加输出概率盒(映射偶然因素造成的和主观尝试造成的输入不确定性至输出时产生的)的横向伸展;即,针对每一个累积概率数值,模型不确定性都将根据估计的模型不确定性标志从概率盒左侧减去和/或加上概率盒右侧;如果输入不确定性只是偶然因素造成的,那么输出不确定性将为单独 CDF,即概率盒退化情况。从左侧减去和加上右侧都只针对 SRQ 给定确认指标的情况。

通过在左右侧展开概率盒,我们就可视模型不确定性为区间量。该方法完全等价于加入单个区间,并且针对区间不同来源之间的依赖性没有任何假设。两种确认指标法都在第 12 章提出,置信区间法和面积指标法可以这种方式使用,原因在于二者都是根据 SRQ 维量单位的误差测量。如果确认中使用假设检验,那么就不是根据 SRQ 的误差测量,而是表示计算和实验之间可能一致性的概率测量。如果确认中使用贝叶斯更新,那么其模型形态不确定性被假设为 0 或结合输入参数和模型参数分布的更新进行估计。选择后者时,参数分布更新与模型不确定性估计密切相关,因为二者同时计算。

无论采用置信区间法还是面积指标法,我们都需在模型使用条件下(即所关注应用条件)量化模型不确定性。这种条件或条件集可能在确认域内侧或外侧。应用条件在确认域内侧时,我们可能会想到使用确认指标函数作为插值函数;应用条件位于确认域外侧时,我们可外推确认指标函数至所关注条件。本节中,我们只考虑使用置信区间法估计模型不确定时输入不确定性和模型不确定性的组合。第 13.7.3.1 节中,我们将考虑使用面积指标估计模型不确定性时输入不确定性和模型不确定性的组合方法。

置信区间法是相当简单的,原因有三:第一,只针对单个输入参数或控制参数估计模型不确定性;模型存在其他输入时,针对其他输入的模型不确定性假设不变。第二,模型不确定性基于实验测量平均值和模拟结果之间的差异;第三,该方法自动构建确认指标函数。这些简单化,尤其是前两点,同样也约束了该方法的适用范围。

回顾第 12 章第 12.4 节~第 12.7 节,我们有

$$d(x) = \widetilde{E}(x) \pm CI(x) \tag{13-38}$$

式中:$d(x)$ 为确认指标函数,$\widetilde{E}(x) = \bar{y}_m(x) - \bar{y}_e(x)$ 为估计的模型误差平均值,$\bar{y}_m(x)$ 为模型预测平均值,$\bar{y}_e(x)$ 为实验测量平均值,$CI(x)$ 为实验数据置信区间。$CI(x)$ 根据实验数据平均值定义,$\bar{y}_e(x)$;式(13-38)在所关注应用点可写成区间 x^*。

$$(\widetilde{E}(x^*) - CI(x^*), \widetilde{E}(x^*) + CI(x^*)) \tag{13-39}$$

注意:虽然模型与实验数据完全匹配,即 $\bar{y}_m(x^*) = \bar{y}_e(x^*)$,但 $d(x)$ 仍然由区间 $(-CI(x^*), +CI(x^*))$ 确定。

针对第 12.7 节所述的非线性回归示例,我们发现置信区间并不关于 $\bar{y}_m(x)$ 对称。这种情形下,我们将简单地对上下置信区间进行平均,从而获得式(13-39)中使用的平均值。计算置信区间使用的置信水平由分析人员决定和/或使用模拟结果的客户所需。通常,选择的置信水平为 90% 或 95%。注意,置信水平在 90% 以上时,$CI(x)$ 大小随置信水平的增加而快速增大。

置信区间法针对回归函数的灵活性很大,因此我们希望使用其表示实验数据平均值 $\bar{y}_e(x)$。可用数据足够或模型计算的数据足够时,就可以内插值替换模型预测 $\bar{y}_m(x^*)$。假设 x_l 为确认数据下限值,x_u 为上限值,如果 $x_l \leq x^* \leq x_u$,我们就可使用 $\bar{y}_e(x^*)$ 回归函数作为内插值替换实验数据并计算的 $CI(x^*)$,我们将率先考虑这种情形。

考虑式(13-39)如何与表示预测 SRQ 不确定性的概率盒结合,其中不确定性仅由不确定输入产生。为了诠释这一概念,我们将概率盒简化为 SRQ 连续的 CDF。然而,这一概念同样适用于:①输入内主观尝试造成的不确定性产生的概率盒;②根据有限数量的模型求解样本构建的经验分布函数(EDF)。

图 13-19 所示为 $\widetilde{E}(x^*) > 0$ 时,式(13-39)如何用于在 CDF 左侧增加不确定性。模型不确定性的增加不仅取决于估计的模型误差,还取决于实验数据的不确定性。因此,CDF 左侧总位移为

$$\widetilde{E}(x^*) + CI(x^*) \tag{13-40}$$

如果

$$\widetilde{E}(x^*) + CI(x) < 0 \tag{13-41}$$

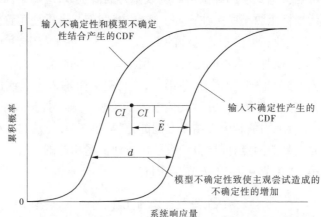

图 13-19　因模型不确定性在 SRQ 分布左侧增加不确定性的方法

则左侧位移为 0,原因在于主观尝试造成的不确定性不能为负。CDF 整个范围内(即 x^* 处所有系统响应),位移大小是一定的。由图 13-19 可知,即便系统响应量为纯偶然输入不确定性造成的、纯粹偶然的,组合的输入不确定性和模型不确定性产生的响应仍然为概率盒。概率盒可由两种不同方式进行正确说明:首先,针对分布任何位置上一定的系统响

应,组合不确定性现在都是区间值概率;其次,针对固定的累积概率,组合不确定性现在都是区间值响应。

CDF 右侧位移验证了一种类似说法。如果输入不确定性包含偶然因素造成的不确定性和主观尝试造成的不确定性,那么 CDF 左侧位移方程和右侧位移方程或概率盒方程都可进行证明:

$$d_{\text{left}} = \begin{cases} [\bar{y}_m(x^*)]_{\text{left}} - \bar{y}_e(x^*) + CI(x^*) & [\bar{y}_m(x^*)]_{\text{left}} - \bar{y}_e(x^*) + CI(x^*) \geqslant 0, \\ 0 & [\bar{y}_m(x^*)]_{\text{left}} - \bar{y}_e(x^*) + CI(x^*) < 0 \end{cases}$$

(13-42)

$$d_{\text{right}} = \begin{cases} |[\bar{y}_m(x^*)]_{\text{right}} - \bar{y}_e(x^*) - CI(x^*)| & [\bar{y}_m(x^*)]_{\text{right}} - \bar{y}_e(x^*) - CI(x^*) \leqslant 0, \\ 0 & [\bar{y}_m(x^*)]_{\text{right}} - \bar{y}_e(x^*) - CI(x^*) > 0 \end{cases}$$

(13-43)

式中:$[\bar{y}_m(x^*)]_{\text{left}}$ 为概率盒左侧边界预测 SRQ 的平均值;$[\bar{y}_m(x^*)]_{\text{right}}$ 为概率盒右侧边界的平均值。如果模型过高预测了实验,那么概率盒左边比右边偏多;如果模型过低预测了实验,那么概率盒右边比左边偏多。由此可知,当以下式为真时,系统响应概率盒横向伸展上的增加从左至右都是对称的:

$$[\bar{y}_m(x^*)]_{\text{left}} = [\bar{y}_m(x^*)]_{\text{right}} \text{ 并 } [\bar{y}_m(x^*)]_{\text{left}} = \bar{y}_e(x^*) \qquad (13\text{-}44)$$

这种情形中,左右增加量与实验数据置信区间的大小相等。

如果必须在确认域外使用外推法才能获得所关注应用条件,那么通常我们不应该对函数 $d(x)$ 本身使用外推法,原因在于 $d(x)$ 相比三个单独函数 $\bar{y}_m(x)$、$\bar{y}_e(x)$、$CI(x)$ 特征更加复杂。我们建议在 $\bar{y}_e(x)$ 和 $CI(x)$ 的最小二乘法拟合中使用一次多项式或二次多项式;低次多项式可能并不能捕捉到 $\bar{y}_e(x)$ 和 $CI(x)$ 的详细特征,但在外推法上却更可靠,因为低次多项式自由度往往少于 $\bar{y}_e(x)$ 和 $CI(x)$。注意:$CI(x)$ 外推法仅涉及一种函数的外推法,因为置信区间在 $\bar{y}_e(x)$ 周围是对称的。提高低次多项式最小二乘法拟合并捕捉外推法重要趋势的一种方法是仅对实验数据范围内的一部分进行拟合;我们不是使用回归函数来推断模型预测 $\bar{y}_m(x^*)$,而是使用模型来计算数值。计算低次多项式推断 $\bar{y}_e(x)$ 和 $CI(x)$,并求解 $\bar{y}_m(x^*)$ 后,式(13-42)和式(13-43)就可用于计算 d_{left} 和 d_{right}。

应该指出的是,需要使用模型外推法时,通常在此提出的模型不确定性估计值就是一种回归推断;即,模型不确定性外推法精度并不是取决于模型精度,而是取决于模型观测不确定性外推法的精度;但模型预测精度基于物理现象保真度以及模型假设的可靠性,即预测能力。

Rutherford (2008)最近提出了不基于回归的不确定性外推法。这种方法对输入量采用非欧几里德空间概念,从而预测系统响应不确定性。这种方法耐人寻味,原因在于它并不取决于输入量为简单参数(即模型不确定性结构外推法的连续变量)的概念。

13.4.2.2　利用备选可信模型估计模型不确定性

确认域内实验数据较少或在相同条件下没有数据与系统密切相关时,需要使用大量模型外推法。估计模型不确定性的第二种方法是比较备选可信模型的预测,也称为对立模型法。这种方法简单易行,但却因需要时间和金钱为系统开发大批模型而不常用。需要大量使用模型外推法并使用该方法替代确认指标结果外推法的重要示例有两类:第一,预测未来复杂过程的模型必须使用特殊的外推法,典型示例是核废料的地下储藏和全球气候变化建模。这类系统模型都需试图对未来成百上千的物理过程进行预测,而这些物理过程都鲜有人知,对其环境(如 BC)就更是知之甚少。第二,存在系统需要模型预测,尤其是不能测试的系统或事件图的失效模式,如核电站大规模的失效情景、大型水坝的老化和失效、火山爆发和对周围环境的损坏以及核辐射和恐怖袭击。这些情形的模型外推法可根据确认层级进行考虑,但却苦于数值有限。例如,部分相关实验可以在确认层级的子系统、系统标度模型或替代系统上执行,但却根本不能测试或不能在相关条件下测试完整系统。因此,根据系统或环境描述的参数使用外推法思维模式并不合理,而且还会令人误导。

我们在使用备选可信模型法时,应至少具有两种独立构建的系统模型,然后,分别针对每个模型相同的所关注 SRQ 预测进行比较。方法中未假设任何模型正确,每个模型都只是一种假设的显示写照;对于手头的任务而言,唯一的假设是模型都是合理的且在科学上可以辩护。有些模型可能会存在强烈争议,认为它们比其他模型更可靠,如近期工作的层级建模或多尺度建模和物理建模等(Berendsen, 2007;Bucalem 和 Bathe, 2008;Steinhauser, 2008)。如果强烈认为部分模型置信度高于其他模型,那么可在一定条件下使用较高的置信度模型来校准较低的置信度模型。但是,如果不能为较高置信度模型(物理保真度、系统输入数据、环境输入数据和 VV&UQ)果断做出这种争议,那么应视模型具有均等的置信度。根据不同实验数据集或可能的相同数据集对模型分别进行预测精度评估;模型可能都使用了参数估计或模型参数校准,但其细节并非至关重要。

备选模型使用中最重要的问题是团队的独立性和模型的构建,包括有关周围环境、情景、事件树、失效树以及可能的人与系统互动假设。比较不同团队结果时,常见的是部分团队都会想到影响建模的重要方面及其结果,这是其他团队想不到的。然后,重新构建、改进并可能修正分析进行进一步的比较;比如,研究为什么两种模型不能为简化情景预测相同结果,可能有助于识别盲目主观尝试造成的不确定性,如用户输入误差、输出误差和编码误差等。

这种方法实际上不能提供模型不确定性的估计值,它只指出模型预测是否相似。预测飓风或台风路径时,这种方法非常受新闻媒体欢迎,因为它能表示出各种飓风模型预测的多种路径,有时也称其为飓风路径的 spaghetti 绘图。每个模型的结果应由决策者予以考虑,而不是以任何方式进行平均或组合。有人认为应均等考虑每个模型的结果,且视其为随机变量。方法中视模型不确定性为偶然因素造成的不确定性,好比物理建模误差就是随机过程,这就迫使物理建模的直角轴成为概率理论上的圆孔。

比较备选模型应视为关于模型不确定性的灵敏度分析,而非模型不确定性估计。据我们的经验以及其他曾使用过该模型的人们的经验所知,这种模型极具重要价值,但却常令人苦恼。首次显示备选模型结果,尤其是显示单独工作的分析人员结果时,常出现一重要的惊人指标(Morgan 和 Henrion, 1990;Cullen 和 Frey, 1999)。指标常针对模型假设、比较实验数据和模型校准程序引起大量讨论和争议,这种相互作用有利于改进所有模型。在备选模型比较的第二次迭代中,模型之间常存在更多争议,但并非总是如此。在不考虑一致程度的情况下,我们认为所有结果都应代表决策者的决定。所有来源不确定性一定时,决策者和经理们的责任是决定未来活动,如:①改变系统设计,使系统能够较好地耐受更大不确定性;②限制应用域的作业范围,不得在不可接受的不确定性下运行系统;③决定获得更多实验数据或改进物理建模保真度,从而减少预测不确定性。

13.4.2.3　包括数值解不确定性

如本章之前所述,我们将估计的数值解误差表示为主观尝试造成的不确定性,UN;在此重复式(13-24):

$$(U_N)_{y_i} = |U_I|_{y_i} + |U_S|_{y_i} + |U_T|_{y_i} \quad i = 1,2,\cdots,n \qquad (13-45)$$

式中:U_I 为迭代解不确定性;U_S 为空间离散不确定性;U_T 为时间离散不确定性。与增加模型不确定性概率盒的方法相似,我们考虑分别利用计算的$(U_N)_{y_i}$来扩展特殊 y_i 概率盒的宽度。考虑到没有任何参照条件如模型确认的实验测量等,因此 U_N 在 SRQ 概率盒左右边界上扩展相等,即左边边界向左移动 U_N,右边边界向右移动 U_N。这种包括数值解不确定性在内的方法可用于模型不确定性估计法,即确认指标法和备选可信模型法。

有人会认为 U_N 导致的不确定性增量相比模型不确定性往往较小,应对其忽略。如果我们合理量化 U_N 并且 U_N 确实远小于 d,那么当然可对其进行忽略。据我们经验所知,虽然 U_N 在大部分模拟中不能被量化,但却否认了诸如"我们只使用高阶精度法,因此数值误差很小"或"我们使用了比平常更多的有限单元计算了这一解,因此,这一次远比过去模拟精确"或"与实验数据之间的一致性较好,为什么你觉得很难?"等说法。针对科学上可辩护的模拟而言,必须量化所关注所有 SRQ 关键解的数值解误差,优选为数值上最具疑虑的解。

13.4.3　示例问题:通过固体的热传递

在此,我们继续讨论第 13.1.3 节、13.2.3 节和 13.3.4 节所述示例问题。我们现在关注的是预测通过所关注系统西侧的热传递。如第 13.1.3 节所述,确认实验和系统之间的两种差异为:①确认实验中 T_E 绝不会超过 390 K,而所关注系统获得的东侧温度为 450 K;②确认实验中,北侧经冷却,从而将对流热传递系数 h 设置在适于所关注系统运行的可能范围的中部。在此讨论的预测包含这两种差异产生的不确定性增加量。

13.4.3.1　输入不确定性

两种输入不确定性分别为金属板的导热系数 k 和金属板北侧的对流热传递系数 h;k 的不确定性为纯偶然因素造成的不确定性,由式(13-7)得出;h 的不确定性为纯主观因素造成的不确定性,由式(13-11)得出。根据第 13.4.1 节所述方法,我们利用 MCS 传播 k 的不确定性,并利用 LHS 传播 h 的不确定性。针对金属板 h,我们采用了 10 个样本和 10 个子区间;并且,每个 h 样本有 1 000 个 k 样本。许多分析中,10 000 个样本可能过多,但我们在此采用这一数值是为了获得更好的收敛结果。根据表 13-1,系统剩下的 BC 分别是:$T_W = 450$ K,$T_W = 300$ K,$q_s = 0$。

图 13-20 所示为 h 外环抽样中,q_W 的 10 个单独 CDF;给定主观尝试造成的不确定性 h 的样本结果,每个 CDF 都来自于 1 000 个 MC 样本,表示 k 中偶然因素造成的不确定性。应该强调的是,已知主观尝试造成的不确定性 h 知识状态较差时,CDF 分别表示 q_W 可能

发生的变化;换言之,承认我们只能给定 h 的区间,除使用所有 CDF 集表示外,不能针对 q_w 做出更精确的不确定性陈述。图 13-20 所示的所有热通量均为负,意指热通量不在所分析系统西侧范围内,而是属于邻近系统。注意:部分 CDF 互相交叉;根据输入内主观尝试造成的不确定性,CDF 交叉的可能性取决于 SRQ 的非线性特征。

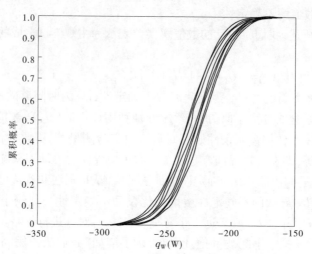

图 13-20   抽样 h 中,10 个 CDF 表示的输入不确定性 q_w,其中,
每个 CDF 包含 k 中的 1 000 个 MC 样本

计算如图 13-20 所示的 CDF 包络线时可发现 q_w 概率盒。换言之,根据内部抽样和外部抽样计算每个 q_w 值,可发现所有 CDF 的最大值和最小值,这些极小值和极大值形成了 SRQ 概率盒。图 13-21 所示为输入不确定性产生的 q_w 概率盒,为实线。从系统设计观点来看,图中所关注面积为热通量的较大负值区域,原因在于该热通量可能有损所关注系统西侧邻近的系统;正如所预期那样,这些热通量具有较低概率值。通过记录概率盒的宽度,我们就可估算出 h 内主观尝试造成的不确定性产生的不确定响应大小。例如,如果我们关注累积概率 0.1 的热通量范围,那么将具有区间 $[-247, -262]$ W;类似地,如果我们关注 $q_w = -250$ W 时可能发生的概率范围,那么我们将根据概率区间 $[0.08, 0.22]$ 获得不确定性。

同样,图 13-21 绘制的是当 h 为偶然因素造成的不确定性而非主观尝试造成的不确定性时获得的 CDF。换言之,如果区间内使用均匀分布代替 h 区间值描述,我们将获得概率盒内所示的虚线 CDF;很明显,与概率盒表示法相比,q_w 的不确定性描述将大大减少。例如,虚线曲线所示为获得热通量 -250 W(或绝对值上更大)的概率为 0.12。这说明该方法低估了 h 产生的不确定性 q_w;与此同时,将对项目经理、决策者和其他分析客户造成误解。

13.4.3.2   输入不确定性、模型不确定性以及数值不确定性的组合

我们首先计算了模型不确定性产生的输入不确定性概率盒在宽度上的增量。鉴于所关注条件 $T_E = 450$ K 大于确认实验的最高温度 390 K,因此需要对 $\bar{y}_e(x)$、$CI(x)$ 和 $\bar{y}_m(x)$ 使用外推法。如第 13.4.2.1 节所述,针对 $\bar{y}_e(x)$ 和 $CI(x)$ 的外推法,我们采用低阶多项式。根据式(13-17),我们针对 $\bar{y}_e(x)$ 采用线性回归。根据外推式(13-18),我们可

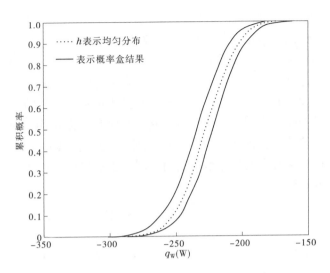

图 13-21　输入不确定性产生的 q_W 概率盒

以直接使用 Scheff′e 置信区间；但在此，我们使用了一种更常用的方法来计算置信区间的低阶多项式拟合。在 330 K≤T_E≤390 K，我们利用式(13-18)生成回归拟合数据，进而计算下述二次拟合：

$$CI(x) = 264.6 - 1.452T_E + 0.002\ 017T_E^2 \tag{13-46}$$

根据上述抽样结果，得到图 13-21 所示概率盒的左右中间值分别为 $[\bar{y}_m(450)]_{\text{left}} =$ -234.7 W 和 $[\bar{y}_m(450)]_{\text{right}} = -222.1$ W；将适当值代入式(13-42)和式(13-43)，我们分别有：

因为 $\qquad -234.7 - (-259.9) + 19.5 = 25.2 + 19.5 = 44.7 \geqslant 0$

我们可得 $\qquad\qquad d_{\text{left}}(450) = 44.7$ W $\tag{13-47}$

并且因为 $\qquad -222.1 - (-259.9) - 19.5 = 37.8 - 19.5 = 18.3 > 0$

我们可得 $\qquad\qquad d_{\text{right}}(450) = 0$ W $\tag{13-48}$

就概率盒的左右界限而言，由上述三个式子可知，模型分别高估其推测的实验平均值(尽管模型结果小于绝对值)25.2 W 和 37.8W。左边界限的模型固有误差与推测的实验不确定性 19.5 W 结合，得到模型不确定性总计向左位移 44.7 W，由此可知，实验测量不确定性致使 CDF 向左移动 44%；如果我们需要在更高温度 $T_E = 500$ K 下进行模型预测，那么测量不确定性产生的模型不确定性百分比将增加约 63%。由右边界限可知模型过界预测大于推测的实验不确定性，致使 CDF 未因模型不确定性而向右移。

现在考虑数值解误差导致的概率盒宽度上的其他增量。如之前所述，我们视这些误差估计值为主观尝试造成的不确定性。第 13.3.4.2 节中，我们计算的迭代不确定性和离散不确定性分别为 $U_I = -0.001\ 73$ W 和 $U_S = 0.084\ 48$ W，将此结果代入式(13-45)，我们有

$$U_N = |-0.001\ 73| + |0.084\ 48| = 0.086\ 21\text{(W)} \tag{13-49}$$

由此可知，U_N 小于 $d_{\text{left}}(450)$ 两个数量级。因此，在热传递模拟预测不确定性的最后估计值中，将忽略 U_N。

图 13-22 所示为输入不确定性和模型不确定性组合后最终的 q_W 概率盒。合并图 13-21 所示的输入不确定性以及根据 $d_{left}(450) = 44.7$ W 和 $d_{right}(450) = 0$ W 得到的模型不确定性即可获得总不确定性。由此明显可知,估计的模型不确定性使预测响应产生了重要的其他不确定性。这种增量完全是因为输入概率盒左移;与此同时,增量在整个分布上视为一常数。增量的大小取决于模型固有误差和实验测量不确定性的近乎对等的组合,无论实验不确定性是否应在模型固有误差估计值中进行单独说明都可能产生问题。我们强烈认为模型固有误差估计值包含实验不确定性,原因在于忽视实验不确定性等于否认实验测量的随机属性以及有限实验样本产生的主观因素造成的不确定性。此外,实验不确定性量应随推断数量而增加。

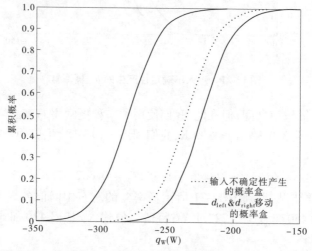

图 13-22　输入不确定性和模型不确定性组合产生的 q_W 概率盒

　　包含模型不确定性的影响可从两方面入手:首先,针对任意累积概率值,系统响应不确定性都按一常量递增,$d_{left}(450) + d_{right}(450)$。其次,系统响应一定时,预测的概率区间根据所关注系统响应水平明显增加。以下两个示例可说明这一影响:第一,考虑预测响应范围中部热通量的不确定性增量;由图 13-21 可知,$q_W = -230$ W 时,区间值概率为 $[0.34, 0.59]$。但当模型不确定性包括在内时(参见图 13-22),区间值概率增加至 $[0.34, 0.995]$。第二,考虑较大绝对值热通量如 $q_W = -300$ W 的不确定性增量。其中,该热通量与整个系统的安全性、可靠性及性能相关。模型不确定性包括在内时,与单独的输入不确定性区间 $[\sim 0.0, 0.0025]$ 相比,概率区间增加至 $[\sim 0.0, 0.153]$。以上两个示例都充分说明了当模型不确定性包括在内时不确定性的增量。

13.5　步骤 5:更新模型

　　可以采取多种不同的模型更新形式。例如,模型更新可能涉及重大的场景、事件树、故障模式、系统如何与环境相互作用产生变化、建模假设、更换某些表现不佳的子模型,以及模型参数更新等方面的重构工作。尽管进行不同类型的模型更新是常见做法,但是在这里我们只更新模型中的参数,即模型形式或数学模型结构没有发生变化,但模型中的参数基于各种信息发生改变。这些参数可以是环境（如边界条件和系统励磁）或系统（如几何结构、初始条件和材料属性）的数学模型的一部分。这些参数可以是确定值（例如由一些优化过程确定的标量）或非确定值（例如由概率分布得出的数量）。在某些情况下，该参数可以是标量场、矢量或张量场。

在仿真工作中，基本上都需要更新模型和子模型的参数。有些读者可能会觉得我们在 12 章中关于参数更新活动的规定过于严格。我们的批评主要是针对那些认为更新（或估计/校准）模型参数与模型确认基本相同这一有害、危险的思维概念。同样，我们关心的是一种认为所有类型的参数更新对预测能力产生类似影响的错误观点类似。在本节中，我们充分认识模型参数更新的重要性和必要性。但是，我们认为，重要的是要把参数更新概念和模型确认概念区分开来。正如 13.2 节中讨论，参数更新的目标是提高仿真和实验之间的一致性，而模型确认的目标是进行模型准确性评估。我们将在这一节中指出，同意在参数更新和模型确认之间存在灰色地带或重叠。我们将讨论参数更新和模型确认的极端情况以及中间情况，以试图阐明参数更新对预测能力产生的不同影响。

13.5.1　模型参数的类型

为了更好地理解各种参数更新方法，我们首先讨论仿真活动中出现的各类参数。目前尚未对该主题进行充分的研究。有人认为，建模与仿真方面的理论家可能已经更仔细地检查了参数分类问题，但是据我们所知，事实并非如此。Morgan 和 Henrion（1990）讨论了几类非常有利于风险评估和不确定性量化的参数。我们使用他们的基本分类，并把某些重要的分类分为额外的类别。对于仿真活动来说，我们把模型参数分为以下六类：

（1）可衡量的系统或环境属性。
（2）物理建模参数。
（3）特殊模型参数。
（4）数值算法参数。
（5）决策参数。
（6）不确定性建模参数。

下面将对每类参数以及通常用于更新每类参数的信息类型进行简要讨论。

可衡量的系统或环境属性是在现在或过去或未来一段时间至少在原则上直接可测量的物理量或特性。具体来说，可以从相关系统的复杂模型单独测量这些数量。计量学家指出，实证数量总有某种类型的概念或数学模型与待测数量相关（Rabinovich，2005）。可衡量的系统或环境属性通常依赖于：①简单、易于接受的数量物理性质模型；②某种类型易于理解的系统或环境性能或可靠性特征。这类中的几个系统属性示例有：杨氏模量、抗拉强度、质量密度、电导率、介电常数、热导率、比热、熔点、表面能、化学反应速率、发动机推力、电厂热效率、阀门故障率，以及系统中子系统的年龄分布。此类环境属性的示例有：结构风荷载、飞行器外部加热、重大事故后核电站周围可能存在的大气特征、系统雷击的电磁特性，以及系统的物理或电子攻击。

物理建模参数是指在所考虑的系统的数学模型环境之外不可测量的参数。与系统中发生的某种类型普遍接受的物理过程相关时，这些数量是有物理意义的。但是，由于过程的复杂性,这个过程没有单独的数学模型。换言之,已知系统发生了某种类型的基本物理过程,但是由于过程耦合,把过程的物理效应组合到仅存在于复杂模型框架内的一个简单模型中。量化这些参数依赖于复杂模型假设和构想环境下的推理。这些类型的参数示例是:①材料的内部动态阻尼;②结构气动阻尼;③多元结构装配接头的阻尼和刚度;④湍流反应流的有效化学反应速率;⑤沿着表面湍流的有效表面粗糙度;⑥材料界面之间的热和接触电阻。

特殊模型参数是指那些引入模型或子模型中只是为了提供方法来调整模型结果,从而获得与实验数据更好一致性的参数。这些参数有很少或没有物理理由,原因是它们并不描述物理过程的特性。它们仅存在于使用它们的模型或子模型环境中。一些示例有:①流体动力学湍流模型的大部分参数;②硬化材料塑性变形的应变模型的大多数参数;③材料疲劳模型的大多数参数;④插入到仅用于调整模型预测以获得与实验数据一致性的复杂模型中的参数。

数值算法参数是指那些存在于数值解方法环境中的可以进行调整以满足特定解需求的参数。这些参数通常有一个推荐的值范围,但是可以改变这些参数以获得更好的数值方法性能和可靠性。在这里我们并不是指离散化水平或迭代收敛性水平,而是指数值算法制定或执行过程中通常出现的数量。一些示例有:①代数方程迭代解的逐次超松弛迭代法的松弛因子;②多重网格方法每个级别上使用的迭代数量;③数值方法中的人工阻尼或耗散参数;④控制固体的有限元模型中滴漏现象的参数。

决策参数是指那些存在于分析中,参数值由分析师、设计师或决策者确定或控制的参数。有时候,这些参数被称为设计变量、控制变量或决策参数。一个数量是否被认为是决策参数或系统的可测量属性,取决于分析的背景和意图。决策参数通常用于设计中,目的是优化系统的性能、安全性或可靠性。在异常环境或恶劣环境分析中,可以改变这些参数来确定可能会影响系统安全的最脆弱的条件。这些参数也用于为了促进公共政策决策、公共卫生条例或环境影响分析而构建的模型中。

不确定性建模参数是指那些仅在描述数量或模型不确定性的上下文中定义的参数。不确定性建模参数(下文简称为不确定性参数)通常是一系列分布,例如定义为 β 分布部分的四个参数。不确定性参数可以是点值、区间或随机变量。因此,不确定性参数可以是数字或偶然不确定性或认知不确定性本身。不确定性参数可以用来描述任何上述参数的不确定性。

在上述六类参数中,通常不认为需要更新数值算法参数和决策参数。这两类参数可以在分析过程中进行改变和优化,以更好地达到分析目标。例如,通常对数值算法参数进行调整,从而在相关系统中为各类物理条件获得更好的数值性能或稳定性。但是,对参数进行此类调整通常不认为是更新,原因是没有从根本上改变数学模型本身。其余四类参数是模型的基本参数,应该在新信息可用时予以更新。

13.5.2　新信息的来源

更新参数需要各种形式的新信息。一些最常见的新信息来源是:①最新可用的参数实验测量;②有关参数的专家意见增加或改善;③增加用于目前分析的参数信息的单独计算分析或理论研究;④相关系统或类似系统的最新实验结果。从校准和确认角度来看,很明显从相关系统中获得的信息类型提供了与其他三个信息来源完全不同的推论信息。即,前三个信息来源提供了更新模型参数所需的独立信息。但是,最后一个信息来源提供的信息仅能在完整系统的数学模型上下文中进行解释。

图 13-23 显示了参数更新所需的两类信息。首先是从实验测量、专家意见或独立的计算分析直接获得的信息,这些信息完全独立于相关模式。其次是从比较系统或类似系统的模型和实验结果获得的信息,这些信息从根本上依赖于模型。即,给定参数更新后的标量值或概率分布视系统模型而定。统计学家把根据任何类型的信息进行的任何类型的参数更新称为统计推断。他们没有区分这两种根本不同类型的信息。他们认为,数据就是数据,并且应该把所有数据都用于更新模型。但是,他们的传统做法源于更新统计模型,即基于数据回归拟合构建的模型,输入和输出之间没有因果关系。在这些模型中,参数没有物理意义,它们只是进行调整的旋钮,以获得模型与实验数据的最佳拟合。但是在基于物理模型中,这些旋钮通常是物理建模参数,其含义明显独立于当前模型。模型更新参数的科学合理性观点之间存在冲突。

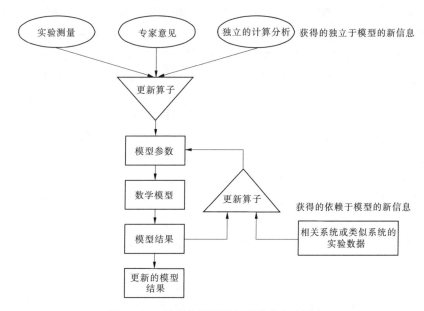

图 13-23 用于参数更新的两种信息来源

考虑到这个观点,在参数更新方面的一些关键问题是:

(1)新信息的来源是否应该影响选择更新方法?

(2)新信息的类型(例如,是否包含偶然不确定性和/或认知不确定性)是否应该影响选择更新方法?

(3)新信息的来源如何影响更新模型预测中的不确定性估计(即,信息来源如何影响模型的预测能力)?

下面几节将进一步说明围绕这些方面产生的一些问题。

13.5.3　参数更新方法

　　参数更新方法通常分为估计标量方法和估计参数概率分布方法（被认为是随机变量）（Crassidis 和 Junkins,2004;Raol 等,2004;Aster 等,2005;van den Bos,2007）。在这里我们将重点关注基于概率分布的参数估计方法。这种类型的估计可以被认为是广泛的统计推断领域的一部分。事实上,大多数统计都致力于统计推断。统计推断的普遍问题是,根据一些不确定数量方面的信息,如何使用这些信息来描述不确定性的数量。绝大多数传统的统计推断集中于描述随机变量的特征,即偶然不确定性。鉴于统计推断发展的广度和深度,我们只讨论所涉及的一些方法和问题。关于统计推断话题的深入讨论,请参见 Bernardo 和 Smith（1994）、Gelman 等（1995）、Leonard 和 Hsu（1999）、Mukhopadhyay（2000）、Casella 和 Berger（2002）、Wasserman（2004）、Young 和 Smith（2005）、Cox（2006）、Ghosh 等（2006）,以及 Sivia 和 Skilling（2006）。

　　遗憾的是,统计学家不认同应该完成统计推断的方式。针对相同的估计,多种方法可以产生不同的估计值和解释。此外,统计学家不同意应该用于判断估算技术质量和准确性的原则。在统计推断方面形成的两大阵营是频率论者和贝叶斯学派。这两种方法都经常使用,经常更多地讨论被成功应用,很少讨论失败或错误的推论解释。当一种方法优于另一种方法时,对于方法的持续发展和改进指导的发展来说,失败会产生一定的意义。

　　频率论方法通常被称为古典方法,包括许多方法。频率论方法的两个主要特征对于参数更新来说尤为重要。首先,概率被严格解释为大量随机试验或实验观察中发生的事件的相对频率。随机试验所有可能的结果的集合被称为实验的样本空间。一个事件被定义为特定子集或实现样本空间。第二,仅当新信息来源于从相关参数直接获得的实验测量结果时才能完成更新。一些比较常见的这类方法有:标量点估计、标量区间估计、假设检验,以及回归和相关分析。这里我们主要关注不确定性参数估算方法,例如选择用来表示相关随机变量概率分布的参数。估计不确定性参数点值时,假设参数是常数,但是由于只有总体样本可用,因此并不确切地了解该常数。各种类型的最佳估计方法可用于估计点值。也有一些方法可以用于估计参数分布的区间。完成该操作后,相关的不确定数量变为偶然不确定性和认知不确定性的混合体。两种最常用的方法是矩量法和最大似然法。由于可以使用的信息类型限制以及需要的信息数量,通常认为频率论方法不适用于图 13-23 中所示的参数更新类型。频率论方法的主要优势是,普遍认为频率论方法比贝叶斯方法更简单、更易于使用。

　　贝叶斯方法采取不同的更为广泛的统计推断角度,把描述物理参数不确定性的分布认为是一个函数,①最初未知;②应该随着更多的分布信息可用时进行更新。不确定性参数的初始假设分布可以来自任何来源或各种来源的混合物,例如,试验测量、专家意见或计算分析。更重要的是,当任何类型的新信息可用时,可以用来更新不确定性参数的分布。在更新之前,把分布称为先验分布;更新之后称为后验分布。普遍认为贝叶斯定理方法适用于更新分布。

　　当没有可用的先验分布信息时,分析员可以简单地选择个人概率。贝叶斯范例使用主观概率概念或理性决策理论中定义的个人置信度。在这个理论中,每一个理性的个体都是自由人,可以与其他个人一样不受限制地进行选择。当然,这导致频率论者对贝叶斯范例进行激烈的批评。频率论者普遍提出一个问题,即选择概率分布过程中的这种主观性如何能够得出可靠的推断? 在当前的仿真环境下,在模型输入参数中表达的个人信念如何能够得出基于模型输出的可信决策? 例如,在系统安全性或可靠性要求方面,如果把产生的输出概率解释为发生频率,该问题非常重要。如果很少或根本没有先验分布的理由,则会招致严重的批评。贝叶斯推断的主要理论基于这一论点,即不断添加从所有可用资源获得的新信息会减少初次选择先验分布时主观性产生的影响。因此,先验分布的初次选择对决策所需的最终模型输出几乎没有影响。

在这种讨论中,我们关注不确定性参数的更新,以描述可测量参数、物理建模参数和特殊参数中的偶然不确定性。一个相关问题是:如果不确定性参数是认知不确定性(例如间隔),如何进行更新? 例如,假设一位专家把可测量系统参数的不确定性描述为一个间隔。如果另一位同样可信的专家提供了非重叠间隔,应该如何更新或修改参数? 频率论方法和贝叶斯方法都没有把认知不确定性识别为单独的不确定性类型,因此这两种方法都不能解决这个问题。在过去 10 年里,更新认知不确定性这一主题通常被称为信息聚合或数据融合,得到了越来越多的关注。如果接受偶然不确定性和认知不确定性分离,那么这种类型更新的实际需求是显而易见的。这一领域的重点集中于处理不同来源信息的矛盾或冲突,原因是认知不确定性中的信息内容很小,并且可以代表不同类型的认知不确定性。例如,一个人也可能必须处理语言知识解释方面的差异,并因此使用模糊的集合论或模糊的集合论与古典概率论的组合。关于各种不确定性聚合方法的深入讨论,请参见Yager 等(1994)、Bouchon-Meunier(1998)、Sentz 和 Ferson(2002)、Ferson 等(2003)、Beliakov 等(2007)以及 Torra 和 Narukawa(2007)。

13.5.4　参数更新、确认和预测不确定性

从我们的角度来看,使用频率论方法或贝叶斯方法更新参数有两个较大的困难,都是由卷积参数更新与系统模型造成的。当然,我们并不是首次提出这些问题的人(Beck,1987)。下面两个部分将对这些问题进行进一步讨论。

13.5.4.1　参数更新

在图 13-23 中,我们把各种来源的新信息划分成两组:独立于模型的新信息和依赖于模型的新信息。图 13-24 把 13.5.1 节中讨论的三种类型的物理参数映射到一些概念上,如图 13-23所示。至少在原则上可以通过独立于相关系统的测量结果确定可测量的系统或环境物理参数(简称可测参数)。物理建模参数和特殊参数仅能通过同时使用相关系统模型和系统实验数据进行确定。因此,可测参数显示在图的顶部,可以独立地更新。物理建模参数和特殊参数显示在图的右侧,原因是仅能使用系统数学模型在反馈回路中进行更新。

我们认为更新可测量的系统或环境参数的适当方法是与相关系统的模型分开。如果使用系统的实验数据用系统模型进行更新,那么我们的问题与更新物理建模参数和特殊参数是一样的。即,我们担心的是,更新后的参数是由使用系统模型同时的卷积参数更新确定的。假设有人使用频率论方法或贝叶斯方法更新模型,并被问到:你如何在物理模

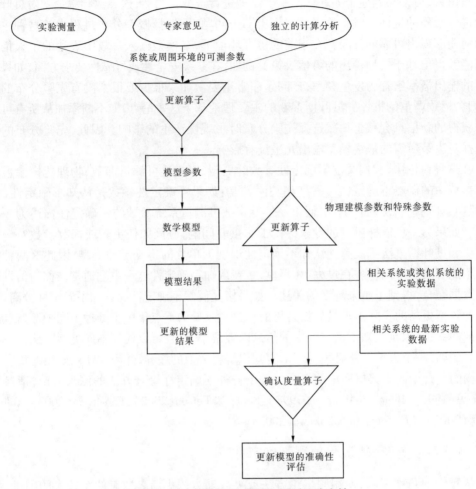

图 13-24　参数更新、确认和预测不确定性

型中从概念上描述参数更新方法？必然会有各种各样的回答。我们建议两个极端可能会覆盖这个意见范围。受访者 A：该方法试图优化使用模型输入可用的信息、模型中体现的物理条件以及可用的实验结果，以产生最好的模型预测。受访者 B：物理模型表示参数限制，因此该方法是实验数据的限制回归拟合。相比受访者 A，我们更同意受访者 B 的观点。我们列出了下列思维实验，以表明 B 是更准确的概念描述。

回顾第 10 章中的讨论，仿真结果的总误差可以写成以下四项之和：

$$E_{sim} = E_1 + E_2 + E_3 + E_4 \tag{13-50}$$

式中，这四项分别是：

$$\left.\begin{array}{l} E_1 = y_{sim} - y_{Pcomputer} \\ E_2 = y_{Pcomputer} - y_{model} \\ E_3 = y_{model} - y_{exp} \\ E_4 = y_{exp} - y_{nature} \end{array}\right\} \tag{13-51}$$

E_1 表示离散解 $y_{仿真}$（使用有限的离散规模、有限的迭代收敛和有限精度计算机获得）

与离散规模接近零时从完善计算机上得到的离散方程精确解 $y_{Pcomputer}$ 之间的差值产生的所有数值误差。E_1 被称为解误差,造成该误差最重要的因素是不适当地解决的网格或时间步。

E_2 表示离散规模接近零时离散方程精确解 $y_{Pcomputer}$ 与数学模型精确解 y_{model} 之间的差值产生的所有误差。造成该误差最重要的因素是计算模型结果的软件的编码错误。

E_3 表示数学模型精确解 $y_{Pcomputer}$ 与实验测量 y_{exp} 之间的差值产生的所有误差。E_3 被称为模型误差或模型形态误差,造成该误差最重要的因素是模型偏差误差,即 $d(x)$,以及分析员准备输入数据时产生的误差。

E_4 表示真正但未知的自然值 y_{nature} 与物理量测量值 y_{exp} 之间的差值产生的所有误差。造成该误差最重要的因素是实验测量过程中的系统误差和随机误差。

假设在进行系统分析的一个给定点,使用一些系统的模型和实验测量值对所有可调参数进行许多更新。假设发生下列任何一种情形,导致相关的预测 SRQ 发生较大变化:①使用更细的网格分辨率或更小的时间步;②发现了一个编码误差,并在模型的其中一个计算机代码中进行改正;③发现了一个输入误差,并在其中一个计算机代码中进行改正;④发现了一个误差,并在处理更新过程中使用的实验数据的数据简化程序中进行改正。任何一种情况都会导致讨论上述至少一个 E_i 部分和最新计算的总仿真误差 $E_{仿真}$ 显著增加。

无论是讨论上述受访者 A 或受访者 B,都需要启动新的工作来更新模型中的所有可调参数。鉴于 $E_{仿真}$ 会显著增加这一假设,推测至少三类更新参数的部分参数会发生较大的变化:可测参数、物理参数和特殊参数。这是因为更新试图通过调整模型中所有可用的参数以减小 $E_{仿真}$ 来消除各种来源的误差。当然,系统的物理条件没有发生任何变化。可测参数发生较大变化是最尴尬的,原因是这些数量不应该发生变化,它们是独立可测量的量。此外,如果物理建模参数发生较大变化,这会令人不安,原因是它们与普遍接受的物理过程有明确的物理意义。这两种类型参数发生的较大变化表明,更新在概念上与受制于物理模型结构的实验数据回归拟合相符。

13.5.4.2　参数更新后的确认

在图 13-24 的下部,我们列出了确认度量算子以及更新模型准确性评估的两种输入和输出。我们关注的重要的问题是:当评估更新模型的准确性时,应该如何解释确认度量结果?例如,当决策者评估预测的系统安全性、可靠性和性能,以及政府监管机构决定公共安全和潜在环境影响而使用该信息时,这个问题的答案对于理解非常重要。我们给出了两种情况:在第一个情况下,可以适当地评估模型的准确性;在第二个情况下,评估可能是错误的,带有误导性。

假设相关系统的最新实验数据变得可用。假设数据适用于输入条件,大大不同于先前用于更新模型的实验数据。对于这种情况,我们认为把模型结果和新的实验数据进行比较,将会适当地构成模型准确性评估。考虑下面的示例。假设对组合结构的几个振动模式感兴趣,这个结构由在一些部件的连接点处用螺栓连接在一起的多个结构部件组成。在每个螺栓上施加特定的扭转预负荷值,从结构上得到用于更新模型的实验数据。使用频率论方法或贝叶斯方法,应用于模型和从几个测试的原型结构得到的实验数据结果来测定所有接头的刚度和阻尼。

　　然后,由于一些设计考虑,装配要求改变,导致所有螺栓预负荷增加 1 倍。该模型包括子模型,说明结构接头的刚度和阻尼如何取决于螺栓的预负荷。由于螺栓预负荷翻番,修改了一些现有结构并重新进行测试。我们认为,在盲测预测中把模型的新结果与新实验数据进行比较时,可以进行适当的模型预测能力评估。如果需要,可以使用新的预测和测量结果计算确认度量以定量评估模型准确度。模型预测能力更加严格的测试将是,假设子模型可以用于铆接接头,新的装配要求是否包括把一些螺栓接头改变为铆接接头。

　　现在考虑这种情况:相关系统的新实验数据可用,并且已经使用相同系统之前可用的数据对模型进行更新。对于这种情况,我们认为人们不敢声称通过与新的实验数据进行对比以评估模型的预测准确性,因为除系统的随机变化外,新数据同样适用于该系统。例如,假设在刚刚描述的结构振动示例中,获得了新组装结构的额外数据。但是,使用与前面更新模型所用的所有结构部件和所有螺栓预负荷完全相同的规范组装结构。这就是说,在模型中没有应用新的物理条件来进行新的预测。即使将获得从未在模型更新中使用的新实验数据,但是实验样本仍然来自与先前样本相同的母体。新数据将提供关于结构部件和螺栓连接制造可变性的额外采样信息,但是不会提供模型中嵌入的物理条件的任何新试验。具体来说,它不代表模型形态误差 $d(x)$ 的估计。因此,不可能声称通过与新数据进行对比以评估模型准确性。

　　我们从这两个示例可以看到,当涉及模型更新时,应该如何解释与实验数据的比较有非常广泛的变化范围。理解验证与确认的哲学根源是怀疑论时,应该经常质疑与数据的完全一致的说法。

13.6　步骤 6:进行敏感性分析

　　Morgan 和 Henrion(1990)提供了最广泛的敏感性分析定义:确定模型任何方面发生的变化如何改变模型的预测响应。下面是可能发生变化从而导致模型响应发生变化的一些模型元素示例:①系统和环境的规范;②正常环境、异常环境或恶劣环境的规范;③构建概念或数学模型时的假设;④子模型之间各种物理条件耦合的假设;⑤关于哪些模型输入被认为是确定性的,哪些模型输入被认为是不确定性的假设;⑥偶然不确定性方差的变化,或模型输入认知不确定性大小的变化;⑦不确定输入之间独立性和依赖性的假设。从这些示例可以看出,模型变化可以被看作是假设分析,或确定输出如何作为输入的函数发生变化的分析,无论输入是确定性的认知不确定性和/或偶然不确定性。另一方面,不确定性分析是定量测定任何 SRQ 的不确定性,作为模型中任何不确定性的函数。

　　尽管不确定性分析和敏感性分析密切相关,但是敏感性分析主要是描述模型中的各种变化如何改变模型预测的相对重要性。回顾式(13-32),我们得到

$$\vec{y} = f(\vec{x}) \tag{13-52}$$

式中:$\vec{x} = \{x_1, x_2, \cdots, x_m\}$,$\vec{y} = \{y_1, y_2, \cdots, y_n\}$。敏感性分析是比不确定性量化更加复杂的数学任务,探讨 $\vec{x} \rightarrow \vec{y}$ 映射以评估单个元素 $\vec{x}$ 对 $\vec{y}$ 元素产生的影响。此外,敏感性分析也处理映射变化(f)如何改变 $\vec{y}$ 元素。通常在不确定性量化分析完成之后,或至少在初步不

确定性量化分析完成之后,进行敏感性分析。通过这种方式,敏感性分析可以利用大量作为不确定性量化分析一部分的信息。

敏感性分析结果通常用于两个方面。首先,如果对处理模型构建或子模型选择的元素进行敏感性分析,那么敏感性分析结果可以用作改善项目资源配置的规划工具。例如,假设使用一些子模型并且通过系统模型进行耦合。可以进行敏感性分析以确定哪些子模型对每个 $\vec{y}$ 元素产生的影响最大。为简单起见,假设每个子模型产生一个输出量并用于系统模型中。

用作系统模型的输入之前,可以人为地改变每个子模型的输出量,例如改变 10%。一次可以在一个子模型上完成该操作。然后从大到小进行排序,排列哪些模型对每个 $\vec{y}$ 元素产生的影响最大。每个 $\vec{y}$ 元素的等级次序通常与另一个因素不同。如果发现某些子模型对任何 $\vec{y}$ 元素基本上没有影响,首席分析师或项目经理可以改变项目内的资源分配,可以把不太重要的子模型的资金和资源转移到最重要的子模型。对于参与到科学计算项目中的人员来说,这是一个艰难的调整过程。

其次,更常见的是使用敏感性分析确定输入不确定性的变化如何影响 $\vec{y}$ 元素的不确定性。如何使用这些信息的一些示例有:当发现无法减少重要的输入不确定性时,①减少关键输入量的制造可变性以提高系统可靠性;②改变系统的操作范围以提高系统性能;③改变系统设计以提高系统安全性。以这种方式使用时,通常可以进行局部敏感性分析或全面敏感性分析。局部敏感性分析或全面敏感性分析将在下面简要讨论。有关敏感性分析的详细讨论,请参见 Helton 等(2006)和 Saltelli 等(2008)。

13.6.1　局部敏感性分析

在局部敏感性分析中,人们关注的是确定输出如何在局部作为输入的函数发生变化。这相当于根据每个输入量计算 SRQ 的偏导数。尽管进行局部敏感性分析时可以不假设 SRQ 偏导数的存在和连续性,但这是引入概念的一个更为简单的方法。虽然可以肯定地考虑所有输入量,但是在这里我们将关注不确定的输入量。局部敏感性分析计算随机变量 y_j 相对于随机变量 x_i 的 $m \times n$ 导数。

$$\left(\frac{\partial y_j}{\partial x_i}\right)_{\vec{x}=\vec{c}} \quad i = 1,2,3,\cdots,m, j = 1,2,3,\cdots,n \tag{13-53}$$

式中: $x_i = \{x_1, x_2, \cdots, x_m\}$, $y_j = \{y_1, y_2, \cdots, y_n\}$, $\vec{c}$ 是规定评估导数的输入量统计值的常量向量。向量 $\vec{c}$ 可以指定系统运行的任何输入条件。最常见的相关条件是每个输入参数 $\vec{x_i}$ 的平均值。在大多数工程系统中,通常可以把输入量认为是连续变量,与离散量不同。由于我们集中于采样技术,因此必须计算足够数量的样本以构建一个光滑函数,计算式(13-53)的偏导数。

举个例子,假设 $\vec{x} = \{x_1, x_2, x_3\}$, $\vec{y} = \{y_1, y_2\}$。在图 13-25 中,把 y_1 和 y_2 描述为 x_2 的函数,考虑到 $x_1 = c_1$, $x_3 = c_3$。由于 $\vec{x}$ 存在于三维空间,并且 y_1 和 y_2 都存在于四维空间,在图 13-25 中可以认为在 $x_1 = c_1$ 和 $x_3 = c_3$ 平面上,把 y_1 和 y_2 描述为 x_2 的函数。图中还显示了在 x_2 取平均值 $\bar{x}_2$ 时评估的导数 $\left(\frac{\partial y_1}{\partial x_2}\right)_{x_1=c_1, x_3=c_3}$ 和 $\left(\frac{\partial y_2}{\partial x_2}\right)_{x_1=c_1, x_3=c_3}$。注意,计算

$\{y_1, y_2\}$ 和这两个导数时,可以无需假设输入中的任何不确定性结构。仅在每个 x_i 所需的范围上针对足够数量的样品评估 y_1 和 y_2。如果需要任何输入量的平均值,必须计算足够数量的 $\{x_1, x_2, x_3\}$ 样本,从而满意地估计该平均值。

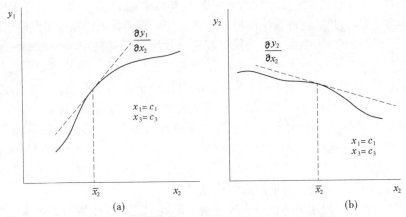

图 13-25　局部敏感性分析中的系统响应和导数示例

　　把局部敏感性分析的结果通常用于系统设计和优化研究。例如,可能会考虑所有输入参数如何影响系统的性能、可靠性或安全性。一些输入参数由设计师控制;另一些输入参数由系统的设计约束固定,例如操作范围、大小和重量。对于可以控制的输入参数而言,局部敏感性分析可以在很大程度上帮助优化设计,包括操作范围中的任何灵活性,以提高性能、可靠性和安全性。

13.6.2　全面敏感性分析

　　当需要所有输入的不确定性结构如何映射到每个输出的不确定性结构方面的信息时,进行全面敏感性分析。当项目经理和决策者需要关于什么是推动特定不确定输出的最重要的不确定输入的信息时,应该进行全面敏感性分析。例如,当输出超出系统性能要求或超过政府监管要求时,特别需要进行全面敏感性分析。获得全面敏感性分析的信息之后,项目经理可以确定把相关输出推动到不需要的响应范围的最重要的因素是什么。基于它们对单独输出的影响,对输入因素排序的信息还包括仿真工作中所有其他输入量的不确定性影响。

　　通常,全面敏感性分析的第一步是构建每个 y_j 的散点图,作为每个 x_i 的函数,形成一个总数为 $m \times n$ 的散点图。散点图中的数据点可以来自计算为不确定性量化分析一部分的 MCS 或 LHS。散点图的目的是确定作为每个 x_i 函数的每个输出量 y_j 是否存在任何趋势。例如,假设我们有一个输出量 y 和 4 个输入量 $\{x_1, x_2, x_3, x_4\}$。图 13-26 显示了总共 100 个 LHS 样本时会生成的 4 个散点图。散点图是五维不确定性空间 $\{y, x_1, x_2, x_3, x_4\}$ 分别在 $y-x_1$ 平面、$y-x_2$ 平面、$y-x_3$ 平面和 $y-x_4$ 平面上的投影。不确定性云的形状表明:①y 和 x_1 没有明显的趋势;②y 和 x_2 有稍微递减的趋势;③y 和 x_3 有明确的增长趋势;④y 和 x_4 有强大的增长趋势。注意,图 13-26 所示的不确定性云中可能会暗含有非线性趋势。可以尝试排列 x_i 的顺序,通过计算每个散点图的线性回归来决定哪个元素对 y 产

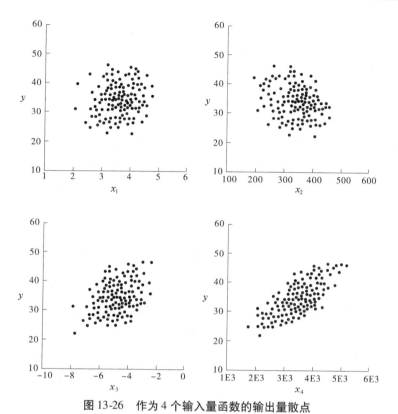

图 13-26　作为 4 个输入量函数的输出量散点

生了最强烈的影响。使用线性回归的斜率,可以比较下列结果的大小:

$$\left|\frac{\partial y}{\partial x_1}\right|, \left|\frac{\partial y}{\partial x_2}\right|, \left|\frac{\partial y}{\partial x_3}\right|, \left|\frac{\partial y}{\partial x_4}\right| \tag{13-54}$$

但是,这个结果在在全面敏感性分析中的价值有限,原因是每个导数的大小取决于每个 x_i 的量纲单位。此外,每个导数都没有关于每个 x_i 不确定性性质的信息。

标准做法是重新构建散点图,以便按照预测平均值 $\overline{x}_i$ 重新调整所有 x_i,并按照预测平均值 $\overline{y}$ 重新调整 y,以适当地比较式(13-54)中给出的回归斜率。我们得到

$$\left|\frac{\partial(y/\overline{y})}{\partial(x_1/\overline{x}_1)}\right|, \left|\frac{\partial(y/\overline{y})}{\partial(x_2/\overline{x}_2)}\right|, \left|\frac{\partial(y/\overline{y})}{\partial(x_3/\overline{x}_3)}\right|, \left|\frac{\partial(y/\overline{y})}{\partial(x_4/\overline{x}_4)}\right| \tag{13-55}$$

式(13-55)的各项被称为西格玛正规导数或标准回归系数(SRC)(Helton 等,2006;Saltelli 等,2008)。如果响应 y 在所有 x_i 中近似成线性,那么 x_i 是独立的随机变量,式(13-55)中列出的标准回归系数可以从最大到最小进行排序,以按照从大到小的顺序表示输入量对输出量产生的影响。在大多数敏感性分析中发现,即使有大量不确定输入 x_i,仍然只有少数输入可以控制对给定输出量产生的影响。最后一点应该清楚,一个输出量的标准回归系数排序不需要与不同输出量的排序相同或类似。如果有多个对于系统性能、安全性或可靠性非常重要的输出量,那么考虑所有重要的输出量时,重要输入量的列表会显著增长。

确定 y 是否与每个 x_i 成线性关系,以及确定 x_i 是否具有独立性的最常见方法是检查每个线性回归拟合的 R^2 值之和。R^2 是观察到的 y 变化与 x_i 形成的面积,可以用回归模

型表示。对于当前示例中的四个输入量而言,可以分别写成 R_1^2、R_2^2、R_3^2、R_4^2。如果 R^2 值之和近似统一,那么就有合理的证据表明,线性回归模型可以用来排列标准回归系数的顺序。如果发现 R^2 值之和远远不统一,那么可能:①y 与一些 x_i 成非线性趋势;②x_i 之间存在统计依赖性或相关性;③$x_i \rightarrow y$ 映射时 x_i 之间的强相互作用,例如在模型中表示的物理条件中。把线性回归应用到图 13-26 所示的每个图形,得到

$$R_1^2 = 0.01, R_2^2 = 0.11, R_1^2 = 0.27, R_1^2 = 0.55 \tag{13-56}$$

R^2 值之和为 0.94,表明从回归拟合计算得出的标准回归系数能够正确地估计每个输入量在全面敏感性分析中的相对重要性。如果 R^2 值之和明显不统一,则必须使用更加复杂的技术,如秩回归、非参数回归和方差分解(Helton 等,2006;Saltelli 等,2008;Storlie 和 Helton,2008a、b)。

13.7　示例问题:安全部件加热

该示例来自最近处理模型确认和预测能力调查方法的研讨会(Hills 等,2008;Pilch, 2008)。研讨会组织者设置了三个示例问题,每个问题都处理不同的物理现象:安全部件加热、框架结构的静载挠度以及结构部件的动荷挠度。构建的每个数学模型都专门设计有一些模型缺点和变化,实际反映分析员遇到的各种常见情况。例如,做出了一些看似有问题的建模假设,其中包括某些参数是常量、交互变量是相互独立的、没有操作条件下相关系统的实验数据等断言。

为研讨会设置的三个问题都具有类似的构想:规定数学模型和分析解,给系统或密切相关的系统提供了实验数据,预测系统满足监管安全标准的概率。Dowding 等(2008)描述了加热挑战问题。对于加热问题,监管标准规定在特定位置和时间的温度不超过 900 ℃的概率大于 0.01。该标准可以写成:

$$P\{T(x = 0, t = 1\,000) > 900\} < 0.01 \tag{13-57}$$

式中:T 表示部件温度;$x = 0$ 表示组件表面,时间为 1 000 s。在本节中,我们描述基于 Ferson 等(2008)观点的加热问题分析方法。关于每个挑战问题以及许多研究人员提出的分析的完整描述,请参见 Hills 等(2008)。

热问题模型是一维不稳定的材料板热传导(Dowding 等,2008)。规定 $x = 0$ 时的热通量 q_{w},以及 $x = L$ 时的绝热条件($q_{\mathrm{w}} = 0$)(见图 13-27)。温度为 T_i 时,材料板的初始温度是统一的。材料板中材料的热导率 k 和体积热容 ρC_{p} 都被视为独立温度。但是,由于材料板制造工艺的变化,k 和 ρC_{p} 是不确定参数,即 k 和 ρC_{p} 会随着材料板的不同而发生变化,但是在给定的材料板中,k 和 ρC_{p} 是常数。对于简单模型来说,偏微分方程的分析解可以写成:

$$T(x,t) = T_i + \frac{q_{\mathrm{w}} L}{k}\left\{\frac{1}{3} - \frac{x}{L} + \frac{1}{2}\left(\frac{x}{L}\right)^2 + \frac{kt}{\rho C_{\mathrm{p}} L^2} - \right.$$

$$\left. \frac{2}{\pi^2}\sum_{n=1}^{\infty}\frac{1}{n^2}\exp\left[-\frac{n^2\pi^2 kt}{\rho C_{\mathrm{p}} L^2}\cos\left(n\pi\frac{x}{L}\right)\right]\right\} \tag{13-58}$$

$T(x,t)$ 是材料板在任何一点 x 和任何时间值 t 的温度。

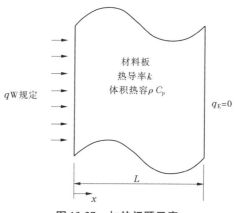

图 13-27 加热问题示意

把这个示例与本章前面讨论的示例进行比较,可以发现有一些相似之处,但也有四个显著差异。第一,描述系统响应的 PDE 有分析解,不需要计算数值解。第二,此示例处理的是与时间有关的系统响应,而不是稳定状态问题。第三,使用模型预测 CDF 与实验测量之间的失配来计算确认度量,与置信区间方法不同。第四,相关 SRQ 取决于四个坐标尺寸 q_W、L、x 和 t,将用于计算确认度量和模型外推,与前面的示例问题不同。

这个示例将讨论预测过程的步骤 1、步骤 2 和步骤 4。步骤 3 给数学模型提供了分析解,使数值解误差可以忽略不计,因此省略该步骤。步骤 5 和步骤 6 不是 Ferson 等(2008)分析的一部分,因此将其省略。

13.7.1 步骤 1:识别所有相关的不确定性来源

把模型输入数据划分为系统数据和环境数据,我们可以为加热问题构建表 13-6。对于需要评估式(13-57)的相关系统来说,其特点如表 13-6 的中间列所示。进行了不同的确认实验,区分表 13-6 右列所示的各个特点。由于具有制造变化,把 k 和 ρC_p 认为是偶然不确定性。

表 13-6 相关系统的模型输入数据和加热示例的确认实验

模型输入数据	相关系统	确认实验
系统输入数据		
材料板厚度 L	$L = 1.9$ cm,确定性	$L = 1.27$ cm、2.54 cm、1.9 cm,确定性
初始温度 T_i	$T_i = 25$ ℃,确定性	$T_i = 25$ ℃,确定性
热导率 k	k,偶然不确定性	k,偶然不确定性
体积热容 ρC_p	ρC_p,偶然不确定性	ρC_p,偶然不确定性
环境输入数据		
热通量 q_W	$q_W = 3\,500$ W/m²,确定性	$q_W = 1\,000$ W/m²、$2\,000$ W/m²、$3\,000$ W/m²,确定性
热通量 q_E	$q_E = 0$,确定性	$q_E = 0$,确定性

13.7.2　步骤2:描述每个不确定性来源

13.7.2.1　模型输入不确定性

k 和 ρC_p 的不确定性描述基于材料板的三组实验数据。考虑到所获得的数据质量，把每组数据的列表数据分为低、中、高三个级别。表13-7和表13-8分别列出了 k 和 ρC_p 的材料特征数据。

表13-7　低、中、高数据集的热导率数据(Dowding 等,2008)

(单位:W/(m·C))

项目	k				
	20 ℃	250 ℃	500 ℃	750 ℃	1 000 ℃
低数据集，数量=6	0.049 6	—	0.060 2	—	0.063 1
	0.053 0	—	0.054 6	—	0.079 6
中数据集，数量=20	0.049 6	0.062 8	0.060 2	0.065 7	0.063 1
	0.053 0	0.062 0	0.054 6	0.071 3	0.079 6
	0.049 3	0.053 7	0.063 8	0.069 4	0.069 2
	0.045 5	0.056 1	0.061 4	0.073 2	0.073 9
高数据集，数量=30	0.049 6	0.062 8	0.060 2	0.065 7	0.063 1
	0.053 0	0.062 0	0.054 6	0.071 3	0.079 6
	0.049 3	0.053 7	0.063 8	0.069 4	0.069 2
	0.045 5	0.056 1	0.061 4	0.073 2	0.073 9
	0.048 3	0.056 3	0.064 3	0.068 4	0.080 6
	0.049 0	0.062 2	0.071 4	0.066 2	0.081 1

表13-8　低、中、高数据集的体积热容数据(Dowding 等,2008)

(单位:$\times 10^5$ J/(m³·C))

项目	ρC_p				
	20 ℃	250 ℃	500 ℃	750 ℃	1 000 ℃
低数据集，数量=6	3.76	—	4.52	—	4.19
	3.38	—	4.10	—	4.38
中数据集，数量=20	3.76	3.87	4.52	4.68	4.19
	3.38	4.69	4.10	4.24	4.38
	3.50	4.19	4.02	3.72	3.45
	4.13	4.28	3.94	3.46	3.95
高数据集，数量=30	3.76	3.87	4.52	4.68	4.19
	3.38	4.69	4.10	4.24	4.38
	3.50	4.19	4.02	3.72	3.45
	4.13	4.28	3.94	3.46	3.95
	4.02	3.37	3.73	4.07	3.78
	3.53	3.77	3.69	3.99	3.77

　　图 13-28 显示了中型材料特征数据 k 和 ρC_p 的经验 CDF。这些观察到的模式可能低估了这些参数真正的变化,因为它们仅代表每个参数的 20 个观察结果(对于研讨会问题的设置来说,假定实验测量不确定性为零)。为了对这种比有限样本中看到的更加极端的值的可能性进行建模,通常把分布与数据进行拟合,从而对潜在的总体可变性进行建模。为此,我们使用正态分布,根据矩匹配方法进行配置,以便它们与数据本身具有相同的平均值和标准偏差(Morgan 和 Henrion,1990)。拟合正态分布如图 13-28 所示,是光滑累积分布。为了材料特征而拟合分布不是模型校准,正如前面讨论,原因是并非在参考系统模型或相关 SRQ 的基础上选择分布。相反,这些分布仅仅是基于可测量系统的独立测量值来总结材料特征数据。

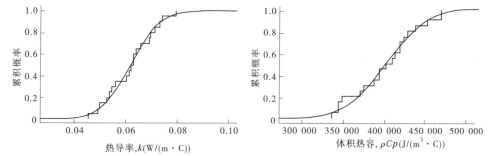

图 13-28　使用材料特性中型数据的 k 和 ρC_p 的经验 CDF(阶梯函数)和
连续正态分布(Ferson 等,2008)

　　此外,我们把正态分布拟合到低数据集和高数据集。表 13-9 给出了为每个参数三个数据集计算的矩。

表 13-9　使用低、中、高数据集正态分布的 k 和 ρC_p 不确定性描述(Ferson 等,2008)

项目	低数据集(数量 =6)	中数据集(数量 =20)	高数据集(数量 =30)
热导率 k,(W/(m·℃))			
平均值	0.060 02	0.061 87	0.062 84
标准偏差	0.010 77	0.009 23	0.009 91
体积热容 ρC_p,(J/(m³·℃))			
平均值	405 500	402 250	393 900
标准偏差	42 065	39 511	36 251

　　对实验数据进行检查,确认在材料描述过程中所收集的数据中 k 和 ρC_p 之间可能的依赖性。图 13-29 显示了中数据集内这两个变量的散点图,显示这两个输入量之间没有明显的趋势或统计依赖证据。对于每个测量的 k 值,根据材料特性数据的中数据集绘制了相应的 ρC_p 测量值。当存在超过两个统计量时,通过更高维空间显示二维平面的散点图。这 20 个点之间的皮尔逊相关系数是 0.059 5,远远没有统计显著性($P\gg0.5$,df = 18,df 是自由度数)。由于没有物理原因来预期这些变量之间的相关性或其他依赖性,可以假设这些数量在统计上是相互独立的。高、低数据集的绘图和相关分析得到的结果在

质量上类似(Ferson 等,2008)。

13.7.2.2 模型不确定性

材料属性可能的温度依赖性

描述加热数学模型时,假设 k 和 ρC_{p} 独立于温度 T。考虑到可用的材料特性数据,可以问这个假设是否站得住脚。图 13-30 是作为温度函数的体积热容 ρC_{p} 的中数据集散点图。线性和二次回归分析揭示了这些点之间没有统计上显著的趋势。对于低数据集和高数据集来说,ρC_{p} 的这些图片在质量上相同,没有显而易见的趋势或其他随机相依,因此体积热容实验数据支持数学模型中的这一假设。

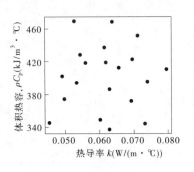

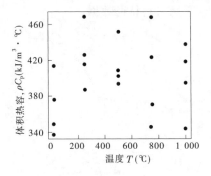

图 13-29　材料特性中型数据集的 ρC_{p} 和 k 散点(Ferson 等,2008)　　图 13-30　作为温度函数的材料特性中型数据集 ρC_{p} 散点(Ferson 等,2008)

对热导率数据进行了类似分析。图 13-31 显示了作为温度函数的中数据集热导率散点图。数据清楚地表明 k 对温度的依赖性。使用最小二乘准则计算线性回归拟合,得到:

$$k \sim 0.050\ 5 + 2.25 \times 10^{-5} T + N(0,0.004\ 7) \quad (\mathrm{W/(m \cdot °C)}) \tag{13-59}$$

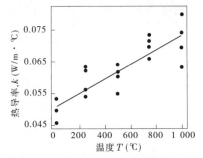

图 13-31　作为温度函数的材料特性中数据集 k 散点(Ferson 等,2008)

正态函数表示平均值为 0、标准偏差为 σ 的正态分布。$\sigma = 0.004\ 7$ 是回归分析的剩余标准误差。σ 是高斯分布的标准偏差,在线性回归模型中表示 k 在给定温度变量值的垂直分散。没有证据表明这一趋势不是线性的,二次回归没有在回归拟合中显著改善。

中型材料特性数据(见图 13-31)以及低数据集和高数据集清楚地表明了 k 对 T 的依赖性。该经验数据表明,独立性的模型假设是不适当的。模型中的弱点有时较为严重,但这在科学计算分析中是常态,而非例外。重要的实际问题是,应该怎么做才能把可能面临的路径通知给决策者? 应该把建模假设中的弱点清楚地解释给决策者。他/她可能决定在进行进一步的设计或处理某些项目元素之前投入时间和资源来改善缺陷模型。但是,通常决策者没有这么奢侈,所以必须在存在识别的不确定性的情况下进行设计和项目。因此,建设性做法就是直接处理不确定性,而不是努力调整数学模型师、计算分析员或不确定性量化分析师通常可用的许多参数。

对于加热问题,探索到的一种选择就是在式(13-58)提供的模型中直接使用从材料特性数据得到的 k 对 T 的依赖性。当然,这是修复模型的特殊尝试,原因是 k 依赖于温度,式(13-58)不是不稳定热传导偏微分方程的解。尽管这是特殊的模型修复,但这不是按照系统实验数据对模型或其参数进行校准,而是使用系统组件可用的独立的辅助数据。对于每个数据集(低数据集、中数据集(见图13-31)和高数据集),计算 k 对 T 依赖性的回归拟合。回归拟合中的 $k(T)$ 和式(13-58)中的 $T(x, t; k)$ 创建了一个二元方程组,可以在每个模型评估中作为空间和时间的函数采用迭代方法求解。在这个迭代方法中,我们首先得到材料特性数据中观察到的 k 分布,由其计算材料板产生的温度分布。然后,我们通过回归函数呈现 T 分布来计算另一个 k 分布。即,我们计算新的分布 $k \sim 0.050\,5 + 2.25 \times 10^{-5}T + N(0, 0.004\,7)$,其中 T 只是计算得到的材料板温度分布,正态函数生成正态分布的随机偏差,以 0 为中心,标准偏差是 0.004\,7。从图13-31以及低和高材料特性数据集可以看到,正态分布参数独立于温度。然后把产生的温度依赖性 k 值分布用于重新完成迭代过程,重复进行该操作直到材料板的 T 分布收敛。我们发现收敛只需要两个或三个迭代。

这个特殊的模型修复尝试可以作为替代模型选择,我们并不认为这是最好的方法。我们目前正在探索这个简单尝试,以确定是否能够降低模型的不确定性。正如上面提到的情况,一旦在材料特性数据中发现 k 依赖于 T,更好的物理方法是将模型转化为 k 依赖于 T 的非线性 PDE,并计算数值解。在后续分析中,我们将说明指定模型的结果,式(13-58)的模型,以及 k 依赖于 T 的特殊模型。接下来会看到,由于假设 k 独立于 T 而产生的模型弱点将会表现为模型不确定性。

模型不确定性描述

在当前分析中,用于描述模型不确定性的方法是确认度量算子,基于估计从模型预测的概率盒与从实验测量结果预测的概率盒之间的失配(参考第12.8节)。这个度量标准测量了仿真概率盒与实验概率盒差值的绝对值积分。该积分取自整个预测和测量的系统响应范围。当仿真工作和实验中都不存在认知不确定性时(例如加热问题),每个概率盒会减少为 CDF。通过使用该度量标准,我们可以得到两个问题的答案:预测与系统可用的实际测量之间的匹配情况如何? 经验数据和模型预测之间的不匹配告诉我们,没有实验数据时我们应该从预测中推断出什么?

把加热问题中的确认数据划分为集合数据和认证数据。图13-32显示了这些数据的条件以及规定了系统安全要求的监管条件,见式(13-57)。图13-32中仅显示了确认域和监管条件的两个坐标,即材料板厚度 L 和材料板热通量 q_w。其余两个坐标是 x 和 t。集合条件和认证条件的确认数据取自 $0 \leqslant x \leqslant L$ 和 $0 \leqslant t \leqslant 1\,000$ s。集合和认证测量值被认为是在四维空间 q_w、L、x 和 t 定义验证域。从图13-32可以看出,在热通量维度上外推模型是为了解决监管条件中的安全要求问题。

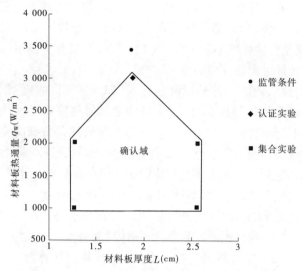

图 13-32　确认域和应用条件参数空间的两个维度

对于集合数据,在多达 $1\,000$ s 的 10 个时间点来测量温度,1 个 x 位置,即 $x=0$。集合数据如表 13-10 所示。表 13-11 显示了集合数据的每个配置条件。

表 13-10　$x=0$ 时温度($^\circ$C)的集合数据(Dowding 等,2008)

时间(s)	实验1	实验2	实验3	实验4	实验1	实验2	实验3	实验4
	配置1				配置2			
100.0	105.5	109.0	96.3	111.2	99.5	106.6	96.2	101.3
200.0	139.3	143.9	126.0	146.9	130.7	140.4	126.1	133.1
300.0	165.5	170.5	148.7	174.1	154.4	165.9	148.7	157.2
400.0	188.7	193.5	168.5	197.5	174.3	187.2	167.7	177.2
500.0	210.6	214.6	186.9	219.0	191.7	205.8	184.3	194.8
600.0	231.9	234.8	204.6	239.7	207.3	222.4	199.3	210.6
700.0	253.0	254.6	222.0	259.9	221.7	237.6	213.0	225.0
800.0	273.9	274.2	239.2	279.9	235.0	251.7	225.7	238.4
900.0	294.9	293.6	256.4	299.9	247.6	264.9	237.6	251.0
1 000.0	315.8	313.1	273.5	319.8	259.5	277.4	248.9	262.9
	配置3				配置4			
100.0	183.1	177.8	187.2	171.3	173.4	178.9	179.3	188.2
200.0	247.4	240.2	254.2	231.6	234.2	241.9	242.6	254.6
300.0	296.3	287.4	306.1	277.6	279.7	289.1	290.1	304.2
400.0	338.7	327.8	351.9	317.4	317.4	328.4	329.6	345.4

续表 13-10

时间(s)	实验1	实验2	实验3	实验4	实验1	实验2	实验3	实验4
	配置3				配置4			
500.0	378.0	364.8	395.4	354.2	350.2	362.6	363.9	381.1
600.0	416.0	400.2	437.9	389.7	379.5	393.2	394.7	413.1
700.0	453.5	434.8	480.0	424.5	406.3	421.1	422.8	442.1
800.0	490.8	469.1	522.1	459.1	430.9	446.9	448.8	469.0
900.0	528.2	503.3	564.1	493.7	454.0	471.1	473.3	494.0
1000.0	565.6	537.6	606.2	528.2	475.6	493.9	496.4	517.6

表 13-11　集合数据条件(Dowding 等,2008)

实验配置	数据集	热通量,q_w(W/m²)	材料板厚度,L(cm)
1	低、中、高	1 000	1.27
2	中、高	1 000	2.54
3	高	2 000	1.27
4	高	2 000	2.54

对于认证数据,在多达 1 000 s 的 20 个时间点测量温度,3 个 x 位置,即 $x = 0$、$L/2$ 和 L。认证数据如表 13-12 所示。当 $q_w = 3\,000$ W/m²、$L = 1.9$ cm 时,得到所有认证数据。表 13-13 显示了如何把认证数据划分为低、中、高数据集。

表 13-12　温度(℃)认证数据(Dowding 等,2008)

时间(s)	实验1			实验2		
	$x = 0$	$x = L/2$	$x = L$	$x = 0$	$x = L/2$	$x = L$
50.0	183.8	26.3	25.0	179.2	25.9	25.0
100.0	251.3	34.0	25.1	243.9	32.2	25.1
150.0	302.2	47.7	26.0	292.2	44.2	25.6
200.0	344.6	64.9	28.3	332.3	59.9	27.3
250.0	381.7	83.9	32.7	367.1	77.5	30.6
300.0	414.9	103.7	39.3	398.3	96.2	35.8
350.0	445.4	124.0	48.1	426.7	115.3	42.9
400.0	473.6	144.4	58.7	452.9	134.7	52.0
450.0	500.0	164.9	71.1	477.4	154.2	62.7
500.0	525.0	185.4	84.9	500.5	173.6	74.9

续表 13-12

时间(s)	实验1			实验2		
	$x = 0$	$x = L/2$	$x = L$	$x = 0$	$x = L/2$	$x = L$
550.0	548.8	205.9	100.0	522.4	193.1	88.4
600.0	571.7	226.3	116.1	543.4	212.5	103.1
650.0	593.8	246.8	133.0	563.5	231.8	118.7
700.0	615.2	267.2	150.7	583.0	251.1	135.0
750.0	636.1	287.6	169.0	602.0	270.3	152.1
800.0	656.6	307.9	187.8	620.4	289.5	169.7
850.0	676.7	328.3	207.0	638.5	308.7	187.8
900.0	696.4	348.6	226.5	656.3	327.8	206.3
950.0	716.0	369.0	246.3	673.9	346.9	225.1
1 000.0	735.4	389.3	266.3	691.2	366.0	244.2

表 13-13　认证数据条件(Dowding 等,2008)

实验	数据集	热通量,q_{w}(W/m^2)	材料板厚度,L(cm)
1	低、中、高	3 000	1.9
2	高	3 000	1.9

　　在集合实验和认证实验中获得的数据类型是典型的更复杂的系统,在这种意义上,获得了各种条件和 PDE 中不同因变量值的数据,但是没有足够的数据可以用来充分评估模型的准确性。换言之,通常很少复制系统实验,如果有,也是在不同的操作条件下进行测试,从而可以把系统变化与模型准确性评估更准确地分开。实际工程系统的项目管理往往更加重视更好地了解系统性能,而非评估模型的预测能力。使用比较预测和实验 CDF 的确认度量方法,我们可以计算每一对预测和实验比较的确认度量结果 d。如果我们为每个实验条件计算大量的仿真,那么我们可以计算仿真的光滑 CDF。但是,困难是对于绝大多数实验条件来说,我们仅有一个实验测量,所以我们只有一个适用于实验 CDF 的单级函数。集合数据和认证数据有一些例外,可以进行复制实验。例如,在中型数据的集合数据中有 20 个条件,可以进行四次复制(参见表 13-10、表 13-11)。在配置 1 和配置 2 中会发生这些情况。对于认证数据来说,中型数据不可以复制(参见表 13-12、表 13-13)。仅使用做了几种实验复制得到的数据会浪费宝贵的数据。

　　在只有一个实验测量情况下,我们会(从大量的实验中获得)过高估计 d 的真值,原因是这个度量可以测量仿真和实验之间的不匹配证据。如 12.8.2 节中讨论,与仅具有一个实验测量的实验 CDF 相比,度量膨胀很少表示具有大量实验的真正 CDF 的直接结果。这种非常少的表示是由抽样不确定性造成的,是认知不确定性。为了减少这个长久的问题,即理解系统如何相对于评估模型预测能力来响应各种输入的相互矛盾的实验目标,Ferson 等(2008)开发了 u 池概念。12.8.3 节中讨论了这个概念,可用于两种不同的情况:①当我们在各种实验条件有单一的 SRQ 测量值时;②当我们有由模型预测出的不同SRQ 的单一实验测量值时。对于后一种情况,假设把加热模型与热应力模型进行耦合,这样可以通过耦合模型来预测温度和应力。如果在同一实验过程中测量材料板的温度和应力,那么我们可以把这些不同的 SRQ 合并到一个共同的 SRQ 中,以更好地评估模型的准确性。

　　u 池把每次比较的实验测量和模型预测转换到概率空间,然后使用逆变换来回到转换后的测量坐标。这种逆变换基于相关应用条件下的模型预测,这样可以按照相同的方法把所有测量值转换到与应用直接相关的条件中。

　　应用到加热问题之前,我们将简要解释 u 池概念。图 13-33 是实验物理条件的单一实验测量 y_j 与模型预测分布之间的比较,PDE 因变量的值合乎测量位置。模型预测在这里显示为光滑的 CDF,没有认知不确定性,但是如果模型中存在认知不确定性,那么它可能是一个概率盒。为了获得光滑的模型预测,需要使用 MCS 或 LHS 计算大量样本。如果进行一组测量,并且只有个体测量的 PDE 自变量不同,那么可以在测量中使用相同的仿真。但是,如果实验条件不同,例如输入数据不同,要求对每个条件计算单独的 CDF。如图 13-33 所示,可以通过比较直接计算 d,但是正如前面讨论,d 值会膨胀。使用 u 池概念,采用模型预测得到的 CDF,我们可以把物理测量 y_j 变换为概率 u_j。

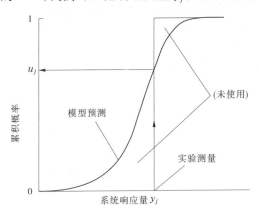

图 13-33　使用模型变换实验测量值以获得概率

　　图 13-34 描述了逆变换如何从图 13-33 得到概率,并将其映射到相关 SRQ 的变换测量。对于这种逆变换,我们在相关应用条件中使用模型预测。对于从个体测量和个体条件得到的所有概率,使用相同的逆变换。逆变换只是对所有概率进行一致的单调调节。你可以批评我们在调节过程中使用模型,因为模型准确性是我们努力评估的对象。无论模型是否准确,这种批评都是无效的,该模型仅仅是用来以一致的方式重新调节测量结果。按照这种方式变换所有原始实验测量后,可以计算更加光滑的经验 CDF 来表示这些测量结果,如同将其映射到相关的应用条件。然后可以通过比较预测 CDF 和经验 CDF来计算 d。

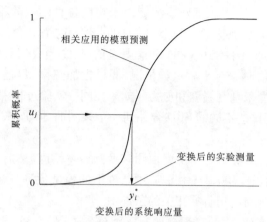

图 13-34   使用相关应用条件的模型进行逆变换
以获得变换后的实验测量值

我们现在使用 u 池方法来评估加热模型在确认域上的性能。我们使用所有集合数据和认证数据来计算模型和数据之间整体失配的总结性评估。尽管我们在设置确认挑战问题时已经把集合数据和认证数据分开，但是我们在分析中以同样的方式来处理这两种数据。确认域中的每个观察结果都与控制参数 q_W、L、x 和 t 的值相关。把这四个参数以及描述 k 和 ρC_p 变化的分布用于 10 000 个蒙特卡罗样本中，以便于使用式(13-58)来计算温度的预测分布。因此，把确认域中的每个温度观察与温度预测分布进行配对。在中数据集中有 140 组配对。这些配对定义了 u 值，$u_j = F_j(T_j)$，其中 T_j 表示观察到的温度，F 表示相关预测分布，$j = 1, 2, \cdots, 140$。

图 13-35 表示使用中数据集的这些 u 值的经验分布。这些经验分布总结了标准模型，见式(13-58)，以及温度依赖性 k 模型的性能。每个图形中的小阶梯函数表示与其各自在分析中生成的预测分布相比，中数据集中的所有 140 个温度观察结果。这些阶梯函数是对比后产生的 u 值的经验分布。在[0,1]范围内把这些分布与均匀分布进行比较，在每个图形中表示为45°线。这些45°线是完全符合线。如果从与分析中按照模型预测的温度相匹配的分布中对观察到的温度进行抽样，该阶梯函数将把均匀分布与随机因素产生的波动进行匹配。

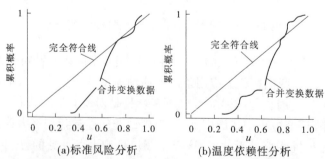

图 13-35   与完全符合线(直线)均匀分布相比，按照观察到的 u 值分布函数(阶梯函数)
总结的两种分析的中数据集模型性能(Ferson 等，2008)

　　图 13-36 表示把这些分布逆变换到具有物理意义的温标。该图表示为超越概率,是补充性 CDF,与温度相对,适用于 k 独立于温度和 k 依赖于温度的情况。超越概率通常用于风险评估研究中,以获取与超越规定阈值的概率相关的更加明确的信息。图中的光滑曲线是在监管要求条件下进行的两个分析的预测分布。此外,图 13-36 还表示通过各自预测分布指定的逆概率积分变换,逆变换到同一个温标上的 u 值相应的合并分布,表示为阶梯函数。即,它们是数量 $G^{-1}(u_j)$ 的分布,其中 G 是规定监管要求的预测分布。

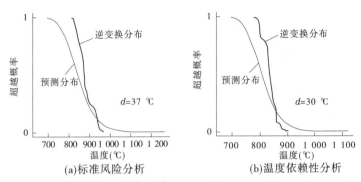

图 13-36　与两种分析的预测分布(光滑线)相比,逆变换 u 值(阶梯函数)
的中数据集分布(Ferson 等,2008)

　　图 13-36 仅仅是对图 13-35 进行简单的非线性调整。经过调整后,直线变为光滑曲线,并且阶梯函数的尾部相对延伸到分布的中心值。对于每一个图形,转换横坐标就是把标准均匀分布变为预测分布。这个结果把集合数据集和认证数据集的所有 140 个观察结果中体现的证据表现到监管要求预测分布规定的范围,见式(13-57)。这些分布不应该被解释为通过这些分布来体现从变换温标上收集到的实际数据。毕竟是在各种热通量、各种材料板厚度、不同时间值以及不同材料板位置收集到了这些实际数据。将它们汇集到一起是为了在数据可用时评估模型的预测准确性。因此,它们不代表在监管要求条件下将会出现哪些温度的直接证据,仅仅表明模型产生的预测分布与中数据集确认域中所有数据的温度在多大程度上匹配。

　　在图 13-36 中,图(b)所示的温度依赖性分析比图(a)所示的标准风险分析更加匹配可用的经验数据。在该分析中,逆变换 u 值的分布更接近光滑曲线中所示的预测分布。表 13-14 中的区域指标 d 体现了这种匹配的优势。

表 13-14　使用中数据集时确认域上的确认度量结果(Ferson 等,2008)　　(单位:℃)

分析	d,确认度量结果	95% 置信区间
温度独立性 k 模型	37.2	[34.0, 42.7]
温度依赖性 k 模型	30.4	[27.4, 33.7]

　　回顾一下区域指标 d 测量了逆变换集合 u 值经验分布与预测分布之间的区域,这符合我们的期望。通过非参数自助法从 140 个 u 值中重新取样来计算 95% 置信区间(有关自助法的讨论,请参见 Efron 和 Tibshirani,1993;Draper 和 Smith,1998 以及 Vose,2008)。我们从 u 值分布中抽取 140 个随机样本(替换抽样),并通过把这些随机选择的 u 值的分

布与预测分布进行比较以重新计算 d 值。我们重复进行这个过程 10 000 次,并对所形成的 d 值数组进行分类。把 95% 置信区间估计为 $\left[d_{(2.5N/100)}, d_{(N-(2.5/100)N)} \right] = \left[d_{(250)}, d_{(9750)} \right]$,即所分类的 10 000 个 d 值列表中的第 250 个值和第 9 750 个值形成的区间。每个置信区间估计仅根据 140 个观测值进行计算而产生的与实际 d 值相关的抽样不确定性。

图 13-36 中的两个图形表明,相比较低温度,标准模型(见式(13-58))在接近 900 ℃时可以更好地预测温度。温度依赖性分析使用回归和迭代收敛方案来表示材料特性数据中温度和热导率之间的依赖性证据。额外迭代计算的好处是相对于数据总量适度改进模型的评估性能。这种分析的匹配在数量上优于标准风险分析,详见表 13-14。

此外,还使用低数据集和高数据集完成计算,得到了定性类似的结果。对于所有三个数据集,这两种分析中确认度量方面的模型性能如表 13-15 所示。此外,该表也显示了使用自助法得到的度量 d 区间以及 95% 置信水平。在区域指标中,两种数据集的温度依赖性分析稍微优于标准风险分析。应该强调的是,显示的确认度量是适用于这两种模型、不同数据量以及所表示的数据集的确认域中获得的所有实验测量的失配(不准确性)措施。定量比较各种竞争模型的性能与相同的实验数据时,这种数据非常有价值。

表 13-15　低、中、高数据集确认域上的确认度量结果和 95% 置信区间(Ferson 等,2008)

(单位:℃)

分析	低数据集(数量 = 100)	中数据集(数量 = 140)	高数据集(数量 = 280)
温度独立性 k 模型	52.6, [49.4, 55.9]	37.2, [34.0, 42.7]	18.5, [15.3, 23.9]
温度依赖性 k 模型	34.1, [30.0, 38.1]	30.4, [27.4, 33.7]	11.6, [9.5, 15.0]

图 13-37 以图形方式总结了低材料特性数据和高材料特性数据的确认度量性能结果,显示了与这两种分析各自的预测分布相比,逆变换 u 值的分布。

表 13-15 和图 13-37 表明,确认评估中使用的区域指标 d 对于观测结果的样本大小非常敏感。这并不是因为数据越多,模型变得越来越准确,相反是因为模型和数据之间有更少的失配证明。当然,模型不可能做出非常准确的预测。只要评估模型的准确性,增加样本大小往往可以把 d 值降低到其失配下限。d 对观测数量的依赖性意味着,我们应该只比较基于相同样本大小的模型的性能。在这种情况下,对于挑战问题中描述的所有三个样本大小,温度依赖性分析可以获得比标准风险分析持续更好(更小)的整体 d 值。

13.7.3　步骤 4:估计输出不确定性

由于加热问题没有数值解误差,因此输出不确定性只需要结合输入不确定性和模型不确定性。我们首先讨论基于预测和实验 CDF 造成的概率盒(或 CDF)失配,使用确认度量来结合输入不确定性和模型不确定性的一般方法,然后把这种方法应用到加热问题。

13.7.3.1　结合输入不确定性和模型不确定性的一般讨论

由于相比置信区间方法,确认度量方法使用概率盒失配,直接适用于输入参数高维空间,因此我们从这一点开始讨论。必须在模型的 m 维输入空间上构建一个表示模型不

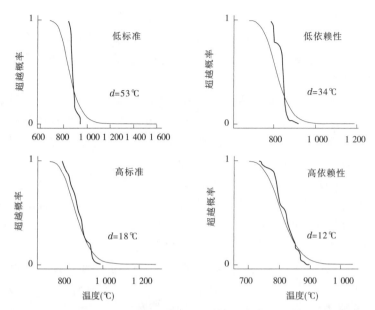

图 13-37 在低数据集和高数据集以及标准风险分析和温度依赖性分析中,与预测分布(光滑曲线)相比的逆变换 u 值分布(阶梯函数)模型性能(Ferson 等,2008)

确定性的函数。令 ξ 表示输入参数的数量,在这个基础上在确认活动过程中的不同条件下获得实验数据。假设获得实验数据的参数子集被列为输入量数组的第一个 ξ 元素,因此我们得到 $(x_1, x_2, \cdots, x_\xi, x_{\xi+1}, \cdots, x_m)$。令 $d(x_1, x_2, \cdots, x_\xi)$ 表示在存在实验数据 $(x_1, x_2, \cdots, x_\xi)$ 的维度上量化模型不确定性的确认度量结果。令 v 表示确认试验过程中任何 SRQ 的实验测量总数。

正如第 12.8 节中讨论,可以计算的单个 d 值的数量范围介于 1 到 v 之间。相比置信区间方法,这是一个优势,但更重要的优势是,当多个测量可用时,这些测量不需要在 $(x_1, x_2, \cdots, x_\xi)$ 空间有任何关系。例如在特定分析中,我们可以令 (x_1, x_2, x_3, x_4) 表示 PDE 中的自变量(三个空间坐标和时间),x_5 表示 BC,(x_6, x_7, x_8, x_9) 表示系统的四个设计参数。我们可以从所有九个维度的确认实验中获得一个或多个实验测量值,任何一个测量与任何其他测量值之间都没有共性或关系。

除此数量不得大于 v 外,没有限制可以评估多少 d 值,因此我们在这里考虑两种不同的可以使用可用的实验测量的方法,可以最大化通过单独处理每对实验测量值和仿真而计算的 d 值总数。优点是我们可以最大化 $(x_1, x_2, \cdots, x_\xi)$ 空间内的 d 值数量,从而为 $d(x_1, x_2, \cdots, x_\xi)$ 构建某种类型的插值函数或回归函数。缺点是通过单独处理每个实验测量,我们会过分估计抽样(认知)不确定性造成的确认度量 d。即,与使用更多数量的测量相比,使用更少实验测量时失配证据将会变得更大。注意,即使这个模型可以根据实验准确预测系统响应的测量 CDF 并因此是完美的,仍然会由于抽样有限而过分估计确认度量。

另一方面,如果我们使用 u 池把所有测量值与其各自的比较结合在模型中,我们可以得到一个 d。这种计算 d 方法的优点是,它是构成确认域的整个数据集范围内的结合

性或总结性 d。第 13.7.2.2 部分中使用了这种方法。这种方法较好地表示了模型和可以采用可用的经验数据获得的测量之间的失配证据。例如，假设模型是完美的，如刚刚提到的情况。因此，使用越来越多的测量评估完美模型的准确性时，我们得到 $d \rightarrow 0$。缺点是当我们把更多的数据结合到 d 评估中时，我们用来构建 $d(x_1, x_2, \cdots, x_\xi)$ 函数的数据变得更少。即，经验测量可用来通过估计 d 以更好地评估模型的准确性，或可以用于构建超曲面 $d(x_1, x_2, \cdots, x_\xi)$，但不能两者兼得。可以研究最佳使用实验数据的问题，从而在最大程度上降低 d，对构建 $d(x_1, x_2, \cdots, x_\xi)$ 函数的不准确性产生的影响最小。但是，目前尚未对该问题进行调查。

现在考虑如何构建 $d(x_1, x_2, \cdots, x_\xi)$ 函数的问题，不考虑在模型准确性评估精度与 $d(x_1, x_2, \cdots, x_\xi)$ 函数构建能力之间选择的平衡。构建该函数的一个合理方法是，使用一个低阶多项式来计算 d 值的最小二乘回归拟合。令 η 表示计算回归函数可用的数据点数量，$\eta \leqslant v$。注意，如果使用一阶多项式，在每个维度 x_i 上必须有至少两个数据点。在下列情形下，应该使用一阶多项式来代替高阶多项式：①如果 η 没有显著大于 2ξ；②如果需要把回归函数外推到确认域之外，从而在相关应用条件下评估 $d(x_1, x_2, \cdots, x_\xi)$。

通过下式得到 $d(x_1, x_2, \cdots, x_\xi)$ 的多项式回归拟合：

$$d(x_1, x_2, \cdots, x_\xi) \sim P(x_1, x_2, \cdots, x_\xi) + N(0, \sigma) \tag{13-60}$$

式中：$P(x_1, x_2, \cdots, x_\xi)$ 表示多项式回归函数；$N(0, \sigma)$ 表示拟合分散到单个 d 值产生的正态分布剩余误差。这种回归拟合不了解模型不确定性可能在剩下的 $m - \xi$ 输入空间维度中的表现。因此，假设 d 独立于这些剩余的参数。式（13-60）的多项式部分将会在每个相关条件下得到一个 d 值。应该基于 $N(0, \sigma)$ 使用统计预测区间表示 d 值的不确定性。预测区间应该用于表示：①实验数据和/或模型数据的分散情况；②选择回归函数后未能表现的模型不确定性的分散情况。由于我们关注的是预测不确定性单一值的不确定性，因此应该使用预测区间来代替置信区间。但是，置信区间是对数据集合平均值不确定性的估计。预测区间通常大于置信区间，并且随着样本数量变得更大时预测区间不接近 0（Devore，2007）。预测区间合理的置信水平是 90% 或 95%。我们目前正在试图了解与实验数据相比模型的认知不确定性，以及测量不确定性造成的偶然不确定性，因此我们应该总是使用预测区间的上限。

计算相关条件的回归函数 $P(x_1, x_2, \cdots, x_\xi)$ 后，我们可以使用与第 13.4.2.1 部分中讨论的类似的程序来结合输入不确定性和模型不确定性。预测模型不确定性时，基于概率盒失配的度量与置信区间方法之间的重要差异是失配方法测量概率盒之间差值的绝对值。结果，没有迹象表明与失配措施相关，并未表明模型预测是否高于或低于实证测量。因此，当由于输入不确定性把模型不确定性与概率盒结合时，模型不确定性的贡献相等地扩展到概率盒的左右两侧。令 $PI^u(x_1^*, x_2^*, \cdots, x_\xi^*)$ 表示在相关应用条件 $(x_1^*, x_2^*, \cdots, x_\xi^*)$ 下评估的预测区间上限。我们得到输入不确定性概率盒左侧和右侧的位移大小为

$$d(x_1^*, x_2^*, \cdots, x_\xi^*) \sim PI^u(x_1^*, x_2^*, \cdots, x_\xi^*) \tag{13-61}$$

图 13-38 给出一个示例，说明偶然不确定性和认知不确定性造成的概率盒如何由于模型不确定性进行扩展。从图 13-38 可以看出，从 SRQ 概率盒增加和减去的 $d(x_1^*, x_2^*, \cdots, x_\xi^*)$ 值在整个响应范围内是常数。但是，各种响应概率的增加和减少取决于概率盒的形

状。似乎计算模型不确定性产生的主要效应是在中值附近，$P = 0.5$。这仅仅是因为 CDF 的形状受到概率的限制，概率必须介于 0 和 1 之间。模型不确定性对累积概率的高低也产生了较大的影响。例如，不合需要的系统响应可以很容易地从 1/1 000 变为 1/50，如图 13-38 中分布的左侧尾部所示。

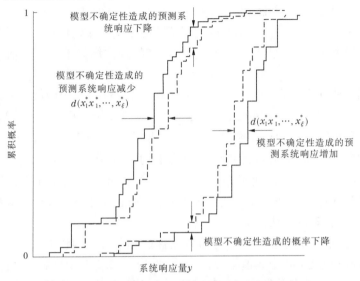

图 13-38　模型不确定性增加造成的预测不确定性增加

13.7.3.2　结合加热问题的输入不确定性和模型不确定性

监管条件式（13-57）位于集合数据和认证数据规定的验证域之外。因此，需要外推确认度量和模型，以确定是否满足确定监管条件。我们使用线性回归方法在四维空间 q_w、L、x 和 t 中进行外推，来估计监管条件下的模型不确定性。我们在这里描述了中数据集（140 个测量结果）温度依赖性风险分析的外推过程。可以对恒定电导率模型和其他数据集进行完全类似的计算。

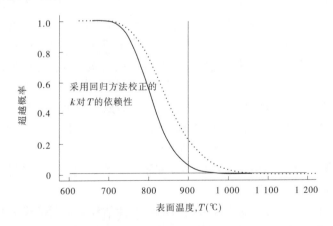

图 13-39　温度依赖性模型（实线）和温度独立性电导率模型（虚线）在监管条件下的超越概率模型预测（Ferson 等，2008）

图 13-39 表示了仅导致输入不确定性的温度依赖性模型和恒定电导率模型在监管条件下的模型预测。该图以超越概率来表现不确定性,即互补累积分布函数(CCDF)。互补累积分布函数显示了响应大于某一特定响应值的部分。由于加热分析的监管标准,见式(13-57),表示为超越概率,因此可以以这种方式来显示分析结果。考虑到 k 和 ρC_p 中的输入不确定性只是偶然不确定性,这两个模型只是进行偶然不确定性预测。注意,为恒定电导率模型和温度依赖性模型预测的超越概率分别为 0.22 和 0.05,均超过了 0.01 的安全标准。把模型不确定性与输入不确定性结合时,预测结果中只会包括更多的不确定性。

可以采用多种方法来基于确认数据构建模型不确定性的回归函数。正如在 13.7.3.1 中的讨论,一种方法是在进行 140 次测量的条件下计算度量。每个度量将基于单一测量,因此相对于实验可能会过分估计模型失配。这 140 个值分布于 q_w、L、x 和 t 空间,可以计算线性回归超曲面。然后,可以计算监管条件下的 95% 上预测区间,$q_w = 3\,500\ \text{W}/\text{m}^2$、$L = 1.9\ \text{cm}$、$x = 0$、$t = 1\,000\ \text{s}$。使用 $PI^u(x_1^*, x_2^*, \cdots, x_\xi^*)$ 和从温度依赖性模型计算得出的 CDF,使用图 13-38 中讨论的程序来估计输入不确定性(如图 13-39 所示)和模型不确定性的组合,这是一种合理的方法。

另一种方法可以提高单个 d 值与监管条件的相关性,因此也予以采用(Ferson 等,2008)。我们没有把这 140 个 u 值集合在一起,如 13.7.2.2 节中计算总结性 d 的情况,而是使用与监管要求条件有关的预测分布,把每个 u 值直接逆变换到温标中。即,计算逆变换温度 $T_j^* = G^{-1}(F_j(T_j))$,其中 T 表示观察到的温度,F 表示相关的预测分布,G 表示仅输入参数发生变化的模型的分布,$j = 1, 2, \cdots, 140$ 表示观察。然后,计算每个观察预测对子在相关监管条件下逆变换温度与预测分布之间的区域指标 $d(T_j^*, G)$。把标量值与监管要求条件下温度的预测分布进行比较,产生了 140 个区域指标值。这些区域的平均值是 69,各个值介于 56 ~ 129。与表 13-14 中所列的值相比,平均值和分散情况大幅增加的主要原因是该平均值基于所有 140 个点的单个 d 值,而不是集合了所有 d 值。

采用线性模型按照输入变量 q_w、L、x、t 进行外推得到这 140 个 d 值,作为热通量、厚度、位置和时间的函数,单个(新)观察结果区域指标预期值的最佳拟合线性模型是:

$$d \sim 126 - 0.016 q_w - 914L + 201x - 0.012\,4t + N(0, 10.8)\ \text{℃} \qquad (13\text{-}62)$$

最后一项是面积值内随机散布造成的正态分布剩余误差。在监管要求下变为

$$d^* \sim 40.2 + N(0, 10.8)\ \text{℃} \qquad (13\text{-}63)$$

我们要外推至监管要求中指定的条件,没有实验数据,因此预测这些条件下区域指标的大小时说明抽样不确定性尤其重要。监管条件下区域指标值的 95% 预测区间计算为

$$d^* \sim [17, 63]\ \text{℃} \qquad (13\text{-}64)$$

我们试图得到模型预测相对于数据的认知不确定性,因此使用预测区间的上限来估计 63 ℃ 模型不确定性的上限。

图 13-40 显示了把输入不确定性和模型不确定性估计结合后的模型预测。该图显示预测分布为内曲线,仅表示输入不确定性,平行分布在 63 ℃ 两侧。中间的预测分布把中数据集用到材料特性描述和温度依赖性模型。在我们看来,概率盒预测合理地估计了与模型预测能力相关的合并输入不确定性和模型不确定性,经过可用数据的确认评估证明。

我们的期望是未来数据(如果可用)将会在这些范围内形成一个分布。在中等温度范围(例如 700 ~ 800 ℃)内由于模型不确定性造成的不确定性增加将是惊人的。对于许多分析员来说,这种提高预测不确定性的方法似乎过多。但是,我们认为这种方法直接基于观察到的模型准确性,非常合理地表示了预测能力。如果监管条件下的数据可用,将会处于图 13-40 所示的概率盒之外。概率盒不能保证实际结果将位于其范围之内。这是基于模型和可用观察结果做出的统计推断。

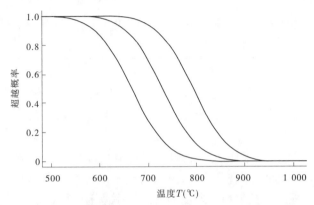

图 13-40　结合输入不确定性和模型不确定性后使用中型数据的温度依赖性
模型概率盒预测(Ferson 等,2008)

可以提出这样一个观点,即有更为简单的可以估算监管条件下模型不确定性的方法。在第 13.7.2.2 节中,使用集合数据和认证数据以及 u 池方法,估计模型的不确定性。在 u 池过程中,把所有测量都转换到监管条件来计算总结性 d。人们可以辩称,95% 置信区间的上限可以用作监管条件下估计的模型不确定性。参考表 13-15,我们看到温度依赖性模型在监管条件下的总结性 d 和 95% 置信区间分别为 30.4 ℃ 和 [27.4, 33.7] ℃。有人会把 33.7 ℃ 看作监管条件下的模型不确定性 d^*。这将大约是使用 95% 预测区间上限从线性回归外推所估计的模型不确定性的 1/2。与 63 ℃ 值相比,33.7 ℃ 似乎低得不切实际,但我们知道,63 ℃ 值是由于使用单一实验测量计算 d 而被过分估计。回顾表 13-15,当数据量从低数据集变为高数据集时,温度依赖性模型的 95% 置信区间上限从 38.1 ℃ 降低到 15.0 ℃。因此,在这两种不同的方法之间,d 从 63 ℃ 变化到 33.7 ℃ 是一致的。由于最近才发布 u 池概念,因此需要进行进一步的研究来调查在很多问题中使用总结性 d 的可靠性。

13.7.3.3　监管条件的预测概率

在式(13-57)中,把监管标准定义为

$$P\{T(x = 0, t = 1\ 000) > 900\} < 0.01 \tag{13-65}$$

表 13-16 总结了各种分析的失效概率(超越概率)结果。前两行是仅考虑输入不确定性(即 k 和 ρC_p 变化)的分析结果。这个过程是当今采用的标准风险评估方法,它不考虑估计可以从类似于实际相关系统的系统实验结果中推断得出的模型不确定性。标准风险评估方法预测到系统安全性不足,但是根据是否认为 k 独立于或依赖于温度,产生的结果有很大差异。如果分析员计划执行这两种分析并观察到预测的安全性有较大差异,那么

他们会适当怀疑模型的缺点是由 k 假设造成的。除非构建并计算新的非线性传热分析，否则估计模型形式造成的不确定性时会感到不知所措。

表 13-16 使用各种加热模型和不同实验数据量的安全部件的失效概率（Ferson 等，2008）

分析	低数据集	中数据集	高数据集
仅为输入不确定性，温度独立性 k	0.28	0.22	0.24
仅为输入不确定性，温度依赖性 k	0.09	0.05	0.05
输入不确定性和模型不确定性，温度独立性 k	[0.13, 0.52]	[0.17, 0.29]	[0.17, 0.32]
输入不确定性和模型不确定性，温度依赖性 k	[0.04, 0.18]	[0.03, 0.09]	[0.03, 0.09]

表 13-16 后两行列出了考虑输入不确定性和模型不确定性的方法得到的结果。方括号是当分析中包括确认度量结果时，模型失效概率的界限。仅仅由于输入变化导致响应分布移动到左侧和右侧而得到这些界限（参见图 13-40）。通过把观察到的预测温度分布不确定性外推到监管条件下来评估这些预测的区间值界限。把这些概率区间与未评估模型准确性的标准风险评估程序进行比较，可以看到不准确性显著增加。考虑模型不确定性现状，这些概率界限应该被解释为预期的失效概率范围。换言之，考虑到观察到的输入变化、在确认域上观察到的模型不确定性，以及把这种不确定性外推到监管条件下，没有证据表明失效概率将位于这个范围之外。注意所有 6 个失效概率的下限均大于 0.01，可以说没有证据表明能够在考虑知识现状的情况满足安全要求。如果任何失效概率的下限小于 0.01，那么可以得出结论：即存在一些证据，可以满足该标准。但是，这肯定不足以证明安全部件。如果预测区间的上限小于 0.01，那么可以说在考虑到估计的偶然不确定性和认知不确定性的情况下，安全部件满足该标准。

目前的确认方法与一些更常见的基于假设检验的方法或贝叶斯方法不同。贝叶斯方法关注更新，把校准和确认结合在一起，而我们认为应该把这两个方面严格分开。贝叶斯方法尝试使用可以用来尽可能多地改善模型的任何数据。我们的方法保留首先使用任何确认数据来评估模型性能，从而向模型决策者和其他潜在用户明确地描述它的预测能力。

模型确认挑战研讨会许多有价值的经验教训之一是把许多不同的风险评估方法应用到这三个挑战问题。对于热挑战问题，Liu 等（2009）和 Higdon 等（2009）应用了两个贝叶斯分析，结果如表 13-17 所示。把这些失效概率值与表 13-16 中所示的当前方法相比，发现预测的安全性有显著差异。由于研讨会组织者尚未发布产生这些结果的基本模型，因此哪种分析更加确切地表示了安全部件"真正的"失效概率仍然是未知的。

表 13-17 Liu 等（2009）和 Higdon 等（2009）报告的安全部件失效概率

分析	低数据集	中数据集	高数据集
Liu 等（2009），温度独立性 k	—	0.02	0.04
Higdon 等（2009），温度独立性 k	0.07	0.03	0.03

13.8 贝叶斯方法不同于概率界限分析

概率界限分析方法(PBA)明显不同于贝叶斯方法(Bernardo 和 Smith,1994;Gelman 等,1995;Leonard 和 Hsu,1999;Ghosh 等,2006;Sivia 和 Skilling,2006)。贝叶斯方法的三个核心原则是:①所有不确定性都从根本上依赖于个人主观信念,应该将其解释为主观信念;②所有不确定性都代表了主观概率分布;③主观概率分布被视为柔性函数,应该在新信息可用时进行调整。贝叶斯论者推断,采用概率界限分析方法得到的不确定性结果通常会产生非常大的不确定性,导致对于决策者而言分析结果的价值不大。换言之,贝叶斯论者推断,由于概率界限分析方法中的分析提供了非常大的不确定性范围,没有似然信息,导致决策者无法做出明智的决定,因此花费在这方面的资源被浪费。他们进一步强调,花费在概率界限分析方法中的时间、资源和精力可以更好地用在提供相关系统的最佳估计预测。由于概率界限分析方法的策略是把缺乏知识的不确定性表示为一个区间,而不是把不确定性表示为概率分布,因此很明显,概率界限分析方法产生的结果的不确定性将会显著大于贝叶斯方法。我们认为上面总结的贝叶斯论者对概率界限分析方法的批评是毫无价值的,提出下列反驳意见。

首先,概率界限分析方法向决策者清晰地显示了由于缺乏知识导致 SRQ 的预计情况如何糟糕。换言之,概率界限分析方法没有隐藏或掩饰任何假设;如果一些事物是未知的,那么只是将其包括在分析中作为可能产生的结果的界限。这个方法中较大的不确定性界限通常会导致决策者变得非常焦虑和沮丧。他们甚至可能会说,"当你不能作出更好的预测时,为什么我们把所有的钱都花在建模与仿真上?"可能会给出两个回应:"鉴于我们目前的知识状态,事情就是这样",或者"你宁愿我们作出一些不合理的假设,把发生频率与个人信仰相混淆,然后告诉你小得多的不确定性吗?"有时候,这些回应似乎并没有用。

其次,由于概率界限分析方法也要求必须进行敏感性分析(SA),因此敏感性分析的结果可以告诉决策者造成相关 SRQ 不确定性的主要因素是什么。例如,如果认知不确定性导致 SRQ 的概率盒非常广泛,那么敏感性分析可以识别哪些因素是造成认知不确定性的主要原因。有了这个不确定性因素清单后,决策者可以确定哪些因素在他们的控制之中,哪些因素在他们的控制之外。例如,他们可以在很大程度上控制系统设计,但很少控制系统的环境。对于受到某些控制的主要因素,可以进行有根据的成本效益分析来确定所需的时间和资金,以减少一些主要因素的影响。然后,对估计的可控认知不确定性减少进行后续不确定性量化分析,使决策者可以看到这对减少相关 SRQ 不确定性产生的影响。

13.9 参考文献

Almond, R. G. (1995). *Graphical Belief Modeling*. 1st edn. , London, Chapman & Hall.

Ang, A. H.-S. and W. H. Tang (2007). *Probability Concepts in Engineering*: *Emphasis on Applications to*

Civil and Environmental Engineering. 2nd edn. , New York, Wiley.

Angus, J. E. (1994). The probability integral transform and related results. *SIAM Review.* 36(4), 652-654.

Aster, R. , B. Borchers, and C. Thurber (2005). *Parameter Estimation and Inverse Problems*, Burlington, MA, Elsevier Academic Press.

Aughenbaugh, J. M. and C. J. J. Paredis (2006). The value of using imprecise probabilities in engineering design. *Journal of Mechanical Design.* 128, 969-979.

Ayyub, B. M. (1994). The nature of uncertainty in structural engineering. In *Uncertainty Modelling and Analysis : Theory and Applications.* B. M. Ayyub and M. M. Gupta (eds.). New York, Elsevier : 195-210.

Ayyub, B. M. (2001). *Elicitation of Expert Opinions for Uncertainty and Risks*, Boca Raton, Florida, CRC Press.

Ayyub, B. M. and G. J. Klir (2006). *Uncertainty Modeling and Analysis in Engineering and the Sciences*, Boca Raton, FL, Chapman & Hall.

Bae, H. -R. , R. V. Grandhi, and R. A. Canfield (2006). Sensitivity analysis of structural response uncertainty propagation using evidence theory. *Structural and Multidisciplinary Optimization.* 31(4), 270-279.

Bardossy, G. and J. Fodor (2004). *Evaluation of Uncertainties and Risks in Geology : New Mathematical Approaches for their Handling*, Berlin, Springer.

Baudrit, C. and D. Dubois (2006). Practical representations of incomplete probabilistic knowledge. *Computational Statistics and Data Analysis.* 51, 86-108.

Beck, M. B. (1987). Water quality modeling : a review of the analysis of uncertainty. *Water Resources Research.* 23(8), 1393-1442.

Bedford, T. and R. Cooke (2001). *Probabilistic Risk Analysis : Foundations and Methods*, Cambridge, UK, Cambridge University Press.

Beliakov, G. , A. Pradera, and T. Calvo (2007). *Aggregation Functions : a Guide for Practitioners*, Berlin, Springer-Verlag.

Berendsen, H. J. C. (2007). *Simulating the Physical World : Hierarchical Modeling from Quantum Mechanics to Fluid Dynamics*, Cambridge, UK, Cambridge University Press.

Bernardini, A. and F. Tonon (2010). *Bounding Uncertainty in Civil Engineering*, Berlin, Springer-Verlag.

Bernardo, J. M. and A. F. M. Smith (1994). *Bayesian Theory*, New York, John Wiley.

Bogen, K. T. and R. C. Spear (1987). Integrating uncertainty and interindividual variability in environmental risk assessment. *Risk Analysis.* 7(4), 427-436.

Bouchon-Meunier, B. , ed (1998). *Aggregation and Fusion of Imperfect Information.* Studies in Fuzziness and Soft Computing. New York, Springer-Verlag.

Box, G. E. P. , J. S. Hunter, and W. G. Hunter (2005). *Statistics for Experimenters : Design, Innovation, and Discovery.* 2nd edn. , New York, John Wiley.

Bucalem, M. L. and K. J. Bathe (2008). *The Mechanics of Solids and Structures : Hierarchical Modeling*, Berlin, Springer-Verlag.

Butcher, J. C. (2008). *Numerical Methods for Ordinary Differential Equations.* 2nd edn. , Hoboken, NJ, Wiley.

Casella, G. and R. L. Berger (2002). *Statistical Inference.* 2nd edn. , Pacific Grove, CA, Duxbury.

Cellier, F. E. and E. Kofman (2006). *Continuous System Simulation*, Berlin, Springer-Verlag.

Choi, S. -K. , R. V. Grandhi, and R. A. Canfield (2007). *Reliability-based Structural Design*, London,

Springer-Verlag.

Coleman, H. W. and F. Stern (1997). Uncertainties and CFD code validation. *Journal of Fluids Engineering*. 119, 795-803.

Couso, I. , S. Moral, and P. Walley (2000). A survey of concepts of independence for imprecise probabilities. *Risk Decision and Policy*. 5, 165-181.

Cox, D. R. (2006). *Principles of Statistical Inference*, Cambridge, UK, Cambridge University Press.

Cozman, F. G. and P. Walley (2001). Graphoid properties of epistemic irrelevance and independence. *Proceedings of the Second International Symposium on Imprecise Probability and Their Applications*, Ithaca, NY, Shaker Publishing.

Crassidis, J. L. and J. L. Junkins (2004). *Optimal Estimation of Dynamics Systems*, Boca Raton, FL, Chapman & Hall/CRC Press.

Cullen, A. C. and H. C. Frey (1999). *Probabilistic Techniques in Exposure Assessment: a Handbook for Dealing with Variability and Uncertainty in Models and Inputs*, New York, Plenum Press.

Devore, J. L. (2007). *Probability and Statistics for Engineers and the Sciences*. 7th edn. , Pacific Grove, CA, Duxbury.

Dimov, I. T. (2008). *Monte Carlo Methods for Applied Scientists*. 2nd edn. , World Scientific Publishing.

Dowding, K. J. , M. Pilch, and R. G. Hills (2008). Formulation of the thermal problem. *Computer Methods in Applied Mechanics and Engineering*. 197(29-32), 2385-2389.

Draper, N. R. and H. Smith (1998). *Applied Regression Analysis*. 3rd edn. , New York, John Wiley.

Duggirala, R. K. , C. J. Roy, S. M. Saeidi, J. M. Khodadadi, D. R. Cahela, and B. J. Tatarchuk (2008). Pressure drop predictions in microfibrous materials using computational fluid dynamics. *Journal of Fluids Engineering*. 130(7), 071302 − 1,071302 − 13.

Efron, B. and R. J. Tibshirani (1993). *An Introduction to the Bootstrap*, London, Chapman & Hall.

EPA (2009). *Guidance on the Development, Evaluation, and Application of Environmental Models*. EPA/100/K − 09/003, Washington, DC, Environmental Protection Agency.

Ferson, S. (1996). What Monte Carlo methods cannot do. *Human and Ecological Risk Assessment*. 2(4), 990-1007.

Ferson, S. (2002). *RAMAS Risk Calc 4. 0 Software: Risk Assessment with Uncertain Numbers*. Setauket, NY, Applied Biomathematics.

Ferson, S. and L. R. Ginzburg (1996). Different methods are needed to propagate ignorance and variability. *Reliability Engineering and System Safety*. 54, 133-144.

Ferson, S. and J. G. Hajagos (2004). Arithmetic with uncertain numbers: rigorous and (often) best possible answers. *Reliability Engineering and System Safety*. 85(1-3), 135-152.

Ferson, S. and W. T. Tucker (2006). *Sensitivity in Risk Analyses with Uncertain Numbers*. SAND2006-2801, Albuquerque, NM, Sandia National Laboratories.

Ferson, S. , V. Kreinovich, L. Ginzburg, D. S. Myers, and K. Sentz (2003). *Constructing Probability Boxes and Dempster-Shafer Structures*. SAND2003-4015, Albuquerque, NM, Sandia National Laboratories.

Ferson, S. , R. B. Nelsen, J. Hajagos, D. J. Berleant, J. Zhang, W. T. Tucker, L. R. Ginzburg, and W. L. Oberkampf (2004). *Dependence in Probabilistic Modeling, Dempster-Shafer Theory, and Probability Bounds Analysis*. SAND2004-3072, Albuquerque, NM, Sandia National Laboratories.

Ferson, S. , J. Hajagos, D. S. Myers, and W. T. Tucker (2005). *CONSTRUCTOR: Synthesizing Information about Uncertain Variables*. SAND2005-3769, Albuquerque, NM, Sandia National Laboratories.

Ferson, S., W. L. Oberkampf, and L. Ginzburg (2008). Model validation and predictive capability for the thermal challenge problem. *Computer Methods in Applied Mechanics and Engineering.* 197, 2408-2430.

Fetz, T., M. Oberguggenberger, and S. Pittschmann (2000). Applications of possibility and evidence theory in civil engineering. *International Journal of Uncertainty.* 8(3), 295-309.

Frank, M. V. (1999). Treatment of uncertainties in space nuclear risk assessment with examples from Cassini Mission applications. *Reliability Engineering and System Safety.* 66, 203-221.

Frey, H. C. and D. S. Rhodes (1996). Characterizing, simulating, and analyzing variability and uncertainty: an illustration of methods using an air toxics emissions example. *Human and Ecological Risk Assessment.* 2(4), 762-797.

Gelman, A. B., J. S. Carlin, H. S. Stern, and D. B. Rubin (1995). *Bayesian Data Analysis*, London, Chapman & Hall.

Ghanem, R. G. and P. D. Spanos (2003). *Stochastic Finite Elements: a Spectral Approach.* Revised edn., Mineola, NY, Dover Publications.

Ghosh, J. K., M. Delampady, and T. Samanta (2006). *An Introduction to Bayesian Analysis: Theory and Methods*, Berlin, Springer-Verlag.

Haimes, Y. Y. (2009). *Risk Modeling, Assessment, and Management.* 3rd edn., New York, John Wiley.

Haldar, A. and S. Mahadevan (2000a). *Probability, Reliability, and Statistical Methods in Engineering Design*, New York, John Wiley.

Haldar, A. and S. Mahadevan (2000b). *Reliability Assessment Using Stochastic Finite Element Analysis*, New York, John Wiley.

Halpern, J. Y. (2003). *Reasoning About Uncertainty*, Cambridge, MA, The MIT Press.

Helton, J. C. (1994). Treatment of uncertainty in performance assessments for complex systems. *Risk Analysis.* 14(4), 483-511.

Helton, J. C. (1997). Uncertainty and sensitivity analysis in the presence of stochastic and subjective uncertainty. *Journal of Statistical Computation and Simulation.* 57, 3-76.

Helton, J. C. (2003). Mathematical and numerical approaches in performance assessment for radioactive waste disposal: dealing with uncertainty. In *Modelling Radioactivity in the Environment.* E. M. Scott (ed.). New York, NY, Elsevier Science Ltd.: 353-389.

Helton, J. C. and F. J. Davis (2003). Latin Hypercube sampling and the propagation of uncertainty in analyses of complex systems. *Reliability Engineering and System Safety.* 81(1), 23-69.

Helton, J. C. and C. J. Sallaberry (2007). *Illustration of Sampling-Based Approaches to the Calculation of Expected Dose in Performance Assessments for the Proposed High Level Radioactive Waste Repository at Yucca Mountain, Nevada.* SAND2007-1353, Albuquerque, NM, Sandia National Laboratories.

Helton, J. C., D. R. Anderson, G. Basabilvazo, H.-N. Jow, and M. G. Marietta (2000). Conceptual structure of the 1996 performance assessment for the Waste Isolation Pilot Plant. *Reliability Engineering and System Safety.* 69(1-3), 151-165.

Helton, J. C., J. D. Johnson, and W. L. Oberkampf (2004). An exploration of alternative approaches to the representation of uncertainty in model predictions. *Reliability Engineering and System Safety.* 85(1-3), 39-71.

Helton, J. C., F. J. Davis, and J. D. Johnson (2005b). A comparison of uncertainty and sensitivity analysis results obtained with random and Latin Hypercube sampling. *Reliability Engineering and System Safety.* 89(3), 305-330.

Helton, J. C. , W. L. Oberkampf, and J. D. Johnson (2005a). Competing failure risk analysis using evidence theory. *Risk Analysis*. 25(4), 973-995.

Helton, J. C. , J. D. Johnson, C. J. Sallaberry, and C. B. Storlie (2006). Survey of sampling-based methods for uncertainty and sensitivity analysis. *Reliability Engineering and System Safety*. 91(10-11), 1175-1209.

Higdon, D. , C. Nakhleh, J. Battiker, and B. Williams (2009). A Bayesian calibration approach to the thermal problem. *Computer Methods in Applied Mechanics and Engineering*. 197(29-32), 2431-2441.

Hills, R. G. , M. Pilch, K. J. Dowding, J. Red-Horse, T. L. Paez, I. Babuska, and R. Tempone (2008). Validation Challenge Workshop. *Computer Methods in Applied Mechanics and Engineering*. 197(29-32), 2375-2380.

Hoffman, F. O. and J. S. Hammonds (1994). Propagation of uncertainty in risk assessments: the need to distinguish between uncertainty due to lack of knowledge and uncertainty due to variability. *Risk Analysis*. 14(5), 707-712.

Hora, S. C. (1996). Aleatory and epistemic uncertainty in probability elicitation with an example from hazardous waste management. *Reliability Engineering and System Safety*. 54, 217-223.

Kleb, B. and C. O. Johnston (2008). Uncertainty analysis of air radiation for lunar return shock layers. *AIAA Atmospheric Flight Mechanics Conference*, AIAA 2008-6388, Honolulu, HI, American Institute of Aeronautics and Astronautics.

Klir, G. J. and M. J. Wierman (1998). *Uncertainty-Based Information: Elements of Generalized Information Theory*, Heidelberg, Physica-Verlag.

Kohlas, J. and P. -A. Monney (1995). *A Mathematical Theory of Hints-an Approach to the Dempster-Shafer Theory of Evidence*, Berlin, Springer-Verlag.

Krause, P. and D. Clark (1993). *Representing Uncertain Knowledge: an Artificial Intelligence Approach*, Dordrecht, The Netherlands, Kluwer Academic Publishers.

Kreinovich, V. , J. Beck, C. Ferregut, A. Sanchez, G. R. Keller, M. Averill, and S. A. Starks (2007). Monte-Carlo-type techniques for processing interval uncertainty, and their potential engineering applications. *Reliable Computing*. 13, 25-69.

Kriegler, E. and H. Held (2005). Utilizing belief functions for the estimation of future climate change. *International Journal for Approximate Reasoning*. 39, 185-209.

Kumamoto, H. (2007). *Satisfying Safety Goals by Probabilistic Risk Assessment*, Berlin, Springer-Verlag.

Kyburg, H. E. and C. M. Teng (2001). *Uncertain Inference*, Cambridge, UK, Cambridge University Press.

Leonard, T. and J. S. J. Hsu (1999). *Bayesian Methods: an Analysis for Statisticians and Interdisciplinary Researchers*, Cambridge, UK, Cambridge University Press.

Liu, F. , M. J. Bayarri, J. O. Berger, R. Paulo, and J. Sacks (2009). A Bayesian analysis of the thermal challenge problem. *Computer Methods in Applied Mechanics and Engineering*. 197(29-32), 2457-2466.

Melchers, R. E. (1999). *Structural Reliability Analysis and Prediction*. 2nd edn. , New York, John Wiley.

Meyer, M. A. and J. M. Booker (2001). *Eliciting and Analyzing Expert Judgment: a Practical Guide*, New York, Academic Press.

Modarres, M. , M. Kaminskiy, and V. Krivtsov (1999). *Reliability Engineering and Risk Analysis: a Practical Guide*, Boca Raton, FL, CRC Press.

Montgomery, D. C. (2000). *Design and Analysis of Experiments*. 5th edn. , Hoboken, NJ, John Wiley.

Morgan, M. G. and M. Henrion (1990). *Uncertainty: a Guide to Dealing with Uncertainty in Quantitative*

Risk and Policy Analysis. 1st edn. , Cambridge, UK, Cambridge University Press.

Mukhopadhyay, N. (2000). *Probability and Statistical Inference*, Boca Raton, FL, CRC Press.

NASA (2002). *Probabilistic Risk Assessment Procedures Guide for NASA Managers and Practitioners*. Washington, DC, NASA.

Nikolaidis, E. , D. M. Ghiocel, and S. Singhal, eds (2005). *Engineering Design Reliability Handbook*. Boca Raton, FL, CRC Press.

NRC (2009). *Guidance on the Treatment of Uncertainties Assoicated with PRAs in Risk-Informed Decision Making*. Washington, DC, Nuclear Regulator Commission.

Oberkampf, W. L. and S. Ferson (2007). Model validation under both aleatory and epistemic uncertainty. *NATO/RTO Symposium on Computational Uncertainty in Military Vehicle Design*, AVT-147/RSY-022, Athens, Greece, NATO.

Oberkampf, W. L. and J. C. Helton (2005). Evidence theory for engineering applications. In *Engineering Design Reliability Handbook*. E. Nikolaidis, D. M. Ghiocel, and S. Singhal (eds.). New York, NY, CRC Press: 29.

Parry, G. W. (1996). The characterization of uncertainty in probabilistic risk assessments of complex systems. *Reliability Engineering and System Safety*. 54, 119-126.

Pate'-Cornell, M. E. (1996). Uncertainties in risk analysis: six levels of treatment. *Reliability Engineering and System Safety*. 54, 95-111.

Pilch, M. (2008). Preface: Sandia National Laboratories Validation Challenge Workshop. *Computer Methods in Applied Mechanics and Engineering*. 197(29-32), 2373-2374.

Rabinovich, S. G. (2005). *Measurement Errors and Uncertainties: Theory and Practice*. 3rd edn. , New York, Springer-Verlag.

Rai, S. N. , D. Krewski, and S. Bartlett (1996). A general framework for the analysis of uncertainty and variability in risk assessment. *Human and Ecological Risk Assessment*. 2(4), 972-989.

Raol, J. R. , G. Girija, and J. Singh (2004). *Modelling and Parameter Estimation of Dynamic Systems*, London, UK, Institution of Engineering and Technology.

Roache, P. J. (1998). *Verification and Validation in Computational Science and Engineering*, Albuquerque, NM, Hermosa Publishers.

Ross, S. M. (2006). *Simulation*. 4th edn. , Burlington, MA, Academic Press.

Rowe, W. D. (1994). Understanding uncertainty. *Risk Analysis*. 14(5), 743-750.

Rubinstein, R. Y. and D. P. Kroese (2008). *Simulation and the Monte Carlo Method*. 2nd edn. , Hoboken, NJ, John Wiley.

Rutherford, B. M. (2008). Computational modeling issues and methods for the "Regulatory Problem" in engineering-solution to the thermal problem. *Computer Methods in Applied Mechanics and Engineering*. 197 (29-32), 2480-2489.

Sallaberry, C. J. , J. C. Helton, and S. C. Hora (2008). Extension of Latin Hypercube samples with correlated variables. *Reliability Engineering and System Safety*. 93, 1047-1059.

Saltelli, A. , M. Ratto, T. Andres, F. Campolongo, J. Cariboni, D. Gatelli, M. Saisana, and S. Tarantola (2008). *Global Sensitivity Analysis: the Primer*, Hoboken, NJ, Wiley.

Sentz, K. and S. Ferson (2002). *Combination of Evidence in Dempster-Shafer Theory*. SAND2002-0835, Albuquerque, NM, Sandia National Laboratories.

Singh, V. P. , S. K. Jain, and A. Tyagi (2007). *Risk and Reliability Analysis: a Handbook for Civil and En-*

vironmental Engineers, New York, American Society of Civil Engineers.

Singpurwalla, N. D. (2006). *Reliability and Risk: a Bayesian Perspective*, New York, NY, Wiley.

Sivia, D. and J. Skilling (2006). *Data Analysis: a Bayesian Tutorial.* 2nd edn. , Oxford, Oxford University Press.

Steinhauser, M. O. (2008). *Computational Multiscale Modeling of Fluids and Solids: Theory and Applications*, Berlin, Springer-Verlag.

Stern, F. , R. V. Wilson, H. W. Coleman, and E. G. Paterson (2001). Comprehensive approach to verification and validation of CFD simulations-Part 1: Methodology and procedures. *Journal of Fluids Engineering.* 123(4), 793-802.

Storlie, C. B. and J. C. Helton (2008a). Multiple predictor smoothing methods for sensitivity analysis: description of techniques. *Reliability Engineering and System Safety.* 93(1), 28-54.

Storlie, C. B. and J. C. Helton (2008b). Multiple predictor smoothing methods for sensitivity analysis: example results. *Reliability Engineering and System Safety.* 93(1), 55-77.

Suter, G. W. (2007). *Ecological Risk Assessment.* 2nd edn. , Boca Raton, FL, CRC Press.

Torra, V. and Y. Narukawa (2007). *Modeling Decision: Information Fusion and Aggregation Operators*, Berlin, Springer-Verlag.

Trucano, T. G. , M. Pilch, and W. L. Oberkampf (2002). *General Concepts for Experimental Validation of ASCI Code Applications.* SAND2002-0341, Albuquerque, NM, Sandia National Laboratories.

van den Bos, A (2007). *Parameter Estimation for Scientists and Engineers*, Hoboken, NJ, Wiley-Interscience.

Vinnem, J. E. (2007). *Offshore Risk Assessment: Principles, Modelling and Applications of QRA Studies*, Berlin, Springer-Verlag.

Vose, D. (2008). *Risk Analysis: a Quantitative Guide.* 3rd edn. , New York, Wiley.

Wasserman, L. A. (2004). *All of Statistics: a Concise Course in Statistical Inference*, Berlin, Springer-Verlag.

Wilson, R. V. , F. Stern, H. W. Coleman, and E. G. Paterson (2001). Comprehensive approach to verification and validation of CFD simulations-Part 2: Application for RANS simulation of a cargo/container ship. *Journal of Fluids Engineering.* 123(4), 803-810.

Yager, R. R. , J. Kacprzyk, and M. Fedrizzi, eds (1994). *Advances in the Dempster-Shafer Theory of Evidence.* New York, John Wiley.

Young, G. A. and R. L. Smith (2005). *Essentials of Statistical Inference*, Cambridge, UK, Cambridge University Press.

Zienkiewicz, O. C. and J. Z. Zhu (1992). The superconvergent patch recovery and a posteriori error estimates. *International Journal for Numerical Methods in Engineering.* 33, 1365-1382.

第 V 部分　规划、管理和实施问题

本书最后一部分主要讨论的主题是在组织中部门经理和项目经理如何规划、实施、开发和维持确认、验证和不确定性量化(VV&UQ)能力。有些读者可能会认为,在一本科学计算书籍中讨论这个话题是不合适的;但是,根据自己以及其他人的经验,我们认为,尽管技术问题和计算资源非常重要,但是它们不是提高决策环境中科学计算方法可信度和有用性的限制因素。我们指出,虽然数十年来计算速度每四年以 10 倍的速度持续增长,但是并没有对建模与仿真(M&S)过程中产生的信息产生大的冲击。我们认为非技术问题大大制约了改善建模与仿真过程中产生的信息的可信度,这些问题包括:①相对于项目仿真需求的资源配置较差;②对仿真过程中不确定性的描述和理解不足、模糊;③管理层和员工难以评估确认、验证不确定性量化中投入的时间和资源在仿真结果可信度方面产生的净效益。

第 14 章讨论资源分配过程,考虑各种不同的建模与仿真活动,从而在最大程度上实现项目目标。我们从大规模项目导向活动的管理责任角度出发,与商业软件包的研究工作或一般能力开发完全不同。我们的讨论适用于行业和政府项目,尽管强调工程系统项目,但是讨论仍然适用于自然系统分析。相关系统可以是新系统,或者是在设计阶段建议的系统,或者是正在考虑修改或升级的现有系统,或者是目前已经存在的分析系统。

第 15 章综述了几种评估成熟度(在某种意义上是指建模与仿真工作质量)的方法。鉴于我们的科学计算视角,我们讨论一些成熟方法的优缺点,然后对圣地亚国家实验室使用的新兴技术进行详细讨论。该程序描述了下列建模与仿真技术因素的四个成熟度级别:表示和几何保真度,物理和材料模型保真度,代码验证、解验证、模型确认,以及不确定性量化和敏感性分析。已经证明该程序在评估建模与仿真活动的进展以及帮助识别需要改善的活动时非常有用。

第 16 章是本书的结论部分,我们总结了推进科学计算工作确认、验证和不确定性量化所需的一些关键的研究主题。这个清单并不全面,仅仅是建议。然后讨论了我们在员工和管理层确认、验证和不确定性量化责任方面的观点。我们主要着重建模与仿真的业务角度,即建模与仿真如何能够获得决策所需的可靠信息。接着简单讨论了如何在不同的技术条件下开发验证与确认数据库。最后评论了工程团体和国际标准化组织在开发验证与确认工程标准方面所发挥的作用。

14　建模与仿真工作的规划和优先排序

第 2 章总结了验证、确认和预测的综合观点。本章将详细讨论如图 14-1 所示的元素 2"活动规划和优先排序"。本章的主题可以总结为：考虑到各种建模和仿真活动，如何分配资源来更好地实现项目目标？我们从大规模项目导向活动的管理责任出发，与商业软件包的研究工作或一般能力开发有所不同。我们的讨论适用于行业和政府项目。虽然强调工程系统项目，但是仍然适用于自然系统分析，例如，放射性废弃物地下储存、全球气候变化，以及大气风速造成的污染物或化学制剂移动。相关系统可以是新系统，或者在设计阶段建议的系统，或者是正在考虑修改或升级的现有系统，或者目前已经存在的分析系统。

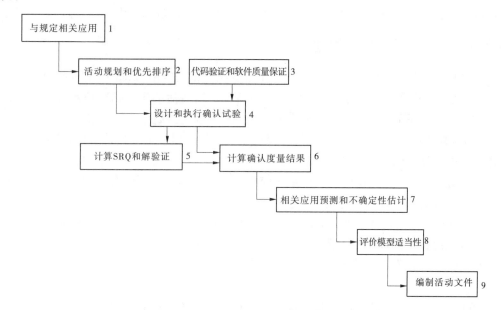

图 14-1　各个验证、确认和预测元素的综合观点（改编自 Trucano 等，2002）

14.1　规划和优先排序的方法论

对于大型项目来说，主要活动是规划和优先排序（P&P），需要投入大量的时间、资金和专业人员。尽管仅在这里讨论验证、确认和预测过程中的规划和优先排序，但是仍然会阐述大型项目规划和优先排序对于开发建模与仿真能力的重要性。根据开发此能力的组织类型，管理部门合理安排具有所需能力且对规划和优先排序相关的人员是很有挑战性的。例如，如果大型建模与仿真项目正在开展持续的计算开发活动，那么对于新项目的目标来说，管理部门和员工很难改变那些不再合适的，甚至是非常不利的已有观点、传统和一些根深蒂固的习惯。在研究或政府组织中,需要做的改变可能特别多。

普遍认为,通常忽视了规划和优先排序的重要性,就会随之产生一些可怕的后果(Dorner,1989;Flowers,1996;Stepanek,2005;Vose,2008)。

在 2005 年发布的《IEEE 波谱》一文中,Charette(2005)指出,"今年各个组织和政府将在全球 IT 硬件、软件和服务方面花费约 1 万亿美元。在这些启动的 IT 项目中,5% ~ 15% 将在交付前后由于投入严重不足而不得不放弃。许多项目启动较晚且超出预算,或需要大量返工。换言之,很少有 IT 项目真正成功。"他列出了大规模软件故障最常见的十几种原因,其中一些原因可以总结为软件项目缺乏规划和优先排序。

一些非常有用的文章讨论了软件项目的规划和优先排序(Flowers,1996;Karolak,1996;Galin,2003;Wiegers,2003)。在此,我们专注已经讨论的项目的更多方面,例如建模和实验活动,而不仅仅是软件。另一种用于复杂情况下规划和优先级以及决策的成熟方法主要是由 Saaty 开发的层次分析法(2001)。该方法已经在过去 30 年里获得发展,目前被广泛用于商业、政府、决策、经济规划、军事行动、服务提供和环境影响等各种用途。但是到目前为止,层次分析法尚未应用到相对较新的验证与确认框架中。

14.1.1　建模和仿真项目规划

大规模建模与仿真项目的规划工作首先需要规定相关应用,如图 14-1 所示的元素 1。有时候,该元素的活动被称为开发和规定客户需求。这些活动应包括客户和开发团队之间的重要互动。下面总结了在活动优先排序之前需要处理的最重要的问题:

(1)规定相关应用。应该适当定义关键物理过程、工程系统或相关事件,还应当计算工作产生的预期的信息贡献或附加价值。

(2)规定预计计算工作应解决的系统应用领域。应用领域可能会被限制到正常环境中,例如系统的操作范围,但是也可能包括系统的某些异常环境及恶劣环境。

(3)识别每个指定环境的重要场景。场景与可能会暴露在指定环境、各种事件序列、事件树或故障树中的场景相一致。

(4)规定系统及其周围环境。根据相关环境和场景,对系统及其周围环境的规定可能会不同。

(5)规定相关的系统响应变量。这应当包括每个相关环境和场景的所有 SRQ。对于正常环境来说,其典型 SRQ 与系统性能和可靠性有关;对于异常环境及恶劣环境来说,SRQ 通常与系统安全或安保的某个方面有关。

(6)客户或利益相关者规定每个相关 SRQ 的精度要求。如果系统规范化说明是在早期阶段,或未明确规定环境和场景,那么这些要求可能就鲜为人知。例如,一些 SRQ 的精度要求可能只在一个数量级内为人所知,或可能仅规定了 SRQ 的定性特点。即使客户可能不知道精度要求,但是认识到可能在后期根据成本和进度进行修改,讨论最初预期是至关重要的。

各组客户代表、项目经理和员工需要付出很大努力才能完成这些任务。需要项目经理、客户和利益相关者之间展开深入的讨论,讨论过程往往比较困难。客户是指将会使用项目所开发的软件以及将会直接使用分析结果的人,例如决策者。利益相关者是指在仿真能力开发过程中享有任何类型既得利益的人,使用仿真结果作为他们活动所需的二次信息的人,以及基于仿真能力成功或客户成功而取得成功的人。仿真能力的资金来源通常由客户提供,但在某些情况下(例如政府资助)并非总是如此。当资金来源不是由客户提供时,产生混淆、误解、提供错误产品和发生失败的可能性显著增加。

　　项目经理、客户和利益相关者之间的讨论将涉及大量的问题澄清、权衡谈判和妥协。有时,客户尚未仔细思考自己的需求或尚未完全定义相关应用,导致客户对自己的需求仅有一个模糊的想法。考虑到可用的时间和资金时,客户的要求往往超过现实。因此,项目经理必须考虑可用资源以清楚地了解所能实现的结果。许多软件项目失败的原因是:项目经理最初不现实地估计所能实现的结果,或允许在软件开发过程中对要求、特性或功能进行重大改变或增加。在协商上述项目期间,客户和项目经理必须灵活处理,对所需的各种功能的成本信息进行开放式交流,并且客户需要清楚地表达他在可交付成果权衡方面的价值体系。例如,项目经理必须努力评估达到某些客户精度要求所需的时间和成本。另外,客户必须在按照系统性能目标更重要的要求权衡价值较低的需求时具有灵活性。

　　对于一些项目来说,已经规定哪些计算机代码或代码组将用于系统的各种分析。因此,除了上面列出的活动外,还将明确指定图 14-1 中所示验证、确认和预测的许多附加元素,以及第 3 章中讨论的项目额外阶段。例如,如果项目使用商业软件,规划阶段将较多地把客户需求与软件可用选项进行比较。与企业或政府组织编写和支持的软件相比,在商业软件中通常会有更详细的用户可用选项文档。

14.1.2　优先排序的价值体系

　　在本章我们主要关注排定未来各项活动工作优先级的价值体系,如物理建模、软件开发、软件质量保证(SQA)、代码验证、解验证、与确认相关的实验、构建确认指标以及与预测相关的不确定性量化(UQ)。我们的兴趣是在考虑资源限制的情况下,尝试在各种活动之间实现最佳的资源分配,以确保项目导向的建模与仿真工作获得最大的成功。应该认识到,建模与仿真工作所取得的成功并不等同于工程系统项目的成功。工程系统项目的成功通常取决于其他很多无关的因素。建模与仿真工作的成功是指能够更好地帮助工程系统达到其各项性能目标,或满足客户的信息需求。

　　资源主要是指完成一项活动所需的时间、金钱、人员专业知识和设施。我们不会详细处理单个类型的资源,因此为了方便起见会把这些资源进行分组。在整个讨论过程中应该认识到,这些资源之间都有很强的依赖性。例如,执行软件质量保证活动的人员和执行代码验证活动的人员之间通常有牢固的联系,即他们可能是相同的人员。同样地,物理模型构建者和软件开发人员之间一般有重叠的技术专长。在这里我们不再阐述这些资源依赖性。

　　不同的价值体系可以用于排定各种项目导向活动的优先排序。但是在一些项目中,活动的优先级与项目导向目标的关系不大,但与执行建模与仿真工作的组织内部团体的组织能力基础或物理利益相关。由于在图 14-1 所示的元素过程中发生许多不同类型的活动,因此需要将所有活动映射到一个链接所有元素的共同特点上。最合乎逻辑的功能是物理建模,即对相关系统中发生的各种物理过程进行数学建模。如果没有这个共同特点,对于建模与仿真工作的目标来说,其余活动几乎没有意义或不会产生影响。

我们将在此讨论三个常见的适用于优化资源配置的价值体系。

(1)根据预期的不精确性水平,对系统中发生的单个物理过程建模进行排序。在该方法中,预期建模最不准确的物理过程排序最高。优先排序方案基于对物理过程及其系统中相互作用的预期理解水平。这种方法适合于改善对复杂系统和多物理过程以及暴露于异常环境或恶劣环境中的系统的理解,例如严重的事故状况、严重受损的系统、计算机控制系统的电磁脉冲攻击,以及公共交通系统恐怖袭击。这种方法不适用于正常环境中的工程系统,例如易于理解的操作条件。

(2)根据单个物理过程对相关 SRQ 产生的预期影响进行排序。在该方法中,对系统性能、安全性或可靠性有关的特定 SRQ 产生最大预期影响的物理过程排序最高。这种方法也适用于改善对异常环境和恶劣环境中的复杂物理过程的理解。但是,重点是对物理过程对特定系统响应产生的影响进行排序,而不仅仅是对系统物理现象的理解产生的影响。使用这个优先排序方案最成熟的方法是现象识别和排序表(PIRT)。该方法由多个组织为美国核管理委员会开发,目的是促进评估异常(即事故)环境下核反应堆的安全性。PIRT 方法将在第 14.2 节中予以讨论。

(3)根据预测单个物理过程对相关 SRQ 产生的影响的预期能力进行排序。该方法分为两个步骤:首先进行上述方法(2),然后专注于更重要的物理过程来确定建模工作是否可以充分解决这些现象。这种方法集中于建模工作的弱点来预测与系统性能、安全性或可靠性相关的重要 SRQ。因此,这种优先排序方案通常称为差距分析法。尽管这种方法由多个组织为美国核管理委员会开发,但是最近已经被扩展为由美国能源部赞助的先进仿真和计算(ASC)计划(以前称为加速战略计算计划)的一部分。目前已经被圣地亚国家实验室用于各种正常环境、异常环境和恶劣环境中,将在第 14.3 节中予以讨论。

14.2　现象识别和排序表(PIRT)

正如在许多风险评估领域所做的贡献,核反应堆安全机构开发了一种新过程来改善对事故场景中核电站的了解。1988 年,美国核管理委员会发布了修订后的紧急堆芯冷却系统规则,适用于轻水反应堆,允许(作为选项)在安全分析中使用最佳估计和不确定性(BE + U)方法(NRC,1988)。为了支持许可修订,NRC 及其承包商开发了代码扩展、适用性和不确定性(CSAU)评估方法以证明(BE + U)方法的可行性。开发现象识别和排序表时使用 CSAU 方法。PIRT 过程最初由 Shaw 等(1988)开发,目的是帮助分析冷却剂丧失事故过程中压水核反应堆的安全性。自最初开发以来,该过程被进一步开发并多次应用于各种核反应堆设计。关于 PIRT 的详细讨论,请参见 Boyack 等(1990)、Wilson 等(1990)、Wulff 等(1990)、Hanson 等(1992)、Rohatgi 等(1997)、Kroeger 等(1998)、Wilson 和 Boyack(1998)。

在整个 20 世纪 90 年代,人们发现 PIRT 过程这个工具比最初想象的更加强大(Wilson和Boyack,1998)。发现它还可以用来帮助识别未来进行实验、物理模型开发和不确定性量化需要完成的改善。但是,其他目标仍然专注于促进对特定事故场景过程中发电站行为以及系统和子系统的交互作用的物理理解。如 Wilson 和 Boyack(1988)所描述，广义的 PIRT 过程包括 15 个步骤，全部完成这些步骤需要大量资源。

作为 ASC 计划的一部分，圣地亚国家实验室的各个研究人员和项目对 PIRT 过程进行了修改，使其更加适用于建模活动(Pilch 等，2001；Tieszen 等，2002；Trucano 等，2002；Boughton 等，2003)。此外，他们把 PIRT 过程简化为五个步骤，确保可以由单个代码开发项目使用。PIRT 过程重视异常环境和恶劣环境，原因是这些环境在以下方面通常具有很大的不确定性：①已知系统的条件、状态或几何结构；②通过 BC 或激发功能对系统产生影响的环境；③经常发生的强烈耦合物理现象；④可能发生的作为系统功能、BC 或激发功能一部分的重要的人或计算机控制干预。对于异常环境或恶劣环境中的系统设计来说，主要目标通常不是分析系统性能，而是获得能够按照可预测的方式运行的系统设计。

14.2.1　建模与仿真 PIRT 过程的步骤

简化后的 PIRT 过程包括以下五个步骤：
(1)组建团队。
(2)定义 PIRT 过程的目标。
(3)规定环境和场景。
(4)识别合理的物理现象。
(5)构建 PIRT。

以下描述结合了 Wilson 和 Boyack(1998)、上述圣地亚国家实验室研究人员以及本书作者的工作和建议。

14.2.1.1　组建团队

PIRT 开发最好由在许多领域具有广泛知识和专业知识基础的团队来完成。最重要的单个知识和表现领域是：①建模与仿真工作的目标；②客户需求；③相关系统或紧密相关系统的操作；④相关环境和场景；⑤系统中发生的不同物理过程和现象以及如何建模；⑥有经验的分析师、仿真相关系统或紧密相关系统。根据相关系统和建模工作的性质，应该包括额外的专业知识。团队人数应该大约为 5 到 10 人。人数较多时，团队效率会降低，很难跟进工作进度，也比较难以安排会议以确保所有团队成员都可以参加每次会议。团队成员应该能够证明可以在团队环境中协同工作，特别是能够控制自己在团队利益中的个人角色。技术人员和管理支持人员的帮助能够大大提高团队的效率和生产率。最后也是最重要的是，团队应该有一个明确的领导人，拥有公认的权威并对工作和文件负有最终责任。团队领导人应该在之前参与过 PIRT 工作，熟悉 PIRT 过程的各个方面。

14.2.1.2　定义 PIRT 过程的目标

应该仔细规定 PIRT 过程的目标，和建模与仿真能力的开发目标不同，PIRT 过程的目标通常与系统或子系统的性能、安全性或可靠性相关。如果目标太过宽泛，那么过程结果在排定未来工作优先排序方面的产生价值往往是有限的。例如，如果相关场景过于广泛或定义不当，优先排序结果通常是：一切都需要工作。从根本上来看，优先排序的核心是对各种需求进行排序：完成一些工作，同时将其他工作放在一旁。作为定义目标的一部分，团队应该指定需要从仿真能力做出哪些预测。这些工作通常被归类为一个或多个

SRQ。如果多个物理代码组合在一起产生最终利益 SRQ,那么预测最终 SRQ 所需的中间代码可能有多个 SRQ。此外,相关 SRQ 还可以在本质上定量或定性。例如,假设有人对燃气轮机转子盘上的风扇叶片分离或压裂相关的事故场景感兴趣;有人可能仅对预测叶片从转子分离后风扇碎片是否会穿透发动机罩感兴趣,而对详细的发动机罩变形预测不感兴趣。

应该强调的是,在 PIRT 过程中不应该与现有计算机代码和需要的仿真功能有任何关系。PIRT 过程的重点是发现什么是影响系统及其响应的最重要的物理现象,而不是关注现有计算机代码是否可以仿真现象或可以仿真到什么程度。后面这些问题把讨论转移到现有代码的预期性能或提升。

在构建 PIRT 过程的目标期间,团队必须估计与可用资源相比,完成确定目标所需的资源。根据完成工作所需的时间,团队在制定目标时应该相当谨慎和严格,此外还应当把结果记录下来。

14. 2. 1. 3　规定环境和场景

通常仅规定一个环境,用于 PIRT 过程分析:正常环境、异常环境或恶劣环境。对于所选择的环境来说,通常指定一个或多个密切相关的场景。规定的场景应该与团队的专业技术和背景相匹配。如果场景无关,那么应当组建单独的 PIRT 过程团队。规定环境和场景时,应当指定关键参数来描述系统和周围环境。如果可能,应该规定一系列参数值。例如,可能是:①紧急冷却系统中可用的冷却剂数量和特征;②系统或子系统破坏的类型和范围;③燃料火灾中的燃料数量;④攻击者进入计算机控制系统的访问级别。在某些情况下,团队可以自由确定从未考虑过但可以设置的场景。将会为每个场景构造PIRT,因此应该在设置步骤 1 的目标时说明这种方法的可能性,如第 14. 2. 1. 5 部分所述。

图 14-2 描述了所选择的环境、相关场景,以及每个场景的相关 SRQ。可以从树形结构看到,如果工作范围不受限制,那么 PIRT 过程中分析的相关数量总数会变得非常大。此外还应该注意的是,在 PIRT 过程之初,不需要了解所有的相关场景和 SRQ。例如,随着 PIRT 过程的发展,通常会发现最初未了解到的新失效模式或耦合物理交互。

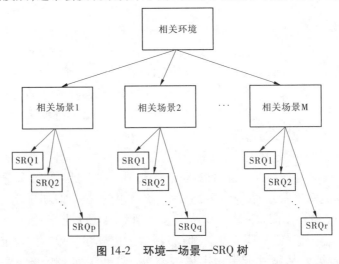

图 14-2　环境—场景—SRQ 树

14.2.1.4　识别合理的物理现象

考虑到现象可能会对相关 SRQ 产生影响,因此应该考虑每个相关场景中所有合理的物理现象和现象交互。由于不同的物理现象在不同阶段往往有其重要性,因此在很多场景中它已被证明有利于将场景划分为时间阶段。例如,在核反应堆冷却剂损失事故中,可以把时间段划分为:①最初的冷却剂快速损失阶段;②使用紧急冷却剂之前的子系统高温加热阶段;③把紧急冷却剂引入高温子系统的初始阶段;④系统装满紧急冷却剂阶段。在一些分析中,还可以在空间上把系统或子系统划分为地区,以更好地识别合理的现象。例如,在针对设施的恐怖袭击过程中,考虑物理访问的不同级别和设施控制以及袭击者的武器装备水平和技术能力是非常有用的。

尝试发现系统中所有可能发生的合理现象是非常困难的。团队永远无法确保发现了所有的合理现象,这被称为不完全性问题。团队中有创造力、有创新思维的成员会在这个步骤中起到很大作用。可以使用不同的方法来产生有关合理现象的想法。根据团队的组成,一个行之有效的方法就是头脑风暴。在这种方法中,产生了许多不同的明显不相关的想法。有时候,这些想法本身是富有成效的;有时候,他们会产生其他富有创意、卓有成效的想法。不管是使用团队头脑风暴方法还是更独立的个体方法,关键是不要批评或嘲笑任何想法。现象识别的关键因素是发现,而不是评估、评价现象或想法的重要性,或对其进行排序。在团队讨论过程中需要保持适当的、建设性的气氛,团队领导在这方面扮演着重要角色。简化的场景仿真或数量级分析可以用来帮助完成讨论。不推荐使用更复杂的仿真,原因是其开始关注对细节分析和现有建模能力的讨论,而不是讨论什么是合理的。最重要的是,将在第 14.3 节中对建模与仿真能力进行评估,因此不应该用于 PIRT 过程。

14.2.1.5　构建 PIRT

列出前面步骤中识别的所有合理现象,为每个相关场景构建 PIRT(参见表 14-1)。可以按照任意顺序在表中列出这些现象,但是建议把这些现象分为一般现象或过程类别。例如,在热传递问题中,可以把这些现象列为传导、对流和辐射。应该把所有单一物理过程列在一起,还应该把那些由于单一物理过程之间的强耦合性产生重要影响的物理过程列为单独的条目。如果一个场景具有多个 SRQ,可以将其列在表格顶部。如果把一个场景分为多个时间段或空间域,应当为每个阶段或区域构建单独的 PIRT。

表 14-1　特定环境和场景的初始 PIRT 示例

现象	SRQ			
	SRQ1	SRQ2	...	SRQp
物理现象 1				
物理现象 2				
物理现象 3				
物理现象 4				
⋮				
物理现象 n				

在构建初始 PIRT 后,PIRT 过程的核心工作开始。按照其对特定 SRQ 的重要性,讨

论和辩论一系列物理现象的等级次序。可以使用各种方法对现象进行排序。通常最简单、最有效的方法是定义三个相对的重要性排序:很重要、较为重要和不重要。还可以使用 5 级标尺:极其重要、很重要、较为重要、不重要和非常不重要。此类定性工作不需要采用更高的精度,因此不得使用超过 5 级标尺的范围。此外,重要性级别越多,人们越难达成一致意见。

　　根据团队组成和为工作预留的资源,针对排序展开的讨论和辩论可能会充满活力并且持续很长时间。团队领导应该在辩论过程中体现出自由裁量权并表现出非常多的耐心。除非团队领导对特定排序有很坚决的意见,否则不得在辩论过程中有所偏袒。在辩论中偏袒会导致团队成员认为他在向团队中的某些派系看齐。团队领导更应该在辩论中扮演公正理性的观察员和裁判员角色。在适当地对问题讨论一段时间后,团队领导应该要求进行投票。任何团队成员都应该投票,除非选择弃权。

　　针对应该把每个现象分类为哪个级别达成一致意见后,完成的 PIRT 表格应该与表 14-2 中所示的内容类似。该表列出三个级别:"很重要"表示为黑色,"较为重要"表示为灰色,"不重要"表示为浅灰色。注意,如果特定物理现象与另外两个单一的物理现象相结合,那么可以将其排列在相比每个单独的物理现象更高的级别。由于每个相关的物理现象之间具有强大的非线性相互作用,因此可能发生这种情况。流体动力学中最常见的例子是化学扩散反应与流体动力动荡相结合。当 PIRT 表中列出多个 SRQ 时,应该强调

表 14-2　特定环境和场景的已完成 PIRT 示例

现象	SRQ			
	SRQ1	SRQ2	...	SRQp
物理现象1				
物理现象2				
物理现象3				
物理现象4				
⋮				
物理现象n				

很重要　　　　　较为重要　　　　　不重要

所有 SRQ 的排序必须一致。换言之,排序级别是单个现象的函数,而不是一个 SRQ 相对于另一个 SRQ 的重要性。如果需要根据 PIRT 过程的目标对单个 SRQ 的重要性进行排序,则应该单独完成排序工作。

14.3　差距分析过程

ASC 方案的目标是针对项目需求开发新的数学模型和代码,因此圣地亚国家实验室的研究人员明显地扩展了差距分析概念(Pilch 等,2001;Tieszen 等,2002;Trucano 等,2002;Boughton 等,2003)。在差距分析中,重点从开发知识和排定物理现象的优先排序转移到深入了解现有软件中可用的功能。差距分析中回答的关键问题是:相对于被确认为重要的现象和 SRQ 来说,现有能力的状态是什么? 相比构建 PIRT 所需的专业知识来说,要回答这个问题,团队中需要不同的专业知识。对于差距分析来说,需要具备以下知识的人才:①代码中可用的物理模型;②代码中可用的几何结构和网格生成选项;③代码和解验证状态;④相关系统或有关系统的模型确认;⑤相关系统或有关系统的预测不确定性量化。这需要广泛的专业技能,但大多数领域可以由代码开发人员、有经验的系统或相关类似系统分析师来补充。由于最初的 PIRT 团队可能不具备目前所需的专业知识,因此应该在现有 PIRT 团队中补充具备所需专业知识的新团队成员。一些现有的 PIRT 团队成员可以选择加入团队的差距分析部分。

如果团队中包括代码开发人员或任何其他现有的代码支持者,将会出现可怕的困境。代码开发人员或支持者拥护代码功能会获得非常现实的既得利益,而不是批判性地评估其能力。没有单一的方法来处理这种情况,原因是它取决于所涉及的个人和组织。负责组建差距分析团队的管理者以及团队领导必须认识到对所涉及人员带来的两难境地。如果代码开发人员或支持者不切实际地评估现有能力,或总是防御对代码的评论,这会极大地阻碍或误导差距分析过程。如果代码开发人员或支持者对现有能力持批评态度,那么他们会受到同行或管理人员的严厉批评。如果所评估的现有代码来自外部组织,例如商业软件,会产生不同的问题。这些将在后面的小节中简要地讨论。

14.3.1　构建差距分析表

进行差距分析需要获得已经完成的 PIRT 表(表 14-2)生成的信息。对于每个相关的 SRQ,需要指出最重要的一个或两个物理现象级别以便于进行差距分析。最常见的差异评估活动分组是物理建模、代码和解验证、模型确认和不确定性量化。表 14-3 是初始表格,适用于 PIRT 过程中确定的前两个物理现象级别的各个分组的差距分析。在这个表中,假设最高级有三个现象(用黑色线条表示),第二级有四个现象(用灰色线条表示)。在这种情况下,在一个级别内部,现象的排列顺序通常不重要。

表 14-3　特定环境、场景和相关 SRQ 的初始差距分析示例

现象	差异领域			
	物理建模	代码和解验证	模型确认	不确定性量化
物理现象1				
物理现象2				
物理现象3				
物理现象1				
物理现象2				
物理现象3				
物理现象4				

评估的目的是确定是否已经充分说明了差距分析表顶部所列的物理现象四个活动，以便于充分预测相关 SRQ。"充分"的意义取决于特定活动。在下面列出了应该说明的每项活动的一般充分性问题，以及每项活动的详细问题示例。

（1）物理建模：代码是否能够充分说明讨论的现象？这项活动的详细问题示例如下：①是否能够在部分或全部相关的物理参数空间对现象和任何物理量耦合进行建模？②计算相关 SRQ 所需的所有代码选项是否可供使用？③代码是否有可用于处理相关现象的替代模型？④这些模型是否基于物理，或是根据经验确定的数据拟合模型？⑤模型是否能够说明现象所需的空间和时间尺度？⑥模型是否可以灵活处理相关几何图形，以及可能需要的几何详情？⑦代码是否具有所需的所有材料模型，这些模型是否在需要的参数范围内可用？

（2）代码和解验证：对于将使用的代码选项，是否已经进行了充分的代码验证测试？是否能够充分估计相关 SRQ 的数值解误差？这项活动的详细问题示例如下：
①对于将使用的选项，是否有回归测试套件对其进行充分测试，是否定期运行？②是否成功地计算了足够的测试问题（例如制造解）来测试将使用的软件选项和算法？③对于将使用的代码选项来说，是否有任何报告的代码误差尚未得到解决？④代码中是否有足够的方法来估计或控制迭代解误差？⑤代码中是否有足够的方法来估计相关 SRQ 的空间离散误差？⑥代码中是否有方法来生成具有足够用户控制（例如网格均匀细化）的整体网格细化？⑦代码是否能够对相关域进行自适应网格重构？如果需要，网格重构是否为时间的函数？

（3）模型确认：模型确认域是否适合所讨论的现象？是否对相关 SRQ 进行了充分的模型定量精度评估？这项活动的详细问题示例如下：①在哪个验证层级上把所讨论现象的模型与实验测量进行了比较？②是否在所讨论现象的相关参数范围内把模型与实验测

量进行了比较? ③是否获得了足够的空间和时间离散,从而与实验数据进行比较,以确定对模型的物理现象进行评估,而不存在物理和数值误差? ④对于已经完成的比较来说,相关现象的 SRQ 仿真和实验是否在定量方面充分相符? ⑤充分完成的比较是否与相关现象在系统几何结构和材料特性方面相关?

(4)不确定性量化:所预测的相关 SRQ 的准确性(包括估计不确定性)是否适合相关现象? 这项活动的详细问题示例如下:①从验证域到相关条件和现象,是否要求采用小外推法或大外推法? ②是否在相关现象的相关参数方面要求采用外推法,或在确认层次的更高层级中要求采用外推法? ③外推法是基于确认域上的模型校正,还是基于确认域上计算的确认指标外推法? ④鉴于可用的计算机资源,相关条件和现象是否可能产生足够的空间和时间离散? ⑤是否有充足的不确定性量化计算工具和专业知识可以用于手头任务? ⑥计算机资源是否可以用来计算足够次数的仿真,以估算相关现象 SRQ 的不确定性?

回答这些问题需要大量的模型和代码知识,公正地评估这些模型和代码过去的表现,并且知道相关物理现象和系统所需要的条件。团队讨论这些问题时,应该坦诚并且具有建设性。回答这些问题时,应该考虑进行差距分析工作时这些问题的状态,而不是期望或希望达到什么能力或在截止日期前完成。与物理建模、代码和解验证,以及模型确认相关的许多问题都比推测更加真实。例如,这些问题更倾向于"这个代码有选项吗?"或"我们是否已经与数据进行了比较?"大多数与不确定性量化相关的问题更具推测性。例如,此类问题通常是"我们是否相信模型或代码可以实现这个目标?"或"我们认为的不确定性会有多大呢?"预计会针对预测性更强的问题产生各种观点和实质性辩论。

团队在某种程度达成共识后,可以完成差距分析表。表 14-4 列出了一个已经完成的特定环境、场景和相关 SRQ 的差距分析示例。此表只显示了三个评估层级:充分、不充分和未知。差距分析方法开发之初,只有两个层级:充分和不充分。但是发现在许多情况下活动的充分性或不充分性信息不可用或相互矛盾,因此创建了未知层级来推动差距分析过程的发展,而不是延长充分性辩论的时间。由于将在第 14.3.3 节予以讨论,因此可以在完成的差距分析表中添加更新和新信息。

应该在表 14-4 中指出两个观察结果。首先,需要继续讨论以解决所需能力中感知到的差距,最重要的活动就是在最重要的现象中发生的活动,用左边的黑色线条表示。需要继续讨论哪些问题不仅仅是技术问题,也是资源问题和组织责任问题。尽管这超出了本文深入研究这些话题的范围,但是仍然提出一个例子。可能会发生这种情况,即对重要物理现象评估不充分,但是负责活动的组织不同意评估或对赞助差距分析的项目需求反应迟钝。其次,注意这个表有一个明确的定向性质。一旦现象处于未知或不充分层级,随着向表格右边发展,只会变得更糟。例如,如果代码和解验证或模型确认是未知或不充分,那么不确定性量化几乎不会是充分层级。还应该注意的是,在模型确认中,如果记录为未知或不充分,则可能不是代码建模缺陷,可能只是没有实验数据用于比较进行所需的精度评估。

表 14-4　已经完成的特定环境、场景和相关 SRQ 的差距分析示例

现象	差异领域			
	物理建模	代码和解验证	模型确认	不确定性量化
物理现象1	充分	?	不充分	不充分
物理现象2	充分	充分	不充分	?
物理现象3	充分	充分	不充分	不充分
物理现象1	充分	充分	充分	充分
物理现象2	充分	充分	?	不充分
物理现象3	不充分	不充分	不充分	不充分
物理现象4	?	不充分	不充分	不充分

充分　　　　不充分　　　? 未知

14.3.2　记录 PIRT 和差距分析过程

　　虽然记录团队工作这项任务很少受人欢迎,但是这对项目来说是一个非常重要的方面。制作的 PIRT 和差距分析表仅列出了过程摘要信息,此外还应该完成一份报告,详细说明过程目标、环境定义、场景和相关 SRQ 的发现和描述、识别合理的现象、现象排序以及差距分析表解释。记录工作应该包括重要决定的推理和论点,以及为什么把某些方面或问题排除在流程之外。

　　正如本章前面讨论,PIRT 和差距分析过程的目的是建议如何最好地在各种活动之间分配资源,促进项目工作的成功。PIRT 和差距分析过程应被视为一代信息,管理人员应该将其用于优化资源配置。如果没有以某个适当的形式和细节级别记录这些过程,经验表明,工作产生的价值和影响将很小。不仅会浪费过程中消耗的资源,更重要的是,还会在建模与仿真工作中导致更大的资源浪费。这种信息浪费可能会导致工作失败和相关工程系统失败。

14.3.3　更新 PIRT 和差距分析

　　一旦文档完成,PIRT 和差距分析过程的结果不应该被视为保持不变。必须充分认识到,所生成的信息需要按照专家意见进行分组。专家意见的质量取决于团队成员的质量

和团队领导的能力,过程是如何处理的,以及工作努力程度。付出合理的努力后,得到的信息通常是有价值的,但是从专家角度看可能会有误差和失误。当新信息可用时,就可以更新差距分析表,例如:①标记为"未知"的活动可能会变为"充分"或"不充分";②功能添加到代码中,或验证测试完成;③获得实验数据并进行了模型验证活动;④在类似系统上进行了不确定性量化活动。如果适合大规模工作,特别是当识别到的差异消除时,可以构建甘特图并随着新信息产生进行更新。

可以预料到会在每个活动的相关后续工作中发现一些惊喜。在实践中观察到的大多数惊喜比较糟糕,示例如下:

(1)已知相关物理现象所需的代码选项组合,但是发现代码无法运行所需的组合。

(2)当构建制造解来测试所需的选项组合时,发现代码的准确性为零,即这是一个错误的答案。

(3)估量者发现数值解误差无法解释物理现象,即在相关问题上出现很大振动。

(4)在完成试验或仿真后,发现原来排序为"非常重要"的物理现象变为"较为重要"。

(5)验算曾经表现出良好一致性的试验对比模型,发现当网格分辨率提高后,一致性变得不可接受。

(6)当进行新的确认试验时,发现必须对模型参数进行重大校正以获得良好的数据一致性。

(7)当使用物理现象替代合理模型计算相关 SRQ 时,发现与所使用的传统模型相比,出现较大的差异。

14.4　商业代码规划和优先排序

我们的规划和优先排序讨论集中于主要在一个组织内进行的大规模建模与仿真项目。这里我们就如何由正在使用或正在考虑使用商业软件的组织以不同的方式进行规划和优先排序做了一些评论。使用商业软件时,必须把规划和优先排序环境理解为规划组织和软件公司之间的业务关系,而不是技术关系。尤其对于员工来说,技术问题当然重要,但是目前的主要问题是:组织能否作为利益相关者与软件公司建立战略业务关系?如果组织仅从软件公司获得了相对较少的软件许可证,那么是否可以建立实质性的关系值得怀疑。软件公司可以宣告对他们来说是多么重要的利益相关者关系,但是如果涉及很少的许可证,这个说法的真实性将非常小。只有当软件公司成为真正的利益相关者时,才能完成本文中的规划和优先排序讨论。

考虑利益相关者的关系之前,组织管理层需要考虑的一个重要方面就是可信度问题,软件公司能够并且将会保护自己的专有信息。专有信息不仅涉及组织销售的现有产品,而且还包括研究信息、专有实验数据、建议性信息和新产品设计。与设计和销售硬件产品的公司相比,软件公司信息方面的思维定势通常有很大不同。如果组织与大型软件公司展开合作,则出现了另一个问题。这家软件公司也可以与组织的竞争对手进行密切合作。例如,同一家软件公司可能会从客户那里获得两份相互竞争的建议书。

　　为了进行讨论的差距分析,软件公司需参与讨论,并且可能代表差距分析团队。团队中的软件公司人员需要非常坦诚、建设性地评估自己公司的产品。当明确讨论他们软件存在的缺点时,他们可能会担心失去该组织的业务,以及把不利的信息传递给其他潜在新客户。很明显这是一个微妙的业务以及技术问题。一方面,组织需要确定它将从软件公司获得直接信息。另一方面,软件公司需要确定它不会失去客户,也不会揭露其不可告人的秘密。

　　最后一个主题,考虑软件能力的所有权问题。假设完成差距分析后,发现商业软件需要一项新功能。软件公司可能会决定投资新功能的开发和测试以获得最佳利益。但是他可以决定它还有其他的新功能开发优先排序。假设新功能对于进行规划的公司来说非常重要,因此该公司将投资新功能的开发和测试,作为代码的扩展、独立功能。如果这样,规划问题还将包括从软件公司所需的支持级别和信息,甚至可能包括软件公司的专有信息,要求商定合同以保护软件公司的知识产权。

　　但是,假设该组织没有足够的专业知识来开发和测试新功能,或必须直接把新功能添加到源代码上。该组织可以资助软件公司开发、测试和记录新功能。然后必须解决这个问题:谁将拥有新功能? 组织可能会首先考虑这个问题:投资新功能的回报是什么? 它可能希望通过不允许任何竞争对手使用这项新功能来增加其投资回报。软件公司会这样考虑这个问题:我们怎样才能通过现有或潜在新客户宣传这项新功能来提高我们的软件许可证销售? 不同的观点会产生不同的解,这就需要组织和软件公司之间仔细协商。一个想法就是让组织在未来一段时间内享有专有权来使用这项新功能。此外,在这段时间结束之前,软件公司不能做广告或讨论这项新功能。

14.5　示例问题:飞机迫降时火势蔓延

　　这里讨论的示例涉及商业运输飞机迫降时火灾蔓延。把异常环境定义为发生可幸存迫降,并且飞机与地面接触后立即发生燃料火灾。PIRT 分析的目的是确定和排定就火灾环境中乘客生存能力来说物理现象的重要性。差距分析的目的是确定现有能力中的重要差异以预测某些相关 SRQ。在我们的讨论中,我们将确定各种场景和 SRQ,但仅详细说明场景——SRQ 树的一个分支。

　　把环境规定为:

　　(1)飞机是单过道,搭乘 150 名乘客和机组人员。

　　(2)迫降对飞机客舱结构造成轻微损坏。

　　(3)飞机燃料是 JET A-1,总量为 1 000 ~ 25 000 L。

　　(4)飞机起落架接触地面后立即发生火灾。

　　把场景规定为:

　　(1)场景 1:飞机上载有 1 000 L 燃料,起落架打开且在跑道上着陆滑跑时造成轻微损坏,装备齐全的飞机救援人员和消防人员在 2 min 后到达飞机现场。

　　(2)场景 2:飞机上载有 25 000 L 燃料,起落架打开但在跑道上着陆滑跑时毁坏,装备齐全的飞机救援人员和消防人员在 5 min 后到达飞机现场。

（3）场景 3：飞机上载有 1 000 L 燃料，起落架未在落地之前打开，在开阔场地迫降和减速过程中飞机腹部发生严重损坏，飞机救援人员和消防人员未到场。

成立一个具备所需专业知识的专家小组进行 PIRT 和差距分析。PIRT 所需的关键建模专业知识是各种材料的燃烧建模、毒理学、流体力学、传热和固体力学。由于没有给定团队相关 SRQ 作为分析目标的一部分，所以必须进行定义。团队考虑了许多可能的 SRQ，以确定什么数量适合于测定乘客和机组人员的生存能力以及从燃烧的飞机上逃离。从所有三个场景中选择以下数量：

（1）SRQ 1：沿着通道中心，机舱一半高度的气体温度是时间的函数。

（2）SRQ 2：沿着通道中心，机舱一半高度的烟尘温度是时间的函数。

（3）SRQ 3：沿着通道中心，机舱一半高度的一氧化碳浓度是时间的函数。

（4）SRQ 4：熔化造成的应急出口滑梯崩溃时间。

（5）SRQ 5：每个机舱出口顶部到地面的垂线的气体温度是时间的函数。

认为合理的物理现象会影响每个场景和相关的 SRQ 预测。场景 1、场景 2 和场景 3 之间的关键区别是飞机救援人员和消防人员遏制和控制火灾影响。除了火灾蔓延问题，场景 1 和场景 2 也需要直接处理各种泡沫、消防和救生策略相关的物理现象。在场景 3 中不会产生这些现象。表 14-5 列出了团队在场景 3 中考虑的所有物理现象。该表还列出了团队的分析结果，每个 SRQ 现象产生三个重要性排序级别。

表 14-5　完成的飞机火灾环境和场景 3 PIRT

物理现象	SRQ				
	SRQ1	SRQ2	SRQ3	SRQ4	SRQ5
对流:浮力湍流混合					
对流:燃烧湍流					
对流:风效应					
质量传递:燃料蒸发					
化学:燃料燃烧					
化学:产生烟尘					
化学:机舱材料燃烧					
化学:产生一氧化碳					
辐射:形成辐射通量烟尘					
辐射:辐射通量燃烧化学					
辐射:中尺度湍流混合					
辐射:机舱材料属性					
辐射:应急滑梯材料属性					
传热:通过铝结构					
结构:铝熔化					
结构:应急滑梯熔化					

■ 非常重要　　　　　▨ 较为重要　　　　　▢ 不重要

要求团队进行表 14-5 中识别的物理现象和 SRQ 的差距分析。所评估的代码是现有内部代码。一些 PIRT 分析团队成员不熟悉代码,因此增加新的团队成员,成为代码开发团队以及代码维护和支持人员的一部分。

现有代码的四个评估领域是物理建模、代码和解验证、模型确认和不确定性量化。构建表 14-5 中所列每个 SRQ 的差距分析表,仅考虑"非常重要"和"较为重要"级别。表 14-6 是已经完成的 SRQ1 差距分析。

表 14-6　完成的飞机火灾环境、场景 3 和 SRQ1 差距分析

现象	差异领域			
	物理建模	代码和解验证	模型确认	不确定性量化
对流：燃烧湍流	充分	充分	?（未知）	不充分
化学:机舱材料燃烧	不充分	不充分	不充分	不充分
辐射:机舱材料属性	不充分	不充分	不充分	不充分
对流:浮力湍流混合	充分	?（未知）	?（未知）	不充分
对流:风效应	充分	充分	充分	充分
化学:燃料燃烧	充分	充分	?（未知）	不充分
辐射:形成辐射通量烟尘	充分	不充分	不充分	不充分

图例：　■ 充分　　　■ 不充分　　　? 未知

从差距分析可以看出,现有代码的表现不佳。对于这三个非常重要的现象中的其中两个现象来说,缺少机舱材料的化学燃烧和机舱内部材料属性的建模选项。此外,现有确认域与这个应用域很少重叠,或与现有确认数据的一致性对于当前应用来说是不够的。通常在新的应用中评估现有代码时会产生这类差距分析结果。如果要依靠广泛的索赔和为代码功能做广告,那么项目或建议工作可能会被严重误导。尽管这种经验已经得到了广泛认可,但是仍然很难说服项目经理(尤其是建议工作)留出时间和资源来考虑所需能力和现有缺陷以做出明智的决定。

14.6　参考文献

Boughton, B. , V. J. Romero, S. R. Tieszen, and K. B. Sobolik (2003). *Integrated Modeling and Simula-tion Validation Plan for W*80-3 *Abnormal Thermal Environment Qualification-Version* 1. 0 (*OUO*). SAND2003-4152 (OUO), Albuquerque, NM, Sandia National Laboratories.

Boyack, B. E. , I. Catton, R. B. Duffey, P. Griffith, K. R. Katsma, G. S. Lellouche, S. Levy, U. S. Rohatgi, G. E. Wilson, W. Wulff, and N. Zuber (1990). Quantifying reactor safety margins, Part 1: An overview of the code scaling, applicability, and uncertainty evaluation methodology. *Nuclear Engineer-ing and Design.* 119,1-15.

Charette, R. N. (2005). Why software fails. *IEEE Spectrum.* September.

Dorner, D. (1989). *The Logic of Failure, Recognizing and Avoiding Error in Complex Situations*, Cambridge, MA, Perseus Books.

Flowers, S. (1996). *Software Failures: Management Failure: Amazing Stories and Cautionary Tales*, New York, John Wiley.

Galin, D. (2003). *Software Quality Assurance: From Theory to Implementation*, Upper Saddle River, NJ, Ad-dison Wesley.

Hanson, R. G. , G. E. Wilson, M. G. Ortiz, and D. P. Grigges (1992). Development of a phenomena identification and ranking table (PIRT) for a postulated double-ended guillotine break in a production re-actor. *Nuclear Engineering and Design.* 136, 335-346.

Karolak, D. W. (1996). *Software Engineering Risk Management*, Los Alamitos, CA, IEEE Computer Society Press.

Kroeger, P. G. , U. S. Rohatgi, J. H. Jo, and G. C. Slovik (1998). *Preliminary Phenomena Identification and Ranking Tables for Simplified Boiling Water Reactor Loss-of-Coolant Accident Scenarios.* Upton, NY, Brookhaven National Laboratory.

NRC (1988). *Acceptance Criteria for Emergency Core Cooling Systems for Light Water Reactors.* U. S. N. R. Commission, U. S. Code of Federal Regulations. 10 CFR 50.

Pilch, M. , T. G. Trucano, J. L. Moya, G. K. Froehlich, A. L. Hodges, and D. E. Peercy (2001). *Guidelines for Sandia ASCI Verification and Validation Plans-Content and Format:* Version 2. SAND2000-3101, Albuquerque, NM, Sandia National Laboratories.

Rohatgi, U. S. , H. S. Cheng, H. J. Khan, and W. Wulff (1997). *Preliminary Phenomena Identification and Ranking Tables (PIRT) for SBWR Start-Up Stability.* NUREG/CR-6474, Upton, NY, Brookhaven National Laboratory.

Saaty, T. L. (2001). *Decision Making for Leaders-the Analytic Hierarchy Process for Decisions in a Complex World.* 3rd edn. , Pittsburgh, PA, RWS Publications.

Shaw, R. A. , T. K. Larson, and R. K. Dimenna (1988). *Development of a Phenomena Identification and Ranking Table (PIRT) for Thermal-Hydraulic Phenomena during a PWR LBLOCA.* Idaho Falls, ID, EG&G.

Stepanek, G. (2005). *Software Project Secrets: Why Software Projects Fail*, Berkeley, CA, Apress.

Tieszen, S. R. , T. Y. Chu, D. Dobranich, V. J. Romero, T. G. Trucano, J. T. Nakos, W. C. Moffatt, T. F. Hendrickson, K. B. Sobolik, S. N. Kempka, and M. Pilch (2002). *Integrated Modeling and*

Simulation Validation Plan for W76-1 Abnormal Thermal Environment Qualification-Version 1. 0 (*OUO*). SAND2002-1740 (OUO), Albuquerque, Sandia National Laboratories.

Trucano, T. G. , M. Pilch, and W. L. Oberkampf (2002). *General Concepts for Experimental Validation of ASCI Code Applications*. SAND2002-0341, Albuquerque, NM, Sandia National Laboratories.

Vose, D. (2008). *Risk Analysis: a Quantitative Guide*. 3rd edn. , New York, Wiley.

Wiegers, K. E. (2003). *Software Requirements*. 2nd edn. , Redmond, Microsoft Press.

Wilson, G. E. and B. E. Boyack (1998). The role of the PIRT in experiments, code development and code applications associated with reactor safety assessment. *Nuclear Engineering and Design*. 186, 23-37.

Wilson, G. E. , B. E. Boyack, I. Catton, R. B. Duffey, P. Griffith, K. R. Katsma, G. S. Lellouche, S. Levy, U. S. Rohatgi, W. Wulff, and N. Zuber (1990). Quantifying reactor safety margins, Part 2: Characterization of important contributors to uncertainty. *Nuclear Engineering and Design*. 119, 17-31.

Wulff, W. , B. E. Boyack, I. Catton, R. B. Duffey, P. Griffith, K. R. Katsma, G. S. Lellouche, S. Levy, U. S. Rohatgi, G. E. Wilson, and N. Zuber (1990). Quantifying reactor safety margins, Part 3: Assessment and ranging of parameters. *Nuclear Engineering and Design*. 119, 33-65.

15   建模与仿真工作的成熟度评估

在第 1 章中,我们简要地讨论了如何在建模与仿真(M&S)工作中确保可信度。第 1 章提出的四个元素是分析师质量、物理建模质量、验证和确认活动以及不确定性量化和敏感性分析。后三个要素是技术元素,可以评估完整性或成熟度。对于进行建模与仿真工作的人员来说,成熟度评估非常重要,但是对于使用计算结果作为其决策要素的项目经理和决策者来说,这项评估却至关重要。成熟度评估对于需要提供计算分析可信度和可靠性建议的内部或外部审查委员会来说具有同样的重要性。本章说明了为评估类似活动而开发的评估方法,然后提出了 Oberkampf 等(2007)报告的一种新开发的技术。本章大部分内容摘自参考文献。

15.1   成熟度评估程序调查

在过去 10 年里,许多研究人员已经研究了如何衡量软、硬件开发过程和产品的成熟度与可靠性。最著名的软件产品开发和业务流程成熟度衡量程序是能力成熟度模型集成(CMMI)。CMMI 是能力成熟度模型(CMM)的延伸。CMM 的开发工作始于 1987 年,主要目的是提高软件质量。关于 CMMI 框架和方法的更多讨论,参见 West(2004)、Ahern 等(2005)、Garcia 和 Turner(2006),以及 Chrissis 等(2007)。CMMI 和此处讨论的其他方法是为了衡量程序的成熟度(即某种意义上的质量、功能和完整性),以实现以下一个或多个目标:

(1)提高对流程元素的识别和理解。

(2)确定可能需要改进的流程元素,以提高流程的目标产品。

(3)确定如何以最佳方式为流程元素投入时间和资源,从而获得最大的投资收益。

(4)更好地估计改善流程元素所需的成本和进度。

(5)提高不同流程元素的成熟度信息集成方法,以更好地总结整个流程的成熟度。

(6)提高传达给决策者流程成熟度的方法,从而做出更好的风险指引决策。

(7)测量流程改进的进展,确保流程管理者、利益相关者和经费来源能够随着时间的推移确定附加价值。

(8)比较竞争组织之间的流程元素,确保开发和使用最佳实践。

(9)根据客户提出的要求,评估流程成熟度。

CMMI 由软件工程研究所开发,该研究所是由联邦政府和美国国防部资助的研发中心,由卡耐基梅隆大学运营。最新版 CMMI 是 CMMI - DEV(1.2 版)(Garcia 和 Turner,2006;SEI,2006;Chrissis 等,2007)。CMMI - DEV 分为四个流程:工程、流程管理、项目管理和支持(Garcia 和 Turner,2006)。工程流程进一步分为六个分领域:产品集成、需求开发、需求管理、技术解、验证和确认。CMMI - DEV 中所指的验证与确认意义与电气和电子工程师协会(IEEE)开发的软件质量工程(SQE)概念相关(IEEE,1989)。正如第 2 章讨论,这些验证与确认概念与本书中的概念完全不同。

　　成熟度测量系统源于风险管理,是由 NASA 在 20 世纪 80 年代末开发的技术就绪水平(TRL)系统(Mankins,1995)。TRL 的目的是通过更精确和统一地评估技术的成熟度,降低高技术系统的收购风险。NASA 和国防部都使用了 TRL。我们不在本书中详细评论 TRL,感兴趣的读者可以参考 GAO(1999)的更多信息。TRL 在技术系统发展流程中考虑九个成熟度级别。国防部把这些成熟度级别描述如下(2005):

　　(1)TRL 一级:观察和报告基本原理。最低水平的技术就绪。科学研究开始转化成应用研究和发展。示例可能包括技术基本性质的书面研究。

　　(2)TRL 二级:论述技术概念和/或应用。发明过程开始。一旦观察到基本原则,就可以发明实际应用。应用具有推测性,因此没有证据或详细的分析来支持该假设。示例仍局限于书面研究。

　　(3)TRL 三级:分析和实验性重要功能和/或特征概念验证。开始积极的研究和开发,这包括分析性研究和实验室研究,以物理方式验证独立技术元素的分析预测。示例包括尚未集成的或有代表性的组件。

　　(4)TRL 四级:在实验室环境中验证组件和/或实验板。集成基本技术组件,以确定这些零件可以协同工作。与最终系统相比,这是相对较低的保真度。示例包括在实验室集成特殊硬件。

　　(5)TRL 五级:在相关环境中验证组件和/或实验板。试验板技术(即实验电路原型)的保真度显著增加。基本技术组件与适当现实的支持元素相结合,以便在仿真环境下进行技术测试。一个示例是用组件集成高保真度实验室。

　　(6)TRL 六级:在相关环境中演示系统/子系统模型或原型。在相关环境中测试代表性模型或原型系统,这远远超出为 TRL 五级测试的试验板。这是获得技术验证的准备就绪的重要设置。示例包括在高保真度实验室环境中或在仿真操作环境中测试原型。

　　(7)TRL 七级:在操作环境中演示系统原型。原型靠近或位于计划的操作系统。这是根据 TRL 六级所做的重要设置,要求在操作环境中演示实际系统原型,目标用户组织的代表在场。示例包括在结构化或实际现场使用中测试原型。

　　(8)TRL 八级:完成实际系统并通过测试和演示证明可操作性。证明技术可以按照其最终形式在预期操作条件下使用。几乎在所有情况下,TRL 表示实际系统开发流程结束。示例包括按照预期或预生产配置对系统进行发展测试和评估,以确定其是否达到设计规范和操作适用性。

　　(9)TRL 九级:通过成功的任务操作证明实际系统。这项技术应用于任务条件下的生产配置中,例如操作测试和评估流程中遇到的情况。几乎在所有情况下,这是实际系统开发的最后一个错误修正方面。一个示例是在操作任务条件下运行系统。

　　上述 TRL 标称规格的目的是评估硬件产品而非软件产品的成熟度。Smith(2004)研究了把 TRL 应用于非发展性软件的种种困难,包括商用现货(COTS)软件和政府现货(GOTS)软件,以及软件技术和产品的开放源码。Clay 等(2007)也研究了利用 TRL 评估建模与仿真软件成熟度的问题。这两项研究得出的结论是:把 TRL 用于评估软件成熟度之前需要了解其发生的重大变化。表述得更清楚一些就是,利用 TRL 来评估任何软件的成熟度是不太有用的。它们是否可以用于评估所提议硬件系统成功完成的可能性(从实现计划成本、时间表和性能的意义上说)显然是有争议的。

Balci 等(2002)和 Balci(2004)开发了成熟度评估程序,比 CMMI 和 TRL 更直接地处理建模与仿真流程。他认为可以根据产品、流程和项目的各项指标来评估建模与仿真的质量。他提出的"产品"是指:①总体完成的建模与仿真应用;②建模与仿真开发生命周期中创造的工作成果,如概念模型、建模与仿真需求规范、建模与仿真设计规范和可执行的建模与仿真模块。"流程"是指在建模与仿真开发生命周期流程中创造工作成果所使用的流程,如概念建模、需求、工程、设计、实施、集成、实验和演示。"项目"是指项目计划的质量指标、开展建模与仿真的组织的能力和经验,以及负责开发建模与仿真应用的人员的技术质量。一些用于评估产品、流程和项目质量的属性包括准确性、真实性、有效性、清晰度、完整性、可接受性、可维护性、及时性、可靠性、稳健性、可支持性、可理解性、可见性和成熟度。

Harmon 和 Youngblood(2003,2005)主要集中于评估仿真模型确认流程的成熟度。

他们在工作中采取全面的确认观点,与美国国防部通常采用的观点相同。如第2.2.3 部分中讨论,"全面观点"是指,"验证模型"术语表示在建模与仿真结果的准确性和充分性方面解决了以下三个相关问题:

(1)按照一些参照物,评估模型产生的相关系统响应变量(SRQ)的准确性。

(2)定义模型的预期用途领域,模型可以在整个领域应用。

(3)模型满足在整个预期用途领域"表示现实世界"的精度要求。

需要注意的是,AIAA 和 ASME 所采取的确认角度是参照物仅可以是实验测量数据。美国国防部不采取这种限制性角度。因此,国防部允许参照物可以是其他计算机模型的结果以及专家意见。

Harmon 和 Youngblood(2003,2005)明确说明,确认是一个流程,生成的仿真模型准确性和充分性信息是其唯一的产物。他们认为信息质量的属性由以下几点确定:①信息的正确性;②信息的完整性;③相信信息适用于模型预期用途的信心。他们使用五个主要元素的信息评估验证流程:①仿真的概念模型;②中间开发产品的验证结果;③确认参照物;④确认标准;⑤仿真结果。Harmon 和 Youngblood(2003、2005)所使用的技术把这五个要素排列为六个成熟度等级。这六个成熟度等级从低到高为:

(1)我们不了解成熟度。

(2)它确实有用,相信我。

(3)它表示正确的实体和属性。

(4)它正确地处理事务,它的表示足够完善。

(5)它的表示足够准确。

(6)我相信该仿真工作是有效的。

Pilch 等(2004)就建模与仿真如何促进美国的核武器计划提出了一个框架。他们认为建模与仿真有四个主要因素:合格的计算机从业人员、合格的代码、合格的计算基础设施和适当的形式层次。Pilch 等(2004)描述了以下九个要素,作为合格代码的一部分:

①服务请求;②项目计划开发;③技术计划开发;④技术计划审查;⑤应用特定的计算评估;⑥解确认;⑦不确定性量化;⑧鉴定和验收;⑨记录和归档。

对于上述每个元素来说,Pilch 等(2004)描述了关键问题和应该获得的关键证据。此外,他们还描述了通常适用于各种建模与仿真情况的四个形式层次:

(1)适用于研发任务的形式,例如提高对物理现象的科学理解;

(2)适用于核武器设计支持的形式;

(3)适用于核武器鉴定支持的形式,即相信组件性能由仿真工作支持的可信度;

(4)适用于核武器组件鉴定的形式,即相信组件性能在很大程度上取决于仿真工作的可信度。

Pilch 等构建了一个表格,各行对应 9 个元素,各列对应四个形式层次。对于表中的每个元素,列出了特定元素在特定成熟度级别上获得的特征。这个表格(或称为矩阵)可以用来评估建模与仿真工作的成熟度。

美国宇航局最近发布了一个专门处理建模与仿真的技术标准以促进决策(NASA,2008)。本标准的主要目标是确保把建模与仿真工作结果的可信度正确地传达给关键决策者。关键决策是指与设计、开发、制造、地面操作和飞行操作相关的,可能会影响人类安全或计划/项目定义的任务成功标准的决策。第二个目标是评估结果的可信度是否达到项目要求。本标准的目的是确保足够的建模与仿真流程细节可用于支持项目需求并应对决策者的深入查询。本标准可供 NASA 及其承包商把建模与仿真用于设计、开发、制造、地面操作和飞行操作。本标准也适用于使用遗留问题、商用现货、政府现货和修改现货的建模与仿真工作以支持关键决策。NASA 员工经过三年的努力完成了本标准的开发工作。下列参考文献描述了在各项工程中使用本标准的发展情况及示例:Bertch 等,2008;Blattnig 等,2008;Green 等,2008;Steele,2008。

美国宇航局标准描述了可信度评估等级,以评估建模与仿真工作结果的可信度。该评估等级定义了八个评估可信度的因素(NASA,2008)。

(1)验证:是否正确实施了这些模型? 数值误差/不确定性如何?

(2)确认:建模与仿真结果是否优于参照数据? 参照数据与实际系统的差距有多大?

(3)输入情况:我们对当前输入数据的信心有多大?

(4)结果不确定性:当前建模与仿真结果的不确定性如何?

(5)结果稳健性:当前已知的建模与仿真结果敏感性如何?

(6)使用历史:当前建模与仿真是否已经成功使用?

(7)建模与仿真管理:建模与仿真流程的管理水平如何?

(8)人员资格:人员的资格条件如何?

这八个因素分为三类:①建模与仿真开发(验证和确认);②建模与仿真操作(输入情况、结果不确定性和结果稳健性);③支持证据(使用历史、建模与仿真管理和人员资格)。建模与仿真开发和建模与仿真操作分类有两个次级评估因素(证据和技术评审),支持证据没有次级因素。

上述八个因素均有五个可信度或成熟度级别,在数值上量化为 0 级、1 级、2 级、3 级、4 级。不需要对需求进行统一描述或特性描述,从而在这八个因素中达到特定级别,即每个因素都有特定的描述语来描述达到特定级别所需的条件(0 级除外)。0 级是指该因素没有证据,或存在证据但未达到一级标准。尽管没有提供统一描述,但渐增的可信度级别必须表明准确性、形式和推荐做法的渐增。

所评审文献的最后贡献来自信息理论领域。如果有人像我们一样赞成 Harmon 和 Youngblood(2003,2005)的概念,即建模与仿真工作的成果是信息,那么他必须说明信息质量的基本方面。Wang 和 Strong(1996)对信息消费者进行了一次广泛的调查,以确定信息质量的重要属性。换言之,他们直接去了解各种使用、操作并购买信息的客户来确定什么是信息最重要的质量。Wang 和 Strong(1996)分析了调查结果并将属性分为四个方面:

(1)内在信息质量:可信度、准确性、客观性和声誉。

(2)情景信息质量:增值、相关性、及时性、完整性和信息数量。

(3)表征信息质量:可解释性、易于理解、一致表示、简洁表示。

(4)可访问性信息质量:可访问性和安全方面。

如果信息使用者基本上对所有这些重要属性不满意,那么可以①在其决策中尽量少地使用信息;②完全忽略信息;③有意或无意地误用信息。这些结果包括从浪费信息(以及消耗用于产生信息的时间和资源)到误用信息造成的潜在灾难性后果。

15.2　预测能力成熟度模型

基于之前的工作,我们现在描述预测能力成熟度模型(PCMM),也称为预测能力成熟度矩阵。当前 PCMM 版本由 Oberkampf 等(2007)首次记录,圣地亚国家实验室自 2005 年以来进行了各种形式的测试。在这段时间内,与美国国家航空航天局(NASA)Thomas Zang 及其团队在开发临时 NASA 标准(NASA,2006)和最终 NASA 标准(NASA,2008)方面展开了密切合作。

开发 PCMM 的目的是,相比 NASA 标准或 Harmon 和 Youngblood(2003、2005)工作中考虑的更广泛的模型分类,更多地侧重建模与仿真的计算方面。在建模与仿真工作中没有最好的成熟度评估方法,应该选择最适合所考虑建模与仿真活动类型的方法。

15.2.1　PCMM 结构

从文献综述可以看出,已经确定一些类似的元素是仿真活动和活动结果中的可信度要素。PCMM 识别了六个可以从根本上促进仿真可信度的元素:①表示和几何保真度;②物理和材料模型保真度;③代码验证;④解验证;⑤模型确认;⑥不确定性量化和敏感性分析。

定义这六个元素时,在元素之间实现最小的重叠或依赖性,即每个元素都试图为仿真活动提供不同类型的信息。上述元素是仿真可信度以及 Wang 和 Strong(1996)确定的四个信息质量相关的概念问题的重要促成元素。圣地亚国家实验室的研究者试图使用上述文献综述中讨论的方法时,得出结论为主要缺点是表征信息质量,特别是可解释性。我们认为以前的工作没有清晰明确地规定信息的含义以及应当如何使用。我们发现这个缺点的主要原因是以前的工作没有充分隔离一些深层的概念问题,尤其是正在评估的内容。

是在评估仿真流程的质量还是仿真结果的质量？如果可解释性没有提高，那么决策者无法正确使用并处理评估中产生的信息。本书将在第 15.2.2 部分对这些问题做进一步讨论。

在这六个元素中，仅发现在本书的前面部分没有详细讨论"表示和几何保真度"与"物理和材料模型保真度"。这两个元素已经被确认为仿真成熟度的重要贡献因素，因此将在下面进行简要讨论。此外，文献综述中讨论的所有方法一致认为，需要某种类型的分级标准来测定每个促成元素的成熟度或可信度。这个主题也将在下面进行讨论。

15.2.1.1　表示和几何保真度

表示和几何建模保真度是分析系统的所有组成元素的空间和时间定义中包括的细节层次。注意，当我们提到系统时，是指任何工程系统，例如子系统、组件或组件部分。在建模与仿真工作中，系统的表示和几何定义通常在计算机辅助设计（CAD）软件包中予以规定。在传统意义上，CAD 软件包的重点是生产相关的空间、制造和装配规范。目前建模与仿真工作已经成熟，CAD 供应商开始解决那些对于计算分析需求来说特别重要的问题，例如，对于各种物理建模非常重要的网格生成和功能定义。虽然已经取得了一些进展，进而简化从传统 CAD 文件转变为计算网格建设，但仍然需要做大量的工作。几何清理和简化活动的目的是使 CAD 几何图形在仿真工作中更有用。除此之外，没有通用流程可以用来验证加载到计算中的 CAD 几何图形是适当的并且与物理建模假设一致。使 CAD 几何图形映射到可以构建计算网格的几何图形流程变得复杂化的关键问题是，映射依赖于拟建模的特殊类型物理条件以及特定建模假设。例如，飞行器表面材料强度的变化对于结构动力学分析非常重要，但对于气动或电磁分析来说可能不重要。因此，CAD 供应商无法提供一个简单的计算方法来解决不同类型物理模型所需的各种功能定义和细微差别。解决详细的表示和几何保真度问题较为耗时，由具备不同背景的技术人员负责，例如 CAD 软件包开发人员、计算科学家和网格生成专家。

15.2.1.2　物理和材料模型保真度

普遍认为，提高物理建模保真度始终是工程系统大多数仿真工作所追求的目标。物理建模保真度的范围从基于实验数据拟合的经验模型到通常所说的第一原理物理都有所不同。本书中提到的这个范围内的三种模型是完全经验模型、半经验模型和物理模型。能完全建立在实验数据统计拟合基础上的物理流程模型被称为完全经验模型。通常，这些完全经验模型与物理原则没有关系。因此，完全经验模型全部依赖于指定范围内确定的输入参数的响应校准，并且不得应用于其校准域之外（外推法）。半经验模型部分基于物理原理，并且按照相关系或流程的实验数据高度校准。经常用于核反应堆安全领域的半经验模型示例是控制音量或集总参数模型。半经验模型通常保持质量、动量和能量守恒，但与相关系统相比具有明显有限的物理尺度。例如在分析中，可以把三维系统分成 $10 \times 10 \times 10$ 控制卷。此外，它们在很大程度上依赖于拟合实验数据，作为因次参数或无因次参数的函数，例如 Reynolds 或 Nusselt 用于模型校准的数字。物理模型是指在很大程度上依赖于偏微分方程或积分微分方程的模型，相对于系统中的物理尺度在无限小的长度和时间尺度上保持质量、动量和能量守恒。一些物理学家使用第一原则或从头计算物理术语来表示从原子或分子水平开始的建模工作。但是这些模型本质上从未用于工程系统的设计与分析。

　　物理建模保真度的另一个重要方面是各种物理条件在系统数学模型中的耦合程度。对完全经验模型和半经验模型进行强假设,极大地简化了所考虑的物理条件,包括很少或不包括不同的物理条件耦合。但是对于物理模型来说,建模假设必须包括各种物理现象以及某些类型的物理耦合。如图 15-1 所示,采用两种基本方法来耦合物理流程中涉及的物理现象:

　　(1)单向因果效应,即一个物理现象会影响其他现象,但其他现象不影响原现象。

　　(2)双向相互作用,即所有物理现象会影响所有其他的物理现象。

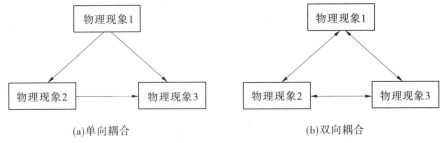

(a)单向耦合　　　　　　　　　　　　　　　(b)双向耦合

图 15-1　两种基本的物理现象建模类型示例(Oberkampf 等,2007)

　　在物理建模过程中,把每个物理现象表示为具有边界条件(BC)和初始条件(IC)的数学模型。在单向耦合中(见图 15-1(a)),现象 1 的物理条件影响现象 2 和现象 3,但现象 1 和现象 2 对现象 3 没有直接反馈。现象 1 通过边界条件或某种类型的系统激励,例如在现象 2 和现象 3 的偏微分方程右侧添加源项,对现象 2 和现象 3 产生影响。此外如图 15-1(a)所示,现象 3 的边界条件或源项由现象 2 决定。在双向耦合中(见图 15-1(b)),系统中所有现象都对所有其他现象产生影响。这种双向交互可以建模为强耦合(两个或两个以上现象在相同的数学模型中建模)或弱耦合(通过单独数学模型组的边界条件在各个现象之间发生交互)。如果有一个时间依赖性数学模型,那么耦合可以在每个时步内用迭代方法解释,或在下一个计算的时步解释,即时滞耦合。

15.2.1.3　成熟度评估

　　上述文献介绍了三种方法来排列各种仿真元素的成熟度。Harmon 和 Youngblood (2003,2005)提出的五点成熟度排序等级主要涉及可信度、客观性,以及适用于预期用途的准确度充分性等概念。Pilch 等(2004)提出的四点排序等级主要涉及正式级别、仿真工作决策的风险程度、仿真工作决策的重要性,以及适用于预期用途的准确度充分性。NASA(2008)的五点排序等级显示了增加的准确性、正式性和推荐做法,不包括仿真结果的充分性要求。NASA 把仿真结果的可信度评估观点与使用仿真结果的特定应用要求明显地区分开来。

　　比较这三个成熟度排序方法,我们首先注意到这些方法使用不同的成熟度排序级别。但是,我们认为这种差异不是关键问题。我们认为这三种方法之间的主要差异是:只有 NASA 的排序等级明确排除了与成熟度评估充分性相关的问题,在评估后说明了充分性。我们相信这是仿真工作评估可解释性方面取得的重大进步,因为它将评估的结果成熟度与所需的结果成熟度(可信度)这一问题分离开来,正如单独规定。我们预计一些成熟度评估用户可能会喜欢在成熟度等级中包括或至少暗示结果对于一些预期用途的充分性,原因是这似乎会让他们的决策更容易。但是我们坚信,应该尽可能独立处理成熟度评估和成熟度评估要求方面的问题,以减少误解或误用成熟度评估。

Pilch 等(2004,2006)讨论了一个基于决策者风险容忍度的方法来评估每个仿真元素的成熟度。换言之,按照使用仿真工作结果的决策者所承担的风险,对成熟度等级进行顺序排列。这种方法具有一些吸引人的特性,但是也产生了其他的复杂性。我们在下面提到使用基于风险的、构建成熟度等级时产生实际影响的排序等级时所面临的三个困难。

第一,风险评估通常被定义为有两个部分:事件发生的可能性以及事件不利影响的程度。我们认为对复杂系统来说,要预计事件发生的可能性、识别可能的不良事件,并估计不良后果的程度难度大、成本高。因此,复杂的风险评估一般包括系统本身重要的分析工作。另外,很难将这些复杂的风险评估与仿真工作的成熟度排序结合起来,当然,任何人都难以解释。

第二,决策者或决策组的风险承受能力是非常容易变化的难以量化的属性。Pilch 等人最初的讨论把风险容忍度与从探索性研究到取得武器系统和子系统资格增加的风险感知联系起来。当然还有其他量化风险规避的可能性。

第三,决策者的风险承受能力本身就涉及了从决策者的角度把明显的或评估的风险与可接受的风险要求进行比较。正如前面讨论,我们拒绝将需求纳入成熟度评估的概念。因此,这里提出的成熟度排序等级不会基于风险或使用信息的人员或决策者的风险承受能力。

由于存在这些挑战,我们采取了另一种方法。这里讨论的 PCMM 水平基于 Wang 和 Strong(1996)讨论的两个基本信息属性:

(1)内在信息质量:准确性、正确性和客观性。

(2)情景信息质量:完整性、信息量和细节级别。

使用成熟度等级的目的是客观地跟踪仿真工作评估流程中获得的知识产品或证据。可以把仿真工作的任何信息认为是产品。随着达到更高的成熟度级别,内在信息产品和情景信息产品的质量和数量都必然会增加。我们定义了以下四个具有一般成熟度特征的级别,适用于所有六个元素。

(1)0 级:很少或没有进行准确性和/或完整性评估,很少或没有成熟度证据,仅有个人判断和经验,便利和方便是主要的激励因素。这种成熟度级别通常适合于低结果系统,这类系统很少依赖仿真工作、范围界定研究或概念设计支持。

(2)1 级:进行了一些非正式的准确性和/或完整性评估,广义的特性描述,具有一些成熟度证据。这种成熟度级别通常适合于中等结果系统,这类系统对仿真工作或初步设计支持有一定的依赖性。

(3)2 级:进行了一些正式的准确性和/或完整性评估;详细的特性描述,具有重要的成熟度证据,由内部同行评审小组进行一些评估。这种成熟度级别通常适合于高结果系统,这类系统对仿真工作、系统鉴定支持或最终设计支持工作的依赖性较高。

(4)3 级:进行了正式的准确性和/或完整性评估,精确、准确的特性描述,具有详细、完整的成熟度证据,基本上由独立的同行评审小组完成所有评估。这种成熟度级别通常适合于产生高结果的、决策从根本上基于仿真工作的系统,例如,系统性能、安全性和可靠性的认证或鉴定主要基于仿真工作,与主要基于从整个系统测试获得的信息相反。

我们没有提到这些产品的再现性、可追溯性和文档的角色或重要性,已经把这些属性排除在外,原因是它们并不直接测量所产生的信息的质量。相反,这些属性从根本上有助于证明产品的存在并且适用于每个元素的信息细节。我们相信,信息产品的再现性、可追溯性和文档在任何仿真工作中都十分重要,尤其是那些支持高结果系统安全性和可靠性认证或鉴定的信息产品。例如,对于在核反应堆安全风险评估以及废物隔离试验工厂(WIPP)和尤卡山项目的计算分析中得到的所有信息产品,其再现性、可追踪性和文档的角色由监管政策认可和授权。虽然具有该方面的经验,但是 PCMM 将排除这些产品的再现性、可追溯性和文档。如果适合建模与仿真工作,则可以增加一个元素来评估 PCMM 中所有六个元素的再现性、可追溯性和文档级别。

15.2.2 PCMM 的目的和用途

对于 PCMM 中采用的六个元素来说,评估了每个元素的成熟度级别。PCMM 不同于 NASA(2008),原因在于 NASA 方法评估从建模与仿真工作中获得的结果的成熟度级别。我们认为评估结果的成熟度或可靠性实际上是一个进步,比评估每个元素中发生的流程的成熟度更加困难。我们认为如果专注于贡献元素的成熟度,而不是更广泛的结果成熟度问题,那么可以大大改善表征信息质量,特别是可解释性和易于理解性。

贡献元素以及每个元素的成熟度可以被认为是预测能力相对独立的措施或属性,因此可以在表或矩阵格式中概括 PCMM,构成表格各行的元素以及构成各列的成熟度级别(0 级到 3 级)如表 15-1 所示。

表 15-1　PCMM 评估表格格式(Oberkampf 等,2007)

元素	成熟度			
	0 级	1 级	2 级	3 级
表示和几何保真度				
物理和材料模型保真度				
代码验证				
解验证				
模型确认				
不确定性量化和敏感性分析				

PCMM 评估包括评估六个单独元素的成熟度级别以及对每个元素的成熟度级别进行评分。对于每个成熟度级别,都有一组预定义的描述符来评估特定元素的成熟度级别。如果评估员(实际评估元素成熟度级别的人员)把一个元素表示为达到给定成熟度级别上的整组描述符,那么可以认为该元素在这个成熟度级别上得到了完全评估。评估员通常会给在特定成熟度级别上完全评估的元素分配一个相当于其成熟度级别的评分。因此,如果对一个元素进行评估,确定其完全满足成熟度级别 1 所有预定义的描述符,该元素的分数为 1。在一系列工程应用中对 PCMM 表进行初步测试,我们经常发现达到给定

水平上的部分描述符,而并非全部描述符。例如在成熟度2级,仅可能获得给定属性一半的描述符。对于这种常见情况,给这个成熟度级别分配一个部分分数,而不是严格地分配较低成熟度级别的整数分数,已经证明这个做法是有用的。因此,应该在每个元素的成熟度级别评估中考虑以十分位表示非整数成熟度得分,例如部分达到二级时得分为1.5。评估完成后,这个表将有六个得分,每个元素有一个分数。

在阐述PCMM表格的更多信息之前,需要清楚地讨论这个表格的目的和某些特征,以及如何使用这个表格的结果(分数)。简单来说,这个表的目的是评估在给定时刻相关应用模拟工作中关键元素的成熟度级别。从原则上说,进行评估时应该很少或根本不考虑仿真工作成熟度的任何编程(或项目)要求。客观性是内在信息质量的关键因素,增加了成熟度评估与项目指定的成熟度要求相分离的程度。

表15-2给出了一个已经完成的仿真工作成熟度评估的PCMM表格示例。

表 15-2　PCMM 表成熟度评估示例(Oberkampf 等,2007)

元素	成熟度				元素得分
	0 级	1 级	2 级	3 级	
表示和几何保真度		已评估		1	
物理和材料模型保真度			已评估		2
代码验证		已评估			1
解验证	已评估				0
模型确认		已评估			1
不确定性量化和敏感性分析	已评估				0

为了便于解释,考虑对表15-2中的所有元素进行评估,分数如表格右侧所示。然后在表格中适当的行和列填写标识"已评估"。一旦评估完成,可以编辑每个元素的一组分数。在表15-2中,评估员为这六个元素填写的一组分数是[1、2、1、0、1、0]。

我们认为,在有许多编程和审查委员会情况下,表15-2中所示的摘要信息类型将会被证明是非常有用的并可以提供有用的信息。以下是从初步使用PCMM表得出的一些经验:

(1)尝试进行PCMM评估时,我们发现评估员通常不熟悉表中的许多概念。通过学习这些概念,评估员将极大地拓宽和深化许多有助于提高仿真可信度的元素知识。

(2)进行PCMM评估并将其分享给相关各方、决策者和利益相关者,会引发一些讨论。如果没有进行此类评估,就不会产生这种讨论。一般来说,这种沟通是仿真工作成熟度评估最重要的结果之一。良性互动的一个例子就是与可能不熟悉仿真工作任何贡献元素的利益相关者展开讨论,并帮助教育利益相关者了解这些元素和评估结果的重要性。

(3)在一段时间内完成的PCMM评估可以用来跟踪仿真工作的进展。当项目经理、利益相关者(使用仿真工作结果的决策者)和资助方确定进展或增值时,这是非常有用的。

完成PCMM表的主要实际问题是,谁应该提供表中的评估? 我们认为应该由具备详细的元素知识的个人或团队来完成表中的元素。这些人应该非常熟悉仿真工作的各个元素以及相关应用。在有些情况下,根据仿真工作的重要性,仿真项目经理需要充分熟悉表中的所有元素并能够完整地完成该表。完成后,表中的评估级别应该表示仿真工作的实际状态,而不是预期或期望的未来状态。换言之,该表应该测量特定时刻实际状态的成熟度,而不是几乎达到的情况或在项目审查或营销活动中看起来不错的状态。

在 PCMM 中,我们主要关注的是为项目经理、利益相关者和决策者提供相关应用方面的仿真工作成熟度评估信息。通常涉及仿真工作的一些相关应用是:①设计或优化新系统;②修改或优化现有系统;③评估现有或拟议系统的性能、安全性或可靠性。此外,系统规范包括系统周围环境和系统必须运行的环境的规范,例如正常环境、异常环境或恶劣环境。规定系统、周围环境和环境时,可以确定这六个元素对于仿真工作来说是非常重要的特定方面。

应该重申涉及 PCMM 评估分数解释的一个重要方面。虽然已经在前面对这方面进行了讨论,但是由于这会造成很大的混乱,正如我们在测试中所看到的情况,因此需要强调并进一步澄清。我们观察到 PCMM 的用户通常解释成熟度评估随着时间增加,表示预测的准确性有所提高。这并不一定是正确的。换言之,很多人想把 PCMM 分数解释为预测性准确性评估,或类似地,解释为仿真工作结果的准确性措施。正如前面所强调的情况,PCMM 评估仿真流程元素的成熟度,并不一定是评估仿真结果的准确性。仿真结果的准确性通常会随着 PCMM 得分的提高而增加,但并非一一对应。

为了澄清这种情况,考虑一个基于表 15-2 的示例。正如前面解释的情况,表 15-2 中所示的六个元素的成熟度级别分数被编写为序列[1、2、1、0、1、0]。假设把不确定性量化和敏感性分析的元素从 0 评估(上述成熟度评估的最后一个值)提高到一个状态,进行多次仿真并获得所分析系统中存在的一些不确定性。例如,假设组件焊接接头强度的变化导致不确定性量化分析开始表现出较大的影响。鉴于这种不确定性量化有所提高,假设 PCMM 的成熟度评估变为[1、2、1、0、1、1],即序列中的最后一个值从 0 变为 1。决策者将会获得更完整的与系统不确定性量化相关的信息。决策者将会把相关系统响应变量的不确定性估计为焊接强度变化的函数,而在之前决策者可能不会对不确定性有任何了解。在这些假设的情况下,预测的准确性没有改变,决策者能够识别一些造成预期系统性能不确定性的因素。

15.2.3 PCMM 元素的特点

表 15-3 中简要描述了 PCMM 表格中的每个元素。该表可以作为每个元素基本描述符的总结表。注意,每一个成熟度级别的描述符要求随着移动到该元素的更高成熟度级别时而进行积累。例如,为了达到特定元素给定的成熟度级别,除该行较低级别上的所有描述符外,还必须满足表中特定元素内的描述符。

下面详细讨论表中的每个元素。

表 15-3 PCMM 表元素的一般说明 (Oberkampf 等, 2007)

元素	成熟度			
	0级 低结果,模拟影响最小,例如范围界定研究	1级 中等结果,一些模拟影响,例如设计支持	2级 高结果,模拟影响高,例如鉴定支持	3级 高结果,决策基于仿真,例如鉴定或认证
表示和几何保真度 由于简化或格式化忽视了哪些特性?	(1) 仅判断。 (2) 系统和边界条件很少或没有表示和几何保真度	(1) 系统和边界条件简化或格式化。 (2) 规定主要组件的几何构或表示	(1) 对主要组件和边界条件进行简化或格式化。 (2) 适当规定了主要组件和一些次要组件的几何结构或表示。 (3) 进行了一些同行评审。	(1) 基本上没有对系统组件和边界条件进行简化或格式化。 (2) 所有组件的几何结构或表示都已经完成,例如表示界面,材料界面,紧固件。 (3) 进行了独立的同行评审。
物理和材料模型保真度 物理和材料模型的根本是什么,模型校准的级别是什么?	(1) 仅判断。 (2) 模型形式完全未知或完全基于经验。 (3) 很少的物理信息模型(若有的话)。 (4) 没有模型耦合	(1) 一些模型是物理模型并采用相关系统的数据进行校准。 (2) 最小或特设的模型耦合	(1) 为所有重要程序建立了物理模型。 (2) 需要采用单独影响测试和整体影响测试完成显著校准。 (3) 单向模型耦合。 (4) 进行了一些同行评审。	(1) 所有模型都是物理模型。 (2) 很少需要使用单独影响和整体影响测试进行校准。 (3) 模型外推和模型耦合具有良好的物理基础。 (4) 完全的双向模型耦合。 (5) 进行了独立的同行评审。
代码验证 算法缺陷,软件误差和较差工程实践质量工程实践是否损害了仿真结果?	(1) 仅判断。 (2) 对任何软件元素进行基本测试。 (3) 很少或没有规定并遵守软件质量工程程序	(1) 代码由软件质量工程程序进行管理。 (2) 进行单元测试。 (3) 与基准进行一些比较。	(1) 测试了一些算法,以确定观察到的数值收敛顺序。 (2) 采用基准解测试一些特征和功能(F&C)。 (3) 进行了一些同行评审。	(1) 测试了所有重要的算法,以确定观察到的数值收敛顺序。 (2) 采用严格的基准解测试所有重要的特征和功能。 (3) 进行了独立的同行评审。

续表 15-3

元素	成熟度			
	0 级 低结果，模拟影响最小，例如范围界定研究	1 级 中等结果，一些模拟影响，例如设计员支持	2 级 高结果，模拟影响高，例如鉴定支持	3 级 高结果，决策基于仿真，例如鉴定或认定
解验证 数值解误差和人类程序误差是否损害了仿真结果？	(1) 仅判断。 (2) 数值误差对真结果产生未知或较大影响	(1) 对相关系统响应变量的数值解进行定性估计。 (2) 仅由分析员验证输入/输出 (I/O)	(1) 对相关影响的数值响应变量进行定性估计，结果较小。 (2) 单独验证输入/输出 (3) 进行一些同行评审	(1) 确定对所有重要系统响应的数值变量应进行定性估计。 (2) 单独复制重要的仿真工作。 (3) 进行独立的同行评审
模型确认 在不同验证层次评估的模拟和实验结果的准确性如何？	(1) 仅判断。 (2) 与类似系统应用或比较测量结果进行很少比较（若有的话）	(1) 系统响应应变量的定量准确性不与相关应用直接相关。 (2) 较大的或未知的实验不确定性	(1) 对整体影响测试和单独影响测试的一些关键系统应变量的预测准确性进行定量评估。 (2) 适当描述了大多数单独影响测试的实验不确定性，但是对整体影响测试不确定性了解很少。 (3) 进行一些同行评审	(1) 在与应用直接相关的条件/几何状态下，对整体影响测试和单独影响测试所有响应变量的预测准确性进行定量评估。 (2) 适当描述了所有整体影响测试和单独影响测试的实验不确定性很小。 (3) 进行独立的同行评审
不确定性量化和敏感性分析 不确定性和敏感性的表示和传播有多彻底？	(1) 仅判断。 (2) 仅完成了确定性分析。 (3) 未说明不确定性和敏感性	(1) 传播（偶然不确定性 (A&E)）不确定性。 (2) 进行了非正式的敏感性研究。 (3) 做了很多不确定性分析强假设	(1) 隔离，传播并识别偶然不确定性和认知不确定性。 (2) 对大多数参数进行了定量敏感性分析。 (3) 预估了数值传播误差，影响已知。 (4) 做了一些强假设。 (5) 进行一些同行评审	(1) 全面处理并适当解释偶然和认知不确定性。 (2) 对参数敏感性分析全面的敏感性分析。 (3) 证明数值不确定性和认知不确定性很小。 (4) 没有做出重要的不确定性量化/敏感性分析假设。 (5) 进行独立的同行评审

15.2.3.1　表示和几何保真度

该元素主要用来描述所分析系统的物理或信息特性的级别或系统几何特性的规范。对于完全经验模型和半经验模型来说,几何保真度可能会较小,例如集中质量表示或简单地说明系统组件功能的表示。对于求解偏微分方程或积分方程的物理模型,可以指定重要的几何保真度,用于描述此类方程的初始条件和边界条件。对于其他数学模型,例如电路或个体为本模型,需要其他的表示保真度概念。例如在电路模型中,这个特性主要是指电气线路图的保真度以及系统中电子元件特性的级别。对于个体为本模型,例如机器人运动和交互建模,表示保真度可能是指个体移动的地理情况。由于建模所需的额外信息,几何保真度会随着物理模型保真度的增加而同比例增加。因此,最低的成熟度级别基于方便性、简单性以及计算机从业人员的判断,评估几何保真度。更高的几何成熟度级别提供越来越多的详细信息,可能更代表完工的几何体,因此系统和环境的格式化的水平下降。例如,系统的几何结构、材料和表面特性以及机械装配通常在 CAD 文件中指定。对于因循环荷载导致可能处于过度磨损、损坏状态或裂纹扩展状态的系统来说,几何形状和表面属性的规范会变得相当复杂和不确定。

物理表示和几何保真度级别的一般描述如下所示。

(1)0 级:简单、方便和系统的功能操作主导所分析系统的表示和几何保真度。在很大程度上依赖于判断和经验,很少或根本没有期望或量化表示和几何保真度。

(2)1 级:采用量化规范描述所分析系统的主要组件的几何形状。真实系统的很大一部分仍然被程式化或被忽视,例如组件之间的缝隙、材料变化和表面光洁度。

(3)2 级:采用量化规范复制真实系统大部分组件的几何保真度。真实系统的很小一部分被程式化或被忽视。例如,包括系统装配造成的重要缺陷,或系统磨损或损坏造成的缺陷。对模型的表示和几何保真度进行了同行评审,如非正式评审或内部评审。

(4)3 级:模型中的几何表示是已经完成或现有的,即没有缺失建模的真实系统的任何几何方面,直到确定与所选择的物理建模级别相关的尺度。一个示例就是为离散模型组装和啮合的真实系统的完整 CAD 模型,没有包括明显的近似和简化。对模型表示和几何保真度进行了独立的同行评审,例如,由仿真工作客户或进行仿真工作的组织之外的评审员进行正式评审。

15.2.3.2　物理和材料模型保真度

该属性主要说明以下方面:

(1)模型基于物理条件的程度,即完全经验模型、半经验模型或物理模型。

(2)模型校准程度。

(3)把模型从验证和校准数据库外推到相关应用条件的物理保真度基础。

(4)相关应用中存在的多物理效应的耦合质量和程度。

一般来说,随着模型物理保真度的增加以及把所需的输入数据提供到模型的仿真工作中,模型越来越能够为相关的特定物理现象提供基于物理的解释作用。在各类物理模型中,模型校准程度有较大差异。例如,即使系统设计、边界条件或初始条件发生相对较小的变化,模型是否需要校准(更新)? 或,是否只有验证层级中的下级模型需要校准,即单独影响测试(SET)以产生准确的预测? 或,验证层级中的较高级别模型是否也需要校准或重新校准,即整体影响测试(IET)以产生准确的预测? 对于与整体影响测试级别上的实验测量响应产生相同一致性的两个模型来说,一个模型仅在单独影响测试级别上校准,另一个模型在整体影响测试级别上校准,需要单独影响测试级别校准的模型比需要整体影响测试级别校准的模型具有更多的预测能力。这个陈述是可以理解的,即使与整体影响测试校准模型相比,单独影响测试校准模型必须从其校准域进一步外推,但是单独影响测试校准模型已经证明,它可以与整体影响测试校准模型产生相同的预测精度。

各级物理和材料模型保真度的一般描述如下:

(1)0级:模型是完全经验模型,或模型形式是未知的。表示系统多个功能元素的模型之间很少或没有耦合,实际存在的耦合也并非基于物理。对模型的可信度完全基于从业人员的判断和经验。

(2)1级:模型是半经验模型,部分建模基于物理;但是使用非常密切相关的物理系统的数据来校准模型中的重要特性、功能或参数。功能元素或组件的耦合是最小的或临时的,而不是基于详细的物理条件。

(3)2级:所有重要的物理流程模型和材料模型都是物理模型。需要使用单独影响测试数据和整体影响测试数据对重要模型参数进行校准。对模型输入参数实施所有模型校准程序,而非系统响应变量。使用在一个方向上耦合的物理模型,来耦合重要的物理过程。已经对物理和材料模型进行了一些同行评审,如非正式评审或内部评审。

(4)3级:所有模型都是物理模型,很少需要使用单独影响测试和整体影响测试数据进行校准。鉴于需要进行模型外推,外推基于充分理解和接受的物理原则。所有物理过程都在双向耦合并对物理和材料参数、边界条件、几何、初始条件和强制函数产生物理过程影响的物理模型方面实现耦合。已经对物理和材料模型进行了独立的同行评审,例如由仿真工作客户或进行仿真工作的组织之外的评审员进行正式评审。

15.2.3.3　代码验证

该属性主要说明下列方面:

(1)代码中使用的数值算法相对于数学模型的正确性和保真度,例如偏微分方程。

(2)源代码的正确性。

(3)软件质量工程实践过程中使用的软件的配置管理、控制和测试。

主要通过对代码进行各种类型的测试,确定数值算法的正确性和保真度,以及源代码的正确性。我们提倡的主要类型测试把代码的数值解结果与高精度数值解进行比较,通常称为基准数值解(Oberkampf 和 Trucano,2008)。形成了最严格的基准数值解,并在第6章中对分析解进行详细讨论。

把代码测试结果与基准解进行比较,通常会得到两种类型的数值精度信息。首先,使用基准结果评估所测试代码系统响应变量的误差作为精确解。虽然这是有用的,但是没有提供所测试代码数值收敛特性有关的信息。其次,对所测试代码使用均匀精确离散的两个或多个解,并且把该基准作为精确解,可以计算在所测试代码中观察到的数值算法收敛顺序。观察到的收敛顺序更明确地阐述了代码验证。

软件质量工程实践的成熟度应该测量配置管理和软件控制的范围与严密性。第4章详细讨论了这个主题。

代码验证级别的一般描述如下所述：

（1）0级：验证代码几乎完全基于计算机从业人员的判断和经验。对软件元素很少或没有进行正式的验证测试。在代码实施、管理和使用过程中很少或没有规定并执行软件质量工程实践。

（2）1级：大多数相关软件采用正式的软件质量工程实践进行实施与管理。对软件进行定期的单元测试和回归测试，行覆盖率达到很高比例。使用基准解的验证测试套件最小，仅在一些系统响应变量中测量到误差。

（3）2级：所有相关软件采用正式的软件质量工程实践进行实施与管理。使用基准解正式定义并系统应用验证测试套件，以计算一些观察到的数值算法收敛顺序。采用基准解测试了一些特性和功能，例如复杂的几何图形、网格生成、物理和材料模型。对代码验证进行了一些同行评审，如非正式评审或内部评审。

（4）3级：使用严格的基准解对所有重要算法进行测试，以计算观察到的收敛顺序。使用严格的基准解对所有重要的特性和功能（如多物理过程的双向耦合）进行测试。已经对代码验证进行了独立的同行评审，例如由仿真工作客户或进行仿真工作的组织之外的评审员进行正式评审。

15.2.3.4　解验证

该属性说明下列方面的评估：

（1）计算结果中的数值解误差。

（2）可能受到人为误差影响的计算结果的可信度。

精确的数值解精度是该元素评估的主要部分。数值解误差是指把数学模型映射到离散模型造成的任何误差，以及计算机上离散模型解造成的任何误差。在该元素中，主要问题是偏微分方程或积分方程空间和时间离散造成的数值解误差，以及一组非线性离散方程的线性化求解方法造成的迭代解误差。应该解决的其他数值解误差是求解算法中数值参数的潜在不利影响；用于解决非确定性系统的近似技术造成的误差，例如蒙特卡罗抽样法中使用的少量样本造成的误差，以及计算机有限精度造成的四舍五入误差。人为误差，即盲目的不确定性，也是该元素评估中的一个问题，比如在准备和汇编离散模型的元素，执行计算解以及后期处理、准备或解释计算结果过程中产生的人为误差。

关于解验证级别的一般说明如下所述。

（1）0级：未正式尝试评估数值误差的任何可能来源。关于数值误差影响的任何说明都完全基于计算机从业人员的判断和经验。未评估软件输入或输出的正确性。

（2）1级：使用某些正式方法评估数值误差对一些系统响应变量产生的影响。这包括对全球规范、迭代收敛性研究或敏感性研究进行归纳性误差估计，来确定某些系统响应变量相对于网格或时间离散变化的敏感程度。计算机从业人员开展了正式工作以检查输入/输出数据的正确性。

（3）2级：使用量化误差估计方法估计一些系统响应变量的数值误差，这些估计数字表明在某些相关应用条件下误差较小。在一定程度上独立于仿真工作的知识丰富的计算机从业人员已经验证了输入/输出量。对解验证活动进行了一些同行评审，如非正式评审或内部评审。

(4)3级:使用量化误差估计方法估计所有重要系统响应变量的数值误差,这些估计数字表明在整个相关应用条件下误差较小。由独立的计算从业者使用相同的软件复制了重要的模拟工作。已经对解验证活动进行了独立的同行评审,例如由仿真工作客户或进行仿真工作的组织之外的评审员进行正式评审。

应该强调与解验证成熟度级别相关的微妙但重要的一点。有人指出更高的成熟度级别不一定意味着仿真结果的准确性会更高。但是,在成熟度等级描述中很明显的是,更高的成熟度级别要求数值解精度增加。需要提高数值解精度,以便于把数学模型映射到离散模型解时获得更多的可信度,理解了这一点就可以解决这个明显的二分法。把计算结果与实验数据进行比较时,我们并不一定会获得可信度。换言之,我们需要提高数值解的正确性和准确性(包括代码验证),这样,当我们比较计算结果和实验结果时,我们相信我们确实是把数学模型中仿真的物理条件与实验测量中实际情况的自然反映进行比较。代码验证和解验证中较高的成熟度级别表明,数值结果在多大程度上表示数学模型中的物理条件,这与受到影响的物理、数值误差以及可能的人为误差的结果不同。如果我们不相信正在比较的数据,那么处理物理建模、物理建模近似(误差)和数值误差的混合结果时,就没有可信度基础。从下面可以看出,计算结果和实验测量值之间更准确的对比虽然理想,但并非在模型验证工作中获得更高的成熟度级别所需要的。

15.2.3.5 模型确认

该属性主要说明以下方面:

(1)计算结果相对于实验测量结果的准确性评估的彻底性和精度。

(2)实验条件和测量值特性描述的完整性和精度。

(3)与相关应用相比,确认实验中实验条件、物理硬件和测量值的相关性。

PCMM 模型确认的焦点是模型准确性评估过程的精度和完整性,而并非数学模型本身的准确性。确认"精度"是指:如何仔细和准确地估计实验不确定性,以及如何适当地理解和量化作为数学模型输入的所有实验条件。确认"完整性"是指:所进行的确认实验的条件(几何结构、边界条件、初始条件和系统激励)和实际物理硬件与相关应用的实际情况和硬件之间如何关联。

对于单独影响测试来说,由于其发生在较低的确认层级,因此预计单独影响测试实验和实际相关应用之间会有很多不同点。但是对于整体影响测试来说,整体影响测试实验和相关应用之间应该有密切的关系,特别是实验硬件与在其中发生的耦合物理现象。关于相关概念和构建确认层级方面更加完整的讨论,请参见第 10 章。

正如前面讨论,模型确认的正确性和可信度从根本上依赖于一些假设:数值算法可靠、计算机程序正确、在仿真工作中没有发生人为程序误差、数值解误差很小。像很多人一样,我们也发现这些主要假设通常是毫无根据的。因此,为了适当通知用户 PCMM 表中关于这些假设真实性的信息,我们要求元素的成熟度级别(模型确认、不确定性量化和敏感性分析)不得高于基本的代码验证和解验证成熟度级别两级以上。这个要求对于进行 PCMM 评估设定了进一步的限制,意味着必须在评估模型确认、不确定性量化和敏感性分析之前,评估代码验证和解验证的成熟度级别。作为元素之间的依赖性(假设)示例,如表 15-2 中讨论,代码验证和解验证的级别分别为 1 和 0。因此,即使评审员在 2 级以上独立判断其中一个元素或两个元素,模型确认元素以及不确定性量化和敏感性分析元素的最大成熟度级别都是 2 级。

各级模型确认的一般描述如下:

(1)0 级:模型的准确性评估几乎完全基于判断和试验。很少把计算结果与相关类似系统的实验测量值进行比较。

(2)1 级:在计算结果与实验结果之间进行有限的定量比较。已经进行了不与相关应用直接相关的系统响应变量比较,或实验条件不与相关应用直接相关。系统响应变量和/或实验条件特性描述中的实验不确定性在很大程度上是不确定的、不可测量的或基于经验。

(3)2 级:对于单独影响测试实验和有限整体影响测试实验的一些关键系统响应变量,在计算结果和实验结果之间进行了定量比较。适当描述了大多数相关系统响应变量和单独影响测试实验条件的实验不确定性。但是,并未适当描述整体影响测试的实验不确定性。对模型确认活动进行了一些同行评审,如非正式评审或内部评审。

(4)3 级:对于大量单独影响测试实验和整体影响测试实验数据库的所有重要系统响应变量,在计算结果和实验结果之间进行了定量比较。单独影响测试的条件应该与相关应用有关,整体影响测试的条件、硬件和耦合物理应该类似于相关应用。一些单独影响测试计算预测和大部分整体影响测试预测应该是盲目的。在单独影响测试和整体影响测试实验中均适当描述了系统响应变量的实验不确定性和条件。已经对模型确认活动进行了独立的同行评审,例如由仿真工作客户或进行仿真工作的组织之外的评审员进行正式评审。

15.2.3.6　不确定性量化和敏感性分析

该属性主要说明下列方面:

(1)不确定性量化工作的彻底性和稳健性,包括识别和描述所有合理的不确定性来源。

(2)通过数学模型传播不确定性以及解释相关系统响应变量不确定性的准确性和正确性。

(3)敏感性分析的彻底性和精度,以确定系统响应不确定性方面最重要的贡献因素。

识别不确定性是指识别并理解相关系统(例如,物理参数不确定性和几何不确定性)、周围环境(例如,边界条件和系统激励)和环境(例如,正常环境、异常环境和恶劣环境)中所有可能的不确定性的活动。模型预测不确定性的特性描述主要涉及适当估计和表述所有可能存在的作为相关系统预测一部分的不确定性。特性描述的一个关键方面是把不确定性分为偶然因素和认知元素,在本书中进行了详细讨论。

除通常被认为是不确定性量化分析一部分的信息外,敏感性分析为用户提供了额外的与计算仿真分析相关的重要信息。第 13 章简要地讨论了敏感性分析;更多详细讨论,参见 Helton 等(2006)和 Saltelli 等(2008)。通常把敏感性分析体现为两个紧密相关的目标。首先,人们可能会有兴趣确定输出如何作为输入的函数发生局部变化,这通常称为局部敏感性分析。从局部敏感性分析获得的信息通常用于系统设计和优化,以及测定最大限度地提高系统性能所需的最有利的操作条件。其次,人们可能会有兴趣确定所有输入的不确定性结构如何映射到每个输出的不确定性结构,这通常称为总体敏感性分析。从总体敏感性分析获得的信息可以用来确定哪些可变性最容易导致某些系统响应变量的可变性,或确定应该进行哪些物理实验,从而在最大程度上减少理解不足的耦合物理现象造成的认知不确定性。

如模型确认方面已经讨论的情况,不确定性量化和敏感性分析元素的成熟度级别不得高于基本的代码验证和解验证成熟度级别两级以上。

各级不确定性量化和敏感性分析的一般描述如下所述:

(1)0 级:判断和经验是不确定性评估的主要形式,仅对相关系统进行了确定性分析,在不同的情况下进行非正式的抽查或假设研究以确定它们的影响。

(2)1 级:通过数学模型来识别、表示和传播相关系统中的不确定性,但是并没有分开偶然不确定性或认知不确定性。一些系统的敏感性与一些系统的不确定性相对应,调查了环境条件不确定性,但敏感性分析主要是非正式或探索性分析,而非系统分析。针对不确定性量化和敏感性分析做出了许多强假设,例如,大多数概率密度函数表示为高斯函数,并且假设不确定性参数独立于所有其他参数。

(3)2 级:相关系统中的不确定性被表示为偶然不确定性或认知不确定性。通过计算模型传播不确定性,同时在输入和系统响应变量中将其字符分开。对大多数系统参数进行了定量敏感性分析,把偶然不确定性和认知不确定性分开。估计了通过模型传播的不确定性造成的数值近似或抽样误差,理解和(或)定性估计了这些误差对不确定性量化和敏感性分析结果产生的影响。做出了一些不确定性量化和敏感性分析强假设,但是定性结果表明这些假设并不重要。对不确定性量化和敏感性分析进行了一些同行评审,如非正式评审或内部评审。

(4)3 级:全面处理了偶然不确定性和认知不确定性,解释结果时将这些不确定性严格分开。进行了详细调查来确定模型外推(如果需要)中引入的不确定性对相关系统条件的影响。对参数不确定性和模型不确定性进行了全面的敏感性分析。仔细估计了通过模型传播的不确定性造成的数值近似或抽样误差,证明其对不确定性量化和敏感性分析结果产生的影响很小。没有做出有意义的不确定性量化和敏感性分析假设。已经对不确定性量化和敏感性分析进行了独立的同行评审,例如由仿真工作客户或进行仿真工作的组织之外的评审员进行正式评审。

15.3　PCMM 的额外用途

在本节中我们了解 PCMM 的额外用途,并提出 PCMM 表中分数的求和方法(如果需要这些信息)。此外,我们还指出 PCMM 只是有助于进行风险预知决策的众多因素之一。

15.3.1　建模和仿真成熟度要求

在使用 PCMM 表以客观评估建模与仿真成熟度后,可以为表中的每个元素引入项目成熟度要求。规定六个项目的成熟度需求,表中的每个元素各有一项成熟度要求。项目成熟度要求可能是系统资格或监管要求的结果,或者它们可能只是仿真工作发展的进度要求。在这种情况下,每个元素的基本问题是:对于预期的仿真活动用途来说,适当的成熟度级别应该是什么? 例如,在 2 级成熟度对表中给定的元素进行评估。这是否是使用仿真信息的适当级别,或者是否应该在更高级别?虽然我们没有讨论这个问题,但是很明显,在达到更高的成熟度级别后,时间和资源成本均显著增加。为了确定项目成熟度要求,使用15.2.3中的表15-3来完成PCMM表的相同描述符。对于表15-3中的用途,我们认为这些描述符是项目成熟度要求的。

表15-4描述了为前面讨论的每个评估元素指定项目成熟度要求的结果。使用"要求"标识来表示每个元素的项目成熟度要求。在这个示例中,项目成熟度要求的分数为 $[2、2、1、2、2、3]$ 。

表15-4　PCMM表评估和项目成熟度要求示例(Oberkampf等,2007)

元素	成熟度			
	0 级	1 级	2 级	3 级
表示和几何保真度		已评估	要求	
物理和材料模型保真度			已评估要求	
代码验证		已评估要求		
解验证	已评估		要求	
模型确认		已评估	要求	
不确定性量化和敏感性分析	已评估			要求

在评估中(例如表15-4),对这些值进行彩色编码,赋予以下含义:

(1)绿色:评估达到或超过要求(第2行和第3行)。

(2)黄色:评估未达到要求,小于或等于一个级别(第1行和第5行)。

(3)粉色:评估未达到要求,小于或等于两个级别(第4行)。

(4)红色:评估未达到要求,小于或等于三个级别(第6行)。

把仿真成熟度与仿真项目成熟度要求进行比较,一些益处示例如表15-4所示。

(1)为了构建表15-4,必须完全解决这个问题:仿真成熟度的项目要求是什么?在我们的经验中,我们已经发现可能没有提出这个问题,或已经证明回答这个问题是困难的但非常有用。如果提出了这个问题,我们发现不仅在仿真客户组织内(通常是工程设计团体或决策者)发起对话,而且也在仿真开发人员、客户和利益相关者之间发起对话。我们发现当仿真客户不是仿真工作的资金来源时,这种对话尤其重要。

(2)表15-4可以用作项目管理工具来调整进度滞后的元素资源,以满足项目进度要求。注意,一些元素并不仅仅依赖于计算或软件问题。例如模型确认元素在很大程度上取决于实验活动的能力和进展。我们发现在确认的计算和实验活动过程中,最常见的最具破坏力的困难是技术、调度或资金断裂。

15.3.2　PCMM 分数求和

PCMM的描述集中于仿真工作在特定工程应用中的用途。存在需要把PCMM各项分数合计成一个总分数的情况,如下所述:

(1)假设已经获得系统内的多个子系统的一组分数,每个子系统由六个分数表示。

需要把多个子系统的所有分数合计成所有子系统的总分数。

（2）假设已经获得多个不同设计系统的一组分数,每个系统由六个分数表示。需要把多个系统的所有分数合计成一个分数,在某种程度上表示一些系统或系统之系统的总分数。

虽然我们认识到可以提出论点来计算 PCMM 总分数,但是我们并不建议这样做。为六个仿真元素评估的分数是顺序量表,由于可以简单地确定每一对成熟度级别的顺序,因此这四个成熟度级别构成了全序。但是,不能以任何方式集体确定这六个元素的顺序。它们互不相干。每个元素都很重要,并且在概念上互相独立。如果有人认为可以通过简单地求得这六个元素的算术平均值来计算仿真工作的平均成熟度,那么这个平均值就会毫无意义。使用平均值的论点类似于通过计算链条中每节链环的平均强度来计算链条的断裂强度。这是错误的论点。

尽管我们反对任何类型的求和方法,但是我们使用 PCMM 的经验表明,为决策者浓缩信息的压力是不可抗拒的。考虑到这个实际情况,我们推荐一个简单的程序用于维护单个 PCMM 分数中的一些关键信息。我们建议当 PCMM 分数求和时,通常计算并向用户提供一组三个分数。这些分数包括所有求和元素的最低分数、所有元素的平均值,以及所有元素的最大值。这种求和过程可以写成:

$$ \text{PCMM} = \left[\min_{i=1,2,\cdots n} \text{PCMM}_i, \frac{1}{n} \sum_{i=1}^{n} \text{PCMM}_i, \max_{i=1,2,\cdots,n} \text{PCMM}_i \right] \tag{15-1} $$

式中,n 是求和的单个 PCMM 分数的总数。我们认为保持所有求和总分的最低分数将会提醒注意这个情况,以便决策者可以解决更深入的问题。

例如,假设一个系统由四个子系统组成。假设讨论使用上述 PCMM 表对每个子系统进行评估,得出以下结果:

$$ \text{PCMM}_{\text{子系统1}} = \begin{bmatrix} 1.0 \\ 1.5 \\ 1.0 \\ 0.0 \\ 0.5 \\ 1.0 \end{bmatrix}, \text{PCMM}_{\text{子系统2}} = \begin{bmatrix} 1.5 \\ 1.0 \\ 0.0 \\ 0.5 \\ 1.5 \\ 0.0 \end{bmatrix} $$

$$ \text{PCMM}_{\text{子系统3}} = \begin{bmatrix} 2.0 \\ 1.5 \\ 0.5 \\ 1.0 \\ 1.5 \\ 1.0 \end{bmatrix}, \text{PCMM}_{\text{子系统4}} = \begin{bmatrix} 2.0 \\ 2.0 \\ 1.0 \\ 0.5 \\ 1.5 \\ 1.5 \end{bmatrix} \tag{15-2} $$

使用式(15-1)和式(15-2),计算 PCMM 总分:

$$ \text{PCMM} = [0.0, 1.1, 2.0] \tag{15-3} $$

这个示例表现了我们初步使用 PCMM 过程中观察到的情况:在评估中通常有极其广泛的未被发现的分数。此外,我们还发现由于事先怀疑结果类似于式(15-3),有时候很难进行 PCMM 评估。

15.3.3　PCMM 在风险预知决策中的用途

正如我们已经讨论的情况,PCMM 的适用范围较集中,供计算机从业人员、实验员、项目经理、决策者和政策制定者正确地理解和使用。在早些时候,我们建议了一些方法,可以使用 PCMM 评估进展,用作仿真和实验活动的项目规划工具,并由仿真信息消费者使用。但是在更广泛的背景下,PCMM 仅仅是促成工程系统风险预知决策的一个因素。图 15-2 描述了可能影响工程系统风险预知决策的许多因素。

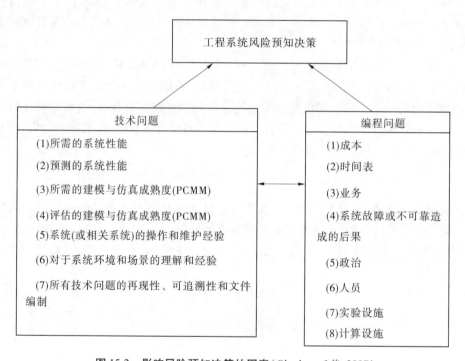

图 15-2　影响风险预知决策的因素(Oberkampf 等,2007)

图 15-2 把这些因素划分为两大组:技术问题和编程问题。虽然并没有显示所有因素,但是该图表明,大量的多样和复杂因素在决策中发挥重要作用。有时候对单个技术因素的描述非常恰当。例如,在正常操作条件下实现系统可靠性所需的系统性能和预测的系统性能可能会在数学上被描述为精确已知的概率分布。但是,没有或完全没有适当地描述图 15-2 中的大多数因素,尤其是编程问题。例如,通常很难估计不良系统可靠性对金融负债和未来商业机会产生的影响。正如已经描述的情况,这两组问题之间以及每组问题内部都会产生交互和权衡。

管理者和决策者必须权衡所有因素的重要性,理解各个因素之间的复杂交互,决定取舍以优化他们及其组织对成功的看法。当然,对于不同的参与者和利益相关者来说,成功在很大程度上有着不同的含义。

我们构建和讨论图 15-2 的目的是澄清 PCMM 为什么只是一系列复杂因素中的其中

一个因素。我们认为仿真成熟度评估是一个相对较新的因素,应该明确地包括在风险预知决策中。此外,我们认为应该把此项评估与决策过程中的其他重要因素清楚地区分开来。如果不这么做,在最好的情况下各种因素将造成混乱和误解,在最坏的情况下将会扭曲各种因素以满足所涉及个人和组织的不同目的。

15.4　参考文献

Ahern, D. M. , A. Clouse, and R. Turner (2005). *CMMI Distilled: a Practical Introduction to Integrated Process Improvement*. 2nd edn. , Boston, MA, Addison-Wesley.

Balci, O. (2004). Quality assessment, verification, and validation of modeling and simulation applications. *2004 Winter Simulation Conference*, 122-129.

Balci, O. , R. J. Adams, D. S. Myers, and R. E. Nance (2002). A collaborative evaluation environment for credibility assessment of modeling and simulation applications. 2002 *Winter Simulation Conference*, 214-220.

Bertch, W. J. , T. A. Zang, and M. J. Steele (2008). Development of NASA's models and simulations standard. *2008 Spring Simulation Interoperability Workshop* Paper No. 08S-SIW-037, Providence, RI, Simulation Interoperability Standards Organization.

Blattnig, S. R. , L. L. Green, J. M. Luckring, J. H. Morrison, R. K. Tripathi, and T. A. Zang (2008). Towards a credibility assessment of models and simulations. *49th AIAA/ASME/ASCE/AHS/ASC Structures, Structural Dymmics, and Materials Conference*, AIAA 2008-2156, Schaumburg, IL, American Institute of Aeronautics and Astronautics.

Chrissis, M. B. , M. Konrad, and S. Shrum (2007). *CMMI: Guidelines for Process Integration and Product Improvement*. 2nd edn. , Boston, MA, Addison-Wesley.

Clay, R. L. , S. J. Marburger, M. S. Shneider, and T. G. Trucano (2007). *Modeling and Simulation Technology Readiness Levels*. SAND2007-0570, Albuquerque, NM, Sandia National Laboratories.

DoD (2005). *Technology Readiness Assessment (TRA) Deskbook*. Washington, DC, Department of Defense.

GAO (1999). *Best Practices: Better Management of Technology Development Can Improve Weapon System Outcomes*. GAO/NSIAD-99-162, Washington, DC, U. S. Government Accounting Office.

Garcia, S. and R. Turner (2006). *CMMI Survival Guide: Just Enough Process Improvement*, Boston, MA, Addison-Wesley.

Green, L. L. , S. R. Blattnig, J. M. Luckring, and R. K. Tripathi (2008). An uncertainty structure matrix for models and simulations. *49th AIAA/ASME/ASCE/AHS/ASC Structures, Structural Dynamics, and Materials Conference*, AIAA 2008-2154, Schaumburg, IL, American Institute of Aeronautics and Astronautics.

Harmon, S. Y. and S. M. Youngblood (2003). A proposed model for simulation validation process maturity. *Simulation Interoperability Workshop*, Paper No. 03S-SIW-127, Orlando, FL, Simulation Interoperability Standards Organization.

Harmon, S. Y. and S. M. Youngblood (2005). A proposed model for simulation validation process maturity. The *Journal of Defense Modeling and Simulation*. 2(4), 179-190.

Helton, J. C. , J. D. Johnson, C. J. Sallaberry, and C. B. Storlie (2006). Survey of sampling-based methods for uncertainty and sensitivity analysis. *Reliability Engineering and System Safety.* 91 (10-11) , 1175-1209.

IEEE (1989). *IEEE Standard Glossary of Modeling and Simulation Terminology.* Std 610. 3-1989, New York, IEEE.

Mankins, J. C. (1995). *Technology Readiness Levels.* Washington, DC, National Aeronautics and Space Administration.

NASA (2006). *Interim Technical Standard for Models and Simulations.* NASA-STD-(I)-7009, Washington, DC, National Aeronautics and Space Administration.

NASA (2008). *Standard for Models and Simulations.* NASA-STD-7009, Washington, DC, National Aeronautics and Space Administration.

Oberkampf, W. L. , M. Pilch, and T. G. Trucano. (2007). *Predictive Capability Maturity Model for Computational Modeling and Simulation.* SAND2007-5948, Albuquerque, NM, Sandia National Laboratories.

Oberkampf, W. L. and T. G. Trucano (2008). Verification and validation benchmarks. *Nuclear Engineering and Design.* 238(3), 716-743.

Pilch, M. , T. G. Trucano, D. E. Peercy, A. L. Hodges, and G. K. Froehlich (2004). *Concepts for Stockpile Computing (OUO).* SAND2004-2479 (Restricted Distribution, Official Use Only), Albuquerque, NM, Sandia National Laboratories.

Pilch, M. , T. G. Trucano, and J. C. Helton (2006). *Ideas Underlying Quantification of Margins and Uncertainties (QMU)*: *a White Paper.* SAND2006-5001, Albuquerque, NM, Sandia National Laboratories.

Saltelli, A. , M. Ratto, T. Andres, F. Campolongo, J. Cariboni, D. Gatelli, M. Saisana, and S. Tarantola (2008). *Global Sensitivity Analysis*: *the Primer*, Hoboken, NJ, Wiley.

SEI (2006). *Software Engineering Institute*: *Capability Maturity Model Integration.* www. sei. cmu. edu/ cmmi/.

Smith, J. (2004). *An Alternative to Technology Readiness Levels for Non-Developmental Item (NDI) Software.* CMU/SEI-2004-TR-013, ESC-TR-2004-013, Pittsburgh, PA, Carnegie Mellon, Software Engineering Institute.

Steele, M. J. (2008). Dimensions of credibility in models and simulations. *International Simulation Multi-Conference*, Paper No. 08E-SIW-076, Edinburgh, Scotland, Simulation Interoperability Standards Organization/The Society for Modeling and Simulation.

Wang, R. Y. and D. M. Strong (1996). Beyond accuracy: what data quality means to data consumers. *Journal of Management Information Systems.* 12(4), 5-34.

West, M. (2004). *Real Process Improvement Using the CMMI*, Boca Raton, FL, CRC Press.

16　验证、确认和不确定性量化的开发与责任

本章讨论了验证、确认和不确定性量化(VV&UQ)开发、执行、交付与管理方面的一些观点。这些主题涉及技术问题和非技术问题,但几乎都关注提高可信度和正确使用仿真的战略目标。根据我们和其他人的经验,我们认为虽然技术问题和计算资源都非常重要,但是它们并不是提高决策环境中科学计算的可信度和有用性的限制因素。我们相信非技术问题大大限制了验证、确认和不确定性量化可信度的提升。

本章讨论的问题的示例有:①验证、确认和不确定性量化需要的技术开发建议;②验证、确认和不确定性量化各种技术活动的责任;③部署验证、确认和不确定性量化实践过程中的管理责任和领导能力建议;④通用验证与确认数据库的开发;⑤验证与确认工业和工程标准的开发。

不同的团体对其中许多主题有不同的观点,例如生产五金产品或商业软件的公司、政府组织、销售仿真服务的组织,以及特殊利益集团。我们不期待对所提出的问题能收获全部答案,甚至正确答案。我们只是试图提供验证、确认和不确定性量化责任和开发方面一些重要的技术和非技术主题观点。随着科学计算对日常生活、经济竞争力、环境安全、全球变暖分析和国家安全产生的影响越来越大,我们相信这些主题会引发更广泛的讨论和辩论。

16.1　所需的技术开发

在大多数章节中,我们所讨论的各种技术劣势和挑战都与本章讨论的方法和技术相关。在这里我们总结了我们认为在科学计算中提高验证、确认和不确定性量化所需的一些关键性研究主题。该清单并不全面,只具有提示性。按照在本书中出现的顺序列出这些主题:

(1)自动(原位)代码验证,自动生成制造解或源项,并且准确性测试命令基于想要验证所选择的代码选项自动运行。

(2)为科学计算中更广泛的技术领域构建制造解。

(3)基于代码的特性和能力选项,测量代码验证测试覆盖范围的改进方法。

(4)对复杂的科学计算问题进行可靠的(即明显渐近的)离散误差估计,包括双曲偏微分方程和不连续的问题。

(5)对复杂的科学计算问题进行可靠的网格适应,特别是各向异性问题,例如边界层和冲击波等。

(6)由于专注于相关系统,进一步开发和使用验证层级。

(7)进一步开发和使用现象识别与排序表(PIRT)以及差距分析表。

(8)为各类系统响应变量开发确认指标,尤其是频率广泛的依时响应以及取决于大

量输入参数的系统响应变量。

(9)开发把确认指标结果合并到预测响应的不确定性估计中的方法,例如外推模型不确定性作为输入参数的函数,并把认知不确定性纳入到预测活动中。

(10)提高模型校准对模型预测能力产生的积极和消极影响的理解。

(11)根据可用的确认指标结果以及所有确认层级中的多个数学模型,对确认层级较高级别的系统响应变量进行不确定性估计。

16.2　员工责任

员工是指经过技术培训以执行与验证、确认和不确定性量化相关的任何计算分析的人员,包括参与到整个工作的理论、计算或实验活动中的工程师、科学家、数学家、统计学家和计算机科学家。管理责任将在第16.3节中予以讨论。

16.2.1　软件质量保证和代码验证

16.2.1.1　谁应该执行软件质量保证和代码验证

软件质量保证(SQA)和代码验证主要是代码开发人员和商业软件供应商的责任。大多数商业软件公司都被他们的客户要求确保严格的质量和可靠性要求。但是,与商业软件开发和销售中投入的全部资源相比,无法获得软件质量保证和代码验证资源投入百分比相关的公共信息。对于这些公司来说,其业务活动中的重要因素如下:

(1)软件公司应该为每个软件生命周期阶段制定和实施高水平的软件质量保证。这些阶段的范围从新研究模块到初次发布模块,再到所发布软件产品的漏洞修补。每个模块需要单独的软件质量保证跟踪和不同级别的代码验证测试来保证质量。

(2)软件公司应该使其客户理解,无法涵盖验证测试过程中代码可用的物理、边界、材料和几何条件所有可能的组合。软件公司应该:仔细优化哪些组合对于其客户范围来说很重要,以及通知相关客户哪些组合已经经过测试,哪些组合尚未经过测试。如果客户其应用的测试程度不满意,应该向软件公司提出意见。

(3)应该编辑软件产品并将其端口连接到客户可能会使用的各种计算机平台(串行、多核与并行处理器设备)。还应该在不同的操作系统和各种版本的操作系统下,对这些软件产品进行严格测试。

软件公司开发环境中的软件质量保证和代码验证程序是一个持续的过程。每次发布软件时,公司应该执行软件质量保证测试程序,测试程序由软件质量组监督设置。这些程序应该包括自动报告测试结果的功能。特别是修复、跟踪和管理软件漏洞相关的活动应该构成软件公司全面软件质量保证程序的关键部分。

组织内部的代码开发独立于软件供应商,通常分为两组:开发专有软件或专用软件的大型组织或大型项目内的研究小组,以及公司、大学或学院内部的研究小组。在许多研究小组中,实施正式的软件质量保证有相当大的阻力。正式程度、软件开发限制、用户限制访问和软件质量保证成本是产生这种阻力的关键因素。对于许多研究小组来说,还有一个完善的价值体系,关键产品是新知识和可发表的结果,而非可靠的软件、算法、再现性,以及软件质量保证和代码验证文档。

一般低水平软件质量保证和代码验证程序的显著例外是高结果系统中涉及的计算项目。最重要的两个示例是核电反应堆安全性和核废料地下存储。在这些项目中,政府和公众不仅会严格监督分析结果,而且还会监督得出结果的所有步骤。在美国,核反应堆分析主要由核管理委员会监督。核废料地下存储主要由能源部、核管理委员会和环境保护署监督。这些项目有非常严格的软件质量保证程序,包括所有软件组件的详细文档。事实上,有证据表明这些程序的要求非常高,严格限制了引入改进的数学模型和数值算法。适当的软件质量保证程序和改进数值技术之间必须达到适当的平衡。

16.2.1.2　谁应该要求软件质量保证和代码验证

代码用户主要负责要求代码开发人员和商业软件公司执行软件质量保证和代码验证。代码用户也可能会参与软件质量保证和代码验证过程,但这样他们就更多地发挥了代码开发人员的作用。当我们提到"代码"时,是指用于计算分析的整个软件包或软件的任何子集。我们认为供应商和客户应该提供适当的概念性框架,以理解第 16.2 节讨论的所有验证、确认和不确定性量化活动中的责任。供应商是指提供产品或信息用于分析的个人或组织。客户是指接收产品或接收代码或分析生成信息的个人和组织。在不同的活动或分析阶段,个人或组织可以作为供应商和客户。

代码开发人员和商业软件公司显然是代码产品的供应商。但是客户对分析中使用的代码的质量负最终责任。客户是产品或产品产生的信息的用户,必须提供要求、尽职调查和正确使用产品或信息。因此我们认为,客户认定的软件质量保证和代码验证价值就是质量的驱动因素。如果客户只是假设充分完成了软件质量保证和代码验证,而没有要求任何文档、细节或活动证据,那么供应商会适当认为需求的内容空白或伪造。对客户来说非常重要的任何项目,客户应该要求提供能力证明、性能证明、检查或质量和可靠性文档。

如果客户面对的是基本垄断了软件市场的供应商,那么这种情况会变得非常不同且更加复杂。如果市场相对较小,并且客户对于供应商来说较为重要,那么规定要求时客户可以利用杠杆作用。如果市场很大,个体客户处于明显的劣势地位,在要求改进时的选择很少。他们要么容忍供应商提供的产品质量,要么寻求更具战略性的解决方案。例如,客户可能寻求促进市场上新的竞争对手,或如果情况许可,客户可能会寻求政府或法律行动来打破垄断。但是这些解决方法的过程非常缓慢,且费用较高。

商业软件公司早就认识到文档对于其产品用途和功能的重要性。文档主要描述了图形用户界面(GUI)的用途、代码功能、网格生成能力、数值算法技术、后处理能力和输出图形。但是,商业软件公司进行的代码验证过程和结果的文档通常是非常有限的,或不存在。客户假定软件公司已经圆满完成了软件质量保证和代码验证,但是有很多反面证据。我们相信一句关于质量流程的老话:没有记录,就没有发生。

一些专业从事固体力学的大型商业代码公司开发了一套广泛的验证标准,供其授权代码用户使用(参考例如 ANSYS,2005;ABAQUS,2006)。这些形成文件的标准旨在证明代码在相对简单的基准问题方面的性能,并作为代码用户的辅助教具。基本上,所有记录的验证测试的主要缺点是仅仅证明了代码的"工程精度",并没有仔细地量化数值方法的收敛阶数(Oberkampf和Trucano,2008)。如一组文档描述,"在某些情况下,与有限元解进行准确比较会要求采用无穷小的步长划分无穷多的元素或无穷多的迭代。这种比较既不实际也不可取"(ANSYS,2005)。该论点毫无价值。如很多作者讨论,并且如本书中所述,可以实际并严格地测试数值方法的离散收敛阶数和迭代收敛特性。相对于推广资料中宣称的结果,证明代码相对于各种相关测试问题的收敛速度特性的实际结果,对于客户来说具有很大价值。

一般来说,计算流体动力学(CFD)软件没有提供与商业固体力学代码中提供的相同级别的代码验证文档。Abanto等(2005)最近的一篇论文在相对简单的验证测试问题上测试三个匿名的商业CFD代码,表明CFD软件的成熟度状态不良。这些代码产生的糟糕结果令人感到震惊,但不包括论文作者和我们。

16.2.2　解验证

16.2.2.1　谁应该执行解验证

解验证主要由进行仿真工作的分析员负责。如果仿真工作涉及多个分析员和软件包,这些分析员之间应该展开密切沟通,确保充分监测数值解误差。如第7章和第8章中讨论,建议的程序应该定量估计每个相关系统响应变量的迭代和网格离散误差。如果使用代码序列,一个代码的输出为下一个代码提供了输入以产生最后一组系统响应变量,那么解误差的估计过程将会涉及不确定性估计程序。

根据分析的复杂性,确保高质量解验证所需付出的努力程度有很大不同。对于大规模分析来说,仔细估计并记录数值解误差所需付出的努力很大。例如,100个不确定输入量会产生数以万计的不确定系统响应变量,因此需要在这100个输入空间上估计每个系统响应变量的解误差。对于估计误差不可以忽略的系统响应变量来说,需要把该误差与预测中估计的其他不确定性结合在一起。第13章提出了结合这些不确定性的新方法。在大规模分析中,这是一项非常耗时的任务,特别是使用代码序列时,一个代码的输出成为下一个代码的不确定输入。我们的经验以及期刊文献中的观察结果都表明,仅需要密切关注高结果、高公共可见性项目的解验证。

对于系统响应变量相对较少的确定性分析,数值误差估计的任务相对简单。对于估计误差不可以忽略的系统响应变量来说,应该把系统响应变量表示为一个区间以反映系统响应变量的不确定性。即使对于这类问题,会议论文或期刊论文中很少或没有解验证信息仍然很普遍。对于在公司内部或项目报告中记录的分析,我们的经验是很少进行解验证。

量化离散误差最简单的方法可能是使用网格收敛指标(GCI)方法(Roache,1998)。使用该方法时,分析员应该:①有两个不同网格或时间分辨率的解;②有某种类型的证据,表明特定系统响应变量的解位于数学模型中每个自变量的渐近域中;③计算观察到的离散方法收敛阶数,或假设正式的收敛阶数;④为误差估计选择适当的安全系数。

有时甚至不使用GCI方法,分析员采用定性法。例如,计算了两个不同网格分辨率的解,并检查每个相关系统响应变量的各个解的差值。如果认为所有差值"非常小",则认为网格分辨率是可以接受的,然后继续进行分析。在推断出的分析结果准确性方面,后一种方法不可靠,很有误导性。

16.2.2.2　谁应该要求解验证

仿真工作分析结果的用户主要负责要求有关解验证的定量信息。我们再次采用上述供应商客户模型。在这里,分析员向使用分析结果的客户供应信息。客户可以是直接使用分析结果的任何人,例如设计师、项目经理或决策者。利益相关者,即在分析结果中有适当的合法权益的人,也可以承担一些解验证责任,但是这种责任通常是最小的。利益相关者通常是分析过程所提供的信息的二级用户,例如受益于分析的人,或必须基于分析来规划他们未来活动的人。

一些人认为所有解验证责任应该由进行工作的分析员来承担,而不是与客户分担责任。他们认为,"分析员是误差估计专家,所以他们应该对此负责。"或"我们没有在这些问题上经过训练,我们为什么要负责?"这种观点几乎没有价值,我们拒绝接受。我们认为,如果不是因为疏忽大意,假设在分析中充分完成了解验证是一种不良行为。分析员和客户之间分担解验证责任的论点类似于前面代码开发人员和用户之间分担软件质量保证和代码验证责任的讨论。

通常,当客户没有经验或完全不知道解验证技术时会发生这种情况。例如,客户可能是在其他技术领域具有经验的项目负责人或决策者,如系统工程和测试,但是在科学计算的各个方面没有经验。当项目负责人或决策者没有经过技术培训时,例如他们的背景是商业、营销或法律,则会出现更多问题。在这些情况下,需要聘请在科学计算方面具有经验的咨询人员或顾问。

16.2.3　确认

16.2.3.1　谁应该执行确认

由仿真工作分析员与实验者共同负责确认。如第 11 章中讨论,应该由团队来完成确认实验的设计、执行、分析和记录工作。各个团队成员必须熟悉并决定确认活动的各种技术细节,例如:①模型的哪些预测能力对于相关应用来说最为重要? ②可用的实验装置是否能够提供充足的条件来评估模型的预测能力? ③什么系统响应变量是相关的? 是否能够测量出足够的实验精度? ④模型的关键输入量是什么? 如何在实验中测量这些数量及其不确定性? ⑤是否能够估计并充分降低相关系统响应变量中的数值解误差? ⑥是否存在与相关应用有关的适当验证指标? 或是否需要开发这种指标? 组建一支合格的确认团队具有挑战性,也可以联合出资和协调。

如果仿真和实验未实现高度一致,有些人可能会觉得浪费了确认工作中所做的努力。我们认为这种反应是对确认首要目标的误解。确认的目的是批判性地评估数学模型的预测能力,而不是为了显示模型和实验之间的良好一致性。考虑当发现仿真和实验之间的一致性出乎意料地差的时候,发生的两个非常有益的结果。这些结果的通常情况是在坚信模型应该在所测试的输入条件范围内非常准确的时候。首先,会发现模型与实验不一致的原因是由于先前未发现的软件编程错误或出乎意料的数值算法缺陷。虽然需要为缺乏足够的代码验证支付明确的罚金,但是对于现在、过去和将来的分析来说都是非常有价值的信息。可能会造成处罚的两个示例是:①过去的仿真工作受到代码错误或算法缺陷的影响,需要重新访问;②所有已经校准并受到代码错误影响的模型参数需要重新校准。这些反复操作花费巨大,令负责仿真工作的组织感到耻辱,还会打击他们的信心。

其次,会发现模型与实验不一致的原因是由于实验测量中发生了意想不到的系统(偏差)误差。如刚才讨论,这会对执行实验或实验设备的实验者产生负面影响。从积极的一方面来看,可以说服员工和管理层在将来改善测量技术和实验设施,这也是有益的。

代码开发人员或商业软件供应商仅对确认工作承担次要责任。他们通常执行各种单位级别的确认活动,但这些活动通常都是通用的。例如,商业软件供应商通常使用公开可用的实验数据把他们的仿真工作与经典实验进行比较。这些情况通常记录为软件或用户培训营销资料的一部分。对于商业软件许可潜在新客户非常有用的一个程序是,要求软件公司把盲目预测作为确认测试用例。大多数潜在客户都可以专有或限制分布他们所设计、营销或使用的系统、子系统或组件的实验数据。可以把实验中得到的所有需要的输入数据提供给软件供应商,然后由软件公司为软件客户计算相关系统响应变量。根据业务或安全的敏感性,可能会也可能不会把仿真与数据的比较结果分享给软件供应商。在这种盲目预测中,软件客户必须极其小心地向软件供应商提供所有需要的适合其建模方法的信息。如果无法获得某些输入量,那么软件供应商需要进行不确定性分析,与实验测量的系统响应变量进行比较。

16.2.3.2　谁应该要求确认

使用分析结果的用户,即所生产信息的客户,主要负责要求有关确认活动的详细信息。在传统意义上,计算分析的客户一直以来都认识到确认活动的这种责任。我们认为这种传统是存在的,原因是大多数分析计算的客户都直观地期望把预测和与相关系统密切相关的实验测量进行关键比较。

考虑到本书中讨论的确认框架,四个确认方面对于客户来说尤其重要:①与确认层级中相关的顶层系统相比,在该层级的什么级别进行实验? ②与系统的应用域相比,进行实验的确认域的关系是什么? ③是否把确认指标用于与相关应用有关的模型准确性评估中? ④在验证域上,模型预测的准确性如何? 我们在这里对前两个重要的领域进行说明。

在少数情况下,观察到确认条件不适当地受到模型开发人员需求而不是客户需求的影响。例如,模型开发人员(有时候是分析员)会编出理由,说某些可以更加精密的测试模型的确认条件不合适、不实际、不实惠或不好用。这类思想反映了认知偏差,通常称为确认偏差(Pohl,2004)。即,大多数人有强烈的倾向去处理和搜索能够证实他们的偏见或现有观点的信息,并避免可能会否定、挑战威胁他们当前观点的信息。这种偏见的主要原因是许多模型开发人员缺乏对盲测实验的热情。当然,这种偏见并不局限于模型建造者,当计算分析的客户表现出这种偏见时,情况就更加危险。

16.2.4　非确定性预测

16.2.4.1　谁应该执行非确定性预测

分析员主要负责进行非确定性预测。这里提到的非确定性预测集中于应用条件下相关系统的系统响应变量预测。这些预测是投入到验证与确认中的所有努力的顶点。这个活动通常要求投入大量的时间和资源,因为它包括投入到相关系统中的验证与确认工作,致力于识别和描述相关系统的环境和场景的建模工作,以及相关系统的不确定性量化。非确定性预测中需要投入的努力水平相差很大,这取决于分析需求。因此,分析员的责任有很大差异。我们简要描述非确定性预测的两个极端情况来说明责任的范围。

对于第一个极端情况,考虑核电反应堆堆芯的紧急冷却。这类分析涉及大型团队,团队成员通常分布在几个组织中,原因是需要在异常环境中处理高结果系统。在这种环境下识别了许多可能的场景,并对一些风险最高的场景进行了详细分析。非确定性分析包括许多不同类型的数学模型、经历了多年验证测试的规范、从各种实验得到的实验数据,以及仔细描述了特征的大量不确定性。在适当条件下,可以在分析中预测到很多不确定性,以支持相关系统的风险预知决策。这种类型的非确定性分析需要大量的时间、资源和团队所需的各种专业技术,但是这种分析适合于高结果系统。

对于第二个极端情况,考虑燃气涡轮发动机非安全关键部件的固体力学分析。在这里我们假设分析针对部件的增量设计变化,但是预计这种变化对系统性能和可靠性产生的影响非常小,因此由一个人进行非确定性分析。虽然分析会考虑不同的环境、场景和广泛的不确定性,但是由于进度和资源限制,分析员决定仅能进行稍微的非确定性分析。这种情况在工业环境下是很常见的,制造商之间的竞争更加激烈并且时间很短。Hutton 和 Casey(2001)完善地总结了这种科学计算工业环境。分析中很少要求这些操作,因此非确定性分析中由于近似和快捷操作造成的风险大大减小。在这种情况下,决策的主要依据是丰富的操作经验和系统开发测试。

16.2.4.2 谁应该要求非确定性预测

按照我们之前的论点,如果决策需要,那么使用结果的客户应该要求执行非确定性预测。现在这已经成为大多数工程系统设计中的标准做法,系统性能、可靠性和安全性分析的一些部分是非确定性的。某些工程领域仍然依靠安全设计过程,有些人甚至宣称他们系统的可靠性非常高。但是,在初步设计研究和物理现象研究中很少进行非确定性分析。在这些情况下应该进行确定性分析,但下列情况除外:①当分析的重要输入量中有很多不确定性时;②当相关系统响应变量对于任何输入量中的不确定性非常敏感时。对于在很大程度上依赖于建模与仿真的最终设计的风险预知决策来说,投入到非确定性分析中的适当努力程度应该取决于各种技术、责任和资源因素。

表 16-1 总结了我们提出的谁应该主要负责执行活动以及谁应该要求确认活动的意见。表中显示了不同参与者之间的责任如何根据参与者参与到一项特定活动中的方式而发生改变。表中显示的"供应商"是主要负责执行活动的参与者,"客户"是主要负责确认活动圆满完成的参与者。

表 16-1 验证、确认和不确定性量化活动参与者的主要角色

活动	代码开发人员	分析员(代码用户)	分析结果用户	实验者
软件质量保证和代码验证	供应商	客户	客户	—
解验证	—	供应商	客户	—
确认	—	供应商	客户	供应商
非确定性预测	—	供应商	客户	—

16.3　管理措施和责任

本节讨论可以采取的各种管理措施,以帮助或阻碍在一个组织内开发和实施良好验证、确认和不确定性量化实践及其有效性。大部分讨论是以私人企业和政府组织为目标,一些讨论也适合科研院所和大学。在科学计算项目的管理责任方面下文中讨论的这些主题,其结果要么用于他们的组织内部,要么作为服务提供给其他组织。一些管理方面的建议被推出,目的是领导和激励员工更加有效和高效地完成验证、确认和不确定性量化实践。

我们提到的"管理",主要是指对组织进行各级负责管理。部门经理是任命来协调和运作组织所需的相对稳定的结构。在某些情况下,措施和责任的讨论也将参考项目管理。项目经理的职责与执行和完成项目直接相关。在业务范围内,项目经理通常受到项目范围、进度和成本的严重制约。我们承认并尊重他们的观点和项目责任。

16.3.1　实施问题

第16.2节中讨论的关于谁应该要求特定活动的许多责任主要是针对员工和项目管理。当经理不熟悉项目中的所有验证、确认和不确定性量化活动或没有经过技术培训时,经常出现这种情况。因此,评估达到计算分析目标所需的所有活动的充分性时,会把经理置于一个困难的境地。例如,解验证可能不充分,导致对分析结果提出质疑或更糟,分析结果比物理建模受到解误差的影响更大。经理也可以感知风险,预测系统性能中存在的较大不确定性,可能还需要把资源从一个活动中抽调出来,以支持似乎缺乏资源的另一项活动。第15章中讨论的预测能力成熟度模型PCMM可以在这方面提供帮助。除表示几何保真度以及物理和材料模型保真度外,PCMM是评估讨论上述四个活动成熟度的框架。PCMM集中于评估应用项目的建模与仿真成熟度。经理可以要求参与六个建模与仿真活动的分析员完成PCMM表,并把他们的成熟度评估体现在项目进度审查中。在适当的情况下,经理也希望增加一项活动,被称为前面提到的六个活动的重现性、可追溯性和文档。即使经理不熟悉某些正在评估的活动,也可以从成熟度评估以及分析员证明评估结果的过程中学到很多知识。PCMM评估完成后,经理可以确定成熟度的评估水平是否满足项目要求。

我们观察到在许多组织中计算分析员和实验者之间存在竞争关系,或两者之间存在较大的分歧。可以在个体层面以及计算和实验组之间发现这种关系,可能是由于:①对组织资源的竞争;②一个小组对其他小组的不合理认知;③实验者感觉到不断提高的科学计算能力将会减少或消除对他们专业知识的需求;④仅仅由于部门组织结构的划分。管理通常不承认这个问题,或如果他们承认,他们也可能会有意识或下意识地忽略它。即使没有竞争或对抗压力,在计算分析员和实验者之间通常也会存在显著的技术和个人文化差异。对于可以在最大程度上起到促进作用的确认活动来说,管理人员的当务之急是评估他们组织内部分析员和实验者之间的关系状态。此外,关键是管理人员创造机会把不同的个人、团体和文化结合在一起,共同合作,共同互利。例如,管理人员必须明确确认团队工作的成功将同样有利于这两个组,失败也是两个组共同的责任。成功是指高质量的计算模拟、实验测量、模型精度评估和工作的及时性,而不是说明计算和实验之间的一致性的好坏。

实施本书中推荐的大多数方法和程序既不便宜也不容易。在特定情况下,有些方法甚至可能在技术或经济方面不可行。此外,一些方法和程序并没有得到满意的开发以适用于设计工程环境。但是采取所包括的每个步骤,可以提高验证、确认和不确定性量化过程的质量,增加仿真结果的可信度。我们坚信验证、确认和不确定性量化是一个过程,而不是一个产品。此外,验证、确认和不确定性量化过程无法在仿真结果中进行检查。即,建模与仿真及验证、确认和不确定性量化的技术复杂性不允许制定一组全面的规则然后简单地遵守。良好的验证、确认和不确定性量化过程类似于工程和业务的最佳实践。开发良好的验证、确认和不确定性量化过程要求改变科学计算文化:怀疑态度和怀疑文化。尽管技术以惊人的速度发生变化,但是习惯和传统的变化非常缓慢而痛苦。

一些人员和经理会公开或秘密阻挠验证、确认和不确定性量化活动的实施,原因是他们认为活动成本超过他们的增值,以及不必要耽误完成计算分析。如果公开阻碍验证、确认和不确定性量化活动,那么管理团队必须就验证、确认和不确定性量化带来的增附加值、成本和进度展开坦率的讨论。如果隐藏或秘密地阻止,管理人员则更加难以解决这个问题。

从业务角度来看,计算分析结果被认为是一种服务,因为它涉及生产无形商品;具体来说是生产知识。在本书中一直强调,验证、确认和不确定性量化活动提高了计算分析的质量,即提高了服务质量。业务将采用与引入任何新技术或业务流程相同的方式来评估验证、确认和不确定性量化活动带来的质量改进;与耗费的资源和时间相比,附加值是什么? 尽管许多商业部门设计了创新方法来测量所提供服务的质量,但是我们认为验证、确认和不确定性量化活动对计算分析中产生的知识带来的质量提升更加难以衡量。

下面是建议的框架,可以用于考虑成本与收益的商业问题:与基于仿真工作所做的不正确或不适当决策带来的风险相比,验证、确认和不确定性量化所需的成本和时间是什么? 在概率风险评估中,风险通常被定义为不良事件发生的可能性以及事件后果。随着投入验证、确认和不确定性量化中的努力越来越多,可以预期基于仿真工作所做的不正确或不恰当决策发生的概率会有所减少。但是很难衡量概率的减少程度。推荐的做法是必须衡量多少决策内容基于计算分析和其他传统因素,例如系统方面的实验测试和操作经验。换言之,除了我们的经验和实验数据,我们在多大程度上依赖于分析预测? 错误或不正确的决定产生的结果也是难以衡量的,主要是由于需要把各种各样的结果考虑其中。如上所述,我们可以推荐的唯一准则是应该在短期和长期范围内对结果评估进行广泛的检查。例如,假设在一份研究杂志中的一篇文章中对仿真的一些过程的物理情况得出了错误的结论。如果发现,那么这个错误的结果无疑会被视为一个低结果风险。另外,如果基于仿真工作得出错误的结论,并且针对重要的系统方面,那么决策者会把他们的公司、客户、公众或环境置于危险之中。

16.3.2　人员培训

作为公认的研究和应用领域,验证与确认实际上是一个非常新的领域,因此目前在验证与确认领域具有经验并经过培训的人员相对较少。但是验证与确认基础领域的经验和培训非常广泛:软件质量保证、数值误差估计、实验不确定性估计、概率和统计。这些基本主题方面的大学研究生课程已经存在了至少40年。美国一些主要的大学现在开始专门教验证与确认领域的研究生课程。因此,验证与确认领域出现相当多的高素质人才还需要至少10年或20年时间。

我们建议如果在组织中至少有几个在验证、确认和不确定性量化领域具有经验的人员,那么管理层应该考虑把这些人组成一个小组。这个小组可以为其他员工提供培训和指导,并在项目中带领开展验证、确认和不确定性量化活动。这个选择将在16.3.4节中进一步讨论。

在短期内最好的方法是通过职业发展短期课程来培训验证与确认员工和经理。这些继续教育课程通常持续1~5天,由专业的学会、大学和学院提供培训。他们也在专业的学会会议上或经要求后在相关组织的现场进行讲解。目前在验证与确认领域大约有五个短期课程,由不同的组织讲解。

16.3.3　合并到企业目标

把计算分析合并到企业或任何组织的目标中是一个广泛的话题。在这里我们将关注验证、确认和不确定性量化如何有助于提高分析生成的信息质量。在第15章中,我们讨论了Wang和Strong(1996)进行的有关信息最重要的质量的综合研究结果。他们把关键属性划分为4个方面:

(1)内在信息质量:可信度、准确性、客观性和声誉。

(2)情景信息质量:增值、相关性、及时性、完整性和信息数量。

(3)表征信息质量:可解释性、易于理解、一致表示和简洁表示。

(4)可达性信息质量:可达性和安全方面。

在下面几节中,我们将简要讨论验证、确认和不确定性量化如何有助于提到前三个信息质量属性。

16.3.3.1　内在信息质量

在本书中我们处理了验证、确认和不确定性量化4个错综复杂的问题:仿真软件的质量、数值计算的准确性、确认实验的不确定性以及预测不确定性。当我们考虑仿真的内在信息质量时,关于如何使用信息,我们必须扩大我们的视角,不仅仅局限于细节分析。适当的角度应该是:管理层如何把分析中得到的信息正确地用于决策环境中?我们认为信息的正确使用在很大程度上依赖于内在信息质量的准确性和客观性。为了说明这一点,我们对比"准确性"术语更广泛更全面的含义。在这里我们在忠实性、客观性和完整性意义上强调准确性的含义,而不是结果精度的影响。我们在两个不同的背景下说明这个观点。

首先,任何实际工程系统的预测必须处理系统响应的不确定性。不确定性可能是由

于许多来源造成的,例如:①正常环境、异常环境或恶劣环境;②系统中可能发生的场景;
③系统中固有的不确定性;④环境对系统产生的影响的不确定性;⑤分析中使用的数学模
型造成的不确定性。因此,必须把仿真结果描述为一个不确定数,而不是简单的一个数
字。可以用多种方法来表示不确定数,例如一个区间、精确的概率分布或概率盒。一些工
程和系统分析领域在数十年前就变为这种范式,例如核反应堆安全、结构动力学和风险评
估的广泛领域。但是许多工程和科学领域还没有从传统的确定性预测进行转变。更重要
的是,企业中的许多决策者不熟悉以不确定数表示的仿真结果概念。放弃确定性预测的
明显精确性令人感到不安,但精确性只是准确性的一种策略。引用一条中国谚语,"不确
定让人不舒服,可确定又是荒谬的"。

　　其次,当把各种来源的不确定性纳入分析中时,通常必须处理偶然不确定性和认知
不确定性的问题。如前面多个章节中讨论,相比把不确定性描述为随机变量,把认知不确
定性包括在分析中会导致系统响应的不确定性大量增加。例如,如果输入不确定性最初
描述为均匀分布在一些区间上,但是后来变为同一个区间上的区间值数量,系统响应变量
的不确定性大量增加。系统响应变量的描述从均匀分布相关的单一概率分布变为概率
盒,即无限的分布集合。一些有经验的风险分析员评论到,通过仅仅把输入概率分布变为
区间,不会使输出描述产生重大变化。如果不确定输入量是输出不确定性的一个重要因
素,他们就会对不确定性的增加感到震惊。可以通过下列方式说明仿真精度。如果已知
某些仿真输入非常糟糕,导致仅能把精度表示为一个区间,那么系统响应的概率盒结果可
以说是最不确定的结果。把输入描述为随机变量的假设,比如假设在区间上均匀分布,实
际上会低估对决策者产生的响应不确定性。显示更少的系统响应不确定性的结果可以被
认为是更精确,但实际上更不准确,即使在最好的情况下也会误导决策者。

16.3.3.2　情景信息质量

　　我们在这里要强调的与决策相关的两个情景信息质量属性是增值和及时性。本书
的多个章节已经说明了为决策者生成的详细知识意义上的计算分析增值。为了更好地理
解我们在增值方面的侧重点,考虑从检查过去失败的经验中学到的智慧。在这里我们特
别参考从检查过去工程系统故障的根源学到的知识(Dorner,1989;Petroski,1994;
Vaughan,1996;Reason,1997;Chiles,2001;Gehman 等,2003;Lawson,2005;Mosey,2006)。
大多数作者都强调了这些错误对于决策者判断的重要性。有时候,个体决策者犯错误,但
在大型系统的灾难性故障中通常是一群决策者犯了错误,即组织失败。Petroski(1994)直
言不讳地说:"预测故障过程中产生的人为错误仍然是阻止工程设计可靠性不断通过现
代分析方法和材料在理论上实现高水平的最重要的因素"。这是由于没有根据日益复杂
的数值和分析技术来重视工程经验判断。

　　他的观点以及帮助我们从过去的错误中吸取教训的许多其他观点,主要是针对缺乏
活力,一些项目经理开始调查他们的系统如何失败或导致其他相关的系统发生故障。许
多管理者倾向于采用具有同样的思想来评估验证、确认和不确定性量化。他们并没有领
会验证、确认和不确定性量化如何增加分析中所提供信息的价值,而是将其视为项目或个
人日程安排的潜在风险,或仅仅视为资源流失。如果验证、确认和不确定性量化活动受到
不向其报告的单独的项目经理或部门经理的控制和资助,他们就对这些活动有很少或没

有控制权,这种情况下尤其如此。从安全组织的角度来看,Adm. Harold Gehman 严厉地批评了这种系统性失败,作为他就哥伦比亚号航天飞机及其乘员的损失对美国参议院委员会所做的证词的一部分:"NASA 安全组织完全可以监督决策者,但是安全组织没有采取任何行动。没有人员、资金、工程技术和分析"(AWST,2003)。

在设计工程环境中使用仿真结果时普遍遇到的困难是仿真分析员缺乏对及时性的理解。许多系统设计决策中所需的时间尺度一般都很短。一些分析员,特别是应用研究分析员,完全不习惯这些进度需求。例如,设计工程师通常会告诉分析员"如果你可以在下周前把分析结果给我,我将会在决策时使用这些结果。如果你做不到,我将自己决定,不需要你的帮助。"验证、确认和不确定性量化活动需要时间来完成,可能会导致所需的及时响应时间延迟。但是,正如讨论上述情况,产生充分可靠的结果所需的时间和基于不准确或不完整结果做出的不适当决策的后果之间必须进行适当的权衡。

16.3.3.3　表征信息质量

作为表征信息质量属性的一部分,我们将重点说明结果和验证、确认和不确定性量化活动的可解释性(和易于理解的重要性)以及一致表示的重要性。大多数人把这个属性认为是书面仿真文件的信息质量。虽然书面文件对于分析细节的永久性记录来说非常重要,但是我们认为表征信息质量是向管理人员做口头报告时更为重要的质量。我们认为大部分与重大决策有关的讨论和辩论通常发生在向管理人员报告时。在准备和发布详细文件时,通常是在项目完成时,大多数决策都已经无法改变。

在向管理人员做出关于数学建模方法和计算结果的任何总结陈述中,不能夸大可解释性和易于理解的重要性。这绝不是批评管理人员的能力或背景。作为人类本性的一部分,准备总结报告的技术人员总是倾向于认为其他人也有类似的技术、经验和文化背景。总之,这是一个重大的错误判断,会对报告的清晰度和有效性产生毁灭性的影响。总结陈述必须大大压缩开发、测试、分析和理解模型与仿真工作、获得实验数据,以及解释结果的过程中产生的信息量。对于大型团队的工作来说,压缩系数更大。同样,向外部审查小组或政府监管机构报告时,也需要压缩大量信息。因此,管理人员必须向其员工强调在其陈述分析中可解释性和易于理解的重要性。

在这个方面,我们敦促在报告中达到适当的平衡,解释建模与仿真工作、验证、确认和不确定性量化活动的优点和缺点。报告往往过分强调分析的优势,而最小化分析的劣势。经理和外部评审员应该高度怀疑未讨论重要假设的影响的建模与仿真工作的报告或详细文档。我们认为忽视重要假设的理由和影响是建模与仿真工作质量最具破坏性的指标之一。如果未识别或未讨论这些假设的主要弱点,这些分析会使决策者和利益相关者面临重大风险。

重大假设的重要性也存在于表征信息质量的第二个方面,即一致性表示。常见做法是把主要建模与仿真工作的总结报告重复汇报给不同的观众,重点通常略有不同,具体取决于观众的性质和兴趣。尽管可以在每一次陈述中强调不同的分析方面,但重要的是主要问题应该得到一致表示。例如,考虑由进行分析的人员向低层管理者汇报工作的情况。在这个层级,时间以及分析中所做的主要假设通常是重要的细节。在许多组织中(尤其是在那些非常重视分级管理结构的组织中)常见的情况是,进行分析的工作人员的管理者简短地向更高层级的管理者汇报分析情况。向上层管理者报告时,通常需要额外压缩信息。我们建议把验证、确认和不确定性量化活动包括在更高层次的报告中,而不是认为"我们当然进行了充分的验证、确认和不确定性量化测量",并应该将其从报告中删除。这会危害信息的一致性表示,增大更高级别管理者做出不良决策的风险。

16.3.4　组织结构

有两种基本的组织方法在企业或政府机构中部署验证与确认实践。第一种方法是由经验丰富的验证与确认员工组成的母组织中成立一个小组织。该组织负责开发和部署验证与确认实践,并对母组织内部其他组织的员工和管理人员进行培训。第二种方法是分散方法,把经验丰富的员工安排在进行计算分析和实验确认活动的不同组织中。由于目前经过验证与确认培训并具有经验的人员数量相对较少,并且验证与确认活动可以支持仿真工作的开展,因此哪种方法最适合于验证与确认部署是一个待解决的问题。事实上,合理的情况是一种方法最适合于一个组织,而另一种方法更适合于不同的组织。有许多现场特定因素,管理人员应该在决定哪种方法最适合他们的组织时予以考虑。在这里,我们将简要讨论每种方法的一些特性,以及一些优点和缺点。

成立验证与确认小组有许多优势。在小组内进行密切互动,可以作为想法和专业知识的临界点,以便围绕这个话题产生附加能量。从 1999 年开始,这种方法就被圣地亚国家实验室采用,取得了很大的成功。尽管在该小组中的员工不熟悉验证与确认,但是他们在不确定性量化方面具有经验。已经证明把这两种活动组合在同一个小组中是一个很好的方法。随着验证与确认方法的发展,确认和不确定性量化(尤其是模型不确定性)之间的牢固联系越来越易于理解。最初成立这个小组的另一个好处是把有经验的人员纳入到核反应堆安全分析中。这些人员不仅在每个验证、确认和不确定性量化主题方面经验丰富,而且也擅长风险分析技术,例如故障树分析以及现象识别和排序表(PIRT)。

即使在今天,组织中存在验证、确认和不确定性量化小组也是一种不常见的现象。目前基本上没有专门致力于验证、确认和不确定性量化的正规大学培训,因此预计验证、确认和不确定性量化小组中员工的技术学科会出现多样化的状态。虽然不考虑应用领域时验证、确认和不确定性量化原理相同,但是一些依赖于应用领域的技术之间存在明显差异。例如,在流体动力学、热传递和固体力学领域,有许多应用处于稳定状态或涉及作为时间函数的缓慢变化响应。但是在结构动力学、激波动力学和电动力学领域,时间序列性质的响应是使验证、确认和不确定性量化显著地复杂化的主导因素。虽然小组可能会专注于仿真工作,但是实验方法的背景中应该包括一些专业知识。我们的经验是,在计算和实验方法方面富有经验的人员最善于把握确认哲学以及设计和执行确认实验的原则。但是,完全专注于实验的人员可能不适合这样的小组。

验证、确认和不确定性量化小组的责任应该包括三个方面。首先,小组应该开发一些验证、确认和不确定性量化技术,不仅可以满足小组内部需求,也可以适用于母组织内的其他小组。一些开发领域的示例是制造解、数值解误差估计、确认指标,以及适用于偶然不确定性和认知不确定性的传播方法。其次,小组应该在其他计算和实验小组中部署验证、确认和不确定性量化实践。部署实践可以采取多种形式,例如:①解释并推广验证、确认和不确定性量化的概念、程序和好处；②把验证、确认和不确定性量化技术适用于母组织中的各种计算项目，即成为从业人员，而不只是理论家；③编写并记录各种验证、确认和不确定性量化任务中有用的软件包。最后一项建议回应了其他组织有时候提出的批评："我们没有专业知识和时间来编写推广所需的软件包"。第三，小组应该对其他组织中涉及验证、确认和不确定性量化实践的员工和经理进行培训。关于不同类型培训的构想是：①提供短期课程或正式的主题培训；②担任其他组织中计算和实验项目的顾问；③担任导师来培训和指导参与验证、确认和不确定性量化活动的员工。我们应该强调的是，通常需要在不确定性量化概念和方法方面提供重要的培训。很少有工程和科学教育学科涉及系统不确定性统计和分析课程。

部署验证与确认实践的第二种方法是把有经验的验证与确认员工分散到不同的计算和实验项目小组中。这种方法更适用于小型组织。个人可以完成上一段落中给出的建议，但他们会更加关注上级项目组中战术性的短期问题。这种方法的成功部分取决于项目经理允许工作人员把多少时间投入到验证与确认活动中。如果项目经理允许把很大一部分时间投入到短期和长期验证与确认需求，那么这样的安排就会是有效的。如果项目任务总是优先于验证与确认需求，例如那些目标是建立新的计算分析数学模型的项目任务，那么部署小组来实施更好的验证与确认实践则收效甚微。

无论使用哪种部署方法，一个关键因素对于在组织中成功部署验证与确认来说至关重要：管理人员对参与计算分析和确认实验的整个组织中验证、确认和不确定性量化实践的大力支持。如果所有参与的组织中以及各个层级的管理人员并不真正支持验证、确认和不确定性量化实践，部署最多的是做一些琐碎的工作，那么最坏的情况是将会彻底失败。如本章和其他几个章节中一直讨论的情况，验证、确认和不确定性量化获得长期成功的关键是理解对计算分析信息质量带来的附加值。要理解这一点，管理人员必须兑现他们改变组织中建模与仿真文化的承诺。

16.4　数据库开发

本节讨论主要的验证与确认数据库，并提供一些在将来改善数据库质量和可用性方面的建议。我们只讨论主要的公用或会员制数据库。有人怀疑一些主要的专有数据库由营利性组织建立并维护。一些示例是在产品设计、优化和评估过程中使用科学计算的大型商业软件公司以及普遍的大型制造商。此处不会涉及这些专有数据库。

我们相信科学计算在世界范围内产生的影响将在深度和广度上继续扩大，因此提出了一些在未来开发公用或会员制数据库的建议。我们也相信建立在个别技术领域的验证与确认数据库会对这些领域科学计算的质量和可靠性产生非常积极的影响。对于制造商之间面临激烈竞争压力的行业，我们认为可以找到简化测试用例（即确认层级中的较低水平），供竞争对手安全地共享数据。对于这些简化测试用例来说，共同构建和共享验证与确认数据比使用专有数据库更具成本效益，效率更高。一些公司认为他们的专有数据是其持续竞争力的命脉。我们同意其中一些数据具有这样的重要性，但并非全部数据都如此。除非这些数据都记录在案、有效编目分类、易于查找并有效地检索，否则数据是没有价值的。让关键高级人员成为数据管理者的这种商业模式很容易由于各种原因的影响而失败,因此是不现实的。

16.4.1 现有数据库

在过去20年里,国家有限元方法和标准机构(NAFEMS)开发了一些最广为人知的验证与确认基准(NAFEMS,2006)。NAFEMS已经建立了大约30个验证基准。尽管最近的一些基准侧重于流体动力学,但是这些基准中的大部分都是针对固体力学仿真。大多数NAFEMS验证基准都包括由偏微分方程表示的简化物理过程的分析解或准确数值解。NAFEMS基准集合仔细定义、列出数值要求并适当记录。但是,目前这些基准在各种数学或数值挑战(例如不连续)的覆盖范围以及物理现象覆盖范围方面受到非常严格的限制。此外,基准中使用的给定代码的性能受到代码用户解释的影响。代码性能也有可能取决于用户的经验和技巧。

在核反应堆工程领域,核能机构核设施安全委员会(CSNI)在开发验证基准方面投入了大量资源,他们称之为国际标准问题(ISP)。这项工作开始于1977年,为失水事故(LOCA)提出了一些设计、构建和使用国际标准问题方面的建议(NEA,1977)。CSNI认识到了一些问题的重要性,例如:①提供实验设施实际运行状况的详细描述,而不仅仅是要求或期望的状况;②准备实验测量不确定性的仔细评估,并把评估结果告知分析员;③报告试验中达到的初始条件和边界条件,而不是简单要求的条件;④进行敏感性分析,以确定影响相关预测系统响应的最重要的因素。CSNI不断地细化ISP指南,确保ISP的最新建议可以解决任何类型的实验基准,而不仅仅是LOCA事故基准(CSNI,2004)。因此,对所有类型的基准来说,ISP的主要目标保持不变:为了更好地理解可能影响核电站安全的假设和实际事件。

已经在开发确认数据库方面做出了种种努力,旨在使其逐渐成为有根据的基准。在美国,NPARC联盟已经开发出一种确认数据库,包括大约20种不同的流动状况(NPARC,2000)。在欧洲,从20世纪90年代开始已经进行了更有组织的努力来开发确认数据库。这些数据库主要专注于航空航天应用。欧洲流体湍流及燃烧研究协会(ERCOFTAC)收集了大量适用于确认应用的实验数据集(ERCOFTAC,2000)。QNET-CFD是适用于计算流体动力学工业应用的质量和信任主题网络(QNET-CFD,2001)。这个网络有超过40名来自多个国家的参与者,代表该行业内多个领域的研究机构,包括商业CFD软件公司。关于各种努力的历史和评论,请参见Rizzi和Vos(1998)以及Vos等(2002)。

我们注意到,Rizzi和Vos(1998)以及Vos等(2002)描述的确认数据库包括许多适用于复杂流动(有时被称为工业应用)的情况。我们通过自己的经验和参考科学文献发现,试图在复杂物理过程中确认模型通常不成功,原因有两个:首先,实验者提供的关于详细系统功能、边界条件或初始条件的信息不足;其次,在很难预测的系统响应变量中,计算结果与实验测量的比较很差。此外,计算分析员经常做下列事情:①参与模型校准活动,调整模型中的物理参数和数值参数以获得更好的一致性;②重新修改模型中所做的假设以获得更好的一致性,从而改变模型;③指责实验人员实验数据有什么问题或实验员应该测量什么数据从而让数据在确认过程中更加有效。我们在几个阐述确认和预测的章节中讨论了分析员的这些反应。

16.4.2　近期活动

Oberkampf 等(2004)把强语义基准(SSB)概念引入到验证与确认中。他们认为 SSB 应该具有足够高的质量以便于将其视为工程参考标准。他们声明 SSB 是具有以下四个特点的一些测试问题:①清楚地理解基准的目的;②准确地说明基准的定义和描述;③陈述了如何与基准结果进行比较的具体要求;④定义了与基准进行比较的验收标准。此外,他们要求公布这些特征的信息,即适当记录信息并公开。虽然有很多可用的基准,其中一些基准已经在前面进行了讨论,但是这些作者宣称科学或工程领域目前不存在 SSB。他们建议专业协会、学术机构、政府或国际组织以及新成立的非营利组织构建 SSB。

Oberkampf 和 Trucano(2008)提供了应该如何构建 SSB 的深入讨论,并描述了有资格成为验证和确认 SSB 所需的关键特性。关于验证基准,讨论了下列应该包括在验证基准文档中的元素:概念描述、数学描述、精度评估以及额外的用户信息。提供了把这些元素应用到四种类型基准的示例,即把制造解、分析解和数学解应用到常微分方程,把数学解应用到 PDE 模型。Oberkampf 和 Trucano(2008)建议,当把候选代码与验证基准进行比较时,与基准比较的结果不应该包括在基准文档本身。他们还讨论如何使用正式的比较结果,并识别了应该包括在比较中的信息类型。

关于确认基准,Oberkampf 和 Trucano(2008)提出了四个应该包括在确认基准文档中的元素:概念描述、实验描述、基准测量的不确定性量化以及额外的用户信息。此外,他们还讨论了如何把候选代码的结果与基准结果进行比较,尤其重视计算非确定性结果以确定输入量不确定性造成的系统响应变量不确定性、计算确认指标以定量测量实验结果和计算结果之间的差异、通过与确认基准比较进行最小化模型校准,以及全面敏感性分析在确认基准中的建设性作用等相关问题。

他们还讨论了为什么确认基准比验证基准更难构建和使用。构建确认基准的主要困难是,过去的实验测量很少旨在提供真正的确认基准数据。一些组织编制和记录的确认基准(其中一些基准已经在前面进行了讨论),对代码用户和物理模型开发人员来说确实很有意义。但是,他们认为需要把更多实验和计算内容纳入到确认基准中,从而达到下一个有用性和临界评估级别。

16.4.3　数据库的实施问题

如果验证与确认 SSB 及其数据库成为现实,那么将需要解决许多复杂、困难的实施和组织问题。其中一些问题如下:

(1)数据库初级目标和次级目标的一致性。

(2)数据库的初期建设。

(3)数据库条目的评审和批准程序。

(4)数据库的开放与限制使用。

(5)用于搜索和检索数据库中 SSB 信息的软件框架结构。

(6)数据库的组织控制。

（7）控制组织与现有私人和政府组织以及工程协会的关系。

（8）数据库的初始和长期融资。

这些问题对于有兴趣改善科学计算的个人、企业、商业软件公司、非营利组织、工程学会、大学和政府组织来说非常重要。

数据库的初期建设在技术上和组织上都非常复杂，并且费用昂贵。采用相关的高质量基准填充数据库需要做出很大的努力，超越应用数学、模型建立、实验、计算、工程应用和业务决策等主要领域。把这种协作努力组合在一起取决于周密的计划，需要对数据库持有长远的观点。SSB 的建设工作不是一项短期任务。我们推荐的大部分内容都清楚地瞄准数据库可持续的长期使用，暗示需要在很长一段时间内提高数据库的质量和广度。数据库的长期成功需要一个良好的起点，所有相关各方应该就长期范围内的目标、用途、访问和资金支持达成广泛共识。

必须在早期规划阶段解决许多组织问题。例如，一个组织（非营利组织、学术机构或政府机构）是否有数据库维护、配置管理和日常操作方面的责任？数据库是否有超出其直接社区的角色？广泛影响意味着有开放使用数据库的目标，为了仿真社区特别是每个传统科学和工程学科中世界社群的利益。但这个目标如何与创建、维护和完善数据库所需的大量费用兼容？需要说服数据库的潜在金融支持者和用户相信其投资的返回值。返回值可以是许多形式，例如软件产品改进、能够吸引新顾客使用他们的软件产品，以及使用数据库作为组织或政府机构的质量评估工具以允许承包商竞标新项目。如果在数据库中使用专有信息，我们相信这将极大地减少或消除创建和维持数据库的能力。一些人认为可以构建数据库把专有信息与一般可用信息分开。我们认为无法使私营企业相信可以在保持高置信度时实现这种隔离。此外我们还认为数据库管理员将无法充分保护专有信息。

看起来似乎应该按照传统工程和科学学科来构建我们讨论的这种类型验证与确认数据库，例如流体动力学、固体动力学、电动力学、中子输运、等离子体动力学和分子动力学。这些学科如何开始构建数据库当然取决于这些领域的传统、应用和资金来源。例如，核能工业具有根深蒂固的长期国际合作传统。另外，航空工业中，航空器和航天器建造者都有激烈的竞争天性。我们设想，在不同的社区中会选择不同的实施方法和数据库结构。

我们还建议，建立和使用 SSB 的次要目的是开发科学计算领域的最佳实践。NAFEMS(NAFEMS,2006) 和 ERCOFTAC(Casey 和 Wintergerste,2000) 公认，急需改进科学计算领域的专业实践。我们认为可以提出一个令人信服的论点，即科学计算工业应用中最常见的故障是由使用代码的从业者的错误造成的。当然，企业和政府管理人员承担指导和培训这些从业者以及监督他们工作成果的最终责任。鉴于前面讨论的 SSB 质量，可以把这些基准视为非常仔细地记录的分步样本问题，新的和有经验的从业者都可以从中学到很多知识。

Rizzi 和 Vos(1998) 以及 Vos 等(2002) 讨论了许多个人和组织如何构建和使用确认数据库。他们强调各个企业和大学在构建、使用和改进确认数据库方面展开密切合作的重要性。在这方面，他们也强调了集中于专业话题以提高与实验数据进行比较的建模和仿真工作的研讨会的价值。他们讨论了主要由欧盟资助的一些欧洲研讨会和举措。通常,这些研讨会为仔细定义并应用的验证与确认基准提供了戏剧性的证据。在美国组织了一系列阻力预测研讨会,参与者来自全世界(Levy 等,2003;Hemsch,2004;Hemsch 和 Morrison,2004;Laflin 等,2005;Rumsey 等,2005)。这些研讨会在两个角度非常具有启发性:①计算分析员为相对简单的飞机几何形状计算的阻力预测存在很大变化;②计算结果和实验测量结果之间存在惊人的差异。产生"非常大的结果范围"的关键因素是这是一个盲目比较。从这些类型研讨会得到的结果可以形成向数据库中初始提交新验证与确认基准的基础。

我们认为基于互联网的系统将提供验证与确认数据库部署最佳工具的原因有以下 3 个:

第一,构建、快速共享以及与基于互联网的系统展开合作的能力目前非常明显。纸质系统完全不可行,落后于当前信息技术状态几十年。

第二,可以把特定相关应用的描述性术语输入到搜索引擎中,能够找到包含这些术语的所有基准。搜索引擎可以像谷歌或维基百科一样运行。功能可以扩大到包括相关度排序特性,将进一步提高搜索和检索功能。整个系统设计包括配置、文档和内容管理元素。可以按照与输入搜索词汇的相关性,对检索到的基准进行分类。然后可以选择嵌入到任何发现的基准中的超链接。当显示特定基准时,可以在基准描述中的重要词语与基准中更详细的信息之间建立链接。

第三,计算机系统可以立即提供每个基准的更多细节。我们建议以电子格式记录验证与确认基准,这种格式可以广泛、稳健地应用于许多计算机操作系统。在可用的电子格式中,Adobe 便捷式文件格式(PDF)是最常用的,有很多可取的特点;但是我们也建议采用额外的文件格式来补充这种格式,从而提供专业信息。例如,表格数据可以存储在 ASCI文本文件或 Microsoft Excel 文件中;高分辨率数码照片应该以易于使用的格式存储,例如 TIFF、PDF 和 JPEG;数字视频文件的存储格式应该是 QuickTime、MPEG 或 AVI;计算机软件应该以公用语言编写,例如 C＋＋、Fortran 或 Java。计算机软件对于记录提交到制造解方法中的数据库条目的源项非常必要。

从长远来看,新的确认实验应该由控制数据库的组织或以营利为目的的私营组织、非营利组织、大学或政府组织进行资助。控制数据库的组织可以通过成员订购而获得资金,也可能由政府资助。资金可以直接用于数据库运行和维护,以及构建新的验证与确认基准。把新的确认结果输入到数据库中时,有唯一的机会来进行盲目比较。我们已经多次强调,盲目比较可以实际测试预测能力。我们认为识别新的确认实验是应用团体和数据库组织的共同责任。数据库组织最适合在实验中担任组织角色并促进讨论。例如,数据库组织可以在要求进行更多应用相关实验的营利性企业与更加了解复杂系统建模缺点的模型建造者之间担任公正的裁判。

16.5　标准开发

验证与确认的有效成熟取决于个人和组织在开发国际标准整个过程中在术语、基本理念和证明过程方面所做的共同努力。在美国,美国国家标准协会(ANSI)监管产品和服务非强制性标准的开发和批准。尽管 ANSI 不开发标准,但它规定了成员组织(例如工程学会)开发标准的规则和程序。ANSI 是两个主要国际标准组织在美国的官方代表,即国际标准组织(ISO)和国际电工委员会(IEC)。在验证与确认等新领域,开发标准是至关重要的,这些标准应该:①行业、政府和大学广泛参与;②经过委员会和相关小组彻底审查,③具有良好的技术和实践基础。在一个新的领域开发标准必须非常谨慎,原因是这些标准不仅仅是研究思路或表面上的良好实践。标准不仅仅是工程实践或推荐实践的指南,它们还会在行业内建立最高水平的可靠性和持久性。

在术语方面,美国国防部、美国航空航天研究所和美国机械工程师协会作出的努力非常有成效,提供了可以理解的、有用的、可行的科学计算关键术语的定义。他们的定义立足于可靠的理性和务实基础。但是,关于包含观点和限制确认观点仍然存在一些争议和困惑,如第 2 章中所讨论。但是,只要人们弄清楚他们所使用的定义,我们并不觉得这是一个关键问题。我们关注的主要问题如第 2 章中讨论的。科学计算社区(这本书的中心)和 ISO/IEEE 社区之间验证与确认术语的显著差异。我们坚信,ISO/IEEE 社区排斥和放弃科学计算定义将是全世界开发和使用科学计算的一个重大倒退。如何解决定义中的这种二分法以及是否可以解决这个问题仍然是未知的。

我们认为最适合开发新标准的组织是具备经过 ANSI 批准的标准编写委员会和程序的专业工程协会。目前只有 ASME 设立了标准委员会,可以积极地制定验证与确认标准。AIAA 和美国核协会均设立了标准委员会,但这两个组织最近没有制定新的验证与确认标准。当这两个协会,可能还有其他一些组织,开始积极地开发新的验证与确认标准时,必须共同努力来促进一致的概念和过程。一种可能性是 ANSI 在协调这些活动方面发挥更加积极的作用。

一个适用于全球层面的补充方法是把 ISO 纳入到验证与确认标准编写过程中。如果这样做,则要求 ISO 和 ANSI 展开密切协作。我们认为美国国家标准技术研究所(NIST)等组织以及欧盟的一些类似机构,如 NAFEMS 和 ERCOFTAC 也可以做出贡献。但是随着越来越多的组织对验证与确认标准感兴趣,相关各方也必须显著促进合作。

16.6　参考文献

Abanto, J. , D. Pelletier, A. Garon, J. -Y. Trepanier, and M. Reggio (2005). Verification of some commercial CFD codes on atypical CFD problems. *43rd AIAA Aerospace Sciences Meeting and Exhibit*, Paper 2005-0682, Reno, NV, AIAA.

ABAQUS (2006). *ABAQUS Benchmarks Manual*. Version 6.6, Providence, RI, ABAQUS Inc.

ANSYS (2005). *ANSYS Verification Manual*. Release 10.0, Canonsburg, PA, ANSYS, Inc.

AWST (2003). Slamming shuttle safety. *Aviation Week & Space Technology*, May 2003, 23.

Casey, M. and T. Wintergerste, eds. (2000). *ERCOFTAC Special Interest Group on Quality and Trust in Industrial CFD: Best Practices Guidelines*, Lausanne Switzerland, European Research Community on Flow, Turbulence, and Combustion.

Chiles, J. (2001). *Inviting Disaster-Lessons from the Edge of Technology*. 1st edn., New York, HarperCollins.

CSNI (2004). *CSNI International Standard Problem Procedures*, *CSNI Report No. 17-Revision* 4. NEA/CSNI/ R (2004)5, Paris, France, Nuclear Energy Agency, Committee on the Safety of Nuclear Installations.

Dorner, D. (1989). *The Logic of Failure, Recognizing and Avoiding Error in Complex Situations*, Cambridge, MA, Perseus Books.

ERCOFTAC (2000). *Portal to Fluid Dynamics Database Resources.* ercoftac. mech. surrey. ac. uk.

Gehman, H. W. , J. L. Barry, D. W. Deal, J. N. Hallock, K. W. Hess, G. S. Hubbard, J. M. Logsdon, D. D. Osheroff, S. K. Ride, R. E. Tetrault, S. A. Turcotte, S. B. Wallace, and S. E. Widnall (2003). *Columbia Accident Investigation Board Report Volume I.* Washington, DC, National Aeronautics and Space Administration, Government Printing Office.

Hemsch, M. (2004). Statistical analysis of computational fluid dynamic solutions from the Drag Prediction Workshop. *Journal of Aircraft.* 41(1), 95-103.

Hemsch, M. and J. H. Morrison (2004). Statistical analysis of CFD solutions from 2nd Drag Prediction Workshop. *42nd AIAA Aerospace Sciences Meeting and Exhibit*, Reno, NV, American Institute of Aeronautics and Astronautics, 4951-4981.

Hutton, A. G. and M. V. Casey (2001). Quality and trust in industrial CFD - a European perspective. *39th AIAA Aerospace Sciences Meeting*, AIAA Paper 2001-0656, Reno, NV, American Institute of Aeronautics and Astronautics.

Laflin, K. R. , S. M. Klausmeyer, T. Zickuhr, J. C. Vassberg, R. A. Wahls, J. H. Morrison, O. P. Brodersen, M. E. Rakowitz, E. N. Tinoco, and J. -L. Godard (2005). Data summary from the second AIAA Computational Fluid Dynamics Drag Prediction Workshop. *Journal of Aircraft.* 42(5), 1165-1178.

Lawson, D. (2005). *Engineering Disasters - Lessors to be Learned*, New York, ASME Press.

Levy, D. W. , T. Zickuhr, R. A. Wahls, S. Pirzadeh, and M. J. Hemsch (2003). Data summary from the first AIAA Computational Fluid Dynamics Drag Prediction Workshop. *Journal of Aircraft.* 40(5), 875-882.

Mosey, D. (2006). *Reactor Accidents: Institutional Failure in the Nuclear Industry.* 2nd edn. , Sidcup, Kent, UK, Nuclear Engineering International.

NAFEMS (2006). NAFEMS Website. www. NAFEMS. org.

NEA (1977). *Loss of Coolant Accident Standard Problems.* Committee on the Safety of Nuclear Installations, Report No. 17, Paris, France, Nuclear Energy Agency.

NPARC (2000). *CFD Verification and Validation: NPARC Alliance.* www. grc. nasa. gov/WWW/wind/valid/ homepage. html.

Oberkampf, W. L. and T. G. Trucano (2008). Verification and validation benchmarks. *Nuclear Engineering and Design.* 238(3), 716-743.

Oberkampf, W. L. , T. G. Trucano, and C. Hirsch (2004). Verification, validation, and predictive capability in computational engineering and physics. *Applied Mechanics Reviews.* 57(5), 345-384.

Petroski, H. (1994). *Design Paradigms: Case Histories of Error and Judgment in Engineering*, Cambridge, UK, Cambridge University Press.

Pohl, R. , ed. (2004). *Cognitive Illusion: a Handbook on Fallacies and Biases in Thinking, Judgement and Memory.* New York, Psychology Press.

QNET-CFD (2001). *Thematic Network on Quality and Trust for the Industrial Applications of CFD.* www. qnet-cfd. net.

Reason, J. (1997). *Managing the Risks of Organizational Accidents*, Burlington, VT, Ashgate Publishing

Limited.

Rizzi, A. and J. Vos (1998). Toward establishing credibility in computational fluid dynamics simulations. *AIAA Journal.* 36(5), 668-675.

Roache, P. J. (1998). *Verification and Validation in Computational Science and Engineering*, Albuquerque, NM, Hermosa Publishers.

Rumsey, C. L. , S. M. Rivers, and J. H. Morrison (2005). Study of CFD variation on transport configurations for the second Drag-Prediction Workshop. *Computers & Fluids.* 34(7), 785-816.

Vaughan, D. (1996). *The Challenger Launch Decision: Risky Technology, Culture, and Deviance at NASA*, Chicago, IL, The University of Chicago Press.

Vos, J. B. , A. Rizzi, D. Darracq, and E. H. Hirschel (2002). Navier-Stokes solvers in European aircraft design. *Progress in Aerospace Sciences.* 38(8), 601-697.

Wang, R. Y. and D. M. Strong (1996). Beyond accuracy: what data quality means to data consumers. *Journal of Management Information Systems.* 12(4), 5-34.

附　录

编程实践

推荐的编程实践

下面列出了一些推荐的编程实践,旨在提高科学计算软件的可靠性并简要描述每个实践。

使用强类型编程语言

虽然定义中有一些歧义,但是在这里我们指的强类型编程语言是①要求变量或对象在程序执行期间保持相同的类型(例如整数、浮点数、字符);②关于可以在操作过程中使用哪些类型有严格的规则(即隐式类型转换是不允许的)。后者的常见示例是对浮点数采用整数除法以及对整数使用实值函数(例如余弦函数、对数函数)。BASIC 语言和 C 语言被认为是弱类型编程语言,C + +、Java、Fortran、Pascal 和 Python 被认为是强类型编程语言。关于其他编程语言的信息,请参见 en. wikipedia. org/wiki/Template:Type_system_cross_reference_list。通过使用显式类型转换(将整数转化为实数、将实数转化为整数等),可以使用弱类型语言来编写类型安全程序。换言之,即使编程语言没有要求,也应该使用显式类型转换。

使用安全编程语言子集

为了避免易于出错的编码结构,建议使用安全编程语言子集。C 编程语言安全子集的一个示例是 Safer C(Hatton,1995)。

使用静态分析程序

Hatton(1997)估计,大约 40% 的软件故障是由于使用静态分析程序过程中发现的静态故障造成的(请参见第 4 章)。

使用较长的描述性标识符

大多数现代编程语言允许对变量、对象、函数、子程序等使用较长的描述性名称。输入这些较长的名称所花费的额外时间将超过查明变量包含的内容或程序的作用所减少的时间。

编写自注释代码

好的软件开发人员将尽力编写代码,使编码本身可以清楚地解释它的目的(Eddins,2006)。正如前面讨论。使用描述性标识符当然可以起到辅助作用。虽然使用注释仍然是一个有争议的话题,但是需要 100 行注释来解释 10 行可执行源代码的工作的极端示例表明并没有很好地编写代码。

使用专用数据

通过使用专用数据可以最小化意外重写数据,仅把数据提供给那些需要处理的对象和程序。C++和 Fortran 90/95 都允许使用专用数据,后者通过在模块中使用公共属性和私有属性来使用专用数据。

使用异常处理

内部条件(例如除以零、溢出)或外部因素(例如可用内存不足、输入文件不存在)都会造成异常情况。异常处理的方法也很简单,让用户知道系统的局部状态以及发生异常的位置,否则它将控制转移到一个单独的异常处理代码。一些编程语言如 Java 和 C++ 具有内置的异常处理结构。

使用缩进以提高可读性

缩进代码块来表示不同级别的循环结构和逻辑构造,使其更具可读性。缩进 Fortran 95 代码构造的示例如下所述。

```
If (mms == 0) then
    ! Set standard boundary conditions
    Call Set_Boundary_Conditions
    else if (mms == 1) then
    ! Calculate exact solution for temperature
    do j = 1, jmax
    do i = 1, imax
    Temperature_MMS (i,j) = MMS_Exact_Solution (x,y)
    enddo
    enddo
    ! Set MMS boundary conditions
    Call Set_MMS_Boundary_Conditions
else
    ! Check for invalid values of variable mms
    write (*,*) 'Error: mms must equal 0 or 1 !!!'
    Error_Flag = 1
endif
```

使用模块程序(仅 Fortran)

在 Fortran 中使用模块程序(函数和子程序),而非标准程序,在该程序及其调用程序之间提供了一个显式接口。因此,可以在代码编译期间检查接口一致性并发现接口错误,而不是在运行时。

易于出错的编程结构

虽然在某些编程语言中允许,但是已知下列编程结构容易出错,应该尽量避免。

隐式类型定义

应该避免隐式变量类型定义,在这种情况下可以在一个程序中引入新的变量但没有相应的类型说明。对于 Fortran 编程语言来说,这意味着"Implicit None"应该出现在每个程序的开始。

混合模式算术

除求幂外,不应该在单一表达式中使用整数和实变量。当同时发生时,应该使用显式类型转换(例如把实变量转换为整数,或把整数转换为实变量)。

重复代码

当同一代码结构在程序中多次出现时,这是一个好迹象,表明应该把这个代码替换为函数或子程序。修改一个实例还需要开发人员搜索所有其他实例的重复代码,因此重复代码会让软件开发变得乏味。Eddins(2006)警告说,"任何在两个或两个以上的地方重复的代码最终在至少一个地方是错误的。"

浮点数相等性检查

由于浮点(实数)数受到机器舍入误差的影响,因此应该避免在它们之间进行同等比较。例如,可以检查$(A-B)$的绝对值是否小于指定公差,而不是检查浮点数 A 和 B 之间的相等性。

递归

当一个组件直接或间接调用自身时会发生递归。很难分析递归编程结构,并且递归程序中的错误会影响系统的整个可用内存的分配(Sommerville,2004)。

指针

指针是把直接位置的地址包括在机器内存中的编程结构(Sommerville,2004)。应避免使用指针,原因是指针错误会导致意想不到的程序行为(例如,参见下面的混淆现象),会很难发现并纠正,并且无法适用于科学计算代码。

混淆现象

当使用多个名称来表示程序中的同一个实体时,会发生混淆现象(Sommerville,2004),应该避免。

继承

当一个对象"继承"另一对象的一些特点时,会发生继承现象。使用继承的对象更难以理解,原因是它们的定义特征位于程序中的多个位置。

GOTO 语句

GOTO 语句使得程序难以遵循,因此应该予以避免,往往发生在复杂的控制结构中(即"意大利面条式"代码)。

并行

尽管在大型科学计算应用中使用并行处理通常是不可避免的,但是开发人员应该意识到进程之间的时间交互可能会导致发生意想不到的行为。相比在开发软件的序列版本后添加并行的情况,说明最初建筑设计过程中的并行会产生更可靠的软件。一般来说,无法通过静态分析检测到这些问题,可能依赖于平台。

参考文献

Eddins, S. (2006). Taking control of your code:essential software development tools for engineers, *International Conference on Image Processing*, Atlanta, GA, Oct. 9, (see blogs. mathworks. com/images/steve/92/handout_ final_icip2006. pdf).

Hatton, L. (1995). *Safer C: Developing Software for High-Integrity and Safety-Critical Systems*, McGraw-Hill International Ltd. , UK.

Hatton, L. (1997). Software failures: follies and fallacies, *IEEE Review*, March, 49-52.

Sommerville, I. (2004). *Software Engineering*, 7th edn. , Harlow, Essex, England, Pearson Education Ltd.

重要词语中英文对照表

accreditation　认证

Advanced Simulation and Computing Program
（ASC）　先进仿真和计算程序（ASC）

adjoint method　伴随方法

for adaptation　适应

for discretization error estimation
离散误差估计

aleatory uncertainty　偶然不确定性

definition　定义

sources　来源

algorithm consistency　算法一致性

anisotropic mesh（see mesh refinement, ani-
sotropic）
各向异性网格（参见网格细化、各向异性）

application domain　应用域

application of interest　相关应用

asymptotic range　渐近距离

Bayesian inference　贝叶斯推理

benchmark numerical solution　基准数值解

bisection method　对分法

boundary condition　边界条件

order　顺序

types　类型

verification　验证

validation　确认

bug（see coding mistake）　故障（参见编码
错误）

Burgers'equation　伯格斯方程

calculation verification（see solution verifica-
tion)计算验证（参见解验证）

calibration　校准

experimental　实验

parameter（see parameter calibration）

参数（参见参数校准）

Capability Maturity Model Integration
（CMMI)

能力成熟度模型集成（CMMI）

certification　认证

closed form solution　封闭形式解

code　代码

complexity　复杂性

coverage　范围

reliability（see software reliability）

可靠性（参见软件可靠性）

code verification　代码验证

criteria　标准

responsibility　责任

coding error（see coding mistake）

编码误差（参见编码错误）

coding mistake　编码错误

Coefficient of Variation（COV）

变异系数（COV）

conceptual model　概念模型

confidence interval　置信区间

configuration management　配置管理

consistency（see algorithm consistency）

一致性（参见算法一致性）

convergence　收敛

asymptotic（see asymptotic range）

渐近（参见渐近距离）

discretization error　离散误差

iterative（see iterative convergence）

迭代（参见迭代收敛性）

rate（see order of accuracy）

等级（参见准确度级别）

statistical　统计

Cramer's rule　克莱姆规则

credibility　可信度

computational simulation phases
计算仿真阶段

Phase 1：conceptual modeling
阶段 1：概念建模

Phase 2：mathematical modeling
阶段 2：数学建模

Phase 3：discretization and algorithm
selection
阶段 3：离散化和算法选择

Phase 4：computer programming
阶段 4：计算机编程

Phase 5：numerical solution
阶段 5：数值解

Phase 6：solution representation
阶段 6：解表示

Cumulative Distribution Function（CDF）
累积分布函数（CDF）

customer　顾客

databases for verification and validation
验证和确认数据库

debugging　除错

Dempster-Shafer theory（see evidence
theory）
D－S 证据理论（参见证据理论）

Design of Experiments（DOE）
实验设计（DOE）

direct solution methods（for linear systems of
equations）
直接解方法（适用于线性方程组）

direct substitution iteration
直接代入法迭代

discontinuities（see singularities）
不连续（参见奇异点）

discretization　离散化

of the domain　域

of the mathematical model　数学模型

discretization error　离散误差

estimation（see discretization error estima-
tors）　估计（参见离散误差估计）

temporal　临时

transport　传输

discretization error estimators
离散误差估计

a posteriori　后验

a priori　先验

for system response quantities　系统响应量

higher-order estimates　高阶估计

reliability　可靠性

residual-based methods　残差方法

uncertainty of　不确定性

discretization error transport equation
离散误差迁移方程

continuous　连续

discrete　离散

discretization methods　离散方法

finite difference　有限差

finite element　有限元

finite volume　有限体积

dual problem（see adjoint method）
对偶问题（参见伴随方法）

dynamic software testing　动态软件测试

defect testing　缺陷测试

regression testing　回归测试

validation testing（in software engineering）
确认测试（软件工程）

effectivity index　有效性指数

Empirical Distribution Function（EDF）
经验分布函数（EDF）

energy norm　能量指数

environment of a system　系统环境

epistemic uncertainty　认知不确定性

blind　盲目（参见盲目不确定性）

recognized　认可

sources　来源

error　误差

bias　偏差

discretization（see discretization error）
离散（参见离散误差）

measurement　测量

model（see model form uncertainty）
模型（参见模型形态不确定性）

numerical　数值

round-off（see round-off error）
舍入（参见舍入误差）

sources　来源

truncation（see truncation error）
截断（参见截断误差）

error transport equation（see discretization error transport equation）
误差迁移方程（参见离散误差迁移方程）

Euler equations　欧拉方程

evidence theory　证据理论

exact solution　精确解

manufactured solution（see method of manufactured solutions）　制造解（参见制造解方法）

traditional exact solution　传统精确解

expert opinion　专家意见

experimental uncertainty　实验不确定性

design of experiments（see design of experiments）
实验设计（参见实验设计）

ISO Guide（GUM）　ISO 指南（GUM）

factor of safety　安全系数

failure（system）　故障（系统）

false position method　假位法

finite element residual（see residual continuous）　有限元剩余（参见连续剩余）

finite element residual methods
有限元残差法

explicit　显示

implicit　隐式

formal methods（for software）　形式方法（适用于软件）

formal order of accuracy　形式准确度级别

evaluating　评估

reduction due to discontinuities
不连续造成的减少

Fourier stability analysis（see von Neumann stability analysis）
傅立叶稳定性分析（参见冯·诺依曼稳定性分析）

fractional uniform refinement
分数一致细化

gap analysis　差异分析

commercial codes　商业代码

Gauss-Jordan elimination
高斯－约当消去法

Gauss-Seidel iteration
高斯－赛德尔迭代法

Gaussian distribution（see normal distribution）高斯分布（参见正态分布）

Gaussian elimination　高斯消去法

Generalized Truncation Error Expression（GTEE）
广义截断误差表达式（GTEE）

governing equations（see mathematical model）
控制方程（参见数学模型）

grid（see mesh）　网格（参见网格）

Grid Convergence Index（GCI）
网格收敛指标（GCI）

factor of safety method　安全系数法

global averaging method　全面平均法

implementation　实施

least squares method　最小二乘法

grid refinement（see mesh refinement）
网格细化（参见网格细化）

grid refinement factor　网格细化系数

heat conduction equation　热传导方程

steady　稳定

unsteady　不稳定

hypothesis testing　假设测定

imprecise probability　不精确概率

inconsistency（see algorithm consistency）
不一致性(参见算法一致性)

infinite series solution　无穷级数解

integral equation（see mathematical model）
积分方程(参见数学模型)

iterative matrix　迭代矩阵

iterative convergence　迭代收敛性

error（see iterative error）　误差(参见迭代
误差)

general　一般

monotone　单调

oscillatory　振荡

iterative error　迭代误差

estimation　估计

local convergence rate　局部收敛速率

machine zero method　机器零位法

practical approach for estimating
实际估计方法

relation to iterative residual
与迭代残差的关系

iterative method　迭代方法

hybrid　混合

Krylov subspace　克罗夫子空间

stationary　静止

iterative residual　迭代残差

Jacobi iteration　雅可比迭代

Joint Computational Experimental Aerody-
namics Program（JCEAP）
联合计算实验空气动力学程序(JCEAP)

experimental design　实验设计

experimental uncertainty estimation
实验不确定性估计

synergism with simulation　仿真合作

Latin Hypercube Sampling（LHS）（see
Monte Carlo sampling）

拉丁超立方体抽样(LHS)(参见蒙特卡罗
抽样)

LU decomposition　LU 分解

Lax's equivalence theorem　等值定理

machine precision　机器精度

machine zero（see machine precision）
机器零位(参见机器精度)

manufactured solution（see Method of Manu-
factured Solutions）
制造解(参见制造解方法)

mathematical model　数学模型

maturity assessment（of models and simula-
tions）　成熟度评估(模型和仿真工作)

CMMI（see Capability Maturity Model Inte-
gration）
CMMI(参见能力成熟度模型集成)

credibility assessment scale
可信度评估量表

PCMM（see predictive capability maturity
model）
PCMM(参见预测能力成熟度模型)

technology readiness levels（TRL）
技术成熟度(TRL)

mean sample　样本平均值

mesh　网格

body-fitted（see mesh curvilinear）
贴体(参见曲线网格)

Cartesian　笛卡尔

curvilinear　曲线

quality（see mesh refinement consistent）
质量(参见一致的网格细化)

refinement（see mesh refinement）
细化(参见网格细化)

resolution（see mesh refinement uniform）
分辨率(参见均匀的网格细化)

structured　结构化

topology　拓扑结构

transformation　变形

unstructured　非结构化

mesh adaptation（see solution adaptation）
网格适应（参见解适应）

mesh refinement　网格细化

adaptive（see solution adaptation）
适应（参见解适应）

anisotropic　各向异性

consistent　一致性

factor（see grid refinement factor）
系数（参见网格细化系数）

fractional uniform（see fractional uniform refinement）
分数一致（参见分数一致细化）

methods（see Richardson extrapolation）
方法（参见理查德森外推法）

systematic　系统的

unidirectional　单向

uniform　均匀

method of characteristics　特征线法

Method of Manufactured Solutions（MMS）
制造解方法（MMS）

examples with order verification
顺序确认实例

guidelines　指南

physically realistic　物理上现实的

procedure　程序

verifying boundary conditions　验证边界条件

mixed order　混合阶

model　模型

accuracy assessment（see validation metric）
准确性评估（参见确认指标）

adequacy（see validation aspects）
充分性（参见确认方面）

alternative plausible models 替代合理模型

calibration　校准

competing models（see alternative plausible models）

竞争模型（参见替代合理模型）

conceptual（see conceptual model）
概念（参见概念模型）

extrapolation/interpolation　外推法/插值法

form uncertainty　形式不确定性

mathematical（see mathematical model）
数学（参见数学模型）

strong form　强形式

tree structure　树形结构

types　类型

updating（see calibration）　更新（参见校准）

weak form　弱形式

modeling and simulation（see scientific computing）　建模和仿真（参见科学计算）

Monte Carlo Sampling（MCS）
蒙特卡罗抽样（MCS）

Latin Hypercube Sampling（LHS）
拉丁超立方体抽样（LHS）

nested（second order，two-dimensional）
嵌套（二阶、多维）

replicated　复制

Newton's method　牛顿法

normal distribution　正态分布

norm　规范

numerical benchmark solution（see benchmark numerical solution）
数值基准解（参见基准数值解）

observed order of accuracy
观察到的准确度级别

constant grid refinement factor
常数网格细化系数

non-constant grid refinement factor
非常数网格细化系数

order of accuracy　准确度级别

observed（see observed order of accuracy）
观察（参见观察到的准确度级别）

formal（see formal order of accuracy）

形式(参见正式准确度级别)

order verification procedures

顺序验证程序

downscaling method　降尺度方法

residual method　残差法

standard　标准

statistical method　统计方法

with spatial and temporal discretization

空间和时间离散

parameter　参数

uncertainty　不确定性

updating　更新

partial differential equation（see mathematical model）

偏微分方程(参见数学模型)

Phenomena Identification and Ranking Table (PIRT)

现象识别和排序表(PIRT)

planning and prioritization

规划和优先次序

pollution error（see discretization error transport）

污染误差(参见传输离散误差)

polynomial chaos　多项式混沌

pooling CDFs（u-pooling）

池化 CDF(u 池)

possibility theory　可能性理论

precision（floating point）　精度(浮点)

double　双精度

single　单精度

prediction　预测

predictive capability　预测能力

staff responsibilities　员工责任

management responsibilities　管理人员责任

Step 1：identify uncertainties

步骤1:识别不确定性

Step 2：characterize uncertainties

步骤2:描述不确定性

Step 3：estimate solution error

步骤3:估计解误差

Step 4：estimate total uncertainty

步骤4:估计总不确定性

Step 5：model updating

步骤5:模型更新

Step 6：sensitivity analysis

步骤6:敏感性分析

Predictive Capability Maturity Model (PCMM)

预测能力成熟度模型(PCMM)

aggregation of scores　分数合并

characteristics　特性

purpose　目的

structure　结构

probability interpretations　概率解释

Probability Bounds Analysis（PBA）

概率限分析(PBA)

example 示例

p-box（see also imprecise probability）

概率盒(另参见不精确概率)

Probability Density Function（PDF）

概率密度函数(PDF)

programming agile　敏捷编程

programming error（see coding mistake）

编程错误(参见编码错误)

random uncertainty（see aleatory uncertainty）

随机不确定性(参见偶然不确定性)

random variable（see aleatory uncertainty）

随机变量(参见偶然不确定性)

reality of interest　相关现状

recovery methods　恢复法

reducible uncertainty（see epistemic uncertainty）

可减少的不确定性(参见认知不确定性)

replicated Monte Carlo sampling（see Monte Carlo sampling）

复制蒙特卡罗抽样(参见蒙特卡罗抽样)

residual　残差

continuous　连续

discrete　离散

finite element(see residual continuous)

有限元(参见连续残差)

iterative　迭代

method(see order verification procedures, residual method)

方法(参见顺序识别程序、残差法)

relation to iterative error(see iterative error, relation to iterative residual)

与迭代误差的关系(参见迭代误差、与迭代残差的关系)

relation to truncation error

与截断误差的关系

revision control(see version control)

修订控制(参见版本控制)

Richardson extrapolation

理查德森外推法

assumptions　假设

completed　完成

completed in space and time

在空间和时间完成

error estimate　误差估计

generalized　泛化

least squares extrapolation

最小二乘外推法

standard　标准

risk　风险

risk-informed decision-making

风险预知决策

round-off error　舍入误差

sampling(see Monte Carlo sampling)

抽样(参见蒙特卡罗抽样)

scenario　情景

scientific computing(defined)

科学计算(定义)

screening(scoping)analysis

筛选(范围)分析

secant method　正割法

sensitivity analysis　敏感性分析

global　全面

local　局部

separation of variables　变量分离

series solution(see infinite series solution)

级数解(参见无穷级数解)

similarity solution　相似解

simulation　仿真

singularities　奇异性

software　软件

cost estimation　成本估计

defect　缺点

development　开发

failure　失败

fault　故障

management　管理

quality　质量

quality assurance　质量保证

refactoring　重构

reliability(see software quality)

可靠性(参见软件质量)

requirements　要求

static analysis(see static analysis)

静态分析(参见静态分析)

testing(see dynamic software testing)

测试(参见动态软件测试)

software engineering　软件工程

solution adaptation　解适应

adaptive remeshing　网格自适应

mesh refinement(h-adaptation)

网格细化(h 适应)

mesh movement(r-adaptation)

网格移动(r 适应)

order refinement(p-adaptation)

顺序细化(p 适应)

solution verification 解验证

error sources 误差源

responsibilities 责任

stability (of discretization methods)
稳定性(离散方法)

stakeholders 利益相关者

standard deviation 标准偏差

standards development 开发标准

static analysis (of software)
静态分析(软件)

statistical sampling error 统计抽样误差

strong solution 强解

superconvergence 超收敛性

surroundings 周围环境

symbolic manipulation 符号运算

system 系统

system failure (see failure system)
系统故障(参见系统故障)

System Response Quantity (SRQ)
系统响应量(SRQ)

spectrum character
波谱特性

T experiments T 实验

temporal refinement factor (see grid refine-
ment factor)
时间细化系数(参见网格细化系数)

Thomas algorithm 算法

transformations 转换

for solving differential equations
解决微分方程

mesh (see mesh transformation)
网格(参见网格转换)

truncation error 截断误差

analysis 分析

analysis on nonuniform meshes
非均匀网格分析

uncertainty 不确定性

aleatory (see aleatory uncertainty)

偶然(参见偶然不确定性)

blind 盲目

characterization 特性描述

epistemic (see epistemic uncertainty)
认知(参见认知不确定性)

lack of knowledge (see epistemic uncertain-
ty)缺乏知识(参见认知不确定性)

model (see model form uncertainty)
模型(参见模型形态不确定性)

model input 模型输入

numerical 数值

parameter (see parameter uncertainty)
参数(参见参数不确定性)

predictive (see predictive capability)
预测(参见预测能力)

quantification, responsibilities
量化责任

recognized 认可

validation 确认

aspects 方面

difficulties 困难

domain 域

experiment 实验

hierarchy 层级

metric (see validation metric)
指标(参见确认指标)

plan 计划

project-oriented 项目导向

pyramid (see validation hierarchy)
金字塔(参见确认层级)

responsibilities 责任

scientific 科学

validation metric 确认指标

area metric (comparing CDFs and p-boxes)
区域指标(相比 CDF 和概率盒)

difference between means 平均值差异

pooling (see pooling CDFs)

池化(参见池化 CDF)

recommended features　推荐功能

variability（see aleatory uncertainty）

可变性(参见偶然不确定性)

verification　验证

calculation（see solution verification）

计算(参见解验证)

plan　计划

solution（see solution verification）

解(参见解验证)

version control　版本控制

von Neumann stability analysis

冯·诺依曼稳定性分析

weak solution　弱解